D. ボーム

量 子 論

高林武彦・井上　健
河辺六男・後藤邦夫 訳

みすず書房

QUANTUM THEORY

by

David Bohm

First published by Prentice-Hall, Inc., 1951
Copyright © The Estate of David Bohm, 1951
Japanese translation rights arranged with
The Estate of David Bohm
c/o The Adele Leone Agency, Inc., New York through
Tuttle-Mori Agency, Inc., Tokyo

序

　量子論は，それ以前に存在していた古典論が説明の糸口を得ることすらできなかった，極めて広範囲にわたる実験結果を，正確に説明しようとする物理学者たちの長い，そして成功的な努力の所産である．しかしながら量子論が単に科学的知識の内容においてばかりでなく，そうした知識を言い表わすための基礎的な概念の骨組においても，革命的な変化を表現していることは，一般に認識されているとはいえない．概念の骨組がどの程度まで変化したかということは，古典論で使う比較的図示しやすく容易に描像をつくり得る言葉と，量子論の元来の発展がたどったところの非常に抽象的・数学的な形式との対照のため，恐らくぼかされてきたのであろう．この対照はそんなにも著しいものであるから，かなりの数の物理学者たちは，物質の量子論的な性質は日常の具象的な意味での理解の可能性を放棄することを意味するようなものなのであって，むしろそこにはただ実際に行われる実験の結果の数値を，何か神秘的な仕方で正確に予言し得る，首尾一貫した数学形式が残っているに過ぎない，といった考えをいだくにいたっている．だが，理論の物理的解釈をもっとおし進めるとともに（主として Niels Bohr の仕事の結果として），遂に量子論の結果を比較的に定性的・具象的な概念でもって言い表わすことが可能になった．ただし，これらの概念は古典論に現れてくるものとは，全く異った性質のものである．量子論のこういう風な定式化を，割合に初歩的な水準で与えるということがこの書物の中心的なねらいである．

　新しい量子論的な諸概念の精密な本性については，この書物を通じて，なかんづく第 6, 7, 8, 22, 23 の諸章で展開されるはずであるが，最も重要な概念の変化について，ここで手短かに要約しておこう．第一に，連続的な，精密に定義される軌道という古典的概念は，不可分な遷移の系列による運動の記述の導入によって根本的に変更された．第二に，古典論の厳格な決定論にかわって，近似的かつ統計的な性格の因果律の概念が用いられることゝなった．第三に，要素的な粒子が決して変らない“内在的な”性質をもつという古典論の仮定は，それが周りの環境によってどうあつかわれるかに依存して，波のようにも粒子のようにもふるまうことができるという仮定でおきかえられた．この三つの新

しい概念の適用は，われわれの日常の言葉や考え方の多くのものの背後に横わっている仮定——すなわち，世界は別々の部分・部分に正確に分析することができ，その各部分は別々に存在し，そしてそれらが合して厳密な因果律にしたがって働き全体を形成する，という仮定——の崩壊をもたらす．そのかわりに，量子論の概念によれば，世界はむしろ単一不可分の一体としてふるまい，そこでは各部分の"内在的な"性質（波または粒子）すらもある程度そのまわりの環境との関係に依存する，ということになる．しかしながら，世界の諸部分が不可分な一体をなしているということが目立った効果をつくりだすのは，微視的（すなわち量子的）な段階に於いてのみであって，巨視的（すなわち古典的）な段階に於いては，各部分は非常に高い近似で，あたかも完全に別個の存在であるかのようにふるまうのである．

　量子論の主な諸概念を数学的でない言葉をつかって提供することが，この書物全体を通じて，著者の目的であった．しかし経験がおしえるように，これらの考えをもっと精密に規定された形で言い表わし，かつ量子論における典型的な諸問題がどういう風に解かれるかを示すためには，ある程度の数学が必要である．だからこの本で採用した一般的な方針は，基礎的な原理を，本質的にいって定性的・物理的に提供しておき，それを補うために，これを広くさまざまな特殊の問題に適用し，そこではかなり数学的な詳細にまではいっていくということであった．

　上に述べた一般方針に添って，量子論がどのようにして自然な仕方で展開され得るかを示すことに並々ならぬ重点をおいた（特に第 I 部）．すなわち，それ以前から存在していた古典論から出発して，実験事実と理論的推論とを通じて一歩一歩進み，古典論が量子論におきかえられることをのべた．こういうやり方でいけば，量子論の基礎的な原理を，一組の抽象的・数学的な命題の形で，天下り的に導入するようなことはしなくてすむわけである．天下り的なやり方では，それらの命題の導入は，それに基いた複雑な計算をやってみて，たまたま実験と一致するということによって，正当化されるにすぎない．この書物で採用した扱い方は，おそらく公理的な進み方ほど数学的には綺麗ではないだろうが，三つの利点をもっている．第一に，なぜそもそもこのように革命的に新しい種類の理論が必要なのかがいっそう明らかになり，第二に，理論の物理的意味をよりはっきりさせ，第三にその概念構造が固定化される度合いが少いので，実験との完全な一致がすぐ得られないような場合，小さな修正を理論にどのよ

うにほどこすべきかをよりたやすく洞察せしめるのである.

量子論の定性的・物理的な展開は主として第 I 部 と 第 VI 部で行うが,書物全体を通じて,数学的な計算結果を定性的・物理的な言葉で説明しようとする一貫した努力をはらった. それだけでなく,読者が数学的な細部にあまり時間をかけなくても,一般的な推論の線をたどれるように,数学を十分簡単なものにしたつもりである. 最後に,数学を割合と強調しなかったのは,理論の完全な把握に必要な思考の量を減らそうというつもりでそうしたのではない. むしろ読者がこれによって更に深く考えるように刺戟し,そうすることによってこの魅惑に富んだ分野について一段と読み,一段と勉強するように仕向けるのに役立つような一般的な観点を獲得することを期待しているわけである.

この書物につかった素材のかなりの部分は, J. R. Oppenheimer 教授が Berkeley の California 大学で行った量子論の一聯の講義に於いて与えた注意と, B. Peters 教授がとったこの講義の一部のノートから示唆されたものである. "原子理論と自然の記述" という題の Niels Bohr の講義は,量子論の合理的な理解に必要な一般的な哲学的基礎を与える上に決定的な重要性をもつものであった. Princeton 大学の学生や職員との数多くの討論は,敍述を明確にするために非常に役立った. 殊に A. Wightman 博士は,観測の量子論をあつかっている第 22 章の解明に重要な寄与をなした. 筆者の 1947 年度および 1948 年度の量子論のクラスの人々は,原稿執筆中,数学と推論とを点検するという貴重な仕事をしてくれた. 最後に著者は原稿を読み且つ批評し,沢山の非常に有益な示唆を与えた M. Weinstein と,原稿の刊行と校正とに努められた L. Schmid に感謝の意を申しのべたい.

David BOHM

目　　次

第 I 部　量子論の物理的定式化

1. 量子論の起原 ･･････････････････････････････････････ 5
2. 初期量子論の展開 ･･････････････････････････････････ 25
3. 波束と de-Broglie 波 ･･････････････････････････････ 69
4. 確率の定義 ･･････････････････････････････････････ 94
5. 不確定性原理 ･･･････････････････････････････････ 115
6. 物質の素粒子性と波動性の対立 ･･････････････････････ 135
7. 導入された量子的な諸概念の総括 ････････････････････ 163
8. 物質の量子的本性の物質的描像を組立てる試み ･･････････ 167

第 II 部　量子論の数学的定式化

9. 波動函数，演算子，Schrödinger 方程式････････････････ 201
10. ゆらぎ，相関，固有函数 ･･････････････････････････ 231

第 III 部　簡単な体系への応用. 量子論の定式化の一層の拡張

11. 箱型ポテンシァルに対する波動方程式の解 ････････････ 267
12. 量子論の古典的極限 WKB 近似 ･･････････････････････ 306
13. 調和振動子 ･･･････････････････････････････････ 342
14. 角運動量と 3 次元の波動方程式 ･･････････････････････ 358
15. 動径方程式の解，水素原子，磁場の効果 ････････････････ 385
16. 量子論のマトリックスによる定式化 ･･････････････････ 416
17. スピンと角運量 ･･･････････････････････････････ 446

第 IV 部　Schrödinger 方程式の近似的解法

18. 摂動論，時間に関係する摂動と時間に関係しない摂動 ･･････････469
19. 縮退のある場合の摂動論 ･････････････････････････････････531
20. 瞬間的摂動と断熱的摂動 ･･････････････････････････････････569

第 V 部　散 乱 の 理 論

21. 散乱の理論 ･･･585

第 VI 部　観測過程の量子論

22. 観測過程の量子論 ･･････････････････････････････････････667
23. 量子的概念と古典的概念との関係 ･･････････････････････････713

　あとがき ･･･719
　索　引 ･･･721

第 I 部
量子論の物理的定式化

近代の量子論は二つの点においてかわった理論である．第一に，それは，われわれの日常の経験の多くのもの，及び巨視的な尺度での物理学の実験の大多数と全く異る一組の物理的な観念を具現している．第二に，この理論を適用するに必要な数学の道具立ては，最も単純な例に応用する場合ですら，古典論でそれに相当する問題に対して必要なものに比べてずっと馴染みのうすいものである．その結果これまで，量子論，をそれの適用の際に生じてくる数学的な問題と分離できないものとして提示する傾向があった．このような近づき方は初等物理学で学生に Newton の運動法則を教えるのに，微分方程式論における問題として与えるようなものといえよう．この書物では，われわれの考えを新しい問題に適用することが必要なときばかりか，数学的な解の一般的な性質を長い計算を実施してみずに予測したいようなときにも有用な，指導的な物理的原理というものを展開することに特別な力点をおいた．複雑な問題において定量的な結果を得るのに必要な特殊な数学のテクニックを展開することは，その大部分は，数学の課程か乃至は量子論の数学に関する特別の課程でなされるべきである．だが，Fourier 解析なしには量子論の諸概念を広汎に展開することは不可能なように思われる．それで，読者は Fourier 解析には相当馴れているものとみなして話すことにする．

この本の第 I 部では，古典論と古典論を量子論でおきかえるように導いた特別の実験とから出発して，量子論が展開され得る一歩一歩に対して普通以上の注意をはらった．諸実験は歴史的な順序によらず，むしろ論理的な順序ともいうべきものによって述べた．歴史的な順序は量子論がもっている固有の統一性を隠すような多くの混乱的要素を含むからである．この本では実験と理論の発展を提示するのに，この統一性を強調し，かつ新しい一歩の各々が直接実験に基づいているか，さもなければその前の段階から論理的に出てくることを示すようなやり方で行った．こういう風にすれば，量子論が，奇妙な，そしてその難解な数学の計算結果がたまたま実験と一致するということによってだけ正当

化される，なにか任意性のある処方のように見える度合を減らすことができるであろう.

理論を初心者にとって余りに抽象的に過ぎることのないような基礎の上に展開するために，われわれのプランに必須の部分として，量子論とそれ以前に存在していた古典論との関係の十分な説明を与えた. 量子論の意味は，可能なときは何時でも，簡単な物理的な言葉で説明されてある. さらに，第 I 部の最後の章では，古典的概念よりも量子論的な概念に近い思考の仕方を不断に使っている，さまざまな日常体験を指摘しておいた. その章ではまた量子論の哲学的意味のあるものを細かく論じ，それらがわれわれの世界の一般的な見方に，古典論によって示唆されるものと比較して，著しい変革を与えることを示した. 読者は，問題の大部分が本書全体にばらまかれているのに気付かれるであろう. これらの問題は本書の一部として読んで欲しい，それらから得られた結果はしばしばアイディアを展開してゆく上で直接使われているからである. 大抵問題を解かないでも結果の意味を理解できはするが，読者が問題を解いてみることを大いに勧めたい. 問題が各所にばらまかれている主な御利益は，それらが読者をして前に論ぜられた題目についてもっと仔細に考えさせ，そうして読者がその題目を理解するのをたやすくするところにあるのである.

補 足 文 献

以下の補足文献の表は読者に非常に役立つであろう. また本書の各部にわたって参照されるものである.

Bohr, N., *Atomic Theory and the Description of Nature*. London: Cambridge University Press, 1934.

Born, M., *Atomic Physics*. Glasgow: Blackie & Son, Ltd., 1954.
（邦訳: 鈴木・金関訳; 現代物理学（上, 下）みすず書房, 1954）

Born, M., *Mechanics of the Atom*. London: George Bell & Sons, Ltd. 1927.
（邦訳: 土井他訳; 原子力学, 岩波書店, 1941）

Dirac, P. A. M., *The Principles of Quantum Mechanics*. Oxford: Clarendon Press, 1947.
（邦訳: 朝永, 他訳; 量子力学, 岩波書店, 1954）

Heisenberg, W., *The Physical Principles of the Quantum Theory*. Chicago: University of Chicago Press, 1930.
（邦訳: 玉木他訳; 量子論の物理的基礎, みすず書房, 1954）

Kramers, H. A., *Die Grundlagen der Quantentheorie.* Leipzig: Akademische Verlagsgesellschaft, 1938.

Mott, N. F., *An Outline of Wave Mechanics.* London: Cambridge University Press, 1934.

Mott, N. F. and I. N. Sneddon, *Wave Mechanics and Its Applications.* Oxford: Clarendon Press, 1948.

Pauli, W., *Die Allgemeine Prinzipien der Wellenmechanik.* Ann. Arbor, Mich.: Edward Bros., Inc., 1946, Reprinted from *Handbuch der Physik*, 2. Aufl., Band 24. 1. Teil.

Pauling, L., and E. Wilson, *Introduction to Quantum Mechanics.* New York: McGraw-Hill Book Company, Inc., 1953.

　　(邦訳: 玉木他訳; 量子力学序説, 白水社, 1949)

Richtmeyer, F. K. and E. H. Kennard, *Introduction to the Modern Physics.* New York: McGrow-Hill Book Company, Inc., 1933.

Rojansky, V., *Introductory Quantum Mechanics.* New York: Prentice-Hall Inc., 1953.

Ruark, A. E., and H. C. Urey, *Atoms, Molecules, and Quanta.* New York: McGrow-Hill Book Company, Inc., 1030.

Schiff, L., *Quantum Mechanics.* New York McGrow-Hill Book Company, Inc., 1949.

第 1 章　量子論の起原

Rayleigh-Jeans の法則

1.　平衡状態にある黒体輻射　　歴史的にいうと，量子論は，空洞内の電磁輻射の平衡状態に於ける分布を説明しようとする試みに発している．それで先ず，この輻射の分布の諸特徴を手短かに述べることから始めよう．輻射のエネルギーは空洞の壁で創られる．空洞の壁からはあらゆる可能な振動数と方向とをもつ波がたえず放出されており，温度と共に極めて急速に増大する．しかし空洞内の輻射エネルギーの総量が時間と共に増大し続けて，無限大になってしまうというようなことはない．放出過程には，空洞内に既に存在している輻射の強度に比例して起る吸収過程が桔抗しているからである．熱力学的な平衡状態に於いては，振動数が ν と $\nu+d\nu$ の間にあるエネルギーの量 $U(\nu)d\nu$ は，空洞の壁がこの振動数の輻射を出す割合と，同じ振動数の輻射を壁が吸収する割合とが釣合っているという条件から定められる．平衡に達した後では，$U(\nu)$ は壁の温度だけに関係し，壁の物質，あるいは構造によらないことが実験的にも理論的にも証明されている*．

この輻射を観測するには，壁に孔をあければよい．孔が空洞の大きさにくらべてずっと小さいならば，その孔のために空洞内部の輻射エネルギーの分布がうける変化は，殆ど無視できる．そしてこの孔を通って出てくる輻射の単位立体角当りの強さは $I(\nu)=\dfrac{c}{4\pi}U(\nu)$ であることが容易に示される．但し c は光の速度である**．

測定の結果，ある特定の温度では，函数 $U(\nu)$ は第1図の実線で表わされた曲線に従うことが明らかになった．振動数の低いところではエネルギーは ν^2 に比例して増大するが，高振動数では対数的に減少する．温度が昇ってゆくと，極大値は振動数の高い方にずれる．これから物体が熱くなるにつれて，物体の出す輻射の色が変ることの説明がつく．

---

* Richtmeyer and Kennard（2 頁の補足文献表を参照）．
** この式を出すこと，及び黒体輻射の更に完全な説明については Richtmeyer and Kennard をみよ．'黒体' という言葉はこのような空洞の孔からの輻射は完全に黒い物体からのそれと同一であることから起ったものである．

熱力学的議論によって，Wien は，その分布が $U(\nu)=\nu^3 f(\nu/T)$ の形をもつはずであることを示した．しかし f という函数は，熱力学だけからでは定めることができない．Wien は実験曲線と完全とはいえぬまでも，かなり良く合う次の式を得た：

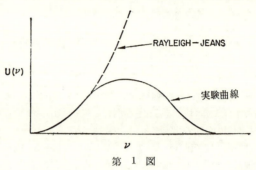

第 1 図

$$U(\nu)d\nu \sim \nu^3 e^{-h\nu/\kappa T}d\nu \quad (\text{Wien の法則}) \tag{1}$$

ここで κ は Boltzmann の常数，h は実験的に定められる常数である (h が有名な作用量子であることは後になってわかってきた)*．

他方，古典的な電気力学を使うと $U(\nu)$ の形は完全に決定されるが，実験と全く合わないようなものが出てくる．この理論からの分布は，以下の諸節で実際に出してみるのであるが，

$$U(\nu)d\nu \sim \kappa T \nu^2 d\nu \quad (\text{Rayleigh-Jeans の法則}) \tag{2}$$

で与えられる．第 1 図に見る通り，Rayleigh-Jeans の法則は低振動数では実験と一致するが，振動数の高いところでは実験より遥かに多くの輻射を与えることになる．事実全エネルギーを得るためにすべての振動数にわたって積分すると，その結果は発散する．そして，空洞が無限大のエネルギーを含むという馬鹿げた結論にゆきつくのである．実験では正確な曲線は $h\nu$ が κT 程度となるあたりで，Rayleigh-Jeans の法則から目に見えて外れ始める．そこでわれわれは $h\nu < \kappa T$ では古典的結果に導くが，それ以上の高振動数になると，古典論からずれてくるような理論の展開を試みねばならない．

しかし，古典論をどう修正すべきかということについて議論を進める前に，Rayleigh-Jeans の法則の出所を幾分詳しく調べてみるのが有益だろうと思う．この式を出してくる道筋で古典物理学の失敗するわけを洞察することができるばかりでなく，量子論を理解する上に非常に役に立つ二，三の古典物理学的な

---
* Wien が導入したのは実際には Planck 常数 h ではなくて，常数 h/κ であった．

概念を導入するところまでゆけるからである.

その上, この古典的問題を取扱うために Fourier 解析を導入するのであるが, これはまた将来量子論の問題に適用する際の準備ともなるであろう.

2. 電磁エネルギー 古典電気力学によると, 電磁輻射だけを含み, 物質が存在しない空間もエネルギーを持っている. 実際この輻射エネルギーは, 空洞が熱を吸収できるということの原因になっている. 電場 $\mathfrak{E}(x, y, z, t)$ と磁場 $\mathfrak{H}(x, y, z, t)$ とによってこのエネルギーをかくと

$$E = \frac{1}{8\pi} \int (\mathfrak{E}^2 + \mathfrak{H}^2) d\tau \tag{3}$$

となる*. ここで $d\tau$ は場がとり得る全空間にわたっての積分をあらわすものである.

そこで, われわれの問題は壁がある与えられた温度をもっている時, 空洞内に存在する種々の振動数の輻射の間にこのエネルギーがどのように分配されているかをきめることである. そのための第一歩として, 場を Fourier 分解し, エネルギーを各振動数からの寄与の和として表わしてみる. そうすれば, 輻射場はあらゆる点で, 調和振動子の集りのようにふるまうことがわかるであろう. いわゆる "輻射振動子" である. 次に統計力学をこれらの振動子に適用し, 温度 T の壁と平衡にある各振動子の平均エネルギーを決定する. 最後に与えられた振動数領域にある振動子の数を決め, その数を振動子の平均エネルギーにかければ, この振動数に相当する平衡のエネルギーを, 即ち Rayleigh-Jeans の法則を得るわけである.

3. 電磁ポテンシャル それではまず, 電気力学を簡単に復習することから始めることにする. 電磁場の偏微分方程式は, Maxwell に従って

$$\nabla \times \mathfrak{E} = -\frac{1}{c} \frac{\partial \mathfrak{H}}{\partial t}, \tag{4}$$

$$\nabla \cdot \mathfrak{H} = 0, \tag{5}$$

$$\nabla \times \mathfrak{H} = \frac{1}{c} \frac{\partial \mathfrak{E}}{\partial t} + 4\pi \mathbf{j}, \tag{6}$$

$$\nabla \cdot \mathfrak{E} = 4\pi \rho \tag{7}$$

で与えられる. ここで $\mathbf{j}$ は電流密度, ρ は電荷密度である. (4) 式と (5) 式とから, 一番一般的な電場ならびに磁場は次のように, ベクトル・ポテンシャ

---

* Richtmeyer and Kennard, 第 2 章.

ル a とスカラー・ポテンシャル ϕ とで表わし得るのを示すことができる：

$$\mathcal{H} = \nabla \times a, \tag{8}$$

及び

$$\varepsilon = -\frac{1}{c}\frac{\partial a}{\partial t} - \nabla \phi. \tag{9}$$

ε と $\mathcal{H}$ とがこの形に表わされる時には，（4）式と（5）式とは恒等的に満足され，a 及び ϕ に対する方程式は，（8）及び（9）の関係を（6）式と（7）式とに代入すれば得られる．

だが逆に（8）式と（9）式とを使ってポテンシャルを場によって，一意的に決定することはできない．例えば，任意のベクトル $-\nabla\psi$ をベクトル・ポテンシャルに加えても，$\nabla\times\nabla\psi=0$ であるから磁場は変らない．同時にスカラー・ポテンシャルにも $\frac{1}{c}\frac{\partial\psi}{\partial t}$ を加えておけば，電場もまた変らない．そこで電場と磁場とはポテンシャルの次のような変換に対して不変であることがわかる*；

$$\left.\begin{array}{l} a' = a - \nabla\psi, \\[2mm] \phi' = \phi + \dfrac{1}{c}\dfrac{\partial\psi}{\partial t}, \end{array}\right\} \tag{10}$$

これを"ゲージ変換"と呼んでいる．

ε と $\mathcal{H}$ とに関する表式を簡単にするために，場のゲージ変換に対する不変性が利用できる．通常使われるのは $\mathrm{div}\,a=0$ とするようなゲージをえらぶことである．これが常に可能であることを示すには，勝手な 1 組のポテンシャル：$a(x,y,z,t)$ と $\phi(x,y,z,t)$ とから出発するものと考え，次に（10）式で与えられるゲージ変換を施して新しいポテンシャルの組：a' と ϕ' とをつくる．$\mathrm{div}\,a'=0$ とするためには ψ を

$$\mathrm{div}\,a - \nabla^2\psi = 0$$

であるようにとらねばならない．ところがこの式は丁度既知の函数 $\mathrm{div}\,a$ によって ϕ を定義する Poisson の方程式である．実際この解は常に存在して，

$$\psi = -\frac{1}{4\pi}\iiint \frac{\mathrm{div}\,a(x',x',z',t)dx'dy'dz'}{|r-r'|}$$

である．これで $\mathrm{div}\,a'=0$ を与えるゲージ変換を何時でも遂行できることが証明された．

さて，<u>真空</u>に於いては $\mathrm{div}\,a=0$ ととると $\phi=0$ となり，従って電場の表式

---

* ε と $\mathcal{H}$ とだけが電磁場とむすびついた物理的に意味のある量である．

がかなり簡単になることが示される．これをやるには，(9) 式を (7) 式に代入し，真空には電荷が存在しないという仮定にしたがい $\rho=0$ とおく．その結果は

$$\operatorname{div} \boldsymbol{\varepsilon} = -\frac{1}{c}\operatorname{div}\frac{\partial \boldsymbol{a}}{\partial t} - \nabla^2\phi = 0$$

となる．ところが $\operatorname{div}\boldsymbol{a}=0$ であるから

$$\nabla^2\phi=0$$

が得られる．これはまさに Laplace の方程式である．周知の如く，この方程式の全空間にわたって正則である唯一の解は $\phi=0$ である（他のすべての解は空間内のある点に電荷が存在することにあたり，従ってそれらの点では Laplace の方程式は成立しない）．しかし $\phi=0$ という条件は真空に於いてだけでてくるものであることに注意せねばならない．電荷がある時には(7)式は Poisson の方程式：$\nabla^2\phi=-4\pi\rho$ となるからである．この方程式は ρ が到るところで零になるようなことがなければ，零でない正則な解をもっている．

それで真空に於いては場に対して次の表式を得るという結論に達する．

$$\boldsymbol{\mathcal{H}} = \nabla\times\boldsymbol{a}, \tag{11}$$

$$\boldsymbol{\varepsilon} = -\frac{1}{c}\frac{\partial \boldsymbol{a}}{\partial t}. \tag{12}$$

なお $\boldsymbol{a}$ は

$$\operatorname{div}\boldsymbol{a}=0 \tag{13}$$

という条件に従うものである．

最後に真空中の $\boldsymbol{a}$ を決める偏微分方程式を導いておこう．さらに，物質の存在しないときは必ずそうなるのであるが，$\boldsymbol{j}=0$ と仮定すると，(11), (12), (13) 式を (6) 式に代入して，

$$\nabla^2\boldsymbol{a} - \frac{1}{c^2}\frac{\partial^2\boldsymbol{a}}{\partial t^2} = 0 \tag{14}$$

が得られる．(11), (12), (13), (14) の各方程式と境界条件とで電荷または電流を含まない空洞内にある電磁場を完全に決定することができる．

4. 境界条件　第1節で指摘しておいたように，平衡状態にある空洞内のエネルギー密度の分布は容器の形や壁をつくっている物質には依らないことが，実験的にも理論的にも証明されている*．従って，平衡状態と矛盾しない可能な

---

* 理論的証明には統計力学を使わねばならない．例えば R. C. Tolman, *The Principles of Statistical Mechanics*, Oxford, Clarendon Press, 1938 を見よ．

境界条件の中で，一番簡単なものをとればよい．実験の立場からみると幾分不自然ではあるが，数学的取扱いが非常に簡単になる1組の境界条件をとることにする．即ち，電気の導体でない何かの物質のごく薄い壁をもつ一辺 L の立方体を考える．次にこの構造が空間のすべての方向にくり返され，従って空間は一辺 L の立方体で満されているものと考える．更に，各立方体の対応する点に於ける場はすべて相等しいものとする．

　さて，これらの境界条件が与える平衡状態に於いての輻射密度は，壁の上での他のどんな境界条件の与えるそれとも同じであることを云おう＊．これを証明するには，なぜ平衡のための条件が境界の型の如何に関係しないかを問うだけでよい．熱力学的観点からいうと，壁は単に着目している物理系がエネルギーを得るのを，あるいは失うのをふせぐのに役立っているのに過ぎないというのが，それに対する答である．場を週期的にするということも同じ効果をもつはずである．なぜというに，各立方体はエネルギーを他の立方体にやることも，また他の立方体からもらうことも出来ないからで，もしそうでないとすると系は週期的でなくなってしまうにちがいない．こうして個々の立方体のどれに於いても，エネルギーを一定に保つという重要な役目をするような境界条件が得られたわけである．この境界条件は人工的ではあるが，それは正しい答を必ず与え，又場の Fourier 解析を簡単にして計算をより容易にするのである．

5. Fourier 解析　さて，$a(x, y, z, t)$ は Maxwell 方程式の考え得る勝手な解としょう．但しわれわれの境界条件から課せられる一つの制限，即ち，週期 L/n を以て空間的に週期的でなければならぬという制限だけはついているものとする＊＊．ここで n は整数である．勝手な週期函数＊＊＊ $f(x, y, z, t)$ が次のように Fourier の級数で表わし得るということは周知の数学の定理である．

$$f(x, y, z, t)$$
$$= \sum \left[a_{l,m,n}(t) \cos \frac{2\pi}{L}(lx+my+nz) + b_{l,m,n}(t) \sin \frac{2\pi}{L}(lx+my+mz) \right], \quad (15)$$

l, m, n は零をも含めて $-\infty$ から ∞ までの値をとる整数である．a と b とを

＊ これらの條件をおけば，壁は実際上必要ではない．熱力学からの結果は，例えば完全反射体，あるいは完全吸収体をも含む勝手な壁について同一である．

＊＊ 勿論 a が無限大になったり，不連続になったりしないようにする通常の正則性の条件はついているものとしている．

＊＊＊ この函数は階段的に連続 (piecewise continuous) でなければならない，

第 1 章　量子論の起原　　　11

(15) 式の右辺の級数が収斂するようにえらべば，どのようなえらび方をしても，ひとつの函数 $f(x, y, z, t)$ が定義され，この函数は各時刻に於いて，x か y か z かが L だけ変るとき，同じ値をとるという意味で週期的である．函数 $f(x, y, z, t)$ がわかっているときには，$a_{l,m,n}(t)$ と $b_{l,m,n}(t)$ とは次の式で与えられるのを示すことができる：

$$
\left.
\begin{aligned}
&a_{l,m,n}(t) + a_{-l,-m,-n}(t) \\
&= \frac{2}{L^3} \int_0^L \int_0^L \int_0^L dxdydz \, \cos \frac{2\pi}{L}(lx + my + nz) f(x, y, z, t), \\
&b_{l,m,n}(t) - b_{-l,-m,-n}(t) \\
&= \frac{2}{L^3} \int_0^L \int_0^L \int_0^L dxdydz \, \sin \frac{2\pi}{L}(lx + my + nz) f(x, y, z, t).
\end{aligned}
\right\} \quad (16)
$$

これらの式は a の和と b の差とだけが函数 f によって決められるという事実を表わしている．

上に述べたところから，f は $a_{l,m,n} + a_{-l,-m,-n}$ と $b_{l,m,n} - b_{-l,-m,-n}$ とによって完全に規定できるという結論が得られる．しかし，われわれは $a_{l,m,n}$ と $b_{l,m,n}$ とで書いておくことにしたい．その方が数学的により簡単な形になるからである．

(16) 式を出すには次の直交条件を使う[*]：

$$
\left.
\begin{aligned}
&\int_0^L \int_0^L \int_0^L dxdydz \, \cos \frac{2\pi}{L}(lx + my + nz) \sin \frac{2\pi}{L}(l'x + m'y + n'z) = 0, \\
&\int_0^L \int_0^L \int_0^L dxdydz \, \cos \frac{2\pi}{L}(lx + my + nz) \cos \frac{2\pi}{L}(l'x + m'y + n'z) = 0,
\end{aligned}
\right\} \quad (17a)
$$

ただし，$\begin{pmatrix} l = l' \\ m = m' \\ n = n' \end{pmatrix}$ あるいは，$\begin{pmatrix} l = -l' \\ m = -m' \\ n = -n' \end{pmatrix}$

の場合には上の積分は $L^3/2$ となり，特に $l = m = n = 0$ の時には L^3 となる．

$$
\int_0^L \int_0^L \int_0^L dxdydz \, \sin \frac{2\pi}{L}(lx + my + nz) \sin \frac{2\pi}{L}(l'x + m'y + n'z) = 0, \quad (17b)
$$

ただし，$\begin{pmatrix} l = l' \\ m = m' \\ n = n' \end{pmatrix}$ あるいは，$\begin{pmatrix} l = -l' \\ m = -m' \\ n = -n' \end{pmatrix}$

---

[*] "直交" (orthogonality) という言葉の由来については第 16 章 10 節を見よ．また第 10 章 24 節も参照．

ならば $L^3/2$ となる [読者は演習として (17a) と (17b) とを証明し, その結果を使って (16) 式を出してみるがよい].

以上の形のFourier解析によって任意の函数をあらゆる可能な波長と振幅とをもった平面定常波の和として表わすことができる. この取扱いはすべて, それが3次元的であることを除けば, 絃やオルガンパイプに於ける波に対して使われるものと本質的に同じである.

そこで今度はベクトル・ポテンシャルを Fourier 級数に展開してみよう. $\boldsymbol{a}$ は3個の成分をもったベクトルであるから, $a_{l,m,n}$ 及び $b_{l,m,n}$ の各々も3個の成分をもち, 従ってベクトルとして表わされるべきものである:

$$\boldsymbol{a}=\sum\left[\boldsymbol{a}_{l,m,n}(t)\cos\frac{2\pi}{L}(lx+my+nz)+\boldsymbol{b}_{l,m,n}(t)\sin\frac{2\pi}{L}(lx+my+nz)\right],$$

上の級数では $\boldsymbol{a}_{0,0,0}$ は零にとってある*.

ここで, 次のように定義される伝播ベクトル $\boldsymbol{k}$ を導入する:

$$\left.\begin{aligned}k_x=\frac{2\pi l}{L}, \quad k_y=\frac{2\pi m}{L}, \quad k_z=\frac{2\pi n}{L}, \\ k^2=\left(\frac{2\pi}{L}\right)^2(l^2+m^2+n^2).\end{aligned}\right\} \tag{18}$$

z 軸がベクトル $\boldsymbol{k}$ の向きと一致するように座標軸をとると, $l=m=0$, 従って $k=2\pi/L$ となる.

k の定義から $k/2\pi$ は距離 L の中にある波の数ということになり, 従って波長: $\lambda=2\pi/k$, かきかえて,

$$k=2\pi/\lambda. \tag{19}$$

この座標系での波の典型的な形は $\cos 2\pi nz/L$ となるから, ベクトル $\boldsymbol{k}$ は波の位相が変化してゆく方向と一致するわけである. 勝手な座標軸に戻ると $\boldsymbol{k}$ は波の伝播の方向をむいているベクトルということになる. その大きさは $2\pi/\lambda$ で (18) 式に於いて整数の l,m,n によって許される値だけをとる.

このように記号を簡潔にすると

---

* これは, $\boldsymbol{a}$ の中の空間的に一定な部分は, 磁場がなく空間的に一様な電場 $\left(\boldsymbol{\varepsilon}=-\dfrac{1}{c}\dfrac{\partial\boldsymbol{a}}{\partial t}\right)$ があるのに相当する, ということに由来している. このような場はそれをつくる荷電分布がどこかに, 即ち境界上にあることを要求するが, われわれはそのような分布がないと仮定しているから $\boldsymbol{a}_{0,0,0}=0$ とおくわけである.

$$a = \sum_k [a_k(t) \cos \boldsymbol{k} \cdot \boldsymbol{r} + b_k(t) \sin \boldsymbol{k} \cdot \boldsymbol{r}] \tag{20}$$

と書ける. ここで和は $\boldsymbol{k}$ のあらゆる可能な値についてとるものである.

6. 波の偏り 次に条件 $\mathrm{div}\, \boldsymbol{a} = 0$ に Fourier 展開 (20) を適用すると:

$$\mathrm{div}\, a = \sum_k (\boldsymbol{k} \cdot \boldsymbol{a}_k \sin \boldsymbol{k} \cdot \boldsymbol{r} + \boldsymbol{k} \cdot \boldsymbol{b}_k \cos \boldsymbol{k} \cdot \boldsymbol{r}) = 0.$$

Fourier 級数が恒等的に零であるならば, 係数 $\boldsymbol{a}_k$ と $\boldsymbol{b}_k$ とはすべて零でなければならないというのはよく知られた定理である.

問題 1: 直交條件 (17) を使って上の定理を証明してみよ.

上に述べたところから $\boldsymbol{k} \cdot \boldsymbol{a}_k(t) = \boldsymbol{k} \cdot \boldsymbol{b}_k(t) = 0$ が出る. こうして $\boldsymbol{a}_k(t)$ と $\boldsymbol{b}_k(t)$ とは $\boldsymbol{k}$ に直交し, 又 k 番目の波に属する電場と磁場とが $\boldsymbol{k}$ に直交することになる. 振動が伝播方向に垂直であるから, その波は横波である. 電場の方向をまた偏りの方向ともいう.

$\boldsymbol{a}_k$ の向きを記述するために z 軸が $\boldsymbol{k}$ の方向を向いている座標系に立ち戻ることにしよう. ベクトル $\boldsymbol{a}_k$ はこの座標系で x 成分と y 成分とだけしか持っていないから, それらの値をきめれば, $\boldsymbol{a}_k$ の大きさと方向と両方が規定されるわけである.

ベクトル $\boldsymbol{a}_k$ の方向を添え字 μ で指示し, $\boldsymbol{a}_{k,\mu}$ と書くことにする. ここで μ の値は 1 と 2 とだけが許され, $\mu=1$ のときは $\boldsymbol{a}_{k,\mu}$ は x 方向を向き, $\mu=2$ ならば y 方向を向いている. あらゆる可能なベクトル $\boldsymbol{a}_k$ はあるベクトル $\boldsymbol{a}_{k,1}$ とある他のベクトル $\boldsymbol{a}_{k,2}$ の和として表わすことができる. 従って, $\mathrm{div}\, \boldsymbol{a} = 0$ の条件に従う. 一番一般的なベクトル・ポテンシャルは

$$a = \sum_{k,\mu} [a_{k,\mu}(t) \cos \boldsymbol{k} \cdot \boldsymbol{r} + b_{k,\mu}(t) \sin \boldsymbol{k} \cdot \boldsymbol{r}] \tag{21}$$

で与えられる. ここで和はすべての許される $\boldsymbol{k}$ ベクトルと, μ の可能な二つの値にわたるものである.

(14) 式と (21) 式とから, $\boldsymbol{a}_{k,\mu}$ は次の微分方程式を満足することが証明できる.

$$\frac{d^2 \boldsymbol{a}_{k,\mu}}{dt^2} + k^2 c^2 \boldsymbol{a}_{k,\mu} = 0. \tag{22}$$

これは各項 $\boldsymbol{a}_{k,\mu}$ が角振動数 $\omega = kc$ を以て調和振動をすることを示している.

7. 電磁エネルギーの算出 電磁エネルギーを算出する第一歩は, $\mathscr{E}$ と $\mathscr{H}$ と

を a に対する Fourier 級数によって表わすことである. それらの表式は:

$$\mathbf{\varepsilon} = -\frac{1}{c}\sum_{k,\mu}(\dot{a}_{k,\mu}\cos k\cdot r + \dot{b}_{k,\mu}\sin k\cdot r),$$

$$\mathbf{\mathscr{H}} = \sum_{k,\mu}(-k\times a_{k,\mu}\sin k\cdot r + k\times b_{k,\mu}\cos k\cdot r)$$

となる.

問題 2: $\mathbf{\varepsilon}$ と $\mathbf{\mathscr{H}}$ とに関する上の表式を導いてみよ.

さて一辺 L の立方体について次の積分を計算しよう.

$$\frac{1}{8\pi}\int\mathbf{\varepsilon}^2 d\tau = \frac{1}{8\pi c^2}\sum_{k,\mu}\sum_{k',\mu'}\int_0^L\int_0^L\int_0^L dxdydz\cdot$$

$$\begin{pmatrix}\dot{a}_{k,\mu}\cdot\dot{a}_{k',\mu'}\cos k\cdot r\cos k'\cdot r + \dot{b}_{k,\mu}\cdot\dot{b}_{k',\mu'}\sin k\cdot r\sin k'\cdot r \\ +\dot{a}_{k,\mu}\cdot\dot{b}_{k',\mu'}\cos k\cdot r\sin k'\cdot r + \dot{b}_{k,\mu}\cdot\dot{a}_{k',\mu'}\sin k\cdot r\cos k'\cdot r\end{pmatrix},$$

(17) 式を援用すれば, $k=k'$ の時を除いてすべての積分が消えること, 及び $\dot{a}_{k,\mu}\dot{b}_{k,\mu}$ を含む項はすべて零であることがわかる. 更に $\mu=\mu'$ でなければ $\dot{a}_{k,\mu}\dot{a}_{k,\mu'}=0$ である. $\mu\neq\mu'$ の時は二つのベクトルは定義によって互いに直交する. 故に上の表式は

$$\int\frac{\mathbf{\varepsilon}^2 d\tau}{8\pi} = \frac{L^3}{8\pi c^2}\sum_{k,\mu}\left[\frac{1}{2}(\dot{a}_{k,\mu})^2 + \frac{1}{2}(\dot{b}_{k,\mu})^2\right]$$

に変形できる. 幾分代数的に複雑ではあるが同様な方法で

$$\int\frac{|\mathbf{\mathscr{H}}|^2 d\tau}{8\pi} = \frac{L^3}{8\pi}\sum_{k,\mu}k^2\left[\frac{1}{2}(a_{k,\mu})^2 + \frac{1}{2}(b_{k,\mu})^2\right]$$

が得られる.

問題 3: $\int|\mathbf{\mathscr{H}}|^2 d\tau$ に対する上の表式を出してみよ.

このようにして空洞内の電磁エネルギーは ($L^3 = V$ と書いて)

$$E = \frac{V}{8\pi c^2}\sum_{k,\mu}\left\{\frac{1}{2}[(\dot{a}_{k,\mu})^2 + c^2k^2(a_{k,\mu})^2] + \frac{1}{2}[(\dot{b}_{k,\mu})^2 + c^2k^2(b_{k,\mu})^2]\right\} \quad (23)$$

となる.

8. 電磁エネルギーに対する前節の結果の意味 以下に述べるのは (22) 式のもつところの最も重要な性質である:

(1) エネルギーは, 各 $a_{k,\mu}$ 中の一項と各 $b_{k,\mu}$ 中の一項とからなる別々の項の和になっている. このことはちがった波長と偏りをもつ波は互いに相互

第 1 章　量子論の起原　　　　　　　15

作用しないことを意味している．なぜなら任意の二つの物理系が相互作用する時は，必ず一方の系のエネルギーが他の系の状態に依存するはずだからである．ここで伝播ベクトル k と偏りの方向 μ をもつ波のエネルギーは $\dot{a}_{k,\mu}$ の自乗と $a_{k,\mu}$ の自乗とだけに比例して，他の a や b の何れにも関係しないということがわかる．同様な結果は b の各々に対しても成立している．

（2）各 $a_{k,\mu}$（或いは $b_{k,\mu}$）に関連したエネルギーは，物質の調和振動子のそれと数学的に同じ形をもっている．質量 m，角振動数 ω の調和振動子のエネルギーは

$$E = \frac{m}{2}(\dot{x}^2 + \omega^2 x^2)$$

である．輻射振動子の場合には，類推から

$$m = \frac{V}{8\pi c^2}, \quad \omega = kc$$

と書ける．この時振動数は $f = \omega/2\pi = kc/2\pi = c/\lambda$ となる．いうまでもなく波長 λ の電磁波は丁度上の振動数をもつことがわかっている*．これはわれわれの調和振動子との類推が a の振動の仕方の正しい記述を与えることを示すものである．物質の振動子との類推は更に進めることができる．例えば，物質振動子と共に，運動量 $p = m\dot{x}$ を導入してみよう．今の場合の運動量は

$$p_{k,\mu} = \frac{V}{8\pi c^2}\dot{a}_{k,\mu}$$

である．次にこの運動量を使って Hamilton 函数が導入できる．物質振動子の Hamilton 函数：

$$H = \frac{p^2}{2m} + \frac{m\omega^2 x^2}{2}$$

は，$a_{k,\mu}$ に対しては

$$H = \frac{8\pi c^2}{L^3}\frac{(p_{k,\mu})^2}{2} + \frac{L^3}{8\pi}k^2\frac{(a_{k,\mu})^2}{2} \tag{24}$$

となる．$b_{k,\mu}$ についても同様な Hamilton 函数を導くことができる．

正しい運動方程式は Hamilton の方程式

$$\dot{a}_{k,\mu} = \frac{\partial H}{\partial p_{k,\mu}} \quad 及び \quad \dot{p}_{k,\mu} = -\frac{\partial H}{\partial a_{k,\mu}}$$

から得られるが，これはさきに a を Maxwel 方程式に直接代入して得た (22)

---

* また (22) 式も参照せよ．

式を与える. 即ち

$$\ddot{a}_{k,\mu} + c^2 k^2 a_{k,\mu} = 0. \tag{25}$$

b に対しても同様な結果が得られる.

$a_{k,\mu}$ と $b_{k,\mu}$ とは今見たように,別々の,相互作用しない調和振動子の座標と似ている. $a_{k,\mu}$ と $b_{k,\mu}$ とはまたある意味で,輻射場の座標とみなすことが出来よう. 一度それらが与えられれば,場は (20) 式によって到る処に規定されるからである. これらの座標の数は無限個である. k の可能な値は無限にあるからである. しかし,この無限大は離散的,すなわち,可附番であって,直線上の点の連結的な無限大とは異っている. Fourier 級数の一番の利点は連続的な空間領域にわたる場を可附番無限個の座標で記述できるようにするところにある.

k の許される値の各々に対してどれだけの独立な座標が存在するであろうか. 第一に二つの偏りの方向があり,次に各 k と各 μ とに対して一つの $a_{k,\mu}$ と一つの $b_{k,\mu}$ がある. それで一見,k の各値に対して 4 個の独立な座標が必要であるように見えよう. ところが (16) 式から $a_{k,\mu} + a_{-k,\mu}$ 及び $b_{k,\mu} + b_{-k,\mu}$ の組合せだけを規定すればよく,従って必要な変数の数は因子 2 だけ減ることがわかる. それで各々について独立な座標は 2 個であることになる.

9. 振動子の個数 今度は振動数が ν と $(\nu + d\nu)$ との間にある振動子の数を求めなければならない. $\nu = kc/2\pi$ だからこの問題は k と $k + dk$ の間にある振動子の個数を見出す問題と同じことになる.

さて,ある適当な k の値に対し,箱の中に入る波の数は普通非常に多い. 例えば,中程度の温度では,輻射の大部分が赤外部にある,即ち 10^{-4} cm 程度の波長をもっている. 従って,もう 1 波長余計に箱の中に入るように k を変えても,k は極く僅かずれるにすぎない. それ故,重要な物理量(平均エネルギーのような)がその際目立った変化はしないが,なお,非常に多くの輻射振動子が含まれるように幅 dk を選ぶことが可能である. これは,振動子の個数を仮想的に連続であるとして扱うことができ,従ってそれを密度函数で表わすことができる,ということを意味するものである.

次に体積 $dk_x dk_y dk_z$ 内の振動子の個数を見出さねばならない. 座標が l, m, n であるような空間を考えると,あらゆる時刻に l, m, n が別々のちがった整数値をとる振動子が 1 個ずつ存在する. 従って l, m, n 空間の単位立方体当りに 1 個の振動子が存在する. だからこの空間に於ける密度は 1 であるというこ

とになる. (18) 式を使って k 空間に移れば

$$\delta N_1 = dl\,dm\,dn = \frac{V}{(2\pi)^3}dk_x dk_y dk_z \tag{26}$$

が得られる. ここで k 空間に於いての極座標をとると都合がよい. $k^2 = k_x{}^2 + k_y{}^2 + k_z{}^2$ と定義すれば, 体積要素は $k^2 dk d\Omega$ になる; $d\Omega$ は立体角要素である. $\boldsymbol{k}$ の方向は問題にしていないから, $d\Omega$ について積分すれば体積要素は $4\pi k^2 dk$ となり,

$$\delta N_1 = \frac{4\pi V}{(2\pi)^3}k^2 dk, \tag{27}$$

$\nu = kc/2\pi$ と書くと

$$\delta N_1 = 4\pi V \frac{\nu^2 d\nu}{c^3}, \tag{28}$$

これが ν と $\nu + d\nu$ の区間内で k に許される値の個数である. $\boldsymbol{a}$ と $\boldsymbol{b}$ との意味を論じた節で示したように, 各 k に対し, 二つの偏りの方向に対応して 2 個の独立な座標が存在するから, ν と $\nu + d\nu$ の間の振動子の全個数は

$$\delta N = 2\delta N_1 = \frac{8\pi V}{c^3}\nu^2 d\nu \tag{29}$$

であることがわかる.

10. エネルギーの等分配　各振動子が壁と熱力学的平衡にあるときに持つ平均エネルギーを勘定するために, これらの振動子に古典統計力学を適用しよう. この理論は物質振動子のみについて導かれたものであるが, その推論には運動方程式の形式的性質だけしか含まれていない. それ故, 形式的に物質振動子と同様に作動する他のどんな力学系でも, 同じ平衡エネルギー分布を持つはずである. 独立な, 互いに相互作用にない系のどんな集団 (例えばわれわれの輻射振動子のあつまり) にあっても座標が q と $q + dq$ との間にあり, 且つ対応する運動量が p と $p + dp$ との間にある確率は

$$Ae^{-E/\kappa T}dp\,dq$$

に等しいことが古典統計力学に於いてわかっている[*]. E は全エネルギー, すなわち, 運動エネルギーとポテンシャル・エネルギーの和を表わし, A は規格化因子であって, 加え合せた全確率が 1 になる, すなわち

$$\int_{-\infty}^{\infty}\int_{-\infty}^{\infty}Ae^{-E/\kappa T}dp\,dq = 1$$

---

[*] R. C. Tolman, *The Principles of Statistical Mechanics*.

という要求から決定される.

完全気体に対しては $E = p^2/2m$ で周知の Maxwell-Boltzmann の速度分布

$$Ae^{-p^2/2m\kappa T}dpdq$$

が得られる. 調和振動子に対しては

$$E = \frac{p^2}{2m} + m\omega^2\frac{q^2}{2}$$

であるが, これらの式を

$$p = \sqrt{2m}\,P; \quad q = \frac{Q}{\omega}\sqrt{\frac{2}{m}}$$

で定義される新変数に変換した方が都合がよい. その結果, $E = P^2 + Q^2$ となり

$$\frac{1}{A} = \int_{-\infty}^{\infty}\int_{-\infty}^{\infty} e^{-E/\kappa T}\frac{2}{\omega}dPdQ.$$

系が P と $P+dP$ 及び Q と $Q+dQ$ との間に在る確率は

$$dW(P, Q) = \frac{e^{-(P^2+Q^2)/\kappa T}dPdQ}{\displaystyle\int_{-\infty}^{\infty}\int_{-\infty}^{\infty} e^{-(P^2+Q^2)/\kappa T}dPdQ}$$

である. 相空間の極座標, R, ϕ に移れば

$$P^2 + Q^2 = R^2 = E, \quad 即ち \quad RdR = \frac{dE}{2},$$

面積要素は

$$RdRd\phi = \frac{1}{2}d(R^2)d\phi = \frac{dE}{2}d\phi$$

となる. 方向は問題にしないから, 角 ϕ について積分してよい. すると規格化された, エネルギーが E と $E+dE$ の間にある確率に対し

$$W(E)dE = \frac{e^{-E/\kappa P}dE}{\displaystyle\int_0^{\infty} e^{-E/\kappa T}dE}$$

を得る. エネルギーの平均値 $\overline{E}$ は, $EW(E)$ を全エネルギーに亙って積分すると得られる. これは各エネルギーにその確率に従って'重み'をつけることである.

$$\overline{E} = \frac{\displaystyle\int_0^{\infty} Ee^{-E/\kappa T}dE}{\displaystyle\int_0^{\infty} e^{-E/\kappa T}dE} = \kappa T\frac{\displaystyle\int_0^{\infty} e^{-\epsilon}\epsilon d\epsilon}{\displaystyle\int_0^{\infty} e^{-\epsilon}d\epsilon} = \kappa T, \tag{30}$$

但し, $\epsilon = E/\kappa T$. こうして各振動子の平均エネルギーは κT であることが明ら

かにされた．これはエネルギー等分配の定理の一例である．

(29) 式及び (30) 式から得られる知識を綜合すれば，Rayleigh-Jeans の法則：

$$U(\nu)d\nu = \overline{E}\delta N = \frac{8\pi V}{c^3}\kappa T\nu^2 d\nu \tag{31}$$

が得られるが，この法則は実験と一致しないため，古典物理学の諸概念は，物質と輻射との相互作用を記述するのに，どこか妥当でないと推断されるのである．

Planck の 仮 説

11. 輻射振動子の量子化　以上の取扱いに対し，高振動数部分からのエネルギーへの寄与を減少させ得るような修正をもとめて，Planck は以下と同等な仮説に到達した：　固有振動数 ν の振動子のエネルギーは素量 $h\nu$ の整数倍に限られるというのである．この基本単位はすべての振動子に対して同一ではない．何故ならば，それが振動数に比例するからである．そうであるとすれば，振動子のエネルギーは $E=nh\nu$ となる．n は 0 から ∞ までのどんな整数でもよい．この仮定を使って，Planck は観測された輻射の分布と実験誤差の範囲内で厳密に合う結果を得た．

古典力学に従うと，振動子がどんなエネルギーをとろうと，何の制限も存在しない．ラジオ波，時計のぜんまいや振子といった振動子に関するわれわれの経験はこの予言を確証するように思われる．それでは Planck の仮説はこれらすべての周知の結果ととどうして矛盾しないのであろうか．その答は h が非常に小さな量——ほゞ 6.6×10^{-27} エルグ×秒に等しい ——であるということである．そのため，10^{10} サイクル/秒程度の高振動数のマイクロウェーブに対してさえ，エネルギーの基本単位は 6.6×10^{-17} エルグに過ぎず，現在，われわれのもっている一番感度の良い装置を使うのでなければ検出できない．1 秒程度の週期の時計のぜんまいや振子では，エネルギーの素量は明らかに非常に小さく，現在やることのできる比較的大まかな観測ではエネルギーの許される値は連続的であるかのようにみえる．しかし光波なら，$\nu \sim 10^{15}$，従って $h\nu \cong 10^{-12}$ エルグとなって感度の良い器械を使えば検出できる値になる．このように，振動

---

* Richtmeyer and Kennard, 161 頁を見よ．

が高くなれば，素量は大きくなり，エネルギー準位が量子化されることも観測し易くなる．

Planck のエネルギーの分布を出すには，振動子がその許される n 番目の値に相応するエネルギーを持つ確率を知る必要がある．ところで，n が非常に大きくてエネルギーの離散的性格が重要でなくなる（例えば，ラジオ波）ときには，そういった領域で正しいことがわかっている古典力学と矛盾しない結果が得られねばならない．両者を合致させる一番簡単なやり方は，上の確率を古典論に於けるそれと同じエネルギーの函数，すなわち，$e^{-E/\kappa T}$ にとることである*.

すると与えられたエネルギー $E_n = nh\nu$ に対して，確率は

$$W(n) \sim e^{-E_n/\kappa T} = e^{-nh\nu/\kappa T}$$

になる．これを規格化して

$$W(n) = \frac{e^{-nh\nu/\kappa T}}{\sum_{n=0}^{\infty} e^{-nh\nu/\kappa T}} = e^{-nh\nu/\kappa T}(1 - e^{-h\nu/\kappa T})$$

と書くと**，平均エネルギーは

$$\overline{E} = \sum_{n=0}^{\infty} E_n W(n) = (1 - e^{-h\nu/\kappa T}) \sum_{n=0}^{\infty} e^{-nh\nu/\kappa T} nh\nu$$

$$= h\nu (1 - e^{-h\nu/\kappa T}) \sum_{n=0}^{\infty} n e^{-nh\nu/\kappa T}$$

である．最後の式の和を計算するには，

$$\sum_{n=0}^{\infty} n e^{-n\alpha} = -\frac{d}{d\alpha} \sum_{0}^{\infty} e^{-n\alpha} = -\frac{d}{d\alpha} \frac{1}{1-e^{-\alpha}} = \frac{e^{-\alpha}}{(1-e^{-\alpha})^2}$$

と変形できるから，この結果を使って

$$\overline{E} = \frac{h\nu e^{-h\nu/\kappa T}}{1 - e^{-h\nu/\kappa T}} \tag{32}$$

---

* このとり方は黒体のエネルギー分布の説明の成功によって，ある程度正当化される一つの仮定にすぎない．しかし，系統的に展開された量子統計の理論（Tolmann, *The Principles of Statistical Mechanics* を見よ）によると他ならぬこの確率分布のみが熱力学的平衡に導くことが示される．

** 展開 $\dfrac{1}{1-x} = \displaystyle\sum_{n=0}^{\infty} x^n$ を使う．

第 1 章　量子論の起源　　21

を得る．そこで δN を乗ずれば Planck の分布：

$$U(\nu) = \frac{8\pi V}{c^3} h\nu^3 \frac{e^{-h\nu/\kappa T}}{1 - e^{-h\nu/\kappa T}} \tag{32-a}$$

に達するわけである．

12.　結果の吟味　$h\nu/\kappa T$ が小さいときには，(32)の指数函数を ($h\nu/\kappa T$ について) 展開できる．この展開の第一項だけを残せば，$\bar{E} = \kappa T$，すなわち，古典的結果が得られる．これは Rayleigh-Jeans の法則が $h\nu/\kappa T$ が小さいときには正しいという事実と一致する．$h\nu/\kappa T$ が大きくなると，$\bar{E} \to h\nu e^{-h\nu/\kappa T}$ の Wien の法則になる．両者の間でも全温度にわたって実験と見事に一致するのである．それ故 Planck の仮説の奇妙さにもかかわらず，明らかにそこには何かがあるはずである．

高振動数の振動子での平均エネルギーの減少は，振動子を最低の励起状態に移すのに多大のエネルギーを要するために起るのである．この励起状態はなかなか実現されないものであるが，ν が低くなるか，T が高くなるかにつれて，振動子が1量子のエネルギーをずっと容易に得られるようになってくる．振動子が高い量子数 n に励起された後では，そのふるまいは実質上古典的となるであろう．エネルギーの素量が平均エネルギー κT より，はるかに小さくなるからである．

13.　輻射振動子対物質振動子　Planck のもともとの考えは，われわれが先にやったような輻射振動子を量子化する，というものではなかった．そうではなく，Planck は輻射が容器の壁の物質振動子と平衡にあり，それらの物質振動子は $E = nh\nu$ をもつ量子の形に於いてだけ輻射エネルギーを放出，あるいは吸収できるにすぎないと仮定したのである．この仮定によって Planck は輻射振動子の量子化による場合と厳密に同一の輻射エネルギー分布を得た．輻射振動子の量子化は後からの考え方であって，その適用範囲が広く，多くの結論がひき出せることが今にわかるであろう．更に，輻射振動子を量子化するという手段は，黒体のスペクトルが壁を構成する物質に関係しないという事実を説明するためにも殆ど不可避的なものであろう．スペクトルが壁の物質に依らないことを説明する唯一の別の可能性は，調和振動子ばかりでなく，すべての物質が，$E = h\nu$ の大いさの量子の形に於いてだけ輻射と吸収，あるいは放出できるとすることである．しかし，これは放出された輻射はどれも $E = h\nu$ のエネルギーだけしか持てないということを意味する．たとえそうでないエネルギーを

もつものがあったとしても,それは仮説によって物質と相互作用することができず,従って検出不可能だからである.それ故,この仮定はすべての輻射振動子のもつエネルギー $E=nh\nu$ に限られると言うこととと同等である.

14. 物質振動子の量子化 Planck の量子仮説を物質振動子にもあてはめられるかどうかを明らかにするためには固体の比熱を考えてみるとよい.例えば,結晶内に於いて,各原子はそれらの固有の格子点に存在するときは平衡を保っているが,擾乱を受けると平衡点のまわりに振動する.その振動が小さい場合には近似的に調和振動とみてよい.

第一近似として振動子は互いに独立であるとみなすことができる.振動子の振動数は,原子の質量と結晶の弾性係数とによって勘定できる (Richtmeyer and Kennard を見よ).古典的な等分配則によれば,各振動子はエネルギー κT をもつのであるから,比熱は1原子当り κ の寄与をすることになる.ところが実験的には,第2図に示すように,比熱は絶対零度で零に近づき,温度が高くなって漸近的に1原子当り κ の値に

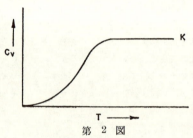

第 2 図

なることがわかっている.従って,古典論は低温では確かに正しくないのである.

Einstein は,この温度比熱の曲線は分子運動が $E=nh\nu$ で以て量子化されていると仮定すれば説明し得るであろう,と提案した.可能なすべての振動数をとり得る輻射振動子と対照的に,物質振動子は唯一つの振動数,その物質の固有振動数しかとれない.与えられた振動数に対する Planck の結果式 (32) を適用して

$$\bar{E}=\frac{h\nu e^{-h\nu/\kappa T}}{1-e^{-h\nu/\kappa T}} \quad 及び \quad \frac{\partial \bar{E}}{\partial T}=\frac{(h\nu)^2}{\kappa T^2}\frac{e^{-h\nu/\kappa T}}{(1-e^{-h\nu/\kappa T})^2}$$

が得られる.この式は明らかに,高温に於いては比熱が1分子当り κ であるが,極めて低い温度では

$$\frac{h^2\nu^2}{\kappa T^2}e^{-h\nu/\kappa T}$$

のように零に近づくことを予言するもので,極低温 (~10°K) を除いては,一

第 1 章　量子論の起原　　　23

般に実験と一致している．極低温に於いて一致しない理由は，Debye によって
説明された*．各原子の振動は実際は他の原子の振動と独立ではなく，分子間の
力のために他の原子と結合されている．それ故，独立な運動として記述するこ
とは，完全に正確なものではないのである．

　分子の結合振動の記述をするには，例えば，1 次元の粒子の数珠を考えれば
よい．各粒子はそのすぐ隣りの二つの粒子とだけ相互作用するものとしよう．
そのとき，この系を通って伝播する波は鎖を伝わる波に似ていることが示され
る**．但し，ここでの波は縦波と横波と両方であるが，鎖の中の波は横波だけ
である．この波長が粒子間の隔りに比べて大きいときは，波の伝わり方は連続
的な弦に於けるそれと殆ど異なるところはない．しかし，波長が粒子の間の平
均の隔りに近くなってくると，伝播の法則が変ってくる．波長が粒子間の平均
の隔りより小さいと，波は伝わることができない．

　問題 4： 上のような性質をもった 1 次元の粒子の数珠に於いて，平衡にある
粒子間の隔りを a としよう．n 番目の粒子に働く力は

$$F_n = -m\omega_0^2[(x_n - x_{n-1}) + (x_n - x_{n+1})] = m\ddot{x}_n$$

であることにする．ここに x_n は n 番目の粒子のその平衡点からのずれである．
$x_n = A_n e^{i\omega t}$ の形の解を求め，$A_n = e^{in\alpha}$ ととることができるのを示せ．α は適
当な常数で，それと ω との関係は方程式を解くことによって得られるものであ
る．

　低い振動数ではこの振動は音波と似ていること，$\omega \cong 2\pi\nu/\lambda$ であることを示せ．
但し $\nu = \omega_0 a$ はこの系に於ける音速である．また，振動数に極大値のあることも
示せ．

　3 次元でも，同様な取扱いができ，その方法で結晶の中の音波の伝播を記述
し得る．電磁場についてやったように，可能な音波の振幅を，系の状態を記述
する座標にとることができる．これらの座標は時間と共に調和振動を行うから
附随する振動子のエネルギーは量子化されねばならない***．しかし，エネルギ
ーを計算するには，有限個の波長だけが許され，また，波長と振動数との関係

---

* Richitmeyer and Kennard, 450 頁を見よ．
** E. Seitz; _The Modern Theory of Solids._ New York: McGraw-Hill
　Book Company Inc. 1946, 121-125 頁.
*** 第 10-13 節参照．

は，波長が原子間隔程度に近くづにつれてますます複雑になるという事実を考慮に入れねばならない．これらの因子をすべて考慮すると，量子仮説は全温度に於いて，総体に，経験的比熱との見事な一致に導くのである．これでわれわれは電磁エネルギーの量子に加えて，音のエネルギーの量子の存在の証拠を得たわけである．

15. 要約　調和振動を行うすべての物理系は，それらが物質振動子であろうと，音波であろうと，あるいは電磁波であろうと，$E=nh\nu$ で凡て量子化されるという結論が得られた．われわれはあらゆる力学系が互いに相互作用をなし得ると仮定しているから，どれでも一つの型の振動子を量子化すれば，他のすべての型の振動子も同様な量子化を行うことが必要になる．もしも実験によってこの単一性が明らかにされていなかったとしたら，量子論は棄て去られなければならなかったか，あるいは少くとも根本的に修正されねばならなかったであろう．

第 2 章　初期量子論の展開

量子論の新らしい諸概念

　これまでのところでは、許されるエネルギーに対する量子的な制約は調和振動子に関してだけ現われてきた。しかし、多くの実験の結果は、量子仮説を系統的、且つ論理的に押し拡げてゆくことと相俟って、あらゆる物質が量子的な制約を受けるという結論に導くことがわかるであろう。この帰結から、古典論では誤った結果や、あいまいな結果をしか得なかった、広い範囲にわたる種々のデータを正しく説明することが可能になる。その実例として、光電効果, Compton 効果, 物質系のエネルギー準位、それに輻射の放出吸収を支配する法則を扱ってみよう。また、これらすべての例について、量子法則がどのように古典的極限に近づくかも詳しく調べてみよう。

　1. 光電効果　それでは光電効果の吟味から始めることにする。黒体輻射の研究からすると、電磁波のエネルギーは $h\nu$ を単位としてだけ変り得るにすぎないことを間接に引き出せるが、こういうことが本当かどうかは、輻射の吸収放出を調べることによって、直接確められる方が望ましいようにおもわれる。この問題に対する最初の実験的研究は、光電効果に関するものであった。これらの実験は、光または紫外線で照らされた金属の表面*から電子が放出されること、また、電子の運動エネルギーは輻射の強さには関係しないが、輻射の振動数にだけは

$$\frac{1}{2}mv^2 = h\nu - W \tag{1}$$

のように関係することを示すものであった。ここで ν は入射輻射の振動数であり、W は金属の仕事函数、言い換えると、金属内部から電子をとり出すのに必要なエネルギーである。

　Einstein こそが、この結果を Planck の仮説と関係づけた最初の人であった

---

* 電子のあるものは、表面より中に入った層から解放されてきたものであるが、そのような電子は金属を透過しなければならぬのでその分だけエネルギーを失っている。

(1905). データを精細に調べた結果，h が普遍的な常数であり，Planck の理論に現われた h に等しい大きさであることが知られた．この合致は輻射場が $h\nu$ を単位としてだけエネルギーの変化が可能であるという仮説の強い確証となるものである．もしも，この常数がみつかっていなかったとしたならば，理論は容易ならぬ困難の中にあったことであろう．

次の大切な仕事は，何故電子が輻射の強さと無関係に量子の形に於いてだけエネルギーを吸収するのか，を解決しようとすることである．これに関連して，極めて強度の弱い輻射を使うときは，単に光電子放出の割合がそれに応じて低くなるにすぎない，ということは注目に値する．

この現象の一番単純な説明は，光が粒子*からなっている，とすることである．粒子というのは局在的な対象であるから，そのエネルギーを衝突の際，全部光電子に与えてしまうことができるというわけである．この考え方は，次のような実験で一段と尤もらしくされる．非常に弱いビームを写真乾板にあててやるとすると**，乾板上のいろいろな場所にでたらめに黒い点々ができ，その平均密度は，光の強さに比例する．ビームが非常に強くなった極限では，その点々の分布は濃密になって実際上は連続的になる．

ビームが連続的とみられる程強いときには，それは何かの仕方で，古典物理学に於いて光波として記述されるものと同等にならねばならない．そういう古典的な波では，エネルギーは単位時間に，勝手な曲面上の単位面積に一定の割合で入射するものである．その割合を S と呼んでおこう．多数の量子が存在する(強いビーム，または低い振動数の) とき，この割合はまた入射粒子のエネルギー $h\nu$ の N 倍，N は単位時間，単位面積あたりの入射量子の平均の数，に等しいはずである．だから

$$S = Nh\nu.$$

ほんの数個しか量子がないときには，N は単位時間に 1 個の量子が単位面積に衝き当る確率とせねばならない．

光が局在的な粒子からなっているとする仮説を使えば，光電効果は実に簡単に説明できるわけであるが，光は波動の一型であるという結論に導く，はなはだ広い範囲にわたる実験と矛盾のないようにすることができない．

---

* 粒子とは，常に，われわれがその大いさ (size) といっている一定の最小領域内に局在し得る対象のことである．

** Ruark and Urey (2 頁の文献表を参照).

第 2 章 初期量子論の展開 27

波としての解釈が必要な型の実験の1例として，1 個，あるいは多数のスリットの配列を通って廻折された後，スクリーンに当る光の強さの模様を測定する実験を考えよう．二つの隣り合せのスリットが開いているときには，その一方だけが別々に開いている場合なら大きな強度を与えるようなスクリーン上の点に於いて，強度が非常に小さくなるということが極めてよく起る．この結果は，定性的にも定量的にも，光が波からなっていると仮定すれば説明できる，波なら強度を強めあうようにか，または弱めあうようにか，干渉をおこすことができ，従ってある事情の下では二つのスリットの各々から来る波がお互いに相殺することがあってもよいからである．

ところが，光を局在的な粒子からなると仮定したのでは，干渉を説明することができないであろう．こういう粒子はいずれか一方のスリットだけを通るはずであり，第二のスリットが開いているからといって，粒子が第二のスリットが閉じているときは自由にゆきついたような点に，粒子が達するのをさまたげることなどはできないからである．他方，光に対し波の性質を指定すれば，この特別な実験ばかりか，輻射——ラヂオ波から X 線までの——を含む他の実験の全群を説明できるのである．従って，できることなら，光の波動論によって，量子の出現を理解しようと試みるのが確かに望ましいことである．

これをやるため，光電効果に於いてどんなことが起るかを古典的に説明することを考えてみる．輻射が原子内で振動している1 個の電子にあたったとすると，輻射は電子にそのエネルギーを与える．電場が原子内の電子の振動数と共鳴するような振動数で振動しているとすると電子は原子から解放されるまで光波からエネルギーを吸収する．原子の性質が，電子は $h\nu$ に等しい量を得るまで，エネルギーを吸収し続け，エネルギー獲得後，外に放出されるという風のものであると仮定すれば，光電効果を説明できるだろうと思える．ところが，原子がそういう性質をもっているとすると，非常に弱い光では，光電効果は長時間のあいだ観測されないに相違ない．必要なエネルギーの素量を貯えるのに長い時間がかかるからである．ところが，金属の粉末粒子と極めて弱い光を使って実験してみると，金属塵の粒子は $h\nu$ のエネルギーを貯えるには長時間かかる程少量であったのに，それでも，瞬間に現われる光電子がみられたのである．

上の結果を説明するには，その金属が多様なエネルギーを持った電子を含んでいたのだと考えればよい．すると，金属に光を当てたとき，直に適当なエネ

ルギーの二，三の電子が解放され得る．ところが，$h\nu \gg W$ の場合を考えると，そんなにも多くの余分のエネルギーをもつ電子が，丁度その場合に適合する振動数の光波で解放され始めるまで，金属内に無期限に留っているということは，ありそうに思えない．その上，どのようにして金属から1個の電子を解放しようとするかということとは関係なく（例えば，金属を陽子で爆撃するか，あるいは他の電子で爆撃するかにかかわりなく），ともかく常に同一の，仕事函数 W に等しい最小エネルギーを与えてやらねばならないことがわかっているのである．同様に電離ポテンシャル I に等しい一定の最小エネルギーを与えなければ，気体原子から電子を解放できないこと（第 15 節の Franck-Hertz の実験についての議論を見よ），更にそのとき，ある電子は $h\nu - I$ に等しい運動エネルギーをもつ気体原子から極めて弱い光で瞬時に飛び出してくることがわかった．それ故，これらの証拠一切からみると，ある電子が，それが持って逃げ出すエネルギーと略々同じエネルギーを最初から持っていたのだと仮定して光電効果を説明する可能性は排除されねばならなくなる．

もし金属の中の電子が，そういう範囲のエネルギーをもっていたとすると，量子仮説を自家撞着のないようにすることはむつかしくなる．量子の一部分だけが吸収されただけで，光電効果の特性をもった電子が解放されてしまうことになるからである．ところが，Planck の仮説に従うと，輻射振動子はどの吸収過程に於いてでも，ある最小値をもつ素量の全部を与えることができるだけである．そのとき量子の一部分だけが電子に吸収されるとしたら，量子の残りに対しては一体どんなことが起るであろうか？

こういった格別の骨折りも，光電効果をエネルギーが順次に蓄積されてゆくという過程で説明するには失敗し，同じようないろいろな試みもすべて失敗した．これは波動論では，唯1個の電子に有限量のエネルギーが突然現われることは説明できないのを意味する．こゝにわれわれは窮地に陥ってしまったわけである．一聯の実験は光が局在し得る粒子であることを示唆し，その他の実験は，同程度に強く波であることを主張している．どちらから近づいたら正しい描像に達するであろうか？その答は，いずれでもない．

光の諸性質のもつ粒子と波の二重的性格を正しく説明する理論を与える前に，物質ならびにエネルギーの諸性質を取扱う，われわれの最も基本的な概念のあるものに，抜本的な改変が必要なことを言っておかねばならぬ．これらの新しい概念は，この本の以下の部分で主として第 6，第 8，第 22 の各章で展開

されるであろう．だが今のところは，ただ光は，或る状況の下では粒子のように行動する，素量あるいは量子の形で存在し，他の状況下では波とみなされねばならないということだけを述べておく．それは象にぶっかった7人の盲人の教訓に酷似している．一人の男は象の鼻に触れて，"象はなわみたいなもんだ"と言い，他の男は足に触って "象は明らかに木だ，"等々．そこで，われわれの答えねばならぬ問題はこうである．われわれの象という概念が，7人の盲の経験をまとめあげているように，われわれの光についての相異った経験を統一する唯一つの概念を見出すことができるであろうか？

2. 古典的物理法則と量子的物理法則の相違　われわれの量子論に必要な新概念を展開するプログラムの第一は，古典論に於いて得られた物理法則の本質と，量子現象に関する経験から示唆される性格との間の二つの決定的なちがいを明らかにすることである．第一の相違は古典論が常に連続的に変化する量を扱うのに，量子論は不連続な，あるいは不可分な過程もまた扱わねばならぬことである．第二の差異は古典論が以前の時刻に於いての諸変数と後の時刻のそれらとの間の関係を完全に決定する（即ち，完全に因果的である）のに，量子法則は過去に与えられた条件によって，未来の事件の確率だけを決めるにすぎない，ということである．

3. 量子的過程の不可分性　量子論に，不連続なあるいは不可分な過程の概念を導入する必要があることを示す実験的証拠の二，三を考えてみよう．そういう証拠の中で第一に重要なものの一つは，光電効果から出てくる．例えば既に知られた通り，光電効果をエネルギーが輻射場から物質に漸次に移ってゆく過程として説明しようとした骨折りは皆失敗してしまったのに反し，エネルギーのうけわたしが $\Delta E = h\nu$ の大きさだけ跳ぶ不連続な過程であるとする仮定は，この光電効果の現象を扱ったすべての実験とよく一致したのである．更に，同じ仮定は，また，輻射振動子のエネルギーが離散的な値に制限されるというPlanckの仮説からも要請される．すなわち，もしエネルギーのうけわたしが漸次に行われるものとすると，輻射振動子が量子のかけらをもつような状態を考えることが必要であろうが，Planckの仮説に従うと，そんな状態は不可能なのである．

後程わかるように，この他にもエネルギーのうけわたしは不連続な過程であるという解釈を必要とする実験がたくさんある．ここでは，10^{-9}秒で作働できるカー・セル（Ker cell）を利用した高速度シャッターで光電子を二つにたた

き割ろうとした，Lawrence-Beams* の実験を挙げておこう．光波が，用いられる光の強さをもつ連続的なものであるとすると，このときは古典論で記述されるが，1 エネルギー量子全部が通り抜けるには 10^{-9} 秒よりはずっと長くかかるにちがいない．それならシャッターはこの量子をもっと小さな量子に砕いてしまうだろうと期待されるはずである．ところが Lawrence と Beams とが見たところでは，粉砕されるような量子は一つもなかったのである．

誰も未だ量子のかけらが検出されるような実験を行うことができなかったという事実と，Planck の仮説とを結びつけるなら，量子はエネルギーの不可分の単位であるにちがいないという結論に導かれる．また，エネルギーを次々にたどってゆく試みがみな失敗したところから，ある系から他の系への量子のうけわたしは不可分な過程であることがわかる．エネルギー量子の不可分性とエネルギーをやりとりする過程の不可分性とは，相伴うものであり，それらはお互いの論理的自己無撞着性のために必須のものである．従って，量子をやりとりするとき，その力学系は，エネルギーが連続的な仕方で交換される中間状態を次々と通ってゆくと看ることはできないと結論されねばならない．その代り，量子的過程は，不連続な且つ不可分な単位だと考えねばならない．量子のうけわたしは宇宙間の基本的な事件の一つであり，他の過程を使って書き表わすことは出来ない．それは，陽子や電子が他の粒子から構成されているとは思われぬため，素粒子と呼ばれるのと全く同様に，素過程と称されてよいものであろう．

4. 量子法則に於ける蓋然性と不完全決定性　量子過程の不可分性は，すべての過程が連続的様式で記述され，各変化は，変化の行われる直前の系の状態で惹き起されるとする古典物理学とは全然一致しない．古典的諸法則は，それらの適用される連続的な過程の存在を前提しているから，不連続な量子飛躍がわれわれの古典的法則から予言できないことは明白である．それ故，われわれの問題は，量子のやりとりを支配する新法則を見出すことになってくる．

そこで，古典法則と量子法則の第二の重要な差異に進むこととする．個々の量子が何時どこでやりとりされるかを精確に予言するような法則は何一つ見出されなかったということは，光電効果に於いて，またこの本では未だ触れてい

---

* Ruark and Urey, 83 頁

第 2 章　初期量子論の展開　　31

ない広範囲にわたる，他の諸実験に於いて例示される実験的事実である．その
代り，そういった過程の確率だけが予言され得るのにすぎない．例えば唯1個
の量子だけが金属表面に指向されたのならば，それが吸収されるかどうかを予
言することはできない．またそれらが吸収されるとしても，何時何処で吸収さ
れるか，厳密に予言することは不可能である．しかし，多くの量子を含むビー
ムであれば，使用された光の強さから，与えられた任意の領域で吸収される平
均の数を予言することは可能である．だから，この場合には，事件の確率だけ
を統御するものとして現われ，確実に事件の生起を予言できるものではない．
この様相は光電効果に局限されるものではなく，全量子的過程に普遍的なもの
であることが次第にわかってこよう．

　このように，量子法則は，力学系のふるまいが，厳密な因果的な法則によっ
て完全に決定されることを常に意味する，その古典的対応物と非常にちがって
いることが理解できる．例えば，すべての物質粒子は Newton の運動方程式
$m\ddot{x}=F$ に従う．一度各粒子の最初の位置と速度とが与えられるならば，将来
の運動は運動の微分方程式で厳密に決定される．だから，1 個の電子のトラジ
ェクトリは 3 個の量：

　　(1)　勝手な時刻に於ける位置，
　　(2)　その時刻に於ける速度，
　　(3)　全時刻に於いての力 F の値，

によって決定される．

　荷電粒子に対しては，力 F は電場と磁場とで決まる．ところがこの電場と
磁場とは，あらゆる場所に於けるそれらの初期値を与えれば，Maxwell の方
程式によって厳密に計算できる．それ故，古典物理学に従えば，荷電粒子の運
動は（また他のどんな種類の粒子であっても）一度ある初期条件が知られたと
すると，すべての時刻にわたって精密に決定できる．同じことは電磁場の変り
具合についてもいえる．従って，古典論は，完全に決定論的であるといってよ
い．

　以上の一般的な考え方を適用するならば，われわれは古典論から，電子は与
えられた強さの光のビームに於いて連続的にエネルギーをうけ取り，その割合
は光の強さと電子の初期条件とから計算できるという結論を得る．他方，多く
の実験が示すところでは，エネルギーをやりとりする過程は不連続的であり，
明らかに決定論的法則によっては，少くとも古典力学の決定論的法則によって

は，厳密に律せられるものではない．むしろ，実験から知ることのできる限り
では，その過程の確率だけが決められるに過ぎない．

　ここで，確率の出現と量子過程の不可分性とのつながりにより深く立ち入っ
てみるのは十分価値のあることであろう．先ず第一に，これは既に述べた事実
であるが，古典的決定論の運用の核心をなす大多数の古典的法則（Newton の
法則を含む）は本来，当然相次いで起る，連続的な過程に関係すべきものであ
る．このために，この種の法則が不連続な過程では無意味であるという理由だ
けからでも，それをいきなり量子のやりとりに適用することはできないであろ
う．しかしながら，古典的法則の中にも，時空間の連続的な道筋に沿って粒子
を追うことを必要としない，例えば，エネルギー，運動量，あるいは角運動量の
保存則がある．運動を連続的にたどることのできない撃突（impulsive col-
lision）にあっても，これらの諸法則は衝突全体に対して適用できる．そのよう
な諸法則は不連続な過程に於いてさえも意味をもつのである．それらの法則を，
すべて直ちに量子論に引継ぐことができるということは，ひとつの実験的事実
なのである．例えば，光電効果では，エネルギーが常に保存されることは実験
的に示されたことであった．他の多くの実験もエネルギーが保存する結果を与
えている．従って，決定論的古典法則の全部が全部棄てねばならぬわけではな
く，連続な過程の言葉で記述する必要のあるものだけを棄てさえすればよいの
である．

　5. より深い段階では完全に決定論的な法則がありそうにないこと　量子過
程に確率が現われてくることが，はたしてその力学系の記述に用いるべき正しい
変数を，われわれが知らないために生ずるのではないといえるのであろうか，
という疑いが起るかもしれない．古典物理学では正しくこの故に確率が屢々現
われている．例えば，熱力学に於いて与えられた体系の圧力と温度と体積とを
測定するとしよう．極めて小さな空間領域にあっては，特に臨界点の近くに於
いて，これらの量はもはや厳密には状態方程式には従わず，そのかわり，状態
方程式から予言される平均値のまわりででたらめな，大きなばらつきを見せる
ことがわかる．従って熱力学の決定論的法則は破れ，確率法則がとってかわ
る．これは熱力学的変数がもはやこういう問題に適切なものでなく，熱力学の
見地からは隠された変数（hidden variables）である，各分子の位置と速度と
でおきかえねばならぬためである．熱力学的な諸量は，その時，熱力学的方法
だけに依っては観測され得ない隠された変数の平均に過ぎない．その奥底に隠

された因果的法則を見出すためには，個々の分子を用いる記述を受入れねばならない．

こういう考え方から直に，量子過程に於ける確率も同じような風にして出てくるものではないかと想像される．おそらくは，量子をやりとりする厳密な時刻と場所とを実際に統御する隠された変数が存在し，われわれは唯それらを未だ，見つけ出していないのに過ぎないのだ，と．この可能性は絶対的に排除できるものではないが，それがありそうにもないということは示すことができる．その第一の論点は，いうまでもないが，如何なる実験もかつてそのような隠された変数のほんのかすかな痕跡すら示すものがなかった，ということである．第二の論点は，そういう隠された変数はありそうもないとする強力な理論的論証があるということである．その議論は後で行うことにして（第 22 章 19 節），今のところは，一般的な原理として，体系の物理的状態によって確定され得るのは，量子的飛躍の確率だけに過ぎないということを主張するに止めておこう．

6. 対応原理　これまでに二つの非古典的な考え方の導入が必要なことがわかった．その第一は，調和振動子のエネルギー準位は $E=nh\nu$ の値に制限されるということである．それはこのような振動子からの，または振動子へのエネルギーのやりとりが，$\varDelta E=h\nu$ をもつ量子に於いて行われる結果である．それらの量子は不可分であり，従って量子のもつエネルギーはすべて振動子にゆくか，あるいはすべて振動子から出て来るか，のいずれかである．その第二は，系の物理的状態によって決まるのは，量子のやりとりの確率だけに過ぎないということである．これらの考え方と，日常の経験の範囲では運動は連続的なものとして現われ，Newton の運動方程式のような決定論的法則で記述できるという事実とを，どうしたら両立させ得るであろうか．

巨視的尺度で運動が連続的に見えるのは，いうまでもなく量子が小さい結果である．多くの量子を含む過程では，不連続性は極めて小さく通常では眼に見ることができない．古典物理学の大抵の過程は 10^{10} サイクル/秒以下の比較的低い振動数を含むものであることを想起せねばならない．この振動数に於いては，エネルギーのとび，$\varDelta E=h\nu$ は略々 10^{-16} エルグであり，極めて小さな値である．例えばこの振動数のラヂオ波が電子にどのような作用を及ぼすかみてみよう．その電子がただの 1 ヴォルトのポテンシァル差の中を通過する際に得るエネルギー（1 電子ヴォルト (ev)$=1.610^{-12}$ エルグ）に相当するエネルギーを吸

収するためには電子は 10^4 個の量子を吸収せねばならない．他方，振動数が略々 10^{15} サイクル/秒の光についていうと，1 量子は約 5 電子ヴォルトとなる．このように，高振動数になる程，量子化がますます重要になる．

要素的量子をやりとりする確率だけが決定されるというとき，巨視的尺度では見掛上厳密な因果的法則が現われるということについては，われわれは単に，次のことを注意すればよい: 多くの量子のある時は，その蓋然性（確率）は殆ど必然性となる（但し完全にそうだというわけではない）．それは，或る大きな集団中の一個人の寿命の精確な予言は不可能であるとしても，その集団に属するひとりの人の平均寿命は保険統計によって精確に予言できるというのと，非常によく似ている．

例えば，もう一度 1 個の電子とラヂオ波との相互作用を考えよう．電子は唯 1 個あるだけに過ぎないけれども，前に見た通り，それは極く短時間のあいだに輻射振動子から多くの量子を得るのである．個々の量子が何時何処でやりとりされるかということは誰も厳密に予言できないが，平均としては，100 万分の 1 秒の間にさえ，非常に多くの量子がやりとりされるので，電子に与えられる平均エネルギーは非常に狭い限界内で予言できることになる．こんな風に，量子的素過程の確率だけが決定されるものであるとはいえ，実際上の目的にはすべて，古典的な決定論的諸法則がなお有効なのである．

同様な分析を他の古典的過程に対しても行うことができよう．例えば，重力場内の一遊星は，中心の星が放出する重力量子を吸収するものとみなすことができる．これらの重力量子は，電磁場の量子が電磁的運動量及びエネルギーを運ぶと全く同じように，重力的運動量及びエネルギーを運ぶものである．そこで太陽は間断なく重力量子を投げ出しまた再び吸収し，空間に存在する平均数の量子からなる定常状態を作っている，という描像がえがかれる．遊星は量子が太陽に戻りつつある時にだけ，量子を吸収できるものとすると，甚だ小さな力積が莫大な数集って，内向きの力が創られることがわかる．遊星も亦量子を放出し，太陽がそれを吸収する．こうして，この 2 物体は互いに引き合い，エネルギーは保存される．それらの力積が数多く存在するため，極めて短い時間をとっても，平均の力は実際上一定となっているのである．

上の記述はこの場合起っていることの極めて粗っぽい近似に過ぎない；それを文字通りにとることはできないが，実質的には正しいものである．もっと正確なまた細部にわたる記述を得るためには，先ず第一に，力の場の量子化の一

第 2 章 初期量子論の展開 35

般論の研究が必要であるが, それは本書の範囲を超えるものである.*

上の諸例に含まれる思想は, もっと一般に, 対応原理の形で述べられる. それは Bohr が始めて与えたものである. この原理は量子物理学の諸法則は, 多くの量子が存在する古典的極限に於いて, 量子法則が平均として古典的な式となるように選ばれねばならぬことを言うものである. 対応原理を満足するという問題は決して些細なことではない. 事実, 対応原理を充すという要求は, 不可分性, 波動-粒子の二重性, 不完全決定性と結びつけて, 殆ど一意的に量子論を規定するものであることがわかるであろう.

7. **光の粒子性** 今度は光の粒子的な面をもっと細かい点にまで立入って考察することにしよう. われわれは輻射振動子は全量子, 即ち $\varDelta E=h\nu$ を一時にやりとりすることによってだけ, エネルギーを得たり失ったりできるのを見てきた. もし振動子が n 番目の量子状態に励起されているものとすると, 振動子は $E=nh\nu$ のエネルギーを持ち, それを n 段階に分けて失ってゆくこともできる. その時には, エネルギーの関係に関する限り, その各々がエネルギー $h\nu$ を持った, n 個の粒子が存在するのと同様に見える. これらの等価な粒子は屡々光子と呼ばれる.

当然, その等価な粒子の運動量について何が言えるであろうか? ということが問題になる. ところで, 電気力学からすると, 輻射場はエネルギーと同様に運動量も持っていることが示されるのである. Maxwell 方程式を使って, その運動量は

$$p=\frac{1}{4\pi c}\int(\boldsymbol{\varepsilon}\times\boldsymbol{\mathcal{H}})d\tau \qquad (2)$$

で与えられることが証明できる. 真空中の光波については, $\boldsymbol{\varepsilon}$ は $\boldsymbol{\mathcal{H}}$ に直交し且つ $|\boldsymbol{\varepsilon}|=|\boldsymbol{\mathcal{H}}|$ であることがわかっている. それ故, $\boldsymbol{\varepsilon}\times\boldsymbol{\mathcal{H}}$ は $\boldsymbol{\varepsilon}$ にも $\boldsymbol{\mathcal{H}}$ にも直交するベクトルであるから, 伝播方向 k を向いていることになる. その大いさは

$$|\boldsymbol{\varepsilon}\times\boldsymbol{\mathcal{H}}|=\varepsilon^2=\frac{\varepsilon^2+\mathcal{H}^2}{2},$$

また, 波のエネルギーは

$$E=\frac{1}{4\pi}\int\frac{\varepsilon^2+\mathcal{H}^2}{2}d\tau.$$

---

* G. Wentzel, *Quantum Theory of Fields*, New York: Interscience Publishers, Inc. 1948.,

だから，運動量は

$$p=\frac{E}{c}\hat{k} \qquad\qquad (3)$$

になる．$\hat{k}$ は伝播方向の単位ベクトルである．*

　光が運動量をもつという確証は数多くの箇所に見出されている．例えば，輻射圧であるが，これは光の担う運動量を吸収することによって惹き起されるものである．

　問題 1: ラヂオのアンテナが一定方向に 500 KW の輻射を出している．アンテナの受ける反作用は何ダインであるか．

　次に輻射の運動量が，エネルギーの量子化によってどんな風に影響されるかを考えよう．エネルギーは $h\nu$ を単位として現われるものであるから，運動量は $h\nu/c$ を単位として現われるはずである，即ち，

$$p=\frac{h\nu}{c}\hat{k}=\frac{h}{\lambda}\hat{k}=\hbar k, \qquad\qquad (4)$$

但し，$\hbar=h/2\pi$（(4) 式は de Broglie の関係** の一つの特別な場合である）．さて，質量 m の粒子のエネルギーと運動量とは

$$\frac{E^2}{c^2}=m^2c^2+p^2$$

の関係にある，だから，光量子についてのエネルギー-運動量の関係は，光速度で走る質量零の粒子に対するそれと同じということになる．

　従って，輻射振動子が n 番目の量子状態に励起されているときには，輻射振動子はエネルギー $E=nh\nu$ 及び運動量 $p=n\hbar k$ をもつという結論に達する．ここで n は一どきには 1 だけしか変り得ない．このように輻射振動子のエネルギーと運動量とは，その各々のエネルギーが $h\nu$，運動量が $\hbar k$ である n 個の粒子のあつまりのエネルギーや運動量のようにふるまう．だから，k のあらゆる値に相応する等価な粒子の数を指定すれば，電磁場の励起状態を規定することができるわけである．われわれは，電磁場は，一量子全部が放出されるか，あるいは吸収されるかする不可分な過程によってだけ物質と相互作用できるに

---

* この関係はまた相対性理論からも得られる．R. C. Tolman, *Relativity, Thermodynamics, and Cosmology.* Oxford : Clarendon Press, 1934, 第 3 章を見よ．

** 第 3 章 (19) 式．

過ぎないのを見てきた．それらの過程を等価な粒子の言葉で記述しようと思うならば，物質と光との間の相互作用は，光子の吸収放出によってだけ起るに過ぎないと言う風にいわれなばならない．

8. Compton 効果．電磁輻射の散乱　電磁輻射が，その入射電磁波と自由に反応する荷電粒子によって散乱され得ることは，よく知られていることである*．量子論に於いては，この過程は入射光から1個の光子が吸収され，新らしい方向へ別の光子が放出されるという具合に記述されねばならない．しかし，エネルギーと運動量との関係に関する限りは，この過程は，単にエネルギーと運動量との変化だけを受けるに過ぎないような，唯1個の消滅することのない粒子の散乱と全く同様に記述することができるものである．

Compton は電子によって散乱される X 線でもって光の粒子性を実験的に調べた．この実験に於いては，振動数 ν の X 線のビームが物質中に送られた．第7節に従えば，このビームは，その各々がエネルギー $h\nu$ と運動量 $h\nu/c$ とをもった粒子のあつまりのようにふるまうはずである．時折，1 量子が電子によって散乱され，** ビームの入射方向から角 ϕ だけそれて，振動数は ν' となる．また電子の方は θ の角度に現われる．以上第1図に示す通りである．

これらの量はすべて実験的に測ることができるものである．エネルギー及び運動量が個々の散乱過程に於いて保存されるとすると

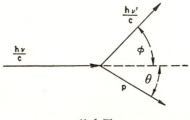

第 1 図

(X 線の量子が必ず粒子のようにふるまうとしたならば，そのはずである)，

$$\lambda' - \lambda = \frac{2h}{mc}\sin^2\frac{\phi}{2} \qquad (5)$$

を証明することができる．m は電子の質量を表わしている．

問題 2:　上の (5) 式の結果を証明せよ．

h/mc という商を電子の Compton 波長と名づける (この値は 2.42×10^{-10}cm)．

---
* Richtmyer and Kennard, 476 頁．
** 原子軌道に於ける運動から来る電子のエネルギーは X 線のエネルギーよりずっと小さいから無視してよい．

散乱される量子は常に入射量子よりも長い波長をもつことに注意されたい.

Compton の実験は (5) 式を証明し, 従って, 光のエネルギー及び運動量は $E=h\nu$ と $\boldsymbol{p}=\hbar\boldsymbol{k}$ とによって量子化されることを, また, エネルギー及び運動量は個々の散乱過程に於いても保存されることを実際に示すものである. 保存則は反跳電子を調べればもっと完全に立証できるのであるが, その後の実験で電子は量子が失ったと同じ運動量とエネルギーとを得ることが明らかにされた.

9. Compton 効果の分析　Compton 効果の実験を詳細に分析することによって, われわれは, 対応原理を通じてもたらされた, 古典論と量子論との間の錯雑した, また精緻な関連を明らかにすることができる.

それをやるために先ず電子による光波の散乱の古典的な説明を考えてみる. 古典論に従うと, 入射光波は振動する電場, $\varepsilon=\varepsilon_0 \sin \omega t$ をつくり, この電場によって電子は振動運動を始め, 入ってくる輻射の方向と直交する平面に対称的に輻射を出すことになる. その結果, 輻射される全運動量は零である. それ故光のこの部分によって運ばれる, 入射ビームから失われた運動量は, 電子に行かねばならない. これは電子に輻射圧を及ぼし, 電子を加速する. 電子に及ぼされる輻射の正味の力の大きさを知るには, 強さ I (エルグ/cm² 秒で表わされる) の入射ビームから散乱されて出るエネルギーの割合に対して Thomson* が導いた公式を使えばよい. その結果は $\dfrac{dW}{dt}=\dfrac{8\pi e^4}{3m^2c^4}I$ である. ビームから吸収される運動量は W/c だから, 電子は

$$\frac{dP}{dt}=\frac{8}{3}\frac{\pi e^4}{m^2c^5}I \tag{6}$$

の割合で運動量を得ることになる.

輻射圧を生ずる機構のもっと直接的な描像を得るには, x 方向に電場を, y 方向に磁場をもって, z 方向に入ってくる波を考えるとよい. これまでわれわれは磁気的な力を無視してきた. それは全部で $e\boldsymbol{\varepsilon}+v/c\times\boldsymbol{\mathscr{H}}$ の力が働くのであるが, 真空中では $|\boldsymbol{\varepsilon}|=|\boldsymbol{\mathscr{H}}|$ であるため, v/c を含む項は電子が光の速さに近い速さで運動するのでなければ, 電子の運動に小さな効果しか生じないからである. $v/c\ll1$ のときはいつでも, 普通はそういう場合であるが, 第一近似として $v/c\times\boldsymbol{\mathscr{H}}$ の項を無視して電子の運動に対する解を求め, 次に更に進んだ近似を得るには, それを摂動として考慮に入れればよいのである. 電子に働く電気的な

---

* J. J. Thomson, *Conduction of Electricity through Gases.* New York; Macmillan, 第 2 版, 321 頁を見よ. Richtmeyer and Kennard, 477 頁.

力は，1 週期について時間平均をとると，零となるが，磁気的な力の z 成分の時間平均は零ではない．計算してみるとそれが (6) 式で与えられる値に等しいことがわかる，

問題 3： 加速された電子は次の方程式に従うことがわかっている：

$$m\ddot{x} = \left(e\boldsymbol{\varepsilon} + \frac{ev}{c} \times \boldsymbol{\mathscr{H}}\right) - \frac{2}{3}\frac{e^2}{c^3}\dddot{x}.$$

最後の項は輻射場が電子に及ぼす反作用から生ずる力である*．$\varepsilon_x = \varepsilon_0 \sin \omega t$, $\mathscr{H}_y = \varepsilon_0 \sin \omega t$ とおき，磁気的な力を無視して，電子の定常的な振動状態に対する解を求めよ．その運動について，電気的な力の平均は零となるが，磁気的な力の平均は z 方向の成分だけが零でなく，(6) で与えられる値に等しいことを示せ．この時次の事実を用いよ：

$$\frac{e^2}{mc^3} \ll \tau = \frac{2\pi}{\omega}$$

電子が速くなるにつれて，その結果として低振動方向への Doppler 変移が生ずる．この変移は二つの部分に於いて現われている．第一に，電子が光のビームから隔ると，入射光より低い振動数の場に遭遇することになる．次に輻射を出す過程に於いて他の Doppler 変移が入ってくる．それは第一の効果を前方向に於いて相殺し，後方向に於いては倍加するものである．事実，Doppler 変移の角度に対する依存性は丁度，Compton 効果に対する (5) 式で与えられるものであることが示される [(7a) 式参照].

問題 4： 最初静止していた電子に強さ I，波長 λ_0 の光線を T 時間にあてたとする．Doppler 変移は（非相対論的理論，$v/c \ll 1$ に於いて）

$$\lambda - \lambda_0 \simeq 2\lambda_0 \frac{v}{c} \sin^2 \frac{\phi}{2} \tag{7a}$$

であることを示せ．

$$\lambda - \lambda_0 \simeq \frac{2W\lambda_0}{mc^2} \sin^2 \frac{\phi}{2} \tag{7b}$$

に等しいことも示してみよ．但し W は入ってくる光のビームから得られる全エネルギーとする．

古典論からすると，この Doppler 変移は，粒子がエネルギーを得るにつれ

---

* H. A. Lorentz, *Theory of Electrons*, Leipzig: B. G. Teubner, 1909.

て，時間と共に次第次第に増えてゆくであろう．その上，粒子がどんな大きさ
のエネルギーでも貰うことができる筈であるから，輻射の強さあるいは露出の
時間を変えてゆくと，Doppler 変移のあらゆる可能な値が，与えられた角度に
於いて観測され得るに相違ない．ところが，実験的には，輻射の強さや露出の
時間とは無関係に，波長のずれのただ一つの値だけが観測されるに過ぎないこ
とが見出されている．こういった事柄は，エネルギーや運動量をやりとりする
過程が古典論で予言されるような連続的なものではなく，量子論が示唆するよ
うに不可分なものであることを示している．

それでは，古典的極限は量子的過程によってどのように記述されるかを考え
てみることにしょう．例えば，1 個の電子が沢山の量子を持っているラジオ波
と衝突したとする．その電子はこれらの量子をたえず散乱し続けているが，唯
1 回だけの過程で可能な波長の最大の増し高でも，高々 10^{-11} cm に過ぎず，
cm 程度の波長，あるいはそれ以上の波長を持つラジオ波では，余りにも小さ
な値で検出することができない．他方，粒子は量子と益々数多く衝突を重ねる
につれてエネルギー獲得してゆき，終には速度が非常に大きくなり，Doppler
変移が目に見えるようになってくる．こういう具合にして，古典論によって要
求される，連続的な仕方で増大するように見える Doppler 変移が得られるので
ある（しかし，X 線のビームでは 1 量子過程当りの波長のずれ分が著しく，不
可分性の効果が重要なものとなる）．

どんな特別の段階に於いてでも，振動数のずれを，エネルギー及び運動量
の保存と Einstein-de Broglie の関係* ($E=h\nu$, $p=h\nu/c$) とから，量子力学的
に計算することができる．それをやるには，振動教 ν_0 で入ってきた光子が，始
め運動量 p_0 で運動していた電子によって散乱される場合の Compton 変移を
求めることだけが必要であるに過ぎない．問題を簡単にするため，粒子の最初
の運動量が入射光子の方向を向いているものと考えよう．このとき波長の変化
は

$$\lambda_0 - \lambda = \frac{2(h+\lambda_0 p_0)}{\sqrt{m^2 c^2 + p_0^2} - p_0} \sin^2 \frac{\varPhi}{2} \tag{7c}$$

に等しい．

問題 5: (7c) 式を証明せよ．

古典的極限を求めるためには，不可分な散乱過程中に起る運動量のかわり高

————————————
* "de Broglie の関係" という言葉のおこりは第 3 章 8 節に説明してある．

第 2 章　初期量子論の展開　　41

δp が p_0 に比べて小さいと仮定せねばならない. 非相対論的な場合 ($v/c \ll 1$) には, この運動量のやりとりは $h\nu_0/c = h/\lambda_0$ 程度の大きさをもつものであるから, 古典的極限に於いては

$$\frac{h}{\lambda_0} \ll p_0, \quad \text{または} \quad \lambda_0 p_0 \gg h$$

である. こうして (7c) 式は

$$\lambda_0 - \lambda \simeq 2\lambda_0 \frac{v_0}{c} \sin^2 \frac{\Phi}{2}$$

となり, (7a) 式で与えられた古典的な値に一致する.

　散乱過程は不可分であるという量子論的仮定から計算した Doppler 変移の値が全然異った記述に基く, 就中その過程が連続であるとの仮定を含む古典論から得られた値に, 古典的極限で一致するということは重要である. この一致の源が Einstein-de Broglie の関係の特質にあることは容易に知られるであろう. それは, 不可分な量子的過程と結びついたエネルギー及び運動量の変り具合と, 連続的な古典的過程に関連する振動数並びに波長の変り方との絆なのである. それ故, この発展段階の初期にあってすら, Compton 効果や光電効果を, 不可分な量子的過程によって説明することは, この解釈の基礎となっている特定の諸実験と相容れるようにするばかりか, その中に古典的極限に正しく近づくということを組入れた理論へも導くのである. この結果は対応原理の適用が, 決してとるにたらぬものどころではないことを示す第一の実例である (第 6 節参照). この問題を更に詳しく発展させてゆくにつれて, 対応論的極限に関して, 古典論と量子論とはぴったりと合致することがもっとはっきりとしてくるであろう.

　古典的に導かれた (7b) 式に於いて $W = h\nu$ と置くと, 正しい量子力学的な振動数のずれが得られるのに注目してみることは興味があろう. この結果に基いてわれわれは素朴な観点から次のように想像できるかもしれない: 電子は何らかの理由で $h\nu$ の大きさの束把としてだけエネルギーやりとりするように制限されることを除けば, 古典的に記述される通りに輻射を散乱する, と (この思いつきは第 1 節で述べた, 不成功に終った光電効果の説明と非常によく似ている). しかし, もしも Compton 効果がこんな風にして起ったものだとしたら, 電子が加速されつつあった間に, 振動数のずれは常に零から極大値までの連続的な区間にわたって変動するであろう. こうして, 与えられた角度に於いて, 唯一のきまつ

た振動数のずれだけしか存在しないという，実験との一致は得られぬことになろう．その実験は散乱過程が不可分であるとの仮定と符合するものであった．

(7b) 式に於いて，$W = h\nu$ と置けば正確な Compton 変移が得られるという事実は対応原理と関連はしているが，その仕方は厳密なものではない．こういった関係は，不可分性の効果を考慮するとき古典的極限に於いても尚現われるところの，量子化を行った主要な影響はエネルギーの変化が $h\nu$ の整数倍だけに限られることである，という事情から出るものである．勿論，Compton 効果自体は常態では古典的極限からほど遠い場合に観測されるものであり，上に述べた手続きを量子論的な領域にまでひきのばして得た結果がこの場合に正しいということは，たとえその手続きが古典的極限に於いてだけは厳密に正当化されるといっても，幾分偶然的なことがらである．だが大抵の場合，本章の後節に於いてわかるように，このような粗っぽい外挿法によっては，2 から 3 の程度の因子だけくいちがってくる近似式が導かれるに過ぎないが，それから，量子力学的な効果の大きさの程度を，一応あたってみることができる．これに関連して，さらに，Doppler 変移に対する対応原理の唯一の正確な表現は，(7c) 式で与えられるものであることも指摘しておこう．

対応原理は振動数のずれだけにかぎらず，輻射エネルギーの平均値に対しても適用される．こうして，量子的な諸法則は輻射場から電子へ不可分的にエネルギーをやりとりする確率だけを与えるが，それに対し古典法則はエネルギーが連続的にやりとりされる割合の決定論的の表式を与えることが知られる（第3，第 4 の各節を参照）．多くの量子が存在する古典的極限に於いては，量子論的な確率から計算したエネルギーのやりとりの割合の平均値は，Newtonの運動法則から算出される確定したエネルギーのやりとりの割合と一致せねばならない．従って，単位時間に 1 個の量子が散乱される確率 S は，単位時間あたりに吸収される平均運動量が古典的な割合に等しくなるような具合に選ばれればならない．

それ故

$$S\frac{h\nu}{c} = \frac{1}{c}\frac{dW}{dt}, \quad 即ち，\quad S = \frac{8\pi c^4}{3h\nu m^2 c^4}I.$$

こうとっておけば，今の場合にあてはまる古典的な，因果的な法則が得られる．この場合には，散乱される量子が極めて多いため，現実の結果の，統計的結果からのずれは無視できるようになるからである．

第 2 章　初期量子論の展開　　43

問題 6:　強さ 1 ワット/cm², 振動数 $\nu = 10^{21}$ サイクル/秒の X 線のビームが
ある. 1 個の量子が 1 個の電子によって, 毎秒散乱される確率はどれ程であるか. その結果を同じ強度で $\nu = 1$ サイクル/秒の振動数の電磁波について得られた結果と比較せよ. どちらの場合に因果律があてはまるか.

物質系の量子化

　物質の調和振動子も輻射振動子と同じような具合に量子化されたエネルギーを有することは, 固体の比熱に関連して, 既に示したところである. 更に, われわれは, 光電効果や Compton 効果から, 古典的なエネルギー保存則が輻射と物質との間の量子のやりとりの一つ一つに対して, 当てはまることを見てきたのである. ここに於て, 平衡状態にある黒体輻射の分布が, 壁の物質に関係しないことを考えるなら, あらゆる物質は $\Delta E = h\nu$ をもつ量子の形でだけ輻射からエネルギーを吸収できるに過ぎぬという結論に達せざるを得ない. なおその上に, 光電効果や Compton 効果は, より直接的な流儀でこの考えを確証するものであった. これらの事実の, 最も単純な説明の仕方は, あらゆる物質のエネルギー準位が離散的な値に限られていると仮定することである. Bohr が始めてこのアイディアを出した時には, 尤もらしく思われなかったのであるが, 現在ではそれを支持する重大証拠がある.

　10.　あらゆる物質系が量子化されている証拠　この着想を尤もらしくさせる上述の議論に加えて, すべての物質系が離散的なエネルギー準位を持つことを信じさせる若干の強力な実験的根拠が存在する.

　先ず第一に, 原子の安定性の問題がある. 古典論に従えば, 加速された電子は $\frac{2}{3}\frac{e^2}{c^3}|\ddot{\mathbf{x}}|^2$ に等しい割合でエネルギーを輻射する. ところが, 原子軌道にある電子は常に加速されているのであるから, 間断なくエネルギーを失い, 遂には原子核内に落ちこんでしまうはずである. 現実には, こんな事態を生ずるずっと前に, 電子は輻射を出さなくなっていることが知られている. この事実は, 離散的な量子化されたエネルギーの最低状態に対応して, 原子のとり得るエネルギーの最小値が存在し, その状態に達すれば, 輻射を出さなくなることを強く示唆している.

　古典論からすると, ある与えられた軌道にある電子はその軌道の廻転の振動数か, そうでなければ, その調和陪音のあるものに当る振動数かを持った光を

輻射するはずである.例えば,電子が円軌道を一様な速さで運動しているものとすると,基音に当る振動数の光だけが輻射される.ところが,大きな離心率をもつ楕円軌道に於いては,粒子は原子核に近づくにつれて,著しく速さを増して,輻射の鋭いパルスを生ずる,それが週期的に繰り返されるのである.この鋭いパルスが,それに応じた調和陪音に当る輻射の振動数を生ずるものである.

さて,廻転の振動数は軌道の大きさと形とに関係するが,それらは,古典論によれば,連続的に変るものである.それ故,スペクトル中には,励起された原子から放出される,連続的に分布する振動数が存在することになろう.だが現実には,各種の原子は,その原子に特有な,離散的な一群の振動数*を射出するのである.その場合,$\Delta E = h\nu$ の関係に従う一組の離散的なエネルギー準位が存在するものとすれば,離数的な振動数の射出されることは容易に説明できるであろう.

更に,古典物理学に従えば,ある与えられた振動数 ν が射出されるときには,その調和陪音に当るいろいろな振動数もまた,先に見たように,軌道運動の性質に依存して現れてきてよいはずである.現実には,観測される振動数群は

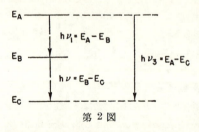

第 2 図

まとまって現れる傾向が見出されはするが,それらは互いに調和陪音の比にはなっていない.実験からは,振動数 ν_1 及び ν_2 を持つような線が現われるならば,それと関連した $\nu_1+\nu_2$,または $\nu_1-\nu_2$ といった振動数もまた見出され易いことが示される.この結合則は

Rydberg-Ritz の法則として知られるものである.それは第2図に示すように,対応するエネルギー準位が存在するという考えにぴったりと合うのである.

Rydberg-Ritz の法則が古典論に現われる陪音の量子力学的類似物(アナローグ)であることは,後でわかるだろう.事実,高量子数の古典的極限にあっては,この法則は調和陪音に当る振動数の輻射がでるという予言に導くものである.あらゆる

---

* 各振動数は原子スペクトル中にそれぞれ相応する線となって現われるから,この結果はそのスペクトルが離散的であることを意味するものである.これに反し,古典物理学は連続スペクトルを予言するのである.

種類の運動が量子化されたエネルギー準位に限定される，という考えに対する非常に多くの証拠が存在する．しかし，準位間のひらきは一般に一様である必要はない，調和振動子に於けるようにである．事実，スペクトル線からの証拠も，それが一様でないことを示すものである．

11. エネルギー準位の決定　われわれの次の問題は，エネルギー準位間のひらきの計算法を発見することである．この問題を調べるために，ここでは，自由度が1の非調和的な週期運動を行う力学系に限ることにしよう．そのような力学系は，例えば，非調和振動子（それに於いては復元力が変位に比例しない），あるいは，水素原子中の電子といったものである．非調和的な運動の特徴は週期が振幅の函数，従ってまた，エネルギーの函数であることである．例えば，振子の週期は振幅が大きくなると共に増してゆくし，原子内の電子の廻転週期もまた軌道が大きくなるにつれて増大する．依って，一般に $\nu=\nu(E)$ であって，ν が E に関係しないのは調和振動子に対してだけである．

それではこういう問題を考えよう．エネルギー準位をきめるものは何であろうか？と．先ず，準位間のひらきが $\Delta E=h\nu$ であることはわかっている．ここで ν は射出された光の実際の振動数であるとする．ところが，古典的極限では，ν は E に関するきまった函数であり，運動方程式から計算できるものである．もし対応原理が首肯さるべきものであるなら，この二つの振動数は，少くとも量子数が大きい古典的極限に於いては，合致せねばならない．ここに

$$\Delta E=h\nu(E)$$

が得られる*.

エネルギー準位は，原理的には既にこの式によって決定される．ある勝手な零点を選んで，そこから n 番目の状態のエネルギーは

$$E_n=\sum_0^n \Delta E_n=\sum_{n'}^n h\nu(E_0)+K \tag{8}$$

である．ここで n' は，常に古典的な領域にあるような十分大きな整数，また K は勝手にとれる常数である．

---

* 今論じたことが第9節に与えた Compton 効果の議論と極めてよく似ていることに注意してほしい．特に振動数のずれ（それ故，またエネルギーのかわり高）は，古典的に導かれた (7b) 式でエネルギーの変化（その場合の W）を $h\nu$ に等しいと置いて計算されたが，これは古典的に計算した振動数 $\nu(E)$ からエネルギーの差 ΔE を計算するのに酷似している．

（8）式にはある任意性が残っている．それは，ΔE_n は二つのエネルギー準位と結びついているが，$\nu(E_n)$ を勘定するのにどちらを使うべきかわからないからである．何かの平均をとるのが一番良い値を与えるであろう．古典的極限では，$\Delta E_n \ll E_n$ であるから，この任意性は無視できる．一般的にいって，それが問題になるのは，エネルギーが $\Delta E = h\nu$ だけ変ることから生ずる振動数のかわり高 $\Delta \nu$ が ν と同程度になるときだけに，即ち

$$h\frac{\partial \nu}{\partial E} \cong 1$$

のときだけに過ぎない．調和振動子に対しては $\partial \nu/\partial E = 0$ であるから，この量子化の方法はすべてのエネルギーについて正しいことになる．たとえ $h(\partial \nu/\partial E)$ $\cong 1$ の場合でも，この方法によってエネルギーの大体の大きさをあたってみることは，少くとも可能であろう．

エネルギー準位を勘定するのにもう少し垢抜けした方法がある．それはまた，古典力学と量子力学との関係を示す上でも教訓的なものである．先ず

$$J_n = \sum_{n'}^{n} \frac{\Delta E_n}{\nu(E_n)} + J_n' \tag{9}$$

という函数を定義する．ここでも n' は適当に大きな数とする．

定義によって，n が 1 だけ変るとき J_n は h だけ変る．ところが，古典的極限では，n が 1 ぐらい変っても，J_n はほんの僅かの量だけより変らない，また先に見たように，$\nu(E_n)$ も極く僅かの量の変化しか行わない．それ故，差分 ΔE_n を微分とみなしてよく，また和を積分で近似してよい．すると，

$$J(E) = \int_{E_0}^{E} \frac{dE}{\nu(E)} + J(E_0) \tag{10}$$

を得る．

これを E について微分すると

$$\frac{dJ}{dE} = \frac{1}{\nu(E)} = T(E)$$

が得られる．$T(E)$ は週期である．古典的には，$J(E)$ は明確に定義し得る函数で連続的な値をとることができる．しかし，量子論に従うと，$J(E)$ は h だけちがう，離散的な値しかとることができない．これが一般的な量子化条件である．調和振動に対しては，$\nu(E)$ は E に関係しないから，$J = E/\nu$，且つ $\Delta J = h = \Delta E/\nu$ である．これは調和振動子に対する通常の量子条件である．こ

のエネルギー準位を求める方法は古典的極限に対してだけ厳密に正しいものであるが，E_0 が量子論的領域下にまで入りこむことが許されるようなときにでも，近似的には正しい結果を与えるものである．

12. 作用変数　J という量は，量子論が展開される前でも，古典力学に於いて広く使われていた．それは作用変数と呼ばれている．通常，J は

$$J=\oint pdq \tag{11}$$

で与えられる．p は座標 q に共軛な運動量で，積分は 1 週期の振動の間に粒子が現実に走る路筋についてとるものとする．このような積分は，相積分として知られているものである．

$p=\sqrt{2m[E-V(q)]}$，但し $V(q)$ はポテンシャル，という特別な場合について上の定義が，前節に述べたものと同等であることを示すのはなんでもない．それをやるには，q はエネルギーの函数である二つの限界の間を振動しているものであることに注意する．粒子は振動の一方の限界から今一つの限界に行き，又戻ってくるのであるから，相積分は丁度振動の一限界から他の限界までとった積分の値の 2 倍になる，即ち．

$$J=2\int_{a(E)}^{b(E)} dq\sqrt{2m[E-V(q)]}.$$

次に $\partial J/\partial E$ を求めよう．周知の微分法の定理を使えば

$$\frac{\partial J}{\partial E}=2\{\sqrt{2m[E-V(q)]}\}_{q=b}\frac{\partial b}{\partial E}-2\{\sqrt{2m[E-V(q)]}\}_{q=a}\frac{\partial a}{\partial E}$$
$$+2\int_a^b\sqrt{\frac{m}{2[E-V(q)]}}dq.$$

ここで振動の限界は，運動エネルギーが零であるということ，即ち $E=V$ ということからきめられる．こうして，括弧内の量が消え，また $\sqrt{\dfrac{2(E-V)}{m}}=\dfrac{dq}{dt}$ であるから，

$$\frac{\partial J}{\partial E}=2\int_a^b\frac{dq}{dq/dt}=2\int_a^b dt=T=週期 \tag{12}$$

が得られる．これは，(11) 式に定義された J がわれわれの当面の目的とは関係のない積分常数を別にすれば，(10) 式で始めて導入された J と全く同一であることを示している．

この作用量 J の量子化のことを指して，われわれは普通 "Bohr-Sommerfeld の量子条件" と呼んでいる．

13. 角運動量の量子化　今度はわれわれの量子化の法則を，1 個の粒子が方位角 ϕ と，一定の角運動量 p_ϕ とをもって，ある平面内を運動している，簡単な場合に応用してみることにする．もしポテンシャルが球対称であるとすると，角運動量は運動の恒量であることがわかる．p_ϕ に共軛な座標は ϕ 自身である．さて 1 週期の間に，ϕ は 0 から 2π までゆくから

$$J=\int_0^{2\pi} p_\phi d\phi=p_\phi\int_0^{2\pi} d\phi=2\pi p_\phi \tag{13}$$

となる．そこで，J の量子化というのは

$$\varDelta J=h=2\pi\varDelta p_\phi, \quad \text{即ち}, \quad \varDelta p_\phi=\frac{\hbar}{2\pi}=\hbar$$

を意味する．それ故，角運動量は $\hbar=h/2\pi$ を単位としてだけしか変ることができないわけである．

14. 水素原子　さて，いよいよ点電荷，例えば水素原子の原子核によって作られる場の中を運動している 1 個の電子について量子化の及ぼす効果を調べることにしよう．この問題は Niels Bohr が始めて取扱ったもので，彼は対応原理の助けをかりて角運動量の量子化に達したのである．だがここでは，作用量 J の量子化に頼らずに，直かに角運動量の量子化を行うことができる議論のあらすぢを述べることにする．古典的にはエネルギーは

$$E=\frac{mv^2}{2}-\frac{Ze^2}{r}. \tag{14}$$

円軌道の場合には，引力と遠心力とが釣合っているから，

$$\frac{mv^2}{r}=\frac{Ze^2}{r^2}, \quad \text{または} \quad mv^2r=Ze^2 \text{ か } \frac{Ze^2}{r}=mv^2 \tag{15}$$

かが得られ，$mvr=p_\phi$ と置くと，これは

$$vp_\phi=Ze^2$$

となる．更に，エネルギーに対しては，

$$E=-\frac{mv^2}{2}=-\frac{m}{2}\frac{(Ze^2)^2}{p_\phi^2} \tag{16}$$

を得る．

次に $p_\phi=p_{\phi_1}$ であるような軌道から $p_\phi=p_{\phi_2}$ である軌道への遷移を考えよう．Einstein の関係，$\varDelta E=h\nu$ に従えば，

$$\varDelta E=h\nu=-\frac{m}{2}(Ze^2)^2\left(\frac{1}{p_{\phi_1}^2}-\frac{1}{p_{\phi_2}^2}\right) \tag{17}$$

第 2 章 初期量子論の展開 49

であるはずである. また高い量子状態に於いては, 量子力学的に計算した振動数と古典的な振動数, 即ち軌道の廻転のそれ, $\nu = v/2\pi r$ との一致を得るはずである. 更に角運動量のかわり高は非常に小さいため, (17) 式で差を微分で置き換えることができる.

こうして

$$\frac{\hbar v}{r} \cong \frac{m(Ze^2)^2 \Delta p_\phi}{(p_\phi)^3}$$

が得られる. ここで Δp_ϕ は p_ϕ に許される変化である. $p_\phi = mvr$ であるから, これは

$$\frac{\hbar v}{r} = \frac{(Ze^2)^2}{m^2 v^3 r^3} \Delta p_\phi$$

となる. (15) 式から容易に

$$\frac{v}{r} = \frac{(Ze^2)^2}{m^2 v^3 r^3}$$

が得られ, 従って

$$\Delta p_\phi = \hbar \quad \text{あるいは} \quad p_\phi = l\hbar + K \tag{18}$$

となる. ここで l は整数, K は常数である. この結果は Bohr-Sommerfeld の条件から得られるものと一致する (事実後者は歴史的にも後になってから導かれたものである). 両結果とも, 対応原理から得られたのであるから, 勿論, 必ず一致するわけである.

Bohr はそこで (18) 式が極めて小さな量子数に対しても成り立つと試験的に考えた. これまでのところでは, p_ϕ の変化だけが確定されたに過ぎない. それで, われわれは K を常数として, $p_\phi = l\hbar + K$ と書いたわけであった. しかし, p_ϕ の許される値は正負いずれの値に対しても, 同一でなければならない. それは次の事実から知ることができる. 座標軸を右手系にとった場合には角運動量が左手系で計算したものと逆符号になる. それ故, 座標系を右手系から左手系に変えようと思えば, 角運動量の符号を逆にせねばならない. ところが, 理論の最終結果は, どういう座標系をとったかには関係しないはずのものである. このことは, 角運動量のある与えられた値が許されるとすると, それの負の値も許されねばならぬことを意味する. 今 $K = 0$ と選べば, 上の要求は満されている. 許される値は $p_\phi = l\hbar$ であるからである. $K = 1/2$ では, 許される値は, $p_\phi = \left(l + \dfrac{1}{2}\right)\hbar$, 即ち $\left(\cdots\cdots -\dfrac{5}{2}, \ -\dfrac{3}{2}, \ -\dfrac{1}{2}, \ \dfrac{1}{2}, \ \dfrac{3}{2}, \ \dfrac{5}{2} \cdots\cdots\right)\hbar$ である

から，このときもまたわれわれの要求は満足されている．ところがその他のどんな値を K としてとってきても，この条件に添うようにはできない．例えば，$K=\frac{1}{4}$ では，許される値の典型的なものとして $\left(\cdots\cdots-1\frac{3}{4},\ -\frac{3}{4},\ \frac{1}{4},\ 1\frac{1}{4},\right.$ $\left.2\frac{1}{4}\cdots\cdots\right)\hbar$ が得られる，だから，角運動量の符号を逆にしたとすると，許される値は得られないことになる．

観測されているスペクトルとの一致を得るためには，$p_\phi=l\hbar$ をとらねばならない［半整数の量子数については，ずっと先で，WKB 近似（第 12 章）やスピン（第 17 章）と関係した他の応用で現れてくる］．こうすれば (16) 式から

$$E=-\frac{m}{2}\frac{(Ze^2)^2}{\hbar^2 l^2}=\frac{Rch}{l^2} \tag{19}$$

が得られる．但し R は Rydberg 常数．遷移の際に射出される輻射の振動数は

$$\nu=\frac{\varDelta E}{h}=Rc\left(\frac{1}{l_2{}^2}-\frac{1}{l_1{}^2}\right) \tag{20}$$

である．この結果は水素原子（及び単イオン化ヘリウム原子）の既知のスペクトルを説明できたばかりでなく，当時まだ知られていなかった，射出される輻射の振動数の新らしい系列をもまた予言するものであった．このようにして量子数は再び，古典物理学が説明の端緒をつかむことさえできなかった，広範囲にわたる実験データとの精密な定量的一致を与えることとなったのである．

電子の軌道の半径は

$$a=-\frac{Ze^2}{2E}=\frac{h^2}{mZe^2}l^2 \tag{21}$$

で与えられる．最低の円軌道は $l=1$ を持つものである．$l=0$ では不合理な結論になってしまう．Bohr の理論によっては低い量子状態を番号づける問題は完全に正確には取扱えない，そういった困難はすべて，Schrödinger 方程式の手をかりて解決されるということは追々わかってくるであろう．この軌道半径は Bohr 半径という呼び名でしられるもので，普通 "a_0" と書いている．a_0 の値は 0.528×10^{-8} cm に等しい．だから，$a_0=\frac{\hbar^2}{mZe^2}$ を使って $a=l^2 a_0$ となる．ひき続く軌道の半径はその量子数の自乗で増大する．

水素原子の完全な取扱いを得るためには，楕円軌道もまた処理せねばならない．それには，楕円軌道に於いて，その半径が廻転の振動数でもって週期的に

第 2 章 初期量子論の展開 51

振動することに注目する. そこで, Bohr-Sommerfeld の条件を適用して, "動径作用変数"

$$J_r = \oint p_r dr \tag{22}$$

を量子化できる. ここで p_r は運動量の動径成分である.

p_r を勘定するために,

$$E = \frac{mv^2}{2} - \frac{Ze^2}{r} = \frac{p_r^2}{2m} + \frac{p_\phi^2}{2mr^2} - \frac{Ze^2}{r} \tag{23}$$

と書く. 力が球対称であるから, p_ϕ は運動の恒量である. それ故, $p_\phi^2/2mr^2$ という項はポテンシャルに斥力の項が加ったように作用し, 粒子を常に原点から遠ざけておこうとする傾向をもっている. 事実, "遠心力"はこの項を r について微分すれば得られる:

$$\frac{\partial}{\partial r}\left(\frac{p_\phi^2}{2mr^2}\right) = \frac{p_\phi^2}{mr^3} = mr\phi^2 = \frac{mv_\phi^2}{r},$$

ここで v_ϕ は ϕ 方向の速度成分である.

(23) 式を p_r について解き, (22) 式に代入して

$$J_r = 2\int_{r最少}^{r最大}\sqrt{2m\left(E + \frac{Ze^2}{r}\right) - \frac{p_\phi^2}{r^2}}dr \tag{24}$$

を得る. 積分の範囲は r の最小値から最大値までとる. それらの値は $p_r = mv_r = 0$ が起るところであるから, この積分の範囲は被積分函数が零になる二つの点の間にあるわけである. この積分は初等的に計算でき, その結果は

$$J_r = -2\pi p_\phi + 2\pi Ze^2\sqrt{\frac{m}{-2E}} \tag{25}$$

となる.

問題 7: 上の結果を証明せよ.

(25) 式を E について解けば

$$E = -\frac{m}{2}\frac{(Ze^2)^2}{\left(\frac{J_r}{2\pi} + p_\phi\right)^2} = -\frac{m}{2}\frac{(2\pi)^2(Ze^2)^2}{(J_r + J_\phi)^2} \tag{26}$$

が得られる. 但し $J_\phi = 2\pi p_\phi$.

さて $J_\phi = l\hbar$ はわかっているが, また $J_r = s\hbar*$ でもなければならない. ここで s は"動径量子数"として知られる整数である. 全エネルギーは

$$E=-\frac{m}{2}\frac{(Ze^2)^2}{\hbar^2}\frac{1}{(l+s)^2} \qquad (27)$$

となる.これを普通

$$l+s=n=\text{主量子数} \qquad (28)$$

として

$$E=-\frac{m}{2}\frac{(Ze^2)^2}{\hbar^2}\frac{1}{n^2}=-\frac{Rch}{n^2} \qquad (29)$$

と書く.許されるエネルギー準位は,円軌道について勘定したものと精密に同じであることが認められる.このエネルギーは n だけにあらわに関係するが,l または s の一つだけにきりはなして関係するということはない.こうして,n の各値に対し,l には 1 から n までの間のすべての可能な値を与える一方,s に $n-1$ から 0 までの相応する値を与えると同じエネルギーをもった一連の軌道を得ることができる.

それらの軌道がどんな形をとっているかを見るには,楕円軌道に於けるエネルギーは半長軸の長さだけの函数であって,離心率の函数ではないという事実を利用する**.それ故,同じエネルギーをもった軌道はすべて同じ半長軸を持つ楕円であることになる.$l=n$ にとれば,円軌道を得ることは,先刻御承知の通りである.$l<m$ のときには,l の値が小さい程,より離心率の大きな楕円が得られる.

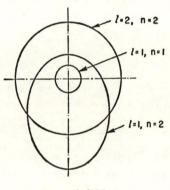

第3図

最初の二,三の軌道を数え上げて見ると,$n=1$ では,$l=1$ の唯一つの可能性があるに過ぎない.これは円軌道である.ところが $n=2$ に対しては,$l=2$ または $l=1$ があり得る.前者は円軌道,後者は楕円軌道である.最初の二つのエネルギー準位に対する軌道の形を第3図に示しておく.n が大きくなると,軌道は急速に大きくなり,またその数も多くなることがわかる.量子状態

---

* 実際は $J=s\hbar+k$,k は常数,をとるべきであるが,ここでは $k=0$ と選んである.この導きは方は高い量子数に対してだけ,厳密に通用するものに過ぎないが,低い量子数に対しても正しい結果に導くことがある.
** Ruark and Urey,第5章.

第 2 章 初期量子論の展開

は第4図に示したようなエネルギー準位の図表で表わされるのが普通である．エネルギーの零点に対する相対的な値が線の位置で与えられている．図の値は水素原子に対するものを実線で示してある．$E=0$ に近くなるにつれて，線の密度が無限大に近づくことが注目される．$E>0$ では，電子は自由だから，現

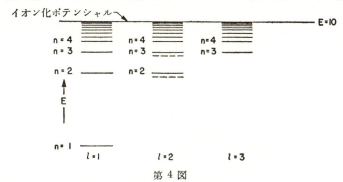

第 4 図

実には，1個のイオンと電子とになっているわけである．最低エネルギー準位から電子を自由にするのに必要なエネルギーを<u>イオン化ポテンシャル</u>と呼んでいる．水素の場合には，(29) 式で $n=1$ と置いて得られる結果の符号を変えたもの，即ち $E=Rch$ である．

同じ n で異った l の軌道が常に同一のエネルギーをもつような力の法則というのは，Coulomb の引力の法則と3次元の調和振動子とだけに過ぎない．いずれの場合でも，そういう結果が得られるのは，動径がそのもとの値にもどる振動数と，角が 2π の変化を経るのに必要な振動数とが同じであるという事実に密接に結びついている．このことを Coulomb 力について証明するには，動径方向の振動数が $\nu_r = \partial E/\partial J_r$ であること，また 2π の角を経る振動数が $\nu_\phi = \partial E/\partial J_\phi$ であることに注目する．

(26) 式から

$$\frac{\partial E}{\partial J_\nu} = \frac{\partial E}{\partial J_\phi},$$

故に $\nu_r = \nu_\phi$ が証明される．そのときにはエネルギーの許される変化を

$$\Delta E \cong \frac{\partial E}{\partial J_r}\Delta J_r + \frac{\partial E}{\partial J_\phi}\Delta J_\phi = h(\nu_r \Delta s + \nu_\phi \Delta l),$$

即ち
$$\Delta E = h\nu(\Delta s + \Delta l) \tag{30}$$

と書ける. $l=1$, $n=1$ (即ち $s=0$) の基底状態から出発して, s を 1 だけ増しても, l を 1 だけ増しても, エネルギーの値は同一であることがわかる. 同様に, 次の準位の大きさも s を増すか, l を増すかに関係なく同一になる. それで, あらゆる場合に, 全エネルギーの変化が $n=s+l$ だけに関係することになる. ところがもしも ν_r が ν_ϕ と違っていたとすると, s を 1 だけ変えた結果は l を 1 だけ変えた結果とはちがうことになるであろう. そして, 一般に, エネルギーは s にも l にも別々に両者に関係することになるであろう.

$\nu_r = \nu_\phi$ のときにはまた, 軌道が閉じている, 即ち r も φ も共に同じ時に始めの値にもどるという結果が得られる. 水素の楕円軌道がこの性質を持っていることは全く明らかである. しかし, 動径が, 角が 2π の変化を経るのと同じ時に, その始めの値にもどらない場合には, この軌道は閉じない. もしこの振動数の差が, 余り大きくなければ, その結果生ずる運動は軌道の歳差として記述できる. 歳差運動を行う楕円軌道を第5図に示しておいた.

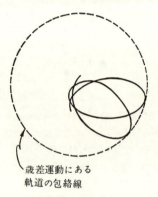

歳差運動にある
軌道の包絡線

第5図

複雑な原子では通常, 遮蔽効果* の結果, Coulomb の力の法則からのずれが存在するであろう. その場合には ν_r と ν_ϕ とが異なり, 軌道はこのずれの大きさによって決まる割合で歳差運動を行い, n が同じでも l の違う準位は違ったエネルギーを持つことになろう. このエネルギーの変化は, 二, 三の準位について第4図のエネルギー準位の図表中に点線で示してある. 電子のスピンと相対論的補正との効果もまた, 同様な, しかし, 普通ずっと小さなものであるが, l についてのエネルギーの変化を水素原子にあ

---

* われわれは, しばしば, 与えられた電子に及ぼす他の原子内電子の影響を, 残り全部の原子内の電子の正味の効果を遮断 (shield) しようとする, 即ち, 問題にしている粒子を原子核から遮蔽 (screen) するような平均ポテンシャルで近似することができる. しかし, この近似は完全に正確なものではない, それは原子内電子間でエネルギーをやりとりする可能性を無視しているからである.†
† 前掲書, 201 頁.

第 2 章　初期量子論の展開　　55

ってさえも生ずる．これは微細構造* として知られている．これらの諸効果をす
べて考慮に入れると，水素原子のエネルギー・スペクトルについては良好な一致
が得られ，ナトリウム等のアルカリ金属のそれともかなり良く一致する．

問題 8： ポテンシャル $V=-\dfrac{Ze^2}{r}+\dfrac{K^2}{r^2}$ （修正された Coulomb ポテンシャル）
が与えられたものとする．この修正は遮蔽効果を正しく記述するためには正しい
方向のものではないが，エネルギーに対する相対論的補正を考慮して加えられた
修正としては良い近似になっている (Ruark and Urey を見よ)．動径量子数と
角運動量との函数としてエネルギー準位を求め，与えられた $n=l+s$ に対し得ら
れたエネルギーは l と独立ではないことを示せ．

　ヒント：　(24) 式に於いて p_ϕ^2 を $p_\phi^2+2mK^2$ で置き換えて積分を計算せよ．

　初期の Bohr-Sommerfeld の理論は，廻転及び振動の状態をもつ分子も含め
て，種々様々な系のエネルギー準位を説明できたばかりでなく，原子スペクト
ルの理論に関連して論ぜられた諸々の応用の説明に於いても成功したのであっ
たけれども，それはやはり未だ完全ではなく，幾分あいまいなところをもった
理論であった．例えば，複雑な原子に対して，あるいは電子の原子による散乱
にみることのできるような非週期運動に対して，理論を厳密に定式化する明確
な方法が存在しないのである．また，二，三の場合には，その結果は低い量子
数に対しては正しくなく，分数の量子数を使うことによって，実験との一致を
良くしようとする様々な半経験的な努力がなされたものである．しかしながら，
理論が間違っていたところでも，問題にならぬ程ひどく違っているということ
はめったになかった．理論は確かに正しい軌道にはのつていたのである．

　後章に於いて，これらのあいまいさはすべて，波動力学によってとり除かれ
得ることを見るであろう．それは，少くとも原理的には，相対論的効果を問題
にしなくてもよいような，すべての現象に対する完全な，また定量的な理論を
与えるのである．しかし波動力学は，Bohr-Sommerfeld の理論の一般的な方
向と相容れないものではない．むしろまさに，この初期の理論の限界が何であ
るかを，またその限界は如何にして克服できるかを示すものなのである．

15.　Franck-Hertz の実験　　Bohr の理論の一つの重要な実証は，
Franck-Hertz の実験，及びそれに続く一連の同様な実験* によって与えられ

---

* Ruark and Urey，135 頁参照．

56 第 I 部 量子論の物理的定式化

た．これらの実験がなし遂げられるまでに，エネルギーのやりとりが量子化されていることをはっきりと証拠立てていた唯一の場合は，輻射の射出または吸収，そうでなければ，物質の調和振動子との，例えば固体の原子によって構成されるそれらとの，エネルギーのやりとりだけであった．Franck-Hertz の実験は，エネルギーが自由な物質粒子の運動エネルギーから来ているときにもやはり，エネルギーのやりとりは量子化されているかどうかが決められるように計画された．

この実験の要点は，エネルギーを調節できる電子線を低圧の気体，例えば水素，の中を通すというところにある（常態では，水素は可能な最低のエネルギー状態にある）．そして原子のビームの粒子が，原子内の電子を最低状態から最初の励起状態**に上げるに必要なエネルギー（それは $\varDelta E=h\nu$ の関係から勘定される）よりも大きいか，またはそれに等しいエネルギーを持つのではない限り，電子線からエネルギーを吸収できないことが見出されたのである．原子がエネルギーを吸収したという事実は，臨界ポテンシャルを超えるときに，粒子線の流れが急に減ることからか，またはエネルギーを吸収した原子から放出された量子が同時に現われることか，いずれかから明らかにすることができた．既知のスペクトル線に対応する臨界エネルギーを超えるたびごとに，気体の放出スペクトル中に対応する量子が急に現われると共に，粒子線の流れに新らしい減少がみられた．電子を基底状態から $n=\infty$ まで上げるに必要なエネルギーを外から与えたときにはイオンが現われ始めたが，それ以前にはイオンは現われなかった（この結果もまた，今にも自由になれるようなエネルギーをもつ電子の存在を仮定したのでは，光電効果を説明する望みはあり得ないことをはっきりと示すものである）．

その後の実験に於いては，気体通過後の電子のエネルギーの測定が可能となり，原子と衝突した電子は常に，量子の形で現れたと厳密に同一量のエネルギーを失うことが認められた．それらの実験は，個々の量子的過程に於いて，エネルギーが保存されることをも示すものであった．

斯様にわれわれは，物質粒子間のエネルギーの交換にあっても，物質と輻射とのエネルギーの交換に現われたと同一の，量子化された値に限定されるとい

---

* Ruark and Urey 78 頁を見よ．
** 最初の励起状態とは最低状態，即ち "基底" 状態の上にある第 1 番目のエネルギー準位のことである．

う結論に達せざるを得ない.

輻射の対応論的理論

輻射の問題を調べるためには,電子が離散的な一軌道から他の軌道へ移るとき,どんなことが起るかを考察せねばならない.この問題は,輻射振動子はどのようにして,一エネルギー準位から他の準位に変わるかという問題と本質的に同じである.これらの過程の,そのいずれか一方の過程の不可分性が他方の過程の不可分性を意味するのは容易に解ることである.例えば,ある原子が輻射の1量子を吸収して,基底状態から一励起状態に移るという過程を考えてみよう.個々の量子的過程に於いて,エネルギーが保存されることは,先刻承知している.輻射振動子はそのエネルギーを不可分な単一の過程で放出するから,原子内電子も同様に,同じその不可分な過程で同量のエネルギーを受取らねばならない.こうして,電子が軌道の間の中間状態を経由するとは考え難い.古典物理学の見掛け上連続な運動は,単に,古典的極限に於いては,各軌道が非常に接近しているため,これらの遷移の不可分な,また不連続な性質が常態では明白でないという事実を反映するに過ぎない.例えば,(21) 式を微分することによって,水素に於ける軌道間のひらきは,$\varDelta a = 2a_0 l$ であることがわかる.この場合,隣り合っている軌道の間の半径の変化の割合は $\varDelta a / a = 2/l$ となり,これは l が大きくなるにつれて極めて小さくなる.

輻射振動子から原子へ1個の量子をやりとりする過程にあって,完全な決定論が成立しないのは,電子が一軌道から次の軌道に移る過程に於いてもまた相応して完全な決定論が成立たないことを意味するものである.かようにしてある原子を光のビームで照射するならば,われわれはその原子が一励起状態に移る確率だけを予言できるに過ぎない.同様にその原子がもしある励起状態にあるとすると,それが1個の量子を放出して,より低いエネルギー状態に行く確率だけを予言できるに過ぎない.古典的な決定論的法則は,その力学系が,軌道半径の変化の割合が著しくなってくるより前に,多くの量子を放出できるような,高い量子状態にあるときにだけ,当てはまるに過ぎない.このように,古典的に記述できるような輻射過程にあっては,電子は実際,数多くの量子を比較的短時間のあいだに放出しながら,多数の隣接した量子状態に次々と移ってゆくのであるが,それらの状態はぎっしりと詰まっているため,その過程が連続的であるように見えるのである.またそんなにも多数の量子が放出される

ので，現実に現われる量子の個数と，理論から予言される統計的な個数との差は小さくなり，そうして，殆んど決定論的な結果が得られるのである．

問題 9: 振動数 1000 サイクル/秒の調和振動子は 1 エルグのエネルギーを持っている．振動子のエネルギーが 1% だけ変るとき，放出される量子の数の平均の統計的なゆらぎはどれだけであるか．

16. 輻射の吸収 次に輻射の吸収の問題を考えることにしよう．先ず，吸収は粒子に働く電気的な力によって起される漸次的な過程であるとする古典的な解釈をふりかえってみる．電磁波中で荷電粒子は

$$F = e\left(\mathcal{E} + \frac{v}{c} \times \mathcal{H}\right) \tag{31}$$

の力を受ける．真空中では $|\mathcal{E}| = |\mathcal{H}|$ であり，また大概の原子にあっては，$v/c \ll 1$ であるから，(31)式の第2項は通常第1項よりも遥かに小さい．われわれはまた（平面波に対して）

$$\mathcal{E} = \mathcal{E}_0 e^{i(\boldsymbol{k}\cdot\boldsymbol{x}-\omega t)} = \mathcal{E}_0 e^{i(\boldsymbol{k}\cdot\boldsymbol{x}_0-\omega t)} e^{i\boldsymbol{k}(\boldsymbol{x}-\boldsymbol{x}_0)}$$

と書くことにする．ここで $\boldsymbol{x}_0$ は原子の中心の位置である．大抵の場合，$1 \gg \boldsymbol{k}\cdot(\boldsymbol{x}-\boldsymbol{x}_0) = \frac{2\pi}{\lambda}|\boldsymbol{x}-\boldsymbol{x}_0|$ である．というのは，波長 λ は 10^{-5} cm の桁であるが，$|\boldsymbol{x}-\boldsymbol{x}_0|$ は原子のひろがりの程度，即ち 10^{-8} cm 程度の大きさだからである．これが第6図に図示されてある．それ故，普通

$$\mathcal{E} = \mathcal{E}_0 e^{i(\boldsymbol{k}\cdot\boldsymbol{x}_0-\omega t)} = \mathcal{E}(\boldsymbol{x}_0) e^{-i\omega t} \tag{32}$$

と書くことができる．但し，$\mathcal{E}(\boldsymbol{x}_0)$ は原子の中心に於いての電場の値である．この近似は原子を，その原子の中心に位置する，能率 $M = -e(\boldsymbol{x}-\boldsymbol{x}_0)$ の点状の

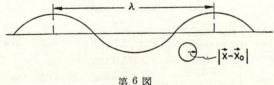

第 6 図

二重極で置き換えることと同等である*．さて，固有振動数が ω_0 で，始め釣合の位置に静止している調和振動子が，角振動数 ω の電磁波からエネルギーを得る割合を調べるという例題で説明してゆくことにしよう．この問題をやってみ

---

* 第 18 章 25 節参照．

第 2 章　初期量子論の展開　　59

るわけは，調和振動子について得られる結果が他の勝手な体系について得られるそれと本質的に同じものであり，しかも平易な数式で事がすむからである．

入射波は x 方向の偏りをもつとしよう．このときには，(31) 式に従って，運動方程式は

$$m(\ddot{x}+\omega_0{}^2 x)=e\varepsilon_0\cos(\omega t+\phi_0) \tag{33}$$

である．ここで ϕ_0 は点 x_0，時間 $t=0$ に於ける電場の位相を表わしている．境界条件を $t=0$ で $x=\dot{x}=0$ にとると，この条件に相応する解は

$$x=\frac{e\varepsilon_0}{m(\omega_0{}^2-\omega^2)}\Big[\cos(\omega t+\phi_0)-\cos(\omega_0 t+\phi_0)+\frac{(\omega-\omega_0)}{\omega_0}\sin\phi_0\sin\omega_0 t\Big]$$

$$=\frac{e\varepsilon_0}{m(\omega_0+\omega)}\Big\{2\sin(\omega_0-\omega)\frac{t}{2}\sin\Big[(\omega_0+\omega)\frac{t}{2}+\phi_0\Big]+\frac{\sin\phi_0}{\omega_0}\sin\omega_0 t\Big\} \tag{34a}$$

$$\dot{x}=\frac{e\varepsilon_0}{m(\omega_0+\omega)}\Big\{\frac{2\omega}{\omega_0-\omega}\cos\Big[(\omega_0+\omega)\frac{t}{2}+\phi_0\Big]\sin(\omega_0-\omega)$$

$$+\sin(\omega_0 t+\phi_0)-\sin\phi_0\cos\omega t\Big\} \tag{34b}$$

となる．

次に，この運動の一般的特徴を述べることにしよう．その振動の振幅は"うなりの振動数" $\nu=(\omega_0-\omega)/4\pi$ と共に増減する，ということが注目される．ω_0 が ω からはるか遠くにあるときには，うなりが非常に速く，最大振幅はすべての時刻に対していつも小であるが，ω_0 が ω に近づくと，うなりとうなりのあいだの時間は非常に長くなり，最大振幅も大きくなる．その理由はこうである：外から加えられた振動数が振動子の固有振動数から遠くへだたっているときは，外力とそれがつくる振動とは，急速に位相がずれるため，短時間のうちに，強制力の項が現にある運動を打ち消すように働き始め，そうして最初の振幅は減少する．ω が"共鳴振動数"ω_0 に近づくにつれて，外場による撃力は益々長時間その振動の位相と一致し，その結果益々大きな振幅がつくられることになり，うなりの週期も長くなるというわけである．$\omega=\omega_0$ のときは，どんなことが起るかを明確にするため，ω を ω_0 に近づけたときの (34) 式の極限を求める．それは

$$x=\frac{1}{2}\frac{e\varepsilon_0 t}{m\omega_0}\sin(\omega_0 t+\phi_0)+\frac{1}{2}\frac{e\varepsilon_0}{m\omega_0}\sin\phi_0\sin\omega_0 t \tag{35}$$

である．(35) 式を直接微分することによって，(35) 式が，ω を ω_0 に等しいと置いた (33) 式の解であること，また正しい境界条件を満足することが容易

に証明される*. これが厳密な共鳴の場合であって，このときには振動の振幅が時間と共に無限に増大する. 強制力の項とそれのつくる振動とは位相のずれることが決してないからである. この振動子のエネルギーは，

$$W = \frac{m}{2}(\dot{x}^2 + \omega_0^2 x^2) \tag{36}$$

である. ω が ω_0 に近い場合，x の値に対して，十分長い時間経った後では (34a) 式の右辺の第2項を第1項にくらべて無視するという近似を行うことができる. 同様に，(34b) 式の右辺の第 2 及び第 3 項を第 1 項にくらべて無視するという近似を $\dot{x}$ についても行うことができる. その結果

$$W \cong \frac{e^2 \varepsilon_0^2}{8m} \frac{\sin^2(\omega_0-\omega)t/2}{(\omega_0-\omega)^2} \tag{37}$$

となる.

そこでわれわれは次のような結論を得る. 吸収されるエネルギーは ε_0^2 に比例する. この ε_0^2 はまた原子の中心に於いての輻射の強度 $I(x_0)$ に比例するものである. $(\omega_0-\omega)t/2 \ll 1$ であるような短い時間に対しては，$\sin(\omega_0-\omega)t/2$ を展開することができ，エネルギーは t^2 に比例することがわかる. より長い時間に対しては，W は極大値を通過して再び零にもどる (強制力の項とそれのつくる振動とは位相がずれるからである).

これらの諸結果の最初のものは一般経験と一致するという意味でもっともなものである. 後の二つの結果はそうでない. 振動子の得るエネルギーは，時間と共に 1 次的に増大することが認められるだろうと予期されるからである. さて今度は，1 次的に増加するということが大概の問題に於いて，輻射の振動数は完全に確定されるものでなく，ある範囲にわたっているという事実から結果するものであることを示そう. 事実，強度函数 $dE = I(\nu)d\nu$ が存在していて，それは振動数 ν と $\nu+d\nu$ の間に見出されるエネルギーを与えるのである. 例えば，黒体輻射では，$I(\nu)$ が Planck 分布によって与えられる**. やりとりされる全エネルギーを求めるには，ε_0 が $I(\omega)$ に比例することに注意して，(37) 式をあらゆる振動数にわたって寄せ集めねばならない. こうして次の式が得ら

---

* 最も一般的な解は，(35) 式に $A\cos\omega_0 t + B\sin\omega_0 t$ の項をつけ加えて得ることができるのを注意しておく，但しここで A と B とは勝手な常数である.

** 第 1 章 (32a) 式参照.

れる.

$$W \sim \int_0^\infty I(\omega) \frac{\sin^2 (\omega_0-\omega)\dfrac{t}{2}}{(\omega_0-\omega)^2} d\omega \tag{38}$$

さて次のような函数を考えてみる:

$$F(\omega) = \frac{\sin^2 (\omega_0-\omega)\dfrac{t}{2}}{(\omega_0-\omega)^2}.$$

その最大値は $\omega=\omega_0$ で現われ,その値は $t^2/4$ に等しい.この函数は $\omega_0-\omega=2\pi/t$ のところで零になる.その後のふるまいは,第7図に示されているように,$\omega_0-\omega$ が大きくなると共に,急激に減少する.t が大きなときは,$F(\omega)$ は $\omega=\omega_0$ のところに極めて鋭く狭いピーク (幅: $|\omega_0-\omega| \cong 2\pi/t$,

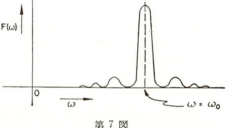

第 7 図

高さ: $t^2/4$) を持っている.従って (38) の積分への主な寄与は,$\omega=\omega_0$ の近傍の非常に狭い振動数領域から来るものである.この領域中で $I(\omega)$ は,それは通常連続函数であるがごく僅かしか変化しないから,常数とみることができる.従って積分の外に出し,$\omega=\omega_0$ のときの値をとっておけばよい.すると積分は

$$W \sim I(\omega_0) \int_0^\infty \frac{\sin^2 (\omega-\omega_0)\dfrac{t}{2} d\omega}{(\omega_0-\omega)^2} \tag{39}$$

となる.上の積分は,函数 $F(\omega)$ が ω の負の値に対し,t の大きなときには無視できるようになるのに注意して近似することができる.これは,この函数が $\omega=\omega_0$ で非常に鋭いピークをもつため,第7図からわかるように,$\omega=0$ で無視できるくらいであり,それで負の ω に対しては,$-\infty$ から 0 までの積分を無視できるほど小さくなるのによるのである.こうして積分する範囲を $-\infty$ にまで拡げても誤差は殆んどなく,

$$W \sim I(\omega_0) \int_{-\infty}^\infty \frac{\sin^2 (\omega-\omega_0)\dfrac{t}{2} d\omega}{(\omega_0-\omega)^2} \tag{40}$$

を得る．この積分は次の変数変換をやって勘定できる：

$$(\omega-\omega_0)t/2=y \quad \text{及び} \quad d\omega=(2/t)dy.$$

その結果

$$W \sim I(\omega_0)\frac{t}{2}\int_{-\infty}^{\infty}\frac{\sin^2 y}{y^2}dy=\frac{\pi}{2}I(\omega_0)t \tag{41}$$

に達する．ここに於いて，吸収されるエネルギーは強度と露出の時間との積に比例するというもっともな結果が得られた．(40) 式の今一つの重要な帰結は，時間 t の間にやりとりされるエネルギーの大部分が

$$|\omega_0-\omega|\cong\pi/t$$

の範囲の振動数から来るということである．斯様に t が大きくなればなる程，吸収は共鳴振動数の周りの益々狭くなる振動数帯に限られることが認められる．この範囲内の各振動数は t^2 に比例するエネルギーの利得に寄与するのであるけれども，正味のエネルギー利得は t に比例するに過ぎない．それは寄与し得る振動数の範囲が $1/t$ で減少するためである．しかしながら，完全に確定された振動数をもつ波を吸収体にあてると（例えば，ラジオ波を空洞共振器に入れると），エネルギーは (37) 式に示されるように，うなりの振動数でゆらぐことになるであろう．

さていよいよ，この問題が量子論に於いてはどのように取り扱われるかを見ることにしよう．われわれは，エネルギーのやりとりが不可分的であり $h\nu$ を単位として行われるのを承知している．ところが，対応原理に従えば，遷移確率を，多数の量子が存在する極限に於いては，古典的なエネルギー吸収率が得られるような風に選ばなくてはならない．それをやるには，単位時間あたりに1個の量子を吸収する確率として

$$S=\frac{1}{h\nu}\frac{dW}{dt} \tag{42}$$

をとらねばならない．ここで dW/dt は (41) 式から古典的に勘定したエネルギー吸収率である．$dW/dt \sim I$ であるから

$$S \sim I/h\nu \tag{43}$$

が得られる．

今度はこれらの対応論的極限に於いて導かれた式が，少数の量子だけしかないときでも成り立つであろうかという疑問の考察に入ろう．光電効果に関する実験は，量子の吸収される割合が，古典的に勘定した，吸収の行われる点に於

いての強さに比例することを示している. しかし, その比例常数は一般に, (42)式から導かれるそれと, 小さな量子数を含むときは, 厳密には一致しない.

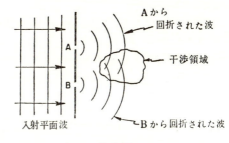

第 8 図

とはいえ, 誤差が非常に大きくなるというようなこともめったにない. 厳密な結果を得るためには, われわれは波動力学にまで進まねばならない (第18章を見られたい).

それでは, これらの結果と波動と粒子の二重性との関係を調べることにしよう. 例えば, スリット A に入射する波を考える (第 8 図). それはスリットの右側に電場をつくる, それを $\mathcal{E}_A(x,y,z,t)$ と書くことにしよう. ここで第2のスリット B が開いていて, それを通る光は電場, $\mathcal{E}_B(x,y,z,t)$ をつくるものとする. 全電場は $\mathcal{E}=\mathcal{E}_A+\mathcal{E}_B$ となり, 光の強さは

$$|\mathcal{E}|^2=|\mathcal{E}_A+\mathcal{E}_B|^2=|\mathcal{E}_A|^2+|\mathcal{E}_B|^2+2\mathcal{E}_A\cdot\mathcal{E}_B \tag{44}$$

に比例する. 右辺の最初の2項は各ビームの別々の強さの和を, 第3項は干渉効果を表わしている. (43) 式からすれば, 古典的に勘定した波の縞模様に於いて打ち消し合うような干渉が起るところでは, 理論からの量子の吸収確率は零になることがわかる. だからわれわれは次のように結論できる: 対応論的極限で得られた理論を, 少数の量子が存在する場合にまで押し進めてゆけば, 観測されている通り, 波動と粒子との二重性を正しく予言するに至るであろうと. あるいは逆に, この結果の二重性を直接観測に基くものと考え, 多くの量子が存在するときに, (43) 式は正しく古典的な強度分布曲線を導くのを示すこともできる. このように, ここでも再び, 如何に密接に量子論的諸法則がそれらの古典的極限と結ばれているかを知るのである.

17. 輻射の放出 量子が放出される確率を計算するために, 始めにこの過程の古典的な理論を勉強しておこう. 1個の運動している粒子によって, エネルギーが輻射される古典的な割合は, 周知の式*

---

* Ruark and Urey, 762頁 (31) 式; Richtmeyer and Kennerd, 第2章参照.

$$\frac{dW}{dt} = \frac{2}{3}\frac{e^2}{c^3}|\ddot{\boldsymbol{r}}|^2 = \frac{2}{3}\frac{e^2}{c^3}(\ddot{x}^2 + \ddot{y}^2 + \ddot{z}^2) \tag{45}$$

で与えられる.

上の量の値を出すには，Fourier 分解によって運動を時間の函数として勘定するのが便利である. 基本角振動数 ω_0 の週期軌道では，各座標の変化を Fourier 級数で表わすことができる. 例えば，

$$x = Rl \sum_n X_n e^{in\omega_0 t} = Rl \sum |X_n| e^{i(n\omega_0 t + \phi_n)}$$

$$= \sum |X_n| \cos(n\omega_0 t + \phi_n), \tag{46}$$

但し，$X_n = |X_n| e^{i\phi_n}$. 円軌道を例にとれば

$$x = \cos\omega_0 t, \qquad y = \sin\omega_0 t$$

であるから基本振動数だけが存在する. 楕円軌道では，第 14 節に示した通りより高次の調和陪音も存在する.

一般に，運動の週期は 1 個に限られるという必要はない. 事実，最も一般的な場合には，独立な自由度の数だけ週期が存在する. それは "多重週期系" と呼ばれるものであるが，そういった系では，例えば x 座標はそのもとの値に帰っていても，y 座標や z 座標はもどっていないという場合がある. このように多重週期系の軌道は，週期がひとつだけしかないときのように，閉じてはいない. 第 14 節で知ったように，Coulomb 力場内の 1 個の電子は単一週期の運動しか行わない. ここでは単一週期系に対する輻射の取扱いだけを与えることにするが，多重周期系* へ拡張の仕方は全く直進的である.

ここでは加速度の x-成分から結果する割合だけを計算しよう. y 方向や z 方向の運動の効果は同様にして後から加えればよい**.

$$\frac{dW_x}{dt} = \frac{2}{3}\frac{e^2}{c^3}\omega_0^4 \left[\sum_n n^2 |X_n| \cos(n\omega_0 t + \phi_n) \right]^2$$

$$= \frac{2}{3}\frac{e^2}{c^3}\omega_0^4 \left\{ \sum_n |X_n| n^4 \cos^2(n\omega_0 t + \phi_n) \right.$$

$$\left. + 2\sum [|X_n||X_m| n^2 m^2 \cos(n\omega_0 t + \phi_n) \cos(m\omega_0 t + \phi_n)] \right\}$$

---

* 多重週期系の議論については，Born, *Mechancis of the Atom.* London: George Bell & Sons. Ltd., 1927 参照.

** (45) 式参照.

第 2 章　初期量子論の展開

$$= \frac{2}{3}\frac{e^2\omega_0^4}{c^3}\Bigg\{\sum_n \frac{[1-\cos 2(n\omega_0 t+\phi_n)]}{2}|X_2|^2 n^4$$

$$+ \sum_{n\neq m}|X_n||X_m|n^2 m^2[\cos\big((n+m)\omega_0 t+\phi_n+\phi_m\big)$$

$$+\cos\big((n-m)\omega_0 t+\phi_n-\phi_m\big)]\Bigg\}. \qquad (47)$$

1 週期について平均をとると

$$\overline{\frac{dW_x}{dt}}=\frac{e^2}{3c^3}\omega_0^4\sum_n n^4|X_n|^2, \qquad (48)$$

　エネルギーは互いにそれぞれ調和陪音に当る別々の項の和であることが注目される．ところが電子の軌道の半径は，普通波長に比べて小さいものであるから，それが放出する輻射は，x と同じ仕方で時間と共に変化するような能率をもった点状の二重極から生ずる輻射と同一であることはわれわれの知るところである．その上，このような二重極は各々の調和陪音を，他の残りのすべての調和陪音とはかかわりなく独立に輻射することを示すことができる．それ故，(48) 式に於いての級数の各項は調和振動数 $\omega_n=n\omega_0$ の調和陪音に相応する．エネルギーを輻射する割合 $\overline{\dfrac{dW_n}{dt}}$ を表わすものと結論できる．従って，

$$\nu_n=2\pi n\omega_0; \qquad (49)$$

$$\overline{\frac{dW_n}{dt}}=\frac{e^2\omega_0^4}{3c^3}|X_n|^2 n^4 \qquad (50)$$

が得られる．次に量子論に進むことにしよう．

　対応論的極限に於いては，n 番目の調和陪音の量子が放出される割合というのは，古典的なエネルギーの輻射の割合に導くようなものでなければならない．それは，

$$R_n=\frac{e^2\omega_0^3}{6\pi hc^3}|X_n|^2 n^3 \qquad (51)$$

とすることである．但しここで，

$$\varDelta E_n=h\nu=2\pi nh\omega_0.$$

この結果は，放出される量子あたりの電子のエネルギーの変り具合が小さいような古典的極限に於いてだけ厳密に正しいに過ぎない．しかし，それが量子数の小さいときでも，ひどく違っているというようなことはめったにない．従って，そういうところでも，近似として使ってよい．その厳密な確率は，第 18 章で見られることとなろうが，波動方程式の助けをかりて求められるものである．

n 番目の調和陪音を得るには，量子数の変化が n となるような，量子状態間の飛躍を求めねばならない．これを証明するために，$\Delta E \cong \nu_0 \Delta J$（古典的極限に於いて）と書くことにする．$\nu_0$ は基本振動数である．ところが $\Delta E = h\nu$ $= nh\nu_0$，従って，$\Delta J = nh$ である．量子数が大きな場合を考えている限り，n が僅かばかり変化しても準位の間のひらきがひどく変るということはない．だから射出される振動数は基音の整数倍に極めて近いものであろう．だが，

$$h\nu = \Delta E = \left(\frac{\partial E}{\partial J}\right)_{J=J_0} \Delta J + \frac{1}{2}\left(\frac{\partial^2 E}{\partial J^2}\right)_{J=J_0}(\Delta J)^2 + \cdots\cdots \qquad (52)$$

とする方がより良い近似になる．$\Delta J = nh$ と置けば，

$$\nu = n\nu_0 + \frac{h}{2}\left(\frac{\partial^2 E}{\partial J^2}\right)_{J=J_0} n^2 + \cdots\cdots \qquad (53)$$

を得る．

古典的極限では，第2項は第1項にくらべて非常に小さくなる．これは，それらふたつの項の比の値を求めればわかることである．即ち

$$\frac{\Delta J(\partial^2 E/\partial J^2)_{J=J_0}}{2(\partial E/\partial J)_{J=J_0}}$$

は，$\partial^2 E/\partial J^2 = \partial\nu/\partial J$ であるから，$[\Delta J(\partial\nu_0/\partial J)]/2\nu_0$ となる．ところが，$\Delta J(\partial\nu_0/\partial J)$ は作用変数を ΔJ だけ高めるために生ずる振動数の変化で，古典的極限では極めて小さなものである．それ故振動数間のひらきは丁度振動数間の整数比に対応している．しかし，量子数が小さくなってくると，エネルギー準位のひらきが略々一様であるということは崩れ，射出される振動数がお互いに整数比の関係にあるということもなくなってくる．だがそれらはやはり，Rydberg-Ritz の結合則で結ばれてはいる．事実，古典的極限では，Rydberg-Ritz の法則はぴったり古典的な調和陪音になることが知られる．

(51) 式から，量子数が大きく変るのは，古典的に計算した運動が高い調和陪音を含む時にだけ起り得るに過ぎないという結論に達する．水素原子では，離心率の大きな楕円軌道の場合にそうである．ところが円軌道間の遷移では，基音だけが存在するに過ぎないから，量子数は1だけしか変ることができない．

それでは次に，時刻 $t=0$ に m 番目の量子状態にあることが知られている1個の電子にはどんなことが起り得るかを書くことにする．もしその状態よりも低いエネルギーの他の状態があれば，電子は1個の量子を放出することができ，従ってそれらのより低い状態の一つに輻射を伴った遷移を行うことができる．

第 2 章 初期量子論の展開 67

単位時間あたりの電子が，n 番目の状態に移る確率を R_{mn} としよう（R_{mn} は高い量子数に対しては (51) 式から勘定できる．s 番目の調和倍音を含む遷移に於いては，量子数の変化は $m-n=s$ であることを注意しておく．しかし，低い量子数に対しては，この結果は近似的なものに過ぎないのであるから，正確な取扱いがしたければ，R_{mn} を波動力学から求めねばならない）．単位時間あたりに電子が m 番目の状態から出ていってしまう全確率は $R_m = \sum_n R_{mn}$ である，ここで和はそのエネルギーが m 状態のそれよりも低いような状態 n についてだけとるものとする．

さて，$P_m(t)$ を時間 t の後になお，電子が m 番目の状態にとどまっている確率とする．t から $t+dt$ までの時間のあいだに，電子が m 番目の状態を逸脱する確率は，それが m 状態に残存する確率 $P_m(t)$ と，電子が状態 m にあるとするとき，dt の時間のあいだにその状態をはなれてゆく確率 $R_m dt$ との積に等しい．

$$\frac{dP_m}{dt} = -R_m P_m ;$$

あるいはこれを積分して $P_m(0)=1$ と置くと

$$P_m = e^{-R_m t} \tag{54}$$

を得る．従って粒子が m 番目の状態にとどまっている確率は時間と共に指数的に減少する．時間 $\tau = 1/R_m$ のうちに，P_m は始めの値の $1/e$ に減り，その後はもはや無視できる程度になってしまう．このように原子が励起状態にある平均寿命は，$\tau = 1/R_m$ 程度の大きさである．

電子が最低エネルギー状態（例えば，水素原子では $l=n=1$ の状態）にあるときには，それ以上輻射を伴った遷移を行うことはできない．何故なら，入射粒子によって，あるいは他のエネルギー源によって，例えば高速粒子のビームといったものからエネルギーが間に合せられない限り，この電子の行くことのできる状態は存在しないからである．それ故，ひとつの原子をそれだけで放っておくと，電子は次第に最低の量子状態に移ってゆき，基底状態に達した後は，それ以上何事も起り得ない．こういう風に，原子の安定性は量子論によって説明される．それは，古典論では，電子は輻射を出し続け，最後には原子核に落ちこんでしまうと予測されていたものであった．

問題 10： 1 個の電子がはじめ s 番目の量子状態にあって，m 番目の状態を含むすべての範囲にある状態に遷移できるものとする．s 番目の状態にある電子

が任意のより低い状態に遷移する単位時間当りの全確率は R_s, m 番目の状態に移る確率に R_{sm} である. m 番目の状態にある電子が任意のより低い状態に遷移する確率は R_m である. この電子が m 番目の状態にとどまる確率 $R_m(t)$ を計算せよ.

問題 11: 長さ L の箱の中にある質量 m の粒子のエネルギー準位を決定せよ. 但し 1 次元とする.

問題 12: 加速度 g の重力場内で, 水平で完全に弾性的な床の上を跳ね廻っている 1 粒子のエネルギー準位を決定せよ.

問題 13: 水素原子の最初の励起状態にある電子の平均寿命はいかほどであるか. 先の議論で示した大ざっぱな対応論的方法を使え. これと波動力学から正確に計算された寿命とを比べてみよ.

問題 14: 慣性能率 I の (2 次元の) 剛体廻転子のエネルギー準位を見出せ.

要約 要素的な量子的過程が不可分であり, またそこでは完全な決定論が成り立たない結果として, われわれの物質とエネルギーとの基本的な本性に関する一般概念に於いての広汎な変革にたち至ることとなった. 量子, 古典の両理論は非常に異ったものであるにもかかわらず, 対応原理をなかだちとして, それらの間に非常に密接な関係が打ち立てられた. この関係から量子論の一般形式を, それが正しい古典的極限に近づかねばならぬ要請から決定することができるのである.

第 3 章　波束と de Broglie 波

1. 序論　Bohr の原子論や Bohr-Sommerfeld の量子条件が展開された後 de Broglie は，Einstein の関係 $E=h\nu$ は，エネルギー準位が離散的であるという性質と組合せて考えると，各エネルギー準位にはそれぞれ対応するひとつの振動数が結びついていることを意味するものではないかと思い至った．ところで，許される振動数が離散的な組を作って現われるということは，既に箱の中に閉ぢ込められた波の運動と関連して古典物理学で親しまれてきた現象である．例えば，Rayleigh-Jeans の法則を導くときには，許される波動ベクトルは $\boldsymbol{k}=\dfrac{2\pi}{L}(l_x, l_y, l_z)$，従って振動数のスペクトルは $\omega=ck=\dfrac{2\pi c}{L}(l_x{}^2+l_y{}^2+l_z{}^2)^{1/2}$ であることを見た．箱が他の形に変ると，もっと複雑ではあるが，似たような許される振動数の組を与える．de Broglie は，物質粒子はどういう風にかはわからないが，何らかの仕方で今まで検出されなかった振動現象と結びつけられているのでないかと推測した．そうしたならばきっと光と物質とのすばらしい統一が得られるであろう．両者は時には波のように，時には粒子のように行動できる，或る新しい種類の力学系のちがった形態なのではあるまいか，と．

物質が実際に波から成っているとしたら，量子効果が現われる迄，広く一般に示されて来た粒子的諸性質をどうしたら説明できるだろうか？　数世紀前，光もまた，その射線が直線状に走るように見えるという日常経験から，粒子からなると考えられていたことを思い起して見よう．その後に光が縁のまわりで廻折し，また干渉現象を示すことが見出されたが，廻折とか干渉とかは波長と同程度のへだたりに対してだけ重要であるに過ぎない．de Broglie は，もし物質波が存在するとしたら，恐らくその波長は極めて短く，これまでは射線としての運動を見て来ただけで，もっと感度の高い実験なら廻折現象や干渉現象を示すにちがいない，と論じた．

本章では，de Broglie の物質波の理論を展開しようと思う．そして波長を運動量によって，振動数をエネルギーによって定める，所謂 "de Broglie の関係" が得られるであろう．古典的極限では，こういった波は古典的粒子に似た運動をするにもかゝわらず，量子的段階にあっては，原子に許される一定のエネルギー状態の存在を，正しく説明できることを示そう．次に電子波が存在す

ることに対して Davisson-Germer が与えた直接的な実験的証拠を論じよう.
ところがこの波は,1個の粒子が与えられた一つの点に見出され得る確率,とい
う解釈を与えねばならないことがわかってくる. 最後に de Broglie 波の伝播
を支配する偏微分方程式 (Schrödinger 方程式) を導き出してみせることにす
る.

2. 光のパルスの運動 de Broglie の物質波の理論を展開する前に,光線の
運動を議論し,射線の路筋とその裏にある射線を作り上げている波との間のつ
ながりの或る点を明らかにしておくと後で役に立つだらうと思う. これはその
こと自体のためばかりでなく,比較的親しみ易い光の波に基いて,問題にされ
ている過程の描像を与え,且つまた必要な数学的方法の例題ともなるものであ
るから,興味のあることと思われる.

例えば,あるきまった時間 τ だけシャッターを開いて作られる光のパルスで
以て話を始めよう. 一般にこういうパルスは3次元的なもので,その運動方向
に長さ $c\tau$ をもち,光が通って出て来た孔の最小の大きさと,またこの孔を通
る時の光線の 発 散（ダイバージェンス）とに関係する直径を持っている. パルスの拡がりが,波
長にくらべては大きいけれども,孔の大きさとくらべては小さいというときに
は,その光線は,パルス内に局在し光の速さで運動する1個の粒子（或は一群
の粒子）の様に行動する.

始めに平行光線がシャッターに垂直に入射し,シャッターは $c\tau$ がパルスの
直径よりはるかに小さくなるような短い時間だけ開いているという場合を考え
てみる. これは,本質的には1次元の場合である. パルスの運動に直角の方向
について重要な効果は起らないから,そのときパルスは,ただもともとの運動
方向（これを x 方向にとる）に速度 c で走るだけに過ぎない.

さて一定の波長 λ の通常の平面波は全空間に拡がっているから,比較的狭い
領域に局在するパルスの運動の記述に使うことができない. 空間の一定領域に
制限される波を得るためには,波束として知られているものを作らねばならな
い. 波束は波長がそれぞれ少しずつちがい,位相と振幅とは,空間のある小領
域だけにわたっては互いに強め合うように干渉し,その領域の外では,互いに
打消し合うような干渉の結果急速に零となってゆく振幅を作り出すように選ば
れた,一群の波を含んでいる. 1次元の波束の振幅 E（例えば電場の z 成分
を表している）は,一般に,第1図に示されるような曲線に似たものであろう.
われわれは平面波をとり,それを波長の小領域にわたって積分することによっ

第 3 章 波束と de Broglie 波

て波束をつくりあげることができる．例えば

$$E_z(x) = \int_{k_0-\Delta k}^{k_0+\Delta k} dk e^{ik(x-x_0)} = 2\frac{\sin \Delta k(x-x_0)}{(x-x_0)} e^{ik_0(x-x)} \tag{1}$$

をとってみよう．$(x-x_0)$ の函数として描くと，$E_z(x)$ の実数部分は第2図に示された曲線のようなものである
($\Delta k \ll k_0$). 振動の振幅は $x=x^0$ で最大値に達し，$x-x_0 = \pi/\Delta k$ で零に落ち，その後は速かに減少する振動函数である．上に述べたような函数では，実数部分と虚数部分とはそれぞれ $(x-x_0)$ の函数として急速に振

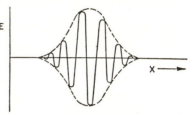

第 1 図

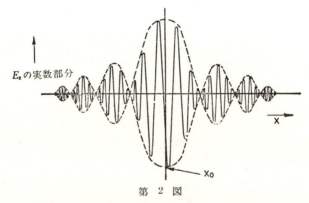

第 2 図

動する．波の強さは振動の最大振幅の自乗に比例する．波長 ($\lambda = 2\pi/k_0$) が波束の幅 Δk よりはるかに小さいとすると，通常こういう場合になっているが，この最大値は複素函数 $E_z(x)$ の絶対値の自乗で非常に良く近似される．従って

$$I \sim |E_z|^2 = \frac{4\sin^2 \Delta k(x-x_0)}{(x-x_0)^2} \tag{2}$$

が得られる．

更に一般の型の波束を得るためには $e^{ik(x-x)}$ に重みの函数 $f(k-k_0)$ をかけ

る.この函数は $k=k_0=0$ の近傍で大きく,或る小さなへだたり $\varDelta k$ を超えると急激に落ちる.さしあたり,領域 $\varDelta k$ 内では速く振動しない函数,従って $f(k-k_0)$ のグラフが第3図に示される曲線のようなものだけを考える.重みの函数を使うのは,定性的にいって,波長の小さな領域だけについて積分するのと同等であることを注意しておこう(f に速く

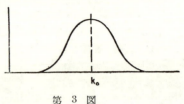

第 3 図

振動する函数を選ぶ時の影響は後で議論することにする).そこで次の波動函数は波束の形にまとまっていることがわかる.

$$\psi = \int_{-\infty}^{\infty} f(k-k_0)e^{ik(x-x_0)}dk. \qquad (3)$$

それを証明するには,$x=x_0$ で指数函数の偏角はあらゆる k に対し零であり,従って k のちがった値から来る積分へのすべての寄与を位相について寄せ集めると,その結果が大きくなることに注目する.$(x-x_0)$ が大きくなるにつれて,$e^{ik(x-x_0)}$ は k の迅速に振動する函数となり,その積分は相殺するようになる.従って ψ は $x=x_0$ の近傍だけで大きな値をもつ函数となり,$x=x_0$ からはるかに遠い所では,ちがった k の寄与は互に打消し合うように干渉する.それ故 (3) で定義されるどのような函数も波束の形を持つことになる.

例えば $f(k)=\exp\left[-\dfrac{(k-k_0)^2}{2(\varDelta k)^2}\right]$ と選んでみよう.これをえらんだわけは簡単な数学的結果に導くからである.そのときには

$$\begin{aligned}\psi(x) &= \int_{-\infty}^{\infty} \exp\left[-\frac{(k-k_0)^2}{2(\varDelta k)^2}+ik(x-x_0)\right]dk \\ &= \exp\left[ik_0(x-x_0)-\frac{(x-x_0)^2}{2}(\varDelta k)^2\right]\cdot \\ &\quad \cdot \int_{-\infty}^{\infty} \exp\left[-\frac{(k-k_0)^2}{2(\varDelta k)^2}+ik(k-k_0)(x-x_0)+\frac{(x-x_0)^2(\varDelta k)^2}{2}\right] \\ &= \sqrt{2\pi\varDelta k}\exp\left[ik_0(x-x_0)-\frac{1}{2}(x-x_0)^2(\varDelta k)^2\right]. \qquad (4)\end{aligned}$$

が得られる.k 空間の Gauss 函数はそのまま x 空間のそれになることを注意しておく.Gauss 函数は x 及び k 空間についてのこの特別な対称性を持つ唯一のものである.また,結果する波束は $x=x_0$ で極大を有ち,明らかに $(x-x_0)$

第 3 章 波束と de Broglie 波　　73

の大きな値に対しては無視できるようになることも注意しておく.

3. 波束の幅　ここまでくれば何が与えられた波束の幅を決定するかを算出するのはたやすいことである. この問題は, 後に不確定性原理を導くのに際しその結果を適用するので, 特に興味のあるものである.

上に与えた二つの例題から始めよう. 第一の例題では, その強さは

$$I \sim \frac{\sin^2(x-x_0)\varDelta k}{(x-x_0)^2}$$

である. この量は $(x-x_0)$ が $\frac{1}{\varDelta k}$ よりもかなり大きな値をとるとき, 即ち $(x-x_0) > \frac{1}{\varDelta k}$ のときに, 十分小さくなり始める. 同様にわれわれの第二の例題でも強度 $\{I \sim \exp[-(x-x_0)^2(\varDelta k)^2]\}$ は $(x-x_0)^2 > \frac{1}{(\varDelta k)^2}$ のときに小さくなり始める. どちらの場合も $\varDelta k$ が波束内にある波数 k の範囲の目安であるから, k 空間の波束の幅と x 空間のその幅との積は 1 の程度である. 即ち数学的に言えば

$$\varDelta x \varDelta k \cong 1 \tag{5}$$

という結果が得られる. これは k 空間で狭い範囲にある波束は x 空間ではずっと拡がっているべきことを, またその逆を, 意味するものである.

この結果が, 余り速くは振動しない滑らかな函数である $f(k-k_0)$ をもった (3) の型の任意の波束に対しても成立つことを示すのは何でもない. それには, (3) 式で与えられる函数を考える. するとちがった k からの寄与は,

$$k(x-x_0) < 1$$

である限り互いに強め合うように干渉する傾向にあるが, k の大きな値に対しては振動するようになり位相がずれてくる. f は限られた領域, $\varDelta k$ 内だけで大きいから, 打ち消し合うような干渉は $|x-x_0| > \frac{1}{\varDelta k}$ の時に始めて重要になることが結論される. こうしてまた $\varDelta x \varDelta k \cong 1$ の結果が得られる.

上に述べた結果をもっと簡単な言葉でまとめることができる. 領域 $\varDelta x$ をこえると小さくなってしまうような波束を作り上げるには, $\cos k(x-x_0)$ とか $\cos(k+\varDelta k)(x-x_0)$ とかいう函数を含んだ一連の波を加え合せねばならぬことに注目すると, そういった函数が $x=x_0$ で位相が一致するけれども, $x=x_0+\varDelta x$ では位相がずれ, 従って $(x-x_0)\varDelta k > 1$ が得られるに相違ないというのである. ところがこの結果を得るには同符号の波を加え合せる必要があることを注意しておこう. また, もしも $f(k-k_0)$ が速く振動する函数であるならば, 必ずしも

74　　　　　　　　　　第 I 部　量子論の物理的定式化

こういったことは出て来ない.

　同じような結果は，パルスが与えられた点を通過するのに必要な時間 Δt と，そのようなパルスを作るのに必要な角振動数の範囲 $\Delta\omega$ とについても得ることができる. 即ち，与えられた点に於ける電場は

$$E=\int f(\omega-\omega_0)\exp[-i\omega(t-t_0)]d\omega \qquad (6)$$

で表わされるが，こういう函数は $t=t_0$ の近くだけで大きく，

$$\Delta\omega\Delta t\cong 1 \qquad (7)$$

の関係に従う幅 Δt をもつパルスである. パルスが或る範囲の振動数を必要とするという事実は，例えば，無線送信機の"帯域幅"の原因になるものである. ラジオ波で可聴周波のパルスを送るためには，ラジオ波の周波数に，送ろうとする可聴周波数の大きさ程度の量だけのずれを許すということが必要である. また受信器が周波数帯 $\Delta\omega$ を受けるように同調されているならば，受信出来る一番短いパルスは $\Delta t\cong 1/\Delta\omega$ の持続時間を持つものである.

　4. 群速度　今度は波束が空間中をどんなふうに運動するかを取扱ってみよう. これをやるには，自由空間内の光の場合，伝播ベクトル k の波は振動数 $\omega=ck$ で振動する，という事実を用いる. それから

$$E(x,t)=\int_{-\infty}^{\infty} f(k-k_0)\exp[ik(x-x_0)-i\omega t]dk$$

$$=\int_{-\infty}^{\infty} f(k-k_0)\exp[ik(x-x_0-ct)]dk \qquad (8)$$

と書ける. E が $(x-x_0-ct)$ だけの函数であることに注意してほしい：これは，勿論良く知られていることであるが，パルスがその形を変えずに速度 c で伝わることを意味している.

　波束の運動は，e^{-ickt} の項を乗ずる結果，種々のちがった波長をもった波すべての位相が変化することによって惹き起される. そのため $t\neq 0$ のときには，波を $x=x_0$ のところで位相について加え合せられなくなってしまうが，そのかわり，$x=x_0+ct$ の点ではそれらの波は皆位相が一致している. だから波束の位置の変化は，干渉が強めあうか打消しあうかという条件が変ることによって惹き起されるわけである.

　さて波束が屈折率 $n(\lambda)$ の分散媒質の中に入ってゆくものと考えよう. 角振動数 $\omega=2\pi c/\lambda n(\lambda)$ は一般に λ の，従って k のかなり複雑な函数である. こ

第 3 章　波束と de Broglie 波　　75

のことを表わすために，$\omega=\omega(k)$ とかいておこう．電場はそのとき

$$E(x,t)=\int_{-\infty}^{\infty}f(k-k_0)\exp\left[ik(x-x_0)-i\omega(k)t\right]dt \tag{9}$$

である.

　この波束は時と共に変ってゆくであろうが，一般に，その変動は $\omega=ck$ のときのように単純ではない．今度は E が簡単に $E(x-x_0-ct)$ とは書くことができないからである．これは波束の中心の位置ばかりでなく，その形までが時と共に変ることを意味する．波形の変化の方は後で議論することにして，今は波束が全体としてどのように運動するかということだけを考えよう．波束の最大値の位置を見つけるためには，自由空間の場合と同様に，各時刻に於いて，ちがった k をもった波が打消し合う風には干渉しないような一つの点が存在するであろう，ということに着目する．これは指数函数の位相 $\varphi=k(x-x_0)-\omega(k)t$ が極値を持つところでならどこででも起るであろう．この点ではすべての波が殆ど同じ位相を持つような k の或る範囲があり，従って互いに強め合うように干渉するであろう．この点を見つけるため $\partial\varphi/\partial k=0$ とおく．これから

$$x-x_0=t\frac{\partial\omega}{\partial k}$$

を得る．それは波束の一番大きな値の部分が空間内を速度

$$V_g=\left(\frac{\partial\omega}{\partial k}\right)_{k=k_0} \tag{10}$$

で運動することを意味する．この V_g を群速度と呼んでいる．波束の形に集った一群の波の運動の速さを表すものだからである．これは位相速度 $V_p=\lambda\nu=\omega/k$ と対照的である．位相速度は，ω と k とが定まっているときには，精確に一定の位相をもった一つの点が運動する速さになっているからである．一般に位相速度はたいして物理的意味を持っていない；例えば，電媒質中を信号が伝達される速さは群速度で与えられるし*，エネルギーの輸送の速さもまたそうである．

　自由空間の場合に成立つような $\omega=ck$ という特別の場合には $V_g=c=V_p$ を

――――――――――――――――――――

* ここに述べた事柄は共鳴に余り近くないところでだけ正しいに過ぎない．共鳴の近くの点では，パルスはひどくゆがめられて，はっきりと極大値が定義されない．その代りに信号速度 (Stratton, *Electromagnetic Theory*, 338頁) とよぶ量を定義する必要がある．それはパルスの波面の速度である．信号速度は決して c より大きくはならないことがわかる.

得る. ω が k に比例するときにだけ，群速度が位相速度に等しくなるわけである.

5. 波束のひろがりかた　波束がその形を変えずに電媒質中を伝わってゆくということを一般に期待できないことは今見たとおりであるが，この形の変り具合を ω の k に対する特定の頼り方を考慮して求めるという問題は，普通はあまりにも複雑で厳密に解くことができない. しかしもしも $f(k-k_0)$ が十分狭いピークをもっているとすると，$\omega(k)$ を $k-k_0$ の冪級数に展開して良い近似が得られる. これは積分に対する主要な寄与が，$f(k-k_0)$ 中のピークの幅の程度の領域より来ているからである. このようにして

$$\omega(k)=\omega(k_0)+\left(\frac{\partial\omega}{\partial k}\right)_{k=k_0}(k-k_0)+\frac{1}{2}\left(\frac{\partial^2\omega}{\partial k^2}\right)_{k=k_0}(k-k_0)^2+\cdots\cdots \quad (11)$$

が得られる.

$$\omega(k_0)=\omega_0, \quad \left(\frac{\partial\omega}{\partial k}\right)_{k=k_0}=V_g, \quad \left(\frac{\partial^2\omega}{\partial k^2}\right)_{k=k_0}=\alpha$$

とおくと (9) 式で

$$E=\exp\{i[k_0(x-x_0)-\omega_0 t]\}\cdot$$

$$\cdot\int_{-\infty}^{\infty}f(k-k_0)\exp\left[i(k-k_0)(x-x_0-V_g t)-\frac{i\alpha}{2}(k-k_0)^2 t\right]dk$$

を得る. $k-k_0=\kappa$ とするとこれは

$$E=\exp\{i[k_0(x-x_0)-\omega_0 t]\}\int_{-\infty}^{\infty}f(x)\exp\left[i\kappa(x-x_0-V_g t)-\frac{i\alpha}{2}\kappa^2 t\right]d\kappa \quad (12)$$

となる. もしも $\alpha=0$ ならば，E は $x-x_0-V_g t$ だけの函数であり，パルスは形を変えないであろう. α の項がパルスにどのように影響するかを示すために，既に (4) 式で与えた特別な場合

$$f(\kappa)=e^{-\kappa^2/2(\Delta k)^2}$$

を考えよう. その時には

$$E=\exp\{i[k_0(x-x_0)-\omega_0 t]\}\int_{-\infty}^{\infty}\exp\left[i\kappa(x-x_0-V_g t)-\frac{\kappa^2}{2}\left(i\alpha t+\frac{1}{(\Delta k)^2}\right)\right]d\kappa \quad (13)$$

を得る. (4) 式でもっと簡単な積分について行ったように指数函数の中を自乗の形に書いてやれば，この積分を勘定することができる:

$$E=\exp\left\{i[k_0(x-x_0)-\omega_0 t]-\frac{(x-x_0-V_g t)^2(\Delta k)^2}{2[1+i\alpha t(\Delta k)^2]}\right\}\cdot$$

$$\cdot\int_{-\infty}^{\infty}\exp\left\{-\frac{1}{2}\left[\frac{1+i\alpha t(\Delta k)^2}{(\Delta k)^2}\right]\left[k-i\frac{(x-x_0-V_g t)\Delta k^2}{1+i\alpha t(\Delta k)^2}\right]^2\right\}dk.$$

この積分と指数函数との積は

$$\sqrt{\frac{2\pi(\Delta k)^2}{1+i\alpha t(\Delta k)^2}}$$

に等しい. 指数函数の偏角は, 分母分子に $1-i\alpha t(\Delta k)^2$ を乗じて, より簡単な形に変換できる.

$$E=\exp\{i[k_0(x-x_0)-\omega_0 t]\}\sqrt{\frac{2\pi(\Delta k)^2}{1+i\alpha(\Delta k)^2 t}}\cdot$$
$$\cdot\exp\left[-\frac{(\Delta k)^2}{2}\frac{(x-x_0-V_g t)^2}{1+t^2(\Delta k)^4\alpha^2}\right]\exp\left[\frac{i\alpha t}{2}\frac{(\Delta k)^4(x-x_0-V_g t)^2}{1+t^2\alpha^2(\Delta k)^4}\right] \quad (14).$$

$e^{i\lambda}$ の形の量はすべて絶対値 1 を持ち, また波の強さは $|E|^2$ に比例するから, 上に述べた波ではその強さは

$$I\sim\exp\left[\frac{-(\Delta k)^2(x-x_0-V_g t)^2}{1+\alpha^2 t^2(\Delta k)^4}\right]$$

と結論される. これは $x=x_0+V_g t$ に中心を置く Gauss 分布であり, 群速度の議論からわれわれが勘定したものと一致している. 分布の平均幅 (ここでは I は最大値の $1/e$ に落ちる) は

$$\delta x=\frac{1}{\Delta k}\sqrt{1+\alpha^2 t^2(\Delta k)^4}=\delta x_0\sqrt{1+\frac{\alpha^2 t^2}{(\delta x_0)^4}}$$

である. $\alpha^2 t^2(\Delta k)^4\ll 1$ であるような短い時間に対しては $\delta x=1/\Delta k\sim\delta x_0$ が得られる. 但し δx_0 は $t=0$ の時の拡がりである. もっと一般的に言って, 波束は $t>\dfrac{1}{\alpha(\Delta k)^2}$ になってはじめて眼に立つ程に拡がるようになることが解る.

問題1: $n=1+\dfrac{k^2}{(\omega-\omega_0)^2+\beta^2}$ である電媒質を考える. $\omega_0=10^{16}$, $\beta=10^{12}$ 及び $k=10^{16}$ にとり,

(a) $\omega=10^{15}$ サイクル/秒の時, 位相速度と群速度とを計算せよ.

(b) $\delta x_0=10^{-2}$ cm に選ぶと, 波束の拡がりが 2 倍になるにはどれ程時間がかかるか, またその時刻に波束はどれ程進んでいるか?

(c) $\omega=10^{16}-10^{14}$ サイクル/秒に対して同じような計算をやってみよ.

6. 波束の幅に対するもっと一般的な目安

前節で導いた波束に対して

$$\Delta x\Delta k=\sqrt{1+\alpha^2 t^2(\Delta k)^4}$$

が得られることに注意しよう. 従って, 長い時間経過した後では, $\Delta x\Delta k$ は非常に大きくなる. これはすべての波束について (5) 式で与えられる関係が成立

つ必要がないことを示すものである。波束のふるまいが変る理由は被積分函数内に $\exp\left[-i\dfrac{\alpha t}{2}(k-k_0)^2\right]$ という乗数因子が存在するためであることは容易に解る。この因子は t が大きいときには、k の函数として非常に速く振動する。特に大きな k に対してそうである。そういった振動に対しては、$(x-x_0)\varDelta k\cong 1$ であるとき、第2節で滑らかな函数 $f(k-k_0)$ についてやったように、波が必ず互いに打消しあうように干渉し始めるとは言うことが出来ない。その理由はこうである。(12) 式中の $\exp(-i\alpha t\kappa^2/2)$ を含む項が起す位相の変化は、或る領域では、$\exp ik(x-x_0-V_0 t)$ の項がつくり出す変化と打消し合い、従って被積分函数が振動するようになるには、$f(k-k_0)$ が滑かに変る函数とした場合より、$(x-x_0)$ がもっと大きな値にゆかねばならないのである。

第10章の第9節で $f(k-k_0)$ を滑らかな形からどんな風に変えても、常に積 $\varDelta k\varDelta x$ の値が増大する結果となることが示されるであろう。こうして第2節の結果を拡張し

$$\varDelta x\varDelta k\geq 1$$

と述べることができる。これは $\varDelta x\varDelta k$ がとり得る最小値は 1 の程度であるが、この量がいくらでも大きいような波束を作ることもできるということである。これはその振動数が或る範囲 $\varDelta k$ を持つようなあらゆる波を、$\varDelta x\sim\dfrac{1}{\varDelta k}$ の距離を越えたら干渉して打消し合うという風に寄せ集めねばならぬ必要はない、という事実を反映するものである。一例として、振動数の範囲 $\varDelta\omega$ にわたる、雑音を伴ったラジオ信号をとってみよう。この雑音では、それを構成する波が正しい位相関係にある場合が起り得る。その時には幅 $1/\varDelta t$ のパルスが創られる。だがこの雑音はずっと長い時間にわたって分布した、はるかに弱い、多くの勝手な一連のパルスから成るという方が更に良く似ているであろう。

7. 3 次元への拡張　上に述べた事柄のうち一般的な結果は3次元の場合に拡張できる。そうするために積分

$$E=\int f(k_x-k_{x_0},\,k_y-k_{y_0},\,k_z-k_{z_0})\exp[i(k_xx+k_yy+k_zz)]\,dk_xdk_ydk_z \quad (17)$$

から波束をつくり上げる。ここで f は $k_x=k_{x_0}$、等々の近くの狭い領域に於いてだけ大きいものとする。3 次元の光波の波束では、自由空間に於いてさえ拡がる傾向があるが、直径が長さよりはるかに大きくなると、従って1次元の波束に近くなると、この拡がりの率は零に近づくのを示すことができる。拡がる率が十分遅くて無視できる程であると、光波の波束は3次元空間の粒子のよう

第 3 章 波束と de Broglie 波　　　79

にふるまう．例えば，自由空間で光波の波束は一定速度で直線上を運動し，界面からは鏡映的に反射されるが，これは弾性的に跳ねる自由粒子と全く同様である．電媒質中では波束の速さが変わる．もしも密度が変り得るような電媒質，例えば密度が一様でないガラス，あるいは空気層をとるならば，実際に波束の進路は曲げられる．そして波束は曲線軌道をたどり，外力の作用下にある粒子と非常によく似てみえる．この類推は事実ずいぶん広く通用することが後に（WKB 近似に関する第12章に於いて）解るであろう．

　波束が拡がってくると，1 個の粒子との類似性は成り立たなくなる．粒子は決して拡がりはしないからである．しかし，少しずつ速度が違い，時間がたつにつれて次第に離れてゆく粒子の一群と較べられてもよいであろう．この類推には後に第5章の第4節で立ちもどることにしよう．

電　　子　　波

8. 電子波束の運動　さてこころみに de Broglie と共に，物質は本当に波動からできていて，大まかな総体的観測でわれわれが見ているものは，まさしくこの波動のつくる波束なのだと仮定してみよう．この波動性は，本質的に量子力学的なものであるから，波束の路筋を粒子のトラジェクトリの古典的極限だとみなすことができよう．それには，波束の群速度が古典的な粒子の速度に等しいことが必要である．即ち，

$$v_g = \frac{\partial \omega}{\partial k} = \frac{p}{m} \tag{18}$$

でなければならない．ここで p は粒子の運動量である．

　ところが，われわれは次のような関係を知っている．

$$\omega = \frac{2\pi E}{h} = \frac{E}{\hbar}.$$

この式より

$$\frac{\partial \omega}{\partial k} = \frac{1}{\hbar} \frac{\partial E}{\partial k}.$$

しかるに，古典的には $E = p^2/2m$ であるから，

$$\frac{\partial \omega}{\partial k} = \frac{p}{m\hbar} \frac{\partial p}{\partial k}.$$

これが，古典的に観測される粒子の速度に等しいとおけば，

$$\frac{p}{m\hbar}\frac{\partial p}{\partial k}=\frac{p}{m} ;$$

$$p=\hbar k, \quad \text{或いは} \quad p=h/\lambda \tag{19}$$

が得られる．これが de Broglie の関係式である（注意：積分常数が附加されるべきであるが，ここでは，われわれは，波束によって粒子の運動を記述する一つの方法を求めているにすぎないため，勝手にこの常数を零とおいて得られるような，可能な場合の中一番簡単なものをとって差支えなかったまでである）．ここで，群速度の方は，

$$v_g=\frac{p}{m}=\frac{\hbar k}{m} \quad \text{及び} \quad \omega=\frac{E}{\hbar}=\frac{p^2}{2m\hbar}=\frac{\hbar k^2}{2m}. \tag{20}$$

ω は k に比例しないということがわかったが，これは，真空中の光波の場合とは対照的である．

以上の取扱い方は de Broglie がはじめに与えたものとは実際異っている．彼は，相対論的考察に基いた議論を使ったのである*．相対論的取扱いと，対応論的取扱いが一致したというのは，決して偶然ではなく，次のような事実によるものである．即ち，対応論的極限に於いては，$v/c\ll 1$ としたときに非相対論的記述に移るような，波束の運動の相対論的記述を得ることが可能なはずだ，というのである．しかしながら，直接対応原理にもとづいた導き方を行うと，物質の波動論を相対論と無関係に組立て得ることがわかるという利益がある．これに対して，de Broglie の方法の利点は $E=h\nu$, $p=h/\lambda$ という諸関係が相対論的に不変であることがわかるところにある**．

9. 外力の影響　これまでのところは，自由粒子の運動を波束によってあらわす，という問題を考えてきただけであった．外力が存在する場合には，粒子の運動量は，その粒子が位置をあちこちと変えるにしたがって変化する．このことは，de Broglie の関係 $\lambda=h/p$ によると，波長が場所の函数となっていることを意味する．この函数の正確な形をかけば，

$$\lambda=\frac{h}{\sqrt{2m[E-V(x)]}}$$

となる．ここに，E は粒子の全エネルギー，$V(x)$ はポテンシャルである．

---

* Ruark and Urey. 516頁をみよ．

**「古典的」という言葉は，つねに量子論以外の理論に使われるものである．だから，古典論，量子論の双方に対し，別々に相対論的形式と非相対論が形式を与えることが可能である．

第 3 章 波束と de Broglie 波　　　　81

　光学に於いても，同様な波長の位置による変化が，屈折率の連続的に変るような媒質の中でおこっている．こういう媒質中では，光線はまがった路筋をたどることが知られている．これは，構成が一様でないガラス片によって像がゆがんで見えたり，温度傾斜をもった空気の層の中に蜃気楼が現われたりすることでたしかめられる．第 12 章に示されるのであるが，上に定義された函数と同じ波長をもった電子波の波束も，同じように古典的な粒子の軌道（一般には曲っている）に沿ってうごくのであって，そのときの速度は古典的粒子のそれに等しい．この際，波長の変化する割合は，波長と同程度の長さの範囲内ではさして大きくないものとする．ところが，この最後の条件がみたされていないと，廻折や干渉のような波動特有の効果があらわれることになる．これらのことは後に論ぜられるであろう．従って，われわれは次のように結論する：de Broglie 波長程度の小さなへだたりを使った記述を必要としない一切の現象に於いては，de Broglie の波束を使うと，古典力学を使った場合と厳密に同じ結果が得られると．

　10. 量子化の影響　こういった考えによって，de Broglie は，原子内の軌道の量子化を行うことができた．そのために，彼は，例えば水素原子内の許される軌道は，原子核のまわりを廻って伝播するひとつの波に対応すると仮定した．原子核をひとまわりしたのち，連続的に自分自身につながるような波があるとすれば，それによって，定常状態にある電子を表わす定常波を得ることができる．それには，円周上の波数が整数であることが必要である．即ち，$2\pi r/\lambda = n$，そこから $2\pi r p_\phi = nh$ が結論され，$p_\phi = n\hbar$ となって，Bohr のもともとの条件と一致する（第 2 章 14 節を見よ）．

　問題2： 長さ L の箱の中にある電子波に許されるエネルギー準位を見出せ（波動函数は壁の上で零でなければならぬ*）．その結果を Bohr-Sommerfeld の条件（第 2 章，問題 11）から得られたものと比較せよ．

　de Broglie の関係が，つねに Bohr-Sommerfeld の条件に導びくことは，全く一般的に示すことができる．それをやるために，勝手な週期運動を考えて，それを量子化することにする（簡単のために，こゝでは一つしか変数がないも

---

* 電子は壁の中までつき通ってゆくことはできないから，壁の所で，波動函数は零になるであろう．従って，波動函数は壁自体の内部では零でなければならず，さらに，連続性から壁際でも零であることが要求される．

のをとる）．一般に振動にはある限界が存在するから，それを $q_a=a\,(E)$ および $q_b=b(E)$ であらわしておく．古典的な粒子はこういった限界の内部にとじこめられているわけである．もし，粒子が de Broglie 波によって記述されるべきものであるとすると，定常的な状態に達し得るのは，次のような場合にかぎられる．すなわち，境界で反射される波の位相が入射波の位相とぴったりと一致していて，定立波をつくりだす，という場合だけである．このような要請からでてくる細かい影響となると壁の性質に左右されるであろうが，一般には，その結果許される振動数のとびとびの組が，従ってまた，エネルギーのとびとびの組が確定されるであろう．その領域内に多くの波長が存在しているときには（これは古典的極限ではいつも起っていることである），大ざっぱにいって b から a へ向う敷整個の波があり，それが再び a から b に戻ってゆく，このときの波の数に対する誤差の範囲は，n を存在する波長の総数として $\pm 1/n$ となる．しかし，波の総数* の方は丁度ぴったりと

$$2\int_a^b \frac{dq}{\lambda(q)} = 2\int \frac{p}{h}dp = \oint p\,\frac{dq}{h}$$

になる．これが整数に等しいとおけば，まさに Bohr-Sommerfeld の条件である．波の数に端数がでてくる可能性があるが，これは，Bohr-Sommerfeld の理論では，量子数の精密な値がいささか分明でなかったという事実と符合するものである．しかしながら，波動論は，追々わかってくるように，この量子数に対する精密な値を与えるものであり，従って，あいまいなところを含まないのである．

11. Davisson-Germer の実験　これまでにわれわれが知ったところによると，自由粒子については，波束を使ってあらゆる古典的運動を記述できるに対し，束縛粒子では波動函数に連続性の条件をおいて，正しい量子条件が導き出された．しかし，波動論が本当に正しいものかどうかを験証し得る方法は，波動に特有の新らしい効果，すなわち廻折や干渉について探ることをおいてはない．事実，de Broglie の見解は，それがはじめて提案されてから数年後まで，即ちようやく Davisson と Germer とが金属による電子の散乱の研究中に，電子も光の格子による廻折ときわめて良く似た具合に廻折されることを発見する時まで，いささかの注意も払われなかったのである．Davisson と

---

* これまでの所の導き方は，デカルト座標系だけに対して行われていたが，そのままの方法で，任意の座標系へ一般化することが可能である．

Germer とは結晶に入射した電子線が，あるきまった角 θ の方向にだけ出て来ることを見出した．彼等は，廻折の際に成立つ関係式：$\lambda/a=\sin\theta$ (a は格子線間の距離）から λ を計算したが，その結果得た値は de Broglie の関係，即ち $\lambda=h/p$ によって得えられる値に一致した．このことは，電子があたかも de Broglie によって予言された波長をもつ波であるかのように，結晶によって廻折されることを示すものであった．

この実験結果は，基本的な意味をもっている．何故なら，それは，物質は要素的な素粒子から成っているという考え方によっては理解し得ない，物質の波動的な性質を表示するものであるからである．その後行われた実験では更に異った形態の物質，例えば分子のようなものもまた廻折の性質を示すことがあきらかにされた．従って，われわれは，次のような結論に到達するのである．あらゆる物質は，電磁場に関してわれわれが先に出会ったと同じ性質をもっている．即ち，ある実験においては物質はあたかも粒子からできているかのようなふるまいを見せる一方，他の実験では波動のようにふるまうという全く同じ位明白な証拠を示すのである．このようにして，われわれは物理学の二つの異った部門を見事に統合し終えたのであるが，逆説的な波動と粒子の二重性をもちこむという代償は払わされたのであった．

12. Bohr-Sommerfeld の理論による電子廻折の予言 このところで，続いて行われた Duane* の議論に眼を向けておくのも無用のことではなかろう．それは，前からあった Bohr-Sommerfeld の理論を，電子廻折の観測について予言できるような風に解釈することが，可能であるのを示したものである．そのために，われわれは1個の電子が或る種の週期的構造をもったもの，例えば，間隔

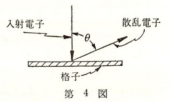

第 4 図

a の格子によって散乱される場合を考えてみよう（第4図）．古典論によれば，電子は格子が週期性をもつ方向に v_x という速度成分をもち，それは電子が格子にぶつかるまでは一定である．電子が距離 a をうごく度に電子と格子の間の力が繰返し働き，速度が一定であるから，その力も週期的なはずである．そこから，格子とエネルギーのやりとりをするときも，何らかの他の週期系（例え

---

* Heisenberg, W., *The Physical Principles of the Quantum Theory*, 77 頁.

ば，調和振動子）に対すると全く同じ量子条件を適用すべきである，ともっと
もらしくいうことができる．即ち，作用量 J が h を単位としてだけ変ること
ができるとする．J を勘定するには，その週期が a/J_x であることに注意して，
$J=\oint pdq=pa$ となる．量子条件は $a\varDelta p=h$ 即ち $\varDelta p=h/a$ である．ところが
波動論によると運動量のずれは

$$\varDelta p=p \sin \theta = \frac{h}{\lambda} \sin \theta = \frac{h}{\lambda},$$

したがって，格子が存在する場合，電子の許される軌道に適用された Bohr-
Sommerfeld の理論も，格子による波の廻折に適用された波動論も，両方とも
同じふれの角を与えるのである．しかしながら，Duane の取扱いでは，特定の
角度が現れるのは運動量のやりとりを量子化したことに由来している．ところ
が波動論では，これは電子波の干渉の結果である．この結果は，二つの方法が
たしかに密接に関係しあっていることを示すものである．

　だが Duane の取扱いによる結果にはいさゝか不分明なところがあることに
注意しておかねばならない．というのは，週期を勘定する際に，衝突前の速度
を使うべきか，衝突後のそれであるべきか，明らかではないからである．角度
のふれが小いような対応論的極限においては，このあいまいさは重要なもので
はないが，波動論を使えば，こうした任意性は全然ないわけである．

　Bohr-Sommerfeld の理論によって Davison-Germer の実験を説明できると
いう事実からみて，ことによると電子が波動の性質を若干もっていると主張す
るような急進的な手段をとることは差控えよう，という気になるかもしれな
い．しかしながら，われわれの想い起さねばならぬのは，Bohr-Sommerfeld
の理論は週期系だけを処理できるに過ぎないが，波動論は量子化の影響を非週
期系に対してさえも確定するものであるということである．更に，論理的観点
からすれば，Bohr-Sommerfeld の条件は物質のなし得る可能な運動に対して
単に勝手な制約を与えるものに過ぎず，許される軌道間の遷移の際に何事が起
るかを記述することを不可能にする．ところが波動論では，許される軌道の量
子化は，波動函数によって満足されるべき境界条件から求まる振動数のスペク
トルによって，ごく自然に記述されるのである．更に Bohr-Sommerfeld の
理論の特徴である低い量子数でのあいまいさは，波動論では現われない．事
実，波動論は完全な定量的にも正しい取扱いを与え，その方法は原理的にはあ
らゆる現象に適用される上，厖大な範囲の現象にわたって，どこで較べてみて

第 3 章 波束と de Broglie 波　　　85

も，実験と一致することがわかってくるであろう．それ故に，むしろ波動論の方を基礎にとり，Bohr-Sommerfeld の理論は一近似として，それから導き出すという方が良いように思われるのである．そこで，われわれは次の結論に到達する．電子も格子も波動の性質をもつために，それらの間の運動量のやりとりは，あるきまった量子化されたものだけに限られる．この制限というのは，一方の量子が他方の量子と同じ大きさを持ち，理論全体をしっくりと，十分完成された形にまとめあげるようなものである*，と．

13. 波動函数の確率による意味づけ　そこで，電子波のもっと直接的な物理的意味づけを求めることが必要になる．この波は，はじめ電子の現実の構造をあらわすものとして解釈された．いいかえれば，電子も光と同様，ひとつの波であり，拡がってゆくし，干渉も示す，等々と考えられた．しかし，こういう解釈はたちまち容易ならぬ困難につきあたる．物質波の波束は無制限にひろがってゆき，ある程度の時間がたっと非常に大きい範囲（即ち，数十億哩）を覆い得ることが発見されたのである．この事実を明らかにするために，(9) 式を用い，(20) 式から得られるように，

$$\omega = \frac{E}{\hbar} = \frac{\hbar k^2}{2m}$$

とおく．これから次の式が出てくる．

$$\psi = \int f(k-k_0) \exp\left\{ i\left[k(x-x_0) - \frac{\hbar k^2}{2m}t \right] \right\} dk. \tag{21}$$

$k-k_0 = \kappa$ とすると，

$$\psi = \exp\left\{ i\left[k_0(x-x_0) - \frac{\hbar k_0^2}{2m}t \right] \right\} \int f(\kappa) \exp\left\{ i\left[\kappa(x-x_0) - \frac{\hbar k_0 \kappa t}{m} - \frac{\hbar \kappa^2}{2m}t \right] \right\} d\kappa. \tag{22}$$

この結果は光波について(12)式で得られたものに，そこで $\alpha = \hbar/m$，$V_g = \hbar k_0/m$ とおけば，ぴったり一致している．ところが，光波についてはこの方程式は近似的なものでしかなかったのに対し，電子については厳密に正しいものであることを注意しよう．

これから電子の波束が拡がることが結論でき，また (15) 式から最初の幅を Δx_0 とすると，$t \to \infty$ とするとき，

---

* 波動論を Bohr-Sommerfeld の量子條件を一般化したもので置き換えることに対するこれ以上の異論は第 6 章 11 節で与える．

$$\Delta x = \Delta x_0 \sqrt{1 + \frac{\hbar^2 t^2}{m^2 (\Delta x_0)^4}} \longrightarrow \frac{\hbar}{m \Delta x_0} t \qquad (23)$$

が得られることがわかる.

問題3:

（a）　電子の波束が最初 10^{-8} cm の部分に閉じこめられていたとする. 波束がはじめの大きさの2倍に拡るまでには, どれくらいの時間がかかるか. 又, それが太陽系の大きさまで拡るにはどれだけかゝるか.

（b）　地球をあらわす波束が 1m の所に閉じこめられているものと考える. 波束がはじめの大きさの2倍になるまでにはどれだけの時間がかかるか.

（c）　10^{-3} cm の所に閉じこめられた1グラムの対象に対する波束がもとの大さの2倍になるにはどれだけかかるか.

電子の波束は非常に急速に拡がることができるものである. ところが電子の位置が観測されるときには, いつも, われわれの思いのままにはっきりと確定される空間領域中に見出される. この事実はわれわれに電子を粒子と考えるようにしむけるが, それと反対に他の実験, 例えば Davisson-Germer の実験といったものは, 電子を波だと考えさせた. そのどちらなのであろうか？ この問題は, 光波に関して, また光電効果に関して, 遭遇したものとまさしく同一である（第2章1節）.

上の問題を解決することは第 6, 7, 8 章まで後廻わしになるが, さしあたりここでは, 光波の場合と同じく, 電子波の強さは, 一つの粒子が与えられた位置に見出される確率を与えるに過ぎないとみなすべきものであるということを述べておこう. この考えは, 光の諸性質と物質の諸性質との見事な統一的記述を作り上げるが, そのかわり, 同一の力学系を記述するのに波と粒子と双方のモデルを使う必要があるという, いささか逆説めいた二元論を与えることになる.

電子波に関するこれまでのわれわれの考えをまとめて述べると,

（1）　波長から, $p = h/\lambda$ によって電子の運動量が与えられる.

（2）　波の強さから, 電子がある与えられた位置に見出される確率が与えられる.

14. 電子波と電磁波との比較　電子波は, 次の二点で電磁波と似かよったところを持っている.

（1）　de Broglie の関係 $E = h\nu$ と $p = h/\lambda$ はどちらとも満足されている.

第 3 章　波束と de Broglie 波　　　　87

（2）　それらは，それぞれ物理的な過程の確率だけを決定するに過ぎない.

しかしながら，二つの重要なちがいがある. 電磁場にあっては，量子の数は吸収放出によって変ることができるが，電子の数は変り得ない. 従って，1 個の電子が空間中の何処かに存在する確率を全部加えると 1 になるべきであり，しかもあらゆる時刻において 1 でなければならない*. このような制限は光子に対しては適用されない. この制限は Schrödinger の方程式の形と密接に関係していることが次の章でわかるであろう.

今一つのちがいは，電磁波がベクトルポテンシァル **a** であらわされるが，電子波には最初スカラー函数がとられた. これは，偏極のような効果が何も見られず，方向をもった場を仮定する必要がなかったためである. しかしのちほど，電子のスピンから ψ に対して二つの波動函数をとる必要の生ずることがわかるであろう. それはベクトルのように変換するものでも，スカラーのように変換するものでもなく，スピノールと呼ばれるそれらの中間の等級の量として変換するものである. しかし，今のところは電子のスピンの影響を無視して，電子の波動函数はスカラーだとみなすことにする.

15.　電子波の更に詳細な描像　8 節で示したように，ポテンシァルが存在すると，屈折率は場所の函数として連続的に変化するようになり，波が曲った路筋を通って運動することが可能になる**. 原子に於いては，有効屈折率は，原子の中心から遠くへだたっている波の部分が，近くにある部分よりも速く運動するという具合に変化し，このために波は原子核を廻ることができるのである. 波があるきまった振動数，したがってきまったエネルギーをもつには，波が原子核を 1 まわりしたのち自分自身と連続的につながり，整数個の波長が存在していることが必要である. もしもこの条件がみたされていないと，波動函数はそのエネルギーが確定していることを意味する，$\psi = e^{-iEt/\hbar} f(x, y, z)$ という簡単な形をとることができない. 波の強さ $|f(x, y, z)|^2$ は波が別の回路をと

* この制限は電子–陽電子対の創成が無視できる範囲でしか実際には成立たない. しかしながら，十分なエネルギーが与えられないかぎり，このような対がつくられることはない. このエネルギーは m を電子の質量としたとき $E = 2mc^2 \simeq 1\,\mathrm{mev}$ である. この本ではこうした高いエネルギーを含んだ過程は問題にしない. 例えば，水素原子のイオン化エネルギーはわずか $13.5\,\mathrm{ev}$ 程度である. 対創成については W. Heitler, *Quantum Theory of Radiation*; Oxford: Clarendon Press, 1936 を見よ.

** これらの結果は第 15 章で詳しく求められる.

るたびごとに変るからである.

波動函数の厳密な形は,われわれがのちに到達する Schrödinger の方程式を解くことによってしか得ることができない. が, ここでは, それらの解から得られる結果のうちのあるものを, これらの波が原子内にあるときにはどんな風にみえるかということの一般的な記述を与えるために使うことにしよう*. きまったエネルギーをもった状態では,波動函数は,そのエネルギー準位に対する Bohr 軌道によって予言される圏をかこむドーナツ状の領域の中でだけ大きい. この領域の断面を第5図に示した. 勿論, このドーナツの境界ははっきりしたものではなく, 波動函数がこの領域内で最大値に達し, 領域外では急速に無視できる程になるのである. その次の Bohr 軌道も全く同様であるが, もっと半径が大きい. 古典的極限ではこのドーナツの幅は直径に比べて無視できる

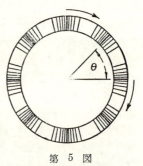

第 5 図

から,丁度古典的な粒子軌道のように見えるものが得られる. 楕円軌道をもった波もまた可能である.

ψ の実数部分と虚数部分とは伝播ベクトル $k=p/\hbar$ と角振動数 $\omega=E/\hbar$ をもって, 普通の波のような風に原子核のまわりを伝播する. ある粒子が与えられた領域内に見出される確率は, $|\psi|^2=|f(x,y,z)|^2$ に比例する.

函数 f の値はドーナツ内ではまずだいたい一様であるから,Bohr の軌道の理論であるべきところからかなり近い範囲内に粒子が見出される見込は十分ある. しかし, 角 θ のどういう値のところにそれが見出されるかを厳密に予言することはできない. この有様はきまったエネルギーをもった自由粒子について得られる事情とよく似ている. その場合は, 波動函数 $\psi=e^{i(kx-\omega t)}$ から1粒子が空間の何処かに見出される確率が一様であるという結果がでてくる. このような粒子がきまった位置にあるようにするには, 波束がエネルギーのある範囲を覆うようにしておく必要がある. 同様にまた, 原子中の1個の電子が角 θ の十分せまい範囲内に確かに存在する, といった波動函数を得るには, 波束を(広い範囲の)エネルギーを含んだものにすることが必要である. 従って, 粒子がき

---

* これらの結果は第15章で詳しく求められる.

第 3 章　波束と de Broglie 波　　　　89

まったエネルギーをもっているとすると，粒子の位置をある定った角度の範囲内に限っておくことはできないし，粒子の位置がそのように確定してるとすると，それの波動函数はきまった振動数をもつことができず，ある範囲の振動数，従ってある範囲のエネルギーを含んでいなければならない．われわれは後に，不確定性原理と関連してこの点に立ち戻るであろう．

16.　軌道間の遷移　波束の運動は伝播方程式 (9) に従い，それから群速度が導かれることは，われわれが既に見た通りである．この方程式によって，波束の拡がりを計算することもまた可能である．実際，一度 $f(k-k_0)$ の最初の値を知れば，波の振幅がどうなるかは時間の函数として正確に (9) 式から予言される．それ故，波動函数の伝播は連続的であり決定論的であると言うことができる．

この結果は，われわれがこれまで取扱ってきた自由粒子の場合から原子内の電子の場合に拡張することができる．これは後で Schrödinger 方程式と関連してやってみせるが，ここではその取扱いの結果の二，三のものを借用して述べることにしよう．原子が外界からエネルギーを得たり失ったりしないかぎり，波は原子核のまわりを伝わりつづけ，第 5 図に示したものとよく似た形をとっている．この際，平均の軌道半径は電子が存在しているエネルギー準位によってきめられる．しかし，もしその電子が他の系（例えば電磁場）からエネルギーを得ることができるとすると，波動はもとのドーナツから次第に流れだし，もっと高いエネルギー準位に対応する別のドーナツの方に移ることがわかるであろう*．この過程が起っている間は，その粒子がどちらのドーナツに見出され得る確率も零ではない．事実，隣り合わせのエネルギー準位に対しては，ドーナツは或る程度重なり合っていて，波は間に在るその領域を通らずには決して一方のドーナツから他のそれへ行くことはないからである．即ち，流れの連続性に対する必要条件である．

上の記述は，一見，電子がある量子状態から次の量子状態へ移る仕方の連続的，且つ決定論的な説明を与えるようにみえる．これは Bohr-Sommerfeld の理論と著しく対照的である．Bohr-Sommerfeld の理論では，量子状態間の遷移は不連続，且つ不可分のもので中間状態を通らずにおこなわれ，物理法則で決定されるのは遷移の確率だけであった．われわれは，光電効果や Compton

* 第 4 章 (4) 式及び第 9 章 (49) 式を見よ．

効果に関連して論ぜられた，量子的過程の根本的不可分性や決定性の欠除を本当に除き去ったのであろうか？　この考えはまことに心をそそられるものではあるけれども，その答は，ノー，である.

　例えば電磁波にさらされた一つの原子を考えてみよう．原子はエネルギーの補いがつくから，その結果電子波は内側のドーナツから外側のドーナツへ流れ出すことになる．ところが，実験的に，非常な短時間後に1量子全部が原子に移る場合が存在することが知られている．量子的な過程の各々に対してエネルギーは保存されるから，その原子の電子はそれに相応した短い時間のうちに励起状態に移らねばならない．ところが，波は連続的に動くものであるから，その間に波のほんの小部分が外側のドーナツに達し得るに過ぎない.

　この喰いちがいを説明するには，原子が光に照らされる時間は1個の量子のやりとりの確率だけしか決定しない，という事実を使うのである．この過程の確率も外側のドーナツの中の波の強さも，ともに時間に比例して増大することに注意するならば，ここに，波の強さが確率を与えるというわれわれの解釈を適用して，外側のドーナツで波の強さが一様に増えてゆくことは，1個の不可分なエネルギーの量子がやりとりされる確率，従ってその原子がある励起状態に見出される確率，が増大することに対応していると言うのは，避け難いように思われる*.

　エネルギーをやりとりする過程の不可分性を残しておく必要があることは，波動函数の振動に許される振動数，従って許されるエネルギーが離散的である事実からも看て取ることができる．それが意味するところは，たとえ波の振幅や粒子を空間の与えられた点に見出す確率が連続的に変化するといつても，原子にエネルギー量子のかけらの保有を許しながら，それのやりとりの過程は依然として不可分であるような仕方は存在しないということである．このようにして，波動函数と現実の観測される事件，例えばより高いエネルギー状態への飛躍，との関係は統計的なものに過ぎず，量子論特有の不可分性と完全な決定論が成立たないということとは，やはり存在する，という結論に到達する．しかし，だんだんわかつてくるように，波動論はすばらしい進歩を表わすものである．というのは，それはエネルギー準位や遷移確率の定量的な計算を可能にするからである.

---

* この解釈は第18章において定量的に展開される.

波 動 方 程 式

　さて，われわれは波動方程式を導き出すことにとりかかろう．波動方程式は一般に波動函数 ψ が満足する偏微分方程式であり，その性質は方程式が発展させられ，使用されるにつれて，各々の場合に明らかになってくるであろう．この節では，われわれは1個の自由粒子という特別な場合だけを考えるが，この結果は第 II 部で任意の系に対して拡張される．

17. Fourier 解析. Fourier 積分　波動方程式を見出す第一歩は，勝手な形の波の伝播を取扱うことである．これを行うためには Fourier 解析を使うのが便利である．Rayleigh-Jeans の法則の証明には，大きな箱の中に閉じ込められた勝手な電磁波を表わすのに Fourier 解析を使った．だがここでは自由粒子を表わそうというのだから，全然制限されていない波を用いることが望ましい．そのために，Fourier 級数から Fourier 積分と呼ばれるものに移る．

　Fourier 積分はいろいろなやり方で求めることができるが，一番簡単な方法は，まず一辺 L の大きな箱の中で展開された Fourier 級数をとり，次に箱の大きさを無限大にひろげるものである．またここで，実函数 $\cos kx$ や $\sin kx$ よりも，複素函数 e^{ikx} を使う方がむしろ便利である．こうして，次の1次元の Fourier 級数を書くことができる．ここで φ はその係数である．

$$\psi(x) = \frac{(2\pi)^{\frac{1}{2}}}{L} \sum_{n=-\infty}^{\infty} \exp\left(\frac{2\pi i n x}{L}\right) \varphi\left(\frac{2\pi n}{L}\right). \tag{24}$$

L を非常に大きくすると，φ が $k = 2\pi n/L$ の連続函数であれば，n が1だけ変ることから生ずる級数の各項に於ける変化は非常に小さくなる．そこで和を積分で置き換えることができる．$\varDelta n = 1$ であるから，上の式の中に簡単に $\varDelta n$ を書きこむことができ，次に積分ではそれを dn で置き換える．更に，$dn = \dfrac{L}{2\pi} dk$ と書くことができ，そして

$$\psi(x) \longrightarrow \frac{1}{\sqrt{2\pi}} \int_{-\infty}^{\infty} e^{ikx} \varphi(k) dk \tag{25}$$

が得られる．これを Fourier 積分と呼んでいる．第1章の (17) 式で使ったと同様な仕方で，$\psi(x)$ が知られておれば $\varphi(k)$ を勘定し得るのを示すことができる．その結果は，

$$\varphi(k) = \frac{1}{\sqrt{2\pi}} \int_{-\infty}^{\infty} e^{-ikx} \psi(x) dx. \tag{26}$$

この式を使って (25) 式中の $\varphi(k)$ をあらわすと

$$\psi(x) = \frac{1}{\sqrt{2\pi}} \int_{-\infty}^{\infty} \int_{-\infty}^{\infty} \exp[ik(x-x')] \psi(x') dx' dk \qquad (27)$$

を得る. この恒等式が Fourier の積分定理と呼ばれるものである.

それの大事な点は, $\varphi(k)$ を適当にとれば, 境界のない領域内で勝手な* $\psi(x)$ を Fourier 積分で表わせる, ということである.

18. 自由粒子に対する波の伝播　ある勝手な波動函数の伝わり方を見出すために, 今それが Fourier 分解されているものと考える. 従って $t=0$ では

$$\psi(x) = \frac{1}{\sqrt{2\pi}} \int_{-\infty}^{\infty} [\varphi(k)]_{t=0} e^{ikx} dk$$

である.

さて真空中に於いて, 伝播ベクトル $\boldsymbol{k}$ をもつ波が角振動数 $\omega = \hbar k^2/2m$ で振動すべきことは先に知られたところである. 従ってあらゆる時刻に対する ψ の値は, それぞれの $\varphi(k)$ に $\exp[-i\hbar k^2 t/2m]$ を乗ずることによって与えられる.

$$\psi(x, t) = \frac{1}{\sqrt{2\pi}} \int_{-\infty}^{\infty} [\varphi(k)]_{t=0} \exp\left[i\left(kx - \frac{\hbar k^2}{2m}t\right)\right] dk. \qquad (28)$$

これは, 自由粒子の場合, 時間が経つにつれてある勝手な波動函数がどうなってゆくかを物語る.

19. 自由粒子の波動方程式　ここまでくれば ψ がみたす偏微分方程式を求めるのは何でもないことである. まず (28) 式を時間について微分すれば,

$$i\hbar \frac{\partial \psi(x, t)}{\partial t} = \frac{1}{\sqrt{2\pi}} \int_{-\infty}^{\infty} \varphi(k) \frac{\hbar^2 k^2}{2m} \exp\left[i\left(kx - \frac{\hbar k^2}{2m}t\right)\right] dk.$$

次に $-\dfrac{\hbar^2}{2m} \dfrac{\partial^2 \psi}{\partial x^2}$ を勘定しよう.

$$-\frac{\hbar^2}{2m} \frac{\partial^2 \psi}{\partial x^2} = \frac{1}{\sqrt{2\pi}} \int_{-\infty}^{\infty} \varphi(k) \frac{\hbar^2 k^2}{2m} \exp\left[i\left(kx - \frac{\hbar k^2}{2m}t\right)\right] dk.$$

上の二つの式を組合せて次の偏微分方程式が得られる:

$$i\hbar \frac{\partial \psi}{\partial t} = -\frac{\hbar^2}{2m} \frac{\partial^2 \psi}{\partial x^2}. \qquad (29)$$

上の方程式は, de Broglie の関係と自由粒子についてだけ成り立つ古典的な関係 $E = p^2/2m$ とから出て来ている. 粒子に外力が働いている一般的な問題を処理するときには, 古典的な関係式として, 上のものの代りに $E = \dfrac{p^2}{2m} + V(x)$

---

* この函数は全然任意というわけでなく, 階段的に連続であり, 且つ絶対値の自乗の全空間についての積分が有限になるものでなければならない.

第 3 章　波束と de Broglie 波　　93

を用いる（$V(x)$ はポテンシャル・エネルギー）．これは第 II 部でやることにする．こうして導びかれた方程式は，Schrödinger がはじめて得たものであるから，Schrödinger 方程式と呼んでる．(29) 式はその特別な場合である．

ひとたび波動函数をどのように解釈するかが知られたならば，実際上全量子理論がこの波動方程式の中に含まれてしまう．例えば，波動方程式の帰結の一つに 1 個の自由粒子のエネルギー及び運動量の保存則がある．これを見るには，函数 $\psi = \exp i(px - \omega t)$ が $\hbar\omega = \hbar^2 k^2/2m$ としたとき，波動方程式の解であることに注意すればよい．ところが，一方 $E = \hbar\omega$, $p = \hbar k$ であるから，周知の古典的関係 $E = p^2/2m$ が得られ，ω も k も時間と共に変化しないから，E と p とは一定に保たれることになる．後にわかることであるが，互いに力を及ぼしあう多数の粒子が存在する場合でも，波動方程式を適用して，やはり，その系の全エネルギーと全運動量が保存するという結果が得られる．それ故この例から，こうした量子力学に直接ひきつがれる古典的な因果法則は，波動方程式の中に含まれていることがわかる．

波動方程式は，波動函数がどうなるかについて連続的で因果的な予言を与えるものであるが，波動函数は，電子を見出すことのできる位置の確率だけしか与えない．古典的な極限では，観測が巨視的であるために，統計的な行動と現実のふるまいの間の差を検出することは決してできない．従って波動函数はまた電子の運動の古典的極限をも決定するといってよい．このことは次のようにすれば，もっと直接的に知ることができる．波束の群速度は $v_g = \partial\omega/\partial k$ であるが，これは ω と k との間の関係に依存する．その関係は上に見た通り，$\exp i(kx - \omega t)$ という形の波動函数の解を探れば求めることができる．

更に一般的にいって，波動方程式は電子のとり得るあらゆる過程の統計的な結果を確定するものであり，それ故，運動方程式が古典論で果すと同じ役割を量子論に於いて演じている．従ってある特定の量子論的問題，例えば水素原子や調和振動子等の問題を解くための第一段階は，問題の力学系に対する波動方程式の正確な表式を見出すことである，といっても驚くに当らない．一般の場合にそれがどのようにして行われるかは，第 II 部に於いて示すことにしよう．

第4章　確率の定義

1. まえおき　これまで確率という言葉はかなり杜撰な使い方がされてきた. われわれはここに次の種類の確率のより精密な定義を求めるという問題に当面することになる. それらの確率を知ることは, 理論がどんな実験状況に対しても適用できるものとすると必須のことなのである. 即ち:

(1)　$P(x)dx$, ある一つの粒子が x と $x+dx$ との間に見出される確率, と

(2)　$P(k)dk$, その粒子の運動量が $\hbar k$ と $\hbar(k+dk)$ との間にある確率

とである.

このどちらの確率についても適切な定義を得ることが可能であり, また少くとも非相対論的な領域では, そのようにして得られた定義が, 提起され得るすべての合理的な要求と矛盾しない唯一のものであると考えられねばならぬことをまず見るとしよう. 次に相対論的な速度領域 $(v/c\sim 1)$ では更にこみいった事情が起ることを議論し, 最後に, 光量子に対しては, $P(k)$ は定義できても $P(x)$ は定義し得ないことを示すことにする. これは光量子が粒子としての空間的な性質の全てを持たないことを意味する. 光量子が空間の一確定点に存在すると言うことは, 限られた範囲内でしか可能でないからである.

2. 確率函数 $P(x)$ の選定　それでは $P(x)$ の定義から始めることにしよう. この量に対する満足な定義は, 少くとも次の四つの要求を充していなければならない:

(1)　確率函数 $P(x)$ は決して負になってはならない.

(2)　$|\psi|$ が大きなところでは確率が大きく, $|\psi|$ が小さなところでは小さくなければならない (これは de Broglie の波束に, それが古典的極限に於いて現実の粒子の運動を導くような, 適当な意味づけを与えるために必要なものである. 例えば, もしも $|\psi|$ が小さいときに $P(x)$ が大きいとしたならば, 粒子が波束の最大値近辺に存在するであろうと述べることは正しいとはいえない).

(3)　$P(x)$ の意味が, 一般的な物理的根拠から関係しないことが知られているようなどんな量によっても, 強く左右されることがあってはならない. 例えば, 非相対論的理論に於いて, $P(x)$ はエネルギーの零点を何処にとるか

第 4 章　確率の定義　　　　95

に関係してはならない．何故なら，すべての意味のある結果はこの選び方に依らないことがわかっているからである．相対論的な理論では，確率はある別の速度で運動している座標系からみたときも変ることがあってはならない．

（4）　電子は系のどのところに於いても放出されることはないし，また吸収もされないから，電子をその系のどこかに見出す全確率は1であり，またあらゆる時刻に1でなければならない（この要求は非相対論的理論では確かに正しい．ところが相対論的理論では，非常に高エネルギーの量子があると電子–陽電子対を創る可能性がでてくるため，後にわかるように，幾分ゆるめることができる）．

確率に対してためしに次のような函数を選んでみよう：

$$P(x) = \psi^* \psi. \qquad (1)$$

この函数は明らかに要求の (1) と (2) とは満足している．それが (3) をみたすことは，エネルギーに勝手な常数 E_0 を加えると，波動函数の振動数が $\Delta\omega = E_0/\hbar$ だけ変わるのに注意すれば見ることができる．そうして，新らしい波動函数として

$$\psi' = \psi \exp\left(\frac{-iE_0 t}{\hbar}\right) \quad \text{及び} \quad (\psi')^* = \psi^* \exp\left(\frac{iE_0 t}{\hbar}\right)$$

を得る．従って

$$P'(x) = (\psi')^* \psi' = P(x).$$

このように，エネルギーの零点をずらしても $P(x)$ には変りはない．

以下で $P(x)$ は (4) もまた満足することが示されるであろう．それ故，この確率の定義は確かに適当なものといってよいと結論される．それが，これらの要求をみたす一番一般的なものかどうかということは後で議論することにしよう．

3.　確率の保存の証明　まず $P(x)$ は $\int_{-\infty}^{\infty} P(x)dx = 1$ であるように定義することができるのを示しておきたい．これが可能なためには，次の条件がみたされねばならない．

$$\frac{\partial}{\partial t}\int_{-\infty}^{\infty} P(x)dx = \frac{\partial}{\partial t}\int_{-\infty}^{\infty} \psi^*(x)\psi(x)dx = \int_{-\infty}^{\infty}\left[\frac{\partial\psi^*}{\partial t}\psi + \psi^*\frac{\partial\psi}{\partial t}\right]dx = 0. \quad (2)$$

ここで $\partial\psi/\partial t$ は第3章 (29) 式の波動方程式によって ψ から決められ，$\partial\psi^*/\partial t$ の方はその複素共軛な方程式

$$-i\hbar\frac{\partial\psi^*}{\partial t} = \frac{-\hbar^2}{2m}\frac{\partial^2\psi^*}{\partial x^2}$$

で与えられる. 従って

$$\frac{\partial}{\partial t}\int_{-\infty}^{\infty}P(x)dx=\frac{\hbar}{2mi}\int_{-\infty}^{\infty}\left(\psi\frac{\partial^2\psi^*}{\partial x^2}-\psi^*\frac{\partial^2\psi}{\partial x^2}\right)dx$$

が得られる. ところが

$$\psi\frac{\partial^2\psi^*}{\partial x^2}-\psi^*\frac{\partial^2\psi}{\partial x^2}=\frac{\partial}{\partial x}\left(\psi\frac{\partial\psi^*}{\partial x}-\psi^*\frac{\partial\psi}{\partial x}\right)$$

であるから

$$\frac{d}{dt}\int_{-\infty}^{\infty}P(x)dx=-\frac{\hbar}{2mi}\int_{-\infty}^{\infty}\frac{\partial}{\partial x}\left(\psi^*\frac{\partial\psi}{\partial x}-\psi\frac{\partial\psi^*}{\partial x}\right)dx$$

$$=-\frac{\hbar}{2mi}\left(\psi^*\frac{\partial\psi}{\partial x}-\psi\frac{\partial\psi^*}{\partial x}\right)_{-\infty}^{\infty}.$$

こゝで有界な波束をとれば, $x\to\pm\infty$ のとき ψ^* 及び ψ は $\to 0$ となるわけであるから, 確率の保存が得られることになる(今議論されている電子は, あるかぎられた領域の中の何処かにあることが常に知られている. この領域には実際上ほとんどすべての場合をとることができる. 例えば太陽系の大きさにとってもよい).

4. 確率の流れ　上の式からなお多くの知識を得ることができる. というのは

$$\frac{\partial P(x)}{\partial t}=\frac{\partial}{\partial t}(\psi^*\psi)=-\frac{\hbar}{2mi}\frac{\partial}{\partial x}\left(\psi^*\frac{\partial\psi}{\partial x}-\psi\frac{\partial\psi^*}{\partial x}\right)$$

であるから

$$S=\frac{\hbar}{2mi}\left(\psi^*\frac{\partial\psi}{\partial x}-\psi\frac{\partial\psi^*}{\partial x}\right) \tag{3}$$

と定義すれば

$$\frac{\partial}{\partial t}P(x)+\frac{\partial}{\partial x}S(x)=0 \tag{4a}$$

を得る. これは3次元の方程式

$$\frac{\partial P}{\partial t}+\mathrm{div}\,\boldsymbol{S}=0$$

の特別な場合であり, 流体力学の流れの連続の方程式, $\frac{\partial\rho}{\partial t}+\mathrm{div}\boldsymbol{j}=0$ と似たものである. ここで ρ は流体の密度, $\boldsymbol{j}$ はその流れの密度である. この方程式の意味するところは, ある体積要素中の物質の嵩の変化は, 境界を横切る, $\boldsymbol{j}$ の釣合にない流れによるものとみることができる, というのである. 同じように, 確率に於ける変化も確率流 $\boldsymbol{S}$ の流れの結果とみることができる.

第 4 章　確率の定義　　　　　　　　　　　　　　　97

われわれの定義を 3 次元の場合に拡張できることを示すのは何でもない．このときの波動方程式は

$$i\hbar\frac{\partial\psi}{\partial t}=-\frac{\hbar^2}{2m}\nabla^2\psi, \tag{4b}$$

確率の流れのベクトルは

$$S=\frac{\hbar}{2mi}(\psi^*\nabla\psi-\psi\nabla\psi^*) \tag{5}$$

である．この確率がおゝよそ流体と同じように空間中を流れるという考えは物理的に非常に役に立つものである．例えば，de Broglie 波がどんな具合にあるエネルギー準位から他のエネルギー準位へ移ってゆくかを論じた節では，この考えを前もって使い，波がひとつのドーナツから次のドーナツに流れてゆくと言ったわけである．

問題 1：　$\psi=\exp\left[i\left(\boldsymbol{k}\cdot\boldsymbol{x}-\frac{\hbar k^2 t}{2m}\right)\right]$ とすると $S=\frac{\hbar\boldsymbol{k}P(x)}{m}=\boldsymbol{V}P(x)$ であることを示せ．それ故，この波動函数に対しては，その流れが丁度速度と確率密度との積になる．これは流体の方程式 $\boldsymbol{j}=\rho\boldsymbol{V}$ と同様である．ここで ρ は流体の密度とする．

5.　上の定式化は一番一般的なものであるか？　ここで採った波動力学の定式化は，次の三つ点に基礎を置いている．第一に Davisson-Germer の実験から要求される de Broglie の関係，第二には対応原理であり，これは波束が古典的な粒子の速度，$\boldsymbol{p}/m$ で動くようにすることによって満足されている．そして最後に，適当な確率函数を定義できるという要求，この確率函数はどんな波動函数に対しても，波動方程式の帰結として常に保存されねばならない，ということである．それでは同一の結果に導びくような別の定式化を見出すことができるかどうかを調べてみることにする．われわれは，少くとも非相対論的な領域では，満足すべき定式化といえるものは，すべて本質的にはこのところで与えたものと等価でなければならぬことを見るであろう．そして相対論的な領域で生ずる困難の二，三を示すことにする．そこで次の三つの疑問が詮索されねばならぬことになる：

（1）　波動函数は複素函数でなければならないのであろうか？

（2）　可能な波動方程式の中で一番一般的なのはどんなものであろうか？

（3）　可能な確率の定義の中で一番一般的な定義はどんなものであろうか？

98 　 第 I 部 　 量子論の物理的定式化

これらの三つの疑問が密接に関連していることもだんだんにわかってくるであろう.

光波が実数の函数であるベクトル・ポテンシャルで記述できたことを想い出してみるなら,電子に対して複素数の波動函数を使わなければならないということは一見奇妙に思われる. 勿論,複素函数は実数の量を取扱う補助手段としてはよく使われる. 例えば,ベクトル・ポテンシャルを平面波

$$\boldsymbol{a}=(e^{i(kx-\omega t)})\ \text{の実数部分}$$

という形に書くことができる. これがその力学系の正しい記述を与えるためには,複素函数の助けを籍りて解かれる方程式が,決して実数部分と虚数部分とを結びつけないことが必要である. 即ち,その二つの部分が互いに独立でなければならない. ベクトル・ポテンシャルの場合にそうなっているということは,$\boldsymbol{a}$ が方程式

$$\frac{\partial^2 \boldsymbol{a}}{\partial t^2}=c^2\nabla^2\boldsymbol{a}$$

をみたすという事実から容易に証明される. それには

$$\boldsymbol{a}=\boldsymbol{U}+i\boldsymbol{V}$$

と書けば,

$$\frac{\partial^2 \boldsymbol{U}}{\partial t^2}=c^2\nabla^2\boldsymbol{U} \quad \text{及び} \quad \frac{\partial^2 \boldsymbol{V}}{\partial t^2}=c^2\nabla^2\boldsymbol{V}$$

が得られる. このように $\boldsymbol{U}$ と $\boldsymbol{V}$ は互いに独立であり,複素函数を使うことは,ここでは単に補助的な方策に過ぎない. これは,一般に,虚数 i が波動方程式の中にあらわに入ってこない場合には何時も起ることである.

今度は電子の波動函数を $\psi=U+iV$ と書いて,Schrödinger 方程式に代入すると,

$$\frac{\partial U}{\partial t}=-\frac{\hbar}{2m}\frac{\partial^2 V}{\partial x^2} \quad \text{及び} \quad \frac{\partial V}{\partial t}=\frac{\hbar}{2m}\frac{\partial^2 U}{\partial x^2} \tag{6}$$

が出て来る. ここでは U と V が結びついていて,それらのいずれが一方だけでは Schrödinger 方程式の解にはならないことがわかる. それ故,この場合には U と V と両方の函数を必ず含まねばならない. ところが,複素数を使うということは,二つの実数を表わすための簡便な記法に過ぎないのであるから,1 対の実函数か,あるいは,それと同等な一つの複素函数か,どちらかが Schrödinger 方程式を解くには必要であると言うことができる. これは,一般に,Schrödinger 方程式が $i\hbar(\partial\psi/\partial t)$ の項に虚数を含むように,波動方程

式があらわに虚数 i を含むときはいつも起ることである.

U, V 両方が共に物理的な結果に寄与することは確率の定義, $P=\psi^*\psi=U^2+V^2$ からも看取ることができる. 実函数 U と V とを使って確率の保存を引き出してみるのは教訓的であろう.

$$\frac{\partial P(x)}{\partial t}=2\left(U\frac{\partial U}{\partial t}+V\frac{\partial V}{\partial t}\right)$$

と書くことができるから, (6) 式によって $\dfrac{\partial U}{\partial t}$ 及び $\dfrac{\partial V}{\partial t}$ を消去すれば

$$\frac{\partial P}{\partial t}=-\frac{\hbar}{m}\left(U\frac{\partial^2 V}{\partial x^2}-V\frac{\partial^2 U}{\partial x^2}\right)=-\frac{\hbar}{m}\frac{\partial}{\partial x}\left(U\frac{\partial V}{\partial x}-V\frac{\partial U}{\partial x}\right),$$

$S=\dfrac{\hbar}{m}\left(U\dfrac{\partial V}{\partial x}-V\dfrac{\partial U}{\partial x}\right)$ を使って, $\dfrac{\partial P(x)}{\partial t}+\dfrac{\partial S(x)}{\partial x}=0$ を得る. これは確率の保存を示すものである. この証明には U と V とのつながりが肝要であり, 事実, 流れ S は U も V も共に含み, そのいずれか一方が零であるときには, 恒等的に零になってしまうことがわかる.

(6) 式から消去法によって U と V とがそれぞれ別々に満足する方程式を求めることができる. それらは

$$\frac{\partial^2 U}{\partial t^2}=-\frac{\hbar^2}{4m^2}\frac{\partial^4 U}{\partial x^4}\ ;\quad \frac{\partial^2 V}{\partial t^2}=-\frac{\hbar^2}{4m^2}\frac{\partial^4 V}{\partial x^4}$$

である. このように U と V とは別々に時間について 2 階の方程式をみたすという結果が得られるが, それらは依然として 1 階の方程式 (6) によって繋がれているのに注意しておかねばならない.

問題 2: 複素函数 $\exp[i(kx-\omega t)]$ を考え, それが 1 階の微分方程式をみたすこと, しかしその実数部分と虚数部分とが満足する最低次の線型方程式は, 2 階であること, を示してみよ.

U と V とはそれぞれ別々に 2 階の波動方程式を満足するのであるから, これから直ちに考えられるのは, Schrödinger 方程式をそれと同値な 2 階の方程式

$$\frac{\partial^2 \psi}{\partial t^2}=-\frac{\hbar^2}{4m^2}\frac{\partial^4 \psi}{\partial x^4} \tag{7}$$

で置き換えれば複素函数を避け得るのではないか, ということである. これは平面波に対する振動数条件, $\omega^2=\hbar^2 k^4/4m^2$ に導くが, その条件は de Broglie の関係によって与えられるものと本質的に同一である. 最初に, もしこれが正しい波動方程式だとすると, ψ に複素函数を採ることは許されもしないのを示

しておこう. それは, 今度は実数部分と虚数部分とが結びつけられていないため, U, $\partial U/\partial t$, V, 及び $\partial V/\partial t$ のすべてに勝手な初期値を与えてよいことによるのである. ところが波束の運動を勘定する際には, あらゆる既知の古典的運動は $\psi = U + iV$ の初期値を適当に選びさえすれば, 既に完全に記述されるものであり, それ故 $\partial\psi/\partial t$ を選ぶときの余分の自由度は, 正確な古典的極限とは一致しないような, 波束の可能な新しい運動に導びくものなのである.

これをずっと細かいところまで見るために, 2 階の方程式は $\omega = \pm \hbar k^2/2m$ の両方を含んでいるのに対し, 1 階の方程式の方は $+$ 符号だけしかとらないことを意味するのに注目する. この $+$ の符号も, $-$ 符号も現われるというのは, 微分方程式が 2 階であることに対応する可能な波動函数のとり方にもっと大きな自由度のあることを示している. さて以前にやったように, 波束をつくることにしよう. どちらの符号でもとることができるから, 伝播ベクトル $\boldsymbol{k}$ をもった波は, $\exp ikx\left[a\exp\left(-\dfrac{i\hbar k^2 t}{2m}\right) + b\exp\left(\dfrac{i\hbar k^2 t}{2m}\right)\right]$ に従って振動する. ここで a と b とは勝手な常数とする. そのとき最も一般的な波動函数は

$$\psi(x,t) = \int_{-\infty}^{\infty} \phi(k) \exp(ikx)\left[a(k)\exp\left(-\frac{i\hbar k^2 t}{2m}\right) + b(k)\exp\left(\frac{i\hbar k^2 t}{2m}\right)\right] dk$$

である.

ところが, 正しい古典的極限は $b = 0$, $a = 1$ と選んだときに得られることが既にわかっている. b の値が零でないとき, 波束の運動について誤った結果に導かれることは, たやすく示される (例えば, 運動量の方向を決めた後で同時に二つの方向に運動するような波束を得ることが可能であろう).

次には 2 階の方程式 (7) を充すのではあるが, 実函数 U 一つだけしか使わないで満足すべき理論を構成することが可能であるかどうかを考えてみることにしよう. U と $\partial U/\partial t$ とには共にどのような点 x に於いても勝手な初期値を与えることが出来るから, この方程式は複素数の ψ を使った, 1 階の Schrödinger 方程式の場合と丁度同数の勝手に決められる条件を含んでいる. それで前節の異論はここでは当てはめられない. この方法の難点は, それから適当な確率函数を得ることができないというところである.

先ず, U だけに関係して, $\partial U/\partial t$ には関係しないような保存する確率函数を組立てることはできないのを示そう. それには確率が

$$P = P(U)$$

の形に書けると仮定しよう. そのときには

第4章 確率の定義　　　101

$$\frac{\partial}{\partial t}\int_{-\infty}^{\infty}P(U)dx=\int_{-\infty}^{\infty}\frac{\partial P}{\partial t}dx=\int_{-\infty}^{\infty}\frac{\partial P}{\partial U}\frac{\partial U}{\partial t}dx. \qquad (8)$$

上の式がどんな U に対しても零となるためには，$\partial U/\partial t$ が U によって定められることが必要であるが，それは波動方程式が1階だということである．ところが2階の微分方程式に於いては，$\partial U/\partial t$ に勝手な初期値を与え得るのであるから，上式があらゆる U に対して零となることはできない*．

今度は $\partial U/\partial t$ と共に U の空間微分にも関係しながら，なお保存するような函数を得られる一つの実例を与えておこう．その函数というのは

$$P=\frac{1}{2}\left(\frac{\partial U}{\partial t}\right)^2+\frac{\hbar^2}{8m^2}\left(\frac{\partial^2 U}{\partial x^2}\right)^2 \qquad (9)$$

である．

問題 3： 上の P に対し　　　$\dfrac{\partial P}{\partial t}+\dfrac{\partial S}{\partial x}=0$

が成り立つことを示せ．ここで

$$S=\frac{\hbar^2}{4m^2}\left(\frac{\partial U}{\partial t}\frac{\partial^3 U}{\partial x^3}-\frac{\partial^2 U}{\partial x^2}\frac{\partial^2 U}{\partial x\partial t}\right)$$

である．これから

$$\frac{\partial}{\partial t}\int_{-\infty}^{\infty}Pdx=0$$

を証明せよ．

上の問題から，P は保存されることがわかる．またその定義からそれは正の値だけをとり得るに過ぎないこともわかる．それ故，一寸見たところでは，これは完全に満足すべき函数であるように思われる．だがこの函数を使ったときの難点は確率が $\omega=E/\hbar$ に関係すること，従って，何処にエネルギーの零点を選ぶかに関係するということである．それを見るため，P を平面波

$$U=\cos(kx-\omega t)$$

の特別な場合について計算してみると，

$$P=\frac{\omega^2}{2}\sin^2(kx-\omega t)+\frac{\hbar^2 k^4}{8m^2}\cos^2(kx-\omega t).$$

———————————————

* $\partial U/\partial t$ の値を勝手にとることができるとすると，例えばそれを $\partial P/\partial U$ 自体に等しくとってよい．この値を (8) 式に代入すると，$\partial P/\partial t$ は正の量の積分となって，$\partial P/\partial U$ が恒等的に零でない限り，それが零になることはあり得ない．

これは $\omega=\dfrac{\hbar k^2}{2m}$ を使えば，

$$P=\frac{\omega^2}{2}=\frac{E^2}{2\hbar^2}$$

となる．非相対論的な理論では，エネルギーの零点をどのように選んでも，なおかつ同等な理論が得られねばならない．それは，例えば

$$P=\psi^*\psi$$

と定義すれば，可能なことはわれわれの見たところである．ところが P の (9) 式で与えられる定義では，例えばエネルギーの零点を適当に選んで $P=0$ とすることが出来るであろう．それ故この確率の定義は役には立たない．

これまでのところは，2 階の波動方程式と一つの実数の波動函数とをとるとどうしたわけで確率の満足できる定義を得られないかという一つの例題を与えたに過ぎないが，この結論が一般に成立することを証明できる．

その次に，2 階より高階の波動方程式は許されないことを示しておこう．例えば，4 階の方程式

$$\frac{\partial^4\psi}{\partial t^4}=\frac{\hbar^4}{(2m)^4}\frac{\partial^8\psi}{\partial x^8}$$

を考える．これは平面波に対しては

$$\omega^4=\left(\frac{\hbar k^2}{2m}\right)^4$$

となり，4 個の根

$$\omega=\pm\frac{\hbar k^2}{2m}\quad \text{及び}\quad \omega=\pm i\frac{\hbar k^2}{2m}$$

を持つことになるが，虚根は許されない解に相応する．即ち，それらの解は $\exp\left(\pm\dfrac{\hbar k^2 t}{2m}\right)$ の形をとり，こういう波動函数は $|t|\to\infty$ のとき無限大になってしまう．同じようにして，2 節の全要求をみたしてはいても，他の高い次数の波動方程式は使えないことが明らかにできる．

こうして非相対論的な理論では，複素数の波動函数をとり，時間について 1 階の方程式を使うことが要求される．また $P=\psi^*\psi$ は，この条件の下でどんな ψ に対しても確率の保存を導き，2 節で与えられた，残るすべての条件を満足する一番一般的な確率函数であることも証明できる．

問題 4: 可能な定義

$$P=\psi^*\psi+\frac{\partial}{\partial x}(\psi^*\psi)$$

を考え，この量は保存されるけれども，波動函数のあるものに対しては負となり，従って，許すことのできないものであるのを証明せよ.

ヒント $\psi = \cos kx$ についてやってみるがよい.

終りに，現在の波動方程式は，古典的極限に関してだけ一意的に確定されるもので，古典的極限に影響を及ぼさないような小さな変更は常に可能であることを指摘しておかねばならない. これはいうまでもなく波動方程式を導く際に対応原理を使ったためであるが，そういう変更は，例えば，電子のスピンを記述しようと思えば実際に行われねばならぬものである. 従って，この節で得られた定式化は，大体は正しい線に沿うものではあるが，後でもっと正確な実験から必要とあれば，修正を加え得るものと考えておくべきである.

6. 相対論的な理論 量子論を相対論的な領域に拡張しようとする試みに於いては，容易ならぬ困難が起ってくる. そういった困難のうち若干のもののもつ一般的な性格について述べることにしよう.

相対論的な理論をつくる第一歩は，ω と k との関係を，古典的なエネルギーと運動量との関係から，波束が古典的極限に於ける正しい運動を与えるように選ぶことである. そういう結果を与える一番簡単な選び方は

$$\hbar^2 \omega^2 = m^2 c^4 + \hbar^2 k^2 c^2 \tag{10}$$

とすることであるが，これは古典論の関係

$$E^2 = m^2 c^4 + p^2 c^2$$

と同等である. 上の関係から（3 次元の）波動方程式

$$\frac{\partial^2 \psi}{\partial t^2} = c^2 \nabla^2 \psi - \frac{m^2 c^4}{\hbar^2} \psi \tag{11}$$

が得られることは即座に証明される.

問題 5： 上の方程式を証明せよ. また関係 (10) が，波束の運動の正しい古典的極限を与えることを証明せよ.

その次の問題は，確率函数を 2 節の全要求を満足し，更に全確率が Lorentz 変換に対して不変であるという要求をもみたすように定義することである. 始めにこの理論は $v/c \ll 1$ の極限では通常の非相対論的な理論に近づかねばならぬ，ということを注意しておこう. 非相対論的な理論では複素数の波動函数を含んでいたから，相対理論的な理論でも，波動方程式が 2 階であって，一つの実函数だけに限ることが可能であるにもかかわらず複素函数をとっておかねば

ならない．各々の k に対して2つの振動数（$\omega = \pm\sqrt{(m^2c^4/\hbar^2) + k^2c^2}$）がある
という事実は，新しい変数が存在することを暗示するものである（この新しい
変数の意味は後程議論することにしよう．それは相対論的な速度の領域（$v/c \cong$
1）に於いてだけ問題になることがわかる．非相対論的な範囲では，その効果は
完全に無視することができる）．

続く問題は確率函数を定義することになる．方程式が2階であるから，P は
5節で示されたように，ψ と $\partial\psi/\partial t$ と両方を含んでいなければならない．

運動方程式から保存されることがわかるような確率函数の2つの実例をあげ
ると

$$P(x) = \frac{i}{2}\left(\psi^*\frac{\partial\psi}{\partial t} - \psi\frac{\partial\psi^*}{\partial t}\right), \tag{12}$$

$$P(x) = \hbar^2\left|\frac{\partial\psi}{\partial t}\right|^2 + \hbar^2c^2|\nabla\psi|^2 + m^2c^4|\psi|^2. \tag{13}$$

問題 6: 上記の2量が保存されることを証明せよ．

これらの第一のものは確率として許すことができない．必ずしも正の値ばかり
とるとは限らないからである．それは $\psi \sim e^{i\omega t}$ ととれば $P \sim 1$ を与えるが，
$\psi \sim e^{-i\omega t}$ にとれば $P \sim -1$ となることからわかる．このように P が負の値を
とる可能性が常に存在するのである．第二の例は常に正の値はとるが，全確率
の相対論的に不変な定義を与えないため認めることができない．それを示すに
は波動函数を $\psi = \exp\left(i\dfrac{E\cdot t - \boldsymbol{p}\cdot\boldsymbol{x}}{\hbar}\right)$ にとると，

$$P(x) = E^2 + p^2c^2 + m^2c^4 = 2E^2$$

が得られる．それ故確率密度は，テンソルの4-4成分の変換を受けるエネルギ
ーの自乗のように変換され，従って全確率はエネルギーと同様の変換を示すこ
ととなって，不変ではあり得ない．

問題 7: 上記の事柄を証明せよ．

もっと一般的に，2階の方程式 (11) を満足し，また Lorentz 不変な全確率
を与えるような，正定符号の確率函数は構成し得ないことが証明できる．この
困難を避けるためにいくつかの方法が試みられた．

（1） Dirac は4個の複素数の波動函数を導入することによって，1階の相
対論的波動方程式を発展させた[†]．余分にもちこまれた波動函数は先に述べた

[†] P. A. M. Dirac, 第2版, 第12章 (2 頁の文献表を見よ).

第 4 章　確率の定義　　105

新しい変数に対応するもので電子のスピンや荷電と関係づけることができる.
このようにして，彼は保存される確率を得ると同時に，他のどんな理論も正し
く取扱い得なかった，電子の相対論的な諸性質を正確に記述することができた
のである.

（2）　Pauli と Weisskopf とは，粒子の数が保存される，という仮定を捨て
てしまった*.　それで彼等は保存される確率函数を定義する必要がなくなった
わけである.　こうすることによって彼等は相対論的領域のエネルギー (1 mev,
またはそれ以上) をもった光子が吸収されるとき，そのエネルギーは吸収の起
る前には存在していなかった電子-陽電子対に転換し得る，という事実に導び
かれた.　非相対論的なエネルギーでは，この過程が起ることは不可能であり，
それ故，確率は保存され，Pauli-Weisskopf の理論は非相対論的極限では
Schrödinger の理論に帰着するのである**.

相対論的な量子論をつくるという問題はなお容易ならぬ諸困難に当面するの
である***.　Dirac の方法は恐らく電子に対する，少くとも非常によい近似で
あり，Pauli-Weisskpf の方法は多分中間子と呼ばれる新しい型の粒子に適用
できるだろうという強力な証拠がある.　ここであまりにも細部に立ち入ること
は無意味であろうが，この節から引き出されるべき主な結論は，量子論の定式
化の問題は，記述しようとする力学系の性質にかなり多く依存するということ
である.　従って定式化のために行われねばならぬ仕事は，一部分は実験と一致
する結果を得ることと関係し，一部分は論理的に自己矛盾を含まない理論を構
成することに関係するのである.

7.　光量子に対する確率函数　このところで，電磁場の波動方程式について
二，三の注意を与えておくことを無益ではなかろう.　その波動方程式は2階で
あるから，適当な確率函数を定義できないことが結論される.　ところが，真空
中では，少くとも一つの正定符号の保存されるような函数が存在する.　即ちエ
ネルギー密度

---

* W. Pauli and V. Weisskopf, *Helv. Phys. Acta.*, **7**, 7, 709 (1934).

** 2階の方程式に対応するこの新しい自由度は，この理論に於いては，正負両方
　　の電荷が生ずる可能性と関係している.　ところが非相対論的な極限では電荷は
　　決して変らないことが知られているから，そこでは一方の符号の電荷だけに限
　　ることができ，この制限の下では各々の電荷に対する，二つの分離された1階
　　の方程式が得られる.

*** A. Pais, *Positron Theory*;　Princeton, N. J.:　Princeton University
　　Press, 1949.

$$W=\frac{|\mathcal{E}|^2+|\mathcal{H}|^2}{8\pi}$$

である. Poynting のベクトル, $S=\dfrac{\mathcal{E}\times\mathcal{H}}{4\pi}c$ を使えば,

$$\frac{\partial W}{\partial t}+\mathrm{div}\,S=-\mathcal{E}\cdot j$$

が得られるのは古典電気力学でよく知られた結果である. 但し j は電流密度とする. 物質が存在するときには, 電磁エネルギーが吸収放出されることが知れており, それ故電磁エネルギーだけの保存ということは期待されない. しかし真空中では $j=0$ であり, 上の式から W は保存されることがわかる.

古典論ではエネルギーは空間全体にわたって連続的に分布していると仮定されている. ところが量子論では, 電磁場はエネルギーを $E=\hbar\nu$ の不可分の量子の形で持っているという事実を考慮に入れねばならない. われわれは対応原理から, 確率を与える量子論的法則は, 古典的極限に於いて, エネルギー密度に対する古典論の結果が得られるように選ばねばならないことを知っている. この要求を充すように, 輻射の対応論的理論に於いて使ったと同じ手法で, 1個の量子が与えられた体積要素 $d\tau$ 中に見出される確率を関係式

$$h\nu(\boldsymbol{x})P(\boldsymbol{x})d\tau=W(\boldsymbol{x})d\tau$$

から定義してみよう. 即ち,

$$P(x)=\frac{W(x)}{h\nu(x)}=\frac{(|\mathcal{E}|^2+|\mathcal{H}|^2)}{8\pi hc}\lambda(x).$$

ここで $P(x)$ は光量子に対する確率密度であり, 電子に対する確率函数 $\psi^*(x)\psi(x)$ と類似のものである†.

しかしながら, 厳密に言うとこのような定義は無意味なものでしかない. 何故なら与えられた点に於いての波長を確定することなど出来はしないからである. しかしこの与えられた点に於ける波長という概念に大ざっぱな意味を持たせることはできる. それには波長よりはるかに大きな空間領域を掩う波束を使うのである. 第3章の (5) 式で見た通り

$$\varDelta x\varDelta k\cong 1\qquad 即ち \qquad \frac{\varDelta x\varDelta\lambda}{\lambda^2}\cong 1$$

---

† 与えられた時刻に与えられた空間にある1個の量子に関係する確率が, 高々その時刻にその空間点で計算した場の量とそれの空間微分及び時間微分とにだけ関係する, という要求はもっともらしく思われる.

第 4 章　確率の定義　　　　107

であるから

$$\frac{\Delta\lambda}{\lambda} \cong \frac{\Delta x}{\lambda}.$$

　このように，大きさが $\Delta x \gg \lambda$ の波束を定義するために必要な波長の領域は極めて小さいから，上に与えた光量子に対する確率密度の定義で不分明なところはごく僅かであるにすぎない．

　この結果は1個の電子について得られた結果とひどく違っている．電子の場合には，与えられた領域 dx 内にある確率 $P(x)$ を，波動函数のその領域外でのふるまいとは無関係に定義することができた．ところが輻射に対しては，$W(x)$ だけが確定できるにすぎない．与えられた領域内に光量子が存在する確率を知るには，波長をもまた知らねばならぬが，それはその領域 dx 内の場の値だけから求めることはできない．このように電子は光量子よりも古典的な粒子の属性をより多く持っている．勿論，両者とも古典的粒子のあらゆる属性を持つわけではない．それらはどちらも干渉効果を示すからである．われわれは不確定性原理に関する章に於いて，光量子の位置を測定する実際の過程ではその位置を光子の波長より小さな領域 Δx 内に限ることが不可能であるのを説明することにしよう．

　上のような結果に照らしてみて，光の波長の方がずっと大きくて 10^{-5} cm 程度の場合に，光量子が直径 10^{-8} cm 程度の原子と衝突するという実験をどのように解釈したらよいであろうか？ 量子がその波長よりはるかに小さい領域内に見出されたとは言うことができないではないか？ その解答は，量子が吸収されて消え失せる瞬間に於いてだけはこのように極めて限られた範囲内にあると言い得る，というのである．従って，粒子の概念は他の実験結果を解釈する上に何の助けにもならない．ところが電子については，それが与えられた一点に見出された直後に，別の観測を行なえば，その同じ電子が前と同じ位置に存在することが明らかにされる，と言い得るのである．こういう風に，粒子という概念で電子の場合には多くの違った実験結果が統一的に解釈されるが，これに反して，光量子はそれが吸収される点に存在するという考え方ではその実験結果一つだけを説明できるに過ぎない．後程わかる通り，光量子はそれが吸収されないような条件の下で観測されたときはいつでも，λ よりも小さな領域内に限定することができなくなるのである．

8.　与えられた運動量をもつ確率　われわれはここまでに，電子が波動と粒

子と両方の性質を示すという事実を無矛盾的な数学的形式に定式化することができた. そのためには, 波の与えられた点に於いての強さ $|\psi(x)|^2$ は, 単に1個の粒子がその点に見出される確率を与えるに過ぎないと仮定した. ところがわれわれは一般に, 電子の位置以外の他の諸性質の測定にも関心をもつのである. そのうちでも一番重要なものは, 運動量とエネルギーとの測定である. 例えば古典物理学に於いて力学系の未来の運動を決定するためには, 宇宙間に於ける各粒子の最初の位置と最初の運動量(従ってエネルギー)と, 加うるにそれらの粒子間に働らく力を知れば, 原理的には, 必要且つ十分である. 量子論では波動方程式が古典論の運動方程式にとって代るのであるから, 今度は運動量が波動函数から決定される限界が調べられなければならない.

それをやるには, 次の観測事実をわれわれの仕事の基礎にとる. 即ち λ の波長をもつ波には常に $p=h/\lambda$ の運動量が結びついており, 一方波の振動数が ν であるとすると, それに附随するエネルギーは $E=h\nu$ であるというのである. ところが第3章で承知の通り, あらゆる現実の波は波束の形をとり, それでは, ある範囲にわたる振動数や運動量の値を含んでいる. だが, 運動量を測るように設計された実際の実験では, 以下に述べるいくつかの例から明らかになるであろうが, たとえ波束がある範囲にわたる運動量を含んでいても, 運動量のある決った値が得られるように条件を調整することが常に可能である. これは位置の測定の際に生ずる事情と似ている. その場合も同じ様に, 波動函数が空間の大きな領域に拡ってしまった後でさえも, ある決った値が常に見出されたのである.

ここで, 古典物理学に関する限り, 粒子とは一定の位置と一定の運動量とを同時にもつような対象をいうのであることに注意を促しておかねばならない. ところが量子論では, 例えば1個の電子をとると, それは一定の位置か, あるいは一定の運動量か, どちらかを示すことはできても, 両者を同時には持ち得ないことがだんだんとわかってくるであろう. ある意味で, 電子の粒子性というのは, それの位置か, あるいはそれの運動量か, いずれか一方のある定った値を示す能力のことゝいってよい. また光量子も一定の運動量を持ち得ることがわかるであろう. しかし, 7節で示した通り, 光量子の位置はその波長以上により良く確定することはできない. 従って次のように結論されねばならない. 光量子が示す古典的粒子との似かよい具合は, 電子にくらべるとはるかに少ないけれども, 光量子は一定の運動量を持ち得るのであるから, やはり時に応じ

第 4 章 確率の定義

て光量子を古典的粒子のように考えることは有用である，と．

丁度 $P(\boldsymbol{x})=\psi^*(\boldsymbol{x})\psi(\boldsymbol{x})$ に位置空間に於いての確率密度という意味づけを与えたのと同じように，試みに $P(\boldsymbol{k})=\phi^*(\boldsymbol{k})\phi(\boldsymbol{k})$ は $\boldsymbol{k}$-空間に於いての，従って運動量空間に於いての確率密度に比例すると仮定してみるのは尤もなことのように思われる．こゝで試験的に等しいと置いたことが間違っていないという証明はもっと先にのばすことにし，さしあたっては次のことを注意するに止めておこう：Fourier 係数 $\phi(\boldsymbol{k})$ の強さを今のように解釈することは，波束の中では運動量の厳密な値は予言することも制御することもできなくて，たゞ $\boldsymbol{k}$ のある与えられた値をとる確率だけが波動函数によって決められるに過ぎないのを意味する，ということである．すべてに同一の初期条件を与えて，一連の実験をやってみると，運動量空間に於ける $\boldsymbol{k}$ の拡りから決められるある範囲にわたって，運動量の統計的分布が求まる．これは丁度，位置空間に於ける $\boldsymbol{x}$ の拡りから定まるある範囲にわたって，位置の観測値の統計的分布が得られたのと同じである．これは位置空間と同様に運動量空間まで含めた，波動と粒子の二重性の拡張である．

上に述べたところを実例について示し，また運動量空間に於ける確率密度が $P(\boldsymbol{k})=|\phi(\boldsymbol{k})|^2$ に比例することを説明するために，電磁波が格子によって廻折される実験を考えてみよう．入射波がある定った波数ベクトル $\boldsymbol{k}$ を持っているときには，廻折波は一組の決った角度の方向にだけ出て来るはずである．例えば，

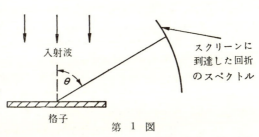

第 1 図

格子に垂直に入射した波は，$\sin\theta=n\lambda/L$ で与えられる角度の方向に出て来る．ここで L は格子の罫線間の距離，n はスペクトルの次数である．ところが，入射波が波束の形をとっているときは，各 Fourier 成分はそれぞれ独立に廻折され，その波数に対応して先にあげた公式で与えられる角度 θ の方向に出て来る．このように格子は波束をスペクトルに分解する（第1図）．だから，ある意味では，格子は与えられた角度 θ に現われる波の振幅 $\mathcal{E}(\theta)$ が，入射波中のそれに対応する Fourier 係数の振幅 $\mathcal{E}_{\boldsymbol{k}}$ に比例するように波束を Fourier 分解する

ということができる. 同様に, 波の強さ $I(\theta)$ は $|\mathcal{E}(\theta)|^2$ に比例するから, 従って, $|\mathcal{E}_k|^2$ に比例することになる.

次に, 入ってくる波束がたゞ1個の量子しか含んでいない場合にはどんなことが起るか考えてみよう. 廻折波もまた1個の量子しか持っていないはずであるから, スクリーンのたゞ1点だけで衝突するにちがいない. 量子が与えられた角度 θ の点に衝き当る確率は, 先に見た通り [第2章 (43) 式], $I(\theta) = |\mathcal{E}(\theta)|^2$ に, それ故 $|\mathcal{E}_k|^2$ に比例する.

さてところで1個の量子が角 θ に於いてスクリーンに衝き当るとすると, その波数は $k = 2\pi n/L \sin\theta$, 従ってその運動量は $p = \hbar k = nh/L \sin\theta$ でなければならぬ, という事実について考えてみよう. 波長は廻折のために変るようなことはないが, 全運動量もまた (方向は変っても) 一定に保たれるという結論になり, その結果, 角度 θ を測れば粒子が格子に衝き当る以前に持っていた運動量の値が求まるということになる. これは, Fourier 係数 $\mathcal{E}_k$ はある範囲に分布しているにもかゝわらず, 何か一つの実験に於いて, いちどきに運動量の一つの値だけしか得られないということ, 更に, ある与えられた運動量をもつ確率は $|\mathcal{E}_k|^2$ に比例することを示すものである.

運動量が, 従ってエネルギーがある範囲に分布していたとしても, 光量子に対するエネルギーと運動量との間の関係, $E = pc$ はやはり厳密に成立し確定されている. この重要な事実は, de Broglie の関係と, 真空中の電磁場に対して成立つ関係式 $\omega = kc$ とからでてくるものである.

同様な結果は電子に対しても得ることができる. 今度は電子線を結晶に当てる Davisson-Germer の実験を考えることにする. 電子は波動の性質をもっているから光波と同じ風に廻折する. 即ち一定の運動量をもった電子が垂直の方向に入射すると, $\sin\theta = n\lambda/L = nh/pL$ で与えられる一定の角度のところへ到達するであろう. 電子の波動函数が波束で表わされるようなものであるときは, 廻折波のスペクトルが現われ, 各 Fourier 成分はそれぞれ独立にそれに適った角度に廻折される. しかし電子はどれも, 検出器の一定角度の点に到達せねばならず, 電子がその角度の点に到達する確率は $|\psi(\theta)|^2$ で与えられる. $\psi(\theta)$ はその角度に於ける波動函数である. ところで, 光量子についてと同様, $|\psi(\theta)|^2 \sim |\phi(k)|^2$ であること, また運動量の絶対値は廻折で変化しないこと, が証明できる. 斯様にして, 廻折角を測定することによって粒子が廻折前に持っていた運動量が求められるから, お望みとあれば, 廻折の実験を運動量を測るのに

使うことができる*. 従って電子の運動量が $\hbar k$ と $\hbar(k+dk)$ との間にある確率は $|\phi(k)|^2$ に比例しなければならぬことが結論される.

運動量とエネルギーとがある範囲に分布していても, 光子についてと同様, この2量の間の関係, 今の場合には $E=p^2/2m$, が厳密に正しいことが指摘される. それは de Broglie の関係と, Schrödinger 方程式から導かれる振動数条件 $\omega=\hbar k^2/2m$ とから出てくる.

9. $P(x)$ と $P(k)$ との関係　さて運動量が $\hbar k$ と $\hbar(k+dk)$ の間にある確率を次のように書くことにしょう.

$$P(k)dk=A|\phi(k)|^2dk, \tag{14}$$

但し A は規格化係数で

$$\int_{-\infty}^{\infty}P(k)dk=1$$

となるように定義される. (14) 式は

$$P(x)dx=|\psi(x)|^2dx$$

と似ているのに注意されたい. ところで, $P(k)$ と $P(x)$ とは互いに独立ではなく, 両者は共に同じ波動函数から決められるという事柄によって関係づけられている. このつながりを明らかに表わすために, $P(k)$ を Fourier 積分の方法を使い, $\psi(x)$ によって展開しょう [第3章 (26) 式]. すると

$$P(k)=A\phi^*(k)\phi(k)=\frac{A}{2\pi}\int_{-\infty}^{\infty}\int_{-\infty}^{\infty}\exp[i(x-x')k]\psi^*(x')\psi(x)dxdx' \tag{15}$$

が得られる. 空間の各点に於いて $\psi(x)$ を知れば, $P(x)$ も $P(k)$ も共に決定される. それ故, 一般に, それらのうち二つの量に, 互いに独立に勝手な値の組を与えることは不可能である. これから第5章で扱かう不確定性原理に関連して, 極めて重要な帰結が得られることを見るであろう.

上に述べた結果は, 波動函数 $\psi(x)$ によって少くとも二つの相関連する確率が決定されるということを示している. 後程, われわれはもっと多くの確率が, 事実, あらゆる可能な物理的測定の確率が, $\psi(x)$ によって決定されるのを見ることになろう. 波動函数はしばしば "確率の波" と呼ばれるが, もっと正確な言葉は, それによって数多くの関連する確率が "計算できる波" である. い

---

* この運動量の測定法はいささか普通のものとはちがっているが, もっとよく知られている方法のどんなものとも, 例えば粒子を静止させるのに必要なポテンシヤルの嵩を測るといった考え方と同様に有効なものである.

ろいろな確率の間に異常に複雑な内部連関のあることは，次のことに注意すれ
ばわかる．実函数 $R(x)$ と $\alpha(x)$ とを使って波動函数を $\psi(x) = R(x)e^{i\alpha(x)}$ と
書くと，$P(x)$ は $\alpha(x)$ に関係しない．それ故 $\psi(x)$ の絶対値だけが物理的に
意味を持つに過ぎないと言いたくなるかもしれない．そのことは，電子の位置
についてだけ考えている限りは正しいけれども，(15) 式からわかる通り，運動
量の分布を決める際には位相 $\alpha(x)$ が重要になってくる．即ち，

$$P(k) = \frac{A}{2\pi} \int_{-\infty}^{\infty} \int_{-\infty}^{\infty} \exp\{i[x-x'+\alpha(x)-\alpha(x')]k\} R(x)R(x')dxdx'$$

となる．このように波動函数のあらゆる部分が，何かの実験で起り得る結果を
決定する上に意義を持つのである．

10. $P(k)$ に対する規格化係数 規格化係数 A を求めるために，(14) 式を
k について積分すると

$$\int_{-\infty}^{\infty} P(k)dk = \frac{A}{2\pi} \int_{-\infty}^{\infty} \int_{-\infty}^{\infty} \int_{-\infty}^{\infty} \exp[ik(x-x')]\psi^*(x')\psi(x)dxdx'dk$$

が得られる．この積分の計算には，先ずそれが次の積分の $K \to \infty$ の極限とし
て定義されることに注意する：

$$\frac{A}{2\pi} \int_{-\infty}^{\infty} \int_{-\infty}^{\infty} dxdx'\psi^*(x')\psi(x) \int_{-K}^{K} \exp[ik(x-x')]dk$$
$$= \frac{2A}{2\pi} \int_{-\infty}^{\infty} \int_{-\infty}^{\infty} \psi^*(x')\psi(x) \frac{\sin K(x-x')}{(x-x')} dxdx'.$$

K が大きいとき，$\sin K(x-x')/(x-x')$ という函数は大きくて狭いピークを
即ち高さ K，幅 $(x-x') \cong 1/K$ のピークを持っている．このピークの外側で
は，この函数は $(x-x')$ の函数として非常に早く振動し，直ぐに無視できるよ
うになる．それ故積分への主な寄与は $x-x'=0$ の近くの非常に狭い領域から
くるものである．$\psi^*(x')$ が連続函数だとすると，この領域内ではわずかしか変
化しないから，x' に関する積分の外に出して $x'=x$ に於ける ψ^* の値を入れて
おくことが出来る．その結果は

$$\frac{2A}{2\pi} \int_{-\infty}^{\infty} \psi^*(x)\psi(x)dx \int_{-\infty}^{\infty} \frac{\sin K(x-x')}{x-x'} dx'.$$

x' についての積分が残っているが，それが π に等しいことは即座に証明され
る．こうして

$$\int_{-\infty}^{\infty} P(k)dk = A \int_{-\infty}^{\infty} \psi^*(x)\psi(x)dx = A \int_{-\infty}^{\infty} P(x)dx \qquad (16)$$

第 4 章 確率の定義 113

が得られ，従って $P(x)$ が1に規格化されていれば，$P(k)$ は $\Lambda=1$ と置くことによって自動的に規格化される．$P(x)$ の規格化はあらゆる時刻に保たれるから，$P(k)$ もまたそうであることが結論される．理論はこの点では極めて満足すべきものであり，少くともここでは首尾一貫していて自己矛盾は示さない．

確率の総括

次に確率についてのわれわれの考え方を，それが電子と光量子とに適用される仕方を対照させながらまとめておくことにしましょう．

<u>電子及び他の粒子に対して</u>

1. 複素函数のスカラー量である波の振幅が存在する．これはまた波動函数とも呼ばれる．それを $\psi(x)$ と書くか，あるいは Fourier 分解によって k の函数として表わす，即ち $\phi(k)$ と書くことにする．

2. この波動函数からは，一般に，粒子が与えられた位置，または運動量をもって見出される確率だけが予言できるに過ぎない．しかし古典的極限では波束の大きさ以上の精度を問題にしないから，この蓋然性(確率)は，あらゆる実際的な目的に対しては必然性となり，決定論的な古典的粒子の運動が近似として得られることになる．

3. 1個の電子が x と $x+dx$ の間の位置に見出される確率は
$$P(x)\,dx=\psi^*(x)\psi(x)\,dx$$
である．

<u>光に対して</u>

1. 実函数の波の振幅が存在し，伝播方向に直交する成分だけを持つようなひとつのベクトルを構成する．それを $\boldsymbol{a}(x)$ と書くか，あるいは Fourier 分解では $\boldsymbol{a}_k$ で表わすことにする．

2. 波の強さは，輻射エネルギーが物質に入射する際に1個のエネルギー量子が吸収される確率だけを決めるにすぎない．しかし古典的極限では，多数の量子が存在して，この蓋然性(確率)は必然性に極めて近づき，従って決定論的な古典論のエネルギー吸収率が近似として得られる．

3. 厳密に言うと，1個の光量子が与えられた一点に見出される確率を表わす函数は存在しない．波長に比べて大きな領域をとれば，近似的に
$$P(x)\cong\frac{\mathcal{E}^2(x)+\mathcal{H}^2(x)}{8\pi h\nu(x)}$$
が得られるが，この領域が完全に確

4. 1個の電子が $\hbar k$ と $\hbar(k+dk)$ の間の運動量をもって見出され得る確率は

$$P(k)dk = \phi^*(k)\phi(k)dk$$

である(多くの電子を扱う問題は後の章にゆずる).

5. $P(x)$ 及び $P(k)$ を積分した全確率は波動方程式の結果として保存される.

6. 確率の流れ

$$S = \frac{\hbar}{2mi}(\psi^*\varDelta\psi - \psi\varDelta\psi^*)$$

が存在し,関係式

$$\frac{\partial P}{\partial t} + \operatorname{div} S = 0$$

を満足する.従って,確率を,ある点から他の点へ減りも増えもせず連続的に流れる一種の流体のように考えることができる.

定されたときには,$\nu(x)$ は意味を失ってしまう.$\dfrac{\mathcal{E}^2 + \mathcal{H}^2}{8\pi}$ はどんな場合も平均エネルギー密度を表わし,点 x にある原子が1個の量子を吸収する単位時間あたりの確率は $W(x)$ に比例する.

4. 1個の量子だけが存在する場合に,その運動量が $\hbar k$ と $\hbar(k+dk)$ の間にある確率は $\dfrac{1}{8\pi}(|\mathcal{E}_k|^2 + \mathcal{H}_k{}^2)$ に比例する.多くの量子が存在する場合は,$\dfrac{|\mathcal{E}_k|^2}{4\pi}$ は k と $k+dk$ の間の領域にある平均数に比例する.

5. $\displaystyle\int_{-\infty}^{\infty} P(k)dk$ は保存されるけれども,それは真空の場合だけに限られる.光量子は運動する電荷によって吸収又は放出され得るからである.

6. 光に対しては対応する量は存在しない.しかし,エネルギーの流れ $S = \dfrac{c}{4\pi}(\mathcal{E}\times\mathcal{H})$ が存在して,電流のない時には

$$\frac{\partial W}{\partial t} + \operatorname{div} S = 0$$

となる.これは平均エネルギーもまた,ある点から他の点へ増減なしに連続的に流れる流体のように振舞うことを意味する.

第5章 不確定性原理

1. まえおき これまでの議論で得られた量子論の定式化に基づき，この章では，世界の決定論的な記述を与える可能性の限界を定量的に評価する上に極めて重要な表式の導出に進むこととしよう，この表式は，Heisenberg によって始めて与えられたものであるが，通常，不確定性原理と呼ばれている.

まずこの不確定性原理の述べるところをしるしておこう. 位置の測定が精度 Δx で行なわれ，また運動量の測定が同時に精度 Δp をもって行なわれたとしよう，このときその二つの誤差の積は $\hbar$ の程度のある数より決して小さくはなることができない*，即ち

$$\Delta p \Delta x \geqq (\sim \hbar), \tag{1}$$

というのである. 古典論にあっては，未来の軌道を運動方程式から決定するには，その前に各粒子の最初の運動量と位置とを知っておくことが必要であった. したがってこの原理が，古典論の決定論的記述に対する量子力学的な適用限界の意味を持つ所以は明瞭であろう.

同様に，力学系のエネルギーが精度 ΔE でもって測定されたとすると，その測定が行なわれる時刻は最小限

$$\Delta E \Delta t \geqq (\sim \hbar) \tag{2}$$

で与えられる不確定性を必ず持つことも示される.

更に一般的には，Δq をある勝手な座標の測定に於ける誤差，また Δp をそれと正準共軛な運動量に於いての誤差とすれば，

$$\Delta p \Delta q \geqq (\sim \hbar) \tag{3}$$

となるというのである.

2. 電子についての不確定性原理の証明 電子について不確定性原理を証明するために，波束中に現われる位置の範囲 Δx と波数の範囲 Δk との間の関係

---

* $(\sim \hbar)$ という記号は "$\hbar$ の程度の大きさの数" という意味に用いる. これは不確定性の程度の大きさというのは，もともとある程度あいまいな量であって，定義の仕方によって可成りの自由度があることによるものである. しかしこの幅は，測定の際の不確定性のもっともらしいどんな定義についても，10 の因子をはるかに超えるということはない.

116　　　　　　　　　　　第 I 部　量子論の物理的定式化

を与える第3章の (16) 式

$$\Delta x \Delta k \geqq 1 \qquad\qquad (4)$$

から出発する.

　上式は波のもっている一般的な性質であって，何も量子論にかぎったはなしではない．だが，上の式の中に現われている諸量に対し，次のように量子力学的な解釈を行うならば，不確定性原理が得られるのである.

　（1）　de Broglie の式 $p=\hbar k$ によって波数と運動量とが関係づけられる．このつながりは古典的な波にはなかったものである．例えば，与えられた波数 k を有する古典的な電磁波は勝手な振幅を持つことができ，従って，勝手な運動量を持つことが可能である*.

　（2）　電子の運動量か，あるいは位置か，いずれかを測定するとき，その結果は常にあるきまった数値である**．de Broglie の関係から，運動量がある定った値をとるということは波数 k もある定った値をとることである．他方，古典的な波束では常に位置はある範囲を覆い，ある範囲の波数を含むのである.

　（3）　波動函数 $\psi(x)$ はある与えられた位置をもつ確率だけを決定し，一方その Fourier 成分 $\varphi(k)$ はある与えられた運動量をもつ確率だけを決めるものである．このことは，電子の厳密な位置を，$|\psi(x)|$ が十分大きな値をもつような領域 Δx の内部では予言をすることも制御することもできないこと，また電子の運動量を，$|\varphi(k)|$ がかなりの大きさを持つような領域 Δk より精密に予言することも制御することも不可能であること，を意味するものである．このように，Δx は電子の位置の最小限の不確定性，即ち，電子の位置について完全に決定論的な記述ができないことに対するひとつの目安である．同様に，Δk は電子の運動量の最小限の不確定性，即ちその運動量の記述に完全な決定論が成立たないことに対する目安である.

　以上の解釈に立てば，(4)式から，$\Delta p=\hbar\Delta k$ の関係を使って，不確定性原理 $\Delta p \Delta x \geqq \hbar$ が得られる.

　同じやり方で，エネルギーと時間との不確定性関係も，$\Delta\omega\Delta t\geqq 1$ から出発して求めることができる．ここで Δt は波束全体が与えられた点を通り過ぎてしまうのに必要な時間，また $\Delta\omega$ はこの波束に含まれる角振動数の範囲とする．de Broglie の関係より $\hbar\Delta\omega=\Delta E$ であるから，$\Delta E\Delta t\geqq\hbar$ が得られるこ

_____

* 第2章7節参照.
** 第3章13節を見よ．また第4章8節も参照.

とになる．ここで ΔE はエネルギーが非決定にとどまる幅であり，Δt は電子が与えられた点を通り過ぎる時刻についての非決定性の幅である．

3. 不確定性原理の解釈について　そこで，不確定性原理に関連して重要な疑問が起ってくる：電子は，われわれが完全な精度をもってその位置と運動量とを測定できないためにそれらが不確定に見えるだけで，実はその位置と運動量とが同時に確定される値を持つようなものであると考えることができはしないであろうか？それとも，完全な決定論が成り立たないというのは，物質の構造そのものに発すると考えるべきなのであろうか？　第6章の11節及び第22章の19節に於いて，この非決定性は物質のその構造に本来根ざしているものであり，運動量と位置とは同時に且つ完全に定められた値をもっては存在もし得ないことがわかるであろう．従って，"不確定性原理"なる言葉はいささか名称誤用というものである．"物質構造に関する有限決定性原理"リミテツドデテーミニズムと呼んだ方がよりふさわしいであろう．けれども，不確定性原理という言葉は極めて簡潔であり，また既に広く一般に用いられているものであるから，この本でもそれを襲用することにする．

　粒子は，われわれには不確定に見えるが，その実，同時に確定される位置と運動量との値を持っているとする考えは，それらの量を本当に，あらゆる時刻に於いて，だが実際上完全な精度をもって予言することも制御することもできないような仕方で決定している，隠された変数（第2章5節参照）を仮定することと同等である．第22章10節に至って，量子論はそのような隠された変数の仮説とは両立しないことがわかるであろう*．

4. 波束の拡がりと不確定性原理との関係　第3章の (22) 式で，われわれは始めの幅が Δx_0 の波束が絶えず拡がってゆき，遂には，時間が限りなく増大するとき，その幅は $\Delta x \cong \hbar t/m\Delta x_0$ に近づくことを承知している．このように，波束の幅が最初狭ければ狭いほど速く拡がってしまう．このような拡がり方の簡単な物理的理由を不確定性原理から立ちどころに知ることができる．波束は Δx_0 の範囲の内部に押し込められているから，その Fourier 分解には波長が Δx_0 の程度の波が多く含まれている．それ故運動量は $p \cong \hbar/\Delta x_0$，従って速度は，

$$\Delta v \cong \frac{p}{m} \cong \frac{\hbar}{m\Delta x_0}$$

---

* また第5章17節を見よ．

である．波束の平均の速度はその群速度に等しいわけであるが，その現実の速度がなおこの平均速度のまわりに上述の量だけ，即ち，$\Delta v \cong \hbar/m\Delta x_0$ だけのばらつきをみせる可能性が強い．このばらつき（方向に於いても，大きさに於いても）のために，粒子によって覆われる距離は完全には決定されず，略々

$$\Delta x \cong t\Delta v \cong \frac{\hbar t}{m\Delta x_0}$$

ぐらい変化する．ところがこれは大体この時間の間の波束の拡がり方から予言されたものと同じである．従って波束の拡がり方は，波束の幅が狭いことと必然的なつながりにある，始めの速度を完全には決定できないという事実の，ひとつの顕れとみなすことができよう．

5. 原子の安定性と不確定性原理との関係　不確定性原理から，電子がある場所に局在するときには，その電子は，平均として，高い運動量を，従って大きな運動エネルギーを持つはずであることがわかる．このように，粒子を局在させるにはエネルギーが必要である．一方，電子の運動を妨げる何物もないとすると，その運動量が不定であるため，最初，電子がある場所に局在していたとしても，時間が経つにつれて，その局在性はこわされるようになる．ところが，電子を，例えば箱の中に押し込めるなどして強制的にある場所に存在せしめたとすると，上に述べた運動量が箱に圧力を及ぼすこととなろう．その圧力は気体分子によって生ずるそれに酷似している．こうして，われわれはいつまでも一個所にとじこめられている電子を，大ざっぱにいって，ある圧力の下にあるものとして記述することができる．もしこの圧力を取除けば電子は，閉じ込めている壁を取去った際の気体分子さながらにとび散り，飛游し始めるであろう．

だが，このたとえは一面的にしか正しいとは言えない．電子の波動性に由来する干渉効果を無視しているからである．しかし，それでも，電子の量子的性質のあるものの描像を得る方法としては屢々非常に調法なものである．例えば，この描像を使うと水素原子中の電子はどうして，古典論によって予言される通りに，エネルギーを輻射し続け，遂には原子核中に落ちこんでしまうというようなことがないのかを知ることができる．そのわけは次のようである：不確定性原理によると，電子をある領域 Δx の中に閉ぢ込めておくには，$p \cong \hbar/\Delta x$ の運動量が，従って $E = p^2/2m \cong \hbar^2/2m(\Delta x)^2$ のエネルギーが必要である．この運動量は電子を一個所にとどめておかなくするような圧力を生ずる．

第 5 章 不確定性原理　　　　119

一方原子の中にはこの圧力に対抗する，電子を原子核の方に引き戻そうとする力が存在している．この引力と，不確定性関係から結果する圧力とが釣合うところで電子は平衡に達するであろう．このようにして，最低量子状態にある電子の平均軌道半径が決められる．その釣合に達する点は全エネルギー，即ち運動エネルギーとポテンシァル・エネルギーとの和が最小値をとるという条件から見出すことができる*．ポテンシァル・エネルギーは水素原子中では $-e^2/\varDelta x$ の程度であるから，

$$W \cong \frac{\hbar^2}{2m(\varDelta x)^2} - \frac{e^2}{\varDelta x};$$

これから

$$\frac{\partial W}{\partial \varDelta x} \cong -\frac{\hbar^2}{m(\varDelta x)^3} + \frac{e^2}{(\varDelta x)^2} \cong 0,$$

$$\varDelta x \cong \frac{\hbar^2}{me^2}$$

を得る．この結果は丁度第 1 番目の Bohr 軌道の半径となっている．上の議論は厳密なものではなく定性的なものにすぎない．しかしそれは，大体において正しい結果を与えるような一つの描像をどうすれば作り得るか，ということを示しているのである．この描像は，計算が非常に困難であったり，あるいは実際上不可能であったりするような複雑な原子について起ることを，近似的に推測する上に極めて有用なものである．この描像に従うと，電子を第 1 Bohr 軌道よりも小さい領域におしとめておくことも可能であるが，それにはエネルギーが必要であり，電子が最低 Bohr 軌道に相応するエネルギーのままに放置されている限りは，そういうことは起らない．ところがまた何等かの外部的な手段によって，電子を最初原子核の中にとじこめておいたとすると，その結果生ずる運動エネルギーは非常に大きなものとなり，その電子は短時間のうちに原子から完全に飛び出していってしまうであろう．

　電子を一個所にとじこめておくことに対してついてくるこのような制限は，物質の波動-粒子性に本来つきまとうところのものである．このように，電子を極めて小さな空間内にとどめておけるためには，その波動函数が非常に高い Fourier 成分を含まねばならない．従つて，非常に高い運動量が可能にならねばならない．電子がはつきりと定まった位置を占めながら，しかもなお静止し

―――――――――――――――――――――――――
* 実際には 3 次元的な取扱いをすべきであるが，その結果がここに与えたものと同じになることは容易に示される．

たままでいるようにする方法，というのは存在しないのである．

問題 1：

（ａ）　質量1グラムの物体の位置を 10^{-3} cm の精度で定めるのには，どれだけの（平均の）運動エネルギーが必要であるか？

（ｂ）　地球（の質量）を 1 m 以内に押し込めておくには？

（ｃ）　陽子を1原子半径（10^{-8} cm にとる）内に閉じ込めておくには？

（ｄ）　電子を同じ距離の中に局在させるには？

読者はこの問題から何か結論をひき出すことができるか？

問題 2：

電子を核半径（5×10^{-13} cm）内に とどめて おくために必要な平均圧力を計算せよ．

6. 観測の理論　今までのところ，位置と運動量とを同時に決め得る可能性に対して，不確定性原理の意味する限界が存在することは，物質波とそれの確率としての意味づけとに関するわれわれの仮定から論理的に導かれたのであるに過ぎない．このような限界の存在の正しいことが確認できるためには，測定過程の量子論を作り上げ，この理論が同じ結果に導くのを示すことが必要である．他の言葉ですれば，われわれが運動量と位置とを同時に無際限の精度でもつて決定し得るような測定を行うことが妨げられている現実の測定過程にあつては，一体どんなことが起っているのか，事細かに調べてみなければならぬ，というのである．

どのような測定に於いても，測定装置と考えられる或る系，即ちそれの状態からわれわれの観測している系についての結論をひき出すことのできるようなある系，をとることが必要になる．そのことが可能であるためには，測定装置が，ある知られた，計算できるような具合に，観測されるところのものと相互作用することが必要である．例えば，物体間の空間的関係の像を得ようとして写真機を用いるには，光がそれらの物体によってどんな具合に散乱され，どのようにしてレンズに入るか，レンズはそれにどう作用するか，また写真乾板上の記録はそれに到達した光の強さといかなる関係にあるか，といったことを知らねばならない．これらの事柄が全部わかれば，写された対象に関する結論をその写真からひき出すことができる．勿論，微細な塵埃の粒子を写すようなときは，輻射圧によつて塵埃粒子の運動が変えられるかもしれない．そのような

第 5 章　不確定性原理　　　121

効果を最小にするために弱い光を用いる試みもなされようが，ともかくも，光の強さがわかっていれば，輻射圧は勘定でき，常にそれに対する補正を施すことができるのである．

7. 量子効果に基く観測の意味の改変　上に述べたところはすべて古典論について当てはまる．古典論は，それの適用範囲内に於いて，観測者と対象との相互作用の決定論的理論を与えるものであるから，対象について一義的な結論をひき出すことができる．ところが，この相互作用は現実には量子論的に取扱われねばならない．量子論に於ては，これまで見てきた通り，決定論は1個の量子のやりとりは予言することも制御することもできないという事実によって制約をうけている．それ故，量子論的水準に達するに十分な程度に正確な観測を行おうと思うと，完全に決定論的ではない要素が装置と観測される対象との相互作用に入って来ることになる．この有様は古典論から予言されるものとは全然異なっている．古典論では，測定装置によってつくられる擾乱はいくらでも小さくすることができ，またたとえ無視し得る程に小さくできなかったとしても，装置と対象との間の相互作用に関する決定論的な古典法則によって補正できたのである．

してみると，われわれのとるべき一般的な手続きは，位置と運動量とを測定するに用いるいろいろな装置を調べることとなる．そのような装置によって得られた結果は，通常古典力学の助けを藉りて解釈されているが，ここではわれわれが扱っている系の量子的性質から課せられる，一層の制約について調べることにしよう．本書では，二，三の特殊な場合について，量子効果が間に入ってどのように無際限の精度の測定をはばむかを示すにとどめ，そういった取扱いを一般化するすぢみちの概略だけを述べておくことにする*.

8. 顕微鏡　電子の位置の測定法の一つのは顕微鏡を使うことである．電子に及ぼす輻射圧の効果が最小になるように，光は非常に弱く，電子が光量子を1個だけしか散乱しないとする（いうまでもなく，電子について何事かを知ろうとすれば，電子が少くとも1個の量子を散乱するのでなければならない）．

量子は散乱された後，レンズを通過し，スクリーン上のどこかにやって来る(第1図)．このスクリーンは例えば写真乾板でよい．その到達点の位置から，散乱電子の位置を求めようというのである．それを遂行するには，光の波動論

---

* 観測の理論のより完全な取扱いについては第22章を見られたい，

を使わねばならない. 即ち光がある与えられた一点に集ることがわかった場合, 光が散乱された場所には, 廻折の効果のために, $\varDelta x \cong \lambda/\sin\varphi$ だけの幅のあることが知られている (φ は顕微鏡の開口角). 散乱電子はその範囲内のどこかにあったはずである. このばらつきを最小にするためには λ を小さくすればよい. しかし, そのことは電子の運動量にどんな影響を与えるであろうか? 光量子が運動量 $p=h/\lambda$ を持つことはわかっている. 量子が角度 ψ の方向に散乱されるとすると, それは電子に $\varDelta p = p\sin\psi = \dfrac{h}{\lambda}\sin\psi$ の運動量をわかつことになる. 散乱角の大きさを知る方法はないが, それはレンズの開

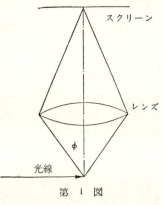

第 1 図

口角 φ の内部ではあったはずである. 従って電子の運動量は $\varDelta p = \dfrac{h}{\lambda}\sin\varphi = \dfrac{h}{\varDelta x}$ だけ不確定になるわけで, これは不確定性関係と一致する.

このばらつきの原因は, 少くとも1個の量子は用いねばならず, それによって若干の運動量が電子に与えられた, ということばかりでなく, ある範囲まではそのやりとりの大きさは制御することも予言することもできないものであり, 従ってそれに対する補正を施し得ないことにもよるのである.

運動量のやりとりの際のばらつきを減らすような一つの途は, レンズの開口角を狭くして, 散乱角のなかでレンズに入るものゝ範囲を小さくすることである. ところがそうすると廻折効果が増すためにレンズの分解能が悪くなり, 位置の測定の精度もそれに比例して減少することになる.

もっと一般的に, どんな風に実験を行なうかにかかわりなく, 不確定性原理に相当する測定精度の限界が常に実験の過程中のある点で入って来ることが見出される. この限界は, 物質の基本構造が古典論に於いて仮定されたそれとは非常に異なっている, という事実に相応するのである.

9. 運動量の測定 次に粒子によって輻射される光の Doppler 変移を使って粒子の速度を測り, それから運動量を求めるという方法について考察することにしよう. この方法は輻射を出す原子の速度を測るのに現実に行なわれているものである (例えば, 恒星の速度は屡々その赤方変移を測って求められる).

第 5 章 不確定性原理　　　123

Doppler 変移と速度 v とは

$$\nu' \cong \nu\left(1 - \frac{v}{c}\right) \quad 即ち \quad \frac{v}{c} = \frac{\nu - \nu'}{\nu} \tag{5}$$

の関係にある．ここで ν は原子が静止しているときに放出する輻射の振動数，また ν' は原子が運動しているときのそれとする．但し (5) 式は非相対論的な近似で成立つものである．

さて，$t = 0$ での位置は，原理的には，任意に高い精度をもって決めることができる．例えば，粒子をその時刻に極めてほそいスリットを通してやればそれが実現できるわけである．勿論，そのときには粒子の速度は不明であるが，それこそわれわれが測ろうとするものなのである．この速度の不確定性は ν' を測り得る精度に関係する．そして ν' のばらつきは $\varDelta\nu' \cong 1/\tau$ であることがよく知られている．こゝに τ は輻射される光の波連の持続時間であり，従って，長い波連の方が望ましいわけである．ところで波連の長さは原子がそのエネルギーを輻射するに必要な時間によって定まり，原理的には，十分ゆっくり輻射する原子を選べば，思いのまゝに長くすることができるのである．

輻射は量子の形で起るものであるから，電子に移り得る運動量には極小値 $\varDelta p = h\nu'/c$ が存在する．ν' を測ることのできる範囲内で，この電子にわたされる運動量は計算できるわけであるから，完璧の精度で測定を行うとすれば，どんな不確定性も入ってはこないはずである．ここが大切なところである．何故ならば，それは，やりとりし得る運動量に極小値があっても，運動量を思いのまゝに精密に測定するには何の妨げにもならない，ということを示すものだからである．ν' の測定の際に運動量を変えることにはなるけれども，その変り高はわかっているから，補正を行うことができるのである．そこで，測定につきまとうどうにもならぬ正確さの欠除は，力学系のある決定的な性質が測定過程中に予言することも，制御することもできないような仕方で変化するときにだけ起り得ることになる．この実験で予言不能且つ制御不能という量は，量子の放出される時刻である．量子が 0 から τ の間のある時刻に放出された，というのがわれわれの知るすべてである．この時刻をもっと精密に測ればよいわけであるが，それは許されない．それが測れたとすると，量子の振動数の測定の精度を悪くすることになるからである．

しかし量子が放出されると，電子の速度には $\varDelta v = \varDelta p/m = h\nu'/mc$ で与えられる突然の変化が生ずるであろう．それ故，0 から τ までの間でどこかある時

間だけ電子がわれわれの測ったとは違った速度で走ったところがあるはずである．これから粒子が通過する距離に不確定性が起ることになる．そのばらつきは

$$\Delta x \cong \tau \Delta v \cong \frac{h\nu'\tau}{mc}$$

に等しい．こうして

$$\Delta x \Delta p = m \Delta x \Delta v = \frac{h\nu'\tau\Delta v}{c}$$

を得る．ところが (5) 式から

$$\Delta v \cong \frac{c\Delta \nu}{\nu} = \frac{c}{\nu\tau}.$$

今ここで考えている非相対論的な場合には $\nu'/\nu \cong 1$ であるから，$\Delta x \Delta p \cong h$ が得られる．

この実験に於いては，実に面白い結果が，量子の放出される時刻は完全には予言することも制御することもできないという事実から起ってきている．即ち，測定前 ($t=0$) の位置はかなりよく確定されていたにもかゝわらず，この位置と，量子をやりとりした後で達する位置との間の決定論的な関係は，測定を行っている間にこわされてしまうのである．このように，測定の過程で運動量はまえよりも明確になるが，位置の方はぼやけてくることになる．電子の位置を顕微鏡で測った前の実験に於いても，測定前の電子の運動量が完全確定であったとしたら同様な結果が得られたであろう．この場合には，量子のやりとりの前後に於ける運動量の間の決定論的な関係が測定の間にこわされる．今度は位置はよりよく確定されるが，運動量の方があいまいになるというわけである（これに関しては，第 8 章 14, 15 節を見ていたゞきたい）．

10. エネルギーと時間との不確定性　2 節で既にエネルギーと時間の不確定性を直接証明した．ところが，この関係はまた $\Delta x \Delta p \geqq (\sim \hbar)$ からも出てくるのを示すことができる．それには，既知の速度（例えば，上で議論した方法で測っておけばよい）で運動している粒子を使って時刻を測ることにするのである．時刻を測るためには，粒子が何時もとの（正確に知れている）位置から相対的に距離 $x=vt$ を走ったかを知りさえすればよい．そうすると，時刻のばらつきは $\Delta t \cong \Delta x/v$ で与えられる．ところが既に Δx については，最小のばらつきが $\Delta x \geqq (\sim \hbar/\Delta p)$ であることがわかっているから $\Delta t \cong \hbar/v\Delta p$，しかるに $\Delta E \cong v\Delta p$ 故，$\Delta E \Delta t \geqq (\sim \hbar)$ がでるというわけである．

第 5 章 不確定性原理 125

11. 光量子に対する不確定性原理 電磁波の波束を，例えば，シャッターを
Δt 時間だけ開いてつくると考えよう．こうすればある与えられた点を時間 Δt
内に通過する輻射のパルスが得られる．電場はこの時間内でだけ大きく，他の
あらゆる時刻では無視できる程小さい．

そのパルスはた s 1 個の量子だけを含むものとする．さてこのパルスを多く
の原子を含む標的に当てると，それらの原子のどれか一つが量子を吸収するこ
とがわかる．吸収の確率は $|\mathcal{E}|^2$ に比例するのであるから，量子は実際上確か
に，電場が吸収する原子を含む領域内で大きいような時間 Δt の間に吸収され
るであろう．他方，1 個の量子が電磁場から物質に移される正確な時刻という
のは予言することも統御することもできない．その確率だけが $|\mathcal{E}|^2$ の値から
わかるに過ぎない．従ってこのやりとりは時間 Δt 内のどんな時刻にも起り得
るわけである．こうして Δt は量子がやりとりされる時刻の不確定性とみなす
ことができる．ところが，そのパルスは $\Delta \omega \geqq 1/\Delta t$ の範囲の角振動数を，従っ
て，$\Delta E \geqq \hbar/\Delta t$ の範囲のエネルギーを含むことも知られている．またエネルギ
ーの値を幅 ΔE 以内に予言し，統御する何等かの方法も又存在しない．従って
1 個の量子が輻射場から物質にわたされる（またはその逆の）どのような過程
に於いてもやりとりが起る時刻のばらつきとやりとりされるエネルギーの量の
ばらつきとの積は $\Delta E \Delta t \geqq \hbar$ であることが結論される．

同じようにして，やりとりされる運動量のばらつき Δp と，そのやりとりが
起った位置のばらつき Δx との積は $\Delta p \Delta x \geqq \hbar$ の関係を満足するのを示すこと
ができる．

今迄の議論では，われわれは光が粒子から，普通それは光子と呼ばれている
が，成っているということは引合に出すのを注意して避けてきたのに注目して
いた s きたい．量子の放出または吸収の過程に於いては，エネルギーや運動量
は，丁度粒子によって与えられたかのように，一つの素量の形で現われる*. だ
が，理論的な根拠から知られた通り**，また次の節で更に詳しく見られるよう
に，そういった粒子には，それが消滅する瞬間以外に精密な位置を持たせるこ
とが不可能である．他方電子については，電子を消滅させないでも***，常に思
いのま s 正確に位置を測ることが出きるのである***. 但しその測定過程で運

────────────────

* 第 2 章 7 節参照.

** 第 4 章 7 節参照.

*** これは非相対論的理論に於いてだけ成り立つ．第 4 章 5 節参照.

動量の方はばらつきがより大きくなることが知られている．そういう理由から，これまで量子の位置について語ることを避けて，その代り，やりとりの起る時刻――それだけが他の同様な粒子の消滅する時刻と本質的に同じ意味を持っている――の不確定性のみを議論してきたのである．光量子を指して"光子"と呼ぼうと思うならば，その言葉は極めて注意深く用いられなければならない．というのは，それは光のエネルギーが実際に持っているよりも，ずっと明確な種類の粒子性を意味するものだからである．

12. 電子顕微鏡による光量子の観測 光量子（あるいは，光子と言うことにしてもよいが）の位置を確定できる限界を直接示すために，その位置を電子顕微鏡で観測してみることにする．これは光量子と電子とは互いに散乱され合うという事実を利用するのである．その仕組みは第2図に示してある．

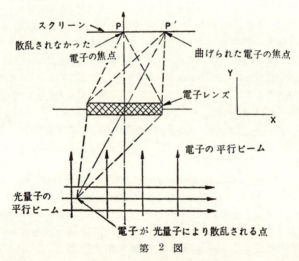

第 2 図

平行に運動している電子のビームを電子レンズに垂直に入射させ，点Pで焦点を結ぶようにしておく．そこへ量子のビームを電子のビームと直交するように送ってやると，時折，電子が散乱されて新しい焦点 P′ に行く．この点の位置から散乱が起った点の x 座標について何かの結論を引き出してみようというのである．こうして散乱がビームと同等な光子に因るものと考えると，この光子という粒子の位置が測られたことになるわけである（x 軸は電子のビームと

垂直で入射量子のビームに平行な方向にとる).

先ず電子の波動性から光学顕微鏡を使った場合と同種の一般的な観測精度の限界が生ずることに注意せねばならぬ. つまり, 電子波は, レンズの周縁に依って, 光波で起ると同様に廻折さされる. 電子顕微鏡の一番大きな利点は非常に短い波長の電子波をこの種の光波よりもはるかに容易に集束できるということに過ぎない (例えば, X 線顕微鏡を扱う際に生ずる集束の問題を考えてみるがよい). それ故, 光子を使って電子を観測する場合と同様, $\varDelta x \varDelta p \geqq h$ を得るのがわれわれのなし得る最良のことであるという結論になる.

しかし電子の場合には, 非常に短い波長の光を使えば常に $\varDelta x$ を望むだけ小さくすることができた. ところが光のときには, $\varDelta x$ の極小値にはある限界が存在し, それが電子波の波長に関係しないことを今からみることにしよう. 但しここでは非相対論的極限に於いてだけ考え, 相対論的効果については後で議論することにする. さて, 非相対論的極限では, 散乱による量子の振動数の変化は無視することができる [第 1 章 (5) 式参照]. 光量子から電子へ一番大きな運動量が移されるのは, その量子が 180 度の方向に散乱されるときに起り, その値は $\varDelta p_x \cong 2h\nu_q/c$, ν_q は量子の振動数, である. これは, 電子の散乱され得る角度の範囲が

$$\varDelta\theta \cong \frac{\varDelta p_x}{p_{el}} = \frac{2h\nu_q}{cp_{el}}$$

の程度の大きさであることを意味する.

ところで, 次の事は光学でよく知られているところである: レンズによって解像し得る最小距離はレンズの開口角には関係せず, もっと直接的に, レンズによって焦点に集められる線束の拡がりの角に関係する. この線束がレンズ全体を蔽うときにだけ最小距離はレンズの開口角によって決定されるのである. より一般的に言って, 識別できる最小距離は, $\varDelta x \cong \lambda_{el}/\varDelta\theta$ か又は λ_{el}/θ か, いずれか大きい方によって与えられる. ここで $\varDelta\theta$ はある勝手な与えられた点からレンズに入る線束の拡がりの角である. 従って, $\varDelta\theta$ がレンズの鏡径より小さければ, 識別できる最小距離がそれだけ大きくなる. この場合には, $\varDelta\theta$ に対する上の式と de Broglie 関係とを使って,

$$\varDelta x \cong \frac{\lambda_{el} c p_{el}}{2h\nu_q} \geqq \frac{\lambda_q}{2}$$

が得られる.

この結果から次の結論が得られる：スクリーン上に一つのスポットが見えたとき，このスポットの出所とされ得る点のばらつきは少くとも光の散乱前の波長の程度の大いさを持つものである．それは，光の波長について前もって何等かの知識をもっていない限り，この実験からは，光の散乱された点について全く何の結論も引き出せないということである．またたとえこの波長が知られていたとしても，光量子の位置はその波長以上に精密には与えらない，ということもわかるわけである．他方，電子については，その運動量を前以って知っている必要もなく，また電子の位置は，それを観測するのに十分高いエネルギーの量子を使う限り，電子の位置を確定する精度には際限がない．この電子と光量子とのふるまいの違いは第4章7節の結果と一致するものである．そこでは，理論的根拠から，光量子の位置には精密な意味を与えることさえもできないということ，しかしその波長以上に光量子の位置を確定しようと試みない限り，大雑把な意味は与え得るということ，が示されたわけであった．ここに与えた取扱いは，非相対論的な，また電子のビームと光子のビームとは最初互いに直交するような場合に限られ，その点で不完全なものであるが，しかしより一般的な取扱いを与えることが可能であり，その結果は本質的には同一であるのを示すことができる．

不確定性原理をもっと直接に適用することによって，今と同じ結論に達することもできる．光子が電子を散乱した後の運動量のばらつきの最大値が $2h\nu_q/c$ であることは前に述べた通りである．さて，光子の位置を極めて正確に測るためにどのような過程を使うとしても，必ず観測装置と観測される体系との間の運動のやりとりを大きなものとし，また予言することも制御することもできないようなものにしてしまう，何かの仕組みが含まれているに相違ない．このやりとりの大きさは，物質と光との相互作用の場合には

$$\Delta p \cong \frac{2h\nu_q}{c}$$

に限られているため，物質と光の相互作用を利用するような観測方法を使って光子の位置が確定できる範囲も，不確定性原理に従い，

$$\Delta x \cong \frac{h}{\Delta p} = \frac{c}{2\nu_q} = \frac{\lambda_q}{2}$$

に限られる結果となるのである．

今，上にざっと述べた分析の仕方から，どのような位置の測定に於いても，

第 5 章　不確定性原理　　　　129

その精度は常に，観測装置と観測される体系との間にやりとりできる運動量の最大値によって制限される，ということがわかる．以下に掲げた問題はこのような制限がいかに重要であるかを，二，三の特別な場合について明らかにさせるよすがとなろう．

　問題 3:　電子を陽子顕微鏡に依って観測する場合，電子の位置を確定できる最小距離は λ_{el} か $\dfrac{m_p}{m_e}\lambda_{pro}$ か，どちらか小さい方であることを示せ．但し λ_{el} は観測前の電子の波長とする（非相対論的理論を用いよ）．

　問題 4:　陽子を電子顕微鏡で観測する際には，測定し得る最短距離の限界が電子の波長になることを示せ（非相対論的理論を用いよ）．

　問題 5:　電子を他の電子によって観測する場合に当てはまる，上に相応する限界を求めよ（非相対論的理論を使え）．

　上の問題は，軽い粒子を使って重い粒子について正確な観測をすることの方が，その逆の場合よりもはるかに容易であることを示している．それ故最大の困難が，零の静止質量を持つ光量子の観測を試みる際に生ずるわけである．非相対論的に定式化されたこれらの問題から得られる結論は，光速度で運動する量子にぢかに適用することのできないものではあるが，量子の位置を測定しようとすると，同じ型の一般的な困難が生ずることが示されたのである．

　電子やその他の粒子の完全に相対論相な理論では，光子の場合に出合ったと同様の困難が生ずるが，それは速度が光速度に近くなったときにだけ問題になるに過ぎない．v/c の小さな値に対しては，その理論はここで扱った普通の非相対論的理論に近づくものである．

　13.　電磁的なエネルギー及び運動量をスリットとシャッターとを使って空間的に限定すること　われわれは前にシャッターを時間的に局限された波束をつくる手だてとして述べておいた．同様に，スリットは波を空間の一定領域内に閉じ込める一方法を与えるものである．不確定性原理に従えば次の事が予期される：1個の量子が幅 $\varDelta x$ のスリットを通過するときには，その運動量は少くとも $\varDelta p \cong \hbar/\varDelta x$ だけ不定になり，それが時間 $\varDelta t$ の間にシャッターを通り抜けるとすると，そのエネルギーは少くとも $\varDelta E \cong \hbar/\varDelta t$ のばらつきを持つことになる．

　それでは一体 "上の不確定性が作り出されるのはどんな機構によるものであろうか？" と考えてみることにしよう．先ず，輻射圧のために，古典論に於い

てさえ，スリットの縁から波へ，また逆に波からスリットへ，運動量をやりとりする可能性が予想されることに注意されたい．同じように，シャッターも輻射圧に逆らって開閉し，仕事をすることになるから，電磁場とエネルギーを交換するわけである．古典的極限に於いては，このやりとりが決定的な輻射圧に関する法則によって支配されるが，量子論的水準にあっては，その相互作用は予言することも制御することもできぬ，不可分の運動量のやりとりをつくりだすものであるにちがいない．こうして確定することのできないような運動量とエネルギーとのやりとりを生ずる可能性が得られるであろう．

問題 6： 廻折効果のために，1 個の量子が幅 Δx のスリットを通過するとき，量子は制御し得ない運動量 $\Delta p \simeq \hbar/\Delta x$ を取得することが証明でき，それ故，この場合に対する不確定性原理を論証できることを示せ．また，時間 Δt の間開いているシャッターから，量子には制御し得ないエネルギー $\Delta E \simeq h/\Delta t$ が移されることを示せ．この不確定性を作り出す波動-粒子の二重性の包括的な議論を与えよ．

14. 不確定性原理の原子内の軌道を決める問題への適用 de Broglie 波について述べた節に於いて，原子内の電子が一定のエネルギー状態にあるときには，それと同じエネルギーを持った古典的粒子のとる軌道の近傍のある範囲内のどこかにその電子を見出し得ることを指摘しておいた．だが，そのような軌道上の電子の精察な位置を予言するということはできない．電子がある定った位置を持つような状態を得るには，多くの可能なエネルギーの波を含んだ波束を作り上げねばならない．それは次のことを意味する：位置の観測というのは，多くの可能なエネルギーにわたる拡りに相当する領域中のある場所に電子が存在するのを示すことであり，またエネルギーの測定とは，あるエルネギー領域中のどれか一つの値を，そのエネルギー値に相応する波が波束中に現われる強さと関係する確率でもって，あらわし得るということである，と．

さて，上の予言が，例えば，電子の軌道上のあり場所を顕微鏡で測ろうとするとき，実際に観測されるところのものに対応していることを示すことができる．簡単のため，量子数の高い場合，非常に多くの軌道が互いに接近して存在している場合に限ることにしよう．そこでわれわれは電子がある与えられた 1 点を通過する時刻を精度 Δt でもって測りたいわけである．こういった測定を次々と続けてゆけば，その電子に対する一つの軌道を描きだすことができよ

第 5 章　不確定性原理　　131

う. 光が散乱された時刻を精度 Δt 内で知るには, 持続時間が Δt, またはそれ
よりも短かい光のパルスを使わなければならない. そのようなパルスを作るに
は $\Delta\omega \gtrsim 1/\Delta t$ の範囲にわたる振動数, 従って $\Delta E \gtrsim \hbar/\Delta t$ の範囲にわたるエネ
ルギーが必要になる. ところで Δt は無論電子のその軌道に於ける廻転週期 τ
より十分小さく選んでおかなければならない. さもなければ, 電子の運動の道
筋を追いかけてゆくことは, 全くできない相談だからである. ところが Bohr-
Sommerfeld の理論に従えば

$$\frac{1}{\tau} = \frac{\partial E}{\partial J} \cong \frac{\Delta E'}{\Delta J}$$

である. $\Delta J = h$ にとると, $\Delta E'$ は隣り合った軌道の間のエネルギー差となり,
$\Delta E' \cong h/\tau$ が得られる. $t \ll \tau$ 故, $\Delta E \gg \Delta E'$, 従って量子は粒子を次の軌道に移
してなお十分ありあまる大きなエネルギーを持っているわけである.

　そこで, 粒子を唯ひとつの Bohr 軌道上を運動するものとして顕微鏡下に追
跡することは不可能である, という結論になる. 何故なら, それを観測するの
に使われた量子が, 電子を単にある他の軌道に移すというだけでなく, 予言す
ることも制御することもできないような軌道に移しやってしまうことになるか
らである. この結果は, 軌道上にある定った位置を持つような波束が, 多くの
エネルギーに対応した波を含んでいなければならぬという事実に合致する.

　この仮想的な実験からまことに興味ある結論を引き出すことができる. われ
われは波動像の助けを籍りて, 一軌道から次の軌道への遷移をたどってゆくこ
とはできるが, 何故電子が常に一方の軌道か, 他方の軌道か, いずれかだけに
見出され, その中間には存在することがないか, という描像を得ることはでき
ない. 粒子模型と, それに加えて Bohr-Sommerfeld の量子条件とを使えば,
粒子が何故一定の軌道上に常に見出されるかを理解することは出来ても, 軌道
間の遷移の過程を描きだすことはできない. 他方, 不確定性原理がわれわれに
示すところは, 粒子をその遷移過程に於いて観測し, 粒子の跡をたどろうとす
るならば, エネルギーは不確定となり, その粒子がどのような軌道にあるかを
知ることができない, ということである. それ故, 定ったエネルギー間の遷移
を連続的にたどってゆくことは許されない, そうでなければ, その遷移はエネ
ギーの不明な軌道間の遷移となってしまうのである. このように, 粒子模型は
遷移過程を究め得るものではないが, 如何なる内部矛盾も含むものではない.
粒子模型の枠内にあっては, この過程はどのようにしても決して観測さること

がないからである.

15. 不確定性原理の更に一般的な応用　先に与えた例はすべて,観測を行う装置と観測されるところのものとの間の相互作用には,制御することも予言することもできない量子のやりとりが常に介在し,観測を行う装置の状態と観測されている対象の状態との間の一意的なつながりを推断する妨げとなっていることを示している.一見,この困難は,観測装置と観測対象とを共通の系の部分とみれば避けることができるだろうと考えられるかもしれない.例えば,われわれは写真機,写真乾板,光線,そして風景(被写体)を1つに結合された系と考えることができよう.そのときには量子のやりとりの問題は起らない,始めから一つの系しかないからである(この系のエネルギーとか運動量とかは,そのすべての部分が相互に与るところの性質である).或る与えられた部分を切り離そうとした時にだけ,一つの部分から他の部分への量子のやりとりの問題が生ずるに過ぎない.

上に大要を述べた手続きについての一番の困難というのは,それが何も知識を与えないことである.その系から知識を得るには,われわれはその系と何処かで相互作用せねばならぬ,例えば,写真乾板を見るということで,系との相互作用を行わねばならない.そのためには必ず光を使うということになる.その乾板の位置を観測するのに使った光が,この乾板上の像をひどく変えるなどということは一般にないであろうが,それでもやはり,顕微鏡で電子の位置を直接測った際に電子に起ったと全く同じ仕方で,乾板には予言することも制御することもできない運動量 $\Delta p \cong \hbar/\Delta x$ が伝えられるのである*.こうして,乾板を電子の位置についての知識が得らるような風に使う場合には,結合系(写真機プラス乾板プラス電子)の運動量が不定になることは避けられないのである.そこで予言することも制御することもできない量子のやりとりが起る段階を避けることによって,不確定性原理をよけて通る間接的な方法は存在しないという結論に達する.

16. 量子論の一体性　第2節で示した通り,不確定性原理は三つの要素から導き出された.即ち,物質の波動性,エネルギー及び運動量のやりとりの不可分性とそれに関連した物質の粒子性,そして完全な決定論が成り立たないということ,がそれである.またわれわれは種々の測定過程を分析して,予想さ

───────────────

* 8 節参照.

れる決定論に対する制約が実際に証明されることを示した．ところで一方，同様に重要なのは，われわれの注意せねばならぬところであるが，もしも波動と粒子との両性質を二つながらに持っている光の不可分な量子の，予言できないようなやりとりが存在するのでなければ，電子の位置と運動量とは，不確定性原理から与えられるよりも，もっと大きな精度でもって測定できたであろう，ということである．同様な結論は，電子顕微鏡の果す機能の分析から，それが他の粒子に関する測定を行うのに使われた時にも得られる．事実，もしこの宇宙の何処かに，不可分性，蓋然性，それに波動‐粒子の二重性という3要素を併せ有しないような一つの力学系でもあったとしたら，この系は他の系に関する，不確定性原理によって設立された精度限界よりももっと正確な測定を行うのに使うことができよう．そして，その結果，量子論の最も基本的な予言の一つと矛盾を生じ得ることとなろう．従って，これら三つの要素は一緒になって渾然一体を構成するように働くのである．もし三要素のうちのどの一つが宇宙間の如何なる物体からでも取り除かれたとしたら，その統一一体はばらばらになってしまうであろう．このように，量子論のあらゆる部分は互いに統一的構成体を作り，全量子論を断念するのでなければ，どの一つの要素の放棄を想像することも極めてむずかしいのである．

17. 量子論の背後に隠された変数が存在するであろうか？ この一体性を胸に留めながら，次のような可能性について考えてみることにしよう：量子現象は，各々の量子のやりとりがいつどこで起るかを実際に決定する隠された変数によって説明できるものなのではないか，従って，確率が現われたということは，単に，それによれば因果的な法則を見出すことのできるような真の変数を知らないという表白に過ぎないのではないか？（第2章，5節参照）*.

議論を進めるために，そのような隠された変数が存在するものと仮定しよう．それが観測されるためには，何か隠された変数の状態に関係するような実験結果が見出されねばならない．そうでなかったら隠された変数というものは現実の物理的意味を持つということはできない．ところで，これまでになされた限りのすべての観測においては，量子論のあらゆる結論が証明された．量子のやりとりされる精密な時刻や場所は，事実予言することも制御することもできないという結論もその一つである．こうして，たとえ隠された変数があると

---

* また第5章3節も参照せよ．

しても，それらの変数の（熱力学に於ける圧力や温度と同様な）統計的平均以上の何物かに依存するような実験は，これ迄のところ行われはしなかったし，従ってまた，隠された変数の存在に対する何等かの証拠を提供する如何なる実験も未だかつて存在しなかった，と結論せざるを得ない．更に，このあらゆる物理的に意味のある事象を決定する隠された変数の仮定は，量子論の一般的な概念構成とは両立させ得ないということが第22章9節において知られるであろう．他の言葉で言えば，物質の性質に観られる粒子－波動の二重性を正しく説明し得る完全に決定論的な機構（メカニズム）は想像することもできないということである．従って，そのような完全に決定論的な理論が基礎に在るという仮定の正当性を明らかにしようとするならば，その前に先ず量子論が完全には実験にそぐわないということを証明すべきであろう．ところがこれ迄量子論は極めて広範囲にわたる実験と完全に一致することが見出されて来たのであり，未だ実験と矛盾するような場合は見出されなかったのである．勿論，今までなお研究されなかった何か新しい範囲の実験において，量子論の予言が誤っていることがわかり，そこでは隠された変数が平均され，ならされてはいないような現象が発見されるかもしれない，ということは常にあり得ることである．もしそんなことが起るとしたら，量子論の根本的な改変が余儀なくされるであろうが，それは，われわれが現在取扱っているすべての現象については，その新理論が極限として今の量子論に近づくというような仕方で行われるべきものであろう．ところが今のところ，隠された変数によって一体，全然決定論的な記述が得られるという可能性はとてもありそうにない．相対論的量子論の分野に於いて，また素粒子の性質の研究において，現在の理論が不完全なことは事実であるが，現段階に於けるあらゆる徴候は，因果的記述を適用し得るとしても，その範囲が今の量子論よりもなおさら狭くなるような発展方向を指し示しているのである．従って現在使われている量子論的記述の一般様式が成功しないという何か実際の証拠が見出されるまでは，隠された変数の探究は，おそらく十中八九まで何の役にも立たないことは確実であろう．その代り，確率法則は基本的に物質の構造自体に根ざすものと見なされねばならない．われわれは第8章に於いてこの問題に立ち戻り，そのような観点が根本に於いて，完全に決定論的な観点と，それ以上ではないとしても，同程度に合理的なものであることを明らかにしよう．

第 6 章　物質の波動性と粒子性の対立

　量子論のもっともきわだった特色をあらわすものの一つに，波動と粒子の二重性[†]がある．それは，物質乃至は光量子が，干渉という波動としての性質を示すことができ，しかもなお，そうした干渉が一旦行なわれた後でさえ，ひきつづき，局在的である粒子の形をとって現われることができる，ということである．物質が波動とみなされるべき範囲，また粒子とみなされるべき範囲が一体どの程度のものであるのかを明らかにするために，これらの現象の本性について十分細部にわたる考察を本章に於いて行うことにしよう．

　1. 干渉縞と物質の波動－粒子性　物質が波動の性質をもつという仮定の根拠となっている一番重要な事実は干渉縞の存在である．それ故，われわれは，例えば電子や光子の廻折と関連して現われる，干渉縞の性質を論ずることから始めよう．唯1個の電子（又は光子）が，あるスリット系，もしくはある結晶を通って出て来たとき，検出器には，1個のスポット（斑点）乃至は1本の軌跡が残されるに過ぎない．次に第二の粒子を後からその系に指し向けても，やはりただ1個のスポットか，たゞ1本の軌跡が検出器に記録されるだけであろう．ところで運動量について悉く同じ初期値をもつ沢山のそういった粒子を，互いに独立にこの系を通して送り込むと，今度はやがて全く光学に於ける干渉縞を思わせる，スポットや軌跡の密度の極大値及び極小値を示す点模様あるいは縞模様が得られるのである．だが，電子がスリット系を別々に，互いに無関係に通って来たことは明らかであるから，電子間の相互作用をもって，干渉縞の成因とすることはできない．

　電子を古典的粒子以外の何ものでもないとみなすかぎり，この現象を理解することは，事実きわめて困難である．ところが，量子論にあっては，干渉を波動函数 $\psi(x, t)$ を使って定量的に記述できることはわれわれが既に見たところである．この波動函数と個々の電子とは，その特定の電子がある与えられたスポットの位置に見出される確率が $\psi^*(x, t)\psi(x, t)$ に比例するという関係にある．最初，あらゆる電子が同じ運動量 p_0 を持っていたとすると，各々の電子には，同じ入射波動函数 $\exp(ip_0 \cdot x/\hbar)$ が結びつけられねばならない．これは，

[†] 例えば，第2章1節，第3章11節，第5章2節を見よ．

電子が与えられた運動量 p_0 を持ち得るのはその波動ベクトル*が $k = p_0/\hbar$ のときだけであるということに由来するものである. 各電子の波動函数は, すべて同じ仕方で伝播してゆくから, ある電子に結びついている波動函数は何時も廻折の起った後でも, 他のあらゆる電子の波動函数と同一であると結論される. これは, いうまでもなく, あらゆる電子が同じ確率函数を持つということである.

従って, このような多数の電子がスリット系を通過したとき, その結果できるスポットの密度は $|\psi(x, t)|^2$ に比例するであろう. だが, いくつかのスリットから出て来た波の間の干渉の結果, スリットが一つだけしか開いていなければ確率が零にはならないはずのある特定の点に於いて, $|\psi(x, t)|^2$ が零になるといったことも起り得るし, 逆に, ある点では, 確率が個々のスリットからの寄与の和より大きくなるかもしれない. このように, 電子が与えられた点に到着する確率を決定する函数に於いて, 互いによわめあう干渉が, あるいはまたつよめあう干渉が起るのである.

上に述べたところから, 唯1個の電子を使うだけでは, 干渉縞を実際に研究することはできない; 物質の波動性は, 統計集団をつくるのに十分な程沢山の電子が存在するときにだけ, はっきりと示され得るに過ぎない, という結論に導かれる. それならば, 電子が検出装置に到達した際常にあたかも粒子のように十分よく定まった位置に見出されるにもかゝわらず, 何故個々の電子が何等かの波動性をもつものとみなされねばならないのかゞ問題となり得よう. それに対する解答としては, 統計的な干渉縞が現われることでさえ, それを説明するには, 物質に波動としての二, 三の性質を, 少くともスリット系を通過しつつある過程の間でも持たせておかねばならない, ということがあげられる. もし, 電子が常に粒子としてふるまうものと仮定したら, 電子はいちどきに一つのスリットしか通り抜けられ得ない始末となろう. この場合には, 他のスリットを開いたとき, 例えば数百万哩の向うにもう一つのスリットが開いたとき, それまで高い確率を以て到達していたような点に電子が行きにくゝなる, といったことが一体どのようにして起るのか理解するのが困難となる. スリットが粒子におよぼすこのような到達距離の長い作用は, 無論粒子に関する従来のわ

---

* 厳密にいうと, 平面波は, 波束に対する一つの近似でしかない. しかし, 普通波束は実際上広く拡っているため, 大抵の廻折実験の解釈には, その幅は無限大とみなすことができる.

れわれの経験一切と矛盾するものである．この結果を説明しようとして，電子とスリット系の間に働く力の法則にいろいろな改変を仮定できよう．しかし，11 節に於いて見られる通り，こういう努力はあらゆる種類の ad hoc な仮説を置くことに通じ，そうした仮説は，理論が妥当である上に最も基本的である諸要請のうちのどれかと矛盾するものとなろう．他方，物質の波動論的な解釈は，この結果を，他の多くの結果全部と同じように，比較的簡単な上に，定量的にも正しい仕方で説明をつける．こうして，われわれは，個々の電子ですら，波動的性質のあるものを示し得るように思われると結論するのである．

　これまでの議論によって，電子とは，粒子でも波動でもなく，粒子と波動との性質の悉くではないが，双方のあるものを持った第三の種類の対象であるという考え方に到達する*．異った環境下では，この対象の波動としての面，あるいは粒子としての面のいずれかが，より強く顕わされ得るのである．こういう理由で，向後，電子という言葉は波とか粒子とかを表わすものではなく，たゞ，何であるかわからないが，次のような性質を備えた対象を示すものとしよう：熱したフイラメントから飛び出し，電荷を運び，一定の質量と電荷との比を顕し，電磁場内ではきまったふれを示し，Davisson-Germer の実験ではある廻折性を現わし，水素原子中では定まったエネルギー準位を持つ，……等々．この対象のより良い描像をあたえるのは，第 6, 7, 8 の各章の目的である．

2. 物質の波動性と粒子性とは同時には観測できないということ　電子（もしくは光子）が波に余計似ているか，それとも，粒子の方により多く似ているかはっきりさせるには，廻折されている間にそれについて何事がおこるかを見てみるという手があろう．一例として，次のような仮想的な実験を考えることにする．電子（それらの持つ最初の運動量は全部相等しいとする．従って，第 1 節で示したように，波動函数も同じである）が一つずつ，2 個のスリットと，それらの右側に置かれた検出用のスクリーンとからなる系に向って送られるものとする（第 1 図を見よ）．この実験に於けるわれわれのねらいは，電子が，どの程度まで，あたかも粒子の如くいちどきに 1 個のスリットを通過し，又どの程度まで波であるかのように両方のスリットを同時に通りぬけるかを見出そうとすることである．そのために，いずれの場合でも，顕微鏡の助けをかりて電子を観測してみる．その際，スリット附近には十分に光をあて，電子がそれを通り抜けるときに少くとも 1 個の量子は確実に散乱されるようにしておく．

―――――――――――
* 第 5 章 2 節を見よ．

138　　　　　　　　第 I 部　量子論の物理的定式化

そうすると，電子が一つのスリットを通ったか両方のスリットを通ったかを判別できるためには，スリット間の距離 a よりも大きくない波長を持った光を使うべきであろう．第5章の8節に示した通り，このような光量子は電子に対し，$\Delta p \simeq \hbar/a$ のばらつきを持った運動量を与え得るものである．これから散乱角に生ずるばらつきは：

$$\Delta\theta \simeq \frac{\Delta p}{p} = \frac{h}{ap} = \frac{\lambda_{el}}{a},$$

こゝに λ_{el} は電子の波長である．ところが，この

第 1 図

ばらつきは，干渉縞の極小の部分の間の角度の開きと同程度の大きさである．従って，不確定な運動量が増せば，干渉縞は壊れてゆくことゝなる．事実，われわれは第4節に於いて，測定が各電子の通過したスリットを明白に確定できる十分正確なものであれば，スクリーン上に干渉縞のあとかたも残されないことを知るであろう．他方，もしより長い波長の量子を使って干渉縞が消え去るのを避けようとすれば，その測定はどのストリットを電子が通り抜けたかをはっきりと示すに十分な程精密なものではなくなってしまうであろう．従って夫々の電子がどのスリットを通過したかを観測し，同時に干渉縞も観ることはできないという結論になる．言い換えれば，電子はある場合には，恰も粒子であるかのように，一つのスリットを通り抜けてゆくことができるように見えても，それは電子の波としての性質（即ち，干渉を生ずること）を失うという代償を払ってだけ可能であるに過ぎない．他方，干渉という波動的性質は，電子が通り抜けたスリットを確定し得ないという状況の下に於いてだけ現われるに過ぎないのである．

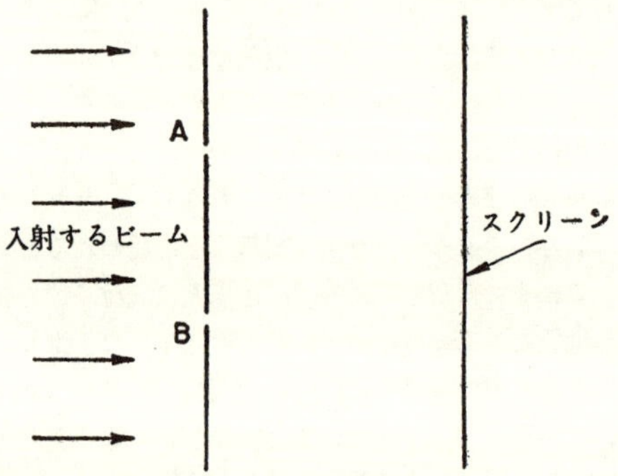

　この結論が，どのスリットを電子が通り抜けたかを見出すのに用いられたる特定の方法に依存するものではないことを示すため，例えば，検出用のスクリーンの所に霧箱を置いてもよい，という可能性について考えてみよう．霧箱は，電子がスクリーン上の何処へ到着したかを指示するばかりではない．霧箱内で電子は

第6章 物質の波動性と粒子性の対立

眼に見える飛跡を残してゆくから，どの方向から電子がやってきたかをも告げることができる．飛跡の線を後方にのばしてやれば，おそらく電子がどのスリットから来ているかを知ることができるであろう．この実験を第2図に示しておく．

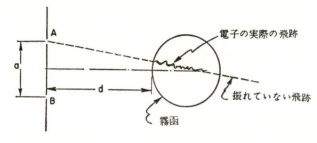

第 2 図

しかしながら，霧箱の電子のふるまいもやはり不確定性原理によって制限されていることを想起せねばならない．電子は近くにある原子と量子をやりとりし，そのためにイオン化された原子が核となって水滴が生じ，眼に見える飛跡が残されるのである．ところが電子から原子へ量子が移される際，電子は制御できない運動量の変化を蒙り，従って，その角度が完全には確定できないようなふれを受けることになる．不確定性原理によれば，この変化は $\Delta p \simeq \hbar/\Delta x$, Δx は位置の測定に於けるばらつきである．それ故，ふれの角に於けるばらつきは，$\Delta\phi \simeq \dfrac{\Delta p}{p} \simeq \dfrac{\hbar}{p\Delta x}$ となる．この角度のばらつきから，電子がスリット系を通過する位置のばらつき* ΔX が生ずる．それは，$\Delta X \simeq d\Delta\phi \simeq d\hbar/p\Delta x$ に等しい，d は霧箱とスリット系との間のへだたりである(この公式は $a/d \ll 1$ の場合にだけ当てはまるにすぎない)．

さて，干渉縞が存在するか否かを決定するには，霧箱中の電子の位置を

$$\Delta x \simeq d\Delta\theta \simeq \frac{d\lambda_{el}}{a}$$

の精度で測定することが必要である．こゝで $\Delta\theta$ は廻折縞の極大と極小との間の開きの角である．もしも電子の位置がこれ以下の精度でしか測られなかったとすると，そのときには，例えば電子が $|\psi|^2$ が最大となる点に到達したのか，零に

---

* このばらつきは，二つの電離された点から方向が決定される場合に現われるもので，最小である．より多くの点が用いられるべきであるとすると，ばらつきは益々大きくなる．

なる点に到達したのか，それを知る何の手だてもなく，それ故，干渉縞を調べることはできなくなるわけである．$\lambda_{el}=h/p$ と書けば，次の式を得る：

$$\varDelta x \cong \frac{dh}{ap} \quad \text{及び} \quad \varDelta X \cong \frac{d\hbar ap}{dhp} \cong a.$$

この結果は，さきに顕微鏡でもつて観測を行つた場合と全く同じように，電子が通り抜けて来たスリットがわかると，干渉縞の観測は不可能になることを示している．また，もしも干渉縞を観ることを得たとすると，電子がどのスリットを抜けて来たかを知ることはできなくなるのである．

こゝで次の事柄を述べておくのは役に立つことだろうと思う：それは，これまでわれわれが考えてきたのは，干渉縞の中でも二つの異つたスリットから来た波の間の干渉より生じた部分だけであつたということである．干渉縞には，同一のスリットの別々の場所から来た波同士の干渉によつてできる別個の部分も存在する．しかし，スリットの幅が，スリット間のへだたりに比べて，極めて狭いとすると，後の理由から干渉縞に起る変化は，ちがつたスリット間の干渉より生ずる変動に比して無視することができる．このようにして，われわれは，必要とあれば，各スリットの幅が有限であるために生ずる効果を無視できるのである．

3. 観測過程の波動函数に及ぼす効果　さて，今一度スリット系を通過する際の電子の位置を顕微鏡で観測した実験に立ち戻ることにする．観測の行われる前には，波動函数は無論両方のスリットを覆つていたに相違ない，さもなければ干渉は起り得ないはずだからである．ところが，観測後，電子は，いずれか一方のストリットの近くに見出された．この新事態に即応する波動函数は，電子が実際に見出されるスリットの近くに位置するひとつの波束でなければならない．

こゝで次のようなことが起つたのだと想像される：即ち，電子の位置が観測されたとき，波動函数の広く拡つた波面が狭い領域にくずれおちてしまつたのである，と．この波動函数が収縮してゆくところの正確な領域は，収縮前の波動函数の状態からは決定されない．或る与えられた領域に収縮する確率だけが決まり，この確率はその領域に於ける $|\psi|^2$ の値に比例する．

この種の波動函数の収縮ということは，どのような古典的波動論に於いても起りはしない．それが何故こゝでは起るのであろうか？この疑問に答えるには，観測の行われつゝある間は，粒子と観測装置との間に相互作用が存在するとい

第 6 章 物質の波動性と粒子性の対立   141

う事実を考慮すべきなのである．これまでのところでは，自由粒子についてだけ，波動函数 $\psi(x, t)$ を確定する Schrödinger 方程式 [第 3 章 (29) 式] が導びかれていたに過ぎない．

どのような種類の相互作用力（例えば，電気的，重力的，電磁的，等々）があっても，その効果は Schrödinger 方程式を改変するはずである．例えば，観測が行われている間は，顕微鏡に関連して用いられている電磁場の量子が電子の波動方程式を変えることになろう．こうした変化の起る精しい筋道については第 22 章で事細かに調べるわけであるが，さしあたっては，そこで得られる結果中若干のものを記述するに止めておこう．

先ず第 1 図に示したような，二つのスリットを持つ系に 1 個の電子を指し向けるという，前に使った例をとって話を始めよう．光学に於けると同様，電子波の伝播は Huyghens の原理を用いて記述することができる*．即ち，ある与えられた波面の上で波動函数の値がわかっていれば，どこか他の場所に於ける波動函数の値はその波面の異った要素からの寄与を位相因子 [$\exp(2\pi i r/\lambda)/r$] の重みをつけて加え合せたものとして表わせる，ということである．こゝで r というのは問題になっている点と波面の面要素との間のへだたりである．

二つのスリットに関する実験では，スリットの右側に於ける波動函数への寄与はすべて，スリット A から来るものか，スリット B から来るものかのいずれかである．今スリット A に於ける波動函数を $\psi_A{}^0(\boldsymbol{x}_s)$，スリット B に於ける波動函数を $\psi_B{}^0(\boldsymbol{x}_s)$ と書くことにしよう．$\boldsymbol{x}_s$ は，スリットを含む平面内の勝手な点の座標の値である．そうすれば Huyghens の原理により，スリットの右側にある勝手な点 $\boldsymbol{x}$ に於ける波動函数は次のように表わせる：

$$\psi(\boldsymbol{x}) \sim \int_A \frac{\exp[2\pi i(\boldsymbol{x}-\boldsymbol{x}_s)/\lambda]}{|\boldsymbol{x}-\boldsymbol{x}_s|} \psi_A{}^0(\boldsymbol{x}_s) d\boldsymbol{x}_s + \int_B \frac{\exp[2\pi i(\boldsymbol{x}-\boldsymbol{x}_s)/\lambda]}{|\boldsymbol{x}-\boldsymbol{x}_s|} \psi_B{}^0(\boldsymbol{x}_s) d\boldsymbol{x}_s.$$

(1)

こゝで，$d\boldsymbol{x}_s$ はスリット A またはスリット B のいずれかの平面上での積分を示し，これは前に言った通りである．上の式はより簡潔に

$$\psi(\boldsymbol{x}) = \psi_A(\boldsymbol{x}) + \psi_B(\boldsymbol{x})$$

とも書ける．$\psi_A(\boldsymbol{x})$ は，スリット A から来て点 $\boldsymbol{x}$ に達する波の部分を表わし，$\psi_B(\boldsymbol{x})$ は同じくスリット B から来た部分を表わすものである．

もしスリット A だけが開いていたとすると，1 粒子が点 $\boldsymbol{x}$ に到着する確率

* R. P. Feynman, Rev. Mod. Phys., **20**, 377 (1948), Sec. 7.

は $P_A(\boldsymbol{x}) = |\psi_A(\boldsymbol{x})|^2$ に等しくなろう．一方，スリット B だけが開いていれば，この確率は $P_B(\boldsymbol{x}) = |\psi_B(\boldsymbol{x})|^2$ となるはずである．ところが，スリットが両方とも開いている場合，確率は

$$P(\boldsymbol{x}) = |\psi_A(\boldsymbol{x}) + \psi_B(\boldsymbol{x})|^2 = P_A(\boldsymbol{x}) + P_B(\boldsymbol{x}) + \psi_A^*(\boldsymbol{x})\psi_B(\boldsymbol{x}) + \psi_B^*(\boldsymbol{x})\psi_A(\boldsymbol{x})$$

となる．このように，"スリット個別"項: P_A と P_B との他に，$P(\boldsymbol{x})$ は干渉項: $\psi_A^*\psi_B + \psi_B^*\psi_A$ を含んでいる．これは，実験が，スリット A か，スリット B か，いずれかを通って来る古典的粒子の確率分布に関するものであったら，現われることのないはずの項である．これらの干渉項は，物質の波動性に由来する特徴的な結果である．

さて次に，電子の位置を観測したとき，電子の波動函数はどうなるかを考えることにしよう．第 22 章に於いて解るであろうが，観測に含まれる相互作用過程は，常に，波動函数 ψ を完璧の精度を以っては予言も制御もできぬような仕方で変化させるものである．この変化は大ざっぱには，測定過程に用いられる予言不能且つ制御不能な量子によって惹き起されるものと考えることができる[†]．一般にこの量子は被観測系に異った種類の多くの変化を生じ得るものであるが，それらの変化は波動函数に対応する変化となって反映されることとなろう．しかし，測定されつゝある性質が，測定過程中を通じて変化しないような具合に装置を設計することは常に可能である．例えば，電子の位置を測定するのに顕微鏡を使うとすれば，その位置が測定に用いられる量子の散乱によって変化することはなく，運動量だけが変るに過ぎない（勿論，測定が終った後では位置は変っているであろうが，この変化はわれわれの議論とは関係のないものである）．そういう条件の下に於いては，測定時刻に一定の位置にある電子に対応するところの波動函数の各部分は，電子と測定装置との相互作用が行われている間中，予言不能且つ制御不能な位相因子 $e^{i\alpha}$ が乗ぜられているような風に変化する，ということが第 22 章に於いて知られるであろう．例えば，今考えている場合には，波動函数は次のようになる：

$$\psi = \psi_A e^{i\alpha_A} + \psi_B e^{i\alpha_B} \tag{3}$$

こゝに，α_A と α_B とは相異なる常数であって，予言することもまた制御することもできないものである．

第 22 章に於いて，これらの位相の変化が何故起るかを厳密に示すわけであるが，極めて大ざっぱな理由ならこのところに於いても与えることができる．

[†] 第 5 章 8 節を見よ．

第 6 章　物質の波動性と粒子性の対立　　143

電子と観測装置の間にどんな相互作用が働くとしても，この相互作用の持続期間を表わすある時間 Δt が常に存在する．この時間中は，電子を孤立した系とする記述は不適当になり，そのエネルギーの決定には電子の状態だけでなく，相互作用過程に於いて用いられる量子も関係するのである．

さて，波動函数は $\exp(-iEt/\hbar)$ を以て振動している．相互作用をしている間は，このエネルギーはある量 ΔE だけ不確定になるが，不確定性原理に依れば，このばらつきは $\Delta E \cong h/\Delta t$ である．従って位相のばらつきは少くとも $\Delta E \Delta t/\hbar \cong 2\pi$ となる．これでは，波動函数の位相は完全に不確定となってしまう[†]．そして，相互作用前の位相と相互作用後の位相との間には，何等の決定論的関係も存在しないのである．更にまた第 22 章に於いて，α_A と α_B との間に確定した関係は何もなく，その結果，位相差 $\alpha_A - \alpha_B$ もまた予言不能且つ制御不能であることがわかるであろう．

もし装置が観測量を変化させるようなものであれば，装置との相互作用が行われている間に ψ に起る変化は，更に複雑なものとなるであろうが，こゝではそうした可能性については議論しない．それによって，今から得られる結論が，何か本質的な仕方で変更を蒙むるようなことはないのを示し得るからである．

波動函数のこれらの変化が意味するところを明らかにするため，こゝで確率函数を計算してみることにしよう：

$$\psi^*(x)\psi(x) = P_2(x) = |\psi_A|^2 + |\psi_B|^2 + \psi_A^* \psi_B \exp[i(\alpha_B - \alpha_A)]$$
$$+ \psi_B^* \psi_A \exp[i(\alpha_A - \alpha_B)]. \qquad (4)$$

これを見ると観測装置との相互作用は干渉項を変えたが，"スリット個別"項，$|\psi_A|^2$ と $|\psi_B|^2$ とは変えなかったことがわかる．波動函数 $\psi_A(x)$ と $\psi_B(x)$ とが重なり合わず，従って干渉しないような点では，位相因子は全く何の結果も生じない．そのような点は，例えば，スリット自身の右側に存在している．それ故，観測装置との相互作用は，スリット系それ自体に於いて粒子が見出される確率を変えることはなかったと結論される．だがこの結果は，われわれが位置を変化させないような位置の観測方法ばかりを考慮している結果，スリットの近傍では，位置の分布が観測の行われている間中不変となる，という事実からして，大体予期されるところのものである．ところがスリットの近傍以外の場所に於いては，粒子の統計的分布はかなりに変化させられ得るのである．それ

[†] 事実，位相の変り高は，あらゆる実際上の場合，2π より遥かに大きいものであることが，第 22 章で知られるであろう．

は (4) 式における "干渉項" が $\exp[i(\alpha_A - \alpha_B)]$ と $\exp i[(\alpha_B - \alpha_A)]$ との因子によって変更されるからである. 例えば, スリットの右側十分遠方の, 従って $\psi_A(x)$ と $\psi_B(x)$ とが多少とも重なり合うような点で, $\exp[i(\alpha_A - \alpha_B)]$ という因子は, 存在する干渉の性格を, 弱めあうものから強めあうものへと変え, その点に粒子が到達する確率を増大させるようなものであることができる.

どのような実験にあっても, α_A と α_B とは, 確定はしていても不可知且つ制御不能の常数であるが, 一方, 第1節で指摘しておいた通り, $P_2(x)$ は, 同一の初期条件の下で行われた一連の同様な実験と関連させる限りに於いてだけ意味を持つものである. 従って, こゝで適用されるべき確率函数は, 多くの実験について平均した, $\psi^*\psi$ の平均値である. ところが位相 $\alpha_A - \alpha_B$ は, ある実験から次の実験へと制御することもできない, でたらめなばらつきを示し, $\exp[i(\alpha_A - \alpha_B)]$ のような項は平均すると零になり, 残る項は個々のスリットからの寄与, $|\psi_A|^2$ と $|\psi_B|^2$ とだけになる. これは, 電子がどのスリットをそれが通ったかを告げることができるような仕掛けと相互作用した後には, 各スリットを通り抜けてきた波動は, たとえ空間的に相変らず重なり合っていたとしても, 最早観測できるような干渉効果はあらわさない, ということを意味するのである.

4. 干渉の崩壊と波動・粒子の二重性の無矛盾性との関係 こゝでは, 波動函数の統計的解釈が, 電子と観測装置との間の相互作用によって生ずる干渉の崩壊と共に, 波動と粒子の二重性の首尾一貫した定式化を導く上にまさしく必須のものであるのを示すことにする. そのために, 例えば, 電子の位置を顕微鏡によって測った結果が, 自動的に写真乾板に記録されるようになっていると考えよう. このとき乾板上には一つのスポットが, スリット A を電子が抜けたかスリット B を通ったかに依って異った位置につくられることになろう. 装置がその機能を正しく果すものとすれば, 観測者は乾板を調べてみて電子がどちらのスリットを通り抜けたかを知ることができるわけである. ただし, 乾板を視る前であっても, 電子は粒子であるかのようにいずれか一方だけのスリットを通り抜け, 波のように両方同時に通過するのではない, ということをこの装置が示し得るものであることは, 観測者に始めから解っているところである.

そこで, このような事実が, 電子の波動函数を使ってどのように記述されるものであるかを考えることにしよう. 装置が電子と相互作用をする前には, 波

第 6 章 物質の波動性と粒子性の対立 145

動函数は $\psi = \psi_A(\boldsymbol{x}) + \psi_B(\boldsymbol{x})$ によって与えられるが，相互作用の行われた後では，$\psi_A(\boldsymbol{x})e^{i\alpha_A} + \psi_B(\boldsymbol{x})e^{i\alpha_B}$ で与えられる．α_A と α_B の変化は予言も制御もできないものであるため，$\psi_A(\boldsymbol{x})$ と $\psi_B(\boldsymbol{x})$ との干渉はこわれ，その結果，粒子が点 $\boldsymbol{x}$ に見出される確率は

$$P = P_A(\boldsymbol{x}) + P_B(\boldsymbol{x})$$

となる（第3節参照）．この函数は，ところが，各スリットを別々に通り抜けて来た古典的粒子の分布から得られたはずのものである．斯様に，電子は，あらゆる目的に対して，1 個の粒子と同様，それが紛れもなくいずれか唯一方のスリットだけを，そのスリットが A であれば確率

$$P_A = \int \psi_A{}^*(\boldsymbol{x})\psi_A(\boldsymbol{x})d\boldsymbol{x}$$

を以て，B であれば確率

$$P_B = \int \psi_B{}^*(\boldsymbol{x})\psi_B(\boldsymbol{x})d\boldsymbol{x}$$

で以て，通り抜けて来たかのようにふるまうのである（積分はスリットの右側の領域についてだけ行われるべきものとする）．しかしながら，電子が測定装置と相互作用する前には干渉効果を顕すことが可能であり，この場合には電子は波のように同時に両方のスリットを通過し得るという解釈が必要であった．それ故，波動函数に対する測定装置の影響を考慮に入れるとき，電子の波動的な対象から粒子的な対象への転化に相応する事態が得られることがわかる．このような転化は，第2節に廻折の過程で電子が通り抜けたスリットを見定めようと努めた思考実験に関連して暗示しておいたものである†．

そこでいよいよ，観測者が写真乾板を眺め，電子が実際にどのスリットを通ったかを知る際波動函数に生ずる事態を，干渉の崩壊ということから，どのようにして矛盾なく説明できるに至るかを示すことにしよう．われわれが既に知る通り，波動函数

$$\psi = \psi_A(\boldsymbol{x})e^{i\alpha_A} + \psi_B(\boldsymbol{x})e^{i\alpha_B}$$

によっても，また唯一つの波動函数，即ち<u>全然</u> $\psi_A(\boldsymbol{x})e^{i\alpha_A}$ だけか，<u>全然</u> $\psi_B(\boldsymbol{x})e^{i\alpha_B}$ だけかのいずれかを以てしても，あらゆる物理的過程に同一の結果が予言される（但し，$\psi_A(\boldsymbol{x})e^{i\alpha_A}$ または $\psi_B(\boldsymbol{x})e^{i\alpha_B}$ が実際に正しい波動函数と

---

† 第2節で述べた通り，ψ_A と ψ_B との間の干渉の崩壊がまさに干渉縞の消失に導くものであることを注意されたい．

146   第Ⅰ部　量子論の物理的定式化

なる確率はそれぞれ P_A 及び P_B である). 観測者がどのスリットを電子が通り抜けたかを見出す時, 彼は $\psi(\pmb{x})$ を, 結果に依って, $\psi_A(\pmb{x})e^{i\alpha_A}$ もしくは $\psi_B(\pmb{x})e^{i\alpha_B}$ で置き換えているのである. 第3節冒頭に論ぜられた波動函数の収縮は斯様に記述されることになる. 干渉の崩壊ということに拠れば, この収縮は, 現実の波動函数のとり得る二つの形の中の一方を選び出すことに対応するに過ぎず, 電子自身の状態に実際に存在するどのような物理的変化にも対応しない.

ある定った位相関係がこわれるということは, 量子論の他の部分から引き出される事柄ではあるけれども(第 22 章参照), その結果は波動函数に対するわれわれの確率の解釈が無矛盾的であるためには本質的である, それをここで明らかにしておきたい.

第1節に述べた思考実験に於いて, $\psi_A(\pmb{x})$ と $\psi_B(\pmb{x})$ との間の干渉は, 各電子が実際に横切ったスリットを顕わにするために使った装置の働きによって完全に破壊されはしなかったと考えてみよう. その場合には, 仮定によって, 干渉縞がスリットの右側のスクリーン上に得られるはずである. ところが観測者は測定装置 (例えば, 顕微鏡の電子像が記録される写真乾板) を調べれば, たちどころに各電子がどのスリットを通過したかを知ることができる. こんな具合に各電子がある定ったスリットを通り抜けたことを明白に示し得るのであるから, 他のスリットがその時刻に開かれていたかいなかったかに電子のその後のふるまいが依存することは許されない. それ故ある与えられた電子が, スクリーン上のどこかの点に到達する確率は, "スリット個別"項の一方に, 即ち, この電子がスリット A を通過したかスリット B を横切ったかに従って $|\psi_A(\pmb{x})|^2$ か $|\psi_B(\pmb{x})|^2$ かの一方に比例するはずである. ある与えられた電子がどちらのスリットを通過することも同程度にあり得るから, 多数の電子がスリット系を通り抜けた後にスクリーン上に観られる縞模様はスリット個別項の和で与えられるべきであって, 干渉項 $\psi_A{}^*(\pmb{x})\psi_B(\pmb{x})+\psi_B{}^*(\pmb{x})\psi_A(\pmb{x})$ には関係しないはずである. 斯様にして観測者が写真乾板を調べても, 乾板上には何の干渉縞も観られないことが明らかにされたわけである. 従って, もしも ψ_A と ψ_B との間の干渉が観測装置の作用によって完全には破壊されなかったものとすると, スクリーンに当る多くの電子のつくる統計的な縞模様が, 測定装置 (この場合は写真乾板) の働きの記録を観測者が見ようとしたかしなかったかに依存するような理論を得ることとなろう. こんな理論が無意味なものでしかない

第 6 章 物質の波動性と粒子性の対立 147

のは明白である。そこで $\psi_A(x)$ と $\psi_B(x)$ との間の干渉の完全な崩壊ということは, $|\psi_A(x)|^2$ 及び $|\psi_B(x)|^2$ をそれぞれ電子がスリット A もしくは B を通り抜けた確率だとするわれわれの解釈が内部矛盾を含まないためには, 本質的なものであると結論される。それは裏返えせば, 電子が位置測定に使用し得る装置と相互作用しないような条件の下でスリット系を通過したときには, 波動函数が $\psi_A(x)e^{i\alpha_A}$, または $\psi_B(x)e^{i\alpha_B}$ への収縮を行うと, 矛盾なしに考えることはできないということである。この場合, 函数間の干渉は依然として存在するからである。

上に述べた波動函数の収縮に酷似する, 数学量の飛躍的変化は古典的な確率函数に於いても新しい知識が得られた場合常に起っている。保険統計に基いてわれわれは, 21 歳を超えたということしかわかっていない一人の人間の平均余命を予言することができる。ところが今急に, その人が現に 70 歳であることがわかったとしよう。そのときにはたちどころに, 彼の平均余命は幾許もなく, 先の予言よりも遥かに短いことが言われるであろう。平均余命のこのような突然の変化はその人物の状態の変化を表わすものでは決してなく, その人物に対するわれわれの知識が改善されたことを示すに過ぎない。平均余命函数は統計的知識を表に作ったようなものでしかなく, 従って, 与えられた一人の人間の実際の寿命の年数と一対一の対応をしているものではないために, この種の飛躍的な変化が許容されるのである。こうした統計的理論と, 完全且つ決定論的な理論, 例えば古典力学, とを対置することができよう。後者は原理的に, 一人の人間の寿命を彼を構成する原子分子のすべての運動によって予言することを目ざすようなものである。この種の理論に於いては, 力学変数と記述されている系とは一対一に対応しているであろう。その結果, これらの変数に変化が起るとすれば, 記述されている系に実際に存在する変化に対応し, それを反映している場合以外にはなく, この系に就いて人々の持つ知識の単なる改善なぞというものではあり得ないことになろう。

さて, 量子論にあらわれる変数は, 平均余命のような古典統計の函数と似かよったところもあるが, 今にわかる通り, 古典統計の函数とまたある非常に重要な点で異ってもいる。両者の類似点は, 波動函数が現実の事象の確率だけを予言し, 従って古典統計の函数同様, それによって記述されている系と一対一の対応関係にはないという事実のうちにある。それであるから, 観測者が観測装置(例えば写真乾板)を調べるとき突然生ずる飛躍的な波動函数の収縮は,

観測対象自体に於ける変化を表わすものではなく,この系に関する観測者の知識を示す統計的函数の変化を表わすに過ぎないことになるのである. 他方,波動函数は次の点で古典的確率函数と重要な差異を持っている:即ち,適当な測定装置の作用によって干渉がくずれてしまう前では,単純な確率概念だけによって波動函数の無矛盾的な意味づけはできないということである. それは,波動函数のさまざまの部分の間の位相の関係が,振幅同様,物理的な意義を持つことに拠る. 1個の電子を二つのスリットを持った系に送り込むという先の思考実験に於いては,函数 $\psi_A(x)$ と $\psi_B(x)$ の間の位相の関係がスリット右側のスクリーン上に現われる干渉縞を決定する. $\psi_A(x)$ と $\psi_B(x)$ の間に,あるきまった位相関係が存在するかぎり,電子は干渉効果を顕わし,波動同然二つのスリットを同時に通過するかのようなふるまいを示すことが可能である. 従ってこの時の波動函数の突然の収縮は,電子の物理的状態が(波動的なふるまいから粒子的なそれへと)実際に変化したことをあらわすものである. われわれが既に見た通り,もしも波動函数に於けるこうした突発的飛躍が,観測者の電子に関する知識の改善から起り得るなどとするならば,ばかげた不条理な結果がでてくるに相違ない. 波動函数の収縮ということが,それに対応する電子の状態の物理的変化を意味しなくなるのは,$\psi_A(x)$ と $\psi_B(x)$ の間のきまった位相関係が,観測装置の作用によってくずれてしまった後に於いてだけに過ぎない. これは,$\psi_A(x)$ と $\psi_B(x)$ の間にきまった位相関係が存在する限りに於いて,波動函数の方が,どちらのスリットを電子が通り易いかを規定するに過ぎない単純な古典的確率函数よりも,電子の状態と密接な対応関係にある,ということを意味している. しかし,波動函数と電子の現実のふるまいとの間の対応の度合は,古典力学の力学変数によって企図されたそれよりも常に小さいのである. このように波動函数と電子のふるまいとの対応度が中間的であることが物質の量子的性質の新物理像の土台となっていることを,第9節及び第13節に於いて知るであろう.

5. これまでの結果の一般化 次に,4節で得た結果を位置の任意の測定に一般化することにしよう. それを行うには,まず空間を第3図に示すように幅

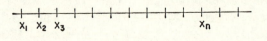

第 3 図

第 6 章 物質の波動性と粒子性の対立 149

$\varDelta x$ の区劃に分割する．この分割は非常に細い針金で行われ，それによる入射波の吸収分は無視し得ると考えてよいものとしよう．この場合は本質的には無限個のスリットの問題となる．

n 番目のスリットの平面内の波動函数を $\psi_n{}^0(\boldsymbol{x}_s)$ であらわすことにする．$\psi_n{}^0(\boldsymbol{x}_s)$ は，n 番目のスリットの外側では到る処零であり，そのスリットの内部でだけ，この平面内での波動函数の実際の値 $\psi(\boldsymbol{x}_s)$，に等しいような函数である．従って波動函数 $\psi_n{}^0(\boldsymbol{x}_s)$ は，電子が必ず n 番目のスリットを通り抜ける状態を表わすものである．Huyghens の原理によって，スリット系の右側に於ける波動函数の完全な形は

$$\psi(\boldsymbol{x})=\int \frac{\exp[2\pi i(\boldsymbol{x}-\boldsymbol{x}_s)/\lambda]}{|\boldsymbol{x}-\boldsymbol{x}_s|}[\psi_1{}^0(\boldsymbol{x}_s)+\psi_2{}^0(\boldsymbol{x}_s)+\psi_3{}^0(\boldsymbol{x}_s)+\cdots\cdots]d\boldsymbol{x}_s,$$

より簡潔に

$$\psi(\boldsymbol{x})=\psi_1(\boldsymbol{x})+\psi_2(\boldsymbol{x})+\psi_3(\boldsymbol{x})+\cdots\cdots$$

と書ける．こゝで $\psi_n(\boldsymbol{x})$ は，点 $\boldsymbol{x}$ における波動函数のうち，n 番目のスリットから来た部分を表わしている．

上の式は，未だ測定装置によって撹乱されていない系に対する波動函数である．ところが，どのスリットを電子が通過するかを明らかにできるような位置の測定を行う場合には，観測装置との相互作用過程によって波動函数は次のように変化する：

$$\psi(\boldsymbol{x})=\psi_1(\boldsymbol{x})e^{i\alpha_1}+\psi_2(\boldsymbol{x})e^{i\alpha_2}+\psi_3(\boldsymbol{x})e^{i\alpha_3}+\cdots\cdots \tag{4'}†$$

各 α は，相異なる，予言不能且つ制御不能の常数位相因子である††．

n 番目のスリットだけが開いているとした時の確率分布を $P_n(x)=\psi_n{}^*(x)\psi_n(x)$ で表わすと，1 粒子がその点に到達する全確率として

$$P(x)=|\psi(x)|^2=\sum_n P_n(x)+\sum_{n\neq m}(e^{i(\alpha_n-\alpha_m)}\psi_m{}^*\psi_m+e^{i(\alpha_m-\alpha_n)}\psi_n{}^*\psi_n) \tag{4a}$$

を得る．α_n 及び α_m は勝手な位相であるから干渉項 $(n\neq m)$ は多くの実験を重ねるうちに相殺することゝなろう．それ故確率函数は 1 組の干渉しない波束となり，それら相互間の関係に関する限り，古典的な確率函数のように取扱うことができる†††．これが意味するところは，電子がそれの位置の測定装置と相

---

† 原文の (4) 式は重復している．本訳書では (4′) としておく．

†† スリット 2 個の問題の場合と同様，位置の観測過程がまた対象の位置をも変えるものであると，この変化はもっと複雑になり得る．

††† この取扱いは第 4 節のそれと酷似していることに注意．

互作用した後では，それ以後電子の経るあらゆる過程の確率が，波動函数 (ψ') から計算できるということ，或いは同等な手続きであるが，波動函数が確率 P_1 を以て全然 $\psi_1 e^{i\alpha_1}$ であるか，または P_2 を以て全然 $\psi_2 e^{i\alpha_2}$ であるか，…… 等々と仮定して計算できるということである．こうして電子は，あらゆる点で，どれかわからないが幅 $\varDelta x$ の唯一つのスリットを通り抜けた波のようにふるまい，電子が実際に通過したスリットを見出すためには，観測装置を働かせねばならない．なおまた，測定が行われる以前の系の状態からは，位置の特定の値が見出される確率を予言できるに過ぎない．

電子が波動的性格を持つことは，それが広い空間領域にわたって干渉効果を顕わす能力があるところから推論されたものであるから，位置の測定に伴うきまった位相関係の崩壊はまた，その測定精度 $\varDelta x$ よりも大きな距離について，電子が波としてのふるまいを示す可能性も一切破壊せずにはおかないことが知られよう．そのかわり，電子は幅 $\varDelta x$ の単一区劃中（それが，どれかということは知ることができない）に存在する粒子により多く似かよったふるまいをするのである．しかし，$\varDelta x$ よりも小さい距離に関する実験では，干渉効果を示し得るはずであり，従って依然，波動的解釈が必要とされよう．これらの結果をまとめて次のように言うことができる：電子がそれの位置を顕わにし得る仕掛けと相互作用するときには，電子は波動とも粒子とも完全に同じものでは決してないが，電子の粒子的な側面が波動的な性格を犠牲にして際立ったものとなるのである，と．

6. 運動量の測定 同様な結果は運動量を精度

$$\varDelta p = \hbar \varDelta k$$

で測ろうというどのような実験からも得られる．この場合の記述のために，波動函数 $\psi(x)$ の Fourier 成分 $\varphi(k)$ を考えることにしよう．運動量測定の結果として出得る値の可能な範囲を $k_1, k_2, \cdots, k_n, \cdots$ と表わすことにし，それを第 4 図に示しておく．系の運動量が n 番目の区劃内のどこかにあるものとす

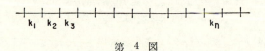

第 4 図

ると，その系は k 空間の適合する波束 $\varphi_n(k)$ で表わされると言うことができるわけである．運動量観測前の系の波動函数は

第 6 章　物質の波動性と粒子性の対立　　　151

$$\phi(k)=\phi_1(k)+\phi_2(k)+\phi_2(k)+\cdots\cdots+\phi_n(k)+\cdots\cdots \qquad (5)$$

と書くことができる†. しかし,電子がそれの運動量を測定できる装置と相互作用した後には,この波動函数は

$$\phi(k)=\phi_1(k)e^{i\alpha_1}+\phi_2e^{i\alpha_2}+\cdots\cdots+\phi_ne^{i\alpha_n}+\cdots\cdots \qquad (6)$$

となる. こゝで α_n は予言不能且つ制御不能の位相因子である. 確率の方は

$$p(k)=\sum_n |\phi_n(k)|^2+\sum_{n\ne m}(\phi_n{}^*\phi_m e^{i(\alpha_m-\alpha_n)}+\phi_m{}^*\phi_n e^{i(\alpha_n-\alpha_m)}) \qquad (7)$$

で, $P(x)$ の場合と同様, 干渉項は平均すると零になり, 電子の運動量が, 大きさはわからないけれども定った値をとる独立な確率を与える項だけが並ぶことになる. その値を知るには, 位置の測定の場合と同様, 観測装置を働かせねばならない. なおまた測定が行われる前の系の状態からは, 運動量がある与えられた結果を持つ確率だけが予言されるに過ぎない.

　電子が比較的確定した運動量 p を持つときには, その波動函数もそれに相応して比較的きまつた波数 $k=p/\hbar$ をとるに相違ない. 運動量には Δp 程度の不確定性が遺される, 従って $\Delta k=\Delta p/\hbar$ であるとしよう. それは, たとえ, 電子が最初非常に小さな領域に閉じ込められていたとしても, その波動函数は, 運動量をこの程度まで正確に測る仕掛けと電子が相互作用した後には, $\Delta x\cong1/\Delta k$ $=\hbar/\Delta p$ の幅にまで拡ってしまうにちがいないということである. 拡がりの起る理由は, 制御不可能な位相のずれを考えれば容易に知られるところである. こうして相互作用が行われる前の波動函数は,

$$\psi(x)=\frac{1}{(2\pi)^{3/2}}\sum_n\int\phi_n(k)e^{ik(x-x_0)}dk=\sum_n U_n(x),$$

こゝに各 $U_n(x)$ は幅 $\Delta x\cong1/\Delta k$ の波束である. 個々の波束 $U_n(x)$ よりも狭い波束を得る唯一の方法は, 波束の中心から遠くへだたった点で異った $U_n(x)$ 間に互いに消し合うような干渉を起させることである(第3章2節参照). ところで装置との相互作用が行われた後には,

$$\psi(x)=\left(\frac{1}{2\pi}\right)^{3/2}\sum_n e^{i\alpha_n}\int\phi_n(k)e^{ik(x-x_0)}dk=\sum_n e^{i\alpha_n}U_n(x)$$

---

† 上に述べたところは1次元の場合だけに当てはまる. 3次元の場合には, 函数 $\phi_n(k)$ は k_n 近傍のある区間以外では到る処, 零である. これらの函数は, 与えられたスリットを通過した後の波動の伝播を考慮に入れて Huyghens の原理から導いた第 5 節の $\psi(x)$ と全然同様というものではない. 運動量空間では, Huyghens の原理による波動の伝播と似たものは存在しないのである.

を得る．こゝでは制御不能の位相因子が現われるため波束 $U_n(x)$ 間に最早互に弱め合うような干渉を生ずることができなくなり，その結果できた波束は少くとも各 $U_n(x)$ と同程度の幅を持たねばならない．これは波動函数が全体として，位置空間に於いて重り合いはしても干渉は起さないような，十分確定した波長を持つ一群の波の塊に変形されたということである．従って系は恰かもその大きさは不明であるが十分確定した波長を持つかのようにふるまうのである(波長の値は観測装置を働かせ de Broglie の関係 $\lambda = h/p$ を使って見出すことができる)．このようにして，電子が，運動量の測定装置と相互作用するときは，電子の波動的な側面（波長確定）がその粒子的性格（位置確定）を犠牲にして表に出て来ることゝなる．このような測定の1例は，電子と結晶との相互作用である．この相互作用によって，電子の波動函数は拡がり，且つまた一定の波長を持つことにもなろう．そして，この波長から運動量が計算できたのである(第4章8節参照)．

7. 位相の変化と不確定性原理との関係　この干渉の崩壊ということが不確定性原理の源を簡単に述べているものであることに目を向けてみるのは興味深いことであろう．前節でわれわれは運動量の測定にあっては，k 空間に於いて遠く距たった波動函数の諸部分の間にきまった位相関係が成立たないということが，x 空間で幅の狭い波束を形づくるのを妨げていることを知った．逆に，正確な位置測定に伴う x 空間の広い領域にわたる干渉の崩壊が，k 空間での狭い幅の波束の形成を妨げる．それ故，あらゆる不確定性の原因は，第5章に於いては，観測装置から観測される系へ制御不可能な量子の移行があるためとされたが，それはまた波動函数の位相の制御できない変化に帰し得ることがわかる．しかし，制御できない位相の変化も，制御不可能な量子のやりとりも，共に観測装置と被観測系との間の相互作用に発するものであるから，量子論の諸法則に従って（第22章参照），これら二つの問題の取扱い方は，同一の事柄を記述する等価な方法となっていなければならない(事実,第8章13節に於いて，制御不能の量子のやりとりによる取扱いは，所謂"因果的"記述を与えること；それに対し，波動函数に於ける制御できない位相の変化による取扱いは，両力学系の間の相互作用過程の先の取扱いと相補的な"時空的"記述を提供することがわかるであろう)．

8. 位相関係の重要性　これまでの議論から，波動函数のさまざまな部分の間の位相の関係は，物理的に意味のある結果を決定する上に，振幅と同程度に

第 6 章 物質の波動性と粒子性の対立 153

重要なものであることが知られた. 即ち, 位置の表示にあっては, 異った空間点に於ける $\psi(x)$ 間の位相関係は運動量の分布を制御し, 運動量の表示に於いては, $\phi(k)$ 間の位相の関係が位置の分布を統御するのである. 位相の関係は古典的極限に於いてすら重要である. 第3章9節に見た通り, 波束の中心の運動は, さまざまな $\phi(k)$ 間の位相関係の変動から決定されるからである. それを更に詳細に見ようとするには次の事柄に注意すればよい. 即ち, 波束の中心は, 広い範囲にわたる $\phi(k)$ が互いに強め合うような干渉に向う点に現われ, その点から少し離れたところでは互いに弱め合うように干渉してそれらの$\phi(k)$は打消し合ってしまう傾向にある, ということである. 各 $\phi(k)$ は $\exp(-i\hbar k^2 t/2m)$ で振動するから, その結果生ずる $\phi(k)$ の位相の時間的変化は, 強め合う干渉と弱め合う干渉の起きる場所を変えて, 波束の運動を支配することゝなる. 斯様に古典的な運動方程式は, 異った $\phi(k)$ の間の位相関係の中に含まれているわけである.

9. 潜在的可能性としての物質の量子的性質 これまでに得られた結果に基づいてこゝでは, 量子論が対象の固有の性質に就いて古典的概念に代えるべき新しい概念にわれわれを導くことを示そう. この新概念は, それらの対象に固有の諸性質を完全には確定されない潜在的可能性とみるのであり, この可能性の発現は, 対象自体と同様, その対象が相互作用する力学系によっても左右されると考えるのである. この概念を明らかにするために, 先ず広い幅の波塊を伴う, きまった運動量を, 従ってきまった波数をもつ電子を考える. このような電子は, 適当な測定装置, 例えば金属結晶のようなものと相互作用するとき, その波動的な側面を顕わすことができる. ところがこの同じ電子が位置測定装置と相互作用するとき, より粒子然たるものとして発現する潜在的可能性を持つのである. この場合波動的な面は粒子性の発現に応じて重要さを減ずる. しかし, より多く粒子的にふるまっている時ですら, 電子は, 運動量測定装置との相互作用が許されゝば, 粒子的性格を犠牲にして波動的な面を再現する可能性を潜めているのである. 斯様に電子は波動的な性格のものから粒子的な性格のものへ, またその逆の向きに, 連続的な転化を行うことができる. 電子はその如何なる特定の発現段階に於いても, 同一の一般的性格を保ちつゝ, 更に変貌し得るのである; 即ち, 代りの逆の面を表に出すことができる. これらの潜在的可能性のいずれの面が優勢になるかは, 電子の相互作用する装置の特性に依って決定されるのである.

電子の量子的諸性質が古典論で記述される性質と異るのは，それらが潜在的可能性である，という点ばかりではない．これらの可能性の発現に関しても，即ちその明確な発現結果が，電子が装置と相互作用する前では，電子の運動状態と完全に決定論的な関係にはない，という点に於いても異っている．例えば，最初，幅の広い波塊を持つ1個の電子が，それの位置の測定に使い得る装置と相互作用する過程を考えよう．相互作用が行われた後，波動函数は独立な波束に分解する．それらの波束の間には，定まった位相関係は存在せず，また各波束の大きさは測定誤差の大きさ Δx の程度である．ところがわれわれの見た通り，電子はこれらの波束の中の唯一つのものの中に存在する．波動函数はある与えられた一波束が正しいものである確率だけを表わすに過ぎない．その意味は，電子の粒子的な性格が発現する一般的な方向は相互作用前の系の状態によって決定されるけれども，それが発現する位置の厳密な値は完全には決定されない，ということである．但し，波束の最初の拡がりに対応したある領域が存在して，位置測定実験が幾度も繰返され，それの初期条件が物質の量子的性質の許す限り正確に（即ち，不確定性原理から課せられる精度の限界内で）再現されるとき，結果として得られる位置の測定値がその領域一帯にわたって不規則なばらつきを示すことゝはなるであろう．

電子の諸性質を完全には確定されない潜在的な可能性とする前述の解釈は，波動函数が完全にはそれ自身の意味づけを決定するものではないという事実にその数学的反映を見るのである．というのは，電子が測定装置と相互作用する前には，波動函数は2種の重要な確率を定義する，即ち，ある与えられた位置の確率とある与えられた運動量の確率である．しかし波動函数はそれだけではこれら二つの互に両立し得ない確率函数のいずれが適切なものであるかをわれわれに告げはしない．この問には電子を位置測定装置と相互作用させるか，運動量測定装置と相互作用させるか，われわれがきめて始めて答え得るものである．即ち，波動函数は確かに電子の記述として電子に属する変数だけを使って得られる最も完全なものであるとはいえ，この記述は電子が自らを顕現する一般的な形態（波動か粒子か）を決定することはできないのである．それ故ふたたび，運動量と位置（従ってまた波動性と粒子性）とは電子に内在する完全には確定されない潜在的可能性であり，適当な測定装置との相互作用によってだけより完全にその姿を顕わすに過ぎない，という解釈に導かれるのである．

10. 更に一般的な相互作用も含めること　今までわれわれは電子と測定装

第 6 章　物質の波動性と粒子性の対立　　　　155

置との間の相互作用の考察だけに話を限ってきた．しかし，第 22 章 13 節に
於いて見るところであるが，先に第 9 節で論じたと同様な物質の波動性と粒子
性の間の相互転化は，測定装置との相互作用を通じて顕われるばかりではなく，
あらゆる物質系との相互作用を通じても，その物質系が測定装置の一部であろ
うとなかろうとにかゝわりなく現れるのである．

　この結果は予期されるところである．測定装置といっても通常の物質以外の
何物でもなく，たゞ問題にしている系との相互作用の結果が比較的簡単なまた
直接的な解釈に従うように配置されているに過ぎないのだからである．例えば
電子が，実験室の一つの装置の内部にある金属結晶と相互作用したとき波動的
な対象に転化するとすれば，海の底にある同じ結晶と，あるいは星と星との間
の空間にある同じ結晶と，電子が相互作用するときもまた同じことが起るであ
ろう．同様に，顕微鏡に関連して現われる短波長の量子と相互作用したときに
電子が粒子的な対象に変るとすれば，その量子が人間が全く介入しない自然の
過程で造られたものであっても，同じ反応を呈するであろう．

11.　物質の波動的性質の実在性について　　本章でわれわれの到達した考え
方の中には，物質の波動性はその粒子性と全く同程度の実在性を持つというこ
とが含まれている．ところが，われわれは，日頃余りにも古典的な言葉で考え
る癖がついているために，電子が実際にきまった運動量と位置とを（それらは
同時に測定し得ないものであるが）持った粒子であるという仮定に知らぬ間に
立ち帰えろうとする，殆ど逆らうことのできないような傾向を持っている．そ
こでわれわれは，干渉を決定する際の位相関係の重要性の中に浮き出して見え
る波動的側面の物理的実在性に眼を向けないという結果になるのである．

　この古典的な概念は頭にこびりついてなかなか離れない頑固なものであるか
ら，それが容易ならぬ矛盾に導くという証拠を，こゝで付け加えておくことに
しょう．そういうもくろみの最も首尾一貫した筋書きを立てれば次のようなこ
とになろう：電子はあるきまった位置を占め，あるきまった運動量を持つと考
えることができる．但しその位置と運動量とは不確定性原理から許される以上
の精度を以って同時に測定することはできないものとする．原子のエネルギー
準位の方は Bohr-Sommerfeld の理論によって，あるいは，その理論をもっと
実験と良く合うように，考え得る何等かの改良を加えて説明することができよ
う．電子の廻折現象はといえば，Duane（第 3 章 12 節）と同様の議論で説明し
得る；即ち，一定の角度が出てくることは，電子と廻折格子との間の運動量のや

りとりが量子化されている結果とみなすことができる，とするのである．Duane
の議論は廻折格子のような週期的構成を持つ対象についてだけなされたに過ぎ
ないが，この方法を非週期系にも，例えば二つのスリットを持つ系とか電子レ
ンズとかにまで及ぼすことのできる，さまざまな仕方を考え得るのである，と．

われわれはこれらの概念を細目にわたって論ずることはしないが，たゞ，許
される運動量のやりとりが，系の大きさや形，孔の数，等々に関係するような，
そしてそのようにして電子の廻折の波動的理論から得られるものとそっくりの
結果を与える，尤もらしい理論をつくりあげることができるのを指摘しておき
たいとと思う．さてどんな電子や光子の廻折実験に於いても（第1節で指摘し
ておいた通り）電子や光子は，いちどきに一つずつお互いには一寸影響を及ぼ
し合うことのできぬ程，長い間をおいて送り出すことができた．そこで多数の
粒子が検出装置に到達した結果つくられることが知られている統計的な縞模様
を，不確定な位置と運動量とを持った粒子という模型によって説明するために，
粒子の偏角のあり得べき範囲が，量子化された粒子とスリット系の間の運動量
のやりとりに課せられるある制約（Duane の提出したそれのような）によって
決定される，と仮定することができよう．ところがこのような制約はせいぜい
開口角の大きさと形，及び粒子が系に入るときの実際の位置と速度とに関係し
得るに過ぎないのである．

この仮定の上に立って，電子の位置を陽子顕微鏡を使って観測する実験（そ
の詳細は第 5 章12節を参照）を考えてみよう．電子は最初静止しゝおり，その
運動量は極めて良く確定されているとする．また十分確定された運動量 p を持
つ陽子の平行なビームが顕微鏡に入射するものと仮定する，丁度第5図に示し
たような具合だとするわけである．このとき電子の位置は，電子が陽子を散乱
しその陽子は顕微鏡のつくる像の異った部分にやって来るということから明ら
かにされる．

さて，陽子が単なる粒子であるとすれば，レンズの縁から生じ得る制御不能
な量子的なふれの範囲は，レンズの大きさと形，及び陽子がレンズに入る際の
位置と速度とだけによって決定されるにちがいない．ところが粒子（例えば光
子や電子等）の廻折に関するわれわれの一般的な経験の示すところによると，
この現象の細かな性質が粒子の位置や運動量によって決定的に左右されること
はない．言い換えれば，多少の差はあっても大体同じ範囲の運動量のやりとり
が，その粒子の出所の方向とか位置とかにかゝわりなく起るのである．それは，

例えば，電子レンズや光子レンズの分解能の観測値が，粒子の入ってくる方向，あるいは観察している対象の位置に強くは依存しないという事実からわかる．それ故，制御不能なふれの範囲は主としてレンズの大きさや形によって決定されるはずのものであるということができる．この理論はともかく波動論と同一結果に導びくようにできるわけであるから，レンズの分解能は $\lambda/\sin\phi_0$ 程度のはずである．但し ϕ_0 はレンズの開口角，λ は陽子の de Broglie 波長である．$\phi_0 = \pi/2$ にとれば，電子の位置のばらつきには

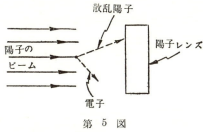

第 5 図

$$\varDelta x \cong \lambda \cong \frac{h}{p}$$

を得る．

しかし運動量保存のために，電子は陽子から $\dfrac{m}{M}p$ 以上の大きさの運動量をもらうことはできない．m は電子の質量，M は陽子の質量である．電子の始めの運動量は高い精度で知られていたのであるから，

$$\varDelta p \cong \frac{m}{M}p \quad \text{および} \quad \varDelta x \varDelta p \cong \frac{m}{M}h$$

が得られる．これは不確定性原理から許される最小値よりも遥かに小さな値である．ところが前にわれわれは第 5 章 16 節に於いて，どのような点に於いてでも不確定性原理と矛盾するところがあれば，波動-粒子の二重性の全概念を保持し得ないであろうということを知った．この場合でも，例えば，電子の運動量を，電子の波束に於いて波動ベクトル k が定められるよりもなお正確に確定できようが，それは de Broglie の関係式と矛盾するのである．

同じ問題に対して第 5 章 12 節に与えた取り扱い方を使って，この困難を避けることができる．但しそれは次のように仮定して可能となるに過ぎない，即ち，陽子は，それが散乱された時から検出用の写真乾板に到達する時までの間，あらゆる点で散乱された場所から発した波のようにふるまうとするのである．陽子に移され得る運動量は小さな範囲に限られるから $\left(\varDelta p \cong \dfrac{m}{M}p\right)$，陽子波はそれに応じた小範囲内にある波動ベクトルを持つはずであり，従って光学に於け

る細い光束と同様にふるまう*. こうして分解能はレンズの大きさによっては決定されずに光束の持つ小さな角度のひろがり

$$\Delta\theta \cong \frac{\Delta p}{p} \cong \frac{m}{M}$$

から生ずる不可避的な廻折によって決定されることゝなる. 従ってレンズの分解能は

$$\Delta x \cong \frac{\lambda}{\Delta\theta} \cong \frac{h}{p}\frac{M}{m}$$

程度に過ぎないものとなり, 不確定性原理と一致する $\Delta x \Delta p \cong \hbar$ が得られるわけになる.

不確定な位置と運動量を持った粒子という模型を残すためには, 粒子からレンズに移る運動量の許容範囲が(逆の路筋をたどってであるが)電子から陽子にゆく運動量の範囲によって決定されると仮定せねばならなかった. 斯様に, 陽子はレンズと相互作用するとき, それが先刻電子と相互作用したというある種の"記憶"を持たねばならないことゝなるのである. 陽子が直前に電子と相互作用したというのであれば, 陽子のふるまいは変ったものとなったであろう.

この実験に於いて粒子の概念を保存するためには, 複雑で, 人為的で, 尤もとは思えない仮定を採られねばならぬことは明白である. このような仮定自体を首尾一貫したものとできるかということが既に疑わしいのに, ましてそれらの仮定が物質の性質についての既知の一切のデータと矛盾しないようにするという段になると一層疑わしい. その一方, 他にも数多くの事実を正しく説明している同じその波動論が, またこの問題をも何の矛盾に行き当ることなく簡単且つ自然な仕方で取扱い得るのである. 従って, 物質の波動的な側面はその粒子的な性質と同様の実在性を持ち, 完全な, また首尾一貫した理論を得るには, その両側面を状況に応じてそれぞれを考慮せねばならない, という結論に到達する. このようにして個々の電子はある波動的な性質を持つとみなされねばならぬという, 第1節に於いて行き着いた結論は, より完全な根拠を与えられるのである(この波動性と粒子性とのつながりの定性的な描像を第 12 節に於いて与えよう).

---

* このふるまいは, 物質の波動性と粒子性の相互転化の1例である. 即ち, 陽子は散乱点から検出点へ進む間は波のようにふるまうが, スクリーンと相互作用すると粒子的な対象に転化するのである.

第 6 章 物質の波動性と粒子性の対立　　　　159

12. 霧箱中の飛跡の波動力学的解釈　　物質の波動面と粒子面との間の相互
転化に対するわれわれの描像を，典型的な実験的事実が，例えば霧箱による粒
子の飛跡の検出といった実験が，どのように記述されるかを明らかにすること
に適用してみることは興味ある問題である（これは既に第2節に於いてある程
度まで論ぜられたところであるが）．粒子が霧箱内の気体原子中を通過する際，
それらの原子を励起（または電離）し，粒子のトラジェクトリの道筋に沿って，
ひとすじの励起された原子とイオンとの跡が残される．気体を膨脹させると，
そのイオンは水滴の凝結核として働き，飛跡は眼に見えるものとなるのである.

　この過程は，波動論に立ってどのようにして理解できるであろうか？ それに
は，ある原子が励起されているか，または電離されているかすれば，それは荷
電粒子が近傍を通ってその原子にエネルギーの量子を与えたためである，とい
う事実を用いる．原子から原子の直径の数倍以上もへだたった所を荷電粒子が
通過した場合には，電離は非常に起りにくいものであるから，イオンより作ら
れた水滴を観測することによって，原理的には粒子が通った路筋を原子直径の
数倍以内の程度の精度で確定できることになる．通常用いられる圧力に於いて
は，粒子は実際上非常に短い距離を，約 10^{-5} cm 程度を走ると必ず原子と衝
突してしまう．斯様に電子の波束が霧箱の中に入ると，それは急速に，それぞ
れの大きさが原子直径の数倍程度で，相互間には何のきまった位相関係もない
独立な多くの波束に分裂する．第3節及び第5節に於いて示したように，電子
はこれらの波束のうちの一つにだけ存在し，波動函数はある与えられた波束が
まさしくそれである確率だけを表わすに過ぎない．そのときこれらの波束はそ
れぞれが新らしいトラジェクトリの出発点となることができ，これらの各出発
点はいずれもそれらの一つが実現されゝば他はすべて排除されてしまうような
はっきりと区別された別々の可能性とみなされるべきものである．

　粒子がはじめに極めて大きな運動量を持っていた場合には，原子との相互作
用の結果として入ってくる運動量の不確定性から小さなふれの角を生ずるに過
ぎず，従って互いに干渉し合わない波束すべてが入射粒子と殆ど違わない速度
と方向とをもって進むことゝなる．各波束は運動するにつれて次第に拡りはじ
め，電子の波動的な側面が粒子的性格を犠牲にして発現しはじめる．ところが，
波束がそれ程遠くまで拡り得ないうちに，別の原子の近くに達し，またもや互
いに干渉し合わない波束の群にこわれるのである．これら各波束は粒子様の物
体がはっきりと区別できる離れた別々の可能な位置の一つにあり，他の位置に

ある可能性はすべて排除されることを表わすものである．従って気体原子との連続的な相互作用過程のために，入射"粒子"の波動的性格は認め得る程には発現できないことゝなるわけである．

イオンの飛跡に目をつけてゆくことにより追跡される現実のトラジェクトリは，例えば第6図のようになる．波束が原子に近づく度毎におこる多くの微細なふれがみられるであろう．これらのふれは原子によるその粒子の散乱として解釈される．われわれは波束が何処で原子と衝突するか厳密に予言し得ないし，またどれだけの運動量のやりとりがされるかも厳密に予言することはできない．それ故軌道の正確な形は予言できないわけであるが，粒子の速度が十分大きいかぎりでは，大きなふれは滅多に起らず，軌道は略直線に近いものとなる．そうでない場合には多少なりとも不規則な逸れ方を示すことゝなろう．この記述を，霧箱に1個の粒子が当ると考えて，古典的記述と比較してみると，本質的に同一の結果が得られる．古典的にでも一連のふれが予期されるが，その分布や大きさは，衝突粒子に対する各原子の相対的位置から原理的には厳密に決定されるものである．実際問題としてこのような量を制御することはできないから不規則なふれの系列を得ることになる．

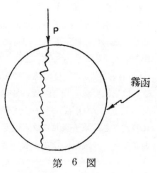

第 6 図

このようにして，霧箱中で観測された粒子の飛跡を，波動函数とそれの確率的解釈とによって理解することができる．物質の粒子性に対するすべての証拠は，この種の実験に，その軌道を一連の位置の測定によって追うという型の実験に由来する．ところが電子がこのような取扱いを受けるときには量子論は電子が粒子的にふるまうのを予言することをわれわれは見たわけである．それは位置測定の装置（今の場合は，後に水滴の核として働く原子）との連続的な相互作用が，波動的な面の発現をはばむためであつた．位置の測定によって運動量が大して変らない範囲では系は，あたかも連続的な十分よく定つたトラジェクトリを持つかのようにふるまうのである．他方量子的な精度水準に立ち入るならば，気体原子との相互作用に於いて起る制御不可能なふれのために，連続的な，因果的に決定された粒子のトラジェクトリを結論することはできない．

第 6 章 物質の波動性と粒子性の対立　　　161

もしも，例えば気体原子に散乱される間の各電子の運動の精密記述を問題にするとしたら，電子の波動性が重要なものとなるであろう*.

われわれはここに，物質の波動面と粒子面との相互転化という量子的な概念によって，物質の顕わすあらゆる形態のふるまいを説明できると結論するのである.

13. 物質の量子的性質に対する定性的描像　　それでは本章の材料（マテリアル）を要約して物質の量子的性質の予備的な定性的描像を与えてみよう.

われわれが到達した最も重要な新概念は，どのような与えられた物質部分も（例えば電子），粒子と，または波動と，完全に同一というものではなく，それのふるまいに於けるこれら二つの側面中いずれか一方を他方の犠牲の上に発現し得る可能性を内に潜めている何物かである，ということである. 電子の対立する潜在的可能性のいずれが実際にある与えられた場合に実現されるかは，電子自身によると同程度に電子が相互作用する系の性質に関係する. 電子は多くの異った種類の物質系と連続的に相互作用するため，それらの系の各々は異った潜在的可能性を発現させ，電子は相異る形態のふるまい（即ち，波動か粒子か）の間を絶え間なく転化し続けることになろう**.

しかしながら，これらの転化の詳しい結果と相互作用が行われる以前の系の状態との間の関係は完全に決定論的なものではなく，統計的なものでしかない. 勿論，古典的極限に於いては電子の波動的諸性質は無視し得るから，これらの相互転化の影響を不問に附することができる. 同様に，電磁場に関しては粒子的諸性質を古典的極限ではやはり無視できる. このようにして，古典的にはあらゆる種類の系がある固定した"内在的"性格をとって現われる（即ち常に粒子であるか，常に波動であるか）という事実が説明される.

だが今述べたところは，電子が多くの部分から成る複合的物体であり，その各部分が周囲に存在する様々な力に応じて単に並べ更えられるだけで，波動様の対象から粒子に似た対象への移り変りが起るという意味ではないのに留意せねばならない. このような描像は，電子が全体としてどのようにふるまうかを実際に決定している隠された変数（この場合は種々の部分の位置）を仮定する

───────────────

* 例えば，第21章を見よ.
** これに関連して第10節の結果を想い起そう. 即ち，物質の波動面と粒子面との相互転化は測定装置との相互作用だけに限られず，あらゆる物質との相互作用に於いて起るものである，と.

ことと本質的に同等なのである．ところがわれわれの既に知る通り＊，このような隠された変数の仮定を量子論の今日の定式化と両立させることはできない．電子の波動様の対象から粒子的な対象への，又その逆の転化ということは，量子論によって示唆されるところであるが，古典論に於いて電子の"内在的"本性と呼ばれるものの，根本的な，しかしそれ以上分解不能な変化に絡っている．事実，量子論は，電子あるいは他の如何なる物体も自分だけで何等かの内在的性質を持つという考え方の放棄を求めるものであり，あらゆる物体はむしろ，それが適当な系との相互作用する際に現れ出る，完全には確定し得ぬ潜在的な可能性だけしか含まない何物かとみなされるべきなのである．

　前段の結論は，物理学に於いて，また他の大抵の科学の分野に於いても同様に，永い間暗黙の裡に存在していた仮定と矛盾するものである．即ち，宇宙は正しく，はっきりと区別される別々の部分から成り，それらの諸部分が厳密な因果法則に従つて集散し全体を作り上げているとみる仮定である．われわれは量子論に於いて，これらの"部分"のどのような性質も他の部分との相互作用に於ける以外は確定できないということ，更に，異った種類の相互作用は所謂"部分"の異った種類の"内在的"な性質を発現させるということを知った．従って，世界は相異る部分に正確に分解し得るという思想を断念し，全宇宙は根本的に単一不可分の一体であるとする仮定を以て置き換えることが必要とおもわれる．古典的極限に於いてだけ，構成部分による記述が無条件に正しく適用されるに過ぎない．量子現象が重要な役割を果すところでは常に，部分とみなされるものが時間の経過と共に基本的な仕方で変化し得ることが見出されるであろう．それらみかけの上の部分の背後には実は不可分のつながりが存在するからである．斯様にして世界は，不可分の一体であり，しかも融通無碍常に変転して止まないという描像に到達するのである．

　上に述べた物質の量子的本性の定性的記述に含まれるより以上の意味は第8章及び第22章に於いて展開することにしよう．読者はここに含まれる諸概念をよりよく理解するためには，第8章及び第22章を読み終えた後で，今一度本章に立ち戻ることをすすめておきたい．

＊ 第5章3節及び17節．

第 7 章　導入された量子的な諸概念の総括

輻射振動子のエネルギー状態は離散的な $E=nh\nu$ に限られるという Planck の仮説から出発して，われわれは長い道程を経てきた．この仮説は古典物理学のすべてと全く違ったものであるにもかかわらず，黒体の射出する輻射スペクトルの定性的な予言を与え，それはこれまでに測定されたすべての温度とすべての振動数とに於いて実験と完全に一致するものであった．単に，輻射振動子が壁の物質振動子と熱力学的平衡にあるという理由だけから，今度は物質振動子も，同様な方法で量子化されたエネルギーをもっていると予期されるにいたった．Einstein と Debye とはこの考えを固体を構成する原子の振動に応用し，さまざまな固体のもつ比熱と定量的一致を見た．

次の段階は，輻射振動子のエネルギーの量子化という考えを，電磁場と荷電粒子，例えば電子との間のエネルギーの交換に応用することであった．この考え方では，こうした交換が $E=nh\nu$ という量子を以て行われることが要求される．これはまさしく，光電効果において観測されるところである．他方，エネルギーの漸次的なやりとりを予言する古典論は，はっきりと悪いことが示される．振動子のエネルギーがあるきまった素量の倍数に限られるという事実は，電子とエネルギーをやりとりする過程が不可分なものであることを物語っている．そうでないとしたら，振動子が量子のかけらをもつような中間状態が存在することになるからである．光電効果，Compton 効果，その他の諸問題と関連した数多くの実験は，あらゆる量子的過程の不可分性を証明したのであった．

輻射振動子のエネルギーが量子の形に於いてだけ電子とやりとりできるに過ぎないところから，電磁波も粒子に似た多くの性質をもつこととなる．特に，すべてのエネルギーが突然一点に現われるということは，光が粒子からできているのではないかと思わせる．ところが，光子がただの1個しか存在しないときですら，光は，たしかに干渉の性質をあらわし，光が波だということを同等の強さを以て示すのである．こゝで，われわれははじめて，量子論のあらゆる物質系に特徴的な波動と粒子の二重性に遭遇する．ある事情の下では，光は干渉の性質を示し，波そっくりにふるまう．と同時に，別の事情の下では粒子のようにふるまうのである．このふたつの側面は，系があたかも粒子であるかの

ごとく，すべてのエネルギーが一点に現われる確率が波の強さで決定される，という事実によって結びつけられている．こうして，確率と，波動と粒子の二重性と，そして量子のやりとりの不可分性と，それらすべてがどのように関連しているかを知るのである．

次に，物質の構成要素が問題にされるような基本的段階では，基礎的な過程は不連続であり，確率だけが決定されたに過ぎないのに反し，巨視的な尺度に於いては古典物理学の連続的で決定論的な諸法則が真であるように見えるのであるが，こうしたことが果してどのようにしておこるのかが問題となる．その解答は対応原理の中にある．対応原理は，第一に，不連続性は古典的段階では余りに小さく眼には見えないという考えに，第二に，古典的過程ではどんな過程でもその中に非常に多くの量子的過程が起っているのであり，現実の結果の統計的平均からのずれは無視することができるという考えに，基づくものである．従って量子的な法則から正しい古典的法則に達するにはあり得べき量子状態の準位間隔と，量子的過程の起る確率と，両者について厳密に極限をとる必要がある．例えば，対応原理のたすけを借りて，作用の量子化に関する Bohr-Sommerfeld の条件をわれわれは導いた．そしてこの条件から，実験と一致する数多くの予言がひきだせた．同様な方法で，輻射の確率も，対応論的極限においてそれが正しい古典的な輻射の割合を与えねばならぬという要請から，大体のところは予言することができた．

ところが，理論はなお三つの欠陥をそのうちにもっていたのである．第一に，それは周期的な運動に適用されるにすぎない．第二に，あるエネルギー準位から他のエネルギー準位へ遷移するときどんな事が起るかについては何ら説明を与えない．そして最後に，複雑な原子を扱うことはできない．これらの欠陥は悉く，de Broglie と Schrödinger の波動論によって終局的に解決されたのである．作用の量子化は，当然，週期系の波動に対する境界条件から出てくるものであり，非週期系の方は，古典的な粒子のトラジェクトリ上の速度に等しい平均速度で運動する波束によって記述される．軌道間の遷移は，波がひとつの軌道から次の軌道へと順次に流れてゆくとして記述される．最後に，Schrödinger 方程式によって，われわれはあらゆる力学系を，それがどのように複雑なものであっても，取扱うことができ，分光学，化学，固体論から，電気伝導，Ｘ線，原子構造論におよぶ諸分野の領域を掩う漠大な数の応用において定量的に正しい結果が得られることがわかるであろう．これらすべての分野に於いては古典物理学

第 7 章 導入された量子的な諸概念の総括 165

は失敗し，量子物理学が正しい結果を与えるのである．

波動論は成功したとはいえ，それ自身二，三のパラドックスを提起した．波動論は，Davisson-Germer の実験に於いて観測されたような干渉効果を説明するには成功した．しかし電子乃至は電磁波があきらかに廻折をうけた後でさえ，電子や光子をあるきまった位置に見出すことが常に可能である．同様に波動はひとつの軌道から次の軌道へ漸次的に流れてゆくにもかゝわらず，エネルギーがやりとりされる過程は依然として不可分である．実験は，原子が量子のエネルギーを全部吸収するか，全然吸収しないかのいずれかであることを示しているからである．量子的な法則は確率の法則として知られているだけであることを想い起すならば，これらの結果の最も自然な解釈は，粒子がある与えられた領域に見出される確率を波動が与えるとすることである．同じ様にして与えられた Fourier 成分の強さ $|\varphi(\boldsymbol{k})|^2$ は，運動量が $\boldsymbol{p}=\hbar\boldsymbol{k}$ という値をとる確率を与えるに過ぎないのを示すことができる．それは，物質が異った条件の下では，波のようなふるまいを示すし，また粒子のようなふるまいも現わし得るということである．即ち，物質はその諸性質に於いて波動と粒子との二重性を示すわけである．

一方では波の強さと確率とのつながり，他方では波長と運動量とのつながり，この両者が組み合されて不確定性原理に導くのであるが，それは波動と粒子の二重性の最も重要な帰結のひとつである．この不確定性原理は，古典的決定論の諸概念が適用できる限界を，波動像を使わずに得ることができるよりももっと精密に与えるものである．最後にわれわれは，現実のどのような測定過程にあっても，常に一つの段階が存在し，そこでは，制御することも予言することもできないような，不可分な量子のやりとりが介入し，観測下にある系について，不確定性原理によって与えられる限界以上に正確な推論をひきだすことが妨げられるのを見た．波動と粒子の二重性から予言される不確定性原理を立証するには，量子のやりとりが不可分であること，またそのやりとりが起る時と所とを不完全にしか予言できないという要素を必要とするから，首尾一貫した量子論を得るためには全部で3個の要素が籠められていなければならぬと結論される．こうして，量子論は各部分が組み合わさって，残りの部分と連動的に作動するような，またどの部分ひとつを欠いても全理論が崩壊する程の，全く完全な内的統一性を持つのである．

最後に，波動函数でさえも，観測される対象が測定装置と相互作用をすると

きには，不可分な，制御できない変化をうけることを知った．このような波動函数のふるまいは，物質の諸性質を，完全には確定されない，また互いに両立できない潜在的な可能性によって定性的に記述させることゝなる．この可能性は周囲の適当な系と相互作用させることによってだけ，より完全に実現され得るものである．例えば，電子がより波動的な性質を示すか，より粒子的な性質を示すかは，電子がその波動的な面を前に押し出すようなものと相互作用するか，粒子的な面を現わすものと相互作用するかに依存している．こうして物質は，古典物理学でわれわれが考えていたよりも，より流動的な，より環境に依存するものとみられるに至るのである．

この物質についての新らしい概念から更に出てくる結果については，第8章と第 22 章とで論ずることにしよう．

第 8 章

物質の量子的本性の物理的描像を組立てる試み

1. 新概念の必要性* これまでわれわれは古典物理学から量子物理学に導く推論の連鎖をひとつひとつたどって来た．そうする中で，結果が古典的な理論の予言とは定性的にさえくいちがうような，広い範囲にわたる実験と，定量的に見事に一致するひとつの理論を得た．ところがわれわれがゆきついた新らしい理論は，科学的知識の内容に於ける遠大な改変ばかりか，そういった知識を言い表わすべき基本的な諸概念のもっと根本に触れた変革さえも表わしている．それらの概念についての三つの主要な変革は：

（1） 連続的なトラジェクトリという思想を不可分的な遷移という思想で置き換えること．

（2） 完全な決定性という概念を統計的趨勢としての因果律で置き換えること．

（3） 世界は，それぞれ定った（例えば波動とか粒子とかいった）"内在的な"性質を持った相異なる部分に正確に分解できるという仮説を，世界はその部分が古典的な極限に於いてだけ意味のある抽象或いは近似として現われる不可分の全体であるという考えで置き換えること，

である．

従来，われわれの経験の多くは，適切な近似度まで古典的な概念によって記述されるような現象と関係づけて得られて来たから，新らしい量子概念には不案内である．この章ではこれらの新らしい概念をもっとなじみふかいものとし，それらが少くとも基本的には古典論の諸概念と同じくらい合理的なものであることを示そう．われわれの手順は先ず連続性と完全な決定論という古典的な概念を採るア・プリオリな論理的理由は何もないことを示すために，それらの概念を批判的に論議することである．また不可分な遷移と不完全な決

---

* この章に現われる考えの多くは Niels Bohr による一連の講演に述べられた思想を精緻にしたものである (N. Bohr, Atomic Theory and Description of Nature 参照).

定性という量子概念は論理的な観点からみて内部に矛盾を含まないだけでなく，普通の経験の多くの局面で現われる，或る素朴な概念に酷似するものであることを明らかにする．次には Bohr の相補性原理を導こう．これは物質の量子性を理解するために必要な新しい概念を始めて定性的に言い表わしたものである．その後で，物理系をその構成部分に分解し，またこれらの部分を厳密な因果律に従って綜合するという古典的な概念を批判的に論議し，このような手続きが量子の領域では役に立たなくなることを示そう．斯様にして不可分の全体という世界像が描かれることになる．最後に，読者がもっと具象的に量子論の内容の或るものを理解する助けとなるような，量子概念に対する二，三の類推を論ずることにする．

2. 連続性の概念の論議　古典物理学での粒子の運動の連続性の問題から始めることとしよう．古典的な要素的粒子を記述する基本的変数はその粒子の位置と速度（或いは運動量）とであり，どちらも各瞬間に定まった値をもち，時間の経過と共に連続的に変化するものと仮定されている．先ずこれらの事柄についてのわれわれの持つ一番単純な観念だけを考えることから出発し，後で連続性のもっと手のこんだ理論や粒子速度を記述するのに導函数を使うことに進むことにしたい．

3. 運動の連続性についての単純で具象的な考え方　一物体の位置についてのわれわれの一番単純な観念は，一定の位置をもった物体は運動しないということを意味するように思われる．即ち，もしも一物体の位置の描像を完全な正確さで求めようとするならば，われわれはある定った位置に在って他の位置にはない一物体を想像するであろう．運動を，活動写真でなされているように，次々に少しずつちがった位置に在る物体の系列として表わそうと試みることができるが，固定された位置の系列とすることは通常運動に結びつけられている性質を全部含むものではない．特に，現実の運動物体が時間の経過につれて空間を連続的に覆うという観念を含むとは思われない．連続的な仕方で行われる現実の運動過程の描像を得るためには，或る時間のあいだ，或る空間領域を覆ってゆく一物体を想像せねばならない．時間要素を極く小さな値に減らして位置の不確定さを相応する小さな値に減ずることはできようが，その不確定度を零にすることはできない．やはり運動している物体という描像を得るのである．絶対的に確定した一空間点にある一物体の描像をつくるには，それが固定されているものと描写せざるを得ないからである．言い換えれば一物体

第 8 章 物質の量子的本性の物理的描像を組立てる試み   169

の位置と速度とを同時に考えることができないのである.

ところで, 運動する物体について, 連続的なトラジェクトリを定めることができ, 各時刻に於ては或る一定の位置を持つと言えると主張する人があるかもしれない. それが本当であるかどうかということは後で議論することにして, さしあたりそういったやり方は, 運動が行われた後の結果のあるものを規定するのに過ぎないことを指摘しておこう. 運動の過程に在る物体の描像は与えてはいないのである. そのように描像を得るためには, 位置というものについてのわれわれの見解を少しぼかしてもよいことにせねばならない. 例えば, 疾走する自動車のぼやけた写真はその自動車が動いていると思わせる. その写真は一定時間のあいだ空間を連続的に覆ったことを意味しているからである. 他方, 高速度カメラで撮った, 動いている自動車のくっきりとした写真は運動を思わせない. 運動する物体についてのわれわれの描像の中にこのような不確定さが残っていることは, 実際そういった物体がひとつの位置から次の位置へ移る状態に在ると考えられることを暗示している. 物体がこの遷移の状態にある時には, われわれの描像は物体が何処に在るかについて何も述べはしないが, その代り, 物体の平均の位置が時と共にどのように変るかを示すものである. この運動の概念に於いてこそ, 連続的に運動する物体は或る程度不確定な位置の幅をもつという思想が含まれるに相違ないと思われる.

4. 運動に関する単純な考え方と量子概念との類似性   上の運動の単純な描像と, 量子論が示唆するそれとは, 厳密に同一のものでは勿論ないが, 多くの類似点を持っている. 量子論に依れば, 運動量, 従って速度には, 空間に於ける波動的構造を備えている時にだけ正確な意味を与え得るに過ぎない. この準備がされている時には, 波束* は, その平均位置が十分確定された速度を以てひとつの点から次の点へと動くような, 空間中を移行する状態にある. だが波束の運動は, 運動している 1 箇の粒子に対するわれわれの単純な描像と酷似している. どちらに於いても粒子は各時刻にある幅を持った位置を占めるものと考えられるが, 平均の位置は時と共に一様に変化するからである. だから量子論は, 古典論よりも著しくわれわれの一番単純な運動概念に近いような運動過程の描像を与えるのである. われわれは 1 個の粒子が或る定まった運動量と位置とを同時に持つとは考えることができないとしたが, 量子論は, そのような

---

* 波束の定義については第 3 章 2 節参照.

粒子は存在せず，従ってそういった試みをしてみる必要のないことを示したのであった．

5. 固定された位置についての単純な考え方と量子概念との類似性 運動に関するわれわれの素朴な観念は どのように 量子概念と違っているのであろうか？ われわれの一番単純な考え方に従うと，固定された位置に静止している一物体を考えることが出来たが，他方不確定性原理の告げるところは，完全に確定された位置に在る物体は高度に不確定な運動量を持つということである．ところが注意深く研究するとこの見解は実際われわれの単純な描像とよく一致することが示される．われわれが言い得ることは，一物体が与えられた位置にあると考えるならば，同時にその速度は考え得ないということである．

さて，もし物体の運動ということを連続的な様式で考える可能性を棄てたとすると，物体は定った位置に存在するという描像から始めて，次に短いけけれども有限な時間の後にその物体が何処か他の処にあると想像せねばならない．この他の場所というのがどこであるかは，われわれのもともとの描像から推論することはできない；どんな位置も同じようにわれわれの描像と矛盾しないからである．これはどんな勝手な速度をとったにしても，われわれの定まった位置にある1粒子の描像と矛盾しないということである．この考えは量子論的記述に著しく近い．波束を精密に確定すればする程一層速く波束は拡がってしまい，運動の近似的に連続な記述を与えることはますますむつかしくなる．それでわれわれの素朴な描像と量子論とはどちらも次の性質を持つ点で似ていると結論される：運動の連続的描像は位置がぼかされる，あるいは不確定にされる時にだけ与えることができ，また定った位置にある1個の粒子という描像は，粒子が連続的な運動をしているような描像を棄てた時にだけ与えることができるに過ぎない．

われわれの素朴な描像と量子論的記述とは互いに非常に良く似ているけれども，量子論がこの素朴な描像と同等であるなどと推論してはいけない．われわれは単に，この二つの描像が運動の問題を取扱う仕方に於ける，密接な機能上の類似性を指摘したに過ぎないのである．

6. 連続的なトラジェクトリの概念を含むより高踏的な考え方 今までのわれわれの単純な考え方は，余りにも素朴で真面目にはとり上げられないという異議が起るかもしれない．それでは代りに連続的なトラジェクトリによる記述で満足してみよう．このトラジェクトリに対しては各時刻に於いて座標が望む

第 8 章　物質の量子的本性の物理的描像を組立てる試み　　　　171

だけ正確に定義できるものとする．われわれは運動の過程の描像を直接つくることはできないが，そうせねばならなねわけのものではない，導函数の概念を使うことができるからである．この目的のために小さな時間々隔 $\varDelta t$ を考え，この時間のあいだに動く距離が $\varDelta x$ であるとしよう．するとこの時間々隔に於いての平均速度：$V_{av}=\varDelta x/\varDelta t$ が得られる．$\varDelta t$ を零に近づけると，トラジェクトリを記述する函数が十分滑らかであれば，V_{av} は一定の値に近づくであろう．この値をある定った点に於ける速度と定義する．このようにして，上の速度は或る種の心的影像（メンタルピクチュア）として頭の中に描くことはできないが，その代りに数学的定義を利用できるのである．

　この極限値が常に存在するかどうかという問題は，数学者達がひろく研究して来た事柄である．この極限は $\sin \omega t$ のような普通の函数に対しては確かに存在するが，数学者達は到る処不連続でどの点に於いても導函数を持たない函数を容易に定義することともできた．例えば独立変数が有理数の時はいつもその値が零で，無理数なら 1 というような函数を考えよう．この函数は完全に不連続である．ところが物理学の教科書では，こんな函数については何も注意を与えていない．これは現実の物質粒子の運動を記述する函数は皆連続且つ微分可能と暗暗裡に仮定していることによる．この事柄は一番自然であると思われ，必須のものとして仮定されている．だが，なぜ連続的な運動がわれわれにとってそのように自然であると思われるのであろうか？　実際古代ギリシャ人の多くは，Zeno の逆理を学んだ人は知っているであろうが，連続的運動の観念を把むことができなかった．それらの逆説中極めて有名なものゝひとつは飛行中の一本の矢に関するものである．その矢は各瞬間瞬間に於いて定った位置を占めてをり，その同じ時刻時刻に運動していると言うことはできない．Zeno はそれで運動というのはある意味で幻想的なものだと結論した．古代ギリシャの哲学者達の多くは連続的運動が事実そのように自然な事柄だとは納得しかねたのであった．

　古代から現代に至る間に連続的運動に関するわれわれの観念は遊星の軌道や弾道についての経験を通じて，またこれに結びついたそれらの現象を取扱う微分法の理論によって発展してきた．しばらくそういった事柄が研究された後，続く世代はこの基本的観念を当然のことゝ思うようになった．しかし粒子の運動が導函数を持つ函数で実際記述されるかどうかを知る唯一の方法はその仮説を実験でためしてみるより外にない．言い換えると，粒子がその各点で導函数

の定義できるようなトラジェクトリを持つという古典的な観念は，経験事実だけに基くに過ぎないのである．Newton の時代以来，古典理論の偉大な成功はその強い実験的確証を獲ち得て，連続的なトラジェクトリだけが，現実の物質の従うべき考え得る唯一の種類のものとされたことは，不可避的でもあり，また世間一般の風潮でもあったと思われる．しかしまだ純粋に論理的な根拠からは，連続的なトラジェクトリの概念を非連続的トラジェクトリのそれに優先させる理由は何もないのである．$\Delta x/\Delta t$ が Δt を小さくする時暫くの間はある極限に近づくが，Δt をもっと小さくしてゆくと極限に近づかなくなるといったことさえ可能である．例えば Δt を小さくまた小さくしてゆき，現実の物体について Δx を測る実験を考えればよい．始めしばらくの間は，この手続きでますます正確な速度の知識が得られる．ところが最後には，Brown 運動が重要となるような小さな時間々隔に到達し，$\Delta x/\Delta t$ は一定の極限値に近づかなくなってしまう．この困難は個々の分子の運動を取扱えば避け得るものであることが論証できるであろう．しかし量子論へと導く諸実験は Δt を余りに小さくすると，その努力もまた失敗に終ることを示してきた．非常に正確な記述に於いては連続的なトラジェクトリの概念を現実の粒子の運動に適用してはならないことが結論されるのである*．

7. 原因と結果　量子過程の不連続的な局面が根本的には不合理なものでないということは上に述べた議論からわかったが，今度は完全な決定論が成立たないことについて考えよう．決定論と因果性との問題は，人間が始めて直接的な経験からの演繹によって与えられるよりも，もっと完全な世界の普遍的理解を得ようと試みて以来，あらゆる哲学的論議の中心的位置を占めてきたものであった．従ってわれわれは因果性について人々がこれまでに懐いた種々の観念の簡単な説明から始め，どういう根拠に基いてこの主題についての近代的な諸観念が展開されて来たかを示すことにする．

8. 原因と結果についての初期の諸観念　原因と結果とについての一番初期の観念のあるものは，おそらく人間が種々の力を周囲の事物に働かせ，仕事をさせることによって望みの結果を造り出すことができ，また願わしくない結果を除くことができるのに注意した時に生じたものであろう．従って最も初期の因果性の思想は，力と仕事という力学的概念に密接に結びつけられている．

---

* 物質の運動と連続面と不連続面との関係のもっと立入った議論は第22章4節で与える．また第8章15節の相補性原理の議論も参照せよ，

第 8 章 物質の量子的本性の物理的描像を組立てる試み 173

人間は力を働かせ，仕事をさせることによってだけ他の物質系に結果を産ませられる，というのはいかにもまことのことである．

後に人間の体も生命のない物体と同種の物質から成っているという思想が生じた．おそらく人間が非生命的物体に影響を及ぼすことができるのと同じ仕方で，そういった物体相互の間でも影響を及ぼし合い得ると推論されたのであろう．このようにして非生命的な原因という概念に到達することができた．これに関連して，究局の結果が必ずしも原因に比例するものではないことに注意せねばならない．不安定な系というものがある．丘の斜面上で釣合っている転石には比較的小さな，原因となる力を加えれば凄じい結果を産み出させることができるのである．

原因としての物質的な力という思想と一緒に多分魔法の観念も生れたのであろう（それは本質的には物質的な力を間に入れずに，また仕事をさせずに結果を産み出そうとするものである）．この観念は自家撞着もなく魅惑的なものではあるが，経験からそのような魔法的原因は結果を生じないことが明らかにされた．従ってこの型の原因結果の法則は棄て去られてしまったのである．

一体何処からこの魔法の概念が起ってきたかは容易に臆測されるところである．人は他の人々を物質的な力を通じてだけでなく，そのような力を必要とするとは思われない言葉や合図によっても影響を及ぼすことが出来るのを知った．当然この考えは生命のない物体にもおしひろげられ，適当な魔法の言葉や合図はそれらが人間に与えたと同種の結果を産むであろうと仮定された．この観念は手取早く言えば，一般に事件の直接原因として言葉とか合図とか符牒とか観念とかを使うということである．その後，音や光も物質的な力を働かせることがわかって，物質的な力を通じてだけ，生命があるものにしろないものにしろ，他の対象にいろいろな結果を産み出させることができるという現在の統一的な見地に達したのである．ことのついでに，人間は非常に不安定な系のようにふるまうこと，従って音波や光に関係する比較的小さな力でも大きな結果をつくり出すことができるのを記憶しておいてもらいたい．今日では光電池とかマイクロフォンとかいった，真空管継電器の助けを借りて音や光のもつ小さな力に感応し，最後には大きな結果をつくり出す装置ができるに至っている．

古代の人々の提出した他の様式の因果律は“目的因”という目的論的な観念であった．それは事件を支配するのは，過去のいろいろな条件とか事件とかであるよりは，むしろ全宇宙のつき進んでゆく最終目的であると看るのであ

る．この原因の観念は，きっと人間の行動を統べる上に確かに重要な役割を演ずる目的感覚を，すべての物質系にまでおし拡げたものであろう．しかしながらこの拡張は，合図や符牒を原因とみなした時のように，信頼できる実験的証明が得られなかった．従って今日われわれは隠喩(たとえ)のためにする時以外は，生命のない物体に目的を持たせたりはしない．

上の議論から抽き出される結論は，原因と結果とについてのわれわれの観念は，われわれのもっている残りのすべての観念と同様，多分，広い範囲にわたる現象に対する人間の最も直接的な経験の拡張に創まっているということである．このように，多くの様式の因果律の中で，原因としては，物質的な力という概念だけがこれまで経験一般の試練に生き残ってきたわけである．しかし，この概念がとってきた精細な形式は，古典的に記述できる系についての長い経験から定められたものであり，もしも量子的領域に於いての信頼できる実験からこれらの法則を更に変更する必要が指し示められたとしたら，そのような変更をすべきでないとする基本的な理由は何もないことを心に留めておかねばならぬ．

9. 完全に決定論的なもの　対　趨勢としての因果律　このところで，はるかな昔にあってさえも，因果律には二つの相異なる一般型式が現われていた事実を注意しておきたい．その一つは，完全な決定論という思想を含むものであり，もう一つは，原因という観念が或る系のふるまいを完全に決めるものでなく，全体としてのなりゆきを決めるとみるものである．完全な決定論の一番古い例は事件のすじがきはすべて運命によって——人の力を超えた仕方で決定されているという考えである．このような考えのおこりをはっきり定めることはむつかしいが，人間がまったく自分等の手に余る自然の威力の掌中に在ることを自覚する度合にいくらかは根ざしている，とするのはありそうにない話でもないであろう．こうして詩人は人生を浪に漂う梶緒舟と直喩(たとえ)るのである．

古代の哲学者中二，三の人達はこういった思想を系統立てて展開したけれども，完全な決定論という観念が実際生活内にそれ程ひろく滲み込んでいたかどうか疑わしい．その代りに日常の出来事とむすびついて最も好んで行われたらしいのは，特定の力とか原因とかはある結果に向うようななりゆきをつくり出しはするが，その結果を保証するものではないという思想である．当時の仕事は大抵手によるか家畜の助けを借りてなされた．これらのやり方では力の制御ということは正確ではない．望みの結果を得るためには正しい一般の方向に押

第 8 章　物質の量子的本性の物理的描像を組立てる試み　　　175

し進め，ゆき過ぎたら押し戻さねばならない．力は或る方向への運動に向う一般的ななりゆきをつくり出すのに使われ，それらの力を加えた結果がどうなるかということは，それ程やかましくいわれなかったのである．機械仕掛の現われる前は，実質的にいって，すべての活動力は運動の正確な制御よりむしろせいぜい分別と技芸との使用という一般的性格を持っていた．

完全な決定論の近代的な思想形式が，少くともその一部として，複雑な精密に組立てられた機械，例えば時計のようなものとの類似性によって暗示された，と考えるのは極めて尤もらしいことであろう．天文学や弾道学，そして力学一般が現われると共に因果的諸法則の働き具合を詳細にたどることができる体系が得られ，厳密な因果性，或いは完全な決定性という思想が急激に伸び始め，Newton の運動法則に於いて，正確な，また定量的な表現を得た．この思想は後に，全部分の運動を精密に決定することが必須の，迅速に作動する機械仕掛を扱うようになって日常茶飯の事となった．その結果，実際専門家達は皆原子の段階では世界に起るすべての過程がこのような力学的類推によって理解され，従って完全に決定論的なものと考え得ると，心から考えたのであった．歴史のこの段階にあっては（16 世紀から 19 世紀），世界は巨大な機械に擬らえられる，という見解が，非生命的物体の多くが人間や動物に似ているという以前の見解にとってかわったのである*．

10. 非因果的に規定される古典論　Newton の運動方程式の形で因果律の正確な表現が得られたとたんに原因としての力の概念が要らなくなり，殆ど無意味になってしまったのは，まったくもって皮肉な歴史の発展というものであろう．原因としての力の概念はもうたいして重要なものではなくなったのである，というのは全系の過去も未来も共に全粒子の運動方程式によって勝手な一時刻に於いてのそれらの粒子の位置と速度とを与えれば完全に決定されてしまうからである．だから過去が未来によって惹き起されたとは言えないと同様，未来も過去の原因から生じたと言うことはできない．その代りにすべての粒子

---

* Newton が与えた遊星の運動の力学的-因果的記述と，古代及び中世の多くの哲学者達が与えたそれとの間には際立った差異がある．後者は遊星が円周上を運動すると述べた．この態度は円が唯一の完全な幾何学的図形であり，遊星のような天体は必ず完全な軌道上だけを運動せねばならぬという仮説に基くものであった．こゝで古代及び中世哲学者達は彼等の理論を完全にするために目的因の概念を使ったわけである．ところが Newton の記述では，運動の遂行を仮借なく要求する巨大な機械との類推を使っているのである．

の時空間内の運動は一組の規則，即ち，唯これらの時空的運動だけを含む運動の微分方程式によって規定されると言える．従って事件の時空的なあとさきはあらゆる時刻に対して決定されるけれども，この決定が“原因”に対する初期の物活論的な観念にみられるような，何物かを働かせた結果であるとは考えられないのである．

勿論，原因としての力という一般概念を留めて置くことはできる．事実，そういう手順は実際に使う上には一番便利なものであると思われる．しかし純粋に論理的な観点からみれば力の概念は余分なものでしかない．何故なら，原理上は全古典物理学を，宇宙間に存在するあらゆる粒子の位置と速度と加速度とを使って書き表わすことが何時もできるからである．たとえば，重力の法則は次のように現わすことができる：二つの物体はお互いにそれらを結ぶ直線の方向に加速度を受け，それは物体間の距離の自乗に逆比例する；また各々の物体の加速度は他の物体の質量に正比例する，と．同じようにその他のすべての法則も力の概念を借りないで言い表わすことができる．例えば，ぜんまい秤によって働く力は，原理的には，釣合にあるすべての分子の空間座標によって表わすことができる．

そこで，概念を節約するというたてまえから，いろいろな加速度のいろいろな効果をひっくるめて表わす便利な言葉として使う外は，加速度の原因としての力の概念を棄てゝしまい，粒子が単に運動方程式によって定められるあるトラジェクトリをたどるに過ぎないという考えで置き換えるべきことが暗示される．このように，古典論は，運動は規定されるのではあるけれども，その仕方が因果的ではないという見地に導くのである*．

11. 量子的概念の持つ新しい諸性質：近似的且つ統計的な因果性　量子論が現われて完全な決定論という思想は具合の悪いことが示され，原因は唯統計的な傾向だけを決めるに過ぎない，だからある原因が与えられたらそれはある結果に向うようななりゆきだけをつくり出すものと考えねばならぬ，という考えで置き換えられた．またもや量子論は日常の経験から生れるもっと単純な思想に向ってのひとまたぎとなったわけである．日常の経験ではわれわれがはっきりと原因結果のわかる関係などにぶつかることは稀であり，その代り普通は，原因は与えられた方向への定性的な趨勢をつくり出すものと，考えているので

---

* われわれは第 14 節で量子論は物質の運動の全然ちがった記述に導くことを見るであろう．

ある.

古典論の完全な決定性は，一度宇宙にある悉くの粒子の最初の位置と速度とが与えられるならば，それらの以後のふるまいは Newton の運動方程式によってあらゆる時刻に対して決定されるという事実から起ったものであった．ところが量子論では，Newton の運動法則をそんな具合に１個の電子に適用することができない．それは運動量と位置とが，共に同時に完全な正確さで定められるという条件の下では存在し得ないからである．例えば１個の電子を或る与えられた箇所に向かわせたいと思ったとしてみよう．そうするためには先ずその電子が今何処に居るか見付け出さねばならない．次に電子を望みの箇所に動かす原因となる運動量を電子に与えてやらねばならない．不確定性原理はこれができないことを示すものであるから，厳密な決定性という概念は電子の量子論的起述に当てはめられなくなってくるのである．

厳密な決定論的な法則は量子論に於いては存在しないといっても，統計的な法則は残っていることがわかる．打続く多くの観測を行って，初期条件が物質の量子性の許す限りで完全に再現されるとすると，たとえば $\varDelta t$ 時間経った後で粒子が到達する位置を測ることができる．この位置はひとつの測定から次の測定とゆらぎがあるが，

$$\overline{\varDelta x}=\frac{p}{m}\varDelta t$$

という規則に従って運動量*から定まる平均値の近傍を出ることはない．１個の電子をその運動量を適当に調節して或る１点に向わせられたとすると，その点のまわりに電子の命中した痕の図が得られるが，それはかなり良く再現できるようなものである．この弾痕図の中心の位置を変えるためには，その系の運動量を変えねばならない．しかしたとえ運動量が精密に定められるとしても，電子が実際に衝き当る正確な点を予言したり制御したりすることはできない．このように量子論では，人生の非機械的な面について日常経験されるように，事件のはこびの統計的な傾向だけが決定されるのであって，各々の場合の正確な結果が決定されるのではない．

12. 古典論及び量子論でのエネルギーと運動量　そこで統計的ななりゆきとしての因果性の概念がどのように量子論で使われるか，もっと詳しく述べてゆくことにしよう．手始めとして，エネルギーとか運動量とかで一体何を表わ

───────────
* この方程式は運動量が確定される範囲に於いてしか意味がない．

すのかをもっと注意深く定義する．最初に古典論で，次に量子論で試みよう．エネルギーとか運動量とかのもっと正確な定義が必要になるのは，それらが物質のふるまいの因果的な面を精密に表現する上に秘鑰の役割を果すためである．

古典力学である物体のエネルギーというのは，その物体が他の物体に仕事をすることのできる能力と定義されている（仕事は一物体が他の物体に加える力とこの力で動かされる距離との積で定義する）．上の定義はエネルギーの変化だけを決定するに過ぎないものであるから，エネルギーの零点は都合の良い点を勝手にえらぶことができる．

一物体がその運動状態を変えることによって仕事をすることができるならば，それは運動エネルギー $(T=mV^2/2)$ を持つという．位置の変化によって仕事をすることが出来るならば位置エネルギー $V(x)$ を持っているという．しかし実際にはエネルギーというものはすべて，ある意味では，物質の潜在的な，あるいは可能的な性質である．何故というに，エネルギーは物質が他の物質との相互作用によって状態を変える時にだけ実現されるような，物質のうちにひそんでいる，仕事をすることができる能力を表わすものだからである．けれども輻射エネルギーが存在するのであるから，上の定義を，いわゆる"真空"もまた電磁場を支える能力があるため，仕事することができる能力をひそませているという事実をも含むように，一般化せねばならない．最後に相対論に於いては，他のすべての型のエネルギーに加えて，いわゆる"静止エネルギー"も含めねばならない．それは物質が消滅するような過程で仕事をすることのできる潜在的能力のことである．このように，一番一般的にいうと，勝手な系（普通の物質にしろ，電磁場にしろ，その他のどんなものにしても）のエネルギーの変化というのは，その系が他の系と相互作用し，相応する状態のうつりかわりを行う過程によって，他の系に仕事をすることができる潜在的能力と定義される．

それでは何故エネルギーが他の mv^3 とか $\mathrm{arc}\ \sinh(mv)$ とかいった函数が果す役割より重要な役割を演ずるのであろうか．その理由は任意の孤立系の全エネルギーは保存されるのに反し，他の大部分の函数には，一般に，そういった保存則が存在しないということである*．この事実はエネルギーが物質の実

---

* エネルギーの外，運動量と角運動量とが保存される．

第 8 章　物質の量子的本性の物理的描像を組立てる試み　　　179

在する物理的属性に対応するものであることを暗示している．といってそれを
水に入れた砂糖みたいな，物質に附け加えられる実質的なものと考えては正し
くない．エネルギーはそのような遊離された形で見出されることはないからで
ある．そのかわりにエネルギーはある体系（物質とか電磁場とかいった）の仕事
をすることのできる潜在的能力であるという概念をとどめておいた方がよい．
この潜められた能力は相互作用の過程に於いて他の系に移すことができるけれ
ども，その全量には変りはない．

　1 個の粒子の運動量は $p=mv$ で定義される．孤立系の全運動量は不変であ
るから，同様に運動量を物質（及び電磁場）の実在する物理的属性と考えてよ
いことになる．事実，運動量とエネルギーとは完全に平行に話をすゝめること
ができる：状態がある与えられた変化をする時のエネルギーの変化は物体が仕
事をすることができる潜在的能力によって決定できるが，運動量の変化の方も
他の物体と相互作用する時力積を生じる得る潜在的能力から定められる（力積
は $I=Ft$ と定義する．但し，t は力 F が働いている時間である）．そのとき各
物体に対する運動量の零点は各物体の静止状態と一番都合の良い関係にあるよ
うに勝手にとることができる．

　古典論にあっては，エネルギーと運動量とを物質の基本的性質とみるという
手だては論理の筋道を通すだけの観点からは絶対に必要というものではなく，
単にそれらの量が保存される事実に基いて問題を考える，便利な暗示に富んだ
一方法に過ぎない．というのは，結局，エネルギーや運動量は位置と速度との
函数として表わすことができ，従って第 10 節で示したように，運動法則は皆
時間的な運動の言葉だけで直接書き表わされるから，エネルギーとか運動量と
かは余計な概念なのである．

　けれども量子論ではエネルギーや運動量はこういう風に表わすことはできな
い．古典的には運動量は

$$p=\lim_{\Delta t\to 0} m\frac{\Delta x}{\Delta t}$$

と定義される．しかしこの極限値は Δt を余りに小さくすると実際には存在しな
いことは既にわれわれのみたところである．だが運動量を実在する量であると
看做さないわけにはいかない．それは時空的運動の統計的なふるまいを支配す
る上で重要なばかりでなく，たとえ最早時空間中のはっきりと定った軌道によ
って運動を記述することが不可能とはいえ，運動量を de Broglie の関係 $p=h/\lambda$

を通して量子論に於いて定義できるからである．開かれていると思われる唯一つの道は，運動量を，古典的極限では力積を生ずる潜在的能力を表わすが，もっと一般には，de Broglie 波長とは一義的に，また物質の時空的運動には統計的に関係するような，物質の一つの独立した物理的性質と考えることである．こうしてわれわれが一個の電子が与えられた運動量を持っていることが観測されたという時，その陳述は電子が与えられた位置を持っていたという陳述と同じ資格を持つものである．どちらの陳述もそれ以上分析されることはない．そこでわれわれは運動量やエネルギーを物質内に具備される特性，直接像をえがくことはできないが単に運動量とかエネルギーとかいう名前だけをつけた物質の特性と考えねばならない．そういうものがそこに在ることは確かである．何故ならそれらは，時空的な運動はやはり運動だけを含むような規則で支配されるという古典的仮定によっては理解できない効果を生ずるからである．

運動量（及びエネルギー）を演繹されて出て来た派生的な概念でなく，むしろ基本的なものとみるわれわれの手順に応じて，今度はそれらの量が系内にある粒子すべての運動の詳しい時空的記述を使わないでも測定出来ることを示そう．すなわち，第5章で示したようにわれわれは廻折格子の助けを借りて運動量を測ることができるし，でなければ1個の粒子を静止させるに必要なポテンシャルの落ち高を測ればよい．このどちらの方法も詳しい時空的な記述を必要としない．こういう測定法を使って，エネルギーと運動量とが量子論的な領域でも保存されることが証明できる．従って，すべての点に於いて，エネルギーや運動量の概念は，物質の運動の厳密な時空的記述に必要なものとは関係のない足場の上に立つわけである．

13. 物質の因果的側面の記述と運動量及びエネルギー 今度は古典論でも量子論でも，物質の運動の因果的な面を厳密に記述するときは，その系のかゝわりあいのある部分すべてのエネルギーと運動量とを確定せねばならぬのを示すことに移ろう．それには物質の運動の "因果的な面" とは，どういうことを意味するのか，もっと注意深く定義しておくことからとりかゝろう．任意の系のふるまいの完全な記述には，はっきりと区別されはするが関係のある二つの要素が何時も入って来る．第一に，そのふるまいを記述しているもろもろの事件の単なる時空的順序がある．他の言葉で言うなら，何が起ったかを述べねばならぬということである．だが科学ではそういう記述でいつも満足しているわけではない．われわれはそれらのことがらが何故起るのかが知りたいか

第 8 章 物質の量子的本性の物理的描像を組立てる試み   181

らである. 言い換えれば, いろいろな事件自体の時空的記述と同じように, それらの事件の間のつながりの因果的な記述が求められるというのである.

さて, こういった因果的記述を与えようとするこの努力には, 事件間のつながりは, 実際物質内に存在して, 何等かの仕方で問題の事件をひきおこすことができる, ある種の因果的因子で創められるものであるということが暗黙の裡に仮定されている. 古典物理学では, それらの因果的因子は系内の各粒子に働く力である (第 10 節で見たように, 原因としての力の概念は古典論には余計なものであるけれども). その時の因果的なつながりは Newton の運動法則中に含まれている; 即ち, 各粒子は比例する加速度を生ずるような力で攪乱されない限り直線上を運動する傾向をもっていることの中にふくまれている. 従って, 力は速度の変化の原因とみなしてよい. それらの力は内的なもの, 即ち, 同じ系の中の部分と部分との間に働く力であってもよいし, 外から加えられたものであってもよい. ともかく, 力が全時刻について規定され, また始めの位置と速度とが与えられるならば, 運動の将来の道筋は全時刻に対して決ってしまう. この事実は, われわれが初期条件を知ればそれに基いてこの運動を予言することに利用できるし, また系の適当な部分に適当な外力を加えて運動の将来の道筋を変えたり抑えたりするのに使うこともできる.

ところが量子論では, 力の概念は扱いにくい厄介な代物である. 運動量とエネルギーとですませる方がはるかにやさしい. それは de Broglie の関係から波長と運動量と間に簡単な関係が得られるからである. だが物質の波動性と力との間にはそのような簡単な関係は存在しないのである. あらっぽいやり方では力を運動量の変化の平均と定義できる*. これは対応論的極限で古典的な定義と一致し, 量子論的な領域でも意味を持つ拡張を与える. しかし古典的に定義される力と量子論との間の関係を証明する目的以外には, この定義は実際上使い良いものではない. それよりも, 第 11, 12 節で略述した手順をとった方がはるかに便利である. 即ち, 運動量は基本的なそれ以上分析できない物質固有の性質であり, それが定義される範囲内で, 与えられた時間内に一粒子が覆う平均の距離だけを

$$\frac{d}{dt}(\bar{x}) = \frac{p}{m}$$

---

* 第 9 章 26 節参照.

に従って決めるものにすぎないとするのである．だからわれわれは力を運動の変化の原因とみる（古典論と同等な）手順をとる代りに，運動量を物質の運動の直接的な原因とみているわけである．ある系がそれだけで放置されておかれたとすると，古典論と同じように，ある特有の型の運動を行うのであるが，量子論でちがうのは，この運動の道筋が関係する全部分の運動量によって統計的に定められるに過ぎないという点である．この運動の統計的傾向を変えるか抑えるかしたいなら，適当な部分の運動量（及びエネルギー）を変えれば目的を果すことができる．こうしてかゝわりあいのあるエネルギーと運動量とが物質に含まれる因果的因子であり，それらはちがった時刻に於ける事件の間の関係を古典論では決定論的に，量子論では統計的に支配するという結論に到達するのである*．

14. 物質の時空的側面と因果的側面の間の関係　そこでわれわれは量子論が物質の時空的側面と因果的側面との間のつながりについて新しい概念に導くことを示す場所にたち至ったわけである．この概念は，両局面を統一するものとして現われるのであるが，二つのちがった局面の必要性が排除できる程緊密に統合するものではない．

この概念を得るために，第 10 節及び第 12 節の結果から始める．それらの節では，古典論はちがった時刻に於ける時空的運動に関係する一組の規則によって表現できるのに反し，量子論はそのようには表わせないことが示された．エネルギーと運動量（即ち，因果的因子）とを，構成粒子の速度と位置とによって排除してしまうことはできない．従って量子論的な因果性の概念は次の点でその古典的対応物と異っているのである：即ち，時空的な事件の間の関係を，物質に内在する，時空自体のそれと同じ基本的且つそれ以上分析不能な基礎の上に立つ諸因子（即ち，運動量）が"原因となって"いるものとして必ず記述せねばならぬということである．これらの因果的因子は時空的事件のなりゆきのなかで統計的な趨勢だけを支配するに過ぎないのは事実であるが，この因果的諸因子が余計なものとなるのをふせぎ，それ故量子論に於いての因果性の概念に真の内容を与えるのは，まさにこの不完全決定性という性質なのである．

物質の時空的側面も因果的側面もいずれもが厳密には定められないという条

---

* それ故運動量は今後屢々，物質内に含まれる"因果的因子"あるいは"因果的側面"と呼ぶことがある．

第 8 章 物質の量子的本性の物理的描像を組立てる試み　　183

件の下で，両者を尚保存しようとすると，それらの性質について全然新しい概
念に到達する．時空的側面と因果的側面とが同時に完全に確定される形で存在
するとみなすかわりに，今度はそれらを，いずれか一方が適当な系との相互作用
に於いてもっと厳密に定められる形で，しかしそれに相応して他方が確定され
る度合を失うという犠牲を払ってだけ実現され得るような，対立する可能性と
みなすからである*．こうしてもし 1 個の電子が位置の測定装置と相互作用す
るならば，その位置は比較的良く確定されるが，運動量が定められる度合は相応
して減少するであろう．他方，1 電子が運動量の測定装置と相互作用する時は，
運動量は比較的良く確定されるが，電子の位置が定められる度合は相応して
損われる．更に，第 6 章の第 10 節で示されたように，いろいろな性質を定め
る際のこういった変化は，測定装置と相互作用する時に起るばかりでなく，も
っと一般に，すべての物質との相互作用に於いても起るものである．斯様にわ
れわれの新しい概念によれば，物質は，比較的不完全にしか定められない事件
の間の割合に明確に定められる因果的なつながりを顕わすか，あるいは比較的
はっきりと定められた事件間の比較的不完全な因果関係を発見するか，双方の
可能性をひそめているものとみなすべきで，両者共にはっきりと定められる可
能性を持つものとみることはできない**．それらの可能性のうちどちらが与え
られた場合により完全に実現されるかは，一部は問題になっている対象が相互
作用する相手の系に依存する．従って時間が経つにつれて，異った系と相互作
用するようになり，その可能性のいずれか一方がより強く顕われることとな
る．こうしてわれわれは物質が上の二つの局面を，厳密に確定される時には矛
盾するが，不完全に定められた形に於ては共存し，それらの確定度が相反的に
関係するという意味で互いに対立する時空的な面と因果的な面とを統一する何
物かである，という考えを抱くに至ったわけである．

　一見，波動函数は全然位置の函数としてか，あるいは全然運動量の函数として
か，いずれか一方で表わされるから，上の局面のうち一方だけが物質のふるまい

---

* 第 6 章の第 9 節と第 13 節とでは，量子的段階にあっては，物質の諸性質は，
　各々他方の代償に於いてだけ，適当な環境との相互作用に於いてより厳密に確
　定され得るような，対立する可能性であるという概念が既に導入されている．
** 例えば，ある時空領域に粒子が存在すると言うことによって事件が記述され
　得るが，因果的関係は系のかゝわりあいのある部分すべての運動量によって記
　述される．第 13 節参照．

を完全に記述するのに実際上必要であるに過ぎないと仮定してよいように思われる．しかし，波動函数は与えられた表示に於いて，振幅と位相と両方が規定された時にだけ完全に確定されるということを想い出してみよう．そうすると第6章の第4節から第10節に於いて見たように，与えられた表示で振幅はその表示と結びついている変数が与えられた値をとる確率を支配し，位相の関係は共軛な変数の確率分布により密接に関連しているものである．

従って，位相関係の物理的意味は共軛変数を測定することによってだけ理解することができる．たとえば，位置の表示では波動函数の位相の関係は粒子の時空的位置によっては理解できず，物理的説明をするためには運動量の概念を導入する必要が起る．従って波動函数はその中に暗々裡に物質の時空的記述と因果的な面の記述と両方を含んでいるわけである（各記述は勿論不確定性原理を破らないような中間の精度を持っている）．従って，量子論の意味する物質の性質の定性的な説明を得るためには，両記述を，その各々に中間の変通自在な精度を持たせて，同様に留めておかねばならぬのである．

15. 相補性原理　前節に於いては，物質の基本的な諸性質，運動量とか位置とかいったものは，各々が中間の精度で定められた時だけ，従って不確定性原理が損われない時にだけ両立するものであることを見た．ところで量子論以前のすべての理論は，物質のふるまいは適当な力学変数で完全に記述することができ，それらの力学変数は皆原理的には任意に高い精度で同時に定めることができると暗黙の裡に仮定して来た．それ故，物質の基本的な諸性質が，一般には，厳密に確定される形では存在しないという考えは，物理学理論を表わすに使われる概念の性格に遠大な変革を与えるものである．この変革は事実非常に広遠なものであるので，Bohr はそれを一般的な原理の形で述べ，"相補性原理"と呼ぶに至ったのである．この原理の深い意義は，それが多くの場合に逐一どのように成立つかを見た後ではじめて評価され得るものであろう．だが，こゝでは二，三の簡単な実例でその意義を示し，次にこの原理をもっと一般的な形で述べることにする．

先ず運動量と位置とを考えよう．古典物理学では，一粒子の運動量は p と $p+dp$ との範囲内にあるか，そうでなければ p と $p+dp$ の範囲の外のある範囲にあるかのいずれかである．しかし量子論では，波束が範囲 dp よりも拡がっている時は，その粒子がはっきりと与えられた範囲 dp 内にあるということは最早正しくないし，またはっきりとその範囲外にあると言うことも正しくな

第 8 章 物質の量子的本性の物理的描像を組立てる試み   185

い. そのかわり, そのような状況の下では単に, 運動量は完全に確定される性
質ではないというのである (もっともその電子がたとえば運動量を測る仕掛と
相互作用すれば, 位置の確定される度合を犠牲にして運動量をより良く確定す
る可能性はあるが).

　しかし運動量がはっきりと定められないということだけで波動函数の運動量
空間での拡がりの物理的意味をつくしているわけではない. 第6章の第6節で
見たように運動量空間に於いての位相関係が位置の分布を決めるからである.
同様に, 位置空間の位相関係は運動量の分布を決定する. だから, われわれは
運動量及び位置が不完全にしか定められないことが本質的であるという結論を
得る. というのは各々の不確定さの範囲の中に他方を確定するに必要な因子が
存在するからである. 従って運動量と位置とは "織り交ぜられる変数" と呼ん
でよいかもしれない. もっともこの記述さえも適当ではない. 一方の存在その
ものが他方のある程度の不確定さを要求するという考えを含んでいないからで
ある. もっと正確な記述は運動量と位置とを "織り交ぜられる可能性" と呼ぶ
ことであろう. この方が, ちがった条件の下では比較的よく定められ得るよう
な対立する性質を表わしていよう.

　もしわれわれが物質を波動函数だけによって記述するなら, 波動函数はとも
かく原理的には思うまゝ完全に定めることができるから, 不確定な, あるいは
"潜在的な" 諸性質はおそらく除去することができるだろうという議論がある
かもしれない. だが波動函数は物質の現実のふるまいと一対一の対応にあるの
でなく, 統計的に対応しているに過ぎないことを想い起さねばならない*. 即ち,
波動函数は, その系が相互作用する測定装置の性質に依存する, 一定の位置かあ
るいは一定の運動量かを現わす確率の言葉によって説明される処方が与えられ
なければ無意味なのである. そしてこの確率は, 同等な初期条件で以て行われ
る一連の実験で得られる変数の平均値とだけ一対一の対応をもつものである**.
個々の原子に関する限り, それに一定の位置と一定の運動量とを同時に持た
せ得るような精度には, ある限界の存在することはそのまゝ成立つ. だから
1個の電子は, これらの変数が実際確定されない, 対立する可能性としてだけ
存在する状態に在るもの, とみなされねばならない. これらの可能性は互いに
補足し合うものである. その各々がこの電子の顕われ出る物理的過程の完全な

* 第6章4節.
** 第6章1節.

記述に必要だからである．これこそ，“相補性原理”の名の生れる所以である．

次に相補性原理をもっと一般的に述べることにする：量子的段階では，任意の系の一番一般的な物理的諸性質は相補的な変数の対によって表わされねばならない，それらの変数の各々は他の変数を確定する度合を相応して損うという代償を払ってだけ，より良く定められ得るに過ぎないと．この原理は明らかに，すべてのかゝわりあいのある変数を思いのまゝの高い精度迄規定することによって記述できるという物理系の古典的概念と鋭い対照を見せている．何故なら，量子論では相補的な変数の対はある程度まで対立する可能性であり，変数のいずれかは，唯他方の変数が精度の低い値を示すという事情の下だけで，より多く正確な値をあらわすようにされることができるに過ぎないからである．これはいうまでもなく，相補的な変数はそれらが余りに正確に定められていない時は，実際に矛盾せず，一方の変数を完全に正確に定めることだけが他の変数をそうすることゝ矛盾するに過ぎないのを意味するものである．

相補的な可能性の対の一番ありふれた例は古典力学の正準共軛変数：運動量と位置，エネルギーと時間，といったものである．それらの一方は常に物質の因果的な面と関連し，他のものは時空的な面に関係するから，因果的な面と時空的な面とは相補的であることになる．しかし相補性原理は力学変数だけに限られるものではなく，もっと一般の概念にもあてはめられるものである．例えば，第 6 章の第 9 節と第 13 節とでわれわれは，物質の波動的な面と粒子的な面とは，与えられた物質部分に含まれる可能性の実現される，対立するが補足しあう様式であり，そのいずれか一方が，適当なまわりのものと相互作用する時により強く現われ得るものであることを見てきた．

相補的な概念の対の他の例は連続性と不連続性である．たとえば，原子の離散的なエネルギー準位の間の遷移に於いては，電子はひとつの準位から他の準位に飛躍して，中間のエネルギーの値をとらないことを思い出してみよう．他方，波動函数は始めの軌道に相当する空間領域から終りの軌道に対するそれに連続的に移ってゆく．われわれは未だこの問題を詳しく取り扱うのに必要な数学的な道具を展開してはこなかったが，第 22 章の第 14 節に於いて，遷移の連続的な面と不連続的な面とは，一方を完全に正確に定めることが他方のそれと両立しないにもかゝわらず，両者が過程の完全な記述に必要であるという意味で相補的なことが示されるであろう．

相補性原理のそれ以上の実例は本書の全巻を通じて現われるであろうが，こ

第 8 章 物質の量子的本性の物理的描像を組立てる試み　187

こでは，後章の諸結果のうち二，三のものを定性的な言葉で前以て論じておこ
う．われわれは与えられた系が，そのすべては同時に完全に確定された形で存
在できないような，無限に多種多様な性質を示すことができるのをみることで
あろう*．そこで，運動量と位置といった一対の性質（あるいは範疇）から出発
すると，それらが厳密に確定された形では存在しないばかりか，運動量と位置
と両方共が或る程度不確定な時にだけ確定され得る，無限に多くの新しい諸性
質（または諸範疇）もまた存在することが知られるであろう．それらの諸性質
は事実，問題にされている対象が適当な系と，即ちこの特別な性質を確定した
形で実現させる適当な測定装置のようなものと相互作用する時にだけ，はっき
りと定められるのである．

　そういう次第で，与えられた体系が，旧い諸範疇はその表象を失い，旧諸範疇
と交錯する新しい諸範疇でとって換えられる，涯しなく多様な変態を行う可能
性を持つことがわかる．こうしてわれわれは物質の性質についての異常に流動
的な，またダイナミックな概念に到達する．この概念にあっては与えられた対
象は明確に定められるどのような範疇系から常に遁れ出てしまうのである．そ
の範疇系とは，与えられた一組の条件の下でだけ適切なものであり，古典的な
推論の線に沿って，対象のふるまいを一定の仕方で不易に制約するようなもの
である．そういった変態の際立った1例は，ポテンシャルの壁を“粒子”が漏
れ出ることに関連して現われる．そこでは所謂“粒子”が古典的には通り抜け
得ないような空間領域を横切ることができる；壁がその波動的な可能性をもた
らすからである**．

　相補性原理は従って，古典的な段階に於いて妥当な概念形式と比べるとき，量
子的段階で物質を記述するに適切な，概念形式に於ける徹底的な変革を表わす
ものと結論されるのである（これについては第23章を見ていただきたい）.

　16.　不可分一体である世界　さて，われわれは量子論がもたらしたわれわれ
の基本概念の変革の第三のものに移る；即ち世界は相異る部分に正しく分解す
ることはできない，むしろ，不可分の統一体とみなされねばならない，その個
々の部分は古典的極限に於いてだけ成立つ近似として現われるに過ぎないとい
うのである．この結論は相対性原理に導くと同じ考えに，即ち，物質の諸性質
は，他の系と相互作用させる場合だけに完全に実現され得る，完全には確定で

---

* 第16章25節.
** 第11章14節参照.

きない対立する可能性である という考えに基くものである（第6章第13節参照）．こうして，量子的な精度の段階では，ある対象がそれだけに属する何か"固有な"性質（例えば，波動とか粒子とか）を持つということはない．その代り，それが相互作用する系とその性質のすべてを相互にまた不可分に分担するのである．その上，与えられた対象，たとえば電子は，ちがった時刻にはちがった可能性をもたらす異る系と相互作用するから，それは（第14節でみたように）対象自身の顕現し得る種々の形態（たとえば，波動あるいは粒子といった形態）の間を連続的にうつりかわるのである．

　このように形態がまわりのものに依存して流動的に変化することは，物理学に於いて，素粒子の段階で量子論が現われるより前には見出だされなかったとはいえ，古典的な経験では異常なものであったわけではない．特に複雑な体系を扱う生物学の分野ではそうである．適当な外界の状況の下では，バクテリアが完全に構造の異る胞子の段階に発育できるし，またその逆も可能なのである．だがバクテリアと胞子とは同じ生命体のちがった形態と認められる．こゝに確かに電子の量子論的なふるまいとの相似点がある．電子の波動的な面と粒子的な面とは同じ物質的実在のちがった"形態"と認められ得るからである*．いずれの場合にせよ，適当な周囲の事情があって，二つの可能なふるまいの様式のうちの一方を，あるいは他方を顕わすことができるのである．

　だがなお，バクテリアから胞子への変化と電子がより多く波動的なものからより多く粒子的なものに変ることとの間には一つの重大な差異が存するのである．バクテリアから胞子への変化はおそらく，バクテリアとそのまわりのもの（即ち，原子と分子と）がそれらの部分の間に働く力によって再配列されるものとみなすことができるであろう．ところが，第6章第13節で指摘しておいたように，電子のうつりかわりはこういう風に記述できないものである．むしろ，古典的には電子の"固有な"性質と呼ばれるものに於いての根本的な変化であり，電子の仮想的な構成部分とそのまわりのものとによってそれ以上に分割できないような変化である．これが，量子的な精度の段階では，宇宙は，相異るいろいろな部分から成っているとは正しくみなすことのできない，不可分の全体である，という陳述の意味なのである．

　物質の量子的性質に関するこの観点の含む意味を明らかにするために，次の

────────────

* 第15節参照，また相補性原理と比較せよ．

第 8 章　物質の量子的本性の物理的描像を組立てる試み　　　189

数節では，いろいろな部分から構成されている複雑な体系の古典的な記述をか
なり詳しく分析してみよう．次にこの記述は量子的領域では成立たないことを
示すことにする．こうしてわれわれは，第6章でもっと直接的に得たのとは別
の途で,世界は不可分の単位とみなされねばならぬという結論に到るのである.

　　17.　古典的段階に於いての対象と外界との差別　　ある対象の性質が際どく
まわりのものに関係しているような時は，古典論にしろ,量子論にしろ,あるい
は他のどんな理論にせよ，いつでも，その対象だけを孤立した系として記述す
るのは不適当であり，そうではなくて，対象プラス外界からなる結合系を一体
として研究すべきであることが認められる．しかし古典的段階では，対象がそ
のまわりのものと強く結合されている時でさえ，勝手な時刻に於いて両者の空
間的な隔たりを基にして区別することができると常に仮定している．たとえば,
顕微鏡に依って，何事かが空間の一定領域に於いて起っているのを見ることが
できる．それは任意の時刻に於いて，この特別な空間領域が，バクテリアと呼
ばれる十分確定し得る対象によって占められていると説明されるべきところの
ものである（バクテリアとまわりのものとを物理的に分離する線は完全に鋭く
はっきりとしたものではあり得ないであろうが，バクテリアの大きさにくらべ
るとまだまだ非常に狭いものである）.

　　このような系に於いて，時間が経つにつれ起る事態をどのように記述すべき
であらうか？　明らかにバクテリアと外界との間には強い相互作用が存在する：
第一にそれらの間の力によって，第二にそれらの間の物質の交換によって．事
実，数時間のうちに始めバクテリア中にあった物質の大部分が追い出されて周
囲の媒質からの物質で置き換えられてしまうこともあるし，とかくするうちに
バクテリアはまた胞子に変ることもできるのである．そのときどのようにして
これをわれわれが最初に見たと同じ生命体のひきつづきであると考えてもよい
とされるのであろうか？　そのように考えてよいという釈明の一部はバクテリ
アが行う変化の過程の連続性に，また一部はすべての時刻にバクテリアと外界
との諸性質が因果律によって決定されるという事実に在るのである.

　　18.　連続性の役割　　変化する対象を同一物と認めることを可能にする上で
連続性の果す役割はかなりはっきりしたものである．たとえば，もしも大きな,
連続的でない，突飛な変化がバクテリアに起ったとしたら，時間の経過と共に
それが同一物であるとして跡を追ってゆくことは不可能であろう．またこの連
続性はバクテリアが，それを観察し存在を認めることができるのに十分なだけ

の間，"立ち止まって"いることを保証するものでもある．即ち，それが変化しつつあるとしても，変化の影響はいつもそれを観測する時間の幅を十分小さくとることによって思うままに小さくできるというのである．

19. 因果律の役割　一対象を，それが変化しつつあるものにせよ，そうでないにせよ，同一物と認めることを可能にする上で，因果律の果す役割は恐らくより不分明なものであろうが，より重要でないものというわけでは確かにない．この問題に於いてもつ因果律の意義は，バクテリアがそのものとして認められる手順を述べることによって示されよう．例えば，バクテリアは顕微鏡をのぞけば見ることができる．しかしバクテリアが因果律に従うのでなければ，少くとも，光の廻折，吸収，反射の程度までは規則正しい確かな仕方で因果的な法則に従うのでなければ，顕微鏡はバクテリアを一個体として確認する上に何の助けともならないであろう．他の重要な吟味では，対象は外からの攪乱に，既知の確実な仕方で反応せねばならない．だから，もしバクテリアが細い針で突かれるならば，それは多少とも一塊のジェリーのように反応し，一片のガラスのようにではない．もしある染料を媒質中に挿入するなら，各種のバクテリアはそれ自身に特有な着色反応を示すであろう．

更に多くのこういった実例をあげることができるであろうが，広い範囲にわたる一般的な経験を，ある対象はそれがいろんな種類の力と反応する仕方によって確認される，と約言できる．それらの力は電磁気的なものでも，力学的なものでも，重力的なものでもよい．また分子間の化学的相互作用の力から発するものでもよいし，あるいはここでは述べられなかった未だ他の仕方で生ずるものでもよい（この基準は光によって対象を見ることも含むのを注意したい）．ある対象が外力と一定の仕方で反応するという陳述はそれが因果律に従うことを意味するものであるから，どんな対象もそれが因果律に従わないかぎり，それ自身であると確認はできないという結論になる．

同種の判断基準が陽子とか電子とかいう素粒子を認めるのにも使われる．このような粒子の存在に対する最初の明確な証拠は，霧函内に現われた見掛上連続的な飛跡であった．この飛跡は電気的及び磁気的な力によって，荷電粒子の行路が曲げられると正確に同じ仕方で曲げられてあった．電子や陽子が確認されるのは，電気的及び磁気的な力との反応と荷電粒子のつくる電気的な力によって他の原子が電離されることとからなのである．

20. 分析と綜合　ある体系が連続的に運動し，また因果律に従うならば，た

第 8 章 物質の量子的本性の物理的描像を組立てる試み 191

とえそれが外界と強く相互作用してこの相互作用の結果大きな変化を受けると
しても，それを切り離された一対象として，時間の経過するにつれて，確認し
続けることができる．外界との相互作用の結果変化が起っても，それは因果律
によって理解できるものである．即ち，バクテリアが胞子の段階に移る時の構
造の変化も，バクテリアとそのまわりのものとを構成する分子の間の電気的，
磁気的及び化学的な力で惹き起されると考えられる．しかも，結局，バクテリ
アが胞子にうつりかわるように，系のいろんな部分を運動させるのもこれら力
なのである．

　ところで上に述べた考えはもっと一般化することができる．実際上科学のす
べての分野に於いて，日常生活の大概に於いてと同様，われわれは暗黙の裡に
世界を部分に分解し，これらの部分を因果律の助けで統合するというプログラ
ムを使っているのである．このプログラムが意味をもつためには，それらの部
分が，少くとも原理的には，確認することができ，また因果律に従って全体を
形成するように結合するという性質をもつことが必要である．

　確認を行う過程は，実際に示されたように，常に連続性と因果律とを暗々裡
に仮定している．それ故われわれは，勝手な時刻に於いて，各部分は一定の空
間領域を占め，また一定の形と構造とを持ち，それらはすべて時間と共に連続
的に変化すると仮定するのである．だが等しく重要なのは，各部分に，定った
特有な結果が生じ得るという仮定である．これは，系の性質を探るために使わ
れるいろんな型の力とその系が相互作用する場合に，因果的法則に従うと仮定
することを意味する．原理的には，思うまゝの種類の力で対象を観測し，その性
質を探ることができるわけであるから，もしもある系が，それ自身であること
の確認が可能であるような部分に分解できるならば，その系はすべての相互作
用に於いて因果的法則に従うはずであると結論される．そうでないとすると，
各部分の確認が疑わしいものになってくる．何故なら，観測のすべての方法
が必しも同じ結果に導かないことになるであろうから．ところが，ある系を識
別し得る部分に分解できるようにするために必要な，連続性と因果律という同
じ一般的な要請が，すべての部分が全体を形成するように結合する仕方の記述
を可能にするためにもなくてはならぬものなのである．このように，分解と統
合とのプログラムは相伴うのである．

　21. 古典論への分析と綜合との適用可能性　古典物理学が成立つとするか
ぎり，世界を部分に分解し，またそれらの部分を全体に統合するために必要な

条件はすべて満足され得るのは直ちにわかることである．それは，世界のすべての部分（たとえば，原子，分子，電子）が連続的に運動し，また因果律に従うと仮定されていることから帰結される．

22. 古典的に記述できる系　対　本質的に量子力学的な系　今度は上の考えを量子領域に拡げようとする時どんなことが起るかを見てみよう．これを行うには，古典的に記述できる過程と本質的に全く量子力学的なものとを区別するのが便利である．最後の分析に於いては勿論，過程はすべて全く量子力学的なものであるが，比較的大きな物体を含み，従って非常に多くの量子を含む過程が多くある．そこでは精度を量子的段階にまで掘り下げた正確な記述は重要でない．何故ならその系の興味ある特色は数箇の程度の量子のやりとりにきわどく関係はしないからである．こういった過程は古典論だけによって一番都合良く記述できる．古典的に記述できる系と本質的に量子力学的な系との差異は，観測がなされる精度に基くものではなく，むしろ，関心を寄せる対象が物質の量子性にきわどく依存するかどうかに基くものであることを注意したい．

一例として，もう一度バクテリアを考えることにしよう．量子的標準からすると，バクテリアはかなり大きな対象であり，従って，その行動の大概は古典的記述だけで理解できると予想してよい．だから，細胞を部分に分割するというプログラムは，どのようにこれらの部分が集って完全な細胞を形成するかを理解しようという究極の目的と一緒に，恐らく，この意味のある部分にはすべて古典論が適用できることに基いて，直接正しいことが明らかにできるであろう．細胞内に，あるきわどい量子過程の効果を倍増して古典的に観測し得る段階にすることのできる "連鎖反応" が存在するかもしれないというのは，思いもよらぬといったことでもないし，おそらくありそうにないことではないであろう．それが本当だとすると，分析と綜合とのプログラムは量子論の光の中で再考されねばならない．少くともこれらのきわどい性質に関してはそのようにせねばならない．

23. 量子的体系を部分に分解する試み　精度を量子的水準まで掘り下げると，分析と綜合とのプログラムを遂行しようとするとき，容易ならぬ困難が現われる．それらの困難は，因果律を適用するには系の各部分の運動量を正確に定めることが必要になるが，それは系の位置が何かの仕方でともかくわかっているときには不可能である，という事情から生ずるものである．古典的段階では，完全な決定論を欠くような部分は無視し得るものであるが，小さな対象を

第 8 章 物質の量子的本性の物理的描像を組立てる試み　　　193

取扱おうとすればする程，ますます外力に対する対象の反作用によって対象の
性質を探ることは難しくなる．例えば，そうした対象は最早光を連続的にまた
一定の仕方で反射せず，そのかわり，不連続的に（量子の形で）また幾分突飛な
方向に反射し始める．だから，顕微鏡をのぞいた時には，このような対象は，
大きさ，形，その他の性質が不連続的に，またふるまいに甚しく規則性を欠い
てゆらいでみえるであろう．力学的あるいは電気的な力による探査に対する反
作用も同様に，対象と試験体との間の急速な制御し得ない量子のやりとりのた
めに，不定となるであろう．こうして，例えば，対象が"固い"かそれとも
"軟い"かを判別することもむつかしくなるのである．各部分すべてが急速に
また制御し難く性質を変えることと関連する，運動の連続性の欠除から，各部
分を時間の経過と共に確認し続けることは困難になる．観測の間にその部分が
全く根本的に変化し得るからである．例えば，波動に似たあるものから粒子に
似たあるものに変ることはできるが，両者の間のうつりかわりを詳しくたどる
ことは，バクテリアから胞子への推移の際にできたようには行うことができな
いのである．相互作用している多くの同種の部分（たとえば，素粒子）がある
場合には，われわれが出発したと同じ部分を追いつゞけているということを確
かめるのは直ちに不可能になるであろう．

24.　不可分一体の量子的体系　上に述べたところから，われわれが記述の精
度の水準をあげようとする時，部分に分解する古典的なプログラムは結局実行
できなくなることがわかる．因果律による綜合のプログラムも，厳密な因果律
が存在しないから，また遂行不能になる．そのかわり，対象と外界とを結合す
る量子が，何時でも，他の部分にもある一部分にも同様に属する切り離し難い
鎖をつくっている，という考えに基いた新しい観点に到達する．各部分のふる
まいはそれ"自身"の性質と同程度にこれら量子にも依存するから，系の如何
なる部分も孤立したものと考えることができないのは明らかである．

　もしも古典的な実験に於いて，対象間にきり離すことのできない"鎖"の存
在が見出されたとすると，第三の対象，結合させる鎖，が要請されねばならな
い．そうして今度は三つの部分によって，その系に対し，もとの型の記述が回
復される．しかし量子論では，量子は別の対象を構成するものではなく，既存
の対象間の不可分の遷移について述べるひとつの方法に過ぎない．量子のふる
まいを予言も制御もできないという事実は，観測された効果を何らかのきまっ
た方法で量子の所為にすることはできないから，どんな場合にも役にたつ第

三番目の対象として量子を導入するのをはばむものである.

25. 水素原子の例　例えば, 基底状態にある水素原子が幾許かのエネルギーを伴う電磁場と相互作用する場合を考えよう. 原子は1箇の量子を吸収できはするが, 遷移の過程の間は原子はある定ったエネルギー状態にあるのではなく, むしろ限りない範囲のエネルギー状態を覆うものである. 電磁場のエネルギーも同様に不定である. 遷移の過程の間, 原子と電磁場との両系は, 電磁場に属すると同様, 電子にも属する不可分のエネルギー量子をやりとりして結合されている. 従って, この系の未来のふるまいを, 古典的に行うことができたように, 一義的に各"部分"(即ち, 電子と電磁場と)の状態に原因を求めることはできない. 何故というに各部分の状態は不定であり, また脱け出すことのできぬ程他の部分の状態と繋っているからである.

26. 非力学的記述の必要性　量子的な系を, 別々の部分からなり, 因果律に従って結合されているとみなし得ないという事実は, われわれの自然記述の一般的方法を根本的に変革すべきことを意味している. 個々の量子の効果が無視でき, またそれらを合成した結果が因果的な記述で近似できる古典的極限に於いてだけ, 世界をいろいろな部分に分けることができるに過ぎない. 古典的極限に於いてさえ, 対象と外界との分離はひとつの抽象であることが認められた. だが各部分は他の部分と因果的法則に従って相互作用するから, この仕方でなお正しい記述を与えることができる. しかし, そのふるまいが数個の量子のやりとりにきわどく関係するような系では, 世界を部分に分けることは許し得ない抽象である. 部分の性質自体(例えば, 波動か粒子か)が, いずれかの部分だけに一義的に帰属させることができない因子に依存しており, 完全には制御, あるいは予言さえされないものだからである.

こうして, 系を部分に分解するための普通の古典的な基準が適用可能かどうか調べることによって, 第6章の第13節で直接得られたと同じ結論に達したわけである:全宇宙は, 極めて高い精度水準に於いては, 不可分の一体とみなされねばならない. その際個々の部分は, 古典的水準の記述の精度に於いてだけ許される理想化として現われるに過ぎない, と. これは世界が巨大な機械に似た存在であるという見解, 16世紀から19世紀に有力であったその見解が今や近似的にしか正しくないことを示すものである. 物質の究極的な構造は力学

的ではないのである*.

量子論に於ける新概念の要約

連続性，因果性，及び世界を異った部分に分解するという古典的な諸概念は相互に無矛盾的であるために全部が必要なものであり，それらのどれかひとつを棄てゝも全概念を放棄せねばならない．それ故，第 20 節で示したように，ある系を異った部分に分解することはそれらの部分が連続的に運動し，精密に定められる因果的法則に従うとしてだけ意味を持つものである．同様に，精密に定められる因果的法則の概念は，世界が連続的に運動する相異る諸要素に分解できるとしてだけ意味を持つことも容易にわかる．何故なら，そういった要素がなければ因果的法則が適用できる，精密に定義し得る変数が存在しなくなるからである．

従って，古典的な諸概念の全体系は量子論的な諸概念の全く新しい体系で置き換えられねばならない．それらの量子論的な概念の各々は残りの他の概念がすべて正しい時にだけ意味を持つものである．この量子的な概念の体系は，完全でない連続性，完全でない決定論，全宇宙の不可分一体性の仮定を含んでいる．それらは要約して，物質の性質は対立するが相補的な可能性の対によって表わされるべきであるといってよいであろう．適当な環境にあっては可能性の対のいずれか一方がより明確な形で実現され得るが，それは他方が確定される度合を相応して失うという代償を払ってだけ可能であるに過ぎない**.

新しい量子的な概念を表現するにはきびしい困難につきまとわれる．われわれの通常の言葉や，考え方の多くは古典的な概念が実質的には正しいという暗黙の仮定に基いているからである．このような仮定は量子論的な諸結果を古典論一般の線で解釈させるようにする．従って，1 個の電子がある空間領域に存在すると言う時，この領域に，この対象と相互作用する系とは関係がない固有の性質をもった孤立する一対象の存在を意味する傾向がある．だが，電子は，それ自身と同様にそれがどんな系と相互作用するかに依存して，より多く波動的に，あるいはより多く粒子的にふるまうことはわれわれの知っているところである．

---

* これは"量子力学"（クオンタムメカニックス）という言葉が名称誤用の甚しいものであることを意味する．おそらくは，"量子非力学"（クオンタムノンメカニックス）と呼ぶべきであろう．

** 相補性原理については第 15 節参照．

最後には言葉の新しい使い方が展開されて，前に述べた暗々裡の誤りが避けられるようになるはずだと想像されるのであるが，さしあたっては，通常の科学的用語，"電子"，"原子"，"波動"，"粒子"といった言葉は既に，量子論では制限なしには使用できない古典的な概念と結びついていることに気を附けるより仕方がない．即ち量子論で使われる"電子"という言葉は，電子の古典的な概念に於いて考えられるよりも，はるかにその性質が固定されず，また周囲の事情から独立でない何物かに関するものなのである．用語の困難から生ずる量子論の誤った解釈を避けるには，読者は理論をすっかり新しい概念の体系によって把握せねばならない．概念に於ける必要な変革の範囲を示すのが本章の目的であったが，この問題はまた第6，第7，第22，第23の各章と密接に関連して読んでもらわねばならない．

量子過程への類推

量子現象と著しい類似性をもった現象の起る，広い範囲にわたる経験事実が存在する．それらの類推は量子論の結果を明らかにしてくれるものであるから，こゝで論じてみようと思う．こういった類似が存在する奥底の理由について，二，三の興味ある推測にもまた立入ってみることにする．

27. 不確定性原理とわれわれの思惟過程の二，三の特徴　もし人が，ある特定の問題について思いふけっているその瞬間に，今何を思考しているかをみきはめようとするならば，その後の思考の進め方に予言も制御もできないような変化を引入れることになるのは一般に同意せられるところであろう．こういうことが何故起るかは現在はっきりとは知られていないが，若干の尤もらしい説明は後で示唆することにしよう．もし (1) 思考の瞬間的状態と粒子の位置とを，また (2) その思考の変化の一般的方向とその粒子の運動量とを比べるなら，そこに著しい類似性が認められるであろう．

しかし，一連の思考のつながりに重大な攪乱を引入れずに，考えている事柄を常に近似的に記述し得ることをわすれてはならない．ところがその記述を精密にしようとする時には，その思考の題目か進め方いずれかが，時にはその両方が，それらをみきわめようとした前のものとは非常にちがってくることが見出される．こうして，思考過程のある一面だけをはっきりさせる場合に含まれる活動は，同様な重要性をもった他の面に対して予言も制御もできない変化を引入れるように思われる．

第 8 章　物質の量子的本性の物理的描像を組立てる試み　　　197

この類推を更に押し進めるものは，思考過程の重要性はそれが一種の不可分性を持つと思われることである．それ故，人間が自らの思考を益々精細に定められた要素に分けてゆこうと試みるならば，結局それ以上分析しても意味を持ち得ない段階に到達する．従って，思考過程の各要素の意味の一部は，他の要素との不可分な完全には制御不可能な関連から生ずるものである*．同様に量子的な系特有の性質のあるもの（例えば波動性または粒子性）はまわりの物体と量子によって不可分にまた完全には制御し得ないようなつながりにあることに関係している**．こうして思考過程と量子的な系とは次の点で酷似している：それらは異った要素に余り細く分解することはできない．何故なら，各要素の"内在的"な性質は他の要素と離れて独立して存在するものではなく，むしろ一部は他の要素とのからみあいから生ずる性質だからである．いずれの場合もちがった要素に分解することは，それがつながりのある種々の不可分の部分に，重大な変更を生じないように近似される場合にだけ正しいにすぎない．

思惟過程と量子論の古典的極限の間にもまた類似点がある．論理過程は最も一般的な型の思考過程に，古典的極限が一番一般な量子過程に対すると同じように対応するのである．論理過程に於いては，われわれは分類を取扱う．これらの分類は完全にきりはなされたものでありながら，古典物理学の因果的法則の類似物とみなされてよい論理規則によって関係づけられていると考えられる．どんな思考過程にあっても，それを構成する観念は，きりはなされたものでなく，一様且つ不可分に流動するものである．それらを別々の部分に分解しようとする試みはそれらの意味をなくするか，あるいは変えてしまう．だがある種類の概念が存在して，それらのうちには対象の分類に関する概念もあるが，どのような本質的な変化も生ずることなしに，他の観念との不可分な完全には制御しがたいつながりを無視し得る．このつながりは因果的であり，論理規則に従うとみなすことができる．

論理的に定義し得る諸概念は抽象的な精密な思考に於いて，分離し得る対象や現象が世界の在来の記述に於いて演ずるのと同じ役割を果すものである．論

---

* 同様に，言葉の内包部分はそれが組み合されている他の言葉に依存し，しかもそれは実際上完全には予言することも制御することもできないような仕方で関係している（特に談話に於いて）．事実，現実に使われる言語を異った別々の要素に分解し，それらの要素間の精密な関係を確定することはおそらく不可能であろう．

** 第 24, 25, 26 節参照．

理的思考を展開しないでは，われわれの思考の結果を表わす明確な方法もその根拠の当不当を照合する途もないであろう．だから，丁度生命は，周知のごとく，量子論がその古典的極限を持たなければ不可能であったように，思考もわれわれが知っている通り，その結果が論理的な言葉で表わされなければ不可能である．だが基本的な思考過程はおそらく論理的なものとして記述できないであろう．例えば，新しい着想は屢々，長い不首尾に移った探究の後，何等はっきりとした直接の原因もなく，突然やってくることは多くの人々が注意したところである．われわれは，現実の思考過程に現われる不可分な非論理的な中間段階を無視し，また論理の術語だけに限るならば，新しい着想を産み出すことは量子飛躍と著しい類似性を示すのを示唆しておきたい．同様に，量子飛躍という概念も，現に不可分一体である量子的な系を，別々の部分に分解できることを想定する言葉や概念によって記述するわれわれの手続きに於いて，必要なものと思われる*.

28. 思考過程と量子過程との類似性についてあり得べき理由　さて，量子過程とわれわれの内的経験や思考過程との密接な類似が偶然の一致以上のものであるかどうかを問うこととしよう．ここではわれわれは思弁的基礎をもつに過ぎない；今のところ，われわれの思考過程や情緒と頭脳の構造や作用の詳細との間の関係については殆ど知られていないからである．Bohr は思考は量子論的な制約がその性質を決定するのに本質的な役割を果す位の小さなエネルギーを含むものであることを示唆した**．観察によれば頭脳の中に法外に多くの機構が存在し，この機構の大部分がおそらく古典的に記述できる段階で作動するものとみるべきであろうということには問題はない．事実，これまでに見出された神経の脈絡は，以前にはおそらく夢想だにされなかったような複雑な計算機械と電話交換局との組合せを暗示している．こういった古典的に記述できる，一般的な通信系のようにふるまうと思われる機構に加えて，Bohr の示唆は，この機構を制御するある種のキーポイント（それはまた逆にこの機構の作用によって影響される）が極めて鋭敏で微妙な釣合いにあり，本質的に量子力学的な仕方で記述されねばならぬという考えを含んでいる（このようなキーポイントは，例えば，ある種の神経の結節点に存在すると想像される）．だがわれわれは非常に思弁的な根拠によっているので余り強く言うことはできない．

---

* 例えば，第 22 章 14 節参照．
** N. Bohr, Atomic Theory and the Description of Nature.

第 8 章　物質の量子的本性の物理的描像を組立てる試み　　　199

　ところが Bohr の仮説は現在知られているところと合致しない．しかし思考過程と量子過程の間に逐一注目すべき類似性があるのは，これら二者を関係づける仮説が多くの好結果を結び得ることを暗示するものであろう．そのような仮説が立証できたとすると，それはわれわれの思考の非常に多くの面を自然な仕方で説明することになろう．

　たとえこの仮定が誤りであるとしても，またたとえ脳髄の機能が古典論だけで記述できるとしても，思考過程と量子過程との間の類似性はなお重要な帰結を与えるであろう：即ち，われわれは量子論とよい類推を与える古典的な系に等しいものを得るであろう．少くとも，それは教育的ではあろう．たとえば，それは量子論の結果と似た効果を隠された変数で記述する手段を与えるかもしれない（しかしそのような隠された変数の存在を証明するものではないであろう）．

　この問題については何等実験資料は存在していないが，思考過程と量子過程との類似はなお量子論に対しより好い "感じ" を与えるのに役立つことができるものである．例えば，電子が水素原子中で，それが一定エネルギー準位にある時，どのように運動しているか詳細に記述することを求めるとしよう．これは，ある定った問題について熟考している間に何を考えているかを詳細に記述することを求めるのに似ているということができる．その詳細な記述を始めるや否や，最早問題になっている題目については考えていない．その代り詳細な記述を与えることを考えているのである．同様に，電子が明確な軌道に沿って運動している時は，最早一定のエネルギーを持った電子ではあり得ない．

　思考過程が頭脳中の量子力学的要素にきわどく関係するということがもしも本当であるとすると，思考過程は筋力が古典論に与えると同じ種類の量子論の結果の直接的経験を与えると言えよう．こうして，例えば，筋力についての直接体験から得られた，前-Galilie 的な力の概念は一般的に言って正しかったが，しかし細い点では誤っていた；というのは，それらは加速度よりもむしろ速度が力に比例すると考えるものであったからである（この考えは非常に大きな摩擦のあるときには，日常の経験に於いては通常そうであるが，大体に於いて正しい）．同様に，われわれの思考過程のふるまいは多分われわれをつくっている物質の量子力学的な面のあるものを間接的に反映し得るであろうと思うのである．

第 II 部　量子論の数学的定式化

第 9 章　波動函数，演算子，Schrödinger 方程式

第 I 部で展開した物理的理論にもとづき，量子論にくわしい表現を与えることができる数学的形式を，たゞちに導くことにする．もっと立入っていうと，まず，われわれは，ある物理量の平均値に関する公式を求め，それから，それらの平均値をあらわす上に非常に便利である演算子形式を展開する．次に，対応原理を用いて Schrödinger 方程式を求め，最後に，演算子の固有値と固有函数の利用を導入する．こゝに至って，われわれは，量子論を，種々の初等的な問題に応用する第 III 部へ進む準備を終えたことゝなる．

1. 波動論的形式と確率　われわれは，第 I 部に於いて，量子論が，古典論とは異り，一般には測定の統計的な結果しか与えることができず，正確な結果は与え得ないということを知った．これらの確率は，波動函数 $\psi(x)$ によって決定される．粒子が，x と $x+dx$ の間の位置に見出だされる確率は

$$P(x)dx = \psi^*(x)\psi(x)dx,$$

また，粒子が $p=\hbar k$ と $p+dp=\hbar(k+dk)$ との間の運動量をもって見出される確率は，

$$P(k)dk = \varphi^*(k)\varphi(k)dk$$

となる．

位置と運動量とは，当面われわれが取扱う必要がある素粒子のただ二つの性質であるから†，粒子の行動の何らかの特徴が予言され得るかぎり，それらの諸特徴に関するすべての知識が波動函数の中に含まれていることは明らかである．これは非常に重要な点である．1 個の粒子に比べてより複雑であるような系に対して適用する場合でも，この考えは次のように一般化される．即ち，系を記述する上に必要なすべての意味のある座標の函数であるような波動函数が存在

---

† スピンその他の諸性質も存在するけれども，これらは小さな補正を与えるにすぎない．したがって，われわれの目的には，ここでは無視して差支えない（第 17 章参照）．

しており，その波動函数から系についてのあらゆる可能な物理的知識を求める
ことができる．例えば，二体問題では，波動函数は $\psi(x_1, x_2)$ である．こゝに，
x_1 と x_2 は，それぞれ，第一の粒子と第二の粒子の座標をあらわす．その際，
$\psi^*(x_1, x_2)\psi(x_1, x_2)dx_1dx_2$ が，粒子 1 が x_1 と x_1+dx_1 の間に見出され，同時
に粒子 2 が x_2 と x_2+dx_2 の間に見出される確率に等しい．それゆえ，2 個の
粒子では，波動は 6 次元空間中を運動し，N 個の粒子の場合は，$3N$ 次元空間
中を運動する．

第 17 章に於いて，電子がスピンをもつことが示されるであろう．そして，ス
ピン座標 s の導入が必要になる．その場合は，1 個の電子の波動函数は $\psi(x, s)$
となるであろう．したがって，一般に，系の記述に必要な変数が見出され
次第，波動函数をこうした新らしい変数の函数にするだけでよいことがわか
る．

2. 1 次の重ね合わせの仮説 ψ_1 と ψ_2 が波動函数として可能なものである
ならば，a と b とを任意常数としたとき，$a\psi_1+b\psi_2$ という 1 次結合は，どん
なものでも，やはり，可能な波動函数であるというのがいかなる波動論に於い
ても基礎になる考え方であり，1 次の重ね合わせの仮説として知られている．
干渉や波束の形成を説明するには，何らかのこのような仮説を仮定すること
が必要である．たとえば光学では，干渉縞は Huyghens の原理を用いて屡々
予言されているが，この原理は，ある点に於ける波動の強さを，少し前の波面
上のあらゆる可能な点から発した波動の 1 次の重ね合わせによって決定される
ものとして記述する．干渉を可能なかぎり説明することができるものとしては
これが唯一の仮説であるかどうかはわからない．しかし，これはそのための最
も簡単な仮説であって，電磁的乃至は音響学的な干渉現象の説明に成功をおさ
めてきた．そこでこの仮定を，こゝろみに電子波に拡張してみる．波束をつく
り上げたり，また光の廻折を扱った場合とよく似た方法で電子廻折を記述した
りする場合には，この仮説を前提しているという事実を論ずることなしに，実
は既に，われわれはこの拡張を行っていたのである．その場合のこの解釈のす
ばらしい成功が，一群のより一般的な問題に対するこの仮説の適用を正当化す
るのである．

この種の一意性が欠除しているという事情は，量子論の数学的形式を確立
してゆく場合に，実に屡々あらわれるであろう．われわれは，われわれの撰
択を尤もらしいものと考えさせる類推や推論を通じて実り多き考えに到達で

第 9 章　波動函数, 演算子, Schrödinger 方程式　　　　203

きる, という観点を採用しているわけである. しかし, 分析の最後の段階で
は, これらは, 実験との比較によって験証されなければならない. 量子論を展
開してゆくにあたり, この筋道の方が, 実験と比較される数学的演繹の完全な
組を出してくる一組の抽象的な仮定から出発する方法よりも, 初心者にとって
より適当であるとわれわれは信じている. その上, 仮定から出発して近づいて
ゆく方法はあまりにも厳格すぎ, 実験との一寸した不一致が見出されたような
場合, 理論をどのように変更すればよいかを云々することが困難になるという
不利な点をももっていると考えられる. われわれが採用した近づき方は, "発
見法的"といってもよい. 即ち, 部分的には演繹法にもとづき, 部分的には
後に一層精確な実験を根拠にして改良されるべき知的推測にもとづくものであ
る.

3.　量子論における体系の状態という概念　1 節で指摘したように, 波動函
数は, 一般に確率的な解釈だけしかもたない. したがって, 波動函数は, 物質
の実際のふるまいと一対一に対応していない（第6章4節を参照）. ところが,
われわれは, 波動函数には, 記述されている系に関するすべての可能な知識が
含まれているとも仮定している. このような二つの命題をどうすれば調和させ
ることができるであろうか?

その折合いをつけるには, 物質の諸性質が, 一般には, ある正確に定義さ
れた形態をもつ与えられた対象中に切り離されて存在するものではないと,
仮定するのである. 逆に, それらの諸性質は不完全にしか定義されない可能
性であり, 観測装置のごとき他の系との相互作用に於いてのみよりはっきり
した形態に実現される（第6章の9,13節. 第8章14節参照）. 波動函数はこれ
らの可能性をすべて記述し, それぞれに対してある確率を指定するのである.
この確率は, 運動量のある値といったある与えられた性質が, その系のその時
刻に, 実際に存在する機会, に関係したものではない. むしろ, それが関係
しているのは, 適当な観測装置との相互作用に於いて, ある他の変数, この
場合は位置, の確定度を相応に失わせることを代償としてその値が発現され
る機会, なのである. したがって, 二つの同種の系が同じ波動函数をもって
いる場合でも, それらがたどる一切の過程を通じ, 両者が必らず同じ行動を
するであろうとは帰結できない. 両者が自分の中に同じ範囲の可能性をもっ
ていること, および, 両方の系を同じやり方で取扱ったとすれば（たとえば同
じ変数が測定されたならば）, 各々の系に於いて, ある与えられた可能性が等

しい確率を以て発現するであろう，ということを述べることができるにすぎない．

さて，古典物理学においては，同種の二つの系を，あらゆる意味のある変数（運動量とか位置とかのような）がそれぞれに於いて同じ値をもっているような状態におくことが可能である．一旦，それがなされたならば，両体系のその後の行動は同一のものとなるであろう．このような系のことを，同じ状態にある，と厳密に言うことができた．ところが，量子論では，すべての物理的に重要な量は本来不完全にしか定められないということが，二つの系が，以後全ての過程に於いて正確に同一の行動を示す程までにすることを妨げているのは既に承知するところである．種々の可能性のうちいずれかの発現する確率が各系に於いて相等しいような条件をとゝのえるのが，なしうる最上のことである．これを行うには，同じ波動函数をもつか，最大限一定の位相因子 $e^{i\alpha}$ だけしか違わない波動函数をもつか，いずれかであるような二つの系を求めなければならない（他方，位置によって変るような位相因子が異った運動量分布を意味することは，第6章7節に示しておいたとおりである）．そういう条件の下では，二つの系は，それらの基本的な諸性質は不完全にしか定められないという性格から許されるのと同程度の意味で同一性をもっている．この理由により，両者は"同じ量子状態にある"と云われるであろう．

二つの系が同じ波動函数をもち，したがって同じ量子状態に入るようにすることは，如何にすれば可能であろうか？ そのような過程の一例は，第6章1節に記述してある．そこでわれわれが知ったことは，電子を全部が同じ運動量の初期値をもって，一時に1個ずつのスリット系に向けて発射すれば，これらの電子は全部（一定の位相因子を除いて）同じ波動函数をもち，したがって同じ量子状態にあるだろう，ということであった．もっと一般的にいえば，二つの系について，全ての意味のある変数が不確定性原理と矛盾しない程度の正確さで確定されている場合であれば，これらの系は必ず同じ量子状態に存在するであろう．斯様に，二つの系を同じ量子状態におくためには，物質の量子的性質が許すかぎりの精度で以て初期条件の再現を試みねばならぬ．

4. 量子状態という概念の統計的な意義 これまでのところ，量子状態という概念を，個々の系に対してのみ適用してきた．また，二つの系が，それらの量子的本性と矛盾しないかぎり同一のものとして取扱われている場合でさえ，各々の系には完全には確定されない可能性の範囲が存在するために，両者が異

第 9 章　波動函数，演算子，Schrödinger 方程式　　　　　205

った行動を示し得るということも，われわれの承知するところである．かくて，個別的な場合には，その量子状態がある変数に関するきまった値によって記述され得ていないかぎり，二つの系がその同じ量子状態にあることを証明するのは困難であろう．

たとえば，波動函数が正確に $e^{ipx/\hbar}$ であるならば，運動量がたしかに p であることがわかる．したがって，各々が確定した等しい運動量をもっていることさえわかれば，二つの系は同じ波動函数をもっていると確信できよう．しかし，もっと一般には波束が得られ，それは，いずれか一方を観測した場合に発現しうる変数である潜在的に可能な運動量と位置との双方にあるひろがりのあることを意味する．この場合には，系がある量子状態にあるという事実は，一般に統計的な方法でしか宣明されない．

例えば，われわれは与えられた小さな範囲の運動量をもった電子を，第6章2節で述べたようにしてスリット系に指し向けることができる．そのとき，スリットの右側にある検出板に個々の電子が到達し得る可能的な位置はすべての範囲にわたるであろう．しかし，いかなる場合が与えられたとしても，波動函数，従って量子状態は，粒子が実際に到達する場所を正確には決定しない．同一の初期条件をもった無数の同じ実験の後でしか，波動函数，従って量子状態に特有なものである電子の位置の統計的な縞は得られないであろう．

同様に，もしスリット系を通過した後で電子の運動量が測定されたならば，波動函数の Fourier 成分によって，従って量子状態によって決定される諸結果の統計的な模様が得られる．もっと一般的に云えば，量子状態によって決定されるのは，同一の初期条件の下に得られた諸結果の統計的な模様だけである．ある場合には，この縞が非常に狭いことがあり得る．その場合，特に，問題となっている現象が，観測された変数のくわしい値に決定的に依存するものでないならば，第1近似として，明確に定められた結果を用いて語ることができる．このような事情は古典的極限（即ち波束の拡がりが無視できる時）では常に起ることであって，その結果われわれは近似的に，すべての意味のある変数に対して明確に定められた値を云々することができ，従って古典的状態の明細な記述を得ることができる．

一般に，量子的な段階での統計的測定は，それぞれが最初に同一の取り扱いを受けた一連の同じような系について行われなければならない．何故ならば，観測の過程に於いては，制御できない変化がおこり，それによって測定装置と

の相互作用以前に存在した量子状態とは決定論的な関係にない新しい量子状態がもたらされるからである†. 従って, われわれのデータを与えられた量子状態と関係づけようとおもうならば, われわれは測定の終った後の系は放棄し, 同じ仕方で準備された新しい系で同じ測定を始めなければならない.

5. 平均値に対する数学的表式 こ丶で, 上に概括した一般的な考えを, より精密な仕方で表現する数学的形式につくり上げよう. われわれは種々の重要な物理量に対する表式を得る問題から始める.

位置の函数の平均値

x の平均値は定義により,

$$\bar{x} = \int_{-\infty}^{\infty} P(x)xdx \tag{1}$$

でなくてはならない. 既に知っているように,

$$P(x) = \psi^*(x)\psi(x)$$

であるから, われわれは

$$\bar{x} = \int_{-\infty}^{\infty} \psi^*(x)x\psi(x)dx \tag{2}$$

と書いてもよい††. x は記号の対称性から ψ^* と ψ の間に挿入されたが, その性質は後に明らかになる.

同様にして, x の任意の函数の平均値は

$$\bar{f}(x) = \int_{-\infty}^{\infty} \psi^*(x)f(x)\psi(x)dx \tag{3}$$

と書くことができる.

この形式の3次元への一般化は直ちにおこなわれる. 即ち

$$\bar{f}(x, y, z) = \int_{-\infty}^{\infty} \int_{-\infty}^{\infty} \int_{-\infty}^{\infty} \psi^*f(xyz)\psi d\tau \tag{3a}$$

---

† 第5章の不確定性原理の議論参照.

†† 粒子が空間のどこかに存在する全確率は 1 であるから ψ の規格化が常に仮定されていることに注意せよ. 即ち, $\int_{-\infty}^{\infty} \psi^*\psi dx = 1$. ψ がまだ規格化されていない場合は, それに $|A|^2 \int \psi^*\psi dx = 1$ であるような適当な常数 A を乗ずることによって規格化することができる. 第Ⅰ部に於いて, 全確率は保存されることが示された; 故に, もし波動函数が最初規格化されていれば, 後のあらゆる時刻においても規格化されている.

第 9 章　波動函数，演算子，Schrödinger 方程式　　　207

と書ける．こゝに，$d\tau$ は体積要素をあらわす．

　今後，全ての場合に 3 次元への拡張は同様に簡単であるから，必要な記号の数を減らすために，1 次元の取扱いに限ることにする．

運動量の函数の平均値

　運動量の平均値は

$$\bar{p}=\int_{-\infty}^{\infty} pP(p)dp=\int_{-\infty}^{\infty} \Phi^*(p)p\Phi(p)dp \tag{4}$$

である．こゝに $\Phi(p)$ は $p=\hbar k$ をもつ $\psi(x)$ の規格化された Fourier 成分である．

　第 4 章 10 節に於いて，もし $\psi(x)$ が規格化されているならば，$\varphi(k)$ も自動的に規格化され，その結果

$$\int_{-\infty}^{\infty} \varphi^*(k)\varphi(k)dk=1$$

となることが示された．しかしながら，

$$1=\int_{-\infty}^{\infty} \Phi^*(p)\Phi(p)dp$$

の如く規格化されている函数 $\Phi(p)$ を導入する方が屢々便利なことがある．この条件は

$$\varphi(k)=(\hbar)^{1/2}\Phi(p)$$

とすれば満足される．

　問題 1: 上に述べたところを証明せよ．

　運動量の任意の函数に対しては，その平均値は

$$\bar{f}(p)=\int_{-\infty}^{\infty} f(p)P(p)dp=\int_{-\infty}^{\infty} \Phi^*(p)f(p)\Phi(p)dp \tag{4a}$$

によって与えられる．

波動函数として許されるための基準

　いかなる ψ でもみたしていなければならない基本的な要請は自乗積分可能，即ち

$$\int_{-\infty}^{\infty} |\psi|^2 dx=有限な数$$

であることである．

もしこの要請が充たされないならば，われわれは確率を規格化することさえできず，従って波動函数に対して物理的に観測可能な平均値を与えるという意味を与えることができない．それ故，ψ に対する必要な（しかし，十分ではない）要請は $x \to \pm\infty$ と共に $\psi \to 0$，及び $p \to \pm\infty$ と共に $\Phi(p) \to 0$ になることである．

しかしながら，あらゆる物理的に観測可能な量の平均値が存在する筈であるという事実から，さらに厳しい要求を得ることができる．今，x と p は明らかに物理的に観測可能な量であるから，その平均値が存在しなければならぬ．運動エネルギー $T = p^2/2m$ も亦観測可能量である．従って，われわれは波動函数に対し $\int_{-\infty}^{\infty} \Phi^* p^2 \Phi dp$ が存在しなければならないという条件を課することができる．そのとき，$\Phi(p)$ に対する必要（だが十分ではない）条件は $p \to \pm\infty$ と共に $p\Phi(p) \to 0$ になることである．$V(x)$ という形で与えられるポテンシャル・エネルギーの存在が知られているとすれば，$\overline{V}(x)$ が存在することも必要である．くり返していえば，ある与えられた函数が物理的に重要であることが知られている時には，必らずその量の平均値が存在するという要請を，波動函数として許されるすべてのものに課するのである．

われわれは，現われてくると思われる波動函数のうち事実上全部といってよいものが，$\overline{x^n}$ が存在する†という性質を持っていることを後章に於いて知るであろう．こゝに n は任意の正の数である．

許される波動函数の性質に課せられるこれ以上の制限はこの章の次の節で求められるであろう．

6. 運動量の平均値を座標空間に於ける積分として求めるための演算子記法
運動量の函数の平均を，波動函数を Fourier 分解を用いずに，$\psi(x)$ から直接算出できれば非常に有益なことであろう．これを行うための方法を見出すために，(4) 式中の $\Phi(p)$ を Fourier 積分であらわせば．

$$\Phi(p) = (\hbar)^{-1/2}\varphi(k) = \left(\frac{1}{2\pi\hbar}\right)^{1/2} \int e^{-ikx}\psi(x)dx.$$

$(p = \hbar k$ を使って）次の式を得る．

---

† 束縛状態に対し $x \to \pm\infty$ としたとき $\psi(x) \to e^{-C|x|}$ となるという事実からこのことが出てくる．一方自由な粒子は，非常に大きな箱の中に収められた系と同等であると常に見なすことができる．その結果，波動函数は箱の外側で零になり，x^n を含むすべての積分が収斂する（第10章20節参照）．

第 9 章　波動函数, 演算子, Schrödinger 方程式　　　　209

$$\bar{p} = \int_{-\infty}^{\infty} \int_{-\infty}^{\infty} \int_{-\infty}^{\infty} e^{ikx'} \psi^*(x') k e^{-ikx} \psi(x) dx' dx dk. \tag{5}$$

こゝで, われわれは

$$k e^{-ikx} = i \frac{\partial}{\partial x} e^{-ikx}$$

と書こう. この時, 積分は

$$\bar{p} = \frac{\hbar}{2\pi} \int_{-\infty}^{\infty} \int_{-\infty}^{\infty} \int_{-\infty}^{\infty} e^{ikx'} \psi^*(x') dx' \left[i \frac{\partial}{\partial x} e^{-ikx} \right] \psi(x) dx dk \tag{5a}$$

となる.

x について部分積分し, $\psi(\pm\infty)=0$ という事実を考慮して

$$\bar{p} = \int_{-\infty}^{\infty} dx \int_{-\infty}^{\infty} \psi^*(x') \frac{\hbar}{i} \frac{\partial \psi(x)}{\partial x} dx' \int_{-\infty}^{\infty} \frac{dk}{2\pi} e^{ik(x'-x)}, \tag{5b}$$

Fourier 積分定理を用いることにより

$$\bar{p} = \int_{-\infty}^{\infty} \psi^*(x) \frac{\hbar}{i} \frac{\partial \psi(x)}{\partial x} dx \tag{6}$$

が得られる. これで $\psi(x)$ と $\psi^*(x)$ とで $\bar{p}$ をあらわしたのである. 形式的には, 積分中に現われる x が微分演算子 $\frac{\hbar}{i} \frac{\partial}{\partial x}$ で置きかえられているという事実を別とすれば, この結果は $\bar{x}$ に対する結果と多少似かよったところが見られる. それ故, $\bar{p}$ を求めたければいつでも,(6)式でやったように, p を演算子 $\frac{\hbar}{i} \frac{\partial}{\partial x}$ によっておきかえれば, 位置の函数として表わされた波動函数ですませることができる. 通常の数を演算子でこのようにおきかえることは単なる形式的技巧でしかない. しかしながら, これは極めて有用な手段である. 何故なら, 演算子がある種の数におきかわるということを別とすれば, それは古典物理学で平均をとるときの形式とほとんどそっくりの形式をつくりだすからである. こゝで x が (2) 式に於いて, ψ^* と ψ との間にサンドウィッチのようにはさまれたのは何故であるかが明らかになろう.

この形式を用いれば, $\psi(x)$ が確率の波以上のものである理由をもっと詳しく知ることができる. x の平均値が $\int_{-\infty}^{\infty} \psi^* x \psi dx$ で決められるばかりでなく, p の平均値も

$$\frac{\hbar}{i} \int_{-\infty}^{\infty} \psi^* \frac{\partial \psi}{\partial x} dx$$

で決められる. だから, 波の振幅が位置と共に変化する有様(即ちその勾配)も物理的な重要性をもっている. $\psi^* \psi$ が一定の時でさえ, 例えば, $\psi = e^{ikx}$ であ

ったとしても，$\partial\psi/\partial x$ は決して 0 ではない．こうして，その勾配が運動量の平均値を決定しているため，波動函数が与えられた位置の確率の決定以上のものを含んでいることがわかる．

7. 運動量の函数 冪級数 $f(p)=\sum C_n p^n$ で表わされる運動量の任意函数があるとすれば，$\bar{p}$ の取扱いに用いられたのと同じ理由により，

$$\bar{f}(p)=\int_{-\infty}^{\infty}\psi^*(x)\Big[\sum C_n\Big(\frac{\hbar}{i}\frac{\partial}{\partial x}\Big)^n\Big]\psi(x)dx \qquad (6a)$$

なることが容易に示される．この結果が成り立つためには，任意の n に対して $\overline{p^n}$ が存在すること，および上の級数が収斂することが必要である．これらの条件はわれわれが取扱うであろう波動函数と演算子の大部分に於いて充たされている．しかし，その条件が充たされない場合，$\bar{f}(p)$ を直接 $\psi(x)$ で表わすことはできない．その代りに $\bar{f}(p)$ に対して (4a) 式を用いなければならないのである．

従って，何らかの p の函数を計算するための規則は，計算さるべき項の中にある p の冪の数と同じ回数だけ $\frac{\hbar}{i}\frac{\partial}{\partial x}$ を作用させることである．

問題 2: $\overline{p^2}$ に対して (6a) 式が成り立つことを証明し，その結果を帰納法によって $\overline{p^n}$ に拡張してみよ．

(6a) 式を証明する際，任意の n の値に対して $x\to\infty$ と共に $\dfrac{\partial^n\psi}{\partial x^n}\to 0$ となることを仮定する必要がある．これまで現実の問題と関連して現われたすべての波動函数について，この要請は充たされている．しかし，この要求が充たされない波動函数が一つでも現れるならば，$\displaystyle\int\psi^*\Big(\frac{\hbar}{i}\frac{\partial}{\partial x}\Big)^n\psi dx$ から $\overline{p^n}$ を求める規則は最早適用されないであろう．積分 $\displaystyle\int\psi^*\frac{\partial^n\psi}{\partial x^n}dx$ の収斂は理論を大いに簡単にするものであるから，$x\to\pm\infty$ と共に $\dfrac{\partial^n\psi}{\partial x^n}\to 0$ となるということを，それを放棄すべき強力な実験的理由が現れない限り，保持されるべき仮定として採用することは不合理ではないように思われる．

8. 運動量空間に於ける演算子．運動量表示 $\psi(x)$ で話をしている場合は，われわれは位置表示とよばれるものによっているのである．屢々，$\varphi(k)$ という，結局は $\psi(x)$ と全く同様に波動函数を定義する効果をもつ函数を使った方が便利なことがある．$\varphi(k)$ が与えられた場合，そのときの波動函数は運動量表示とよばれるものである．

第 9 章 波動函数，演算子，Schrödinger 方程式　　　211

運動量空間では，運動量は単なる数で表わされる：

$$p = \hbar k.$$

これは座標空間に於いて，座標 x がある数で表わされるのと全く同様である．こうして，$\bar{p} = \int_{-\infty}^{\infty} \Phi^*(p) p \Phi(p) dp$ [(4) 式] となる．他方，Fourier 分解によって，x の平均値が次の積分に等しいことが容易に示される（負号に注意せよ）．

$$\bar{x} = -\frac{\hbar}{i} \int_{-\infty}^{\infty} \Phi^*(p) \frac{\partial \Phi(p)}{\partial p} dp \tag{7}$$

問題 3： 上に述べたことを証明せよ．

こうして，x 空間に於ける $\bar{p}$ の計算との類推を用い，次の式を得る．

$$\bar{x} = \int_{-\infty}^{\infty} \varphi^*(k) i \frac{\partial}{\partial k} \varphi(k) dk. \tag{8}$$

もし $f(x) = \sum A_n x^n$ ならば，同様にして，

$$\bar{f}(x) = \int_{-\infty}^{\infty} \varphi^*(k) \left[\sum A_n \left(i \frac{\partial}{\partial k} \right)^n \right] \varphi(k) dk \tag{8a}$$

となることを示すことができる．それ故，微分演算子で表わされるのが x であるか p であるかということは，われわれが位置空間を用いているか運動量空間を用いているかによるのである．これらの表示のうちいずれを用いるかということは全く便宜上のことがらに属する．

問題 4： (8a) 式を証明し，それが成立つための条件を述べよ．

9. 演算子の1次性 これまでに導入された演算子は1次性と呼ばれる性質を持っている．ある演算子 O は，次のことが成り立つならば，1 次である：

（1）O はあらゆる波動函数に作用して一般に元の波動函数と異る新らしい波動函数を生ずる；即ち，$O\psi_1 = \psi_2$．

（2）$O(\psi_1 + \psi_2) = O\psi_1 + O\psi_2$．

（3）$CO\psi = OC\psi$，こゝに C は勝手な数である．これまでに導入された演算子がこの1次性をもつことを読者はたゞちに証明できるであろう．

10. 演算子としての座標 x 位置表示では x は単なる数として表わされる．しかし，それは波動函数に数を乗ずるという特別に簡単な性質を持つ演算子と見做してもよい．x が1次演算子であることは明白である．

運動量空間に於いては，$p = \hbar k$ は座標空間に於ける x と全く同じ性質をもっている．

11. 演算子の積．交換子 こゝで，二つの演算子の乗法を考えることができる．われわれは既に p の冪と x の冪とを取扱った．xp あるいは $x^n p^m$ のような積についてはどうであろうか？

$\psi(x)$ に作用する演算子 xp は次の意味を持っている．先ず $\dfrac{\hbar}{i}\dfrac{\partial \psi}{\partial x}$ をとり，次にそれに x を乗ずる．演算子 $px\psi$ は先ず ψ に x を掛けて，次に微分することを意味する．この二つが同じものでないことは明らかである．事実，われわれは次式を得る．

$$(xp - px)\psi = \frac{\hbar}{i}\left(x\frac{\partial \psi}{\partial a} - \frac{\partial}{\partial x}(x\psi)\right) = i\hbar\psi. \tag{9}$$

$(xp - px)$ は二つの演算子 x と p との<u>交換子</u>とよばれる．座標と運動量の交換子は $(xp - px) = i\hbar$ という簡単な関係を満足する．交換則が損われるため，演算子は数と同じものでないということに注意されたい．この一点を除き，演算子は数のすべての性質をもっている．即ち，演算子は加えること，減ずること，常数を乗ずること及び相互に乗ずることができる．ただ，相互に乗じた時に，普通の数ならば満足する $ba = ab$ という規則を一般に満足しない．

問題 5： 交換子 $(x^n p^m - p^m x^n)$ 及び $(e^{ikx}p - pe^{ikx})$ を求めよ．

12. 演算子として表わされた一般の函数 これまでに，x の任意函数及び p の任意函数の平均値を計算する方法は得られた．ところで，xp のような x と p の両方を同時に含むある函数の平均値が欲しいものとしよう．われわれの規則を拡張し，$f(p)$ のみを取扱った場合と全く同様に，p を $\dfrac{\hbar}{i}\dfrac{\partial}{\partial x}$ で置き換えるならば，位置表示で計算ができるであろうと推測される．そこで，試みに

$$\overline{xp} \overset{?}{=} \int_{-\infty}^{\infty} \psi^* x \frac{\hbar}{i}\frac{\partial \psi}{\partial x}dx \tag{10}$$

と書いてみる．

同様に，運動量表示では，

$$\overline{xp} \overset{?}{=} \int_{-\infty}^{\infty} \Phi^*(p)\left(i\hbar\frac{\partial}{\partial p}p\right)\Phi(p)dp \tag{10a}$$

と書いて，x を $i\hbar\dfrac{\partial}{\partial p}$ とおきかえてもよいであろう．

第9章 波動函数, 演算子, Schrödinger 方程式　　　213

このような試験的な規則が充たさなければならない最低の要求は, 古典的極限に於いてそれが正しい平均値を与えるということである: いゝかえれば, その規則は対応原理を満足しなければならない. それが対応原理を満足することを示すためには, 波束の形をした波動函数 ψ を考える. 古典論の結果に関する限り, 重要な物理量はすべて波束の中で眼にみえて変化することはできない. これは古典の極限に於いては, 波束は本質的に粒子のようにふるまい, 従って系が古典的に記述されるべきときには, 波束に特徴的な波動的性格は問題にならないという理由によるものである. それ故, 波束の中での x のすべての変化を無視し, 実質上一定と見做すことのできる $\bar{x}$ で, x を置き換えても差支えない. これは, 今度は (4) 式で与えられる普通の規則で $\bar{p}$ を計算してよいことを意味する. そこで, さきの試験的な規則が少くとも正確な古典的極限を与えていることがわかる. 同様の議論を運動量表示を使ってもすることができ, 同一の結論が得られるのである.

上に述べた試験的な規則は, x と p の冪級数として表わすことのできる x と p のいかなる函数に対してもたゞちに拡張される. われわれ が行うことは (位置表示に於いて), 数 p が現れた時にはいつでもそれを演算子 $\dfrac{\hbar}{i}\dfrac{\partial}{\partial x}$ で置き換えることである. 即ち,

$$f(x, p) = \sum_{m,n} A_{nm} x^n p^m \longrightarrow \sum_{m,n} A_{nm} x^n \left(\frac{\hbar}{i}\frac{\partial}{\partial x}\right)^m$$

及び

$$\overline{f}(x, p) \overset{?}{=} \int_{-\infty}^{\infty} \psi^*(x) \sum_{n,m} A_{nm} x^n \left(\frac{\hbar}{i}\frac{\partial}{\partial x}\right)^m \psi(x) dx \tag{11}$$

とするのである. 冪級数に展開できない演算子の定義は後に論ずるであろう.

13. 平均値の実数性と因子の順序　　上の規則は $f(x, p)$ の平均に対して正確な古典的極限値を与えはするが, 対応する古典的表現では x と p の現れる順序が問題にならないのに対し, 量子論ではその順序が不可欠のものであるために, 尚幾分不明瞭である. われわれは, x と p のあらゆる実函数の平均値が任意の ψ に対して実数でなければならないという要請によって, この不明確さが部分的にはとり除かれることを以下に示そう.

例えば上に定義された $\overline{xp}$ が実数でないことは容易に示される. それを示すためにわれれは

$$\overline{xp} = \int_{-\infty}^{\infty} \psi^* x \frac{\hbar}{i} \frac{\partial \psi}{\partial x} dx \tag{11a}$$

と書く. 部分積分によって (積分された項は零になることに注意して)

$$\overline{xp} = -\frac{\hbar}{i}\int_{-\infty}^{\infty}\psi\frac{\partial}{\partial x}(x\psi^*)dx = -\frac{\hbar}{i}\int_{-\infty}^{\infty}\left(\psi^*\psi + \psi x\frac{\partial\psi^*}{\partial x}\right)dx \qquad (11b)$$

が得られる.

上式の右辺の第2項は $\overline{xp}$ の複素共軛に等しいことに気が付く. 故に $\overline{xp}$ は その複素共軛に一つの附加項を加えたものに等しい. これは $\overline{xp}$ が実数ではあり得ないことを意味する.

14. Hermite 演算子　基本的には実数である量の平均値がこのように複素数になることを避けるためには, 既に述べたように, 任意の ψ に対して実数であるように平均値が定義されていなければならない. $O(p,x)$ が問題にしている演算子であるならば, $\overline{O}$ と $\overline{O}$ の複素共軛とが等しくなければならない. 今,

$$\overline{O} = \int_{-\infty}^{\infty}\psi^*(x)O\psi(x)dx \qquad (12)$$

の複素共軛は, 積分の中のすべての部分の複素共軛をとることによって得られる. 故に, 実数性の要求は次のことと同等である.

$$\int_{-\infty}^{\infty}\psi^*(x)O\psi(x)dx = \int_{-\infty}^{\infty}\psi(x)O^*\psi^*(x)dx. \qquad (13)$$

O^* は演算子 O の複素共軛である. 例えば演算子 $p = \frac{\hbar}{i}\frac{\partial}{\partial x}$ に対しては, $p^* = -\frac{\hbar}{i}\frac{\partial}{\partial x}$ である. (13) 式を満足する演算子を *Hermitean* であるという.

p が Hermite 演算子であることは, たゞちに証明される. それには, われわれは

$$\overline{p} = \int_{-\infty}^{\infty}\psi^*(x)\frac{\hbar}{i}\frac{\partial\psi}{\partial x}dx \qquad (14)$$

と書く. 部分積分をすると積分された部分が 0 になるから

$$\overline{p} = \int_{-\infty}^{\infty}\psi\left(-\frac{\hbar}{i}\frac{\partial\psi^*}{\partial x}\right)dx \qquad (14a)$$

得る.

$\overline{p}$ はその複素共軛に等しく, したがって, p が Hermite 演算子であることがわかる.

問題 6： p^n が Hermite 演算子であることを証明し, 従ってすべての A_n が実数ならば $f(p) = \sum A_n p^n$ も Hermitean であることを示せ. もし A_n のどれかが複素数ならば, $f(p)$ は Hermitean でないことを示せ.

第 9 章　波動函数, 演算子, Schrödinger 方程式　　　　215

問題 7: もし $f(x) = \sum A_n x^n$ で, 且つすべての A_n が実数ならば, $f(x)$ は Hermite 演算子であることを示せ. もし A_n のどれかが複素数ならば, $f(x)$ は Hermitean でないことを示せ.

問題 8: もし $x \to \pm\infty$ と共に $\dfrac{\partial^n \psi}{\partial x^n}$ が零に近づかないならば, 演算子 $\left(\dfrac{\hbar}{i}\dfrac{\partial}{\partial x}\right)^{n+1}$ は必ずしも Hermitean でないことを証明せよ.

これらの問題から, 平均値が実数であるための要請は, x あるいは p のいかなる実函数に対しても自動的に充たされることがわかる. 他方, x と p 両方の函数に対しては必ずしも充たされない. 実数性の条件を充たすために, 一般に, x と p が現れる際の二つの可能な順序の平均をとらなければならないことをここで示そう. 例えば,

$$\overline{\left(\frac{xp+px}{2}\right)} = \frac{\hbar}{2i}\int_{-\infty}^{\infty}\psi^*\left(x\frac{\partial}{\partial x}+\frac{\partial}{\partial x}x\right)\psi dx \tag{15}$$

を考える. $\int \psi^* x \dfrac{\partial \psi}{\partial x}dx$ を部分積分すれば (積分された項が零になることに注意して) $-\int\psi\dfrac{\partial}{\partial x}(x\psi^*)dx$ が得られる; 一方 $\int\psi^*\dfrac{\partial}{\partial x}(x\psi)dx$ の積分は $-\int\psi x\dfrac{\partial\psi^*}{\partial x}dx$ を与える. こうしてわれわれは

$$\overline{\left(\frac{xp+px}{2}\right)} = -\frac{\hbar}{2i}\int_{-\infty}^{\infty}\psi\left(x\frac{\partial}{\partial x}+\frac{\partial}{\partial x}x\right)\psi^* dx \tag{15a}$$

を得る. 故に $\overline{\left(\dfrac{xp+px}{2}\right)}$ はその複素共軛に等しく, 従ってこの演算子が Hermitean であることが証明された.

問題 9: もし, すべての A_{nm} が実数ならば, 演算子 $\sum A_{nm}\left(\dfrac{p^n x^m + x^m p^n}{2}\right)$ が Hermitean であることを証明せよ.

15. $f(x, p)$ の平均値を求めるための規則の修正　今やわれわれは, ある x と p の函数の平均値を求めるためのより明確な規則を与えることができる. p が現れる場合は常にそれを $\dfrac{\hbar}{i}\dfrac{\partial}{\partial x}$ で置き換えるというだけではなく, x と p に関する二つの可能な順序の間の平均をとることによって因子の順序の任意性をとり除くのである. それにはまず x だけを含むすべての因子と, p だけを含むすべての因子がそれぞれ一まとめになって現れるように函数を並べる. 次に積 $p^n x^m$ を $\dfrac{1}{2}(p^n x^m + x^m p^n)$ で置き換える. このようにして, 演算子は Hermitean にされ, 計算されるすべての平均値が確かに実数になる. この手続きは<u>演算子の</u>

Hermite 化と呼ばれている.

p のすべての因子及び x のすべての因子を Hermite 化する前に，一つにまとめるということゝで採られた手続きにも，依然，多少の任意性が残っている．即ち，古典的な積 $(px)^2$ の量子力学的なアナロジーを求める場合，$\dfrac{p^2x^2+x^2p^2}{2}$ と $\left(\dfrac{xp+px}{2}\right)^2$ のいずれをとることも可能である．

問題 10： 上の二つの仮定が同一の結果とならず，$\hbar^2$ の大きさの量だけ異ることを証明せよ．

従って，平均値を計算する場合に量子力学的な演算子をどのように定義すべきかということには尚若干の不明確さがのこる．しかしながら，種々の定義による結果の間の差は $\hbar^2$ の程度の量であり，従って量子力学的な精度水準でのみ重要となるに過ぎない．こゝでは，量子数が大きい場合に正確な古典的性質を与えるという要求だけで制限されているような首尾一貫した理論の建設を企てているのであるから，この場合の手続きがこの種の任意性を除去できる程十分明確なものでないのが当然である．その代り，前に述べたように，このような進め方は多少とも発見法的であると見做すべきであろう．というのは，この方法が厳格な一般形式を持った理論に導きはするが，その若干の細かい点に関しては，後に実験を直接参照して補足することもできるとの意味に於いてである．しかし，これ以上の修正をしてみたところで $\hbar$ の何乗という程度の補正を与えることができるに過ぎない．

今のところ，因子を並べる様々の方法のうちのどれが正しいかを決定する実験的根拠は全く存在しない．それはすべての観測可能量が Hermite 演算子の平均から計算される限り，どの並べ方を採用したかということによって予言された結果が変るような系がまだ一つも見つかっていないという単純な理由のためである．実験的資料が一つもないので，問題 9 で示唆された順序をえらんできたが，それが最も簡単な数学的表現に導くからである．予言された結果が Hermite 化の方法に依存するような実験が何か見つかるまではどれが正しい方法であるか決める方法は存在しない．

16. Hermite 共軛演算子 これまでの議論から，一般に Hermite でない演算子は，先ず Hermite 化されない限り，即ち x と p の現れる順序を交換し両方の順序の和の半分をとらない限り，複素数の平均値を与えることが知られた．にも拘わらず，Hermite でない演算子による純粋に数学的な方法を用い

第 9 章　波動函数, 演算子, Schrödinger 方程式　　　　217

た方が便利なことが屡々ある. このような Hermite でない演算子は複素数と
よく似た一種の演算子と見做してもよい. あらゆる複素数 $C=a+ib$ に対する
複素共軛な数　$C^*=a-ib$　を定義することが常に可能である. これと似た方法
で, 共軛演算子を定義できないであろうか? ある演算子 O に共軛な演算子と
しては, その平均値が元の O の平均値の複素共軛であるようなものを要求す
るのが自然であるように思われる. もっと立ち入って云えば, 演算子 O に共
軛な演算子を O^+ で表わすとすれば,

$$\int \psi^* O^+ \psi dx = \int (\psi O^* \psi^*) dx \tag{16}$$

であることを要求するのである. この定義から. もし O が Hermite 演算子
であるならば, $O^+=O$ であることがわかる. いゝかえれば, Hermite 演算子
はわれわれの定義にしたがえば, 自己共軛である. これは自分自身と複素共軛
とが相等しい実数とよく似ている.

　一般に, O^+ は, O の中に現われるすべての i を $-i$ で単に置き換えただけ
で得られる O^* とは等しくないことに注意すべきである. 例えば Hermitean
である演算子

$$p = \frac{\hbar}{i} \frac{\partial}{\partial x}$$

を考えてみよう. この場合は $p^+=p$ である. ところが,

$$p^* = -\frac{\hbar}{i} \frac{\partial}{\partial x} = -p,$$

故に, $p^+ \neq p^*$. O^+ を O の複素共軛と区別するために, O^+ を O の Hermite
共軛という. また O の複素余因子と呼んでもよい.

　何故このような特別な方法で, 演算子の共軛の定義を撰ぶのか, が問われる
かもしれない. その答は, 演算子の平均値だけが物理的意味をもつ唯一のもの
だということである. それ故, 複素函数に対する量子的な類似物のうち最も近
いものは複素数になる平均をもった演算子である. しかし, 演算子自身の中に
複素数が現れても特に重大ではないのである. 例えば, 位置表示では p は $p = \frac{\hbar}{i} \frac{\partial}{\partial x}$
で与えられる. しかし, その平均は常に実数である. このようにして,
古典的極限に於いて複素共軛函数に近づく演算子は必ずしも複素共軛演算子で
はなく, 一般に Hermite 共軛な演算子である. 任意の演算子 O から出発した
場合に, Hermite 共軛に対するわれわれの定義を満足する演算子を見出だす
ことが常に可能であるかどうかということが一つの重要な問題である. これが

常に可能であるというのが，その答である．こゝではそのことを証明しない．
唯証明が可能である旨述べておくにとゞめる．

問題 11: 部分積分によって $(xp)^\dagger = px$ なることを示せ．

任意の演算子 O から，その演算子とそれの Hermite 共軛との平均をとる
ことによって，常に Hermite 演算子をつくることができる．即ち，われわれ
は

$$\frac{O+O^\dagger}{2} = H \tag{17}$$

とおく．こゝに H は Hermite 演算子である．これが正しいということは，
$(O^\dagger)^\dagger = O$ であるという事実から十分明らかである．これは複素数 C 実数の
部分を $a = \dfrac{C+C^*}{2}$ という式から求めるのと極めてよく似ている．

$b = \dfrac{C-C^*}{2i}$ に等しい複素数の虚数部分 b に似たものが存在するであろうか?
この問題を調べるために，次のように定義される演算子 A を考えることにし
よう．

$$A = \frac{O-O^\dagger}{2}, \tag{18}$$

$$A^\dagger = \frac{O^\dagger - (O^\dagger)}{2} = \frac{O^\dagger - O}{2}. \tag{19}$$

従って，演算子 A は，$A^\dagger = -A$ なる性質，即ちいゝかえれば，Hermite
共軛の符号を変えたものに等しいという性質をもっている．　かゝる演算子を
<u>反 Hermitean</u> と呼ぶ．

任意の反 Hermite 演算子 A に i を乗ずることによって，いつでも Her-
mite 演算子をつくることができる．これを証明するために，i 自身が反 Her-
mite 演算子であることに先ず注意する．それは i の平均値をとってみると知
ることができる．

$$\bar{i} = \int_{-\infty}^{\infty} \psi^* i \psi dx = -\int_{-\infty}^{\infty} \psi^* i^* \psi dx \tag{20}$$

($i^* = -i$ なることに注意せよ．)

問題 12: 上の結果からが，$i(O-O^\dagger)$ が Hermite 演算子であることを証明
せよ．

Hermite 演算子 $\dfrac{O-O^\dagger}{2i}$ を記号 B で表わそう．そのとき

第 9 章　波動函数，演算子，Schrödinger 方程式　　　219

$$O=\left(\frac{O+O^\dagger}{2}\right)+i\left(\frac{O-O^\dagger}{2}\right)=H+iB$$

と書くことができる．このようにして，われわれは任意の演算子を，実数の平均値を持つ部分と虚数の平均値を持つ部分というふたつの部分の和に分解したのである．これは数に対する $c=a+ib$ という表式の完全な類似物である．しかしながら，A と B は必らずしも可換でないこと，およびその結果として，この分解が数についてなされる分解と完全に同等ではないこと，に注意されたい．例えば，数については

$$(a+ib)(a-ib)=a^2+b^2$$

を得るが，演算子に対しては

$$(H+iB)(H-iB)=H^2+B^2+i(BH-HB)$$

を得る．

17.　Hermite 演算子の一般化された定義　　任意の ψ に対して

$$\int_{-\infty}^{\infty}\psi^*H\psi dx=\int_{-\infty}^{\infty}\psi(H^*\psi^*)dx \tag{21}$$

という式を充たす Hermite 演算子 H を考えよう．ψ_1 と ψ_2 を任意の函数として，$\psi=\psi_1+\psi_2$ と書いて見よう．そうすれば

$$\int_{-\infty}^{\infty}(\psi_1^*H\psi_1+\psi_2^*H\psi_2)dx+\int_{-\infty}^{\infty}(\psi_1^*H\psi_2+\psi_2^*H\psi_1)dx$$

$$=\int_{-\infty}^{\infty}(\psi_1H^*\psi_1+\psi_2H^*\psi_2)dx+\int_{-\infty}^{\infty}(\psi_1H^*\psi_2^*+\psi_2H\psi_1^*)dx \tag{22}$$

を得る．(21) 式を用いれば，両辺の第 1 項の積分は打消し合って

$$\int_{-\infty}^{\infty}(\psi_1^*H\psi_2-\psi_2H^*\psi_1^*)dx=\int_{-\infty}^{\infty}(\psi_1H^*\psi_2^*-\psi_2^*H\psi_1)dx \tag{22a}$$

が得られる．この関係は任意の ψ_1,ψ_2 に対して成立するはずである．だから ψ_1 に常数因子 e^{ia} を，ψ_2 に e^{ib} を乗じておいても成立しなければならない．そうすれば，

$$e^{i(b-a)}\int_{-\infty}^{\infty}(\psi_1^*H\psi_2-\psi_2H^*\psi_1^*)dx=e^{i(a-b)}\int_{-\infty}^{\infty}(\psi_1H^*\psi_2^*-\psi_2^*H\psi_1)dx \tag{22b}$$

が得られる．この関係は上の積分が 0 である時にのみ任意の a 及び b に対して成立する．こうして，われわれは，

$$\int_{-\infty}^{\infty}\psi_1^*H\psi_2 dx=\int_{-\infty}^{\infty}\psi_2H^*\psi_1^*dx \tag{23}$$

を得る．これは重要な結果である．それは次のことを述べている．即ち，

$$\int_{-\infty}^{\infty} \psi_1{}^* H \psi_2 dx$$

のようなある積分に於いて，もし H が Hermitean であるならば，ψ_1 と ψ_2 とが異っている時でも，H^* を $\psi_1{}^*$ に作用させることによって同じ結果を得ることができる．われわれの始めの定義，(13) 式では ψ_1 と ψ_2 とが同じものである時でしかこれは許されていなかったのである．

18. Hermite 共軛の一般化された定義 演算子 O が Hermitean でないならば，上と同様のやり方で Hermite 共軛な演算子の定義を一般化することができる．それをおこなうために，

$$O = A + iB$$

と書く．ここに，A, B は Hermite 演算子である．この時，$i^\dagger = -i$ 及び i が B と可換であることに注意して

$$O^\dagger = A^\dagger - iB^\dagger = A - iB$$

が得られる．

今積分

$$\int_{-\infty}^{\infty} \psi_1{}^* O^\dagger \psi_2 dx = \int_{-\infty}^{\infty} \psi_1{}^* (A - iB) \psi_2 dx \tag{24}$$

を考えよう．A と B が Hermitean であるから，

$$\int_{-\infty}^{\infty} \psi_1{}^* (A - iB) \psi_2 dx = \int_{-\infty}^{\infty} \psi_2 (A^* - iB^*) \psi_1{}^* dx = \int_{-\infty}^{\infty} \psi_2 O^* \psi_1{}^* dx \tag{24a}$$

が得られ

$$\int_{-\infty}^{\infty} \psi_1{}^* O^\dagger \psi_2 dx = \int_{-\infty}^{\infty} \psi_2 O^* \psi_1{}^* dx \tag{25}$$

となることが結論される．

これは $O^\dagger$ が函数に右側から作用する時にはいつでも，O^* を函数の左側から作用させることによって同じ積分を計算できるということを意味する．

19. 二つの演算子の積の Hermite 共軛を求める問題への応用 二つの演算子 A と B，及びそれらの Hermite 共軛 $A^\dagger$ と $B^\dagger$ とが与えられている時，積 AB の Hermite 共軛はどうなるであろうか？ この量を求めるため，定義 (23) 式により，

$$\int \psi_1{}^* (AB)^\dagger \psi_2 dx = \int \psi_2 (A^* B^*) \psi_1{}^* dx \tag{26}$$

と書く．こゝで，$B\psi_1$ が新らしい波動函数にあたることに注意する．それを φ

第 9 章 波動函数，演算子，Schrödinger 方程式 221

とよんでもよい．こうして，

$$\int \psi_1^*(AB)^\dagger \psi_2 dx = \int \psi_2 A^* \varphi^* dx \tag{26a}$$

が得られる．Hermite 共軛の定義を適用すれば，

$$\int \psi_2 A^* \varphi^* dx = \int \varphi^* A^\dagger \psi_2 dx - \int (B^* \psi_1^*)(A^\dagger \psi_2) dx \tag{26b}$$

になる．$A^\dagger \psi_2 = f$ と書くと，

$$\int (B^* \psi_1^*)(A^\dagger \psi_2) dx = \int fB^* \psi_1^* dx = \int \psi_1^* B^\dagger f dx = \int \psi_1^* B^\dagger A_\dagger \psi_2 dx \tag{26c}$$

を得る．このようにしてわれわれは，

$$\int \psi_1^*(AB)\psi_2 dx = \int \psi_1^* B^\dagger A^\dagger \psi_2 dx \tag{27}$$

を得，そして

$$(AB)^\dagger = B^\dagger A^\dagger \tag{27a}$$

が結論されるのである．A と B が Hermite であるならば，

$$(AB)^\dagger = BA \tag{27b}$$

である．A と B が個々には Hermitean であったとしても，その積は必ずしも Hermitean でないことに注意する．

問題 13： もし A 及び B の各々が Hermitean であるならば，AB が Hermitean であるためには，B と A との間にどんな関係が存在するか？

20. 交換子への応用 A と B が Hermitean であるとすれば，その交換子の Hermite 共軛は

$$(AB - BA)^\dagger = (BA - AB) = -(AB - BA)$$

となることがわかる．即ち，2つの Hermite 演算子の交換子は反 Hermitean である．交換子を Hermitean にするには，i をかければよい．即ち，$i(BA - AB) =$ Hermite 演算子となる．

問題 14： $i(p^2 x - x p^2)$ が Hermitean なることを直接に証明せよ．

21. Hermite 演算子に関する一定理 後になって非常に役に立つ次の定理をこゝで証明しておこう．任意の ψ に対して Hermite 演算子 H の平均値が零であるならば，$H\psi$ はすべての ψ に対して恒等的に零でなければならない．これは $H \equiv 0$ と書いてよいということを意味する．

これを証明するために，$\overline{H}$ の定義

$$\overline{H} = \int \psi^* H\psi \, dx = 0 \tag{28}$$

から出発する．こゝで ψ_1 及び ψ_2 を任意として $\psi = \psi_1 + \psi_2$ と書けば，

$$\overline{H} = \int \psi_1^* H\psi_1 dx + \int \psi_2^* H\psi_2 dx + \int \psi_1^* H\psi_2 dx + \int \psi_2^* H\psi_1 dx = 0. \tag{29}$$

定義により，最初の2項が零であることに注意する．故に，

$$\int \psi_1^* H\psi_2 dx + \int \psi_2^* H\psi_1 dx = 0 \tag{29a}$$

を得る．この関係は任意の ψ_1 について成立するから，a を常数として $e^{ia}\psi_1$ で ψ_1 を置き換えても差支えない．そこで，

$$e^{-ia} \int \psi_1^* H\psi_2 dx = -e^{ia} \int \psi_2^* H_1 \psi_1 dx \tag{29b}$$

が得られる．これは積分の各々が零になる場合に限り，任意の a に対して成立し得る．このようにして，任意の ψ_1 及び ψ_2 に対して

$$\int \psi_1^* H\psi_2 dx = 0 \tag{29c}$$

を得る．それ故 $\psi_1 = H\psi_2$ と選ぶことができる．このようにして，われわれは，

$$\int (H^*\psi_2^*)(H\psi_2) dx = 0 \tag{29d}$$

を得る．ところが上の式の被積分函数は函数 $H\psi_2$ の絶対値である；故に定義により，それは到る処で零又は正である．従って，すべての ψ_2 に対して $H\psi_2 = 0$ である時にかぎり，いゝかえれば $H \equiv 0$ であるならば，積分は零になる．

演算子形式の要約

種々の量の平均値を，波動函数 $\psi(x)$，あるいはその Fourier 成分 $\Phi(p)$ のいずれかによって表わす方法が得られた．それをおこなう際，数としての形式的な性質の若干を備えているが可換ではないところの1次演算子を導入すると便利であることがわかった．これらの演算子は直接の物理的意味は持たず，物理的に観測可能な量の平均値を計算する際に用いる数学的補助としての意味を持っているにすぎない．しかしながら，それらは実用上極めて便利であり，これらの平均を計算する仕事を甚だしく簡単にする．従って，これらの演算子は，量子論では多くの用途を見出すのである．

第 9 章　波動函数, 演算子, Schrödinger 方程式　　223

Schrödinger 方程式の導出

22. Schrödinger 方程式の一般形　既に第 I 部に於いて，自由粒子では波動函数が次の方程式を充たすことを知った[†].

$$i\hbar\frac{\partial\psi}{\partial t}=-\frac{\hbar^2}{2m}\frac{\partial^2\psi}{\partial x^2}.\tag{30}$$

更にまた，古典的極限に正確に近づく所の波束の運動を与え，且つ一般的に意味のある性質をもつ，保存される確率密度函数が存在し得るためには，この方程式が常に時間に関して 1 階でなければならないということを示す議論も述べておいた．それは，力が存在する場合でも，次のように書けることを意味する.

$$i\hbar\frac{\partial\psi}{\partial t}=H(\psi).\tag{31}$$

こゝに，H は ψ のある函数である．しかし，ψ の時間微分は含まない．これが一般的な波動方程式である.

1 節に於いて，量子論の根本仮定は波動の 1 次の重ね合わせの仮説であるということが示された．これは，ψ_1 と ψ_2 とが波動函数として可能なものであるならば，$a\psi_1+b\psi_2$ もまた可能な波動函数であるという意味である．しかるに，許され得るすべての波動函数が波動方程式の解でなければならないから，二つの解の和も解であることが結論される．従って波動方程式は 1 次方程式であり，H は既に論ぜられた形の 1 次演算子でなければならない.

23. 確率の保存と H の Hermite 性　H に対する一つの附加的な要請として，H が Hermitean でなければならないということがある．これは，確率が保存されるための，即ち $\partial P/\partial t=0$ であるための要請である．こゝに，P は積分された確率，即ち $P=\int\psi^*\psi dx$ である．これは，次のことが必要であるという意味である.

$$\frac{\partial P}{\partial t}=\int\left(\frac{\partial\psi^*}{\partial t}\psi+\psi^*\frac{\partial\psi}{\partial t}\right)dx=0.$$

波動方程式 (31) より，$\partial\psi/\partial t$ を ψ を用いて表わすことができ，また

$$-i\hbar\frac{\partial\psi^*}{\partial t}=H^*\psi^*$$

[†] 議論はすべて 1 次元の場合についてだけ行う．3 次元への一般化は極めて容易である.

224 　　　　　　　　　第 II 部　量子論の数学的定式化

をも考慮すれば,

$$\frac{\partial P}{\partial t} = \frac{i}{\hbar} \int (\psi H^* \psi^* - \psi^* H \psi) dx \tag{32}$$

を得る. Hermite 共軛演算子の定義 (25) 式より, これは次の式に帰着する.

$$\frac{\partial P}{\partial t} = \frac{i}{\hbar} \int \psi^* (H^\dagger - H) \psi dx. \tag{33}$$

上の式が任意の ψ に対して零になっているとすれば, その場合, (13) 式で与えられた定義にしたがい, H は Hermite 演算子の筈である. 逆に, もし, H が Hermitean であれば, 確率は常に保存されている.

24. 対応原理による H の決定　ここで, H に対する一層の制限が対応原理から得られるであろう. このことは, 自由粒子の波動方程式を求める際に用いられたのと基本的には同じ方法で遂行され得る. 自由粒子の場合には, 波動方程式は de Broglie の関係式 $E = h\nu$ と $p = h/\lambda$ とから求められた. ところが後者は, 波束が古典的粒子の速度で運動するという要請, 並びにそれに加えて $E = p^2/2m$ であるという要請から得られたものである. そこで, 今度は, 力が存在する場合でも波束の平均速度と古典的粒子の速度とが等しいと要請することにしよう. これは, 本質的には, われわれの理論が対応原理を満足していること, 即ち, いゝかえれば, 物質の波動的性質のより細部の点は考慮せず, 波束が平均としてどのように運動するかだけを問題にするときには, 古典的な結果が得られるという要請である.

25. 変数の平均値の時間微分に関する一般公式　対応原理の助けを籍りて H の形をさらに制限するというわれわれのプログラムを遂行するためには, ある演算子 O の平均値の時間的に変化する割合に対する公式が必要であろう. 即ち, われわれは次の計算を行いたいのである.

$$\frac{d}{dt} \overline{O} = \int \left(\frac{\partial \psi^*}{\partial t} O \psi + \psi^* O \frac{\partial \psi}{\partial t} \right) da + \int \psi^* \frac{\partial O}{\partial t} \psi dx. \tag{34}$$

$\partial O / \partial t$ が O のあらわな時間的依存性だけに関係していることを注意しよう. 即ち, 演算子 x 及び p に対しては $\partial O/\partial t = 0$ であるが, $O = x + pt$ に対しては $\partial O/\partial t = p$ である. さらに, O が Hermitean であれば, $\partial O/\partial t$ も必らず Hermitean であることに注意する.

ふたゝび, $\partial \psi/\partial t$ を ψ で, $\partial \psi^*/\partial t$ を ψ^* であらわし, 次の式を得る.

$$\frac{d}{dt} \overline{O} = \frac{i}{\hbar} \int [(H^* \psi^*)(O\psi) - (\psi^* O H \psi)] dx + \int \psi^* \frac{\partial O}{\partial t} \psi dx. \tag{35}$$

第 9 章　波動函数，演算子，Schrödinger 方程式　　225

Hermite 共軛演算子に対するわれわれの定義 (16) より，次のように書く．

$$\frac{d}{dt}\bar{O}=\frac{i}{\hbar}\int\psi^*(H^*O-OH)\psi dx+\int\psi^*\frac{\partial O}{\partial t}\psi dx. \tag{36}$$

H が Hermitean でなければならないから，これは次式に帰着する．

$$\frac{d}{dt}\bar{O}=\frac{i}{\hbar}\int\psi^*(HO-OH)\psi dx+\int\psi^*\frac{\partial O}{\partial t}\psi dx. \tag{37}$$

これの意味は，一度ある演算子 O と H との交換子がわかれば，O の時間的な変化の割合を求めることが常に可能であるということである．

　O の平均値の全体としての変化の割合を算出していることに注意しよう．この変化は，一部が ψ の変化の結果であり，一部は O のあらわな時間依存性から起ってきた演算子 O 自体の変化の結果である．従って，$(d/dt)\ \bar{O}$ は，$\partial O/\partial t$ と非常に違うことを覚るのが大切である．

26.　波束の平均運動の算出に対する応用　　Newton の運動法則は（古典的に）次のように書いて差支えない．

$$\frac{dp}{dt}=-\frac{\partial V}{\partial x}\quad\text{および}\quad\frac{dx}{dt}=\frac{p}{m}, \tag{38}$$

量子論では，x と p の微分を古典的な意味で定義することさえできない．連続な粒子軌道の如きものが全く存在しないからである（第8章6節を参照）．微分に最も近いものは，x と p の平均値の時間的な変化の割合を考察することによって見出されることになる．波束の幅が無視できる古典的極限に於いては，それらは古典的に計算された値と等しくならねばならぬ．この条件は，Newton の運動法則が平均値 $\bar{x}$ および $\bar{p}$ を用いて表わされた場合に成立つと要請すれば，極めて容易に満足させることができる．従って次の様に書く．

$$\left.\begin{array}{l}\dfrac{d}{dt}\bar{p}=-\displaystyle\int\psi^*\dfrac{\partial V}{\partial x}\psi dx,\\[2mm]\dfrac{d}{dt}\bar{x}=\displaystyle\int\psi^*\dfrac{p}{m}\psi dx=\int\psi^*\dfrac{\hbar}{im}\dfrac{\partial\psi}{\partial x}dx.\end{array}\right\} \tag{39}$$

第一の式は，平均の運動量の変化する割合が平均の力に等しいことを意味している．また第二の式は，平均の位置の変化する割合が p/m の平均に等しいという意味である．

　(36) 式から $d\bar{p}/dt$ を算出しよう．われわれは $\partial p/\partial t=0$ であることに注意する．$H=p^2/2m+g$ と書くと便利であろう．こゝに，g は力が存在しないとき

は 0 になる演算子である†. われわれは次の式を得る.

$$\frac{d\bar{p}}{dt} = \frac{i}{\hbar} \int \psi^* \left[\left(\frac{p^2}{2m}p - p\frac{p^2}{2m} \right) + (gp - pg) \right] \psi dx. \tag{40}$$

p と p^2 とは交換するから，次の式だけが残る. $\left(p = \frac{\hbar}{i} \frac{\partial}{\partial x} \text{ と書くと} \right)$

$$\int \psi^* \left(g\frac{\partial \psi}{\partial x} - \frac{\partial}{\partial x} g\psi \right) dx = -\int \psi^* \frac{\partial V}{\partial x} \psi dx,$$

即ち，

$$\int \psi^* \left(\frac{\partial g}{\partial x} - \frac{\partial V}{\partial x} \right) \psi dx = 0. \tag{41}$$

さて，上の式は任意の ψ に対して真でなければならない. この関係を満足する最も簡単な方法は $g = V$ と選ぶことである. もっと一般には，$g = V + f$ と書いて差支えない. ここに，

$$\int \psi^* \frac{\partial f}{\partial x} \psi dx = 0$$

が任意の ψ に対して成立するものとする. しかるに，これは，$\partial f/\partial x = 0$ の場合にのみ，したがつて，$f = f(p)$ の場合にのみ任意の ψ に対して満足されるのである††. 従って，一般に，次のように書ける.

$$H = \frac{p^2}{2m} + V(x) + f(p), \tag{42}$$

次に，

$$\frac{d}{dt}\bar{x} = \int \psi^* \frac{p}{m} \psi dx \tag{43}$$

が充たされることを要求すれば，$f(p) = 0$ であることを示そう. それには，$(xV - Vx = 0$ であることに注目しつゝ) 次のように書く.

$$\frac{d}{dt}\bar{x} = \frac{i}{\hbar} \int \psi^* (Hx - xH) \psi dx$$

$$= \frac{i}{\hbar} \int \psi^* \left[-\frac{\hbar^2}{2m} \frac{\partial^2}{\partial x^2}(x\psi) + x\frac{\hbar^2}{2m} \frac{\partial^2 \psi}{\partial x^2} \right] dx + \frac{i}{\hbar} \int \psi^* [f((p)x - xf(p)] \psi dx.$$

しかるに，$\frac{\partial^2}{\partial x^2}(x\psi) = 2\frac{\partial \psi}{\partial x} + x\frac{\partial^2 \psi}{\partial x^2}$, 故に，

$$\frac{d}{dt}\bar{x} = \frac{1}{m} \int \psi^* \frac{\hbar}{i} \frac{\partial \psi}{\partial x} dx + \frac{i}{\hbar} \int \psi^* [f(p)x - xf(p)] \psi dx \tag{44}$$

---

† 自由粒子に対する Schrödinger 方程式に関する第 3 章 (29) 式を参照.
†† 21 節の定理参照.

第 9 章　波動函数，演算子，Schrödinger 方程式　　　　227

を得る．(44) 式を充たすためには，任意の ψ に対して，

$$\int \psi^*[f(p)x - xf(p)]\psi dx = 0$$

が必要である．これは $f(p)x - xf(p) = 0$ であるときにのみ可能である．読者は，常数を除く p のいかなる函数もこの要請を満足することができないのを直ちに確められよう．例えば，

$$(p^n x - x p^n)\psi = \left(\frac{\hbar}{i}\right)^n \left[\frac{\partial^n}{\partial x^n}(x\psi) - x\frac{\partial^n \psi}{\partial x^n}\right] \neq 0.$$

故に，$f(p)$ は結局，H に常数を加えることであり，もし必要とあらば，これを $V(x)$ の中に含めても差支えない．このようにして，ψ が

$$i\hbar\frac{\partial \psi}{\partial t} = \left[-\frac{\hbar^2}{2m} + V(x)\right]\psi \tag{45}$$

という波動方程式の解であるならば，Newton の運動方式が平均において満足されていることが証明されたのである．上の波動方程式が平均に於いて Newton の運動方程式を満足することを最初に示したのは Ehrenfest であった．だから，この結果を Ehrenfest の定理とよんでいる．

上の結果を演算子記号で書くならば，

$$i\hbar\frac{\partial \psi}{\partial t} = \left(\frac{p^2}{2m} + V\right)\psi = H\psi \tag{46}$$

を得る．従って，演算子 H は丁度，演算子 $\dfrac{\hbar}{i}\dfrac{\partial}{\partial x}$ で p をおきかえた古典的 Hamiltonian になっている．

27. H を求めるための一般的規則　この結果を，次のように一般化してもよいことが示され得る．ψ の満足する波動方程式は $i\hbar(\partial \psi/\partial t) = H\psi$ である．こゝに，H は，座標† q と正準共軛な各運動量 p を $\dfrac{\hbar}{i}\dfrac{\partial}{\partial x}$ でおきかえることによって古典的 Hamiltonian から求めることができる．p と q とが 1 個の項の共通因子として一緒に現われたならば，H を Hamiltonian 演算子にするために，その順序を対称化せねばならない．

28. 上述の方程式は可能な最も一般的なものであるか　上の処方は対応原理と矛盾しない最も一般的な波動方程式をつくり出すものであろうか．答は否である．x と p の時間的変化の量子力学的平均を，古典的にそれらが従うの

―――――――――――

† 厳重にいえば，この規則は直角座標においてのみ正しい．演算子は適当な変換を用い，非直角座標であらわすことができる．たとえば，第 14, 15 章を見よ．

と同一の相互関係に従わせることによって，われわれは波動方程式を導びき出した．しかし，いかなる古典的実験に於いても，エネルギーの測定精度はエネルギー素量 $h\nu$ をはるかに上廻るものである（スペクトル線の観測は純粋に量子力学的なデータの一部である，何故ならば，古典論ではスペクトルは連続になるからである）．もし，Hに対して，平均エネルギーに $h\nu$ 程度の寄与をもたらすような項がつけ加わったとすれば，その結果は純粋に古典的な実験によっては観測され得ないであろう．従って，Hamiltonian 演算子は対応原理のみによっては一意的に定義されないのである．例えば，無視されてきたスピンやその他の相対論的効果によって小さな補正が導入される．それらのものはしかし，より注意深い取扱いによって処理されうる（これに関しては 2 節を参照）．

それ故に，上述の導き方は，Schrödinger 方程式の一義的な導出ではなく，方程式の主要な項を出してくる仕方の一つである．その目的は，空中から方程式をとり出して，然る後その方程式から物理的背景を演繹することを求めるよりも，むしろ，物理的背景から方程式の出所を把握できるようにしよう，というところにある．方程式に一義性が欠けているということも，知っていて有用なことなのである．何故ならば，非古典的な実験結果との一致を得るために，もし必要とあらばどこに改良をほどこす可能性があるかを示すからである．

29. 波動方程式の意義　　波動方程式より，われわれは波動函数が時間と共に変化する有様を得る．この方法で，古典的な運動が決定されることを知った．古典的な平均のみならず，すべての他の平均が波動方程式によって決定される方法で変化する．従って Schrödinger 方程式は古典物理学における Newton の運動方程式と類似のものである．しかし，Newton の方程式とは異り，それは実在の事象の確率のみを決定する．

30. 確率の流れの一般的な定義　　こゝで，Hamiltonian が

$$H = \frac{p^2}{2m} + V(x)$$

の形をしている時は，常に，確率の流れが第4章の (4) 式で与えたのと同じであることを示すことができる．これを見るために，次のように書く（V が常に実数であることに注意しつゝ）．

$$\left.\begin{aligned}
\frac{\partial P}{\partial t} &= \frac{\partial \psi^*}{\partial t}\psi + \psi^*\frac{\partial \psi}{\partial t} = \frac{\hbar}{2mi}\left(\frac{\partial^2 \psi^*}{\partial x^2}\psi - \psi^*\frac{\partial^2 \psi}{\partial x^2}\right) \\
&= -\frac{\hbar}{2mi}\frac{\partial}{\partial x}\left(\psi^*\frac{\partial \psi}{\partial x} - \psi\frac{\partial \psi^*}{\partial x}\right).
\end{aligned}\right\} \tag{47}$$

第 9 章 波動函数，演算子，Schrödinger 方程式 229

こゝで，$\partial\psi/\partial t$ と $\partial\psi^*/\partial t$ を消去するために Schrödinger 方程式を用いた．

$$S = \frac{\hbar}{2mi}\left(\psi^*\frac{\partial\psi}{\partial x} - \psi\frac{\partial\psi^*}{\partial x}\right)$$

とかけば，

$$\frac{\partial P}{\partial t} + \frac{\partial S}{\partial x} = 0 \tag{48}$$

が得られ，これは第4章(4)式と一致する．この結果を3次元に一般化することは容易である．われわれは次の結果を得る．

$$H = -\frac{\hbar^2}{2m}\nabla^2\psi + V\psi \quad \text{および} \quad S = \frac{\hbar}{2mi}(\psi^*\nabla\psi - \psi\nabla\psi^*) \tag{49}$$

31. 平均エネルギーとしての $\overline{H}$ の解釈 ψ の時間的変化の有様を決定するということ以外の物理的意味を H が持っているであろうか．持っているかどうかを調べるために，H の平均値を考えよう．

$$\overline{H} = \int\psi^*\left[-\frac{\hbar^2}{2m}\frac{\partial^2}{\partial x^2} + V(x)\right]\psi dx = \frac{\overline{p^2}}{2m} + \overline{V(x)}. \tag{50}$$

H は Hermitean であるから，その平均値はたしかに実数である．さらに，$\overline{H}$ が $\frac{p^2}{2m} + V(x)$ と等しいことがわかる．古典的極限では，これは丁度系の全エネルギーである．量子力学的平均は，p を $\frac{\hbar}{i}\frac{\partial}{\partial x}$ という演算子でおきかえる規則によって求められるのであるから，$\overline{H}$ が従って一般にエネルギーの平均値を表わしている筈であると結論される．

32. エネルギーの保存 古典物理学では，Hamiltonian 函数が時間を陽に含んだ函数でない場合は必らず，H が運動の恒量であり，従ってエネルギーが保存されることを証明できた．この証明のために，われわれは次のように書く．

$$\frac{d}{dt}[H(p,q,t)] = \frac{\partial H}{\partial p}\dot{p} + \frac{\partial H}{\partial q}\dot{q} + \frac{\partial H}{\partial t}. \tag{51}$$

正準方程式によれば，

$$\dot{p} = -\frac{\partial H}{\partial q} \quad \text{および} \quad \dot{q} = \frac{\partial H}{\partial p}.$$

このようにして，

$$\frac{dH}{dt} = -\frac{\partial H}{\partial p}\frac{\partial H}{\partial q} + \frac{\partial H}{\partial q}\frac{\partial H}{\partial p} + \frac{\partial H}{\partial t} = \frac{\partial H}{\partial t} \tag{52}$$

を得る．$\partial H/\partial t = 0$ であるとすれば（通常そうなっているように），$dH/dt = 0$ であり，その結果 H はある常数に等しい．量子論では，(37)式によって，$\overline{H}$ の変化の平均の割合が求まる．

第 II 部　量子論の数学的定式化

$$\frac{d\overline{H}}{dt} = \frac{i}{\hbar} \int \psi^*(HH - HH)\psi dx + \int \psi^* \frac{\partial H}{\partial t} \psi dx = \overline{\frac{\partial H}{\partial t}}. \qquad (53)$$

従って，ふたゝび，H が t を陽に含む函数でないならば，$\overline{H}$ は運動の恒量である.

斯様に，H が時間の函数でないすべての場合に於いて古典的な正準運動方程式がエネルギーの保存を保証しているのとまさしく同様に，Schrödinger 方程式は，量子論における平均エネルギーの保存を保証しているのである.

第10章　ゆらぎ，相関，固有函数

1. 統計的なゆらぎと相関　われわれは既に，どのような観測過程にあっても，ある変数の観測値は，一般に，ひとつの測定から次の測定へとゆらぐものであることを知っている．このばらつきの目安を得ておくと調法である．古典物理学では，このようなゆらぎを測るのに，平均値からの実際の測定値のずれの自乗平均が屢々用いられる．即ち，x の平均のゆらぎは

$$\overline{F}=\overline{(x-\overline{x})^2}=\overline{[x^2-2x\overline{x}+(\overline{x})^2]}=\overline{x^2}-2\overline{x}\overline{x}+(\overline{x})^2=\overline{x^2}-(\overline{x})^2 \qquad (1)$$

である．もしばらつきが全くないとすると，即ち，あらゆる測定に於いて $x=\overline{x}$ であれば，$\overline{F}=0$ なることは明らかである．また $(x-\overline{x})^2$ は必ず正の量であるから，x が $\overline{x}$ と異なるような測定がひとつでも起った場合には，$\overline{F}$ は零にはならないということも明らかである．x と $\overline{x}$ との差が大きくなる程，その $\overline{F}$ への寄与も大きくなるであろう．

いうまでもなく，$\overline{F}$ 及び $\overline{x}$ に関する知識は，確率函数 $P(x)$ を定義するものでは決してないことを心に留めておかねばならない．それが定めるところは，x の値が平均値のまわりに分布する，その一般的な様子だけに過ぎない．事実，$\overline{(x-\overline{x})^2}$ はある測定から次の測定へと x の値がどの程度ゆらぐかを大ざっぱに教え，それ故，x のばらつきの目安を与えるものと言うことができよう．従って $\varDelta x$ を x の不確定の度合として $\overline{(x-\overline{x})^2}=(\varDelta x)^2$ と書いてよい．

2. 量子論への拡張　これらの考えは容易に量子論に拡張される．波動函数 $\psi(x)$ が知れていれば，

$$P(x)=\psi^*(x)\psi(x)$$

がわかり，従って x のどんな函数の平均値でもわかるわけである．特に，F の平均値は

$$\overline{F}=\int_{-\infty}^{\infty}\psi^*(x)(x-\overline{x})^2\psi(x)dx=(\varDelta x)^2 \qquad (2)$$

で与えられる．だが多くの場合，波動函数の細部にわたってまで悉く論じ尽すというのは並大抵のことではない．それには波動方程式の解が必要だからである．われわれが知ろうと思うところが，二，三の大づかみな分布の性質，例えば $\overline{x}$ とか $\overline{F}$ とかいった，分布の主要な一般的性質をざっと教えてくれるよう

なもので尽くされることがよくある。特に，後でわかるところであるが，ψ の正確な形がわからない場合でも，$(x-\bar{x})^2$ という量についてはある種の結論をひき出すことができる。それ故 $\bar{F}$ のような平均を導入しておくことは屡々非常に調法なのである。

同様にして p の平均のゆらぎを導くことができ，それは

$$\overline{(p-\bar{p})^2}=\int_{-\infty}^{\infty}\psi^*\left(\frac{h}{i}\frac{\partial}{\partial x}-p\right)^2\psi dx=(\varDelta p)^2=(p\ \text{の不確定度})^2 \quad (3)$$

となる。

ψ の値が知れていると，上の式から $(\varDelta x)^2$ や $(\varDelta p)^2$ の値が計算できる。後で，$\varDelta x\varDelta p$ といったような型の積の一般的な値を調べ，どんな波動函数についても不確定性原理が常に充たされることが示されるが，さしあたっては次の問題にあるような二，三の特別な波動函数を考え，これらの場合に不確定性原理が充たされているのを示すことができる。

問題 1： 次の三つの波束に対して不確定性原理が満足されることを示せ[†]：

$$\psi=\alpha_1 e^{-\alpha x^2/2},$$
$$\psi=\alpha_2 e^{-\alpha|x|},$$
$$\psi=\frac{\alpha^3}{(\alpha^2+x^2)^2}.$$

どの場合でも，α は積分された全確率が規格化されるように選ばれるものとする。

3. p と x との間の相関　例えば p と x のごとき二つの古典的変数の，ある統計的分布に於いて，それら二つの変数の間に相関があるかないかということは重要な問題である。例えば，人々の身長と体重との間には一義的な関係は存在しないが，それでも背の高い人は低い人よりも重い傾向があるという意味で，両者には統計的な相関がある。同様に，p の分布が x の分布と何等かの相関を持つか否かを問うことが可能である。言い換えれば，p の大きな値が x の大きな値と同時に現れる傾向があるであろうか？それとも逆に，小さな x と同時に現れる傾向があるであろうか？というのである。もしこの統計的関係のうち，何れか一方が存在するときには，p と x とには相関があると言うことがで

[†] 不確定度の厳密な大きさは $\varDelta p$ と $\varDelta x$ の定義の仕方に依存している。われわれが使っている定義では，$\hbar/2$ が正確な値である。

第10章 ゆらぎ, 相関, 固有函数   233

きる. 他方, そのような関係が全くなければ, 二つの場合が共に存在し, 統計的に独立であると言えるわけである.

人間の身長 h と体重 w は統計的に独立であるとしよう. このことは, 身長の分布が体重に無関係であることを意味するものである. 即ち, h と $h+dh$ との間の或る与えられた身長をもつ確率を $R(h)dh$ と書くことができる. 同様に, 体重が w と $w+dw$ との間にある確率は h に関係せず, 従って $S(w)dw$ となる. ところで, 二つの独立な事象の起る確率は, 定義から, それぞれの生ずる確率の積である. それ故, 身長が h と $h+dh$ の間に, 体重が w と $w+dw$ の間にある確率は次の積で与えられる:

$$P(h,w)dhdw = R(h)S(w)dhdw.$$

また, 分布が積の形で書くことができなければ, その2つの変数は統計的に独立でないと言うことができる. 例えば, $P(h,w)=1/(h^2+w^2)$ となる場合を考えてみよう. このとき h の分布函数が w と独立であるとみることができないのは明らかである.

4. 古典論に於ける相関の定量的な目安   二つの古典的な量の相関の度合のうまい定量的な目安となるのは次の平均値である:

$$C_{1,1} = \overline{(x-\overline{x})(p-\overline{p})} = \overline{xp} - \overline{x}\,\overline{p}. \tag{4}$$

もし x の分布が p の分布と統計的に独立であれば, その場合 $C_{1,1}$ は零でなければならない. 何故ならその場合には,

$$\overline{xp} = \int R(x)S(p)xpdxdp = \overline{x}\overline{p}$$

であり, 従って, $C_{1,1}=0$ が得られるからである.

しかしながら, 相関が存在する時でも, $C_{1,1}$ が零となることがあり得る. 例えば大きな $|x|$ と大きな $|p|$ との相関が x のそれぞれの値に対して p の正の値も負の値も等しく起るようなものであることも可能である. それ故, 何等かの相関関係が存在していてさえ, $\overline{xp}$ も $\overline{x}\overline{p}$ もともども零になるのである.

この種のより微妙な相関の目安を得るには,

$$C_{2,2} = \overline{x^2 p^2} - (\overline{x})^2 (\overline{p})^2 \tag{5}$$

という函数を考える. 明らかに $C_{2,2}$ は x と p とが統計的に独立な場合には零となり, 上に述べたような $C_{1,1}$ が零になる場合でも零になることはない.

しかし, 一般には $C_{1,1}$ も $C_{2,2}$ も共に零になるような更に微妙な型の相関が存在する可能性がある. あらゆる可能な型の相関を験すには

$$C_{n,m} = \overline{x^n p^m} - (\bar{x})^n (\bar{p})^m \qquad (6)$$

という函数を調べればよい.

5. 古典統計的な系を $x^n p^m$ の平均値で類別すること　上の議論は $x^n p^m$ という形をした全ての種類の項の平均値が重要であることを示している. x^n とか p^m とかいった項の意味づけは, $\bar{x}$, $\bar{x}^2$, $\bar{p}$, $\bar{p}^2$ についてやったと同様に行うことができる. ただ今度はゆらぎのより一層複雑でより一層微妙な性質の測定と結びつけられるというわけである. それ故ゆらぎと相関とについてすべてを知れば, $\overline{x^n p^m}$ という量は悉く計算できる. ところで任意の函数 $f(x, p)$ は積 $x^n p^m$ から作ることができるから, その平均値は

$$\overline{f(x, p)} = \sum \overline{A_{nm} x^n p^m} = \sum A_{nm} \overline{x^n p^m}$$

となる. これは, ゆらぎと相関とによって物理的に観測可能などのような量の平均も決定され, 従ってゆらぎと相関とはわれわれが知る必要のある分布のあらゆる特徴を記述するものである, ということを意味している. 統計学では, 力学に於ける運動量のモーメントとの類推から, $x^n p^m$ のことを分布の n, m モーメントと呼んでいる.

もしもゆらぎが全然なければ, $\overline{f(x, p)} = f(\bar{x}, \bar{p})$ が得られるはずである. 両者の差はゆらぎだけによるものだからである. 各種の函数がそれぞれどんな種類のゆらぎと相関とを強く示すかは, その函数を $x^n p^m$ での冪級数に展開した時, 各 $x^n p^m$ の係数がどれだけ大きくなるかに依って定るものである.

6. 相関の量子論的定義　量子論に於いては, この相関函数は p を演算子 $\frac{\hbar}{i} \frac{\partial}{\partial x}$ で置き換え, x と p とが現れる2通りの順序の平均をとることによって簡単に求められる. 即ち,

$$C_{nm} = \frac{1}{2} \int \psi^* \left[x^n \left(\frac{\hbar}{i} \frac{\partial}{\partial x} \right)^m + \left(\frac{\hbar}{i} \frac{\partial}{\partial x} \right)^m x^n \right] \psi$$

$$- \left(\int \psi^* x^n \psi dx \right) \left[\int \psi^* \left(\frac{\hbar}{i} \frac{\partial}{\partial x} \right)^m \psi dx \right] \qquad (7)$$

である.

問題 2: 函数 $\psi = \alpha e^{-\alpha^2/2}$ に対して $C_{1,1}$ 及び $C_{2,2}$ を求めよ. 但し α は規格化因子である.

問題 3: どのような実函数の波動函数に対しても $C_{1,1} = 0$ であることを証明せよ.

第10章 ゆらぎ，相関，固有函数　　　235

7. 拡がって行く自由粒子の波束に対する応用　第3章の (14) 式と (22) 式とで定義した，時間と共に拡がって行く波束について $C_{1,1}$ を計算してみよう（われわれは $\overline{p}=\overline{x}=0$ という特別の場合をとることにする）．最初，波動函数は実函数であるから，$t=0$ では $C_{1,1}$ は消える；それ故この時刻に於いては運動量と位置との間の単純な相関はない．そこで $t>0$ のときどんなことになるかを調べてみよう．そのために，われわれは波動函数を次のように書いておく．

$$\psi=\alpha\exp\left[-(A-iB)\frac{x^2}{2}\right], \tag{8}$$

α は規格化因子であって，

$$\int_{-\infty}^{\infty}\psi^*\psi dx=1=\alpha^*\alpha\int_{-\infty}^{\infty}e^{-Ax^2}dx$$

になるように定義される．また

$$A=\frac{(\varDelta k)^2}{1+\frac{\hbar^2t^2}{m^2}(\varDelta k)^4}, \qquad B=(\varDelta k)^4\frac{\hbar t}{m}\frac{1}{1+\frac{\hbar^2t^2}{m^2}(\varDelta k)^4} \tag{9}$$

である．さて

$$(\alpha^*\alpha)\int_{-\infty}^{\infty}e^{-Ax^2/2}xe^{-Ax^2/2}dx=0$$

であるから，$\overline{x}=0$. 従って

$$C_{1,1}=\frac{\hbar}{2i}\alpha^*\alpha\int_{-\infty}^{\infty}\exp\left[-(A+iB)\frac{x^2}{2}\right]\left(x\frac{\partial}{\partial x}+\frac{\partial}{\partial x}x\right)\exp\left[-(A-iB)\frac{x^2}{2}\right]dx \tag{10}$$

が得られる．

そこで

$$\int_{-\infty}^{\infty}\exp\left[-(A+iB)\frac{x^2}{2}\right]\frac{\partial}{\partial x}x\exp\left[-(A-iB)\frac{x^2}{2}\right]dx$$

という項を部分積分してみよう．部分積分中の積分した部分は零となることに注意し，

$$\frac{\partial}{\partial x}\exp\left[-(A+iB)\frac{x^2}{2}\right]=-x(A+iB)\exp\left[-(A-iB)\frac{x^2}{2}\right]$$

を使えば，

$$C_{1,1}=\frac{\hbar}{2i}\alpha^*\alpha\int_{-\infty}^{\infty}\exp\left[-(A+iB)\frac{x^2}{2}\right]x^2(A+iB-A+iB)\cdot$$
$$\cdot\exp\left[-(A-iB)\frac{x^2}{2}\right]dx, \tag{11}$$

即ち

$$C_{1,1} = \hbar \alpha^* \alpha B \int_{-\infty}^{\infty} e^{-Ax^2} x^2 dx = \frac{\hbar B}{2A} = \frac{\hbar^2 (\Delta k)^2}{2m} t = \frac{(\Delta p)^2}{2m} t \tag{12}$$

が得られる. こゝで $(\Delta p)^2$ は最初の運動量のばらつきである.

われわれは $t=0$ で相関がなくても, 時間の経過と共に相関が現われ始めるのを見たが, それの物理的意味は単に, 速い粒子程遠くまで走り, その結果大きな運動量と大きな距離にわたることが相関する傾向にある, ということである.

相関の原因を調べる別の方法は, 運動量の演算子が波動函数 $\exp[-(A-iB)x^2/2]$ に作用すると

$$\frac{\hbar}{i} \frac{\partial}{\partial x} \exp\left[-(A-iB)\frac{x^2}{2}\right] = \hbar x(B+iA) \exp\left[-(A-iB)\frac{x^2}{2}\right]$$

となることに注目するものである. 大ざっぱに言って Bx 程度の運動量を持つことを示すところの $\exp(iBx^2/2)$ という因子のために, 電子は x が大きくなるとともに大きな運動量を持つ傾向がでてくる.

今上に得た結果は, いかに波動函数が確率の波という以上にはるかに豊富な内容を持つものであるかを明瞭に示すものである. 確率 $P(x)$ はまさしく

$$P(x) = \psi^*(x)\psi(x) = a^* \alpha e^{-Ax^2/2}$$

である. ところが, B の項は $P(x)$ の表式の中には現れないにもかかわらず, 運動量と位置との相関には影響を与えるのである. 即ち, 波動函数の位相 [この場合には $\exp(iBx^2/2)$] は, その多くが様々な量の値の間のことさらに微妙な内的関連を与えるような, あらゆる種類の膨大な知識の集積を含むものである†.

8. 不確定な位置と運動量とをもった粒子という半古典的描像　第5章4節に於いて, 第1近似では物質の量子的性質の影響を, 不確定な運動量と位置とをもった古典的粒子によって, その不確定度を

$$\Delta p \Delta q \lesssim (\sim \hbar)$$

と仮定すれば, 描像に作れることを指摘しておいた. ところが第6章の11節では, それが物質の波動的性質の完全に正確な説明を与えるものではないとの理由から, 注意して使わねばならないということを知った. しかしその限界を理解して使う限り, この描像はしばしば非常に役に立つものである. 例えば,

――――――――――
† この点に関しては, 第6章, 6 及び 8 節参照.

前節の結果は，電子が運動量と位置との確率分布を持った古典的粒子と或る程度迄似た振舞いをするという考えでもって巧妙に解釈されよう．その場合，波束の拡がりは，異った速度の粒子は同じ時間内に異った距離を走るという事実と関係づけられている．このやり方は p と x との間の相関を導入する；一番速い粒子はまた最も大きな距離を走るからである．

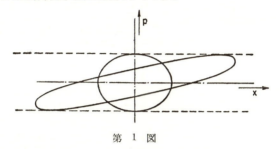

第 1 図

確率分布の拡がりを，相空間に於ける図表を使って表わすと興味深い．最初の確率分布は座標空間では $\exp[-x^2/(\varDelta x)^2]$ に比例し，Fourier 分解（第3章2節参照）によって運動量空間ではそれが $\exp[-p^2/(\varDelta p)^2]$ に比例することが示される．この確率分布を持った古典的粒子は，相空間中の第1図のような原点に中心を置き，半軸が $\varDelta x$ 及び $\varDelta p$ である楕円の領域内に最も良く見出されるであろう．この楕円の面積は大体 $\pi \varDelta p \varDelta x_0 \sim h/2$ である．時間の経過と共に，正の運動量を持った粒子は右側に動き，一方負の運動量を持った粒子は左側に運動する．こうして楕円は第1図に示してあるように斜に歪むこと〻なる．だが楕円の中心は不変のま〻であり，各粒子は一定の速度で運動するから，$\varDelta p$ は変化しないが，$\varDelta x$ は増大する．

問題 4： 楕円の面積は不変であることを証明せよ（これは Liouville の定理の特別な場合である）．

問題 5： 粒子の運動量及び位置の古典的分布が Gauss 的であると仮定して得られた相関函数 $C_{1,1}$ は量子論から得られるものと同一であることを証明せよ．然し $C_{2,2}$ は両方の場合で異っているが，その差は $\hbar$ の程度の量であることを示せ（これは，物質の波動的性質が不確定な位置と運動量とを持った粒子という古典的概念では完全には理解できない，という一般的帰結の特別な場合である）．

問題 6： この場合，波束の拡がりがあるにもか〻わらず，積 $\varDelta x \varDelta p$ が $\hbar$ 程度

の最小の不確定度以内で知られるのを許すような仕方では相関を如何に利用できるか，詳しく分析してみよ．

9. 不確定性原理の一般化　われわれは既に x と p との値を同時に測ることはできず，それらの量に於ける最小の不確定度が $\overline{(\varDelta x)^2}\,\overline{(\varDelta p)^2} \cong \hbar^2$ という関係を満すことを見た．こゝでは勝手な二つの Hermite 演算子 A と B とに対する最小の不確定度が

$$\overline{(\varDelta A)^2}\,\overline{(\varDelta B)^2} \cong \overline{\left[\frac{i}{2}(AB-BA)\right]^2} \tag{13}$$

という規則を満足するのを示すことにする（$i(AB-BA)$ はHermite 演算子故右辺の量は常に正である）．こゝで

$$A=p=\frac{\hbar}{i}\frac{\partial}{\partial x} \quad 及び \quad B=x$$

とすれば，

$$i(pq-qp)=\hbar$$

であるから，普通の不確定性関係が得られることがわかる．

不確定度 $\overline{(\varDelta A)^2}$ は $\int \psi^*(A-\bar{A})^2\psi dx$ に等しい．簡単のため $A-\bar{A}=\alpha$ 及び $B-\bar{B}=\beta$ と書くことにする．その時，われわれが計算したいのは

$$I=\left(\int \psi^*\alpha^2\psi dx\right)\left(\int \psi^*\beta^2\psi dx\right) \tag{14}$$

である．α は Hermitean であるから

$$\int \psi^*\alpha^2\psi dx=\int \psi^*\alpha(\alpha\psi)dx=\int (\alpha^*\psi^*)(\alpha\psi)dx=\int |\alpha\psi|^2 dx \tag{15}$$

と書くことができる．同じことを β についてもやれるから

$$I=\left(\int |\alpha\psi|^2 dx\right)\left(\int |\beta\psi|^2 dx\right) \tag{16}$$

が得られる．こゝで積分を和の極限として表わしておくと都合がよい．

$$I=\left[\sum_i |\alpha\psi_i|^2\varDelta x_i\right]\left[\sum_j |\beta\psi_j|^2\varDelta x_j\right]=\sum_{i,j} |\alpha\psi_i|^2|\beta\psi_j|^2\varDelta x_i\varDelta x_j. \tag{17}$$

そこで <u>Schwartz の不等式</u>と呼ばれる定理を使う．その定理というのは

$$\sum_{i,j} |A_i|^2|B_j|^2 \geqq \left|\sum_i A_i^*B_i\right|^2 \tag{18}$$

である．これを証明するには先ず

$$\left| \sum_i A_i{}^*B_i \right|^2 = \sum_{i,j} A_i{}^*B_i A_j B_j{}^*$$

と書いて，次に

$$Q = \sum_{i,j} |A_i|^2 |B_j|^2 - \left| \sum_i A_i{}^*B_i \right|^2 = \sum_{i,j} (|A_i|^2 |B_j|^2 - A_i{}^*B_i A_j B_j{}^*) \quad (19)$$

という量を考える．$i=j$ ならば，この和の Q への寄与は零になってしまうのに注意されたい．しかし i と j とがそれぞれ互いに等しくない，与えられたあるきまった値の場合には，相当する項は

$$|A_i|^2 |B_j|^2 + |A_j|^2 |B_i|^2 - A_i{}^*B_j{}^*A_j B_i - A_j{}^*B_i{}^*A_i B_j = |A_i B_j - A_j B_i|^2$$

$$\quad (20)$$

である．ところがこの量は常に正であるか，または零である．それ故，Q は決して負にはならない項から成り，$Q \geqq 0$ と結論される．それは Schwartz の不等式を証明するものである．$Q=0$ になるのは級数の各項が零，即ち $A_i B_j - A_j B_i = 0$ の時だけであることは明白である．これは，$A_i/A_j = B_i/B_j$，即ち C を常数とすると $A_i = CB_i$ いうことである．

Schwartz の不等式を (17) 式に適用すると

$$I \geqq \left| \sum_i (\alpha^*\psi_i{}^*)(\beta\psi_i)\varDelta x_i \right|^2 = \left| \int \alpha^*\psi^*\beta\psi dx \right|^2 \quad (21)$$

となり，α は Hermitean であるから，

$$I \geqq \left| \int \psi^*\alpha\beta\psi dx \right|^2 = \left| \int \psi^*\left(\frac{\alpha\beta+\beta\alpha}{2}\right)\psi dx + \int \psi^*\left(\frac{\alpha\beta-\beta\alpha}{2}\right)\psi dx \right|^2 \quad (22)$$

を得る．

$(\alpha\beta+\beta\alpha)$ という演算子は Hermite 演算子である；従ってその平均値は常に実数であり，数 P で表わしておいてよい．また $i(\alpha\beta-\beta\alpha)$ も Hermitean であることがわかっているから，その平均値も何らかの実数 Q である．

こうして

$$I \geqq |P - iQ|^2 = P^2 + Q^2$$

と書くことができる．

さて

$$\frac{\alpha\beta+\beta\alpha}{2} = \frac{1}{2}(A-\overline{A})(B-\overline{B}) + (B-\overline{B})(A-\overline{A}). \quad (23)$$

これはまさしく二つの変数 A と B とに対する相関函数 $C_{1,1}$ であることを注意しよう．相関函数についてわれわれのできる最上のことはそれを零にするこ

とである. ところが $C_{1,1}$ が零であってもなくても, 次の関係は成立する:

$$(\varDelta A)^2(\varDelta B)^2 = I \geqq \left| \int \psi^* \left(\frac{\alpha\beta - \beta\alpha}{2} \right) \psi dx \right|^2 = \left| \overline{\frac{AB - BA}{2}} \right|^2 \quad (24)$$

これは極めて重要な結果である. それは A と B とが可換でない時には常にそれらを同時に完全な精度を以て測定することができないのを意味している. A と B とが可換であれば, それらは同時に測定可能なことが証明できるが, その証明はこのところでは行わない.

ではどんな時に $(\varDelta A)^2(\varDelta B)^2$ は最小になるであろうか？ (24) 式で等号が成り立つためには, 二つの要求が満たされなければならない:

(1) $\alpha\psi = C\beta\psi$ (これは Schwartz の不等式で ＝ が成り立つことである.)

(2) $\dfrac{\alpha\beta + \beta\alpha}{2} = 0$ (これは α と β とに相関がないということである.)

そこで

$$\alpha = (x - \bar{x}), \quad \beta = (p - \bar{p})$$

という特別な場合を考え, また $\bar{x} = \bar{p} = 0$ に限ることにしよう; これらの量が勝手な値をとる場合に一般化することはなんでもない. すると

$$p\psi = Cx\psi \quad \text{あるいは} \quad \frac{\hbar}{i} \frac{\partial \psi}{\partial x} = Cx\psi \quad (25)$$

が得られる.

積分すれば $\psi = \exp(iCx^2/2)$ となる. ところで, 先に $\exp[-(A + iB)x^2/2]$ という型の波動函数では, B が 0 の場合にだけ $C_{1,1}$ が零になることを示しておいた. それ故条件 (2) を満すためには, C を虚数にとらなくてはならない. しかし積分 $\displaystyle\int_{-\infty}^{\infty} \psi^*\psi dx$ が存在すること, 即ち全確率が 1 に規格化されることをも保証しておかねばならない. それは a を正の数として $C = ia$ と置けば満足され, 周知の Gauss の分布 $\psi = \exp(-ax^2/2)$ を得る. より一般に, $\bar{x}$ 及び $\bar{p}$ が零でない場合は

$$\psi = \exp(ipx) \exp\left[-a\frac{(x - \bar{x})^2}{2} \right] \quad (26)$$

が得られる. これは不確定性原理に於いて等号の成り立つ最も一般的な函数である.

問題 7: 最も一般的な ψ について上の結果を証明せよ.

問題 8: 波動函数 (8) に対し $t = 0$ では Gauss 函数であるとして出発し, $(\varDelta x)^2$ 及び $(\varDelta p)^2$ を計算せよ. $(\varDelta p)^2$ は常数であるが, $(\varDelta x)^2$ は時間と共に増

第10章 ゆらぎ，相関，固有函数　　　　241

大することを示せ．従つて $t=0$ で等号が成り立つても，$t=0$ より後では $(\Delta x)^2(\Delta p)^2 > \hbar^2/2$ である．しかし確率函数 $P = \alpha^* \alpha e^{-Ax^2}$ は Gauss 函数である．P が Gauss 函数でないとしたならば，何故等号が成立たないか説明せよ（これは波動函数の位相の関係の物理的意味を与える今ひとつの例題である）．

10. Gauss 型波動函数の持つ特異な諸性質　われわれは既に，Gauss 型波動函数は運動量空間でも座標空間でも同じ形をとるという普通とは違った性質をもつことを知ったが，そういう性質をもった最も一般的な波動函数が $\exp[-ax^2 + ikx + ibx^2]$ であることを示すことができる．更に第 9 節で示したように，$b=0$ の時には $\Delta x \Delta p$ を最小にするという性質を持ち，この性質を持つ唯一の型の函数である．Gauss 型の函数はこれらの特異な性質のために多くの問題に於いて調法なものとなっている．Gauss 函数はまた調和振動子の波動函数と結びついて直接にも現れる（第 13 章参照）．それ故 Gauss 的な波動函数は量子論に於いてかなり重要なものである．

11. 多粒子問題　これまでに与えた統計的相関の議論を籍りて，どのようにして 1 個より多くの粒子を含む系に対する波動方程式をたてるかを示すことができる．われわれは第 1 節で既に，多数の粒子が存在する場合，波動函数はれらすべて粒子の座標の函数であることを示した．このような系に対しては確率をどのように定義すべきかを示すために，先ず 2 個の独立な粒子が存在する特別な場合を考えよう．第一の粒子の波動函数を $\psi_A(x_1)$，第二の粒子のそれを $\psi_B(x_2)$ としよう．第一の粒子が x_1 と $x_1 + dx_1$ との間にある確率は

$$P_A(x_1)dx_1 = |\psi_A(x_1)|^2 dx_1$$

であり，第二の粒子が x_2 と $x_2 + dx_2$ との間にある確率は

$$P_B(x_2)dx_2 = |\psi_B(x_2)|^2 dx_2$$

である．これらの確率は独立であるから，第一の粒子が x_1 と $x_1 + dx_1$ との間に，第二の粒子が x_2 と $x_2 + dx_2$ との間にある確率は，第 3 節で示された通り，各々の確率の積になる．即ち，

$$P(x_1, x_2)dx_1 dx_2 = \psi_A^*(x_1)\psi_A(x_1)\psi_B^*(x_2)\psi_B(x_2)dx_1 dx_2.$$

この結果は，2 個の粒子の場合へのわれわれの定式化の自然な一般化を示唆している．即ち，2 個の粒子の座標に関係する次の波動函数の定義

$$\psi(x_1, x_2) = \psi_A(x_1)\psi_B(x_2)$$

に導かれる．確率函数は

$$P(x_1, x_2)dx_1dx_2 = \psi^*\psi dx_1 dx_2$$

となる．従って2個の粒子が独立である場合には，確率だけでなく波動函数自身も別々の変数に関する各々の函数の積で表わされるわけである．

問題 9: もし $\psi_A(x_1)$ 及び $\psi_B(x_2)$ を別々に規格化しておく時，その積も（x_1 及び x_2 について積分すれば）規格化されていることを証明せよ．

しかし2個の粒子間に働く力が存在するときには，確率分布が独立ではなくなる．もしも一方の粒子が電子で他方の粒子が陽子とすると，それらは互いに引き合い水素原子を作ろうとするであろう．この場合には両方の粒子が勝手な分布に平均してあるよりも，常に非常に接近して一緒に見出される方がはるかに多いことゝなろう．この可能性を表示するために，一般的な確率函数を $P(x_1, x_2)$ と書くことにする．このような状況のときには，波動函数も積で表わすことができなくなるにちがいない．そこで波動函数も $\psi(x_1, x_2)$ と書く．しかし確率の表式はやはり

$$P(x_1, x_2)dx_1dx_2 = \psi^*(x_1, x_2)\psi(x_1, x_2)dx_1dx_2$$

である．これらの P と ψ とに対する定義を使って，演算子と平均値とに対する定式化は1体問題の場合と厳密に同じ方法で遂行されることが容易に示される．

実例として，2個の相互作用している粒子に対する波動方程式を求めることにしよう．波動函数は $\psi(x_1, y_1, z_1; x_2, y_2, z_2)$ である．こゝで x_1 は第一の粒子の x 座標であり，x_2 は第二の粒子のそれ，等々である．第9章27節に与えた規則を 2 個の粒子の場合に拡張することにより，Hamilton 演算子は

$$H = \frac{p_1^2}{2m_1} + \frac{p_2^2}{2m_2} + V(x_1, y_1, z_1; x_2, y_2, z_2)$$

となる．但し $V(x_1, y_1, z_1; x_2, y_2, z_2)$ は 2 粒子の全ポテンシャル・エネルギーである．それは2粒子間の相互作用エネルギーと同時に，その他すべての原因によるポテンシャル・エネルギーを含んでいる．例えば，粒子がそれぞれ e の電荷を持っていれば，

$$V = \frac{e_2}{r_{1,2}}$$

を得るわけである．但し

$$r_{1,2} = [(x_1-x_2)^2 + (y_1-y_2)^2 + (z_1-z_2)^2]^{1/2}.$$

Schrödinger 方程式は

$$i\hbar\frac{\partial\psi}{\partial t}=\left[-\frac{1}{2}\left(\frac{1}{m_1}\nabla_1{}^2+\frac{1}{m_2}\nabla_2{}^2\right)+V(x_1,y_1,z_1\,;\,x_2,y_2,z_2)\right]\psi$$

となる. H は 1 次演算子であるから，この方程式もやはり線型である．これは6次元空間内に於ける波の方程式となっており，一般にこれを解くことは極めて困難である．勝手な個数の粒子がある際の拡張は明白であろう．それらの方程式の取扱いは多くの場合非常に困難ではあるけれども，種々の近似法が存在し，さまざまな多体問題に対し実験と満足な一致を与える数多くの解が得られている．このようにわれわれは任意の系を取扱う方法を，少くとも原理的には，持っているわけである．それは，あらゆる場合に対して波動方程式が，Newton の運動法則の古典論に於いて果したのと同じ基本的役割を，量子論にあって演じているとみてよい，ということである.

12. 演算子の固有値と固有函数 一般に，ある系が与えられた量子状態にあるとき，即ちその波動函数が与えられたとき，どのような変数の観測値も精確に予言することは不可能であって，ひとつの観測から次の観測へとある平均値のまわりにばらつきを示すことは，既に見たところである．それではある変数が，決してばらつくことのない，確定した，予言可能且つ再現可能な値をとるような量子状態に系をおくことが可能であろうか？ その答は，できる，である.

ある変数 O がすべての観測に於いて同一の値をとるためには，先ずその平均のゆらぎが消えること，即ち

$$\overline{O^2}-(\overline{O})^2=\left[\int\psi^*(O^2-(\overline{O})^2)\right]\psi dx=0 \tag{27}$$

が必要である.

同様に，O の勝手な函数の平均値が O の平均値の同じ函数に等しいこと，即ち

$$\overline{f(O)}=f(\overline{O}) \tag{28}$$

が必要である．この要求がもし満されていないならば，O がその平均値からはずれる場合が存在する筈であると言うことができるであろう.

この要求を満すようにするひとつの方法は ψ を

$$O\psi_C=C\psi_C \tag{29}$$

という風に選ぶことである．但し C は常数とする．この関係が満されているときには，C は演算子 O の<u>固有値</u>，または<u>特性値</u>，ψ_C は固有値 C に属する

固有函数，または特性函数と呼ぶ．

(29) 式が満足される場合には

$$\overline{O}=\int \psi_C{}^*O\psi_Cdx=C\int \psi_C{}^*\psi_Cdx=C \quad （\psi \text{ は規格化されているから}）$$

を得る．同様に

$$\overline{O^n}=\int \psi_C{}^*O^n\psi_Cdx=C^n\int \psi_C{}^*\psi_Cdx=C^n$$

が得られ，従って冪級数で表わされる勝手な函数に対して

$$\overline{f}(O)=\sum_n A_n\overline{O^n}=\sum_n A_nC^n=f(C) \tag{30}$$

が得られる．斯様にしてもし ψ_C が演算子 O の固有函数だとすると，O の勝手な函数の平均値は平均値の函数に等しいことがわかった．それ故 O の値には何のばらつきもないと結論することができる．しかしこれは他の演算子の値にばらつきがないということを意味するものではない．それとは逆に，一つのオブザーバブル，例えば運動量 p_1 に定まった値を与える時には，不確定性原理から共軛な変数 x は完全に不確定とならねばならぬことは，既にわれわれの知るところである．

また ψ が演算子 O の固有函数でなければ，O の値があるばらつきを示さればならぬことを示すことができる．

問題 10: 上に述べたところを証明せよ．

13. 位置空間に於ける固有函数と固有値との実例

(1) 運動量演算子 運動量演算子の固有函数は

$$\frac{\hbar}{i}\frac{\partial \psi}{\partial x}=p\psi \tag{31}$$

という方程式を解けばわかる．但し p は常数である．周知の平面波の解

$$\psi=e^{ipx/\hbar} \tag{31a}$$

が得られるが，これは既に承知の通り，定った運動量 p の状態を表わすものである（p が固有値，$e^{ipx/\hbar}$ が固有函数となっている）．

厳密に云えば上の波動函数は全確率 $\int_{-\infty}^{\infty}\psi^*\psi dx$ が発散するから，一般には 1 に規格化できない．しかし現実の問題では常に波動函数は波束の形をとるはずであることを想い起そう（第3章2節）．粒子はある一定の領域内の，例えば装置によって限られた空間内のどこかにあることが知れているからである．有

界な，従って規格化可能な波束を得るには，第3章の (3) 式に於いて行ったように，適当な重みの係数を乗じて運動量について積分してもよい．しかし実際には，この波束をどのような物理的に意味のある大きさに比べても非常に大きくとることができるから，規格化係数以外の殆どあらゆる量を計算する際にも波束の有界性は通常無視し得るのである．同様に，波束内の運動量の拡がりは非常に小さくできるから，それを無視するのも普通は良い近似となっている．従ってわれわれが極めて屡々 $\exp(ipx/\hbar)$ のような波動函数と言う時，それは実際には，位置空間に於ては非常に幅の広い，それに相応して運動量空間では狭くなっている波束について言っているものと理解してほしい．

（2） エネルギー演算子　自由粒子に対しては，エネルギーは $E=p^2/2m$ である．固有函数に対する方程式はそのとき

$$E\psi = -\frac{\hbar^2}{2m}\frac{\partial^2\psi}{\partial x^2}, \tag{32}$$

その解は

$$\psi = A\exp\left(i\frac{\sqrt{2mEx}}{\hbar}\right) + B\exp\left(-i\frac{\sqrt{2mEx}}{\hbar}\right) \tag{32a}$$

である．但し A 及び B は勝手な常数である．

言い換えれば，各固有値には二つの1次独立な固有解が属し，それらを加えてつくられる勝手な1次結合も同じ固有値に属する固有解となっているということである．$p=\sqrt{2mE}$ と書けばこの二つの固有函数は $\exp(ipx/\hbar)$ と $\exp(-ipx/\hbar)$，即ち与えられたエネルギーの1粒子のもち得る二つの可能な運動量の方向に対応するものであることがわかる．この結果は1次元の場合に成り立つものである．3次元では与えられたエネルギーに対応して無数の方向があり，従ってひとつの固有値 E に属する固有函数は無限にあることとなる．

14. 縮退のある演算子　1個よりも多くの独立な固有函数が，与えられた1つの固有値に属するときは，この演算子はその固有値について<u>縮退している</u>という．例えば演算子 E の固有値は1次元の問題では2重の縮退を，3次元では無限次の縮退を持っている．

もし唯1個の1次独立な固有函数が演算子の各固有値に属するときには，その演算子は<u>縮退がない</u>という．p は縮退のない演算子である．

（3） <u>演算子 x の固有函数</u>　演算子 p と E とは位置空間に於いてはかなり簡単な固有函数を持っていることがわかったが，演算子 x についてはどうであ

ろうか? 勝手な滑らかな函数をとるとき，演算子 x はそれに変動する数を乗ずるものであるから，この定義より，x の連続函数は x の固有函数であることはできない．われわれの必要なのは x の値如何に拘わらず同一の数が乗ぜられる函数である；即ち

$$x\psi = C\psi \qquad (33)$$

C は常数，が欲しいのである．この要求を満す唯一の種類の函数は $x=C$ 以外到るところで零になるものである．

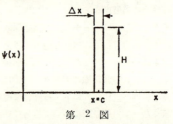

第 2 図

このような函数は高度の特異性を持つものであるが，それを特異的でない函数の極限とみた方がよい．例えば第2図に描いた函数を考えてみよう．この函数は領域 $\varDelta x$ 以外では到るところ零である．これを 1 に規格化するには，われわれは

$$\int_{-\infty}^{\infty} \psi^*\psi dx = \int_{C-\varDelta x/2}^{C+\varDelta x/2} H^2 dx = H^2 \varDelta x = 1,$$

即ち

$$H = \frac{1}{\sqrt{\varDelta x}}$$

と置く．$\varDelta x \to 0$ とすると，$H \to \infty$．故にこの極限に於いては $x=C$ を除く到るところ零であるような函数が得られる．但しこの函数は $x=C$ で無限大になるが，波動函数の規格化は保たれたまゝ無限大に近づくのである．

演算子 x の固有函数に近づく函数には多くの違つた種類のものがある．例えば規格化された Gauss の函数の極限

$$\psi = \lim_{\varDelta x \to 0} \frac{\exp\left[-\dfrac{x^2}{2(\varDelta x)^2}\right]}{\sqrt{2\pi}\varDelta x} \qquad (34)$$

を考えよう．$\varDelta x \to 0$ と共に $\psi \to \infty$ となるが，$\varDelta x$ には無関係に $\int_{-\infty}^{\infty} \psi^*\psi dx = 1$ である．小さな $\varDelta x$ に対して，上の函数は幅 $\varDelta x$，高さ $1/\sqrt{2\pi}\varDelta x$ の鋭いピークを示す函数に近づく．

問題 11: $\dfrac{A}{(x-x_0)^2+(\varDelta x)^2}$ は $\varDelta x$ が零に近づくとき x の固有函数に近づくことを示し，確率が規格化されるように常数 A の値を定めよ．

15. Dirac の δ 函数 上に述べた演算子 x の固有函数は積分された確率

第10章 ゆらぎ，相関，固有函数 247

が1になるように規格化されている．そのかわりに

$$\int_{-\infty}^{\infty}\psi(x)dx=1 \tag{35}$$

のように規格化された固有函数を使う方が数学的に便利なことがよくある．即ち（1）式で定義される函数の場合には

$$\int_{x_0-\varDelta x/2}^{x_0+\varDelta x/2}Hdx=H\varDelta x=1, \quad 即ち \quad H=\frac{1}{\varDelta x} \tag{36}$$

が要求され，Gauss 型の波動函数

$$\psi=A\exp\left[\frac{-x^2}{2(\varDelta x)^2}\right]$$

でやれば

$$A\int_{-\infty}^{\infty}\exp\left[\frac{-x^2}{2(\varDelta x)^2}\right]dx=1, \quad 即ち \quad A=\frac{1}{\sqrt{2\pi}\varDelta x} \tag{37}$$

となることが必要になる．一般に，鋭いピークを示す勝手な函数 $S_{\varDelta x}(x-x_0)$ を考えよう．この函数は $x=x$ を中心として幅 $\varDelta x$ の領域内でだけ大きな値を持ち，また

$$\int_{-\infty}^{\infty}S_{\varDelta x}(x-x_0)dx=1$$

という性質を持つものとする．$\varDelta x$ を零に近づけるとその極限に於いて，このような函数は Dirac が<u>デルタ函数</u>と呼んだものに近づく．これを $\delta(x-x_0)$ と書くことにする．δ 函数の持つ二つの重要な性質は：(1) 一つの点を除いては到る処零である，(2) その点では無限大になるが，その積分は1であるような仕方で無限大に近づく，ということである．

厳密に云えば，δ 函数には通常の数学的解釈で意味を与えることはできない．$x=x_0$ の点でそれは無限大にならねばならぬからである．われわれが δ 函数について言う時はいつも，$\varDelta x$ を十分小さくすることによって必要なだけ鋭くとがらせてゆける，函数 $S_{\varDelta x}(x-x_0)$ を意味するのである．δ 函数をあたかも通常の種類の本当の数学的函数であるかのように使うことによって，かなりの記法と論議とが節約される．だがそれの本来の定義は $S_{\varDelta x}$ の $\varDelta x$ を零に近づけた極限であることを心にとめておかねばならない．

δ 函数の最も重要な性質は積分

$$I=\int_{-\infty}^{\infty}f(x)S_{\varDelta x}(x-x_0)dx \tag{38}$$

を考えることによって得られる. こゝで $f(x)$ は勝手な連続函数である. $\varDelta x$ を十分小さくとれば, 被積分函数がかなり大きいような領域で $f(x)$ の変化をわれわれの好きなだけ小さくすることができる. それ故函数 $f(x)$ を常数 $f(x_0)$ で置き換え, 積分の外に出すことができる. その結果

$$I \cong f(x_0) \int_{-\infty}^{\infty} S_{\varDelta x}(x-x_0) dx = f(x_0). \tag{39}$$

$\varDelta x$ を零に近づけるとき, この手続きに含まれる誤差は任意に小さくできる. 斯様にして

$$f(x_0) = \lim_{\varDelta x \to 0} \int_{-\infty}^{\infty} f(x) S_{\varDelta x}(x-x_0) dx = \int_{-\infty}^{\infty} f(x) \delta(x-x_0) dx \tag{40}$$

が得られる.

問題 12: A に適当な値を与えれば $\displaystyle \lim_{\varDelta x \to 0} \frac{A}{(x-x_0)^2 + (\varDelta x)^2}$ を δ 函数とみなし得ることを示せ. A の要求される値を求め, 且つ何故その A が問題 11 で得られたものと異るかを説明せよ.

16. 運動量空間に於ける運動量演算子の固有函数

運動量空間に於いては運動量演算子 p の固有値 p_0 に属する固有函数は δ 函数である, 即ち

$$\varphi(p) = \delta(p-p_0). \tag{41}$$

ところが, 位置空間ではこの演算子の固有函数は $\exp(ip_0 x/\hbar)$ であった. 斯様に, 与えられた演算子の固有函数が連続函数であるか, δ 函数であるかはわれわれの使っている表示に依るものである. 上の固有函数は勿論積分された確率 1 を与えるように規格化されてはいない. 位置空間に於ける x の固有函数について言われたと同じことが, 運動量空間に於ける p の固有函数の規格化についても言える*. 即ち, われわれは実際には小さな運動量領域にわたる函数でもって話をしているのであるが, その範囲は大抵の応用では無視し得る程小さくできる, というわけである.

17. x の固有函数の運動量表示

これまでわれわれは位置表示に限って来たが, 運動量表示では変数 x が演算子 $i\hbar \dfrac{\partial}{\partial p}$ で表わされることを知っている. それ故 x の固有函数は

$$i\hbar \frac{\partial \varphi}{\partial p} = x_0 \varphi \tag{42}$$

* 第 14 節参照

で与えられる．こゝで x_0 は座標のある一定の値で，p とは無関係である．この解は

$$\varphi_x(p) = \exp\left(-\frac{ipx_0}{\hbar}\right). \tag{42a}$$

従って運動量空間に於ける x の固有函数は平面波となり，座標空間に於ける p の固有函数と全く同じである．規格化については第 13 節と同じ注意があてはまる．運動量空間の有界な波束を得るには，x_0 の小さな範囲について積分しなければならない．また，位置空間に於いては，x_0 のこの小さな範囲は函数 $S_{\Delta x}(x-x_0)$ のピークの幅に対応することを注意しておきたい．

18. 位置空間に於ける x の固有函数と運動量空間に於けるそれとの関係

運動量空間での x の平面波の固有函数は，位置空間に於けるそれの δ 函数の固有函数と両立するものであろうか？ その答は，両立する，である．これは 2 通りの仕方で見ることができる．先ず第一に，位置空間の δ 函数に対する $\varphi(k)$ を計算することができ，

$$\varphi(k) = \frac{1}{\sqrt{2\pi}} \int_{-\infty}^{\infty} \exp(-ikx)\delta(x-x_0)dx = \frac{\exp(-ikx_0)}{\sqrt{2\pi}} = \frac{\exp(-ipx_0/\hbar)}{\sqrt{2\pi}} \tag{43}$$

を得る．これは演算子 x の p 空間に於ける定義から出発して得たわれわれの先の結果に一致する．

この問題を取り扱う別の方法は，波動函数 $\varphi(k)$ を採り $\psi(x)$ を見出すことである．(43) 式から得られる $\varphi(k)$ の値を使つて δ 函数に対し

$$\psi(x) = \frac{1}{\sqrt{2\pi}} \int_{-\infty}^{\infty} \varphi(k)e^{ikx}dk = \frac{1}{2\pi} \int_{-\infty}^{\infty} e^{ik(x-x_0)}dk \tag{44}$$

を得る．この積分は厳密な取り扱いでは存在しないが，積分の限界を無限大に近づけたときのその極限値は求めることができるから

$$\psi(x) = \lim_{K \to \infty} \int_{-K}^{K} \exp[ik(x-x_0)]\frac{dk}{2\pi} = \frac{\sin K(x-x_0)}{\pi \cdot (x-x_0)} \tag{44a}$$

と書いてよい．$\psi(x)$ の恰好は第 3 図に与えてある．ψ は $x=x_0$ の時にそれのピークの値 K/π に達し，$|x-x_0|>1/K$ となると急速に減少し始める．その後 ψ は $2\pi/K$ に等しい週期で速かに振動する．であるから $\psi(x)$ への寄与は主に $|(x-x_0)|\leqq 1/K$ の近傍の狭い領域から来ることゝなる．$K \to \infty$ と共に，函数が大きな値をとる領域は益々一層狭くなり，従って δ 函数の性質を帯びてくる．それは

$$f(x) = \lim_{K\to\infty} \int_{-\infty}^{\infty} \int_{-K}^{K} \exp[ik(x-x_0)]f(x_0)dx_0\frac{dk}{2\pi}$$
$$= \int_{-\infty}^{\infty} \int_{-\infty}^{\infty} \exp[ik(x-x_0)]f(x_0)dx_0\frac{dk}{2\pi} \tag{45}$$

と書くことができるのを意味する. ところが上の式はまさしく Fourier の積分定理である*. このように $\int_{-\infty}^{\infty} \exp[ik(x-x_0)]dk$ を δ 函数とみなすならば, Fourier の積分定理は δ 函数の使用のひとつの特別の場合となることがわかる.

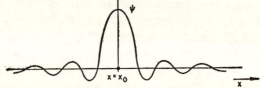

第 3 図

19. δ 函数の微分　一見 δ 函数のような不連続函数を微分することは不可能と思われるかもしれない. しかし極限でもってそれを定義したのを思い出すならば, 導函数に意味を与えることができる. $S_{\varDelta x}(x-x_0)$ が $x=x_0$ で鋭い高いピークをもつ函数であることに注意すれば, その導函数は x が x_0 よりも少し小さいところで鋭い正のピークを持ち, x が x_0 より僅かに大きいところでは鋭い負のピークを持つ函数であることがわかる (第4図及び第5図).

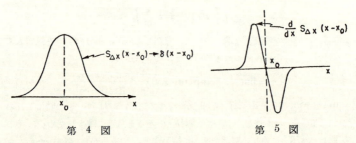

第 4 図　　　　　　　　　　第 5 図

実際の応用の際に $\delta(x-x_0)$ を微分することが何を意味するかを見ために, われわれは

---

* 第3章17節参照.

第10章 ゆらぎ，相関，固有函数　　251

$$f(x)=\lim_{\Delta x\to 0}\int_{-\infty}^{\infty}S_{\Delta x}(x-x_0)f(x_0)dx_0, \tag{46}$$

$$\frac{df(x)}{dx}=\lim_{\Delta x\to 0}\int_{-\infty}^{\infty}\frac{dS_{\Delta x}(x-x_0)}{dx_0}f(x_0)dx_0 \tag{47}$$

と書く．こゝで

$$\frac{dS_{\Delta x}}{dx}=-\frac{d}{dx_0}S_{\Delta x}$$

$$\frac{df(x)}{dx}=-\lim_{\Delta x\to 0}\int_{-\infty}^{\infty}\frac{dS_{\Delta x}(x-x_0)}{dx_0}f(x_0)dx_0 \tag{47a}$$

に注意しよう．次に x_0 について部分積分し，積分された部分が消えることに注意すれば

$$\frac{df}{dx}=\lim_{\Delta x\to 0}\int_{-\infty}^{\infty}S_{\Delta x}(x-x_0)\frac{df(x_0)}{dx_0}=\int_{-\infty}^{\infty}\delta(x-x_0)\frac{df(x_0)}{dx_0}=\frac{df}{dx} \tag{47b}$$

を得る．それ故 $\dfrac{d}{dx}\delta(x-x_0)$ が積分中に現れるとき常にそれに与えるべき正しい意味は

$$\frac{df}{dx}=\int_{-\infty}^{\infty}\frac{d\delta(x-x_0)}{dx}f(x_0)dx_0 \tag{47c}$$

であるという結論に達する．

$\dfrac{d\delta(x-x_0)}{dx}$ は，$\delta(x-x_0)$ のように，$x=x_0$ を除いては零という函数であるが，これは第5図に示す通り二つのピークのある形をとるので，大ざっぱにいえば，δ 函数の微分は $f(x+\Delta x)$ の値から $f(x-\Delta x)$ の値を引いて $2\Delta x$ で割り，df/dx を得ることを意味するものである．

問題 13： 逐次微分によって

$$\frac{d^nf(x)}{dx^n}=\int_{-\infty}^{\infty}\frac{d^n\delta(x-x_0)}{dx^n}f(x_0)dx_0$$

を証明し，$S_{\Delta x}(x-x_0)$ 函数を使ってこの方程式は何を意味するかを説明せよ．

20. 演算子の離散的固有値と連続固有値　　1 個の粒子が長さ L の箱の中に閉じ込められているとしよう．そのとき（1 次元では）波動函数は $x=0$ 及び $x=L$ で 0 にならなければならない．このことが起るような演算子 $p^2/2m$ の固有函数というのは

$$\psi=\sin\frac{n\pi x}{L}, \tag{48}$$

n は整数，だけである．従って

$$\frac{p^2}{2m}\sin\frac{n\pi x}{L}=-\frac{\hbar^2}{2m}\frac{\partial^2}{\partial x^2}\sin\frac{n\pi x}{L}=\left(\frac{n\pi\hbar}{L}\right)^2\frac{1}{2m}\sin\frac{n\pi x}{L}, \qquad (48a)$$

$\dfrac{p^2}{2m}$ の固有値は $\left(\dfrac{n\pi\hbar}{L}\right)^2\dfrac{1}{2m}$ に限られる．斯様に n の各整数値に対応する，固有値の離散的スペクトルが存在する．

一般に，満たされればならない何らかの境界条件が存在する時にはいつでも，上の例でそうであったように，固有値は離散的となるであろう．他方，境界を持たない自由空間では，$p^2/2m$ のあらゆる正の値が可能であり，スペクトルは連続である．波動函数が大きな値をとる領域を制限するような境界条件がない場合は，演算子は通常連続スペクトルを持つ．この事もまた一般的な規則である．若干の場合，例えば水素原子では，スペクトルの一部分が離散的となり，一部分は連続的になることが後にわかるであろう．スペクトルの離散的な部分は水素原子の種々の量子状態に対応する；そして連続的な部分は原子がイオン化されている状態に対応するのである．

どのような連続スペクトルでも，常に離散的スペクトルの箱の壁を無限遠にまで後退を許した極限とみなすことができる．例えば，箱の中にある 1 個の自由粒子の場合には，$L\to\infty$ とすると，エネルギー準位間のひらきは零に近づき，スペクトルは連続的な値の領域に近づく．

21. 任意の函数を固有函数の級数に展開すること　こゝでは証明なしに用いるある数学の定理の述べるところによると，任意の函数は，ある正則性条件（こゝではそれは与えない）を満足する勝手な Hermite 演算子の固有函数のすべてを含む級数として展開できる．もっと詳しく言えば，その定理は次のようになる：

A を十分正則な Hermite 演算子とし，その固有値を a，固有函数を ψ_a としよう．そのとき係数を適当に選ぶことによって，任意の（適当に正則な）函数 $f(x)$ を次の級数で表わすことができる：

$$f(x)=\sum_a C_a\psi_a(x). \qquad (49)$$

これは a のあらゆる可能な値について加え合すものである．A が連続した固有値の組を持つとすると，和は積分で置き換えられればならない．

$$f(x)=\int C(a)\psi_a(x)dx \qquad (50)$$

第10章 ゆらぎ，相関，固有函数　　　253

また A が離散的固有値と連続固有値との両方を持つ場合には，すべてのとびとびの値については加え合せ，且つあらゆる連続した値について積分しなければならない．

例：（a） $\sin px/\hbar$ は Hermite 演算子 $p^2/2m$ の一つの固有函数である．箱の中に入れたとき（第 20 節参照），p の許される値は $p=\hbar\pi n/L$，L は箱の長さ，n は整数，だけである．われわれの定理の述べるところは，箱の壁の上で零になるどのような波動函数も次のように展開できるということである：

$$\psi(x)=\sum_{n=0}^{\infty} C_n \sin \frac{n\pi x}{L}. \tag{50a}$$

ところがこれはまさに，境界上，即ち $x=0$ と $x=L$ とで ψ の値を零に限った場合の Fourier 級数である．このような Fourier 級数でこの種の任意の函数を表わすことができるのはわれわれが既に知るところである．従って Fourier 分解は展開定理の特殊な場合である．

（b） $\exp ipx/\hbar$ は Hermite 演算子 p の固有函数である．自由空間に於いては，p のすべての値が許され，従って許される値は連続的である．展開定理の言うのは

$$\psi(x)=\int_{-\infty}^{\infty} C(p') \exp\left(\frac{ip'x}{\hbar}\right) dp' \tag{50b}$$

である．ところがこれは丁度 Fourier 積分であり，Fourier 積分も展開定理の特別な場合となっている＊．

（c） 演算子 x の固有函数は $\delta(x-x_0)$ である．これらは x_0 の各々の値に対応する連続な固有函数系を作る．展開定理は

$$\psi(x)=\int \psi(x_0)\delta(x-x_0)dx_0 \tag{50c}$$

と書くことができるのを述べるものである．

われわれは既に δ 函数の定義から，上の式が正しいことを承知しているが，これも展開定理の特別な場合とみることができる．

後に，われわれはより複雑な演算子の固有函数に出会うことになろうが，展開定理は，Fourier 級数や，Fourier 積分に似た，Bessel 函数，Legendre の多項

＊ これらの結果を一般化し，次のように言うことができる．ある境界条件を満足する函数を，もしそれらの条件が線型であれば（量子力学に於いて常にそうである），同じ境界条件を満たす固有函数によって展開できる，と．

式，Hermite の多項式，その他の新しい函数を含む新しい型の級数を作ることを許すのである．

22. 展開仮定 このような展開が可能であるための条件を規定することは，かなり複雑な，完全には調べられてはいない問題であるから，おそらく展開定理を次の要請で置き換えた方がよいであろう：

　<u>量子論の或る観測可能な量を表わす Hermite 演算子はすべて，任意の許される波動函数をそれらの演算子の固有函数の級数に展開できる，という性質を持つと試みに仮定してみる</u>．

　事実，現在知られているこの種の演算子は悉くこの性質を持っている．後にわかる通り，この性質は量子論の解釈と極めて密接につながっているため，もしもそれが満たされていないことがわかったとすると，おそらく量子論の根本的な変革が必要となるであろう．従って，それが成り立つことをこゝで要請するのは合理的なものと思われる†．

23. 定理： Hermite 演算子の固有値は実数である この定理の証明は簡単である．平均値は勝手な函数に対して実数であるから，固有函数に対しても実数でなければならない．それ故 O が Hermite 的であるなら，

$$\int \psi_a{}^* O \psi_a dx = a \int \psi_a{}^* \psi_a dx = a \tag{51}$$

は，ψ_a を固有函数とすると，実数でなければならない．

24. Hermite 演算子の固有函数の直交性 ψ_a と ψ_b とがそれぞれある Hermite 演算子 O の相異なる固有函数であるとし，各々固有値 a 及び b に属するものとしよう．そのとき a と b とがちがった固有値とすると，

$$\int \psi_a{}^* \psi_b dx = 0 \tag{52}$$

であることが証明できる．上の関係を満たす函数は直交すると言う．それ故われわれは相異なる固有値に属する固有函数の直交性を証明しようというのである．

　そのために，次の積分を考えることにしよう：

$$I = \int \psi_a{}^* O \psi_b dx = \int \psi_a{}^* b \psi_b dx. \tag{53}$$

O は Hermitean であるから，

---

† この要請を更に正当化することについては 29 節を見よ．

第10章　ゆらぎ，相関，固有函数　　　　255

$$I=\int \psi_b O^* \psi_a{}^* dx \tag{53a}$$

となり，O の固有値は実数であるから，

$$O^*\psi_a{}^*=a^*\psi_a{}^*=a\psi_a{}^*$$

を得る．従って

$$I=a\int \psi_a{}^*\psi_b dx \tag{53b}$$

が得られる．こうして I の2つの値を等しいと置くと

$$(a-b)\int \psi_a{}^*\psi_b dx=0. \tag{53c}$$

$a\neq b$ であれば，$\int \psi_a{}^*\psi_b dx=0$，従って ψ_a と ψ_b は直交する．もし $a=b$ の場合は，はっきりした結論を何も引き出すことはできない．

例：（a）Fourier 級数に於いて，各項 $\sin(n\pi x/L)$ は Hermite 演算子 $p^2/2m$ の固有函数であることを見た．われわれの定理は，$m=n$ でない限り $O=\int_0^L \sin(n\pi x/L)\sin(m\pi x/L)dx$ を言うものである．ところがこれは既に Fourier 級数の研究から承知している．Fourier 級数の各項が直交することはわれわれの一般的な定理の特別な場合である[†].

（b）$p^2/2m$ の二つの可能な固有函数（自由粒子の場合に対する）は $\exp(ipx/\hbar)$ と $\sin(px/\hbar)$ である．これらは $p^2/2m$ の同じ固有値に属する．簡単な計算の結果，それらは直交しないことが示される．これは，両者の固有値が等しい場合，如何に直交性が成り立たないかを示すひとつの例である．しかし同じ固有値に属する二つの固有函数は必ず直交しない，というわけのものではない．例えば，$\exp(ipx/\hbar)$ と $\exp(-ipx/\hbar)$ とは $E=p^2/2m$ の同じ値に属するが，簡単な計算からもわかる通り，それらは直交する．従って，固有値が等しいということは，単に固有函数の直交性について結論を引き出すのを阻んでいるに過ぎないことがわかる．

問題 14：　週期的な境界条件を持つ辺の長さ L の箱を考えよう．その時 p の許される固有函数は $\exp(-i2\pi nx/L)$，その固有値は $p=2\pi n\hbar/L$，異なる p に属する固有函数が直交することを示せ．

25.　展開係数の計算　演算子 A の規格化された固有函数による展開を採ることにしよう．連続スペクトルにも同じ方法が適用できるのであるが，簡単の

[†] 第1章5節参照.

ために許される固有値は離散的であるとする．すると

$$\psi = \sum_a C_a \psi_a. \tag{54}$$

そこで $\psi_b{}^*$ を乗じて全空間にわたって積分する． $a \neq b$ ならば $\int_{-\infty}^{\infty} \psi_b{}^*\psi_a = 0$, $a = b$ ならば $= 1$ という事実から，

$$C_b = \int \psi_b{}^* \psi dx \tag{55}$$

を得る．即ち，ψ が与えられゝば，上式を使って展開係数 C_b を計算することができる．Fourier 係数の計算はこの結果の特別な場合である．

26. 任意の Hermite 演算子の固有函数による Dirac の δ 函数の展開

上の結果は Dirac の δ 函数に対する，既に得られたよりも更に一般的な表現を求めるのに直接応用することができる．展開定理によって

$$\delta(x-x) = \sum_a f(a)\psi_a(x) \tag{56}$$

と置く．こゝで ψ_a は固有値 a に対応する Hermite 演算子 A の規格化された固有函数である．

$f(a)$ について解くために，$\psi_a{}^*(x)$ を乗じ x について積分する．直交性関係と $\int \psi_a{}^*\psi_a dx = 1$ とから

$$f(a) = \int \psi_a{}^*(x)\delta(x-x_0)dx = \psi_a{}^*(x_0) \tag{57}$$

と

$$\delta(x-x_0) = \sum_a \psi_a{}^*(x_0)\psi_a(x) \tag{58}$$

とが得られる．

連続スペクトルの固有値に対しては

$$\delta(x-x_0) = \int \psi_a{}^*(x_0)\psi_a(x)da \tag{58a}$$

となる．これは非常に調法な結果で，後にわれわれはしばしば応用する機会を見出すことゝなろう．一例として p の固有函数による展開を挙げることができる．それは既に承知の通り波動函数の Fourier 分解に導くものであった．(58) を，例えば，辺長 L の箱について週期的であるように定義された波動函数に適用すると

$$\delta(x-x_0) = \frac{1}{L} \sum_{-\infty}^{\infty} \exp\left[\frac{2\pi in(x-x_0)}{L}\right] \tag{59}$$

第10章　ゆらぎ，相関，固有函数　　　　257

が得られる．

問題 15:

$$y_N(x-x_0) = \frac{1}{L} \sum_{-N}^{N} \exp\left[\frac{2\pi i n(x-x_0)}{L}\right]$$

とすると，

$$\lim_{N\to 0} \int_{-\infty}^{\infty} y_N(x-x_0)\psi(x_0)dx_0 = \psi(x)$$

であることを示せ．これからその無限個の項の和を δ 函数として使ってよいことを証明される．

27. 演算子の自分自身の固有函数による表現　ψ が演算子 A の固有函数で展開されるならば，函数 $A\psi$ に対する極めて簡単な表式を得ることができる．そのためには，A を各固有函数に作用させた結果は相応する a の値を乗ずるだけにすぎないのに注目する．$\psi = \sum_a C_a \psi_a$ とすると

$$A\psi = \sum_a aC_a\psi_a, \tag{60}$$

$$A^n\psi = \sum a^nC_a\psi_a \tag{60a}$$

を得る．そこで A の勝手な函数に対し

$$f(A)\psi = \sum f(a)C_a\psi_a \tag{60b}$$

と書けることになる．

例:　ψ が運動量演算子 p の固有函数によって展開されるとしよう．

$$\psi(x) = \int_{-\infty}^{\infty} \varphi(p) \exp\left(\frac{ipx}{\hbar}\right) dp, \tag{61}$$

$$p\psi(x) = \int_{-\infty}^{\infty} p\varphi(p) \exp\left(\frac{ipx}{\hbar}\right) dp, \tag{61a}$$

$$f(p)\psi(x) = \int_{-\infty}^{\infty} f(p)\varphi(p) \exp\left(\frac{ipx}{\hbar}\right) dp. \tag{61b}$$

(60b) 式によって演算子が勝手な波動函数 ψ に対してどう作用するかを極めて簡単な仕方で示すことができる．即ち，演算子を一組の数値的操作によって"表現"し得ることゝなる．この手続きは，例えば，運動量表示に於いてなされたところの一般化である．その場合，演算子 p は簡単に固有函数 $\exp(ipx/\hbar)$ に乗ぜられる数 p で表わされた．同様に，位置表示に於いては，演算子 x は

簡単に波動函数にかけられる数 x で表わされた. あらゆる Hermite 演算子 A は, その効果が単にそれの固有函数 ψ_a に数 a を掛けるだけであるような, 固有函数 ψ_a による表示を持っている. こうしてわれわれは表示の考えを位置及び運動量空間の表示だけから任意の Hermite 演算子の固有函数を含む空間を使う可能性にまで一般化したわけである. この一般化は量子論のマトリックスによる定式化と関連して非常に役に立つことが後にわかるであろう†.

上に大要を述べたやり方で演算子を表現する手続きの一番有難い御利益のひとつは, ある演算子の函数の定義をその函数が冪級数として表わされない場合にまで拡張できるということである. 即ち, (60b) 式を演算子の任意の函数の定義とみることができ, そのようにして冪級数で表わせるという演算子の函数に対する制約を避けることができる. われわれが冪級数の方法で出発したのは, 直接最も一般的な場合をとって始めた場合に行い得る以上に, より自然なやり方で量子論を定式化しようという動機からであった.

28. A の固有函数展開で表わした $f(A)$ の平均値 $f(A)$ の平均値は, 定義によって

$$\overline{f}(A) = \int_{-\infty}^{\infty} \psi^*(x) f(A) \psi(x) dx \tag{62}$$

である.

そこで ψ と ψ^* とを ψ_a の固有函数の級数に

$$f(A)\psi_a = f(a)\psi_a$$

を使って展開しよう.

$$\overline{f}(A) = \int_{-\infty}^{\infty} \sum_a \sum_{a'} C_{a'}{}^* C_a \psi_{a'}{}^* f(a) \psi_a dx. \tag{62a}$$

こゝで

$$\int_{-\infty}^{\infty} \psi_{a'}{}^* \psi_a dx = \begin{cases} 0, & a \neq a' \\ 1, & a = a' \end{cases}$$

を使えば

$$\overline{f}(A) = \sum_a C_a{}^* C_a f(a) \tag{62b}$$

が得られる.

29. 確率による展開係数の物理的解釈 (62b) の式は $C_a{}^* C_a$ という表式の簡明な物理的解釈をつける基礎となるものである. それを得るには, $\overline{f}(A)$ の

---

† 第16章参照.

第10章 ゆらぎ，相関，固有函数 259

別の表式が $P(a)$ を使って得られることに注目するのである．こゝで $P(a)$ は変数 A を測定したとき，それがある特定の固有函数 ψ_a に対応する数値 a をとることが観測される確率である．その表式は

$$\overline{f(A)} = \sum_a P(a)f(a) \tag{63}$$

である．この二つの表式が任意の函数 $f(a)$ に対して等しいとすると，それには

$$P(a) = C_a{}^*C_a \tag{64}$$

なることが必要である．従って $C_a{}^*C_a$ は測定の際に変数 A が正確に数値 a をもつ状態に系を見出し得る確率，ということが示されたわけである．

例： $\psi = \displaystyle\int_{-\infty}^{\infty} \varphi(p) \exp(ipx/\hbar)dp$ の展開をするとき，運動量が p と $p+dp$ の間にある確率は $P(p) = \varphi^*(p)\varphi(p)dp/2\pi$ である $[(2\pi)^{-1/2}\varphi(p)$ が ψ を演算子 p の固有函数の級数に展開するときの係数であることに注意].

これは実に重要な結果である．というのは，それによって位置とか運動量とかよりも更に広い範囲の観測可能な量にまで確率の定義を拡張できるからである．もし A を Hamilton 演算子に等しいとおくと，ψ_a はある定ったエネルギー状態に対応する波動函数を表わし，$C_a{}^*C_a$ は系がそのエネルギーを持つ確率である†．

われわれの今の $|C_a|^2$ の解釈を可能にする際の展開仮定の役割（22節）は明らかに鍵の役目になっている．もしも任意の ψ を ψ_a の級数で展開できないとしたら，波動函数の解釈に関するわれわれの方法の不可欠の部分を保持できなくなることであろう．従って理論の無矛盾性と一体性という一般的要求から，実験との矛盾が存在しないときには，安心して展開可能性の要請を定義と見做すことができる．即ち，ある演算子が量子論で使う適当なオブザーバブルとして受け容れられるために満足されねばならない基準と見做すことができる．現在知られているすべてのオブザーバブルがこの基準を満足しているという事実は，この要請が妥当である実験的証明といえるわけである．

量子論に於ける確率のより進んだ解釈

30. 確率の干渉　系は演算子 A が固有値 a を持つような状態にあり，従

---

† この結果は第3章16節で与えた軌道間の遷移の定性的議論が正しいことを明らかにするものである．

ってその波動函数は ψ_a であるとする. そのとき粒子が点 x に見出される確率は

$$P_a(x) = \psi_a{}^*(x)\psi_a(x) \tag{65}$$

である. これは, 数多くの同等な系を, オブザーバブル A が同一の或る定った値 a をとるように準備するとき, 位置 x を次々に測定してゆくと, その結果が x となる確率が $P_a(x)$ であることを意味している. 同様に, オブザーバブル A が別のある定った数値 b に等しいように系が準備されているならば, 従って波動函数が ψ_b であるとすると, その特定の x の値が見出される確率は

$$P_b(x) = \psi_b{}^*(x)\psi_b(x) \tag{66}$$

である.

次に, オブザーバブル A が値 a または b をそれぞれ確率 Q_a 及び Q_b $(Q_a + Q_b = 1)$ でもってとるように系が準備されているという新しい場合を考えてみよう. 古典物理学によれば, それらの確率は加算的でなければならない. 即ち:

$$P(x) = Q_a P_a(x) + Q_b P_b(x). \tag{67}$$

ところが, 量子論に於いては, 今の場合の新しい確率はもとの確率とこのような簡単な関係にはない. 確率を加え合せる代りに, 1次のかさね合せの仮定に従って, 波動函数を加え合せねばならない. 合成された波動函数は

$$\psi = C_a \psi_a(x) + C_b \psi_b(x) \tag{68}$$

である. 但し C_a, C_b は後で決められるべき常数である. (64) 式によって

$$Q_a = C_a{}^* C_a, \quad Q_b = C_b{}^* C_b,$$

従って

$$C_a = (Q_a)^{1/2} e^{i\phi_a} \quad \text{及び} \quad C_b = (Q_b)^{1/2} e^{i\phi_b}$$

と書くことができる. こゝで ϕ_a 及び ϕ_b は Q_a と Q_b との知識だけからでは決定することのできない位相因子である. 何が実際にこの位相因子を決定するかは後に議論することにしよう.

こうして

$$
\begin{aligned}
P(x) = \psi^*(x)\psi(x) = {} & C_a{}^* C_a \psi_a{}^*(x)\psi_a(x) + C_b{}^* C_b \psi_b{}^*(x)\psi_b(x) \\
& + C_a{}^* C_b \psi_a{}^*(x)\psi_b(x) + C_b{}^* C_a \psi_a(x)\psi_b{}^*(x)
\end{aligned} \tag{69}
$$

が得られる. この式は次のようにも書き直すことができる:

$$
\begin{aligned}
P(x) = {} & Q_a P_a(x) + Q_b P_b(x) \\
& + (Q_a Q_b)^{1/2}[e^{i(\phi_b - \phi_a)}\psi_a{}^*(x)\psi_b(x) + e^{-i(\phi_b - \phi_a)}\psi_a(x)\psi_b{}^*(x)].
\end{aligned} \tag{69a}
$$

第10章 ゆらぎ，相関，固有函数　　261

古典的に予期されるべき項の他に，$P(x)$ には $\psi_a(x)$ と $\psi_b(x)$ との干渉から生ずる附加項が存在することがわかる．波動函数の相異る二つの部分の間の位相差が，古典的な確率の場合には決して起り得ないような仕方で，干渉項の大きさを支配する．本書の後章にわたって，これらの位相差がどのようにくわしい物理的状況によって定められるかを更に事細かに見ることになろう．さしあたっては唯，物理的に観測可能な確率分布が位相差 $\phi_a - \phi_b$ に依存するため，この位相差は，それの絶対値自体は物理的意味を持たないとしても，一般に物理的に観測可能である，ということを指摘しておくだけにしよう．このように波動函数の相異る部分の間の位相差は極めて重要な量の一つであり，その性質は後で更に細部にわたって調べねばならぬものである．この点について，第6章をふりかえっていただきたい．そこでもわれわれは位相差の重要性について同じ結論に達したわけであった．

31. Hamilton 演算子の固有函数　Hamilton 演算子は Hermite 演算子であるから，展開可能性の要請に従って任意の函数をそれの固有函数の級数で展開できる．それ故

$$\psi(x) = \sum_E C_E \psi_E(x) \tag{70}$$

と書いてよい．こゝで $\psi_E(x)$ は固有値 E に属する H の固有函数である．Hamilton 函数は系の全エネルギーに等しいから，演算子 H の固有状態は，エネルギーが完全に確定され，E に等しいような状態であることは明らかである．

32. H の固有函数の時間的変化　H の固有函数はそれぞれ波動方程式

$$i\hbar \frac{\partial \psi_E}{\partial t} = H\psi_E \tag{71}$$

を満足しなければならない．ところが

$$H\psi_E = E\psi_E$$

であるから

$$i\hbar \frac{\partial \psi_E}{\partial t} = E\psi_E \tag{71a}$$

これの解は

$$\psi_E = (\psi_E)_{t=0} e^{-iEt/\hbar} \tag{71b}$$

となり，それ故 H の固有函数は $2\pi\nu = E/\hbar$，即ち $\nu = E/h$ の振動数をもって調和的に振動することがわかる．上の振動数とエネルギーとの間の関係はまさ

しく de Broglie の関係であり，自由粒子の問題で用いられたものと一致している†．

33. 確率の時間的変化・定常状態　Hamiltonian の固有状態に対して，確率 $P(x)$ は

$$P(x)=\psi_E{}^*(x)\psi_E(x)=(\psi_E{}^*)_{t=0}(\psi_E)_{t=0} \tag{72}$$

となる．$P(x)$ が時間の函数ではないことに注意していただきたい．同様に，Fourier 分解によって，$P(k)$ もまた時間に関係しないのを示すことができる．エネルギー確定の状態はあらゆる確率が時間的に一定に保たれる状態であるから，その状態は定常状態であるということになる．それ故原子がある与えられたエネルギーの状態にある場合には，どのような実験結果を得る確率も実験がなされる時間には関係しない．例えば，定常状態にある電子の位置を測定したとすると，われわれの得る値はひとつの実験から次の実験へとばらつきを示すことゝなろう．ところが与えられたある値を得る確率はその状態が準備されてからどれだけ時間が経ったかには無関係となるであろう．これは例えばわれわれが波束を作るときに起る事情と対蹠的である．というのは，この場合には波束は空間中を運動し，拡散する．その結果与えられた位置を得る確率は時間と共に変化するのである．

上に述べたところから，電子が或る Bohr 軌道に対応する或る定ったエネルギー状態に存在する場合には，何らかの実験結果を得る確率はどれでも時間に依存しない常数であることが知られる．しかしながら実際には，原子は励起状態にあれば，輻射を出して低いエネルギーの状態に移ることがわかっている．従ってそういった原子は完全に定常な状態にあるのではない．励起状態は輻射が無視できる範囲で定常とみなされるに過ぎない．後により完全な理論を定式化する際，輻射を出すという可能性から生ずる ψ の変化を厳密に考慮に入れる仕方を示すことにしよう**．ここでは励起状態は，輻射を放出する割合に依存する，ある平均時間 τ の間持続されるということを述べるだけにしておく．第2章の (54) 式で示した通り，系が輻射を出さないという確率は $P=e^{-t/\tau}$ であり，$t=\tau$ 以後では直に無視できる程になってしまうのである．

34. 時間に関係する確率と不確定性原理との関係　ある定った Bohr 軌道にある原子が時間 τ の間に光を射出するものとすると，その光の振動数は $\varDelta\omega$

---

† 第3章 (28) 式．

†† 第18章．

第 10 章　ゆらぎ，相関，固有函数　　　　263

$\cong 1/\tau$ 程度のばらつきを持たねばならない（第 2 章 2 節及び 11 節参照）．それ故エネルギーは $\varDelta E = h\varDelta\omega \cong h/\tau$ だけ不確定になる．これは今ひとつ別の不確定性原理の実例である．事実そうであるのを見るために次の事柄に注意しよう．その量子は実際確かに略々 τ の時間内に放出されたのであるから，この τ の精度でもって放出の時刻をたゞ放出が行われたという事実だけから知ることができるわけである．従って時間の大略の目安が得られ，それに対応してエネルギーは不確定となるはずである．即ち，原子の励起状態は，たゞ輻射を放出し得るという理由だけによって，そのエネルギーは $\varDelta E \cong h/\tau$ 程度の固有の不確定性を持つことゝなるのである．

　多くの原子が励起状態にあるとすると，各原子の輻射するエネルギーはそれぞれ異っており，$\varDelta E \cong h/\tau$ の範囲にばらつくことになろう．その結果，スペクトル線は $\varDelta\nu \cong 1/\tau$ の有限の幅を持つであろう．これをスペクトル線の自然幅と呼んでいる．Doppler 効果とか，衝突に基く線の幅の拡大とか，そのような効果を全部取り除いてしまったとしても，スペクトル線をこの自然幅以上に少しでも鋭くすることはできない．

　問題 16：　（a）　水素原子の最低励起状態に対するスペクトル線の幅はどれだけか？（第 2 章，問題 13 参照）．それをエネルギーと振動数と両方で与えよ．

　（b）　水素に於いて Doppler 効果によるスペクトル線の幅を上に得た値よりも小さくするにはどの程度の温度が必要になるか？　また水銀に対しては？

　（c）　励起された原子が基底状態の原子と衝突する時は，励起エネルギーは通常基底状態の原子に移る．このようにして，はじめの原子の励起状態の寿命は短かくなる．l を平均自由行路，v を原子の平均速度とすると，ひとつの衝突から次の衝突までの時間々隔は l/v である．大気圧の水素に対して，このやりとりの起る自由行路は約 $10^{-4}\,\mathrm{cm}$ である．

　この種の衝突によるスペクトル線の幅を自然幅よりも小さくするには常温でどれ位圧力を低くせねばならぬか？　$10°\mathrm{K}$ では？　水銀に対しても同じ自由行路を仮定すると，どれくらいの圧力が常温で必要となるか？

　35.　H の固有函数の重要性　エネルギーの固有状態が特に重要であるのは，われわれが定ったエネルギーを持つ多くの系を取り扱わねばならぬというためばかりでなく，時間に依存する任意の系に就いてもその波動函数は H の固有函数の級数に展開されるからである．即ち，$\psi_E = (\psi_E)_{t=0}\, e^{-iEt/\hbar}$ を (70) 式に入

れて

$$\psi(x, t) = \sum_E C_E [\psi_E(x)]_{t=0} \exp\left(-\frac{iEt}{\hbar}\right) \tag{73}$$

を得る. それ故, $t=0$ で $\psi(x)$ の展開を知れば, 上の式から勝手な時刻に於ける $\psi(x)$ の一般的な値が求められる. 従って Hamilton 演算子の固有函数は, 波動函数の初期値を知ってその時間的変化の割合を見出す問題を解く上で特に重要になる. こういうわけで H の固有函数を求める問題は全量子論に於ける基本的な問題のひとつとなる. H の固有函数が全部求まれば, 波動方程式の一般解は時間の函数として, (73) 式によって与えられるのである.

36. 一般的な波動函数に対する確率の時間的変化　(72) 式から

$$P(x) = \psi^*(x)\psi(x) = \sum_E \sum_{E'} (\psi_{E'}{}^*)_{t=0} (\psi_E)_{t=0} C_{E'}{}^* C_E \exp\left[-\frac{i(E-E')t}{\hbar}\right] \tag{74}$$

と書くことができる.

一般に, $P(x)$ は時間の函数であることがわかる. $E=E'$ の項だけが時間を含まない. 一例として, C_{E_1} と C_{E_2} との二つを除いて残りすべての C_E が零の場合を考えてみよう. その場合には

$$\psi = C_E(\psi_{E_1})_{t=0} \exp\left(-\frac{iE_1 t}{\hbar}\right) + C_{E_2}(\psi_{E_2})_{t=0} \exp\left(-\frac{iE_2 t}{\hbar}\right), \tag{75}$$

$$\begin{aligned}
P(x) = {} & C_{E_1}{}^* C_{E_1}[\psi_{E_1}{}^*(x)\psi_{E_1}(x)]_{t=0} + C_{E_2}{}^* C_{E_2}[\psi_{E_2}{}^*(x)\psi_{E_2}(x)]_{t=0} \\
& + C_{E_1}{}^* C_{E_2}[\psi_{E_1}{}^*(x)\psi_{E_2}(x)]_{t=0} \exp\left[-\frac{i(E_2-E_1)t}{\hbar}\right] \\
& + C_{E_2}{}^* C_{E_1}[\psi_{E_2}{}^*(x)\psi_{E_1}(x)]_{t=0} \exp\left[-\frac{i(E_1-E_2)t}{\hbar}\right],
\end{aligned} \tag{76}$$

時間的に一定な部分と振動数 $\nu=(E_1-E_2)/\hbar$ で振動する部分と両方のあることがわかる.

量子論に於て確率の時間的変化の記述が相異る定常状態の寄与の干渉を含む項によってなされていることは極めて重要である. そのために運動は本質的に非古典的な仕方で記述されるのである. 何か或る特定の確率分布の変化は, ただ相異る定常状態に対応する, 波動函数の相異る成分の間の位相の関係を変化させることによってのみつくりだされる. こゝでわれわれは二つの定常状態間の位相差の持つ物理的意味を簡単なひとつの場合について見たわけである: 即ち, 位相差は確率の時間的変化を制御する, と. 運動過程は相異なるエネルギー

第10章 ゆらぎ, 相関, 固有函数 265

に属する波動函数の干渉によって記述されるのであるから, 確率の変化は, エネルギーに或る幅が存在する場合にだけ, 言い換えれば, エネルギーが或る程度不確定な場合にだけ起るものである, という結論に到達する. このように, エネルギーと時間とに関する不確定性原理は自動的に理論の中に含まれる.

第3章の4節と13節とに於いてもわれわれは同じ結果を得た. そこでは波束の運動が惹き起されるのは, 時間に関係する位相因子 $\exp(-i\hbar k^2 t/2m)$ のために位相の関係が変り, その結果相異なる k の波が干渉によって強め合ったり, 弱め合ったりする位置が変化するためであるということが示された〔第3章(21)式〕. 更に一般的にいつて, 波動函数が時間と共に変化する仕方は Hamilton 演算子の形によって決定される. それ故, Hamilton 演算子は因果律を, それが意味を持つ限りに於いて, 含むものであると言うことができよう.

第 III 部
簡単な体系への応用. 量子論の定式化の
一 層 の 拡 張

第 11 章
箱型ポテンシャルに対する波動方程式の解

1. 第 III 部へのまえがき　この第 III 部では，第 I 部で展開した物理的な考えと，第 II 部で展開した数学的な考えとを，様々の初等的な問題を解くのに応用する．先ず一番易しい場合から出発して，次第により復雑な系へと進むことにする．われわれは，空間が有限の領域に分割されていて，ポテンシャルがひとつの領域中では一定の値をもち，他の領域ではまた別の一定の値をもつというような 1 次元の問題から出発しよう．ポテンシャルの壁の透過，ポテンシャルの鋭い変化による電子波の反射，引力によるせまい領域への粒子の束縛，といったような多くの重要な量子力学特有の効果は，このような簡単な問題によって解明できよう．

その次の課題は，Schrödinger 方程式が，量子数の大きい対応論的極限に於いて，どのように，古典物理学の結果に近づく結果を導くか，を示すことである．それは，WKB (Wentzel-Kramers-Brillouin) 近似を用いて行われる．この問題において，古典論と量子論との精細なつながりが，より明らかに看取されよう．この近似を，原子核の励起状態の寿命を求める問題にも応用してみよう．

この取扱いを通じて，波動函数に作用するいろいろな種類の力の定性的な効果を考えるための，簡単で，描像をつくれるような方法を与えることに努力を払った．この方法によって，方程式を実際に厳密に解かなくても，より復雑な問題における波動函数の一般的な形の見積りができる，定性的な描像をつくる手だてを読者が習得されることを望んでいるのである．調和振動子と水素原子という簡単な場合については，近似的な結果と，厳密な解とを比較してみよう．

そして最後に，量子論のマトリックスによる定式化を導入し，それを電子のスピンの場合に応用することにしよう．

2. エネルギーの固有函数. 光学に於ける屈折率との類似　第10章35節において，Hamilton 演算子の固有函数である Schrödinger 方程式の解が特に重要であることが示された．それは，実際にぶつかる多くの系がきまったエネルギーを持っているというためばかりでなく，その固有函数の時間的変化が次のような特に簡単な形になるためでもある．

$$\psi=\psi_E(x)\exp\left(-\frac{iEt}{\hbar}\right). \qquad (1)$$

系があるきまったエネルギーをもっているときには，確率は全部一定であり，従ってその系の状態は定常的である．さらに，Schrödinger 方程式の任意の解は，上の解の適当な1次結合からつくることができる．

第Ⅲ部においては，われわれは主として，Hamilton 演算子の固有函数を計算する問題にたずさわることゝなろう．いゝかえれば，われわれは次の方程式を解こうというのである：

$$H\psi=\frac{-\hbar^2}{2m}\nabla^2\psi+V(x)\psi=E\psi.$$

そして，それを行う中で，波動函数に課せられたすべての境界条件を問題の ψ_E が満足するような E の値としては，どのようなものが許されるかを見出そうとするのである．われわれの方程式は次のようにかいてもよい：

$$\nabla^2\psi+\frac{2m}{\hbar^2}[E-V(x)]\psi=0. \qquad (2)$$

ところが光学において，きまった角振動数 ω をもった波の波動方程式は次のようにかける．

$$\nabla^2 A+\frac{\omega^2}{c^2}n^2 A=0, \qquad (3)$$

但し，n は屈折率である．したがって，ψ に関する波動方程式は，

$$n^2=\frac{2m}{\hbar^2}[E-V(x)]\frac{c^2}{\omega^2} \qquad (4)$$

であるような媒質即ち，いゝかえれば，n が位置の函数であるような媒質中の光に対する式と似ている．これは非常に有用なアナロジーであって，応用できる場合が屢々見出されるであろう．

3. 箱型ポテンシァル　一般に，$V(x)$ は，考えうるあらゆる函数形をとる

第11章 箱型ポテンシャルに対する波動方程式の解

ことができる.特に解き易い方程式を与える形は,Vが,あるきまった領域 ($x=a$ から $x=b$ までといったような) 中のいたる所で一定の値をもっており次の領域 ($x=b$ から $x=c$ まで) では別の値をもち,さらにその次の領域では又別の値をもち,……等々となっているものである.このようなポテンシャルは,第1図のグラフに見られるようなものである.グラフ中に四角な箱があらわれるから,このようなものを「箱型ポテンシャル」とよぶ.自然界には,実際に箱型で

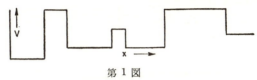

第1図

あるようなポテンシャルは絶対に存在していない.なぜならば,ポテンシャルの不連続点では無限大の力が働いていることになるからである.しかし,箱型ポテンシャルは,大雑把ながら,多くの実際の体系を表わしている.そして,数学的に単純であるため,そういった系に対して少くとも定性的には適用しうるような結論をひき出すのに用いることができる.たとえば,二つの分子相互間のポテンシャルは,一般に第2図に示すような形をしている.分子の波動関数の多くの性質は,第3図に示したような箱型ポテンシャルによって定性的に理解することができる.このポテンシャルは分子が適当な距離まで接近すれば

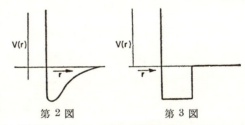

第2図　　　　　　第3図

引き合い,非常に接近すれば反撥しあう,というこの場合に働く力の二つの本質的な性質を含んでいる.しかしながら,第2図の曲線の精確な形に依存するような分子の諸性質 (たとえば熱膨脹係数) は,このような簡単化されたポテンシャルでは全然取扱えないことに注意せねばならぬ.他方,この方法は,エネルギー準位に対する大雑把な近似をも与えるであろう.

箱型ポテンシャルによってかなりよく表わされうるもう一組の力としては,陽子や中性子のような,原子核を構成する粒子間に働く力がある.たとえば,陽子と中性子の間の力は,次の二つの性質によって特徴づけられる.

(1)　 2×10^{-13} cm 程度の非常に短い距離に接近したときにはじめて顕著に

なる.この距離が実際小いものであることは,2×10^{-8} cm 程度である原子の半径と比較すれば知ることができよう.

(2) 力が顕著なものとなる領域では,この力は非常に大きい.原子をつくっている力よりはるかに大きいのである.

散乱の実験から,中性子と陽子の間の相互作用のポテンシャル・エネルギーの形に対する大体の観念を得ることができる*.それは,大体,第4図であらわされるようなものであるが,第1近似のポテンシャルは第5図のような箱型ポテンシャルで

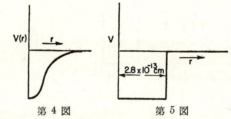

第 4 図   第 5 図

あらわすことができる.ポテンシャルの到達距離は 2.8×10^{-13} cm,深さは約 20 mev である.この深さは,2 ev 程度の分子の相互作用エネルギーと対照的である.

4. 箱型ポテンシャルの問題の解 V が一定なある領域において,波動方程式の解は

$$\psi_E = A\exp\left[i\sqrt{2m(E-V)}\frac{x}{\hbar}\right] + B\exp\left[-i\sqrt{2m(E-V)}\frac{x}{\hbar}\right], \quad (5)$$

こゝに,A と B は任意常数である.時間に依存する解としては,

$$\psi = A\exp\left[\frac{i(px-Et)}{\hbar}\right] + B\exp\left[\frac{-i(px+Et)}{\hbar}\right], \quad (6)$$

但し,$p=\sqrt{2m(E-V)}$.第1項が右方へ動く波を,第2項が左方へ動く波をあらわしていることは明らかである.

一つの領域から次の領域にうつると,V は変化し,それに従って波長も変る.領域の境界の所では,一定の境界条件が満足されねばならない.波動方程式が x について2階であるから,ψ と ψ の1次微分との両方が境界で連続であることを要する.このことは,ψ と E と V とがすべて有限であるとの仮定に由来する.ψ は,確率を与えるというそれの物理的解釈が意味をもつためには,有限でなければならない.一方,E も V も有限でなければならない;無限大

---

* 第 21 章 56 節を参照.さらに,H. Bethe, *Elementary Nuclear Theory*, New York: John Wiley & Sons Inc., 1947; Chap. 4 を見よ.

第11章　箱型ポテンシャルに対する波動方程式の解　　　　271

のエネルギーは自然界にはおこらないからである．微分方程式 (2) から，$d^2\psi/dx^2$ はいたる所で有限である（が，必らずしも連続であることを要しない）と結論される．ところが，$d^2\psi/dx^2$ は $d\psi/dx$ が連続であるときにかぎり有限であることができる．こうして，われわれの境界条件の第一のものが得られる．しかし，微分方程式を使うだけでわかるように，$d\psi/dx$ がいたる所で存在するためには，ψ が連続であることも必要になる．これが第二の境界条件を与える．

　第6図に示したようなポテンシャルの不連続な変化が唯一つだけという簡単な問題について，これらの境界条件の使い方を示すことにしよう．

　A．$E>V$ の場合：

あるエネルギー E をもった電子が左方から送りこまれ，且つ，$E>V$ であると仮定しよう．古典的には $x=0$ で反射されるような電子は1個も期待できない筈である．電子は全部が $x>0$ の領域に入ってゆくのに充分なエネルギーをもっているか

第6図

らである．この問題に対し，量子論では何が予言されるであろうか？それに答えるために，光学とのアナロジーをとることにしよう．電子は，ある程度まで，左の方から入って，$x=0$ で突然変化するポテンシャルにぶつかる波のようにふるまう．電子は，$x=0$ の点で，屈折率の突然の変化によると同じ効果を受け，丁度光がガラス板にぶつかったときのように，波の一部は反射され，一部は透過するであろうと期待される．

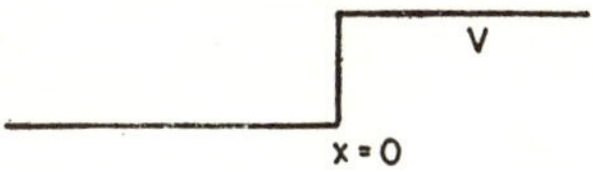

　この問題を完全に量子的に扱うには，最初左の方から入ってくる電子を実際に入射波束であらわし，それから出発しなければならないであろう．この波束は壁の所に達すると，その一部が反射され，一部はそのまま通り抜けてゆくであろう．この波束の反射される部分が，電子が反射される確率を与え，透過する部分が，電子が透過する確率を与えるようにすればよい．このような手順は，17節で実際に行うであろう．しかし，当面われわれはもっと抽象的な手順を採ることにする；このやり方によると，数学的にはより簡単な方法で同じ結果が出るのである．波束が非常に広くて入射波が $B\exp(ip_1x/\hbar)$ で近似できると仮定しよう．ここに $p_1=\sqrt{2mE}$ である．このとき，入射波は，確率密度は時間と共に変らないけれども，右方へ動く電子の定常流が存在する，といった事態をあらわし，平均確率流密度は $j=|B|^2p_1/m$ となろう（確率の流れがあって

272　　　第 III 部　簡単な体系への応用. 量子論の定式化の一層の拡張

も確率が一定に保たれるには，左方から一定の割合で電子が供給されることが必要である).

さらに，反射波もまた存在し，それを

$$C \exp(-ip_1 x/\hbar)$$

であらわすことにする. そこで，壁の左側での完全な波動函数は，

$$\psi_1 = B \exp\left(\frac{ip_1 x}{\hbar}\right) + C \exp\left(\frac{-ip_1 x}{\hbar}\right)$$

となる. 透過波の振幅は

$$\psi_2 = A \exp\left(\frac{ip_2 x}{\hbar}\right), \qquad \text{但し} \quad p_2 = \sqrt{2m(E-V)} \quad \text{と書いておく.}$$

常数 A, B, C は，ここでは波動函数とその 1 次微分が $x=0$ で連続であるという境界条件から決定される.

$$\frac{d\psi_2}{dx} = \frac{ip_2}{\hbar} A \exp\left(\frac{ip_2 x}{\hbar}\right),$$

および

$$\frac{d\psi_1}{dx} = \frac{ip_1}{\hbar}\left[B \exp\left(\frac{ip_1 x}{\hbar}\right) - C \exp\left(\frac{ip_1 x}{\hbar}\right)\right]$$

に注意すれば，$x=0$ とおいて，

$$A = B + C, \tag{7}$$

$$p_2 A = p_1 (B - C). \tag{8}$$

A と C に対する解は次のようになる.

$$A = \frac{2p_1 B}{p_1 + p_2}, \tag{9}$$

$$C = \frac{(p_2 - p_1)}{p_1 + p_2} B. \tag{10}$$

このようにして，反射波と，透過波との振幅を得た. 両者は，それぞれ A と C であって，入射波の振幅である B によってあらわされる. 電子の透過する割合 T は，入射する流れに対する透過する流れの比に等しい. したがって，透過率は，

$$T = \frac{|A|^2}{|B|^2} \frac{p_2}{p_1} = \frac{4 p_1 p_2}{(p_1 + p_2)^2}. \tag{11}$$

このとき，反射率 R は，丁度，反射波と入射波の強さの比になっている.

$$R = \frac{|C|^2}{|B|^2} = \frac{(p_1 - p_2)^2}{(p_1 + p_2)^2}. \tag{12}$$

第11章　箱型ポテンシャルに対する波動方程式の解　　　　273

反射率と透過率との和は定義により 1 とならねばならぬ. それを証明するために, $T+R$ を書けば

$$T+R=\frac{(p_1-p_2)^2+4p_1p_2}{(p_1+p_2)^2}=\frac{(p_1+p_2)^2}{(p_1+p_2)^2}=1. \tag{13}$$

問題 1: この問題における確率の流れを, (a) $x<0$ のとき, (b) $x>0$ のとき, のそれぞれについて計算せよ. 両者が同じになることを示し, 従って確率が保存されることを証明せよ. 又, 流れが $S=v_t\rho$ となることを示せ. こゝに, v_t は透過粒子の速度, S はこの波の確率密度である.

問題 2: ψ と, ψ の 1 次微分との連続性が $x=0$ における確率の流れの保存を意味することを示せ.

p_2 が p_1 に近づくとき, 反射率が零に近づき, p_2 が零に近づくときは 1 に近づくことが注目される.

$$p_2=\sqrt{2m(E-V)}$$

であるから, 反射率は, V が E と同じ程度の大きさになるときにだけ大きくなる. しかし, どのように V が小さくても, やはりある程度の反射は存在するのである.

今一度, ポテンシャルの鋭い変化によっておこるこの反射の性質は純粋に量子力学的な効果である, ということを強調しておかねばならぬ. これは, 物質の波動性から出てくるものであって, 古典論では存在しないものである. 後に, WKB 近似を学ぶ際*, ポテンシャルの変化が, 電子波の波長以上に鋭くなければ, 実際問題として全然反射が起らないことがわかるであろう. したがって, 古典論は, ゆっくりと変化するポテンシャルの場合にだけ正しいことゝなる. ポテンシャルが電子波の波長 $\lambda=h/p$ よりも狭い範囲内で眼に見えて変化しはじめると, 物質の波動性が顕れ出して来る. 粒子を止めて逆もゝどりさせるには不充分な大きさしかもたないポテンシャルによっておこるこの反射は, 物質の波動性の顕れの一つなのである.

B. $E<V$ の場合:

電子が $E<V$ のエネルギーを以て送りこまれたとすると, 古典物理学によれば, 電子は全部 $x=0$ の所からはね返され, x の正の値の方へぬけ出すのは一つもないであろう. この問題に対して量子論の述べる所はどうであろうか?

---

* 第 12 章.

274   第 III 部   簡単な体系への応用. 量子論の定式化の一層の拡張

この問題を調べるために，$E < V$ のときの波動方程式の解の性質を研究することから始める．この領域での波動方程式は，

$$-\frac{\hbar^2}{2m}\frac{\partial^2 \psi}{\partial x^2}+(V-E)\psi=0.$$

その解は，

$$\psi=A\exp\left(\sqrt{2m(V-E)}\frac{x}{\hbar}\right)+B\exp\left(-\sqrt{2m(V-E)}\frac{x}{\hbar}\right) \tag{14}$$

となる．

解が，複素数の指数函数ではなく，実数の指数函数であることに注意したい．$x\to\infty$ においても確率が有限に保たれるためには，負の指数函数のみを撰ぶことが必要である；すなわち，$A=0$ ととることが必要である．

$x<0$ のときは，前と同様におこない，最も一般的な解は

$$\psi=C\exp\left(i\sqrt{2mE}\frac{x}{\hbar}\right)+D\exp\left(-i\sqrt{2mE}\frac{x}{\hbar}\right) \tag{14a}$$

と書ける．函数が $x=0$ で連続になっているものとすれば，

$$C+D=B \tag{15}$$

でなければならない．ψ の 1 次微分が $x=0$ で連続であれば，直にわかるとおり，

$$\frac{i}{\hbar}\sqrt{2mE}(C-D)=-\frac{B}{\hbar}\sqrt{2m(V-E)},$$

即ち，

$$C-D=iB\sqrt{\frac{V-E}{E}}.$$

したがって，

$$C=\frac{B}{2}\left(1+i\sqrt{\frac{V-E}{E}}\right), \tag{16}$$

$$D=\frac{B}{2}\left(1-i\sqrt{\frac{V-E}{E}}\right). \tag{17}$$

反射波の強さの，入射波の強さに対する割合は，

$$R=\frac{|D|^2}{|C|^2}=1. \tag{18}$$

波の位相を計算してみることも興味深い．これをおこなうために $\sqrt{(V-E)/E}=\tan\varphi$ とかくと，

$$C=\frac{B}{2}(1+i\tan\varphi)=\frac{B}{2\cos\varphi}(\cos\varphi+i\sin\varphi)=\frac{B}{2\cos\varphi}e^{i\varphi}, \tag{19}$$

第11章 箱型ポテンシャルに対する波動方程式の解

$$D=\frac{B}{2}(1-i\tan\varphi)=\frac{B}{2\cos\varphi}(\cos\varphi-i\sin\varphi)=\frac{B}{2\cos\varphi}e^{-i\varphi}. \tag{20}$$

そこで
$$\frac{B}{2\cos\varphi}=\frac{I}{2}=新らしい常数$$

とおけば，$x<0$ のときの波動函数として次の式が得られる：

$$\psi=\frac{I}{2}\left[\exp\left(i\sqrt{2mE}\frac{x}{\hbar}+i\varphi\right)+\exp\left(-i\sqrt{2mE}\frac{x}{\hbar}-i\varphi\right)\right]$$
$$=I\cos\left(\sqrt{2mE}\frac{x}{\hbar}+\varphi\right). \tag{21}$$

典型的な場合には，波動函数は，大体第7図と似たものになる．

方程式 (18) から，反射波の強さと入射波の強さとが等しく，ために

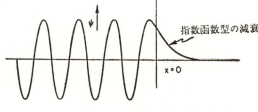

第 7 図

全部の波が反射されることがわかる．波動方程式の確率を保存する性質から，電子は全く透過しないという結論に達する．

問題3： Bの場合，すなわち $E<V$ の場合には確率の流れが零となることを証明せよ．

上の結果は，この場合に対する古典的な予言と一致している．しかしながらやはり，古典論にはあらわれない新しい特徴が存在する．それは，波動函数の指数函数的に減衰してゆく部分が，$x>0$ の領域にまで及んでいることから出てくるものである．これは，電子が $V>E$ であるような領域においても見出されうることを意味している．それに対し，古典論では，電子は不充分なエネルギーしかもっていないために，この領域には決して入り得なかったのである．

この現象を理解するためには，物質が，古典的粒子のモデルと同等ではなく，電子は，粒子の性質と全く同様に重要である波動の性質をももっている，ということを記憶していなければならない（第6章11節を参照）．$V>E$ の領域は，次のような虚の屈折率に対応するものである：

$$n^2 = \left(\frac{2m}{\hbar^2}\right)(E-V)\frac{c^2}{\omega^2}.$$

われわれは既に，光学において n が虚数になるような場合をひとつ知っている．即ち，光が全部，内部反射をおこす場合である．この場合には，丁度同じ型の，密度の大きい媒質から密度の小さい物質へ，波の指数函数的な透過がみられる*．したがって，古典的には達しがたい領域にまで貫通するという，この新しい性質は波動のモデルを用いて説明されねばならない．それは実際，粒子のモデルでは全く何の記述をも与えないようなひとつの効果である．

古典的には達し難い領域に電子の位置を実際に測定する装置を設けたと考えよう．たとえば，われわれは顕微鏡を使うことができる．この領域には，負の運動エネルギーをもった粒子があることになるであろうから，このことが，エネルギー保存則と矛盾するおそれはないであろうか？実際には，電子がたしかにこの領域にあることを証明する実験をおこなうためには，電子に正の運動エネルギーをあたえるような強いエネルギーをもった光を用いねばならないことがわかるであろう．そして，電子がこの領域に存在する，ということから出てくる矛盾は全くなくなるであろう．これを証明するために，次のことに注意する．電子が $V>E$ であるような領域に存在したことを保証する実験はいずれも，電子を，その波動函数が実際上 $V>E$ の領域内に全部がある波束によってあらわされる状態へ，もってゆくものでなければならない．ところが，波束を形成するためには，振動する波動函数が必要である．さもなければ，波束の中心から遠い所で打消しあうように干渉させることができない．$V>E$ のときの解は $x>0$ で実指数函数になっている．その結果，それらは振動することはできず，またそれらから波束をつくることは全くできない．振動する波動函数は $E>V$ のところでのものだけである．それで，電子がもし，$x>0$ の領域に存在することが確実であるような状態にあるとすると，この領域に古典的にでも入ってゆけるほどの多くのエネルギーを与えられていなければならない，ということが結論されるのである．

電子が $V>E$ の領域に入り込んでゆくということは，われわれが，物質は古典的粒子からできているという考えを固守しようとするのみでは一つのパラドックスにすぎない．しかし物質の波動性のために，きまったエネルギーをもっ

---

* J. A. Stratton, *Electromagnetic Theory*, New York: McGrow-Hill Book Company, Inc., 1941, p. 497.

た電子というのは、古典的なそれとは異った種類の物である。事実、電子がきまったエネルギーを持ちうるのは、その波動函数が Hamilton 演算子のある固有函数になっている場合だけであり、したがって、電子が空間の広い領域にひろがっているときにかぎられる。電子の運動エネルギーは、電子があるきまった領域に閉じこめられたときいつも正であるようなものでなければならない。したがって、電子が古典的には負の運動エネルギーに導くような領域にあるときは、われわれが粒子的な性質を附与する論拠となっている位置確定性をもつことができない。そのため、粒子が負の運動エネルギーの領域に貫通してゆくという言葉は無意味である。負の運動エネルギーをもった粒子について云々することは、Davisson-Germer の実験において粒子の干渉についてのべることと全く同じくらい誤ったことであろう。そのかわりに、われわれは、これらの効果が両方とも、物質の波動的側面が強調されるような事態からの結果であると云わればならないのである。事実、第6章の4節から9節に開陳された観点からすれば、位置を測定する過程は、電子を波動的な対象から粒子的な対象へ文字どおり転化させる；いいかえれば、$V>E$ のポテンシャルとの相互作用は、電子の波としての潜在的可能性を完全に実現させ、それに対し、位置を測定する装置との相互作用によっては、粒子としての潜在的可能性の完全な実現がもたらされるのである。

5. 障壁の透過　古典的には到達し難い領域への粒子の透過が物理的に重要な結果をつくり出すような場合が何かあるであろうか？その答はこうである。$V>E$ であるような領域が有限のものであれば粒子は古典的には決して通過しえないほどの高いポテンシャルの壁を通って"もれ出る"ことができる、と。たとえば、ポテンシャルが第8図に示されたようなものとしよう。

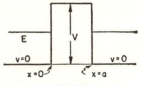

第8図

$x=0$ から $x=a$ までの領域では $V>E$ である。したがって、古典論によれば、左方からやってくる粒子の流れは全部反射されるであろう。ところが、物質の波動性によって、粒子が壁の反対側に通り抜けてくる若干の確率が存在することが知られる。そして、やがて示されるように、粒子は $E>V$ になっている $x=a$ の領域に実際に逃げ出すことができるのである。

この問題を扱うため、われわれは壁の右側 $x=a$ のところから出発しよう。

右方からやっている粒子は全くないが，壁から右側に流れてゆく粒子は存在することがわかっている．したがってこの領域での波動函数は

$$\psi = A \exp\left(\frac{ip_1 x}{\hbar}\right), \qquad \text{但し} \quad p_1 = \sqrt{2mE}. \tag{22}$$

壁の内側では，次のものが最も一般的な解である．

$$\psi = B \exp\left(\frac{p_2 x}{\hbar}\right) + C \exp\left(-\frac{p_2 x}{\hbar}\right), \qquad \text{但し} \quad p_2 = \sqrt{2m(V-E)}. \tag{23}$$

ここでは，指数函数的に増大する解を放棄する理由は全くないことに注意されたい．それは，$V > E$ の領域が有限のひろがりしかもっていないためである．ψ と $d\psi/dx$ を $x=a$ で連続にするためには，次のようになっていなければならない．

$$B \exp\left(\frac{p_2 a}{\hbar}\right) + C \exp\left(-\frac{p_2 a}{\hbar}\right) = A \exp\left(\frac{ip_1 a}{\hbar}\right), \tag{24}$$

$$B \exp\left(\frac{p_2 a}{\hbar}\right) - C \exp\left(-\frac{p_2 a}{\hbar}\right) = \frac{Aip_1}{p_2} \exp\left(\frac{ip_1 a}{\hbar}\right). \tag{25}$$

B と C についてとけば，

$$B = \frac{A}{2}\left(1 + \frac{ip_1}{p_2}\right) \exp\left[(ip_1 - p_2)\frac{a}{\hbar}\right], \tag{26}$$

$$C = \frac{A}{2}\left(1 - \frac{ip_1}{p_2}\right) \exp\left[(ip_1 + p_2)\frac{a}{\hbar}\right]. \tag{27}$$

$p_2 a/\hbar \gg 1$ である場合を考えることにしよう．いいかえれば，指数函数が壁の一方の側から他方の側へ，非常に大きく変化をするものと考えるのである．このとき，$|C| \gg |B|$ であることに注意する．反対の側の壁では（ここでは $x=0$ である），波動函数中の主要項は，$C \exp(-p_2 x/\hbar)$ を含む項である．

$x < 0$ のときは，波動函数は次のようになる：

$$\psi = D \exp\left(\frac{ip_1 x}{\hbar}\right) + E \exp\left(-\frac{ip_1 x}{\hbar}\right).$$

ψ と $\dfrac{d\psi}{dx}$ とが $x=0$ で連続であるためには，

$$D + E = C + B, \tag{28}$$

$$D - E = \frac{ip_2}{p_1}(C - B); \tag{29}$$

すなわち，

$$D = \frac{C}{2}\left(1 + \frac{ip_2}{p_1}\right) + \frac{B}{2}\left(1 - \frac{ip_2}{p_1}\right), \tag{30}$$

第11章 箱型ポテンシャルに対する波動方程式の解

$$E = \frac{C}{2}\left(1 - \frac{ip_2}{p_1}\right) + \frac{B}{2}\left(1 + \frac{ip_2}{p_1}\right). \tag{31}$$

壁が厚いときには，第1近似において B は無視できる．そこで，次の式が得られる：

$$D = \frac{A}{4}\left(1 + \frac{ip_2}{p_1}\right)\left(1 - \frac{ip_1}{p_2}\right)\exp\left(\frac{ip_1 a}{\hbar}\right)\exp\left(\frac{p_2 a}{\hbar}\right), \tag{32}$$

$$E = \frac{A}{4}\left(1 - \frac{ip_2}{p_1}\right)\left(1 - \frac{ip_1}{p_2}\right)\exp\left(\frac{ip_1 a}{\hbar}\right)\exp\left(\frac{p_2 a}{\hbar}\right). \tag{33}$$

入射波の強さに対する透過波の強さの割合，すなわち，透過率 T を求めると興味深い：

$$T = \frac{|A|^2}{|D|^2} = \frac{16 \exp(-2p_2 a/\hbar)}{[1 + (p_2/p_1)^2][1 + (p_1/p_2)^2]}. \tag{34}$$

これまでの結果は，ある対象が，古典論では入りこむことすらできなかったポテンシャルの壁を貫通しうる確率が小さいながらも存在することを示している．壁が厚くなるにつれ，又高くなるにつれ，この確率は急激に減少する．

4節で指摘したように，壁を透過するというこの性質は，全く，物質の波動性によるものであって，光波の全反射と非常によく似たものである．2枚のガラス板を非常に接近はしているが，触れ合わないようにしておけば，入射角が臨界角より大きくても，光波は一方の板から他方の板へ透過するであろう．しかし，透過波の強さは板の間の空気の層の厚さと共に，指数函数的に減少する．透

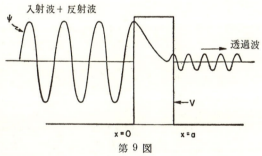

第9図

過の理由は電子波の場合と正確に同じである．即ち，波が虚の屈折率をもった領域へ指数函数的に透過するのである．

波動函数は大体第9図に示したようなものになっている．入射波の大部分は反射されるが，小部分が透過する．

反射率を計算するためには，B を無視しない厳密な解を用いることが必要である．反射率は，

$$R = \frac{|E|^2}{|D|^2} \tag{35}$$

となる.

問題 4: (厳密な解により) $T+R=1$ を証明せよ.

壁の中の確率の流れを計算し,それが,透過波における流れと等しいことを示せ.さらに,この場合の確率の保存を証明せよ(この場合の流れには,指数函数的に増大する解と,同じく指数函数的に減少する解との干渉の効果による寄与のあることに注意せよ.その結果,流れを計算しようとすれば,この領域での小さい方の解を無視することは許されない).

6. 障壁の透過の応用 壁の透過の主な実例は原子核の α 崩壊である.ある種の原子核が α 粒子を放出しうることが知られているが,かかる粒子の放出に必要な平均時間は,ある放射性原子核と他の原子核とで非常に大きい範囲の変動をする.α 崩壊の理論は,α 粒子が,陽子中性子間の引力に含まれるものと非常によく似た,巨大な力によって原子核の内側に閉じこめられているという考え方に根拠をおいている.しかし,これらの力は,非常に短い距離でしか働らかないので,α 粒子が原子核の内部にあるとき以外は完全に無視される.α 粒子も原子核も共に正の電荷をもっている.このことは,電気的な力が両者を互に反撥させるようになっていることを意味する.α 粒子が原子核の内部にあるときには,この電気的斥力は核の引力よりもはるかに小さいが,原子核の外にあるときには,この斥力だけが存在することになる.したがって1個の粒子が非常な遠方から原子核の方へもってこられるとすると,まず,それは電気的に反撥されるであろう.そして,$2Ze^2/r$ というポテンシャル・エネルギーをもつであろ

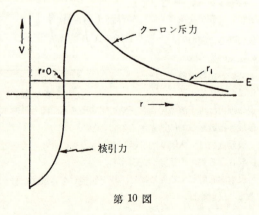

第 10 図

第 11 章 箱型ポテンシャルに対する波動方程式の解 281

う．ここに，Ze は原子核の電荷，$2e$ は α 粒子の電荷である．粒子が原子核に達すると，原子核の引力は，急激にこの斥力を凌駕する．α 粒子と原子核の中心との間の距離 r の函数としてのポテンシャル曲線は大凡，第 10 図に示した曲線に似たものである．α 粒子のもつエネルギー E が，Coulomb 斥力に抗して外へ出るには不充分な大きさしかもっていないとすると，古典物理学にしたがえば，α 粒子は，一度入りこむと原子核の内部に捉えられたままになっていよう．ところが，α 粒子は波動性をもっているために，実際に，壁を通ってもれ出してくる小さな確率が存在するのである．

放出される割合の平均値を見出すために，α 粒子が原子核の内部を多少は自由に動きうるものと仮定する．それが，毎秒約 10^9 cm の速度で動いていることを示す別個の証拠がある*．ウランのような重い放射性原子核は約 10^{-12} cm の半径をもっているから，α 粒子が壁をたたく数は毎秒 10^{21} 回になる．壁をたたく度毎に，それが壁を貫通する確率は (34) 式で与えられる透過率 T にひとしい．したがって，一秒間に外に出る確率は次のもので与えられる．

$$P = 10^{21} T / 秒.$$

原子核の平均寿命は丁度この逆数になっている．すなわち，

$$\tau = \frac{10^{-21}}{T} \ 秒.$$

T を計算するためには，$V-E$ と，壁の厚さ a という量を知ることが必要である．実際には，壁は第 4 図からも知りうるように，箱型とははるかにことなった形をしている．したがって，今おこなっている取扱いはこの場合には非常によいものとはいえない．もっとよい取扱いは，後に WKB 近似の助けをかりてあたえられるであろう．ここでは，T の大きさの程度を求める試みだけにしておこう．ウランでは，$V-E$ の平均値は，約 12 mev である**．又，幅の平均値は約 3×10^{-12} cm である．

$[1+(p_2/p_1)^2][1+(p_1/p_2)^2]$ という因子は非常に 1 に近いので，指数函数に比べて無視することができる．α 粒子については，$m = 6.4 \times 10^{-24}$ gram である．1 ev $= 1.6 \times 10^{-12}$ erg であることに注意すれば，

$$2\sqrt{2m(V-E)}\frac{a}{\hbar} = \frac{2\sqrt{12.8 \times 10^{-24} \times 12 \times 1.6 \times 10^{-12}}}{1.07 \times 10^{-27}} \times 3 \times 10^{-12} \cong 90,$$

---

* H. Bethe, *Elementary Nuclear Physics*, p. 110.

** H. Bethe, *Elementary Nuclear Physics*.

その結果は

$$P = 10^{21} e^{-90} = 10^{-18}/秒 = 10^{-11}/年.$$

この数には，$(V-E)$ と a の正確な値が鋭敏に効いてくることがあきらかである．これらの値は指数函数の中にあらわれるからである．だから，上の取扱いはざっとにあたって見たというだけにすぎない．$V-E$ と a が変化し，これらの量に対して指数函数がきいてくるから，異った元素に対して，寿命が広汎に変化することも期待されうる．しかし，第12章において，WKB 近似を用い，実験とよく合い，崩壊の寿命の元素の種類によって変る有様に対して，よりよい考え方を与えるような取扱いを提示するであろう．

7. 箱型のポテンシャル井戸 ここでは，第 11 図に示すような，斥力ではなく，引力の箱型ポテンシャルを考えよう．

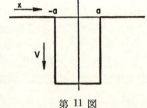

第 11 図

このポテンシャルは，$x=a$ から $x=-a$ までの領域では $-V_0$，その他では 0 であるとしよう．今，電子の流れは左方からこれに向ってやってくるものと考える．古典物理学に従えば，電子はただの1個も決して逆もどりしたりはしないのであるが，既に知ってのとおり，波動論の教えるところでは，電子は $x=a$ と $x=-a$ という鋭い端によって反射されるであろう．その結果，入射波と同じく，反射波や透過波が存在するであろう*．

この問題をとくため，透過波だけが存在する $x>a$ の領域から出発する．したがって波動函数は，

$$\psi = A \exp\left(\frac{ip_1 x}{\hbar}\right). \tag{36}$$

ここに，p_1 はその領域中での運動量で

$$p_1 = \sqrt{2mE}.$$

$x=-a$ から $x=+a$ までの井戸の中の領域では，波動函数は，

$$\psi = B \exp\left(\frac{ip_2 x}{\hbar}\right) + C \exp\left(-\frac{ip_2 x}{\hbar}\right). \tag{37}$$

---

* この取扱いは，$E>V_0$ のポテンシャルの壁，すなわち，壁の中での運動エネルギーが正のまゝであるようなポテンシャルの壁に対しても応用できることに注意せよ．

第11章 箱型ポテンシャルに対する波動方程式の解 283

但し, $p_2 = \sqrt{2m(E+V_0)}$.

B と C を A によってとくためには, ψ と $\dfrac{d\psi}{dx}$ とを $x=a$ において連続にしなければならない:

$$A \exp\left(\frac{ip_1 a}{\hbar}\right) = B \exp\left(\frac{ip_2 a}{\hbar}\right) + C \exp\left(-\frac{ip_2 a}{\hbar}\right), \tag{38}$$

$$\frac{p_1}{p_2} A \exp\left(\frac{ip_1 a}{\hbar}\right) = B \exp\left(\frac{ip_2 a}{\hbar}\right) - C \exp\left(-\frac{ip_2 a}{\hbar}\right). \tag{39}$$

これらの方程式をとくと,

$$B = \frac{A}{2}\left(1 + \frac{p_1}{p_2}\right) \exp\left[\frac{i(p_1 - p_2)a}{\hbar}\right], \tag{40}$$

$$C = \frac{A}{2}\left(1 - \frac{p_1}{p_2}\right) \exp\left[\frac{i(p_1 + p_2)a}{\hbar}\right]. \tag{41}$$

$x < -a$ の領域での波動函数はどうかというと,

$$\psi = D \exp\left(\frac{ip_1 x}{\hbar}\right) + E \exp\left(-\frac{ip_1 x}{\hbar}\right). \tag{42}$$

$x = -a$ で ψ と $d\psi/dx$ とが連続であるためには,

$$D \exp\left(-\frac{ip_1 a}{\hbar}\right) + E \exp\left(\frac{ip_1 a}{\hbar}\right) = B \exp\left(-\frac{ip_2 a}{\hbar}\right) + C \exp\left(\frac{ip_2 a}{\hbar}\right). \tag{43}$$

$$D \exp\left(-\frac{ip_1 a}{\hbar}\right) - E \exp\left(\frac{ip_1 a}{\hbar}\right) = \left(\frac{p_2}{p_1}\right)\left[B \exp\left(-\frac{ip_2 a}{\hbar}\right) - C \exp\left(\frac{ip_2 a}{\hbar}\right)\right]; \tag{44}$$

すなわち,

$$D = \left(\frac{B}{2}\right)\left(1 + \frac{p_2}{p_1}\right) \exp\left[\frac{i(p_1 - p_2)a}{\hbar}\right] + \left(\frac{C}{2}\right)\left(1 - \frac{p_2}{p_1}\right) \exp\left[\frac{i(p_1 + p_2)a}{\hbar}\right], \tag{45}$$

$$E = \left(\frac{B}{2}\right)\left(1 - \frac{p_2}{p_1}\right) \exp\left[\frac{-i(p_1 + p_2)a}{\hbar}\right] + \left(\frac{C}{2}\right)\left(1 + \frac{p_2}{p_1}\right) \exp\left[\frac{i(p_2 - p_1)a}{\hbar}\right]; \tag{46}$$

$$D = \left(\frac{A}{4}\right) \exp\left(\frac{2ip_1 a}{\hbar}\right)$$
$$\left[\left(1 + \frac{p_2}{p_1}\right)\left(1 + \frac{p_1}{p_2}\right) \exp\left(-\frac{2ip_2 a}{\hbar}\right) + \left(1 - \frac{p_2}{p_1}\right)\left(1 - \frac{p_1}{p_2}\right) \exp\left(\frac{2ip_2 a}{\hbar}\right)\right], \tag{47}$$

$$E = \left(\frac{A}{4}\right)\left[\left(1 - \frac{p_2}{p_1}\right)\left(1 + \frac{p_1}{p_2}\right) \exp\left(-\frac{2ip_2 a}{\hbar}\right) + \left(1 + \frac{p_2}{p_1}\right)\left(1 - \frac{p_1}{p_2}\right) \exp\left(\frac{2ip_2 a}{\hbar}\right)\right]. \tag{48}$$

透過率は,

$$T = \frac{|A|^2}{|D|^2} = \left[\cos\left(\frac{2p_2 a}{\hbar}\right) + \frac{i}{2}\left(\frac{p_1}{p_2} + \frac{p_2}{p_1}\right) \sin\left(\frac{2p_2 a}{\hbar}\right)\right]^{-2}$$

$$= \left[\cos^2\left(\frac{2p_2 a}{\hbar}\right) + \frac{1}{4}\left(\frac{p_1}{p_2} + \frac{p_2}{p_1}\right)^2 \sin^2\left(\frac{2p_2 a}{\hbar}\right)\right]^{-1}. \tag{49}$$

ここで,

$$\cos^2 = 1 - \sin^2 \quad \text{及び} \quad \left(\frac{p_1}{p_2}+\frac{p_2}{p_1}\right)^2 - 4 = \left(\frac{p_1}{p_2}-\frac{p_2}{p_1}\right)^2$$

に注意すれば, 次の結果を得る.

$$T = \frac{1}{1+\frac{1}{4}(p_1/p_2 - p_2/p_1)^2 \sin^2(2p_2 a/\hbar)}. \tag{50}$$

この結果は非常に興味ぶかい. 第一に, $p_1 = p_2$ のときは $T = 1$ になることがわかる. この場合はポテンシャルの井戸が全然存在していないのであるから, まったく当然のことである. $p_1 \neq p_2$ であれば, 透過率は一般に 1 より小さく, 若干の反射がおこることを示している. 引力ポテンシャルからでてくるこのような反射は, 物質の波動性の結果である. これは, オルガンパイプの開口端での音波の反射に似ている. しかしながら, $p_1 \neq p_2$ であっても $T = 1$ になる場合が一つ存在する. すなわち, $\sin^2(2p_2 a/\hbar) = 0$, つまり, $p_2 = N\pi\hbar/2a$ の場合である. ここで, N はある整数をあらわしている.

この結果はどのようにして理解しうるものであろうか？ その意味する所を知るために, われわれは, この問題が光学における Fabry-Perot の干渉計の問題と非常によく似ていることに注目する. われわれの問題では, 波動はポテンシャルの鋭い端によって反射されるが, それは, 同じように屈折率の鋭い変化がおこる光学におけるガラス片の端に対応する. したがって, この問題は, $2a$ の距離だけへだたった 2 枚のガラス板の問題に似ている. Fabry-Perot の干渉計の実験の取扱いにおいては, $x = +a$ の面から反射された波が $x = -a$ の面で反射されて, $2\pi N$ の位相のずれを伴ってもどってきたとき, その次に入ってくる波動とつよめあうように干渉し, その結果, 透過波の増大をみることが示

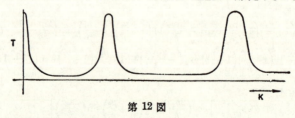

第 12 図

---

* F. A. Jenkins and H. E. White, *Fundamentals of Physical Optics*. New York: McGraw-Hill Book Company, Inc., 1937, p. 93.

第11章 箱型ポテンシャルに対する波動方程式の解 285

される．こうして，ある波長については透過率が 1 になる．波数の函数として の透過率は第 12 図で与えた曲線と似たものである．ピークの鋭さと幅とは，反射率に依存するものであって，われわれの問題では p_1/p_2 によるのである．

問題 5： 反射率 $R=|E|^2/|D|^2$ を計算し，$T+R=1$ であることを示せ．

8. 共鳴透過におけるピークの幅　ピークの幅を計算するために，まず，p_2/p_1 が大きいと仮定する．そうすると，ピークは鋭くなるであろう．つづいて，$p_2=N\pi\hbar/2a$ からどれくらい遠ざかると T が 1/2 以下になるはずであるかを問うことにする．それは，次のときにおこるであろう：

$$\frac{1}{4}\left(\frac{p_1}{p_2}-\frac{p_2}{p_1}\right)^2 \sin^2\left(\frac{2p_2a}{\hbar}\right)=1, \tag{51}$$

もしくは，

$$\sin\left(\frac{2p_2a}{\hbar}\right)=\pm\frac{2}{|p_1/p_2-p_2/p_1|}. \tag{52}$$

右辺の分母が大きくなったとすると，そのときには，この点で $2p_2a/\hbar$ は $N\pi$ とわずかしか違わないことになろう．そして，次のようにかくことができる：

$$\frac{2p_2a}{\hbar}\cong N\pi\pm\frac{2}{|p_1/p_2-p_2/p_1|}, \tag{53}$$

$$p_2\cong\frac{N\pi\hbar}{2a}\pm\frac{\hbar/a}{|p_1/p_2-p_2/p_1|}, \tag{54}$$

$$\delta p_2\cong\frac{\hbar}{a}\frac{1}{|p_1/p_2-p_2/p_1|}. \tag{55}$$

$p_2=\sqrt{2m(E+V_0)}$ とかけば，微分することによって（$\delta p_2/p_2$ は小さいと仮定してある），

$$\delta p_2\cong\sqrt{\frac{m}{2(E+V_0)}}\delta E \tag{55a}$$

および

$$\delta E\cong\sqrt{\frac{2(E+V_0)}{m}}\delta p_2\cong\sqrt{\frac{2(E+V_0)}{m}}\frac{\hbar}{a}\frac{1}{|p_1/p_2-p_2/p_1|}=\frac{v_2\hbar/a}{|p_1/p_2-p_2/p_1|} \tag{56}$$

ここで，v_2 は井戸の中での粒子の速度である．

共鳴透過の幅を，ポテンシャル井戸の両端の間を往き来する波動の反射過程によって説明することは容易である．$x=a$ での鋭いポテンシャル端にぶっか

る波動の透過率を T とすれば,波動は大部分が透過してしまうまでに約 $1/T$ 回反射しつつ往き来するであろう. (11)式によれば,透過率は,

$$T = \frac{4p_2 p_1}{(p_1 + p_2)^2}$$

であった. ここに, p_1 は透過した粒子の運動量, p_2 は入射粒子の運動量である.

波動が井戸を横ぎってもどってくる間にうける位相のずれは $4p_2 a/\hbar$ である. 正しく共鳴がおきる場合には,これは $2N\pi$ にひとしい. $1/T$ 回の反射が行われたのちの位相のずれの総和は $\varphi = 4p_2 a/T\hbar$ であり,正しく共鳴がおきるときには $\varphi_R = 2N\pi/T$ にひとしい. 強めあうような干渉は $\varphi - \varphi_R \cong 1$ のとき,すなわち,

$$\varphi - \varphi_R = \frac{4\varDelta p_2 a}{T\hbar} \cong 1,$$

および

$$\varDelta p_2 \cong \frac{\hbar T}{4a} \cong \frac{p_1 p_2}{(p_1 + p_2)^2} \frac{\hbar}{a}$$

のときにこわれはじめる. 鋭い共鳴がおきるためには, T が小さくて,多くの反射がおこりうるようになっていることを必要とする. このことは, $p_1 \ll p_2$ のときにだけおきる. その結果として, $(p_1 + p_2)^2 \cong p_2^2$, 故に,われわれは $\varDelta p_2 \cong \frac{p_1}{p_2} \frac{\hbar}{a}$ をうる. これは, $p_1 \ll p_2$ という同じ近似を用いて出した (55) 式で得たものと一致する. しかし以上の議論全体が,近似的で定性的なものにすぎないことに注意されたい.

9. Ramsauer 効果 こういった"共鳴"透過の興味深い実例は,ネオンやアルゴンのような稀ガス類原子による電子の散乱の場合におこる. このような原子の中での電子のポテンシャル・エネルギーは,第 13 図に示したようなものになっているらしい. 第1近似では,それは,半径が 2×10^{-8} cm で V_0 という一様な深さをもった井戸型で表わされうるから,今, 0.1 電子 volt 程度の運動エ

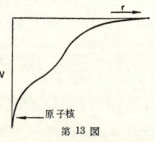

第 13 図

ネルギーをもった非常におそい電子の場合だと,井戸の有効半径と深さとは,電子の共鳴透過が存在するようなものであることがわかる. このようにして原

子は，この程度の速さの電子に対しては実際上透明なように見える．又，たとえば散乱の確率は，この共鳴がおこらない原子や，やはり共鳴がおこらないもっと高いエネルギーの電子に対する同じ原子によるものに比し，はるかに小さい．この効果は，Ramsauer によってはじめて実験的に観測され，のちに量子論によって説明されたものである．この効果は，のちに散乱の理論の所で，一層詳しく調べることにしよう．そこでは，問題の3次元的な性格による複雑さが考慮に入れられる*．

問題 6： 到達距離 2×10^{-8} cm の井戸を仮定したとき，0.1 ev の運動エネルギーをもった電子で共鳴透過がおこるためには，どれだけの深さがなければならぬか？

10. 束縛状態 古典論によれば，$E < 0$ の粒子はポテンシャル井戸の中に束縛されていることになっていた．それは，そこから逃げ出すだけのエネルギーをもっていないからである．この問題を量子的に取扱った場合，何らかの束縛状態が存在するであろうか？ われわれは，そのような束縛状態は存在はしうるけれども，一般には，束縛状態の可能なエネルギーが，古典論におけるように連続的でなく，とびとびのものになっていることを知るであろう．これは，また，正エネルギーの場合の量子論の結果とも対照的である．その際には，波動方程式の解が存在するときの E の値には何の制限もなく，連続スペクトルが得られることをわれわれはみたのである．

$x > a$ の領域では，解は実指数函数の1次結合になっているのに注目し，そのことから束縛状態の固有函数と固有値とを解くことに入ろう．したがって，$x \to \infty$ で ψ を有限にするためには，指数函数として，x が増加すると減少するようなものを選ばねばならない．そこで，$\psi = A \exp(-p_1 x/\hbar)$ とおく．ここに，$p_1 = \sqrt{2m|E|}$ であり，E は束縛状態のエネルギーで，負の数になっている†．

箱型の井戸の中での波動函数は，

$$\psi = B \exp\left(\frac{ip_2 a}{\hbar}\right) + C \exp\left(-\frac{ip_2 x}{\hbar}\right) \tag{57}$$

---

* 第21章 51節参照．又，N. F. Mott and H. S. W. Massay, *The Theory of Atomic Collisions.* Oxford: Clarendon Press, 1933, p. 133, を見よ．

† 第11図と関連して定義されたとおり V_0 は定義によって正の数である．

ここに $p_2 = \sqrt{2m(V_0 - |E|)}$. ($x=a$ における）連続性の条件から

$$B \exp\left(\frac{ip_2 a}{\hbar}\right) + C \exp\left(-\frac{ip_2 a}{\hbar}\right) = A \exp\left(-\frac{p_1 a}{\hbar}\right),$$

$$B \exp\left(\frac{ip_2 a}{\hbar}\right) - C \exp\left(-\frac{ip_2 a}{\hbar}\right) = \frac{iAp_1}{p_2} \exp\left(-\frac{p_1 a}{\hbar}\right).$$

B と C についてとけば,

$$\left. \begin{aligned} B &= \frac{A}{2}\left(1 + \frac{ip_1}{p_2}\right) \exp\left[-\frac{a}{\hbar}(p_1 + ip_2)\right], \\ C &= \frac{A}{2}\left(1 - \frac{ip_1}{p_2}\right) \exp\left[-\frac{a}{\hbar}(p_1 - ip_2)\right]. \end{aligned} \right\} \tag{57a}$$

ここで, $x = -a$ において, $x \to -\infty$ とともに減少するような指数函数と, 解がなめらかにつながっていることが必要である. 束縛エネルギー $|E|$ が適当な値をもっているのでなければ, 一般にはこういうことはおこらないであろう. このような解がいつ可能であるかを見出すため, 次のようにおく ($x < -a$ に対し):

$$\psi = D \exp\left(\frac{p_1 x}{\hbar}\right). \tag{58}$$

連続の条件は,

$$D \exp\left(\frac{p_1 a}{\hbar}\right) = B \exp\left(-\frac{ip_2 a}{\hbar}\right) + C \exp\left(\frac{ip_2 a}{\hbar}\right), \tag{59}$$

$$\frac{p_1}{p_2} D \exp\left(\frac{p_1 a}{\hbar}\right) = i\left[B \exp\left(-\frac{ip_2 a}{\hbar}\right) - C \exp\left(\frac{ip_2 a}{\hbar}\right)\right]. \tag{60}$$

2番目の式を1番目の式でわると,

$$\begin{aligned} -i\frac{p_1}{p_2} &= \frac{B \exp(-ip_2 a/\hbar) - C \exp(ip_2 a/\hbar)}{B \exp(-ip_2 a/\hbar) + C \exp(ip_2 a/\hbar)} \\ &= \frac{[1 + (ip_1/p_2)] \exp(-2ip_2 a/\hbar) - [1 - (ip_1/p_2)] \exp(2ip_2 a/\hbar)}{[1 + (ip_1/p_2)] \exp(-2ip_2 a/\hbar) + [1 - (ip_1/p_2)] \exp(2ip_2 a/\hbar)}. \end{aligned} \tag{60a}$$

この式を簡単にするために,

$$\frac{p_1}{p_2} = \tan\varphi, \quad 1 + \frac{ip_1}{p_2} = \frac{1}{\cos\varphi}(\cos\varphi + i\sin\varphi) = \frac{e^{i\varphi}}{\cos\varphi}$$

とおくと, 次の式が得られる:

$$\begin{aligned} \tan\varphi &= i\frac{\exp[i(\varphi - 2p_2 a/\hbar)] - \exp[-i(\varphi - 2p_2 a/\hbar)]}{\exp[i(\varphi - 2p_2 a/\hbar)] + \exp[-i(\varphi - 2p_2 a/\hbar)]} \\ &= \tan\left(\frac{2p_2 a}{\hbar} - \varphi\right). \end{aligned} \tag{61}$$

上の式は, N を勝手な整数としたとき, $\varphi = 2p_2 a/\hbar - \varphi + N\pi$ が正または負にな

第11章 箱型ポテンシャルに対する波動方程式の解 289

ることを意味する. φ についてとくと,

$$\varphi = p_2 \frac{a}{\hbar} + \frac{N\pi}{2},$$

$$\tan\varphi = \frac{p_1}{p_2} = \tan\left(\frac{p_2 a}{\hbar} + \frac{N\pi}{2}\right) = \begin{cases} \tan\dfrac{p_2 a}{\hbar}, & N \text{ が偶数}; \\[2mm] -\cot\dfrac{p_2 a}{\hbar}, & N \text{ が奇数}. \end{cases} \tag{62}$$

p_1 と p_2 を E と V_0 とであらわすことにすれば, 次の式を得る:

$$\sqrt{\frac{|E|}{V_0 - |E|}} = \begin{cases} \tan\left[\sqrt{2m(V_0 - |E|)}\,\dfrac{a}{\hbar}\right], & N \text{ が偶数}; \\[3mm] -\cot\left[\sqrt{2m(V_0 - |E|)}\,\dfrac{a}{\hbar}\right], & N \text{ が奇数}. \end{cases} \tag{63}$$

上の式は $|E|$ をきめる超越方程式である. それが解をもっている所に可能なエネルギー準位が得られる. この方程式は, 一般には, 数値的に解くか, グラフで解くかしなければならない. しかし, エネルギー準位の位置についての近似的な観念くらいならば得ることができる. これを行うには, 方程式を次のおきかえによってかき直すのである.

$$\sqrt{2m(V_0 - |E|)}\,\frac{a}{\hbar} = \xi; \quad 2m|E| = 2mV_0 - \left(\frac{\hbar}{a}\right)^2\xi^2; \tag{64}$$

その結果は,

$$\frac{\hbar}{a}\frac{\xi}{\sqrt{2mV_0 - (\hbar/a)^2\xi^2}} = \begin{cases} \cot\xi, & N: \text{偶数}; \\[2mm] -\tan\xi, & N: \text{奇数}. \end{cases} \tag{65}$$

これを ξ について解いたのち, (64) 式によって $|E|$ を求めることができる.

A. N が奇数の場合:

$y_1 = \tan\xi$ という曲線と

$$y_2 = -\frac{\hbar}{a}\xi\left[2mV_0 - \left(\frac{\hbar}{a}\right)^2\xi^2\right]^{-1/2}$$

という曲線との交点を見出すことが必要になる (第14図参照). y_2 の曲線は

$$\xi = \pm\sqrt{2mV_0}\,\frac{a}{\hbar}$$

であるかぎりにおいてだけ拡ってゆくことに注意する. それは, 定義によって, $|E|$ は正でなければならぬが, ξ がこれ以上大きくなると (64) 式の中の $|E|$ が負の値をとるようになるからである. y_2 の曲線は, V_0 と a とに依存する勾配をもって原点をとおり, 最後に,

$$\xi = \pm\sqrt{2mV_0}\,\frac{a}{\hbar}$$

で無限大になる. $\xi=0$ における y_1 と y_2 との交点は無意味な根であって, Schrödinger 方程式の真の解にはならない.

問題 7: (57) 式を Schrödinger 方程式に代入して $\xi=0$ という根が解にならないことを証明せよ.

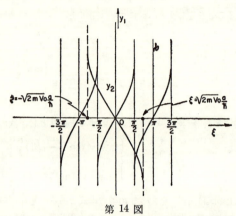

第 14 図

$\sqrt{2mV_0}\,\dfrac{a}{\hbar} < \dfrac{\pi}{2}$ ならば, y_1 と y_2 との間には, これ以上交点はなく, したがって束縛状態の解も存在しない. N 個の束縛状態の解が存在するための条件が次のようになることは直ちにわかる:

$$\sqrt{2mV_0}\,\frac{a}{\hbar} > \left(N+\frac{1}{2}\right)\pi;$$

すなわち,

$$V_0 > \frac{1}{2m}\left(\frac{\hbar}{a}\right)^2 \left(N+\frac{1}{2}\right)^2 \pi^2.$$

正と負の根がいつも対になって得られることに注意しよう. ところが E の値は ξ^2 だけによるものであるから ((64) 式参照), 各々の対は $|E|$ のただ一つの値しか与えない.

B. N が偶数の場合:

上と同じ様な取扱いは N が偶数のときにもあたえることができる. すなわち, $y_1 = \cot\xi$ を図にあらわし, それと,

$$y_2 = \frac{\hbar}{a}\,\frac{\xi}{\sqrt{2mV_0-(\hbar/a)^2\xi^2}}$$

との交点を見出すのである (第15図を見よ).

第一の解は $\xi < \pi/2$ のときに出る. その次の解は $\xi > \pi$ のときに出る. 以下同様である. したがって, このタイプ (N が偶数) の場合には, 少くとも1個の解が存在する. V_0 がどんなに小さくてもそれに関係しない. 二つの解が存在

するためには,$\xi>\pi$,すなわち,$V_0>\dfrac{1}{2m}\left(\dfrac{\hbar}{a}\right)^2\pi^2$ であることが必要である.V_0 が増加するにしたがい,次第に多くの解が可能になる.

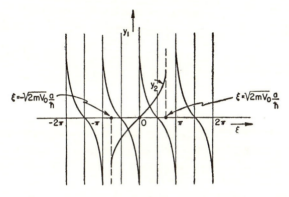

第 15 図

問題 8: V_0 が 20 mev,$a=2.8\times10^{-13}$ cm であると仮定する.このような井戸の中での,陽子 ($m=1.6\times10^{-24}$ gram) のエネルギー準位を求めよ(数値的に,もしくはグラフによって求めよ).又,$m=6.4\times10^{-24}$ gram の α 粒子についてそれらを求めてみよ.

11. 井戸が無限に深い極限 もし,井戸が無限に深いとすれば,古典的には到達できない領域における解,$\exp\left[-\sqrt{2m(V_0-|E|)}\dfrac{x}{\hbar}\right]$ は,無限に速くなくなってゆき,波動函数は,井戸の両端で零にならねばならなくなる.このとき,解は $\psi=\sin\left(N\dfrac{\pi}{2}\dfrac{x}{a}\right)$ となるはずである.但し N は整数*.この解は次のようにもかける:

$$\psi=\sin\sqrt{2m(V_0-|E|)}\dfrac{x}{\hbar}.$$

したがって,

$$\sqrt{V_0-|E|}=\dfrac{\hbar}{a}\left(\dfrac{N\pi}{2}\right)\dfrac{1}{\sqrt{2m}}, \text{ もしくは } V_0-|E|=\dfrac{1}{2m}\left(\dfrac{\hbar}{a}\right)^2\left(\dfrac{N\pi}{2}\right)^2.$$

(63) 式からも同じ解が出てくることが容易に証明できる.$V_0\to\infty$ としたとき,

---

* 便宜上,原点を井戸の一方の側にずらせた.この記号法はこの節にのみかぎることにする.

$\dfrac{|E|}{V_0-|E|}\to 0$ となるから,

$$N \text{ が奇数のとき：}\quad \tan\sqrt{2m(V_0-|E|)}\dfrac{a}{\hbar}\to 0$$
$$N \text{ が偶数のとき：}\quad \cot\sqrt{2m(V_0-|E|)}\dfrac{a}{\hbar}\to 0$$

これから,

$$\sqrt{V_0-|E|}=\frac{1}{\sqrt{2m}}\left(\frac{\hbar}{a}\right)\frac{N\pi}{2}.$$

これは, 直接に得られた結果と一致する.

12. 解の図解　これまでの様々な種類の解全部の一般的性質を容易に理解させる, 図示的方法がある. 次の波動方程式を考えることにしよう.

$$\frac{d^2\psi}{dx^2}+\frac{2m}{\hbar^2}(E-V)\psi=0. \tag{1}$$

この方程式は波動函数 ψ の2次微分を, ψ と $E-V$ によって定義している. $E>V$ の場合 (運動エネルギーが正の場合), ψ の2次微分は ψ と逆の符号をもっている. したがって, ψ は軸に対して凹となり, 波動函数は振動するようになるであろう (この結果は次のような厳密な解と一致する.

$$\psi=A\cos\sqrt{2m(E-V)}\frac{x}{\hbar}+B\sin\sqrt{2m(E-V)}\frac{x}{\hbar}.$$

$E-V$ が大きくなるにつれて, ψ はますます激しく曲るようになり, 激しく振動するようになる).

しかし, $V>E$ のときには, $d^2\psi/dx^2$ は ψ と同じ符号となり, したがって, ψ は座標軸に対して凸となる. このことは, ψ が既に増加しつゝあるならば, ますます激しく増加するであろうということを意味している. なぜならば, 勾配は常に増加しつゝあらねばならないからである (これも, 厳密な解

$$\psi=A\exp\left[-\sqrt{2m(V-E)}\frac{x}{\hbar}\right]+B\exp\left[\sqrt{2m(V-E)}\frac{x}{\hbar}\right]$$

と一致する. $V-E$ が大きくなるにつれて, 指数函数は急速に変化する).

次に井戸の中の束縛状態を考えよう. $x<-a$ (第16図参照) のときは, x の増加とともに増加し, 上方へ曲る指数函数的な解からはじめる. $x=-a$ では運動エネルギーは正になる. そして, ψ は正であるから, 曲率は負になる. このときは, 波動函数は, $\psi=0$ の方向に向って, $V_0-|E|$ に依存する仕方で逆

に曲りはじめる. $V_0-|E|$ が充分に
大きいものとすると, 勾配は, $x=a$
に達するときまでには負になるであ
ろう. $x>a$ になると, $V_0-|E|$ が
負であるために函数はふたゝび上へ
曲りはじめる. $|E|$ を一般のものに
とれば, 函数は束縛されることなく,
増大する一方であろう; したがって,

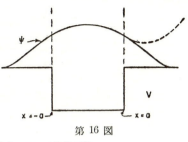

第 16 図

解としては許されないものになる. 減少してゆく指数函数
$$\left[\psi=\exp\left(-\frac{x}{\hbar}\sqrt{2m|E|}\right)\right]$$
に必要な勾配と $x=a$ で完全に一致する勾配をもつようなものに $|E|$ がなっ
ている場合にだけ 解 は $x\to\infty$ になっても束縛されたまゝでいるであろう. こ
うして, ある特定の値をもった $|E|$ のみが束縛状態に導くことゝなろう. こ
れらが固有値となるものである.

V_0 が非常に大きいときには, ψ を, 1 回又はそれ以上の振動をしたあとで,
減衰する指数函数と $x=a$ でつなぐことができる. これらはあらたに加わる束
縛状態となるであろう. こうした可能性は第 17 図に示しておいた. V_0 が大き
くなるにつれて, 一般にこのような可能性の数は増大する.

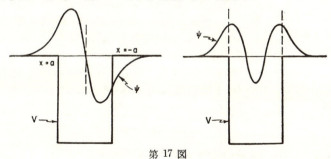

第 17 図

それぞれの解は, 波動函数がもっている零点の数 (節の数) によって記述さ
れうる. たとえば, 第一の解は節がなく, 第二の解は節が一つ, 第三の解は二
つ, ……等々といった具合である. 一般に, 解の中の節の数は (64) 式にあら
われる数 N にひとしい.

294　　　第 Ⅲ 部　簡単な体系への応用. 量子論の定式化の一層の拡張

波動函数に対する解

(63) 式に対する解が存在するようなそれぞれの N の値に対し, 波動函数を求めることができる. これを行うには, $|E|$ が既知であり, $p_1=\sqrt{2m|E|}$ と $p_2=\sqrt{2m(V_0-|E|)}$ もまた既知であることに注目する. このことは, 井戸の中での波動函数を定義している (57) と (60a) とをとくことができ, その結果, 波動函数全体が (58) 式で定義される D という 1 個の常数によってあらわされることを意味している. 常数 D は, 波動函数の規格化から算出できる.

問題 9: 波動函数を求めて, 節の数が N に等しいことを示せ.

13. 展開定理の応用 第 10 章 22 節において, 任意の函数が, Hermite 演算子の固有函数系で展開されうることを指摘しておいた. 今度は, この定理を井戸型ポテンシャルをもつ Hamilton 演算子に応用することにしよう. 固有函数は, $E>0$ の時にあらわれる固有値の連続スペクトルを含むはずであり, 又, $E<0$ のときには, すべての束縛状態をも含まねばならない.

一見したところ, 束縛状態の函数が必要である理由が明らかでないかもしれないが, それが必要なのは, 井戸の中では, $E>0$ の場合の固有函数が, ポテンシャルによって非常に歪められているために, ある種の函数は全くあらわし得ない, ということである. 連続な固有函数の積分によっては表わしえないような函数というのは, 事実, まさしく束縛状態の波動函数である. これを一層詳しく知るために, 束縛状態の固有函数が連続な状態の函数と直交していることに注意しよう (第 10 章 22 節参照). したがって, 束縛状態の函数を, 連続な状態の函数で展開することはできない. 第 10 章 (55) 式にしたがって, 展開係数が,

$$C_E=\int \psi_E{}^*(x)\psi_B(x)dx$$

となり, これは, ψ_B が束縛状態の函数で, ψ_E が連続状態に属するときには零となるからである. このように, すべての可能な函数をあらわすには, 連続スペクトルにわたった積分とともに, 束縛状態での和をとらねばならない.

14. 重陽子に対する応用 これまでの所, われわれが考えてきたのは 1 次元の問題のみであった. それに対して, 実際に出てくる問題は全部 3 次元的であ

第11章 箱型ポテンシャルに対する波動方程式の解 295

る．しかし，第15章でわかる筈であるが，動径 r に関するかぎり，ψ の波動方程式は，ここであたえる1次元の式とよく似たものになる．事実，ψ が r だけの函数であって，角座標 θ, φ を含まないという特別な場合には，方程式は，1次元の場合と同じであることが示されるであろう†．しかしながら，一つだけ，重要な新しい制約が存在する．それは，波動函数が原点で常に零にならねばならないということである．やがてわかるように，これは，ある函数が $r \to 0$ でも有限に保たれる必要があるところから生じたものである．さしあたって，われわれはこの要請を単にうけいれるだけにしておこう．

束縛状態の波動函数のどれが $x=0$ で $\psi=0$ という要請を満足しているかを見出すために，ポテンシャル井戸の中での ψ の値を与える (57) 式を問題にしよう．$x=0$ では，

$$\psi = B + C = 0$$

である．したがって，$B=-C$ という余計な要請がつく．(57) 式から，これが次のものにひとしいことがわかる:

$$\left(1+\frac{ip_1}{p_2}\right)\exp\left(\frac{-iap_2}{\hbar}\right) = -\left(1-\frac{ip_1}{p_2}\right)\exp\left(\frac{iap_2}{\hbar}\right),$$

$p_1/p_2 = \tan\varphi$ とかけば，次の式をうる．

$$\exp\left[-i\left(\frac{ap_2}{\hbar}-\varphi\right)\right] = -\exp\left[i\left(\frac{ap_2}{\hbar}-\varphi\right)\right],$$

すなわち，

$$\cos\left(\frac{ap_2}{\hbar}-\varphi\right)=0.$$

したがって，

$$\varphi = \frac{ap_2}{\hbar}+\frac{N\pi}{2}.$$

ここで N は奇整数である．これを (62) 式と比較して見ると，(62) 式の中で N が奇数に限られていれば，二つの式が同じものであることがわかる．したがって，3次元の問題における，すべての束縛状態は，奇数の N をもっていなければならないことが結論される．10 節で示したように，$V_0 \geqq \frac{1}{2m}\left(\frac{\hbar}{a}\right)^2\left(\frac{\pi}{2}\right)^2$ でなければ，そのような束縛解は絶対に存在しない．そして，一般に，あたえられた N に対して束縛解が可能であるのは，$V_0 \geq \left(\frac{\hbar}{a}\right)^2\left(\frac{1}{2m}\right)\left(\frac{N\pi}{2}\right)^2$ のときだけ

───────────
† 第15章3節を見よ．

である. したがって，束縛状態の数は，ポテンシャル井戸の深さ，その半径，および粒子の質量に依存する.

重陽子は，1個の中性子と1個の陽子とが，井戸型ポテンシャルであらわされうる力によって一つに結合されてできている（3節参照）. 実験的には，結合エネルギーが 2.237 mev であることがわかっている*. 3節であたえた $r=2.8 \times 10^{-13}$ cm という半径を用いれば，この結合エネルギーをつくり出すのに必要な深さ V_0 を計算することができる. その準位以下には，準位が存在しないことはわかっている†. すなわち，ただ一つの束縛状態が存在するのである. したがって，われわれは (63) 式において $N=1$ とおけばよい. その結果:

$$\sqrt{\frac{|E|}{V_0-|E|}}=-\cot\sqrt{2m(V_0-|E|)}\frac{a}{\hbar},$$

$$\tan\sqrt{2m(V_0-|E|)}\frac{a}{\hbar}=-\sqrt{\frac{V_0-|E|}{|E|}}. \tag{66}$$

ここで次のように書こう:

$$\sqrt{2m(V_0-|E|)}\frac{a}{\hbar}=\xi;$$

そうすると，

$$\tan\xi=-\frac{\hbar}{a}\frac{\xi}{\sqrt{2m|E|}} \tag{67}$$

を得る.

$|E|$, m, a が既知であるから，ξ を図を用いて解き，その結果を使って V_0 が解ける. 結果は，$V_0=21.2$ mev である. このとき，質量として，$m=M/2$ の換算質量を用いねばならぬことに注意されたい. M は陽子の質量であって，実際問題としては，中性子の質量にもひとしい. これは，波動函数が実際には，中性子と陽子の相対座標に関係しているからである. この点については，水素原子とも関連して後に詳細に論ずるであろう（第15章5節参照）.

問題 10: 前節に示した方法で V_0 を求めよ.

(66) 式は実際に $\sqrt{V_0-|E|}\,a$ という積を決定し，したがって，$(V_0-|E|)a^2$

---

* 束縛状態の結合エネルギーとは，エネルギーを $E=0$ まで高めるのに要するエネルギーのことである. この点では，粒子はもはや一緒に結合していることはできない. 結合エネルギーが (64) 式の $|E|$ と等しいことは明らかであろう.

† H. Bethe, *Elementary Nuclear Theory*, Chap. 7.

第11章 箱型ポテンシャルに対する波動方程式の解　　　297

をも決定していることに注意されたい．$|E|/V_0$ が小さいため，重陽子の結合エネルギーの知識から，$V_0 a^2$ の近似的な積を決定することが可能となっている．

15. 不確定性原理によるエネルギー準位の解釈

$$V_0 > \frac{1}{2m}\left(\frac{\hbar}{a}\right)^2\left(\frac{\pi}{2}\right)^2$$

でないときは束縛状態が全く不可能であるということは，不確定性原理を用いれば，容易に理解される．束縛状態に存在するためには，粒子は大体，井戸の半径の大きさ程度の所におしこめられていなければならない．波動関数が井戸の半径の大きさの領域でだけ大きな値をもっているためには，運動量の範囲が，$\sim\dfrac{\hbar}{a}$ でなければならず，したがって，エネルギーの範囲が $\sim\dfrac{1}{2m}\left(\dfrac{\hbar}{a}\right)^2$ でなければならない*．粒子が井戸の中にとらえられる前に，粒子が井戸の中に入ってくるときに放出されるポテンシャル・エネルギーは，半径 a の場所の中に粒子が局在するというだけのことから，粒子がもっている運動エネルギーよりも大きいものでなければならない．このようにして，$V_0 > \dfrac{1}{2m}\left(\dfrac{\hbar}{a}\right)^2$ でなければ，束縛状態は全く存在しえないことになるのである．V_0 の大きさが，粒子を井戸の中にとじこめておくのに必要な運動エネルギーを辛うじてもたらす程度の大きさであるとすると，結合エネルギー $|E|$ は非常に小さくなるであろう．V_0 が増大すれば，結合エネルギーは大きくなる．そして終には，V_0 は，波動関数が井戸の中で一回振動するのに必要なエネルギーを供給できるくらいにまで増大すると，この点で新らしい束縛状態が可能になる．さらに一層 V_0 を大きくすれば，3 番目の振動，4 番目の振動，……等々といった具合に可能になってゆく．このようにして，束縛状態の数は，粒子を井戸の中に容れておくに要する最小のエネルギーに比して，井戸がどれくらい深いかということに依存しているのである．

16. ポテンシャルに関する知識を得るために，エネルギー準位の観測値を用いること

原子論で通常行われる量子化の手続きは，古典的な Hamilton 函数から出発して，その中に p が出てくるたびにそれを $\dfrac{\hbar}{i}\dfrac{\partial}{\partial x}$ という演算子でおきかえて，Hamilton 演算子をつくることである．ところが多くの場合，体系に関するわれわれの経験が純粋に量子力学的な水準のものであるために，

---

* 第5章5節を参照せよ．そこでは，水素原子の最低の結合状態に関連して，同様の議論がなされている．

298 　　第 III 部　簡単な体系への応用.　量子論の定式化の一層の拡張

古典的な Hamilton 函数を知ることができないのである. それは特に, 核力の到達範囲がきわめて短いために, 原子核物理学の場合にあてはまる. 核力を古典的な方法で扱うためには, de Broglie 波長 $\lambda = h/p$ が, 約 2.8×10^{-13} cm という核力の到達範囲よりもはるかに小さいような粒子の存在が必要となろう. したがって, この粒子の運動量は,

$$p \cong \frac{h}{2.8 \times 10^{-13}} = \frac{6.6 \times 10^{-27}}{2.8 \times 10^{-13}} = 2.4 \times 10^{-14}$$

よりもはるかに大きいことを要する.

陽子の場合, エネルギーは,

$$E = \frac{p^2}{2m} \cong 100 \text{ mev}$$

よりも大きくなければならないであろう. 原子核物理学で行う大抵の実験では, これよりもはるかに低いエネルギーを用いる (〜1 乃至 20 mev である). さらに, 100 mev もしくはそれ以上の高いエネルギーでは, あるきまったポテンシャル函数を含んだ波動方程式によって系が記述されうるという考え方がだめになるという根拠がある. いいかえれば, 非常に高いエネルギーでは, 量子論が大きく改変される可能性があるように思われるのである. その結果, 原子核の領域では, Hamilton 演算子を用いた理論の全体系は, それが成功するような範囲に対してだけ正当とされうる仮の手続きにすぎない. しかしながら, 原子物理学の領域では, 含まれる長さは 10^{-12} cm の程度であって, そこでは, 通常の量子論の諸概念がきわめて強固な基盤をもっているということが実験によってしられているのである. そのことは強調しておかねばならないが, しかし, この場合でも, 古典的な Hamilton 函数には含まれていない, スピン*に関する項のような小さな項によって, Hamilton 演算子を補正することがしばしば必要となるのである.

この事態からのかけ値のない結果は次のようなものである. 即ち, 特に原子核物理学のようなある種の問題においては, ポテンシャル函数を推測することが必要であり, われわれの推測は, それによって実験と一致する予言が行われるか否かを調べて当否の決定が企てられねばならない. このような実験結果のうち, 最も重要な一つとして, 問題になっている系のエネルギー準位があげられる. たとえば, 重陽子の場合, 深さ 2.237 mev というエネルギー準位が唯一

---

* 第 17 章参照.

第11章　箱型ポテンシャルに対する波動方程式の解　　　299

のものであったから，ポテンシャルの深さ V_0 とその半径の平方 a^2 との積を求めることができた．もしも，もっと多くのエネルギー準位があったとすれば，われわれはポテンシャルについては，又別の結論に達していた筈である．したがって，古典的な仕方では直接測定することができないようなポテンシャル関数を研究する道具として，エネルギー準位の観測を用いることが可能であることを，心にとめておくべきである．この種の考察には，今後も何回となくたちもどるであろう．そして，さらに，原子や原子核の体系の性質へ迫るための手段として，散乱の研究のもつ役割が強調されるであろう†．

17.　連続スペクトルにおける固有函数からつくられている波束　ここまでの所，井戸型ポテンシャルにおける連続スペクトルをつくる固有函数 $(E>0)$ を論ずるに当って，全空間に拡った平面波の解を用いた．このような解は，実は，実際問題には決して実現されないひとつの抽象をあらわしている．現実に存在する波動は，全て何らかの方法で束縛されているものばかりだからである．現実の実験においておこっていることを表現するには，波束の方がずっと近い．

　たとえば，井戸のはるか遠方から入射してくる波束で以て議論をはじめよう．この波束は，動くにつれて，少しずつ拡りながら，井戸の方へやってくる．井戸にぶつかると，一部が反射され，一部が井戸の中に入る＊．壁の中にある部分は，そこでまた反射されて往ったり来たりし，その一部が透過波の形で外へ出てゆく．また，別の一部は，逆もどりして反射波の方に寄与する．井戸の内部から反射されてきた波は，井戸で直接反射された波と干渉する．それらが正しい位相の関係にあれば，反射波は，これら二つの部分の干渉によって打消され，透過波だけが存在するようになる．そして，(50) 式で記述されたような共鳴透過が存在することになる．しかし，一般には，反射波と透過波の双方が存在する．波束が入射するものとして話をはじめると，反射波も透過波も波束の形をとるであろう．このようにして，ポテンシャルを通過する波動の進行は時間の函数として記述され得る．長時間たった後では，ポテンシャル井戸の内部には波の一部分も全く残っていないことゝなろう．

---

† 第21章11節参照．

＊ 実際の場合はいつも，電子は透過するか反射されるかのいずれかしかないが，それぞれの波の強さは，それぞれの過程がおこる確率をを与える．

$t \to -\infty$ としたときの入射波束の境界条件に相応する，波動方程式の解を詳細にみてゆくならば得る所があろう．まず，$x < -a$（第12図を見よ）の領域における解からはじめよう．

時間に依存する解は，

$$\psi(p_1) = \left[D(p_1) \exp\left(\frac{ip_1 x}{\hbar}\right) + F(p_1) \exp\left(-\frac{ip_1 x}{\hbar}\right) \right] \exp\left[-\frac{iE(p_1)t}{\hbar}\right]. \quad (68)$$

ここに，D と F† とは一般に p_1 の函数であり，$E(p_1) = p_1{}^2/2m$ である．波束をつくるためには，p_0 と記すある値の近くでピークをもつ重価因子 $f(p_1 - p_0)$ をかけて，ψ を p_1 で積分せねばならない：

$$\psi(x,t) = \int dp_1 f(p_1 - p_0) \exp\left[-\frac{iE(p_1)t}{\hbar}\right]$$
$$\left[D(p_1) \exp\left(\frac{ip_1 x}{\hbar}\right) + F(p_1) \exp\left(-\frac{ip_1 x}{\hbar}\right) \right]. \quad (69)$$

一般に，D と F とは，十分滑かな p_1 の函数であり，(47) 式と (48) 式で定義されている．便宜上，$D(p_1) = 1$ となるように A をえらぶことができる．そのようにえらぶと次の結果が出る：

$$\frac{A}{4} = \exp\left(-\frac{2ip_2 a}{\hbar}\right) \left[\left(1 + \frac{p_2}{p_1}\right)\left(1 + \frac{p_1}{p_2}\right) \exp\left(-\frac{2ip_2 a}{\hbar}\right) \right.$$
$$\left. + \left(1 - \frac{p_2}{p_1}\right)\left(1 - \frac{p_1}{p_2}\right) \exp\left(\frac{2ip_2 a}{\hbar}\right) \right]^{-1}. \quad (70)$$

ならべかえて，

$$F = -i(p_1{}^2 - p_2{}^2) \exp\left(-\frac{2ip_2 a}{\hbar}\right) \sin\left(\frac{2p_2 a}{\hbar}\right) \left[2p_1 p_2 \cos\left(\frac{2p_2 a}{\hbar}\right) \right.$$
$$\left. + i(p_1{}^2 + p_2{}^2) \sin\left(\frac{2p_2 a}{\hbar}\right) \right] \bigg/ \left[4p_1{}^2 p_2{}^2 + (p_1{}^2 - p_2{}^2) \sin^2\left(\frac{2p_2 a}{\hbar}\right) \right]. \quad (71)$$

しばしば次のようにかくことが便利になる：

$$F(p_1) = R(p_1) e^{-i\varphi_1}; \quad (72)$$

但し，$R(p_1) = |f(p_1)|$．

すると（p_2 が p_1 によってあらわされることに注意して）

$$\varphi_1 = \frac{2p_2 a}{\hbar} + \tan^{-1}\left(\frac{2p_1 p_2}{p_1{}^2 + p_2{}^2} \cot \frac{2p_2 a}{\hbar}\right) \quad (73)$$

---

† われわれは，こゝでは，(42) 式の同じ所で用いられた E の代りに F を用いている．

第11章 箱型ポテンシャルに対する波動方程式の解　　　301

を得る. この値を, ψ に対する (69) 式に代入すると,

$$\psi(x,t)=\int dp_1 f(p_1-p_0) \exp\left(-\frac{iE(p_1)t}{\hbar}\right)\cdot$$

$$\cdot\left\{\exp\left(\frac{ip_1x}{\hbar}\right)+R(p_1)\exp\left[-i\left(\frac{p_1x}{\hbar}+\varphi_1(p_1)\right)\right]\right\}. \qquad (74)$$

ψ が最大となる点を見出すため, p_1 で微分し, 波の位相がどこで極値をとるかを探してみる. このことは, 異った p_1 をもった多くの波が, 同じ位相で加え合わせられることを保証するものであって, その結果, ピークができるのである (第3章2節を見よ).

入射波については, 位相は次のときに極値をもつ:

$$\left.\frac{\partial}{\partial p_1}\left(p_1\frac{x}{\hbar}-E(p_1)\frac{t}{\hbar}\right)\right|_{p_1=p_0}=0,$$

もしくは,

$$x=\left(\frac{\partial E}{\partial p_1}\right)_{p_1=p_0}t=\frac{p_0}{m}t. \qquad (75)$$

$t\to-\infty$ となるとき, この点が無限に左の方にうつることがわかる. しかし, $t\to+\infty$ のときは, この点は $x\to+\infty$ とならねばならぬであろう. だが入射波動函数は, x が負の場合にしか意味をもたないから, $t=0$ の後は, 入射波は, 当然そうであるように, 全く姿を消してしまうことは明らかである.

次に反射波の方に着目しよう. 位相が極値をとる条件は,

$$\frac{\partial}{\partial p_1}\left(p_1\frac{x}{\hbar}+\varphi_1(p_1)+E(p_1)\frac{t}{\hbar}\right)_{p_1=p_0}=0,$$

$$x=-\left(\frac{\partial E}{\partial p_1}\right)_{p_1=p_0}\cdot t-\hbar\left(\frac{\partial\varphi_1}{\partial p_1}\right)_{p_1=p_0}=-\frac{p_0}{m}t-\hbar\left(\frac{\partial\varphi_1}{\partial p_1}\right)_{p_1=p_0}$$

$$=-v_0t-\hbar\left(\frac{\partial\varphi_1}{\partial p_1}\right)_{p_1=p_0}. \qquad (76)$$

$t\to+\infty$ とするとき, $x\to-\infty$ であることがわかる. 従って, 反射波束は, 入射波束が井戸にぶつかったあとであらわれる. $\partial\varphi_1/\partial p_1$ を含んだ項の重要性については, 19節で論ずるであろう.

18. 透過波の波束　透過波の振幅は

$$\psi(x,t)=\int dp_1 f(p_1-p_0)\exp\left[-\frac{iE(p_1)t}{\hbar}\right]A(p_1)\exp\left(\frac{ip_1x}{\hbar}\right).$$

(72) 式でと同様,

$$A=|A|e^{i\varphi_2} \qquad (77)$$

とかこう. ところが, (70) 式によると,

$$A = \frac{\exp(-2ip_2a/\hbar)[\cos(2p_2a/\hbar) + (i/2)(p_1/p_2 + p_2/p_1)\sin(2p_2a/\hbar)]}{\cos^2(2p_2a/\hbar) + (1/4)(p_1/p_2 + p_2/p_1)^2\sin^2(2p_2a/\hbar)}. \quad (78)$$

そのとき，位相 φ_2 は

$$\varphi_2 = -\frac{2p_2a}{\hbar} + \tan^{-1}\left[\frac{1}{2}\left(\frac{p_1}{p_2} + \frac{p_2}{p_1}\right)\tan 2p_2\frac{a}{\hbar}\right], \quad (79)$$

波動函数は次のようになる:

$$\psi(x,t) = \int dp_1 f(p_1 - p_0)|A|\exp\left\{i\left[p_1\frac{x}{\hbar} + \varphi_2 - E(p_1)\frac{t}{\hbar}\right]\right\}. \quad (80)$$

波束が最大になる所は，指数函数の中の微分が零になる所である．すなわち，

$$x = \left(\frac{\partial E}{\partial p_1}\right)_{p_1 = p_0} t - \hbar\left(\frac{\partial \varphi_2}{\partial p_1}\right)_{p_1 = p_0} = \frac{p_0}{m}t - \hbar\left(\frac{\partial \varphi_2}{\partial p_1}\right)_{p_1 = p_0} \quad (81)$$

においてである．$t \to +\infty$ としたとき，最大値は $x > a$ の領域であらわれる．このようにして，充分時間がたった後に，透過波があらわれ，$v_0 = p_0/m$ の群速度で進んでゆくことゝなる．

19. 波がポテンシャル井戸を横ぎるときの時間的遅れ　反射される波をつくり出すようなポテンシャル井戸が全く存在しないとすれば，中心を $x = p_0t/m$ にもって動いてゆく透過波が期待される筈である．(81) 式中の附加項は，時間的な遅れをあらわしている．このことは，その附加項が，それのない場合に比べて，x のある与えられた値に達することをおそくしているのに注意すればわかる．

そこで，透過波の時間的な遅れを計算することにしよう:

$$\Delta t = \frac{\hbar}{v_0}\left(\frac{\partial \varphi_2}{\partial p_1}\right)_{p_1 = p_0}. \quad (82)$$

φ_2 を微分するには，次の関係式を用いねばならない．

$$p_2^2 = 2m(E - V_0) = p_1^2 - 2mV_0.$$

故に，

$$p_2\frac{\partial p_2}{\partial p_1} = p_1, \quad \text{すなわち} \quad \frac{\partial p_2}{\partial p_1} = \frac{p_1}{p_2}.$$

そうすると，(79) 式より，

$$\hbar\frac{\partial \varphi_2}{\partial p_1} = -2a\frac{p_1}{p_2}$$

$$+ \frac{\hbar}{2}\frac{\left\{\left(\frac{2}{p_2} - \frac{p_2}{p_1^2} - \frac{p_1^2}{p_2^3}\right)\tan 2p_2\frac{a}{\hbar} + \frac{2a}{\hbar}\left[\left(\frac{p_1}{p_2}\right)^2 + 1\right]\sec^2\left(2p_2\frac{a}{\hbar}\right)\right\}}{1 + \frac{1}{4}\left(\frac{p_1}{p_2} + \frac{p_2}{p_1}\right)^2\tan^2\left(2p_2\frac{a}{\hbar}\right)}. \quad (83)$$

第11章 箱型ポテンシャルに対する波動方程式の解 303

$p_1=p_2$（壁が存在しない）のときには，$\Delta t=0$ であることが容易にわかる．$p_1 \neq p_2$ であると，反対方向に働く二つの効果が存在するために，結果はかなり複雑なものとなる．まず，粒子は井戸に入ってゆくにつれて速度をます，これは Δt を負にすることになるはずである．次に，粒子は井戸の中で反射されて，往ったり来たりする．これは Δt を正にするはずである．共鳴透過がおこる近傍では，後者の効果がつよくなるであろう．特に $p_1 \ll p_2$ ではそうであるが，これはその場合に反射率が非常に大きいためである．次に Δt を計算しよう．共鳴透過においては，

$$\tan \frac{2p_2a}{\hbar_2}=0 \qquad および \qquad \sec^2\frac{2p_2a}{\hbar}=1$$

であることに注意して次の式を得る：

$$v_0\Delta t=-\frac{2ap_1}{p_2}+a\left[1+\left(\frac{p_1}{p_2}\right)^2\right]. \tag{84}$$

p_1/p_2 が小さいときには，Δt は正であって，ほとんど a/v_0 に近いことを注意しておく．但し，v_0 は井戸の外での粒子の速度である．実際に，粒子は井戸の内部では p_2/p_1 の割合で速くなるから，p_2/p_1 の程度の回数の反射をうける筈である．(11) 式によれば，これは透過率に反比例する．それ故に，遅れは，反射過程によってだけ生ずるものであることがわかる．

問題： 共鳴透過における反射波に対する時間的遅れを見出し，その結果を井戸の内部での反射によって説明せよ．

20. ポテンシャル井戸中に物体を捉えている準安定（仮想）状態 これまでの論議は，対象が充分逃げられるだけのエネルギーをもっている場合でさえも，井戸に入ったあとでは，何とか外に出るまでに，井戸の中で幾度も反射され往ったり来たりする，ということを示している．このことは，$p_1 \ll p_2$ すなわち，井戸の深さが井戸の外での粒子の運動エネルギーよりはるかに大きいとき，また，共鳴透過を生ずるような条件にある時 $(2p_2a/\hbar=N\pi)$ にもおこるであろう ((84) 式より，もしも，このような共鳴の近くでないとすれば，時間的遅れはさして大きいものとはならず，粒子が捉えられることもあまりなさそうだ，ということが容易に示されうる）．波の反射される回数が非常に多い場合には，系は殆んど定常な状態としてあらわれる．しかし，それは，波が何回も内部反射を繰返した後，ゆっくりと透過してゆくにつれて次第に崩壊する．このような状態を仮

想準位,もしくは準安定な準位という.これは,正のエネルギーをもっており,負のエネルギーをもつ真の束縛状態とは対照的である.それの寿命は(84)式で計算される Δt によって与えられる.

実際に,このような準安定な波動函数は,Δt という時間内に原子核を通過するような波束をつくっているから,そのエネルギーは,不確定性原理によって

$$\Delta E \simeq \frac{\hbar}{\Delta t}$$

だけばらつく筈である.同じ結果を得る別の方法は,準安定な状態が物理的重要性をもちうるのは,入射波束がきわめて狭く,井戸の中でおこる遅れよりも短時間内にあたえられた点を通過するようなものであるときにかぎる,ということに注意するのである.もしこの条件が充たされていないとすると,時間的遅れの方は,波束が最初からもっていた幅によって消されてしまうであろう.そして,時間的遅れは全く観測されないことになる.しかしながら,Δt よりも狭く波束をつくるには,$\hbar/\Delta t$ よりも広いエネルギーの範囲を必要とする.それゆえ,準安定状態は,エネルギーにこれだけの不確定がのこっているという条件の下でだけ存在しうるにすぎない.

21. 重陽子の準安定な一重状態 粒子が,ポテンシャルの鋭い端による反射のために一時的に束縛されているという準安定状態の一つの重要な場合として,重陽子の一重状態とよばれるものがあげられる.さきに,中性子が,21.2 mev のポテンシャルをもって陽子と引合っていることを述べた.実際には,これは,中性子と陽子のスピンが平行になっている場合のポテンシャルにすぎない.両者のスピンが反平行であると,ポテンシャルはこれよりも小さくなる*.そして,実際の値は,11.85mev である.3 次元の問題では原点で $\psi=0$ でなければならないことを想起すれば,このポテンシャルの減少は,波動函数が下向きに曲り,井戸の端で,減衰する指数函数とつながることを妨げるに充分であることが示されうる.その結果,スピンが反平行のときには束縛

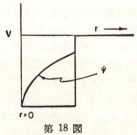

第 18 図

状態は存在しない.事実,$E=0$ では原点で零から出発する波は,井戸の端で $\pi/2$ の位相には全然達しえないことがわかる.この結果を第 18 図に示してお

---
* H. Bethe, *Elementary Nuclear Physics* p. 43.

第11章 箱型ポテンシャルに対する波動方程式の解　　　305

いた. しかし, 正のエネルギーを少し持つと ($\cong 40\,\mathrm{kev}$), 位相は井戸の端で $\pi/2$ になる. (50) 式にしたがった議論によると, これが, 共鳴透過に対する条件であり, したがって, 仮想的準位の条件である. その結果として, 非常に低い正のエネルギーでは準安定な一重状態が存在する筈であり, その寿命は,

$$\varDelta t = \frac{a}{v_0} \tag{85}$$

となる. 但し v_0 は井戸の外での速度である. 反射の回数は

$$\frac{v_{(\text{inside})}}{v_0} = \sqrt{\frac{E+V_0}{E}}$$

の程度の大きさとなる. ここに $V_0 = 20\,\mathrm{mev}$, $E \cong 40\,\mathrm{kev}$ とすると, この数は 20 くらいである.

　第12章18節において, ポテンシャルの壁による粒子の反射の結果生ずる, ずっと寿命の長い準安定状態が可能であることを知るであろう. 実際, 準安定状態は, 原子核物理学では全くありふれたことであって, 今日研究されている核現象のうちでも, 最も重要なものの一つなのである.

第12章 量子論の古典的極限. WKB 近似

1. まえがき 前章では, ポテンシャルが位置の函数として鋭く変化するような体系を調べた. そこで今度は, 逆の極端である, ポテンシャル・エネルギーが位置の函数として非常にゆっくりと変化する場合を考えることにしよう. ポテンシャルの不連続性は屈折率の不連続性に対応し, そして, すでに見たとおり, 電子波は, このような不連続性によって, 丁度光波のように反射される. ゆっくりと変化するポテンシャルは, ゆっくりと変化する屈折率に似ている. だからこの場合, 電子にどのような行動が期待されるかを, それに対応した光の問題から, 知ることができる.

屈折率が連続的に変化する媒質の中では, 光は, その進路が屈折の結果曲ることはあっても, 反射はされない*. 光波が反射されるかされないかということを決定するような, 屈折率の位置による変化の割合の臨界量はどれくらいであろうか? 波長 $\lambda = c/n\nu$ が, 波長の距離以内で, 大きく変化するという場合だけ, 非常につよい反射がおこることがわかるであろう. そこで, δx の距離内で生ずる波長の変化を $\delta\lambda$ とすると,

$$\delta\lambda = \frac{\partial\lambda}{\partial x}\delta x. \tag{1}$$

$\delta x = \lambda$ とおけば, 波が僅かな反射をも起さないための条件は,

$$|\delta\lambda| = \left|\frac{\partial\lambda}{\partial x}\lambda\right| \ll \lambda, \quad \text{すなわち} \quad \left|\frac{\partial\lambda}{\partial x}\right| \ll 1. \tag{2}$$

電子に対しても厳密に同じ取扱いが適用できる. λ は de Broglie 波長 $\lambda = h/p$ で与えられるから, 反射がおきないための条件は次のようになる.

$$\left|\frac{\partial\lambda}{\partial x}\right| = \left|\frac{h}{p^2}\frac{\partial p}{\partial x}\right| \ll 1. \tag{3}$$

$p^2 = 2m(E-V)$ のおきかえによって,

$$\frac{hm\left|\frac{\partial V}{\partial x}\right|}{[2m(E-V)]^{3/2}} \ll 1, \quad \text{乃至は,} \quad \frac{\lambda\left|\frac{\partial V}{\partial x}\right|}{2(E-V)} \ll 1 \tag{4}$$

がえられる. したがって, 反射波が存在しないための条件は, ポテンシャル・エ

---

* この問題のさらに定性的な議論については, 第3章9節参照.

第12章　量子論の古典的極限. WKB 近似　　　307

ネルギーがゆっくりと変化する位置の函数であること，及び $E-V$ があまり小さくないこと，である.

3次元の問題では，波長は，反射されないとしても，偏れることはあろう. したがって，波束は，直線ではなく，むしろ曲ったトラジェクトリに沿って動くであろう. しかし，この曲ったトラジェクトリは，力の場の中の粒子に対して古典的に予言される路筋と，厳密に同じはずである. 第9章において示されているように，波動函数に対する Schrödinger 方程式は，古典的近似をとれば，Newton の運動方程式になるからである. このようにして, de Broglie 波長の範囲内でのポテンシャル・エネルギーの変化が，運動エネルギーに比べて小さい場合には，常に，物質の波動的性質に起因する量子力学的な諸特性は感知されなくなり，古典的な記述の方が適当となろう.

（3）式より，古典的概念が適用可能なためには，h が $\left(\dfrac{1}{p^2}\dfrac{\partial p}{\partial x}\right)^{-1}$ に比べて小さいことが要求されるのを知ることができる. したがって，古典物理学が妥当する領域が広いことは，実際に，通常の標準からは h が十分小さい数であるということの反映となっているのである. われわれは，h が非常に大きい数であるような世界を想像することができる. そのような世界は量子力学的な効果を巨視的な尺度であらわすであろう.

2. WKB 近似　（3）式が満足され，その結果古典的極限に近い場合には，われわれは常に WKB (Wentzel-Kramers-Brillouin) 近似とよばれるものを用いることができる. この近似は，波長がゆっくりと変化するという事実を利用して，波動函数が V を一定とした場合にとる筈の形，すなわち，

$$\psi = \exp\left(\frac{ipx}{\hbar}\right), \quad 但し \quad p = \sqrt{2m(E-V)} \tag{5}$$

という形とあまり変らないと仮定するのである. それは波動函数を次の形に書くことが便利であるということを示唆している:

$$\psi = \exp\left(\frac{iS}{\hbar}\right). \tag{6}$$

ここで，S は x の函数である. 一般には，S は複雑な形をしているが，V がほとんど一定とすると，S は大体 px に等しいと期待できよう. しかし，さらに良い値を得るためには，Schrödinger 方程式を用いてそれを解かねばならない. 一般のポテンシャル V の場合にこれを行うには，S を次のように $\hbar$ の

冪級数によって近似する:

$$S = S_0(x) + \hbar S_1(x) + \frac{\hbar^2}{2} S_2(x) + \cdots \tag{7}$$

この級数の最初の二,三項をとったものは, $\dfrac{\hbar S_1}{S_0}, \dfrac{\hbar}{2}\dfrac{S_2}{S_1}$ 等がすべて小さい場合にだけよい近似となろう. ポテンシャルが一定である場合には, $S_0 = px$, S_1, S_2 がすべて零であるということは既にわかっているから, この要請は, V が x の函数として非常にゆっくりと変化する場合に充たされると期待してよい.

ある意味では, この近似は, $\hbar$ が小さいことを要求するということができよう. たとえば, もし, $\hbar$ が段々に小さくなってゆくような世界の一系列を想像したとすれば, この展開は次第に良くなるであろう. 古典的記述は, $\hbar$ を小さくしてゆく程良好となるから, この展開が, 古典的極限においてだけ良いものであることは明らかであろう.

S をとくためには, (6)式を Schrödinger 方程式に代入する. そうすれば次の式を得る:

$$0 = -\frac{\hbar^2}{2m}\frac{\partial^2 \psi}{\partial x^2} + (V-E)\psi$$

$$= \left\{\frac{1}{2m}\left[\left(\frac{\partial S}{\partial x}\right)^2 - i\hbar\frac{\partial^2 S}{\partial x^2}\right] + (V-E)\right\}\exp\left(\frac{iS}{\hbar}\right),$$

すなわち,

$$\frac{1}{2m}\left(\frac{\partial S}{\partial x}\right)^2 + (V-E) - \frac{i\hbar}{2m}\frac{\partial^2 S}{\partial x^2} = 0. \tag{8}$$

ここで, S に対する(7)の展開式を上の方程式に代入する. そして, すべての項を, それらにかかっている $\hbar$ の冪に応じてあつめる. その結果は($\hbar$ の2次の項までとると)

$$0 = \frac{1}{2m}\left(\frac{\partial S_0}{\partial x}\right)^2 + (V-E) + \frac{\hbar}{m}\left(\frac{\partial S_0}{\partial x}\frac{\partial S_1}{\partial x} - \frac{i}{2}\frac{\partial^2 S}{\partial x^2}\right)$$

$$+ \frac{\hbar^2}{2m}\left[\frac{\partial S_0}{\partial x}\frac{\partial S_2}{\partial x} + \left(\frac{\partial S_1}{\partial x}\right)^2 - \frac{i\partial^2 S}{\partial x^2}\right]. \tag{9}$$

この方程式は, $\hbar$ の値と独立に満足されねばならないから, $\hbar$ の各冪の係数が別々に零に等しいことが必要である. この要請から, 次のような一組の方程式が出てくる:

$$\frac{1}{2m}\left(\frac{\partial S_0}{\partial x}\right)^2 + V - E = 0, \tag{10}$$

第12章 量子論の古典的極限. WKB 近似　　　　309

$$\frac{\partial S_0}{\partial x}\frac{\partial S_1}{\partial x}-\frac{i}{2}\frac{\partial^2 S_0}{\partial x^2}=0, \tag{11}$$

$$\frac{\partial S_0}{\partial x}\frac{\partial S_2}{\partial x}+\left(\frac{\partial S_1}{\partial x}\right)^2-i\frac{\partial^2 S_1}{\partial x^2}=0,\quad 等々 \tag{12}$$

である.

これらの方程式は順々にといてゆくことができる. すなわち, 第一の方程式は, $V-E$ によって S_0 をきめる. 第二の式は S_0 によって S_1 をきめる. 第三の式は S_1 と S_0 によって S_2 をきめる, 等々である. これらを求めると,

$$\frac{\partial S_0}{\partial x}=\pm\sqrt{2m(E-V)}, \tag{13}$$

$$S_0=\pm\int_{x_0}^{x}\sqrt{2m(E-V)}dx.$$

ここで, $E>V$ と仮定する. $E<V$ の場合は 7 節で扱う.

$$\frac{\partial S_1}{\partial x}=\frac{i}{2}\frac{1}{(\partial S_0/\partial x)}\frac{\partial^2 S_0}{\partial x^2}=\frac{i}{2}\frac{\partial}{\partial x}\ln\frac{\partial S_0}{\partial x}, \tag{14}$$

$$S_1=\frac{i}{2}\ln\frac{\partial S_0}{\partial x};$$

$$\exp(iS_1)=\frac{1}{\sqrt{\partial S_0/\partial x}}=\frac{1}{\sqrt[4]{2m(E-V)}}.$$

同様にして,

$$S_2=\frac{1}{2}\frac{m(\partial V/\partial x)}{[2m(E-V)]^{3/2}}-\frac{1}{4}\int\frac{m^2(\partial V/\partial x)^2 dx}{[2m(E-V)]^{5/2}}. \tag{15}$$

S_1 は $\partial S_0/\partial x$ の対数であるから, 一般には, S_0 に比して小さいものではない. したがって, S_0 と S_1 は両方とも残されなければならない. 他方, (15) 式より, S_2 は, $\partial V/\partial x$ が小さくて, $E-V$ があまり零に近くない場合には, 常に小さいであろうということがわかる. さらに, 高次近似 (S_3, S_4 等) が小さいためには, V のすべての微分の小さいことが必要になることが示される. このようにして, WKB 近似は, V が充分に滑かなゆっくりと変化する函数であるときにはいつもよい近似となるであろう.

　WKB 近似の適用可能性に関するより詳細な規準を得るためには, 第 2 近似から出てくる全体の位相のずれの絶対値, すなわち $|\hbar S_2/2|$ が 1 に比べて小さいことを要請する. 式にあらわれてくる積分を調べてみると, その左側にある積分されない項と同じ程度の大きさであることが示される. したがって, われわれの規準は,

$$\frac{\hbar m(\partial V/\partial x)}{[2m(E-V)]^{3/2}} \ll 1. \tag{16}$$

となる. しかし, この結果は, 波長の変化の割合が, 1 波長の距離の間で, 小さいことを要請すれば, まさしく (4) 式で得られた結果になっている.

V の更に高次の微分を含んだ同様の規範も得ることができるが, ここではそれを求めない.

WKB 近似によれば, 解は次のようになる ($\sqrt{m}$ という因子は常数 A, B の中に含ませてある):

$$\psi = \frac{A}{\sqrt[4]{E-V(x)}} \exp\left[i \int_{x_0}^{x} \sqrt{2m(E-V)}\,\frac{dx}{\hbar} \right]$$
$$+ \frac{B}{\sqrt[4]{E-V(x)}} \exp\left[-i \int_{x_0}^{x} \sqrt{2m(E-V)}\,\frac{dx}{\hbar} \right], \tag{17}$$

ここで, A と B は任意常数である. 正の指数函数は正の方向へ動く波に対応し, 負の指数函数は負の方向へ動く波に対応する. V が一定であるという特別の場合には, これらは夫々, $\exp(ipx/\hbar)$ と $\exp(-ipx/\hbar)$ という平面波になってしまう.

3. WKB 近似——漸近展開 級数 (7) は, 収斂はしないが, そのかわり漸近展開であるということが示される. すなわち, ある有限個の項をとったとすると, $\hbar$ の値が非常に小さいため, この有限の和と S の真の値との間の差を, われわれがえらぼうとするどんな数よりも小さくすることが常に可能である. しかし, 級数中のもっと多くの項をとれば, 展開は S の真の値から発散しはじめる. 斯様に, このような展開は, 一般に, 1 項か 2 項だけしかとらないでおき, 残った項が小さいような場合にだけ, 適用するのが最もよいのである.

4. 粒子の古典的な分布による, 解の物理的な解釈 $B=0$ という特別な場合をとろう. 粒子が x と $x+dx$ の間に存在する確率はこのとき次のようになる.

$$P(x) = \psi^* \psi = \frac{|A|^2}{\sqrt{E-V}} = \frac{|A|^2 \sqrt{2/m}}{v(x)}, \tag{18}$$

ここに, v は古典的粒子の速度である. 流れの密度は,

$$j = \frac{\hbar}{2mi}\left[\psi^* \frac{\partial \psi}{\partial x} - \psi \frac{\partial \psi^*}{\partial x} \right] = v(x) P(x). \tag{19}$$

第12章 量子論の古典的極限. WKB 近似　311

このとき，波動函数は，古典的な速度に反比例する確率密度と，古典的な速度に等しい平均速度とをもった粒子の分布に対応している．しかし，これは，まさしく，古典的な統計集団において予期されるところのものである．どんな領域においても粒子が費す時間は，その領域内での速度に反比例するからである．したがって，$\psi^*\psi$ は，この近似では古典的な確率分布の函数と同じものになる．また，位相 S も重要な物理的意味をもっている．すなわち，それの位置による変化の割合 $\partial S/\partial x$ が平均の運動量にひとしい．S の絶対値は決定され得ないものであるから，われわれの WKB 近似の波動函数が対応する古典的分布は，位相 $S(x)=\int_{x_0}^x \sqrt{2m(E-V)}$ が全然知られていないが，一方，エネルギー E は厳密に知られている，ようなものであることが結論される．したがって，（WKB 近似の範囲内だけでの）量子論の第一の効果は，粒子の運動は不変のままにしておくが，個々の粒子に関する記述を，位相 S については一様に分布された粒子の統計的分布を含む記述によっておきかえることになる．自由粒子という特別の場合には，$S=p(x-x_0)$ である．この場合には，S についての一様な分布は，x についての一様な分布を意味する．x 上の分布は，V が一定でない場合でさえもそのまゝであるが，既に知るとおり，確率はもはや一様ではなく，$1/v(x)$ で変化する．

$P(x)\sim 1/v$ は，WKB 近似だけの特徴であって，一般には，P の変化はこのようにはならないことに注意されたい．

問題 ： 井戸型ポテンシャルに関し，$E>0$ のとき，$\psi^*\psi$ が $1/v$ に比例しないことを示せ（第 11 章 10, 12 節を参照せよ）．

5. 波束. 時間に依存する解　あるあたえられたエネルギーに対する波動方程式の時間に依存する近似解は次のようになる:

$$\psi=\frac{A}{\sqrt{p}}\exp\left\{\frac{i}{\hbar}[S_0(x,E)-Et]\right\}. \tag{20}$$

$S_0(x,E)-Et=S(x,t,E)$ とかくことにしよう．波動函数の位相である S という函数は，古典力学にあらわれてくる函数，すなわち Hamilton の作用函数に等しいものでもある†．これを証明するために，S が次のような微分方程式を満足していることに注意する．

$$(\text{a})\quad \frac{\partial S}{\partial t}=-E, \qquad (\text{b})\quad \frac{\partial S}{\partial x}=p, \tag{21}$$

† Born, *Mechanics of the Atom.*

312　　　　　第 III 部　簡単な体系への応用．量子論の定式化の一層の拡張

$$(c)　\frac{\partial S}{\partial x_0}=-p_0, \qquad (d)　-\frac{\partial S}{\partial t}=\frac{1}{2m}\left(\frac{\partial S}{\partial x}\right)^2. \tag{21}$$

これらはまさしく Hamilton の作用変数を定義する方程式になっている．このようにして，古典的な極限においては，波動函数の位相はすでに 19 世紀に Hamilton が，力学と幾何光学との間のアナロジーを得ようとして研究していた函数に近づくのである．実際に，Hamilton は，古典力学における粒子のトラジェクトリの従う方程式が，幾何光学において光線を確定する方程式と同じものであることを示した．このような方程式は，波の位相を S にとったとき，それらの波から Hamilton の原理を用いてつくりあげられるような光線を導くものである．したがって，量子力学の波動論と古典力学の粒子論の間の関係を導く際の，中間的な函数としても，位相 S があらわれたからといって別に驚ろくほどのことではないのである．

　この関係をもっと厳密に示すために，エネルギーの小領域にわたる積分を行って波束をつくることにしよう：

$$\psi(x,t)=\int \exp\left[\frac{i}{\hbar}S(x,t,E)\right]f(E-E_0)\frac{dE}{\sqrt{p}}. \tag{22}$$

波束の中心は，異ったエネルギーをもつ波の間の位相が同じであるような位置，すなわち $\partial S/\partial E=0$ のところにできる．ところが，

$$\frac{\partial S}{\partial E}=\frac{\partial S_0}{\partial E}-t \tag{23}$$

であるから，次の結果を得る：

$$t=\frac{\partial S_0}{\partial E}=\frac{\partial}{\partial E}\int_{x_0}^{x}\sqrt{2m(E-V)}\,dx=\int_{x_0}^{x}\sqrt{\frac{m}{2(E-V)}}\,dx=\int_{x_0}^{x}\frac{dx}{v(x)}. \tag{24}$$

したがって波束の中心は，$t=\displaystyle\int_{x_0}^{x}\frac{dx}{v}$ という時刻に点 x を通過する．しかるに，古典物理学によれば，これは，粒子が，x_0 から x までの距離を覆うために必要とする時間に丁度なっている．したがって波束の中心は，古典的速度を以て運動する．この結果は Schrödinger 方程式が，古典的極限をとると Newton の運動法則になるようにえらばれたという事実から期待されていたところである．しかしながら，あたえられた点を通過するための時間を，$\varDelta t$ の精度範囲内で確定するためには，$\varDelta E\cong\hbar/\varDelta t$ というエネルギー領域をえらぶ必要があるということに注意しなければならない．

　問題： 上に述べたところを証明せよ．

6. 時間を含む3次元の WKB 近似　1次元の場合のように

$$\psi = e^{if/\hbar} \tag{25}$$

とかくと，時間を含んだ3次元の Schrödinger 方程式は

$$i\hbar \frac{\partial \psi}{\partial t} = -\frac{\hbar^2}{2m} \nabla^2 \psi + V\psi \tag{26}$$

であるから，f に関する方程式は次のようになる：

$$-\frac{\partial f}{\partial t} = \frac{1}{2m}(\nabla f)^2 + \frac{\hbar}{2mi}\nabla^2 f + V, \tag{27}$$

ここで，

$$f = f_0 + \frac{\hbar}{i} f_1 + \cdots \tag{28}$$

とかけば，

$$-\frac{\partial f_0}{\partial t} = \frac{1}{2m}(\nabla f_0)^2 + V; \tag{29}$$

$$-\frac{\partial f_1}{\partial t} = \frac{1}{m}\nabla f_0 \cdot \nabla f_1 + \nabla^2 \frac{f_0}{2m} \tag{30}$$

を得る．これらの方程式中のはじめのものは，古典力学において，Hamilton-Jacobi の方程式として知られているものである[†]．それは，さきに S とよんだ Hamilton の作用函数をきめる方程式である．$f_0 = S_0 - Et$ とかけば

$$\frac{1}{2m}(\nabla S_0)^2 + V = E \tag{31}$$

となる．これは，(21) 式で得た函数 S_0 に対する方程式を3次元の場合に一般化したものである．

(30) 式の意味も容易に示される．まず，

$$P(x) = \psi^*\psi = e^{2f_1}. \tag{32}$$

また，確率の**流れ**が次のようになることに注意する．

$$S(x) = \frac{\hbar}{2mi}(\psi^*\nabla\psi - \psi\nabla\psi^*) = \frac{e^{2f_1}}{m}\nabla f_0 = \frac{P(x)}{m}\nabla f_0. \tag{33}$$

$\boldsymbol{v}$ を平均速度としたとき，$\boldsymbol{S}(x) = \boldsymbol{v}P(x)$ でもあるから，

$$\boldsymbol{v} = \frac{\nabla f_0}{m} \tag{34}$$

が得られる．したがって

[†] 前掲書．

$$\left.\begin{array}{ll}\text{(a)} \quad \dfrac{1}{2P}\dfrac{\partial P}{\partial t}=\dfrac{\partial f_1}{\partial t}, & \text{(b)} \quad \dfrac{1}{2P}\nabla P=\nabla f_1, \\ \text{(c)} \quad \dfrac{\nabla^2 f_0}{m}=\nabla\cdot\dfrac{\nabla f_0}{m}=\nabla\cdot\boldsymbol{v}. & \end{array}\right\} \quad (35)$$

とかき，これらの式を代入して，(30) 式は

$$-\frac{1}{2P}\frac{\partial P}{\partial t}=\frac{\boldsymbol{v}\cdot\nabla P}{2P}+\frac{\nabla\cdot\boldsymbol{v}}{2}, \qquad (36\text{a})$$

すなわち，

$$\frac{\partial P}{\partial t}+\boldsymbol{v}\cdot\nabla P+P\nabla\cdot\boldsymbol{v}=\frac{\partial P}{\partial t}+\nabla\cdot(\boldsymbol{v}P)=0. \qquad (36\text{b})$$

あとの方の式は，ある与えられた領域内での確率の変化が，非平衡の確率の流れ $\boldsymbol{v}P$ によっておきているということを示している. したがって，WKB 近似においては，確率は，純古典的な仕方で流れつつあるようなものと見なすことができる. ある古典的な確率分布 $P(x)$ も, $S(x)=\boldsymbol{v}P(x)$ という確率の流れをもっているはずだからである.

7. 障壁の透過 箱型ポテンシャルの場合のように，WKB 近似は $V>E$ のときに実指数函数の解をもっている：

$$\psi=\frac{1}{\sqrt[4]{2m(E-V)}}\left\{A\exp\left[\int_{x_0}^{x}\sqrt{2m(V-E)}\frac{dx}{\hbar}\right]\right.$$
$$\left.+B\exp\left[-\int_{x_0}^{x}\sqrt{2m(V-E)}\frac{dx}{\hbar}\right]\right\}, \quad (37)$$

但し，A, B は任意常数である. このように，壁を通り抜けるという性質は，箱型ポテンシャルに限られたものではなく，すべての種類のポテンシャルに対して，あきらかに存在しているのである.

8. 接続公式 WKB 近似が妥当するような場合に壁の透過の問題を取扱うためには, $V>E$ の領域での解と，$E<V$ の領域での解とがどのように結びつけられるかを見出さねばならない. たとえば，第1図に示されたようなポテンシャルの壁を考えよう. 粒子のエネルギー E は $x=a$ の点で $E=V$ となるようなものだとする.

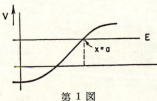

第1図

古典的には，粒子は次第に遅くなってこの点において速度零となり，次に後もどりをはじめるであろう. しかし，量子力学的には，波が更に若干の距離だけ壁の中へ入りこんでゆくことが知られている.

第12章 量子論の古典的極限. WKB 近似　　　315

不幸にして，われわれは，$x=a$ に近い領域において WKB 近似を用いることができない．何故ならば，$E=V$ の時には，それが適用されるための条件がこわれてしまうからである（(4) 式を見よ）．そこで，

$$\psi \sim \frac{1}{\sqrt{p_1}} \exp\left(-\int_a^x p_1 \frac{dx}{\hbar}\right) \quad (p_1 = \sqrt{2m(V-E)})$$

というような，$x=a$ の右の方に少しはなれた場所では本当の解のよい近似になっている，ある与えられた解から出発するものとすると，われわれにわかることゝいえば，$x=a$ の左の方で充分離れた場所では，次のような近似解が存在するであろうということだけにすぎない：

$$\psi \sim \frac{A}{\sqrt{p_2}} \exp\left(i\int_a^x p_2 \frac{dx}{\hbar}\right) + \frac{B}{\sqrt{p_2}} \exp\left(i-\int_a^x p_2 \frac{dx}{\hbar}\right),$$

ここで，A と B とは未知の常数であり，$p_2 = \sqrt{2m(E-V)}$ である．A 及び B の価は WKB 近似だけによっては見出すことができない．それらは，この近似が適用されないような領域における解の性質によって決定されるものだからである．A と B との値を得るためには，$x=a$ に近い領域での解に対する表式を求めることを必要とする．一般に，この問題はきわめて複雑で，数値計算のテクニックでも用いなければ容易にとくことはできない．しかし，WKB 近似が，$x=a$ からある程度へだたった所では用いられるとすれば，$x=a$ の近くの小さい領域内でもっと近似のよい解を求め，それを WKB 近似の妥当する領域にまでひろげればことがすむ．この領域が充分小さいとすれば，ポテンシャル函数は，この領域内では，直線によって近似的に表現されうる．そして，この直線の勾配は古典的な回帰点 $x=a$ におけるポテンシャル曲線の勾配と等しくしておく．$x=a$ においては $E=V$ であるから，

$$V-E = C(x-a).$$

とかくことができる．C は常数であって，$(\partial V/\partial x)_{x=a}$ に等しい．このようにして，この領域内では，Schrödinger 方程式は，近似的に，次のものにまで簡略化される：

$$\frac{-\hbar^2}{2m}\psi'' + C(x-a)\psi = 0. \tag{38}$$

この方程式をとくことは，まだかなり困難であるが，1/3 次の Bessel 函数を用いればとくことができる．それがとかれた後，WKB 近似が使えるような $x=a$ から充分遠方にまで延長し，それから，各領域において解を適当な WKB

316　　第 III 部　簡単な体系への応用. 量子論の定式化の一層の拡張

近似に一致させる. この方法によって, A, B という常数を決定することができるのである. ここでは, その手続きの詳細には立ち入らぬことにし, ただ結果だけを挙げておく*.

9. 接続公式 (続)

A. 右側に壁がある場合:

$x=a$ の右側で $V>E$ であると考えよう. そして, $p_2=\sqrt{2m(E-V)}$, $p_1=\sqrt{2m(V-E)}$ とする. 次に $x=a$ からはるかに右の方で近似解を考えることにしよう. それは減衰する指数函数となる. すなわち,

$$\psi \cong \frac{1}{\sqrt{p_1}}\exp\left(-\int_a^x p_1\frac{dx}{\hbar}\right), \tag{39a}$$

$x=a$ のはるかに左方では, 接続公式は, この解が

$$\psi_2 \cong \frac{2}{\sqrt{p_2}}\exp\left(\int_x^a p_2\frac{dx}{\hbar}-\frac{\pi}{4}\right) \tag{39b}$$

に近づくことを述べるものである.

同様にして, $x=a$ の右方で, 増大する指数函数に近づくような解については, 次の関係が示される:

$$\frac{1}{\sqrt{p_2}}\sin\left(\int_x^a p_2\frac{dx}{\hbar}-\frac{\pi}{4}\right) \rightleftharpoons -\frac{1}{\sqrt{p_1}}\exp\left(\int_a^x p_1\frac{dx}{\hbar}\right). \tag{40}$$

B. 左側に壁がある場合:

古典的には禁じられている領域が $x=a$ の左側である場合に対する公式を書き下しておくと便利である.

左側に向って指数函数的に減衰してゆく解については, 次のような接続公式が見出される:

$$\frac{1}{\sqrt{p_1}}\exp\left(-\int_x^a p_1\frac{dx}{\hbar}\right) \rightleftharpoons \frac{2}{\sqrt{p_2}}\cos\left(\int_a^x p_2\frac{dx}{\hbar}-\frac{\pi}{4}\right). \tag{41}$$

波動函数が左方に向って指数函数的に増大する場合には,

$$\frac{1}{\sqrt{p_2}}\sin\left(\int_a^x p_2\frac{dx}{\hbar}-\frac{\pi}{4}\right) \rightleftharpoons -\frac{1}{\sqrt{p_1}}\exp\left(\int_x^a p_1\frac{dx}{\hbar}\right). \tag{42}$$

$x<a$ の領域での解が, $x>a$ の領域での解の単なる延長ではないということに注意せねばならない. たとえば, $\dfrac{1}{\sqrt{p_2}}\exp\left(-\int_a^x p_2\dfrac{dx}{\hbar}\right)$ の延長は, 丁度 $\dfrac{1}{\sqrt{p_2}}\exp\left(-i\int_a^x p_2\dfrac{dx}{\hbar}\right)$ である. ところが, $x<a$ の領域における実際の解は,

---

* R. E. Langer, Phys. Rev., **51**, 669 (1937) 参照. 別個の方法による取扱いについては, E. C. Kemble, *Fundamental Principles of Quantum Mechanics.* New York : McGraw-Hill Book Company Inc., 1937, p. 95. 参照.

第12章 量子論の古典的極限. WKB 近似　317

$$\cos\left(\int_a^x p\frac{dx}{\hbar} - \frac{\pi}{4}\right)$$

を含んでいる. これは両方の方向に走る波をもっている.

　また, 接続公式によって得られるものは, 回帰点 $x=a$ の右方, 若干の距離
にある領域における解と, 同じく左方若干の距離にある領域における解との間
の関係だけにすぎないということにも注意せねばならぬ. その中間の領域での
波動函数の形を求めるためには, 1/3 次の Bessel 函数を含んだ厳密な解とと
りくまなければならない. ところが, 実際問題としては, 中間の領域におけ
る解の厳密な形を知ることは, 大抵の目的にとっては不必要なことであり,
接続公式こそが, われわれの必要とする全てであるということがわかるであ
ろう.

　接続公式を使えるということが厳格に証明できるための, 厳密な数学的条件
はかなり複雑なものである*. ここでは, これまでに行われてきた全ての実際
的応用において, その要請は次のようなものであることを述べるにとどめよ
う:

　(1)　回帰点のいずれの側においても, WKB 近似が成立するような多くの
波長を容れる領域が存在する.

　(2)　回帰点 ($x=a$) に近い領域では, WKB 近似は用いられないが, 運動
エネルギーは, $E-V=C(x-a)$ という直線によって近似的にあらわされうる;
いいかえれば, この領域内では, ポテンシャルの勾配は大きな部分的変化をう
けないはずである. WKB 近似が適用されない領域は少くとも, 波動函数の最
初の節までの距離に及んでいるとみなされるべきであり, むしろ, 最初の数個
の振動を含むにちがいない. 壁の中では, WKB 近似は, $\int_a^x \sqrt{2m(V-E)}\dfrac{dx}{\hbar}$
が1に比べてかなり大きくなった後に, 信用できるものとなりはじめるであろ
う.

　接続公式が使えなくなる二種類の問題が存在している. その第一のものは,
粒子のエネルギーが丁度, 古典的な回帰点が壁の頂上近くのポテンシャルの勾
配の小さくなる所にあるようになっている場合におこる. その結果ポテンシャ
ルに対する直線近似が使えなくなり, 接続公式はわれわれがここに注意するに
とゞめる方法によって変更されねばならない†. そのようなポテンシャルを第2

---

* これらの条件に関するより詳細な議論については, Kemble, *Fundamental
Principles of Quantum Mechanics* を見よ.

† 前掲書.

図に示した.粒子のエネルギーが略々壁を越えるに十分であるような場合には,接続公式はあてはまらない.しかし,より低いエネルギーでは,ポテンシャルが直線によって近似的に表わされうるから,接続公式があてはまるのである.

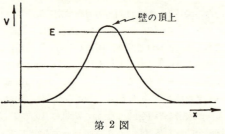

第2図

第二の種類の問題は,ポテンシャルの勾配の変化が急激にすぎる場合におきる.たとえば,井戸型ポテンシャルの場合である.そのようなポテンシャルでは,勾配は不連続点をのぞいた到る所で零となり,不連続点では無限大となる.第3図に示されたようなタイプのポテンシャルでも接続公式は破れる.このような問題をとくためには,各領域において波動方程式の厳密な解を用い,これらの解を境界で滑かに結び付けなければならない.

ここで,接続公式中の矢印しの方向について二,三の注意を述べておこう.厳密にいえば,矢印しは実指数函数が増大する方向だけを指示すべきものである.その理由は,WKB近似の僅かな誤差のために,ある与えられた解と共に別の解が導入される可能性が常に存在しているということである.もし,増大する指数函数の方向にのみ接続しているとすれば,他の解はこの方向には指数函数的に減少してゆき,波動函数に対

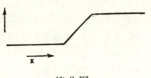

第3図

して無視しうる程度の補正を加えるにすぎないであろう.他方,減少する指数函数の方向にのみ接続するとすれば,他の解は指数函数的に増大し,したがって,たとえその係数が極めて小さかったとしても,減少する指数函数よりもはるかに大きくなる可能性がある.ところが,エネルギー準位(仮想的なものであれ,実際のものであれ)の計算において,この効果から生ずる誤差は非常に小さいものでしかないことが容易に示され,その結果,実際問題としては,通常,矢印しの両方の向きに進むことができるのである;そのような手続きの厳格な証明は,むしろ困難なことではあるけれども,しかし,ある与えられたエネルギーにおいて,波動函数を非常に正確に知りたいと思うときには,実数の指数函数が増大する方向にだけ矢印しが走ることを許すのがよいであろう.

10. ポテンシャルの壁を透過する確率 接続公式が用いられる問題の中でも，最も重要なものの一つは，ポテンシャルの壁を通り抜ける問題である．WKB 近似が壁の中でも用いられるためにはポテンシャル函数があまり激しくは変化しないことが必要である．接続公式が使えるためには，壁が充分に厚く，又高く，$\int_a^b \sqrt{2m(E-V)}\dfrac{dx}{\hbar}$ が 1 よりもかなり大きくなっていることが必要である．これらの諸条件が充されるならば，壁を透過する確率は容易に計算することができる．

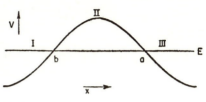

第 4 図

ポテンシャルの壁は第4図にあらわされている．又，エネルギーは，回帰点が $x=a$ と $x=b$ とにあるようになっている．粒子は左方から入ってくるものと考える．あるものは反射され，あるものは透過する．右側の III という領域では，したがって透過波だけが存在する．これを，次の式であらわすことができる．

$$\left. \begin{array}{l} \psi_{\text{III}} \sim \dfrac{A}{\sqrt{p}} \exp\left(i\int_a^x p\dfrac{dx}{\hbar}-\dfrac{\pi}{4}\right) \\ p=\sqrt{2m(E-V)} \end{array} \right\} \quad (43)$$

$(-\pi/4)$ の位相因子は，接続公式を適用する上の便宜を考えて指数函数の中に含ませてある．A は複素数であるから，このような位相因子は，その中に含ませておくこともできる．接続公式を適用するために，まず次のようにかく．

$$\psi_{\text{III}} \cong \dfrac{A}{\sqrt{p}}\left[\cos\left(\int_a^x p\dfrac{dx}{\hbar}-\dfrac{\pi}{4}\right)+i\sin\left(\int_a^x p\dfrac{dx}{\hbar}-\dfrac{\pi}{4}\right)\right]. \quad (43\text{a})$$

ここで，接続公式を用いる．壁が左側にあるという場合ならば，

$$\psi_{\text{II}} \cong \dfrac{A}{\sqrt{p_1}}\left[\dfrac{1}{2}\exp\left(-\int_x^a p_1\dfrac{dx}{\hbar}\right)-i\exp\left(\int_x^a p_1\dfrac{dx}{\hbar}\right)\right],$$

但し， $p_1=\sqrt{2m(V-E)}.$ (44)

次の段階では，領域 I における波動函数を見出すために接続公式を用いる．この領域では壁は右側にある．したがって，まず，ψ_{II} をこの場合の公式を用いるのに便利な形に書かなければならない：

$$\psi_{\text{II}} \cong \dfrac{A}{\sqrt{p_1}}\left[\dfrac{1}{2}\exp\left(-\int_b^a p_1\dfrac{dx}{\hbar}+\int_b^x p_1\dfrac{dx}{\hbar}\right)\right.$$
$$\left.-i\exp\left(\int_b^a p_1\dfrac{dx}{\hbar}-\int_b^x p_1\dfrac{dx}{\hbar}\right)\right]. \quad (44\text{a})$$

そこで, (39b) と (40) 式から,

$$\psi_\mathrm{I} \cong -\frac{A}{\sqrt{p}}\left[\frac{1}{2}\exp\left(-\int_b^a p_1\frac{dx}{\hbar}\right)\sin\left(\int_x^b p\frac{dx}{\hbar}-\frac{\pi}{4}\right)\right.$$
$$\left.+2i\exp\left(\int_a^b p_1\frac{dx}{\hbar}\right)\cos\left(\int_x^b p\frac{dx}{\hbar}-\frac{\pi}{4}\right)\right]. \qquad (45)$$

すなわち,

$$\psi_\mathrm{I} \cong -\frac{iA}{\sqrt{p}}\left\{\exp\left[-i\left(\int_b^x p\frac{dx}{\hbar}+\frac{\pi}{4}\right)\right]\left[\exp\left(\int_b^a p_1\frac{dx}{\hbar}\right)\right.\right.$$
$$\left.-\frac{1}{4}\exp\left(-\int_b^a p_1\frac{dx}{\hbar}\right)\right]+\exp\left[i\left(\int_b^x p\frac{dx}{\hbar}+\frac{\pi}{4}\right)\right]\left[\exp\left(\int_b^a p_1\frac{dx}{\hbar}\right)\right.$$
$$\left.\left.+\frac{1}{4}\exp\left(-\int_b^a p_1\frac{dx}{\hbar}\right)\right]\right\}. \qquad (45a)$$

透過率は, 丁度, (透過後の速度)×(透過波の強さ)と, (入射粒子の速度)×(入射波の強さ)との比になっている. 速度の比が運動量の比に等しいことを考慮すれば, 次の結果を得る.

$$T=\left[\exp\left(\int_b^a p_1\frac{dx}{\hbar}\right)+\frac{1}{4}\exp\left(-\int_b^a p_1\frac{dx}{\hbar}\right)\right]^{-2}. \qquad (46)$$

WKB 近似が適用されうるものとすると, $\int_x^a p_1\frac{dx}{\hbar}\gg 1$ であり, その結果, 負の指数函数は正の指数函数に対して無理視してよい. それは,

$$T\cong\exp\left(-2\int_b^a p_1\frac{dx}{\hbar}\right) \qquad (46a)$$

を与える. 普通は略々 1 に近いある因子をのぞき, これが, $\int_b^a p_1\frac{dx}{\hbar}=(b-a)\frac{p_1}{\hbar}$ の箱型の壁の場合の結果と本質的に同じものであることがわかる*. しかし, 壁の高さが変化する場合には, それを上に示したやり方で単に積分するだけでよい.

問題 3: 透過率と反射率との和が 1 であることを証明せよ.

問題 4: 領域 I, II, III 中での流れを計算せよ. そして, それが, 三つの領域全部において等しく, したがって確率の保存則があらわされていることを示せ. 領域 II の中では, 波動函数が振動していないにもかゝわらず, 流れが存在するのは何故か.

---

* 第 11 章 (34) 式.

11. ポテンシャルの壁を透過する確率の応用

（1） <u>金属からの電子の冷陰極放出</u>. 金属中の電子は，大体において一定なポテンシャル中を運動しているが，端の所に到達したときには，5 乃至 10 電子ボルトの程度のポテンシャル・エネルギーによって金属中にひきもどされる．電子を金属の中へひきもどそうとする力は，電子が表面から離れるときに金属中に誘起される"像の"電荷からおこってくる．力の大部分は，金属内部の端から非常に短い距離で働くものである．その到達距離は，おそらく原子の直径の 1～2 倍，すなわち，3 乃至 5×10^{-8} cm くらいである．ポテンシャル函数は第5図のグラフと似た形をしている．1個の電子を解放するのに必要なエネルギー W は，<u>仕事函数</u>とよばれている．

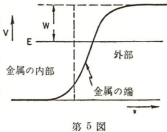

第 5 図

今，金属が，電子を金属の外へ引出すような方向をもつ強力な電場の中におかれたと考える．その場合，ポテンシャル函数は第6図に示されるような曲線によってあらわされるであろう．元のポテンシャルに対して，$-e\varepsilon x$ の電気的ポテンシャルが加えられるであろうからである．ここに，ε は電場，x は金属表面の端からの距離である．こうして，金属の外側であっても，電子が正の運動エネルギーをもっているような位置 $x=a$ が常に存在するであろう．又，電子が壁をぬけてもれ，永久に金属から離れ去る有限の大きさの確率が存在する

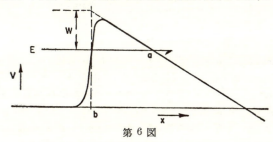

第 6 図

であろう．この過程を，無秩序な熱運動から，電子が壁をぬけ出すに充分なエネルギーを得た場合におこる熱電子放出に対して，<u>電子の冷陰極放出</u>とよぶ．

透過率を計算するためには，金属の端に近い領域で V がどのように変るか

を知る必要がある. 普通, 距離 a は原子間の距離よりもはるかに大きいから, ポテンシャル函数の曲線が曲る領域 ($x=0$) の近くからの結果に対する寄与は, $x=0$ と $x=a$ の間の他の領域からの結果への寄与に比べて小さいであろう. これは, ポテンシャル曲線の曲り方の詳細はそれ程重要なものではなく, $x=0$ から $x=a$ までの領域の到る所で, ポテンシャルを $V=-e\varepsilon x$ という直線で近似できることを意味している. ポテンシャル曲線がかなり鋭く曲るために, $x=0$ に近い領域では WKB 近似は破れるかもしれないにもかかわらず, この近似が重大な誤りをもちこむことも決してないであろう; 透過率を決定する因子に対するこの領域の寄与は, 全体の効果のほんの一部でしかないからである. このことは, われわれが終始 WKB 近似を用いることができ, $V-E=W-e\varepsilon x$ とおけることを意味している. そこで, (46a) 式から, 次の式を得る ($x=a$ において $W-e\varepsilon x=0$ であることに注意している).

$$T=\exp\left[-2\int_0^a \sqrt{2m(W-e\varepsilon x)}\frac{dx}{\hbar}\right]=\exp\left[-\frac{4}{3}\sqrt{2m}\frac{W^{3/2}}{\hbar e\varepsilon}\right]. \quad (47)$$

透過率 T から, 毎秒金属の端にぶつかる電子の数をかけて, 電流を計算することができる. 電流は場の強さと共に急速に増大すること, および, 仕事函数が最小であるような物質に対して最大になるということがわかる. ところが, 観測される電流は, (47) 式から計算されたものよりも数値的にはるかに大きいという, 喰いちがいがでる. これは, 金属表面が平滑でなく, 微視的な不規則性をもっているためである. これが, 表面近くの電場を表面から遠くの場所に比べて非常に強くしているのである. T は ε に対しては非常に鋭敏であるから, ε が二倍か, 三倍になっただけだとしても, 電流はおそろしく増大するという結果になりうるのである.

(2) 放射性崩壊 既にわれわれは, 陽子や α 粒子といった荷電粒子が, 非常に短い到達範囲をもつ強い引力によって原子核内に束縛されていることを指摘しておいた*. 荷電粒子が原子核を離れるときには, Coulomb 力によってはねとばされ†, その結果, ポテンシャル・エネルギーは, 第11章第10図に示すような, 端の所に斥力の壁をもった井戸となっている. したがって, 粒子を, それが正のエネルギーをもっている時でも, そのエネルギーが壁の一番高い所の値よりも小さければ, 原子核中に永い間とらえておくことが可能である. 粒子放

* 第11章3節.
† 第11章6節.

第12章 量子論の古典的極限. WKB 近似 323

出の平均寿命は，第 11 章 6 節であたえられており，$\tau=10^{-21}/T$ 秒である．こ
こで T は壁の透過率である．T を計算するのに WKB 近似を使おう†．原子
核が Ze という電荷をもっていれば，電荷 $2e$ の α 粒子は，$V=2(Z-2)\dfrac{e^2}{r}$
というエネルギーで静電気的に反撥される．WKB 近似を適用するためには，
ポテンシャル曲線が $r=r_0$ の附近をどのように越えるかを厳密に知らねばなら
ない．ところが，核力は r_1-r_0 よりもはるかに短い距離できかなくなってい
るから，電子の冷陰極放出の場合と同じく，静電エネルギーのみを考え，r_0 を
原子核の半径に等しくおいてよい．r_0 に対しては，次の公式を用いることが
できる：

$$r_0=2\times10^{-13}Z^{1/3}\ \mathrm{cm}.$$

これは全く独立の方法によって得られるものである§．

次に T を求めると，

$$T=\exp\left\{-\frac{2}{\hbar}\int_{r_0}^{r_1}\sqrt{2m\left[2(Z-2)\frac{e^2}{r}-E\right]}\,dr\right\},\tag{48}$$

r_1 というのは，

$$E=2(Z-2)\frac{e^2}{r_1},\quad\text{すなわち}\quad r_1=2(Z-2)\frac{e^2}{E}$$

となるような場所である．指数函数の中の積分は次のおきかえによって簡単に
なる：

$$U=\sqrt{\frac{r_1}{r}-1},\qquad r=\frac{r_1}{1+U^2},\qquad v=\sqrt{\frac{2E}{m}};$$

$$2\int_{r_0}^{r_1}\sqrt{2m\left[2(Z-2)\frac{e^2}{r}-E\right]}\frac{dr}{\hbar}=\frac{4r_1vm}{\hbar}\int_0^{\sqrt{\frac{r_1}{r_0}-1}}\frac{U^2dU}{(1+U^2)^2}$$

$$=\frac{2vr_1m}{\hbar}\left(\tan^{-1}U-\frac{U}{1+U^2}\right)_0^{\sqrt{\frac{r_1}{r_0}-1}}.\tag{49}$$

$\dfrac{r_0}{r_1}=\cos^2 W,\ \sqrt{\dfrac{r_1}{r_0}-1}=\tan W$ とおくと（E によって r_1 を消去し），

$$T=\exp\left[-4\frac{(Z-2)e^2}{\hbar v}(2W-\sin 2W)\right].\tag{50}$$

----

† 実際の問題は 3 次元的であるが，重陽子の場合（第 11 章 14 節）と同様，波動
　方程式は 1 次元のときと同じ形になる．

§ F. Rasetti, *Elements of Nuclear Physics*. New York: Prentice-Hall,
　Inc., 1936, p. 220.

324 第 III 部　簡単な体系への応用. 量子論の定式化の一層の拡張

問題 5:　ウラニウムについて, α 粒子の寿命を計算せよ. (α 粒子のエネルギーを調べよ). その結果 を ボロニウムにおける α粒子の寿命と比較せよ. そして, 寿命がエネルギーに対してどれほど鋭敏なものであるかに注意せよ. 結果を観測値と比較し, どこまで喰いちがいが存在しうるかを説明せよ.

12.　外部から原子核中にとびこむ確率　陽子や α 粒子のような高速度の荷電粒子が原子核に向けて射出されたとすると, 一般には, それらが核の中に入りこむ若干の機会が存在するであろう. ところが, それがおきるためには, 粒子が壁を充分に乗り越える程の高いエネルギーをもっているか, 既に記述したような仕方で「もれて」くるかのいずれかでなければならない. 今, 原子核は 3 次元的な対象であるから, これまでの公式は厳密には適用されえない. しかし, 二つの条件から, 壁をこえるに充分なエネルギーを持っていない荷電粒子の原子核中に入りこむ確率が決定されることがわかる.

（1）　粒子は原子核と十分真正面から衝突しなければならない. すなわち, ぶつかって脇へそれてしまうような方向の衝突であってはならない.

（2）　粒子が壁を通り抜けねばならない.

原子核と衝突をおこす確率は, 原子核の占める面積がわかっていれば気体運動論で気体分子の平均自由行路を出たのと同じ方法で求めることができる*. N を 1 立方糎あたりの原子核の数とし, A を原子核の断面の面積とすれば, 物質を l 糎通りすぎる毎にこのような衝突をおこす確率は, $P=NAl$ である.

透過の確率を見出すためには, P に T をかける. 陽子の場合は, ポテンシャル・エネルギーは, $V=Ze^2/r$ という式から算出しなければならぬ. それ故, $r_1 = Ze^2/E$ となり,

$$T=\exp\left[-\frac{2Ze^2}{\hbar v}(2W-\sin W)\right] \tag{51}$$

を得る. ここで

$$\cos W^2 = \frac{r_0}{r_1}$$

である.

問題 6:　$Z=92$ の場合, 3 mev のエネルギーの陽子が 原子核中に入りこむ透過率はどれくらいであるか? またエネルギー 8 mev の陽子ではどうか?

---

* 第 21 章 3 節参照. また, E. H. Kennard, *Kinetic Theory of Gases.* New York:McGrow-Hill Book Company, Inc., 1938, pp. 97–126. を見よ.

WKB 近似は，壁の透過率が Z と W とによって変化するという点では実験とかなりよい一致を示すが，指数函数の前の数係数の精密な値についてはそれ程よい結果を与えるとはいえないことがわかっている．厳密な一致が破れているということは何も驚ろくべきことではない．第一に原子核の端の近くでのポテンシャルの正確な形が未知なためであり，第二に，原子核の中でおこっていることが厳密にわかっていないためであり，第三に，WKB 近似自体が，ポテンシャルがかなり鋭く曲り，原子核の端近くの小さい領域では恐らく成立たなくなるからである．だが，透過率の主要な変化は，Coulomb ポテンシャルの壁に由来するものであり，その壁は，原子核の端からずっと遠方にまで延びて，われわれがここで行った取扱いによってかなり正しく記述されるのである．しかし，より詳細にわたった理論は，原子核の内側および，その端の様子についての，更に細目にわたる知識にまたねばならない．

13. ポテンシャル井戸での束縛状態 次に，ポテンシャル井戸の問題を WKB 近似で考えることにしよう．そのような井戸は第7図に示す曲線であらわされているものとする．

$E>0$ のときは，粒子は，古典論によると，$x=a$ と $x=b$ という運動エネ

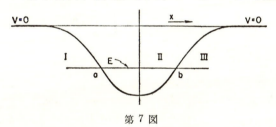

第 7 図

ギーが零になる両限界の間を往ったり来たりして振動するであろう．振動の週期は，ポテンシャルの形と振動の限界の位置とに依存し，後者はさらにエネルギーに依存する．このような振動は，$V=bx^2/2$ である調和振動子の系の場合のほかは，非調和的であろう．第2章 (12) 式で，振動の週期が次のように与えられることをわれわれは知っている：

$$\tau = \frac{\partial J}{\partial E},$$

ここに，

$$J = \oint p\,dq = 2\int_a^b \sqrt{2m(E-V)}\,dx.$$

326 　　　　第 III 部　簡単な体系への応用．量子論の定式化の一層の拡張

　　波動函数の解　さて，このポテンシァルに対する波動函数を WKB 近似を用いてとこう．

　　量子論によれば，波動函数が $V>E$ の領域へ指数函数的に入りこんでゆくことがわかっている．われわれは $x<a$ である領域 I から出発することにしよう．そのとき左方に向って，指数函数的に減衰してゆくような解をえらばねばならない：

$$\psi_1 = \frac{A}{\sqrt{p_1}} \exp\left(-\int_x^a p_1 \frac{dx}{\hbar}\right).$$

但し，

$$p_1 = \sqrt{2m(V-E)}.$$

次に，左側に壁がある場合の接続公式から，共戸の中の波動函数は，

$$\psi_{\mathrm{II}} = \frac{2A}{\sqrt{p}} \cos\left(\int_a^x p \frac{dx}{\hbar} - \frac{\pi}{4}\right) = \frac{2A}{\sqrt{p}} \cos\left(\int_x^a p \frac{dx}{\hbar} + \frac{\pi}{4}\right). \tag{52}$$

この波動函数が領域 III においてはどうなるかを見るには，上の式を，壁が右側にある場合の公式を使うのに都合がよいような形にかき直さなければならない．

$$\begin{aligned}
\psi_{\mathrm{II}} &= \frac{2A}{\sqrt{p}} \cos\left(\int_x^b p \frac{dx}{\hbar} - \int_a^b p \frac{dx}{\hbar} + \frac{\pi}{4}\right) \\
&= \frac{2A}{\sqrt{p}} \cos\left(\int_x^b p \frac{dx}{\hbar} - \frac{\pi}{4} - \int_a^b p \frac{dx}{\hbar} + \frac{\pi}{2}\right).
\end{aligned} \tag{53}$$

　　領域 III では，減衰してゆく指数函数になる解がほしい．右側に壁がある場合の (39b) 式を用い，接続公式は，負の符号をかけても同様に正しいことを考慮すれば，ψ_{II} の中の三角函数が，ψ_{II} を $\cos\left(\int_x^b p \frac{dx}{\hbar} - \frac{\pi}{4}\right)$ とするような位相をもつ場合にだけ，減衰する指数函数が得られることがわかる．この条件が満足されるのは，

$$\int_a^b p \frac{dx}{\hbar} = \left(N + \frac{1}{2}\right)\pi \tag{54}$$

の場合であり，又，このときに限ることが容易にわかる．ここで N は勝手な整数である．

$$J = \oint p \, dq = 2 \int_a^b p \, dx$$

とかけば，

$$J=\left(N+\frac{1}{2}\right)h \tag{55}$$

を得る．ここでも N はある整数である．上の式は，N に 1/2 が加っていることを除けば，Bohr-Sommerfeld の量子条件と丁度同じものになっている*．このように，波動論の古典的極限をとれば，古い量子条件に導びかれる．1/2 という補正項は，エネルギー準位の観測値にあわせる必要から，波動論以前に既に予想されていたものである．

波動函数の形　接続公式は，波動函数が，$x=a, x=b$ という回帰点に，それぞれ $N\pi+\pi/4$ および $-\pi/4$ の位相のときに近づくようにおもわれる，ということを示している．ここで N は或る整数である．実際には，WKB 近似はこの領域で破れるのであるが，大体において，上のものは真の位相に近いであろう．それで，$N=0$ の波動函数は $x=a$ では $\pi/4$ の位相を，$x=b$ では $-\pi/4$ の位相をもっている．その結果，最低の状態は，運動エネルギーが正の領域内で，1/4 の波長しかもっていないことになる（波動函数は第 8 図に示した曲線に似たものになる）．これが，半整数の量子数が出る理由である．最低状態は節をもっていない．

次の状態は 1 個の節をもっている．その又次の状態は 2 個の節をもつ，等々，したがって，節の数によって束縛状態を分類することは，箱型ポテンシャルの場合と同じく，WKB 近似においても行われる†．実際，それは，任意のポテンシャル函数について行われる分類である．すなわち，<u>量子状態の数は，波動函数の節の数に等しい</u>．

われわれは，接続公式が適用できないときには，量子条件が少し変更されるのを示すことができる．たとえば，箱型の非常に深いポテンシャル井戸においては，波動函数は回帰点において零となる．そして整数個の半波長の波を井戸の中に入れねばならなくなり，その結果 $J=(N+1)h$ となる．

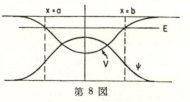

第 8 図

WKB 近似で $N+1/2$ が現われるのは，古典的には禁じられている領域へ波が指数函数的に入りこんでゆくという事実からおきてくるものである．いい

---

* 第 2 章 12 節参照．
† 第 11 章 12 節．

かえれば,壁が無限に高い時よりも,少しばかり余地があり,その結果,無限の壁では 1/2 波長が必要であったのに,1/4 波長だけが古典的に許される領域の中に入ればよいことになるのである.他方,非常に浅い井戸では,回帰点が,一波長の間のポテンシャルの屈曲がかなりなものとなるような領域中に存在することも可能である.その結果ふたたび,接続公式が破れ,回帰点での波の位相が変更される†.このような場合には量子条件が複雑になるが,それはここでは取扱わない.

問題 7: 上の方法を調和振動子のエネルギーの準位の計算に応用して,$E=\left(n+\dfrac{1}{2}\right)h\nu$ という結果を求めよ.最低エネルギー準位が $E=\dfrac{1}{2}h\nu$ となり,古い Bohr-Sommerfeld の理論から得られた $E=0$ にはならないことに注意せよ††.このことを不確定性原理を以て説明せよ.

最初の 4 つの量子状態について,WKB 近似によって与えられる波動函数の一般形を図示せよ.

14. WKB 近似における準安定または仮想的状態

原子核中の荷電粒子の場合のように,ポテンシャル井戸が壁によって囲まれているとすれば,真の束縛状態以外に,正エネルギーの電子波が,通りぬけてしまう前に何回も壁の中で反射されながら往き来できるということから可能となる,準安定な,あるいは仮想的な束縛状態が存在しうる.そのようなポテンシャルは,第 9 図に示したものと似ているであろう.簡単のために,本質的なことではないが,$x=0$ に対して対称的なポテンシャルをとることにしよう.回帰点は,このとき,$x=a,\ b,\ -a,\ -b$ であると仮定される.

この問題は,既に取扱われた,壁がないときの井戸の準安定状態と非常によく似ているであろう*.

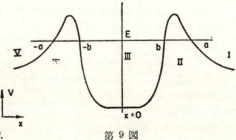

第 9 図

---
† 8 節参照.
†† 第 2 章 12 節参照.
* 第 11 章 20 節.

第12章　量子論の古典的極限. WKB 近似　　　　329

しかし，ここでの状態は，はるかに長い寿命をもっているであろう．それは，壁の透過率が，ポテンシャルの鋭い端の透過率よりも，一般にはるかに小であるからである．

井戸型の場合と同じように，粒子は左方から入ってくるものと仮定しよう．そのうち若干は反射され，若干は透過するであろう．しかし，$x=a$ の右側では，透過波のみが存在する．したがって，領域 I では次のようにかくことができる．

$$\psi_{\mathrm{I}}=\frac{A}{\sqrt{p}}\exp\left(i\int_a^x p\frac{dx}{\hbar}-i\frac{\pi}{4}\right). \tag{56}$$

II と III の領域で波動函数を見出す問題は，すでに取扱われたものの一つ，すなわち，壁の透過の問題と正確に同じである．そこで，(45) 式から

$$\psi_{\mathrm{III}}=-\frac{A}{\sqrt{p_w}}\left[\frac{1}{2}e^{-\int_b^a p_1\frac{dx}{\hbar}}\sin\left(\int_x^b p_w\frac{dx}{\hbar}-\frac{\pi}{4}\right)\right.$$
$$\left.+2ie^{\int_b^a p_1\frac{dx}{\hbar}}\cos\left(\int_x^b p_w\frac{dx}{\hbar}-\frac{\pi}{4}\right)\right] \tag{57}$$

を得る．ここで，p_w は井戸の中での運動量の絶対値である．この解は，今度は，接続公式により，井戸を横切って領域 IV までもってゆかれなければならない．これらの公式を用いるには，まず，三角函数の中をならべかえて，次のようにかいておく．

$$\int_x^b p_w\frac{dx}{\hbar}=-\int_b^x p_w\frac{dx}{\hbar}=-\left(\int_b^{-b} p_w\frac{dx}{\hbar}+\int_{-b}^x p_w\frac{dx}{\hbar}\right). \tag{57a}$$

$\int_{-b}^b p_w dx=J/2$ とおき，J を作用変数として，

$$\exp\left(\int_b^a p_1\frac{dx}{\hbar}\right)=\Theta$$

とおくと，次の式を得る．

$$\psi_{\mathrm{III}}=\frac{A}{\sqrt{p_w}}\left\{-2i\Theta\cos\left[\int_{-b}^x p_w\frac{dx}{\hbar}-\frac{\pi}{4}+\left(\frac{\pi}{2}-\frac{J}{2\hbar}\right)\right]\right.$$
$$\left.+\frac{1}{2\Theta}\sin\left[\int_{-b}^x p_w\frac{dx}{\hbar}-\frac{\pi}{4}+\left(\frac{\pi}{2}-\frac{J}{2\hbar}\right)\right]\right\}. \tag{58}$$

sine と cosine を展開し，項をあつめなおすと，

$$\psi_{\mathrm{III}} = \frac{A}{\sqrt{p_w}} \left\{ \begin{aligned} &\cos\left(\int_{-b}^{x} p_w \frac{dx}{\hbar} - \frac{\pi}{4}\right)\left[-2i\Theta\cos\frac{1}{2}\left(\pi-\frac{J}{\hbar}\right)\right.\\ &\qquad\qquad\left. +\frac{1}{2\Theta}\sin\frac{1}{2}\left(\pi-\frac{J}{\hbar}\right)\right]\\ &+\sin\left(\int_{-b}^{x} p_w \frac{dx}{\hbar} - \frac{\pi}{4}\right)\left[2i\Theta\sin\frac{1}{2}\left(\pi-\frac{J}{\hbar}\right)\right.\\ &\qquad\qquad\left. +\frac{1}{2\Theta}\cos\frac{1}{2}\left(\pi-\frac{J}{\hbar}\right)\right]. \end{aligned} \right\} \tag{59}$$

次の仕事は領域 IV での解を得ることである. われわれは, 左側に壁がある場合の接続公式を用いる. さらに, $-\int_x^{-b} = \int_{-a}^{x} - \int_{-a}^{-b}$ とかいておき, $\Theta = \exp\left(\int_{-a}^{-b} p_1 \frac{dx}{\hbar}\right)$ であることに注意すれば, 次の式が得られる.

$$\psi_{\mathrm{VI}} = \frac{A}{\sqrt{p_1}} \left\{ \begin{aligned} &\exp\left(\int_{-a}^{x} p_1 \frac{dx}{\hbar}\right)\left[-i\cos\frac{1}{2}\left(\pi-\frac{J}{\hbar}\right)\right.\\ &\qquad\qquad\left. +\frac{1}{4\Theta^2}\sin\frac{1}{2}\left(\pi-\frac{J}{\hbar}\right)\right]\\ &-\exp\left(-\int_{-a}^{x} p_1 \frac{dx}{\hbar}\right)\left[2i\Theta^2\sin\frac{1}{2}\left(\pi-\frac{J}{\hbar}\right)\right.\\ &\qquad\qquad\left. +\frac{1}{2}\cos\frac{1}{2}\left(\pi-\frac{J}{\hbar}\right)\right]. \end{aligned} \right\} \tag{60}$$

次の段階では, 領域 V での波動函数を求める. それを行うには, 右側に壁がある場合の公式, (39b), (40) を用いる. そうすると,

$$\psi_{\mathrm{V}} = \frac{-A}{\sqrt{p}} \left\{ \begin{aligned} &\sin\left(\int_{x}^{-a} p \frac{dx}{\hbar} - \frac{\pi}{4}\right)\left[-i\cos\frac{1}{2}\left(\pi-\frac{J}{\hbar}\right)\right.\\ &\qquad\qquad\left. +\frac{1}{4\Theta^2}\sin\frac{1}{2}\left(\pi-\frac{J}{\hbar}\right)\right]\\ &+\cos\left(\int_{x}^{-a} p \frac{dx}{\hbar} - \frac{\pi}{4}\right)\left[4i\Theta^2\sin\frac{1}{2}\left(\pi-\frac{J}{\hbar}\right)\right.\\ &\qquad\qquad\left. +\cos\frac{1}{2}\left(\pi-\frac{J}{\hbar}\right)\right], \end{aligned} \right\} \tag{61}$$

ここで, 上の式を指数函数を用いて書き改める.

$$\psi_{\mathrm{V}} = \frac{-A}{2\sqrt{p}} \left\{ \begin{aligned} &\exp\left[i\left(\int_{-a}^{x} p \frac{dx}{\hbar} + \frac{\pi}{4}\right)\right]\left[2\cos\frac{1}{2}\left(\pi-\frac{J}{\hbar}\right)\right.\\ &\qquad\qquad\left. +i\left(4\Theta^2+\frac{1}{4\Theta^2}\right)\sin\frac{1}{2}\left(\pi-\frac{J}{\hbar}\right)\right]\\ &+i\exp\left[-i\left(\int_{-a}^{x} p \frac{dx}{\hbar} + \frac{\pi}{4}\right)\right]\left(4\Theta^2-\frac{1}{4\Theta^2}\right)\cdot\\ &\qquad\qquad\qquad\cdot\sin\frac{1}{2}\left(\pi-\frac{J}{\hbar}\right). \end{aligned} \right\} \tag{62}$$

第12章　量子論の古典的極限. WKB 近似　　　331

ψ_V が入射波と反射波を含んでいることがわかる. 透過率 T は，透過波の強さと入射波の強さとの比に等しい. すなわち,

$$T=4\left[4\cos^2\frac{1}{2}\left(\pi-\frac{J}{\hbar}\right)+\left(4\Theta^2+\frac{1}{4\Theta^2}\right)^2\sin^2\frac{1}{2}\left(\pi-\frac{J}{\hbar}\right)\right]^{-1}. \quad (63)$$

$\cos^2=1-\sin^2$ とかくと,

$$T=\left[1+\frac{1}{4}\left(4\Theta^2-\frac{1}{4\Theta^2}\right)^2\sin^2\frac{1}{2}\left(\pi-\frac{J}{\hbar}\right)\right]^{-1} \quad (64)$$

を得る.

問題 8: $T+R=1$ を証明せよ.

15. 透過率に対する (64) 式についての議論　WKB 近似は壁が高くて厚い時にだけ適用されるべきものである. この場合 Θ は大きく，T は通常きわめて小さい. その結果を壁がない箱型井戸の場合（第 11 章 (34) 式）と比べてみると，$\exp\left(2\int_b^a\frac{p_2}{\hbar}dx\right)$ である Θ^2 の方が p_2/p_1 よりも普通ずっと大きいために，一般には透過率は，引力のある箱型井戸だけの場合よりもはるかに小さいことがわかる. しかし，この井戸型の場合と同様，T が 1 になる点が存在している. このような共鳴透過がおこるのは,

$$\pi-\frac{J}{\hbar}=-2N\pi, \qquad \text{すなわち} \qquad J_N=\left(N+\frac{1}{2}\right)h$$

の所である. ただし N は $0,1,2,\cdots$ である. 共鳴透過のための条件が，束縛状態の条件と正確に同じであることは興味深い*. ここで，井戸型ポテンシャルの場合と丁度同じように，共鳴透過において，準安定なエネルギー状態が存在することを示そう.

　共鳴透過がおこる理由は，井戸型の場合と全く同じである†. すなわち，反射されて往き来する波と，丁度入ってくる波とが同位相になるのである. しかし，反射波の位相は，井戸型の場合とは少しばかり異っている. それはゆっくりと変化するポテンシャルは，急激に変化するポテンシャルとは幾分異った具合に反射するからである. たゞ一つの高くて厚い壁は非常に小さい透過率しかもっていないのに対して，そのような壁を二つ一列にならべると，ある波長のものだけは完全に通してしまう，というのは特に面白いことである. この性質は，物質の波動的性格によってのみ理解しうるものである. 高い透過率が出てくる

───────────

* (55) 式を見よ.

† 第 11 章 8 節および 20 節.

のは,ある特定の波長で,内側から反射してくる波が外から入ってくる波と弱めあうように干渉し,その結果,透過波だけがのこるためである.

16. 共鳴の幅. 共鳴点の近くでの透過率 共鳴点の近くでは次のように J を展開することができる:

$$J-J_N=\frac{\partial J}{\partial E}\delta E=\tau_0(E-E_N).$$

ここで,τ_0 は,井戸を横切って戻ってくるのに必要な古典的な時間である.共鳴点の近くでは,

$$\sin\frac{1}{2}\left(\pi-\frac{J}{\hbar}\right)\cong-\frac{1}{2}\tau_0\frac{(E-E_N)}{\hbar}$$

であることに注意しよう.そうすれば,Θ が大きいとき,(64) 式から次の結果が得られる:

$$T\cong\frac{1}{1+\frac{\tau_0^2}{\hbar^2}(E-E_N)^2\Theta^4}. \tag{65}$$

(この公式がよい近似であるのは,共鳴点の近くにおいてだけであることに注意.) E に対する T のグラフは,第 10 図に見るように,一般には小さいが,$E=E_N$ でだけ大きくなるような T の値を示すであろう.半減幅 ($T=1/2$ となる場所) は,次のようにおけば求められる.

$$\Theta^4(E-E_N)^2\frac{\tau_0^2}{\hbar^2}=1, \quad すなわち \quad E-E_N=\frac{\hbar}{\tau_0\Theta^2}. \tag{65a}$$

共鳴透過の近くでの,透過の確率の急激な増大は,共鳴振動数に近い強制力を加えられた減衰調和振動子が示す増大と非常によく似ている.後に,これら二つの問題での共鳴現象が似ている理由を示すであろう.

Θ が大きければ,共鳴が非常に鋭くなることに注意されたい.Θ が大きくなると共鳴が鋭くなる

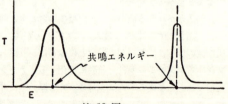

第 10 図

理由は,反射の度数が多くなるということである.波が反射されて往き来する各瞬間に僅かな位相の変化しかうけないような,共鳴からほんの少しはずれた場所においてさえ,壁の中の波は,多数回の反射の累積的な変化の結果として結局は,入射波と位相があわなくなってしまうのである.

第12章 量子論の古典的極限. WKB 近似　　　333

17. 井戸の内部での波の強さ　井戸の内側での確率密度と，入射波における確率密度との比を計算して見ると面白い．(57),(62)の両式を用いれば，

$$\frac{|\psi_{\text{III}}|^2}{|\psi_{inc}|^2}=\frac{p}{p_w}\frac{\left[4\Theta^2\cos^2\left(\int_x^b p\frac{dx}{\hbar}-\frac{\pi}{4}\right)+\frac{1}{4\Theta^2}\sin^2\left(\int_x^b p\frac{dx}{\hbar}-\frac{\pi}{4}\right)\right]}{\left[1+\frac{1}{4}\left(4\Theta^2-\frac{1}{4\Theta^2}\right)^2\sin^2\frac{1}{2}\left(\pi-\frac{J}{\hbar}\right)\right]}. \quad (66)$$

ここで，p_w は井戸の中の運動量で，p は領域 V における運動量である．

高い量子数では，三角函数は，井戸の内側で何回も振動する．各振動は，井戸のほんの一小部分しか占めないから，ある与えられた領域内での平均密度を考えることが有用になる．これを行うとすれば，$\cos^2$ と $\sin^2$ との式をそれぞれ $1/2$ でおきかえることができ，Θ が大きいという仮定をすれば，

$$\frac{|\psi_{\text{III}}|^2}{|\psi_{inc}|^2}=\frac{p}{p_w}\frac{2\Theta^2}{1+4\Theta^4\sin^2\frac{1}{2}(\pi-J/\hbar)}. \quad (67)$$

共鳴から遠い所では，通常，この比は小さく（Θ の大きい場合），その結果，波動函数は，第 11 図に示したものと似た形をしていることに注意しておく．しかし，共鳴点では，$|\psi_{\text{III}}|^2/|\psi_{inc}|^2$ という比は大きく，したがって，井戸の内側での波動函数もやはり大きい．この場合には，透過波と入射波は同じ強さ

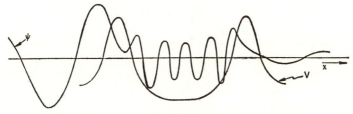

第 11 図

をもっている $(T=1)$ から，波動函数は第 12 図に似た形となる．このようにして，非常に強い波が井戸の中に捉えられ，常にそれ自身をつよめるような位相で壁の間を往き来する．そして，非常にゆっくりともれてゆくのである．

共鳴点附近で，壁の内側に波動をつくり上げることは，オルガンパイプもしくは，電磁的振動を受ける，空洞共振器中に強い定常波をつくり出すのと非常によく似た過程を含んでいる．後の例では，外部から小さい週期的なインパルスが供給され，このインパルスの振動数が共鳴装置の振動数に近い場合に大きな

波動を内部につくり上げることができるのである。摩擦や輻射等のために系の中でおきる損失が小さいほど、波の振幅は大きくなり、共鳴は鋭くなる。外側からやってくる波が、調和振動子の"強制振動項"にかなりよく似た行動をするため、量子力学的な問題は上と非常によく似てくる。この外からの波の振動数が、ポテンシャルを横切り反射されて往き戻りしている波の振動数と等しいならば、ポテンシャルの内部には強い波が形成される。壁を透過するためにおこる損失が小さいほど、波は強く、共鳴は鋭くなる。このようにして、力学的および電磁気的共鳴現象との類似が非常に密接なものであることがわかる。

共鳴点における大きな透過率は、井戸の内側では、波がきわめて大きく、その中のほんの一部がもれてゆくだけでも大きな結果になるということからつくり出される。さらに、内側における大きい振幅は、壁の間の領域に入りこむ確率が大であることを可能にしている。これは、壁を横切る確率の流れが $\psi^* \nabla \psi - \psi \nabla \psi^*$ に比例していて、ψ が充分に大きくなったときに、壁の小さな透過率は打ち消されてしまうためである。壁の内側での波の強さに透過率が依存しているというのは、波動現象に特有のものである。たとえば、壁を粒子が透過する

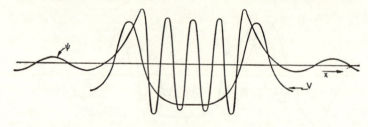

第 12 図

ということが、粒子が通った後でおこることがらに依存するなどとは想像し難い。共鳴点附近で、波の透過がきわめて容易であるということによく似たことが、単純調和振動をしている振子においてもおきている。ある与えられた週期的な力が、振子と共鳴する場合、エネルギーが振子の方へ移る割合は、<u>既に</u>存在していた振動の振幅に比例する。

第1近似においては、壁の中の波は、束縛状態の波動函数に似ている。それは、こうした有界の領域で大きくなっているからである。さらに、われわれが波束をつくると、時間の函数として、波は井戸の中に入り、永い間その中に留り、そ

して，ゆっくりと壁を通ってもれて行くことがわかる．その結果，波束が井戸の中にある期間は，この場合の波束と，束縛状態の波動函数とを区別することがきわめて困難であることがわかる．事実，壁をもった井戸の準安定な状態は，壁がない井戸の場合よりも，ずっとよく束縛状態に似ている．これは，主として，壁の透過率が非常に小さいので，その寿命が，はるかに永くなっているためである．

これとよく似た非常に強い波は，2枚のガラス板の間に非常に接近しておかれてはいるが，全く接触してはいない薄いガラス板の内部でおこる光の全反射によってつくり上げることができる．その有様は第13図に示しておいた．ある

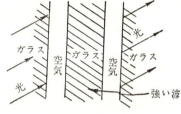

第 13 図

特定の波長においては，光が完全に通り抜け，真中のガラス板の中の光は非常な強さになるであろう．このことは，真中のガラス板の中に一寸した欠陥があれば，ある色に非常につよく輝くことから知ることができたものである．

18. 波束をつくること．仮想状態の寿命 今度は，箱型井戸の問題でやったのと丁度同じようにして波束をつくり上げよう．これを行うには，入射波が $\frac{1}{\sqrt{p}}\exp\left[i\left(\int_{-a}^{x}p\frac{dx}{\hbar}+\frac{\pi}{4}\right)\right]$ となるように A をえらぶと便利である．(62)式を用いると A を次のようにとらねばならないことがわかる．

$$A=-2\left[2\cos\frac{1}{2}\left(\frac{\pi-J}{\hbar}\right)+i\left(4\Theta^2+\frac{1}{4\Theta^2}\right)\sin\frac{1}{2}\left(\pi-\frac{J}{\hbar}\right)\right]^{-1}. \quad (68)$$

$A=-Re^{i\varphi}$ とかけば，次の式を得る．

$$\tan\varphi=-\frac{1}{2}\left(4\Theta^2+\frac{1}{4\Theta^2}\right)\tan\frac{1}{2}\left(\pi-\frac{J}{\hbar}\right). \quad (69)$$

波束をつくるために，エネルギーの小さい領域にわたって積分する．入射波は，

$$\psi_i=\int f(E-E_0)\frac{dE}{\sqrt{p}}\exp\left[i\left(\int_{-a}^{x}p\frac{dx}{\hbar}+\frac{\pi}{4}-\frac{Et}{\hbar}\right)\right], \quad (70)$$

透過波は，

$$\psi_t=\int f(E-E_0)R(E)\frac{dE}{\sqrt{p}}\exp\left[i\left(\int_{a}^{x}p\frac{dx}{\hbar}-\frac{\pi}{4}+\varphi-\frac{Et}{\hbar}\right)\right] \quad (71)$$

となる. 入射波束の中心は位相が極値をとる場所, すなわち次のような所に見出されるであろう:

$$t=\frac{\partial}{\partial E}\int_{-a}^{x}pdx=\frac{\partial}{\partial E}\int_{-a}^{x}\sqrt{2m(E-V)}dx=\int_{-a}^{x}\frac{dx}{\sqrt{2(E-V)/m}}$$

$$=-\int_{x}^{-a}\frac{dx}{v}. \tag{72}$$

このように, 入射波は, 時刻 t に点 x を通過する. これは, x から $-a$ の回帰点まで行くのにかかるものの負になっている.

透過波束の中心は, このとき

$$t=\frac{\partial}{\partial E}\int_{a}^{x}pdx+\hbar\frac{\partial\varphi}{\partial E}=\int_{a}^{x}\frac{dx}{v}+\hbar\frac{\partial\varphi}{\partial E}. \tag{73}$$

点 x を通過する時間は, a から x まで動くのに必要な時間に $\hbar\dfrac{\partial\varphi}{\partial E}$ を加えたものになっている. したがって, $\hbar\dfrac{\partial\varphi}{\partial E}$ は, 大体において, 波が井戸の中で反射され往き来している間の時間的な遅れに等しい. (69) を微分すれば,

$$\hbar\sec^{2}\varphi\frac{\partial\varphi}{\partial E}=+\frac{1}{4}\Big(4\Theta^{2}+\frac{1}{4\Theta^{2}}\Big)\Big[\sec^{2}\frac{1}{2}\Big(\pi-\frac{J}{\hbar}\Big)\Big]\frac{\partial J}{\partial E}$$

$$-\frac{\hbar}{\Theta}\Big(4\Theta^{2}-\frac{1}{4\Theta^{2}}\Big)\Big[\tan\frac{1}{2}\Big(\pi-\frac{J}{\hbar}\Big)\Big]\frac{\partial\Theta}{\partial E},$$

$$\hbar\frac{\partial\varphi}{\partial E}=\frac{\begin{Bmatrix}\Big[\sec^{2}\dfrac{1}{2}\Big(\pi-\dfrac{J}{\hbar}\Big)\Big]\Big(\Theta^{2}+\dfrac{1}{16\Theta^{2}}\Big)\dfrac{\partial J}{\partial E}\\[2mm]-\dfrac{4\hbar}{\Theta}\Big(\Theta^{2}-\dfrac{1}{16\Theta^{2}}\Big)\Big[\tan\dfrac{1}{2}\Big(\pi-\dfrac{J}{\hbar}\Big)\Big]\dfrac{\partial\Theta}{\partial E}\end{Bmatrix}}{1+4\Big(\Theta^{2}+\dfrac{1}{16\Theta^{2}}\Big)^{2}\tan^{2}\dfrac{1}{2}\Big(\pi-\dfrac{J}{\hbar}\Big)}. \tag{74}$$

Θ が大きいとき, $(1/2)(\pi-J/\hbar)\cong N\pi$, すなわちいいかえれば, 仮想的なエネルギー準位の近傍を除き, この時間的遅れは小さいであろう. 仮想的なエネルギー準位では, Θ を大きいとしたとき, 次の式が成立つ:

$$\varDelta t=\hbar\frac{\partial\varphi}{\partial E}=\Big(\Theta^{2}+\frac{1}{16\Theta^{2}}\Big)\frac{\partial J}{\partial E}\cong\tau\Theta^{2}. \tag{74a}$$

ここで, $\partial J/\partial E=\tau=$古典的な週期, である. このように, Θ が大きいときは, 粒子が井戸の反対側に現われるのが, 井戸を横切ってもどってくるのに必要な時間よりもずっと遅くなる. この時間的な遅れの説明は, 共鳴点近くで井戸型におこった遅れと同じものだということに注意しよう (第11章, 8 節及び 20 節

第12章 量子論の古典的極限. WKB 近似　337

を見よ). このことを証明するには，$1/\tau$ が丁度粒子が毎秒壁を打つ回数であ
り，それに対して，Θ^{-2} は，壁の透過率であることに注意する〔(46a) 式〕. そ
れ故，壁を通過してしまうための平均時間は，$\tau\Theta^2$ の程度の大きさとなるので
ある.

19. 井戸の内側での波束（共鳴点の近傍） 粒子が長い間井戸の中に留って
いるという事実をもっとはっきり説明するために，領域 III の中での波束を計
算することにしよう. これを行うには，(57) 式から得られた ψ_{III} を，共鳴点
E_N 近傍のエネルギーの小領域にわたって積分しなければならない:

$$\psi = \int_{-\infty}^{\infty} \psi_{\mathrm{III}}(E)\exp\left(-\frac{iEt}{\hbar}\right)f(E-E_N)dE. \tag{75}$$

時間的な遅れ $\varDelta t$ の存在を証明するためには，あたえられた点を，われわれ
が論じようとしている遅れよりも短い時間内に通過できるように，充分せまい
波束をえらばねばならない. そうしなければ，波束の幅から出てくる時間のば
らつきと時間的遅れとを区別することができなくなるであろう. 不確定性原理
によれば，与えられた点を通過する時間を $\varDelta t$ の精度で確定するためには，
$\varDelta E \cong \dfrac{\hbar}{\varDelta t}$ だけのエネルギーの範囲が必要とされる. したがって，$f(E-E_N)$ はこ
の領域でだけ大きいと仮定する.

(57) 式から ψ_{III} を得るが，その際，小さいと仮定された $1/\Theta$ を含んだ項
は無視する. 更に，共鳴点では，$\sin\frac{1}{2}(\pi-J/\hbar)$ が零であり，$\cos\frac{1}{2}(\pi-J/\hbar)$ が 1 であることにも留意する. 共鳴点の近くでは，これらの量を展開
して，その第一項だけを残すことにする. こうして，$\cos\frac{1}{2}(\pi-J/\hbar)\cong 1$ であ
り，

$$\sin\frac{1}{2}\left(\pi-\frac{J}{\hbar}\right) \cong \mp\frac{1}{2\hbar}\frac{\partial J}{\partial E}(E-E_N) = \mp\frac{\tau_0}{2\hbar}(E-E_N),$$

但し，$\tau_0=\partial J/\partial E$ である. (68) 式から A を求めれば，次の式に到達する.

$$\psi_{\mathrm{III}} \cong -\frac{2i}{\sqrt{p_w}}\Theta\frac{\cos\left(\int_x^b p\dfrac{dx}{\hbar}-\dfrac{\pi}{4}\right)}{1-i\Theta^2\left(\dfrac{\tau_0}{\hbar}\right)(E-E_N)}. \tag{76}$$

Θ は大であるから，ψ_{III} は，すでに上の展開が成立するに充分な程度の $E-E_N$
の値に対して，小さくなる. このように，ψ への主な寄与は，$E-E_N$ の比較的
小さい値から来るものである. したがって，p_w を，それの共鳴点での値 p_N に
よっておきかえることができる. p_w は，分母が小さいような領域では，大き

338　　第 III 部　簡単な体系への応用. 量子論の定式化の一層の拡張

く変化することはないであろうからである. 故に

$$\psi_{\text{III}} \cong -\frac{2i\Theta}{\sqrt{p_N}} \cos\left(\int_x^b p_N \frac{dx}{\hbar} - \frac{\pi}{4}\right) \frac{1}{1 - \frac{i\Theta^2}{\hbar}\tau_0(E - E_N)}, \tag{77}$$

また,

$$\psi \cong -\frac{2i\Theta}{\sqrt{p_N}} \cos\left(\int_x^b p_N \frac{dx}{\hbar} - \frac{\pi}{4}\right) \int \frac{f(E - E_N)\exp(-iEt/\hbar)dE}{1 - i(E - E_N)\frac{\Delta t}{\hbar}}. \tag{78}$$

ここで,

$$\Delta t = \tau_0 \Theta^2 \tag{78a}$$

とかいてある.

さて, $f(E - E_N)$ が, $\hbar/\Delta t$ よりもずっと大きい領域中で大きな値をとるようにえらばれたことは先に見た通りである. したがって, 分母の逆数は, $E - E_N$ のきわめて小さな値に関しては, 分子よりも小さくなる. それ故, 第 1 近似では, $f(E - E_N)$ は一定と見なしてもよい. 便宜上, それを 1 にとることにしよう. 次に, 積分の残りの部分は, 標準的な方法で容易に計算され, 次のようになる*:

$$\int_{-\infty}^{\infty} \frac{e^{-iEt/\hbar}dE}{1 - i(E - E_N)\frac{\Delta t}{\hbar}} = \begin{cases} \frac{2\hbar\pi}{\Delta t} e^{-iE_{N'}/\hbar}e^{-t/\Delta} & t > 0, \\ 0 & t < 0. \end{cases} \tag{79}$$

したがって,

$$\psi \cong \left[\frac{\hbar}{\Delta t}\frac{4\pi i\Theta}{\sqrt{p_N}}\cos\left(\int_x^b p_N \frac{dx}{\hbar} - \frac{\pi}{4}\right)e^{-iE_N t/\hbar}\right]\begin{cases} e^{-|t|/\Delta t} & t > 0, \\ 0 & t < 0. \end{cases} \tag{80}$$

$t = 0$ における波動函数の不連続的変化は, われわれが $f(E - E_N)$ をある一定値で近似したことからおこっている. これは, 無限に鋭い波束を仮定することと同等である. $t = 0$ において, 波束が壁にぶつかるやいなや, 直ちに内側の波動函数は急激に零からあるきまった値になる. 波束の幅が考慮に入れられ, $(E - E_N)$ による展開が用いられなかったとすれば, 内側の波動函数が増大する時間は, 零とは少し異った値になったであろう.

しかし, この結果の興味深い部分というのは, $t = 0$ 以後の波動函数が, 時間と共に減衰する指数函数を除いて真の定常状態の波動函数と同じものになる点

---

* たとえば, Whittaker and Watson, *Modern Analysis*, 3rd ed., London: Cambridge University Press, 1920, p. 123, Problem 15 を参照.

第 12 章　量子論の古典的極限．WKB 近似　　　　339

である．

20. 不確定性原理　Δt の定義 [(78a) 式]，と共鳴の幅 ΔE の定義 [(65a) 式] とから，$\Delta E \Delta t \sim \hbar$ となることは明らかである．このことは，仮想的な準位をつくるためには，$\Delta E \sim \hbar / \Delta t$ の幅の波束を用いねばならないことを意味する．その結果，状態がこわれるときには，この範囲のエネルギーをもった粒子が現われ，さらに，このエネルギーの範囲は，仮想的な束縛状態をつくるのにも用いられなければならない．

21. 放射能をもった系への応用　前節の結論は殆ど直接放射能をもった体系に適用される†．われわれは，ある時刻に放射性原子核が形成されるものと仮定し，その時刻を $t=0$ とする．どのようにして形成されるかということについての正確なことは，以後のふるまいにとっては重要でない．たとえば，ポテンシャルの壁の中に入ってくる，入射波束の使用に相応するような衝撃によるものともできよう．準安定な状態が形成された後，それは，指数函数的に崩壊し，波が，壁にはさまれた領域の外側にあらわれてくる．これは，崩壊過程の確率を正確に記述するものである．

準安定状態の存在を証明するには，さきに知ったように，与えられた点を寿命よりも短い時間内に通過する，充分な狭さをもった入射波束によって，そういう状態をつくって見ればよいであろう．たとえば，典型的な場合として，あたえられた原子核に α 粒子をぶつける場合をとろう．粒子がある点を通過する時間は，電気的な操作によって，容易に 10^{-6} 秒以内に制御しうる．その結果できた（放射性）準安定状態は，ある場合には，何秒といった間つづくであろう．しかし，原子核の中に入る時間が上の時間以内に確定されていないとすれば，その実験はこういった状態の存在を証明するのには用いることはできない．

22. 核反応への応用　典型的な原子核反応では，充分なエネルギーをもたない陽子が，Coulomb ポテンシャルの壁を越えて原子核をたたき，時には壁を通ってもれて，中に入りこんでしまう，といったことが可能である＊．エネルギーが，永い寿命をもった仮想状態を形成するようなものであれば，陽子は原子核

---

† 実際には，この取扱いでは，準安定な原子核の崩壊過程が高度に理想化されている．ここでは，非常に多くの重要な因子が無視されているからである．こゝで与えた取扱いは，量子論における物質の波動的性格の例題としてにすぎず，完全な核崩壊の理論を意図するものではない．もっとに完全な取扱いは，Bethe, *Elementary Nuclear Theory* を参照せよ．

の内部に永い間とどまることができ，その後で再び射出される．さらに，共鳴点の近くでは壁を通り抜けて原子核の中に入りこむ確率が大きいことが知られている．このような核反応としては，たとえば，次のようなものがあろう．

$$\text{Li} + \text{p}^1 \rightarrow \underset{\text{準安定}}{\text{Be}^8} \longrightarrow \text{Li}^7 + \text{p}^1$$

実際には，われわれは，次の諸点で事態を理想化しすぎている：

（1） 問題は3次元的である．3次元での取扱いは，大体1次元の場合と似ており，やって見ると，仮想的な準位の近くで，寿命の永い準安定状態と同様，やはり，壁を透過して原子核内部に入りこむ大きな確率のあることがわかる．しかし，原子核から粒子が離れるときには，粒子はあらゆる方向に投げ出されうる．こうして，全体の結果は，入射陽子を散乱することになり，したがって，仮想準位の近くでは，散乱の確率が鋭く増加し，それは第10図に示した透過率の鋭い増加とよく似た函数形をしていることがわかるのである．

（2） 陽子が原子核中にある間に，附加的な反応がおこる可能性がある[†]．たとえば，真の束縛状態が存在したとすれば，陽子は若干のエネルギーを放出して，安定な原子核が形成されるかもしれない．そうすると，陽子が再び放出されることはなくなる．$\text{Li}^7 + \text{p}^1$ の反応の場合には，γ 線が放出されることができ，Be^8 の別の状態がつくられうる．さらに Be^8 の場合には，二つの α 粒子にこわれることによって，そのエネルギーを再配分できる．他の原子核では，又別個の可能性が存在する．たとえば，入射陽子はそのエネルギーを既に原子核内に存在していた中性子に与え，次に，中性子が放出され，陽子が核内にのこることがある．終局的な効果が自由な陽子を自由な中性子でおきかえることになる反応を，p-n 反応とよぶ．

このように，一般には，多くの競争過程が存在し，はじめにぶっつけた粒子が，エネルギーを失わずに再び射出されるような反応は，それらの中の唯一つの過程であるにすぎない．今，R_i を，i 番目の過程がおこる割合とすれば，準安定状態が崩壊する全体の割合は，$R = \sum_i R_i$ であり，全過程を考慮した寿命は，$\varDelta t = 1/R$ となる．不確定性原理を用いれば，状態の幅は，$\delta E \cong \hbar / \varDelta t$ に応じて増大することが示される．したがって，準安定な原子核が，入射粒子の再

---

* 12節参照．

[†] たとえば，Bethe, *Elementary Nuclear Physics*, Chap. 17 を参照．

第12章 量子論の古典的極限. WKB 近似 341

放出とは別の何らかの方法で崩壊しうるものとすれば, 共鳴は広がることにな
る*.

---

* 共鳴に関するより完全な議論については, H. Bethe, *Reviews of Modern
Physics*, **9,** 75 (1937) を見よ. さらに, E. P. Wigner, Phys. Rev., **70,** 607
(1946) および, H. Feshbach, D.C. Peaslee and V. F. Weisskopf, Phys.
Rev. **71,** 145 (1947) をも参照せよ.

第13章 調和振動子

1. まえおき 本章では,調和振動子の問題をとりあげよう.この問題はそれ自体としても重要なものである.特に,輻射場がこのような振動子の集まりのようにふるまうからである*.その他にも,多くの体系を調和振動子によって近似的に表わすことができる.例えば,2個の原子のポテンシャル・エネルギーは,両者の間の距離の函数として,第1図に示すような型の曲線になるのが普通である.その場合,通常,ポテンシャルが極小となる点 $x=a$ が存在する.これは安定な平衡点である.この点の近傍では,

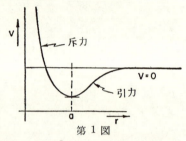

第 1 図

ポテンシャルを $x-a$ の冪級数に展開することができる.この点では $\partial V/\partial x=0$ であるから,

$$V \cong \frac{k}{2}(x-a)^2 \tag{1}$$

となるが,これはまさに調和振動子のポテンシャルである.

一般に,安定な平衡状態にあるあらゆる体系は,その平衡位置の近くでは,調和振動子によって表わされうる.

2. 波動方程式 力の常数が k であるような振動子に対しては,ポテンシャルは,$V=kx^2/2=m\omega^2x^2/2$ である.但し ω は振動の角振動数とする.このとき,波動方程式は

$$-\frac{\hbar^2}{2m}\psi'' + \left(\frac{m\omega^2x^2}{2} - E\right)\psi = 0. \tag{2}$$

ここで次のようなおきかえをすると便利である:

$$x = \sqrt{\frac{\hbar}{m\omega}}y, \qquad E = \frac{\omega\hbar}{2}\epsilon.$$

そうすると,波動方程式は,

---
* 第1章8節.

$$\frac{d^2\psi}{dy^2}+(\epsilon-y^2)\psi=0 \tag{3}$$

となる.

3. 解の一般形 ポテンシャルの井戸は, 第2図に示したように, 抛物線の形をしている. $|x|$ が充分大きいときには, ポテンシャル・エネルギーは, 常に全エネルギーよりも大きく, そのために波動方程式の解は, 実指数函数の1次結合となる. 指数函数の形を見出すには, WKB 近似を用いることができる*. 大きな $|x|$ に対する解は

$$\exp\left[\pm\int_a^x\sqrt{2m(V-E)}\,\frac{dx}{\hbar}\right]$$

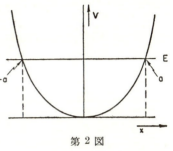

第 2 図

を含んでいるであろう. ところが, $|x|$ の大きいところでは, $V \gg E$ であるから,

$$\sqrt{V-E} \cong \sqrt{V} = \sqrt{\frac{m}{2}}\omega x\,;$$

従って, 解は

$$A\exp\left(\frac{m\omega}{\hbar}\frac{x^2}{2}\right)+B\exp\left(-\frac{m\omega}{\hbar}\frac{x^2}{2}\right) \tag{4}$$

程度のものとなる. われわれは大きな $|x|$ で指数函数的に減る解をえらばなければならない. そこで x の負の大きな値に於いて,

$$\exp\left(-\frac{m\omega}{\hbar}\frac{x^2}{2}\right)$$

のように変化する解から出発したとき, 大きな正の x でも, 同じ型の解で終るようにしたい. したがって, 正の運動エネルギーをもった領域では, 解の曲線は $|x|>a$ としたとき

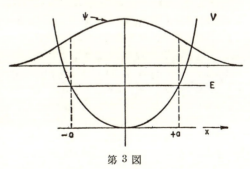

第 3 図

---

* 第12章 (37) 式.

に,減衰する指数函数につながるようになっていることが必要である。この問題は,箱型のポテンシャル井戸に於ける束縛状態の問題と非常によく似ている†。最低の状態は節をもっていない。これを第3図に示しておく。その次の1個節をもった状態は第4図であらわされる。エネルギーが高くなったときに,波動函数がより急激に曲るというばかりでなく,運動エネルギーが正であるような領域も増大することに注目せねばならな

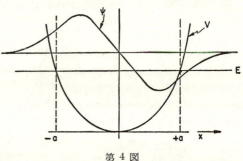

第4図

い。非常に高い量子状態では,非常に多くの振動が存在し,WKB 近似がよくなるであろう*。$x \to \infty$ としたとき,ポテンシャルは際限なく高くなるから,可能な束縛状態の数には限りがない。したがって,エネルギーを大きくして,このような方法で,波動函数に,負の運動エネルギーの領域に達する前に別の振動をつくらせることは常に可能である。しかしながら,たとえば,原子間の実際の力のように(第1図を見よ),x が大きくなったとき,ポテンシャルがどこまでも増大することがないとすれば,束縛状態の数は有限となる。

4. 厳密な解を得る方法 この型の方程式の固有値と固有函数を求める一般的な方法は,先ず原点近傍で解を冪級数によってあらわし,その級数の中には,その解を指数函数的に減衰する領域にまで延長するのに充分なだけの項が存在するようにしておく。この級数が全領域で収斂しないとすると,数値積分,乃至は,次々といくつかの異った点の近くでの展開を用いることが必要であるかもしれない。いずれにせよ,減少する指数函数に滑かにつながるような冪級数をえらばねばならないのである。一般には,井戸型の場合に示したように,このようなつながりは,エネルギーが,離散的な可能な値の組のうちの一つであるときでなければおこらないのである。これらの値が固有値であって,それと結びついた解が固有函数である。

---

† 第11章12節.
* 第12章 (17) 式.

第13章 調 和 振 動 子　　　　345

5. Schrödinger による昇降演算子法　上に大略を述べた手続きは，調和振動子の問題にも，他の多くの似たような問題に対してと同様，普通に用いられているものであるが，ここでは，Schrödinger によって発展させられた簡単な方法を用いることにしよう†．しかし，この方法は，あまり一般には応用できない．ではあるけれども，やがてわかるように，この書物で調べようとする問題のうちの若干に対してはそれを適用することができる．その中には，角運動量の量子化の問題も含まれている（第14章参照）．

この方法の基礎となるものは，Hamilton 演算子を，それぞれ1階の微分しか含まない二つの演算子に"因数分解"することである．今の問題では，次のことに注目してそれを行うのである：

$$\left(\frac{d^2}{dy^2}-y^2\right)\psi=\left[\left(\frac{d}{dy}-y\right)\left(\frac{d}{dy}+y\right)-1\right]\psi. \tag{5}$$

従って，（3）式は次のようにかくことができる：

$$\left(\frac{d}{dy}-y\right)\left(\frac{d}{dy}+y\right)\psi_\epsilon=-(\epsilon-1)\psi_\epsilon, \tag{6}$$

ここで ψ_ϵ は固有値 ϵ に属する固有函数である．次の手続きは，この方程式の左から，演算子 $\left(\dfrac{d}{dy}+y\right)$ を作用させることである．これを行う際，

$$\left(\frac{d}{dy}+y\right)\left(\frac{d}{dy}-y\right)=\frac{d^2}{dy^2}-y^2-1$$

に注意すれば，

$$\left(\frac{d}{dy}+y\right)\left(\frac{d}{dy}-y\right)\left(\frac{d}{dy}+y\right)\psi_\epsilon=\left(\frac{d^2}{dy^2}-y^2-1\right)\left(\frac{d}{dy}+y\right)\psi_\epsilon$$

$$=-(\epsilon-1)\left(\frac{d}{dy}+y\right)\psi_\epsilon, \tag{7}$$

$\left(\dfrac{d}{dy}+y\right)\psi_\epsilon=\varphi_\epsilon=$新たな波動函数，と書けば，

$$\left(\frac{d^2}{dy^2}-y^2\right)\varphi_\epsilon=-(\epsilon-2)\varphi_\epsilon \tag{8}$$

を得る．

この結果，ψ_ϵ が固有値 ϵ に対応する Schrödinger 方程式の固有函数である

---

† Pauling and Wilson, *Introduction to Quantum Mechanics*, pp. 67～72 参照.

‡ E. Schrödinger, *Proc. Roy. Irisch Acad.*, **A47**, 53 (1942)；さらに，Dirac, *The Principles of Quantum Mechanics*, 3rd ed., Chap. 6. をも見よ.

とすれば, $\varphi_\epsilon = \left(\dfrac{d}{dy}+y\right)\psi_\epsilon$ は, 固有値 $\epsilon-2$ に対応する同じ方程式の固有函数である, ということになる. このようにして, 何かある解が与えられると, 常に別の解を求めることができる. さらに, ϵ がある固有値であれば, $\epsilon-2$ もまた許される値でなければならない.

この手続きは, 無限に繰返すことができるから, n をある整数としたとき, ϵ が固有値ならば, $\epsilon-2n$ も固有値であるという結論に到達する. しかし, n を充分に大きくするなら, 固有値 (従ってエネルギー) は, 結局は負になるであろう. ϵ はエネルギーに比例するからである. しかし, 調和振動子のエネルギーが常に正であることは容易に知られる. E の平均値を書くと

$$\overline{E}=\int \psi^* H\psi dx=-\int \frac{\hbar^2}{2m}\psi^*\frac{\partial^2\psi}{\partial x^2}dx+\int \psi^*\frac{m\omega^2 x^2}{2}dx. \tag{9}$$

第1項の積分は部分積分を行い ($x\to\infty$ で $\psi\to 0$ であるから, 最初の積分項はおちることに注意する),

$$\overline{E}=\frac{\hbar^2}{2m}\int \frac{\partial\psi^*}{\partial x}\frac{\partial\psi}{\partial x}dx+\frac{m\omega^2}{2}\int \psi^* x^2\psi dx. \tag{9a}$$

この積分は両方とも定義によって正である. 故に $\overline{E}>0$. ところが勝手な一つの固有函数に対して

$$\overline{E}=\int \psi^*_E H\psi_E dx=E\int \psi^*\psi dx=E. \tag{9b}$$

ψ は規格化されていると仮定してある. したがって, E のすべての固有値, したがって ϵ のすべての値が正でなければならないという結論になる.

この矛盾はどのようにすれば避けることができるであろうか. それには, ϵ の最低の正の値を $\left(\dfrac{d}{dy}+y\right)\psi_\epsilon=0$ になるようなものにしさえすればよい. この場合は, ϵ が負になるような解は全く得られないからである. この方程式に $\left(\dfrac{d}{dy}-y\right)$ という演算子をかけると,

$$\left(\frac{d}{dy}-y\right)\left(\frac{d}{dy}+y\right)\psi_\epsilon=\frac{d^2\psi_\epsilon}{dy^2}-y^2\psi_\epsilon+\psi_\epsilon=0. \tag{10}$$

(10) から, ϵ の最低値は $\epsilon=1$ でなければならないことがわかる. そこで, ϵ に許される値は, $\epsilon-2n=1$ となるようなものだけでなければならない. こゝで, n はある整数である. したがって, 固有値は,

$$\epsilon=2n+1 \tag{11}$$

又, E の固有値は,

第13章 調和振動子

$$E=(2n+1)\frac{\hbar\omega}{2}=\left(n+\frac{1}{2}\right)\hbar\omega. \tag{12}$$

このようにして，調和振動子の固有値が，WKB 近似[†]によって求めたものと，エネルギーの半整数の量子化を含んでいる点に至るまで，正確に同じであることが証明された．

問題： 最低状態がエネルギー 0 でありえない理由を説明せよ．

6. 波動函数に対する解 最低状態の波動函数は，われわれは容易にこれを解くことができる．それをきめる方程式は，上述の議論から，次のように与えられている．

$$\frac{d\psi_0}{dy}+y\psi_0=0, \quad \text{すなわち} \quad \frac{d\psi_0}{\psi}+ydy=0, \tag{13}$$

その解は，

$$\psi_0=Ae^{-y^2/2}. \tag{13a}$$

ただし，A は常数である．波動函数を規格化するには，$A=1/\sqrt{\pi}$ とえらばなくてはならない．したがって，最低状態は単なる Gauss 函数である．
残りの波動函数は，すべて，ψ_0 から求めることができる．これを行うには，まず，Schrödinger 方程式を次のようにかいておく：

$$\left(\frac{d}{dy}+y\right)\left(\frac{d}{dy}-y\right)\psi_\epsilon=-(\epsilon+1)\psi_\epsilon. \tag{14}$$

左から $\left(\dfrac{d}{dy}-y\right)$ をかけると，

$$\left(\frac{d}{dy}-y\right)\left(\frac{d}{dy}+y\right)\left(\frac{d}{dy}-y\right)\psi_\epsilon=\left(\frac{d^2}{dy^2}-y^2+1\right)\left(\frac{d}{dy}-y\right)\psi_\epsilon$$
$$=-(\epsilon+1)\left(\frac{d}{dy}-y\right)\psi_\epsilon; \tag{15}$$

すなわち，

$$\left(\frac{d^2}{dy^2}-y^2\right)\left(\frac{d}{dy}-y\right)\psi_\epsilon=-(\epsilon+2)\left(\frac{d}{dy}-y\right)\psi_\epsilon. \tag{16}$$

函数 $\varphi=\left(\dfrac{d}{dy}-y\right)\psi_\epsilon$ が Schrödinger 方程式を満足し，$\epsilon+2$ という固有値に対応していることがわかる[*]．したがって，何らかの波動函数 ψ_ϵ がわかっていれ

[†] 第12章 (55)式．
[*] $\epsilon=2n+1$ であることに注意．ここで，n は量子数である．

ば，それに $\left(\dfrac{d}{dy}-y\right)$ をかけることによって，いつでも その次の次数の固有函数をつくることができる．この方法で，われわれは ψ_0 からすべての固有函数を得ることができる．n 番目の固有函数は，

$$\psi_n = C_n(-1)^n\left(\frac{d}{dy}-y\right)^n\psi_0 = C_n(-1)^n\left(\frac{d}{dy}-y\right)^n e^{-y^2/2}. \tag{17}$$

C_n は規格化常数であって，8 節で決定されるであろう．

これらの演算を行うことによって，最初のいくつかの固有函数を求めておく：

$$\psi_0 \sim e^{-y^2/2}, \tag{18a}$$

$$\psi_1 \sim 2ye^{-y^2/2}, \tag{18b}$$

$$\psi_2 \sim (2y^2-1)e^{-y^2/2}. \tag{18c}$$

7. Hermite の多項式　一般に，ψ_n が，ある n 次の多項式の $e^{-y^2/2}$ 倍になっていることがわかる．そこで，次のようにかくことができる．

$$\psi_n = C_n e^{-y^2/2} h_n(y). \tag{19}$$

こゝで，h_n が問題の多項式である．h_n は，Hermite 多項式とよばれているものである．さらに，

$$h_n(y) \sim e^{y^2/2}\psi_n(y) \tag{19a}$$

とも書くことができる．

いま少し便利な h_n のあらわし方は，任意の函数 φ に対して，次の関係式が成立しているという事実を用いれば得ることができる：

$$\left(\frac{d}{dy}-y\right)\varphi = e^{y^2/2}\frac{d}{dy}(e^{-y^2/2}\varphi). \tag{20}$$

故に，(17) 式から次の結果を得る．

$$\psi_1 = -C_1 e^{y^2/2}\frac{d}{dy}e^{-y^2}, \qquad \psi_2 = C_2 e^{y^2/2}\frac{d^2}{dy^2}e^{-y^2}, \tag{21}$$

$$\psi_n = (-1)^n C_n e^{y^2/2}\frac{d}{dy}e^{-y^2/2}e^{y^2/2}\frac{d^{n-1}}{dy^{n-1}}e^{-y^2}$$

$$= (-1)^n C_n e^{y^2/2}\frac{d^n}{dy^n}e^{-y^2} = C_n e^{-y^2/2}h_n(y). \tag{22}$$

8. 規格化因子　規格化因子を計算するために，

$$\psi_n{}^* = C_n{}^* e^{-y^2/2}h_n,$$

および

$$\psi_n = C_n(-1)^n e^{y^2/2}\frac{d^n}{dy^n}e^{-y^2}$$

とおくと，規格化条件は次のようになる：

$$\int_{-\infty}^{\infty} \psi_n{}^* \psi_n \, dy = (-1)^n |C_n|^2 \int_{-\infty}^{\infty} h_n(y) \frac{d^n}{dy^n} e^{-y^2} dy = 1. \tag{23}$$

こゝで，積分された部分が常に零になることに注意しながら，n 回部分積分を行う．1 回部分積分をする度毎に，-1 という因子が入ることになるから，これは $(-1)^n$ という結果を与え，積分の前にある $(-1)^n$ と打ち消しあう．それで，

$$|C_n|^2 \int_{-\infty}^{\infty} e^{-y^2} \frac{d^n}{dy^n} h_n(y) dy = 1 \tag{24}$$

を得る．$h_n(y)$ は n 次の多項式であるから，微分によって，y^n を含む項以外は全部なくなってしまうであろう．

$$h^n(y) = \sum_{\gamma=0}^{n} A_\gamma y^\gamma$$

とかき，$\dfrac{d^n}{dy^n} y^n = n!$ であることに注意すれば，

$$\frac{d^n}{dy^n} h_n(y) = n! A_n \tag{25}$$

が得られる．A_n を計算するには，$(-1)^n e^{y^2} \dfrac{d^n}{dy^n} e^{-y^2}$ の中の y^n の係数が丁度 2^n であることに注目する．こうして，$A_n = 2^n$ を得る．そのとき，(24) 式は

$$|C_n|^2 2^n n! \int_{-\infty}^{\infty} e^{-y^2} dy = 1, \quad \text{すなわち,} \quad C_n = \frac{1}{\sqrt{2^n n! \sqrt{\pi}}}. \tag{26}$$

になる．規格化された波動函数は y の函数として

$$\psi_n(y) = \frac{(-1)^n e^{y^2/2}}{\sqrt{2^n n! \sqrt{\pi}}} \frac{d^n}{dy^n} e^{-y^2} = \frac{e^{-y^2/2} h_n(y)}{\sqrt{2^n n! \sqrt{\pi}}}. \tag{27}$$

波動函数を $x = \sqrt{\dfrac{\hbar}{m\omega}} y$ で規格化するためには，これに，$\sqrt[4]{\omega m/\hbar}$ をかけなければならない．したがって，x の函数として規格化された波動函数は次のようになる：

$$\psi_n(x) = \exp\left[-\left(\frac{\omega m}{\hbar} \right) \left(\frac{x^2}{2} \right) \right] h_n\left(\sqrt{\frac{\omega m}{\hbar}} x \right) \frac{\sqrt[4]{\omega m/\hbar}}{\sqrt{2^n n! \sqrt{\pi}}}. \tag{28}$$

9. **母函数** $h_n(y)$ に $\dfrac{t^n}{n!}$ をかけて，n について和をとれば，Hermite 多項式が充たす非常に有用な関係式を得ることができる．すなわち，

$$\sum_0^\infty h_n(y) \frac{t^n}{n!} = e^{y^2} \sum_0^\infty \frac{d^n}{dy^n} e^{-y^2} \frac{(-t)^n}{n!}. \tag{29}$$

ところで，$e^{y^2}e^{-(t-y)^2}=e^{-t^2+2ty}$ という函数を冪級数で展開すると，丁度上と同じ級数を得る．故に，

$$e^{-t^2+2ty}=\sum_0^\infty h_n(y)\frac{t^n}{n!} \tag{30}$$

と書くことができる．e^{-t^2+2ty} は Hermite 多項式の母函数とよばれるものである．なぜならば，これを t の冪級数で展開することによって，全ての Hermite 多項式をつくり出すことができるからである．

10. 漸化式　母函数を，相異なる Hermite 多項式間の数多くの有用な関係を導き出すのに用いることができる．たとえば，(30) 式を y で微分すると，

$$2te^{-t^2+2ty}=\sum_0^\infty \frac{dh_n}{dy}\frac{t^n}{n!}=2\sum_0^\infty h_n(y)\frac{t^{n+1}}{n!} \tag{31}$$

を得る．これは全ての t に対して成立たねばならないから，t の同じ冪の係数は等しくなければならない．上の式は

$$\sum_1^\infty \frac{t^n}{n!}\left(\frac{dh_n}{dy}-2nh_{n-1}\right)=0 \tag{32}$$

と書けるから，

$$\frac{dh_n}{dy}=2nh_{n-1} \tag{33}$$

を得る．今一つの別の関係は，t で微分することによって得られる：

$$2(y-t)e^{-t^2+2yt}=\sum_0^\infty h_n(y)\frac{t^{n-1}}{(n-1)!}=2(y-t)\sum_0^\infty h_n(y)\frac{t^n}{n!}. \tag{34}$$

この方程式は

$$\sum_0^\infty \frac{t^n}{n!}(2yh_n-2nh_{n-1}-h_{n+1})=0 \tag{35}$$

と書き直せるから

$$2yh_n(y)=2nh_{n-1}(y)+h_{n+1}(y) \tag{36}$$

が結論される．

11. 二，三の数学的補助関係　すでに，ある固有函数 ψ_n が与えられれば，それに $\left(\dfrac{d}{dy}-y\right)$，もしくは $\left(\dfrac{d}{dy}+y\right)$ という演算子をかけることによって，1 だけ高い固有値，または 1 だけ低い固有値に属する固有函数を，いつでもつくりうることを知った．この演算子の効果を，規格化された固有函数 ψ_n によって

あらわしておくと後で役に立つであろう．まず，$-\left(\dfrac{d}{dy}-y\right)\psi_n=C\psi_{n+1}$ である

ことに注目する．こゝに，C は ψ_{n+1} がやはり規格化された函数であるように

とった常数である．ψ_n は規格化されているとしてあるから，次のように書け

る：

$$\psi_n=\frac{(-1)^n e^{y^2/2}}{\sqrt{2_n n!\sqrt{\pi}}}\frac{d^n}{dy^n}e^{-y^2}. \tag{37}$$

$-\left(\dfrac{d}{dy}-y\right)\psi_n=-e^{y^2/2}\dfrac{d}{dy}(e^{-y^2/2}\psi_n)$ に注意すれば，

$$-\left(\frac{d}{dy}-y\right)\psi_n=\frac{(-1)^{n+1}}{\sqrt{2_n n!\sqrt{\pi}}}e^{y^2/2}\frac{d^{n+1}}{dy^{n+1}}e^{-y^2}$$

$$=\frac{\sqrt{2(n+1)}(-1)^{n+1}e^{y^2/2}}{\sqrt{2^{n+1}(n+1)!\sqrt{\pi}}}\frac{d^{n+1}}{dy^{n+1}}e^{-y^2}$$

$$=\sqrt{2(n+1)}\psi_{n+1}. \tag{38}$$

$\left(\dfrac{d}{dy}+y\right)\psi_n$ を求めるには[*]，

$$\left(\frac{d}{dy}+y\right)\left(\frac{d}{dy}-y\right)\psi_{n-1}=\left(\frac{d^2}{dy^2}-y^2-1\right)\psi_{n-1}=-2n\psi_{n-1}$$

に，上で証明した $\left(\dfrac{d}{dy}-y\right)\psi_{n-1}=-\sqrt{2n}\,\psi_n$ という事実を用いる．そうすると，

$$\left(\frac{d}{dy}+y\right)\psi_n=\sqrt{2n}\psi_{n-1} \tag{39}$$

を得る．

12. 解の一般形 n 番目の固有函数は，n 番目の多項式に，$e^{-y^2/2}$ という因

子をかけたものでできている．この因子のために，y を無限大に近づけたとき，

波動函数は零に近づく．多項式 h_n は n 個の根をもつ．したがって波動函数は

n 個の節をもっている．このように，その形は，WKB 波動函数[**] に定性的に

似たものとなっている．後者もまた，n 個の節をもち，それに応じた数の振動

を行っているからである．ここでふたたび，量子状態の数は，解のもっている

節の数に等しいことがわかる．一般に，波動函数は，古典的に到達できる領域

中 $(E>V)$ では振動し，$E<V$ では Gauss 函数的に減少してゆく．

---

[*] (14) 式参照．

[**] 第 12 章 13 節参照．さらに，Pauling and Wilson, *Introduction to Quantum Mechanics*, pp. 73〜82 を見よ．

13. Hermite 多項式の直交性　第10章24節によれば，Hermite 演算子の異った固有値に属する固有函数は直交している．それは $n \neq m$ のとき，次の式が成り立つことである：

$$\int_{-\infty}^{\infty} \psi_n{}^* \psi_m dy = \int_{-\infty}^{\infty} \frac{e^{-y^2} h_m(y) h_n(y) dy}{\sqrt{2^{n+m} n! \, m! \, \pi}} = 0. \qquad (40)$$

$m > n$ であるものと考えよう．そのときには，$e^{-y^2/2} h_m(y) = (-1)^m e^{y^2/2} \dfrac{d^m}{dy^m} e^{-y^2}$ と書くことによって，直交性を直接証明できる．すなわち，

$$\sqrt{2^{n+m} n! \, m! \, \pi} \int_{-\infty}^{\infty} \psi_n{}^* \psi_m dy = (-1)^m \int_{-\infty}^{\infty} h_n(y) \frac{d^m}{dy^m} e^{-y^2} dy, \qquad (41)$$

m 回部分積分を行えば，積分された部分が零になることに注意して，

$$(-1)^{m+n} \int_{-\infty}^{\infty} e^{-y^2} \frac{d^m}{dy^m} h_n(y) dy. \qquad (42)$$

ところが，$m > n$ であれば，多項式は m 回の微分により零になる．これで，調和振動子の Hamiltonian の固有函数の直交性が証明されたわけである．

14. 展開仮定　展開仮定によると†，任意の函数を調和振動子の Hamilton 演算子の固有函数の級数に展開することが可能である．したがって，ある任意の函数 φ は次のように書ける：

$$\varphi(y) = \sum_{n=0}^{\infty} \frac{C_n e^{-y^2/2}}{\sqrt{2^n n! \sqrt{\pi}}} h_n(y). \qquad (43)$$

C_n を求めるには，$e^{-y^2/2} h_m(y) / \sqrt{2^m m! \sqrt{\pi}}$ をかけて，y で積分し，波動函数が直交し，且つ，規格化されているという性質を用いると，

$$C_m = \frac{1}{\sqrt{2^m m! \sqrt{\pi}}} \int_{-\infty}^{\infty} e^{-y^2/2} h^m(y) \varphi(y) dy \qquad (44)$$

が得られる．

例題：　δ 函数の展開．

$\varphi(y) = \delta(y - y_0)$ とおけば，次の式を得る；

$$C_m = \frac{1}{\sqrt{2^m m! \sqrt{\pi}}} e^{-y_0^2/2} h_m(y_0), \qquad (45)$$

および，

$$\delta(y - y_0) = \sum_{n=0}^{\infty} e^{-(y^2 + y_0^2)/2} \frac{h_n(y) h_n(y_0)}{2^n n! \sqrt{\pi}}. \qquad (46)$$

---

† 第10章22節．

第13章 調和振動子

δ函数をつくるには,振動子の高く励起された状態にまで進む必要があることを注意しておく.いいかえれば,粒子が,どこであろうと極度にせまい所におしこめられているとすれば,エネルギーは非常に不確定になる.

Hermite 多項式から δ 函数がつくれることは,最初の3個の多項式だけを考慮すれば説明できよう.

$$\psi_0{}^*\psi_0 \sim e^{-y^2}, \tag{47a}$$

これは原点のまわりに対称である.

$$\psi_1{}^*\psi_1 \sim y^2 e^{-y^2}, \tag{47b}$$

これも原点のまわりに対称であるが,原点では零である.

$$\psi_2{}^*\psi_2 \sim (2y^2-1)^2 e^{-y^2}, \tag{47c}$$

これも原点のまわりで対称である.今度は,ψ_0 と ψ_1 との1次結合を考えると,

$$\psi = a_0\psi_0 + a_1\psi_1 \sim e^{-y^2}(a_0 + a_1 y).$$

このようにして,負の y に対しては小さく,正の y に対しては大きい函数をつくることが可能である(たとえば $a_0=a_1=1$ とせよ).

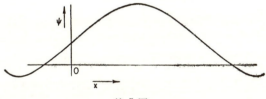

第 5 図

そのような函数は,第5図に示されている.多くの多項式を含めば含むほど,波束はますます一箇所に塊ってくる.本質的な点は,局所的な波束をつくるためには,多くのエネルギー状態を必要とする,ということである.

15. 波束 δ 函数を用いるということは,無限に鋭く一個所に集った波束をもちこむことであり,一つの抽象である.それゆえに,最初から有限のひろがりをもった波束の運動をたどることは興味があろう.たとえば,最初,一個所に局在した粒子を次のような波束によって考える:

$$\psi(y) = e^{-(y-y_0)^2/2} = e^{-y^2/2} e^{yy_0 - y_0^2/2}, \tag{48}$$

これは,$y=y_0$ のあたりに中心をもった波束である.

ψ が時間と共にどのように変るかを見出すために,まず ψ を E の固有函数の級数によって展開し,n 番目の固有函数に $\exp(-iE_n t/\hbar)$ をかける〔第10章

354   第Ⅲ部　簡単な体系への応用．量子論の定式化の一層の拡張

(73) 式を参照]．ψ を Hermite 多項式の級数で展開するためには (43) 式を用いることができた．ところが，幸いにして，母函数が，この特別な函数の展開の出来合を与えてくれる．$y_0 = 2\lambda$ とおき，(30) 式を用いると，次の式を得る．

$$[\psi(y)]_{t=0} = \exp\left[-\left(\frac{y^2}{2} + \lambda^2\right)\right]\exp(2y\lambda - \lambda^2)$$

$$= \exp(-\lambda^2)\exp\left(-\frac{y^2}{2}\right)\sum_{n=0}^{\infty} h_n(y)\frac{\lambda^n}{n!}. \qquad (49)$$

函数 $e^{-y^2/2}h_n(y)$ は，エネルギー $E = \left(n + \frac{1}{2}\right)\hbar\omega$ に属する Hamiltonian の固有函数である．したがって，波動函数は，

$$\psi(y, t) = \exp\left(-\frac{i\omega t}{2}\right)\exp\left[-\left(\lambda^2 + \frac{y^2}{2}\right)\right]\sum_{n=0}^{\infty} h_n(y)\frac{(\lambda e^{-i\omega t})^n}{n!}. \qquad (50)$$

今度は，上の函数をかきかえて（母函数の定義を用い）

$$\psi(y, t) = \exp\left(-\frac{i\omega t}{2}\right)\exp\left[-\left(\lambda^2 + \frac{y^2}{2}\right)\right]\exp(-\lambda^2 e^{-2i\omega t} + 2\lambda e^{-i\omega t}y). \quad (51a)$$

$\lambda = y_0/2$ とおけば，次の式を得る：

$$\psi(y, t) = \exp\left(-\frac{i\omega t}{2}\right)\exp\left\{-\left[\frac{y^2}{2} + \frac{y_0^2}{4}(1 + e^{-2i\omega t}) - 2y\frac{y_0}{2}e^{-i\omega t}\right]\right\} \qquad (51b)$$

$$= \exp\left(-\frac{i\omega t}{2}\right)\exp\left\{-\frac{1}{2}\left[y^2 - 2yy_0\cos\omega t + \frac{y_0^2}{2}(1 + \cos 2\omega t)\right]\right\}\cdot$$

$$\cdot\exp\left[\frac{i}{2}\left(y_0^2\frac{\sin 2\omega t}{2} - 2yy_0\sin\omega t\right)\right]. \qquad (51c)$$

確率密度は，

$$P = \psi^*\psi = \exp[-(y^2 - 2yy_0\cos\omega t + y_0^2\cos^2\omega t)]$$

$$= \exp[-(y - y_0\cos\omega t)^2]. \qquad (52)$$

波束の中心が，古典的な運動の軌道（すなわち $y = y_0\cos\omega t$）上を運動することがわかる．この結果は，Schrödinger 方程式が，平均をとれば，古典的な運動方程式になるという事実から大体は予想されることである．しかし，この波束の運動には，普通の場合とは違った特色がある．すなわち，この波束は，時間がたっても形をかえないのである．普通ならば，波束が時間と共に拡がることが予期されるのであるが，この特別な波束はそうはならない．この普通とは異なるふるまいのおこる理由を完全につきとめることはできないが，調和振動子の波動函数があまりにも特別なものであって，他のいかなる体系にあっても全く同じような波動函数はつくりえないためである，と言うことはできる．こ

のふるまいの理由に対する若干のみとおしは，固有函数 ψ_n によって展開された，任意の時間に依存する調和振動子の波動函数の考察から得ることができる:

$$\psi=\sum_{n=0}^{\infty}C_n\psi_n(x)e^{-in\omega t}e^{-i\omega t/2}. \tag{53}$$

今，$P=\psi^*\psi$ をつくってみよう.

$$P=\sum_{m=0}^{\infty}\sum_{n=0}^{\infty}C_n^*C_m\psi_n^*(x)\psi_m(x)e^{i(n-m)\omega t}. \tag{54}$$

P のあらゆる部分が，時間について一定であるか，それとも，基準振動数 $\nu=\omega/2\pi$ の何倍かの振動数を以て調和振動をしているか，いずれかであることに注意する．したがって，基本週期が経過した後，波動函数は，又同じことをくり返す；その結果，波束は決して無際限にひろがってしまうことはない．一週期終ったあとは元の形にもどっている筈だからである.

　P（したがって ψ）の週期性が，調和振動子にあっては，(54) 式の各項の振動週期が ν の倍数になっているという事実からでてきていることは明らかである．調和振動子以外の何らかの系においては，波動函数のある部分は，基準振動数の倍数でない振動数で振動していることがあろう；そして，函数は完全には週期的でないであろう.

　このようにして，調和振動子については，そして，調和振動子だけに対して週期的な波束を期待できる，との結論に達する．しかし，一般には，調和振動子においてすら，波束の形は，時間とともに絶対的に一定にはとどまらないであろうと期待してよいのである．われわれがえらんだ特別な波束は普通とは違ったものであって，その中心が 総計 y_0 だけずれていることを除いては，振動子の最低状態と同じ波動函数をもっている．この性質は，この場合の P の形が一定であることから来ているのが示され得る．しかし，ここでは，それには立ち入らない.

16. 運動エネルギーとポテンシャル・エネルギーの平均値　ポテンシャル・エネルギーの平均値を求めるには，次の等式を用いる:

$$y=\frac{1}{2}\Big(y+\frac{d}{dy}\Big)+\frac{1}{2}\Big(y-\frac{d}{dy}\Big), \tag{55}$$

$$y^2=\frac{1}{4}\Big(y+\frac{d}{dy}\Big)^2+\frac{1}{4}\Big(y-\frac{d}{dy}\Big)^2+\frac{1}{4}\Big(y+\frac{d}{dy}\Big)\Big(y-\frac{d}{dy}\Big)$$

$$+ \frac{1}{4}\left(y - \frac{d}{dy}\right)\left(y + \frac{d}{dy}\right). \tag{55a}$$

後の式では，因子の順序に気をつけねばならぬことに注意されたい．そうすると，次の式を得る：

$$y^2 = \frac{1}{4}\left(y + \frac{d}{dy}\right)^2 + \frac{1}{4}\left(y - \frac{d}{dy}\right)^2 + \frac{1}{2}\left(y^2 - \frac{d^2}{dy^2}\right). \tag{55b}$$

そして，

$$\int \psi_n{}^* y^2 \psi_n dx$$

$$= \int \psi_n{}^*\left[\frac{1}{4}\left(y + \frac{d}{dy}\right)^2 + \frac{1}{4}\left(y - \frac{d}{dy}\right)^2 + \frac{1}{2}\left(y^2 - \frac{d^2}{dy^2}\right)\right]\psi_n dy. \tag{56}$$

ここで，次の関係式を用いる：

$$\left(y + \frac{d}{dy}\right)^2 \psi_n = 2\sqrt{n(n-1)}\,\psi_{n-2},$$

$$\left(y - \frac{d}{dy}\right)^2 \psi_n = 2\sqrt{(n+1)(n+2)}\,\psi_{n+2}$$

〔(38) 式及び (39) 式参照〕．異った n に対応する固有函数が直交するという事実から，最初の2項は零になることがわかる．第3項は，丁度エネルギーに比例しており，そのために

$$\overline{V} = \frac{\hbar\omega}{2}\overline{x}^2 = \frac{1}{2}\int_{-\infty}^{\infty}\psi_n{}^*\left[\frac{-\hbar^2}{2m}\frac{d^2}{dx^2} + \frac{m\omega^2 x^2}{2}\right]\psi_n dx = \frac{E_n}{2} \tag{57}$$

となる．即ちポテンシャル・エネルギーの平均値は，全エネルギーの半分であるとの結論になる．$E = T + V$ であるから，平均の運動エネルギーも，全エネルギーの半分でなければならぬ．このことは，古典的な調和振動子においても，週期について平均をとると出てくる結果である．

問題 2： 古典的な調和振動子において $\overline{T} = \overline{V}$ を証明せよ．

問題 3： 振動子のどのような固有状態においても，x 又は p の奇数羃の平均値が零であることを証明せよ．又，最初の二つの固有状態の1次結合に対しては必らずしも零でないことを証明せよ．

問題 4： (48)式の波束は，運動量の平均が $t=0$ で零になるようにえらんである．

$x = \sqrt{\dfrac{\hbar}{m\omega}}\,y$ としたとき，

第13章 調和振動子　　　　357

$$[\psi(y)]_{t=0}=\exp\left(\frac{ip_0 x}{\hbar}\right)\exp\left[-\frac{1}{2}(y-y_0)^2\right]$$

とえらんだものとしよう. この場合に, 時間に依存する波動函数を計算せよ.

問題 5: x^2 のときに用いたのと同様な方法によって, $\overline{x^4}$, $\overline{p^4}$ を, $\psi=\psi_n(x)$ の場合に計算せよ. ここで, n は任意の固有値をあらわすものとする.

第14章 角運動量と3次元の波動方程式

この章では，3次元の波動方程式をどのように取扱うかという問題を考えよう．変数分離の方法が用いられ，問題を解く過程で，角運動量演算子の性質と，それの固有函数である球函数の性質とをしらべる．角運動量の様々な成分の測定可能性の問題と，軌道を記述する問題とには，格別の注意が払われるであろう．

1. 変数の分離 変数分離において用いられる手続きを記述することからはじめよう．3次元では波動方程式は次の形をとる：

$$\nabla^2\psi+\frac{2m}{\hbar^2}(E-V)\psi=0. \tag{1}$$

ポテンシャルが，対称の中心，たとえば，原子の中心などはそうであるが，からの距離 r だけの函数になっていることが，非常に多い．そういう場合には，Schrödinger 方程式を，極座標 r, ϑ, φ によってあらわすのが便利である．物理学のどの教科書にでも，Laplace 演算子が極座標では次のようになることが示されている．*

$$\nabla^2\psi=\frac{1}{r}\frac{\partial^2}{\partial r^2}(r\psi)+\frac{1}{r^2}\left[\frac{1}{\sin\vartheta}\frac{\partial}{\partial\vartheta}\sin\vartheta\frac{\partial}{\partial\vartheta}+\frac{1}{\sin^2\vartheta}\frac{\partial^2}{\partial\varphi^2}\right]\psi. \tag{2}$$

括弧の中の演算子を以下 Ω と書くことにする．

V が r だけの函数であるとすれば，解は二つの函数の積として求められる．その函数のうち，一方は，動径だけを含み，もう一方は，ϑ と φ とを含んでいる．そのような解を得るために試みに

$$\psi=v(r)Y(\vartheta, \varphi) \tag{3}$$

とおくことにしよう．そうすると Schrödinger 方程式は，

$$\left\{\frac{1}{r}\frac{\partial^2}{\partial r^2}[rv(r)]+\frac{2m}{\hbar^2}[E-V(r)]v(r)\right\}Y(\vartheta, \varphi)+\frac{v(r)}{r^2}\Omega Y(\vartheta, \varphi)=0. \tag{4}$$

$\psi/r^2=vY/r^2$ で割ると

$$r^2\left\{\frac{1}{vr}\frac{\partial^2}{\partial r^2}[rv(r)]+\frac{2m}{\hbar^2}[E-V(r)]\right\}=-\frac{\Omega Y(\vartheta, \varphi)}{Y(\vartheta, \varphi)}$$

---

* たとえば，Slater and Frank, *Introduction to Theoretical Physics*. New York : McGrow-Hill Book Company, Inc., 1933.

第14章　角運動量と3次元の波動方程式　　　359

が出てくる．上の方程式において，r だけの函数が，ϑ と φ だけの函数と，r, ϑ, φ のあらゆる値について，相等しい，ということが求められる．このことは各々の函数が常数である場合にのみ可能である．この常数の値を $-c$ とあらわすことにしよう．そうすれば，次のような二つの方程式が得られる：

$$\frac{1}{r}\frac{d^2}{dr^2}(rv) + \frac{2m}{\hbar^2}[E - V(r)]v = -\frac{cv}{r^2}, \tag{5a}$$

$$\Omega Y(\vartheta, \varphi) = cY(\vartheta, \varphi). \tag{5b}$$

上の二つの式の物理的に許される解を求めることができれば，vY という積はSchrödinger 方程式の解となろう．一般に，正しいふるまいを示す解は，c と E の特定の値に関してのみ可能であることがわかるであろう．そしてさらに，任意の函数が $v(r)Y(\vartheta, \varphi)$ という積の級数として展開されうることが示されるであろう．

しかしながら，波動函数が，r の函数と ϑ, φ の函数との積の形に分離されるのは，V が r だけの函数であったという事実によるものであることに注意しなければならない．V が，救い難い程複雑に r と ϑ と共に含んでいたとすれば，このような分離は全く不可能であったろう．

問題 1： $V = f(r) + R(r)G(\vartheta, \varphi)$ で，$R(r) = \dfrac{K}{r^2}$ であるならば，極座標に関する積の形に分離できることを示せ．

V が動径だけの函数であるような問題では，どの場合でも，同一の角函数 Y が要求されることは明らかである．従って，c の許される値と，それに応じて許される固有函数 $Y(\vartheta, \varphi)$ とを解いてしまうまで，しばらく，動径方程式の方を考えるのは延ばしておくことにしよう．$Y(\vartheta, \varphi)$ を解く方は，多くの方法で行うことができる．たとえば，(5b) 式は，調和振動子の方程式に用いたものと似た方法で解くことができる．そして，その際，c のある特定の値だけが，「球函数」とよばれる物理的に許される函数に導くことが示される．しかし，われわれは，いささか遠まわりな方法を用いることにしよう．この方法は，よりよい物理的描像を与え，数学的な技術はより簡単なものですむという利点がある．より直接的な方法については，量子論，* 電気力学乃至は数学解析の

---

* この方法の取扱いについては，たとえば，Pauling and Wilson, p. 118. を見よ．

教科書を参考にされるよう，読者におすすめしておく．

2. 角運動量　次の事柄に注目することから始めよう．すなわち，Schrödinger 方程式の極座標での分離は，Hamiltonian を極座標で次のように書いた場合，古典的に行われるところと非常によく似ている，ということである：

$$H = \frac{1}{2m}\left(p_r{}^2 + \frac{L^2}{r^2}\right) + V(r).$$

ここで，p_r は運動量の動径成分（$m\dot{r}$）であり，L は角運動量ベクトルである．(4) 式と比較することにより，Ω が量子力学的 Hamilton 演算子に入ってくるのと非常によく似た仕方で，L^2 が古典的な Hamilton 函数に入ってくることが注目される．これは，Ω が L^2 に対応した演算子であることを示唆している．それが真実であるかどうかを見るために，まず，角運動量演算子の一般的性質を簡単に調べておくことにしよう．

角運動量の三つの成分は次のようなものである．

$$\left.\begin{array}{ll} L_z = xp_y - yp_x, & L_x = yp_z - zp_y \\ L_y = zp_x - xp_z, & \boldsymbol{L} = \boldsymbol{r} \times \boldsymbol{p}. \end{array}\right\} \qquad (6)$$

変数 x, y, z と p_x, p_y, p_z の循環的な置換によって，L_x から L_y と L_z とが導かれることに注意されたい．量子力学的には，われわれは，p_x を $\frac{\hbar}{i}\frac{\partial}{\partial x}$ でおきかえる．同様なおきかえを p_y や p_z にも行うと，次の式が得られる．

$$L_z = \frac{\hbar}{i}\left(x\frac{\partial}{\partial y} - y\frac{\partial}{\partial x}\right),\ L_x = \frac{\hbar}{i}\left(y\frac{\partial}{\partial z} - z\frac{\partial}{\partial y}\right),\ L_y = \frac{\hbar}{i}\left(z\frac{\partial}{\partial x} - x\frac{\partial}{\partial z}\right). \qquad (7)$$

上の演算子が全部 Hermite 演算子であることは明らかである．

3. 角運動量に対する交換規則　直接の計算から，

$$(L_x, L_y) = (L_x L_y - L_y L_x)$$

$$= -\hbar^2\left[\left(y\frac{\partial}{\partial z} - z\frac{\partial}{\partial y}\right)\left(z\frac{\partial}{\partial x} - x\frac{\partial}{\partial z}\right) - \left(z\frac{\partial}{\partial x} - x\frac{\partial}{\partial z}\right)\left(y\frac{\partial}{\partial z} - z\frac{\partial}{\partial y}\right)\right]$$

$$= -\hbar^2\left[y\frac{\partial}{\partial x} - x\frac{\partial}{\partial y}\right] = i\hbar L_z. \qquad (8a)$$

循環置換を行って，

$$(L_y, L_z) = i\hbar L_x, \quad (L_z, L_x) = i\hbar L_y. \qquad (8b)$$

上の交換規則は，記号的には次のように一まとめにすることができる：*

---

* $\boldsymbol{L}$ がある数値的ベクトルであれば，$\boldsymbol{L} \times \boldsymbol{L}$ は零となったであろう．しかし，$\boldsymbol{L}$ の成分が，非可換な演算子であるから $\boldsymbol{L} \times \boldsymbol{L}$ は必ずしも零とならないのである．

第14章 角運動量と3次元の波動方程式 361

$$\boldsymbol{L} \times \boldsymbol{L} = i\hbar \boldsymbol{L}. \tag{9}$$

角運動量の二つの異った成分は可換でないことに注意! したがって，一般に，L_x, L_y および L_z を同時に測定することは不可能である．第10章(13)式に示されているように，二つの量の不確定度の積は，それらの交換子の平均値に比例するからである．この点には，のちにたちもどることにしよう．

4. 全角運動量 角運動量の絶対値（すなわち全角運動量）$|L|$ は次の関係式によって定義される：
$$L^2 = L_x{}^2 + L_y{}^2 + L_z{}^2. \tag{10}$$

L^2 と諸成分 L_x, L_y, L_z との交換関係を求めて見ると面白い．たとえば，
$$\begin{aligned}
(L^2, L_z) &= (L^2 L_z - L_z L^2) = (L_x{}^2 + L_y{}^2)L_z - L_z(L_x{}^2 + L_y{}^2) \\
&= L_x(L_x L_z - L_z L_x) + (L_x L_z - L_z L_x)L_x \\
&\quad + L_y(L_y L_z - L_z L_y) + (L_y L_z - L_z L_y)L_y.
\end{aligned}$$

交換関係 (8) を適用すれば，
$$-i\hbar(L_x L_y + L_y L_x - L_y L_x - L_x L_y) = 0 = (L^2, L_z). \tag{11}$$

こうして，L^2 は L_z と可換であるとの結論になる．対称性から，L^2 は L_x や L_y とも交換することが結論される．いいかえれば，L^2 と，$\boldsymbol{L}$ のいずれか一つの成分とを同時に測定することが可能である．ところが，L_x, L_y, L_z といった諸成分はたがいに交換しないから，その中の1個以上を同時に，独立に指定することはできないのである．

5. 極座標における角運動量 この点については，$\boldsymbol{L}$ の直角座標成分を，極座標成分であらわすと便利である．それを行うために，次のことに注意する：

$$\left.\begin{aligned}
x &= r\sin\vartheta\cos\varphi, \quad y = r\sin\vartheta\sin\varphi, \quad z = r\cos\vartheta \\
r^2 &= x^2 + y^2 + z^2, \quad \cos\vartheta = \frac{z}{r}, \quad \tan\varphi = \frac{y}{x}.
\end{aligned}\right\} \tag{12}$$

われわれが欲しいのは，$\partial/\partial x, \partial/\partial y, \partial/\partial z$ を，$\partial/\partial r, \partial/\partial\vartheta, \partial/\partial\varphi$ によってあらわすことである．それには次の諸式が必要になるが，その証明は演習として残しておこう．

$$\left.\begin{aligned}
\frac{\partial r}{\partial x} &= \sin\vartheta\cos\varphi, \quad \frac{\partial r}{\partial y} = \sin\vartheta\sin\varphi, \quad \frac{\partial r}{\partial z} = \cos\vartheta \\
\frac{\partial\vartheta}{\partial x} &= \frac{1}{r}\cos\vartheta\cos\varphi, \quad \frac{\partial\vartheta}{\partial y} = \frac{1}{r}\cos\vartheta\sin\varphi, \quad \frac{\partial\vartheta}{\partial z} = -\frac{1}{r}\sin\vartheta \\
\frac{\partial\varphi}{\partial x} &= -\frac{1}{r}\frac{\sin\varphi}{\sin\vartheta}, \quad \frac{\partial\varphi}{\partial y} = \frac{1}{r}\frac{\cos\varphi}{\sin\vartheta}, \quad \frac{\partial\varphi}{\partial z} = 0.
\end{aligned}\right\} \tag{13}$$

これらの関係式によって,

$$\frac{\partial f}{\partial x}=\frac{\partial f}{\partial r}\frac{\partial r}{\partial x}+\frac{\partial f}{\partial \vartheta}\frac{\partial \vartheta}{\partial x}+\frac{\partial f}{\partial \varphi}\frac{\partial \varphi}{\partial x}$$

$$=\sin \vartheta \cos \varphi \frac{\partial f}{\partial r}+\frac{1}{r}\cos \vartheta \cos \varphi \frac{\partial f}{\partial \vartheta}-\frac{1}{r}\frac{\sin \varphi}{\sin \vartheta}\frac{\partial f}{\partial \varphi} \tag{14}$$

を得る. 同じような式が $\partial f/\partial y$ と $\partial f/\partial z$ に関して出てくる. 最後に次の式が得られる:

$$\left.\begin{aligned}
L_z&=\frac{\hbar}{i}\frac{\partial}{\partial \varphi},\\
L_x&=-\frac{\hbar}{i}\left(\sin \varphi \frac{\partial}{\partial \vartheta}+\cot \vartheta \cos \varphi \frac{\partial}{\partial \varphi}\right),\\
L_y&=\frac{\hbar}{i}\left(\cos \varphi \frac{\partial}{\partial \vartheta}-\cot \vartheta \sin \varphi \frac{\partial}{\partial \varphi}\right).
\end{aligned}\right\} \tag{15}$$

問題 2: $\partial r/\partial x$, $\partial \vartheta/\partial x$ 等に対する上の関係式を証明せよ. そして, $\boldsymbol{L}$ に対する上の結果をも出して見よ. さらに微分によって, 直接に, $(L_x, L_y)=i\hbar L_z$ を証明せよ.

$\boldsymbol{L}$ に対する上述の結果を使い, 極座標で L^2 を計算することができる:

$$L^2=-\hbar^2\Omega. \tag{16}$$

こゝで, Ω は (2) 式で定義された演算子である. したがって, c の許される値を得るという問題は, (Hermite) 演算子 L^2 の固有値を求める問題と同等である. 更に, Schrödinger 方程式を次の形に書き直すことができる:

$$\left[-\frac{\hbar^2}{2m}\left(\frac{\partial^2}{\partial r^2}+\frac{2}{r}\frac{\partial}{\partial r}\right)+\frac{L^2}{2mr^2}+V\right]\psi=H\psi=E\psi. \tag{17}$$

6. 運動の恒量 今, V が ϑ と φ の函数でないとすれば, L^2 と $\boldsymbol{L}$ とは Hamilton 演算子と交換する. それを見るためには, (10) 式から, Hamiltonian が ϑ と φ とを演算子 L^2 の形でしか含んでいないことに気をつければよい. この演算子は $\boldsymbol{L}$ と交換し, 勿論, L^2 と交換する. それはまた, Hamiltonian 中の他のすべてのものとも同様に交換する. したがって, 次の三つの量は, 同時に確定できる:

（1） H の固有値（すなわちエネルギー）.

第14章　角運動量と3次元の波動方程式　　363

（2）　L^2 の固有値〔すなわち全角運動量（の二乗）〕.

（3）　$\boldsymbol{L}$ のどれか一つの成分の固有値（たとえば角運動量の z 成分）.

さらに，$\boldsymbol{L}$ と L^2 とは H と可換であるから，それらの平均値は時間と共に変化しない〔第 9 章 (37) 式を参照〕.したがって，$V=V(r)$ のときは，$\boldsymbol{L}$ と L^2 とは，量子力学的な運動の恒量である.これは，それらが古典的な場合と全く同じである.一度，L^2 と，$\boldsymbol{L}$ のある成分の固有値をきめてしまえば，これらの値は，時間がたっても変らない.

7.　L_z の固有値　z 軸はどんな方向でも思いのまゝにえらぶことができる.それを一旦確定してしまうと，次は，L_z の固有函数を見出す番である.すなわち，次の方程式を満足させるようにするのである:

$$L_z \psi = \frac{\hbar}{i}\frac{\partial \psi}{\partial \varphi} = c\psi.\tag{18}$$

その解は，

$$\psi = e^{ic\varphi/\hbar}f(r, \vartheta).\tag{19}$$

こゝで，$f(r, \vartheta)$ は r と ϑ との任意函数である.

ところで ψ は，x, y, z の 1 価函数でなければならない.したがって，週期 2π を以て，φ に関して週期的でなければならない.これは，$c/\hbar = m$ の場合にだけ可能である.たゞし，m はある整数である.こうして，L_z の固有値は，*

$$L_z = m\hbar;\tag{20}$$

固有函数は，

$$\psi = e^{im\varphi}f(\vartheta, r).\tag{21}$$

こゝで，$f(\vartheta, r)$ は ϑ と r との勝手な函数である.

8.　展開仮定　展開仮定（第 10 章 22 節参照）は，任意の波動函数が，Hermite 演算子 L_z の固有函数の級数で展開されうるということを述べている.これは，実際に正しいことがわかる.x, y, z の任意の 1 価函数は，(21) 式の函数を用いれば，Fourier 級数として展開できるからである.

---

* 第 17 章 3 節において，一般に，角運動量のある特定の成分に対応する演算子の固有値が，$\hbar$ の整数倍か半整数倍かのいずれかでありうることを見るであろう.軌道角運動量の場合 $\hbar$ の整数倍に限られているというのは，波動函数が1価であるという要請に由来している.しかし，電子のスピンから出てくる角運動量は $\hbar/2$ である.1 価の波動函数という要請は，電子の空間的な位置よりも，むしろ，その "内部的" 性質と関係しているスピン変数にまでは拡張されないからである.

9.　L_z と L^2 の同時的固有函数　今度は，上の L_z の固有函数をとり，L^2 の固有函数を定義している方程式に代入して見ることにしよう [(2) 式と (16) 式とを用いて].

$$L^2 e^{im\varphi} f(r, \vartheta) = -\hbar^2 \Omega e^{im\varphi} f(r, \vartheta)$$

$$= -\hbar^2 \left[\frac{1}{\sin\vartheta} \frac{\partial}{\partial\vartheta} \sin\vartheta \frac{\partial}{\partial\vartheta} + \frac{1}{\sin^2\vartheta} \frac{\partial^2}{\partial\varphi^2} \right] e^{im\varphi} f(r, \vartheta)$$

$$= -\hbar^2 \left[\frac{1}{\sin\vartheta} \frac{\partial}{\partial\vartheta} \left(\sin\vartheta \frac{\partial}{\partial\vartheta} \right) - \frac{m^2}{\sin^2\vartheta} \right] e^{im\varphi} f(r, \vartheta)$$

$$= c e^{im\varphi} f(r, \vartheta).$$

これは，f をきめる次の微分方程式に導く:

$$-\hbar^2 \left[\frac{1}{\sin\vartheta} \frac{\partial}{\partial\vartheta} \left(\sin\vartheta \frac{\partial}{\partial\vartheta} \right) - \frac{m^2}{\sin^2\vartheta} \right] f = cf. \tag{22}$$

この方程式の固有函数は，$f_c{}^m(\vartheta)$ であらわされるであろう．このとき，$\psi_c{}^m = f_c{}^m(\vartheta) e^{im\varphi}$ という積が，L^2 と L との同時的な固有函数であることが明らかである．展開仮定によれば，ϑ の任意の函数は，固有函数 $f_c{}^m$ の級数として展開されうる．したがって，積 $\psi_c{}^m$ は，ϑ と φ との任意函数をあらわすことができる．

10.　L_z と L^2 の同時的固有値と同時的固有函数との決定

$$L_z = m\hbar \dagger$$

であるときの，L^2 の許される値と，許される固有函数 $f_c{}^m(\vartheta)$ に関連する表式を決定しなければならない．L^2 があるきまった数値をもっているとすれば，L_x, L_y, L_z のいずれかを ψ にかけても，その値は変らない，という注意から始める．すなわち，次の式から始めるわけである:

$$L^2 \psi = c\psi, \quad （ある固有函数に対し） \tag{23}$$

L のある成分，こゝでは L_z，を作用させれば，

$$L^2 L_z \psi = L_z L^2 \psi = L_z c\psi = c L_z \psi,$$

すなわち，

$$L^2 (L_z \psi) = c(L_z \psi). \tag{24}$$

その結果，ψ が L^2 の固有函数であるとすれば，$(L_z \psi)$ も，L^2 の同じ固有値に属する固有函数である．同様のことが $(L_x \psi)$ と $(L_y \psi)$ とについてもいえる．

---

† $L_z = m\hbar$ は，$L_z \psi_m = m\hbar \psi_m$ の標準的な省略記法である．ψ_m が L_z の固有函数である場合にだけ，L_z はきまった値をもっているから，上のあらわし方は，変数 L_z が $m\hbar$ に等しいという意味ももっているのである．

第14章　角運動量と3次元の波動方程式　　　　365

今，$L_z\psi_m=\hbar m\psi_m$ すなわち，ψ_m が，L^2 と L_z の同時的固有函数になっているものと考えよう．上の方程式に，演算子 (L_x+iL_y) をかければ，

$$(L_x+iL_y)L_z\psi_m=\hbar m(L_x+iL_y)\psi_m, \tag{25}$$

こゝで，交換規則 (8) を用い，次の式を導いておく：

$$(L_x+iL_y)L_z-L_z(L_x+iL_y)=-\hbar(L_x+iL_y). \tag{26}$$

そうすれば，(25) 式をかき直して，

$$L_z(L_x+iL_y)\psi_m=\hbar(m+1)(L_x+iL_y)\psi_m. \tag{27}$$

この式から，次のことが結論される：ψ_m がある固有函数であって，その際，$L_z=\hbar m$ であったとすれば，$(L_x+iL_y)\psi_m$ という函数は，$L_z=(m+1)\hbar$ に属し，L^2 の同じ固有値に属する固有函数である，と．このようにして，与えられた固有函数から出発して，L^2 の同じ固有値に属する，L_z の新しい固有函数をつくることが常に可能である．

同じような方法で，次のことを示し得る：

$$L_z(L_x-iL_y)\varphi_m=\hbar(m-1)(L_x-iL_y)\psi_m. \tag{28}$$

したがって，L_x-iL_y という演算子は，m の値を 1 だけ減らし，L^2 の値はそのまゝにしておくようなものである．

L_x+iL_y という演算子を繰返し適用すると，$(L_x+iL_y)\psi_m$ を零にするような m の値が存在しなければ，L_z の無限に大きい固有値に属する，一定の L^2 に対する固有函数をつくることができる．同じ様にして，L_x-iL_y を繰返し適用すると，$(L_x-iL_y)\psi_m$ がある m で零にならないかぎり，無限に大きい負の m に導くであろう．この事情は，調和振動子の問題においてぶっかったものとよく似たものである．

無限に大きい $|m|$ を L^2 の一定の値と関連させることができないという何らかの理由が存在するであろうか? そのような理由が存在することは，次の定義から看取しうる：

$$L^2=L_x^2+L_y^2+L_z^2=L_x^2+L_y^2+m^2\hbar^2. \tag{29}$$

こゝで，L_x^2 と L_y^2 の平均値が常に正でなければならないことは容易に示される．

問題 3:　L_x^2 の平均値が常に正であることを証明せよ．

ヒント:　新らしい z 軸が元の x 軸と平行になるように，座標軸を回転してみよ．そうすると，

第 III 部　簡単な体系への応用．量子論の定式化の一層の拡張

$$L^2{}_x = -\hbar^2 \frac{\partial^2}{\partial \varphi^2}.$$

　したがって，L^2 及び L_z がきまった値をもっている状態では，次の式が成立している筈である：

$$\hbar^2 m^2 \leq L^2. \tag{30}$$

これは，$|\hbar m|$ が $\sqrt{L^2}$ よりも大きくなることが許さるべきではないことを意味している．それ故に，$|m|$ が，与えられた L^2 と矛盾しない程度の大きさをもった状態では，

$$(L_x + iL_y)\psi_{m_1} = 0, \quad 又は \quad (L_x - iL_y)\psi_{m_2} = 0$$

のいずれかが成立していなければならぬ．こゝで，m_1 は，与えられた L^2 と矛盾しない $L_z/\hbar$ の正の最大の値であり，m_2 は，同じく，負の最大の値である．

　L^2 と m_1 および m_2 との間の関係を見出すために，次の表式を考察する：

$$L^2\psi_{m_1} = (L_x{}^2 + L_y{}^2 + L_z{}^2)\psi_{m_1} = [(L_x - iL_y)(L_x + iL_y) + L_z{}^2 + \hbar L_z]\psi_{m_1}$$

$$= [(L_x - iL_y)(L_x + iL_y) + \hbar^2(m_1{}^2 + m_1)]\psi_{m_1}. \tag{31}$$

$$(L_x + iL_y)\psi_{m_1} = 0 \tag{32}$$

であるから，

$$L^2\psi_{m_1} = \hbar^2 m_1(m_1 + 1)\psi_{m_1}. \tag{33}$$

同様にして，$(L_x - iL_y)\psi_{m_2} = 0$ の場合には，

$$L^2\psi_{m_2} = \hbar^2 m_2(m_2 - 1)\psi_{m_2}. \tag{34}$$

を得ることが容易に示される．(33) 式と (34) 式が同時に真であるとすれば，$m_2 = -m_1$ でなければならない*．いゝかえれば，m の負の最大の値は，丁度その正の最大の値の符号をかえたものになっている．

　普通，m_1 を整数 l であらわす習慣になっている．この記法を用いれば，

$$L^2 = \hbar^2 l(l+1) \tag{35}$$

を得る．与えられた l の値に対し，m に許される値は，$\pm l$ の間の零を含んだ，正と負のあらゆる整数である．

11.　許された角運動量のベクトル表示　l がある一定の値である場合を考えよう．そのとき，全角運動量を，次の長さをもったベクトルであらわすことができる：

---

* $m_2 = m_1 + 1$ という今一つの解がある．しかし，m_1 は，$L_z/\hbar$ の最大の正数であるという仮定があるために，この解は許されない．

第14章 角運動量と3次元の波動方程式

$$\frac{L}{\hbar} = \sqrt{l(l+1)}. \tag{36}$$

z 方向の成分 m は, $\pm l$ を含んだ, それ以下の大きさの整数である. 数, m を "方位量子数"とよぶ. それに対して l は, "全角運動量量子数" である. 成分 m の可能な値は, $L/\hbar$ の z 軸への射影によって, 図式的にあらわされうる. 第1図のベクトル図は, $l=2$ で, $L/\hbar=\sqrt{6}\cong 2.5$ の場合に可能な状態をあらわしている.

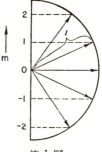

第1図

L_x と L_y が, $L_x{}^2+L_y{}^2=L^2-m^2\hbar^2$ の限度で不確定なことがわかっているから, このベクトルは, z 軸への L の射影の既知の値と矛盾しないすべての方位角にわたって, 勝手に分布しているものと考えるべきである. したがって, ベクトル $\boldsymbol{L}$ は, ベクトル角

$$\cos\vartheta = \frac{m}{\sqrt{l(l+1)}}.$$

をもってある円錐を覆っていると考えなければならない.

12. L の方向のゆらぎの効果 $m=\pm l$ の時であっても, 角運動量は正確には z の方向を指していず, 又, 完全にはきまっていない, x,y 成分がのこっていることに注目するのが大切である. このことは, L_x と L_y とは, L_z と交換せず, そのために, L_z がきまっている状態にあっても, 零に確定されないという事実からおこってくるものである. したがって, L_x と L_y のゆらぎが, ある程度 $L^2=L_x{}^2+L_y{}^2+L_z{}^2$ の方にきいてくるのを避けるわけには行かない. このゆらぎを定量的に記述するためには, まず, 波動函数が L^2 と L_z の固有函数である場合には, 必らず, L_x と L_y の平均値が零になっていることに注意する. これは, $\boldsymbol{L}$ が, 軸が z 方向を向いた円錐を覆っているという事実に対応する. こうして, L_x と L_y とのゆらぎは, それぞれ

$$\overline{(\varDelta L_x)^2} = \overline{(L_x-\overline{L_x})^2} = \overline{L_x{}^2} - (\overline{L_x})^2 = \overline{L_x{}^2},$$
$$\overline{(\varDelta L_y)^2} = \overline{(L_y-\overline{L_y})^2} = \overline{L_y{}^2} - (\overline{L_x})^2 = \overline{L_x{}^2}.$$

そこで, 次の式が得られる:

$$\overline{L^2} = \overline{L_x{}^2} + \overline{L_y{}^2} + \overline{L_z{}^2} = \overline{(\varDelta L_x)^2} + \overline{(\varDelta L_y)^2} + \hbar^2 m^2 = \hbar^2 l(l+1),$$

すなわち,

$$\overline{(\varDelta L_x)^2} + \overline{(\varDelta L_y)^2} = \hbar^2(l^2+l-m^2). \tag{37}$$

368　　　第 III 部　簡単な体系への応用. 量子論の定式化の一層の拡張

この式から, z 方向と垂直な $\boldsymbol{L}$ の成分におけるゆらぎが $m=l$ のときに最小になることがわかる. したがって,

$$[\overline{(\varDelta L_x)^2} + \overline{(\varDelta L_y)^2}]_{\min} = l\hbar^2.$$

このことは, 大雑把ないい方ながら, ベクトル $\boldsymbol{L}$ の方向と z 軸の方向とのなす最小の角が次のもので与えられることを意味している:

$$\sin\vartheta_{\min} = \frac{\sqrt{l}}{\sqrt{l(l+1)}} = \frac{1}{\sqrt{l+1}}. \tag{38}$$

しかしながら, 角運動量は, たまたま, われわれが, 完全な正確さをもっては測定できなかった, ある方向を向いているのだと想像するのは正しくない. そうではなくて, L^2 と L_z とがきまった値をもっているときには, 必らず, あたえられた L^2 と L_z との値に矛盾しない, L_x 及び L_y の値に対応する方向の全円錐が, 同時に覆われているものと考えなければならない. 17, 18 節でわかるように, 角運動量の異った成分に対応する波動函数間の干渉の効果から, 重要な物理的帰結が出てきているからである.

量子数の高い極限では, 角 ϑ_m は非常に小さくなる. そして, 角運動量ベクトルは, かなりよくきまった方向をとることができる.

13.　L^2 と L_z の固有函数　調和振動子について用いられたのと似た方法で固有函数を見出すことができる. これら二つの演算子の一つの固有函数を得たとすると, L^2 の同じ値に対応する固有函数のうち, 他のすべてのものが, $(L_x + iL_y)$ と $(L_x - iL_y)$ という演算子を繰返し適用することによって得られることに注意する. ところが, $m=l$ に対応する最初の固有函数は, 次の条件〔(32) 式〕から求めることができる*:

$$(L_x + iL_y)\psi_l^l = 0. \tag{39}$$

(15) 式より, L_x 及び L_y を ϑ と φ とによってあらわせば,

$$L_x + iL_y = \hbar e^{i\varphi}\left(\frac{\partial}{\partial\vartheta} + i\cot\vartheta\frac{\partial}{\partial\varphi}\right). \tag{40}$$

$m=l$ については, $\psi_l^l = f_l^l(\vartheta)e^{il\varphi}$. したがって, $i\frac{\partial}{\partial\varphi}\varphi_l^l = -l\psi_l^l$ であることに注意すると (40) 式は, 次のようになる:

$$\frac{\partial\psi_l^l}{\partial\vartheta} = l\cot\vartheta\psi_l^l.$$

これを積分すれば,

---

* 記号 ψ_l^m は, $L_z/\hbar = m$, $L^2/\hbar^2 = l(l+1)$ であることを意味している.

第14章 角運動量と3次元の波動方程式 369

$$\ln \psi_l{}^l = l \ln (\sin \vartheta) + k(\varphi)$$

すなわち, $\psi_l{}^l = g(\varphi)(\sin \vartheta)^l.$ (41)

$g(\varphi)$ は φ の任意の函数であるが, $\psi_l{}^l$ が, 固有値 $\hbar l$ に属する L_z の固有函数になるようにとられなければならない. すなわち, $g(\varphi) = e^{il\varphi}$ である. このようにして,

$$\psi_l{}^l = e^{il\varphi}(\sin \vartheta)^l$$ (42)

を得る. m の更に小さい値に対する $\psi_l{}^m$ の値を求めるためには, $(L_x - iL_y)$ を作用させなければならない. (15) 式より,

$$-(L_x - iL_y) = \hbar e^{-i\varphi}\left(\frac{\partial}{\partial \vartheta} - i \cot \vartheta \frac{\partial}{\partial \varphi}\right)$$ (43)

を得る. $-i\dfrac{\partial \psi_l{}^l}{\partial \varphi} = l\psi_l{}^l$ という関係式を用いると,

$$-(L_x - iL_y\psi_l{}^l) = \hbar e^{-i\varphi}\left(\frac{\partial}{\partial \vartheta} + l \cot \vartheta\right)\psi_l{}^l.$$ (44)

$$\left(\frac{\partial}{\partial \vartheta} + l \cot \vartheta\right)\psi_l{}^l = \frac{1}{(\sin \vartheta)^l}\left[\frac{\partial}{\partial \vartheta}(\sin \vartheta)^l\psi_l{}^l\right]$$

という関係式を用いれば,

$$\psi_l{}^{l-1} = \frac{1}{(\sin \vartheta)^l}e^{i(l-1)\varphi}\frac{\partial}{\partial \vartheta}(\sin \vartheta)^{2l}$$ (45)

を得る*. $\psi_l{}^2$ を求めるには,

$$(L_x - iL_y)\psi_l{}^{l-1} = e^{-i\varphi}\left[\frac{\partial}{\partial \vartheta} + (l-1) \cot \vartheta\right]\psi_l{}^{l-1}$$

$$= \frac{e^{-i\varphi}}{(\sin \vartheta)^{l-1}}\frac{\partial}{\partial \vartheta}(\sin \vartheta)^{l-1}\psi_l{}^{l-1}$$

であることに注意して,

$$\psi_l{}^{l-2} = \frac{1}{(\sin \vartheta)^{l-1}}e^{i(l-2)\varphi}\frac{\partial}{\partial \vartheta}\left[\frac{\frac{\partial}{\partial \vartheta}(\sin \vartheta)^{2l}}{\sin \vartheta}\right]$$

を得る. $L_x - iL_y$ を繰返し適用すると,

$$\psi_l{}^{l-s} = \frac{e^{i(l-s)\varphi}}{(\sin \vartheta)^{l-s}}\left(\frac{1}{\sin \vartheta}\frac{\partial}{\partial \vartheta}\right)^s(\sin \vartheta)^{2l}.$$ (46)

この結果は, 次のおきかえによって簡単にすることができる:

---

* $\hbar$ と負号を無視している. これらのものは, 規格化係数の中に結局は含まれてしまうものだからである.

370　第 III 部　簡単な体系への応用. 量子論の定式化の一層の拡張

$$\cos\vartheta = \zeta, \quad \frac{\partial}{\partial\vartheta} = -\sin\vartheta\frac{\partial}{\partial\zeta}.$$

その結果,

$$\psi_l^{l-s} = \frac{e^{i(l-s)\varphi}}{(1-\zeta^2)^{(l-s)/2}}\frac{\partial^s}{\partial\zeta^s}(1-\zeta^2)^l. \tag{47}$$

これらが, L_z と L^2 の規格化されていない固有函数である.

14. Legendre の多項式　最初に, $l=s$ という特別な場合について, これらの固有函数を調べることにしよう. この場合には, 角運動量の z 成分が零となる.

$$\psi_l^0 = \frac{\partial^l}{\partial\zeta^l}(1-\zeta^2)^l. \tag{48}$$

L_z が零であるから, これらの函数は φ を含まない. $(1-\zeta^2)^l$ は $2l$ 次の多項式であり, 微分を一回行う毎に, 多項式の次数は 1 ずつ低くなるから, ψ_l^0 は l 次の多項式であることがわかる. これらの多項式は (常数因子をのぞき) Legendre の多項式とよばれている. そして, 今後, $P_l(\zeta)$ とあらわすことにしよう. こうして, 次の式が得られる.

$$\psi_l^0 \sim P_l(\zeta) \sim \frac{d^l}{d\zeta^l}(1-\zeta^2)^l. \tag{48a}$$

以下 Legendre の多項式の若干の性質をあげる:

（1）**直交性**. Legendre の多項式は, L^2 の異った値に属する, Hermite 演算子 L_z と L^2 との固有函数であるから, 異った l をもった多項式は直交するであろうと予想される*. この多項式は動径の函数ではないから, 立体角について積分するだけでよい. こうして ($\zeta = \cos\vartheta$ とおくと)

$$\int P_l(\cos\vartheta)P_m(\cos\vartheta)d\Omega = \int_0^{2\pi}d\varphi\int_0^\pi P_l(\cos\vartheta)P_m(\cos\vartheta)\sin\vartheta d\vartheta.$$

$$\sin\vartheta\, d\vartheta = -d\zeta$$

であることに注目すれば, $l \neq m$ とすると,

$$\int_{-1}^1 P_l(\zeta)P_m(\zeta)d\zeta = 0 \tag{49}$$

を得る. この結果は P_l の定義 [(48 a) 式] から直接証明することができる.

問題 4:　相異なる Legendre の多項式の直交性を直接証明せよ.

　ヒント: $l>m$ と仮定し, l 回部分積分せよ.

---

* 第 10 章 24 節.

第14章 角運動量と3次元の波動方程式 371

（2） **Legendre の多項式が充たす微分方程式**. l 次の Legendre の多項式
が次の方程式を満足していることは先に見た：

$$L^2 P_l = \hbar^2 l(l+1) P_l.$$

L^2 は，（2）式と（16）式で与えられる．P_l は φ の函数ではないから，$\partial/\partial\varphi$
を含む項はおちて，

$$-\frac{1}{\sin\vartheta}\frac{\partial}{\partial\vartheta}\left(\sin\vartheta\frac{\partial P_l}{\partial\vartheta}\right)=l(l+1)P_l. \tag{50}$$

を得る．$\cos\vartheta=\zeta$ とおけば，次の式を得る：

$$\frac{d}{d\zeta}\left[(1-\zeta^2)\frac{dP_l}{d\zeta}\right]+l(l+1)P_l=0. \tag{51}$$

これが Legendre の方程式である．通常 Legendre の多項式は，この方程式を
解き*，$-1\leqq\zeta\leqq1$ の領域で正則な解だけをとり出すことによって求められる．

（3） **Legendre の多項式の規格化**. Legendre の多項式は，Hermite の多
項式の場合とよく似た方法で規格化することができる．ここでは，結果だけを
挙げておくことにしよう．$P_n(\zeta)$ は，通常次のように定義されている†：

$$P_n(\zeta)=\frac{1}{2^n n!}\frac{d^n}{d\zeta^n}(\zeta^2-1)^n \quad \text{(Rodrigues の公式)} \tag{52}$$

この定義により，規格化は，次の関係式から得ることができる．

$$\int_{-1}^{1}[P_n(\zeta)]^2 d\zeta=\frac{2}{2n+1}. \tag{52a}$$

（4） **Legendre の多項式の母函数**. Hermite の多項式と全く同様に，
Legendre の多項式に対する母函数を求めることができる††．しかし，ここで
は，その計算は行わないこととし，ただ，結果だけを掲げておくにとどめよう．

$$\boldsymbol{V}=\sum_{0}^{\infty} t^n P_n(\zeta)=\frac{1}{[1-2\zeta t+t^2]^{1/2}}. \tag{53}$$

（5） **漸化式**. この函数から漸化式を得ることができる．たとえば，これを
t で微分して見よう．少しばかり並べかえを行った後，次の式を得る：

$$(1-2\zeta t+t^2)\sum_{n=0}^{\infty} nt^{n-1}P_n(\zeta)=(\zeta-t)\sum_{0}^{\infty} t^n P_n(\zeta).$$

---

* たとえば，E. T. Copson, *Theory of Functions of a Complex Variable.*
London: Clarendon Press, 1935. p. 273 を参照.

† 前掲書. p. 275.

†† 前掲書. p. 277.

372　　　　第 III 部　簡単な体系への応用．量子論の定式化の一層の拡張

t^n の係数を等しくおくと，

$$(n+1)P_{n+1}(\zeta)-(2n+1)\zeta P_n(\zeta)+nP_{n-1}(\zeta)=0 \tag{54a}$$

が出る．同様にして，

$$t\frac{\partial V}{\partial t}=(\zeta-t)\frac{\partial V}{\partial \zeta}$$

という関係から，

$$\zeta\frac{dP_n}{d\zeta}-\frac{dP_{n-1}}{d\zeta}=nP_n. \tag{54b}$$

を得る．まだ他の公式も，同じような方法で得ることができる．

（6）　Legendre の多項式の最初の数項．　(53) 式より，次のことがわかる．

$$P_0(\zeta)=1, \quad P_2(\zeta)=\frac{3\zeta^2-1}{2}, \tag{55}$$

$$P_1(\zeta)=\zeta.$$

（7）　展開仮定．Legendre の多項式は全部，固有値 $L_z=0$ に属する L_z と L^2 との固有函数である．展開仮定*により，

$$\zeta=\cos\theta$$

の任意の函数は，Legendre の多項式の級数として展開されうるということが出てくる．こうして，

$$f(\zeta)=\sum_n c_n P_n(\zeta). \tag{56}$$

c_m を求めるには，$f(\zeta)$ が与えられている時ならば，$P_m(\zeta)$ をかけて，ζ について -1 から 1 まで積分する．この際，$P_n(\zeta)$ の直交性と規格化とを用いる．そうすると，次の結果を得る：

$$c_m=\frac{2m+1}{2}\int_{-1}^{1}P_m(\zeta)f(\zeta)d\zeta. \tag{57}$$

（8）　節．$P_l(\zeta)$ は l 次の多項式であるから，l 個の零点をもっている筈である．これらの零点が全部 $\zeta=-1$ と $\zeta=+1$ の間にあることが示される†．したがって，波動函数は，$\vartheta=0$ と $\vartheta=\pi$ という角の間の領域で l 回振動する．

---

* 第 10 章 22 節．

† (48a) を参照すると，$P_l(\zeta)$ は，l 番目の零点が $\zeta=+1$ と $\zeta=-1$ にあるような函数の l 次微分であることがわかる．容易に証明できるとおり，その 1 次微分は，$+1$ と -1 の間に 1 個の零点がなければならず，その次の微分では 2 個なければならない．そして，l 番目の微分が l 個の零点をもつことがわかるのである．

第14章　角運動量と3次元の波動方程式　　　373

15. Legendre の陪函数　Legendre 多項式は，$L_z = m\hbar = 0$ のときの L^2 の固有函数である．m の別の値に関する固有函数は（47）式において与えられている．$L^2 = l(l+1)\hbar^2$ と $L_z = m\hbar$ とに属する固有函数を $P_l{}^m(\zeta)$ という記号であらわすことにしよう．完全な波動函数は，したがって，$P_l{}^m(\zeta)e^{im\varphi}$ である．

$p_l{}^m(\zeta)$ の別の表わし方を，（47）式で与えられている展開によって得ることができる．$\psi_l{}^0$ が $L_z = m\hbar = 0$ に対応することは既にわかっている．そこで，（47)式で，$m = l - s$ とおいて見る：

$$\psi_l{}^m = \frac{e^{im\varphi}}{(1-\zeta^2)^{m/2}}\frac{\partial^{l-m}}{\partial\zeta^{l-m}}(1-\zeta^2)^l. \tag{58}$$

m の負の値を考えるとすれば，（48）式を用いることができ，

$$\psi_l{}^{-m} \sim e^{-im\varphi}(1-\zeta^2)^{m/2}\frac{d^m}{d\zeta^m}P_l(\zeta) \tag{59}$$

を得る．これは，

$$P_l{}^{-m}(\zeta) = (1-\zeta^2)^{m/2}\frac{d^m}{d\zeta^m}P_l(\zeta). \tag{60}$$

ということである．同じように，13 節において $m = -l$ として出発し，計算を遂行できるから，次の式が得られることも明らかである：

$$\psi_l{}^m \sim e^{im\varphi}P_l{}^m(\zeta). \tag{61}$$

$P_l{}^m(\zeta)$ は，"Legendre の陪函数" として知られているものである．

$$P_l{}^{-m}(\zeta) = P_l{}^m(\zeta)$$

であることに注意されたい．

次に掲げるのは，Legendre 陪函数の二，三の重要な性質である：

（1）　*規格化*．$P_l{}^m(\zeta)$　規格化係数は，ここに証明ぬきで引用する次の関係式から求められる†．

$$\int_{-1}^{1}[P_l{}^m(\zeta)]^2d\zeta = \frac{(l+|m|)!}{(l-|m|)!}\frac{2}{(2l+1)}. \tag{62}$$

（2）　*球面調和函数*，展開仮定によると，最も一般的な ϑ と φ との函数も，次の函数の級数によってあらわすことができる：

$$P_l{}^m(\cos\vartheta)e^{im\varphi}.$$

これらの函数は，可換な演算子 L^2 および L_z の同時的固有函数である．又，これらは縮退していないから（すなわち，l か m のいずれかが各函数によっ

---

† Copson, p. 281.

て異っているから），全部直交している．規格化された函数を $Y_l{}^m(\vartheta, \varphi)$ であらわそう．したがって，任意の函数を次のように書くことができる：

$$\psi(\vartheta, \varphi) = \sum_{l,m} c_l{}^m Y_l{}^m(\vartheta, \varphi). \tag{63}$$

$c_r{}^s$ を計算するには，$Y_r{}^{s*}$ をかけ，全立体角にわたって積分し，直交性と規格化とを用いると，

$$c_r{}^s = \int \psi(\vartheta, \varphi) Y_r{}^{s*}(\vartheta, \varphi) d\Omega. \tag{64}$$

ここで，

$$d\Omega = \sin\vartheta d\vartheta\, d\varphi.$$

（3） **Legendre 陪函数が充たす微分方程式**．$P_l{}^m(\zeta)e^{im\varphi}$ が，固有値 $l(l+1)$ に属する $L^2/\hbar^2$ の固有函数であると同時に，固有値 m に属する $L_z/\hbar$ の固有函数でもあるから，それは次の方程式を満足しなければならぬ：

$$L^2 P_l{}^m(\zeta)e^{im\varphi} = \hbar^2 l(l+1) P_l{}^m(\zeta)e^{im\varphi}.$$

演算子 L^2 は，（2）と（16）の両式から，

$$\frac{\partial^2}{\partial\varphi^2}e^{im\varphi} = -m^2 e^{im\varphi}$$

に注意して得られる．その結果の式は，

$$\frac{d}{d\zeta}\left[(1-\zeta^2)\frac{dP_l{}^m(\zeta)}{d\zeta}\right] + \left[l(l+1) - \frac{m^2}{1-\zeta^2}\right]P_l{}^m(\zeta) = 0. \tag{65}$$

Legendre 陪函数は，屡々，この方程式を解いて，固有値を見出すことにより求められる*．

（4） **$P_l{}^m(\zeta)$ の一般形**．$P_l(\zeta)$ が，$\zeta = -1$ から $\zeta = +1$ までの領域で l 個の根をもった単なる多項式であるということは既にわかっている．（58）式により，$P_l{}^m(\zeta)$ は，$l-m$ 次の多項式 $\left[\dfrac{d^m}{d\zeta^m}P_l(\zeta)\right]$ に $(1-\zeta^2)^{m/2} = (\sin\vartheta)^m$ という因子がかかってできたものだということがわかる．この多項式が，$\zeta = -1$ から 1 までの領域で $l-m$ 個の根をもつことは容易証明されよう†．したがって，この函数は，$m=0$ の場合程には振動しない．$(\sin\vartheta)^m$ という因子は，$\vartheta = \pi/2$ すなわち赤道面の近傍で函数を大きくするように働く．m が大きくなると，この極大値はそれにつれて鋭くなる．事実，$m=l$ のときは，（58）式より次のことがわかる：

――――――――――――――

* たとえば，Pauling and Wilson, p. 131. 参照．

† 14 節第 8 項に属する脚註を参照．

第14章　角運動量と3次元の波動方程式　　　375

$$P_l{}^m(\zeta) \sim (1-\zeta^2)^{m/2} = (\sin\vartheta)^m. \tag{66}$$

m が大きいときには，これは，$\vartheta = \pi/2$ で鋭い極大をもつ．この極大の物理的意味は，粒子が赤道面の近くで見出されるようになるということである．m が大きいという古典的極限に近づくにつれて，この極大はますます鋭くなり，そのあげく，$l=m$ という状態は，粒子が，ほとんど正確に赤道面上にある軌道を廻っているように見える事態にまで接近する．しかしながら，位置乃至は軌道における小さなゆらぎだけはのこる．このゆらぎは，たとえ角運動量の z 成分が確定されたとしても，x 成分と y 成分の方は正確には制御され得ないという事実を反映しているのである．

　l が与えられたときに m を減らしてゆくと，$(\sin\vartheta)^m$ という因子は重要なものではなくなってゆき，極大は鋭さを減じてゆく．そして最後に，$m=0$ とすると，波動函数が ϑ のあらゆる値を平等に覆うことがわかる．l を固定したまま m を減らした場合におこる事は，全角運動量の方向が z 軸からはるかにずれてゆく，ということである．古典的近似においては，軌道が赤道面から傾いているということができる（軌道は常に $\boldsymbol{L}$ に垂直である）．ところが，量子的記述においては，L_x と L_y の特定の方向が特別扱いをされるということは全くない．したがって，系が l と m との与えられた値と矛盾しない，すべての可能な L_x と L_y とに分布しているかのように考えなければならないのである．このことは，あきらかに，粒子が，m が減ると共に増大する緯度面 ϑ までの領域中に見出されることを意味している．$m=0$ に達すると，軌道面は赤道面とは直角となり，粒子は ϑ の全領域を覆うことゝなる．

　12 節で指摘したとおり，軌道面の方向と角運動量ベクトルの方向（これは古典物理学では軌道面に垂直である）とは，粒子が全ての方向を同時に覆っているという意味で，不完全にしか定まらないものと見做されねばならない．このことは，波動函数に対するわれわれの一般的解釈に由来している．それによると，異った角度の波動函数に依存する干渉性が物理的に重要な結果を決定することが示されるのである．

　（5）　$Y_l{}^m(\vartheta, \varphi)$ の節の数．$P_l{}^m(\zeta)$ が $l-m$ 個の零点を持っていることはわかっている．これらの零点の夫々が，一定の緯度に対応した節円錐を定義する．完全な角波動函数の実数部分，$P_l{}^m(\zeta)\cos m\varphi$ を考えるならば，$\cos m\varphi = 0$ が m 個の節平面をきめることがわかる．節面の総数は，したがって，次のものに等しい：

$$l-m+m=l.$$

これは有用な事実であって,後に問題にされるであろう.

16. 角運動量の測定. Stern-Gerlach の実験 角運動量を測定する一つの方法として,Stern-Gerlach の実験によるものがある*. われわれは,ある種の原子の,たとえばマグネシウム原子中の電子の,角運動量が測定したいのだ

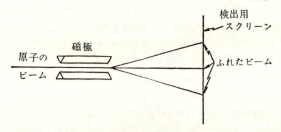

第 2 図

としよう.ビームは,たとえば,固体から蒸発した原子を1組の集束用のスリットに通すことによってつくられる.次にこのビームを原子の運動方向に直角な不斉磁場の存在する領域中に入れる.その装置を†,第 2 図に模式的に示しておいた.電子が運動量 L をもって軌道を廻っているものとすれば,その磁気能率が次のようになることが示される††:

$$\mu = \frac{eL}{2mc}. \tag{67}$$

さて,ある不斉磁場の中では,原子は

$$F = V(\mu \cdot \mathcal{H}) \quad (\text{但し } \mathcal{H} \text{ は磁場}) \tag{68}$$

で与えられる力を受ける.普通そうであるように,$\partial \mathcal{H}_x/\partial y$ は小さいから,

$$F_z \cong \mu_z \frac{\partial \mathcal{H}_z}{\partial z} = \frac{e}{2mc} \frac{\partial \mathcal{H}_z}{\partial z} L_z. \tag{69}$$

このように,各原子は,(原子の中心に対してとった)電子の角運動量の z 成分に比例した力をうける.その結果,原子はそれに応じた運動量を得ることとな

---

* Richtmeyer and Kennard, p. 407.
† マグネットの長さ (x 方向の) は,磁極面間の距離 (z 方向) に比べてはるかに大きい.こうして,端の効果を無視することができ,問題は 2 次元的になる.
†† 第 15 章 (52) 式参照.

り，ビームにはそれに応じただけのあるふれが与えられ，ビームはマグネットからある距離の所，異った L_z の原子を分離する上に充分なだけ離れた点にあつめられる．このふれの測定から，L_z を計算することができる．

原子が磁場に入ってくる前には，L_z の方向は何ら特定のものでないから，原子が金属から蒸発して出てくるときには，L_z のあらゆる値をもった原子が，無秩序的に，同じ頻度をもって現われてくることは明らかである．それゆえ，L_z に許される値のそれぞれに対して，1 個の斑点が検出スクリーン上に得られるであろう．L_z に許される成分の総数は $2l+1$ であるから，スクリーン上の斑点の数を数えるだけで l を測定することができる（この取扱いが実際に適用されうるのは，電子のスピンの総和が零にになるような原子に対してだけである．スピンの効果は，斑点の数と分布とを変えるであろう*．事実，この実験は，電子のスピンが存在することを示す一手段を与えるのである．多くの場合，斑点の分布は，上の予言と異なることがわかるからである）．

Stern-Gerlach の実験が，角運動量の量子化に対する直接の証明を与えるということは注目されねばならない．何故ならば，古典論によれば角運動量の連続的な領域が存在する筈であり，したがって，スクリーン上に原子が到達する位置も，連続的な範囲にわたっている筈だからである．

17. 回転された座標系への変換 7 節において，z 軸として任意の方向をえらびうることが示された．一見したところ，こうしてえらばれた軸は，角運動量がこの方向において量子化され，他のいかなる方向においても量子化されないという正にそのことのために，ある特別な重要性をもっているかのように思われることであろう．ところが，われわれは，角運動量のただ 1 個の成分しか量子化されていないにもかかわらず，物理的に重要な結果は，何一つとして，たまたまどの軸がえらばれたか，ということには依存しないのを示そうとおもう．これを証明するために，元の軸に対し，相対的に任意の角度だけ廻転された軸をもつような座標系で考えた場合にも，同じ波動函数が得られ，したがって，すべての物理量に対して同じ確率が得られることを示そう．

まず，角運動量零の場合 $(L^2=0)$ からはじめることにしよう．この場合，$L_z=0$ でもなければならない．そして，波動函数は，ϑ 乃至は φ の函数ですらないのである〔(16) 式を見よ〕．これは，われわれが座標軸を回転しても，波動

---

* スピンの取扱いについては，第 17 章を参照．

378 第 III 部 簡単な体系への応用. 量子論の定式化の一層の拡張

函数は不変にとどまり, そのために, 新しい座標系でも, それが $L^2=0$ 且つ $L_z=0$ という固有値に対応する, ということを意味する. したがって, この場合には, 物理的な諸結果が, どの軸をえらんだかに全く依存しないことは明らかである.

より高い角運動量をもつ場合でも, L^2 が回転によって不変にとどまることは依然として真であろう. これは, L^2 がスカラーであるという事実に由来している. こうして, l の値は不変である. ところが, 角運動量の成分の方には, 変化が予期されうる. これらの変化の性質をあきらかにするために, $l=1$ の場合を考えることにしよう. 元の座標系での3個の規格化された波動函数は ((47) 式及び (62) 式を参照せよ)

$$
\left.
\begin{aligned}
m=1 && \psi_1 &= \sqrt{\frac{3}{8\pi}} \sin\vartheta e^{i\varphi}, \\
m=0 && \psi_0 &= \sqrt{\frac{3}{4\pi}} \cos\vartheta, \\
m=-1 && \psi_{-1} &= \sqrt{\frac{3}{8\pi}} \sin\vartheta e^{-i\varphi}.
\end{aligned}
\right\}
\tag{70}
$$

説明のために, y 軸のまわりの角 β だけの回転を考えよう. これを行う際, 波動函数を次のように書いておくと便利であろう:

$$
\psi_1 = \sqrt{\frac{3}{8\pi}} \frac{(x+iy)}{r}, \quad \psi_0 = \sqrt{\frac{3}{4\pi}} \frac{z}{r}, \quad \psi_{-1} = \sqrt{\frac{3}{8\pi}} \frac{(x-iy)}{r}.
\tag{71}
$$

旧い座標と新らしい座標とは

$$
\begin{aligned}
y &= y', & z &= z'\cos\beta - x'\sin\beta, \\
x &= z'\sin\beta + x'\cos\beta, & r' &= r
\end{aligned}
$$

の関係によって結びつけられている. そこで, 次の式を得る:

$$
\left.
\begin{aligned}
\psi_1 &= \sqrt{\frac{3}{8\pi}} \frac{1}{r} (x'\cos\beta + z'\sin\beta + iy') \\
&= \frac{1}{2}\psi_1'(1+\cos\beta) + \frac{\psi_0'\sin\beta}{\sqrt{2}} + \psi_{-1}'\frac{(\cos\beta-1)}{2}, \\
\psi_0 &= \sqrt{\frac{3}{4\pi}} \frac{1}{r} (z'\cos\beta - x'\sin\beta) \\
&= -\psi_1'\frac{\sin\beta}{\sqrt{2}} + \psi_0'\cos\beta - \psi_{-1}'\frac{\sin\beta}{\sqrt{2}},
\end{aligned}
\right\}
\tag{72}
$$

第14章 角運動量と3次元の波動方程式　　　　379

$$\psi_{-1} = \sqrt{\frac{3}{8\pi}} \frac{1}{r} (x' \cos\beta + z' \sin\beta - iy') \left.\rule{0pt}{30pt}\right)$$

$$= \psi_1' \frac{(\cos\beta - 1)}{2} + \psi_0' \frac{\sin\beta}{\sqrt{2}} + \psi'_{-1} \frac{(\cos\beta + 1)}{2}.$$

これは，新しい座標系では，各 ψ_m が L_z' の固有函数の 1 次結合になること
を意味している．例えば，旧い座標系では $L_z = 0$ であっても，新らしい座標
系では，L_z' として，+1, 0, もしくは -1 が可能となるであろう．これらの
値が得られる夫々の確率は，それに対応する波動函数の係数によって与えられ
る．こうして，次の結果を得る：

$$P_{+1} = \frac{\sin^2\beta}{2}, \quad P_0 = \cos^2\beta, \quad P_{-1} = \frac{\sin^2\beta}{2}. \tag{73}$$

これらの確率の和は，当然そうあらねばならないように，1 である．

問題 5： L^2 の固有値が変換 (72) において不変であることを証明せよ．

$\beta = 90°$ という特別の場合をとると興味深いことになる．このとき，$P_+ = \frac{1}{2}$,
$P_- = \frac{1}{2}$ が得られ，その結果，旧い座標系で $L_z = 0$ であった粒子は，新しい
座標系で L_z' を測定すると，等しい確率を以て $L_z' = +1$ か $L_z' = -1$ が得ら
れるようなものになるであろう．しかし，z'（新しい座標系での）は，旧い座
標系での x と同じものであるから，$L_z = 0$ の粒子は，L_x を測ったとき，その
結果が +1 か -1 である確率は相等しい，とも結論される．

次に $L_z = 0$ に対する固有函数は，L_x の二つの異った固有函数の干渉によっ
てできていることに注目しよう．したがって，L_z の零の値は，$L_z = 1$ および
$L_z = -1$ という二つの状態の相互的な（乃至は干渉の）性質であることが結論
される．それゆえ，$L_z = 0$ の粒子は，L_x のある確定値をもつと考えることは
できず，その代りに，同時に双方の状態を覆っているものと考えられなければ
ならない．これは，正しく，L_x と L_z というオブザーバブルが同時に観測さ
れないという事実の別の表現方法となっている．このことは既に，演算子 L_x
と L_z との非可換性から得られていたものである．

ここで，L_x が測定されたときに，$L_z = 0$ の粒子の波動函数がどうなるかを
問題にすることができよう．第 6 章 3 節，および，第 22 章 9 節にしたがえ
ば，波動函数は，二つの部分にこわれるであろう．それぞれの部分は，L_x の
確定値に対応し，又，それぞれにはコヒーレントな干渉を破壊する，制御不能

な位相因子 $e^{i\alpha}$ がかかっている. このようにして, $\beta=\pi/2$ とおくと, L_x の測定前の波動函数は次のようになる [(72) 式参照]:

$$\psi_0=-\frac{1}{\sqrt{2}}(\psi_1'+\psi'_{-1}); \tag{74}$$

測定後には,

$$\psi_0=-\frac{1}{\sqrt{2}}(\psi_1'e^{i\alpha_1}+\psi'_{-1}e^{i\alpha_2}). \tag{75}$$

測定装置のはたらきによって, L_x の値は確定されているけれども (すなわち, $+1$ 又は -1 のいずれか), L_z の値はここでは確定されない. 何故なら, たとえば, $L_z=0$ であるのは, 波動函数が $\psi_0=-\frac{1}{\sqrt{2}}(\psi_1'+\psi_{-1}')$ のときに限るからである. こうして, 測定の後は, L_z の二つの値の混合状態を得ることになる. さらに一般に, 上述より, 次のことは明らかである: すなわち, きまった L_z に対応する波動函数は, 丁度, L_z がある固有値をもつときに, L_x は確定されえない, といった構造をもっている. その逆もまた成り立つ.

18. 二重の Stern-Gerlach の実験 前節で記述した測定は, 実験的には, 二重の Stern-Gerlach の実験によって実現されうる. まず, 原子ビームを z 方向を向いた不斉磁場中に送りこみ, 粒子を L_z の値に応じて分離する. 次に, その中から特別なビーム, たとえば, $L_z=0$ のものをえらび出し, それを, 第一のものと直角におかれた第二のマグネットに送りこむ. 前節の結果によれば,

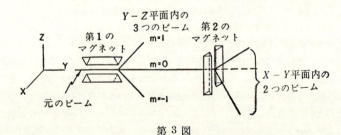

第 3 図

このビームは, $L_x=+1$, $L_x=-1$ の二つにわかれるであろう (しかし, そのそれぞれについて, L_z は不確定であった). その実験を第3図に示した.

同様の結果は, $m=\pm 1$ に対しても導ける.

問題 6: 二重の Stern-Gerlach の実験において, $\beta=90°$ としたとき, $m=1$

第14章　角運動量と3次元の波動方程式　　　　381

の粒子に起るところを論ぜよ．また，$\beta=45°$ についても行え．

19. 全ての座標系が物理的に同等であること　　z軸の方向の全てのえらび方
が物理的に同等であることを証明するためには，すべての座標系において同等
な手続きを用いて同じ波動函数があらわれることを示すだけでよい．たとえ
ば，$l=1$ に対応する任意の波動函数を考えよう．
$$\psi=C_1\psi_1+C_0\psi_0+C_{-1}\psi_{-1}.$$
ここで，下の添字は m の値に関するものである．

問題 7:　規格化された ψ に対しては，$|C_1|^2+|C_0|^2+|C_{-1}|^2=1$ でなければ
ならないことを証明せよ．

回転した座標系では，
$$\psi=\left[\frac{C_1(1+\cos\beta)}{2}-\frac{C_0\sin\beta}{\sqrt{2}}+\frac{C_{-1}(\cos\beta-1)}{2}\right]\psi'_{+1}$$
$$+\left[\frac{C_1\sin\beta}{\sqrt{2}}+C_0\cos\beta+\frac{C_{-1}\sin\beta}{\sqrt{2}}\right]\psi_0'$$
$$+\left[\frac{C_1(1-\cos\beta)}{2}+\frac{C_0\sin\beta}{\sqrt{2}}+\frac{C_{-1}(1+\sin\beta)}{2}\right]\psi'_{-1}$$
$$=C_1'\psi'_{+1}+C_0'\psi_0'+{}_-C_1'\psi'_{-1}, \tag{76}$$
但し，ダッシュのついた量は，元の y 軸のまわりに角 β だけ回転された座標
系に関するものである．

問題 8:　$|C_1'|^2+|C_0'|^2+|C'_{-1}|^2=|C_1|^2+|C_0|^2+|C_{-1}|^2$ であることを証明
せよ．

ここに，同じ函数 ψ が，z を任意の方向にとったときの L_z の固有函数に
よって展開されうることが結論される．各々の座標系は，単に異った展開係数
を必要とするだけであって，一般的な手続きは同じである．系の状態は波動函
数だけに依存するのであるから，ある定まった方向での L の量子化が，その
方向に対して，実際上，何らの特別な性質をも附与せず，又，他のどの方向に
ついても，すべての物理量に対して同一の結果が得られる，ということがわか
る．*

---

* これは正準変換の特別な場合である．第 16 章 15 節参照．

382   第 III 部   簡単な体系への応用. 量子論の定式化の一層の拡張

一例として，Stern-Gerlach の実験を考える．これまでの所，実験を，われ
われは，磁場の方向に沿っての角運動量の量子化によって記述してきた．これ
が，えらぶ上に最も便利な方向であることは疑いない所ではあるが，同一の結
果が，他のどのような座標系においても得られることは容易に示される．

これを行うために，(68) 式に現われている演算子 $\boldsymbol{\mu} \cdot \boldsymbol{\mathscr{H}}$ を考える．このと
き，われわれの z 軸は，必らずしも $\boldsymbol{\mathscr{H}}$ と同じとはかぎらない方向にえらんで
おく．しかし，簡単のために $\mathscr{H}_y=0$ にとるが，任意の $\mathscr{H}_y$ への一般化は，ま
ったく，一筋道にゆけるものである．こうして，次のように書ける．

$$\boldsymbol{\mu} \cdot \boldsymbol{\mathscr{H}} \cong \mathscr{H}_x L_x + \mathscr{H}_z L_z = \frac{\hbar}{1}\left[\mathscr{H}_z \frac{\partial}{\partial \varphi} - \mathscr{H}_x\left(\cot\vartheta\cos\varphi\frac{\partial}{\partial\varphi} + \sin\varphi\frac{\partial}{\partial\vartheta}\right)\right].$$

さて，粒子は，波動函数が，演算子 $\boldsymbol{\mu} \cdot \boldsymbol{\mathscr{H}}$ の固有函数であるときにかぎり，
きまったふれをうける．ところが，演算子 $\boldsymbol{\mu} \cdot \boldsymbol{\mathscr{H}}$ の固有函数は，z' 軸を磁場の
方向に沿ってとったときの演算子 $L_{z'}$ の固有函数と精密に一致することが容
易に示される．

問題 9: 上に述べたところを証明せよ．

このことは，任意の座標系を用いているにもかかわらず，$\boldsymbol{\mathscr{H}}$ の方向と一致す
る $\boldsymbol{L}$ のある定まった成分をもつ粒子だけが，定まったふれを得るという結果
が，依然として得られることを意味している．任意の波動函数は，常に，問
題の $(l=1)$ 3 個の固有函数の級数に展開されうるのであり，この展開におけ
る係数は，この方向に，与えられたふれがおこる確率を与える．このように，
物理的な結果は，問題が設定される座標系とは独立なものである．

この結果は，物質の諸性質を，完全には定義されない，他の体系との相互作
用においてしか実現されない潜在的可能性とする概念によって，物理的に理解
されうる（第 6 章 13 節，および，第 8 章 15 節を参照）．こうして，ある原
子が，定まった値の L_z をもつときには，L_x と L_y との不確定の値しか，そ
れはもっていないことになる．しかし，その原子は，L_x の値であれ，L_y の
値であれ，完全には予言はできないが，確定した値を顕現するかくされた能力
をもっている．これは，たとえば，適当に設置された Stern-Gerlach の装置
との相互作用によって出て来るのである．勿論，このような過程では，L_z は不

---

† 16 節に用いた座標系から出発すれば，y 軸のまわりの回転を行う．

第14章　角運動量と3次元の波動方程式　　　383

確定な値しか示さないであろう．たがいに両立できない，物質の潜在的な性質としての非交換変数の概念は，角運動量の量子論の物理的意義が，座標軸がえらばれる方向の変化に対して不変であるということの定性的記述をも与えるのである．何故ならば，回転に対する不変性という概念は，電子が適当な体系と相互作用する場合，どの座標軸も角運動量のある定まった成分を顕現する潜在的能力の実現されうる方向として働く，という陳述の中に含まれているからである．

20. 任意の回転と任意の l に対する一般化　これらの結果は，容易に任意の回転（すなわち，必ずしも y 軸のまわりの回転とはかぎらない）の場合に拡張される．さらに，同様の結果が，l のより大きな値についても得られる．事実，回転では，あらゆる与えられた球函数 $Y_l{}^m(\vartheta, \varphi)$ は，回転の角度と方向とに依存する係数をもって，同じ l をもつ球函数の1次結合となることを示すことができる*．すなわち，

$$Y_l{}^m(\vartheta, \varphi) = \sum_{m'} C^l{}_{m, m'} Y_l{}^{m'}(\vartheta', \varphi'). \tag{77}$$

21. 軌道の形成に対する応用　これらの結果のうちのあるものを，大きな l の場合の軌道をあらわす波動函数を組立てるという問題に応用することができる．すでに（15 節），われわれは，$l = m$ の場合は，少くとも，不確定性原理がかかる軌道をわれわれに許すかぎりにおいて，近似的に赤道面内の軌道をあらわすことを知った．そこで，次のことを問題にする：赤道面からずっと傾いているような軌道をあらわす波動函数はどのようなものであろうか？　すでに，$Y_l{}^m(\vartheta, \varphi)$ がそのような軌道をあらわしえないことはわかっている．それは，L_x と L_y との相対的な大きさが全く未知であるような事態をあらわしているからである．しかし，はじめにまず，赤道面内に軌道をとり，次にある角 γ だけ座標を回転させることによって，容易に傾いた軌道をつくることができる．このとき，(77) 式により，回転された波動函数は

$$\psi_l{}^l(\vartheta, \varphi) = \sum_m C^l{}_{l, m} Y_l{}^m(\vartheta', \varphi').$$

このように，傾いた軌道をあらわすためには，球函数の1次結合が必要になる．正確な1次結合は $C^l{}_{l, m}$ に依存する．しかし，ここでは，C の値を詳細にわたって考えることはしない．たゞ，大きな l の場合に C を計算すると，$\boldsymbol{L}$ の z

──────────

* Kramers, p. 166. (2 頁の文献表参照).

軸への射影に対応する m の値において鋭い極大をもつ, 球函数の波束が得られることだけを指摘しておく. しかしながら, 軌道面を確定させるためには, m の値のある範囲のものを結び合わせるという意味で, m を幾分不確定にしなければならない. しかし, 古典的近似においては, この範囲は無視できるものであり, その結果, 系は, 角運動量の各成分の確定した値, したがって, 確定した方向の軌道面をもつように見えるわけである.

問題 10: $P_l(\cos\vartheta)$ の規格直交性を用い, 函数 $\delta(\vartheta-\vartheta_0)$ の Legendre 多項式による展開式を求めよ. また $\delta(\vartheta-\vartheta_0)\,\delta(\varphi-\varphi_0)$ のそれに対応した球函数による展開式を求めよ.

総括して次のように云うことができる: きまった角運動量をもった電子とは, 量子論においては, 古典論にあったそれと非常に異った何物かである. 量子論においては, 電子は, それの波動函数が, 角度に対して適当な依存性をもっているとき, すなわち $Y_l{}^m(\vartheta,\varphi)$ のときにだけ, ある確定した角運動量をもつことができる. このことは, 電子が確定した運動量をもちえたのは, それの波動函数が, 位置に対する適当な依然性をもつとき, すなわち, $e^{ipx/\hbar}$ となっている場合だけであったこととよく似ている. このようにして, あるきまった角運動量と, あるきまった角度とを同時にもつような電子を考えるのは意味がないということになる. これは, ふたたび, 物質の波動的性格のあらわれであって, 粒子的模型にもとづいては理解できないことがらである.

角度が測定されるとき, 装置の作用によって, 体系は, 確定した角運動量と不確定な角度とをもった波動的な対象から, 確定した角度と不確定な角運動量とをもった粒子的な対象へと変化する. 他方, ひきつづいて, 角運動量が測定されたならば, 体系は, 波動的な対象へと逆もどりするであろう (第6章, 4節から 10 節までを参照).

第15章

動径方程式の解，水素原子，磁場の効果

この章では，3次元の波動方程式を解くというプログラムを続行し，その結果を多数の問題に応用する．

1. 動径方程式 ϑ と φ との任意函数は，球面調和函数の級数に展開されうるから，r, ϑ, φ の任意の函数も，係数が r の函数であることを許せば球面調和函数の級数であらわされる．すなわち，

$$\psi(r, \vartheta, \varphi) = \sum_{l, m} f_{l, m}(r) Y_l{}^m(\vartheta, \varphi), \tag{1}$$

$Y_l{}^m(\vartheta, \varphi)$ による上の展開は，r のどんな値に対しても行うことができる．その結果展開式の中に出てくる係数は，r に依存するであろう．この依存性は，その係数を $f_{l, m}(r)$ と書いて眼につくようにしておく．

第14章の (17) 式と (35) 式とによると，Schrödinger 方程式は次のように書いてよい：

$$\sum_{l, m} \left[-\frac{\hbar^2}{2m}\left(\frac{d^2}{dr^2} + \frac{2}{r}\frac{d}{dr}\right) - E + V(r) + \frac{\hbar^2}{2m}\frac{l(l+1)}{r^2} \right] f_{l, m}(r) Y_l{}^m(\vartheta, \varphi) = 0, \tag{2}$$

この方程式が ϑ と φ との任意の値について成立するためには，

$$-\frac{\hbar^2}{2m}\left[\frac{d^2}{dr^2} + \frac{2}{r}\frac{d}{dr} - \frac{l(l+1)}{r^2} \right] f_{l, m} + [-E + V(r)] f_{l, m} = 0 \tag{2a}$$

が必要である〔これは $Y_r{}^s(\vartheta, \varphi)$ をかけ ϑ と φ で積分すれば証明できる〕.

問題 1: 上の方程式を証明せよ．

$f_{l, m}(r)$ に対する方程式が m にはよらず，l だけに依存していることに注意し，今後は，$f_{l, m}(r) = f_l(r)$ と書こう．

上の方程式は，$f_l(r) = g_l(r)/r$ と書くことによって簡単にすることができる：

$$\frac{d^2 g_l}{dr^2} + \frac{2m}{\hbar^2}\left[E - V(r) - \frac{\hbar^2}{2mr^2}l(l+1) \right] g_l(r) = 0. \tag{3}$$

2. g_l の規格化 極座標での体積要素は，$r^2 dr d\Omega$ である．しかし，$Y_l{}^m$

(ϑ, φ) は，すでに $d\Omega$ で規格化されている．したがって，$f_l(r)$ は，動径について次のように規格化されねばならない：

$$\int_0^\infty |f_l(r))|^2 r^2 dr = 1, \tag{4a}$$

$rf_l = g_l$ と書けば，次式を得る：

$$\int_0^\infty |g_l(r)|^2 dr = 1. \tag{4b}$$

3. 特別な場合： $l=0$ (s 波) $l=0$ という特別な場合には，$g(r)$ に対する上の方程式は，ψ に対する 1 次元の Schrödingder 方程式と正確に同じものになる．しかし，一つの重要な制限条件が存在している：ψ はいたる所で有限でなければならず，又，$g=rf$ であるから，g が，原点で，少くとも r と同じくらい速やかに零に近づかねばならぬことはあきらかである．これは，1 次元の場合には存在しなかった，新しい境界条件である．この条件は，重陽子の問題においては既に適用されていたものである（第 11 章 14 節参照）．

角運動量零の状態は s 状態とよばれる．この用語は，分光学の初期の時代に始まるものである[*]．この記号では，様々な角運動量の状態は次のように名づけられている：

l	名称	
0	s	Sharp
1	p	Principal
2	d	Diffuse
3	f	Fundamental
4	g	

こゝから先は，アルファベット順に文字がふえてゆく．

4. 遠心力ポテンシャル $l \neq 0$ のときは，g_l の方程式は，ポテンシャル函数を $V(r) + \dfrac{\hbar^2}{2mr^2}l(l+1)$ とした，1 次元の Schrödinger 方程式と同じものである．こうして，系は，あたかも，反撥的なポテンシャル $\hbar^2 l(l+1)/2mr^2$ が通常のポテンシャルの上に加わったかのようにふるまう．第 2 章の 14 節で指摘したように，この反撥的なポテンシャルは，零でない角運動量をもった粒子を中心から遠くへ離してしまおうとする遠心力による項だと考えて差支えない．

---

[*] H. E. White, *Introduction to Atomic Spectra*. New York: McGrow-Hill Book Company, Inc., 1934, p. 13.

第15章 動径方程式の解 水素原子，磁場の効果

たとえば，$V(r)$ が $-e^2/r$ (Coulomb ポテンシャル) だと仮定する．$l \neq 0$ のときに効いてくるポテンシャルは，第1図と似たような形をしているにちがいない．中心からほど遠い所では，Coulomb ポテンシャルが主要な項であるが，小さな r では，それよりも反撥的な遠心力ポテンシャルがはるかに勝ってしまう．平衡点は有効ポテンシャルの微分が零となる所，すなわち，

$$\frac{\partial V}{\partial r} - l(l+1)\frac{\hbar^2}{mr^3} = 0 \tag{5a}$$

の場所である．Coulomb 引力に対しては，$\partial V/\partial r = e^2/r^2$．したがって，

$$r_{\text{平衡点}} = \frac{l(l+1)\hbar^2}{me^2}. \tag{5b}$$

予期されることであるが，平衡半径が，角運動量と共に増大することに注意する．この半径は，引力と遠心力とが丁度釣合っている場所のそれである．したがって，それは，古典的な円軌道の半径である．

一般に，粒子が束縛されているならば ($E<0$)，それは，(古典的)に第1図に示すような $r=a$ と $r=b$ という限界の間を振動するであろう．たとえば，水素原子の楕円

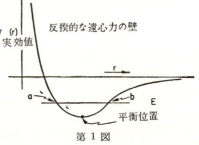

第 1 図

軌道では，半径は，長径と短径の間を週期的に振動する．全然振動しないのは円形軌道の場合だけである．

5. 相対座標の分離 これまでの所では，ポテンシャルは，ある固定点からの距離 r の函数であると仮定されてきた．多くの問題では，たとえば，水素原子では，ポテンシャルは，電子と陽子の間の相対距離 $\boldsymbol{r}_1 - \boldsymbol{r}_2$ の函数である ($\boldsymbol{r}_1$ は電子の動径ベクトル，$\boldsymbol{r}_2$ は陽子の動径ベクトルである)．ではあるけれども古典論において可能であったように，方程式を二つの組にわけ，一方が $\boldsymbol{r}_1 - \boldsymbol{r}_2$ だけを含み，他方が重心の位置だけを含むようにすることができる．これを行うには，2 個の粒子に対する Hamiltonian を次のように書く*：

---

* 第 10 章 11 節参照．

388　　　第 III 部　簡単な体系への応用. 量子論の定式化の一層の拡張

$$-\frac{\hbar^2}{2m}\nabla_1{}^2-\frac{\hbar^2}{2m}\nabla_2{}^2+V(\boldsymbol{r}_1-\boldsymbol{r}_2)=H, \tag{6}$$

今，次のおきかえを施してみる.

$$\boldsymbol{\xi}=\boldsymbol{r}_1-\boldsymbol{r}_2 \qquad \boldsymbol{\eta}=\frac{(m_1\boldsymbol{r}_1+m_2\boldsymbol{r}_2)}{(m_1+m_2)},$$

$\boldsymbol{\xi}$ は，2 個の粒子の間の距離をあらわし，$\boldsymbol{\eta}$ は重心の位置である.

次の関係は，読者の演習として残しておこう.

$$H=\frac{-\hbar^2}{2(m_1+m_2)}\nabla_\eta{}^2-\frac{\hbar^2(m_1+m_2)}{2m_1m_2}\nabla_\xi{}^2+V(\boldsymbol{\xi}). \tag{7}$$

問題 2: 上のことを証明せよ.

こゝろみに，波動函数を $\psi=F(\boldsymbol{\xi})G(\boldsymbol{\eta})$ という積とおいてみよう. のちに，任意の波動函数はこれらの積の和としてあらわされることがわかるであろう. このとき，H の固有値は次の方程式によって決定される:

$$\frac{-\hbar^2}{2(m_1+m_2)}F(\boldsymbol{\xi})\nabla_\eta{}^2G(\boldsymbol{\eta})-\frac{\hbar^2(m_1+m_2)}{2m_1m_2}G(\boldsymbol{\eta})\nabla_\xi{}^2F(\boldsymbol{\xi})$$
$$+V(\boldsymbol{\xi})F(\boldsymbol{\xi})G(\boldsymbol{\eta})=EF(\boldsymbol{\xi})G(\boldsymbol{\eta}), \tag{8}$$

$F(\boldsymbol{\xi})G(\boldsymbol{\eta})$ で割ると，

$$\frac{-\hbar^2}{2(m_1+m_2)}\frac{\nabla_\eta{}^2G(\boldsymbol{\eta})}{G(\boldsymbol{\eta})}+\left[-\frac{\hbar^2(m_1+m_2)}{2m_1m_2}\frac{\nabla_\xi{}^2F(\boldsymbol{\xi})}{F(\boldsymbol{\xi})}+V(\boldsymbol{\xi})\right]=E. \tag{9}$$

$\boldsymbol{\eta}$ を含む部分と $\boldsymbol{\xi}$ を含む部分とが，それぞれ別々に，かつ恒等的に一定である場合にだけ，この方程式は，任意の $\boldsymbol{\xi}$ と $\boldsymbol{\eta}$ について解をもつことができる. すなわち，

$$\frac{-\hbar^2}{2(m_1+m_2)}\frac{\nabla_\eta{}^2G(\boldsymbol{\eta})}{G(\boldsymbol{\eta})}=E_0=\text{常数}. \tag{10}$$

ところが，上の方程式は，m_1+m_2 という質量をもった自由粒子の Schrödinger 方程式と正確に同じものになっている. したがって，重心に対する波動函数はまさしく，系が，E_0 という運動エネルギーと系の全質量に等しい質量とをもった 1 個の粒子であるかのようにふるまう. これは丁度，粒子系の重心は粒子間に働く力とは無関係に一定の割合で運動するという古典的な結果に対する量子論的対応物である. この量子的な結果は，粒子の数が任意である場合にも拡張できる. 函数 $G(\boldsymbol{\eta})$ は次のように与えられる:

$$G(\boldsymbol{\eta})=Ae^{i\boldsymbol{p}\cdot\boldsymbol{\eta}/\hbar}+Be^{-i\boldsymbol{p}\cdot\boldsymbol{\eta}/\hbar}, \tag{11}$$

第15章 動径方程式の解, 水素原子, 磁場の効果   389

ここに, A と B とは任意常数であり, $|\boldsymbol{p}|=\sqrt{2(m_1+m_2)E_0}$ である.

全エネルギー E と, 重心に関係したエネルギー E_0 との差を, E_r という記号であらわすことにしよう (相対的エネルギー). そのとき, F に対する方程式は次のようになる:

$$\frac{\hbar^2}{2\mu}\nabla^2 F+(E_r-V)F=0. \tag{12}$$

但し,

$$E_r=E-E_0, \quad および \quad \mu=\frac{m_1 m_2}{m_1+m_2}.$$

μ は換算質量として知られているものである. 上の方程式は, あきらかに固定中心から生ずるポテンシャル中のエネルギーと E_r と換算質量 μ をもった粒子の方程式と同じである.

通常, 水素原子のような問題を解く場合は, 原子の全体としての運動のエネルギーは問題にせず, 電子と陽子の相対運動の結果出てくるエネルギーだけに関心を払う. たとえば, 電子がある与えられた定常状態から, より低いエネルギーの状態へ遷移したときに, 輻射の形で現われるのは, この相対的エネルギーである. したがって, 実際問題として, われわれは, $F(\xi)$ に関する方程式だけを解き, E_r の可能な値を求めるのである. そして, E_r を結局は E であらわすことになる. この手続きは, 重陽子のエネルギー準位を求めるときに既に採用されていたものである (第 11 章 14 節). その際には, 中性子と陽子という 2 個の粒子が, 実際的には同じ質量とみられるので, $\mu=m/2$ とされていた.

ξ と η との任意の函数をあらわすために, $F(\xi)G(\eta)$ という函数列を用いることができる. というのは, F と G とが, 各々共に Hermite 演算子の固有函数であるという事実に由来している [G は, $\dfrac{-\hbar^2}{2(m_1+m_2)}\nabla_\eta{}^2$ の固有函数であり, F は (12) 式に出てくる演算子の固有函数である]. したがって, 展開定理により, 任意の函数はこれらの積の級数として展開できる. 今後, 別に指定しないかぎり, $F(\xi)$ を解くことだけに限ることにしよう. しかし, 完全な波動函数は積 $F(\xi)G(\eta)$ の和であることを忘れぬようにしておかねばならない.

6. 水素原子の解の一般形に対する予備的論議   いよいよ, 水素原子の Schrödinger 方程式を解くこびとなった. しかし, まず最初に, 問題を厳密

に解かなくても波動函数がどのようになっているかを示すテクニックをあきらかにするために，定性的な仕方で，解の一般的な形を論ずることにしよう．われわれは，相対座標 r_1-r_2 だけに話を限ることにし，以後これを r とあらわすことにしよう．さらに，E が負であるような解だけを求めようと思う．これは，束縛状態に対応する解である．正の E をもった解は，無限の遠方から飛来し，ポテンシャルによる散乱をうけ，再び無限の距離に去ってしまうような電子をあらわしている．この型の解は，第21章で，散乱問題と関連してしらべることにしよう．古典物理学においては，正の E は双曲線軌道を，負の E は楕円軌道の結果を与える．

7. s 波に対する解の一般的な形 s 波に対しては，遠心力ポテンシャルが消える．そして，実際のポテンシャルは，第2図に示されるような形をとる．エネルギーが負であれば，$r=a$ という点が存在し，そこを越えると $E-V$ が負になる．古典的には，粒子は決して a よりも大きな距離には到達しない筈である．この動径の値は，$|E|=e^2/a$ すなわち，$a=e^2/|E|$ によって与えられる．この点を越えると

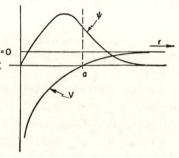

第 2 図

解は振動せず，一般に指数函数的にふるまう．$r\to\infty$ となると，ポテンシャルは無視しうるようになり，(3) 式の中の g は，次の方程式の解によって近似することができる：

$$\frac{d^2g}{dr^2}-\frac{2\mu}{\hbar^2}|E|g=0,$$

$$g=A\exp\left(-\sqrt{\frac{2\mu|E|}{\hbar^2}}r\right)+B\exp\left(\sqrt{\frac{2\mu|E|}{\hbar^2}}r\right). \tag{13}$$

波動函数が $r\to\infty$ においても有限にとどまるためには，増大する指数函数の係数 B が零でなければならない．この要請が $|E|$ の許される値を決定することがわかるであろう．

原点においては，g は零という値から出発しなければならない．解の一般的な形は，第 11 章の 12 節での議論を用いて知ることができる．$r<a$ の時は，

$E-V$ は正である.したがって,g が正であれば,波動函数は負の曲率をもつ.$E-V$ が充分に大きいとすれば,解は充分に曲がることができ,g の勾配は $r=a$ で全く負になる.$r=a$ を越えれば,曲率は正である.一般に g は,$r\to\infty$ としたときに増大する指数函数に近づくが,$|E|$ のある値に関しては,正確に減衰する指数函数とつながるであろう.その $|E|$ の値がエネルギーの固有値となるであろう.このようにして得られた波動函数は第2図に示されている.その解は,原点におけるやむをえない 1 個を除いては,節をもたない.したがって,これは最低エネルギー状態に対応しなければならない.振動する波動函数は,振動しない波動函数よりも高い運動エネルギーをもっているからである.

その次の状態は,波動函数が 1 個の節を通ったあとで,減衰する指数函数につながるような状態であろう.E は大きくなるから($|E|$ は小さくなるが E は負である),ポテンシャル中の波長,

$$\lambda = h/p = h/\sqrt{2m(E-V)}$$

は小さくなる*.その結果,この波動函数は,より低いエネルギーの解よ

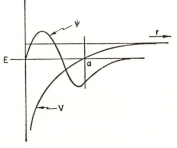

第 3 図

りも急激に振動する.さらに,なお振動する余地が存在している.それは $|E|$ がより小さいときは,回帰点は,より大きい半径の所に生ずるからである($a=e^2/|E|$).この状態の波動函数は第3図に図式的に示されている.

さらに高いエネルギー状態は,さらに多くの節をもった波動函数にかゝわるものである.箱型ポテンシャルの場合,可能な束縛状態の数は,ポテンシャルの深さと半径に依存していた.しかし,Coulomb 力は無限に多くの束縛状態をもっていることがわかるであろう.これは,Coulomb 力が,位置の函数としては,比較的ゆっくりとなくなってゆくためである.実際,非常にゆっくり

---

* この一致は,些か大雑把なものである.ポテンシャルが位置の函数であるときには,ある与えられた点での波長というのは,精密に確定しうる意味を全くもたないからである.しかし,V があまり急激に変化しないときには,WKB 近似と関連して行われたように,この波長に対して近似的な意味を与えることが常に可能である(第 12 章).

なので，$|E|$ を減らし，したがって a を増やすことによって，波動函数をいくらでも振動させることが，常に可能なのである．

　近似的なエネルギー準位の決定への WKB 近似の応用. これがどのようになしとげられるかをこと細かに見るため，WKB 近似を用いることにしょう．この近似は，波動函数が多数回振動する場合には，たしかによい近似であり，低い量子状態においてすら，若干の意味をもっている．しかし，原点で零になる解だけをえらぶように注意しなければならない．したがって，WKB 近似の解を次のように書く．

$$g \sim \frac{1}{\sqrt[4]{E-V}}\sin\left[\int_0^r \sqrt{2m(E-V)}\frac{dr}{\hbar}\right]. \tag{14a}$$

　r が無限大に近づくにつれて，g がどのようにふるまうかを見出すため，右側に壁がある場合の接続公式を適用する [第 12 章 (39) 式]．回帰点は $r=a$ であることに注意し，g に対する上の方程式を書きかえる：

$$g \sim \frac{1}{\sqrt[4]{E-V}}\sin\left[\int_0^a \sqrt{2m(E-V)}\frac{dr}{\hbar} - \int_r^a \sqrt{2m(E-V)}\frac{dr}{\hbar}\right]$$

$$= \frac{1}{\sqrt[4]{E-V}}\cos\left[\int_r^a \sqrt{2m(E-V)}\frac{dr}{\hbar} - \int_0^a \sqrt{2m(E-V)}\frac{dr}{\hbar} + \frac{\pi}{2}\right].$$

接続公式，第 12 章 (39) 式は，次の場合にかぎり，g が減衰する指数函数とつながることを示すものである．

$$\frac{\pi}{2} - \int_0^a \sqrt{2m(E-V)}\frac{dr}{\hbar} = -\frac{\pi}{4} - N\pi,$$

ここに，N は整数，すなわち，

$$J = 2\int_0^a \sqrt{2m(E-V)}\,dr = \left(N + \frac{3}{4}\right)h. \tag{14b}$$

量子条件の中に 3/4 が出てきているのに注意されたい．これは，波動函数が原点で零であるという要請から出てきたものである．この点で，かかる要請が全くない1次元の場合*と区別される．

　ここで，次の積分を計算せねばならない．

$$J = 2\sqrt{2m}\int_0^a \sqrt{-|E| + \frac{e^2}{r}}\,dr,$$

---

* 第 12 章 (55) 式.

第15章 動径方程式の解,水素原子,磁場の効果　　　393

ここに,$a=e^2/|E|$. まず,$r=ay=e^2y/|E|$ というおきかえを行おう:

$$J=\frac{2e^2}{\sqrt{|E|}}\sqrt{2m}\int_0^1\sqrt{\frac{1}{y}-1}\ dy.$$

この積分は容易に計算されて $\pi/2$ を与え,量子条件 (14) は

$$\frac{\pi e^2}{2\hbar}\sqrt{\frac{2m}{|E|}}=\left(N+\frac{3}{4}\right)\pi. \tag{15a}$$

E について解けば,

$$E=\frac{-me^4}{2\hbar^2\left[N+\left(\dfrac{3}{4}\right)\right]^2} \tag{15b}$$

を得る.ここで n は零からはじまるあらゆる整数である.この公式は,正確な公式 [12 節 (22) 式参照] とは一致しない.それには,$N+\dfrac{3}{4}$ のかわりに $N+1$ にならねばならない.しかし,きわめて近いものであって,対応論的極限では,この結果と正しい公式との差はきわめて小となり,判らない程度になる.小さな N においてそれが悪くなるという理由は,WKB 近似が厳密には適用できない,ということである.

問題 3: Coulomb ポテンシャルの場合に,いろいろ異った値の N をもった波動函数に対する WKB 近似の妥当性を調べよ.

<u>級数の極限に近づく固有値</u> は $N\to\infty$ としたとき,エネルギー準位の間はどんどん狭くなって行って,$|E|=0$ に始まる連続的なものに達することがわかる.準位は,どしどしつまってゆく.このように,高い量子状態では準位がたがいにあまりにも接近しているため,とびとびの量子的準位と,古典論から予言されるエネルギーの連続的な領域との差を云々することが困難になる.エネルギー準位の図は,第 2 章第 4 図に示されている.

箱型井戸の場合の有限個の準位とは対照的なものとして,水素原子において連続に近い無限個の準位が現われる理由を詳細にわたって調べると興味深い.すでに指摘されているように,その理由は,水素原子ではポテンシャルが無限遠にまで拡っているということである.$r\to\infty$ でなめらかに減ってゆく他のあるポテンシャル,たとえば,$1/r^n$ とか e^{-br} といったものでは,どういうこと

が起るであろうか? という問が発せられるかもしれない. そのようなものも, 水素原子のように, $|E|\to 0$ としたときに無限個の準位を示すであろうか? それとも, 井戸型に近くふるまい, 有限個の準位を示すであろうか? こゝでは, その解答の詳細は与えないが, たゞ, 次の結果だけを引用しておこう: r^{-n} のように $V\to 0$ となるときには, $n\leq 2$ であれば, 無限個のエネルギー準位が存在するが, $n>2$ ならば, 有限個しか存在しない. e^{-br} についても, 有限個しか存在しない. これらのことの証明は読者の演習としてのこしておく.

<u>主量子数の定義</u> われわれは, g が節をもつ度毎に新らしいエネルギー準位を得る. したがって, 節の数は, 異った状態を順序づける便利な方式を与える. g における節の数 (原点での1個を含め) を状態の主量子数とよび, 通常 n であらわしている. この定義は s 状態についてしか成立しない. より高い角運動量の場合は, 後段に論ぜられるような仕方で改変される.

各々の節が ($r=0$ における 1 個のものを除いて) その上で波動函数が消えるようなある面を定義していることは明らかである. この場合, その面は球形をしている. もっと一般的な問題では, 主量子数を, 節面 (一般の場合には必らずしも球面であることを要しない) の総数として定義すれば便利である. この問題にはより高い角運動量の解を論じた後でたちもどることにしよう.

8. $l>0$ の場合の解の一般的な形 $l\neq 0$ の場合は, 反撥的な遠心力ポテンシャルが加わって, 第4図に示したものとよく似た有効ポテンシャルをつくっている. 古典的には, 粒子は, 速度の動径成分が零になる場所である, a と b という限界の間を振動している. 解の一般形は容易に知ることができる. まず, $r=0$ で

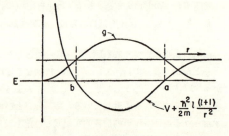

第 4 図

$g=0$ であることがわかる. 事実, $g\simeq r^{(l+1)}$ が, 原点の近くではよい近似であることが示される. これを証明するために, r が小さいときには, 有効ポテンシャル中の重要な項が, $\hbar^2 l(l+1)/2mr^2$ であることに注目しよう. このようにして, 微分方程式は近似的には

第15章 動径方程式の解, 水素原子, 磁場の効果　　　　395

$$\frac{d^2g}{dr^2} - \frac{l(l+1)}{r^2}g \cong 0 \tag{16a}$$

となる. 直接に代入してみれば, 最も一般的な解が次のようになることは容易
にわかる:

$$g = Ar^{l+1} + Br^{-l}. \tag{16b}$$

但し, A と B とは任意の常数である. g は原点で零にならなければならない
から, r^{-l} を含んだ解は許されない. したがって, 原点の近くでは, 近似解は

$$g \cong Ar^{l+1}. \tag{16c}$$

この函数を図に描いてみると, $l>0$ のときには, この函数が r の大きい値
にゆくに従って上向きに曲ることが, すぐにわかる. この上向きの曲率を生ず
る理由を見る別の方法は, 運動エネルギーの有効値が負になるのに注目するこ
とである. そのため, g が正にとられているとすれば, 波動函数の勾配は, r
が増すと共に増大しなければならないことになる. この勾配の増加は, 原点か
ら $r=b$ まで続き, $r=b$ からは, 運動エネルギーの有効値は正となり, 波動函
数は下に向って曲りはじめる. 最初の束縛状態は, g が丁度うまく下に曲り,
$r>a$ で減衰する指数函数とつながるようになるエネルギーで生ずるであろう.
第二の束縛状態は, 波動函数が 1 個の節を通りすぎた後, 減衰する指数函数
とつながるときに生ずる. 第三のものは, 2 個の節を通りすぎた後にできる,
等々.

問題 4: $l>0$ のとき WKB 近似によってエネルギー準位を求めよ. $l \neq 0$ の
ときには, 原点で $g=0$ という境界条件を課する必要がないことに注意せよ. そ
れは, 有効遠心力ポテンシャルが, この結果を自動的に実現するからである. エ
ネルギー準位を確定する通常の WKB の取扱い (第 12 章 13 節) を, こゝで
用いてよい.

$l>0$ のとき, 原点の近くで波動函数の値が小さいというのは, 勿論, 遠心力
ポテンシャルの反撥的な効果の結果である. 高い角運動量をもった粒子を原点
近傍に見出しうるのは, きわめて稀であることがわかる. 実際, 動径運動エネ
ルギーの実効値が正になるに足るほど大きな距離にすゝむまでは, そのような
粒子は容易に見出されない. それがおきるのは, 次の場所に於てゞある;

$$\frac{\hbar^2}{2m}\frac{l(l+1)}{r^2}\cong\frac{p^2}{2m},$$

こゝで, p は全運動量である. したがって, 粒子は, $pr=\hbar\sqrt{l(l+1)}$ で与えられるよりも小さい半径の中には滅多に行かないのである. この結果を理解する大雑把な方法は, 運動量 p をもった粒子は, その運動量を以て円形軌道上を運動する古典的粒子が対応する適当な角運動量をもつような距離よりも, 原点の方に近づいてゆくことは殆どない, と云うことである.

9. 量子数の定義 原子の問題では, 次のような三つの量子数によって束縛状態を指定することが慣習となっている:

$n=$主量子数.

$l=$軌道角運動量量子数.

$m=$方位量子数$=\hbar$ を単位とした角運動量の成分.

主量子数は, 波動函数中の節面の数に 1 を加えたものによって定義される. 波動函数, われわれの場合 $g_l Y_l{}^m(\vartheta,\varphi)$ に等しい, の r 倍を用いれば, 主量子数は, 原点の節も分面とみなして, この函数の節面の総数に等しい. l 次の球函数は l 個の節面をもっているから*, 主量子数は $l+N$ である. こゝに N は動径函数 g の節の数である (原点の 1 個も含む).

n をこのように定義する理由は後に, 水素原子の厳密なエネルギー準位を求めるときに明らかになるであろう.

電子のスピンが考慮に入れられる場合は, 量子数はさらに改変されねばならない. その方法は第 17 章で与えられよう.

10. 異った n, l, m をもった波動函数の物理的解釈

1. $l=0$ の場合: これらの状態の角運動量は零である. 角運動量零の古典的軌道は, 粒子が動径方向に前後に振動し, 週期的に原子の中心につっこんでは又もどってくる, といった場合の軌道である. 量子力学的には, 厳密な軌道を云々することはできないが, そのかわりに, 波束をつくらねばならない. あるきまった動径上を動く (すなわち, 角度 ϑ,φ がきまっている) 波束をつくるためには, 多くの異った角運動量を含めなければならない (第 14 章 21 節参照). したがって, 角運動量零の状態で, 粒子が正確に原子の中心を通るとはもはや云うことができない. 粒子の軌道を精密に確定するには多くの角運動量を必要とするからである. しかし, s 状態では, 粒子は, 平均として, 他のど

---

* 第 14 章 15 節.

第15章 動径方程式の解，水素原子，磁場の効果　　　397

の状態の場合よりも原子核に近づくとは云うことができる．それは，遠心力の壁が存在しないためである．この事実は，原点の近くでの波動函数が $g \sim r^{l+1}$ という形をしていることに反映されている．l が大きくなると，原点の近くの g は小さくなる．

2. $l>0$ の場合：これらの状態は零でない角運動量をもっているため，古典的極限での円乃至は楕円形の軌道に対応している．円形の古典的軌道は，r が正確にきまり，あらゆる時刻を通じて不変であるような軌道である．勿論，このことは，量子論では，不確定性原理のために可能ではない．しかし，もっとも円形に近い軌道は，波動函数の動径部分が，もっともせまい範囲におしこめられ，節の数が最小のものであるにちがいない．ある与えられた領域内で，波動函数が符号を何回も変えるとすると，こういうことは，函数が節を多くもっているときにおこるであろうが，その場合は，こうした符号の変化がおこる方向に，それに応じた大きな運動量が存在するであろう．それは，$\boldsymbol{p}$ の平均値が丁度 $\dfrac{\hbar}{i} \displaystyle\int \psi^* \nabla \psi d\boldsymbol{x}$ であって，ψ の符号が急激に変化すると，その結果おこる $\nabla \psi$ への大きい寄与が大きな運動量をつくり出すからである†．動径波動函数がいくつかの節をもっていれば，そのときは，たゞ1個の節をもっている場合よりも円形から遠ざかった軌道に対応するであろう．円形軌道では，動径運動量零が必要だからである．

$l=n-1$ の状態は，波動函数の動径成分の振動が最小であるため，一番円形に近い軌道に対応する．これを詳しく見るために，完全な波動函数を考えることにしよう．

$$\psi = \frac{g_l(r)}{r} Y_l{}^m(\vartheta, \varphi).$$

すでにわれわれは，m のいろいろな値が，（近似的な）軌道の面のさまざまな向きを記述していることを知っている‡．z 軸と近似的に直交する軌道面を得るために，$l=m$ をえらぶ（第 14 章 15 節参照）．次に，$n-1=l$ （すなわち，動径波動函数が 1 個の節をもつ）をえらべば，波は，xy 面上に中心をおき，

---

† 実際には，動径運動量演算子は，$\dfrac{\hbar}{i}\dfrac{\partial}{\partial r}$ ではなく，$\dfrac{\hbar}{i}\left(\dfrac{\partial}{\partial r}+\dfrac{1}{r}\right)$ である（Dirac, 第 3 版 p. 153 を参照）．しかし，附加項は，この議論を目に見えて変更させるようなことはない．

‡ 第 14 章 12, 15, 21 節．

第4図に示した有効ポテンシャルが最小になるような半径のまわりのドーナツ状の領域内でのみ大きな値をもつであろう. こうして, 第3章15節で示唆されたような波動函数の描像が正当化されるのである.

11. 波束の形成 $n-1>l$ の状態においては, 動径波動函数は, 原点の1個以外にも節をもっているであろう. すでに承知するとおり, これは, 動径運動量が附加されることに対応する. 古典的極限においては, これらの波動函数は楕円軌道をあらわしている. 一見したところ, ψ が動径波動函数と角波動函数の積であることから, r と φ の間には何の相関もあり得ないように思われるかもしれない (φ は楕円軌道の記述には必須である). この相関を得るためには, l のある範囲の値を用いて波束をつくらなければならない. ここで, その手続きを行うことはせず, この方法を用い, l と n とが大きいときに, 楕円ドーナツ型の波束が形成されうるという結果を引用するだけにしておく. l と n とが大きくなければならないという理由は, 波束をつくるためには, 非常によく振動する函数を必要とするということによる. さもなければ, 波束の中心から遠い所で弱め合うような干渉を得ることができないのである.

12. 水素原子に対する厳密な解 それでは水素原子の問題を厳密に解くことにしよう. この際 (3) 式に次のおきかえを行うと便利である:

$$r=\frac{\hbar}{\sqrt{2\mu}}x, \quad \sqrt{2\mu}\frac{e^2}{\hbar}=k, \quad E=-W. \tag{17a}$$

ただし, W は結合エネルギーである. そうすると, (3) 式は

$$\frac{d^2g}{dx^2}+\left[\frac{k}{x}-\frac{l(l+1)}{x^2}-W\right]g=0. \tag{17b}$$

すでに, x が大きいとき, 解が近似的に, $g=e^{-\sqrt{W}x}$ となることがわかっている [(13) 式参照]. この事実は, 解を

$$g=Ue^{-\sqrt{W}x}$$

と書くと都合がよいということを示唆している. g のこの値を (17) 式に代入すると,

$$\frac{d^2U}{dx^2}-2\sqrt{W}\frac{dU}{dx}+\left[\frac{k}{x}-\frac{l(l+1)}{x^2}\right]U=0. \tag{18}$$

さて, U に対する境界条件は, $x\to\infty$ で $Ue^{-\sqrt{W}x}$ が, 積分された確率が有

限になる，すなわち，いゝかえれば $\int_0^\infty U^2 e^{-\sqrt{W}x} dx$ が収斂するのに十分な程の速さを以て零に近づかねばならないということである．

この問題を解く方法はいろいろある．たとえば，調和振動子の場合に用いられた[*]，微分方程式を因数分解する方法が，こゝでも用いられよう．しかし，この機会に，より普通ではあるが，あまりすっきりしない方法，すなわち，冪級数に展開する方法を示しておこう．

したがって，次のような形の解を得ることをこゝろみる：

$$U = \sum_{N=0}^\infty C_N x^{N+s},$$

われわれが x^{N+s} という形を用いるのは，(16c) 式により，解が一般に r のある次数から始まることがすでにわかっているからである．s の値は微分方程式から決定される．

上の式を微分方程式 (18) に代入すると，

$$\sum_N C_N[(N+s)(N+s-1)x^{N+s-2} - 2(N+s)\sqrt{W}\,x^{N+s-1}$$
$$-l(l+1)x^{N+s-2} + kx^{N+s-1}] = 0 \quad (19a)$$

を得る．こゝで x の同じ次数をもった項を全部あつめると，次の式を得る．

$$\sum_N x^{N+s-2}\{C_N[(N+s)(N+s-1)-l(l+1)]$$
$$-C_{N-1}[2\sqrt{W}(N+s-1)-k]\} = 0. \quad (19b)$$

この方程式が任意の x について正しいためには，x の各係数が全部零にならねばならない．それは，次の聯立方程式にみちびく：

$$\frac{C_N}{C_{N-1}} = \frac{2(N+s-1)\sqrt{W}-k}{(N+s)(N+s-1)-l(l+1)}. \quad (19c)$$

仮定により，$C_{-1}=0$，$C_0 \neq 0$ であるから，

$$s(s-1) = l(l+1)$$

が出てくる．上の式は決定方程式として知られているものである．これは，展開式の中にあらわれる x の最低次数を決定する．その解は，

$$s = l+1, \qquad s = -l.$$

この結果は，方程式を x が小さい場合にだけよいような近似で解いて得られた (16b) の式と一致している．g は原点で零にならねばならぬから，$s=-l$

---

[*] 第 13 章参照.

に対応する波動函数は許されない. したがって, $s=l+1$ から出発しなければ
ならない.

そこで, C_0 をどのように選んだとしても, (19c) 式で $N=1$ とおくと, C_1
は決定される. C_2 は $N=2$ とおくことにより C_1 から決定される. 以下同様
である. こうして, 級数が収斂するならば, 完全な解を得ることができる.

級数が x の全ての値に対して収斂することを証明するのは困難ではない.
これを行うためには, 級数中の引き続く項の間の比が次のようになることに注
意する:

$$\frac{C_N x}{C_{N-1}}=\frac{[2(N+s-1)\sqrt{W}-k]x}{(N+s)(N+s-1)-l(l+1)}. \tag{19d}$$

N が大きいと, この比は $2\sqrt{W}x/N$ に次第に近づく. これは, 指数級数 $e^{2\sqrt{W}x}$
$=\sum_N \frac{(2\sqrt{W}x)^N}{N!}$ における比と同じである. さて, 数学* では, この比の極限
が等しく, しかも1でないような, 二つの級数は共に収斂するか発散するかで
あることが示されている. この指数級数は x の全ての値に対して収斂するか
ら, われわれが導いた級数もまた収斂する.

次の問題は, $x\to\infty$ としたとき, 解がどうなるかを見ることである. これを
行うには, 上の定理, すなわち, (19d) 式の比が等しくて, 1 には等しくない
二つの級数が, $x\to\infty$ としたとき, 同じタイプで無限大に近づくという定理の
拡張を用いる. いいかえれば, $x\to\infty$ としたとき, われわれの波動函数は,
$e^{2\sqrt{W}x}$ と同じ性質を示すであろう. それ故, 次のように書ける:

$$g=Ue^{-\sqrt{W}x}\sim e^{+\sqrt{W}x}, \quad x\to\infty.$$

したがって, 一般には, 上の級数の導く波動函数は許されない. しかし, N の
有限の値で止まるときは, 例外がおこる. その場合は, g が丁度 $e^{-\sqrt{W}}P(x)$
となるからである. ここで, $P(x)$ は, x のある多項式である. この函数は明
らかに自乗積分可能である. 級数が途中で終る条件は, C_N が N のある有限
の値で零となることである. 解自体が零とならぬためには, N は少くとも 1
でなければならない. ($s=l+1$ とおくと) (19c) 式より, 級数が途中で切れる
のは次の場合におこる:

$$2(N+l)\sqrt{W}=k, \quad \text{すなわち}, \quad W=\frac{k^2}{4(N+l)^2}, \tag{19e}$$

---

* たとえば E. T. Whittaker and G. N. Watson. *A Course of Modern
Analysis*, London: Cambridge University Press, 1920, 3rd. ed., p. 18.

第15章 動径方程式の解，水素原子，磁場の効果　　　401

k の定義式の (17a) 式より，

$$E = -W = \frac{-\mu e^4}{2\hbar^2(N+l)^2} \tag{20}$$

を得る．これが，水素原子のエネルギー準位である．ここで，換算質量が用いられねばならないことに注意されたい．

　級数は N 項で終るのであるから，$U(x)$ が，x^{l+1} に $N-1$ 次の多項式をかけたものに等しいことはあきらかである．これが常に N 個の実数の零点を持たねばならないことが示されうるのであるが，ここではそれは行わない．したがって，波動函数は N 個の節（x^{l+1} という因子によって作られる原点での1個を含める）を持つと結論される．この波動函数を，7節と8節で論じられた一般的な形と比較し，両者が同一であることを知ることができる．このようにして，われわれは次の結果を得る．

$$g = x^{l+1}p_N{}^l(x)e^{-\sqrt{W}x}. \tag{21}$$

ここに，$p_N{}^l(x)$ は N 次の多項式である*．波動函数は x^{l+1} として出発し，原点における 1 個のほかの $N-1$ 個の節を通過し，最後に指数函数的に 0 になってゆく．

　主量子数に関するわれわれの定義から（9節を参照），$n = N+l$ を得る．したがって，水素原子のエネルギー準位は，

$$E = \frac{-\mu e^4}{2\hbar^2 n^2} \tag{22}$$

で与えられる．これは，Bohr, が初期量子論によって導いたものと同じである [第2章 (19) 式]．

13. 水素のエネルギー準位の縮退　水素のエネルギー準位は，主量子数 n だけに依存し，l や m には無関係であることが注目される．これは，次のことを意味している．エネルギーを知るためには，n の値だけを知れば充分であり，n が指定された後では，エネルギーは，m にも l にもよらない．それ故に，一般には，同じエネルギーを持った多くの異った量子状態が存在している．したがって，系は縮退しているのである†．最低の状態は $n=1$ であらわれる．その場合，動径函数には，原点にただ1個の節が存在するだけである．N を動径波動函数中の節の数としたとき，$n = N+l$ であるから，この状態では $l=$

---

* $p_N{}^l(x)$ の正確な定義については 14 節を見よ．
† 第 10 章 14 節．

0 でなければならない. 従って, この状態は縮退していない. $n=1$ を持った波動函数はただ1個, $l=m=0$ のものだけしかないからである. 次の状態では $n=2$ である. ここでは四つの可能な状態がある. 動径波動函数の節が 1 個で $l=1$ である状態が可能である. この場合は m は, -1, 0, 1 の三つの値をとることができる. さらに, 動径波動函数に 2 個の節があって ($N=2$), $l=0$ である状態を有することができる. より高い状態に進むにつれて縮退度も増大する.

エネルギーが l の函数ではないという性質は, 水素原子と 3 次元の等方的調和振動子だけが持っている性質である‡. 例えば, 水素以外の原子に於いては, エネルギーは, n だけではなく, l の函数でもある. これは, 水素以外の原子中の, 与えられた電子のポテンシャル・エネルギーが Ze^2/r ではなく, 他の電子の遮蔽効果のために変っているためである. Coulomb ポテンシャルからのへだたりが大きくなるにつれて, n が同じで l が異なる, といった準位の間のエネルギー差はますます大きくなるであろう. 最も重い原子に於いて一番大きくはずれるのであるから, 同じ n で異った l を持つエネルギー準位の間隔は, 原子数が増すにつれて, 一般に増大する傾向が存在するといえよう. 水素に於いてさえ, 同じ n を持った準位の縮退は, 外部から電場をかけることによって分けることができる. この場は, 各準位に l に依存しただけのエネルギーの変化をひきおこすのである. これは 1 次の Stark 効果として知られているものであって, 後に摂動論と関連して論ずることにしよう*. スピンと相対論の効果もまた, これらの準位に対して, 微細構造とよばれる小さなずれをつくり出すものである.

同じ l と n をもち, 異った m をもつ準位の縮退は, すべての中心力場, すなわち, 動径のみの函数であるポテンシャルすべてにとって共通のものである. これは, 許されるエネルギーを決定する動径方程式 (12a) に m が入っていず, 全角運動量 l だけが入っているという事実から知ることができる. しかし, この縮退は, 場が非中心的であればなくなる. 例えば, このような非中心力場は, 外部磁場によって作り出される. その際, この場は, m の異なる準位に異ったエネルギーをもたらすのである. 外部磁場内に於てエネルギー準位の

---

‡ 縮退に関する古典的および初期量子論的取扱いについては第 2 章 14 節を参照.

* 第 19 章 11 節.

第15章 動径方程式の解，水素原子，磁場の効果

がわれることが，Zeeman 効果を生ずるのである．それについては 27 節で学ぶであろう．

水素原子のいろいろなエネルギー準位の縮退と，この縮退がとける有様を示す図式的な表を第5図に掲げておく．

さまざまに異ったエネルギー準位のずれの，符号と大きさは，ともに準位の分岐の原因である力のタイプに応じて変りうることに注意しなければならない．

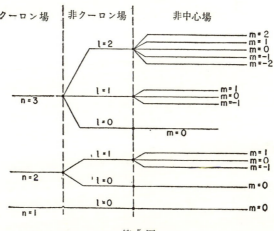

第 5 図

14. Laguerre の多項式と，Laguerre の陪多項式　方程式 (18) の解である多項式は，Schrödinger の波動方程式が見出されるよりはるか以前に，すでに Laguerre によって数学的な方法で独立に研究されていたものである．Laguerre の多項式は，合流型超幾何函数とよばれる函数の特別の場合である．

Laguerre の多項式は次のように定義される*．

$$L_r(\rho) = e^\rho \frac{d^r}{d\rho^r}(\rho^r e^{-\rho}). \tag{23}$$

Laguerre の陪函数は Laguerre の多項式の微分によって得られる．すなわち，

$$L_r^s(\rho) = \frac{d^s}{d\rho^s} L_r(\rho). \tag{24}$$

---

* Pauling and Wilson, pp. 130–132 参照．

404   第Ⅲ部　簡単な体系への応用．量子論の定式化の一層の拡張

これらの函数が次の方程式を満足することは，直接代入して見れば容易に証明される．

$$L_r{}^{s\prime}(\rho) + \left(\frac{s+1}{\rho} - 1\right)L_r{}^{s\prime}(\rho) + \frac{(r-s)}{\rho}L_r{}^{s}(\rho) = 0. \tag{25}$$

$U = x^{l+1}v$ と書けば，(18) 式より，次の結果を得る．

$$v'' + \left[\frac{2(l+1)}{x} - 2\sqrt{W}\right]v' + \frac{[k - 2\sqrt{W}(l+1)]}{x}v = 0. \tag{26a}$$

(19e) を使って k が消去される．すなわち，$k = 2\sqrt{W}(N+1) = 2\sqrt{W}n$ という関係と，$z = 2\sqrt{W}x$ の置き換えとで，(26a) は

$$\frac{d^2v}{dz^2} + \left[\frac{(2l+1)}{z} - 1\right]\frac{dv}{dz} + \frac{n-(l+1)}{z}v = 0 \tag{26b}$$

となり，$r = n+l$，$s = 2l+1$，$\rho = z = 2\sqrt{W}x$ ととれば，(26b) は (25) と同じものになる．従って，次の式を得る：

$$v = L_{n+l}^{2l+1}(2\sqrt{W}x). \tag{27}$$

波動方程式の完全な解は，

$$\psi_{n,l}^{m}(x) \sim e^{-\sqrt{W}x}x^l L_{n+1}^{2l+1}(2\sqrt{W}x)Y_l{}^m(\vartheta,\varphi). \tag{28}$$

波動函数は，次の関係を用いて規格化することができる[†]．

$$\int_0^\infty e^{-\rho}\rho^{2l}\left[L_{n+l}^{2l+1}(\rho)\right]^2\rho^2d\rho = \frac{2n[(n+l)!]^3}{(n-l-1)!}. \tag{29}$$

独立変数として r を用いる場合にたちもどることにしよう．それには次の置き換えを用いる：

$$x = \sqrt{2\mu}\,\frac{r}{\hbar}, \quad \sqrt{W} = \frac{k}{2n} = \sqrt{2\mu}\,\frac{e^2}{2n\hbar}.$$

さらに，$a_0 = \hbar^2/\mu e^2 =$ 第一 Bohr 軌道半径，と書くことにする．その結果は

$$\psi_{n,l}^{m} \sim e^{-r/na_0}\left(\frac{r}{a_0}\right)^l L_{n+l}^{2l+1}\left(\frac{2r}{na_0}\right)Y_l{}^m(\vartheta,\varphi). \tag{30}$$

$n = l+1$ という特別な場合には，上の波動函数は，殊に解釈し易くなる．この場合は，古典的な円形軌道にもっとも近く対応がつくからである．(24) 式から，$2l+1$ 番目の多項式は $2l+1$ 回微分せねばならず，そのあげく常数が得られることがわかる．最後の結果は，

[†] Pauling and Wilson, p. 451.

$$\psi_{l+1,l}^{m} \sim e^{-r/na_0}\left(\frac{r}{a_0}\right)^{l} Y_l^{m}(\vartheta,\varphi). \tag{31}$$

$g(r)=f(r)/r$ の図は，第 6 図に図式的に示される（第 4 図と比較して見よ）．極大値は，$r=n(l+1)a_0=n^2a_0$ の所に生ずる．ところが，これは，初期量子論で出てきた第 n 番目の Bohr 軌道の位置と正確に一致する．こうして，どのようにして，波動函数が古い Bohr 軌道に中心を持つようになるかがわかる．$n>l+1$ の時は，波動函数は，e^{-r/na_0} の前に多項式を有するであろう．従って，波動函数の形を定性的に論じた際に信ずるに到ったのとまったく一致した，若干の振動を示すことになろう．

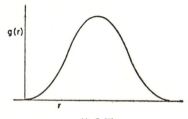

第 6 図

問題 5： 次のような意味で，動径波動函数が直交していることを示せ．

$$n \neq n' \text{ のとき}, \quad \int g_n{}^l(r)g_{n'}{}^l(r)\,dr=0,$$

これらは，l の異った値について直交するであろうか？ 読者自らの答を説明してみよ．

問題 6： 任意の函数を水素原子の固有函数の級数としてあらわし，展開係数をどうして計算するかを示せ．離散的な束縛状態について和をとるとともに，$E>0$ の時に得られる連続的な波動函数についての積分もしなければならないことに注意せよ．連続な準位についての議論は第 21 章 58 節および 54 節を参照．

15. 3 次元の調和振動子 これまでの所，1 次元の調和振動子だけを取扱ってきた*．この取扱いを 3 次元まで拡張することは教育的であろう．それは，3 次元の振動子が，それ自体として重要であるというためばかりではなく，この問題がやがてわかるように，二つの異った方法によって解かれうるものであり，その各々の方法が若干の重要な量子力学的原理をあきらかにしている，というためでもある．

力学に於いては，3 次元調和振動子のポテンシャル・エネルギーが次のよう

---

* 第 13 章参照．

406　　第 III 部　簡単な体系への応用. 量子論の定式化の一層の拡張

になる座標系を求めることが常に可能であることが示されている.

$$V = \frac{m}{2}(\omega_x{}^2 x^2 + \omega_y{}^2 y^2 + \omega_z{}^2 z^2). \tag{32}$$

ω_x, ω_y, ω_z は, それぞれ, 振動の x, y, z 成分の角振動数である. 一般には, この三つは全部異っていてもよいことに注意されたい. ポテンシャルがこのように特に簡単な形をとるような座標軸を主軸という. もっと一般的には, 座標軸が主軸以外のときは, ポテンシャルは $\sum A_{ij} x_i x_j$ という形をとる. ここで それぞれ $i = 1$, 2, 3 に応じて, $x_i = x, y, z$ である.

3 次元調和振動子の 1 例は, 結晶中の原子によって与えられる. このような原子が, 格子点に平衡位置を有し, 小さな攪乱をうけたときに, そのまわりに単純調和運動を行う. 結晶が非等方的であれば, 結晶の三つの主軸に沿った振動の角振動数は全て異なる. 等方的な結晶では三つの ω は等しく, 次の式を得る.

$$V = \frac{m\omega^2}{2}(x^2 + y^2 + z^2) = \frac{m\omega^2 r^2}{2}. \tag{33}$$

このように, 一般には V は, 三つの ω が全部等しいときを除き, 中心対称の函数ではない.

Schrödinger 方程式は次のようになる.

$$\nabla^2 \psi + \frac{2m}{\hbar^2}\left[E - \frac{m}{2}(\omega_x{}^2 x^2 + \omega_y{}^2 y^2 + \omega_z{}^2 z^2)\right]\psi = 0. \tag{34}$$

この方程式は, 変数分離によって解くことができる.

$$\psi = X(x)Y(y)Z(z) \tag{35}$$

と書くことにしよう. Schrödinger 方程式は, そうすると次のように書かれうる.

$$\left[\frac{1}{X}\frac{d^2 X}{dx^2} - \left(\frac{m\omega_x x}{\hbar}\right)^2\right] + \left[\frac{1}{Y}\frac{d^2 Y}{dy^2} - \left(\frac{m\omega_y y}{\hbar}\right)^2\right]$$
$$+ \left[\frac{1}{Z}\frac{d^2 Z}{dz^2} - \left(\frac{m\omega_z z}{\hbar}\right)^2\right] = -\frac{2mE}{\hbar^2}. \tag{36}$$

解を得るためには, 上の三つの括弧を, 各々恒等的に常数と等しくおかねばならぬ. それらを, それぞれ

$$-\frac{2m}{\hbar^2}E_x, \quad -\frac{2m}{\hbar^2}E_y, \quad -\frac{2m}{\hbar^2}E_z$$

とあらわすと, 方程式は次のようになる.

第15章 動径方程式の解，水素原子，磁場の効果　　　　407

$$\left.\begin{array}{l}\dfrac{d^2X}{dx^2}+\left[\dfrac{2m}{\hbar^2}E_x-\left(\dfrac{m\omega_x}{\hbar}x\right)^2\right]X=0,\\[2mm]\dfrac{d^2Y}{dy^2}+\left[\dfrac{2m}{\hbar^2}E_y-\left(\dfrac{m\omega_y}{\hbar}y\right)^2\right]Y=0,\\[2mm]\dfrac{d^2Z}{dz^2}+\left[\dfrac{2m}{\hbar^2}E_z-\left(\dfrac{m\omega_z}{\hbar}z\right)^2\right]Z=0,\end{array}\right\} \tag{37}$$

$$E=E_x+E_y+E_z,$$

各方程式は，1次元調和振動子の方程式と同じである．したがって，エネルギーは次のようになる．

$$E_x=\hbar\omega_x\left(n_x+\dfrac{1}{2}\right),\quad E_y=\hbar\omega_y\left(n_y+\dfrac{1}{2}\right),\quad E_z=\hbar\omega_z\left(n_z+\dfrac{1}{2}\right). \tag{38}$$

16. エネルギー準位の縮退の可能性 $\omega_x,\ \omega_y,\ \omega_z$ が全部異っているとすると，ω の間に次のような関係がなければ，二つの準位が一致することはない：

$$\gamma_x\omega_x+\gamma_y\omega_y+\gamma_z\omega_z=0,$$

こゝに，$\gamma_x, \gamma_y, \gamma_z$ は適当な整数である（これは正であっても負であってもよい）．もし，このような関係が存在していれば，ω は1次従属であると云われる．そうでないときは1次独立である．

ω が1次従属であれば，与えられたあるエネルギーと同じエネルギーを持った新しい準位が，n_x には γ_x を，n_y には γ_y を，n_z には γ_z を加えることによって常に見出されうることが明らかである．何故ならば，この場合に，エネルギーは次のようになるからである．

$$E=(E_x+E_y+E_z)=\hbar[(n_x+\gamma_x)\omega_x+(n_y+\gamma_y)\omega_y+(n_z+\gamma_z)\omega_z]$$
$$+\dfrac{\hbar}{2}(\omega_x+\omega_y+\omega_z)=\hbar(n_x\omega_x+n_y\omega_y+n_z\omega_z)+\dfrac{\hbar}{2}(\omega_x+\omega_y+\omega_z).$$

このように，ω が1次従属ならば，系は縮退しているであろう．

17. 球対称の場合 縮退の一番可能な場合は，ω が全部等しいときにおこる．この場合には

$$E=\hbar\omega\left(n_x+n_y+n_z+\dfrac{3}{2}\right) \tag{39}$$

が得られる．$n_x+n_y+n_z=N$ と定義すれば，準位の縮退度は，N を三つの負でない整数の和として書きあらわす方法の数に等しい．例えば，$N=0$ では系は縮退していない．$N=1$ では3重の縮退がある（$n_x,\ n_y,\ n_z$ のいずれかゞ1でありうる）．$N=2$ では6重に縮退している，……等々である．

18. 球対称の場合の波動函数の形 波動函数は，1次元振動子の三つの固

有函数の単なる積である．すなわち，次のものが，規格化されていない函数として得られる [第 13 章，(28) 式を参照]：

$$\psi_{n_x n_y n_z}(x, y, z) = \exp\left[-\frac{m\omega}{2\hbar}(x^2+y^2+z^2)\right]\cdot$$

$$\cdot h_{n_x}\left(\sqrt{\frac{m\omega}{\hbar}}x\right)h_{n_y}\left(\sqrt{\frac{m\omega}{\hbar}}y\right)h_{n_z}\left(\sqrt{\frac{m\omega}{\hbar}}z\right). \tag{40}$$

これが，n_x, n_y, n_z という量子数に対応する固有函数である．

19. 縮退した固有函数の一つの重要な性質 ψ のある与えられた集合が全部同じエネルギー準位に属しているとすると，それらは，次のような重要な性質を持っている：ψ のこの集合の 1 次結合は，どれもまた，同じエネルギー準位に属している．例えば，$\psi_{i,n}$ がエネルギー準位 E_n に属する固有函数の集合の中の i 番目のものをあらわしているとする．そのとき，波動函数 $U = \sum_i A_i \psi_{i,n}$ もまた，準位 E_n に属しているということが出てくる．こゝで，A_i は任意の常数である．このことの証明はまったく自明である．単に次のように書けばよい．

$$HU = \sum_i A_i H\psi_{i,n} = \sum_i A_i E_n \psi_{i,n} = E_n \sum_i A_i \psi_{i,n} = E_n U.$$

20. 球函数と Hermite 多項式との関係 この処において，V が動径だけの函数であるとすれば，解を，例えば水素原子でやったように，動径函数と球函数の積としてあらわせる筈だということに眼を向けてみる．それは，動径方程式を解くことによってもできるが，(40) 式で与えられた解から直接に，この表式を求めることにしよう．これを行うために，まず，一番簡単な場合からはじめることにする．

場合 1： $n_x = n_y = n_z = 0$．この場合には，波動函数は丁度，

$$\exp\left(-\frac{m\omega}{2\hbar}r^2\right)$$

である．ψ が ϑ と φ との函数でないから，最低状態は s 状態であることがわかる．このように，動径函数と零次の球函数の積としてすでにあらわされているのである．

場合 2： **最低励起状態** われわれがみてきた通り，この準位は 3 重に縮退している．n_x, n_y, n_z のいずれかが 1 に等しく，他のものを零とすることが可能である．三つの規格化されない固有函数は，それぞれ次のようになる [$h_n(x)$

その他については，第 13 章，(28) 式を参照].

$$
\begin{aligned}
n_x=1: \quad & \exp\left[-\left(\frac{m\omega}{2\hbar}r^2\right)\right]x=r\exp\left[-\left(\frac{m\omega}{2\hbar}r^2\right)\right]\sin\vartheta\cos\varphi \\
& \sim r\exp\left[-\left(\frac{m\omega}{2\hbar}r^2\right)\right]\left[Y_1^{1}(\vartheta,\varphi)+Y_1^{-1}(\vartheta,\varphi)\right]; \\
n_y=1: \quad & \exp\left[-\left(\frac{m\omega}{2\hbar}r^2\right)\right]y=r\exp\left[-\left(\frac{m\omega}{2\hbar}r^2\right)\right]\sin\vartheta\sin\varphi \\
& \sim r\exp\left[-\left(\frac{m\omega}{2\hbar}r^2\right)\right]\left[Y_1^{1}(\vartheta,\varphi)-Y_1^{-1}(\vartheta,\varphi)\right]; \\
n_z=1: \quad & \exp\left[-\left(\frac{m\omega}{2\hbar}r^2\right)\right]z=r\exp\left[-\left(\frac{m\omega}{2\hbar}r^2\right)\right]\cos\vartheta \\
& \sim r\exp\left[-\left(\frac{m\omega}{2\hbar}r^2\right)\right]Y_1^{0}(\vartheta,\varphi).
\end{aligned} \tag{41}
$$

$[Y_1{}^m(\vartheta,\varphi)$ の定義については，第 14 章 (71) 式を見よ]． 三つの縮退した固有函数の適当な 1 次結合をつくることによって，動径函数と球函数との単なる積である波動函数を得ることができる．こうして，

$$
\begin{aligned}
\exp\left[-\left(\frac{m\omega}{2\hbar}r^2\right)\right](x+iy) & \sim r\exp\left[-\left(\frac{m\omega}{2\hbar}r^2\right)\right]\sin\vartheta\exp(i\varphi) \\
& \sim r\exp\left[-\left(\frac{m\omega}{2\hbar}r^2\right)\right]Y_1^{1}(\vartheta,\varphi), \\
\exp\left[-\left(\frac{m\omega}{2\hbar}r^2\right)\right](x-iy) & \sim r\exp\left[-\left(\frac{m\omega}{2\hbar}r^2\right)\right]\sin\vartheta\exp(-i\varphi) \\
& \sim r\exp\left[-\left(\frac{m\omega}{2\hbar}r^2\right)\right]Y_1^{-1}(\vartheta,\varphi), \\
\exp\left[-\left(\frac{m\omega}{2\hbar}r^2\right)\right]z & \sim r\exp\left[-\left(\frac{m\omega}{2\hbar}r^2\right)\right]Y_1^{0}(\vartheta,\varphi).
\end{aligned} \tag{42}
$$

より高い励起状態に対しても，同様の方法を用いて差支えない．例えば，第 2 励起状態では，$h_2(x)$，$h_2(y)$，$h_2(z)$ か，$h_1(x)h_1(y)$ のような積かのいずれかを含めることができる．これらの多項式は，全部，r，ϑ，φ であらわされうる．そうしてみると，第 2 励起状態では，角因子は，$Y_2{}^m(\vartheta,\varphi)$ と Y_0 とを含むことがわかる．こうして，6 個の縮退した状態は，$l=2$ の 5 個の状態と，$l=0$ の 1 個の状態とであらわしなおすことができる．

三つの ω が等しくなかったとすれば，V は r だけの函数ではなくなるであろう．そして，動径函数と球函数との単なる積として波動函数をあらわすこ

とは不可能となるであろう. たとえば, この場合, 最低状態の波動函数は次のようになるであろう.

$$\exp\left[-\frac{m}{2\hbar}(\omega_x{}^2x^2+\omega_y{}^2y^2+\omega_z{}^2z^2)\right].$$

これを, 球函数に r の函数をかけたものとしてあらわす方法は全く存在しない.

さまざまな波動函数に対して, 簡単な物理的解釈を与えることができる. 例えば, z 方向のみの振動に対応する $n_z=1$ の場合は, その各因数として $Y^0{}_1$ (ϑ,φ) を持っている. それゆえ, 期待されうるごとく, 各運動量の z 成分は存在しない. y 方向の振動に対応する $n_y=1$ の場合は, L_z が $\pm\hbar$ であることの等しい確率* を持っている. これは, われわれが期待していたように, L_z の平均値が零であったとしても, この零の値は, L_z が ±1 をとる等しい確率をもっているために出てきた, ということを意味している. 上の結果は, 次のような事実の反映である:すなわち, 粒子が y 方向だけに運動しているとしてさえ, それは, 原点のいずれの側にあることも可能であって, そのために, 角運動量の正負いずれの成分をももっている.

21. 与えられた電磁場中の荷電粒子の Hamiltonian ここで, われわれは, これまでの理論を, 外から指定されたある電磁場の中の荷電粒子の取扱いに拡張したいと思う. いいかえれば, 電磁場は, 全く, いま考えているもの以外の電荷や電流によってつくられると仮定し, 調べつつある電荷によってつくられる場は無視する. このような問題は, 例えば, 外部磁場の中に原子がある場合とか, 原子が, 他の原子によってつくられた光によって照射される場合とかに起りうるものである. この節では, この問題の量子力学的な定式化が, どのように与えられるかを示すことを目的とする.

第一の段階は古典的な Hamilton 函数を得ることである. ベクトル・ポテンシャル $\boldsymbol{a}(x,y,z,t)$ とスカラー・ポテンシャル $\phi(x,y,z,t)$ を用いれば, この Hamiltonian が次のようになることは, 問題 7 でわかるであろう.

$$H=\frac{\left(\boldsymbol{p}-\dfrac{e}{c}\boldsymbol{a}\right)^2}{2m}+V(\boldsymbol{x})+e\phi,\tag{43}$$

ここに, V は, ポテンシャル・エネルギーの, 電磁気的でないものからでている部分である. $\boldsymbol{p}$ を

---

* 第 14 章 17 節を参照.

第15章　動径方程式の解，水素原子，磁場の効果　　　　　　411

$$p - \frac{e}{c}a$$

でおきかえることだけが新しい手続きであるのに注意すればよい.

運動方程式は，次の正準方程式から導かれる.

$$\dot{q}_i = \frac{\partial H}{\partial p_i}, \qquad \dot{p}_i = -\frac{\partial H}{\partial q_i}.$$

上の Hamiltonian を用いれば，速度として次のものを得る.

$$\dot{x} = \frac{1}{m}\Big[p - \frac{e}{c}a(x)\Big], \quad \text{すなわち,} \quad p = m\dot{x} + \frac{e}{c}a(x).$$

ベクトル・ポテンシャルが存在するときには，正準運動量 p は，もはや $m\dot{x}$ という通常の値にはならないということに注目されたい.

問題 7:　上の Hamiltonian から次の正しい古典的運動方程式が導かれることを示せ.

$$m\frac{d^2r}{dt^2} = -\nabla V + e\boldsymbol{\varepsilon} + \frac{e}{c}v \times \boldsymbol{\mathcal{H}},$$

こゝに，$\boldsymbol{\varepsilon}$ は電場，$\boldsymbol{\mathcal{H}}$ は磁場である.

ヒント:

$$\frac{da}{dt} = \frac{\partial a}{\partial t} + (v \cdot \nabla)a$$

と書き，

$$(v \cdot \nabla)a = -v \times (\nabla \times a) + \nabla(v \cdot a)$$

であることに注意せよ.

22.　量子力学的 Hamiltonian　量子力学的な Hamilton 演算子を得るためには，p が出てきたら必ず $(\hbar/i)\nabla$ という演算子でおきかえるという通常の手続きに従う. この場合，Hamiltonian は次のようになる.

$$\frac{\left(\dfrac{\hbar}{i}\nabla - \dfrac{e}{c}a\right)^2}{2m} + e\phi + V$$

$$= \frac{-\hbar^2}{2m}\nabla^2 + e\phi + V - \frac{\hbar e}{2mci}(a \cdot \nabla + \nabla a) + \frac{e^2}{2mc^2}a^2. \tag{44}$$

23.　確率の保存. 確率の流れ　上の Hamiltonian は明らかに Hermitean であって，確率が保存されるようになっている. それにもかかわらず，確率の変化を計算することは，確率の流れの表式を得るためには，有用なことである. $i\hbar(\partial\psi/\partial t) = H\psi$ という式を用いれば，次のものを得る.

第 III 部　簡単な体系への応用. 量子論の定式化の一層の拡張

$$\frac{\partial P}{\partial t} = \frac{\partial}{\partial t}(\psi^*\psi) = \frac{\partial \psi^*}{\partial t}\psi + \psi^*\frac{\partial \psi}{\partial t}$$

$$= -\frac{\psi}{2mi\hbar}\left(-\frac{\hbar}{i}\nabla - \frac{e}{c}\boldsymbol{a}\right)\left(-\frac{\hbar}{i}\nabla - \frac{a}{c}\boldsymbol{a}\right)\psi^*$$

$$+ \frac{\psi^*}{2mi\hbar}\left(\frac{\hbar}{i}\nabla - \frac{e}{c}\boldsymbol{a}\right)\cdot\left(\frac{\hbar}{i}\nabla - \frac{e}{c}\boldsymbol{a}\right)\psi.$$

上の式を掛合わせ, 簡単な代数計算によって,

$$\frac{\partial P}{\partial t} + \nabla\cdot\left[\frac{\hbar}{2mi}(\psi^*\nabla\psi - \psi\nabla\psi^*) - \frac{e}{mc}\boldsymbol{a}\psi^*\psi\right] = 0. \qquad (45)$$

$$\boldsymbol{S} = \frac{\hbar}{2mi}(\psi^*\nabla\psi - \psi\nabla\psi^*) - \frac{e}{mc}\boldsymbol{a}\psi^*\psi \qquad (46)$$

と書けば,

$$\frac{\partial P}{\partial t} + \nabla\cdot\boldsymbol{S} = 0$$

を得る. このように, 保存される電荷を得るために, ベクトル・ポテンシャルがある場合では, 流れの定義を変えなければならない.

問題 8: (45) 式と (46) 式を証明せよ.

24. 古典的極限　ベクトル・ポテンシャルが存在する場合に, Schrödinger 方程式が Newton の運動法則に近づくという証明はしなかったことが想い起されるにちがいない. しかし, このことは, ベクトル・ポテンシャルが存在しない場合に用いられたのと同様な方法で行われるのである. これは, 問題として残しておくことにしよう.

問題 9: ベクトル・ポテンシャルのみが存在するとき, x と p の平均値が古典的な運動方程式を満足することを示せ.

25. ゲージ不変性　ここで, われわれの理論がゲージ変換 (第 1 章 3 節参照) に対して不変であるかどうかを見よう. いいかえれば, われわれは, ポテンシャルがゲージ変換をうけた際に物理的な結果が全く変化しないことを必要とするのである. もしもこの要求が充たされていないとすれば, 古典的極限における運動方程式は, 一般にゲージ変換によって変更され, このような変換では方程式は変化しないという周知の事実と矛盾するであろう. このことに関連して, 古典的な場合でさえ, 正準運動量

$$\boldsymbol{p} = m\boldsymbol{v} + \frac{e}{c}\boldsymbol{a}$$

第15章 動径方程式の解, 水素原子, 磁場の効果 **413**

がゲージのとり方に依存する, ということは注目されねばならない. 物理的に意味のある量だけが, ゲージ不変である. この場合には, ゲージ不変な量は速度 $v=\dfrac{1}{m}\left(\boldsymbol{p}-\dfrac{e}{c}\boldsymbol{a}\right)$ である.

問題 10: 速度が古典的なゲージ変換に対して不変であることを証明せよ.

量子論では, 速度といったような量は存在しない*. そのかわりに, $\dfrac{1}{m}\left(\boldsymbol{p}-\dfrac{e}{c}\boldsymbol{a}\right)$ という演算子の平均である, 平均速度があるだけにすぎない. 零ベクトル・ポテンシャルの場合と同様, この演算子は, 電子の位置が完全には確定されていない場合にのみ定義されうるにすぎない.

物理的に意味のある量のゲージ不変性を証明するために, 完全な Schrödinger 方程式を書こう.

$$i\hbar\frac{\partial\psi}{\partial t}=\frac{1}{2m}\left(\frac{\hbar}{i}\nabla-\frac{e}{c}\boldsymbol{a}\right)^2\psi+(e\phi+V)\psi. \tag{47}$$

ここで, ゲージ変換を施そう†. Schrödinger 方程式は

$$i\hbar\frac{\partial\psi}{\partial t}=\frac{1}{2m}\left(\frac{\hbar}{i}\nabla+\frac{e}{c}\nabla f-\frac{e}{c}\boldsymbol{a}'\right)^2\psi+(e\phi'+V)\psi+\frac{e}{c}\frac{\partial f}{\partial t}\psi,$$

上の式が次の式と同等であることは容易に示しうる:

$$i\hbar\frac{\partial}{\partial t}(e^{ief/\hbar}\psi)=\frac{1}{2m}\left(\frac{\hbar}{i}\nabla-\frac{e}{c}\boldsymbol{a}'\right)^2(e^{ief/\hbar}\psi)+(e\phi'+V)(e^{ief/\hbar}\psi). \tag{48}$$

このように, 新らしいポテンシャル $\boldsymbol{a}'$ と ϕ' を用いれば, 新らしい波動函数 $\psi'=e^{ief/\hbar}\psi$ は, ψ 自体が形式的に充たしていたのと同じ波動方程式を満足する. $e^{ief/\hbar}\psi$ は, したがって新らしい解である. この新らしい函数による確率が, 旧いものによる確率と等しいことが注目される. さらに, 確率の流れも, ψ' と $\boldsymbol{a}'$ を用いた場合と, ψ と $\boldsymbol{a}$ を用いた場合とで同じ表式になる.

問題 11: 上の述べたところを証明せよ.

同様な方法で, 全ての物理的に観測される量に関する表式が, ゲージ変換によって不変にとどまることを示すことができる. 従って, 量子論に於いても, 古典論に於けると同様, ゲージ変換が何らの新らしい物理的結果をももたらさないことが結論されるのである.

---

* 第8章6節.

† ゲージ変換は, $\boldsymbol{a}\to\boldsymbol{a}'-\nabla f,\ \phi\to\phi'+\dfrac{1}{c}\dfrac{\partial f}{\partial t}$ である. 第1章3節参照.

414   第 III 部　簡単な体系への応用．量子論の定式化の一層の拡張

26. 特別な場合：　一様な磁場　ベクトル・ポテンシャルを次のようにとれば，z 方向をむいた一様な磁場 $\mathcal{H}$ が得られることが直ちに明らかとなる：

$$a_x = \frac{\mathcal{H}y}{2}, \quad a_y = \frac{\mathcal{H}z}{2}, \quad a_z = 0.$$

問題 12：　上のことを証明せよ．さらに，$a_x = \mathcal{H}y$, $a_y = a_z = 0$ というポテンシャルも，同じ磁場になることを証明せよ．この 二つがゲージ変換によって関係していることを示し，そのゲージ変換を見出せ．

　ゲージ変換の別の例は，自由空間中の輻射について，スカラー・ポテンシャル φ を消去することである（これは，輻射振動子と関連して第 1 章で行われた*）．

　<u>一定の磁場をもった Hamiltonian．</u>　上のポテンシャルによって，Hamiltonian は次のようになる．

$$H = \frac{-\hbar^2}{2m}p^2 + \frac{e\mathcal{H}}{2mc}\frac{\hbar}{i}\left(x\frac{\partial}{\partial y} - y\frac{\partial}{\partial x}\right) + \frac{e^2}{8mc^2}\mathcal{H}^2(x^2+y^2) + V. \tag{49}$$

27. 異った m をもった準位の Zeeman 分岐　上の Hamiltonian によって，例えば，磁場内のエネルギー準位の Zeeman 分岐のような多数の問題を取扱うことができる．これを行うため，H を極座標であらわすと，

$$H = \frac{-\hbar^2}{2\mu}\left(\frac{\partial^2}{\partial r^2} + \frac{2}{r}\frac{\partial}{\partial r} + \frac{L^2}{\hbar^2 r^2}\right) + \frac{e\mathcal{H}}{2\mu c}\frac{\hbar}{i}\frac{\partial}{\partial \varphi} + \frac{e^2\mathcal{H}^2}{8\mu c^2}\rho^2 + V(r). \tag{50}$$

こゝに，$\rho^2 = x^2 + y^2$ である．$V(r)$ は，原子の中に一般に存在するタイプと仮定されている球対称ポテンシャルであることに注意しよう．μ は換算質量である．上の Hamiltonian は，磁場が存在しないときに成立する方程式とは，次の二点において異った波動方程式に導く．

(1)　H の中に，場に比例する項 $\dfrac{e\mathcal{H}}{2\mu c}\dfrac{\hbar}{i}\dfrac{\partial}{\partial \varphi}$ がつけ加わる．

(2)　有効ポテンシャルは，$\dfrac{e^2\mathcal{H}^2}{8\mu c^2}\rho^2$ という附加項だけ変化する．

　後者の効果は $\mathcal{H}^2$ を含んでいる．従って，弱い磁場では，これは 2 次の補正をつくり，無視して差支えないものとなる．そこで，1 次の補正に於いては，Hamiltonian を $\nabla H = \dfrac{e\mathcal{H}}{2\mu c}\dfrac{\hbar}{i}\dfrac{\partial}{\partial \varphi}$ だけ変化させるだけが磁場の効果となる．しかしながら，この近似では，Hamiltonian は，依然として，L^2 および L_z と可換であり，そのために，L^2, L_z, H の三者が同時に指定されうることに

---

* 第 1 章 3 節を参照．

第15章 動径方程式の解，水素原子，磁場の効果　　　　415

注意しなければならない．$L^2 = l(l+1)\hbar$, $L_z = m\hbar$ であると仮定しよう．そうすると次の式を得る．

$$H = \frac{-\hbar^2}{2\mu}\left[\frac{\partial^2}{\partial r^2} + \frac{2}{r}\frac{\partial}{\partial r} - \frac{l(l+1)}{r^2}\right] + \frac{e\mathscr{H}}{2\mu c}\hbar m + V(r). \tag{51}$$

従って，磁場の唯一の効果は，エネルギーに，方位量子数 m に比例する項を附け加えたことになっている．この場合，m の異なる準位は異ったエネルギーをもっているから，これは，縮退のうちのあるものがとけていることを意味する．この有様は第 5 図に示されている．第 1 近似に於いては波動函数は変更されない．それは，$\frac{e^2\mathscr{H}^2}{8\mu c^2}\rho^2$ という項を無視すれば，動径波動方程式は前と全く同じだからである．

エネルギー準位の変化は，全く簡単な方法で解釈されうる．角運動量 $\boldsymbol{L}$ を以てある軌道を廻っている電子が $M = e\boldsymbol{L}/2\mu c$ という磁気能率をもっていることは，容易に示すことができる*．磁場 $\mathscr{H}$ の中の磁気能率のエネルギーは，

$$W = \boldsymbol{M}\cdot\boldsymbol{\mathscr{H}} = \frac{e\boldsymbol{L}\cdot\boldsymbol{\mathscr{H}}}{2\mu c} = \frac{e\mathscr{H}}{2\mu c}L_z. \tag{52}$$

($\mathscr{H}$ は z 方向のものとされている．)　$L_z = m\hbar$ とかけば，

$$W = \frac{e\mathscr{H}}{2\mu c}\hbar m \tag{53}$$

を得る．単位角運動量 $\hbar$ をもつ電子の磁気能率のことを Bohr 磁子とよぶ．それは，$e\hbar/2\mu c$ に等しい．こうして，原子中の電子の磁気能率は，Bohr 磁子にある整数をかけたものになっている．

上に導いたエネルギー準位の分岐は，原子から射出されたスペクトル線の譜に変化を生ずる．この変化が Zeeman 効果として知られているものである．Zeeman 効果の完全な理論を与えうるには，電子のスピンの効果が考慮されればならない†．

非常に強い磁場に関しては，2 次の項 $\frac{e^2\mathscr{H}^2}{8\mu c^2}\rho^2$ が重要なものとなりうる．その際，エネルギー準位の一般的なずれと順序の入れかわりとがおこる．それは，Paschen-Back 効果と関連したものである‡．

---

* たとえば，Richtmeyer and Kennard, p. 384. 参照．

† スピンをもたない場合の Zeeman 効果を第 18 章で論ずるのであるが，スピンの効果を含めた取扱いについては，Richtmeyer and Kennard, p. 399 を見よ．さらに，White, *Introduction to Atomic Speetra*. New York : McGraw Hill Book Company Inc., 1934 をも参照．

‡ White, 前掲書．

第16章 量子論のマトリックスによる定式化

これまでわれわれは，波動函数 $\psi(x)$ と，この函数に作用し，一般には，x 及び $p = \dfrac{h}{i} \dfrac{\partial}{\partial x}$ の函数の組合せである 1 次演算子を用いて量子論の定式化を行ってきた．この章では，Heisenberg によってはじめられた，今一つの異った定式化を展開しよう．そこでは，演算子は，マトリックスとして知られている，ある数の組としてあらわされている．さらに，これら二つの定式化が同等であることを証明しよう．マトリックスによる定式化は，極めて一般的であるという利点をもつが，しかし，例えば原子の定常状態のような，かなりの複雑さをもった特定の問題を解くために用いるのが非常に困難だという点では不利である．

1. 演算子のマトリックス表示. 演算子 A のマトリックス表示を得るために，波動函数の完全規格直交系 $\psi_n(x)$ の中のあるひとつである，波動函数 $\psi_m(x)$ から出発しよう．たとえば，Fourier 級数の形の規格直交系を考えれば，ψ_n は $\exp(2\pi inx/L)$ となるであろう．乃至は，$h_n(x)$ を Hermite 多項式とすると，それは $\exp(-x^2/2) h_n(x)$ となるであろう．ここで，$\psi_m(x)$ に演算子 A を作用させて得られる新らしい波動函数 $\varphi_m(x)$ を考える．すなわち，

$$A\psi_m(x) = \varphi_m(x).$$

ψ_n は完全規格直交系をつくっているから，φ_m を ψ_n の級数として展開することが可能な筈である．こうして，

$$A\psi_m(x) = \varphi_m(x) = \sum_n a_{nm} \psi_n(x). \tag{1}$$

a_{nm} という数がすべての m と n とについて知られているとすれば，ある波動函数 $\psi = \sum_m C_m \psi_m$ に対する演算子 A の効果は，次のようにあらわされうる：

$$A\psi = A \sum_m C_m \psi_m = \sum_m C_m A\psi_m = \sum_n \sum_m C_m a_{nm} \psi_n.$$

さらに，演算子 A が与えられていれば a_{nm} は常に見出すことができる．a_{nm} を解くためには，単に，(1) に $\psi_r{}^*(x)$ をかけて，全ての x について積分するだけでよい．ψ_n の規格化と直交性とより，

$$a_{rm} = \int \psi_r{}^*(x) A\psi_m(x)dx. \tag{2}$$

第16章　量子論のマトリックスによる定式化　　417

a_{nm} という数（一般には複素数である）は，図式的には次のようにかける方陣を形づくる.

$$\begin{bmatrix} a_{1,1} & a_{1,2} & a_{1,3} & a_{1,4} & \cdots & \cdots \\ a_{2,1} & a_{2,2} & a_{2,3} & \cdots & \cdots & \cdots \\ a_{3,1} & a_{3,2} & \cdots & \cdots & \cdots & \cdots \\ a_{4,1} & \cdots & \cdots & \cdots & \cdots & \cdots \\ \cdots & \cdots & \cdots & \cdots & \cdots & \cdots \end{bmatrix}$$

a_{mn} が数学でマトリックスとして知られている量の組の性質を全部もっていることは直ちに示される. 各々の数 a_{mn} は，マトリックスの要素（又は成分）とよばれる. A という記号は，屡々全てのマトリックス要素を全体としてあらわすのに用いられている. これはまた，(a_{mn}) ともあらわされる. マトリックス要素は，(A_{mn}) とでも，a_{mn} とでもあらわして差支えない.

2. マトリックスの性質. マトリックスの重要な性質には次のようなものがある.

（1）二つのマトリックス (a_{mn}) と (b_{mn}) は加えることができ，別々のマトリックスの対応した成分の和を成分とする新らしいマトリックスになる.

$$(A+B)_{mn} = a_{mn} + b_{mn}. \tag{3}$$

（2）マトリックス (a_{mn}) には任意の複素数をかけることができ，その結果，次のような新たなマトリックスになる.

$$(KA)_{mn} = K a_{mn}. \tag{4}$$

（3）二つのマトリックスが等しいのは，第一のものの各要素が，それに対応した第二のものの要素に等しい時のみである. また，あるマトリックスは，その要素が全部零である時に限り，零である.

（4）二つのマトリックスは，たがいに次のようにかけあわせることができる.

$$(AB)_{mn} = \sum_r a_{mr} b_{rn} \tag{5}$$

例: 成分が x_1 および x_2 であるベクトルを，x_1 と x_2 に対して直角な軸のまわりに角 ϑ_1 だけ回転させたときの公式を考察する. 次の式が得られる.

$$\left. \begin{aligned} x_1 &= x_1' a_{1,1} + x_2' a_{1,2}, \\ x_2 &= x_1' a_{2,1} + x_2' a_{2,2}. \end{aligned} \right\} \tag{6}$$

ここに，

$$a_{1,1} = \cos \vartheta_1, \quad a_{1,2} = -\sin \vartheta_1, \quad a_{2,1} = \sin \vartheta_1, \quad a_{2,2} = \cos \vartheta_1$$

である. 係数 a_{ij} は, 次の方陣をつくる.

$$\begin{pmatrix} \cos\vartheta_1 & -\sin\vartheta_1 \\ \sin\vartheta_1 & \cos\vartheta_1 \end{pmatrix} \tag{7}$$

変換は, 便宜上次のようにかくことができる.

$$x_i = \sum_j a_{ij} x_j'. \tag{7a}$$

ここで, 角 ϑ_2 だけの第二の回転を考えよう. これは次の変換を定義する.

$$x_j' = \sum_k b_{jk} x_k'', \tag{7b}$$

ここに, b_{jk} は次の方陣を形成している.

$$\begin{pmatrix} \cos\vartheta_2 & -\sin\vartheta_2 \\ \sin\vartheta_2 & \cos\vartheta_2 \end{pmatrix}$$

(7a) の中の x_j' を, (7b) であたえられるような変換をしたものでおきかえると, 次の式を得る.

$$x_i = \sum_{j,k} a_{ij} b_{jk} x_k''. \tag{8}$$

$\sum_j a_{ij} b_{jk} = (AB)_{ik} =$ 積マトリックス AB の ik 番目の要素, となっていることが直ちにわかる. このようにして, 二つの回転を引き続いて行うと, 別々の変換マトリックスの積としてあらわされうるような変換マトリックスが生ずる.

問題 1: マトリックス $(AB)_{ij}$ は,

$$\begin{pmatrix} \cos(\vartheta_1+\vartheta_2) & -\sin(\vartheta_1+\vartheta_2) \\ \sin(\vartheta_1+\vartheta_2) & \cos(\vartheta_1+\vartheta_2) \end{pmatrix}$$

に等しいことを証明し, このようにして, 同じ軸のまわりに引き続いて行った二つの回転が, それぞれの回転角の和を回転角とする一つの回転と同じものであることを証明せよ.

<u>マトリックスの交換.</u> 二つのマトリックスの交換子:

$$(ab-ba)_{ik} = \sum_j (a_{ij} b_{jk} - b_{ij} a_{jk})$$

が一般に零にならないことはあきらかである.

例: 次のマトリックスを考える:

第 16 章　量子論のマトリックスによる定式化　　　**419**

$$a=\begin{pmatrix}1 & 0 \\ 0 & -1\end{pmatrix}, \quad および \quad b=\begin{pmatrix}0 & 1 \\ 1 & 0\end{pmatrix}.$$

そうすると，

$$ba=\begin{pmatrix}0 & -1 \\ 1 & 0\end{pmatrix}, \quad ab=\begin{pmatrix}0 & 1 \\ -1 & 0\end{pmatrix}$$

が得られ，結局，

$$ba-ab=\begin{pmatrix}0 & -2 \\ 2 & 0\end{pmatrix}.$$

問題 2：　(7)式で定義された，それぞれ，角 ϑ_1 および ϑ_2 の回転をあらわす
マトリックス a_{ij} と b_{ij} とは可換であることを証明せよ．このことが，同じ軸
のまわりの二つの回転が，可能な二つの順序のいずれによって行われても同じ結
果になるという事実に対応している，ということを示せ．

　　上述のことより，マトリックスは，一般には交換しないものであるけれども，
特別の場合には交換可能となることがわかる．

　　<u>対角線マトリックス．</u>　$i=j$ の場所のものを除いた全ての要素が零であるよ
うなマトリックス (a_{ij}) は<u>対角線マトリックス</u>とよばれる．方陣にあらわすと，
次のようになっている．

$$\begin{pmatrix}a_{1,\,1} & 0 & 0 & \cdots \\ 0 & a_{2,\,2} & 0 & \cdots \\ 0 & 0 & a_{3,\,3} & \cdots \\ \cdots & \cdots & \cdots & \end{pmatrix} \tag{9}$$

対角線マトリックスは，常に，次のようにかくことができる．

$$a_{ij}=a_{ii}\delta_{ij}.$$

ここに，δ_{ij} は，$i \neq j$ のときに零で，$i=j$ のときに 1 となる記号であり，<u>Kro-
necker のデルタ</u>とよばれている．

　　<u>単位マトリックス．</u>　対角線マトリックスのひとつの特別な場合は，対角線要
素を全部 1 とおくことによって得られる単位マトリックスである．従って，そ
れは $a_{ij}=\delta_{ij}$ という形をもっている．単位マトリックスは，屡々 $(1)_{ij}$ という
記号によってあらわされる．単位マトリックスに任意のマトリックスをかける
と，同じマトリックスになることが直ちに示される．すなわち，

$$(M,\ 1)_{ij}=(1,\ M)_{ij}=M_{ij}. \tag{10}$$

420 　　第 III 部　簡単な体系への応用. 量子論の定式化の一層の拡張

問題 3: 上の結果を証明せよ. また, したがって, 単位マトリックスが任意のマトリックスと交換することを示せ.

　<u>逆マトリックス.</u> 多くの場合, 逆数とよく似た, 逆マトリックスを定義することができる. マトリックス A の逆マトリックス, A^{-1} は, 次の性質をもつものである.

$$A^{-1}A = AA^{-1} = 1. \tag{11}$$

定義により, (もし逆が存在すれば)すべてのマトリックスは, その逆マトリックスと交換する, ということに注意されたい.

　与えられたマトリックスの逆マトリックスを得るために,

$$(A)_{ij} = a_{ij} \quad \text{および} \quad (A^{-1})_{ij} = b_{ij}$$

と書くことにしよう. このとき,

$$\sum_k a_{ik} b_{kj} = \sum_k b_{ik} a_{kj} = \delta_{ij} \tag{12}$$

でなければならない. 方程式 (12) は, a_{ij} によって b_{ij} を定義する連立非同次 1 次方程式とみられる. これらの方程式を解くために, 次のように書く.

$$b_{ij} = \frac{[a]_{ij}}{[a]} \tag{13}$$

ここに $[a]$ は, 要素 a_{ij} からつくられた行列式をあらわし, $[a]_{ij}$ は, この行列式の ij 番目の小行列式をあらわしている.

　逆マトリックスが存在するための必要且つ充分な条件は, 行列式 $[a]$ が零にならないことである.

問題 4: 方程式 $A^{-1}A = 1$ を解くことができるとすれば, $AA^{-1} = 1$ も解くことができるであろうか. 読者の答に証明を与えよ.

3. 量子力学的演算子がマトリックス表示をもつことの証明.

(1) 式と (2) 式とに現われている a_{ij} という量がマトリックスになっていることを証明するためには, それらが (3), (4), (5) という要請を満足していることを示すだけでよい. それらが (3) と (4) とをみたしていることは, 全く容易にわかる.

問題 5: 量子力学的演算子から, (3) と (4) を満足する a_{ij} が出てくることを証明せよ.

　(5) の要請が充たされていることを証明するため, マトリックス要素 a_{ij} お

第16章　量子論のマトリックスによる定式化　421

よび b_{ij} をもった二つの演算子 A および B を考える．演算子の積 (AB) は，次のように与えられるマトリックス要素をもっている．

$$(AB)_{ij} = \int \psi_i^*(x) AB \psi_j(x)\,dx = \int \psi_i^*(x) A \sum_k b_{kj} \psi_k dx = \sum_k a_{ik} b_{kj}. \quad (14)$$

ところが，これはまさしく，(5) 式に従って対応するマトリックスをかけあわせて得られるところのものである．

問題 6:　単位演算子のマトリックスは単位マトリックスである，すなわち，

$$(1)_{mn} = \delta_{mn}$$

であることを証明せよ．

4.　一つの例題:　調和振動子の波動函数．　波動函数が調和振動子の波動函数の級数としてあらわされるような表示を考えよう〔第 13 章 (22) 式参照〕．このとき，$x + ip/\hbar$ のマトリックス要素は容易に計算される．すなわち，

$$\left(x + \frac{ip}{\hbar}\right)_{mn} = \int \psi_n^*(x)\left(x + \frac{ip}{\hbar}\right)\psi_m(x)\,dx = \int \psi_n^*(x)\left(x + \frac{\partial}{\partial x}\right)\psi_m(x)\,dx.$$

第 13 章の (39) 式によれば，

$$\left(x + \frac{\partial}{\partial x}\right)\psi_m(x) = \sqrt{2m}\,\psi_{m-1}(x).$$

従って次の結果を得る．

$$\left(x + \frac{ip}{\hbar}\right)_{mn} = \sqrt{2m}\int \psi_n^*(x)\psi_{m-1}(x)\,dx = \sqrt{2m}\,\delta_{m-1,\ n}.$$

それ故，マトリックス要素は，次のようなものになる:

$$
\begin{array}{c}
m \rightarrow \\
\sqrt{2}
\begin{array}{c}
n \\
\downarrow
\end{array}
\left[
\begin{array}{cccccc}
0 & \sqrt{2} & 0 & \cdots & & \\
0 & 0 & \sqrt{3} & \cdots & \cdots & \cdots \\
0 & 0 & 0 & \sqrt{4} & \cdots & \cdots \\
0 & 0 & 0 & 0 & \sqrt{5} & \cdots
\end{array}
\right]
\end{array}
\quad (15)
$$

いいかえれば，対角線の右側の列にあるものをのぞき，全ての要素は零である．

問題 7:　$(x - ip/\hbar)$ および，x と p に対するマトリックスを求めよ．

5. Hermite マトリックス および Hermite 共軛なマトリックス．　Hermite 演算子の定義より〔第 9 章 (13) 式参照〕，そのような演算子に対応するマトリックスが次のような性質をもつことが直ちに証明される:

$$(H)_{ij} = (H^*)_{ji}, \tag{16}$$

いいかえれば，各マトリックス要素は，転置マトリックスの要素（行と列とをいれかえて得られた要素）の複素共軛に等しい．

演算子 M が Hermitean でないとしても，Hermite 共軛演算子 M^+ のマトリックス要素は次の関係を充たしている．

$$(M^+)_{ij} = (M^*)_{ji}. \tag{17}$$

いいかえれば，Hermite 共軛なマトリックスは，行と列とをいれかえて，各要素の共軛複素数をとれば求められる．

問題 8： (16) 式と (17) 式とを証明せよ．

6. 演算子の対角線表示. (1) 式における規格直交系として，Hermite 演算子 A の固有函数をえらぶならば†，

$$A\psi_i = a_i\psi_i = \sum_j a_i\delta_{ij}\psi_j. \tag{18}$$

このようにして，各 Hermite 演算子は，波動函数をそれの固有函数によって展開したとき，対角線マトリックスとしての表示をもっていることがわかる．

7. 対角線マトリックスの交換. すべての対角線マトリックスが可換であることは直ちに示される．すなわち，

$$a_{ij} = a_j\delta_{ij} \quad および \quad b_{ij} = b_i\delta_{ij}$$

とすれば，

$$(ab - ba)_{ij} = \sum_k (a_i\delta_{ik}b_k\delta_{kj} - b_i\delta_{ik}a_k\delta_{kj}) = 0.$$

8. 連続マトリックス. これまでは，任意の波動函数の展開を離散的な函数系についてだけ考えてきた．それで，離散的なマトリックスが得られたのであった．もし，ψ が，連続な規格直交函数系で展開されるとすれば，連続なマトリックスが得られる．一例として，Fourier 積分を考察しよう．

$$\psi = \frac{1}{\sqrt{2\pi}} \int \varphi(\boldsymbol{k}) e^{i\boldsymbol{k}x} d\boldsymbol{k}.$$

ここに，規格直交函数系は連続的な組 $e^{i\boldsymbol{k}x}$ であり，$\varphi(\boldsymbol{k})$ がそれに対応した展

---

† A はこの場合，Hermite 演算子に限られねばならない．その場合しか展開仮定が用いられないからである．

第16章 量子論のマトリックスによる定式化　　　　423

開係数である．そのとき，マトリックス要素は (2) 式との類推で次のように書ける．

$$a_{kk'} = \frac{1}{2\pi} \int e^{-ikx} A e^{ikx} d\boldsymbol{x}.$$

$a_{kk'}$ は，$\boldsymbol{k}$ と $\boldsymbol{k'}$ の連続函数である．しかし，これを要素がたがいに非常に密に接近することが許されているような離散的な方陣の極限とみなすことも可能である．そのようにして，連続マトリックスの概念が得られる．

より一般的には，どのような連続な組 ψ_p をとっても差支えない．こうして

$$a_{pp'} = \int \psi_p{}^* A \psi_{p'} dx. \tag{19}$$

連続なマトリックスは，離散的なマトリックスと本質的に同じ方法で取扱うことができる．こうして，演算子 A は次のようにあらわすことができる：

$$A\psi(x) = \int C_p A_{pp'} \psi_{p'} dp dp', \tag{20}$$

こゝに，

$$\psi(x) = \int C_p \psi_p(x) dp. \tag{21}$$

単位マトリックスが Dirac の δ 函数 $\delta(p-p')$ となり，対角線マトリックスが $a(p)\delta(p-p')$ という形をとることが直ちに示される．さらに，連続マトリックスの積をとるための規則が次のようになることも示すことができる．

$$(AB)_{pp'} = \int A_{pp''} B_{p''p'} dp''. \tag{22}$$

問題 9: 連続マトリックスの積に関する上の規則を証明せよ．

例: (a) 運動量表示では，p が対角線マトリックスになる．

$$(p)_{kk'} = \hbar k \delta(k-k'). \tag{23}$$

第 10 章 (44a) 式に示されているように，δ 函数は，次のような Fourier 積分としてあらわされうる．

$$\delta(k-k') = \lim_{K \to \infty} \int_{-K}^{K} e^{ix(k-k')} \frac{dx}{2\pi} = \int_{-\infty}^{\infty} e^{ix(k-k')} \frac{dx}{2\pi}. \tag{24}$$

屡々，この δ 函数の表示が非常に便利であることが見出されるであろう．

(b) 位置表示では，x が対角線マトリックスになる．

$$(x)_{y,\,y'} = y\delta(y-y'). \tag{25}$$

(c) 位置表示では，p は非対角線マトリックスである．この表示に於けるの

マトリックスを求めるためには，二つの波動函数に関連するマトリックス要素を定義する (2) 式を用いることができる．演算子 x の固有函数，すなわち，$\delta(x-x_1)$ と $\delta(x-x_2)$ に関連した演算子 p のマトリックス要素を求めようと思う．このマトリックス要素は次のようになる*，

$$(p)_{x_1 x_2} = \int_{-\infty}^{\infty} \delta(x-x_1) \frac{\hbar}{i} \frac{\partial}{\partial x} \delta(x-x_2) dx = \frac{\hbar}{i} \frac{\partial}{\partial x_1} \delta(x_1-x_2). \tag{26}$$

一見したところ，これは $x=x'$ 以外で零になるために，p が対角線マトリックスになっているように思われよう．ところが，7 節によれば，全ての対角線マトリックスは，可換でなければならない．しかるに，p と x が交換しないことがわかっている．このパラドックスの源は何であろうか．

それに対する答はこうである．特異性をもった，すなわち，$\delta(x-x')$ とか，$\frac{\partial}{\partial x}\delta(x-x')$ とかいったような無限大の項をもった連続なマトリックスを論ずる際には，より注意深くあらねばならないということなのである．こういった項に意味を与えるためには，それらを，第 10 章の 14 節に示したように，有限ではあるが，鋭いピークをもった函数の極限であるとみなければならない．今の $\frac{\partial}{\partial x}\delta(x-x')$ は，実際には，$x=x'$ のときには零になるが，$x=x'$ の両側に，二つの，接近した，非常に鋭い反対符号のピークをもった函数の極限なのである．この函数は対角線マトリックスではない．このようにして，p と x との交換が損われるということは矛盾ではないことがわかる．

問題 10： δ 函数とその微分とを，適当な鋭いピークをもった函数の極限であるとみなして，連続マトリックスを用いて交換関係 $xp-px=i\hbar$ を求めよ．

問題 11： 演算子 D のマトリックス表示を求めよ．ただし，

$$D\psi(x)=\psi(x+C),$$

C は常数である．

(a) 位置表示に於いて．

(b) 運動量表示に於いて．

9. 波動函数のコラム表示. 特別な表示において，次のように書けると考えよう：

---

* δ 函数は，通常の方法では規格化されていないが，その積分が 1 になるように規格化されている(第 10 章 14 節)．この規格化は，連続固有値の演算子に関してはより便利なものである．マトリックスの掛け算に関する普通の公式がこの場合にも用いられることを示すのは，一筋道にやれる．

第16章　量子論のマトリックスによる定式化　　　　425

$$\psi(x) = \sum_n C_n \psi_n(x).$$

こゝで, 波動函数は, 全部の C_n を措定することによってきめられる. それら
は, 下のように, 一つの列の形に書いてもよい.

$$\begin{bmatrix} C_1 \\ C_2 \\ C_3 \\ \vdots \\ C_n \\ \vdots \end{bmatrix} \tag{27}$$

この記載法は, ベクトルの概念を無限次元空間に一般化したものと同等である.
各函数 ψ_n に対して1個の軸を想像すれば, 各々の C_n は, ベクトルのその軸
の方向の（複素数の）成分に対応する.

　今, 波動函数に作用するマトリックスは, 1次変換としてあらわすことがで
きる. 3次元では, こうして, 変換 $x_i' = \sum_j a_{ij} x_j$ は一般に, 回転と云うりと伸
びとのある組合せであらわしている. 量子論では, この考え方を, C_n によって
定義された無限次元空間へ拡張するだけのことである.

$$A\psi = \sum_{m,\,n} C_n a_{mn} C_n = \sum C_m' \psi_m$$

という量は, 新らしいベクトル $C_m = \sum_n a_{mn} C_n$ によってあらわすことができ
る. 従ってあらゆる1次演算子は, 各ベクトルを, ある他の（特定の）ベクト
ルに変える過程に対応している.

　連続な表示では, このコラムは $C(\alpha)$ によっておきかえられる；これは, 規
格直交系に印をつける固有値の連続函数である.

　10. コラム表示における波動函数の規格化と直交性. コラム表示に於ける
波動函数の規格化のための条件を求めるために, 次のように書く.

$$\int \psi^* \psi \, dx = \int \sum_{m,\,n} C_m{}^* C_n \psi_m{}^*(x) \psi_n(x) dx = \sum_{m,\,n} C_m{}^* C_n \delta_{mn} = \sum_{m,\,n} C_m{}^* C_m.$$

上の量は, 3次元ベクトルの長さに似たものであるとみなして差支えない. こ
うして, 規格化された波動函数は, 単位“長さ”のベクトルに対応する.

　二つの波動函数 $\psi_a(x)$ と $\psi_b(x)$ が直交していれば,

$$0 = \int \psi_a{}^* \psi_b \, dx = \int \sum_{m,\,n} C_{am}{}^* C_{bn} \psi_m{}^*(x) \psi_n(x) dx$$

$$= \sum_{m,\,n} C_{am}*C_{bn}\delta_{mn} = \sum C_{am}*C_{bn}.$$

こゝに，二つの波動函数の直交性のための条件は，3 次元空間に於いて，二つのベクトルが垂直であるための条件の対応物である．これが "直交性" という言葉のおこりである．

11. 演算子の平均値． 演算子 A の平均値は，

$$A = \int \psi^* A\psi dx \tag{28}$$

である．これを，マトリックス要素 a_{ij} と，波動函数の展開係数 C_i とによってあらわすと屡々便利なことがある．そうすれば，次のように書ける．

$$\psi = \sum_i C_i \psi_i(x).$$

そして，次の式を得る．

$$\bar{A} = \int \sum_i \sum_j C_j*C_i\psi_j*(x)A\psi_i(x)dx = \sum_{i,\,j} C_j*a_{ji}C_i. \tag{29}$$

これは，どのような演算子の平均値でも，ある表示での波動函数の展開係数がわかっていれば，その表示に於ける，その演算子のマトリックス要素から，いつでも計算できるということを意味している．

12. マトリックスの固有値と固有ベクトル． ある演算子 A の固有値をそのマトリックス表示から求めるために，a_r を演算子 A の r 番目の固有値として，$A\Psi_r = a_r\Psi_r$ という式からはじめよう．次に Ψ_r を規格直交級数で，$\Psi_r = \sum_n C_n\psi_n$ と展開し，$\sum_n C_n A\psi_n = a_r \sum_n C_n\psi_n$ を得る．最後に ψ_m^* をかけて，x について積分すれば，次の結果が求まる．

$$\sum_n C_n a_{mn} = a_r C_m. \tag{30}$$

上の結果は，a_{mn} と a_r とで C_m を定義する連立同次 1 次方程式を与える．解が存在するための条件は，C の係数の行列式が零になることである：

$$|a_{mn} - \delta_{mn}a_r| = 0. \tag{31}$$

この方程式は屡々**永年方程式**とよばれる．

(31)から，行列式の行と列の数と同じ次数の a_r をきめる方程式が出てくることが直ちに知られる．解の各々が固有値 a_r を与える．一度 a_r を選んでしまうと，今度は C_n について解くことができ，こうして，その固有値と関係した固有ベクトルが求められる．固有ベクトルは，演算子 A の対応する固有函

数の，規格直交系 $\psi_n(x)$ の係数によるコラム表示であるにすぎない．

こゝで，一例として，$\begin{pmatrix} 0 & 1 \\ 1 & 0 \end{pmatrix}$ というマトリックスを考えよう．その固有値と固有ベクトルを求めるために，次のように書く．

$$\begin{pmatrix} 0 & 1 \\ 1 & 0 \end{pmatrix}\begin{pmatrix} C_1 \\ C_2 \end{pmatrix}=\lambda\begin{pmatrix} C_1 \\ C_2 \end{pmatrix}.$$

こゝに，λ は固有値であり，$\begin{pmatrix} C_1 \\ C_2 \end{pmatrix}$ は固有ベクトルである．

上の式は次のものと同等である．

$$\lambda C_1-C_2=0 \quad \text{および，} \quad C_1-\lambda C_2=0.$$

解の存在条件は，C の係数の行列式が雰になることであり，次に帰着する．

$$\lambda^2=1, \quad \text{すなわち，} \quad \lambda=\pm 1.$$

こうして，二つの固有値は $+1$ および -1 である．λ の実際の値を，C に関する方程式に代入することによって，各々の固有値に対応した固有ベクトルが得られる．

$$C_2=C_1, \qquad (\lambda=1)$$
$$C_2=-C_1. \qquad (\lambda=-1)$$

規格化された固有ベクトルは，

$$\lambda=1 \text{ に対し，} \frac{1}{\sqrt{2}}\begin{pmatrix} 1 \\ 1 \end{pmatrix}; \qquad \lambda=-1 \text{ に対し，} \frac{1}{\sqrt{2}}\begin{pmatrix} 1 \\ -1 \end{pmatrix}.$$

13. 表示の変更. 何か一つの表示であらわされている，与えられた一組の演算子のマトリックスがあると考えよう．そして，われわれは，ある別の規格直交函数系に変更しようとする．このような変更の一例は，"x" 表示から "p" 表示へ，もしくは，"p" 表示から Hermite 多項式の組（第 13 章 7 節参照）へといったものである．このような表示の一般的変更を扱うために，ある完全な函数系，$\psi_n(x)$ で波動函数を展開することから始めることとしよう．この完全系としては，便宜上，離散的なものをとるが，本質的にこれと同じ方法を連続な系に対しても適用できる．こうして，われわれは，まず $\psi=\sum_n C_n\psi_n(x)$ から出発する．この表示では，演算子 A は次の形をとる．

$$(A)_{mn}=\int \psi_m{}^* A\psi_n dx. \tag{32a}$$

こゝで，新たな規格直交函数系 $\varphi_p(x)$ を考えることにしよう．そうすれば，それに関連したマトリックス要素は，$(A')_{pq}=\int \varphi_p{}^* A\varphi_q dx$ となる．われわれの目的は，$(A)_{mn}$ と $(A')_{pq}$ との間の関係を見出すことである．

この関係を求めるために，まず，展開仮定によって，$\psi_n(x)$ が $\varphi_p(x)$ で展開できる，ということに注意する．それ故

$$\psi_m(x) = \sum_p \alpha_{pm}\varphi_p(x), \tag{32b}$$

α_{pm} はそれ自身一つのマトリックスであり，変換マトリックスとよばれるものである．

(32a) 式の $\psi_m{}^*(x)$ と $\psi_n(x)$ を展開すれば，

$$(A)_{mn} = \int \sum_{p,\,q} \alpha_{pm}{}^*\alpha_{qn}\varphi_p{}^*A\varphi_q dx = \sum_{p,\,q} \alpha_{pm}{}^*(A')_{pq}\alpha_{qn}.$$

この式をもっと便利な形につゞめるために，$(\alpha\dagger)_{mp}=\alpha_{pm}{}^*$ であることに注目する．但し，$\alpha\dagger$ は α の Hermite 共軛である [(17) 式参照]．すると上の式は $(A)_{mn} = \sum\limits_{p,\,q} (\alpha\dagger)_{mp}(A')_{pq}\alpha_{qn}$ となる．ところが，これは次のものに等しい．

$$(A)_{mn} = (\alpha\dagger A'\alpha)_{mn}. \tag{33}$$

従って，表示の変更は，マトリックス要素 $(A)_{mn}$ を変換されたマトリックス要素の1次結合でおきかえるような1次変換としてあらわしうる，ことが結論される．

14. α マトリックスの重要な性質．そのユニタリー性． こゝで，α というマトリックスのひとつの重要な性質を求める．これを行うために，次の式を考察する．

$$\delta_{pq} = \int \varphi_p{}^*\varphi_q dx = \int \sum_{r,\,s} \alpha_{rp}{}^*\alpha_{sq}\psi_r{}^*\psi_s dx = \sum_{r,\,s} \alpha_{rp}{}^*\alpha_{sq}\delta_{rs}$$
$$= \sum_r \alpha_{rp}{}^*\alpha_{rq} = \sum_r (\alpha\dagger)_{pr}\alpha_{rq} = (\alpha\dagger\alpha)_{pq}. \tag{34}$$

これは，$\alpha\dagger\alpha$ が単位マトリックスに等しく，その結果 $\alpha\dagger=\alpha^{-1}$ であることを示す．この性質をもったマトリックスのことをユニタリー・マトリックスとよび，このようなマトリックスによっておこなわれる [(33) 式に於けるような] 変換をユニタリー変換という．

同じような議論によって，(34)式を用いて旧い波動函数を新しい波動函数で書くことができる．こうして，

$$\psi = \sum_n C_n\psi_n = \sum_{p,\,n} \alpha_{an}C_n\varphi_p = \sum_p C'_p\varphi_p.$$

新しい係数は，旧い係数によって，次のように与えられる．

第16章 量子論のマトリックスによる定式化 429

$$C'_q = \sum_n \alpha_{pn} C_n. \tag{35a}$$

$(\alpha\dagger)_{mp}$ をかけて p について加えあわせ，α のユニタリー性を用いると，

$$\sum_p (\alpha\dagger)_{mp} C'_p = \sum_{p,\,n} (\alpha\dagger)_{mp} \alpha_{pn} C_n = \sum_n \delta_{mn} C_n = C_m. \tag{35b}$$

15. ユニタリー変換の意義. ユニタリー変換の重要な性質としては次のようなものがあげられる：

（1） 任意の波動函数の規格化は変化されない．これを証明するため，勝手な波動函数：

$$\psi = \sum_n C_n \psi_n(x)$$

で以て出発しよう．積分された確率（これは 1 におかれていなければならない）は，

$$\int \psi^* \psi dx = \int \sum_{m,\,n} C_m{}^* C_n \psi_m{}^* \psi_n dx = \sum_{m,\,n} C_m{}^* C_n \delta_{mn} = \sum_n C_n{}^* C_n.$$

(35)式を適用すれば，

$$\sum_n C_n{}^* C_n = \sum_{n,\,p,\,p'} (\alpha\dagger_{np})^* \alpha\dagger_{np'} C_p'^* C_p.$$

ところが，　　　　　　　　　　　　　　$(\alpha\dagger_{np})^* = \alpha_{pn} ;$

従って，

$$\sum_n C_n{}^* C_n = \sum_{n,\,p,\,p'} (\alpha_{pn} \alpha_{np'}) C_p^{*'} C_{p'} = \sum_{p,\,p'} \delta_{pp'} C_p'^* C_{p'} = \sum_p C_p'^* C_p. \tag{36}$$

このようにして，規格化は変らないまゝにのこされる．10 節に於いて，われわれは，$\sum_n C_n{}^* C_n$ が，波動函数と結びついたコラム・ベクトルの長さの平方に対応することを知った．ユニタリー変換はこの量を変えないのであるから，やはりすべてのベクトルの長さを不変にたもつ，3 次元空間における回転の一般化に対応していると結論される．ユニタリーでない変換は，ちゞめたり，のばしたりすることに対応するであろう．

（2） ユニタリー変換は，もともと直交していた波動函数を，やはり直交している波動函数に変換する．この点に関し，ユニタリー変換は，たがいに垂直な二つのベクトルを，たがいに垂直な新らしいベクトルの組に変換する3次元の回転に似ていることにもなる．

この性質を証明するために，二つの直交する函数 ψ_1 と ψ_2 とに対して零となる次の積分を考察する：

$$\int \psi_1{}^*(x)\psi_2(x)dx = \int \psi_2{}^*(x)\psi_1(x)dx = 0.$$

ψ が ψ_m の級数で展開されるとすれば,

$$\psi_1 = \sum_m C_{1m}\psi_m(x), \quad \text{および,} \quad \psi_2 = \sum_n C_{2n}\psi_n(x).$$

そして,

$$\int \psi_1{}^*\psi_2 dx = \int \sum_{m,\,n} C_{1m}{}^* C_{2n}\psi_m{}^*(x)\psi_n(x)dx = \sum_m C_{1m}{}^* C_{2m}.$$

ユニタリー変換の下では, $\quad C_{2m} = \sum_p (\alpha^+)_{mp} C_{2p}{}',$

$$C_{1m}{}^* = \sum_p (\alpha\dagger)_{mp}{}^* C_{1p'}{}'^* = \sum_p (\alpha)_{pm} C_{1p'}{}'^*,$$

また,

$$\int \psi_1{}^*\psi_2 dx = \sum_m C_{1m}{}^* C_{2m} = \sum_m \sum_{p,\,q} (\alpha)_{pm}(\alpha^+)_{mq} C_{1p'}{}'^* C_{2p'}{}'$$

$$= \sum_{m,\,p,\,q} \delta_{pq} C_{1p'}{}'^* C_{2q'}{}' = \sum_p C_{1p'}{}'^* C_{2p'}{}'.$$

$\int \psi_1{}^*\psi_2 dx$ は全ての表示において同じ形をしており, ある表示で零であれば, ユニタリー変換が行われたあとでも零になっているという結論に達する. このように, 波動函数の組の直交性が, ユニタリー変換によって変えられることはない.

（3） 変換された諸演算子間の関係は, それに対応した, 変換されない前の諸演算子間の関係と同じである.

例えば, あるマトリックス演算子

$$O = AB$$

を考える. 変換されたマトリックスは

$$O' = \alpha\dagger(AB)\alpha = \alpha\dagger A\alpha \cdot \alpha\dagger B\alpha \quad (\alpha\alpha\dagger = 1 \text{ による});$$

従って,

$$O' = A'B'.$$

同様の証明は, 積の級数としてあらわされうるどのような演算子函数に対しても行うことができる. 例えば, 二つの演算子の交換関係は, そのまゝ, 変換された演算子の交換関係になることが容易にわかる. すなわち,

$$(AB - BA)' = (A'B' - B'A').$$

（4） あるマトリックスの固有値は, ユニタリー変換によって変らない.

第16章 量子論のマトリックスによる定式化　　　431

問題 12： 上のことを証明せよ.

　ある与えられた表示から，ユニタリー変換を用いて，全ての量子力学的な関係の同等な表現を得ることが可能であると結論される．この方法で，ある表示から別個の表示に変換すると好都合なことが屡々ある．通常，個々の問題には，それがもっとも簡単にあらわされるようなそれぞれの表示があるということが知られるからである．例えば，粒子の平均運動量は，運動量表示に於いて一番容易に計算される．それに対して，平均の位置は，位置表示に於いて，最も容易に計算されるものである†.

問題 13： x から p への変換がユニタリーであることを証明し，変換マトリックスを算出せよ（この場合は連続なものとなる）.

　古典的極限では，波動函数のユニタリー変換が古典的変数 p および q の正準変換をつくることが示されうる．このように，ユニタリー変換は，古典的な正準変換の概念の量子論的一般化になっている*.　この理由により，ユニタリー変換は，屡々正準変換（さらに接触変換とも）よばれている.

16.　マトリックスのトレース（跡）.　　計算の際，屡々非常に有用な量はマトリックスのトレース，またはスプール，である．これは，マトリックスの対角線要素の和として定義される:

$$Tr A = \sum_i a_{ii}. \tag{37}$$

マトリックスのトレースがユニタリー変換によって変らないということは重要な定理である．すなわち，

$$Tr A' = Tr(\alpha \dagger A \alpha) = \sum_{i, j, k} \alpha_{ij} \dagger A_{jk} \alpha_{ki}$$

上の式は次のようにかき直すことができる.

$$\sum_{j, k} \sum_i \alpha_{ki} \alpha_{ij} \dagger A_{jk}$$

α はユニタリー・マトリックスであるから，これは次のものに帰着する.

$$\sum_{j, k} \delta_{kj} A_{jk} = \sum_k A_{kk}.$$

---

† 第 14 章 19 節で与えた，回転座標系の間の変換は，ユニタリー変換の一例である.

* Dirac 第 3 版, pp. 121〜130 を参照.

432 　第Ⅲ部　簡単な体系への応用. 量子論の定式化の一層の拡張

このようにして, トレースが不変であることがわかる. これは, どんな表示で でも一番都合のよいもので計算してよいということを意味している.

マトリックスを対角線的にするユニタリー変換を撰んだとすれば, $TrA = \sum_i a_i$ であることがわかる. このように, マトリックスのトレースは, その固有値の和にもなっているのである.

17. 可換演算子の同時的固有函数. 展開仮定により, 任意の波動函数が Hermite 演算子 A の固有函数の級数として展開できることがわかっている. すなわち, $\psi = \sum_a C_a \psi_a(x)$ である. こゝで, もし, 二つの演算子が可換であれば, 任意の波動函数を, 双方の演算子の同時的固有函数の級数として展開しうることを示そう.

これを行うには, A と B とが可換であり, ψ_a が固有値 a に属する A の固有函数であるとすれば,

$$(AB)\psi_a - (BA)\psi_a = A(B\psi_a) - a(B\psi_a) = 0$$

であることに注意する. このように, $B\psi_a$ も, 固有値 a に属する A の固有函数になっている (A が縮退していなければ, このような固有函数はたゞ一つしか存在しないが, 縮退していれば, 一つ以上存在する). この事実をあらわすためには次のようにかく.

$$B\psi_{am} = \sum_n b_{amn}\psi_{an}.$$

こゝに, ψ_{am} は, 固有値 a に属する A の m 番目の固有函数である.

ところで, ψ_{an} のような函数の組は, 適当な1次結合によって, ある規格直交系にくみかえることが常に可能である†. これを行って, ψ_{an} が規格直交系をつくるようにされたものと考えよう. そのとき, 任意の波動函数は, 次のような級数としてあらわすことができる:

$$\psi = \sum_{a,\,m} C_{am}\psi_{am}(x).$$

B の固有函数と固有値を定義する方程式は,

$$B\psi = \sum_{a,\,m,\,n} C_{am}b_{amn}\psi_{an}(x) = \lambda \sum_{a,\,m} C_{am}\psi_{am}(x).$$

---

† これは, Schmidt の直交化過程とよばれるものによって遂行できる. たとえば, E. Wigner, *Gruppentheorie und ihre Anwendung auf die Quantenmechanik der Atomspektren.* Braunschweig: Frieder. Vieweg und Sohn, 1931, p. 31 を参照.

第16章　量子論のマトリックスによる定式化　　433

こゝで，$\psi_{am}*(x)$ をかけて x について積分する．$a \neq a'$ では ψ_{am} と $\psi_{a'm'}$ とは直交することに注意しよう．何故なら，それらは，異った固有値に属した Hermite 演算子 A の二つの固有函数だからである（第 10 章 24 節を参照）．$a = a'$, $m \neq m'$ では，仮定により，それらは直交する．こうして，次の式が得られる：

$$\lambda C_{a'm'} = \sum_m C_{a'm} b_{a'mm'}. \tag{38}$$

これは，$C_{a'm}$ に関する連立1次方程式である．これが解をもつための条件は，$C_{a'm}$ の係数の行列式が零となることである，

$$|b_{a'mm'} - \lambda \delta_{mm'}| = 0. \tag{39}$$

（38）式と（39）式の最も重要な特徴は，それらが，a の与えられた値だけにしか関係していないことである．このことは，上のようにして得られた B の固有函数が同時に A の固有函数でもあることを意味している．さらに，係数 C_{am} は，任意の函数の展開を許すものであるから，この方法で，B の固有函数の完全系を得ることも可能である．任意の函数は，A と B との同時的固有函数の級数として展開されうることが結論されるわけである．こうして，

$$\psi - \sum_{a,\,b} C_{ab} \psi_{ab}(x). \tag{40}$$

二つ以上の可換な演算子が存在している場合でも，これに対応した定理を証明することができる．たがいに可換な物理的に意味のある演算子を全部尽したときには，"可換なオブザーバブルの完全な組"が存在するといゝ，最も詳しい可能な知識は，関連した展開係数を全部規定することによって得られる．波動函数を明確に規定できるのは，完全な可換な組がわかっている場合に限られる．

ある場合には，完全な可換な組がたゞ1個の演算子から成り立っている．すなわち，スピンをもたない1個の粒子の1次元の問題では，演算子 x か，演算子 p かの<u>いずれか</u>が，完全な組になっている．勿論，両方を同時に用いることはできない．3 次元の問題では，三つの座標，もしくは，三つの運動量がそれになるであろう．ポテンシャルが球対称であるとすれば（第 14 章 1 節参照），完全で可換な組として，H, L^2 および L_z をとることができる．この場合は 3 個の変数が必要である．何故ならば，H, L^2, L_z は縮退しており，そのうちの1個や2個を指定しただけでは波動函数は完全には定義されないからである．他方，最も一般的な非球対称ポテンシャルが用いられるとすれば（第 14

章 6 節を参照), H は L^2 や L_z と交換しなくなる. また, H は縮退もして
いないようになり, 波動函数は, エネルギーのみを指定すれば完全に決定でき
る. しかしながら, H のようなある与えられた演算子が縮退しているなら
ば, 一つ又はそれ以上の可換な演算子をつけ加えて完全で可換な組を形成する
ようにすることが必要である. それはまさしく H のひとつの固有値を指定し
ただけでは, 波動函数の完全な決定には充分ではないからである.

**18. 任意の演算子をそれと演算子の完全で可換な組との交換子によって規
定すること.** 可換なオブザーバブルの完全な組との交換子を用いて任意の演
算子が定義されうるのを示すことができる. こゝでは, 一般的な定理の証明は
行わず, 一例として, たゞ1個の演算子が完全で可換な組として働く場合を与
えるにとゞめよう. この演算子としては, 調和振動子のような, 1 次元の縮退
がない場合の Hamilton 演算子をとることにしよう.

さて, 何か一つの表示において演算子を定義すれば十分である. 他の表示で
の演算子の形は, その場合, ユニタリー変換によって得ることができるからで
ある. こゝでは, H が対角線的であり, $H_{ij}=\epsilon_i \delta_{ij}$ となっているような表示を
とろう. 任意の演算子 A と H との交換関係は知られていて, その結果, 次の
ようにかけるものとしよう.

$$(AH-HA)_{ij}=C_{ij},$$

H は対角線的であるから, 次のようになる.

$$(\epsilon_j-\epsilon_i)A_{ij}=C_{ij}, \quad \text{すなわち,} \quad A_{ij}=\frac{C_{ij}}{\epsilon_j-\epsilon_i}. \tag{41}$$

このようにして, $\epsilon_j \neq \epsilon_i$ であれば, C_{ij} さえわかれば, マトリックス A_{ij} を解
くことができる*. ところが, 演算子 H が縮退していたとすると, H は完全
で可換な組にはなっていないであろうし, 波動函数を定義するためには, 附加
的な演算子が必要であろう. 先に指摘しておいたとおり, このような場合でも,
一度 C がわかれば, 演算子 A を得るのが可能であることを示す, より一般的
な証明を与えることができるⵜ.

---

* この手続きでは, 対角線要素 A_{ii} はきまらない. A_{ii} を任意としたとき, A_{ii}
δ_{ij} というマトリックスを A に加えても $(AH-HA)$ という交換関係が変ら
ないことを, 読者は直ちに確かめられるであろう. しかし, 実際問題としては,
この任意性は, 非常に重要というわけではないことがわかる.

ⵜ この証明は, 離散的な表示でしか成立しない. しかしながら, 連続な表示の場
合でも扱えるように改良することができる.

第16章　量子論のマトリックスによる定式化　　　435

　従って，演算子の交換関係の定義は，量子論の定式化に於ける最も重要な手続きの一つである．これまでのところでは，われわれは，ある冪級数としてあらわされうるような，x と p との Hermite な函数だけに限ることにより，この定義を行ってきた．p と x との交換関係は，すでに第 9 章 11 節でわかっているから，従って，この種の全ての一般的な演算子に関し，十分な定義が存在しているのである．交換関係を定義するこれ以外の若干の規則は，23節で与えることにしよう．

19. 任意の表示に於ける Schrödinger 方程式．　今やわれわれは，次のような観点に到達した．すなわち，位置 x と運動量 p とを使って波動函数や演算子をあらわすことは，波動函数のコラム表示における係数 C_i の指定に関係する，より一般的な方法の中の特別な場合であると見なされねばならない，というのである．事実，位置表示における波動函数は，まさしく，このようなコラム表示と見なされてよい．すなわち，位置演算子の固有函数 $\delta(x-x')$ によって，次のものを得る:

$$\psi(x)=\int \psi(x')\delta(x-x')dx'.$$

このように，ψ を，あたかもひとつの列にかけるようなものとみなすことができる．

$$\begin{bmatrix} \psi(x_1) \\ \psi(x_2) \\ \psi(x_3) \\ \vdots \end{bmatrix}$$

こゝで，点 $x_1, x_2\cdots\cdots$ 等は，極限として無限に接近したものであってよい．

　さて，Schrödinger 方程式は，展開係数 $\psi(x_i)$ に関する方程式とみることができる．われわれの表示をある別の演算子 A の固有函数（便宜上とびとびのものにとる）に移した場合に，$\psi=\sum_a C_a\psi_a(x)$ と書こう．このとき，Schrödinger 方程式の対応物は，係数 C_a の時間的な変化の割合を規定する方程式のはずである．

　この方程式を求めるため，位置表示における次の Schrödinger 方程式から出発する．

$$i\hbar\frac{\partial \psi}{\partial t}=H\psi.$$

今，ψ を $\psi_a(x)$ の級数としてあらわすと，ψ は時間の函数であるから，C も時

436 第 III 部　簡単な体系への応用. 量子論の定式化の一層の拡張

間の函数でなければならぬ. そこで, 次の式を得る.

$$i\hbar \sum_{a'} C_{a'}\dot{\psi}_{a'}(x) = \sum_{a'} C_{a'}H\psi_{a'}(x).$$

次に, この方程式に $\psi_a{}^*(x)$ をかけ, 全ての x にわたって積分すると(その際, ψ_a の規格化と直交性とを用いる),

$$i\hbar \dot{C}_a = \sum_{a'} H_{aa'}C_{a'}; \tag{42}$$

こゝに,

$$H_{aa'} = \int \psi_a{}^*(x)H\psi_{a'}(x)dx.$$

この方程式は, C_a がある時刻に知られていさえすれば, C_a がどのように変ってゆくかを完全に決めるものである.

問題 14: (42)式は, 位置表示の Schrödinger 方程式から出発して, 変換マトリックスを $\psi_a(x)$ (x 表示における A の固有函数) とするユニタリー変換を行っても求められることを示せ. この函数は, 一方については連続で, 他方については離散的であるが, われわれは, a と x とを変数にもったマトリックスであるとみることにする.

20. Hamiltonian 表示. 特に役に立つ表示は, H が対角線的になっているような, すなわち, $H_{ij}=E_i\delta_{ij}$ であるような表示である. x 表示から Hamiltonian 表示へ移す変換マトリックスは, $\psi_{Ei}(x)$ であり, エネルギー準位 E_i に属する H の固有函数である.

この表示では, Schrödinger 方程式 (42) は次のようになる.

$$i\hbar\frac{dC_i}{dt} = \sum_j H_{ij}C_j = E_iC_i. \tag{43}$$

そして, その解は,

$$C_i = e^{-iE_it/\hbar}C_i{}^0. \tag{44}$$

こゝで, $C_i{}^0$ は常数である. このように, Hamiltonian 表示においては C_i は単純調和振動をもって振動する. Hamiltonian 表示の一例は, (15) 式に与えられている. そこでは, $x+ip/\hbar$ という演算子が, 調和振動子の Hamiltonian が対角線的になっているような表示でのマトリックスとして与えられている.

21. Heisenberg 表示. こゝで, C_i から $C_i{}^0$ に移す変換を基礎ベクトルであると考えることにしよう. この変換は(44)式によって定義される. その変

第16章 量子論のマトリックスによる定式化　　　　437

換マトリックスは容易にたしかめられるとおり,

$$\alpha_{ij} = \delta_{ij} e^{-iE_i t/\hbar}. \tag{45a}$$

変換がユニタリーであることは, 次の計算によって証明することができる:

$$(\alpha\dagger\alpha)_{ij} = \sum_k (\alpha\dagger)_{ik} \alpha_{kj} = \sum_k \delta_{ik}\delta_{kj} e^{-i(E_j - E_k)t/\hbar} = \delta_{ij}. \tag{45b}$$

この変換は, Heisenberg 表示として知られているものを与える. この表示では, 波動函数 "ベクトル" $C_i{}^0$ は常数である. ところが, 演算子のマトリックス要素は,

$$A_{ij}{}^0 = \sum_k \alpha_{ik} A_{kl} \alpha_{lj} = e^{-i(E_j - E_i)t/\hbar} A_{ij} \tag{46}$$

となる. (45a) 式より, 上の式が次のものと同等であることは直ちに証明できる.

$$A_{EE'}{}^0 = \int \psi_E{}^*(x) e^{iEt/\hbar} A\psi_{E'}(x) e^{-iE't/\hbar} dx. \tag{47}$$

Heisenberg 表示を用いることは, 波動函数を, 函数 $\psi_E(x) e^{-iEt/\hbar}$ の級数として展開することと同等である.

$$\psi = \sum_E \psi_E(x) e^{-iEt/\hbar} C_E{}^0. \tag{48}$$

(46)式より, 今度はマトリックス要素が時間と共に調和振動をしていることがわかる. ところがわれわれは, x, p, H のような大部分の演算子が, 一定のマトリックスであらわされてあり, それに対して, 波動函数の方は時間と共に変化している所の, Schrödinger 表示から出発したのであった. しかし,

$\bar{A} = \sum_{i,j} C_i{}^* A_{ij} C_j$ のような平均値を計算する場合には, C_i が $e^{-iEt/\hbar}$ のように振動し, A_{ij} が一定であるとみなそうが, C_i が一定で A_{ij} が $e^{-i(E_j - E_i)t/\hbar}$ のように振動するとみなそうが, 全く差異のないことが容易にわかる. このように, ユニタリー変換ではいつもそうであるように, われわれは単に, 同じ現象を異った言葉を以て記述しているにすぎないのである.

22. Heisenberg 表示において演算子が時間的に変化する割合.　Hamiltonian 表示における Schrödinger 波動函数 C_i は, Heisenberg 表示における $C_i{}^0$ から, (45a) の逆変換であるユニタリー変換によって得られることが明らかである. ユニタリー変換は, "波動函数空間" 中の回転と同等のものであるから(14節を見よ), 系の運動は, 実際には, この空間内に於けるある (一般

には複雑な）回転と同等であると結論される†. そこで, Schrödinger 表示から Heisenberg 表示への変換は, 座標軸が静止している系から, 波動函数ベクトルと共に回転している系への変換によく似ている. そのために, 後者の系では, 波動函数は常数として現われることになるのである. 他方, 回転しない座標系で一定であった演算子は, 回転する系では, 今度は時間の函数となる.

Schrödinger表示を用いるか Heisenberg 表示を用いるかということは全く, われわれが取扱いつゝある問題ではいずれが便利であるかということに依るのである.

さて, $A_{EE'}$ 〔$A_{EE'}$ は (2) 式によって定義される〕の変化する割合を計算することにしよう.

$$\frac{dA_{EE'}}{dt} = \frac{i}{\hbar}(E-E')\int \psi_E{}^*(x)A\psi_{E'}(x)e^{i(E-E')t/\hbar}dx$$
$$+ \int \psi_E{}^*(x)\frac{\partial A}{\partial t}\psi_E(x)e^{i(E-E')t/\hbar}dx \cdot \qquad (49)$$

ところが, 定義によって, これは丁度

$$\frac{dA_{EE'}}{dt} = \frac{i}{\hbar}(E-E')A_{EE'} + \left(\frac{\partial A}{\partial t}\right)_{EE'} \qquad (50\mathrm{a})$$

に等しい. こゝで, マトリックス要素は Heisenberg 表示のものである. Hamiltonian マトリックスが, $H_{EE'} = E\delta_{EE'}$ であることに注意するならば, 上の式が次の式と同等であるのは容易に示すことができる.

$$\frac{dA_{EE'}}{dt} = \frac{i}{\hbar}(HA-AH)_{EE'} + \left(\frac{\partial A}{\partial t}\right)_{EE'} \qquad (50\mathrm{b})$$

問題 15: 上の結果は, 時間の函数でないどんなユニタリー変換に対しても不変であることを証明せよ.

これまでは, Hamiltonian が対角線的であるという条件の下でのみ, Heisenberg 表示を用いてきた. しかしながら, Schrödinger 方程式の解である何らかの完全系 $\phi_n(x,t)$ によって波動函数を展開して, Heisenberg 表示を一般化することができる. Schrödinger 方程式の最も一般的な解は, H の固有函数の級数として展開できる. すなわち,

---

† 古典的極限では, これは, 運動が無限小正準変換の系列としてあらわすことができるという周知の結果と同等になる.

第16章 量子論のマトリックスによる定式化　　　439

$$\phi_n(x, t) = \sum_E \alpha_{E_n} \psi_E(x) e^{-iEt/\hbar}. \tag{51}$$

こゝに，α_{E_n} は常数の展開係数である．$\phi_n(x)$ が [$\psi_E(x)$ のように] 完全な規格直交系をなせば，14 節で示したとおり，α_{E_n} はユニタリー・マトリックスであり，$\psi_E(x) e^{-iEt/\hbar}$ から $\phi_n(x, t)$ への変換はユニタリー変換である．実際，変換をはっきりした形で得るためには，(51) に $(\alpha\dagger)_{nE'}$ をかけて n について和をとり，$(\alpha\dagger)_{nE'}$ のユニタリー性を用いれば，

$$\sum_n (\alpha\dagger)_{nE'} \phi_n(x, t) = \sum_n \sum_E (\alpha^+{}_{nE'} \alpha_{En}) \psi_E(x) e^{-iEt/\hbar} = \psi_{E'}(x) e^{-iE't/\hbar}.$$

問題 15 より，もっとも一般的な Heisenberg 表示においてでも，(50b) 式が依然としてマトリックス要素が変化する割合をあたえるということが直ちに引出される [第9章(37)式との類似性に注意せよ]．しかしながら，(50b) 式は，Heisenberg 表示での<u>み</u>，用いられるものであるということを指摘しておかねばならない．

特別な場合として，(50b) 式から，p と x との間の基本的な交換関係が運動の恒量であることを示すことができる．即ち，

$$\frac{d}{dt}(xp - px) = \frac{i}{\hbar}[H(px - xp) - (px - xp)H].$$

はじめに $px - xp = \hbar/i$ ととったとすれば，$\hbar/i$ はどのような演算子とも交換するから，上の方程式は，$\frac{d}{dt}(px - xp) = 0$ であることを示している．このようにして，上の交換関係が $t = 0$ で成立していれば，交換子は，あらゆる時刻を通じて一定のまゝであることが証明される．これは，われわれの交換関係のとり方が首尾一貫したものであるということを証明する上に，本質的な段階である；なぜならば，一般に，仮定された一組の交換関係が，必らずしも運動方程式に従って時間的に変化するとは限らないからである．

問題 16： (50b) 式から，第9章(37)式が出てくることを証明せよ．

問題 17： $H = \dfrac{p^2}{2m} + V(x)$ から出発して，次の式が得られることを示せ．

$$\frac{d}{dt}(x_{ij}) = \frac{p_{ij}}{m}, \qquad \frac{d}{dt}(p_{ij}) = -\left(\frac{\partial V}{\partial x}\right)_{ij}.$$

上の問題から，(50b) 式は，古典的な運動方程式にとってかわる量子論的方程式を含むことがわかる．

440　　第 Ⅲ 部　簡単な体系への応用. 量子論の定式化の一層の拡張

23. Poisson 括弧.　方程式 (50b) は, 時折, 演算子 p と x の量子論的運動方程式とよばれている. それは, ある函数 A に対する古典論的方程式:

$$\frac{dA}{dt} = \frac{\partial A}{\partial p}\frac{dp}{dt} + \frac{\partial A}{\partial q}\frac{dq}{dt} + \frac{\partial A}{\partial t} = \left[\frac{\partial A}{\partial q}\frac{\partial H}{\partial p} - \frac{\partial A}{\partial p}\frac{\partial H}{\partial q}\right] + \frac{\partial A}{\partial t} \qquad (52)$$

によく似たものである. 上の括弧の中の式は, A と H の "Poisson 括弧" として知られているものである. もっと一般的にいうと, 変数が 1 個 の 場 合 には, 二つの函数 A と B との Poisson 括弧は次のようになる.*

$$[A, B] = \left[\frac{\partial A}{\partial q}\frac{\partial B}{\partial p} - \frac{\partial A}{\partial p}\frac{\partial B}{\partial q}\right]. \qquad (53)$$

$\frac{d}{dt}(\overline{A}) = \frac{i}{\hbar}(\overline{HA-AH}) + \frac{\partial \overline{A}}{\partial t}$ であるから, 古典的極限では, 交換子がそれに対応した Poisson の括弧式の $i/\hbar$ 倍に近づかねばならぬことは明らかである. 更に一般に, これが全ての演算子に対して成立せねばならぬことが示される. すなわち, 古典的極限において,

$$(AB-BA) \rightarrow \frac{\hbar}{i}[A, B] \qquad (54)$$

である. 事実, 実際に現われる大部分の演算子に関して, その交換子は, <u>1 個の演算子と考えられた</u> Poisson 括弧の $\hbar/i$ 倍に<u>等しく</u>なっている.

問題 18:　$(xp-px) = \hbar/i[x, p]$ なることを証明せよ.

問題 19:　Poisson 括弧が, x と p とが出てくる順序に関して前もって対称化されていれば, $(x^2p^2-p^2x^2) = \hbar/i[x^2, p^2]$ であることを証明せよ.

問題 20:　O を, 下のように冪級数であらわされる任意の Hermite 演算子としたとき, $(Ox-xO) = \hbar/i[O, x]$ であることを証明せよ.

$$O = \sum_{m, n} C_{mn} \frac{(x^n p^m + p^m x^n)}{2}$$

18 節によれば, 任意の演算子の定義には, それと, ある演算子の完全で可換な組との交換子の定義だけが必要であった. (1 次元では) x はそれ自体で完全な組になっているから, 問題 20 より, 量子論を定式化する今一つの方法は,

---

* この主題のより完全な取扱いについては, Dirac または Rojansky を見よ(2 頁の文献表を参照).

第 16 章 量子論のマトリックスによる定式化 441

あらゆる演算子と x の Poisson 括弧がそれに対応する交換子の $\hbar/i$ 倍に等しい，という仮定をおくことによって得られることがわかる*．事実，これは非常によく採用される定式化である†．しかし，この本では，それよりはいささか抽象的でない観点から理論を展開しようと試みてきたのである．

問題 21： 次の Hermite 演算子の交換関係を考える．

$$A=\frac{x^n p^m+p^m x^n}{2}, \qquad B=\frac{x^r p^s+p^s x^r}{2}.$$

Poisson 括弧 $[A, B]$ (Hermitean になるように対称化されている) は，恒等的に $i/\hbar(AB-BA)$ に等しいであろうか？

24. 量子論の Heisenberg による定式化． この本では，量子論のマトリックスによる定式化を波動論から導いた．その場合，de Broglie と Schrödinger によってはじめられた発展のラインに本質的には従っていた．しかし，実際には，波動論が提唱されるほんの少し前に，Heisenberg によって，独立にマトリックスの方法が得られたのである．それから二，三年後に，この両方の理論が同等であることがユニタリー変換の理論を用いて証明された．‡

25. マトリックス表示と変換理論の物理的意味． さていよいよマトリックス表示と変換理論との物理的意味を示すところに立ち到った．その解釈は，第 8 章 15 節で現われた相補性についての論議の際，すでに定性的な形で与えら

---

* この定義では，Poisson 括弧 $[A, B]$ は，交換関係 $i/\hbar(AB-BA)$ と必ずしも恒等的に等しくはない．しかし勿論，両者は古典的極限においては常に等しい．問題 21 を参照せよ．

† 18節に示されたように，この手続きでは，演算子の対角線要素がきまらない．しかしながら，対角線要素は，位置表示に於けるある演算子の平均値が，古典的極限に於いて正確な古典的な値に近づくであろう，という要請から求めることができる．それでも量子数の小さい領域では若干の不分明さが依然のこるのである．しかし，そこでは，理論をできるかぎり簡単に，首尾一貫性の一般的な要求に従うようにする，という発見法的な要請を導きとすることができる．これがなされるときには，古典的な数 p が出てくるごとにそれを $\hbar/i \cdot \partial/\partial q$ という演質子でおきかえ，その結果できた演算子を，因子の順序の適当な対称化によって Hermitean にする，という通常の理論が得られる．第 9 章 13 節参照．

‡ より完全な取扱いについては，Heisenberg, *The Physical Principles of Quantum Theory* を参照．

442 　　第Ⅲ部　簡単な体系への応用. 量子論の定式化の一層の拡張

れたものである.

　まず, はじめに, ある固有函数の系列 ψ_a, それぞれ, a であらわされる固有値に属する, が各オブザーバブル A に結びついていることに注目する. 波動函数が ψ_a であるというとき, この事実に対するわれわれの物理的解釈は, オブザーバブル A が確定した値 a をもつ, ということである. さらに, 展開仮定より, 任意の波動函数は何かあるオブザーバブル A の固有函数の級数としてかけることに注意する. すなわち,

$$\psi = \sum_a C_a \psi_a.$$

波動函数の中に, いくつかの ψ_a が現われている場合には, A の値が完全確定とは見なされないことは明らかである. その場合, $|C_a|^2$ という量が, 波動函数 ψ をもった系に対して A の測定を行った結果, きまった結果 a を得る確率を与える. ところが, A は, 測定が行われる前には, きまった値を以て存在しているのではなく, 測定装置との相互作用の結果としてよりきまった形に実現されるような, 不完全にしか確定されない可能性として存在しているにすぎないのである*.

　C_a の完全な物理的内容は, $|C_a|^2$ に対する上述の解釈によって尽されるものではない. 何故ならば, いずれわかるように, C_a の間の位相関係が, A と交換しない変数の確率分布の決定を助けているからである. そうなっていることを示すために, A と交換しないオブザーバブル B を考える (これは, 最も一般的には, A 表示におけるマトリックス $B_{aa'}$ であらわされる). B の固有函数を ϕ_b と書くことにしよう. そのときは, 14 節により, 次のようなユニタリーな変換マトリックス β_{ab} が存在するであろう.

$$\phi_b = \sum_a \beta_{ab} \psi_a.$$

これは, B の各固有函数が, 一般には A の固有函数の 1 次結合になっているということを意味している. このようにして, B があるきまった値をもっているときには, A は必らず, 変数のある範囲に拡っているであろう. その範囲は, β_{ab} が零とかなり異なる値をもっているような領域から決定される†. さらに, オブザーバブル B がきまった値をもっているのは, ψ_a という函数が, β_{ab} とい

───────────────
* 第6章 9, 13 節; 第8章 14, 15 節.
† B が A と可換でないとすれば, ϕ_b の展開には, 1 個以上の固有函数 ψ_a が必要となることが直ちに示される.

第16章　量子論のマトリックスによる定式化　　　443

う係数に含まれた振幅と位相との両方に結びつけられているときに限られている．これは，ψ_a と結びついている位相関係が，一般には，物理的な重要性をもつことを意味している．例えば，それによって，B がきまった値をもつかもたないかが決定されるからである．

今，波動函数が ϕ_b であり，その結果 B がきまって値をもち，A はもっていないという場合を考えることにしよう．このとき，系が，A を測定するのに用いられうる装置と相互作用するものとする．相互作用の過程が終った後には，第6章3節によれば，ψ_a の各々には制御不能な位相因子 $e^{i\alpha_a}$ がかかり，そのために ϕ_b は次のようになる．

$$\chi_b = \sum_a \beta_{ab} e^{i\alpha_a} \psi_a.$$

こうして，あるきまった B の値をつくっておくのに必要な位相関係は，A を測定する過程でこわされてしまうのである（これが A と B の非可換性の意味である）．

装置との相互作用が行われる前には，系は，a の多くの値と同時に関連した干渉性をもち，従って，これらの値を文字どおり同時に覆っている．測定が行われた後では，系には，ψ_a の間のきまった位相関係は全く存在しなくなり，その結果としての系のふるまいは，系はこの時刻に，確率 $|\beta_{ab}|^2$ を以て，A のあるきまった値 a をもつ，という考えによって理解することができる（第6章4節および第22章9節を参照せよ）．他方，このとき，波動函数は B の値のある範囲に拡っている．このようにして，系は，B がきまった値をもつが，A はより確定した値をとる潜在的可能性をもつ完全には確定できない量であるような状態から，A はきまった値をもつが，B が，完全には確定不能な，よりきまった値をもつ潜在的可能性となるような状態への変換をうけるのである．このように，各オブザーバブルは二つの局面をもつ．それは，あるきまった形態において存在するか，完全には確定不能な可能性として存在するか，いずれかだからである．＊

オブザーバブルが，部分的に，潜在的可能性でありうるという事実は，量子論における意味の物質の本性というものと，古典論における意味のそれとの間の，実におどろくべき差違を示すものである．各オブザーバブルは，それによって系が自己を顕現する，ある物理的性質に対応しているからである．このよ

────────────
＊ 第14章21節の角運動量変数の議論と比較せよ．

444　　　　第 III 部　簡単な体系への応用. 量子論の定式化の一層の拡張

うなオブザーバブルは, その物理的性質の可能な測定結果を範疇にいれる（もしくは分類する）ものと云うことができる. 何故なら, 与えられたオブザーバブルの測定が妥当なものであれば, その結果は, 一連の論理的にはいずれも可能であるような諸結果の中のある一つのものとしてあらわれる筈だからである. 二つのオブザーバブルが交換しないときには, それぞれに対応する実験と関連した二つの範疇系双方を同時に適用することはできない. すなわち, 一方のオブザーバブルが測定されたときは, 測定されたオブザーバブルと可換でない他方のオブザーバブルと関連した範疇系は, 文字どおり分解される. それは, すでにわれわれの知る通り, いずれか一つのオブザーバブルの測定が, それと交換しないオブザーバブルの値のある範囲に, 系を拡げる原因となるからである. このようなふるまいは, 古典論で記述されるところとおどろくべき対照をなしている. すなわち, 古典的には, あらゆる粒子が, その位置と運動量との値で範疇をつくるような物理的状態をもつことができる. この範疇系は決して変ることがない. これらの範疇と関連する量の値だけが変化するにすぎない. ところが, 量子論では, 系は, あるきまった位置か, あるきまった運動量か, どちらかによって範疇に入れられるのであって, 同時に双方によることは不可能なのである. 測定過程にあっては, 一般に, 範疇系は実際に変化する. そして, その数学的な変換が, 物理的には, 粒子的なふるまい（位置の範疇に入れることと関連している）と, 波動的なふるまい（運動量の範疇に入れることと関連する）との間のうつりかわりに反映しているのである. しかし, 原理的には, 運動量及び位置の双方と交錯する無限に多くの範疇系が存在している. このようにして, 波動函数は, あるいは調和振動子の固有函数によって（第 13 章）, あるいは水素原子の固有函数によって（第 15 章）, あるいは, 読者がいずれ知るような, なお別の方法で, 展開されうるのである. これらの中間的な範疇系では, 系は, 位置と運動量のある範囲にわたってひろがっている.

　最後に, 範疇の変換という概念が, オブザーバブルのマトリックスによる表現に対して, 自然な解釈をもたらすことがわかる. 何故ならば, 二つの演算子 A, B が交換せず, それらと関連した範疇が同時に適用できないとすれば, オブザーバブル B は, A の多くの値と同時に関連していなければならないからである. この性質は, a の二つの値に対称的に属しているマトリックス要素 $B_{aa'}$ によるオブザーバブル B の表示の中に反映されている. それぞれが, ただ 1 個の b の値と関連した B_{bb} という要素によって B が完全に記述され

第16章　量子論のマトリックスによる定式化　　　445

るのは，演算子 B が対角線的になるような表示に於いてだけにすぎない.

第17章 スピンと角運動量

14章では，われわれは，1個の粒子からなる系の角運動量の量子的諸性質を学んだ．そこで今度は，この取扱いを拡張し，多粒子系の角運動量を考慮にいれるようにしようと思う．さらに，電子が内在的なスピンをもっていることから出てくる附加的な角運動量の取扱いをも論じよう．

1. 電子のスピン Schrödinger 方程式は，スペクトル線の振動数を予言するという点で，実験と見事な一般的一致を与える．それにもかかわらず，小さな喰いちがいが見出されており，これは，電子が通常の軌道角運動量以外にあたかも自転する剛体から起因するかのような，附加的な内在的角運動量をもっていると仮定することによって説明できる[*]．その附加的な角運動量の大きさが$\hbar/2$であるという仮定を用いれば，実験との一致の得られることが見出された．しかるに，Zeeman 効果との一致を得るために必要な磁気能率は，$\mu = e\hbar/2mc$であって，$\hbar$ の軌道角運動量から出てくるものと正確に同じである[†]．磁気回転率すなわち，磁気能率と角運動量との比は，従って，電子のスピンの場合では，軌道運動の場合に比して2倍の大きさをもっている．

この内在的な角運動量を，電子を剛体と考えてその実際の自転と結びつけようという多くの努力が払われた．事実，必要とされる磁気回転率は，電子が一定の軸のまわりを自転する一様な球殻からできているとして得られるものと正確に一致する．しかし，そのような理論の秩序だった展開を行うと，非常な困難にぶつかり，何人もそれを解決して確乎たる結論を得ることはできなかったのである[‡]．少し後になって，Dirac は電子に関する相対論的波動方程式を導き，そこで，スピンと電荷が，相対論的不変の要求と関連させてはじめて理解されうるような仕方で結びついていることを示したのであった[§]．しかるに，非相対

---

[*] Kramers, *Die Grundlagen der Quantentheorie* 参照.

[†] スピンは，その大きさが $\hbar$ の程度であるから，本質的に量子力学的な性質である，ということが注意されねばならぬ．古典的極限では，その効果は極めて小さくて認めることはできない．このように，第9章28節に指摘したとおり，量子論が正しい古典的極限に近づく，という要請によっては，それは得ることができないのである．

[‡] 前掲書.

[§] Dirac, *The Principles of Quantum Mechanics* 参照.

第17章 スピンと角運動量　　　　447

論的な極限に於いても，電子は依然として，$\hbar/2$ の内在的角運動量をもっている
かのごとくにふるまう．従って，この章では，最初 Pauli によって展開され
た，非相対論的なスピンの理論を取扱おう．そして，このスピンを，その起源
まで深くつっこんで理解しようとはせずに，角運動量に対して経験的に附け加
えることが必要なものとしてうけいれる，というだけにしておく．

2.　角運動量演算子のマトリックス表示　この章では，角運動量に対してマ
トリックス表示を用いると便利であることがわかるであろう．第 14 章 (35) 式
によれば，角運動量演算子の固有函数は二つの量子数 l と m によって記述さ
れうる．ここで，

$$L^2\psi_l{}^m=\hbar^2 l(l+1)\psi_l{}^m, \qquad \text{および} \qquad L_z\psi_l{}^m=\hbar m\psi_l{}^m.$$

L^2 と L_z が対角線的になるような表示に於いては，上の演算子のマトリック
ス表示として，次のものを得る．

$$L^2{}_{l,l';\,m,m'}=\int \psi_l{}^{m*}L^2\psi_{l'}{}^{m'}d\Omega=\hbar^2 l(l+1)\delta_{ll'}\delta_{mm'}, \tag{1a}$$

$$(L_z)_{l,l';\,m,m'}=\int \psi_l{}^{m*}L_z\psi_{l'}{}^{m'}d\Omega=\hbar m\delta_{ll'}\delta_{mm'}, \tag{1b}$$

任意の波動函数は次の級数として展開されうる．

$$\psi=\sum_{l,m}a_{lm}\psi_l{}^m. \tag{2}$$

a_{lm} というのは，波動函数のコラム表示（第16章9節参照）の一般化であっ
て，1 つの列のかわりに長方形の列として，固有ベクトルが考えられている．
そのとき，マトリックス要素は，上の (1 a)，(1 b) 式に示すように，l, l' ; $m,$
m' という 4 個の添字を含んでいる．この場合へのマトリックスの乗法の一般
化は一筋道でできる．

L_x と L_y に関するマトリックスを得るという問題が残っている．これを行
うには，L_x+iL_y と L_x-iL_y とを用いると便利である．第 14 章の (27) 式
と (28) 式によると，

$$(L_x+iL_y)\psi_l{}^m=C_l{}^m\psi_l{}^{m+1}, \quad (L_x-iL_y)\psi_l{}^m=C'_l{}^m\psi_l{}^{m-1}. \tag{3}$$

ここで，$C_l{}^m$ と $C'_l{}^m$ は適当な常数であって，後に決定されるであろう．$(L_x$
$+iL_y)$ のマトリックス要素を求めるには，第 16 章 (2) 式で与えられた定義
を用いるだけでよい．

448　　第 III 部　簡単な体系への応用. 量子論の定式化の一層の拡張

$$(L_x+iL_y)_{l,l';m,m'} = \int \psi_l^{m*}(L_x+iL_y)\psi_{l'}^{m'}d\Omega =$$
$$= C_{l'}^{m'}\int \psi_l^{m*}\psi_{l'}^{m'+1}d\Omega = C_{l'}^{m'}\delta_{ll'}\delta_{m,m'+1}, \qquad (4a)$$

同様にして,

$$(L_x-iL_y)_{l,l';m,m'} = C_{l'}^{m'}\delta_{l,l'}\delta_{m',m'-1}, \qquad (4b)$$

これは, (L_x+iL_y) と (L_x-iL_y) が, l については対角線的であるが, m については対角線から一つずれた所にすべての要素があるようなマトリックスによってあらわされていることを意味している.

3. l と m の許される値; 半整数の角運動量量子数　ここで, l と m の許される値を決定するのは何かという問題を再び研究しよう. われわれのより一般的なマトリックス的観点にもとづけば, これらの量については, 整数値と同様に半整数値も得ることができるということ, および, 整数値のみを与える第14章の結果は, ある非常に制限された条件から出てくるものであって, その条件は, 軌道角運動量には実際に正しいものであるがスピンにはあてはまらない, ということがわかるであろう.

l と m に許される値を決定するために, 次の事実から始める. すなわち, ψ_l^m という波動函数が与えられているとすれば, (L_x+iL_y) もしくは (L_x-iL_y) をそれぞれ作用させることによって波動函数 ψ_l^{m+1} 又は ψ_l^{m-1} をつくることが常に可能である†. この手続で, 結局 $(L_x+iL_y)\psi_l^{m_1}=0$ および $(L_x-iL_x)\psi_l^{m_2}=0$ に導くことさえなければ, $|m|$ のいくらでも大きい値が得られるであろう. ところが, 第14章 (30) 式によれば, $\hbar^2|m|^2>L^2$ である. こうして, $L_z=m_1\hbar$ という最大値と, $L_z=m_2\hbar$ という最小値が存在しなければならないことがわかる. m_1 から m_2 までは整数値ずつとぶのであるから, m_1-m_2 も整数でなければならない. ところが, 第14章 (33), (34) 式には, $m_1=-m_2$ であることが示されている. このようにして, $m_1-m_2=2m_1$ が整数であり, その結果 $m_1=l$ は整数でも半整数でもありうることがわかる. 第14章においては, l の整数値のみが撰ばれていたが, 交換関係による演算子の抽象的な定義に関するかぎり, 半整数の角運動量量子数もやはり許されている.

この結果を心におきながら, 波動函数が位置の一価函数であるという第14章で用いた要請を再検討することにしよう. あらゆる物理的に観測されうる量が一価であるということが, われわれが現実に要求しうるすべてである. このこ

---

† (3) 式を見よ.

とは，任意のオブザーバブルの平均値 $\bar{A}=\int\psi^*A\psi d\Omega$ を一価函数にすることによって達成されるであろう．この要請は，l の整数値のみを撰んだとすればたしかに満足されている．しかし，半整数値だけを撰んだとしても，やはり満足されている．何故ならば，任意の波動函数は次のように展開することができる．

$$\psi=\sum_m C_m e^{i(m+1/2)\varphi}.$$

φ が 2π ずつ変るとすれば，ψ には -1 がかかる．しかし，$\psi^*A\psi$ は変らないままであるからである．他方，整数と半整数の角運動量が同時に存在しているとすれば，確率すらもその場合は一価ではなくなるであろう．すなわち，

$$\psi=C_1 e^{i\varphi/2}+C_2 e^{i\varphi}$$

により，

$$\psi^*\psi=|C_1|^2+|C_2|^2+C_1{}^*C_2 e^{i\varphi/2}+C_2{}^*C_1 e^{-i\varphi/2}$$

を得る．φ が 2π ずつ変るとき，これは次のように変化する．

$$\psi^*\psi=|C_1|^2+|C_2|^2-(C_1{}^*C_2 e^{i\varphi/2}+C_2{}^*C_1 e^{-i\varphi/2}).$$

軌道角運動量に対する意味のある理論がつくられうるのは，角運動量が全部整数か，全部半整数かのいずれかの場合であり，両者が同時に存在していては駄目であると結論されるのである．実験は，実際に存在する軌道角運動量は整数のもののみであることを示している．例えば，半整数の l をとったのでは，水素のスペクトルは観測されているのとは非常に異ったものが与えられるであろう．ところが，電子の内在的な角運動量の量子化を行う場合は，整数スピンをとるか半整数スピンをとるかということのア・プリオリな理由は存在しない．そして実験との一致を得るためには半整数のスピンをとらねばならないことになるのである．

4. (L_x+iL_y) と (L_x-iL_y) に対するマトリックス ここで，(4) 式に現われていた係数と計算しよう．L_x と L_y とは Hermitean であるから，(L_x+iL_y) と (L_x-iL_y) とは Hermite 共軛である．この事実を用い，第14章 (31) 式をマトリックス記法でかけば，次の結果を得る†．

$$[(L_x-iL_y)(L_x+iL_y)]_{mm'}+\hbar^2 m(m+1)\delta_{mm'}$$
$$=\hbar^2 l(l+1)\delta_{mm'}. \tag{5}$$

---

† すべての意味のある演算子（すなわち，L_x, L_y, L_z, L^2）は，l について対角線的であるから，今後は，l について対角線的でないマトリックスが現われてくる問題に於ける応用を考えるときを除いては，l という添字は落すことにする．

ところで,

$$[(L_x-iL_y)(L_x+iL_y)]_{mm'} = \sum_n (L_x-iL_y)_{mn}(L_x+iL_y)_{nm'}$$
$$= \sum_n C^{m*}\delta_{m+1,n}C^{m'}\delta_{n,m'+1} = C^{m*}C^{m'}\delta_{mm'}.$$

$m=m'$ の場合には,次の結果を得る.

$$(C)^{m*}C^m = \hbar^2[l(l+1)-m(m+1)] = \hbar^2(l-m)(l+m+1),$$
$$|C^m| = \hbar\sqrt{(l-m)(l+m+1)}. \tag{6}$$

C_m の位相は,この手続によっては決定されてしまわないことに注意しよう. 位相をどのようにとっても交換規則は満足されるようになるであろうからである. それは,次のように書けるということを意味している.

$$(L_x+iL_y)_{mm'} = \hbar\sqrt{(l-m')(l+m'+1)}\delta_{m,m'+1}e^{i\phi_{m'}}. \tag{7}$$

ここで,ϕ_m は任意の実数である.

(L_x-iL_y) は,(L_x+iL_y) の Hermite 共軛な演算子であるから,次の式が成り立つ.

$$(L_x-iL_y)_{mm'} = \hbar\sqrt{(l-m)(l+m+1)}\delta_{m+1,m'}e^{-i\phi_m}. \tag{8}$$

波動函数の定義の中に適当な位相因子を含ませることによって,マトリックス要素の中の位相因子を消去しうることが,今示されるであろう. これを行うには,(L_x+iL_y) の零にならないマトリックス要素のみの定義に頼ることにする. すなわち

$$(L_x+iL_y)_{m,m-1} = \int \psi_m{}^*(L_x+iL_y)\psi_{m-1}d\Omega. \tag{9}$$

問題 1: (9) 式を用い,波動函数 ψ_m に,位相因子 $\exp\left(-i\sum_{n+1-l}^{n=m}\phi_n\right)$ をかけることによって,マトリックス要素には $e^{-i\phi_m}$ がかかり,その結果 (8) 式の位相因子が打ち消されてしまうことを証明せよ. さらに,マトリックス要素 $(L_z)_{mm'}$ と $L^2{}_{mm'}$ とが,この変換によって不変のままであることをたしかめよ.

上の問題から,適当な常数位相因子のかかった ψ_m を乗じて得られたマトリックス要素が,元の組と同様のよい表示をもたらすことが示される. 従って,上のような表示へ変換されていると常に仮定することができ,すべての位相因子を 1 に等しくすることができる. そのとき,次の式が得られる.

$$(L_x+iL_y)_{mm'} = \hbar\sqrt{(l-m')(l+m'+1)}\delta_{m,m'+1}, \tag{10}$$

$$(L_x-iL_y)_{mm'} = (L_x+iL_y)^{\dagger}_{mm'} = \hbar\sqrt{(l-m)(l+m+1)}\delta_{m',m+1}. \tag{11}$$

第17章 スピンと角運動量 451

例として, $l=1/2$ の場合のマトリックス要素を書き下ろしておく.

$$(L_x+iL_y)=\hbar\begin{pmatrix}0 & 1\\0 & 0\end{pmatrix}, \quad (L_x-iL_y)=\hbar\begin{pmatrix}0 & 0\\1 & 0\end{pmatrix}, \quad L_z=\frac{\hbar}{2}\begin{pmatrix}1 & 0\\0 & -1\end{pmatrix}, \quad (12)$$

$$L_x=\frac{\hbar}{2}\begin{pmatrix}0 & 1\\1 & 0\end{pmatrix}, \quad L_y=\frac{\hbar}{2}\begin{pmatrix}0 & -i\\i & 0\end{pmatrix}, \quad L_z=\frac{\hbar}{2}\begin{pmatrix}1 & 0\\0 & -1\end{pmatrix}. \quad (13)$$

ここに, 行と列とは, それぞれ, $m'=\pm1/2$ および, $m=\pm1/2$ に対応している.

問題 2: $l=1$ の場合について, L_x, L_y, L_z を出せ. また, 第 14 章の (15) 式と (61) 式を用い, 同じ結果が $l=1$ の球函数からも得られることを示せ.

$\hbar/2$ のスピンに対する角運動量のマトリックスを最初に求めたのは Pauli である. これら三つのマトリックスは, Pauli マトリックスとよばれ, 次のように書かれる.

$$L_x=\frac{\hbar}{2}\sigma_n, \quad L_y=\frac{\hbar}{2}\sigma_y, \quad L_z=\frac{\hbar}{2}\sigma_z, \quad (14)$$

ここで, σ は (13) 式で定義されたマトリックスである.

σ マトリックスは角運動量演算子に比例しているから, 次の交換規則を満足している.

$$\sigma_x\sigma_y-\sigma_y\sigma_x=2i\sigma_z, \quad (15)$$

他の規則は, x, y, z を循環的に置換すれば得られる. 三つの交換規則は, ベクトル方程式 $\boldsymbol{\sigma}\times\boldsymbol{\sigma}=2i\boldsymbol{\sigma}$ 中に含まれてしまう.

直接の計算により, 次のことが直ちに示される.

$$\sigma_x\sigma_y+\sigma_y\sigma_x=0. \quad (16)$$

この式と (15) 式とから,

$$\sigma_x\sigma_y=i\sigma_z \quad (17)$$

を得る. すなわち, より一般的にかけば,

$$\boldsymbol{\sigma}\times\boldsymbol{\sigma}=2i\boldsymbol{\sigma}, \quad (18)$$

直接の計算により, $\sigma_x{}^2=\sigma_y{}^2=\sigma_z{}^2=1$ となることが示されうるが, そのために, 次のようになる.

$$\sigma^2=3. \quad (19)$$

そして,

$$L^2=\frac{\hbar^2}{4}(\sigma_x{}^2+\sigma_y{}^2+\sigma_z{}^2)=\frac{3}{4}\hbar^2 \quad (20)$$

これは, あきらかに (1a) 式で $l=1/2$ とおいて得たものと一致している.

452　　　第Ⅲ部　簡単な体系への応用. 量子論の定式化の一層の拡張

5. σ 演算子の固有函数　第 16 章 9 節に於けるごとく, 波動函数を単列マトリックス $\begin{pmatrix} C_1 \\ C_2 \end{pmatrix}$ としてあらわすことができる. ここに, $|C_1|^2$ は, $L_z = \hbar/2$ である確率をあらわし, $|C_2|^2$ は, $L_z = -\hbar/2$ である確率をあらわす. 波動函数を規格化するためには, 次のようになっていなければならない.

$$|C_1|^2 + |C_2|^2 = 1. \tag{21}$$

波動函数が x の函数であるとすれば, スピンの方向の分布は, 位置に依存することがありうる. このように, 最も一般的な場合には, C_1 と C_2 とは x の異った函数であろう. そして, 波動函数は単列マトリックス $\begin{pmatrix} \psi_1(x) \\ \psi_2(x) \end{pmatrix}$ によってあらわすことができ,

$$\int_{-\infty}^{\infty} (|\psi_1(x)|^2 + |\psi_2(x)|^2) dx = 1 \tag{22}$$

となるであろう. このことが意味しているのは, スピンの存在は, 1 個よりもむしろ 2 個の波動函数の使用に導くものとみなされる, ということである*. もしスピンが位置と独立なものであれば, $\psi_1(x)$ も $\psi_2(x)$ も同じように変化するであろう. その結果, 波動函数は次のように因数分解される.

$$\psi(x) \begin{pmatrix} C_1 \\ C_2 \end{pmatrix} \tag{23}$$

それぞれが $L_z = \hbar/2$ と $L_z = -\hbar/2$ に対応する規格化された波動函数は, 次のようになる.

$$\psi_1 = \begin{pmatrix} 1 \\ 0 \end{pmatrix} \quad \text{および} \quad \psi_2 = \begin{pmatrix} 0 \\ 1 \end{pmatrix}. \tag{24}$$

二つの波動函数 $\begin{pmatrix} a_1 \\ a_2 \end{pmatrix}$ と $(b_1 b_2)$ との直交性をためすためには, 次のものを計算する.

$$(a_1{}^* a_2{}^*) \begin{pmatrix} b_1 \\ b_2 \end{pmatrix} = a_1{}^* b_1 + a_2{}^* b_2.$$

ψ_1 と ψ_2 とが直交していることは明らかである.

6. σ_x と σ_y の固有函数　σ_x の固有函数を求めるには, $\sigma_x \psi = \alpha \psi$ であることを必要とする. ここに α は固有値である.

$$\begin{pmatrix} 0 & 1 \\ 1 & 0 \end{pmatrix} \begin{pmatrix} C_1 \\ C_2 \end{pmatrix} = \alpha \begin{pmatrix} C_1 \\ C_2 \end{pmatrix}$$

これは次のものに帰着する.

$$C_2 = \alpha C_1,$$
$$C_1 = \alpha C_2,$$

---

* この事情は, 電磁波の記述に際してポテンシァルのいくつかの成分が現われたことと些か似ている.

第17章 スピンと角運動量 453

$$\alpha^2 = 1 \quad \text{すなわち} \quad \alpha = \pm 1.$$

こうして，予期されるように，σ_x の許される値は ± 1 である．それぞれの規格化された波動函数は，

$$(\psi_+)_x = \frac{1}{\sqrt{2}}\begin{pmatrix} 1 \\ 1 \end{pmatrix}, \quad \text{および} \quad (\psi_-)_x = \frac{1}{\sqrt{2}}\begin{pmatrix} 1 \\ -1 \end{pmatrix}. \tag{25}$$

同様な方法で，次の方程式から σ_y の固有値が得られる．

$$\begin{pmatrix} 0 & -i \\ i & 0 \end{pmatrix}\begin{pmatrix} C_1 \\ C_2 \end{pmatrix} = \alpha\begin{pmatrix} C_1 \\ C_2 \end{pmatrix},$$

$$-iC_2 = \alpha C_1,$$

$$iC_1 = \alpha C_2,$$

$$\alpha^2 = 1, \quad \alpha = \pm 1.$$

規格化された波動函数は，

$$(\psi_+)_y = \frac{1}{\sqrt{2}}\begin{pmatrix} 1 \\ i \end{pmatrix}, \quad \text{および} \quad (\psi_-)_y = \frac{1}{\sqrt{2}}\begin{pmatrix} 1 \\ -i \end{pmatrix}. \tag{26}$$

問題 3： $(\psi_+)_y$ と $(\psi_-)_y$ とが直交することを証明せよ．

整数の角運動量の場合のように（第14章，12および18節），$\sigma_z = +1$ と $\sigma_z = -1$ の状態の干渉の結果としてのみ，系の角運動量は，x もしくは y の方向のきまった値をとることができる．これは，ある一つの方向の角運動量がきまっていれば，系は，他の二つの角運動量については，可能な全ての値を同時に覆っているものと見なすべきだということを意味している．これに関連して，$(L_z)^2 = \hbar^2/4$ であるにもかかわらず，$L^2 = 3/4\,\hbar^2$ であることに注意しよう．これは，スピンの成分がよくきまっているときでさえ，他の二つの方向の成分は零ではなく，$\hbar/2$ と $-\hbar/2$ の間をばらついているものと見なされねばならないということを意味する．

7. スピノール変換 任意の方向に於けるスピンの平均値を得ようと思えば，角運動量のベクトルとしての性質は有利であって，次のように書くのである．

$$\alpha_n = \sigma_x \cos\alpha + \sigma_y \cos\beta + \sigma_z \cos\gamma. \tag{27}$$

ここに，α, β, γ はそれぞれこの方向と x, y, z 軸との間の角である．

マトリックスとしては，σ_n は次の形をとる．

$$\sigma_n = \begin{pmatrix} \cos\gamma, & \cos\alpha - i\cos\beta \\ \cos\alpha + i\cos\beta, & -\cos\gamma \end{pmatrix}. \tag{28}$$

454　第 III 部　簡単な体系への応用. 量子論の定式化の一層の拡張

ここで, σ_n の固有値と固有ベクトルとを解くことにしよう. まず, 次の式が得られる.

$$C_1 \cos\gamma + C_2(\cos\alpha - i\cos\beta) = SC_1,$$
$$C_1(\cos\alpha + i\cos\beta) - C_2\cos\gamma = SC_2.$$

ここに, S は σ_n における固有値である. 解が存在する条件は,

$$(S - \cos\gamma)(S + \cos\gamma) = \cos^2\alpha + \cos^2\beta = 1 - \cos^2\gamma,$$
$$S^2 = 1, \quad S = \pm 1.$$

こうして, 任意の方向のスピンの成分の可能な固有値が常に ± 1 であることがわかる. 固有函数は次のようになる.

$$\left.\begin{aligned}
\psi_+' &= \frac{1}{\sqrt{\cos^2\alpha + \cos^2\beta + \cos^2\gamma + 1 + 2\cos\gamma}}\begin{pmatrix} 1 + \cos\gamma \\ \cos\alpha + i\cos\beta \end{pmatrix} \\
&= \frac{1}{\sqrt{2}}\begin{pmatrix} \sqrt{1 + \cos\gamma} \\ \dfrac{\cos\alpha + i\cos\beta}{\sqrt{1 + \cos\gamma}} \end{pmatrix} = \begin{pmatrix} \cos\dfrac{\gamma}{2} \\ \dfrac{\cos\alpha + i\cos\beta}{2\cos\dfrac{\gamma}{2}} \end{pmatrix},
\end{aligned}\right\} \quad (29)$$

$$\psi_-' = \frac{1}{\sqrt{2}}\begin{pmatrix} -\sqrt{1 - \cos\gamma} \\ \dfrac{\cos\alpha + i\cos\beta}{\sqrt{1 - \cos\gamma}} \end{pmatrix} = \begin{pmatrix} -\sin\dfrac{\gamma}{2} \\ \dfrac{\cos\alpha + i\cos\beta}{2\sin\dfrac{\gamma}{2}} \end{pmatrix}. \quad (29\text{a})$$

問題 4: ψ_+' と ψ_-' とが規格化され, 直交していることを証明せよ.

ここで, z 方向として任意の方向を用いても, スピンの理論が同等な方法でつくり上げられうることが明らかとなった. 理論の定式化に対して, 同等な方法の系列が得られた場合には, 第 16 章 15 節により, 必らずこれらの異った定式化がユニタリー変換によって結びつけられねばならないことが判っている. ψ_+', ψ_-' と ψ_+, ψ_- とを結びつけるユニタリー変換を求めるには, 次のような等式が成立つことに注意する.

$$\left.\begin{aligned}
\psi_+' &= \cos\frac{\gamma}{2}\psi_+ + \frac{(\cos\alpha + i\cos\beta)}{2\cos\dfrac{\gamma}{2}}\psi_-, \\
\psi_-' &= -\sin\frac{\gamma}{2}\psi_+ + \frac{\cos\alpha + i\cos\beta}{2\sin\dfrac{\gamma}{2}}\psi_-.
\end{aligned}\right\} \quad (30)$$

第17章 スピンと角運動量　　　　455

この変換は，$\psi_i{}'=\sum_j \alpha_{ij}\psi_j$ と書くことができる．α_{ij} がユニタリー・マトリックスであることを証明するためには，$\sum_k \alpha_{ik}\alpha_{kj}{}^*=\delta_{ij}$ を示さねばならぬ.

問題 5： α_{ij} のユニタリー性が，$(\psi_+{}',\psi_-{}')$ および (ψ_+,ψ_-) という対が規格化されており又それぞれ直交している，という事実から出てくることを証明せよ.

上のような変換は，z 軸をある角度だけ回転するものであるから，それは，$x-y$ 平面上のある軸のまわりの角 γ の回転と同等のものである．例えば，$\cos\beta=0$, $\cos\alpha=\sin\gamma$ ととることにより，y 軸のまわりの回転を得る．これに関連したマトリックスは，このとき次のようになることが容易に示される.

$$\begin{pmatrix} \cos\dfrac{\gamma}{2} & \sin\dfrac{\gamma}{2} \\[2mm] -\sin\dfrac{\gamma}{2} & \cos\dfrac{\gamma}{2} \end{pmatrix}. \tag{31}$$

そして，変換は次のようになる.

$$\left.\begin{aligned} \psi_+{}'&=\cos\frac{\gamma}{2}\psi_+ +\sin\frac{\gamma}{2}\psi_-, \\ \psi_-{}'&=-\sin\frac{\gamma}{2}\psi_+ +\cos\frac{\gamma}{2}\psi_-. \end{aligned}\right\} \tag{31a}$$

この変換はベクトルの回転に似ていることがわかる〔第16章(6)式参照〕.しかも，回転角の半分を含んだ変換であることがわかる．この点には，後でまたたちもどろう.

今度は，われわれの取扱いを拡張し，z 軸のまわりの回転をも含めることにしよう．この問題を取扱うために，変換された演算子 $\sigma_x{}'$ と，変換された波動函数 $\begin{pmatrix} C_1{}' \\ C_2{}' \end{pmatrix}$ を用いることにより，与えられた方向でのスピンの平均値を求めることが可能な筈であるということに注意する．例えば，ある与えられた座標系において出発し，次のように計算する.

$$\bar{\sigma}_x=(C_1{}^*\,C_2{}^*)\begin{pmatrix} 0 & 1 \\ 1 & 0 \end{pmatrix}\begin{pmatrix} C_1 \\ C_2 \end{pmatrix}=C_1{}^*C_2+C_2{}^*C_1, \tag{32}$$

ここで，座標系を z 軸のまわりに角 φ だけ回転する．波動函数は $\begin{pmatrix} C_1{}' \\ C_2{}' \end{pmatrix}$ となると考えられる．それに対し，演算子 σ_x は次のようにあらわされうる：

456   第Ⅲ部　簡単な体系への応用. 量子論の定式化の一層の拡張

$$\sigma_x = \sigma_x{}' \cos \varphi + \sigma_y{}' \sin \varphi = \begin{pmatrix} 0 & e^{-i\varphi} \\ e^{i\varphi} & 0 \end{pmatrix}. \tag{33}$$

こうして, σ_x の平均値は次のようになる.

$$\bar{\sigma}_x = (C_1{}'^* C_2{}'^*) \begin{pmatrix} 0 & e^{-i\varphi} \\ e^{i\varphi} & 0 \end{pmatrix} \begin{pmatrix} C_1{}' \\ C_2{}' \end{pmatrix}$$

$$= e^{-i\varphi} C_1{}'^* C_2{}' + e^{i\varphi} C_2{}'^* C_1{}'. \tag{34}$$

ここで, 第 16 章 15 節により, $C_1{}'$ と $C_2{}'$ が, ユニタリー変換を用いて, C_1 と C_2 とであらわされなければならぬ. このユニタリー変換は次の性質をもっていなければならない. すなわち変換された演算子の平均値は, 元の演算子の平均値が元の波動函数から求められたのと同じ方法で, 変換された波動函数から求めることができるようになっていなければならない. このようにして, (任意の C_1, C_2 に対し) 次のものを得ようと考える.

$$\bar{\sigma}_x = C_1{}^* C_2 + C_2{}^* C_1 = e^{-i\varphi} C_1{}'^* C_2{}' + e^{i\varphi} C_2{}'^* C_1{}'. \tag{35}$$

(35) を調べてみると, これが次のことを必要としていることが明らかになる.

$$C_1{}' = e^{-i\varphi/2} C_1 \quad \text{および}, \quad C_2{}' = e^{i\varphi/2} C_2. \tag{36}$$

上のものがユニタリー変換の特別な場合であることは, 読者は容易にたしかめられるであろう. マトリックス記法を用いるならば, (36) は次のようになる.

$$\begin{pmatrix} C_1 \\ C_2 \end{pmatrix} = \begin{pmatrix} e^{i\varphi/2} & 0 \\ 0 & e^{-i\varphi/2} \end{pmatrix} \begin{pmatrix} C_1{}' \\ C_2{}' \end{pmatrix}, \tag{37}$$

最も一般的な回転は, x, y, z 軸のまわりの回転を次々に組合せてつくられるものである. そこで, われわれの取扱いは, 任意の回転に対応したユニタリー変換が計算できるように, 容易に一般化される.

(31) 式に於けると同様, (37) 式に於いても, マトリックス要素中に回転角の半分が出てくることに注意しよう. これらの方程式は, 軸のまわりのベクトルの回転を定めるマトリックスを定義している第 16 章の (16) 式と比較されるべきものである. 前の場合には, マトリックス要素中には, 回転の全角度があらわれていることが見られる. いいかえれば, 複素コラムベクトル $\begin{pmatrix} C_1 \\ C_2 \end{pmatrix}$ は, 回転に際して, ベクトルのそれを思わせるが, 回転角の 1/2 だけが含まれているという点で異様な変換をうける. したがって, コラムベクトル $\begin{pmatrix} C_1 \\ C_2 \end{pmatrix}$ は, 新しい種類の量である. それはベクトルに似てはいるが, それと同じものではない. これらは屢々 "スピノール", もしくは "セミ・ベクトル" とよばれている.

第17章 スピンと角運動量　457

スピノールは，回転群の最も基本的な表示を与えることを示しうる†. スピノールから，通常のベクトルやテンソルは全部つくることができ，さらに，ベクトルやテンソルの通常の理論には含まれていない新しい表示もつくられるからである. スピノールは4元数とも，また，Cayley-Klein パラメーターとも，密接に関係している*.

8. 角運動量の加法　ここでは，角運動量が量子論ではどのようにして加えられるものか，という問題を調べようと思う. 例えば，二つの粒子の合成角運動量を知ろうとしてもよいし，又他の場合には，スピン角運動量と軌道角運動量とがどのように合成されるかを知ろうとするのでもよい.

この問題を解決するために，はじめに，軌道角運動量とスピンとが可換であることに注意する. これは，この二つのタイプの演算は相互に影響しあわないからである. スピンと軌道運動によってつくられる角運動量を合成すると

$$J = L + S. \tag{38}$$

全合成角運動量は，

$$J^2 = (L+S)^2 = L^2 + S^2 + 2L \cdot S = l(l+1)\hbar^2 + \frac{3}{4}\hbar^2 + 2L \cdot S. \tag{39}$$

粒子が1個以上ある場合には，別々の粒子に属する演算子はやはり可換であることに注意する. 合成軌道角運動量は，

$$L = \sum_i L_i, \qquad L^2 = \left(\sum_i L_i \right)^2. \tag{40}$$

合成スピンは，

$$S = \sum_i S_i \qquad S^2 = \left(\sum_i S_i \right)^2 \tag{41}$$

そこで，あらゆる源泉からのものを加えた合成角運動量は次のようになる.

$$J = \sum_i L_i + \sum_i S_i = L + S, \tag{42}$$

$$J^2 = \left(\sum_i L_i + \sum_i S_i \right)^2 = (L+S)^2. \tag{43}$$

---

† E. Wigner, *Gruppenthorie*, Braunschweig : Friedrich Vieweg und Sohn, 1931.

* E. T. Whittaker, *A Treatise on the Analytical Dynamics of Particles and Rigid Bodies*. London : Cambridge Uniyeristy Press, Chap. 1. さらに，H. Goldstein, *Classical Mechanics*. Cambridge, Mass. : Addison-Wesley Press, Chap. 4 を参照.

今, L_i と S_i は交換するから, L と S と J のそれぞれの成分は, 全部, 1個の粒子の軌道角運動量の成分と同じ交換規則をもっている.

問題 6: 上のことを証明せよ.

3 節より, L^2, J^2 および S^2 の固有値がそれぞれ次のようになることがわかる.

$$L^2 = l(l+1), \quad J^2 = j(j+1), \quad S^2 = S(S+1). \tag{44}$$

ここに, l, j, S は半整数か全整数かのいずれかである.

われわれは屡々, その角運動量に対して二つの異った寄与をもつような系の同時的固有値および固有函数を定義するという問題に直面することがあろう. 例えば, それぞれ, l_1 および l_2 という角運動量をもった 2 個の粒子からなる系があるとする. そして, その合成角運動量の固有値と固有函数を知ろうとする場合がでてこよう. 古い量子論では, これを行うためのある規則が得られた. これは後に正しい取扱いによって合理化されるようになったものである. それは, よく知られたベクトルの加法則* である. この規則では, われわれは, それぞれが l_1 と l_2 の長さをもった二つのベクトルを考えることが必要である.

例えば, $l_1 \geqq l_2$ であるものとしよう. このとき, l_2 は, 第1図に示すように, l_1 の方向への整数値の射影しかもちえないと主張するのである. この射影を p としよう. そうすれば, 合成角運動量 l の許された値は $l_1 + p$ に等しい. ここに, p は $-l_2$ から l_2 までの値をとる. $l_2 > l_1$ とすれば, そのときは, 前のかわりに, l_1 を l_2 に射影し, l が $l_2 + l_1$ と

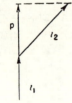

第 1 図

$l_2 - l_1$ の間の値になるという結果を得る. 射影される角運動量が半整数のものであったとしても, 同じ規則が適用される. ただ, この場合, 射影が半整数値をとるということだけが異っている. この規則の一般的な証明は後に論ぜられるであろうが, まず, 二・三の特別の場合についてこれを示すことにしよう.

9. 相異なる二つの粒子のスピン角運動量の和 例えば, 各々が $\hbar/2$ のスピンをもった 2 個の粒子を考えよう. 問題になる合成角運動量は, 次のようになる.

$$\begin{aligned} &\boldsymbol{S} = \boldsymbol{S}_1 + \boldsymbol{S}_2, \\ &S^2 = (\boldsymbol{S}_1 + \boldsymbol{S}_2)^2 = S_1^2 + S_2^2 + 2\boldsymbol{S}_1 \cdot \boldsymbol{S}_2 = \frac{3}{2}\hbar^2 + 2\boldsymbol{S}_1 \cdot \boldsymbol{S}_2, \end{aligned} \tag{45}$$

---

* Ruark and Urey を参照. さらに, Richtmyer, Kennard p. 341 および 356.

第17章 スピンと角運動量 459

この系の波動函数をあらわすためには，第 10 章 11 節に示されているように，各々の粒子のスピン波動函数の積をとらねばならぬ．こうして，1 個の粒子の波動函数と関係しているコラム・ベクトル $\psi_+=\begin{pmatrix}1\\0\end{pmatrix}$, $\psi_-=\begin{pmatrix}0\\1\end{pmatrix}$ より，4 個の独立した粒子波動函数全部を組立てることができる：

$$\begin{aligned}\psi_a=\psi_+(1)\psi_+(2), \quad \psi_c=\psi_-(1)\psi_+(2).\\ \psi_b=\psi_+(1)\psi_-(2), \quad \psi_d=\psi_-(1)\psi_-(2).\end{aligned} \tag{46}$$

たとえば，$\psi_+(1)\psi_-(2)$ は，1 と名付けた粒子が $\hbar/2$ のスピンをもち，2 と名付けた粒子が $-\hbar/2$ をもつ，ということを意味している．

上のものが，2 個の粒子のスピン函数から組立てることのできる最も一般的な函数であるから，展開仮定によって，任意の函数は，以下に示すごとく，これら 4 個の函数の級数として展開されうる：

$$\psi=C_1\psi_a+C_2\psi_b+C_3\psi_c+C_4\psi_d, \tag{47}$$

さらに，この波動函数は二重コラム・ベクトルとしてもあらわすことができる．この場合，第一のコラムは 1 の粒子のスピン量子数と関係し，第二のコラムは，2 の粒子のそれに関係している．こうして，次の結果をうる．

$$\psi_a=\begin{pmatrix}1\\0\end{pmatrix}\begin{pmatrix}1\\0\end{pmatrix}, \quad \psi_b=\begin{pmatrix}1\\0\end{pmatrix}\begin{pmatrix}0\\1\end{pmatrix}, \quad \psi_c=\begin{pmatrix}0\\1\end{pmatrix}\begin{pmatrix}1\\0\end{pmatrix}, \quad \psi_d=\begin{pmatrix}0\\1\end{pmatrix}\begin{pmatrix}0\\1\end{pmatrix}. \tag{48}$$

波動函数を規格化するには，各粒子のスピン量子数について別々に和をとり，各々の加えあわせた結果をかけあわせる．すなわち，ψ_a を規格化するには，$(1\ 0)\begin{pmatrix}1\\0\end{pmatrix}$ $(1\ 0)\begin{pmatrix}1\\0\end{pmatrix}$ を考える．ここに，上の行のベクトル $(1\ 0)$ は，第 1 列のベクトルに作用し，下の行のベクトルは第 2 列に作用する．この定義によれば，$\psi_a, \psi_b, \psi_c, \psi_d$ が既に規格化されていることが明らかである．直交性も同様の方法で試される．すなわち，ψ_a と ψ_b が直交しているかどうかを見るには，

$$\begin{matrix}(1\ 0)\\(0\ 1)\end{matrix}\begin{pmatrix}1\\0\end{pmatrix}\begin{pmatrix}1\\0\end{pmatrix}$$

を考える．2 の粒子のスピンに関する和は，上の式に零の因子をかけることになる．こうして，ψ_a と ψ_b の直交性が証明されている．同様にして，四つの ψ_b が全部直交していることが示されるのである．

問題 7： 任意の波動函数の規格化条件が

$$|C_1|^2+|C_2|^2+|C_3|^2+|C_4|^2=1 \tag{49}$$

であることを証明せよ．

460   第 III 部　簡単な体系への応用. 量子論の定式化の一層の拡張

(46) および (48) といった波動函数に対する演算を行うためには, 例えば, σ_{1z} が, $\psi_+(1)\psi_+(2)$ の左側のものだけに作用し, σ_{2z} が右側のものに作用する, ということに注目する. こうして, $S_z=\dfrac{\hbar}{2}(\sigma_{1z}+\sigma_{2z})$ を用いれば次のものを得る.

$$\left.\begin{array}{l} S_z\psi_a=\hbar\psi_a, \\ S_z\psi_b=S_z\psi_c=0, \\ S_z\psi_d=-\hbar\psi_d \end{array}\right\} \tag{50}$$

これは, ψ がすでに S_z の固有函数であること, および, ψ_a が $\hbar$ という合成角運動量の z 成分に, ψ_d がその $-\hbar$ に, ψ_b と ψ_c とが S_z の零という固有値に, それぞれ属していることを意味する.

今度は, S^2 と S_z との同時的固有函数を組立てよう. (45) 式より, これが, S_z の同時的固有函数を求める問題と同じであることが注意される. 又,

$$\boldsymbol{\sigma}_1\cdot\boldsymbol{\sigma}_2=\sigma_{1x}\sigma_{2x}+\sigma_{1y}\sigma_{2y}+\sigma_{1z}\sigma_{2z}.$$

例えば, $\sigma_{1x}\sigma_{2x}$ という項は, σ_{1x} が (48) 式の二重コラム・ベクトルの左側のものに作用し, σ_{2x} がその右側のものに作用するという意味である. σ_{2x} に対応した演算は, σ_{1x} に対応する演算の次に行われる. しかし, この二つの演算子は可換であるから, 演算の順序は問題にならない.

次のことは, たちどころにたしかめられる.

$$\left.\begin{array}{ll} (\boldsymbol{\sigma}_1\cdot\boldsymbol{\sigma}_2)\psi_a=\psi_a, & (\boldsymbol{\sigma}_1\cdot\boldsymbol{\sigma}_2)\psi_d=\psi_d, \\ (\boldsymbol{\sigma}_1\cdot\boldsymbol{\sigma}_2)\psi_b=-\psi_b+2\psi_c, & (\boldsymbol{\sigma}_1\cdot\boldsymbol{\sigma}_2)\psi_c=-\psi_c+2\psi_b \end{array}\right\} \tag{51}$$

問題 8: (51) 式を証明せよ.

これは, ψ_a 及び ψ_d は, 既に $\boldsymbol{\sigma}_1\cdot\boldsymbol{\sigma}_2=1$ に対応した $\boldsymbol{\sigma}_1\cdot\boldsymbol{\sigma}_2$ の固有函数になっているが, ψ_b と ψ_c はそうではない, ということを示している. そこで, $\boldsymbol{\sigma}_1\cdot\boldsymbol{\sigma}_2$ の固有函数であるような $\psi=b\psi_b+c\psi_c$ という波動函数を求める. これは, 次の方程式を解けば得ることができる.

$$(\boldsymbol{\sigma}_1\cdot\boldsymbol{\sigma}_2)(b\psi_b+c\psi_c)=\lambda(b\psi_b+c\psi_c). \tag{52}$$

ここに, λ は $\boldsymbol{\sigma}_1\cdot\boldsymbol{\sigma}_2$ の固有値である.

そこで, (51) 式を用い, 次の結果を得る.

$$\psi_b(-b+2c)+\psi_c(-c+2b)=\lambda(b\psi_b+c\psi_c). \tag{53}$$

上の式に $\psi_b{}^*$ をかけ, 各々の粒子のスピン添字について加えあわせ, ψ_b と ψ_c の直交性を用いれば,

第17章 スピンと角運動量　　461

$$b(\lambda+1)=2c, \quad c(\lambda+1)=2b,$$
$$(\lambda+1)^2=4 \qquad \lambda=-1\pm2. \tag{54}$$

従って, この場合の λ の固有値は, 1 と -3 である. それに対応した規格化された固有函数は, それぞれ次のようになる.

$$\left.\begin{aligned}
\psi_1 &= \frac{1}{\sqrt{2}}(\psi_b+\psi_c)=\frac{1}{\sqrt{2}}[\psi_+(1)\psi_-(2)+\psi_-(1)\psi_+(2)], \\
\psi_2 &= \frac{1}{\sqrt{2}}(\psi_b-\psi_c)=\frac{1}{\sqrt{2}}[\psi_+(1)\psi_-(2)-\psi_-(1)\psi_+(2)].
\end{aligned}\right\} \tag{55}$$

函数 (ψ_a, ψ_1, ψ_d) は三つとも全部 $\boldsymbol{\sigma}_1\cdot\boldsymbol{\sigma}_2=1$ に対応している. すなわち, (45) 式によれば, $S^2=2\hbar^2$ である. ところが, これは, 丁度角運動量が $\hbar$ であるために必要な事柄になっている. 従って, これら三つの函数は, $\hbar$ という全スピンと, z 方向の三つの可能な成分とに対応しているのである. ψ_2 という函数は, $\boldsymbol{\sigma}_1\cdot\boldsymbol{\sigma}_2=-3$ すなわち, $S^2=0$ に対応している. これは, 角運動量が零という場合に丁度なっている. スピン 1/2 の 2 個の粒子から求められうる角運動量が, 7 節のベクトル加法則によって予言されるものと丁度一致していることがわかった. $S=\hbar$ は, ベクトル模型に於ける平行なスピンに対応し, $S=0$ は反平行なスピンに対応する. 平行スピンの三つの状態は, 時に, 三重状態とよばれている. それに対して, 反平行スピンの状態を"一重"状態とよぶ.

10. 統計集団に於けるスピン状態の確率分布　電子, 乃至は他の粒子が, スピンの方向について勝手な統計的分布をもって現れることが, 非常によくある. 例えば, 電子が金属から蒸発する場合, ある与えられた方向のスピンは正の向きも, 負の向きも同じ様にとり得る. 各々のスピンが勝手な方を向いているときに, こうした2個の粒子がある与えられた合成スピンをもつ確率を見出す, といった問題が, 屡々おこってくる. 例えば, 全く独立な源から出てきて, 両者のスピンの間に何の相関もないような場合に, 一方の電子の他方の電子による散乱を取扱うとき, このような問題がおこる可能性がある.

今, これらの条件の下では, 複合系が, ψ_a, ψ_b, ψ_1 もしくは ψ_2 に対応する状態をとるということは, 等しくおこり得ることであり, その結果, 三つの三重状態の各々も, 等しくおこりうるようになっているということ, および, それら各々の状態が, 一重状態と丁度等しくおこるようになっていうということを示そう. しかしながら, 三重状態は一重状態の3倍だけ多く存在するから, このことは, スピンが平行でいるのが 3/4 の場合であり, 反平行であるのは 1/4

462 　　　第 III 部　簡単な体系への応用．量子論の定式化の一層の拡張

の場合でしかない，という意味になる．

この問題を扱うためには，σ_z が正であることと負であることとが等しくおこりうるという事態をあらわす，1 粒子波動函数の正しい形が，次のようになっていることに注目する．1 の粒子に対しては，

$$\phi_1 = \frac{1}{\sqrt{2}}[(e^{i\alpha_{1,1}}\psi_+(1) + e^{i\alpha_{1,2}}\psi_-(1))]. \tag{56a}$$

2 の粒子に対しては，

$$\phi_2 = \frac{1}{\sqrt{2}}[e^{i\alpha_{2,1}}\psi_+(2) + e^{i\alpha_{2,2}}\psi_-(2)]. \tag{56b}$$

ここで，$\alpha_{1,1}, \alpha_{1,2}, \alpha_{2,1}, \alpha_{2,2}$ は，勝手な制御できない位相因子である（第 6 章 4 節参照）．2 個の粒子の合成された波動函数は次のようになる．

$$\psi = \phi_1\phi_2 = \frac{1}{2}\begin{bmatrix} e^{i(\alpha_{1,1}+\alpha_{2,1})}\psi_a + e^{i(\alpha_{1,2}+\alpha_{2,2})}\psi_d \\ + e^{i(\alpha_{1,1}+\alpha_{2,2})}\psi_b + e^{i(\alpha_{1,2}+\alpha_{2,1})}\psi_c \end{bmatrix}; \tag{57}$$

すなわち，

$$\psi = \frac{1}{2}\left[\begin{array}{l} e^{i(\alpha_{1,1}+\alpha_{2,1})}\psi_a + e^{\alpha(1,2+\alpha_{2,2})}\psi_d \\ + \dfrac{(e^{i(\alpha_{1,1}+\alpha_{2,2})} + e^{i(\alpha_{1,2}+\alpha_{2,1})})}{\sqrt{2}}\psi_1 + \dfrac{(e^{i(\alpha_{1,1}+\alpha_{2,2})} - e^{i(\alpha_{1,2}+\alpha_{2,1})})}{\sqrt{2}}\psi_2 \end{array}\right].$$

そして，確率函数は次のものに等しい．

$$\psi^*\psi = \frac{1}{4}(\psi_a{}^*\psi_a + \psi_d{}^*\psi_d + \psi_1{}^*\psi_1 + \psi_2{}^*\psi_2$$

$$+ \text{勝手な位相因子を含む項}). \tag{58}$$

勝手な位相因子を含んだ項は，平均されると打ち消し合って落ちてしまう．そこで，多くの実験を続けると，$\psi_a, \psi_d, \psi_1, \psi_2$ という 4 個の状態が等しい頻度以て現われるであろうと結論されるのである．

11. ある与えられた粒子の軌道角運動量とスピン角運動量とを加えること

われわれが考えるその次の問題は，与えられた粒子の軌道角運動量とスピン角運動量をどのようにして加えるかということである．ある一つの粒子の L^2，L_z，σ_z が与えられているとき，その波動函数は次の形をとる．

$$\psi = Y_l{}^m(\vartheta, \varphi)\psi_s, \tag{59}$$

ここで，ψ_s は，(24)式に与えられた二つのスピン函数の中の一つである．明らかに

$$J_z\psi = (L_z + S_z)\psi = \left(m + \frac{\sigma_z}{2}\right)\hbar\psi = k\hbar\psi. \tag{60}$$

故に，J_z は，この表示においては対角線的である．従って，上の波動函数を次

第17章　スピンと角運動量　　463

のような記号によってあらわす.

$$\psi_{l,s}^{k}=Y_{l}^{m}(\vartheta,\varphi)\psi_{s},\quad ただし,\quad k=m+S \tag{61}$$

J^2 を対角線的にするには，次のようでなければならない.

$$J^2\psi_{l,s}=\left(\boldsymbol{L}+\frac{\hbar\boldsymbol{\sigma}}{2}\right)\psi_{l,s}=\hbar^2\left[l(l+1)+\frac{3}{4}+\frac{\boldsymbol{L}\cdot\boldsymbol{\sigma}}{\hbar}\right]\psi_{l,s}$$

$$=\gamma\hbar^2\psi_{l,s}. \tag{62}$$

従って，$\boldsymbol{L}\cdot\boldsymbol{\sigma}$ という演算子の固有函数と l のきまった値に対応した函数からできているものとして求めることが必要である.

$\boldsymbol{L}\cdot\boldsymbol{\sigma}$ というマトリックスは，次のように書かれる:

$$\boldsymbol{L}\cdot\boldsymbol{\sigma}=\begin{pmatrix} L_z & L_x-iL_y \\ L_x+iL_y & -L_z \end{pmatrix}. \tag{63}$$

成分が ϑ と φ の函数であるようなコラム・ベクトルとして，われわれの波動函数を書くと便利なことがわかる:

$$\psi=\begin{pmatrix} f_1(\vartheta,\varphi) \\ f_2(\vartheta,\varphi) \end{pmatrix}$$

固有値 λ の固有函数については次のものが得られる.

$$\boldsymbol{L}\cdot\boldsymbol{\sigma}\psi=\begin{pmatrix} L_zf_1+(L_x-iL_y)f_2 \\ -L_zf_2+(L_x+iL_y)f_1 \end{pmatrix}=\lambda\hbar\begin{pmatrix} f_1 \\ f_2 \end{pmatrix}. \tag{65}$$

われわれの方程式は次のようになる.

$$\left.\begin{aligned} L_zf_1+(L_x-iL_y)f_2=\lambda\hbar f_1, \\ -L_zf_2+(L_x+iL_y)f_1=\lambda\hbar f_2. \end{aligned}\right\} \tag{66}$$

(3) 式より，$(L_x+iL_y)\psi_m\sim\psi_{m+1}$ および，$(L_x-iL_y)\psi_m\sim\psi_{m-1}$ であることに注意する. こころみに，$f_2=C_2Y_l^m(\vartheta,\varphi)$，および $f_1=C_1Y_l^{m-1}(\vartheta,\varphi)$ ととるならば，これら二つの方程式を満足させることができる. それは，(10) 式と (11) 式により，次のように書くことができるからである.

$$(L_x-iL_y)Y_l^m=\hbar\sqrt{(l+m)(l-m+1)}Y_l^{m-1},$$

$$(L_x+iL_y)Y_l^{m-1}=\hbar\sqrt{(l+m)(l-m+1)}Y_l^m.$$

ここに，便宜上，量子数 m を用いる. 球函数に対するこれまでの演算の結果は，それによって与えられるからである. しかしながら，この取扱いに於いては，m は，われわれのオブザーバル J_z の量子数 k によって定義されるということが記憶されねばならない. すなわち，

$$m = k - \frac{S_z}{\hbar},$$

その結果でてくるわれわれの函数は、一般に L_z の固有函数ではないであろう.

このとき、方程式 (66) は次のようになる ($L_z Y_l{}^m = m Y_l{}^m$ による).

$$\left.\begin{array}{l}
(m-1)C_1 + \sqrt{(l+m)(l-m+1)}\,C_2 = \lambda C_1, \\
-mC_2 + \sqrt{(l+m)(l-m+1)}\,C_1 = \lambda C_2.
\end{array}\right\} \tag{67}$$

λ を定義する方程式は、

$$(\lambda - m + 1)(\lambda + m) = (l+m)(l-m+1) = l(l+1) - m(m-1).$$

これは次のものに帰着する.

$$\lambda^2 + \lambda = l^2 + l. \tag{68}$$

この解は、$\lambda = l$、または、$\lambda = -1-l$ である. λ のこれらの値を (62) 式に代入すると

$$\left.\begin{array}{l}
\dfrac{J_a{}^2}{\hbar^2} = l(l+1) + \dfrac{3}{4} + l = \left(l + \dfrac{1}{2}\right)\left(l + \dfrac{3}{2}\right), \\[2mm]
\dfrac{J_b{}^2}{\hbar^2} = l(l+1) - l - \dfrac{1}{4} = \left(l - \dfrac{1}{2}\right)\left(l + \dfrac{1}{2}\right).
\end{array}\right\} \tag{69}$$

こゝで、J_a, J_b は、それぞれ、l および、$-1-l$ という固有値に関係している.

$$j_a = l + \frac{1}{2}, \qquad j_b = l - \frac{1}{2} \tag{70}$$

と書けば、両方の場合に対して次の結果を得る.

$$\frac{J^2}{\hbar^2} = j(j+1), \tag{71}$$

こうして、ベクトルの規則によって与えられていたものと一致する結果がえられる. その規則によると、j の値は $l+1/2$ と $l-1/2$ であった.

J^2 のきまった値に対応する固有函数は、λ のそれと関連した値を (67) 式に代入することによって求めることができる. これらの函数を指定するためには、それらが次の諸演算子に対応する同時的固有函数になっていることに注目する.

$$J_z = k\hbar,$$
$$J^2 = j(j+1)\hbar^2,$$
$$L^2 = l(l+1)\hbar^2.$$

そこで、波動函数

$$\psi = \varphi_{l,j}^k \tag{72}$$

と書ける. このとき、(規格化された) 固有函数は、

第17章 スピンと角運動量　　　465

$$\varphi^k_{l,\,l+1/2}=\frac{1}{\sqrt{2l+1}}\begin{pmatrix}\sqrt{l+k}\,Y_l{}^{k-1/2}(\vartheta,\varphi)\\ \sqrt{l-k+1}\,Y_l{}^{k+1/2}(\vartheta,\varphi)\end{pmatrix},$$

$$\varphi^k_{l,\,l-1/2}=\frac{1}{\sqrt{2l+1}}\begin{pmatrix}\sqrt{l-k+1}\,Y_l{}^{k-1/2}(\vartheta,\varphi)\\ -\sqrt{l+k}\,Y_l{}^{k+1/2}(\vartheta,\varphi)\end{pmatrix}.$$

(73)

こゝで k が半整数であり，その結果，$k+1/2$ と $k-1/2$ とが整数であること
に注意していただきたい．われわれが，上のものを $J_z=L_z+\sigma_z\hbar/2$ の固有函数
として指定したことが正当であるのを示すには，この演算子を単に作用させる
だけでよい．$J_z=\hbar k$ を得られることがたちどころにたしかめられるであろう．

コラム表示においては，元の函数 $\psi^k_{l,\,s}$ は次の形をとる．

$$\psi^k_{l,\,1}=\begin{pmatrix}Y_l{}^{k-1/2}(\vartheta,\varphi)\\ 0\end{pmatrix},$$

$$\psi^k_{l,\,-1}=\begin{pmatrix}0\\ Y_l{}^{k+1/2}(\vartheta,\varphi)\end{pmatrix}.$$

(74)

上に表示した，ψ の 1 次結合に $\varphi^k_{l,\,j}$ がなっていることは明らかである．すな
わち，

$$\varphi^k_{l,\,l+1/2}=\frac{1}{\sqrt{2l+1}}(\sqrt{l+k}\,\psi^k_{l,\,1}+\sqrt{l-k+1}\,\psi^k_{l,\,-1}),$$

$$\varphi^k_{l,\,l-1/2}=\frac{1}{\sqrt{2l+1}}(\sqrt{l-k+1}\,\psi^k_{l,\,1}-\sqrt{l+k}\,\psi^k_{l,\,-1}).$$

(75)

これらの方程式は，ψ に関しても解くことができる，その結果は，

$$\psi^k_{l,\,1}=\frac{1}{\sqrt{2l+1}}(\sqrt{l+k}\,\varphi^k_{l,\,l+1/2}+\sqrt{l-k+1}\,\varphi^k_{l,\,l-1/2}),$$

$$\psi^k_{l,\,-1}=\frac{1}{\sqrt{2l+1}}(\sqrt{l-k+1}\,\varphi^k_{l,\,l+1/2}-\sqrt{l+k}\,\varphi^k_{l,\,l-1/2}).$$

(76)

このように，φ と ψ は 1 次変換によって関係づけられている．さらに，この
場合，j の許された値が，ベクトル規則によって与えられたものとぴったり一
致することも結論される．

12. 角運動量を加える一般的な問題の論議　角運動量の二つの異った源泉
を含んだ合成系の波動函数を見出すというより一般的な問題の論議へ，今度は
立入ることにする．こゝで考えたような特別な場合に用いられたのと非常によ
く似た方法*，乃至は，より強力な群論による方法†によって，この問題を取扱

---

* E. U. Condon and G. H. Shortley, *The Theory of Atomic Spectra*. New
York. The Macmillan Company, 1935, Chap. 3.

† Wigner, *Gruppentheorie*, Braunschweig: Fried. Vieweg und Sohn, 1931.

うことができる. 詳細はかなり複雑であるとはいえ, 同様な一般的結果が得られる. すなわち, $\psi_{l_1}{}^{m_1}$ と $\psi_{l_2}{}^{m_2}$ が, それぞれ次の値をもった系の波動函数であるとする:

$$L^2 = l_1(l_1+1)\hbar^2, \quad L_z = m_1\hbar,$$

および

$$L^2 = l_2(l_2+1)\hbar^2, \quad L_z = m_2\hbar. \tag{77}$$

こゝに, $l_1 > l_2$ とする. このときは, その積は, (76) 式によく似た次のような級数として展開することができる.

$$\psi_{l_1}{}^{m_1}\psi_{m_2 l_2} = \sum_{x=-l_2}^{x=+l_2} \varphi_{l_1+x}^{m_1+m_2} C_{l_1, m_1, m_2, x}. \tag{77a}$$

$\psi_{l+x}^{m_1+m_2}$ は,

$$M^2 = (l+x)(l+x+1)$$

を固有値とする波動函数である*. 又, $M_z = m_1 + m_2$ であり, C は適当な常数である†. この結果は, 合成系においてあらわれることができる角運動量の範囲が, ベクトル規則で与えられたものに正確に一致しているということを意味している. 方程式 (77) は, 第 18 章において選択規則を導く上に非常に役に立つことがわかるであろう.

13. スピンをもった電子のエネルギー‡ 4 節で指摘したように, 電子のスピンは, $-e\hbar/2mc$ の磁気能率をもって, 電子と関連している§. こゝに, m は電子の質量である. このことは, 磁場 $\mathscr{H}$ の中で, スピンが Hamilton 演算子に対して次のような寄与をつくり出すことを意味している:

$$W = -\frac{e\hbar}{2mc}\boldsymbol{\sigma}\cdot\boldsymbol{\mathscr{H}} = -\frac{e\hbar}{2mc}\begin{pmatrix} \mathscr{H}_z & \mathscr{H}_x - i\mathscr{H}_y \\ \mathscr{H}_z + i\mathscr{H}_y & -\mathscr{H}_z \end{pmatrix}. \tag{78}$$

上の式が, スピンのエネルギーに関する非相対論的な表式である. 完全に相対論的な取扱いは, Dirac 方程式によってのみ与えることができる. しかしながら, v/c の程度に於いて正確といえる取扱いは, (78) 式が, 電子が静止しているような Lorentz 系でのエネルギーを記述していると仮定すれば得ることができる. そこで (78) 式を任意の系に相対論的に一般化すれば, (v/c の 1 次

---

* M^2 と M_z は, 全軌道角運動量と, その z 成分の固有値である.
† この常数は, Condon and Shortly および Wigner によって計算されている.
‡ スピンのエネルギーの議論については, Schiff, p. 223 および p. 331 を参照.
　定性的な議論については, White, *Introduction to Atomic Spectra*, Chap. 8.
§ e は電子の荷電の絶対値にとってある.

第17章 スピンと角運動量 467

の程度に於いて）次の式が得られる.

$$W = -\frac{e\hbar}{2mc}\left(\boldsymbol{\sigma}\cdot\mathcal{H}+\boldsymbol{\sigma}\cdot\frac{\boldsymbol{v}\times\boldsymbol{\varepsilon}}{c}\right). \tag{79}$$

ところが，上の表式は，さらに，*Thomas の歳差運動** として知られている別個の相対論的効果を考慮にいれて補正しなければならない．これは，電場の寄与に因子 2 がかゝるということに帰着する．最後に，次の式を得る．

$$W_{sp} = -\frac{e\hbar}{2mc}\left[\boldsymbol{\sigma}\cdot\mathcal{H}+\frac{1}{2}\boldsymbol{\sigma}\cdot\left(\frac{\boldsymbol{v}}{c}\times\boldsymbol{\varepsilon}\right)\right]. \tag{80}$$

$\dfrac{\boldsymbol{\sigma}}{2}\cdot\left(\dfrac{\boldsymbol{v}}{c}\times\boldsymbol{\varepsilon}\right)$ という項は，原子中のスピン–軌道相互作用として知られているものになる．但し $\boldsymbol{\varepsilon}$ は原子核（および他の電子）の電場である．$\boldsymbol{\varepsilon}=-\nabla\phi$ と書くと，球対称な原子に於いては，$\phi=\phi(r)$；従って，$\boldsymbol{\varepsilon}=\dfrac{-\boldsymbol{r}}{r}\phi'(r)$，スピン–軌道相互作用は

$$W_{so} = \frac{e\hbar}{4mc^2}\frac{\phi'(r)}{mr}\boldsymbol{\sigma}\cdot(\boldsymbol{p}\times\boldsymbol{r}) = \frac{-e\hbar}{4mc^2}\frac{\phi'(r)}{mr}(\boldsymbol{L}\cdot\boldsymbol{\sigma}) \tag{81}$$

となる.

---

* Ruark and Urey p. 162.

第 IV 部
Schrödinger 方程式の近似的解法

第18章 摂動論. 時間に関係する摂動と
時間に関係しない摂動

1. 第 IV 部へのまえおき この第 IV 部では，Schröding 方程式を近似的に解く，いくつかの方法を展開することにする．われわれはまず，常数変化の方法から始め，この方法を遷移のおこる割合の計算，特に，輻射の放出や吸収を伴う遷移の勘定に使ってみる．続いて，小さな断熱的摂動を論ずる．これは，エネルギー準位と固有函数にずれを生ぜしめる．この取扱いから，大きくはあるが，ゆっくりと変化する摂動の問題（一般的断熱近似）にと移ってゆく．最後に，ポテンシァルが突発的に変化する場合を扱う処方（瞬間的近似）を論じよう．これまで勉強しておけば，Schrödinger 方程式を解く際普通使われている，いくつかの近似法については十分であろう．

2. 摂動が小さい場合（常数変化の方法） この問題に於いては，まず波動方程式を厳密に解き得る体系から出発して，次に，この体系へ外部から小さな擾乱が作用した場合にどうなるかを調べる．例えば，弱い外部電磁場が働く中にある，水素原子かまたは調和振動子を考えよう．この外場は，入射光波によるものであってもよいし，外からかけられた一定の強さの電場であってもよい．いろいろな実験から，この原子は光量子を吸収し，高いエネルギー準位に遷り得ることが一般的に知られている；また，特に外からかけられた電場が時間について一定であると，Stark 効果として知られる，エネルギー準位のずれを生ずる．斯様に，外からの撹乱は確かにわれわれの出発した体系に変化を惹き起すのである．

外からの撹乱の影響は，原理的には，そのかけられている外場のスカラー・ポテンシァル φ とベクトル・ポテンシァル **A** とが入ったときの Schrödinger 方程式を解けば理論的に求められるはずである．ところが不幸にして大抵の場合，φ や **A** を入れた結果の Schrödinger 方程式はあまりにも複雑で，厳密に解く

470　　　　第 IV 部　Schrödinger 方程式の近似的解法

ことができない. しかし, Hamiltonian に於いての小さな変化があると, 波
動函数でもそれに応じた小さな変化を生ずるという穏当な仮定に基いた, ひと
つの近似法が展開できる. 即ち, この仮定を使って, WKB 近似に於ける S に
対する級数展開 [第12章 (7) 式参照] と幾分似かよった逐次近似の方法を展開
することができるのである. この方法はまた, 摂動論として知られている.

　この方法を適用するために, われわれは, 次の波動方程式から出発する:

$$i\hbar\frac{\partial\psi}{\partial t}=H\psi. \tag{1}$$

われわれの摂動論は, Hamilton 演算子がふたつの項の和,

$$H=H_0+\lambda V(x,p,t) \tag{2}$$

と書くことのできる場合にだけ使えるものである. こゝで H_0 は無摂動系の
Hamilton 演算子であり, その固有値と固有函数とは知られているものと仮定
する. 一方, λV は小さな摂動項で, 係数 λ は摂動の強さの目安となる常数を
表わしている. このような問題の1例は, 水素原子が原子の電場にくらべて弱
いような, 一様な電場内におかれた場合におこる. 即ちこの際の Hamiltonian
は

$$H=-\frac{\hbar^2}{2m}\nabla^2-\frac{e^2}{r}+e\varepsilon x. \tag{3}$$

こゝに, ε は摂動として入っている電場の強さであり, x 方向を向くものと
しよう. この場合は $H_0=-\dfrac{\hbar^2}{2m}\nabla^2-\dfrac{e^2}{r}$, 摂動ポテンシャルは $\lambda V=e\varepsilon x$ である.
この問題に対しては, パラメーター λ を電場 ε そのものにとってもよい. も
っと一般的にいうと, 摂動項 λV が座標 x と同様に運動量演算子 p を含んで
いてもかまわないし, また, それが時間を含んでいてもよい. 例えば, 上の例
での外からかけられた電場は時間の函数であってもよかったのである.

　λ が十分小さいとすると, 即ち, 摂動の力が十分弱いならば, 波動方程式の
解が $\lambda=0$ のときに得られる解とひどくちがうというようなことはないであろ
う. ところが, $\lambda=0$ のときには, 解は H_0 の固有函数, $U_n(x)e^{-iE_n^0t/\hbar}$ の級
数に展開できる (E_n^0 は H_0 の n 番目の固有値である):

$$\psi_{\lambda=0}=\sum_n C_nU_ne^{-iE_n^0t/\hbar}. \tag{4}$$

C_n は任意の常数である.

　$\lambda\neq0$ の場合の解を求めるのに用いられる方法というのは, 一般にどんな時刻

に於いても任意の函数 $\psi(x)$ を $U_n(x)$ の級数として表わせるということに注目することである. 函数 ψ は時間と共に変化するから, $U_n(x)$ の係数も一般には時間の函数でなければならない. 係数が特別な時間的変化 $C_n e^{-iE_n{}^0t/\hbar}$, C_n は常数, をおこなうときには, この級数は無摂動系の波動方程式 $\left(i\hbar\dfrac{\partial\psi}{\partial t}=H_0\psi\right)$ の解になっている. 更に一般には, これらの係数はもっと複雑な仕方で時間的に変化するから, 波動函数が $\psi=\sum_n C_n e^{-iE_n{}^0t/\hbar}U_n(x)$ という級数であらわされる場合, C_n は時間の函数となるであろう. この理由から, 上の方法を常数変化の方法とよんでいる.

解を求めるために, 上の級数 (その C_n は時間の函数とする) を Schröding-er 方程式 [(1) 式] に代入してみよう. その結果は

$$\sum_n (i\hbar\dot{C}_n+E_n{}^0C_n)U_n(x)e^{-iE_n{}^0t/\hbar}$$

$$=\sum_n E_n{}^0e^{-iE_n{}^0t/\hbar}U_n(x)C_n+\lambda\sum_n VC_nU_n(x)e^{-iE_n{}^0t/\hbar}, \qquad (5)$$

これは

$$i\hbar\sum_n \dot{C}_n(t)U_n(x)e^{-iE_n{}^0t/\hbar}=\lambda\sum_n C_nVU_n(x)e^{-iE_n{}^0t/\hbar}$$

となる. 次にこの式に $U_m{}^*(x)e^{iE_m{}^0t/\hbar}$ を乗じ, x のすべての値にわたって積分しよう. U_n の規格化と直交性を使って

$$i\hbar\dot{C}_m=\lambda\sum_n C_n e^{i(E_m{}^0-E_n{}^0)t/\hbar}V_{mn} \qquad (6)$$

が得られる. ここで,

$$V_{mn}=\int U_m{}^*(x)V(x,p,t)U_n(x)dx, \qquad (7)$$

dx は体積要素 $dx\,dy\,dz$ である. V_{mn} は H_0 を対角的にする表示では V の (m,n) 番目のマトリックス要素であるが [第16章 (2) 式参照], 一般には時間の函数であることを注意しておく.

方程式 (6) は一般に各 C_m をあらゆる C_n によって定める無限連立1次方程式である. 解の厳密な形は, 各 V_{mn} の値と各 C_n の初期値とに依存する. 一方, V_{mn} の値は, 摂動ポテンシャルの形と無摂動系の Hamiltonian の固有函数 U_n によって決定される. 従って C_n の時間的変化は, 摂動項の形と, 出発点の無摂動系の性質と, その双方に依存する.

こゝで採っている手順は, 波動函数を無摂動系の Schrödinger 方程式の解の

級数に展開することと本質的に同等である．相互作用エネルギーが零であれば，これらは全体系の厳密な解となり，Heisenberg 表示の波動函数が得られるわけであるが（第 16 章 21 節参照），相互作用エネルギーが零でない場合には，Heisenberg 表示は得られない．何故なら U_n は最早エネルギー演算子，今度は $H_0 + \lambda V$ であるが，その固有函数ではないからである．

3. 境界条件　これらの方程式に課せられる境界条件は，ある時刻 t_0 以前には摂動ポテンシャルが存在しなかった，という仮定から決められるのが普通である．この $t = t_0$ 以前に摂動ポテンシャルが存在しないという仮定の物理的意味が問題にされるかもしれないが，例えば，光波の場合には，$t = t_0$ に始めて原子と衝突するような波束をつくり上げることができ，一定の強さの電場の場合には，t_0 は場が最初かけられた時刻を表わすことになる．その他の摂動についても，同様に，それ以前には摂動の強さが無視できるような，ある時刻が通常存在することがわかるだろう．$t = t_0$ という時刻以前の可能な最も一般的な状態は，展開定理によれば，$\psi = \sum_n A_n \exp(-iE_n t/\hbar) U_n(\boldsymbol{x})$ である．ここに，A_n は規格化の要請を除けばその他は勝手な常数である．実際問題にあたって非常によく現われる，ひとつの特別な可能性は，体系が単一の定常状態にあり，波動函数が

$$U_s e^{-iE_s{}^0 t/\hbar} e^{i\phi}$$

となるような場合である．ここで ϕ は物理的意味のない，常数の位相因子である（第 6 章 3 節参照）．こういった波動函数は，例えば，最初基底状態の原子から出発して，次にそれに光を当てるとか，電場または磁場をかけるとかするならば現われてくるはずのものである．

われわれはここでは，体系が始めそれの可能な定常状態の中のひとつにある，という境界条件だけしか考えないことにする．それよりも一般的な境界条件は，物理的興味も少く，この章で展開する方法を真正直に応用すればたやすく取扱えるものである．

4. 近似の方法　$t = t_0$ という時刻以後には，前節の波動函数は最早波動方程式の解ではなくなるであろう．そこでわれわれの課題は摂動ポテンシャルが現われる結果として，C_n がどのように変化するかを近似的に見出すことである．われわれの近似法は，(6) 式から知ることのできるように，C_n の時間的変化が λ に比例するという事実を根拠としている．さて，われわれは $t = t_0$ に於いて C_n 中唯ひとつ，即ち C_s だけを除いて残り全部が零であると仮定した．こ

第18章 摂動論. 時間に関係する摂動と時間に関係しない摂動 473

の C_s は意味のない，勝手な位相因子を除いて 1 にとっても差支えない．$\dot{C}_n$ が小さいことから，少くとも $t=t_0$ 以後のある期間内では（その期間の長さは λ によって定まる），C_n は皆小さく事実 λ に比例するが，他方 C_s はやはり殆んど 1 である，と言うことができる．斯様にして，第 1 近似では $m \neq s$ の場合，$C_n=0$ 及び $C_s=1$ を (6) 式の右辺に代入すれば $\dot{C}_m$ について解くことができ，

$$i\hbar \dot{C}_m = \lambda e^{i(E_m{}^0 - E_s{}^0)t/\hbar} V_{ms}(t) \tag{8}$$

を得る．この方程式は，これから計算された C_m の項が大きくならぬうちは，よい近似となろう．そうであるための条件は 7 節で論ずることにする．

(8) 式を積分すれば

$$C_m = -\frac{i}{\hbar} \lambda \int_{t_0}^{t} e^{i(E_m{}^0 - E_s{}^0)t/\hbar} V_{ms}(t)dt \tag{9a}$$

となる．C_s に対する，即ち，われわれが出発に当って用いた固有函数の係数に対する，第 1 近似を算出してみるのもまた興味があろう．まず

$$i\hbar \dot{C}_s = \lambda V_{ss}(t)C_s + \lambda \sum_{n \neq s} e^{i(E_s{}^0 - E_n{}^0)t/\hbar} V_{sn}(t)C_n \tag{9b}$$

であることに注目しよう．$n \neq s$ の場合，C_n は λ に比例するから，上の式の右辺の和の部分は λ^2 に比例し，従って第 1 近似の取扱いではこの項を無視し得ることになる．

$$i\hbar \dot{C}_s \cong \lambda V_{ss}(t)C_s. \tag{10}$$

これは積分できて

$$C_s \cong e^{-i\lambda \int_{t_0}^{t} V_{ss}dt/\hbar} \tag{11}$$

となる．V_{ss} が時間の函数でないときには (11) 式は次のようになる．

$$C_s \cong e^{-i\lambda V_{ss}(t-t_0)/\hbar}. \tag{12a}$$

後でまたこの式に言及する機会があろう．ここで上の結果と関連して注意すべき点がふたつある：

(1) V_{ss} を含む項は指数函数の中だけにしか入っていないから，V_{ss} のために C_s の絶対値が変ることはない，従ってそれによる確率の変化もないし，遷移も起らない．

(2) 第 1 近似では，V_{ss} の項は波動函数の振動の角振動数を $V_{ss}/\hbar$ だけ変えるという効果を与えるにすぎない．これは，無摂動系のエネルギーを V_{ss} だけ変えることと同等である．従って第 1 近似まででは，エネルギーが

$$E = E_s + V_{ss} \tag{12b}$$

となる.

ところが $\lambda V_{ss} = \lambda \int U_s^* V U_s d\boldsymbol{x}$ であり,それは丁度,無摂動系の波動函数について摂動ポテンシァルの平均値をとったことに当る.これと同様な結論は古典的な摂動論でも得られている.その場合は,エネルギーに対する第1近似の補正は,摂動ポテンシァルを1週期にわたって時間平均をとれば求めることができるのである†.

5. $|C_m|^2$ の遷移確率としての解釈   第10章29節に於いて,$|C_m|^2$ は無摂動系の Hamiltonian H_0 の固有値が E_m^0 であるような状態に体系が見出される確率を与えることが示された.われわれはこの確率を $t=t_0$ で零にとったから,$|C_m|^2$ は時刻 $t=t_0$ 以後に H_0 の s 番目の固有状態から m 番目の固有状態へ遷移が起った確率を与えるものと結論される.C_m が,Schrödinger 方程式と $t=t_0$ での境界条件とによって定まる割合で連続的に変化しても,体系の方は実際にはひとつの状態から他の状態へ不連続且つ不可分の遷移を行うのである.この遷移の存在は,例えば次のようにして証明できよう.摂動ポテンシァルを $t=t_0$ から僅かな時間後に,C_m がどれもまだまだ極めて小さいうちに,抜き去ってみる.この実験を続けて何度も行うならば,体系は何時も H_0 の固有状態のどれかにあることがわかるであろう.そのとき体系がそれのもともとの状態にそのままある場合が圧倒的に多いことであろうが,いくつかの場合には体系が m 番目の状態に見出だされ,その件数は $|C_m|^2$ に比例するであろう.従って摂動ポテンシァルは,H_0 の他の固有状態への不可分の遷移をひきおこすものと考えられねばならない.

6. C_m の計算 C_m に対する一般的な表式は,V_{mn} の時間的変化の仕方にひどく依存するものである.ところが,たやすく解けて,現実の問題に非常に頻繁に現われる三つの場合がある.それは:

(a) V_{mn} が時刻 $t=t_0$ に突然入れられる場合;

(b) V_{mn} が時間と共に三角函数的に振動する場合;

(c) V_{mn} が時間の経過と共に非常にゆっくりと入れられる場合(断熱的な場合);

である.

7. 場合 a: V_{mn} が突然入れられた場合(λ の1次までの計算)   この場合,

---

† Born, *Mechanics of the Atom* 参照.

第18章　摂動論．時間に関係する摂動と時間に関係しない摂動　　　475

体系が最初 s 番目の固有状態にあるときには，C_m を (9a) 式から直接積分することができる．その結果は：

$$C_m = \frac{e^{i(E_m{}^0 - E_s{}^0)t_0/\hbar}}{E_m{}^0 - E_s{}^0}(1 - e^{i(E_m{}^0 - E_s{}^0)(t-t_0)/\hbar})\lambda V_{ms} \tag{13}$$

斯様に C_m は時間の振動函数であることがわかる．体系が H_0 の m 番目の固有状態にある確率は

$$\begin{aligned}
|C_m|^2 &= \frac{\lambda^2 |V_{ms}|^2 |(1 - e^{i(E_m{}^0 - E_s{}^0)(t-t_0)/\hbar})|^2}{(E_m{}^0 - E_s{}^0)^2} \\
&= \frac{4\lambda^2 |V_{ms}|^2}{(E_m{}^0 - E_s{}^0)^2}\sin^2\left[\frac{(E_m{}^0 - E_s{}^0)(t-t_0)}{2\hbar}\right]
\end{aligned} \tag{14}$$

である．この確率は角振動数 $\omega = (E_m{}^0 - E_s{}^0)/\hbar$ でもって振動し，

$$\frac{(E_0{}^m - E_s{}^0)(t-t_0)}{2\hbar} = \left(N + \frac{1}{2}\right)\pi$$

であるような各時刻に於いて極大値に達する．その極大値は，

$$|C_m|^2{}_{\max} = \frac{4\lambda^2 |V_{ms}|^2}{(E_m{}^0 - E_s{}^0)^2} \tag{14a}$$

で与えられる．この模様は，調和振動子に振動子のもともとの振動数 ω_0 とは異なる振動数 ω をもつ週期的な強制力をかけた結果生ずる強制振動を思い起させる [第 2 章 (37) 式参照]．その場合には，振動の振幅はうなりの振動数 $\omega - \omega_0$ でもって増減した．

体糸が s 番目の状態から遷移し去る全確率は，$m=s$ を除くすべての m について $|C_m|^2$ を全部合わせたものに等しい．この確率は

$$P = \sum_{s \neq m}|C_m|^2 = 4\lambda^2\sum_{m \neq s}\frac{|V_{ms}|^2}{(E_m{}^0 - E_s{}^0)^2}\sin^2\left[\frac{(E_m{}^0 - E_s{}^0)(t-t_0)}{2\hbar}\right] \tag{15}$$

となる．これまで使ってきた近似に於いて摂動論が妥当であるためには，P が 1 にくらべて小さいことが必要である．この要請が満たされていれば，$m \neq s$ の場合，C_m は悉く小さく，C_s が 1 にくらべて大きく変化するようなことはないであろう．

$$\sin^2\frac{(E_m{}^0 - E_s{}^0)(t-t_0)}{2\hbar} \leq 1$$

であるから，

$$P \leq 4\lambda^2\sum_{m \neq s}\frac{|V_{ms}|^2}{(E_m{}^0 - E_0{}^s)^2} \tag{15a}$$

と書くことができる. 即ちあらゆる時刻に摂動論が妥当であるための十分条件
は

$$4\lambda^2 \sum_{m \neq s} \frac{|V_{ms}|^2}{(E_m{}^0 - E_s{}^0)^2} \ll 1 \tag{15b}$$

である. 上に述べた条件は, エネルギー準位の縮退, $E_m{}^0 = E_s{}^0$ が存在しなけ
れば, λ を非常に小さくすることによって常に満足させ得るものである. 従っ
てエネルギー準位の縮退の問題が摂動論に於いて重要になることが理解できよ
う.

8. 縮退のある場合の摂動　もしも $E_m{}^0 = E_s{}^0$ となるようなエネルギー準位
が存在すると (14) 式は使えなくなる. この場合でも, C_m は (8) 式から求め
ることができ,

$$C_m = -\frac{i}{\hbar}\lambda V_{ms}(t - t_0) \tag{16}$$

である. この場合にはそれ故 C_m は時間と共に無限に増大する*. 従って体系
が縮退しているならば, 摂動論は十分長い時間の後には破綻を生ずるにちがい
ない, ということになる. 長い時間にわたる, 縮退のある場合の問題を取扱う
方法は第 19 章で論ずることにする.

9. 遷移の量子論的なゆらぎによる記述　今度は, 前に述べた遷移過程の描
像をつくる, ひとつのやり方を与えることにしたい. 最初は縮退のない場合を
考える. その場合には, (14) 式からわかる通り, C_m は一時の間は増大するが,
次に小さくなり, それからまた大きくなる, 等々. しかし決してある有限の値
を超えることはない. これは, その体系が始めは他の量子状態へと移ってゆく
が, $\tau = h/(E_m{}^0 - E_s{}^0)$ 程度の時間がたつと, その遷移の向きが逆になることを意
味している. 斯様に $E_m{}^0 - E_s{}^0$ が小さい程, 自由に m 番目の準位に遷れる時
間が長くなり, その際現われる C_m の極大値はますます大きくなるであろう.

これと関連して憶えておかねばならぬのは, 体系の全エネルギーは H_0 でな
く, $H_0 + \lambda V$ であり, そのため H_0 の固有状態を使った遷移の記述は, きまっ
たエネルギーをもつ準位間の遷移という記述になっていない, ということであ
る. ではあるが, λ が小さいために, 全エネルギーへの摂動ポテンシャルの寄
与もまた小さく [(12b) 式参照], $E_s{}^0$ と $E_m{}^0$ とをやはりエネルギーの近似的

---

* これと調和振動子に対する強制力の項が振動子の固有振動数と共鳴する場合
とをくらべてみよ [第 2 章 (35) 式参照].

第18章 摂動論. 時間に関係する摂動と時間に関係しない摂動   477

な固有値と解釈してもよいことになるのである.

　上に述べた注意に基いて, 摂動ポテンシャルの作用している体系に対し, 次のような描像がつくられる. 即ち, そのような体系は, 無摂動系の Hamiltonian H_0 のひとつの固有状態と別の固有状態との間をゆききして, 不断にゆらいでいるような状態にあると想像するのである. 言い換えれば, 摂動が入ると, 体系はあらゆる可能なエネルギー準位に向って遷移し始める. ところでもしもこの体系が, 無摂動系のエネルギーの初期値 $E_s{}^0$ とはひどくちがった, ある無摂動系のエネルギー $E_m{}^0$ に対応する, H_0 のひとつの固有状態にいつまでも留っているとしたならば, エネルギー保存則と矛盾することになろう. こういったことが起るのは, 先に見てきた通り, 摂動ポテンシャルのエネルギーへの寄与は極めて小さいのに反し, エネルギーの差 $E_m{}^0 - E_s{}^0$ は一般にかなり大きくなり得るものだからである. しかしこの矛盾は, 体系が新らしい状態に留っている時間は非常に短く, 不確定性原理によって, エネルギーが $E_m{}^0 - E_s{}^0$ 程度には不確定になるとという事実によって避けられるものである. 唯 $E_m{}^0 = E_s{}^0$ の場合にだけは, 即ち, 体系が縮退しているときにかぎって, エネルギー保存則を破らずに, 同じ向きにどこまでも遷移の進行することが可能になる.

　上の記述では, 力学系が何かある確然と定った道筋に沿って運動するという古典的な一般概念を, 次のような考え方で置き換えている. 即ち, 摂動ポテンシャルの影響の下では, 体系はいちどきにあらゆる方向への遷移を行う傾向をもっている. 唯ある種の遷移, 即ち, エネルギーの保存する遷移だけが同じ方向にいくらでも進行できる, という考えである. 上のような考えは, いろいろな点で, 生物学に於ける進化の思想と似ている. そこに述べられているところは, 突然変異の結果, ありとあらゆる種が出現可能であるのに, ある特別の種のみが, 即ち, 種をとりまく特定の環境に於ける生存の必要条件を満足する種だけが, いつまでも生き残り得るに過ぎないというのである. しかしながら, このような類推をあまりゆきすぎて使うことがあってはならない. 何故なら生物体はある種に属するか, さもなければ別の種に属するか, いずれかで, 同時にふたつの種に属することはないからである. 他方, 第6章で見たように, 波動函数が多くの量子状態からの寄与の和となっている場合は, 体系がこうした諸状態を同時に掩うものと考えねばならない. 重要な物理的諸性質が, こうした様様の状態に対応する波動函数間の干渉に関係することがあるからである†.

────────
† 第6章 9, 10, 13 の各節および第16章 25 節に示したように, 量子的な体系は

恒久的な（即ちエネルギーを保存する）遷移を実在的な遷移，と呼ぶことがある．これは所謂仮想的な遷移，即ちエネルギーを保存しない，従ってあまり進行しないうちにまたもとに戻らねばならぬような遷移と区別するためである．この仮想的という術語は適切なものではない．何故なら仮想的な遷移というと全く実在的な効果をもたないようにとれるからである．事実は逆であって，それらは時に最も重要なのである．非常に多くの物理的過程がこれらの所謂仮想的な遷移の結果だからである．例えば，第 19 章 13 節で，分子間の Van der Waals の引力は仮想的な遷移に由来することがわかるであろう．

10. 遷移過程の微視的可逆性 V は Hermitean であるので，第 9 章の (23) 式から，$V_{mn} = V_{nm}^*$ であることがわかる．ところが，$|V_{mn}|^2$ は，最初 n 番目の状態にあった体系が m 番目の状態へ遷移する確率に比例し，$|V_{nm}|^2$ は最初 m 番目の状態にあった体系が n 番目の状態へ遷移する確率に比例する．上の結果によってこのふたつの確率は相等しい．この性質が屡々量子過程の微視的可逆性と呼ばれるものである．これは古典的な運動方程式の微視的可逆性の量子論的類似物である‡．事実，あらゆる量子的過程の微視的可逆性は，対応論的

完全には確定されない潜在的可能性をもつものとして記述されねばならない．その可能性は外部の適当な体系と相互作用する際に始めて明確に発現されるにすぎない．しかし C_n の間に一定の位相関係が存在するかぎり，体系が無摂動系の Hamiltonian のある唯ひとつの値（だがどれであるかわからない）をもっているとみなすことはできない．それがある適当な体系（例えば H_0 を測定する装置）と相互作用した後にだけ体系は H_0 のひとつの定った値を顕わし，$|C_n(t)|^2$ は（5 節で述べたように）摂動ポテンシャルを時刻 t で抜いたとしたとき，その値が E_n である確率を表わしている．また第 22 章 14 節の遷移過程の記述と比較してみよ．

‡ 運動方程式のどのような解に対しても，すべての粒子が丁度反対の速度をもち，従って逆向きの運動が実現されるような，今ひとつの解が必らず存在している．この性質を微視的可逆性と呼んで，巨視的な体系に一般的な性質である，体系の運動の非可逆性と区別している．統計力学の研究に於いて，この巨視的非可逆性は，体系が巨視的（乃至は熱力学的）な意味では区別できない非常に多くの，微視的に異った状態をもつという事実に由来するものであることが示されている．その結果，粒子が運動しまた互いに散乱するとき，その要素的な効果が無秩序的な混合状態をつくりだし，その際に最初の状態が再びつくりだされることは非常に稀である．量子論では，既に見た通り，基本的過程はやはり微視的可逆であるが，巨視的な体系になると，上に述べたと同種の無秩序的な混合の効果によって非可逆性が導入されるのである（例えば，Tolman: *The Principles of Statistical Mechanics*, New York: Oxford University press 参照）．

第18章　摂動論．時間に関係する摂動と時間に関係しない摂動　　　479

極限に於いて，あらゆる古典的運動の微視的可逆性に連るべきものである．

11. 確率の保存 (15) 式からわれわれは，s 番目の状態より離れ去ってゆく遷移の起る全確率は λ^2 に比例することを知った．確率が保存されるためには，この遷移の起る確率の分だけ，体系が最初の状態にある確率が減って，相殺されるのでなければならない．ところが確率の変化は λ について 2 次のものであるから，この $|C_s|^2$ に於ける減りだかを示すためには，C_s もまた 2 次まで勘定せねばならない．

C_s の第 2 近似を勘定するには，(6) 式で C_m に対し第 1 近似を使ってやればよい．だがそれをやる前に，$C_n = e^{-i\lambda V_{mn}t/\hbar}A_n$ という置き換えをしておいた方が都合がよい．すると (6) 式は次のようになる†:

$$i\hbar\dot{A}_m = \lambda \sum_{n \neq m} e^{i(E_m{}^0 - E_n{}^0)t/\hbar} V_{mn} A_n.\tag{17}$$

上の式で $m=s$ とおけば，

$$i\hbar\dot{A}_s = \lambda \sum_{n \neq s} e^{i(E_s{}^0 - E_n{}^0)t/\hbar} V_{sn} A_n\tag{18}$$

を得る．

(1) 式から A_n を求め，2 次以上の項をおとすと

$$i\hbar\dot{A}_s = -\lambda^2 \sum_{n \neq s} e^{i(E_s{}^0 - E_n{}^0)t/\hbar} V_{sn} V_{ns} \frac{[e^{i(E_n{}^0 - E_s{}^0)t/\hbar} - e^{i(E_n{}^0 - E_s{}^0)t^0/\hbar}]}{(E_n{}^0 - E_s{}^0)}.$$

積分すれば [$(A_s)_{t=t_0} = 1$ に注意して]

$$A_s = 1 + \lambda^2 \sum_{n \neq s} \frac{V_{sn}V_{ns}}{(E_s{}^0 - E_n{}^0)^2}[e^{i(E_s{}^0 - E_n{}^0)(t-t_0)/\hbar} - 1] - \frac{i\lambda^2}{\hbar} \sum_{n \neq s} \frac{V_{sn}V_{ns}(t-t_0)}{(E_s{}^0 - E_n{}^0)}\tag{19}$$

となる．上の表式の絶対値の 2 乗は (10 節より $V_{ns} = V_{sn}^*$ に注意し，λ^2 までの項だけを残した)

$$|A_s|^2 = 1 - 2\lambda^2 \sum_{n \neq s}\left\{1 - \cos\left[\frac{(E_s{}^0 - E_n{}^0)}{\hbar}(t-t_0)\right]\right\}\frac{|V_{sn}|^2}{(E_s{}^0 - E_n{}^0)^2}$$

$$= 1 - 4\lambda^2 \sum_{n \neq s} \frac{|V_{sn}|^2}{(E_s{}^0 - E_n{}^0)^2}\sin^2\left[\frac{(E_{s0} - E_n{}^0)}{\hbar}(t-t_0)\right].\tag{20}$$

ところが (15) 式によって，$|A_s|^2$ の減りが丁度体系の基底状態から遷移し去

---

† λV_{nn} が指数函数の中に出て来た時にはすべて無視していることに注意．それからは最後の答で精々 λ^3 に比例する補正を生ずるにすぎないからである．

480   第 IV 部　Schrödinger 方程式の近似的解法

る全確率に等しいことがわかっている．それ故確率は保存されることになる．

更に $|A_s|^2$ は 2 次の項だけ 1 と異っていることがわかる．従って A_m の計算の際に $A_s=1$ と仮定することによる誤差は高々 3 次の効果にすぎない．

12. 場合 b： V_{mn} が時間と共に三角函数的に変化する場合．その光の吸収および放出に対する応用　多くの重要な問題に於いて，V_{mn} が時間と共に三角函数的に変化している場合がある．例えば，ある角振動数 ω を以て振動する弱い電場の中に原子をおいたときがそうである．この場合，場を x 方向にとるならば，Hamiltonian に摂動項

$$e\varepsilon_0 x \cos \omega t \tag{21}$$

を附け加えておかねばならない．

もっと重要な例は，あるきまった角振動数 ω の光で原子を照射するとどんなことが起るかを調べる問題である．電磁波については，ベクトル・ポテンシャル $\boldsymbol{a}$ だけ考えればよい（第 1 章 3 節参照）．そして Hamiltonian を次のように書くことができる† [第 15 章 (17) 式参照].

$$H=\frac{p^2}{2m}+V-\frac{e}{2mc}(\boldsymbol{a}\cdot\boldsymbol{p}+\boldsymbol{p}\cdot\boldsymbol{a})+\frac{e^2}{2mc^2}a^2 \tag{22}$$

（V は入射電磁輻射に由来するもの以外の原子に働くあらゆる外力によってつくられるポテンシャルである.）

われわれは電磁場が小さな擾乱とみられる場合だけに話をかぎるから，2 次の項，即ち a^2 を含む項‡ を無視することができ，V_{mn} の項は

$$\lambda V_{mn}=-\frac{e}{2mc}\int U_m{}^*(\boldsymbol{x})(\boldsymbol{a}\cdot\boldsymbol{p}+\boldsymbol{p}\cdot\boldsymbol{a})U_n(\boldsymbol{x})d\boldsymbol{x} \tag{23}$$

で与えられる．きまった角振動数をもつ光波については，

$$\boldsymbol{a}=\boldsymbol{G}(\boldsymbol{x})e^{-i\omega t}+\boldsymbol{G}^*(\boldsymbol{x})e^{i\omega t}$$

と書くことができる．$\boldsymbol{a}$ を実数にしておくために複素共軛項を加えねばならないことに注意していただきたい．それで

$$\lambda V_{mn}=\frac{-e}{2mc}\Big[e^{-i\omega t}\int U_m{}^*(\boldsymbol{x})(\boldsymbol{G}\cdot\boldsymbol{p}+\boldsymbol{p}\cdot\boldsymbol{G})U_n(\boldsymbol{x})d\boldsymbol{x}$$

---

† この取扱いでは，スピンの効果は無視している．スピンの効果は 50 節で論ずる．

‡ この項を無視してよいのは，通常そうであるように，マトリックス要素 V_{mn} が零にならない場合である．V_{mn} が零であるときは，a^2 の項を残しておかねばならない．その場合はその項が遷移をひき起す主要項となるからである．

第18章 摂動論. 時間に関係する摂動と時間に関係しない摂動　481

$$+e^{i\omega t}\int U_m{}^*(\boldsymbol{x})(\boldsymbol{G}^*\cdot\boldsymbol{p}+\boldsymbol{p}\cdot\boldsymbol{G}^*)U_n(\boldsymbol{x})d\boldsymbol{x}\Big]$$

が得られる. 次に

$$G_{mn}=-\frac{e}{mc}\int U_m{}^*(\boldsymbol{x})\frac{\boldsymbol{G}\cdot\boldsymbol{p}+\boldsymbol{p}\cdot\boldsymbol{G}}{2}U_n(\boldsymbol{x})d\boldsymbol{x}. \tag{24}$$

で G_{mn} を定義すると, その復素共軛を求めるには上の積分のすべての部分の復素共軛をとればよい.

$$G_{mn}^*=-\frac{e}{mc}\int U_m(\boldsymbol{x})\frac{\boldsymbol{G}^*\cdot\boldsymbol{p}^*+\boldsymbol{p}^*\cdot\boldsymbol{G}^*}{2}U_n{}^*(\boldsymbol{x})d\boldsymbol{x}. \tag{25}$$

$\boldsymbol{p}=\dfrac{\hbar}{i}\nabla$ と書き, $\boldsymbol{G}=\boldsymbol{G}(\boldsymbol{x})$ に注意すれば, 部分積分により容易に（積分された部分が に零なることに留意して）

$$G_{mn}^*=-\frac{e}{mc}\int U_n{}^*(\boldsymbol{x})\frac{\boldsymbol{G}^*\cdot\boldsymbol{p}+\boldsymbol{p}\cdot\boldsymbol{G}^*}{2}U_m(\boldsymbol{x})d\boldsymbol{x} \tag{26}$$

が示される（言い換えれば, $\boldsymbol{p}$ を $U_n{}^*$ でなく U_m に作用させることができる）. これらの定義を使って

$$\lambda V_{mn}=G_{mn}e^{-i\omega t}+G_{mn}^*e^{i\omega t} \tag{27}$$

という結果を得る. そこで (9a) 式から, C_m が計算できることになる.

$$C_m=-\frac{i\lambda}{\hbar}\int_{t_0}^{t}e^{i(E_m{}^0-E_s{}^0)t/\hbar}V_{ms}(t)dt=-[G_{ms}F(\omega)+G_{sm}^*F(-\omega)], \tag{28}$$

但し

$$F(\omega)=e^{i(E_m{}^0-E_s{}^0-\omega\hbar)t/\hbar}\frac{[1-e^{-i(E_m{}^0-E_s{}^0-\omega\hbar)(t-t_0)/\hbar}]}{(E_m{}^0-E_s{}^0-\omega\hbar)} \tag{29}$$

である.

13. 平面波への応用　G は普通, 光波が平面波であるようにえらばれるが, 必ずしもそうでなければならぬものではない. 例えば x 方向の進行波をとってもよい. このときの $\boldsymbol{a}$ は z 方面を向いている†（横波の条件は $\boldsymbol{a}$ を波の進行方向に直角にとることによって満足される）. 即ち

$$a_z=a_0e^{i(kx-\omega t)}+a_0{}^*e^{-i(kx-\omega t)} \tag{30}$$

と書ける. C_m を計算するためには, $\boldsymbol{a}$ を上のように選んだことを用いて G_{mn} を勘定しさえすればよい（$p_ze^{ikx}+e^{ikx}p_z=2p_ze^{ikx}$ に注意して）,

$$G_{ms}=-\frac{ea_0}{mc}\int U_m{}^*(\boldsymbol{x})p_ze^{ikx}U_s(\boldsymbol{x})d\boldsymbol{x}=\frac{e}{mc}a_0\alpha_{ms}, \tag{31a}$$

† 第1章 (21) 式参照.

但し

$$\alpha_{ms} = \int U_m{}^*(\boldsymbol{x}) p_z e^{ikx} U_s(\boldsymbol{x}) d\boldsymbol{x}. \tag{31b}$$

これから

$$C_m = -\frac{e}{mc} a_0 [\alpha_{ms} F(\omega) + \alpha_{sm}^* F(-\omega)] \tag{32}$$

が得られる.

14. 前節の結果の意味 上に得られた結果は, $E_m{}^0 - E_s{}^0$ が $E_m{}^0 - E_s{}^0 \pm \hbar\omega$ で置き換えられている点を除けば常数ポテンシャルで得られたものそのままである. 一般的な結果というと, $F_m - E_s = \pm \hbar\omega$ の場合は別として, V_{ms} が常数のときと全く同様な $|C_m|^2$ のゆらぎである. $E_m - E_s = \pm \hbar\omega$ の場合には, 一方の項 [$F(\omega)$ または $F(-\omega)$ のいずれか] が, 時間と共に無限に増大する寄与を与える. これは, Hamiltonian 中の摂動項が $\hbar\omega = |E_m{}^0 - E_s{}^0|$ の角振動数をもって振動するときには, その摂動項によって m 番目の準位から s 番目の準位への, また s 番目の準位から m 番目の準位への, 逆戻りすることのない遷移が生じうることを示すものである. これは, $E_m{}^0 - E_s{}^0 = \pm \hbar\omega$ という条件が満足されているときに限って, エネルギー保存則を破らずに角振動数 ω の光波と電子との間にエネルギーのやりとりができることを意味している. ± 両方の符号が現われるから, 電子は1量子のエネルギー, $E_m{}^0 - E_s{}^0 = \hbar\omega$ を放出することも吸収することも共に可能であることになる. この過程は, 勿論, 実験と一致しているものである.

これらの諸結果は, 9 節で展開した遷移に対する描像を使って容易に記述できる. 即ち, 9 節に於けると同様に, 摂動ポテンシャルが入るとそれに応じて, 体系はあらゆる可能な方面へのゆらぎを示すようになる. しかし, 週期的に変化する摂動の際に, 逆戻りしない遷移が起るための条件はエネルギーの保存ではなく, Einstein の条件 $E_m{}^0 - E_s{}^0 = \pm \hbar\omega$ である. 先の生物学との類推を続けるならば, 時間的に変らない摂動を時間的に変動する摂動で置き換えることは, 有機体に対する環境を異った種類の種の生存に好都合なように変改することに対応する, と言えよう. だが今一度この類推は無制限に使えるものでないことを戒めておきたい. 前に述べた場合も今度の場合も, いつまでも生き残るのではない体系が, 常に物理的に重要な効果をつくっているのに注目することが大切である. 言葉を換えていえば, "仮想的な" 遷移を "実在しない" 遷移と考えてはならないのである.

15. ここの取扱いでは，輻射場を量子化していない われわれが使っている近似的な取扱いに於いては，何故角振動数 ω の光のビームが丁度 $\hbar\omega$ だけのエネルギーを供給できるのかは直ちに明らかなことではない．この点は，電磁場が量子化されたときに始めて明瞭になるのである*．というのは，その際光子が吸収される過程は，原子の m 番目の準位から n 番目の準位への遷移であると同時に，輻射振動子のあるエネルギー状態からもともとの状態より $\hbar\omega$ だけエネルギーの低い状態への遷移として記述されるからである．即ち，電子と輻射振動子のエネルギーを組合わせたものが，長時間にわたって生き残る，すべての過程に於いて保存されるのである．

現在の取扱いでは，電子のふるまいは量子化されたものとしてとられているのに対し，ベクトル・ポテンシャルの方は，古典的な Maxwell 方程式† によって時空の各点で任意に高い精度で規定できる単なる数とみなされた．もっと完全な取扱いでは，電磁場の方も量子化する必要がある．粒子の運動量 p が演算子で置き換えられたと全く同様に，ベクトル・ポテンシャル a もある演算子で置き換えられねばならない．また，体系の全 Hamiltonian には輻射場の Hamiltonian をも附け加えておかねばならない．このプログラムを実現するには，電磁場を調和振動子のあつまりとみなし，波動ベクトル p と偏りの方向 μ との各々の値に，第1章で論じたような具合にそれぞれひとつの振動子が対応するとすればよい．各振動子は物質調和振動子の場合と同一の方法で量子化されねばならない．そのとき，ある振動子が N 番目の励起状態にあれば，電磁場にはそれに対応する N 個の光子が存在すると言うのである．対応原理によって，多くの光子が存在するときには電磁場を近似的に古典的な系として記述できる．これがまさしく，これまでわれわれの理論で行なわれてきたところである．従って，こゝでの取扱いは，輻射場が高く励起されている（即ち多くの光子が存在する）場合にだけ正確であるにすぎない．だが，この方法で導かれた諸結果が，光子の1個しか存在しないときでも，大体においては正しいことがわかる．それはしかし，調和振動子の対応論的な取扱いが量子数の小さい場合までも正しく使われるということから生じた，幸運な偶然的事情にすぎない．本書では，このような取扱いが完全に正しいのは輻射のビームが非常に強いときだけであるということを心に刻みこんで，輻射場の古典論的取扱いに話

---

* 例えば Schiff, *Quantum Mechanics*, 第 14 章を参照．

† Maxwell 方程式は，第1章3節に与えてある．

をかぎることにしょう.

16. 遷移の割合の計算　以上で体系が m 番目の状態にある確率 $|C_m|^2$ が勘定できることとなった.（28）式によると,それは

$$|C_m|^2 = |G_{ms}F(\omega) + G_{sm}^* F(-\omega)|^2 \tag{33}$$

である.今われわれが興味を抱くのは,長い時間にわたる遷移過程の場合だけである.このときにだけは G_{ms} が小さいときにも $|C_m|^2$ は大きくなるのである.これは,$E_m{}^0 - E_s{}^0 = \hbar\omega$ か,$E_m{}^0 - E_s{}^0 = -\hbar\omega$ か,いずれかにならねばならぬことを意味する.前の場合は摂動を与える場からエネルギーが吸収されることに対応し,後の場合は摂動を与える場に対してエネルギーが放出されるのに対応する.そのとき,$[F(\omega)F^*(\omega)]$ を含んだ項だけが長時間経った後で実際に大きくなろう.$F(-\omega)$ を含む項は振動するようになり,小さな補正を生ずるだけで,ここではそれを無視する.斯様にして近似的に

$$|C_m|^2 \cong |G_{ms}|^2 |F(\omega)|^2$$

と書ける.（29）式からの $|F(\omega)|^2$ の値を求めて

$$|C_m|^2 = 4 \frac{|G_{ms}|^2 \sin^2 \left[(E_m{}^0 - E_s{}^0 - \omega\hbar) \dfrac{(t-t_0)}{2\hbar} \right]}{(E_m{}^0 - E_s{}^0 - \hbar\omega)^2} \tag{34}$$

となる.

17. ベクトル・ポテンシャルと輻射の強さとの関係　ここで（34）式を光の強さを使って表わしておいた方が便利である.先ず（31）式より

$$|G_{ms}|^2 = \frac{e^2}{m^2 c^2} |a_0|^2 |\alpha_{ms}|^2$$

が得られる.$|a_0|^2$ を求めるには,輻射の強さ,即ち単位時間に単位面積を流れるエネルギーの割合は,Poynting ベクトル

$$\boldsymbol{I} = \frac{c(\boldsymbol{\varepsilon} \times \boldsymbol{\mathcal{H}})}{4\pi}$$

で与えられることを用いる.但し $\boldsymbol{\varepsilon} = -\dfrac{1}{c}\dfrac{\partial \boldsymbol{a}}{\partial t}$, $\boldsymbol{\mathcal{H}} = \nabla \times \boldsymbol{a}$ である†.

$$\boldsymbol{a} = \boldsymbol{a}_0 e^{i(k\boldsymbol{x} - \omega t)} + \boldsymbol{a}_0{}^* e^{-i(k\boldsymbol{x} - \omega t)}$$

であるから,

$$\boldsymbol{\varepsilon} = \frac{i\omega}{c} [\boldsymbol{a}_0 e^{i(k\boldsymbol{x} - \omega t)} - \boldsymbol{a}_0{}^* e^{-i(k\boldsymbol{x} - \omega t)}]$$

---

† 真空では $\phi = 0$ にとる.そうしてよいことは第1章4節に述べた.

を得る. 自由空間では $|\pmb{\varepsilon}|=|\pmb{\mathscr{H}}|$, $\pmb{\varepsilon}$ と $\pmb{\mathscr{H}}$ とは直交する. 即ち, $\pmb{\varepsilon}\times\pmb{\mathscr{H}}$ は伝播方向 $\pmb{k}$ と同じ向きをもつベクトルであり, その大きさは $|\pmb{\varepsilon}|^2$ である. 従って輻射の強さは

$$\frac{2\omega^2}{c}\frac{|\pmb{a}_0|^2}{4\pi}-\frac{\omega^2}{4\pi c}[\pmb{a}_0{}^2 e^{2i(\pmb{k}\cdot\pmb{x}-\omega t)}-(\pmb{a}_0{}^*)^2 e^{-2i(\pmb{k}\cdot\pmb{x}-\omega t)}$$

となる. 後の項は振動函数であるから, 平均すると零になる. それで輻射の強さの時間平均は

$$I=\frac{\omega^2}{2\pi c}|\pmb{a}_0|^2$$

に等しい. 従って

$$|\pmb{a}_0|^2=\frac{2\pi c}{\omega^2}I \tag{35}$$

を得る. 以上から遷移確率 [(34) 式] は

$$P=\frac{8\pi e^2}{m^2 c\omega^2}\frac{I|\alpha_{ms}|^2}{(E_m{}^0-E_s{}^0-\omega\hbar)^2}\sin^2\left[\left(\frac{E_m{}^0-E_s{}^0-\omega\hbar}{2\hbar}\right)(t-t_0)\right] \tag{36}$$

となる.

18. 入射光波の振動数分布の影響 方程式 (36) は, 与えられた角動数 ω をもつ光波が時間 $t-t_0$ の間に遷移を生ずる確率を与える.

$$(E_m-E_n-\hbar\omega)(t-t_0)/2\hbar\ll 1$$

であるような, 非常に短い時間に対して, この確率が $(t-t_0)^2$ で増大することに注意しておく. それは正弦函数を展開して最初の 1 項だけとれば判る通りである. 斯様に, ω が完全にきまっているならば, 確率は始めに予定されたように時間と共に 1 次的に増すのではなく, 時間の 2 乗で増大する. 更にこの確率は最後には, 時間的に変化しない摂動の場合と同様, 零と, ある極大値との間を振動することになる. ところが同様の結果が, 原子による輻射エネルギーの吸収の古典的理論について, 第 2 章の 16 節で既に得られている. その場合には, 入射する輻射の振動数がある領域にわたって分布しているという事実を考慮に入れると, 吸収されるエネルギーは照射時間に比例する結果になることが示された. 同様に, ここでの量子論的な取扱いでも, 遷移確率をある振動数領域にわたって積分せねばならない.

さて (34) 式は, あるきまった振動数をもった光については, 正確な式である. 光のビームが多くの異った振動数を含んでいるとすると, (31) 式は, まず相異なる寄与を悉く加え合せて完全なベクトル・ポテンシャル

$$a(t) = \int_{-\infty}^{\infty} a(\omega) e^{-i\omega t} d\omega$$

をつくり,次に,このポテンシャルを使って α_{ms} を勘定せねばならぬ,ということを意味している.一般には,相異なる振動数は互いに干渉し,この干渉の結果,輻射のパルスがつくり出されることになろう(例えば第3章16節参照).他方,隣合った $a(\omega)$ の間に簡単な位相関係が存在しないときには,パルスのかわりに,ラジオ波に於ける大きさの不同な雑音と似たものが得られることになろう.そういった場合には,相異なる $a(\omega)$ 間の干渉項は,$|G_{ms}|^2$ の式の中では平均されて零となるであろう.そのときは,(36) 式を使い,各振動数からのそれぞれの寄与を加え合わせれば $|C_m|^2$ が計算でき,非常に簡単にすることができる.

ところで,現実の光源に於いては,それに存在する原子から輻射が射出されるわけである.それらの原子は互いに,平均して,波長にくらべては大きなへだたりのところにあるが,他の原子とは頻繁に衝突し,従って,各原子の振動は,他の原子のそれに対してかなり勝手な位相を持つ傾向にある.更に,原子はいずれも異った速度で運動し,そのために異った Doppler 偏移をもつことになる.これは,相異る各振動数は,他の振動数に対して,本質的に無関係な位相をもつ結果になるということを意味する.従って,典型的な光のビームでは,異った振動数の寄与の間の位相関係を問題にせず,前段に述べておいた通り,単に各振動数それぞれから出て来る確率を加え合わせるだけでよいという結論になる.

この筋書きを遂行するには,まず (32) 式に於いてあるきまった振動数に関する強さ I を,ν と $\nu+d\nu$ の間にある強さ $I(\nu)d\nu$ で置き換え,次にそれをすべての ν について積分する.

$$d\nu = \frac{d\omega}{2\pi}$$

と置くと,遷移の全確率として

$$|C_m|^2 = \frac{4e^2}{m^2 c} \int_0^{\infty} \frac{|\alpha_{ms}|^2 I(\nu)}{\omega^2 (E_m{}^0 - E_s{}^0 - \hbar\omega)^2} \sin^2\left[\frac{(E_m{}^0 - E_s{}^0 - \hbar\omega)}{2\hbar}(t-t_0)\right] d\omega \quad (37)$$

を得る.ところが第2章の16節で示したように,$(t-t_0)$ が大きいときには,被積分函数は $\hbar\omega = E_m{}^0 - E_s{}^0$ の近傍の狭い領域に於いてだけ大きな値をとるに過ぎないから,$|\alpha_{ms}|^2/\omega^2$ を積分記号の外に出し,その ω には $\omega_0 = (E_m{}^0 - E_s{}^0)/\hbar$ の値を入れておけばよい.次に,残りの積分は,第2章16節で与えた方法で

第18章 摂動論. 時間に関係する摂動と時間に関係しない摂動　　487

勘定でき, 結局次の結果が得られる.

$$|C_m|^2 = \frac{2\pi e^2}{m^2 c \hbar} I(\nu_0) |\alpha_{ms}|^2 \frac{(t-t_0)}{\omega_0{}^2}. \tag{38}$$

19. 上の結果の吟味　(1) 今度は, 遷移確率が時間に比例しているが, 古典論の場合と同様 (第2章16節参照), その結果は $\omega = \omega_0$ 近傍の狭い振動数帯に対してだけ大きな値をもつに過ぎない. この帯域の幅は $\Delta\omega \cong 1/(t-t_0)$ である. 即ち, 時間を長くかける程, 大きな遷移確率を得るには, ω を ω_0 により近くせねばならない.

実際問題として, 吸収を 10^{-7} 秒以内の時間で測定することは滅多にない. このような測定には, それよりもずっと長い時間をかけるのが普通である. 光は 10^{16} 秒$^{-1}$ 程度の角振動数を持つから, かっきりと決定される準位に寄与する振動数帯の幅には 10^9 分の1の増減のあることは明かであるが, この効果は余りに小さいため測定にはかゝらない. エネルギー準位の自然幅の方が既にそれよりも大きいからである (第10章34節, 自然幅に関する議論を参照).

(2) (38) 式が妥当であるためには, 二つの近似が必要である. ひとつは, $|C_m|^2$ が1に近くならぬように, $(t-t_0)$ が十分に短いことである. そうでないと最早摂動論が使えない. 今ひとつは $(t-t_0)$ が十分長く,

$$\frac{\sin^2\left[\dfrac{E_m{}^0 - E_s{}^0 - \hbar\omega}{2\hbar}(t-t_0)\right]}{(E_m{}^0 - E_s{}^0 - \hbar\omega)^2}$$

が ω の函数として, $\omega = (E_m{}^0 - E_s{}^0)/\hbar$ の近傍で非常に狭い振動数領域を除いては小さいとみなされることである. この条件は, (37) 式に於いて, 被積分函数の一部を積分記号の外に出してもよいとしたことを証明するために使われるものである. この両方の要求を同時に満足させることのできる唯ひとつの方法は $|G_{ms}|^2$ を小さくすること, 他の言葉で言えば, 摂動が弱いことである.

(3) 遷移の起る率は G_{ms} に依存しよう. 従って G_{ms} の計算が遷移確率を求める際の中心問題になる.

20. 量子の誘導放出　(33) 式に於いて, 永続的な遷移が起り得るのは, $E_m{}^0 - E_s{}^0 = \hbar\omega$ のときばかりでなく, $E_m{}^0 - E_s{}^0 = -\hbar\omega$ のときにも起ることが示された. 前の場合は, 既に承知の通り, 量子の吸収に対応し, 後の場合は放出に対応するはずのものである. (31) 式より, $|\alpha_{sm}|^2 = |\alpha_{ms}|^2$ である. 従って (33) 式から, 放出の確率と吸収の確率とが同一であるという結論にな

488　　　　　　　　第 IV 部　Schrödinger 方程式の近似的解法

る*. それ故, 原子が, ひとつの励起状態からより低い状態に移ってエネルギー $\hbar\omega$ を放出できるような状態にあるときには, 既に存在する輻射の強さに比例してその放出が起るであろう, との結論に達する. この効果は, 輻射の "誘導放出" として知られるものである.

21. 誘導放出に対応する古典論　輻射の誘導放出は古典論においても現われるものである. 電場 $\boldsymbol{\varepsilon} = \boldsymbol{\varepsilon}_0 \cos(\omega t - \phi)$ 内に於いて (ϕ は勝手な位相角), 運動する電荷がエネルギーを吸収する割合は

$$\frac{dW}{dt} = e\boldsymbol{\varepsilon} \cdot \boldsymbol{v} = e(\boldsymbol{\varepsilon}_0 \cdot \boldsymbol{v}) \cos(\omega t - \phi)$$

である. 但し $\boldsymbol{v}$ は電荷の速度とする. エネルギーが大量に吸収されるためには, 電磁場が電荷の運動の振動数と共鳴するような振動数でもって振動していることが必要である. そこで $\boldsymbol{v} = \boldsymbol{v}_0 \cos \omega t$ と書けば,

$$\frac{dW}{dt} = (e\boldsymbol{v}_0 \cdot \boldsymbol{\varepsilon}_0) \cos(\omega t - \phi) \cos \omega t$$

$$= \frac{e\boldsymbol{\varepsilon}_0 \cdot \boldsymbol{v}_0}{2} [\cos \phi (1 + \cos 2\omega t) + \sin \phi \sin 2\omega t].$$

後の項は 1 週期にわたって平均すると零になる. 従って平均エネルギー吸収率は ϕ, 即ち, 振動する輻射場の位相と振動する電子のそれとの間の角だけに関係する. ϕ が零のときに, dW/dt は極大になる. $-\pi/2$ と $\pi/2$ の間の位相では dW/dt は正, その他では負である. 言い換えれば, 光波と電子の運動との位相が $180°$ ずれているとすると電子から電磁場にエネルギーが移り, その割合が $e\boldsymbol{\varepsilon}_0 \cdot \boldsymbol{v}_0$ に比例する. 即ち, 誘導放出である. われわれは入射光波がさまざまな振動数成分からなり, それらは多かれ少なかれ無秩序的な位相をもつと仮定しているから, 時にはエネルギーが吸収される様な位相となり, 時には放出されるような位相が実現されよう. こうして, 吸収と放出と, その双方が起ることとなるのである.

22. 自然放出　上に与えた理論は, 加速された電子は入射光波が存在しなくても輻射を出すという周知の結果を予言するものではない. その過程の方は "自然放出" と呼ばれている. これが予言されない理由は, 上の理論が, 輻射場もその Hamiltonian をもち, エネルギーを吸収できることは物質粒子と同様であるという事実を考慮に入れていないためである. 古典論でこのことを考

─────────────
* これは微視的可逆性の一例である. 10 節参照.

慮すると，正確な自然放出が予言される．同じ事柄が量子論に於いても現われる[*]．

23. Einstein の自然放出の取扱い

励起された原子による量子の自然放出の割合は，電磁場を量子化することによって厳密に計算できるのであるが，ここでは Einstein によって展開された初期の取扱いを与えることにしよう．彼は，ある温度 T にある周囲の原子との熱力学的な釣合いの考察から自然放出の割合を求めたがその論点は次のところにある．体系が熱力学的な釣合いにあるときには，電子はひとつの定常状態にあり，そこでは量子を放出して m 番目の状態から n 番目の状態に遷移する確率 P_{mn} と，量子を吸収して n 番目の状態から m 番目の状態へ遷移する確率とが釣合っている．ところで吸収の確率は丁度（(38) 式によって）

$$P_{nm} = 2\pi |\alpha_{nm}|^2 \left(\frac{e}{mc}\right)^2 \frac{c}{\omega^2 \hbar^2} I(\nu) p_n = A_{nm} I(\nu) p_n,$$

ここに p_n は原子が n 番目の状態にある確率である（この式は A_{nm} の定義式になっている．$A_{nm}=A_{mn}$ に注意）．

放出の確率はふたつの部分からなり，どちらも原子が m 番目の状態にある確率 p_m に比例している．その第一のものは，まさしく誘導放出の確率であって，

$$P_{mn} = A_{mn} I(\nu) p_m.$$

第二のものは，自然放出の確率で，それを，$B_{mn} p_m$ と書いておくことにする．これは $I(\nu)$ には関係しない．

釣合いの条件は，

$$p_n A_{mn} I(\nu) = p_m [B_{mn} + A_{mn} I(\nu)];$$

即ち，

$$\frac{p_m}{p_n} = \frac{A_{mn} I(\nu)}{B_{mn} + A_{mn} I(\nu)} \tag{39}$$

である．ところが統計的な釣合いに於いては，原子の相異る量子状態は Maxwell 分布をしなければならないことがわかっている[**]．即ち，

$$\frac{p_m}{p_n} = \frac{e^{-E_m/\kappa T}}{e^{-E_n/\kappa T}} = e^{(E_n-E_m)/\kappa T} = e^{-h\nu/\kappa T}. \tag{40}$$

---

[*] 例えば，Schiff 第 14 章を参照．

[**] 原子は Maxwell-Boltzmann の統計に従うことが示されている．例えば，Tolman, *The Principles of Statistical Mechanics* 参照．

それ故

$$e^{-h\nu/\kappa T}=\frac{A_{mn}I(\nu)}{B_{mn}+A_{mn}I(\nu)}, \quad \text{または} \quad \frac{B_{mn}}{A_{mn}}=I(\nu)(e^{h\nu/\kappa T}-1) \qquad (41)$$

が得られる.

$I(\nu)$ の別の書式が第 1 章 (31) 及び (32) 式から求まる. それらは熱平衡にある黒体輻射の密度

$$\rho(\nu)=\frac{8\pi h\nu^3}{c^3}\frac{1}{e^{h\nu/\kappa T}-1}$$

を与えるものである. 輻射が等方的であるとすると, 単位立体角あたりの, 与えられた偏りをもつ輻射の強さは

$$I(\nu)=\frac{c\rho(\nu)}{8\pi}=\frac{h\nu^3}{c^2}\frac{1}{e^{\hbar\nu/\kappa T}-1} \qquad (42)$$

となることはたやすく示すことができる.

問題 1: 上式を証明せよ.

$I(\nu)$ のこの値を (41) 式に代入すれば,

$$\frac{B_{mn}}{A_{mn}}=\frac{h\nu^3}{c^2},$$

従って自然放出の割合は吸収の割合に比例することがわかる. もつと詳しく書けば,

$$B_{mn}=2\pi|\alpha_{mn}|^2\left(\frac{e}{mc}\right)^2\frac{h\nu^3}{c\hbar^2\omega^2} \qquad (43)$$

が得られる.

24. 遷移理論の応用 これで, 今まで展開して来た理論をいろいろな体系に応用する準備ができた. その応用を実際におこなう前に, マトリックス要素 α_{mn} を計算しておく必要がある ((31) 式参照). α_{mn} は摂動ポテンシャルの形 (この場合, それは平面波と仮定されている) に依存し, 最初の状態と最後の状態の波動函数に対称的に依存していることに注意されたい. このことは, 量子力学特有の事情である. 古典論では, 遷移過程の起る割合が, 一状態から他状態への遷移が行われた後の粒子のふるまいに関係するなどとは, 考えもしない. ところが, 量子論では, 遷移過程は不可分のものであり, 二つの状態間を遷移しつゝある電子は, 同時に両方の状態を覆うものと考えられねばならない. 但し, その際, 電子が最後の状態にある確率が不断に増大するような時間的変化

をするとせねばならない．従って遷移確率の公式の中に終状態の波動函数が現われることは，遷移過程の不可分性の反映なのである．

勘定すべき積分は

$$\alpha_{mn} = \int U_m{}^*(p_z e^{ikx}) U_n d\boldsymbol{x} = \frac{\hbar}{i} \int U_m{}^* e^{ikx} \frac{\partial U_n}{\partial z} d\boldsymbol{x} \qquad (44)$$

である．

この積分は，$kx = 2\pi\lambda$, λ は光波の波長，であることに注目すれば，近似的に算出することができる．今，$U_m(\boldsymbol{x})$, $U_n(\boldsymbol{x})$ といった因子は，原子の大きさ（精々 3×10^{-8} cm）程度の領域内でだけ大きいような波動函数であり，他方，光波の波長は 6×10^{-5} cm 程度である．だから，指数函数を級数で展開して差支えない：

$$e^{ikx} = e^{ikx_0} \Big[1 + ik(x-x_0) - \frac{k^2}{2}(x-x_0)^2 + \cdots\cdots \Big].$$

こゝで，x_0 は原子の中心の座標である．第1項の積分が零にならないかぎり，指数函数は，非常に小さい誤差を以て，e^{ikx_0} でおきかえることができる；$k(x-x_0)$ は，U_m と U_n が大きいような領域では非常に小さいからである†．級数のより高次の項の効果は，後に禁止遷移と関連して論ずることにする．

そうすると，マトリックス要素は

$$\alpha_{mn} \cong \frac{\hbar}{i} e^{ikx_0} \int U_m{}^* \frac{\partial U_n}{\partial z} d\boldsymbol{x} \qquad (45)$$

に帰着することゝなる．

25. 電気2重極近似　次に指数函数中の $k(x-x_0)$ を無視する近似は，原子を，原子中心におかれた実際の電荷のそれと等しい電気2重極能率で置き換えるのと同等であることを示そう．

それには，まず，U_m のひとつの重要な性質を利用する．

$$\psi_m(x, t) = U_m(x) e^{-iE_m{}^0 t/\hbar}$$

が，非摂動系，即ち，光波が存在しないときの Schrödinger 方程式の解であるとしよう．すると，次のことが示される：

$$\frac{d}{dt} \int \psi_m{}^* z \psi_n d\boldsymbol{x} = \frac{\hbar}{im} \int \psi_m{}^* \frac{\partial}{\partial z} \psi_n d\boldsymbol{x} \qquad (46)$$

これは次の諸関係から導かれる：

---

† この取扱いを第2章16節と比較せよ．

$$\frac{d}{dt}\int \psi_m{}^*z\psi_n d\boldsymbol{x}=\int \left(\frac{\partial \psi_m{}^*}{\partial t}z\psi_n+\psi_m{}^*z\frac{\partial \psi_n}{\partial t}\right)d\boldsymbol{x};$$

および

$$i\hbar\frac{\partial \psi_n}{\partial t}=H_0\psi_n, \qquad -i\hbar\frac{\partial \psi_n{}^*}{\partial t}=H_0{}^*\psi_n{}^*;$$

但し

$$H_0=-\frac{\hbar^2}{2m}\nabla^2+V(\boldsymbol{x}).$$

H_0 の Hermite 性から，読者は容易に (46) 式を証明できよう．

問題 2: (46) 式を上に概説した方法で証明せよ．また，$\int \psi_m{}^*z\psi_n d\boldsymbol{x}$ が Heisenberg 表示における z のマトリックス要素であることに注目すれば，それが第16章 (49) 式から導かれることを示せ．

今，無摂動系の Schrödinger 方程式の解，$\psi_m=U_m e^{-iE_m{}^0 t/\hbar}$ を (46) 式に代入する．その結果は

$$\frac{d}{dt}[e^{i(E_m{}^0-E_n{}^0)t/\hbar}]\int U_m{}^*zU_n d\boldsymbol{x}=e^{i(E_m{}^0-E_n{}^0)t/\hbar}\int U_m{}^*\frac{\hbar}{im}\frac{\partial}{\partial z}U_n d\boldsymbol{x}$$

となる．$(E_m{}^0-E_n{}^0)=\hbar\omega_{mn}$ と書けば，最後に，

$$\frac{\hbar}{im}\int U_m{}^*\frac{\partial}{\partial z}U_n d\boldsymbol{x}=i\omega_{mn}\int U_m{}^*zU_n d\boldsymbol{x}$$

を得る．右辺の積分は，始めの状態と終りの状態と両方に関係する重価函数 $U_m{}^*U_n$ を使った，座標 z の一種の平均である．これは，二つの状態を同時に含んでいるという点を除けば，2重極能率に似たものである[†]．それは時に，"m 番目の状態と n 番目の状態の間の2重極能率"，と呼ばれ，

$$z_{mn}=\int U_m{}^*zU_n d\boldsymbol{x} \tag{47}$$

で表わされる．そうすれば

$$\alpha_{mn}=i\omega_{mn}mz_{mn} \tag{48}$$

を得る．

z 方向に偏った，x 方向に入射する輻射が吸収される確率は (38) 式で与えられて，

[†] 電気2重極能率 $M=ez$ が同じマトリックス要素を導くということから $k(x-x_0)$ を無視する (45) 式の近似が，実際の電荷をこのような2重極で置き換えるのと同等であると結論するのである．

$$P = 2\pi \left(\frac{e}{c\hbar}\right)^2 cI(\nu)|z_{nm}|^2 \tag{49}$$

となり, x 方向の立体角要素 $d\Omega$ 中に, z 方向に偏った輻射が自然放出される確率は, (43) 式で与えられる:

$$Rd\Omega = 8\pi^3 \left(\frac{e}{c}\right)^2 \frac{\nu^3}{ch} |z_{nm}|^2 d\Omega.$$

ある別の方向へ, ちがったり偏りをもった輻射が出る確率を得たいというならば, 最初 (30) 式で任意の方向, 任意の偏りの平面波を選んでも, 同じように議論が進められることに注目すればよい. 最後の結果で, $|z_{nm}|^2$ が $|\xi_{nm}|^2$ になるというだけのちがいである. ここで ξ は, 波の偏りの方向にとった粒子の座標の値である. 即ち,

$$R = 8\pi^3 \left(\frac{e}{c}\right)^2 \frac{\nu^3}{ch} |\xi_{nm}|^2. \tag{50}$$

α, β, γ を, それぞれ, 偏りの方向の x, y, z 軸となす角とすれば, 次のように書くことができる:

$$\xi = x\cos\alpha + y\cos\beta + z\cos\gamma ;$$

従って,

$$R = 8\pi^3 \left(\frac{e}{c}\right)^2 \frac{\nu^3}{ch} |(x\cos\alpha + y\cos\beta + z\cos\gamma)_{mn}|^2. \tag{51}$$

関係する角を明らかに示すために第 1 図を見ることにしよう. 伝播の方向を A 軸との角をなす直線 OP の方向にとり, それの xy 平面への射影は, x 軸と角 B をなすものとする. このような波は, 二つの偏りの方向のそれぞれを持った波に分解することできる. 従って, OPZ 平面内で偏っている波と, それに直交する平面内で偏っている波とを, 別々に考察すれば充分である. OPZ の平面内の偏りを持つ場合には, ξ は

$$\xi = -x\cos B \cos A - y\sin B \cos A + z\sin A \tag{52}$$

で与えられる. OPZ 面に垂直な偏りのときには,

$$\xi = x\sin B - y\cos B \tag{53}$$

である.

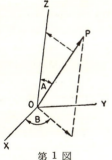

第 1 図

26. 等方的な調和振動子に対する α_{nm} の計算 等方的な 3 次元の調和振

動子を考えよう．便宜上，x 方向に運動し，z 方向に偏った波を考える．まず z_{mn} を勘定しなければならない．それは (47) 式によって丁度

$$z_{mn} = \int U_m{}^* z U_n dx$$

である．ここで，U_m, U_n はちがった固有状態に属する規格化された固有函数で，この場合は，3 次元調和振動子の固有函数である [第15章 (40) 式参照]．

それらの固有函数をもっと完全に書けば，

$$U_m = \psi_{m_x}\psi_{m_y}\psi_{m_z}, \qquad 及び \qquad U_n = \psi_{n_x}\psi_{n_y}\psi_{n_z}.$$

ここで，ψ_{m_x} は状態にある x 方向の調和振動子の固有函数である；等々．この積分の値は，第 13 章 (38), (39) 式を使って最も容易に勘定できる．まず，$z = \sqrt{\hbar/m\omega}\, q$ とおき [第 13 章 (2), (3) 式参照]，次に

$$z = \frac{1}{2}\sqrt{\frac{\hbar}{m\omega}}\left[\left(\frac{\partial}{\partial q}+q\right) - \left(\frac{\partial}{\partial q}-q\right)\right] \tag{54}$$

と書く．第 13 章 (38), (39) 式によれば

$$\left(\frac{\partial}{\partial q}-q\right)\psi_{n_z} = \sqrt{2(n_z+1)}\,\psi_{(n_z+1)}$$

および

$$\left(\frac{\partial}{\partial q}+q\right)\psi_{n_z} = \sqrt{2n_z}\,\psi_{(n_z-1)};$$

それ故， $z_{mn} = -\sqrt{\dfrac{\hbar}{2m\omega}} \displaystyle\int\int\int dx\,dy\,dz\, \psi_{m_x}^{*}\psi_{n_z}\psi_{m_y}^{*}\psi_{n_y}\psi_{m_z}^{*}\psi_{n_z}\cdot$

$$\cdot\left(\sqrt{n_z+1}\,\psi_{(n_z+1)} - \sqrt{n_z}\,\psi_{(n_z-1)}\right). \tag{55}$$

ψ の直交性のために，$m_x = n_x$, $m_y = n_y$ 以外では z_{mn} は零となる．従って，z 方向だけにしか偏っていない光の関係するあらゆる遷移に於いては，x 及び y 方向の振動の状態には何の変化もない．$m_x = n_x$, $m_y = n_y$ の場合には，ψ は規格化されているとしているから，x と y とに関する積分は 1 となる．

z に関する積分については，z_{nm} は次のいずれかの場合を除いては零になる：

$$m_z = n_z + 1, \qquad または \qquad m_z = n_z - 1. \tag{56}$$

言い換えれば，遷移は，振動の z 成分が次に高い状態か，次に低い状態か，いずれかに変るような状態に対してだけ起り得るにすぎない．この二つの場合には，z に関する積分は 1 である．従って

$$z_{mn} = \begin{cases} -\sqrt{\dfrac{\hbar}{2m\omega}}\sqrt{n_z+1}, & m_z = n_z+1 \quad (吸収); \\[2mm] +\sqrt{\dfrac{\hbar}{2m\omega}}\sqrt{n_z}, & m_z = n_z-1 \quad (放出); \end{cases} \tag{57}$$

第18章 摂動論. 時間に関係する摂動と時間に関係しない摂動　　495

と書くことができる. 上述の第一の場合は, 1 個の光子の吸収に対応する. 原子のエネルギーがその遷移の結果増大するからである. 他方, 第二の場合は, 原子のエネルギーが減少するから放出に対応するわけである.

z と垂直な方向の単位立体角に量子が自然放出される平均の割合は, 上の結果を (51) 式に代入すれば与えられる:

$$R = \frac{\pi}{m} \left(\frac{e}{c} \right)^2 \frac{\nu^2}{c} n_z. \tag{58}$$

吸収の割合も放出の割合も, 振動子の励起の増大と共に増加することに注意されたい. 基底状態 ($n_z=0$) では, 勿論, 放出は起らないが, あるきまった吸収の可能性はなお存在している.

27. 調和振動子に関する選択規則　前節でわれわれは, 大部分の遷移 (例えば $m_z=n_z+2$ の場合) では, z_{nm} が零になることを見た. これは, 少くともわれわれが用いて来た2重極近似では, そのような他の諸遷移が起り得ないということである. 古い用語では, そういう遷移は禁止されている, といわれている. だが, 34 節及び 35 節に於いて, $e^{ik(z-z_0)}$ の展開*の高次の項まで考慮する場合には, "許容" された遷移に比べてはるかに小さな確率を以てではあるが, そのような遷移が起り得ることがわかる. 従って, それらは本当は, "蓋然性の小さな遷移" とでも呼ばれるべきであろう. 全然禁止されているというわけではないからである.

許容遷移を特徴づける, $m_z=n_z+1$, 又は $m_z=n_z-1$ という規則は, 普通選択規則と呼ばれている. われわれは後にこのような選択規則の多くの実例を得ることはなろう.

28. 選択規則と対応原理の関連　古典的な2重極近似にあっては, 電子の軌道が波長に比べて極めて小さく, 輻射の発生に関するかぎり, 振動する電子はそのひろがりを無視できる振動2重極のようにふるまう, と仮定されている. この 2 重極が角振動数 ω を以て単純調和振動を行うものとすると, それと同じ振動数の光だけを吸収したり放出したりするはずである. 量子力学的な遷移確率は, 古典的極限では, それと同じ結果を与えねばならない. ところが, 量子力学的には, $\pm\hbar\omega=E_m-E_n$ である ($\pm$ の符号は, 放出又は吸収の可能性を示している). $E_{n_z}=\left(n_z+\frac{1}{2}\right)\hbar\omega$ であるから, すべての遷移が $m_z-n_z=\pm1$ という制約に従うときにだけ, 古典的極限で正確な古典振動数が得られるであ

---

* (44) 式参照.

496 第 IV 部　Schrödinger 方程式の近似的解法

ろう．ところがそれは丁度，(57) 式で量子力学的に得られた制限である．即ち，われわれの選択規則が，古典的極限で正しい古典的な振動数が得られるように保証しているのである．それがなかったとしたら，m_z が 1 以上も変る遷移があるために，上の振動数の倍数のものが輻射され得ることになろう．現代量子論が出来る前では，事実，このような選択規則の存在は，高量子数という対応論的極限で放出される輻射の振動数が古典的振動数と一致するという要請から推測されたものであった．この点には後でまた立ち戻ることにしょう．

29. パリティの導入　多くの粒子からなる複雑な体系にあっては，"パリティ"(偶奇性) と呼ばれる性質を導入して，波動函数を分類するのが特に便利である．このパリティという性質は，各粒子のそれぞれの座標の値を，それの負の値で置き換えたときに，波動函数が符号を変えるか否かによって決められる．従って，パリティを調べるのには，

$$\psi(-x_1, -y_1, -z_1;\ -x_2, -y_2, -z_2;\ -x_3, -y_3, -z_3;\ \cdots\cdots)$$

を考えねばならない．ここで，x_1, y_1, z_1 は第 1 の粒子の座標，等々…… とする．$\boldsymbol{x}_i$ を i 番目の粒子の位置ベクトルとすると，上の表式を $\psi(-\boldsymbol{x}_i)$ と略記できる．一般には，$\psi(\boldsymbol{x}_i)$ と $\psi(-\boldsymbol{x}_i)$ の間には，なにか特定の関係といったものは存在しない．しかしながら，$\boldsymbol{x}_i$ を $-\boldsymbol{x}_i$ でおきかえても，ポテンシァル函数 $V(\boldsymbol{x}_i)$ が変化しないような [即ち，$V(\boldsymbol{x}_i) = V(-\boldsymbol{x}_i)$ である] 体系に対しては，その体系のすべての固有状態を，それらが次の二つの性質のいずれを持つかに従って，組分けできることが示される：

$$\psi(x_i) = \psi(-\boldsymbol{x}_i), \qquad \text{または} \qquad \psi(\boldsymbol{x}_i) = -\psi(-\boldsymbol{x}_i); \qquad (59)$$

第一の型の状態は偶のパリティを持つといい，第二の型のものは奇のパリティを持つという．

このような類別が可能であることを証明するためには，Hamiltonian の縮退していない固有函数，$H\psi_E = E\psi_E$ を考えてみよう．この際，運動エネルギーは，$\boldsymbol{x}_i$ を $-\boldsymbol{x}_i$ で置き換えても変化はない．V もまたこのような演算によって変化しないと仮定しているから変化しないことは明らかである．上の式で，$\boldsymbol{x}_i$ を $-\boldsymbol{x}_i$ で置き換えれば，

$$H\psi_E(-\boldsymbol{x}_i) = E\psi_E(-\boldsymbol{x}_i) \qquad (60)$$

が得られる．それ故，$\psi_E(\boldsymbol{x}_i)$ が E に属する固有函数ならば，$\psi(-\boldsymbol{x}_i)$ もまたそうである．しかし，エネルギー準位が縮退していないとすれば，そのような固有函数は唯一つしかない．それは，$\psi_E(-\boldsymbol{x}_i) = C\psi_E(\boldsymbol{x}_i)$ であることを意味

第18章 摂動論. 時間に関係する摂動と時間に関係しない摂動　　　497

する. 但し C はある常数である. この常数を算出するために, 今一度, $\psi_E(-\boldsymbol{x}_i)$ $=C\psi_E(\boldsymbol{x}_i)$ という式で, $\boldsymbol{x}_i$ を $-\boldsymbol{x}_i$ で置き換えてみる. すると, $\psi_E(\boldsymbol{x}_i)=$ $C\psi_E(-\boldsymbol{x}_i)=C^2\psi_E(\boldsymbol{x}_i)$ が得られる. 従って, $C^2=1$; 故に $C=\pm 1$ である. そこで, H のあらゆる縮退のない固有函数は, $\psi_E(-\boldsymbol{x}_i)=\psi_E(\boldsymbol{x}_i)$ か, $\psi_E(-\boldsymbol{x}_i)$ $=-\psi_E(\boldsymbol{x}_i)$ かいずれかの性質を持っている筈だという結論になる. しかし, この性質が要求されるのは, $H(\boldsymbol{x}_i)=H(-\boldsymbol{x}_i)$ の場合だけに限られるということに留意されたい.

エネルギー準位が縮退しているときには, 上述の推論は必ず行えるとは限らない. しかしながら, やはり, パリティによって状態を類別することは常に可能であることを示し得るが, ここではそれは行わない.

例: 中心対称のポテンシャルをもった単体問題では, $V(\boldsymbol{x}_i)=V(-\boldsymbol{x}_i)$ である. 従って各固有状態はきまったパリティをもつ. 第15章 (1) 式によれば, 固有函数は $f_{l,n}(r)Y_l{}^m(\vartheta, \varphi)$ である. こゝに, l は全角運動量量子数, m は方位量子数である. 定義によって r は正であるから, $f_{l,n}(r)$ という項は, $\boldsymbol{x}$ を $-\boldsymbol{x}$ で置き換えても変化しない. しかし, $Y_l{}^m(\vartheta, \varphi)$ という項の方は, 符号を変えるかもしれないし, 変えないかもしれない. 例えば, $P_1(\cos\theta)=P_1(z/r)=z/r$ は, z を $-z$ で置き換えたとき符号が変わるが, 一方 $P_2(\cos\theta)=\left(\dfrac{3z^2}{r^2}-1\right)$ は符号が変わらない. $P_l{}^m(\cos\theta)e^{im\varphi}$ は, l が奇数ならば奇パリティをもち, l が偶数ならば偶パリティをもつことが示される.

問題: 上に述べたところを証明せよ.

状態を類別する手段としてパリティが有用であるのは, 多くの粒子が存在し, ポテンシャルが球対称でない場合でも, それが適用できるということにある. 例えば, 対称な二原子分子では, $\boldsymbol{x}_i$ を分子の中心から測ることにすれば, $\boldsymbol{x}_i$ を $-\boldsymbol{x}_i$ でおきかえてもポテンシャルは変化しない. パリティは依然よい量子数であろうが, 角運動量はそうではない. 何故なら, Hamiltonian は球対称ではないからである.

30. パリティに関する選択規則　摂動項 $V(\boldsymbol{x}_i)$ のマトリックス要素

$$\int \psi_m{}^*(\boldsymbol{x}_i)V(\boldsymbol{x}_i)\psi_n(\boldsymbol{x}_i)d\boldsymbol{x}_i$$

を考えよう. これは $\boldsymbol{x}_i$ の全領域にわたる積分であるから, $\boldsymbol{x}_i$ を全部 $-\boldsymbol{x}_i$ で

おきかえても変わりはない筈である。それ故,

$$\int \psi_m{}^*(\boldsymbol{x}_i)V(\boldsymbol{x}_i)\psi_n(\boldsymbol{x}_i)d\boldsymbol{x}_i=\int \psi_m{}^*(-\boldsymbol{x}_i)V(-\boldsymbol{x}_i)\psi_n(-\boldsymbol{x}_i)d\boldsymbol{x}_i \quad (61)$$

と書くことができる。今,Vは,$V(\boldsymbol{x}_i)=V(-\boldsymbol{x}_i)$の性質を持つと仮定する。また,$\psi_m$と$\psi_n$とはあるきまったパリティを持つとする。$\psi_m$と$\psi_n$が同じパリティを持っているならば,上の関係はひとつの恒等式になる。だが,逆のパリティを持つ場合には,

$$\int \psi_m{}^*(\boldsymbol{x}_i)V(\boldsymbol{x}_i)\psi_n(\boldsymbol{x}_i)d\boldsymbol{x}_i=-\int \psi_m{}^*(\boldsymbol{x}_i)V(\boldsymbol{x}_i)\psi_n(\boldsymbol{x}_i)d\boldsymbol{x}_i \quad (62)$$

を得る。これは積分が零になる時にだけ成立し得るに過ぎない。従って,偶パリティを持つ摂動項は,同じパリティをもつ波動函数間の遷移だけしか惹起することができないという撰択規則が得られる。

同様にして,Vが奇パリティを持ち,$V(-\boldsymbol{x}_i)=-V(\boldsymbol{x}_i)$の場合には,異ったパリティを持った状態間の遷移だけが起るということが示される。

問題 4: 上に述べたところ証明せよ。

例: 単体問題で,2重極輻射による摂動項は,$x\cos\alpha+y\cos\beta+z\cos\gamma$である [(51) 式参照]。これは明らかに奇のパリティをもつ。そこで,いかなる2重極遷移でも,パリティが変化する筈である。パリティに関する選択規則は,角運動量に関する選択規則(以下の数節でそれを求める)が最早有効でない複雑な体系に於いて,特に重要になる。更に,結晶格子のような,球対称でない体系が多く存在しているが,それらについても,角運動量に関する選択規則は全く存在しないにもかゝわらず,パリティに関する選択規則は依然妥当性を保っている。

31. 球対称ポテンシャルにおける選択規則(スピン無視) 今度は,球対称ポテンシャル中を運動する1個の粒子に対する撰択規則を調べる。但し,スピンの効果は無視する。そのような体系の固有函数は第15章 (1) 式で与えられている。

光波がx方向に進み,z方向に偏っているという場合から始める。この場合$z=r\cos\theta$のマトリックス要素を計算しなければならない,

$$z_{n',l',m';n,l,m}$$
$$=\int_0^\infty dr\int_0^\pi d\theta\int_0^{2\pi}d\varphi r^2\sin\theta f_{l',n'}(r)\overset{*}{Y}_{l'}^{m'}(\theta,\varphi)r\cos\theta f_{l,n}(r)Y_l^m(\theta,\varphi).$$
$$(63)$$

第18章　摂動論. 時間に関係する摂動と時間に関係しない摂動　　499

$Y_l{}^m(\theta, \varphi) \sim P_l{}^m(\theta)e^{im\varphi}$　であるから，φ についての積分が $\displaystyle\int_0^{2\pi} e^{i(m-m')\phi}d\phi$ という因子を含むことは明らかである. この積分は $m=m'$ でなければ零になる.

次に θ についての積分を考えることにしよう. われわれが勘定せねばならぬのは，

$$\int_0^\pi Y_{l'}^{m'}(\cos\theta)\cos\theta Y_l{}^m(\cos\theta)d(\cos\theta) \tag{64}$$

である. 先ず，$m=0$ という特別な場合に話を限ることにする. そのとき，$Y_l{}^0 = \sqrt{\dfrac{2l+1}{2}}\,P_l(\cos\theta)$ である [第14章 (52a) 式参照]. 第14章の (54a) 式より，

$$\cos\theta P_l(\cos\theta) = \frac{(l+1)}{2l+1}P_{l+1}(\cos\theta) + \frac{l}{2l+1}P_{l-1}(\cos\theta)\,; \tag{65}$$

勘定すべき積分は

$$\sqrt{\frac{(2l'+1)}{2}\frac{(2l+1)}{2}}\int_0^\pi P_{l'}(\cos\theta)\left[\frac{(l+1)}{2l+1}P_{l+1}(\cos\theta) + \frac{l}{2l+1}P_{l-1}(\cos\theta)\right]d(\cos\theta) \tag{66}$$

となる. Legendre の多項式は直交するから，この積分は

$$l'=l+1, \qquad または \qquad l'=l-1 \tag{67}$$

の場合の他は零になる. 従って

$z_{n', l', m'; n, l, m}$

$$= \frac{1}{2}\int_0^\infty f_{l', n'}(r)f_{l, n}(r)r^3dr\begin{cases}(l+1)\sqrt{\dfrac{2l+3}{2l+1}} & l'=l+1 \text{ のとき}; \\[2mm] l\sqrt{\dfrac{2l-1}{2l+1}} & l'=l-1 \text{ のとき}; \end{cases} \tag{68}$$

が得られる. r に関する積分は，n や l をどのように特別に選んでも一般に零になることはない.

選択規則　$m'=m=0$ の場合には，z 方面に偏った光の放出吸収が可能であるのは，

$$m'=m;$$
$$l'=l+1, \qquad または \qquad l'=l-1 \tag{69}$$

のときに限られるとの結論になる. それが，この場合の撰択規則である.

m と m' が任意の場合への一般化　これらの結果を任意の m と m' の場合に一般化するには，上と同様の方法を使うこともできようが，第17章 (77b) 式で述べておいた一般的結果を使う方が容易である. 即ち，二つの角運動量波

動函数の積を，角運動量の固有函数の和としてあらわすのである．われわれの場合では

$$P_1(\cos\theta)Y_l{}^m(\theta,\varphi)=C_1Y_{l-1}{}^m(\theta,\varphi)+C_2Y_l{}^m(\theta,\varphi)+C_3Y_{l+1}{}^m(\theta,\varphi)$$

と書ける．マトリックス要素は

$$\int Y_{l'}{}^{m'*}P_1(\cos\theta)Y_l{}^md\Omega=\delta_{m',m}(C_1\delta_{l',l-1}+C_2\delta_{l',l}+C_3\delta_{l',l+1})\tag{70}$$

となる．ところで $P_1(\cos\theta)=z/r$ という函数は奇パリティを持つ．このことは，29節によれば，$P_1(\cos\theta)$ のマトリックス要素が零にならないのは，異ったパリティを持つ状態間に対してだけであることを意味する．そこで，C_2 が零になるべきであり，従ってふたたび，$m'=m$，$l'=l\pm1$ という選択規則を得るとの結論に達するのである．

伝播と偏りの方向が任意である場合への拡張 さらにわれわれは，夫々 $\cos\alpha$，$\cos\beta$，$\cos\gamma$ で与えられる，任意の方向に平面波が偏っている場合に対しても，選択規則を押し拡げることができる．それには (51) 式を用いなければならない．マトリックス要素は

$$\int f_{l',n'}(r)Y_{l'}{}^{m'*}(\theta,\varphi)[r(\cos\gamma\cos\theta+\cos\alpha\sin\theta\cos\varphi$$
$$+\cos\beta\sin\theta\sin\varphi)]Y_l{}^m(\theta,\varphi)f_{l,n}(r)r^2dr\tag{71}$$

であることがわかる．

$\sin\theta\cos\varphi$ と $\sin\theta\sin\varphi$ を含む諸項が，θ と φ とについて積分した後，$l'=l\pm1$ 以外では零になることは直ちに見られる．それを示すには，ただ座標軸を廻転して新らしい z 軸が元の x 軸の方向を向くようにするだけでよい．その際，$x=r\cos\varphi\sin\theta$ という項は $z'=r'\cos\theta'$ となる．その場合にはマトリックス要素が，

$$l'=l\pm1$$

以外では零になることは既に知られている．ところが l の値は廻転によっては変らない；何故なら，$l(l+1)\hbar^2$ はまさしく角運動量の絶対値の2乗であり，これはスカラーだからである．従って，もとの座標系でも l については同一の選択規則が支配しているはずである．更に附け加えられるべき選択規則が，

$$\int_0^{2\pi}e^{-im'\varphi}\cos\varphi e^{im\varphi}d\varphi \qquad 及び \qquad \int_0^{2\pi}e^{-im'\varphi}\sin\varphi e^{im\varphi}d\varphi$$

は共に $m'=m\pm1$ 以外では零になるのに注意することによって求められる．波が x，または y 方向に偏った成分をもっているときには，m は ±1 だけ変化

第18章 摂動論. 時間に関係する摂動と時間に関係しない摂動　　501

し得るに過ぎない.

２重極遷移に対する選択規則の要約

(1)　$\Delta l = \pm 1$.

(2)　$\Delta m = 0$;　z 方向に偏った波の場合.

　　　$\Delta m = \pm 1$;　x,　または y 方向に偏った波の場合.

即ち, 波がある特定の方向に偏っている場合には, $\Delta m = 0$, または ± 1 である.

32. 禁止遷移. 電気４重極輻射

２重極マトリックス要素 ξ_{mn} が零になる場合でも, それは遷移が全然起り得ないという意味ではない. (44) 式の展開中の高次の項がもはや無視できなくなることが起り, こうした高次の項もかなり小さな確率ではあるが, やはり遷移を惹き起し得ることがわかるであろう.

α_{nm} でわれわれが無視していた第一の項は (z 方向に偏った波については),

$$\hbar k \int U_m{}^*(\boldsymbol{x}) x \frac{\partial}{\partial z} U_n(\boldsymbol{x}) d\boldsymbol{x}$$

$$= \frac{\hbar k}{2} \int U_m{}^*(\boldsymbol{x}) \left[\left(x \frac{\partial}{\partial z} + z \frac{\partial}{\partial x} \right) + \left(x \frac{\partial}{\partial z} - z \frac{\partial}{\partial x} \right) \right] U_n(\boldsymbol{x}) d\boldsymbol{x} \tag{72}$$

である.

先ず, $\hbar \dfrac{k}{2} \displaystyle\int U_m{}^*(\boldsymbol{x}) \left(x \frac{\partial}{\partial z} + z \frac{\partial}{\partial x} \right) U_n(\boldsymbol{x}) d\boldsymbol{x}$ を考えることにしよう. ２重極遷移に対する (48) 式を求めるのに用いたのとよく似たやり方で, 次のようになることが示される:

$$\frac{\hbar k}{2} \int U_m{}^*(\boldsymbol{x}) \left(x \frac{\partial}{\partial z} + z \frac{\partial}{\partial x} \right) U_n(\boldsymbol{x}) d\boldsymbol{x} = im\omega_{mn} \int U_m{}^*(\boldsymbol{x}) xz U_n(\boldsymbol{x}) d\boldsymbol{x}. \tag{73}$$

問題 5:　上に述べたところを証明せよ.

上の積分は, 電荷の４重極能率†の一つの成分の, $U_m{}^*(\boldsymbol{x}) U_n(\mathscr{H}\boldsymbol{x})$ を重価函数とする, 一種の平均である. $k = 2\pi/\lambda$ と書けば, この積分が, 被積分函数中

---

† 荷電分布の４重極能率は, 二つの添字を持ったテンソルであり, 次のように定義される:

$$\varphi_{ij} = \int \rho(\boldsymbol{x}) x_i x_j d\boldsymbol{x}.$$

ここで x_i は座標を表わすものとする (即ち, $x_1 = x$, $x_2 = y$, $x_3 = z$). これらの諸項が振動する電気４重極と同じ輻射分布を導くことを示すことができる. 例えば, Stratton, *Electromagnetic Theory*, p. 177 を見よ.

に，2重極能率に於けるものと同一の因子を含み，更に加えて，$2\pi x/\lambda$ という因子を含むことがわかる．原子は波長に比べてはるかに小さいから，この積分は，典型的な2重極能率よりも因子 $2\pi a/\lambda$ だけ小さくなるであろう．但し a は原子半径とする．代表的な波長と原子半径とについては，その比は 1/100 位である．遷移確率は $|\alpha_{mn}|^2$ に比例するから，これは，2重極遷移が禁じられているときでも，一般には，4重極遷移がなおも起り得るが，しかし，その確率は 1/10000 程度の因子だけ小さくなることを意味するものである．

33. 磁気2重極輻射 (72) 式中の $x\dfrac{\partial}{\partial z}-z\dfrac{\partial}{\partial x}$ を含んだ項は（因子 i を除き）丁度角運動量演算子 L_z になっている．事実この項は，重価因子を $U_m{}^*(\boldsymbol{x})U_n(\boldsymbol{x})$ とした磁気能率の平均によく似ている．そういうわけで，この項の結果生ずる遷移を磁気2重極輻射と呼んでいる．これらの項が，振動する磁気2重極によって創られるのと同じ分布の輻射を導くことも示すことができる．また，磁気2重極輻射を出す確率は電気4重極輻射のそれと同程度であることも示される．磁気2重極輻射の小さい理由は，物理的には，運動する電子の磁気2重極能率は電気2重極能率に比べて v/c の因子だけ小さいことによっている．この値は大抵の原子中の電子では 1/100 程度の大きさである．

34. 電気4重極輻射に対する選択規則

(1) パリティ: このマトリックス要素は偶パリティをもつ．その結果，この型の摂動によっては，パリティの変らない遷移だけが起ることになる．われわれは，ある函数が，偶数の l の項を含むか，奇数の l を含むかに従って，偶パリティまたは奇パリティをもつことを示した．それ故，4重極遷移では，$\varDelta l$ が偶数でなければならぬことは明瞭である．

(2) 角運動量: 4重極能率テンソル $x_i x_j$ のマトリックス要素は，球函数 $Y_2{}^m$ の1次結合で表わせるのを示すことができる．

問題 6: 上に述べたところを証明せよ．

従って，選択規則は，マトリックス要素

$$\int Y_{l'}^{m'} Y_2^{m''} Y_l^m d\Omega$$

から得られるものと同じになる．第17章 (77b) 式により，

$$Y_2^{m''} Y^m = C_2 D_{l-2}^{m+m'} + C_{-1} Y_{l-1}^{m+m'} + C_0 Y_l^{m+m'} + C_1 Y_{l+1}^{m+m'} + C_2 Y_{l+2}^{m+m'}$$

と書ける．ところがパリティは変化しないのであるから，C_{-1} と C_1 が零にな

らねばならぬことがわかり，これから，次の選択規則が残ることになる．

$$\varDelta l=0, \pm 2 \qquad \varDelta m=0, \pm 1, \pm 2. \tag{74}$$

35. 磁気2重極輻射の選択規則

(1) パリティ： $x\dfrac{\partial}{\partial z}-z\dfrac{\partial}{\partial x}$ は偶パリティをもつ．それ故，この種の遷移でもパリティの変化はない．

(2) 角運動量： 磁気2重極のマトリックス要素は

$$\int Y_{l'}^{m'}(\theta, \varphi) L_y Y_l{}^m(\theta, \varphi) d\Omega$$

に比例する．第14章 (27) 式に於いて

$$(L_x+iL_y)\psi_l{}^m(\theta, \varphi) \sim \psi_l{}^{m+1}(\theta, \varphi)$$

であることを示した．同様にまた

$$(L_x-iL_y)\psi_l{}^m(\theta, \varphi) \sim \psi_l{}^{m-1}(\theta, \varphi)$$

であった．従って，上のマトリックス要素は， $l=l'$ および

$$m'=m\pm 1$$

の場合を除いては零になろう．

しかし，上の式が磁気2重極輻射に対して可能な最も一般的なマトリックス要素であるとはいえない．例えば，われわれは， x 方向に進む， y 方向に偏った波をとることもできよう．その場合には，積分の中に， $\left(x\dfrac{\partial}{\partial y}-y\dfrac{\partial}{\partial x}\right)=\dfrac{iL_z}{\hbar}$ が入ってくる筈である．ところが $L_z\psi_l{}^m(\theta, \varphi)=m\psi_l{}^m$．このような波の吸収放出に於いては， $m'=m$ でなければならない．即ち，あらゆる可能な偏りを含めた場合の選択規則は，

$$\varDelta l=0; \quad \varDelta m=0, \pm 1; \tag{75}$$

となる．

36. 更に高次の遷移

電気2重極，磁気2重極，電気4重極の諸遷移が全部禁止されている（例えば $\varDelta l=2$）ような遷移では， (31b) 式の指数函数の展開のより高次の項まで進む必要がある．そのような諸項は，古典的極限で，高次の電気多重極及び磁気多重極によると同じ形の輻射をつくるのを示すことができる．例えば，展開中の k^2x^2 という項は，磁気4重極輻射と電気8重極輻射とを生ずる．展開のより高次の項へ移る度毎に， $2\pi a/\lambda$ 程度の因子だけ小さくなった積分が得られる．但し， a は原子半径である．従って，遷移確率は $(2\pi a/\lambda)^2$ 程度の因子だけ小さくなる． $(2\pi a/\lambda)^2$ は大体 1/10,000 位の大きさである．

37. $l=0$ から $l=0$ への遷移は悉く禁止されている もっと重要な選択規則，即ち，$l=0$ から $l=0$ への遷移は，すべての次数の多重極輻射に対して悉く禁止されている，という規則を得ることができる．それを証明するために，次の一般的なマトリックス要素を考えることにしよう；その際，U_m と U_n とは双方共に r だけの函数であることに注意する，それらは s 状態をあらわしているからである：

$$\frac{\hbar}{i} \int f_m(r) \frac{\partial}{\partial x_j} e^{i\boldsymbol{k}\cdot\boldsymbol{x}} f_n(r) d\boldsymbol{x}.$$

$\partial/\partial x_j$ は，波の偏りの方向に関する微分である．光が横波であることから，$\boldsymbol{k}$ は x_j と直交せねばならぬことに注意されたい．上の積分は

$$\frac{\hbar}{i} \int f_m(r) e^{i\boldsymbol{k}\cdot\boldsymbol{x}} x_j \frac{f_n'(r)}{r} d\boldsymbol{x}$$

と書くことができる．

被積分函数は x_j の奇函数であるから，x_j で積分すると零になる筈である．こうして，このマトリックス要素は，全ての次数の多重極に対して零になる．

上の選択規則は，非常に寿命の永い準安定状態で出てくることがある．例えば，基底状態とその次の最低励起状態とが共に $l=0$ であると，多数の原子でそうなっているのであるが，その場合には，基底状態のすぐ上の状態にある原子は，輻射によってそのエネルギーを放出することができない．その結果，長時間励起状態に存在することがあり得る．水素，及びヘリウム，ネオン，アルゴンといった稀ガス類原子は，この種の準安定な準位をもった原子のうちにはいる．

38. 全輻射率 これまで，われわれが計算してきたのは，ある与えられた偏りの方向をもった輻射が，ある与えられた方向へ放出される割合だけであった．全輻射率を求めるためには，放出の行なわれるすべての方向にわたって積分し，偏りの二つの方向について加え合わせなければならない．ここでは，$\Delta m=0$ である2重極遷移の特別な場合について，その手続きを遂行してみよう．この場合，零にならないマトリックス要素は z_{nm} だけである．

第1図に示されるような，天頂角 A，方位角 B の方向へ射出される光波を考えよう．このような波は，二つの偏りの方向を持つことができる：その一つは光線の方向と z 軸とを含む平面内にあり，今一つは，それと垂直な方向である．この垂直な方向に偏った波は，z 軸と直交する電気ベクトルをもっている；

第18章　摂動論. 時間に関係する摂動と時間に関係しない摂動　　　505

それ故, この波に対しては, マトリックス要素 ξ_{nm} が零にならねばならない. この遷移では z_{nm} だけが零にならないからである. 今一つの偏りに対しては [(52) 式参照],

$$\xi_{nm}=z_{nm}\sin A-x_{nm}\cos A\cos B-x_{nm}\cos A\sin B$$

が得られる. 零にならない唯一の部分は

$$\xi_{nm}=z_{nm}\sin A \tag{76}$$

である.

従って, (51) 式により, 波が A と B とで与えられる方向に自然放出される確率 (単位立体角あたり) は

$$dR=8\pi^3\left(\frac{e}{c}\right)^2\frac{\nu^3}{hc}|z_{nm}|^2\sin^2 A d\Omega. \tag{77}$$

この遷移では, 輻射の強さが $\sin^2 A$ に比例することに注意されたい. これは 2 重極輻射に典型的な形である. 多重極のそれぞれが射出する輻射の強さは, 独自の特徴を持ち, それらはマトリックス要素から計算することができる. 全輻射率は, 上の式に $\sin A dA dB$ という重価因子にかけて, 放出される全立体角にわたって積分をすることによって与えられる. この手続きの結果,

$$R=\frac{64\pi^4}{3}\left(\frac{e}{c}\right)^2\frac{\nu^3}{hc}|z_{nm}|^2 \tag{78}$$

が求まる. 上の式は量子が放出される割合である. エネルギー放出の正味の割合を求めるには, それに, 量子あたりのエネルギー, $h\nu$ をかけねばならない. これは

$$\frac{dW}{dt}=Rh\nu=\frac{64}{3}\pi^4\frac{e^2}{c^3}\nu^4|z_{nm}|^2 \tag{79}$$

を与える.

39. 古典論との比較　古典的な電気力学によれば, 運動する電荷によるエネルギー輻射の平均の割合は次のようになる*:

$$\frac{dW}{dt}=\frac{2}{3}\frac{e^2}{c^3}|\ddot{\boldsymbol{x}}|^2, \qquad 但し \ \ddot{\boldsymbol{x}} は加速度. \tag{80}$$

簡単のために, z 方向に励起された調和振動子の場合を考えることにしよう. 即ち, その運動は $z=z_0\cos\omega t$ で与えられ, 従って

$$\ddot{z}=-\omega^2 z_0\cos\omega t;$$

また

---

* 第2章 (45) 式参照.

$$(\ddot{z})^2 = \omega^4 z_0{}^2 \cos^2 \omega t = \frac{\omega^4}{2} z_0{}^2 (1 + \cos 2\omega t).$$

これの振動週期にわたっての平均をとると，$\cos 2\omega t$ の項は落ち，

$$\overline{(\ddot{z})^2} = \frac{\omega^4 z_0{}^2}{2} \tag{81}$$

が得られる．ところで，調和振動子のエネルギーは，$W = \dfrac{m\dot{z}^2}{2} + m\omega^2 \dfrac{z^2}{2}$ で与えられる．z がその極大値 $(z = z_0)$ に達した場合には，$\dot{z} = 0$ であるから，

$$W = \frac{m\omega^2 z_0{}^2}{2}, \qquad \text{または} \qquad z_0{}^2 = \frac{2W}{m\omega^2};$$

それ故，

$$\overline{(\ddot{z})^2} = \frac{\omega^2 W}{m} \tag{82}$$

が得られる．そこで，古典的な平均輻射率は，

$$\frac{dW}{dt} = \frac{2}{3} \frac{e^2}{c^3} |\ddot{x}|^2 = \frac{2}{3} \frac{e^2}{mc^3} \omega^2 W \tag{83}$$

で与えられる．これを，調和振動子による量子力学的な輻射率と比較してみよう．(57) 式から z_{nm} が得られ，dW/dt に (79) 式を使うと，

$$\frac{dW}{dt} = \frac{\hbar}{2m\omega} n_z \nu^4 \frac{64\pi^4}{3} \frac{e^2}{c^3} \tag{84}$$

が導かれる．古典的な輻射率と比較できるようにするために，$\hbar\omega n_z \cong W$（古典的極限に於いて）とおくと，

$$\frac{dW}{dt} = \frac{32}{3} \pi^4 \frac{W}{m} \frac{e^2}{c^3} \frac{\nu^4}{\omega^2} = \frac{2}{3} \frac{e^2}{mc^3} \omega^2 W. \tag{85}$$

この結果は，古典的な結果 [(83) 式] と同じである．こうして，調和振動子に対しては，量子論が古典論と同じ輻射率を与えるという結論に達する．

一般の体系について量子的輻射率と古典的輻射率との間の比較を行なうためには，第 2 章 (48) 式の結果，即ち，角振動数 ω_0 の古典的体系に於ける n 番目の調和振動に対するエネルギー輻射率の時間平均は

$$\overline{R} = \frac{1}{3} \frac{e^2}{c^3} \omega_0{}^4 |a_n|^2 n^4 \tag{86}$$

になるということを使う．第 2 章 (53) 式に示されたように，n 番目の調和振動は，一時に n 個の量子状態をとびこえることに対応している．その際のエネルギーの変化は，$\varDelta E = n\omega_0 \hbar$ である．ところで，われわれは，量子が輻射される平均の割合は，その遷移に対応するマトリックス要素の絶対値の 2 乗に比

第18章 摂動論. 時間に関係する摂動と時間に関係しない摂動　　507

例することを知っている. そこで, 高量子数の極限では, マトリックス要素 $a_{m,m+n}$ が古典的な Fourier 成分 a_n に近づくことを示すことができる*. 即ち, 量子論は古典的極限に於いて, $|a_n|^2$ に比例する n 番目の調和振動の輻射率を予言するのであるが, これは古典論の結果と一致している. その比例常数は正しく (86) 式に導くようなものであることも, 全く普通の方法で示すことができる.

40. マトリックス要素の計算に関する和の規則　　ある与えられた量子状態からの, またはその状態への, 遷移のマトリックス要素の和の計算に役にたつ数多くの規則を, マトリックスの数学的性質を二, 三利用して求めることができる. これらの規則を明らかにするために, 演算子関係式

$$px - xp = i\hbar \tag{87}$$

から話を始めることにしよう. さて Heisenbeg 表示に於いて, 第16章問題 17 によると, 次のマトリックスの関係がある.

$$p = m\dot{x}. \tag{88}$$

Hamiltonian を対角的にするならば, 第16章 (46) 式で見たように, 各マトリックス要素は指数函数 $e^{i(E_m - E_n)t/\hbar}$ を以て振動する. 従って

$$(\dot{x})_{mn} = \frac{i}{\hbar}(E_m - E_n)x_{mn} \tag{89}$$

を得る. そこで, (87) 式は

$$\frac{mi}{\hbar}\sum_n [(E_m - E_n)x_{mn}x_{nr} - x_{mn}x_{nr}(E_n - E_r)] = i\hbar\delta_{mr} \tag{90}$$

となる (単位マトリックスは δ_{mr} で表わされることに注意!).

$m = r$ とおくと,

$$\sum_n (E_m - E_n)x_{mn}x_{nm} = \frac{\hbar^2}{2m}.$$

x_{mn} は Hermite であるから, $x_{nm} = x_{mn}^*$, それ故

$$\sum_n (E_m - E_n)|x_{mn}|^2 = \frac{\hbar^2}{2m} \tag{91}$$

が得られる. これは屢々役に立つ式である. というのは, n 番目の準位から出て行く, または入って来る, 遷移確率の中に現われる量, $|x_{mn}|^2$ の間の関係を与えるものだからである. このような規則を和の規則 (sum rule) という.

---

* W. Heisenberg 参照.

508   第Ⅳ部　Schrödinger 方程式の近似的解法

実際問題として，$|x_{mn}|^2$ は大きな n に対しては小さくなり，その結果，m に近い少数の n の値についての遷移を観測すれば，この関係を実験的に験証することができる.

和の規則の別の実例は，次のマトリックス関係式から得られる：

$$\sum_n |x_{mn}|^2 = \sum_n x_{mn}x_{nm} = (x^2)_{mm} = \int \psi_m{}^* x^2 \psi_m d\boldsymbol{x}. \tag{92}$$

これは，m 番目の準位を含むマトリックス要素の自乗の和が，x^2 の m 番目の状態による平均値を知れば簡単に求められる，ということである.

41. 円偏光　これまで，われわれは平面偏光の光波だけを論じて来たが，今度は，円形に偏った光ではどうなるか考えることはしょう.

z 方向に運動する左まわりの円偏光は次のように記述することができる：

$$\left.\begin{aligned} a_x &= a_0 \cos(\omega t - kz), \\ a_y &= a_0 \sin(\omega t - kz). \end{aligned}\right\} \tag{93}$$

（a_y は a_x と位相が $90°$ ずれていることに注意！）.

このような波では，$\boldsymbol{a}$ の方向が角振動数 ω を以て時計の針と反対の方向に回転する. 時計の針と同じ方向に，回転する波を得ようというのなら，

$$\left.\begin{aligned} a_x &= a_0 \cos(\omega t - kz), \\ a_y &= -a_0 \sin(\omega t - kz) \end{aligned}\right\} \tag{94}$$

とすればよい. 上の結果を，われわれの目的にとってより便利な，次の形に書いてもよい：

右偏光：
$$\left.\begin{aligned} a_x &= [a_0 e^{i(kz-\omega t)} + a_0{}^* e^{-i(kz-\omega t)}], \\ a_y &= i[a_0 e^{i(kz-\omega t)} - a_0{}^* e^{-i(kz-\omega t)}]; \end{aligned}\right.$$

左偏光：
$$\left.\begin{aligned} a_x &= [a_0 e^{i(kz-\omega t)} + a_0{}^* e^{-i(kz-\omega t)}], \\ a_y &= -i[a_0 e^{i(kz-\omega t)} - a_0{}^* e^{-i(kz-\omega t)}]. \end{aligned}\right\} \tag{95}$$

二つの逆向きの円形に偏った波の干渉によって，平面内に偏った波をつくることができる. 例えば，$\boldsymbol{a}_+$ が右偏光の波のベクトル・ポテンシャル，$\boldsymbol{a}_-$ が左偏光の波のベクトル・ポテンシャルを表わしているとすれば，$\boldsymbol{a}_+ + \boldsymbol{a}_-$ は x 方向に偏った，平面偏光波である. これは，二つの波の y 成分が打消し合って零になるという事実から出てくるものである. 同様にして，$\boldsymbol{a}_+ - \boldsymbol{a}_-$ は y 方向に偏った，平面偏光波である.

42. 楕円偏光　$90°$ ではない何直角かだけ位相のずれた二つの平面波，または，その強さの等しくない二つの平面波をとるならば，楕円形に偏った波が得

第18章　摂動論. 時間に関係する摂動と時間に関係しない摂動　　　509

られる. それらの場合に起る事柄の詳しい議論はやめておくが, ただ, 楕円偏光波は円形偏光波に用いた方法の全く単純な一般化によって取扱い得るということだけを指摘しておく.

43. 量子論的取扱い　円形偏光の波に由来する遷移の割合いを計算するには, V_{mn} を勘定する際, この波に対する完全なベクトル・ポテンシャルを, (23) 式に代入するだけでよい. 簡単のために, xy 平面内で円形に偏っている波が, z 方向に進行していると考えよう. (46) 式を使うと, マトリックス要素には

$$a_0 \int U_m{}^*(\boldsymbol{x}) \left[\frac{\partial}{\partial x} \pm i\frac{\partial}{\partial y}\right] U_n(\boldsymbol{x}) d\boldsymbol{x} + a_0{}^* \int U_m{}^*(\boldsymbol{x}) \left[\frac{\partial}{\partial x} \pm i\frac{\partial}{\partial y}\right] U_n(\boldsymbol{x}) d\boldsymbol{x} \quad (96)$$

が含まれることがわかる (+ 符号は右偏光に, − 符号は左偏光に夫々関係している). (48) 式を導いたと同様な取扱いによって, 上のマトリックス要素が

$$i\omega \int U_m{}^*(\boldsymbol{x}) [a_0(x \pm iy) + a_0{}^*(x \mp iy)] U_n(\boldsymbol{x}) d\boldsymbol{x} \quad (97)$$

に比例するのを示すことができる.

44. 選択規則

$$U_m = f_{l'n'}(r) P_{l'}{}^{m'}(\theta) e^{im'\varphi}, \quad \text{および} \quad U_n = f_{l,n}(r) P_l{}^m(\theta) e^{im\varphi} \quad (98)$$

という場合の遷移を考えよう. $x \pm iy = re^{\pm i\varphi}$ と書くと, マトリックス要素は左円偏光に対しては $m' = m-1$ 以外では零になり, 右円偏光では, $m = m'+1$ のときにだけ零にならないことに注目する. もし, これらの諸条件が満たされない場合には, φ についての積分が零になる. 従って, $m' = m+1$ の遷移では, 少くとも z 方向に進む波に対しては, 右円偏光の光を生じ, 一方, $m' = m-1$ の遷移では, それと逆まわりの偏光を生ずるであろう.

しかしながら, z 軸と直角の方向に放出される光に対しては, m の変化が確定されるどのような遷移に於いても, 必らずその偏りは直線的であろう. 例えば, x 方向に進む光を考えると, それは, z 方向, または y 方向の二つの偏りの方向を持ち得るが, 既に示されたとおり, $\varDelta m = 0$ の遷移は, z 方向に偏った波しかつくりだせず, 一方, $\varDelta m = \pm 1$ ならば, 波は z 軸と直角の方向に直線的に偏っている筈である.

だが, これは円偏光の光が x 方向に放出され得ないということを意味するものではない; 角運動量の z 成分の変化 ($\varDelta m$) が明確に定められる遷移では, z 軸と直角に進む光が直線偏光になる, ということを意味するに過ぎない. _L_

の x 成分の変化が確定される遷移では,x 方向に進む円偏光が得られたであろう.

L_z の変化が完全確定ならば,z 軸と平行でも,直角でもない方向に進む光は楕円偏光になることを示すことができる.

45. 正常 Zeeman 効果への応用. 古典的取扱い. Larmor の歳差運動. 原子が弱い磁場の中に置かれた場合,古典論を使って,軌道が磁場の方向と平行な軸のまわりに,$\Omega = e\mathcal{H}/2\mu c$,$\mu$ は電子の質量,で与えられる角振動数で歳差運動を行なうことが示される.上に述べた歳差運動を Larmor の歳差運動と呼び,その振動数を Larmor の振動数という†(この振動数は "サイクロトロン振動数",即ち,自由電子が磁場内で行なう円運動の振動数の半分に過ぎないことに注意).

まず,特別な軌道,例えば z 軸のまわりを角振動数 $\pm\omega$ で粒子が廻転している場合のそれを考えることにしよう.$+\omega$ は時計と逆まわりの廻転を示し,$-\omega$ は時計の向きの廻転を示している.もしわれわれがその原子を z 方向から眺めたとすれば,電子と同じ方向に廻転する電気ベクトルをもった円偏光の光を見るであろう.z 軸と直角の方向から眺める場合には,われわれのところに達する電場は,観測方向に直角な軸上への電子の運動の射影だけに依存するであろう.そのような軸上への円運動の射影は,単純調和振動であり,従って,運動平面と平行な方向から眺めた光は,観測方向と垂直な,且つ電子の運動平面に平行であるような方向に偏っているであろう.

磁場が z 方向にかけられたとすれば,運動の z 方向の成分は不変であるが,xy 平面内の運動の成分は変化を受ける.時計と逆まわりの軌道をもった原子では,xy 平面内の回転の振動数が $e\mathcal{H}/2\mu c$ だけ増大し,それに対し,時計と同じ向きの軌道を持つ原子では,振動数は $e\mathcal{H}/2\mu c$ だけ減少しよう.従って,磁場の方向に沿って眺めたとき,射出されるスペクトル線は,二つの線に割れ,それぞれは逆向きの円偏光となっている.それが第2図に示されている.

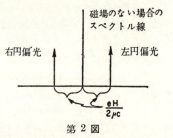

第 2 図

---

† G. Herzberg, *Atomic Spectra*, New York: Prentice-Hall, Inc., 1937, p. 103; また White, *Introduction to Atomic Spectra*.

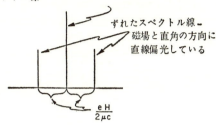

第 3 図

z 方向に運動する電子は z 方向に輻射を出すことはできない；その結果，z 方向に放出される光には，ずれていない線は存在しない．原子を z 方向に直角な方向から眺めた場合には，z 方向に運動する電子によってつくられた，ずれていないスペクトル線が存在し，この線は z 方向に偏っているであろう．xy 平面内での電子の運動の諸成分は，それぞれが z 軸と直角の方向に直線偏光している 2 本のずれたスペクトル線を生ずる．その効果を第 3 図に示した．輻射を中間の方向から眺める場合には，楕円偏光が得られよう．

46. 正常 Zeeman 効果の量子論的記述 第 15 章 (53) 式に示した通り，磁場にある原子のエネルギー準位は，

$$\Delta E = -\frac{e\mathcal{H}}{2\mu c} m\hbar \tag{99}$$

だけずれている．m は角運動量の z 成分である．このずれが輻射される光の振動数にどのような影響を及ぼすかを見るために，2 重極遷移の選択規則，

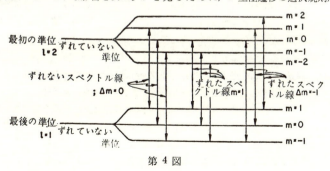

第 4 図

$\Delta m=0$, または $=\pm 1$ を適用する. $\Delta m=0$ の遷移では, 最初の準位と最後の準位が丁度同じだけずれているため, 輻射される光の振動数は変化しない. $\Delta m=+1$ の場合では, 最後の準位が最初の準位よりも多く励起され, 輻射の角振動数は,

$$\Delta\omega=\frac{\Delta E}{\hbar}=-\frac{e\mathcal{H}}{2\mu c} \tag{100}$$

だけ小さくなる. 逆に, $\Delta m=-1$ では, 輻射される光の角振動数は

$$\Delta\omega=\frac{e\mathcal{H}}{2\mu c}$$

だけ増大する. 即ち, スペクトル線は, 一般に, 三つの成分に割れる; これは全く古典論の予言通りである.

選択規則は, 遷移が $l=2$ の準位から $l=1$ の準位へ向っておこる場合には, 第4図に示した遷移図式で表わされる (2 重極遷移に対しては, $\Delta l=\pm 1$ であることに注意). 出てくる輻射を磁場の方向から眺めるときには, マトリックス要素中には x と y だけが現われ, 従って, $\Delta m=0$ の遷移はこのスペクトル線に寄与しないことになる. そして, $\Delta m=-1$ の遷移は右円偏光の光を, $\Delta m=-1$ は左円偏光の光を生ずる. この結果, 磁場の方向に沿っては, 唯2本のスペクトル線だけが現われ, その各々の線はもとの線から反対の方向に等しい距離だけずれ, またそれぞれが逆方向の円偏光となるのである.

磁場と直角の方向, 例えば x 方向, から光を見るならば, 光は z 方向または y 方向のいずれにでも偏ることができる. $\Delta m=0$ の遷移では, 零にならないマトリックス要素は z_{mn} だけであることは, 既に見たところであるが, それは, $\Delta m=0$ の遷移では z 方向に偏った光が出ることを意味する. 全体の結果として, スペクトル線は次の三つの部分にわかれる: 即ち, 第一に, z 方向に偏ったずれない部分, 第二に, それぞれ $\pm e\mathcal{H}/2\mu c$ だけずれ, z と直角の方向に偏っている二つの部分とである.

47. 異常 Zeeman 効果 われわれは Zeeman 効果に対する量子論の予言が古典的に予測されたものとぴったり一致することを見た. だが他方, 大多数の原子については, 観測される Zeeman 効果の模様は上に梗概を述べたものに比べてかなり複雑であることが見出されている. そのような原子は "異常 Zeeman 効果" を示すといい, "正常 Zeeman 効果" と呼ばれる前述のものと対比されている. しかし, 電子のスピンを考慮にいれる時には, 異常 Zeeman 効果は正確に予言できるものである. 電子の全スピンが零であるような原子だけが, 上に述べた単純な, 乃至は "正常な" 模様を示すのである*.

48. 遷移確率を計算する一般的方法 本章では, 輻射によってつくられる遷移確率だけを計算した. しかし明らかに, 同様の方法を, 任意の摂動ポテンシャルに対して使うことができる. 例えば, どのような起源のものにせよ, ある時間と共に変る摂動力がある場合に存在するはずのポテンシャルに対して使うことができる. 本質的な問題は, 常にマトリックス要素 V_{mn} を計算することである. 選択規則は, V_{mn} が価をもつような遷移を見出すことによって常に求められる.

問題 7: $n=2$, $l=1$, $m=0$ の状態にある水素原子による光子放出の平均寿命を計算せよ. (63) 式及び (78) 式を使え. この状態にある原子は, 選択規則によれば, 基底状態 ($n=1$, $l=0$, $m=0$) へ遷移することができる.

問題 8: $l=2$, $n=3$ の水素原子が基底状態に移るには, どのような種類の遷移が必要であるか? 大雑把に云って, この遷移と, 前の問題で与えた遷移との相対的な比率はどれくらいか?

49. 遷移確率に対する電子のスピンの影響 次に電子のスピンと輻射場との相互作用が Hamiltonian をどのように変えるかを考察することにしょう. ベクトル・ポテンシャルを含む通常の項 [(22) 式参照] に加え, 第17章 (79) 式に与えられた項を含めねばならない; 即ち:

$$W_{sp} = -\frac{e\hbar}{2mc}\left(\boldsymbol{\sigma}\cdot\boldsymbol{\mathcal{H}} + \boldsymbol{\sigma}\cdot\frac{\boldsymbol{v}}{c}\times\boldsymbol{\mathcal{E}}\right). \tag{101}$$

電磁波に対しては $|\boldsymbol{\mathcal{E}}| = |\boldsymbol{\mathcal{H}}|$ であり, また, 典型的な原子では $v/c \ll 1$ であるから, (101) 式の右辺の第2項は無視することができる. 平面波 $\boldsymbol{a} = \boldsymbol{a}_0 e^{i(\boldsymbol{k}\boldsymbol{x}-\omega t)}$ については,

$$\boldsymbol{\mathcal{H}} = \nabla\times\boldsymbol{a} = i(\boldsymbol{k}\times\boldsymbol{a}_0)e^{i(\boldsymbol{k}\boldsymbol{x}-\omega t)}$$

と書くことができる. これらの簡単化によって,

$$W_{sp} \cong -\frac{e\hbar}{2mc}Rl\left[e^{i(\boldsymbol{k}\boldsymbol{x}_0-\omega t)}e^{i\boldsymbol{k}(\boldsymbol{x}-\boldsymbol{x}_0)}\boldsymbol{\sigma}\cdot(\boldsymbol{k}\times\boldsymbol{a})_0\right] \tag{102}$$

を得る†. ここに, $\boldsymbol{x}_0$ は原子の中心の位置である.

---

* 異常 Zeeman 効果の取扱いについては, Herzberg, または White, *Introduction to Atomic Spectra* を参照.

† Rl は "実数部分" を意味する.

514 第 IV 部 Schrödinger 方程式の近似的解法

(45) 式を求める際に行なったように，指数函数 $e^{ik(x-x_0)}$ を展開する．しかし今度は $(x-x_0)$ の 1 次の項を残しておく．何故なら，x を含まない零次の項では，任意の二つの直交波動函数間のマトリックス要素が零になってしまうからである．即ち，$e^{ik(x-x_0)}$ の展開の第 1 項は落すことができ，

$$W_{sp} \cong -\frac{e\hbar}{2mc} Rl\,[ie^{i(kx_0-\omega t)}k\cdot(x-x_0)\sigma\cdot(k\times a_0)] \tag{103}$$

を得る．そこで，二つの状態の間のスピン・マトリックス要素は

$$(W_{sp})_{ab} = \int \psi_a{}^* W_{sp}\psi_b d x \tag{104}$$

となる．ψ_a と ψ_b は電子の空間変数とスピン変数の双方を含んでいる．上の量をもっとはっきりとあらわすために，ここで，ψ_a と ψ_b とをコラム・ベクトル表示で表わすと（第 17 章 5 節参照），

$$\psi_a = \begin{pmatrix} \psi_{a1} \\ \psi_{a2} \end{pmatrix}, \qquad \psi_b = \begin{pmatrix} \psi_{b1} \\ \psi_{b2} \end{pmatrix}. \tag{105}$$

$(\sigma\cdot\mathcal{H})$ は

$$\begin{pmatrix} \mathcal{H}_z & \mathcal{H}_x - i\mathcal{H}_y \\ \mathcal{H}_x + i\mathcal{H}_y & -\mathcal{H}_z \end{pmatrix}$$

に等しい．

このマトリック要素の大きさの程度をあたっておくと便利である．$(x-x_0)$ の積分は，(47) 式の 2 重極能率 z_{mn} に現われるものと同程度の大きさの項を生ずる．スピン演算子 σ は，1 の程度の大きさのマトリックス要素の寄与を与える（これは，σ_x, σ_y, σ_z の零にならないマトリックス要素が全部絶対値 1 を有するからである）．そこで，スピン・マトリックス要素の軌道マトリックス要素に対する比は $\hbar k^2/2m\omega$ 程度のものとなるであろう．$\omega=ck$ と書けば，この比として，

$$\frac{\hbar k}{2mc} = \frac{h}{2\lambda mc} \tag{107}$$

を得る．典型的な場合（$\lambda \cong 5\times10^{-5}$ cm）では，この比は略 10^{-6} である．遷移確率はマトリックス要素の自乗で変るから，スピンの項に起因する遷移は，電気 2 重極に起因するものに比べて，僅か 10^{12} 分の 1 でしかないという結論になる．これは，ベクトル・ポテンシャルの項が高度に禁止されている場合を除けば，通常，スピンの項は全く重要でない，ということを意味するものである．

50. 場合 c: V_{mn} が時間と共にゆっくりと変化する場合（断熱的な場合）

屢々摂動が非常にゆっくりと入れられる場合がおこる．例えば，Zeeman 効果に於いては磁場は原子の週期に比べ長い時間かかって入れられ，摂動がその最大値に達した後では一定値に保たれる．といっても，これまで展開してきた，時間について一定な

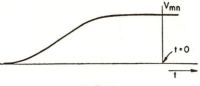

第 5 図

V_{mn} に対する理論を適用することはできない．何故なら，その結果を導く際，ポテンシャルが時刻 $t=t_0$ に於いて突然入ったと仮定していたからである．そこで，摂動が徐々に入れられるときにはどうなるかを調べることにしよう．

V_{mn} の典型的な時間的ふるまいが第 5 図に示してある．$t \to -\infty$ では漸近的に $V_{mn} \to 0$ となり，t の正の値に対しては，漸近的にある一定値に近づく．その中間においては V_{mn} は時間と共になめらかに，またゆっくりと変化する．

先ず C_m に対する (9a) 式から始めねばならない．$t \to -\infty$ のとき，実質的には $V_{mn} \to 0$ となるから，t_0 を $-\infty$ で置き換えても，その誤差は無視することができる．

$$C_m = -\frac{i}{\hbar}\int_{-\infty}^{t} \lambda V_{ms}(t) e^{i(E_m{}^0 - E_{s0})t/\hbar} dt.$$

（これが成り立つためには C_m が余り大きくなってはいけない）．

$$V_{ms}(-\infty)=0$$

に注意して上式を部分積分すると

$$C_m = -\frac{\lambda V_{ms}(t) e^{i(E_m{}^0 - E_s{}^0)t/\hbar}}{(E_m{}^0 - E_s{}^0)} + \int_{-\infty}^{t} \frac{e^{i(E_m{}^0 - E_s{}^0)t/\hbar}}{(E_m{}^0 - E_s{}^0)} \frac{d(\lambda V_{ms})}{dt} dt \quad (108)$$

が得られる．次には，V_{ms} が t の正の大きな値に対して一定の値に近づくことから，$dV_{ms}/dt \to 0$ であるのに気がつく．従って，$t=0$ より大きな時刻を考えようとするときには，積分限界は $\pm \infty$ にとってよい．それによる誤差は無視できる程度でしかない．それ故，

$$C_m = -\frac{\lambda V_{ms} e^{i(E_m{}^0 - E_s{}^0)t/\hbar}}{E_m{}^0 - E_s{}^0} + \int_{-\infty}^{\infty} \frac{e^{i(E_m{}^0 - E_s{}^0)t/\hbar}}{E_m{}^0 - E_s{}^0} \frac{d}{dt}(\lambda V_{ms}) dt. \quad (109)$$

この右辺の積分は，振動数 $\omega_{ms}=(E_m{}^0 - E_s{}^0)/\hbar$ に相応する，dV_{ms}/dt の Fourier 成分に丁度比例する．ところで dV_{ms}/dt は，大体のところ第 6 図に示したよ

うに, $t \to -\infty$ で零から出発して最大値にまで増大した後, $t \to +\infty$ で零へと
減少する, といった風のもので
ある. そこで dV_{ms}/dt が大
きな値をとるような, ある平均
時間領域 Δt が存在することで
あろう. われわれは, 先に波束
について学んだところから,
dV_{ms}/dt の Fourier 成分は $\Delta \omega$
$\sim 1/\Delta t$ の領域内でだけ大きい

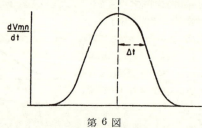

第 6 図

ことを承知している. 従って (109) 式の右辺の積分は

$$\Delta\omega = \frac{(E_m{}^0 - E_s{}^0)}{\hbar} > \frac{1}{\Delta t}, \quad \text{または} \quad E_m{}^0 - E_s{}^0 > \frac{\hbar}{\Delta t}$$

のところでは無視できることゝなる.

問題 9: $dV_{mn}/dt = \lambda \exp[-t^2/2(\Delta t)^2]$ としよう. $\Delta t \gg \hbar(E_m{}^0 - E_s{}^0)$ では,
(109) 式の Fourier 成分は無視できる程度であることを示せ.

斯様に, $(E_m{}^0 - E_s{}^0)/\hbar > 1/\Delta t$ なる場合には,

$$C_m \cong -\frac{\lambda V_{ms}}{E_m{}^0 - E_s{}^0} e^{i(E_m{}^0 - E_s{}^0)t/\hbar} \tag{109a}$$

と書くことが出来る. 即ち, ポテンシャルが無限にゆっくりと入ってくるとき
は, 角振動数 $(E_m{}^0 - E_s{}^0)/\hbar$ でもって振動する項だけが C_m に現れるという
結論になる. これと摂動が突発的に入る場合の結果 [(13) 式] とをくらべてみ
ると, 後の場合には, 時間的に振動しない附加項のあることがわかる.

この結果は, 固有角振動数 ω_0 の調和振動子が, 角振動数 ω でもって調和的
に変化する外力を受ける際に起るそれとよく似たものである. そのような力学
系の運動方程式は

$$m(\ddot{x} + \omega_0{}^2 x) = Fe^{i\omega t}.$$

その一般解は

$$x = Ae^{i\omega_0 t} + Be^{-i\omega_0 t} + \frac{F}{m} \frac{e^{i\omega t}}{(\omega_0{}^2 - \omega^2)}$$

である. A と B とを適当にとって, どんな特定の境界条件も, 例えば

$$t = 0 \quad \text{に於いて} \quad x = \dot{x} = 0$$

でも, 満足するようにできる. 一般に A と B とは零にはならない. 従って角

振動数 ω_0 をもった，所謂 "自由振動" が存在するわけである．しかし A と B とが零になる場合には，強制力の角振動数に等しい角振動数 ω をもった "強制" 振動しか得られないことになる．

このような純 "強制" 振動はどのようにしてひき起すことができるであろうか？ひとつの途は振動の週期にくらべて非常にゆっくりと（或いは，断熱的に，といってもよい）強制項を入れてゆくことである．強制力の振幅を極めてゆっくりと増してゆくとすると，F をそれの最終の値にまでもってゆく過程を無限にゆっくりとした極限に於いて，"強制" 振動だけを，即ち，$A=B=0$ が得られるのを示すことができる．

問題 10： 上に述べた事柄を証明せよ．

同様に，C_m に対する方程式 (109a) 各を C_m の振動の割合を決めるものとみることができる．(108) 式中の $V_{ms}e^{i(E_m{}^0-E_s{}^0)t/\hbar}$ を含む項は，C_m を角振動数 $(E_m{}^0-E_s{}^0)/\hbar$ でもって振動させようとする "強制項" として働く．V_{ms} が零から非常にゆっくりと（断熱的に）入れられるときには，C_m は強制振動数で振動するだけに過ぎない．しかし，V_{ms} か $\hbar/(E_m{}^0-E_s{}^0)$ 程度の時間のあいだにかなり大きく変るようであると，C_m には "自由" 振動が現われる．この場合，自由振動の振動数が零であることがあり，そういった形の項は常数でしかない．零という値をとることとは，次のことを注意すれば理解できる：(8) 式で強制項が無いときには，(8) 式は $i\hbar\dot{C}_m=0$ となり，従ってこの場合には固有振動数は零とみなされねばならない．

(108) 式はポテンシャルの入り方がどのように C_m の値を規制するかを告げる一般的な方程式である．もし $(dV/dt)_{mn}$ が角振動数 $(E_m-E_n)/\hbar$ に対応する Fourier 成分を持つならば，C_m には大きな常数項が附け加わることゝなろう．

この方程式でもって，摂動が急に入る場合も記述することができる．それには，V_{ms} が $t=t_0$ までは零，それから後はある常数としよう．従って V_{ms} は "階段函数" $S(t-t_0)$ の常数倍である．[階段函数 $S(t-t_0)$ は $t<t_0$ で 0，$t>t_0$ には 1 であるような函数とする．] この階段函数の微分は δ 函数であることが示される．

問題 11： $\dfrac{dS(t-t_0)}{dt}=\delta(t-t_0)$ を証明せよ．ヒント：δ 函数の積分を考えよ．

518　　　第IV部　Schrödinger 方程式の近似的解法

そこで (108) 式の積分は

$$\frac{\lambda V_{ms} e^{i(E_m{}^0 - E_s{}^0) t_0 / \hbar}}{E_m{}^0 - E_s{}^0}$$

となり，

$$C_m = \frac{\lambda V_{ms}}{E_m{}^0 - E_s{}^0} [e^{i(E_m{}^0 - E_s{}^0) t_0 / \hbar} - e^{i(E_m{}^0 - E_s{}^0) t / \hbar}].$$

(13) 式と比べると，両者が同一であることがわかる．

51.　ポテンシャルを断熱的に入れるときには新らしい定常状態ができる

(109) 式からは二つの重要な結論が出て来る：その第一は，完全な波動函数が次のように書けるということである [(4) 式から]：

$$\psi = C_s U_s e^{-i E_s{}^0 t / \hbar} + \sum_{n \neq s} C_n U_n e^{-i E_n t / \hbar}. \tag{110}$$

ところで (11) 式によると，$C_s \cong e^{-i \int_{-\infty}^t \lambda V_{ss} dt / \hbar}$ であるが，V_{ss} は $t > 0$ で常数となるから，$t > 0$ では

$$\int_{-\infty}^t \lambda V_{ss} \frac{dt}{\hbar} = \int_{-\infty}^0 \lambda V_{ss} \frac{dt}{\hbar} + \int_0^t \lambda V_{ss} \frac{dt}{\hbar} = 常数 + \frac{\lambda V_{ss} t}{\hbar}$$

である．それ故 $C_s = C_{s0} e^{-i \lambda V_{ss} t / \hbar}$ が得られる．但し $C_{s0} = e^{i \phi}$，ϕ は常数の位相因子である．常数の位相因子は何の物理的意味も持たないから，これは U_s の定義に含めておくことができる．

断熱的な場合には，(109a) 式から C_n が計算され，

$$\psi = U_s e^{-i(E_s{}^0 + \lambda V_{ss}) t / \hbar} + \sum_{n \neq s} \frac{\lambda V_{ns} U_n}{E_s{}^0 - E_n{}^0} e^{-i(E_n{}^0 + E_s{}^0 - E_n{}^0) t / \hbar}$$

を得る．$n \neq s$ の和は λ に比例しているから，この和に $e^{-i \lambda V_{ss} t / \hbar}$ をかけても，それによる誤差は λ^2 の程度である．従って第1近似では

$$\psi = \left[U_s + \lambda \sum_{n \neq s} \frac{V_{ns} U_n(\boldsymbol{x})}{E_s{}^0 - E_n{}^0} \right] e^{-i(E_s{}^0 + \lambda V_{ss}) t / \hbar} = f(\boldsymbol{x}) e^{-i(E_s{}^0 + \lambda V_{ss}) t / \hbar} \tag{111a}$$

が得られる．

(109a) 式から得られる第二の重要な結果は

$$|C_m|^2 = \frac{\lambda^2 |V_{ms}|^2}{(E_m{}^0 - E_s{}^0)^2} \tag{111b}$$

である．

これらふたつの帰結はなかなか興味のあるもので，その第一の結果 [(111a) 式] は全波動函数が (λ についての第1近似に於いて)，角振動数 $(E_s{}^0 + \lambda V_{ss}) / \hbar$

でもって振動することを示している．従ってこの体系は定常状態にあり，あらゆる確率は時間と共に一定のままにとどまる．例えば，この体系が m 番目の状態に見出される確率は (111b) 式で与えられる．

この結果は，摂動が極めてゆっくりと入れられる場合にだけ成り立つに過ぎない．それが急激に入れられたとすると，ψ は $f(\boldsymbol{x})e^{-i(E_s{}^0+\lambda V_{ss})t/\hbar}$ の形をとらず，むしろ，その他のいろいろな振動の振動数が入ってくることになろう．従って，体系は定常状態にはなく，種々の確率は時間と共に変動することとなる．これは，振動が $t=t_0$ で瞬間的に入った場合を記述する (14) 式に見られる通りである．

このような定常状態の出来る由来については，どんな風に描像をえがくことができるであろうか？ それには9節で作り上げた描像をやはりここでも使うことができる．そのところで，摂動は，無摂動エネルギー H_0 の他の固有状態への体系の遷移を，不断に惹き起す傾向を作り出すもの，とみなされた．ところが摂動がゆっくりと入れられる場合には，その力学系は，他の状態への遷移と，もともとの状態に戻る遷移とが釣合っているような状態にとどまっており，その結果，1個の電子が他のある状態に見出される確率は一定のままであることとなる．但し摂動を入れ続けている間中は，この確率はゆっくりと増加するものである．もしも摂動が突然入れられたとすると，釣合いは成り立たず，それ故，系がある他の状態に遷移する確率は激しく揺れ動くこととなろう．それは調和振動子を急激に励起した際，自由振動の現われるのと同様である．しかしここでもう一度，このゆらぎの描像は無制限に成り立つものではないということを指摘しておかねばならない．それは相異る函数 $U_n(x)$ の間で干渉が起る可能性のためである．この効果を考慮に入れるには，この体系が同時にあらゆる可能な状態にわたってゆらぐと，従って同時にすべての状態を覆うと，考えることが必要になる*．

さて，粒子が，もともとの値 $E_m{}^0 - E_s{}^0$ とはちがうエネルギーを持つ m 番目の状態に見出だされる，ある一定の確率が存在するにもかかわらず，何故エ

---

* 9節で指摘しておいたように，$U_n(x)$ 間に一定の位相関係が存在する限り，系がどれであるかは知れないが，ひとつの定った，H_0 の固有状態にあるとみることは正しくない．むしろ，H_0 の測定に使用できる装置と相互作用する際に，H_0 のひとつの定った値を顕わす潜在的可能性を持つものとみなすべきであろう．そしてそのような測定で n 番目の状態が得られる確率は $|C_n|^2$ に等しい．

ネルギー保存則との矛盾が起らないのであろうか. そのわけは, エネルギーが今度は和 $(H_0+\lambda V)$ である, ということである. 波動函数には小さな係数 C_n でもって H_0 の他の固有函数が含まれているために, H_0 の値には小さなばらつきができる. しかし全エネルギーは正しく波動函数の振動数の h 倍, 即ち,

$$E=E_s{}^0+\lambda V_{ss} \tag{112}$$

であり, 系の波動函数の空間部分は近似的に

$$f(\boldsymbol{x})=U_s(\boldsymbol{x})+\lambda\sum_{n\neq s}\frac{U_n(\boldsymbol{x})V_{ns}}{E_s{}^0-E_n{}^0},$$

となって, H_0 は一定の値を持たなくても, $H_0+\lambda V$ は定った値を持つのである (勿論, これはすべて, λ についての第1近似でそう言えるにすぎない). 従って函数 $f(\boldsymbol{x})$ は, 丁度, 演算子 $H_0+\lambda V$ の 第1近似の固有値, $E_s{}^0+\lambda V_{ss}$ に対応する第1近似の固有函数というわけになる.

<u>縮退の重要性</u> 準位のどれかが縮退しているとすると, どんなにゆっくりと摂動を入れても, $t>\hbar/(E_s{}^0-E_n{}^0)$ の条件を満足させることは不可能である. そのため, 縮退した準位については, 摂動論が, われわれの既に見た通り, 不定の長さの時間に対して成り立たないためばかりでなく, 断熱条件もまたあてはめることができないために, 今までの取扱いが使えなくなってしまう. このような縮退のある場合の取扱いは第19章で論ずることにする.

52. 定常状態の波動函数の摂動 われわれは, 摂動が非常にゆっくりと入れられるならば, 摂動による新らしい定常状態の出来ること知った. その波動函数を時間に関係する摂動論に依って解く際に使った方法は, 十分有効なものではあるが, 幾分扱いにくく不便である. この節では同じ問題を扱い, 直接, Hamiltonian $H_0+\lambda V$ の時間に無関係な固有函数を, 摂動論を使って求めてみよう. この方法は, 定常状態の摂動論を系統的に遂行してゆく上では時間に関係する方法よりもすぐれたものであるが, 結果の物理的意味はそれ程明らかでない.

先ず s 番目の固有函数に対する Schrödinger 方程式を書き下すことから始める:

$$(H_0+\lambda V)\psi_s=E_s\psi_s.$$

時間に関係する完全な波動函数は

$$\psi=\psi_s e^{-iE_s t/\hbar} \tag{113a}$$

である. 常数変化の方法と全く同様に, この ψ を無摂動系の Hamiltonian の

固有函数 $U_n(\boldsymbol{x})$ の級数で表わしてみる. 今 ψ_s は定常状態を表わすものであるから, $U_n(\boldsymbol{x})$ の係数は悉く常数である.

$$\psi_s = \sum_n C_{ns} U_s(\boldsymbol{x}). \tag{113b}$$

この ψ_s の値を上の方程式に代入すると

$$(H_0 + \lambda V) \sum_n C_{ns} U_n(\boldsymbol{x}) = E_s \sum_n C_{ns} U_n(\boldsymbol{x}),$$

$H_0 U_n(\boldsymbol{x}) = E_n{}^0 U_n(\boldsymbol{x})$ の関係を使って

$$\sum_n C_{ns}(E_s - E_n{}^0) U_n(\boldsymbol{x}) = \sum_n \lambda V C_{ns} U_n(\boldsymbol{x})$$

が得られる. そこで上の式に $U_n{}^*(\boldsymbol{x})$ を乗じてすべての $\boldsymbol{x}$ について積分すると, U_n の規格化と直交性とから

$$C_{ms}(E_s - E_m{}^0) = \lambda \sum_n V_{mn} C_{ns} \tag{114}$$

になる. 但し $V_{mn} = \int U_m{}^*(\boldsymbol{x}) V U_n(\boldsymbol{x}) d\boldsymbol{x}$ である.

　上の方程式は (6) 式と全く同様である. 但しここでは C_m がすべて常数になっている. 一般に無限個の変数に関する無限個の1次方程式を得るわけであるが, これらを C_{ms} と許されるエネルギーの値 E_s とについて解かねばならない. ここでは λ が小さいとする, 従って波動函数もエネルギー準位も λ が零のときのそれらと余りひどくは変らない, という仮定の下で解くこととする. λ が零ならば, 固有函数は U_s そのものであり, その固有値は $E_s{}^0$ になろう. 即ち

$$C_{ms} = \delta_{ms} = \begin{cases} 0 & m \neq s, \\ 1 & m = s; \end{cases}$$

$$E_s = E_s{}^0.$$

次に C_{ms} と E_s との変化は λ の冪級数で表わすことができるとしよう:

$$\left.\begin{aligned} C_{ms} &= \delta_{ms} + \lambda C_{sm}^{(1)} + \lambda^2 C_{ms}^{(2)} + \cdots\cdots, \\ E_s &= E_s{}^0 + \lambda E_s^{(1)} + \lambda^2 E_s^{(2)} + \cdots\cdots. \end{aligned}\right\} \tag{115}$$

C_{ss} 以外の C_{ms} はすべて λ の程度であることがわかる.

(115) 式を (114) 式に代入し, λ の相等しい冪の係数を集めると,

$$\begin{aligned} 0 = {} &\delta_{ms}[E_s{}^0 - E_m{}^0] + \lambda[\delta_{ms} E_s^{(1)} + C_{ms}^{(1)}(E_s{}^0 - E_m{}^0) - V_{ms}] \\ &+ \lambda^2[\delta_{ms} E_s^{(2)} + C_{ms}^{(1)} E_s^{(1)} + C_{ms}^{(2)}(E_s{}^0 - E_m{}^0) - \sum_n V_{mn} C_{ns}^{(1)}] \end{aligned} \tag{116}$$

が得られる. λ の各冪の係数は別々に零にならねばならない. (λ⁰) の係数が零であることは明瞭である. δ_{ms} は $m=s$ 以外は零であるし, $m=s$ の場合は $E_s{}^0-E_m{}^0$ が零になるからである. このことは単に $U_s(\boldsymbol{x})$ が λ=0 のときの解であることを反映するものにすぎない. λ の係数は次の関係式を与える:

第1近似の理論:

$$C_{ms}^{(1)}=\frac{V_{ms}}{E_s{}^0-E_m{}^0}, \qquad m\neq s; \tag{117}$$

$$E_s{}^{(1)}=V_{ss}. \tag{118}$$

第1近似の波動函数はこの場合,

$$\psi_s=U_s(\boldsymbol{x})+\lambda C_{ss}^{(1)}U_s(\boldsymbol{x})+\sum_{n\neq s}\frac{\lambda U_n(\boldsymbol{x})V_{ns}}{E_s{}^0-E_n{}^0} \tag{119}$$

となることを注意しておく [ψ の時間的変化については (113a) 式を見よ]. これは, ポテンシャルがゆっくりと入れられたという仮定から, われわれの導いたものそのものである [(111) 式参照]. 第1近似のエネルギーは

$$E_s=E_s{}^0+\lambda V_{ss}$$

これもまた時間に関係する方法から得られた結果 (112) 式そのものである.

第1近似の方程式は係数 $C_{ss}^{(1)}$ を決めるものではないことに注意していただきたい. $m=s$ と置いて得られる関係 [(118) 式] から求まるのは, $C_{ss}^{(1)}$ ではなくて $E_s{}^{(1)}$ だからである. これは $C_{ss}^{(1)}$ が, 今の近似に関する限りでは任意であることを意味している. $C_{ss}^{(1)}$ が現われるということが, 無摂動波動函数に常数を乗ずるのと同等であることは, たやすく証明できる. 事実, 各近似に於いて, C_{ss} は全波動函数が規格化されているように定義されるものである. 即ち

$$1=\int \psi_s{}^*\psi_s d\boldsymbol{x}$$

$$\cong \int d\boldsymbol{x}\left[(1+\lambda C_{ss}^{(1)*})U_s{}^*(\boldsymbol{x})+\lambda \sum_{n\neq s}C_{ns}^{(1)*}U_n{}^*(\boldsymbol{x})\right]$$

$$\cdot \left[(1+\lambda C_{ss}^{(1)})U_s(\boldsymbol{x})+\lambda \sum_{n\neq s}C_{ns}^{(1)}U_n(\boldsymbol{x})\right],$$

$$=1+\lambda(C_{ss}^{(1)*}+C_{ss}^{(1)})+\lambda^2 \text{ の項}. \tag{120}$$

そこで, $C_{ss}^{(1)*}+C_{ss}^{(1)}=0$ となるから, λ について 1 次の近似まででは, $C_{ss}^{(1)}$ は純虚数でなければならない. 従ってそれを $i\xi$ と書いてよい. この時には

$$C_{ss}=1+i\lambda\xi+\lambda^2 \text{ の程度の大きさの項}$$

となる．ところが，$e^{i\lambda\xi}=1+i\lambda\xi+\lambda^2$ の程度の項，とも書くことができるから，(113b) に於いて，

$$\psi_s = e^{i\lambda\xi}U_s(\boldsymbol{x}) + \sum_{n \neq s} C_{ns}U_n(\boldsymbol{x})$$

が得られる．これは即ち，$C_{ss}^{(1)}$ の採り方が（λ の近似まででは），無摂動系の固有函数 $U_s(\boldsymbol{x})$ に勝手な位相因子を乗ずるのと同じである，ということである．この手続きは明らかに物理的に観測可能な変化を何等生ずるものでない．

第2近似の理論 $m \neq s$ なる場合，λ^2 の係数が零になることから，次の関係式が得られる†：

$$C_{ms}^{(2)} = \frac{1}{E_s{}^0 - E_m{}^0}\Big(\sum_n V_{mn}C_{ns}^{(1)} - C_{ms}^{(1)}E_s{}^{(1)} \Big).$$

(117) 式及び (118) 式，それに $C_{ss}^{(1)}=0$ を使って

$$C_{ms}^{(2)} = \frac{1}{E_m{}^0 - E_s{}^0}\Big(\sum_{n \neq s}\frac{V_{mn}V_{ns}}{E_n{}^0 - E_s{}^0} - \frac{V_{ms}V_{ss}}{E_m{}^0 - E_s{}^0} \Big) \tag{121}$$

が得られる．$m=s$ の場合には (116) 式から

$$E_s{}^{(2)} = \sum_{n \neq s}V_{sn}C_{ns}^{(1)} = \sum_{n \neq s}\frac{V_{sn}V_{ns}}{E_s{}^0 - E_n{}^0} = \sum_{n \neq s}\frac{|V_{ns}|^2}{E_s{}^0 - E_n{}^0} \tag{122}$$

を得る（ここで V の Hermite 性，$V_{ns}=V_{sn}^*$ を仮定している）．

$C_{ss}^{(1)}$ の場合と同様，われわれの方程式では $C_{ss}^{(2)}$ は決まらないことがわかる．これは，前のように，波動函数が規格化されているという要求から定められる（今度は2次までとらねばならない）．即ち，

$$1 = \int d\boldsymbol{x}\Big[U_s{}^*(1+\lambda^2C_{ss}^{(2)*}) + \sum_{n \neq s}(\lambda C_{ns}^{(1)*}+\lambda^2C_{ns}^{(2)*})U_n{}^* \Big]\cdot$$
$$\cdot\Big[U_s(1+\lambda^2C_{ss}^{(2)}) + \sum_{n \neq s}(\lambda C_{ns}^{(1)}+\lambda^2C_{ns}^{(2)})U_n \Big].$$

U の規格化と直交性とを使い，λ^2 次までの項だけを残すと

$$1+\lambda^2(C_{ss}^{(2)*}+C_{ss}^{(2)})+\lambda^2\sum_{n \neq s}|C_{ns}^{(1)}|^2 = 1;$$

即ち，

$$C_{ss}^{(2)*}+C_{ss}^{(2)} = -\sum_{n \neq s}\frac{|V_{ns}|^2}{(E_s{}^0 - E_n{}^0)^2} \tag{122a}$$

---

† 51 節の時間に関係する，断熱的な摂動論を進めて同一の結果を得ることもできようが，このやり方は極めて扱いにくく不便なものであろう．

となる. 従って $C_{ss}^{(2)}$ の一つの可能な採り方は

$$C_{ss}^{(2)} = -\frac{1}{2} \sum_{n \neq s} \frac{|V_{ns}|^2}{(E_s{}^0 - E_n{}^0)^2} \tag{122b}$$

である. この $C_{ss}^{(2)}$ に勝手な虚数部分を附け加えることもできようが, それは物理的意味のない, 無摂動系の波動函数の位相をずらすことにしか相当しないであろう. それで $C_{ss}^{(2)}$ には上の値をとっておくことにする.

高次近似も, (116) 式に於ける λ の高次の冪の係数を勘定することによって, 系統的に進めてゆくことができる.

53. エネルギーの第2近似の式の解釈　先にわれわれは, エネルギーの第1近似の値, $E_s{}^0 + \lambda V$ が, 丁度 Hamiltorian $H_0 + \lambda V$ の, 第0近似の波動函数 $U_s(\boldsymbol{x})$ についてとった平均値になることを見たが, 今度はエネルギーの第2近似の値は, 規格化された第1近似の波動函数についてとったHamiltonian の平均値に等しいことを示そう. これは, エネルギーの第 $(n+1)$ 近似が, 規格化された第 n 近似の波動函数で Hamiltonian を平均することによって求められる, という一般的規則の一部である.

第一になすべき仕事は, (119) 式から得られる規格化された第1近似の波動函数を書き下すことである. (119) 式は第1項までしか規格化されていないから, 全波動函数に適当な因子, これを A と書くことにする, を乗じておかねばならない. 即ち,

$$\psi_s = A\left[U_s(\boldsymbol{x}) + \lambda \sum_{n \neq s} \frac{V_{ns} U_n(\boldsymbol{x})}{E_s{}^0 - E_n{}^0} \right]. \tag{123}$$

ここで A は次の関係によって定められる規格化係数である:

$$\int |\psi_s|^2 d\boldsymbol{x} = 1 = |A|^2 \int d\boldsymbol{x} \left[U_s{}^*(\boldsymbol{x}) + \lambda \sum_{n \neq s} \frac{V_{ns}^* U_n{}^*(\boldsymbol{x})}{E_s{}^0 - E_n{}^0} \right] \cdot$$
$$\cdot \left[U_s(\boldsymbol{x}) + \lambda \sum_{n \neq s} \frac{V_{ns} U_n(\boldsymbol{x})}{E_s{}^0 - E_n{}^0} \right]. \tag{123a}$$

上の積分は $U_n(\boldsymbol{x})$ の規格化と直交性とを利用してもっと簡単にすることができ,

$$|A|^2 = \frac{1}{1 + \lambda^2 \sum_{n \neq s} \dfrac{|V_{ns}|^2}{(E_s{}^0 - E_n{}^0)^2}} \tag{123b}$$

が得られる. この $|A|^2$ は2次の項だけ1からずれていることを注意しておき

第18章 摂動論.時間に関係する摂動と時間に関係しない摂動   525

たい. $|A|^2$ を λ^2 に関する級数に展開する時には (2 次の項までとって),

$$|A|^2 \cong 1 - \lambda^2 \sum_{n \neq s} \frac{|V_{ns}|^2}{(E_s^0 - E_n^0)^2} \tag{123c}$$

となる. 次にかからねばならぬのは, Hamiltonian の平均値を求めることである. 即ち,

$$\overline{H} = \int \psi_s{}^*(H_0 + \lambda V)\psi_s d\boldsymbol{x}$$

$$= \int \psi_s{}^* E_s^0 \psi_s d\boldsymbol{x} + \int \psi_s{}^*(H_0 - E_s^0)\psi_s d\boldsymbol{x} + \lambda \int \psi_s{}^* V \psi_s d\boldsymbol{x} \tag{124}$$

を勘定せねばならない. ψ_s は規格化されているために, 上式の右辺の第一の積分は丁度 E_s^0 になる. 第二の積分は $[H_0 U_n(\boldsymbol{x}) = E_n^0 U_n(\boldsymbol{x})$ を使って]

$$|A|^2 \int \left[U_s{}^* + \lambda \sum_{n \neq s} \frac{V_{ns}^* U_n{}^*}{E_s^0 - E_n^0} \right] \left[(E_s^0 - E_s^0) U_s + \lambda \sum_{n \neq s} \frac{V_{ns}(E_n^0 - E_s^0)}{E_s^0 - E_n^0} U_n \right] d\boldsymbol{x}; \tag{125}$$

$U_n(\boldsymbol{x})$ の規格化と直交性とから, この積分は (λ^2 より高次の項を無視して)

$$-|A|^2 \lambda^2 \sum_{n \neq s} \frac{|V_{ns}|^2}{E_s^0 - E_n^0} \cong -\lambda^2 \sum_{n \neq s} \frac{|V_{ns}|^2}{E_s^0 - E_n^0} \tag{125a}$$

となる. 右辺の第三の積分は

$$\lambda \int \psi_s{}^* V \psi_s d\boldsymbol{x}$$

$$= |A|^2 \lambda \int d\boldsymbol{x} \left(U_s{}^* + \lambda \sum_{n \neq s} \frac{V_{ns}^* U_n{}^*}{E_s^0 - E_n^0} \right) V(\boldsymbol{x}) \left(U_s + \lambda \sum_{n \neq s} \frac{V_{ns} U_n}{E_s^0 - E_n^0} \right);$$

3 次の項及び更に高次の項を無視すると, 上の式は

$$|A|^2 \Big\{ \lambda \int U_s{}^* V U_s d\boldsymbol{x}$$

$$+ \lambda^2 \int \sum_{n \neq s} \frac{1}{E_s^0 - E_n^0} [V_{ns}^* U_n{}^*(\boldsymbol{x}) V(\boldsymbol{x}) U_s(\boldsymbol{x}) + U_s{}^*(\boldsymbol{x}) V(\boldsymbol{x}) U_n(\boldsymbol{x}) V_{ns}] \Big\}$$

$$= \left[\lambda V_{ss} + 2\lambda^2 \sum_{n \neq s} \frac{|V_{sn}|^2}{E_s^0 - E_n^0} \right] |A|^2 = \lambda V_{ss} + 2\lambda^2 \sum_{n \neq s} \frac{|V_{sn}|^2}{E_s^0 - E_n^0}$$

になる. 2 次までは, $A = 1$ であることに注意! 三つの積分を全部集めた結果は

$$\overline{H} = E_s^0 + \lambda V_{ss} + \lambda^2 \sum_{n \neq s} \frac{|V_{sn}|^2}{E_s^0 - E_n^0}.$$

ところがこれはエネルギーの第 2 近似 [(122) 式] と同じである．以上で，第 2 近似までは，われわれの定理が証明されたわけであるが，更に高次の近似についても同じように証明が可能である．

54．摂動論の応用 ここでは定常状態の摂動論を原子のエネルギー準位の計算に二，三応用を試みてみよう．51 節に於いて，この理論は，摂動が極めてゆっくりと入れられる場合に適用できるものであることを示した．しかしまた同じ理論が，どのような体系にしろ，定常状態とみられる程長い間同じ状態にとどまるような時には，常に適用可能なのである．言い換えると，既に定常状態にある体系のエネルギー準位と，摂動を非常にゆっくりと入れる際に得られる準位とは同一でなければならない．この結果は熱力学における同様な結果に酷似している．即ち，何かある体系で長い時間の後に達した熱力学的平衡状態は，準定常過程で得られるそれと同じになる．

(1) 水素以外の原子に於けるエネルギーの第 1 近似 われわれのやろうと思う応用の最初のものは，水素以外の原子に於けるエネルギー準位のずれの計算である．Coulomb 力の場の中では，エネルギー準位が特別の縮退を持っていたことを思い起そう．即ち，量子数 n が同じでも l が異る準位は同じエネルギーをもつということである*．さて，アルカリ金属の一番外側の電子は，それが内部の電子殻の外側にある限り，水素の力の場と同じ力の場の中を運動している．それらの電子殻が，外側の電子に及ぼす原子核の電荷の効果の大部分を遮蔽してしまうのである．しかし電子が内部の殻の中に入りこむと，最早遮蔽効果は弱まり，従って電子に働くポテンシャルは純粋な Coulomb ポテンシャル内にある場合よりも更に深くなる．このポテンシャルの有様は第 7 図に示してある．軽いアルカリ原子では，実際のポテンシャルと Coulomb ポテンシャ

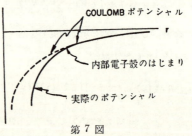

第 7 図

ルの差は小さな摂動と看ることができるけれども，原子番号の大きい原子に進むと，この差が大きくなって，最早小さな補正としては扱うことができない．

そこでアルカリ原子に対しては，$V=-\dfrac{e^2}{r}-\delta V$ と書くことによって，エネ

---
* 第 15 章 13 節参照．

第18章 摂動論. 時間に関係する摂動と時間に関係しない摂動　　　527

ルギー準位の変る具合について，二，三の推測を得ることが可能になる．$-\delta V$ は Coulomb ポテンシャルに対する補正であるが，この補正を負にとってあるところに注意願いたい．これは内部の殻の中で遮蔽が不完全になる結果，電子を原子核に結びつける力が常に増大するためである．（118）式によって，s 番目のエネルギー準位に対する1次の補正は

$$\lambda V_{ss} = -\int U_s{}^* \delta V U_s dx$$

となろう．U_s は無摂動系に対する Hamiltonian の s 番目の固有函数である．

ここで $E_s{}^{(1)}$ が大きな値をとるためには，δV が大きくなると同じところ，即ち，小さな距離に於いて，$U_s(x)$ が大きくなることが必要であるのに注意しよう．ところが先に第15章の8節で，n が同じで l のちがう波動函数は，l が大きくなる程，波動函数が原点の近傍で小さくなる，というちがいのあることが示されている．この効果は，既に承知の通り，l が大きい程電子を原子核から遠く引き離しておこうとする，遠心力のポテンシャルによって作られるものである．従って，上の積分は l の最低値に対して最も大きくなるだろう，という結論になる．こうして s 状態が一番押し下げられ，p 状態はその次に，等々となる．これは，n が同じで l のちがう準位の分岐は，Coulomb 力からのずれが増す程，言い換えると原子番号が増す程，大きくなる，ということである（古典論にあっては，l が最小の準位は，一番内部に入りこんだ軌道に対応する）．

（2）　水素以外の原子での Stark 効果　エネルギーの第2近似の計算を応用できる場合に，水素以外の原子の Stark 効果がある（水素では同じ n で l のちがう準位に縮退があるため，特別な取扱いをしなければならない）．Stark 効果というのは外電場中でのエネルギー準位のずれである．この外場が z 方向を向いているものとしよう．そのとき1個の電子に働く摂動ポテンシャルは

$$\lambda V = e \varepsilon z$$

となる．ε は電場の強さである．

エネルギーに対する1次の補正が無摂動系のエネルギーのどの固有状態に対しても零になるのは容易に示すことができる．それには先ず

$$\lambda V_{ss} = e\varepsilon \int U_s{}^* z U_s dx \tag{126}$$

と書いておこう．ところが $U_s{}^* U_s$ は常に任意の球面調和函数 $Y_l{}^m(\vartheta, \varphi)$ に対

して z の偶函数である. その証明は次のようになる.

$$U_s = f_l(r) P_l^m(\cos \vartheta) e^{im\varphi}$$

と書けるから,

$$|U_s|^2 = |f_l(r)|^2 [P_l^m(\zeta)]^2$$

である. 第14章 (60) 式の P_l^m の定義から, P_l^m は $l-m$ が偶数であるか奇数であるかに従って, $\zeta = \cos \vartheta = z/r$ の奇函数か偶函数かになることがわかる. 従って $[P_l^m(\zeta)]^2$ は常に z の偶函数である. これは (126) 式の積分が零になることである. 何故なら, その被積分函数は偶函数に z を乗じたもので奇函数だからである.

そこで次にはエネルギーの2次の補正を勘定しなければならない. それには (122) 式を使うのである. 先ず V_{ns} を計算せねばならぬ. (70) 式から V_{ns} は $m'=m$ 且つ $\varDelta l=\pm 1$ の状態間以外は零になることに注意すれば, この結果, それらの状態だけがエネルギーに寄与し得るに過ぎないため, それらの状態についてだけ和をとればよいことになる. l と m とが問題の状態の量子数とすると

$$E_s^{(2)} = e^2 \varepsilon^2 \sum_{\substack{l'=l\pm 1 \\ m'=m \\ n'}} \frac{|z_{k', l', m'; n, l, m}|^2}{(E_{l, m, n}^0 - E_{l', m', n'}^0)} \tag{127}$$

を得る. この式からいくつかの興味ある帰結が出て来る:

（a）エネルギーのずれは ε^2 に比例する. それでこの効果を "2次" Stark 効果と呼んで, 第19章にみるように, 縮退のために ε に比例する, 水素でのはるかに大きなずれと区別する.

（b）準位 $E_{s, l}^0$ 間のひらきが狭くなる程, エネルギーのずれは大きくなる. 従って縮退がやっととれたばかりの, 比較的軽いアルカリ原子では, かなり大きな2次効果が期待されるわけである.

（c）$E_s^{(2)}$ は $|z_{n, l'; s, l}|^2$ に比例する. 但し

$$z_{n, l'; s, l} = \int U_{n, l'}^* z U_{s, l} d\boldsymbol{x}$$

である. 上の積分は大ざっぱにいって $U_{s, l}$ と $U_{n, l'}$ とが大きな値をもつ領域の大きさに比例する; 従って2次 Stark 効果は大略軌道の大きさの2乗で大きくなる. 即ち, n の大きな軌道に於いて, n の小さな軌道に於けるよりも大きくなる傾向を持つのである. この n に関係するということは, 一般に, ひとつの遷移にかかわる, 二つの準位のずれがそれぞれちがっていること; それ故

スペクトル線の位置もずれることを意味する．2 次 Stark 効果を観測する手だてとなるのはこのずれである．

(3) 原子の分極　原子が外電場中に置かれると，その古典的軌道が乱されることになり，もしもその外場が原子の週期に比べて急激に入れられるならば，この擾乱によって，軌道は一般に非常に錯綜した仕方で揺れ動き，歳差運動を行うこととなろう†．しかし外場が断熱的に入れられると，軌道はもとの形とは変っても，ある一定の形を保有することになるであろう．その主要な効果というのは軌道が全体として電場の方向にずれることである．この平行移動は，軌道を原子核を中心とした，そのもともとの位置に引き戻そうとする，原子核のつくる電場によって抑えられる．第 1 近似では，この復元力は軌道の変位に比例する．原子の分極は，単位電場あたりの平均の変位として定義される．従って分極を

$$P=\frac{d}{\varepsilon} \tag{128}$$

と書くことができる．ここで d は電場 ε の方向に於ける軌道の平均変位である．

電場内の軌道の変位は第 8 図に示してある．

量子論では，やはり軌道の変位の平均値を考えねばならぬが，今度はその平均値が

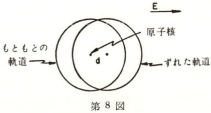

第 8 図

$$d=\int \psi^* z \psi d\boldsymbol{x}=\bar{z} \tag{129}$$

で与えられる．z は電場の方向の座標の値である．電場のない場合（即ち，無摂動系のエネルギーの固有函数に対して）$\bar{z}$ が零になることは既に見た通りである．従って，孤立した原子は分極を示さない，という尤もな結果が得られる．われわれの次の問題は電場のあるときの d の値を求めることである．これには (119) 式で与えられる，摂動を受けた波動函数を使わねばならない．すると

$$d_s=\int d\boldsymbol{x}\left[U_s^*+\lambda\sum_{n\neq s}\frac{V_{ns}^* U_n^*}{E_s^0-E_n^0}\right]z\left[U_s+\lambda\sum_{n\neq s}\frac{V_{ns} U_n}{E_s^0-E_n^0}\right] \tag{130a}$$

---

† 第 2 章 14 節参照．

が得られる. $\int U_s{}^* z U_s d\boldsymbol{x} = 0$ に注意し, 1 次の項だけを残すと

$$d_s = \lambda \sum_{n \neq s} \frac{1}{E_s{}^0 - E_n{}^0} (V_{ns}^* z_{ns} + V_{ns} z_{sn}). \tag{130b}$$

ところが摂動ポテンシャルは $\lambda V = e \varepsilon z$ であるから, 上の式は

$$d_s = 2e\varepsilon \sum_{n \neq s} \frac{|z_{sn}|^2}{E_s{}^0 - E_n{}^0} \tag{130c}$$

となり, 分極は

$$P = \frac{d_s}{\varepsilon} = 2e \sum_{n \neq s} \frac{|z_{sn}|^2}{E_s{}^0 - E_n{}^0} \tag{130d}$$

である. この分極はエネルギー準位のずれ [(122) 式] と極めて密接な関係にあることに注意していただきたい. 事実,

$$E_s{}^{(2)} = \frac{e\varepsilon^2 P}{2} \tag{131}$$

を得るが, この周知の結果は, その偏りが電場に比例するどのような体系に対しても成立り立つものである.

第19章 縮退のある場合の摂動論

1. まえおき エネルギー準位に縮退があるとすると，われわれがこれまで展開して来た摂動論は，長い時間続いているような摂動には適用できないことは明らかである．何故なら，われわれが見て来た通り，縮退のある準位間には非可逆的な遷移が起り，それ故，相異った縮退のある固有状態はすべて互いに混ぜ合わされて波動函数が始めの状態に近いという仮定が破れてしまうからである．同様に定常状態の方法に於いても，第18章 (117) 式の分母のエネルギー差が零となり，またもや，λ が小さいとしても，摂動の効果が大きくなり得るという結論になってしまうのである．

縮退の問題はかなり重要である．さまざまな数多くの体系に於いてそれが起るからである．われわれがこれまでに出会った縮退の共通の性質の二，三を以下に簡単に要約してみよう．

（1） 自由粒子に対しては，エネルギーは運動量の絶対値だけに依存して ($E=p^2/2m$) 方向には依らない．この縮退はポテンシャルのあるときには常に（少くとも部分的には）取り除かれる．

（2） 球対称のポテンシャルに於いては，エネルギーが角運動量の z-成分（または任意の他の成分）の，全角運動量 $\sqrt{L^2}$ を不変に保つような変化について縮退している．この縮退は，Hamiltonian が角度に依存させられるとき，例えば，外電場とか，他の原子とか，磁場とかがあるときには常に取り除かれる．

（3） Coulomb 場内でもまた，エネルギーには，主量子数を固定しておくとき，全角運動量量子数 l についての縮退がある．この縮退は外電場によってか (Stark 効果)，または球対称のポテンシャルを Coulomb 型からずれるように変えるかによって，取り除かれる（第18章54節参照）．

（4） 3 次元の調和振動子では，三つの主軸の方向の振動の振動数が1次的関係にない場合はエネルギーに縮退がある（第15章16節参照）．

さて縮退の問題をどのように取り扱ったらよいであろうか？ その第一歩は，縮退のない状態間のあらゆる遷移を無視し，その結果得られる方程式を，同じエネルギーの状態間の遷移だけを考慮に入れて厳密に解くことである．これを

"0次の"解と言う．次の段階はこれら "0次の"解をとって，もともとの固有函数の代りに，それらに普通の摂動論を適用することである．この手だてをとってもよいというわけは，始めのエネルギーとちがうエネルギー準位への遷移は，われわれの見た通り，波動函数に比較的小さな変化しか生ぜしめないからである．それ故，始めに縮退のある摂動からつくられる大きな効果について解き，その後で縮退のない摂動の比較的小さな効果を含めるのは，理に適ったものと言えよう．

2. 例題: 二重に縮退している準位　その方法の解説のために，摂動のないときの固有函数が U_1 及び U_2，共通のエネルギーが E_0 という，二つの縮退したエネルギー準位があるものとしよう．第 18 章(114)式に立ち戻って，U_1 と U_2 とを含む項だけを考え，さしあたって他のすべての項を無視すると次の方程式を得る:

$$C_1(E_s - E_0) = \lambda(V_{1,1}C_1 + V_{1,2}C_2), \quad \Big\}$$
$$\text{即ち,} \quad C_1(E_s - E_0 - \lambda V_{1,1}) = \lambda C_2 V_{12}; \tag{1a}$$

$$C_2(E_s - E_0) = \lambda(V_{2,1}C_1 + V_{2,2}C_2), \quad \Big\}$$
$$\text{即ち,} \quad C_2(E_s - E_0 - \lambda V_{2,2}) = \lambda C_1 V_{2,1}. \tag{1b}$$

これらは二つの未知量に対する二つの同次方程式となっている．この解が存在するためには C の係数の行列式が零とならねばならない．$V_{2,1} = V_{1,2}^*$ に注意して

$$(E_s - E_0 - \lambda V_{1,1})(E_s - \lambda V_{2,2}) = \lambda^2|V_{1,2}|^2 \tag{2}$$

が得られる．上の式は E_s に関する 2 次方程式であるから，二つの解がある．議論を簡単にするため，$V_{1,1}$ と $V_{2,2}$ とが等しいとする．こうしても本質的に何も一般性を失うことはない．その結果は

$$E_s - E_0 - \lambda V_{1,1} = \pm\lambda\sqrt{|V_{1,2}|^2} = \pm\lambda|V_{1,2}|; \tag{3}$$
$$V_{1,2} = |V_{1,2}|e^{-i\phi}$$

となる．(1a) 式と (1b) 式とから

$$\frac{C_2}{C_1} = \pm e^{i\phi}. \tag{4}$$

従って第 0 近似の波動函数は

$$v_\pm = \frac{1}{\sqrt{2}}[u_1(x) \pm e^{i\phi}u_2(x)] \quad \left(\frac{1}{\sqrt{2}} \text{ は規格化因子}\right) \tag{5}$$

で与えられる．

問題 1： (5) の函数は，u_1 と u_2 が規格直交であれば，規格化されていることを証明せよ．

上の函数に属するエネルギーの近似値は，(3) 式から

$$E_1 = E_0 + \lambda V_{1,1} \pm \lambda |V_{1,2}|. \tag{6}$$

問題 2： E の値と v とを，$V_{1,1}$ と $V_{2,2}$ が等しくない場合に求めよ．

通常は $\phi = 0$ であるから，特別にことわらないかぎり，以下の議論では $\phi = 0$ を使うこととする．

3. 前節の結果の解釈 第一に重要な点は，摂動が長時間働く結果，近似的な波動函数が大きく変化するということである．事実，新定常状態は，等量の u_1 と u_2 との混合であり，従って，系がいずれか一方の無摂動固有状態に見出される確率は，それぞれ相等しいわけである．

第二には，二つの相異なる定常状態はちがったエネルギーを持つ，という点である（但し $V_{1,2}$ は零でないものとする．$V_{1,2} = 0$ の場合は特別な取扱いが必要になる）．従って，通常は，摂動ポテンシャルの効果によって縮退が取り除かれる.

4. 近似解の重要な諸性質 上の近似解には二つの重要な性質がある．

（1） この解は直交する．今の場合について証明するには

$$\int v_+^*(\boldsymbol{x}) v_-(\boldsymbol{x}) d\boldsymbol{x} = \frac{1}{2} \int d\boldsymbol{x} [u_1^*(\boldsymbol{x}) + u_2^*(\boldsymbol{x})][u_1(\boldsymbol{x}) - u_2(\boldsymbol{x})]$$

と書くことができるから，u_1 と u_2 との直交性と規格化とを使うと，

$$\frac{1}{2} \int (|u_1(\boldsymbol{x})|^2 - |u_2(\boldsymbol{x})|^2) d\boldsymbol{x} = 0$$

が得られる．

（2） λV の v_+ と v_- との間のマトリックス要素は零になる．その証明には，

$$V_{+,-} = \frac{1}{2} \int dx (u_1^* + u_2^*) V(u_1 - u_2) = \frac{1}{2} (V_{1,1} - V_{2,2} - V_{1,2} + V_{2,1})$$

と書く．われわれの場合には，$V_{1,1} = V_{2,2}$ と仮定し，また $V_{1,2} = V_{2,1}^*$ であるが，$\phi = 0$ の仮定から $V_{1,2}$ は実数，従って $V_{1,2} = V_{2,1}$ となる．それ故，$V_{+,-} = 0$ の結論に達する．

この結果はまた $V_{1,1}$ と $V_{2,2}$ とが等しくなく，且つ ϕ が零でない，もっと

534　　　　第 IV 部　Schrödinger 方程式の近似的解法

一般の場合にも得られる.

問題 3.　上に述べたところを証明せよ.

5.　高次近似　次に高次近似も直ちに勘定することができる. 任意の波動函数を $u_n(x)$ の級数に展開する代りに, それぞれの縮退した準位の組に対する方程式 (1a) 及び (1b) を解いて得られる $v_\pm$ 函数を使うのである. v は規格直交であるから, u に対するのと同じ取扱いで進められる. ところが今, 同じ無摂動エネルギーに対応する v の間の行列要素は零である. こうして第1近似の波動函数〔第18章 (117) 式〕について解くとき, 縮退のない準位への遷移だけが起り, その後は摂動論が成立つこととなろう. 更に, 高次近似では, 第0近似に於いて縮退を除いておくことは, それ以上非可逆的 (エネルギーの保存する) 遷移が起り得ないことを意味する. それは, どのように長い時間に対しても, 小さな摂動では, それに相応した小さな変化しか波動函数に生じないことを保証し, 従って, 摂動論を使ってさしつかえないことを示すものである†.

6.　二つよりも多くの縮退した準位がある場合　縮退した準位が二つより多く存在するときでも, 同じやり方で進めることができる. 第 18 章の (114) 式に於いて, ある与えられた縮退のある準位の組に対応する C だけを考慮することから始めるのである. それらの C を C_i と書き, E_0 を共通の無摂動エネルギーとする. 方程式は

$$C_i(E_s-E_0)=\lambda_j \sum_{j=1}^{N} V_{ij}C_j; \ \text{即ち}, \ \sum_{j=1}^{N}[\lambda V_{ij}-\delta_{ij}(E_s-E_0)]C_j=0 \quad (7)$$

(N は縮退した準位の総数) となる. 上の式は第18章 (114) 式の連立方程式と同様であるが, 唯ここでは, 有限個の未知数の有限個だけの方程式を考えるという点で異っている. これらの方程式の解が存在する条件は

$$\text{行列式} \ |\lambda V_{ij}-\delta_{ij}(E_s-E_0)|=0. \quad (8)$$

この式は N 次の方程式であるから, 一般に N 個の根がある. これらの根は N 個の可能な第 0 次のエネルギーに対応し, 各根はそれぞれちがった解に導

---

† それは, $E_n{}^0$ と $E_s{}^0$ とに対して, 縮退を取り除くことによって得られる値を使うと, 第18章 (112) 式及び (119) 式のエネルギー分母 $E_n{}^0-E_s{}^0$ が, もはや零とならないのによるものである.

第19章　縮退のある場合の摂動論　　535

くものである．従って N 個の解が存在することととなり，s 番目の解は次のように書ける：

$$v_s = \sum_j C_{js} v_j(\boldsymbol{x}). \tag{9}$$

次に λV の任意の二つの v_s の間のマトリックス要素は零になる，即ち，

$$\lambda \int v_s{}^* V v_r d\boldsymbol{x} = 0 \tag{10a}$$

であることを示そう．この積分を勘定するには，(9) 式で与えられる v_s 及び v_r の値を代入する．その結果，

$$\lambda \int \sum_m \sum_n C_{ms}^* u_m^* V C_{nr} u_n d\boldsymbol{x} = \lambda \sum_m \sum_n C_{ms}^* V_{mn} C_{nr}. \tag{10b}$$

(7) 式は，例えば r 番目の解に対しては，

$$C_{mr}(E_r - E_0) = \lambda \sum_{n=1}^{N} V_{mn} C_{nr} \tag{11}$$

となるが，これを使うと (10a) 式の積分は

$$(E_r - E_0) \sum_m C_{ms}^* C_{mr} = \lambda \int v_s{}^* V v_r d\boldsymbol{x} \tag{12}$$

となる．ところが (10b) 式では，$V_{mn} = V_{nm}^*$ の関係を使って，n の代りに先ず m について 加え合せることができた．そして，

$$\sum_m C_{ms}^* V_{mn} = \sum_m C_{ms}^* V_{nm}^* = \frac{E_s - E_0}{\lambda} C_{ns}^*.$$

これら二つの和をくらべて，

$$(E_s - E_r) \sum_n C_{nr}^* C_{ns} = 0$$

を得る．さて一般に $E_s \neq E_r$，即ち縮退は取り除かれている．そういう場合には

$$\sum_n C_{nr}^* C_{ns} = 0; \tag{13}$$

並びに，(10) 式及び (13) 式から，

$$\lambda \int v_r{}^* V v_s d\boldsymbol{x} = 0 \tag{14}$$

とが結論される．これがわれわれが証明しようとした事柄である．

v_i の直交性.　また相異る v_i は直交するということを示しておきたい.　次の積分を考えよう.

$$\int v_s^* v_r d\boldsymbol{x} = \int \sum_{m,\,n} C_{ms}^* C_{nr} u_m^* u_n d\boldsymbol{x} = \sum_m C_{ms}^* C_{mr}$$

（u_m の直交性と規格化とによる.）

ところが (13) 式によって上の式は $r \neq s$ であれば零である.　従って v は直交することとなる.

7. 高次近似の一般解　v は u の 1 次結合であり, しかも u と丁度同数の v が存在するから, 任意の函数を v によって展開することができる.　また v は互いに直交するから, 展開の手順は u に対するのと同じである.　最後に, V の同じ無摂動エネルギーに属する v_i 間のマトリックス要素は存在しないため, 摂動論を二つしか縮退した準位がない場合に述べたと同じやり方で用いることができる.

8. 二つだけの縮退した準位をもった特別な場合に対する時間に関係した解　縮退があるとき, 波動函数が, 時間とともにどのように変るかを示しておくことは非常に有益であろう.　ここでは縮退した準位が二つという特別の場合を考えよう.　（縮退のない準位間の遷移というものは, それ程遠く離れた準位へは行かないものであるから, 小さな摂動に対しては, 縮退のある準位間の, また再びその準位に戻る遷移だけを考えれば適切な近似になっている）.

今一度 (1a) 及ば (1b) の両式で考えられる場合を考え,

$$V_{1,\,1} = V_{2,\,2} = 0$$

とおこう.　また簡単のために $\phi = 0$ としておくことにする.　すると二つの固有函数は

$$v_1 = \frac{1}{\sqrt{2}} (u_1 + u_2) \quad \text{及び} \quad v_2 = \frac{1}{\sqrt{2}} (u_1 - u_2) \tag{14a}$$

である.　v_1 と v_2 とは近似的に定常な状態であるから, それらの時間的変動はそれぞれ $e^{-i(E_0 + \lambda V_{1,\,2})t/\hbar}$ 及び $e^{-i(E_0 - \lambda V_{1,\,2})t/\hbar}$ を乗ずることによって与えられたものである.　従って時間に依存する解は,

$$\psi_1(x,\,t) = \frac{1}{\sqrt{2}} (u_1 + u_2) e^{-i(E_0 + \lambda V_{1,\,2})t/\hbar}$$

及び

$$\psi_2(x,\,t) = \frac{1}{\sqrt{2}} (u_1 - u_2) e^{-i(E_0 - \lambda V_{1,\,2})t/\hbar} \tag{14b}$$

となる.

第19章　縮退のある場合の摂動論　　537

時刻 $t=0$ に波動函数が $\psi=u_1(x)$ で与えられたとしよう．これは丁度第18章3節に於いて，縮退のない準位に対し，摂動論によって論じた問題である．われわれは

$$\psi_{t=0}=u_1=\frac{1}{\sqrt{2}}(v_1+v_2) \tag{15}$$

と書くことができる．

ψ の時間的変動を見出すには，v_1 と v_2 とに別々に，それぞれの振動する (14b) で与えられる振動数をかけねばならない．すると，

$$\psi(x,\,t)=\frac{e^{-iE_0t/\hbar}}{\sqrt{2}}(v_1e^{-i\lambda V_{1,\,2}t/\hbar}+v_2e^{i\lambda V_{1,\,2}t/\hbar}) \tag{16}$$

が得られる．次に v_1 と v_2 とを u_1 及び u_2 を使い (14a) の助けを借りて消去しよう．

$$\psi=e^{-iE_0t/\hbar}\left(u_1\cos\frac{\lambda V_{1,\,2}t}{\hbar}-iu_2\sin\frac{\lambda V_{1,\,2}t}{\hbar}\right). \tag{17}$$

9.　量子力学的"共鳴"　明らかに，$t=0$ に於いては，上の解は u_1 に等しいが，それより後の時刻には函数 u_2 が入って来る．これは u_1 から u_2 への遷移が行われているということである．始め，波動函数 u_2 は，時間と共に摂動論によって予言されると同じ割合で 1 次的に増大する〔第 18 章 (9a) 式参照〕．ところが最後には，その割合は 1 次的増大からずれてくる．これは摂動論が成立たなくなったことによるものである．まもなく u_1 は減少し始め，

$$\frac{\lambda V_{1,\,2}t}{\hbar}=\frac{\pi}{2}$$

となる時，体系は完全に u_2 の状態にあることとなる．次にそれはまた u_1 に戻る，等々．この過程は形式的には，二つの共鳴する，弱く結合された調和振動子の過程と非常によく似ている．最初，振動子のひとつが励起されたとすると，そのエネルギーは二つの振動子の間を，両者の間の結合力の強さに比例する割合でやりとりされ，ゆききする．量子論の問題では，波の振幅，従って確率が，二つの縮退した準位の間をいったりきたりすることとなり，その割合は，一種の結合項とみなされ得る $\lambda V_{1,\,2}$ に比例するのである．斯様に，縮退した固有状態が存在する場合は，常にこの種の所謂"共鳴"の可能性がある．二つ以上の固有状態があるときは，その共鳴はもっと複雑になる．これは 2 個以上の調和振動子が 結合されている 類似の 場合と 同様である．いずれの 場合にも，"励起"は，結合項の性質に依存する多かれ少かれこみいった仕方で，共

鳴系の間をやりとりされる.

3 節で示した通り, 体系が定常状態にある時, 波動函数は $v=(u_1\pm u_2)/\sqrt{2}$ となり, この場合には, 体系が状態1または2にある確率は相等しい. 体系を波動函数 u_1 に対応する状態に置くためには, ちがったエネルギーの二つの波

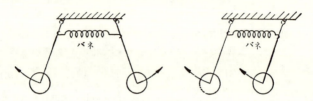

第 1 図

動函数 v_1 及び v_2 を含むことが, 従って, その体系がもはや定常状態にはないことが必要であった〔(17)式参照〕. u_1 と u_2 との間の遷移が, 間断なく行われるのである. 調和振動子との類推は, 既に指摘したところであるが, 弱いバネで結びつけられた二つの相等しい振子を問題にすることになる (第1図参照). 上に図示したように, 振子の振動の位相が一致しているか, またはずれているかする場合は, 各振子のエネルギーが一定に保たれるという意味でこの体系は定常的な振動状態にある. しかし振子の一方が動き出したのに他方は静止しているというときには, 振子の間をエネルギーが連続的に移ってゆくこととなる.

非常に異った週期を持つ振子をとる場合には, このようなエネルギーの共鳴移行は起らないであろう. それはこの場合, 一方の振子から引き続きゆるいバネを通じて送られる衝撃は, 他方の振子の振幅を次第に大きくしてゆくような正しい位相からは, 遥かに遠いものであろうからである. 二つの振子が殆んど相等しい週期を持ったときにだけ, 一方の振子からの衝撃が引き続き他方の振子へ, 多くの振動の後にエネルギーが累積されてゆくような位相で, 移されるのである. 同じことは量子論でも起り, この場合はわれわれの見た通り, ちがったエネルギーの状態への遷移は, それがあまり進まぬ先に逆行し (第 18 章 9 節参照), 同じエネルギーの状態間の遷移では, 一状態から他状態への確率の共鳴移行を生ずる結果となる. 共鳴が古典論では相等しい振動数で起り, 量子論では等しいエネルギーのところで生ずる理由は, 唯 de Broglie の関係 $E=h\nu$ だけに依るものである. 即ち波動函数は振動数 $\nu=E/h$ で振動し, 二つ

第19章　縮退のある場合の摂動論　　　　539

の波動函数が同じエネルギーを持てば，同じ振動数を持つこととなるからである．従って共鳴は，実際，古典的にも量子論に於いても，振動現象の一特徴といえるわけである．

　（17）式に現われる u_1 と u_2 との間には，定った位相関係があるため，縮退した状態間の確率の移行という量子力学的共鳴の描像は不完全である．というのは，その系がある定った，しかしそのどれであるかはわからないが，H_0 の固有状態のひとつにあるとみなすことは，厳密にはできないからである（これは重要な物理的諸性質が，u_1 と u_2 との間の干渉に依存するという事実から来るものである．第6章並びに第16章25節参照）．そうではなく，その系は，それが H_0 の測定に用い得る装置と相互作用する際に，H_0 のある定った値を発現する潜在的可能性を持つと考えた方がよい．そのとき，（17）式で u_1 と u_2 との係数の変化は，そのような観測過程でそれらの潜在的可能性の実現される確率が変る，ということを意味する（また第22章14節を参照）．

　10．縮退の問題と主軸変換との類似性　u から v への変換は形式的には一組の主軸への変換と酷似するものである．例えば，非等方的な古典的3次元調和振動子を考える．勝手な座標軸をとって運動方程式は

$$m\ddot{x}_i = \sum_j a_{ij} x_j. \tag{18}$$

x_i は i が 1 から 3 に走るにつれて，それぞれ x, y, z 各座標を表わすものとする．

　主軸への変換は新座標系への 1 次変換

$$x_i = \sum_k \alpha_{ik} \xi_k \tag{19a}$$

であり，新座標系では運動方程式が

$$m\ddot{\xi}_k = b_k \xi_k \tag{19b}$$

の形をとるようなものである．言い換えると，ξ_k は皆，一般には各々それ自身の週期でもって，調和振動を行うのである．ここで ξ_k は系の主軸方向の座標であり，主軸というのは，それぞれの軸方向の振動が互に他の軸の方向の振動と結合しないような性質を持つものである．

　u_i の満足する方程式は，形式的には，x の充すそれと極めてよく似ている．u_i は，エネルギー準位の個数と同じ次元数をもつ空間に於けるベクトルの成分とみることができる．そのときには，u から v への変換は，u_i 空間の主軸変

換とよく似ている†. v_i は, それらが互に独立に振動し得るという性質を持つ, 即ち, v_i 間には何の結合もないからである.

縮退のある摂動の応用

11. 1 次 Stark 効果 Stark 効果に於いては, われわれの見てきた通り〔第 18 章 (70) 式〕, マトリックス要素は $\Delta m=0$ 且つ $\Delta l=\pm 1$ でない限り零となる. 水素原子では, n が同じで l のちがうような状態は同じエネルギーを持つから, 縮退のある場合の摂動の理論を使わねばならない. 但し, 基底状態 ($n=1$, $l=m=0$) に於いてだけはこの縮退がない.

そこでこの問題を基底状態の次に一番簡単な場合, 即ち $n=2$ の場合に調べてみよう. $m=0$ の場合には $l=0$ と $l=1$ との間の遷移が存在するであろう. $m=\pm 1$ に対してはこのような遷移は起らないから, それらの準位は縮退のない場合の摂動論で取扱うことができる.

$l=0$ の状態を $u_1(x)$, $l=1$, $m=0$ の状態を $u_2(x)$ と書くことにしよう. すると第 18 章 (70) 式で示したように, $V_{1,1}$ 及び $V_{2,2}$ は一様な電場に対しては零になる. それ故, (5) 式と (6) 式とを導いたやり方を使うことができる. エネルギー準位は, この場合, 二つの準位にわかれ,

$$E=E_0\pm\lambda|V_{1,1}|=E_0\pm e\mathcal{E}|z_{1,2}|; \tag{20}$$

$$z_{1,2}=\int u_1{}^* z u_2 dx$$

で与えられる.

この結果から二, 三の重要な帰結が得られる:

(1) エネルギーのずれは $\mathcal{E}$ に関して<u>1 次</u>であり, 縮退のない場合に得られる 2 次のずれ‡と対照的である. 1 次のずれの方が, 通常, 大抵の原子について得られる 2 次のずれよりもはるかに大きい. エネルギーのずれが 1 次である理由は縮退にある. 縮退のために, 小さな摂動力しかない場合ですら, 波動函数が完全に変ってしまうこととなるからである. 一体, エネルギーの変化は, 波動函数に於ける変化の結果と Hamiltonian の変化との積に比例するものである. 縮退のない場合には, 上のいずれの変化も共に $\mathcal{E}$ に比例し〔第 18

---

† 主軸変換及び u から v への変換は, 正準変換の特別な場合である (第 16 章 15 節参照).

‡ 第 18 章 (127) 式

第19章 縮退のある場合の摂動論　　　541

章 (2) 式及び (114) 式参照〕，従ってエネルギーのずれは ε^2 に比例することになる．しかし，縮退のある場合には，波動函数の完全な変化が最も弱い摂動に対してさえも起り〔(5) 式参照〕，従って波動函数の変化は ε には関係しないわけで，正味の結果は ε について 1 次となる．

(2) 次には射出されるスペクトル線に及ぼす電場の影響について，二，三の結論が得られる．第一に，微細な2次の Stark 効果の場合は別として，$n=1$，及び $n=2, l=1, m=\pm 1$ の諸準位にはエネルギーのずれは起らない．これは，それらの $\Delta l=-1$ 且つ $\Delta m=\pm 1$ の2重極遷移が，実際上殆ど変らないような振動数を持つことを意味するものである．他方，$\Delta l=-1, \Delta m=0$ のスペクトル線は二つの部分にわかれ，ひとつは僅かに高い振動数を，ひとつは僅かに低い振動数をもつ．こうして一般にスペクトル線は三つの部分にわかれる．$\Delta m=\pm 1$ は z 軸と直交する偏りを，$\Delta m=0$ はz-軸方向の偏りを与える（第18章 45 節参照）．光を電場の方向から眺めると，z 軸に垂直な偏りだけが観測されるであろう．これは，上に述べたように，ずれのない $\Delta m=\pm 1$ に対応する線である．光をz軸と直角の方向から観ると，電場と垂直に偏ったずれのない成分と，電場の方向に偏ったずれている成分とが観測されることとなろう（第2図参照）．

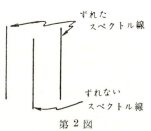
第 2 図

高い準位になる程 Stark 効果によるずれは複雑なものとなる．それは一般に高い準位程より多く縮退しているからである．

(3) ずれの大きさの値は $z_{1,1}$ に依存する．それは，状態 1 にある原子の大きさと，状態2にあるそれとの中間程度の量である．事実，全く真正直な仕方で勘定でき，$l=1, m=0, n=2$ から $l=0, m=0, n=1$ への遷移の際の Stark 効果によるずれとしては，

$$\lambda V_{1,2} = 3e\varepsilon a_0 \tag{21}$$

を得る．a_0 は Bohr 半径である．

問題 4： (21) 式に与えられた結果を出してみよ．

水素原子に於ける Stark 効果は抛物線座標に変換することによって厳密に

取扱うことができる*.

12. 1次 Stark 効果の古典的説明　n が同じで l が異るという準位の量子的縮退は，廻転の振動数と動径振動の振動数との間の古典的縮退に反映されている．一般の力の法則に対しては，それら二つの振動数は異っている†．それは，閉じた軌道は存在しなくて，非円形軌道が動径振動数と角振動数との差によって定まる割合で歳差運動を行うことを意味する．Coulomb 力の場合にだけこれら二つの振動数は等しくなり，従って，閉じた歳差運動をしない楕円軌道が得られる．このとき系は楕円の長軸の方向に関し縮退している．即ち，焦点を固定しておくかぎり，その長軸を廻転するために何等エネルギーを要しない．電子の軌道上の平均位置は楕円の焦点にはないから，こういった廻転は，第3図に示すように，この平均位置をずらすことになろう．非常に弱い電場をかけると，その軌道はこの場の方向に沿うようになる傾向があるから，

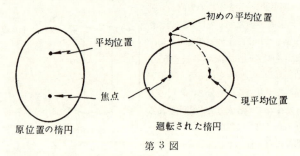

第3図

そういった場合には，電子の平均座標は平均軌道半径程度の量だけずれることとなろう．その際放出されるエネルギーは

$$W = e\mathcal{E}d$$

である．変位 d は電場には依存しないから，こうしてまさに1次のエネルギーのずれが得られるわけである．極めて弱い電場でも完全な変位を生じ得るから，ある意味で，このような縮退のある体系は無限に分極できるものといえよう．

---

* 例えば Schiff, *Quantum Mechanics*, 及び A. Sommerfeld, *Atombau und Spektrallinien*. Braunschweig, Friedr. Vieweg und Sohn, 1939 を見よ. また第21章 (94) 式及びそれ関連する脚注をも参照.

† 第2章14節

問題 5: $L_z = \hbar$ に相応し，且つ $n=3$ の量子状態のエネルギーに等しいエネルギーをもつ古典的楕円軌道をとって，上に提示した模型により得られるずれが，略々正しい大きさをもつことを示せ．

縮退のない体系では，このような楕円軌道は存在せず，その軌道は第2章第5図に示したように，急速に歳差運動を行うのである．そういうた歳差運動をする軌道に於いては，電子の位置の時間的平均は，原子の中心にある．弱い電場がゆっくりと入る場合には，第18章54節に示した通り，その軌道は電場の方向に僅かにずれる．本節の記述の仕方で言えば，このようなふるまいの差異のあるわけは，電子の平均位置を零点に引き戻そうとする傾向を持つ歳差運動のために，軌道をいつまでも電場の方向に向けておくことができなくなるところにある．正味の偏極は上の二つの過程のつりあった結果であり，それは電場 $\mathcal{E}$ に比例する平均変位を生じ，従って，平均エネルギーは $\mathcal{E}^2$ に比例することになる．縮退を持つようになるにつれて，即ち，動径振動数と角振動数が等しくなるにつれて，歳差運動の比率は零に近づく．そのときには，軌道が歳差運動によって乱されるより前に，電場の方向に沿った位置をとってしまうに十分な時間の余裕ができる．従って，原子が縮退をもつにつれて，その偏極は大きくなるのである．

13. 原子間の van der Waals の力 二つの原子をゆっくりと近づけ，互いにますます近くにもってくるものと考えよう．それらが互に1原子直径よりも遠く離れている際には，各原子の電荷は，それ自身の原子核を遮蔽する傾向をもつから，第0近似では，原子間に働く正味の力は存在しないことになろう．しかしながら，事態をもっと注意深く考察してみると，なおも小さな力が残るはずであることがわかる．これは，電子が軌道を廻転することから生ずるものである．その結果，任意の与えられた原子の生ずるポテンシャルは小さくゆらぐこととなろう．これらのゆらぎは弱い電場を生じ，それによって他方の原子の分極が起り，2重極能率をつくる．これを M と書く．M に働く力は $F = (M \cdot \nabla)$ $\mathcal{E}$, $\mathcal{E}$ は電場，であり，また $M = P\mathcal{E}$, P は分極，であるから，

$$F = P(\mathcal{E} \cdot \nabla)\mathcal{E}$$

を得る．この残余の小さな力は van der Waals の力と呼ばれるものである．

このゆらぐ電場 $\mathcal{E}$ の方は，電子がその軌道を廻転する時間にわたって平均すると零になるが，上に与えられた力の方は $\mathcal{E}$ について2次であるから，その

時間平均は零とはならない. それは ξ がその符号を変えても誘起される2重極能率 $M=P\xi$ が, それを打ち消すような変化を生ずるのによるのである.

次に, この問題を量子力学的にはどのように取扱うべきかを考えてみよう. われわれは唯1個の"価電子"がある場合を考えることにする. それは, 残りの電子が原子核にしっかりと束縛されて著しい遮蔽効果をもち, この問題では考慮する必要がないということである. このときの核の有効電荷は1となる.

この問題で意味のある座標を第4図に示した. P_1 と P_2 とは, 二つの原子の原子核の位置であり, e_1 と e_2 とは二つの電子のそれである. R は二つの原子核間の距離, r_1 は第1の電子と1の核との距離, r_2 は2の電子と2の核との距離,

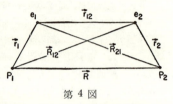

第4図

$R_{1,2}$ は1の核から2の電子までの距離, $R_{2,1}$ は2の核から1の電子までの距離, $r_{1,2}$ は電子間の距離である.

原子核の運動エネルギーは無視できることを注意する. というのは核は非常に重いため, 極く僅かな運動エネルギーで非常に精密にそれの位置を確定できるからである. それは不確定性原理($\delta p \simeq \hbar \delta x$)に運動エネルギーは $T=p^2/2m$ であるという事実をプラスしてでてくるものである. 即ち, $\delta T \simeq \hbar^2/2m(\delta x)^2$ となるから m が大きければ, その位置を正確に定めるのに極く僅かなエネルギーしか必要でない. そのときには, 第1近似として, 原子核の運動エネルギーを無視できる*. 原子核の運動エネルギーを無視することの意味を知る他のやり方は, 古典的極限について軌道を考察することである. 電子は原子核よりもはるかに速く走るから, 原子核が目立つ程の動きを見せない先に軌道を何回も廻転する. 従って第1近似では, 原子核が固定されているとして電子の運動を解いてよい. これは本質的には第20章で論ずる断熱近似に当っている.

この場合, Hamiltonian は次のように書くことができる:

$$H=H_1(\boldsymbol{r}_1)+H_2(\boldsymbol{r}_2)+V,$$

但し
$$V=e^2\left[\frac{1}{R}+\frac{1}{r_{1,2}}-\frac{1}{R_{1,2}}-\frac{1}{R_{2,1}}\right]. \tag{22}$$

---

* 完全な議論については, H. Margenau, *Rev. Mod. Phys.*, **11**, 1 (1939) を見よ; また L. Pauling, *The Nature of the Chemical Bond*; Ithaca, N. Y., Cornell University Press, 1940 をも参照.

第19章　縮退のある場合の摂動論　　　　545

$H_1(\boldsymbol{r}_1)$ は，2 の原子が存在しないときの 1 の電子の Hamiltonian，$H_2(\boldsymbol{r}_2)$ は 1 の原子のない際の2の電子の Hamiltonian である.

両原子が遠く離れているときは，上の括弧内に現われている，それらの間の相互作用エネルギーは無視することができる. その場合の Schrödinger 方程式の解は

$$\psi_{n_1, n_2} = u_{n_1}(\boldsymbol{r}_1)\, v_{n_2}(\boldsymbol{r}_2). \tag{23}$$

$u_{n_1}(\boldsymbol{r}_1)$ は 1 の原子の n_1 番目の状態を，$v_{n_2}(\boldsymbol{r}_2)$ は 2 の原子の n_2 番目の状態を表わしている. 二つの原子は同じである必要はないことに注意しておきたい. この可能性を u と v とは違うとして表わしておく. u と v とは次の方程式を満足するものである.

$$H_1 u_{n_1} = E_{n_1}^0 u_{n_1}, \quad H_2 v_{n_2} = E_{n_2}^0 v_{n_2}. \tag{24}$$

原子を互いに近づけるときには，相互作用エネルギー V のために波動函数が変る. この問題は，V が，それ自身の原子核の場の中にある電子のポテンシャルよりはるかに小さいかぎり，摂動論で扱うことができる. それが可能なのは，原子間のひらき R が，平均原子直径より著しく大きい場合である. 即ち，

$$r_1 \ll R \quad 且つ \quad r_2 \ll R.$$

ところがこれが成り立つ場合にはポテンシャルはもっと簡単な表式で近似できる. それをやるには，V が丁度，1 の原子のつくるポテンシャルから結果する 2 の原子のエネルギーを表わしていることに注目すると便利なことがわかる. r_1/R と r_2/R とが共に 1 よりもずっと小さい場合には，1 の原子から生ずる静電ポテンシャルは近似的に，能率 $M_1 = -e\boldsymbol{r}_1$ の二重極のそれに等しい. このような2重極によって点 R につくられるポテンシャルは

$$\phi = -\frac{e\boldsymbol{r}_1 \cdot \boldsymbol{R}}{R^3} = -\frac{e(x_1 X + y_1 Y + z_1 Z)}{R^3}$$

である. 電場は上のポテンシャルを微分すれば求まる，即ち，

$$\boldsymbol{\varepsilon} = -\nabla\phi.$$

1 の原子の場の中に於ける 2 の原子のエネルギーを見出すためにこの原子も能率 $M_2 = -e\boldsymbol{r}_2$ の2重極と同等であるとみなそう. するとそのエネルギーは

$$W = e^2(\boldsymbol{r}_2 \cdot \nabla)\left(\frac{\boldsymbol{r}_1 \cdot \boldsymbol{R}}{R^3}\right)$$

に等しい. ここで微分は R について行うものとする. 代数計算を少しばかり

やると，上の式は

$$W = \frac{e^2}{R^3}\left[\boldsymbol{r_1}\cdot\boldsymbol{r_2} - 3\frac{(\boldsymbol{r_1}\cdot\boldsymbol{R})(\boldsymbol{r_2}\cdot\boldsymbol{R})}{R^2}\right] \tag{25}$$

のようになる．これが V の表式に対する第 1 近似であり，$r_1/R \ll 1$ 且つ $r_2/R \ll 1$ のときに良い近似を与える．これは，能率が $M_1 = -e\boldsymbol{r_1}$ 及び $M_2 = -e\boldsymbol{r_2}$ の二つの 2 重極の相互作用エネルギーに対する表式であることを，見覚えておいていただきたい．

（ 1 ） 縮退のない場合　縮退の存在しない場合には，問題を通常の縮退のない摂動論で取扱うことができる．原子を近寄せてゆくと，波動函数は原子間の相互作用のために歪められ，摂動をうけた状態は，そのなかに，より高い無摂動エネルギーに対応する波動函数を僅かながら含むこととなろう．摂動マトリックス要素は

$$V_{n_1', n_2'; \, n_1, n_2} = \frac{e^2}{R^3}\int\int u_{n_1'}^*(\boldsymbol{x_1}) x_1 u_{n_1}(\boldsymbol{x_1}) v_{n_2'}^*(\boldsymbol{x_2}) x_2 v_{n_2}(\boldsymbol{x_2})\, dx_1 dx_2$$

$$+ y_1 y_2 \text{ 及び } z_1 z_2 \text{ を含む他の同様な項.} \tag{26}$$

ところが上の式は丁度 2 重極輻射を出す遷移の理論（第 18 章 25 節参照），また Stark 効果と原子の分極（第 18 章 54 節参照）に於いても現われたマトリックス要素の積になっている．完全なマトリックス要素を求めるためには z 軸を両原子の中心を結ぶ直線に選ぶのが便利である．そのとき（25）式から

$$V_{n_1', n'_2; \, n_1, n_2} = \frac{e^2}{R^3}(x_1 x_2 + y_1 y_2 - 2z_1 z_2)_{n_1', n_2'; \, n_1, n_2} \tag{27}$$

を得る．選択則〔第 18 章（70）式〕に従って，これは $\varDelta l = \pm 1$, $\varDelta m = 0$, ± 1 の場合に限り，遷移を惹き起すに過ぎない．斯様に，無摂動状態に結びつけられる準位だけが，エネルギーに寄与するに過ぎない．また $V_{n_1 n_2; \, n_1 n_2} = 0$ を注意しよう．これは，座標 $\boldsymbol{x}$ の平均値は，如何なる定常状態に対しても零になることが示されるからである．そのためエネルギーへの補正は 2 次の項からだけ来ることとなる〔第 18 章 122）式参照〕.

$$\varDelta E = \frac{e^4}{R^6}\sum_{\substack{n_1' \neq n_1 \\ n_2' \neq n_2}} \frac{|(x_1 x_2 + y_1 y_2 - 2z_1 z_2)_{n_1', n_2'; \, n_1, n_2}|^2}{E_{n_1}^0 + E_{n_2}^0 - E_{n_1'}^0 - E_{n_2'}^0}. \tag{28}$$

エネルギーの変化は R^{-6} に比例するわけであるが，それは van der Waals の力を説明するのに必要なところと一致する．この依存性の由来は容易に知る

第19章 縮退のある場合の摂動論　　　547

ことができる．2 重極のつくる電場は R^{-3} に比例するが，他の原子に於いて誘起される2重極能率は，この電場に比例する．従って，両者の積に比例するエネルギーは R^{-6} を含むこととなる．

(28) 式に於ける和は明らかに原子の分極可能性と密接に関係している．この和はマトリックス要素 $x_1 x_2$ が大きな場合か，分母のエネルギー差が小さな場合にだけ，大きくなる．前の場合は原子が大きいときに，後の場合は原子状態が殆んど縮退に近いときに起る．ナトリウムのようなアルカリ金属は殆んど縮退に近い準位をもっている．それらの波動函数は，ほゞ，水素原子のそれと同様であるからである．従って，van der Waals の力は大きくなろう．また稀ガス類原子に於ける準位は縮退から遥かに遠いものであるから，van der Waals の力がこのような気体に対しては極めて小さいことが観測されているという結果は，上の描像に基づけば尤もなことと言えよう．

（2）　縮退のある場合．原子間の励起エネルギーの共鳴移行．ふたつの原子が異っている場合か，あるいは両者とも基底状態にある場合には，普通縮退がない．ところが励起状態にある原子が基底状態にある同種の原子に近づくときには重要な縮退が生ずる．このような場合は，例えば，放電管内のナトリウムまたは水銀蒸気の原子が電気的に励起されるか，それとも入射輻射によって励起されるかするときに起る．無秩序な分子運動の結果，このような励起原子は励起されていない原子の近傍に集らねばならない．ところで二つの原子は同種のものであるから，ひとつの原子から今ひとつの原子にエネルギーをやりとりすることによって，同じ無摂動エネルギーに属する他の状態がもたらされることとなろう．後に見るように，この縮退から多くの重要な帰結がでてくるのである．

この場合を取扱うために，今一度，縮退のない準位間の遷移はすべて無視することにする．それは比較的小さな効果を生ずるに過ぎないからである．z 軸を二つの原子の中心を結ぶ直線上にとろう．話を明確にするため，基底状態は $n=1,\ l=0,\ m=0$ で与えられるとし，励起状態は $n=2,\ l=1,\ m=0$ だけを考ええよう．勿論完全な取扱いではあらゆる励起状態を考慮に入れねばならない．今の場合には選択則によって，$x_1 x_2$ 及び $y_1 y_2$ のマトリックス要素は消える．これは x 及び y のマトリックス要素が x 及び y 方向に偏った輻射に対応し，それらは $\varDelta m=0$ のとき零になるからである（第 18 章 45 節参照）．そして $z_1 z_2$ だけが残る．

548 　　　第 IV 部　Schrödinger 方程式の近似的解法

　第一の原子が励起されている状態に対する波動函数を $\psi_1(\boldsymbol{r}_1, \boldsymbol{r}_2)$ で，第二の原子が励起されている状態の波動函数を $\psi_2(\boldsymbol{r}_1, \boldsymbol{r}_2)$ で表わすことにしよう．これらの波動函数は

$$\psi_1 = u_{1,1,0}(\boldsymbol{r}_1)\, u_{0,0,0}(\boldsymbol{r}_2) = u_1(\boldsymbol{r}_1)\, u_0(\boldsymbol{r}_2), \tag{29a}$$

$$\psi_2 = u_{1,1,0}(\boldsymbol{r}_2)\, u_{0,0,0}(\boldsymbol{r}_1) = u_1(\boldsymbol{r}_2)\, u_0(\boldsymbol{r}_1). \tag{29b}$$

この場合零にならない唯一の意味のあるマトリックス要素は

$$V_{1,0;\,0,1} = -\frac{2e^2}{R^3} z_{1,0}\, z_{0,1} = -\frac{2e^2}{R^3}|z_{1,0}|^2; \quad V_{0,1;\,1,0} = -\frac{2e^2}{R^3}|z_{1,0}|^2 \tag{30}$$

である．縮退のある場合の摂動論*を適用すると波動函数に対し

$$\left.\begin{aligned}
\psi_a &= \frac{1}{\sqrt{2}}[u_1(\boldsymbol{r}_1)\, u_0(\boldsymbol{r}_2) + u_1(\boldsymbol{r}_2)\, u_0(\boldsymbol{r}_1)], \\
\psi_b &= \frac{1}{\sqrt{2}}[u_1(\boldsymbol{r}_1)\, u_0(\boldsymbol{r}_2) - u_1(\boldsymbol{r}_2)\, u_0(\boldsymbol{r}_1)]
\end{aligned}\right\} \tag{31}$$

を得る．エネルギーのずれは

$$E_a = -2e^2\frac{|z_{1,0}|^2}{R^3}y, \quad E_b = 2e^2\frac{|z_{1,0}|^2}{R^3}. \tag{32}$$

　<u>上の結果の解釈</u>．われわれは，定常状態の波動函数 ψ_a に対しては原子の相互作用エネルギー E_a が負であるが，ψ_b に対しては E_b が正であることに気がつく．どちらの場合にも R^{-3} に比例して，縮退のない場合に得られる R^{-6} とは著しい差がみられる．更に，各々の定常状態に於いて両原子は同時に励起されるから，エネルギーの観測をしたとき，いずれか一方の原子が励起状態に見出される確率は相等しい†．他方，一方の原子が確実に与えられた時刻に励起エネルギーを持つとすると，9 節の議論に従って，非定常な状態を得ることとなろう．そのような状態では励起は両原子間を振動数

$$\nu = \frac{2e^2|z_{1,0}|^2}{hR^3} \tag{33}$$

──────────
* (5) 式及び (6) 式参照.

† 定常状態に於いては，そこでは $\psi = \dfrac{1}{\sqrt{2}}(\psi_1 \pm \psi_2)$ であるが，各原子は干渉効果のために両状態を同時に覆うものとみなされる．言い換えれば，各々の原子が常にどちらかわからないが定った一方の状態にあると言うのは正しくない．むしろ，各原子の状態は完全には確定されず，その原子のエネルギー測定に使われる装置との相互作用の際に，よりよく確定されるようになる潜在的可能性を持つというべきなのである (第 6 章，第 8 章及び第 16 章 25 節参照).

でもってゆききする．従って，両原子が近づけば近づく程，それらの間のエネルギーの"共鳴"移行はますます速くなる．

これらの結果は，同じ固有振動数をもつ，二つの振動する電気2重極を互いに近づけるという同様な古典的問題を考えることによって理解できる．それらが第5図に示したように，同位相で振動するときは互いに引き合い，第6図に示されるように，位相のちがうときには互に反撥し合う．それらの間の力は

第5図　　　　　　　　第6図

R^{-3} に比例する．これは，それらの2重極のいずれかによってひき起される電場が

$$\mathfrak{E}=\cos\omega t\,\nabla\frac{\boldsymbol{M}_1\cdot\boldsymbol{R}}{R^3} \tag{34}$$

で与えられることによる．M_1 は第一の2重極の能率の最大値である．相互作用のエネルギーは $W=M_2\cdot\nabla\left(\dfrac{\boldsymbol{M}_1\cdot\boldsymbol{R}}{R^3}\right)\cos\omega t\cos(\omega t+\phi)$ となる．ここで ϕ は第一の振動子の位相に対する第二の振動子の相対的位相である．

$\phi=0$ ならば，W の1週期についての平均値は負，$\phi=\pi$ ならば正，となる．これは振動の位相が合っているときは引き合い，ちがうときは反撥することを，より精密に示すものである．R^{-3} 則は振動子が同じ位相にある限り，第二の振動子の能率は 第一の振動子の 場と関係なく，従ってその場から結果する R^{-3} の項だけが入って来ることによるものである．（振動子の振動数がちがっている場合は，急速に位相が喰い違い，この項のエネルギーへの寄与の平均値は零になる．このときには，第一の振動子による第二の振動子の分極から来る項だけとなり，それは既に承知の通り R^{-6} に比例する．）z 軸を二つの2重極の間のへだたり R の方向に選ぶと，(25)式を導いたと同様な議論で，z 方向にだけ振動している2重極に対し

$$W=-\frac{2M_1M_2}{R^3}\cos\omega t\cos(\omega t+\phi)$$

を得る．

14. 振動子の位相の量子力学的対応量　古典的問題に於いてエネルギーの R^{-3} に従う変動を説明した，振動子の位相の相関に相応する量子力学的な量が

存在するであろうか？　事実，そのような対応量が存在することを見るために波動函数 ψ_a に着目しよう．それの確率函数は

$$P_a(\boldsymbol{r}_1,\ \boldsymbol{r}_2) = |\psi_a|^2 = \frac{1}{2}|u_1(\boldsymbol{r}_1)u_0(\boldsymbol{r}_2) + u_1(\boldsymbol{r}_2)u_0(\boldsymbol{r}_1)|^2 \tag{35}$$

である．$\boldsymbol{r}_1$ と $\boldsymbol{r}_2$ とが同じであるときは，ψ_a に寄与するふたつの項は相等しく，加え合されて大きな確率を生ずる．ところで $u_0(\boldsymbol{r})$ は s 波を，$u_1(\boldsymbol{r})$ は p 波を表わすものとしよう．s 波は偶パリティをもち，p 波は奇パリティをもつ．それ故，$\boldsymbol{r}_1$ と $\boldsymbol{r}_2$ とが逆の符号をもつとすると，$u_1(\boldsymbol{r}_1)u_0(\boldsymbol{r}_2)$ は $u_1(\boldsymbol{r}_2)u_0(\boldsymbol{r}_1)$ の符号と逆になる．これは，$\boldsymbol{r}_1 = \boldsymbol{r}_2$ に対しその和が消えること，従って $\boldsymbol{r}_1$ と $\boldsymbol{r}_2$ とが互いに他方の負符号を附けたものになる確率は存在せず，唯 $\boldsymbol{r}_1$ が $-\boldsymbol{r}_2$ の近くにある小さな確率が存在するに過ぎないということを意味する．従って，古典的問題に於ける位相の厳密な相関は，量子論的問題では統計的相関によって置き換えられる．波動函数

$$\psi_b = \frac{1}{\sqrt{2}}[u_1(\boldsymbol{r}_1)u_0(\boldsymbol{r}_2) - u_1(\boldsymbol{r}_2)u_0(\boldsymbol{r}_1)] \tag{35}$$

に対してはこの関係は明らかに逆になる．この波動函数は $\boldsymbol{r}_1 = \boldsymbol{r}_2$ のときに零となり，$\boldsymbol{r}_1 = -\boldsymbol{r}_2$ のとき大きくなるからである．それで，ψ_a は同じ位相で振動する統計的趨勢に対応し，そのときには古典的にも量子力学的にも共にそれらの体系は互に引き合うが，ψ_b は位相がずれ，互いに反撥する，同様な統計的趨勢に対応するわけである．

この相関を，z_1 と z_2 との相関函数〔第 10 章 (4) 式の $C_{1,1}$ で与えられる〕を勘定することによって，より定量的に示すことができる．（この場合には $\bar{z}_1 = \bar{z}_2 = 0$ であるから）

$$C_{1,1} = \overline{z_1 z_2} - \bar{z}_1 \bar{z}_2 = \overline{z_1 z_2}. \tag{36a}$$

それ故，

$$C_{1,1} = \frac{1}{2}\int(\psi_1{}^* \pm \psi_2{}^*)\, z_1 z_2\, (\psi_1 \pm \psi_2)\, d\boldsymbol{r}_1 d\boldsymbol{r}_2$$

が得られる．ところで

$$\int\psi_1{}^* z_1 z_2 \psi_1 d\boldsymbol{r}_1 d\boldsymbol{r}_2 = \int u_1{}^*(\boldsymbol{r}_1)\, z_1 u_1(\boldsymbol{r}_1)\, d\boldsymbol{r}_1 \int u_0{}^*(\boldsymbol{r}_2)\, z_2 u_0(\boldsymbol{r}_2)\, d\boldsymbol{r}_2 = \bar{z}_1 \bar{z}_2 = 0.$$

同様に，

$$\int\psi_2{}^* z_1 z_2 \psi_2 d\boldsymbol{r}_1 d\boldsymbol{r}_2 = 0.$$

従って

$$\pm \frac{1}{2} \int \int (\psi_1^* \psi_2 + \psi_2^* \psi_1) z_1 z_2 d\boldsymbol{r}_1 d\boldsymbol{r}_2$$

$$= \pm \frac{1}{2} \Big[\int u_1^*(\boldsymbol{r}_1) z_1 u_0(\boldsymbol{r}_1) d\boldsymbol{r}_1 \int u_0^*(\boldsymbol{r}_2) z_2 u_1(\boldsymbol{r}_2) d\boldsymbol{r}_2 + \text{複素共軛量} \Big]$$

が残り,

$$\overline{C}_{1,1} = \pm |z_{0,1}|^2 \tag{36b}$$

を得る. プラスの符号に対応する ψ_a に対しては z_1 と z_2 との間に正の相関があり, 一方マイナスの符号に対応する ψ_b に対しては負の相関のあることがわかる.

15. 実験にかかる縮退からの結果

（1） 励起原子と励起されていない原子との間の力は R^{-3} で変化するはずあり, それ故, 通常の van der Waals の力よりは遥かに長い到達距離を持つはずである. それは, 波動函数が ψ_a であるか ψ_b であるかに従って引力にもなるし斥力にもなり得る. 無秩序な分布の中では引力となる確率も斥力となる確率も相等しい. 従って, 気体原子のあるものは引き合い, あるものは反撥し合うのである.

（2） 励起のやりとりはスペクトル線の幅を非常に大きく拡げる効果をもっている. これは励起が, 一般にはもとの原子と一致した位相で輻射を出すのではない他の原子に運ばれるからである. それ故, 始めの原子の励起状態の寿命は短くなり, 不確定性原理によってそのスペクトル線の幅は太くなる. 従って同種原子への共鳴移行による線幅の増大は他の原子の2次の摂動効果から生ずるそれよりも遥かに重要である†.

16. 交換縮退

ある与えられた種類の粒子が 1 個よりも多く存在するときはいつも縮退の重要な源となる. 例えば, ヘリウム原子には二つの電子がある. これらの二つの電子を入れ換えるとき得られる波動函数は, 一般に, われわれの出発したそれと同一ではない. ところがあらゆる電子は同等であるから, ど

---

† A.C. Mitchell & M.W. Zemansky, *Resonance Radiation and Excited Atoms*, New York, The Macmillan Company, 1934 を参照. また Mott and Massey, *Theory of Atomic Collisionrs*, Chap. 13; L, Pauling, *The Nature of the Chemical bond*; P,M, Morse, *Rev. Mod. Phys.*, **4**, 577 (1932) をも見られたい.

の二つを入れ換えても，体系のエネルギーが変化することはあり得ない*．それ故，その二つの波動函数は縮退したエネルギー準位に対応するものでなければならない．

ヘリウム内電子に対する Hamiltonian は

$$H = \frac{p_1^2 + p_2^2}{2m} - \frac{2e^2}{r_1} - \frac{2e^2}{r_2} + \frac{e^2}{r_{1,2}} \tag{37}$$

である．p_1 と r_1 とは，それぞれ，1 の電子の運動量とそれの原子核の中心からの距離，p_2 と r_2 とは 2 の電子に対する同様な量，$r_{1,2}$ は二つの電子の間のへだたりとする．

$$r_{1,2}^2 = (x_1 - x_2)^2 + (y_1 - y_2)^2 + (z_1 - z_2)^2.$$

さて，第 1 近似として電子間の相互作用を表わす項 $e_2/r_{1,2}$ を無視することができる．この項は，平均として，第 0 近似にとりいれられたポテンシャル・エネルギーの項 $2e^2\left(\dfrac{1}{r_1} + \dfrac{1}{r_2}\right)$ の略々 $\dfrac{1}{5}$ の程度である．従って格別小さいというものではないが，辛うじて摂動論によってかなり良い近似度が与えられ得る程には小さいことがわかる．

その場合 0 次の波動方程式の解は

$$\psi_{ab} = u_a(\boldsymbol{r}_1)\, u_b(\boldsymbol{r}_2), \quad E = E_a + E_b$$

で与えられる．$u_a(\boldsymbol{r}_1)$ は方程式 $\left(\dfrac{p_1^2}{2m} - \dfrac{2e^2}{r_1}\right)u_a(\boldsymbol{r}_1) = E_a u_a(\boldsymbol{r}_1)$ の解を表わし，一方 $u_b(\boldsymbol{r}_2)$ は 2 の番号をつけた粒子についての相応する方程式の解である．

$e^2/r_{1,2}$ の項を考慮に入れるときは，上の ψ_{ab} はもはや Schrödinger 方程式の解ではなくなる．だがわれわれは摂動論によって解を求めてみよう．それには ψ を勝手な係数 C_{ab} を持った ψ_{ab} の級数に展開せねばならない．

$$\psi = \sum_{a,b} C_{ab}\psi_{ab} = \sum_{a,b} C_{ab}u_a(\boldsymbol{r}_1)\, u_b(\boldsymbol{r}_2),$$

二つの電子が同等であるため，各波動函数 ψ_{ab} に対応して同じ無摂動エネルギーを持つ他の函数 ψ_{ba} が存在するであろう．従って準位は縮退しているわけである．

そのとき縮退した二つの準位に属するどのような一対の函数も次のように表わすことができる：

$$\psi_{ab} = u_a(\boldsymbol{r}_1)\, u_b(\boldsymbol{r}_2); \quad \psi_{ba} = u_a(\boldsymbol{r}_2)\, u_b(\boldsymbol{r}_1).$$

---

* この事実からの帰結は，20 節より 29 節までに於いて，もっと詳しく論ぜられよう．

第19章　縮退のある場合の摂動論　　　　　　　　　553

明かに二つの函数は電子が入れ換った点だけで違っているに過ぎない. この縮
退は, 従って, "交換縮退"と呼ばれる. これが, 二つの粒子が同等であると
きだけしか起り得ないということは明白であろう. 同等でないとしたら, エネ
ルギーは一般に粒子の入れ換えによって変化するからである.

17. 前節の問題の解　先ず縮退を除くことが, 即ち, 縮退のある場合の摂動
論に関連する 0 次の方程式を解くことが必要である. そうしないと, 第 18 章
(117) 式に現われれるエネルギー分母が無限大となり, 摂動論を適用できな
くなろう.

$u_a(\boldsymbol{r}_1) u_b(\boldsymbol{r}_2)$ を ψ_1 で, $u_a(\boldsymbol{r}_2) u_b(\boldsymbol{r}_1)$ を ψ_2 で示すことにする. この場合の
摂動項は $\lambda V = e^2/r_{1,2}$ である. そこで重要なマトリックス要素を書き下すと

$$\left.\begin{array}{ll} \lambda V_{1,1} = e^2 \displaystyle\int \frac{\psi_1^* \psi_1}{r_{1,2}} d\boldsymbol{r}_1 d\boldsymbol{r}_2, & \lambda V_{2,2} = e^2 \displaystyle\int \frac{\psi_2^* \psi_2}{r_{1,2}} d\boldsymbol{r}_1 d\boldsymbol{r}_2 ; \\ \lambda V_{1,2} = e^2 \displaystyle\int \frac{\psi_1^* \psi_2}{r_{1,2}} d\boldsymbol{r}_1 d\boldsymbol{r}_2, & \lambda V_{2,1} = e^2 \displaystyle\int \frac{\psi_2^* \psi_1}{r_{1,2}} d\boldsymbol{r}_1 d\boldsymbol{r}_2. \end{array}\right\} \tag{38}$$

問題の対称性から $V_{1,1} = V_{2,2}$ なることは明かである. 更にまた $V_{1,2} = V_{2,1}$ を
証明できる. 何故なら

$$\lambda V_{1,2} = e^2 \int \frac{u_a^*(\boldsymbol{r}_1) u_b^*(\boldsymbol{r}_2) u_b(\boldsymbol{r}_1) u_a(\boldsymbol{r}_2)}{r_{1,2}} d\boldsymbol{r}_1 d\boldsymbol{r}_2.$$

積分の値を変えずに $\boldsymbol{r}_1$ と $\boldsymbol{r}_2$ とに附いた番号を入れ換えることができ,

$$\lambda V_{1,2} = e^2 \int \frac{u_a^*(\boldsymbol{r}_2) u_b^*(\boldsymbol{r}_1) u_b(\boldsymbol{r}_2) u_a(\psi_1)}{r_{1,2}} d\boldsymbol{r}_1 d\boldsymbol{r}_2 = \lambda V_{2;1}$$

を得る. さて $V_{2,1} = V_{1,2}^*$ であるから $V_{1,2} = V_{1,2}^*$ が結論され, 従って $V_{1,2}$ と
$V_{2,1}$ とは共に実数である. ここまで来れば正しい 0 次の波動函数を計算する
ことはなんでもない. (5) 式から

$$\psi_\pm = \frac{1}{\sqrt{2}} (\psi_1 \pm \psi_2) = \frac{1}{\sqrt{2}} [u_a(\boldsymbol{r}_1) u_b(\boldsymbol{r}_2) \pm u_b(\boldsymbol{r}_1) u_a(\boldsymbol{r}_2)] \tag{38a}$$

が得られる†.

18. 対称函数と反対称函数　(38a) 式の二つの函数は粒子を入れ換えると
き, 即ち $\boldsymbol{r}_1$ と $\boldsymbol{r}_2$ とを入れ換えたときはいつでも, それぞれ +1 かあるいは

---

† $V_{1,2}$ が実数であれば (5) 式に現われる $e^{i\phi}$ という量は +1 か, −1 かで
あることに注意. いずれの場合も ψ に対する解は (38a) に与えられる形をとる.
ところが 19 節で $V_{1,2}$ は Coulomb ポテンシャルからなる摂動に対しては常に
正であることがわかる. 従って今の場合は $\phi = 0$ となる.

−1 かが乗ぜられるという性質をもっている. 第一の型の函数を " 対称的 " と言い，第二の型は " 反対称的 " と呼ぶ. いずれの場合も確率函数は粒子を入れ換えても変らないことがわかる. これは次の状況が同じように等しく実現され得ることである：

電子 (1) が状態 a にあり，電子 (2) は状態 b にある.

電子 (2) が状態 a にあり，電子 (1) は状態 b にある.

しかし本当は，電子 (1) が状態 a にあり電子 (2) が状態 b にあるとか，またはその逆であるとか言うのは完全に正しいものではない. それは後でわかるように重要な物理的諸性質は ψ_1 を ψ_2 との間の干渉に関係するからである. それ故，各電子は両状態を，或る意味で，いちどきに覆うと考えた方がよい†.

特別な場合： 同じ状態にある二粒子

二つの粒子が同じ状態にあるときには，特別の取り扱いをしなければならない. この場合は $u_a = u_b$ であるから，$u_a(\boldsymbol{r}_1) u_b(\boldsymbol{r}_2)$ という函数は自働的に対称函数になる. 他方，反対称函数は恒等的に消える. これは唯ひとつの状態だけがあって縮退は存在しないということである. 例えば，ヘリウム原子の基底状態ではふたつの電子が同じ状態にあり，ひとつのエネルギー準位しかない‡. ところが電子のひとつが励起され，他方が基底状態に残るときには，縮退が現われ，エネルギー準位も一般に 19 節で見られるようにふたつに分かれることとなろう.

19. エネルギーの計算　次に第 0 近似に於けるエネルギーを勘定しよう. これには二通りの途がある. 第一は (6) 式を使うものである. 但し

$$V_{1,1} = e^2 \int \frac{\psi_1{}^* \psi_1}{r_{1,2}} d\boldsymbol{r}_1 d\boldsymbol{r}_2 = e^2 \int \frac{|u_a(\boldsymbol{r}_1)|^2 |u_b(\boldsymbol{r}_2)|^2}{r_{1,2}} d\boldsymbol{r}_1 d\boldsymbol{r}_2; \qquad (39\mathrm{a})$$

$$V_{1,2} = e^2 \int \frac{\psi_1{}^* \psi_2}{r_{1,2}} d\boldsymbol{r}_1 d\boldsymbol{r}_2 = e^2 \int \frac{u_a{}^*(\boldsymbol{r}_1) u_b{}^*(\boldsymbol{r}_2) u_a(\boldsymbol{r}_2) u_b(\boldsymbol{r}_1)}{r_{1,2}} d\boldsymbol{r}_1 d\boldsymbol{r}_2 \qquad (39\mathrm{b})$$

である. ψ_1 と ψ_2 とは (38) 式に関して定義されたものである. こうして (6) 式に従いエネルギーは

$$E_{\pm} = E_a + E_b + V_{1,1} \pm V_{1,2} \qquad (40)$$

---

† 29 節に於いて，いずれの電子も厳密にはひとつの特定の状態にあるとすることはできないものであり，むしろ，各電子の占める状態は或程度不確定で，適当な体系と相互作用させるときによりよく確定し得るようになるものと考えるべきである，ことが知られよう.

‡ これは Pauli 排他原理のひとつの特別な場合である. 26 節参照.

第19章　縮退のある場合の摂動論　　　555

となる§.

上の結果を得る第二の方法は (38a) に与えられた正しい 0 次の波動函数

$$\psi_{\pm}=\frac{1}{\sqrt{2}}(\psi_1\pm\psi_2)$$

を使って平均エネルギーをまともに勘定することである. その結果は

$$E_{\pm}=\frac{e^2}{2}\int\frac{(\psi_1{}^*\pm\psi_2{}^*)(\psi_1\pm\psi_2)}{r_{1,2}}\,d\boldsymbol{r}_1d\boldsymbol{r}_2+E_a+E_b$$

$$=\frac{e^2}{2}\int\frac{(\psi_1{}^*\psi_1+\psi_2{}^*\psi_2)}{r_{1,2}}\,d\boldsymbol{r}_1d\boldsymbol{r}_2\pm\frac{e^2}{2}\int\frac{(\psi_1{}^*\psi_2+\psi_2{}^*\psi_1)}{r_{1,2}}\,d\boldsymbol{r}_1d\boldsymbol{r}_2+E_a+E_b$$

となる.

簡単な計算によって上式が (39a) 及び (39b) 式と同様であることが示される. ここでの第一項は $V_{1,1}$ に, 第二項は $\pm V_{1,2}$ に等しい.

$V_{1,1}$ という項は, 形式的には, 二つの連続的に拡った荷電分布:

$$\rho_1=|u_a(\boldsymbol{r}_1)|^2,$$
$$\rho_2=|u_b(\boldsymbol{r}_2)|^2$$

間の相互作用のポテンシャル・エネルギーと同等である. 即ち,

$$V_{1,1}=\int\frac{\rho_1(\boldsymbol{r}_1)\,\rho_2(\boldsymbol{r}_2)}{r_{1,2}}\,d\boldsymbol{r}_1d\boldsymbol{r}_2.$$

これは波動函数が摂動によって変化されないとき, 平均の Coulomb エネルギーに予期されるところの値である.

$V_{1,2}$ の項を“交換積分”という. それから交換縮退の結果生ずるエネルギーの変化 $V_{1,2}$ を計算できるからである†. 最も一般の場合, $V_{1,2}$ の符号と大きさとは摂動ポテンシャルと無摂動函数 u_a 及び u_b との両方の形に依存する. ところが, われわれが考察中の特別な場合 (即ち, 摂動ポテンシャルが2粒子間の Coulomb 相互作用から生ずる特別な場合) には, $V_{1,2}$ は常に正であることが今にわかるであろう. 交換エネルギーの物理的意味は両電子の位置の間の相関から理解できる. この相関は, 波動函数が対称的または反対称的な場合に

---

§ $V_{1,1}=V_{2,2}$ 及び $V_{1,2}$ と $V_{2,1}$ とが実数であることを使う. (5) 式に現われる $e^{i\phi}$ の値が $+1$ である にせよ -1 であるにせよ, (40) 式で得られる結果は正しいものであることに注意. 実際はすぐ後で $V_{1,2}$ が常に正であることがわかるから, $\phi=0$ にとらねばならない. これに関しては71節をも参照されたい.

† エネルギーのうち, ψ_1 と ψ_2 との 1 次結合をつくる際の符号に依存する部分 $\pm V_{1,2}$ を屢々“交換エネルギー”と呼ぶ.

は，いつも必ず存在するものである．このような相関の存在を示すには，対称
函数 ψ_+ に対しては，波動函数は $r_1=r_2$ に於いて最大であるが，一方反対称函
数 ψ_- に対しては，波動函数は $r_1=r_2$ に対し零であり，r_1 が r_2 に近いときに
は極めて小さい．従って対称函数は二つの電子が接近する異常に大きな確率を
与え，また反対称函数では両電子の接近する確率は異常に小さいこととなる．

二つの電子の相対位置は斯様に相関しているけれども，各電子の原子核に対
する相対位置は，波動函数の対称化または反対称化によって影響されないこと
に留意せねばならない．それを証明するため，一方の粒子の位置（われわれは
1 の粒子のそれをとる）の勝手な函数 $f(r_1)$ の平均を勘定する．即ち，

$$\bar{f}(r_1)=\frac{1}{2}\int(\psi_1{}^*\pm\psi_2{}^*)f(r_1)(\psi_1\pm\psi_2)dr_1dr_2$$

$$=\frac{1}{2}\int[|u_a(r_1)|^2|u_b(r_2)|^2+|u_a(r_2)|^2|u_b(r_1)|^2]f(r_1)dr_1dr_2$$

$$\pm\frac{1}{2}\int[u_a{}^*(r_1)u_b(r_1)u_b{}^*(r_2)u_a(r_2)$$
$$+u_b{}^*(r_1)u_a(r_1)u_a{}^*(r_2)u_b(r_2)]f(r_1)dr_1dr_2.$$

u_a と u_b との直交性から第二の積分は消え，またこれらの函数は規格化されて
いるから

$$\bar{f}(r_1)=\frac{1}{2}\int[|u_a(r_1)|^2+|u_b(r_1)|^2]f(r_1)dr_1. \tag{42}$$

これは丁度それぞれ u_a 及び u_b に対応する状態の間で平均された f の平均値
である．これから $\bar{f}(r_1)$ は（従ってまた各電子の平均値は），波動函数が対称
的であるか反対称的であるかには関係しないことがわかる．

それでは電子の位置の相関，これは波動函数の対称性と結びついていること
は先に見た通りであるが，それを，どのように解釈すべきであろうか？　これ
は，次のようにするのである：反対称波動函数に対しては，2個の電子が無秩序
な分布にあるよりも大きな確率で原子核の両側に存在する傾向をもつが，これ
に反して対称波動函数では電子が原子核の同じ側に存在する方が多いような統
計的趨勢を示す，と．電子間の相互作用の Coulomb エネルギー $e^2/r_{1,2}$ は電子
間のへだたりに関係するから，対称波動函数に対してこのエネルギーは反対称
波動函数の際より大きくなければならない．対称波動函数のときと反対称波動
函数の際との差は $2V_{1,2}$ であるので [(40) 式参照]，交換積分 $V_{1,2}$ は Coulomb
ポテンシャルに対しては正であるという結論に達する．更に，またいわゆる

第19章 縮退のある場合の摂動論　　　557

"交換エネルギー" は通常の Coulomb エネルギー中，2 個の電子の相対位置の量子力学的相関から結果する部分をいうのにすぎないことが知られる.

より以上に交換縮退の効果の定性的描像を得るために，例えば，電子の一方はヘリウム原子の励起状態に置くことができたが，今ひとつの電子は基底状態にあり，従って波動函数は最初 $\psi_1 = u_1(\boldsymbol{r}_1)u_0(\boldsymbol{r}_2)$ であった†と考えよう. 電子間の Coulomb の相互作用から起る摂動のために，$\psi_2 = u_1(\boldsymbol{r}_2)u_0(\boldsymbol{r}_1)$ の状態に遷移する傾向が存在する. この状態では，励起エネルギーは電子の間で交換されている. 長い時間たった後の新しい波動函数は，もとのそれより非常に異っているであろう. というのは，縮退が存在するためにエネルギーのやりとりは長い過程を経るからである（1 節参照）. 従って，もともとの無摂動波動函数は，摂動論の出発点として使うには極めて不十分なものであろう. ところが，励起の確率の一方の電子から他方のそれへの流れが相等しい逆向きの流れとつりあっているような，二つの波動函数 ψ_+ と ψ_- とが存在する. これらの波動函数は第 0 近似に於ける定常状態であり，従って高次の摂動論に対する良好な基礎として役立てることのできるものである.

それらの波動函数の意味のより以上の議論は，29 節で与えることにする（これに関して 18 節をも参照）.

20. 高次近似　これまでは第 0 近似に於ける縮退を取除くことだけを論じて来たが，摂動論を使ってより高い近似まで進めば，当然，更に波動函数やエネルギー準位に変更が加わるであろう. ところでこれらの変更の性格については，実際に問題を完全に解かないでも，二，三の結論を出すことができる. それらの結論というのは，2 個の粒子が同種粒子であれば，全 Hamiltonian 演算子は，各粒子の座標の対称函数でなければならないことに拠るものである. もしも対称でないとすれば，その二つの粒子は同種粒子ではあり得ない. 同種粒子とは，あらゆる可能な摂動の下で，2 個の粒子が同じように振舞われねばならぬ，ということだからである. 例えば，ヘリウム原子といったわれわれの特別な場合では，全 Hamiltonian は，事実，2 個の粒子について対称である [(37) 式参照].

さて一般に摂動を受けた波動函数は，第 0 近似と他の状態との間のマトリッ

---

† これと関連して第 29 節を参照されたい. そこではこの状態は，あらゆる電子の波動函数が反対称でなければならないという要求から，現実には決して実現され得ないものであることが示される.

558 　　　第 IV 部　Schrödinger 方程式の近似的解法

クス要素とに依存する．Hamiltonian が対称であれば，この V_{mn} が対称函数と反対称函数との間のどのような遷移に対しても零になるのを容易に示すことができる．それを証明するには次のようなマトリックス要素を考える：

$$\int \psi_+{}^* V \psi_- d\boldsymbol{r}_1 d\boldsymbol{r}_2 = I,$$

ここで ψ_+ は対称函数，ψ_- は反対称函数である．上の積分は $\boldsymbol{r}_1$ 及び $\boldsymbol{r}_2$ についての積分であるから，$\boldsymbol{r}_1$ と $\boldsymbol{r}_2$ とを入れ換えても変らない．積分変数の名前のつけかえだけに過ぎないからである．このような入れ換えによって $V(\boldsymbol{r}_1, \boldsymbol{r}_2)$ は不変であり，$\psi_+(\boldsymbol{r}_1, \boldsymbol{r}_2)$ もまたそうである．それらは対称だからであるが，一方，$\psi_-(\boldsymbol{r}_1, \boldsymbol{r}_2)$ は符号が逆になる．従って，粒子の入れ換えによって積分される函数の符号は逆になる．こうして $I = -I$ を得るが，これは $I = 0$ のときにだけ満されるに過ぎない．

上の結果は，一定の対称性をもつ 0 次の波動函数でもって出発すると，ひきつづき高次近似で得られる波動函数も同じ対称性を持たねばならぬことを意味している．それ故，2 個の同種粒子を含む体系の定常状態は，すべて対称函数であるか，または反対称函数でなければならない．それは最初，0 次の近似で得られた準位の対称または反対称の組分けは，ひきつづきあらゆる近似で成立つということである．

問題を視る別の途は，時間に依存する摂動論に依るものである．二つの同種粒子の場合のように，一定の対称性をもつた波動函数から出発し，また対称的な摂動の下にあるのならば，他のちがった対称性を持つどのような波動函数への遷移も，関連するマトリックス要素が消えて決して起り得ない．斯様に対称性はあらゆる時刻に保存される．即ち，運動の恒量である．

21. スピンの影響　これまでのところでは，Hamiltonian 中のスピンに依存する項 [第 17 章 (88) 式参照] を無視して来たが，それが良い近似を与えるような範囲に於いては，全波動函数を空間に関する函数とスピンの函数との積として書くことができる．そこでわれわれは，問題の無摂動函数に，スピンの効果も電子間の相互作用も考慮に入っていない，

$$\psi_0 = u_a(\boldsymbol{r}_1) u_b(\boldsymbol{r}_2) v_m(1) v_n(2) \tag{43}$$

をとって議論を始めることにしよう．$v_m(1)$ は 1 の粒子に対するスピン函数，$v_n(2)$ は 2 の粒子に対するそれである．m 及び n は $+1$ または -1 のどちらかである．

第19章 縮退のある場合の摂動論　　　559

縮退は Coulomb 相互作用によって取り除かれ，0 次の波動函数が得られる．この函数は二つの空間座標の入れ換えに対称または反対称であるが，スピン波動函数にはかわりがない．従ってわれかれの波動函数としては

$$\psi = \psi_\pm(\boldsymbol{r}_1, \boldsymbol{r}_2) v_m(1) v_n(2) \tag{44}$$

を得る．しかし Coulomb エネルギーは電子間の相互作用エネルギーのすべてを含むものではない．まだスピンに依存する項が残っている．その項はスピン・エネルギー［第17章（80）式］

$$W_{sp} = \frac{-e\hbar}{2mc} \left\{ \boldsymbol{\sigma}_1 \cdot \left[\boldsymbol{\mathscr{H}}(\boldsymbol{r}_1) + \frac{\boldsymbol{p}_1}{2mc} \times \boldsymbol{\varepsilon}(\boldsymbol{r}_1) \right] + \boldsymbol{\sigma}_2 \cdot \left[\boldsymbol{\mathscr{H}}(\boldsymbol{r}_2) + \frac{\boldsymbol{p}_2}{2mc} \times \boldsymbol{\varepsilon}(\boldsymbol{r}_2) \right] \right\} \tag{45}$$

から生ずる項である．$\boldsymbol{p}_1$ 及び $\boldsymbol{p}_2$ はそれぞれ 1 の粒子と 2 の粒子の運動量を表わし，$\boldsymbol{\mathscr{H}}(\boldsymbol{r}_1)$ は 1 の粒子の位置での磁場，$\boldsymbol{\mathscr{H}}(\boldsymbol{r}_2)$ は 2 の粒子の場所での磁場である．同じように $\boldsymbol{\varepsilon}(\boldsymbol{r}_1)$ と $\boldsymbol{\varepsilon}(\boldsymbol{r}_2)$ とはそれらに対応する電場である．

1 の粒子が存在する場所に 2 の粒子の軌道運動でつくられる磁場は Biot-Savart の法則で与えられる*．

$$\boldsymbol{\mathscr{H}}_{1,0}(\boldsymbol{r}_1) = -\frac{e}{mc} \boldsymbol{p}_2 \times \frac{(\boldsymbol{r}_1 - \boldsymbol{r}_2)}{|\boldsymbol{r}_1 - \boldsymbol{r}_2|^3} \tag{46a}$$

2 の粒子のスピンによってつくられる相応する磁場は

$$\boldsymbol{\mathscr{H}}_{1,s}(\boldsymbol{r}_1) = \frac{e\hbar}{2mc} \nabla_1 \left(\frac{(\boldsymbol{r}_1 - \boldsymbol{r}_2) \cdot \boldsymbol{\sigma}_2}{|\boldsymbol{r}_1 - \boldsymbol{r}_2|^2} \right) \tag{46b}$$

となる．1 の粒子に働く全電場の方は

$$\boldsymbol{\varepsilon}_1(\boldsymbol{r}_1) = \frac{Ze\boldsymbol{r}_1}{r_1^3} - e\frac{(\boldsymbol{r}_1 - \boldsymbol{r}_2)}{|\boldsymbol{r}_1 - \boldsymbol{r}_2|^3}, \tag{46c}$$

但し Z は原子核の荷電数である．そこで全スピン・エネルギーには

$$W_{sp} = \frac{e^2\hbar^2}{2m^2c^2} \left[\boldsymbol{\sigma}_1 \cdot \boldsymbol{p}_2 \times \frac{(\boldsymbol{r}_1 - \boldsymbol{r}_2)}{|\boldsymbol{r}_1 - \boldsymbol{r}_2|^3} + \boldsymbol{\sigma}_2 \cdot \boldsymbol{p}_1 \times \frac{(\boldsymbol{r}_2 - \boldsymbol{r}_1)}{|\boldsymbol{r}_1 - \boldsymbol{r}_2|^3} \right]$$

$$- \frac{e^2\hbar}{4m^2c^2} \left\{ \boldsymbol{\sigma}_1 \cdot \nabla_1 \left[\frac{\boldsymbol{\sigma}_2 \cdot (\boldsymbol{r}_1 - \boldsymbol{r}_2)}{|\boldsymbol{r}_1 - \boldsymbol{r}_2|^3} \right] + \boldsymbol{\sigma}_2 \cdot \nabla_2 \left[\frac{\boldsymbol{\sigma}_1 \cdot (\boldsymbol{r}_2 - \boldsymbol{r}_1)}{|\boldsymbol{r}_2 - \boldsymbol{r}_1|^3} \right] \right\}$$

$$- \frac{Ze^2\hbar}{4m^2c^2} \left(\frac{\boldsymbol{\sigma}_1 \cdot \boldsymbol{p}_1 \times \boldsymbol{r}_1}{r_1^3} + \frac{\boldsymbol{\sigma}_2 \cdot \boldsymbol{p}_2 \times \boldsymbol{r}_2}{r_2^3} \right)$$

$$+ \frac{e^2\hbar}{4m^2c^2} \left[\boldsymbol{\sigma}_1 \cdot \boldsymbol{p}_1 \times \frac{(\boldsymbol{r}_1 - \boldsymbol{r}_2)}{|\boldsymbol{r}_1 - \boldsymbol{r}_2|^3} + \boldsymbol{\sigma}_2 \boldsymbol{p}_2 \times \frac{(\boldsymbol{r}_2 - \boldsymbol{r}_1)}{|\boldsymbol{r}_2 - \boldsymbol{r}_1|^3} \right] \tag{47}$$

---

* 上の式で e は電荷の絶対値を表わすものとする．

が得られる.

Hamiltonian に含まれる上の項は，スピンの異る状態間の遷移を惹き起す方向に働く．その可能な遷移の中には二つの粒子のスピンが入れ換るようなものもある．無摂動エネルギーはスピンを含んでいないから，そういう二つの状態は縮退していると結論された．この縮退を取除くことは，電子の空間座標の入れ換えの場合にやった [(38) 式] と同じ仕方で行われる．また同じようにして正しい 0 次のスピン波動函数は

$$\left.\begin{array}{l} \phi_+ = \dfrac{1}{\sqrt{2}}[v_m(1)v_n(2)+v_m(2)v_n(1)], \\[2mm] \phi_- = \dfrac{1}{\sqrt{2}}[v_m(1)v_n(2)-v_m(2)v_n(1)] \end{array}\right\} \qquad (48)$$

であることがわかる．ϕ_+ は二つのスピンの入れ換えに対称であり，ϕ_- は反対称である．

以上から，空間的交換の縮退とスピン交換の縮退と両方共取り除いた完全な 0 次の波動函数は

$$\psi_{\pm, \pm} = \psi_\pm \phi_\pm \qquad (49)$$

となる.

二つの電子の空間座標とスピン座標とを同時に入れ換えたときの組み合された全対称性を考えてみると興味があろう．波動函数 $\psi_{+, +}$ 及び $\psi_{-, -}$ はそのような入れ換えに対称であるが，他の二つ，$\psi_{+, -}$ と $\psi_{-, +}$ とは反対称である．

22. 電子の波動函数の反対称性　以上の議論からすれば，ヘリウム原子の励起状態には四つの準位の存在することが予想されるにちがいない．ところが実際は二つしかないのである．この事実や，また他の原子の研究から得られる同様な考察は，Scrödinger 方程式の解となる波動函数の悉くが現実に自然界に現われるものではない，ということを示している．かえって実際に現われる波動函数は，任意の二つの電子の空間座標とスピン座標と両方を同時に入れ換えるとき反対称であるようなものだけと仮定すると，観測されるスペクトル線をすべて正しく説明し得ることがわかるのである．この規則性は，26 節で知られるように，Pauli の排他原理に導く．この反対称であるという規則に従うものは，電子ばかりでなく，他の多くの素粒子：中性子，陽子，中性微子もまたそうであることが見出された．事実，各種の素粒子は二つの粒子の交換の際，常に反対称的な波動函数によってか，あるいは常に対称的な波動函数によって特

徴づけられる*. 異った種類の粒子の交換に関しては何等特別な対称関係はない.

23. 電子の交換エネルギーとスピンとの相関は波動函数の反対称性から出ること 全体として反対称という要求を充すためには，対称スピン波動函数と反対称空間函数をとるか，または反対称スピン函数と対称的空間函数とを選ばねばならない. ところで第17章9節に従うと対称スピン函数は平行なスピンを，反対称なスピン函数は反平行なスピンを現わすものである. それ故スピンが平行な時には交換エネルギーに対する (39) 式で負の符号をとるべきであり，反平行スピンの場合には正の符号をとらねばならない. このようにして，見掛上，スピン相互作用によってつくられるエネルギーが得られるが，それは実際には，Coulomb エネルギーがたまたまスピンと相関を起す結果生ずるエネルギーにすぎない. 事実，本物のスピン間の磁気的相互作用から生ずるエネルギーに関する他の項が存在する [(47) 式参照]. ところがこの項は，スピンの方向と波動函数の空間対称性との相関によって生ずる，スピン間の見掛け上の相互作用エネルギーより，はるかに小さい.

この見掛け上のスピン間の相互作用は，重大な結果を，特に分光学と強磁性の理論とに於いて，もたらすものである. 即ちヘリウムではこのために，1 重状態と3重状態との間には，かなり大きなひらきができる. 交換積分 [(39b) 式参照] はヘリウムでは正であるから，反対称な空間函数をもつ 3 重状態は，1 重状態よりエネルギーが低くなる.

強磁性の問題では**，隣り合せの原子に属する電子のスピンが互いに平行になるという傾向，従ってすべての電子の磁気能率の寄与が累加的に加え合さり，強い磁化を生ずるという傾向に着目する（これは強磁性金属だけがもつ性質である）. 統計力学によると†，スピンがすべて平行である系が熱力学的に安定

---

* 中間子と呼ばれる種類の粒子は対称的な波動函数を持ち得るという証拠が存在する (Wentzel, *Quantam Theory of Fields* 参照). 光子を粒子とみなそうとするときには，それらもまた対称的な波動函数を持たねばならぬのを示すことができる (Dirac, *Principles of Quantum Mechanics*). 対称的または反対称的な波動函数に一般に制限する理由は現在わかっていないが，それは相対論的不変性の要求と関係があるらしいと考えられている [W, Pauli, *Rev. Mod. Phys.* **13**, 203 (1941) 参照].

** N. F. Mott & H. Jones, *Theory of Properties of Metals and Alloys*. London, Clarendon Press, 1936 参照.

† Tolman, *Statistical Mechanics*.

562 第Ⅳ部 Schrödinger 方程式の近似的解法

ためには，このような体系のエネルギーが，スピンが勝手な方向をむいている体系のそれよりも低いというだけでよい．強磁性の理論での最初の試みは，隣り合う分子磁石が整列しようとする傾向をもつ，との仮説に基くものであった．このような整列が起るときには，磁気エネルギーが放出されるという理由からである．しかしながら，この磁気エネルギーは，摂氏数百度の温度まで強磁性が保たれるのを説明するには，数百分の1にしか充たないということは早くから知られていた．その理由を理解するためには，スピンを平行にしようとする傾向は，スピンを多かれ少なかれ勝手な方向に向けようとする熱擾乱によって阻害されることに注目せねばならない．非常に高い温度では，この擾乱は事実非常に大きく，磁化をならして零にしてしまうのである．ところが温度が下ってゆくと，遂には，Curie 点として知られる臨界点に達する．それ以下では，隣り合う原子のスピンを整列させようとする力が十分大きくなって，熱擾乱の効果を圧倒し，その結果平均磁化はもはや零にはならない．この Curie 点は（極めて，大ざっぱにであるが），熱擾乱の平均エネルギー κT が，隣り合う2重極を整列させる際に放出されるエネルギーに等しくなる点として決められる．それ故 Curie 温度から2重極間の相互作用エネルギーをざっとあたることができ，それは磁気的相互作用だけという仮定によって説明されるより，はるかに大きなものであることが明かにできる．

　隣り合うスピンを整列させる原因は，Heisenberg によって説明された．交換積分 $V_{1,2}$ が正であるならば，交換エネルギーから隣り合う電子のスピンを平行にする傾向が生ずることに，初めて Heisenberg は注目したのである．これは電子の全波動函数の反対称性から，二つの電子のスピンが平行なときには (39b) 式で負の符号をとり，反平行のときには正の符号をとるべきことが要求されるからである．このため見掛上スピン相互作用の結果のようにみえるエネルギーが，実際はそれは平均の Coulomb エネルギーとスピンとの相関の結果なのであるが，得られることになる．これはスピン間の磁気的相互作用のエネルギーの数百倍も大きく，従って，強磁性が存在しなくなる温度の観測値を十分説明できるわけである*．更に数種の物質だけが強磁性をもつに過ぎないという事実は，この立場では，交換積分 $V_{1,2}$ が正になる物質がそれらだけに限られ

---

* 強磁性と関連して大きな帯磁率が可能になるのは，すべてのスピンの方向を整列させるに役立つこの大きな静電力があるためである．常磁性体でのスピンの整列は，外場の比較的弱い効果で既に生ずるものである．

第19章　縮退のある場合の摂動論　　　563

るためと解される（$V_{1,2}$ が負であると，隣り合うスピンが平行になるとき系の
エネルギーは増大する）．

24. スピン演算子を使った交換エネルギーの形式的表式　　見掛上のスピン
相互作用は，スピン演算子の助けを借りて，形式的に表わすことができる．第
17章(54)式から，演算子 $\boldsymbol{\sigma_1}\cdot\boldsymbol{\sigma_2}$ はスピンが平行なときには $+1$，反平行のと
きには -3 であるのに注意すると，演算子

$$P_{1,2}=\frac{(1+\boldsymbol{\sigma_1}\cdot\boldsymbol{\sigma_2})}{2} \tag{50}$$

はスピンが平行のとき $+1$，反平行のとき -1 という性質を持つわけである．
そこで交換エネルギーは

$$J_{1,2}=\pm V_{1,2}=(1+\boldsymbol{\sigma_1}\cdot\boldsymbol{\sigma_2})V_{1,2} \tag{51}$$

と書くことができる．

斯様に交換エネルギーは二つのスピンの間の角に依存する．それは一寸形式
的に一対の2重極の磁気的相互作用のエネルギーと似ている．尤も交換エネル
ギーは実際には静電的相互作用の一部分に過ぎない†.

25. 多電子系　　次には理論を任意の個数の電子を持った体系へ拡張するこ
とにしよう．個々の粒子の規格化された無摂動波動函数を（空間もスピンを含
めて）$w_1(\boldsymbol{x_1})$, $w_2(\boldsymbol{x_2})$, ……, $w_N(\boldsymbol{x_N})$ で表わすとすると，全体系の無摂動波
動函数の典型は，積

$$\psi=w_1(\boldsymbol{x_1})w_2(\boldsymbol{x_2})\cdots\cdots w_N(\boldsymbol{x_N}) \tag{52}$$

である．この波動函数はどの二つの粒子を入れ換えても常に同じエネルギーが
得られるという意味で縮退している．一般に，粒子の入れ換えによって，全部
で $N!$ 個のちがった波動函数を得ることができる．即ち粒子の置換の各々に波
動函数のひとつが対応する．縮退を取り除いた正しい0次の波動函数は，これ
らの $N!$ 個の波動函数のある1次結合でなければならない．

縮退を取り除く一般的な問題はかなり複雑である．しかし電子の場合だけに
限るならば，問題は大いに簡単になる．そのときの波動函数は，どの二つの粒
子の入れ換えについても，反対称でなければならぬからである．この種の函数
を全反対称函数という．Slater は，そういった函数は行列式で与えられること

---

† (51) 式によると二つの電子はそれらのスピンが平行なときには互いに引き合
　うことになるが，これは，二つの磁気2重極を，その端と端とをつないで置い
　たときのふるまいに似ている．他方，2重極を並べて置いたときには逆のふる
　まいを示す．

564   第 IV 部 Schrödinger 方程式の近似的解法

を示した*:

$$\psi = \begin{vmatrix} w_1(\boldsymbol{x}_1)\,w_2(\boldsymbol{x}_1)\cdots\cdots w_N(\boldsymbol{x}_1) \\ w_1(\boldsymbol{x}_2)\,w_2(\boldsymbol{x}_2)\cdots\cdots w_N(\boldsymbol{x}_2) \\ \cdots\cdots\cdots\cdots\cdots\cdots\cdots\cdots\cdots \\ \cdots\cdots\cdots\cdots\cdots\cdots\cdots\cdots\cdots \\ w_1(\boldsymbol{x}_N)\,w_N(\boldsymbol{x}_N)\cdots\cdots w_N(\boldsymbol{x}_N) \end{vmatrix}. \tag{53}$$

　これがわれわれの望みの函数であることは容易に証明される．先ず，この行列式は $\sum_P (-1)^P P w_1(\boldsymbol{x}_1) w_2(\boldsymbol{x}_2)\cdots\cdots w_N(\boldsymbol{x}_N)$ に等しいのに注意する．但し記号 P は波動函数中の粒子の置換を表わし，各項の符号は偶置換か奇置換かに依って $+$ または $-$，和はあらゆる可能な置換についてとるものとする．従って上の行列式は縮退した固有函数すのべての1次結合となっている．それが，どの二つの粒子の入れ換えについても，反対称であることを示すためには，そういった入れ換えの操作は行列式の二つの行または列の交換となるのに注意すればよい．二つの行か列かを交換するとき行列式は符号を変えることは周知の通りである．

　問題 6： Schrödinger 方程式から，Hamiltonian があらゆる粒子の空間及びスピン座標の対称函数であり，且つ波動函数が最初Slater 行列式 [(53) 式] に比例するとき，ちがったエネルギーの状態への遷移を無視すれば，あらゆる時刻に於いて同じ Slater 行列式に比例することを証明せよ．

　問題 6 から，交換縮退は，反対称函数を採れば取り除けることが直に出てくる．というのは，0 次に於いて，縮退した波動函数の時間が経過しても不変な 1 次結合が得られたわけだからである．

26. Pauli の排他原理　それでは，波動函数の反対称性ということは，二つの電子が同じ量子状態をもち得ない結果として出てくるのを証明することにしよう．この結論は，Pauli の排他原理として知られるものであるが，それはこれまで調べられたあらゆる場合に正しいことが実験的にわかっている．この原理を導くには，行列式 (53) 中の二つの別の電子の波動函数が同じであるとすると，行列式は二つの同一の列をもつわけであるから，零となってしまうことに注意するのである．即ち，あらゆる零でない全反対称波動函数では，電子はそれぞれちがった量子状態になければならない．

* F. Seitz, *Modern Theory of Solids*, p. 237.

第19章 縮退のある場合の摂動論　　565

　Pauli の排他原理は，原子のエネルギー準位を予言する際に，一番重要なものである．それの適用には次の事柄に注意する．スピンについては二つの量子状態しかないから，2 個以上の電子が与えられた同じ軌道量子数の組を持つことはできない，しかもその二つの電子のスピンは逆符号の値をとらねばならない．このことは，例えば，ヘリウムの基底状態では，二つの電子が s 状態にあるが両電子は逆向きのスピンを持つわけであるから，全スピンは零になるという結果を与える．それはまた周知の原子の殻構造に導くものでもある．即ち，原子番号の高い原子では，先ず $n=1$, $l=0$ の状態に電子を詰め，そして殻が一杯になった時，今の場合は 2 個の電子が入った時，に止める．次の電子は $n=2$, $l=0$ かまたは $n=2$, $l=1$ かいずれかに入り得るわけで，これらは共に $n=0$ の準位よりもかなり高い無摂動エネルギーを持っている．第18章54節に従うと，$l=0$ の状態は通常より低いエネルギーの状態である．その軌道の方がより内側にあるからである．更に二つの電子がこの準位に入ることができる．$l=1$ をもつ準位は三つ（$m=0, \pm 1$）あるから，全部で 6 個の電子が $l=1$, $n=2$ の準位に入り得るわけである．そこまでゆくと殻は一杯になり，全スピンは再び零となる．このような考察によっていろいろな元素の一般的な電子構造を定性的に説明することができる．勿論，これは未だ第 0 近似であり，エネルギー準位についてもっと精密な予言を得るためには，より正確な解が必要であることはいうまでもない*.

　27. 高次近似の解　Slater の行列式は正しい 0 次の波動函数を与えるものである．厳密な波動函数もまた反対称でなければならぬから，それも無摂動系のあらゆる可能な準位に対応する Slater 行列式の級数に展開できる．

　28. 全対称波動函数　22 項で指摘したように，全反対称波動函数をもたない素粒子はすべて全対称波動函数をもつ．そのような函数は

$$\psi = \sum_P P w_1(\boldsymbol{x}_1) w_2(\boldsymbol{x}_2) \cdots\cdots w_N(\boldsymbol{x}_N) \tag{54}$$

で与えられる．

　問題 7:　上の波動函数は完全に対称的であることを証明せよ．

　問題 8:　任意の完全に対称な波動函数は，どのような完全に反対称な波動函数とも直交することを証明せよ．

---

* 例えば Condon and Shortley, *The Theory of Atomic Spectra*. London, Cambridge University Press, 1935, 参照.

566　　　　　　　第 IV 部　Schrödinger 方程式の近似的解法

問題 9:　対称的な Hamiltonian の，対称波動函数と反対称波動函数との間のマトリックス要素は，零になることを証明せよ.

　粒子が 2 個だけの場合，可能な最も一般的な波動函数は対称函数と反対称函数との 1 次結合でなければならない. しかし 2 個以上の粒子の場合には，中間の対称性をもつ，縮退も除かれた函数が存在する. こういった函数は，完全に対称でも完全に反対称でもなく，ある交換に関しては対称であり，他の交換については反対称である. だがそのような函数は現実には現われない. その波動函数は排他原理を満足しないからである（例えば問題 10 参照）.

問題 10:　3 個の同種粒子からなる体系を考える. それらの摂動函数を u_1, u_2, u_3; Hamiltonian 中の摂動項を $V(r_{1,2})+V(r_{2,3})+V(r_{1,3})$ としよう. 但し $r_{1,2}$ は粒子 1 と粒子 2 との間の距離である. 縮退を取り除く手続きを実行して，三つのエネルギーの準位，それぞれ完全に対称な波動函数，完全に反対称な波動函数，一組の中間の対称性をもつ波動函数に対応する準位，を得ることを示せ.

29.　同種粒子の識別不能性　古典物理学では，粒子がそれであることを認識するのに二つの方法がある. その第一は，ちがった粒子はちがったふるまいをする，という事実を利用する. 即ち，粒子によって光の反射あるいは散乱が異り，またちがった仕方で電気力・磁気力と反応する. そういうやり方で粒子に"附け札"を貼るためには，その粒子に独得な性質を少くともひとつは使う必要がある. それ故，粒子のあらゆる行動は Hamiltonian で決定されることからみて，ちがう粒子それぞれの Hamiltonian は，少くとも何かの点で，他のものと異っていることが要求される.

　一対の粒子が完全に等価であるならば，即ち，各粒子があらゆる条件の下で同じ形の Hamiltonian を持つときには，札を附けるという識別法はものの用に立たない. しかしながら古典物理学にあってはなお，粒子のトラジェクトリの連続性によって，その粒子であると認識することが可能なのである. トラジェクトリの連続性から観測者はそれぞれの粒子を追跡することができるからである.

　量子論に於いては，電子のような同種の対象の識別の問題は更にむつかしくなる. それは主として物質の波動性のためである. 例えば，電子が万一反対称な波動函数に制限されないとしても，トラジェクトリを追跡して 1 個の電子を

第19章 縮退のある場合の摂動論　　　567

見分けることは何時でもできるとは限らない．というのは電子は各々有限の幅の波束をもっているからである．これらの波束が重り合った場合には，その跡を追っていって，与えられた1個の電子を識別することは可能になる．それでも電子が同じ波動函数をもたないとするかぎりは，位置以外のある性質，例えば運動量とか，または他の何かの観測可能量によって，やはりそれらを識別することが可能であろう．

ところが，波動函数を完全に反対称か，完全に対称かに限ってしまうときには，ひとつひとつの電子を識別するという観念に意味を与えることをさえできなくなってしまうことが知られるのである．例えば，第一の電子が $x=x_a$ の近傍の空間領域を $f(x_1-x_a)$ という波束をもって占め，一方，第二の電子は $x=x_b$ の近くの空間領域を波束 $g(x_2-x_b)$ でもって占めると考えよう．この体系に対する全波動函数は

$$\psi_1 = f(x_1-x_a)g(x_2-x_b); \qquad (55)$$

他方，相応する反対称な波動函数は

$$\psi = \frac{1}{\sqrt{2}}[f(x_1-x_a)g(x_2-x_b) - f(x_2-x_a)g(x_1-x_b)] \qquad (56)$$

である．しかし，波動函数が反対称の場合には，各々の電子が，他の電子の波束とは反対向きの，ある定まった（しかし知ることはできない）波束をとるようにすることは許されない†．重要な物理的諸性質は，二つの電子がそれぞれ入れ換った状態を表わす函数の間の干渉に関係し得るものだからである．それで確率函数は

$$P(x_1, x_2) = \frac{1}{2}\{|f(x_1-x_a)g(x_2-x_b)|^2 + |f(x_2-x_a)g(x_1-x_b)|^2$$

$$+ [f^*(x_1-x_a)g(x_1-x_b)g^*(x_2-x_b)f(x_2-x_a)$$

$$+ \text{復素共軛量}]\} \qquad (57)$$

となる．始めの2項は"古典的確率"の項であるのに対し，残りの項は量子力学に特有な干渉効果を表わしている．このような干渉項が利くかぎりでは（例えば19節で扱った"交換エネルギー"を決定する際には），各電子がある定った個性を持つとみなすことはできない．干渉という性質は物質の波動的な側面の特徴であるから（第6章参照），2電子系を，そういった応用の際には，一対の相異る粒子によりは6次元の波動により多く似ている何かであるとして記

---

† 18節参照．

述した方が，よく理解できる．勿論，この体系が，二つの粒子にちがった風に対する装置と相互作用するようなことがあるとしたら，波動函数は完全には反対称でなくなり(20節参照)， 二つの電子を区別することができるであろう‡．即ち，そのような装置は，この体系の持つ， 6 次元の波動とは似ることが少なく，より多く一対の相異る粒子と似た何物かに展開する，潜在的可能性§ を実現させようとするものである．しかし電子はあらゆる相互作用に対して全く変りなくふるまうから，上のような可能性は，それに必要な装置を実際につくり上げることができず，決して実現され得ないものである．

そこで，全対称な，または全反対称な波動函数に対しては，電子は識別し得る個性を持たないということになる．電子は原理的に識別可能な，別々の，相異る対象のようにはふるまうことがないからである．この性質のひとつのあらわれは，二組の電子の変数を入れ換えるとき，マイナスの符号を別にして同じ波動函数が得られ，従って系の量子状態はこのような入れ換えで変らない，ということである．他方，もしも電子が相異る，識別可能な対象であったとすると，そういった入れ換えで新しい量子状態を生ずることが予期されよう．事実，波動函数 (55) に対してなら，電子の変数の入れ換えで新しい量子状態がつくられる．粒子の変数の入れ換えで新しい量子状態がつくられないということから，統計力学ではいろいろ重要な帰結がひき出され*，完全に対称な波動函数をもつ粒子に対しては " Bose-Einstein " の統計が，また完全に反対称な波動函数をもつ粒子に対しては " Fermi-Dirac " の統計が導かれることとなるのである．

---

‡2 電子系は，その波動函数が独立な波動函数の積（例えば (55)）に分離できる場合に限り，完全に一対の相異る物体のようにふるまうことができるに過ぎない．

§ 第6章，第8章及び第16章25節参照，

* Tolman, *The Principle of Statistical Mechanics.*

第20章　瞬間的摂動と断熱的摂動

1. 断熱的摂動の一般論　ポテンシャルが極めて小さく，摂動論が使える場合の中，今までは，そのポテンシャルがゆっくりと変るときだけを扱ってきた*．しかし，この取扱いをより一般的な問題にまで押し拡げることが出来る．即ち摂動ポテンシャルの変化は大きいが，それが長い期間にわたる場合，即ち，一番近い状態へ遷移する際に射出される光の週期の間のポテンシャルの変化が，この遷移に関係するエネルギーの変化と比べて小さいような，長い時間にわたる場合，である．もっと精密にいうと，この要求は

$$\frac{\tau}{(E_s{}^0 - E_n{}^0)} \frac{\partial V}{\partial t} \ll 1$$

となる．ここで $E_s{}^0$ は始めの状態の，$E_n{}^0$ は一番近い状態のエネルギー，τ は問題の週期である．遷移の際に射出される光の週期は $\tau = h/(E_s{}^0 - E_n{}^0)$ であるから，われわれの要求は

$$\frac{h}{(E_s{}^0 - E_n{}^0)^2} \frac{\partial V}{\partial t} \ll 1. \tag{1}$$

である．この近似の基礎にある考えは，$\partial V/\partial t$ が上の条件を満す程十分小さいとすると，波動函数は，あらゆる時刻に於いて，$\partial V/\partial t$ を零とし，V はその瞬間の値に等しいとして得られる波動函数に極めて近い，ということである．

この方法を説明するために，

$$H(t) = -\frac{\hbar^2}{2m}\nabla^2 + V(x, p, t) \tag{2}$$

で与えられる Hamilton 演算子を考えよう．Shrödinger 方程式は

$$i\hbar\frac{\partial \psi}{\partial t} = H(t)\psi$$

となる．そこで $H(t)$ が十分ゆっくりとかわるものとすると，良い近似解が，この Schrödinger 方程式を，各時刻に於いて H がその瞬間にとる常数値 $H(\theta)$，θ は H を勘定しようと思う時刻 t の値，に等しいと仮定して解けば求まるにちがいないという予想がつく．$t = \theta =$ 常数と置いて得られる定常状態の波動函数は，方程式

---

* 第18章51節.

$$H(\theta)u_n(\boldsymbol{x},\theta)=E_n(\theta)u_n(\boldsymbol{x},\theta) \qquad (3)$$

を満足する. H は θ のゆっくりと変る函数とすると,

$$\psi_n=u_n(\boldsymbol{x},t)e^{-i\int_0^t \frac{E_n(\theta)d\theta}{\hbar}} \qquad (4)$$

はひとつの良い近似解であると考えてよい. これの意味は, 時刻 t に於ける波動函数の空間的変動は, $H(t)$ のその"瞬間の"固有函数の空間的な変り方と同じであるが, 但し, 角振動数はその瞬間の値 $E_n(t)/\hbar$ で与えられる, ということである. この式の意味はまた後で議論することにしよう.

上の波動函数が, $\partial H/\partial t$ の小さい時の良い近似解であることを証明するには, ψ_n が完全直交系をつくることに注目するのである. 正しい波動函数は ψ_n の級数として展開でき, 展開係数 C_n は一般に時間の函数である:

$$\psi=\sum_n C_n(t)u_n(\boldsymbol{x},t)e^{-i\int_0^t \frac{E_n(\theta)d\theta}{\hbar}}.$$

これを Schrödinger 方程式に代入して (3) 式を使うと

$$i\hbar\sum_n\left(\dot{C}_n u_n+\frac{\partial u_n}{\partial t}C_n\right)e^{-i\int_0^t \frac{E_n(\theta)d\theta}{\hbar}}+\sum_n C_n u_n E_n e^{-i\int_0^t \frac{E_n(\theta)d\theta}{\hbar}}$$

$$=\sum_n C_n u_n E_n e^{-i\int_0^t \frac{E_n(\theta)d\theta}{\hbar}}.$$

次に $u_m{}^* e^{i\int_0^t \frac{E_m(\theta)d\theta}{\hbar}}$ を乗じて全空間にわたって積分する. u_m の規格直交性を使って

$$\dot{C}_m+\sum_n C_n\int u_m{}^*\frac{\partial u_n}{\partial t}e^{-i\int \frac{(E_n-E_m)d\theta}{\hbar}}d\boldsymbol{x}=0. \qquad (5)$$

われわれは和の中の $m=n$ の項を消し去って, これらの式を今少しく簡単にしたい. そのために, 先ずそういった項の係数, 即ち $\gamma_m(t)=\int u_m{}^*\frac{\partial u_m}{\partial t}d\boldsymbol{x}$, は純虚数であることを示そう. その証明は規格化条件 $\int u_m{}^* u_m d\boldsymbol{x}=1$ から始める. この式を微分すれば

$$\int\left(u_m{}^*\frac{\partial u_m}{\partial t}+\frac{\partial u_m{}^*}{\partial t}u_m\right)d\boldsymbol{x}=\gamma_m(t)+\gamma_m{}^*(t)=0$$

を得る. これは γ_m の実数部分が消えること, 従って $\gamma_m=i\beta_m$, β_m は実数, と書けることを示すものである. そこで

$$v_m=u_m e^{-i\int_0^t \beta_m(\theta)d\theta}, \qquad E_n{}'=E_n+\beta_n \qquad (6)$$

という置き換えをやると,

第20章 瞬間的摂動と断熱的摂動　　571

$$\dot{C}_m + \sum_{n \neq m} C_n \left(\int v_m{}^* \frac{\partial v_n}{\partial t} dx \right) e^{-i\int_0^t (E_n' - E_m')d\theta} = 0;$$

または，

$$\dot{C}_m + \sum_{n \neq m} C_n \alpha_{mn} e^{-i\int_0^t (E_n' - E_m')d\theta} = 0.$$

(7)

但し，

$$\alpha_{mn} = \int v_m{}^* \frac{\partial v_n}{\partial t} dx. \tag{8}$$

上の置き換えは，やはり規格直交である函数系 v_m に移すもので，従ってそれは単なる位相の変化に過ぎない．この置き換えはまたエネルギーの変化を生ずるが，それは，H が時間と共にゆっくりと変る時には，常に小さなものである．

われわれの次の問題は，ひとつの近似解 v_s から出発するとき，他の諸状態の係数 C_m も，あらゆる時刻に於いて小さいままにとどまるのを示すことである．それには（3）式から始める．

$$H(t)v_n(t) = E_n(t)v_n(t).$$

t について微分すると

$$\frac{\partial H}{\partial t} v_n + H \frac{\partial v_n}{\partial t} = \frac{\partial E_n}{\partial t} v_n + E_n \frac{\partial v_n}{\partial t}$$

がでる．$v_m{}^*(m \neq n)$ を乗じ，全空間にわたって積分すれば，

$$\int v_m{}^* \frac{\partial H}{\partial t} v_n dx + \int v_m{}^* H \frac{\partial v_n}{\partial t} dx = \frac{\partial E_n}{\partial t} \int v_m{}^* v_n dx + E_n \int v_m{}^* \frac{\partial v_n}{\partial t} dx$$

を得る．そこで H が Hermitean であることを使えば，左辺の第二項で H を $\partial v_n/\partial t$ の代りに $v_m{}^*$ に作用させることができる．また右辺の第一項は v_m と v_n の直交性から消えることにも注意する．その結果は

$$\int v_m{}^* \frac{\partial H}{\partial t} v_n dx = (E_n - E_m) \int v_m{}^* \frac{\partial v_n}{\partial t} dx.$$

また（8）式から

$$\alpha_{mn} = \frac{1}{E_n - E_m} \int v_m{}^* \frac{\partial H}{\partial t} v_n dx. \tag{9}$$

最後に

$$\dot{C}_m + \sum_{n \neq m} \frac{C_n \int v_m{}^* \frac{\partial H}{\partial t} v_n dx \, e^{-i\int_0^t (E_n' - E_m')d\theta}}{E_n - E_m} = 0 \tag{10}$$

が得られる．これで常数変化の方法の場合と大体同様に進める準備が整ったわけである．今その系が $C_s = 1$，$C_n = 0$ $(n \neq s)$ から出発するものとしよう．それ

から C_m を逐次近似によって解くことができる. 第1近似では

$$\dot{C}_{ms} + \frac{(\partial H/\partial t)_{ms}}{E_s - E_m} e^{-i\int_0^t \frac{(E_{s'} - E_{m'})d\theta}{\hbar}} = 0; \tag{11}$$

但し,

$$\left(\frac{\partial H}{\partial t}\right)_{ms} = \int v_m{}^* \frac{\partial H}{\partial t} v_s dx.$$

$E_{s'}$ と $E_{m'}$ とが θ のゆっくりと変る函数であるとすると, どのような特別の時間々隔に於いても, 指数函数中の積分は近似的に $(E_s - E_m)t/\hbar$ で置き換えてよい. 更に β は普通小さいから, E'_s と E'_m とは E_s と E_m とで置き換えることができる. その結果,

$$\dot{C}_{ms} + \frac{1}{(E_s - E_m)}\left(\frac{\partial H}{\partial t}\right)_{ms} e^{-i(E_s - E_m)t/\hbar} = 0. \tag{12}$$

マトリックスの要素の勘定には, $(\partial H/\partial t)_{ms}$ の緩やかな変化を無視できるから,

$$C_{ms} \cong \frac{\hbar}{i(E_s - E_m)^2}\left(\frac{\partial H}{\partial t}\right)_{ms} [e^{-i(E_s - E_m)t/\hbar} - e^{-i(E_s - E_m)t_0/\hbar}] \tag{13}$$

を得る. (13) 式内の指数函数因子は高々1の程度のものである. それ故 m 番目の準位への遷移の全確率は

$$|C_{ms}|^2 \cong \frac{4\hbar^2}{(E_m - E_s)^4}\left|\left(\frac{\partial H}{\partial t}\right)_{ms}\right|^2 \tag{14}$$

より小さい. 以上われわれは $(\partial H/\partial t)_{ms}$ が十分小さいときには [即ち条件 (1) が満足されるときには], $|C_{ms}|^2$ を無視し, 且つ, その体系が $v_s(x, t)$ の状態にとどまる (たとえ v_s 自体は時間と共に変化するにしても) と言うことによって生ずる誤差は, 無視し得る程度のものであることを論証したが, これは, "断熱近似" として知られるものである. この結果は形式的には常数変化法から得られる結果 [第18章 (14a) 式] と, λv_{ms} が $\dfrac{\hbar}{E_s - E_m}\left(\dfrac{\partial H}{\partial t}\right)_{ms}$ で置き換えられていることを除いて, 酷似している. そこで, $\dfrac{\hbar}{E_s - E_m}$ は丁度 s から m への遷移の際に射出される光の週期 τ であり, 従って

$$\frac{\hbar}{E_s - E_m}\left(\frac{\partial H}{\partial t}\right)_{ms} = \frac{\tau}{2\pi}\left(\frac{\partial H}{\partial t}\right)_{ms}$$

は正しく時間 $\tau/2\pi$ 内の H の変化のマトリックス要素である. それ故断熱近似の成り立つ条件は1週期間の H の変化がエネルギー差 $E_s - E_m$ に比べて小さいという要求に等しい.

この条件が満されれば (4) 式は Schrödinger 方程式の良い近似解になる.

第20章　瞬間的摂動と断熱的摂動　　　573

　　上の基準は角振動数　$\omega_{ms}=(E_m-E_s)/\hbar$　を使ってもっと都合よく書くことが
できる．即ち断熱近似を成り立たせるためには

$$\frac{\hbar}{(E_m-E_s)^2}\left(\frac{\partial H}{\partial t}\right)_{ms}=\frac{\hbar}{\hbar\omega_{ms}^2}\left(\frac{\partial H}{\partial t}\right)_{ms}=\frac{(\partial H/\partial t)_{ms}}{\omega_{ms}(E_m-E_s)}\ll1$$

でなければならない．

　　2.　前節の結果の解釈　　電子を原子核に結びつけているポテンシャル・エネ
ルギーの形をゆっくりと変えていったと考えてみよう．それは，例えば，強い
外場でもって実現することができようし，また問題にしている原子に他の荷電
粒子をゆっくりと近づけて来てもよいであろう．すると波動函数は徐々に歪め
られてゆくが，われわれが既に知る通り，量子数nは一定のまま変らない．これ
は次の理由によるものである：新しい量子状態をつくるためには，波動函数が，
運動エネルギーの正の領域内で，他の異る振動を行うことを許されねばならない；
それにはエネルギーの大きな変化が必要になる*．だが，ポテンシャルは，時間
と共に極めてゆっくりとしか変らないのであるから，波動函数のこの大きな変
化が起ることはなく，むしろ，波動函数の形が漸次的に変り，節の個数は一定
に保ちながら，変動するポテンシャルに適合させられる，とみるのが尤もと思
われる．ポテンシャルが，$\hbar/(E_s-E_n)^2$に比べて急速に変りさえすれば，他の
量子状態，即ち節の個数のちがう状態へ遷ってしまうことになろう．同じ結果
は，ゆっくりと変化する小さな摂動の場合（第18章51節）にも得られた．そ
こでは，各時刻に於いて，波動函数は，その時刻の Hamiltonian の値に適合
する定常状態の波動函数に等しいのを見たのであった．

　　古典的極限に於いては，WKB 近似の議論に於いて示した通り（第12章13
節），波動函数の節の数は$J/\hbar$に等しい；Jは作用変数である．従って，Ha-
miltonian が断熱的に変る際，作用Jは不変に保たれるという結論になる．事
実，Jが断熱過程で実際に一定にとどまるというのは，古典力学の周知の定理
である†．実際，Ehrenfest は始めて，Jの断熱不変性から，それが実際に
量子化され得る唯一の古典的な量であること論じたのであった，その理由は
こうである；われわれは常にどのような体系に於いても，例えば外場をかける
ことによって，思いのままゆっくりと Hamiltonian を変化させてゆくことが
できる．さて如何なる物理量も，量子化すれば，ある最小量だけずつとびとび

───────────────
* 第11章12節参照．
† Born, *Atomic Physics* 参照．

に変化し得るに過ぎない.他方,その体系のエネルギーは,古典的には,連続的に変るように見える.そこで,この問題に対し,正しく量子論を古典論に近づける唯一つの途は,断熱的変化の下では古典的な常数であるような,量子化されるべき量を見出し,そして,その量と連続的なエネルギーの変化との関係をつけることである,と.

古典的な断熱的変化の一例は,振子の長さをだんだんと短かくしてゆく場合である.調和振動に対しては $J=E/\nu$ (第2章11節),ν は振動数,である.J は断熱不変量であるという定理に依れば,E は ν に比例することとなる.即ち振子の紐が短かくなれば,振子のエネルギーは増大する.それは,振動している振子の遠心力にさからって振子の紐を短かくするために必要な仕事を直接計算することにより,容易に示すことができる*.

3. 応用 (a) Stern-Gerlach の実験.一様でない磁場の中での原子のふれ.第14章の16節に於いて Stern-Gerlach の実験を論じたが,それは原子線を一様でない磁場に通じ,ふれを起す力を受けさせるものであった.この問題を論ずる際,われわれは磁場によって角運動量が変化するような遷移が起される可能性を無視した.だが,第1図に示した通り,原子が場の働く領域に入ったり出たりす

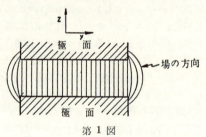

第 1 図

る場所に於ける磁場の強さと方向とは変化するものであることを心に留めておかねばならない.

原子は磁石の端を通り過ぎるとき,時間と共に変化する場を受ける.この場は,常数変化の方法に関する節で見たように†,角運動量の成分が変化する遷移を惹き起すことのできるものである.もしもそういった遷移がかなりの程度起るものとしたら,この実験から引き出される結論は信用が置けないものとなろう.

それなら眼に見える程の数の遷移が起らないための条件は何であろうか? 明らかにそれはまさに断熱不変の条件である.言い換えれば,変化する場の存在

---

* M. Born, *Mechanics of the Atom*.
† 第18章7節及び12節.

第20章　瞬間的摂動と断熱的摂動　　　　575

する領域内で原子の費やす時間が，何等かの変化の生じ得る週期 $\tau = h/(E_n - E_s)$ に比べて長くなければならない，ということである．粒子が磁場に十分ゆっくりと入って来れば，その粒子は磁場の内部でそれが外側にあった時持っていたと厳密に同じ L_z の値を持つであろう．更にまた，それに相応するゆっくりとした速さで磁場を減少させてゆけば，粒子は L_z の値を変えることなしに，場の働く領域を離れることとなろう．

この問題を定量的に取扱うには，磁場内の原子に摂動項（第15章 (52) 式参照）

$$\lambda V = \frac{e\mathcal{H}}{2\mu c} \cdot L$$

を附け加えて出発する．ここで μ は電子の質量，$\mathcal{H}$ は磁場，L は角運動量である（この式が成立つためには原子の横切る磁場 $\mathcal{H}$ の変化の割合の小さいことが必要である）．

さて原子は x 方向に動き，また磁場は $y=0$ 及び $z=0$ の対称軸を持つものと仮定しよう．この対称軸上では，$\mathcal{H}$ は z 方向を向いている．更に原子の運動は全体として古典的に記述できると仮定しよう．これが許されるのは，第19章 13 節に示した通り，原子が非常に重いため，不確定性原理からの量的効果は，無視し得る程の速度の変化を生ずるに過ぎないからである．それ故原子は実質的に x 方向の軌道上を運動するものとし，$x=vt$，$y=$ 常数，$z=$ 常数と書くことができる．勿論，粒子は z 方向へのふれを起す小さな力を受けるが，それとても，粒子が磁場を遠く離れる後にならねば，たいした変化を起すものではない．従って，これも無視することにする．

磁場は位置の函数であるが，原子の位置は時間と共に変るから，$\mathcal{H}$ は時間の函数となり，

$$\left.\begin{array}{l}\mathcal{H} = \mathcal{H}(x, y, z) = \mathcal{H}(vt, y, z), \\[2mm] \dfrac{\partial \mathcal{H}}{\partial t} = v \dfrac{\partial \mathcal{H}}{\partial x}.\end{array}\right\} \tag{16}$$

そこでわれわれの調べねばならぬところは，この変動するポテンシャルによって L_z の値の変るような遷移が惹き起され得るものであろうか？即ち，角運動量の方向が動かされるであるか？ということである．先ず，対称軸に沿って運動する 1 個の粒子の場合から始めることにしよう．この粒子に対しては，$\mathcal{H}$ は常に z-方向を向いたままでいるから，

$$\lambda V = \frac{e\mathcal{H}}{2\mu c} L_z, \qquad \frac{\partial}{\partial t}(\lambda V) = \frac{ev}{2\mu c} \frac{\partial \mathcal{H}}{\partial x} L_z$$

を得る. さて演算子 L_z は, 波動函数 $e^{im\phi}$ がそれの固有函数となる, という性質を持っている. これは m が変るようなマトリックス要素は零になることを意味している. $\partial \mathcal{H}/\partial x$ は丁度, 原子の中心に於ける場の勾配の数値であることを思い返すと, 中心対称軸に沿っては, そのような遷移は起らないという結論が得られる.

しかし粒子の座標がある値を持つ場合には, その粒子が磁石に入るとき, 場は完全に z 方向を向いてはいない. 例えば $\mathcal{H}$ の x 成分の値を求めるには, $\mathcal{H}_x$ を z の冪級数に展開すればよい,

$$\mathcal{H}_x \cong (\mathcal{H}_x)_{z=0} + z \left(\frac{e\mathcal{H}_x}{\partial z} \right)_{z=0} + \cdots\cdots$$

仮定から $(\mathcal{H}_x)_{z=0}=0$. 自由空間では $\nabla \times \boldsymbol{\mathcal{H}}=0$ であるから $\partial \mathcal{H}_x/\partial z = \partial \mathcal{H}_z/\partial x$, 従って

$$\mathcal{H}_x \cong z \left(\frac{\partial \mathcal{H}_z}{\partial x} \right)_{z=0}$$

を得, Hamiltonian 中の摂動項は

$$\lambda V = \frac{e}{2\mu c} (\mathcal{H}_z L_z + \mathcal{H}_x L_x)$$

となる. ところで $\mathcal{H}_z$ は m の他の値への遷移を起すようなことのないのは上に見たばかりであるが, 他方 L_x の項はそのような遷移を惹き起すのである. それは例えば第14章10節から $(L_x+iL_y)\psi_m \sim \psi_{m+1}$ 及び $(L_x-iL_y)\psi_m \sim \psi_{m-1}$ に注意すれば知ることができる. それ故 m の異った値の間のマトリックス要素は零にはならず, $\hbar$ の程度の大きさを持つことになる. これは古典物理学に於いて, $\mathcal{H}$ の z 成分は磁気能率の z 成分に何のトルクも及ぼさないが, x 成分のある場は, z 方向にある磁気能率に一定のトルクを及ぼす, という事実に相応するものである.

断熱的運動に対する判断基準をあてはめようとするには,

$$\left[\frac{\partial}{\partial t} (\lambda V) \right]_{n,s} \cong \frac{ez}{2\mu c} \frac{\partial^2 \mathcal{H}_z}{\partial t \partial x} \int \psi_n{}^* L_x \psi_s d\boldsymbol{x}$$

を勘定せねばならない. (積分は $\mathcal{H}_x$ が原子内電子の波動函数が大きいような空間, 即ち原子の大いさにわたって近似的に一定であると仮定し, 電子の座標について行うものとする.) 既に承知の通り, この積分は $\hbar$ の程度の大きさである. また (16) 式から

第20章 瞬間的摂動と断熱的摂動　　　577

$$\frac{\partial \mathcal{H}_z}{\partial t} = v \frac{\partial \mathcal{H}_z}{\partial x}.$$

それ故上のマトリックス要素の値は

$$\frac{\hbar e v z}{2\mu c} \frac{\partial^2 \mathcal{H}_z}{\partial a^2}$$

の程度となる. 断熱近似をためすには, (15) 式にある表式

$$\frac{1}{\hbar} \frac{(\partial \mathcal{H}/\partial t)_{ns}}{\omega_{ns}^2} \cong \frac{1}{\omega_{ns}^2} \frac{e z v}{2\mu c} \frac{\partial^2 \mathcal{H}_z}{\partial x^2}$$

の値を求めねばならない. 但し

$$\omega_{ns} = \frac{E_n - E_s}{\hbar} = \frac{e\mathcal{H}_z}{2\mu c}(m-m') = \frac{e\mathcal{H}_z}{2\mu c} \quad \text{(Larmor 振動数)}.$$

この場合 (15) の要求は

$$\frac{vz}{\omega_{ns}} \left(\frac{\partial^2 \mathcal{H}/\partial z^2}{\mathcal{H}_z} \right) \ll 1$$

ということになる. $\varDelta x$ を磁場の値が零からそれの最大値 $\mathcal{H}_z$ まで強くなるための距離とすると, 大ざっぱにいって

$$\frac{\partial^2 \mathcal{H}_z}{\partial x^2} \cong \frac{\mathcal{H}_z}{(\varDelta x)^2}$$

と書くことができる. すると断熱不変の判断基準は

$$\frac{v}{\omega_{ns} \varDelta x} \frac{z}{\varDelta x} \ll 1 \tag{17}$$

となる. 上の各項の意味は次の通りである:

$v/\omega_{ns}\varDelta x$ は粒子が Larmor の歳差運動の週期内に動く距離と場が最大の振動に達するまでの距離 $\varDelta x$ との比であり, $z/\varDelta x$ は原子線中の粒子の対称軸からの平均距離と $\varDelta x$ との比である. $z/\varDelta x$ は通常極めて小さいというものではない. 距離 $\varDelta x$ は磁極間のへだたりの程度であり, ビームの対称軸からの高さは普通この比の相当の部分を占めるからである. 従って断熱近似が成立つためには通常 $v/w\varDelta x$ の小さいことが実際上必要となる.

原子内電子から生ずる磁気能率は

$$\omega = e\mathcal{H}/2\mu c \cong 10^7 \mathcal{H}.$$

ここで $\mathcal{H}$ は gauss で測るものとする. 熱運動の速度は 10^4 cm/sec 程度であるが, $\varDelta x$ は 1 mm 位のものであるから, $v/(\omega\varDelta x) \cong 10^{-2}/\mathcal{H}$. だから上の比は極く弱い場を使うとしても, たやすく小さくできる.

しかし核の磁気能率を調べる際には, Larmor 振動数は陽子質量程度の量で

決められる.その場合には,問題の比は $20/\mathcal{H}$ の程度となり,この比を小さくするには中位の程度の大きさの場にまでゆかねばならぬことは明白であろう.

<u>磁場と曲率との関係</u>　その方向が1点から1点へ変化する磁場の中を粒子が運動しているとき,断熱条件が満足されるならば,即ち場の方向がそれ程急に曲ることがなければ,L の場の方向の成分は,場の方向が変化するにもかかわらず,一定に保たれる.

<u>角運動量の高周波の場による共鳴翻転</u>　断熱条件が満足されないと,L_z の相異る成分間の遷移が起る.二三の実験に於ては,わざと(高周波の)急速に振動する磁場を使ってこのような遷移を得ることが試みられている*.だがその点について,ここで詳細に論ずることはやめておく.

(b) <u>気体分子の衝突</u>　二つの気体原子が互いに近づき衝突する場合に重要な問題は,それらの相互作用から生ずる力によって電子状態間の遷移が惹き起され得るかどうかである.言い換えると,分子の運動エネルギーが電子の励起に使われ得るか?,或いは逆に,励起状態にある電子が基底状態に遷移し,そのエネルギーを分子の運動エネルギーとして渡すことができるか?,である.さて分子の速度は通常かなり小さいが(略々 10^4 cm/sec),それに対して原子内電子の速度ははるかに大きい($\simeq 10^8$ cm/sec).それ故原子内の電子の廻転週期の間に分子はそれ程遠くへはゆかない,従って相互作用エネルギーも大して変らない.これはその衝突が普通断熱過程とみなされること,即ち電子がもともとの量子状態に留まること,を意味している.その結果,この衝突はすべてが終った後で,電子は分

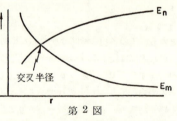

第2図

子運動にエネルギーを与えも失ないもしないという意味で弾性的といえる.[この性質は既に,例えば van der Waals の力を記述するに用いられた(第19章3節).そのところでは分子運動の効果を無視したのであった.]

ところがこの断熱的性質の破れてしまうような多くの場合がある.断熱近似の成り立つためには $\partial H/\partial t$ の小さいことばかりでなく,E_n-E_s があまり小さくならないのが必要であったことを思い起そう.原子が遠く離れているときには,電子状態の間隔は普通かなり広く開いている.しかし原子が互いに近づい

* F. B. M. Kellogg and S. Millman, *Rev. Mod. Phys.* **18**, 323 (1946).

て来ると，電子状態のエネルギーは変化する．それは各電子が両方の原子の合成された力の場の中にあることとなるからである．この変化は，第2図に示した通り，ある半径で電子状態が交叉するような方向に起り得るであろう．粒子が交叉半径程度にまで近寄ると，量子状態が変化する大きな確率が存在することになる．そして両原子が遠ざかった後には，それらは他の量子状態にあることとなろう．例えば原子が始め励起状態にあるとしよう．それが他の原子と衝突するとき，両原子が交叉半径にまで接近すれば，基底状態へ遷移し得るわけである．そして両原子が互に遠く離れるとき，電子は基底状態に残り，電子のエネルギーは分子の運動エネルギーにと移ってしまうであろう．この過程は"第二種の衝突"として知られるものである*．

（c） 高速荷電粒子の原子によるエネルギー損失　陽子とかα粒子とかいった重い荷電粒子が原子の近くを通る時には，それと電子との間の力のために電子のエネルギーが移り，従って原子が励起されたり，またはイオン化されたりすることとなる．その結果エネルギーを失って速く走っていた粒子は遅くなり，結局，何度もこのようなエネルギーのうけわたしを繰返した後，その高速粒子は止まってしまうことになろう．それでこういったエネルギーのうけわたしの起る確率からその高速粒子の問題にしている物質中での平均行路が決められるわけである．

どんな特別の衝突に於いても，エネルギーのうけわたしは，荷電粒子がどれ程原子に近づくかに依存することは明白であろう．われわれはエネルギーのうけわたしがどのように最も接近する距離に関係するかについてもっと精密な観念を得たい．この問題の題意を第3図に図示した．

先ずこの過程の古典的記述を与えることにしよう．荷電

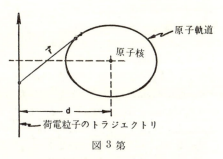

図 第3

---

* より完全な議論については，L. Pauling, *The Nature of the Chemical Bond*; Ruark and Uray, *Atoms, Molecules and Quanta*, pp. 386—403; Mott and Massey, *The Theory of Atomic Collisions* pp. 243—250; C. Zener, *Phys. Rev.* **37**, 556 (1931); E. Stueckelberg, *Helv. Phys. Acta.* **5**, 6, 369 (1932) を見よ．

粒子と原子内の電子との間の力は Ze^2r/r^3 である. 但し r は原子内の電子と荷電粒子とのへだたりを表わすベクトルとする. この力は荷電粒子が最も接近する点から d の程度の距離のうちにある間だけ大きいもので, それから後は, へだたりが増すにつれて極めて急速に減少する. それ故, v を粒子の速度とすると, エネルギーのうけわたしが行われる期間は $d/v=\tau$ の程度となる. そこで, この時間が電子の軌道廻転週期 τ_e にくらべて非常に短いならば, 衝突は原子内電子がそれ程遠くまで動くことのできない前に終ってしまうであろう. このような衝突は "撃突" と呼び, 普通電子へ相当のエネルギーが移る結果をみるものである. 他方, 距離 d が大きく $\tau \gg \tau_e$ であると, 電子は衝突の行われる間に何度も回転するわけである. 衝突時間を非常に長くした極限では, 電子の軌道は, 重い荷電粒子の存在する結果生ずるポテンシャルの変化に適うように断熱的に調整されることとなろう. 言い換えれば, 電子は近似的に, 重い荷電粒子がそれの各瞬間の位置に固定された場合にとるような軌道上を運動するのである. 重い粒子が動くにつれて電子軌道はゆっくりと可逆的に (即ち断熱的に) 変化する, 従って衝突終了後電子は衝突前と同じ軌道に留っている. その結果, 断熱的衝突ではエネルギーのうけわたしは何もない. $d/v > \tau_e$ のとき, 衝突は断熱的となるから, この衝突では眼に立つ程のエネルギーのうけわたしがないという結論になる. この結果は荷電粒子の物質中に於ける透過力を勘定する際に重要なものである. Bohr はこの問題の理論を詳しく取扱った [*Phil. Mag.* **25**, 10 (1913)].

エネルギーうけわたしの入射粒子の速度による変化もまた次のように了解できる: ある与えられた最も接近する距離 d に於いては, 粒子が十分速く運動する場合ならその衝突は撃突となろう. ところが粒子が速くなればなる程, 運動量のやりとりは小さくなる. それ故エネルギー損失は, 粒子が遅くなるにつれて断熱近似が適用できる程になるまでは増大し, それから後ではエネルギーのやりとりは減少する. その結果, エネルギーのやりとりが最大になるようなある速度 (原子内電子の速度の程度) が存在するわけである.

量子論でもこの問題は大よそ同じである. 但し d/v を $\hbar/(E_n-E_0)$ としなければならない. E_n と E_0 とは原子のエネルギー準位である. しかし $\hbar/(E_n-E_0)$ は普通古典的に計算された週期と同程度の大きさであるから, 古典論的な断熱条件と量子力学的なそれとは事実上同一になる.

4. ポテンシャルの瞬間的な変化に対する近似　多くの場合, 擾乱は大きく,

第20章　瞬間的摂動と断熱的摂動　　　581

しかも遷移の関係する時間 ($\tau \cong \hbar/E_n - E_0$) にくらべて極めて急速に入って来るものである．この種の擾乱は，それが小さな場合には，既に常数変化の方法で取扱った*．この取扱いを攪乱の大きな場合に拡張するのはなんでもないことである．それには，時刻 $t=0$ に於いて，Hamiltonian が急に H_0 から H_1 に変り，それから後は不変に保たれると考えよう．$t=0$ までは固有函数は $u_n e^{-iE_n^0 t/\hbar}$ で与えられる．但し，$H_0 u_n = E_n^0 u_n$．時刻 $t=0$ 以後の Hamiltonian 演算子の固有函数を v_m と書くことにしましょう．それらは方程式

$$H_1 v_m = E_m v_m \tag{18}$$

を満し，$v_m e^{-iE_m t/\hbar}$ の時間的変化を持つものである．

　この力学系が $t=0$ 以前長い時間孤立していたとすれば，その体系はある定常状態に，この場合では H_0 のひとつの固有状態に落ち着くこととなろう．それが n 番目の固有状態であったとすると，$t=0$ での波動函数は

$$\psi = u_n(\boldsymbol{x}) \tag{19}$$

となる．$t=0$ 以降では，$u_n e^{-iE_n t/\hbar}$ はもはや Schrödinger 方程式の解ではない，Hamiltonian が突然 H_1 に変るからである．波動函数は $t=0$ で連続でなければならないが，方程式 $i\hbar\partial\psi/\partial t = H\psi$ に従って，変化の割合は H_0 が H_1 に移る時急に変化するであろう．$t=0$ 以後 ψ がどのように変るか見るのには，それを Schrödinger 方程式の解，この場合は $v_m e^{-iE_m t/\hbar}$ の級数に展開するという通常のてだて [第10章 (73) 式参照] を採る．こうして $t=0$ では

$$\psi = u_n(\boldsymbol{x}) = \sum_m C_{mn} v_m(\boldsymbol{x}) \tag{20}$$

と書ける．係数 C_{mn} は $v_m{}^*(\boldsymbol{x})$ を乗じ，$\boldsymbol{x}$ はついて積分すれば求まる．v の直交性と規格性とを使って

$$C_{mn} = \int v_m{}^*(\boldsymbol{x}) u_n(\boldsymbol{x}) d\boldsymbol{x} \tag{21}$$

を得る．それ故 $t=0$ 以後の波動函数は

$$\psi_n(\boldsymbol{y}) = \sum_m C_{mn} v_m(\boldsymbol{y}) e^{-iE_m t/\hbar} = \sum_m v_m{}^*(\boldsymbol{x}) u_n(\boldsymbol{x}) d\boldsymbol{x} v_m(\boldsymbol{y}) e^{-iE_m t/\hbar} \tag{22}$$

となる．

　上の導き方は確かに Hamiltonian の瞬間的な変化に対してあてはまるものであるが，瞬間的でなくとも，十分速い変化に対しても使えるはずである．瞬

---

* 第18章7節参照．

間的変化ということのために簡単になる肝心の点は，Hamiltonian が変化しても波動函数は変らない，というところであった．その間中 Hamiltonian が変化しているような時間 τ の間の波動函数に於ける変化は，$e^{i(\epsilon_m-\epsilon_n)t/\hbar}$ の程度の指数函数の因子で決められる．ここで ϵ_m と ϵ_n とはその時間中での Hamiltonian の固有函数の瞬間的な値である（ϵ_m は普通最初のエネルギー準位 $E_m{}^0$ と最後のエネルギー準位 E_m との間のどこかにある）．この波動函数の変化が小さいためには，$(\epsilon_m-\epsilon_n)\tau/\hbar \ll 1$ なることが必要である．但し，ϵ_m と ϵ_n は今考察中の遷移に関係するエネルギー準位とする．

5. 応用. β 崩壊に於ける原子核からの電子の放出 β 崩壊の過程に於いては，1 個の電子が，大抵の場合，光速度に近い速さでもって放出される*．その電子は r/c の程度の時間内に原子から去ってゆく，r は原子半径である．他方，原子内電子の週期は $2\pi r/v$ の程度であるが，これは普通少くとも 100 倍は大きい（v は原子内電子の速さ）．このことは，あらゆる実際上の目的に対して，原子核の荷電が突然 Z から $Z+1$ に増すと言い得ることを意味している．この変化が起った瞬間の電子の波動函数 $u_n(\boldsymbol{x})$ は，荷電 Z の原子の定常状態に適合するものである．新らしい荷電 $Z+1$ の原子では，この波動函数はもはや定常状態に対応しない．(20) 式で示したように，新しい荷電 $Z+1$ に対する定常状態の波動函数によって展開されなければならない．これはその原子が，β-崩壊の過程の突発的である結果として，新しい原子の励起状態に留まるひとつの確率の存在することを意味する．この励起は引き続いて輻射が射出されることによって知ることができる．その輻射は通常 X 線の領域に入るものである．

事実，β-崩壊で放出される電子のエネルギーは全スペクトルにわたっている．少数の電子は極めて低い速度で放出される．こういった原子内電子の平均速度より十分低い速度を持った電子は，原子内電子の断熱的摂動を生ずる傾向にあり，その原子を励起されたままにはしておかないであろうが，これら低速度の電子の数は極く僅かでしかないため，それらの影響を検出することはむつかしい．

問題 1： 角振動数 ω，質量 m の調和振動子がその基底状態にある．ある定った力をその振動の方向に，振動週期にくらべて短い時間 τ の間働かせる．力を取り去った後に原子が最低励起状態にある確率を計算せよ．ヒント：その一定の

---

* β 崩壊の議論については H. Bethe, *Elementary Nuclear Physics* を参照．

第20章　瞬間的摂動と断熱的摂動　　583

力を a とすると，ポテンシャルに ax が加わり，Hamiltonian は

$$H=\frac{p^2}{2m}+\frac{m\omega^2}{2}\left(x-\frac{a}{m\omega^2}\right)^2-\frac{a^2}{2m\omega^2}.$$

である．上式は新しい平衡点をもった振動子を表わすものでしかない．そこで (20) 式の展開を 1 次の Hermite 多項式について行った，新平衡点をもつ振動子の波動函数を用いねばならない．

6. 摂動論と瞬間的遷移の理論との関係　　第 18 章の 7 節に於いて，われわれは $t=t_0$ に突然入ってくる小さな摂動の場合を取扱い，この摂動は，無摂動 Hamiltonian H_0 の他の準位への遷移を惹き起すものとみなされることを知った．しかし厳密な取扱いでは，本節で展開される，Hamiltonian に於ける瞬間的な変化を扱う方法を使わねばならない．摂動が入るや否や H_0 の固有函数は定常状態でなくなってしまう．だがこれらの固有函数は，Hamiltonian の本当の固有函数の級数に展開できる．

$$u_n=\sum_m C_{mn}v_m(\boldsymbol{x})e^{-iE_mt/\hbar}.$$

この記述に於いては，波動函数は変化する．各々それ自身の位相因子をもって振動する，いろいろな定常状態の 1 次結合になっているからである．しかしその変化は，摂動を，無摂動系の Hamiltonian の他の固有状態の遷移の原因とみたときに得られるものと，完全に同等である．

問題 2:　小さな振動に対しては，常数変化の方法は "瞬間近似" と同じ結果に導くことを証明せよ．

第 V 部　散 乱 の 理 論

第21章　散 乱 の 理 論

1. 序　論　ある粒子のビームを物質にさし向けるならば，どのような種類のものであろうと，それらの粒子は常に，遭遇した物質を構成する粒子と衝突をおこし，その結果，はじめの径路からそれるであろう．このような散乱過程を研究する問題は，以下の二つの理由で重要である．即ち，第一に，気体放電中での電子の阻止，気体分子の衝突，放射性粒子や宇宙線粒子の阻止，といったような極めて多くの興味深い諸効果は，少くとも部分的には，すべて散乱の確率によって決定されるものである．第二の，恐らく遥かに重要な理由として，散乱の結果を詳細に研究することによって，散乱される粒子と散乱を起させる粒子の本性について，ひとしく，多くのことを学び得るという事実がある．原子や原子核の物理学におけるわれわれの知識の中の膨大な部分が，まさにこのような諸測定の研究に由来するものなのである．

2. 散乱の古典的理論　初期の考えでは，原子は大体球に近い形をした完全弾性体であった．気体の原子は思い思いの方向に運動しており，そのために頻繁に相互衝突を起し，その結果運動方向の偏倚をこうむる筈である．衝突の確率は，分子の密度，分子の形状，分子の平均速度，という三つの要因に依存している．

分子が半径 a の球形であるならば，二個の分子の中心間の距離が $d=2a$ 以下にまで互いに接近した際，必ず衝突が起るであろう．ある短い時間 dt の間にある与えられた粒子が他の粒子と衝突する確率を計算するために，底面積が πd^2，高さはその時間内に粒子が動く距離 $dx=vdt$ に等しいところの円柱を考えることにしょう．そうすれば，衝突の確率は，他の粒子の中心がこの円柱形の領域内に存在する確率と丁度等しくなる．粒子密度 ρ を用いると，この確率は次のようになる．

$$dP=\rho\pi d^2vdt. \tag{1a}$$

厳密にいうと，この確率が精確なものであるのは，時間が極めて短く従って dP が小さい，という場合に限られる．何故なら，長時間を経過すると，上に

論じた円柱が非常に多くの分子を容れることになり，ある分子が他の分子の道すじの中に入ってくる，即ち，ある分子が他の分子の蔭になる，といったことが起り得るからである．この事情は第1図に示されている．われわれが追跡しつつある分子は A である．それは B を打つことができるから，C を打つ確率は小さくなる．何故ならば，A は，C を打つ前に B とぶっかることによってそれたり停止したりするかも知れないからである．径路が非常に長く，そのために衝突の確率が大きいような場合には，一回以上の衝撃が起きる可能性を

第 1 図

論じなければならない．それには多重散乱の理論が必要である*．しかし，われわれは多重散乱の場合は扱わないことにする．そして，問題を，物質の厚さが極めて薄く，多重散乱を無視しても差支えない場合だけに限ることとしよう．このような制限は，"厚い標的"ではなく"薄い標的"を用いることを意味している．

3. 断面積の定義 物質のある与えられた厚さ dx を通過する際に，粒子が散乱される確率は，"散乱断面積"とよばれる量によって表わすことができる．このことを実行するために，各分子は入射する粒子に対して面積 $\sigma = \pi d^2$ の標的になっている，ということに注意しよう．この標的の面積は，ビームが進む方向から見た場合，その中で衝突が起り得る領域の断面積と丁度等しくなっている．これが，"散乱断面積"という名のよって来る所以である．

通常そうであるように，われわれが多数の粒子を包含する対象を扱うとすれば，標的の総面積は個々の分子の断面積の和である．だが実際には，そういうことは，対象が非常に薄く，ある分子が他の分子の行路をさえぎるようなことは殆んどない，というかぎりにおいて真実であるにすぎない．その条件が満たされていないならば，標的の総面積は，個々の分子の断面積を別々に加え合わせたものよりも小さくなるであろう．しかし，標的が十分に薄ければ，面積 A, 厚さ dx の物質片（その中には $\rho A dx$ 個の分子が入っている）は，$\rho A \sigma dx$ に

---

* Richtmeyer and Kennard, p. 221 参照.

第21章 散乱の理論　　　587

等しい有効断面積を与えるであろう．その際，全面積 A のうち，分子によって"占められる"部分の割合は，$\rho A \sigma dx / A = \rho \sigma dx$ である．入射粒子が衝突を起す確率は，丁度この部分の割合に等しい．このようにして，われわれは，

$$dP = \rho \sigma dx \tag{1b}$$

を得る．$\sigma = \pi d^2$ と書けば，上の式と (1a) 式とが同じであることがわかる．方程式 (1b) は，衝突の確率と散乱断面積とを結びつける基本的な関係を与えるものである．

4. 自由行路の分布　ある粒子が衝突を起すまで自由に運動する距離を，自由行路と定義する．散乱を起させる分子が衝突してくる分子の道すじと何処でぶつかるかに従って，この自由行路が可成無秩序な変化をすることは明らかであろう．散乱体が無秩序に分布しているという，そのために，粒子が極めて長い自由行路をもつということも時たま起るであろう．しかし，平均を考えると，自由行路の大部分がある平均値に近い値をもつような特定の統計的分布が存在するであろう．

平均自由行路を得るために，われわれは，粒子が距離 x の間に衝突を起さない確率 $Q(x)$ を計算することから始める．これは，自由行路が x もしくはそれ以上である確率を与える．この確率を出してくるために，dx という距離の間の Q の減少する分と，その距離進む間に衝突が起る確率とが等しいということに注目する．ところがこれは，粒子が衝突することなく x に到達する確率と，粒子がその領域内にあれば1回衝突が起る確率とを掛けたものに等しい．(1b) 式によれば，後者は丁度 $\rho \sigma dx$ である．こうして，われわれは，$dQ = -Q\rho\sigma dx$ を得る．即ち，

$$Q = e^{-\rho\sigma x} \quad (x=0 \text{ で } Q=1 \text{ であることに注意！})$$

自由行路が x と $x+dx$ との間にある確率は上の式を微分すれば求められる：

$$R(x) = \left| \frac{dQ}{dx} \right| = \rho\sigma e^{-\rho\sigma x}.$$

平均自由行路は，丁度

$$l = \int_0^\infty x R(x) dx = \int_0^\infty \rho\sigma e^{-\rho\sigma x} x dx = \frac{1}{\rho\sigma} \tag{2}$$

となる．

5. 散乱角の函数としての断面積　これまで，衝突の結果現われる筈の散乱角の分布を考慮しなかった．この問題を調べるために，まず散乱される分子が

散乱を起させる分子に比べて非常に軽いという特別の場合を考えることにしよう．そうすれば，散乱を起させる分子の方は，散乱過程の間中，本質的に静止しているものと仮定して差支えない．もっと一般的な場合は 12 節で論ずる．更に，各分子が半径 a の弾性をもった剛体球であるということを最初に仮定しておく．その場合には，粒子がふれる角 θ は，散乱の前後における粒子の運動の方向のつくる角によって定義される．散乱角は，二つの粒子がどの程度直接的にぶつかり合うかによって変化するであろう．例えば，存在する二つの極端な場合をあげてみると，一つは，"真正面からの"衝突であってふれは π に近い結果となり，今一つは"すれちがい"衝突であって比較的小さい偏倚を示すものである．

この問題を取扱うために，第2図に示したような図を考えてみよう．明らかに，ふれの角は，最初に粒子が接近してくる線と散乱を起させる粒子の中心 O との間の距離 b に依存するであろう．この距離のことを"衝突径数"とよぶ．もし，球が完全弾性体ならば，ふれの角は，最初の運動の方向と，接触点における二個の球の接線とのなす角 ψ の丁度二倍である．即ち，

$$\theta = 2\psi$$

を得る．更に，少しばかり幾何学を使えば，次のことが示される：

$$\cos\psi = \frac{b}{2a}, \qquad \text{もしくは} \qquad \theta = 2\cos^{-1}\left(\frac{b}{2a}\right).$$

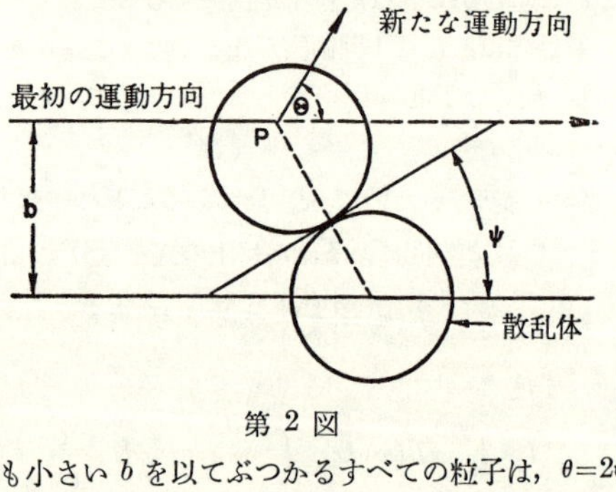

第 2 図

$2a\cos\psi$ よりも小さい b を以てぶつかるすべての粒子は，$\theta = 2\psi$ よりも大きなふれを受けるであろう．そこで，θ よりも大きいふれをもつような衝突をさせる上に有効である面積に等しい断面積を $S(\theta)$ とかくことにすると（完全弾性球模型に対して）．

$$S(\theta)=\pi b^2=\psi\pi a^2\cos^2\psi=4\pi a^2\cos^2\frac{\theta}{2} \tag{3}$$

が得られる. $S(\theta)$ のことを, θ もしくはそれ以上の角度に対する散乱の断面積とよぶ. 大きなふれを生ぜしめるように効いてくるのは散乱球の小部分でしかないことは明らかである. だから, θ の増大とともに $S(\theta)$ は減少する.

6. 微分断面積　今一つの重要な断面積は, 微分断面積 $q(\theta)$ である. これは, θ と $\theta+d\theta$ との間の大きさをもったふれを生ぜしめる断面積が $q(\theta)d\theta$ になるように定義される. そして, $S(\theta)$ を微分することによって得られる.

$$q(\theta)=\left|\frac{dS}{d\theta}\right|. \tag{4}$$

硬い弾性球の場合には, $q(\theta)$ は次のようになる.

$$q(\theta)=4\pi a^2\sin\frac{\theta}{2}\cos\frac{\theta}{2}=2\pi a^2\sin\theta. \tag{5}$$

更にもう一つの重要な断面積は, 単位立体角あたりの微分断面積である. その際問題になる角を明らかにするために, 第3図で与えた図を考えてみよう. θ はふれの角であり, ϕ は, ある規準となる方向に対して, 偏倚した粒子の運動の方向がとる方位角である.

その際. 単位立体角あたりの断面積 $\sigma(\theta,\phi)$ は, 立体角要素 $d\Omega=\sin\theta\,d\theta\,d\phi$ の中に曲げられるのに有効な断面積が

$$\sigma(\theta,\phi)\sin\theta\,d\theta\,dp$$

に等しくなるように定義される*. 剛体球の場合は, $\sigma(\theta,\phi)$ は ϕ の函数ではない. 粒子の形が球でないならば, 明らかに, 異った $d\phi$ をもった要素中に曲げられる確率は異ってくる. 一般に $\sigma(\theta,\phi)$ と $q(\theta)$ との関係は,

$$q(\theta)=\sin\theta\int_0^{2\pi}\sigma(\theta,\phi)d\phi \tag{6}$$

である. σ が ϕ の函数でない場合に対しては,

$$q(\theta)=2\pi\sin\theta\sigma(\theta) \tag{6a}$$

---

* これ以後現われる σ と, 3節で導入した全断面積を示す σ とを混同してはならない. 今後, 特に断らないかぎり, σ は単位立体角あたりの断面積に対して用いられるであろう.

を得る.上に述べた定義から,剛体球の場合は,

$$\sigma = a^2 \tag{6b}$$

となることは明らかである.これは,剛体球については,あらゆる立体角要素中への散乱確率が一様だということを意味するものである.

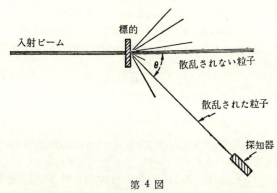

第 4 図

散乱問題に於ける典型的な実験配置が第4図に示されている.散乱された粒子は検出器を使って勘定される.単位時間内に検出器中に散乱されてくる粒子の数は $j\rho\sigma\,dx\,d\Omega$ である.ここに,j は単位面積あたりに入射する流れであり,$d\Omega$ は検出器が標的に於いて張る立体角である.ρ と j とが判っていれば,この数の測定値から σ を計算することができる.

標的が気体の時には,通常実験上の問題はより困難である.しかし,こうした諸困難は,多くの場合,種々の方法によって解決されている.

7. より一般的な散乱の理論 ここまでは,粒子があたかも弾性をもった剛体球のようにふるまう,という仮定のもとで散乱過程を論じてきた.ところが,この仮定が全面的には正しいとはいえない,ということをわれわれは知っている.例えば,原子間に働く力は,第5図に示すようなポテンシャル曲線を使って記述することができる.実際に,原子は遠距離では互いに引きあい,近距離では互いに斥けあう.原子が相互に極めて接近してくるにつれて斥力はかなり鋭く増加する.そのために,原子をそれ以上に近づけあうことが極めて困難になる距離 r_0 が存在し,それが有効原子半径の大体の値として定義できるのである.剛体球のもっているポテンシャルは,$r>r_0$ では到る所で零であり,

$r<r_0$ では無限大となるようなものであろう. そして, ある種の系では, 他の系に比し, より剛体球に近い. 例えば, 稀有気体原子では引力は非常に小さいが, 斥力は極めて急激に増加する. その結果, そのような原子は殆んど"剛体球"同然にふるまう. とこ

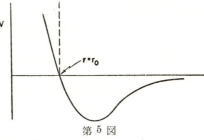

第5図

ろがナトリウム原子のようなものになると, この力がそれほど突然には現われて来ないという意味で, はるかに"柔らかい"のである. 荷電粒子間のポテンシャル ($V=e^2/r$) となると, 更に"柔らかい"力となる. 事実, あまりにも柔らかなため, 剛体球のような概念は, 良好な近似から極めて縁遠い存在となる.

そこで, われわれは, 任意の球対称の力の法則に対して断面積を計算できるようにこれまでの取扱い方を拡張しなければならない. これを行うために, 球対称力の場合の軌道が常にある平面上に存在するであろうということに注意する. そのような軌道を第6図に示した. まず, 衝突径数 b を定義する. これは剛体球の場合同様, 最初の粒子の接近方向を示す直線と散乱を起させる力の中心との間の距離に丁度等しい. 粒子は, 図示したように, ある軌道に沿って進むであろう. (上に述べたのは, 斥力の法則が働く場合である. 引力の法則のときは軌道は別の曲り方をするであろう.) 正味のふれを θ であらわし, 最も接近したときの距離を a とする. ある瞬間に於ける粒子の位置は, 天頂角 φ と動径 r とによって記述される.

一般に, 運動方程式を解くと, ふれの角 θ は常に衝突径数 b の函数であることが判るであろう. 従って, われわれは次の様に書くことができる:

$$\theta = \theta(b),$$

乃至は, $$b = b(\theta).$$

θ と $\theta+d\theta$ の間の角度に散乱される断面積は, まさに ($2\pi b\, db$) という環の面積に等しい. 粒子が上の角度に散乱されるには, この環の中に入って来なければならない. 即ち

$$q(\theta)d\theta = 2\pi b \frac{db}{d\theta}d\theta \tag{7}$$

である. θ 以上の角度に散乱される全断面積は,上の式を, $b=0$ から $b=b(\theta)$ まで積分すれば求められる:

$$S(\theta)=\int_0^{b(\theta)} 2\pi b\, db = \pi b^2(\theta). \tag{7a}$$

これは丁度,半径 $b(\theta)$ の円の内部の面積に等しい.

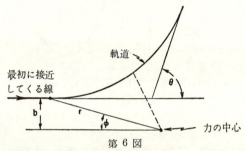

第 6 図

すべての可能な角度(零もしくはそれ以上)に散乱される全断面積は,上の式で $\theta=0$ とおくことによって見出だされる:

$$S(0)=\int_0^\pi q(\theta)d\theta=\pi b^2(0) \tag{7b}$$

さまざまの断面積を計算するためには,原理的には少くとも,粒子の軌道を知ること,その軌道に関する方程式を用いて θ を b の函数の形として解くこととが必要になる.

8. ふれが小さい場合に対する近似. 古典的な摂動論 ここでは, θ が小さな角である時には常に良い近似となるような, $\theta(b)$ を求める近似的方法を与えよう. 一般に,ふれが小さいのは働らく力が弱い結果であり,そして,粒子が中心から最も遠い所を通るとき,即ち b が大きいときに,働く力が一番弱い, というのが普通である.

最初に,ふれの角 θ に関する表式を求める. x 軸を最初の運動の方向に沿ってとり, y 軸をそれに直角にとることにしよう. $p=$ 最初の運動量, とする. これが全部 x 方向のものであることは勿論である. 力が働らく結果,粒子の運動量には y 成分が生ずる. それを p_y とあらわすことにしよう. そうすれば,ふれの角は,

$$\sin\theta=\frac{p_y}{p}$$

で与えられる．次は，p_y を解いて求める段取りになる．p_y は最初は零であるから，Newton の運動法則から，

$$p_y = \int_{-\infty}^{\infty} F_y \, dt$$

と書くことができる．力が球対称ならば，F_y は $\dfrac{y}{r}F$ に等しくなるであろう ；F は力の総量である．即ち

$$p_y = \int_{-\infty}^{\infty} y \frac{F(r)}{r} dt.$$

この積分を厳密に計算するためには，r と y とを t の函数として知らなければならない．これは運動方程式を解いてしまうことに相当している．しかしながら，われわれの近似法というのは，ふれを起させる力が弱ければ，粒子は最初の直線と殆んど同じ軌道上を略々一定の速度で進むという事実にその根拠をもっている．p_y は既に小さい量である．だから，r が力の存在しない場合の値に等しいとして計算した際に生ずる差が，2 次の微少量となろう．したがって，"非摂動軌道" を使って，即ち，力が零のとき粒子がたどる管の真直ぐな線を使って r を計算しても，良好な近似となろう．斯様にして，われわれは次の如く書くことができる．

$$y \cong b, \quad x \cong vt, \quad r \cong \sqrt{b^2 + v^2 t^2};$$

及び

$$\theta \cong \sin\theta = \frac{p_y}{p} \cong \int_{-\infty}^{\infty} \frac{b F(\sqrt{b^2 + v^2 t^2}) dt}{p\sqrt{b^2 + v^2 t^2}}.$$

新らしい変数として，$t = bu/v$ を採ると便利になる．そのとき次の結果が得られる（$p = mv$，$E = mv^2/2$）.

$$\theta \cong \frac{b}{2E} \int_{-\infty}^{\infty} \frac{F(b\sqrt{1+u^2}) du}{\sqrt{1+u^2}}. \tag{8}$$

上の式が，われわれが求めていた結果である．今度は，これを若干の実例に対して応用してみよう：

（a）Coulomb 力　この場合に対しては，$F = Z_1 Z_2 e^2/r^2$ である．ここで，Z_1 は，散乱を起させる粒子の電荷，Z_2 は散乱される粒子の電荷であって，いずれも電子の電荷を単位としてとってある．この力は，次の結果に導く：

$$\theta \cong \frac{Z_1 Z_2 e^2}{2bE} \int_{-\infty}^{\infty} \frac{du}{(1+u^2)^{3/2}} = \frac{Z_1 Z_2 e^2}{Eb}. \tag{9a}$$

上の関係は,ふれの角が衝突径数 b に反比例することを示している.これは重要な結果である.断面積は

$$q(\theta) = 2\pi b \left| \frac{db}{d\theta} \right| = \frac{2\pi (Z_1 Z_2 e^2)^2}{E^2 \theta^3} \tag{9b}$$

になる.この結果は,次のような若干の重要な性質を持っている:

(1) ある与えられた角 θ に於ける断面積は,エネルギーの増加と共に急激に減少する函数である.物理的には,速度の早い粒子を曲げるにはより多くの力が必要であるが,そのような力は,衝突径数が小さい場合しか得ることができない;したがって,E が増えると θ は急激に減少するということである.

(2) θ が零に近づくと,断面積は ∞ に近づく,事実,積分された断面積 $S(\theta)$ も無限大に近づく.その理由は,Coulomb 力が非常に長い到達距離をもっていることによる.ふれをどこまでも小さくしてゆこうと思うなら,それは衝突径数を大きくまた大きくしてゆけば,常に可能である.その結果,断面積もどこまでも大きくなってゆくのである.

(3) 実際問題としては,任意に遠い距離にまで何らの変化も受けずに Coulomb 力が及んでいると仮定するのは,常にひとつの抽象なのである.例えば,原子核による Coulomb 力は,原子半径の二,三倍程度の距離を超えると原子内の電子によって遮蔽(若しくは遮断)される.その結果現われるポテンシャルの形は,第7図に示してある.同様にして,イオン気体や電媒質の中でも,あるきまった符号をもったイオンは,常に逆の符号をもったイオンから成る荷

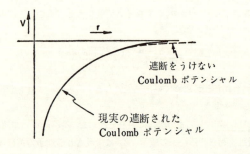

第 7 図

電の雲にとり囲まれており，そのために Coulomb ポテンシャルは十分遠方ではすっかり遮断されてしまっているのである*. 一般に，いかなる問題においても，現実には常にこのような遮断が存在しているであろう.

遮断された Coulomb ポテンシャルに対する良好な近似は，

$$V = \frac{Ze^2}{r} \exp\left(-\frac{r}{r_0}\right) \tag{10}$$

である. r/r_0 が 1 に比べて遥かに大きい所では，指数函数の因子が，力を無視できるようにしている.

（4） 遮断された Coulomb ポテンシャルを用いると，b が遮断の起きる距離を超えた途端，b の増加に対して θ は $1/b$ よりもずっと急速に零に向うようになろう. 事実，遮断の起きる距離から少しでも出た所では散乱効果は全然無視できる. それ以下では断面積が増大するのを止めるという最小の角度は，(9a) 式で $b=r_0$ とおけば求められる. 即ち，

$$\theta_{\min} = \frac{Z_1 Z_2 e^2}{Er_0}. \tag{11}$$

角度の函数として，遮断されていない Coulomb 断面積を第8図に示しておいた. 遮断された Coulomb 断面積は第9図のようになる.

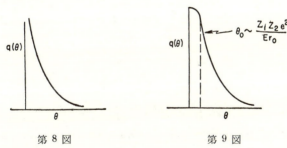

第 8 図　　　　　　　第 9 図

（5） θ の大きい（$\cong 1/2$）場合には，摂動論が駄目になるということを想起すべきである. しかし，すべての θ に対して正しい結果を 10 節で求めるであろう.

（b） <u>$1/r^3$ の法則に従う力</u>　この場合に，$F=K/r^3$ と書けば，

---

* White, *Introduction to Atomic Spectra*, p. 314.

$$\theta = \frac{K}{2b^2 E} \int_{-\infty}^{\infty} \frac{du}{(1+u^2)^2} = \frac{\pi K}{4b^2 E}; \tag{12a}$$

$$b^2 = \frac{\pi K}{4E\theta} \tag{12b}$$

微分断面積は

$$q(\theta) = \pi \left| \frac{d}{d\theta}[b^2(\theta)] \right| = \frac{\pi^2 K}{4E\theta^2}. \tag{12c}$$

問題 1: $F = r^{-n}$ に対する断面積を求めよ.

断面積のエネルギーや角度に対する依存の仕方が, 力の法則如何によって変ることが判る. そこで, こういった量を実験的に研究すると, 力の法則に関する知識が得られるわけである[*]. われわれは, 11 節で再びこの点に立ちもどることにしよう.

9. エネルギーや運動量のやりとりに関する断面積

二, 三の場合 [(9b) 式と (12c) 式] には $\theta = 0$ で無限大になるばかりでなく, θ で積分した時にも無限大の結果を与えるような断面積が得られた. 8 節で示したように, このような無限大の断面積が意味するところは, 充分小さなふれを考えようとすると, それが非常に大きい衝突係数の所で求まるというにすぎない. だが, こうした僅かなふれは, 物理的にはそれ相応の僅かな影響しかつくり出さないのが普通である. 例えば, 荷電粒子に対する物質の阻止能は, 最初の運動方向から, それと直角の方向へ移るエネルギーの平均値に依存している. 今, ある衝突の際に, 最初の運動方向におけるエネルギー損失は,

$$\Delta E = \frac{(\Delta p)^2}{2m} = \frac{p^2 \sin^2 \theta}{2m} \cong \frac{p^2 \theta^2}{2m}$$

である. そこで, 移行されるエネルギーの平均値は,

$$\overline{\Delta E} = \int_0^\pi q(\theta) \Delta E(\theta) d\theta \cong \frac{p^2}{2m} \int_0^\pi q(\theta) \theta^2 d\theta.$$

散乱断面積自体は無限大になっても, やりとりされるエネルギーの平均値は有限のままでいるのが普通である. 例えば, $F = K/r^3$ という法則にしたがう力では,

$$\overline{\Delta E} \cong \frac{p^2}{2m} \frac{\pi^2 K}{4E} \int_0^\pi \frac{\theta^2 d\theta}{\theta^2} = \frac{\pi^3 p^2 K}{8mE} \tag{13a}$$

---

[*] この節で得た諸公式は古典的極限に対してしか通用しない. これらの結果の量子論への拡張に関しては, 23 及び 47 の諸節を参照のこと.

第21章 散乱の理論　　　597

が得られる [(12c) 式参照]. また, Coulomb 断面積に対しては,

$$\overline{\varDelta E} \simeq \frac{p^2}{2m} 2\pi \frac{(Z_1 Z_2 e^2)^2}{E^2} \int_{\theta_{\min}}^{\pi} \frac{\theta^2 d\theta}{\theta^3} = \frac{\pi p^2}{m} \frac{(Z_1 Z_2 e^2)^2}{E^2} \ln\left(\frac{\pi}{\theta_{\min}}\right) \quad (13b)$$

を得る. $\theta_{\min}$ は Coulomb 散乱に於ける最小の角である (これは遮断距離によって決まる).

この結果は $\theta_{\min} \to 0$ とすると無限大になるが, $\theta_{\min}$ による対数の変化が極めて緩慢であり, 実際問題としては, 非常に広い範囲内の $\theta_{\min}$ の現実の値に対して, 結果に非常に鋭敏に響いてくるといったことはない*. 即ち, $\theta_{\min}$ を大ざっぱにみつもれば, $\overline{\varDelta E}$ に対する適度な近似が得られるのが普通である.

10. 散乱に対する厳密な解　角度の大きい散乱に対する理論を得るためには, 粒子の運動を厳密に解いて求めることが必要である. われわれは次の二つの方程式を用いる:

$$mr^2 \frac{d\phi}{dt} = mvb, \quad (角運動量の保存) \quad (14a)$$

$$\frac{m}{2}\left[\left(\frac{dr}{dt}\right)^2 + r^2\left(\frac{d\phi}{dt}\right)^2\right] + V(r) = \frac{mv^2}{2}. \quad (エネルギー保存) \quad (14b)$$

($r \to \infty$ としたとき $V(r) \to 0$ になると仮定されていることに注意!) (14a) を (14b) に代入すると,

$$\frac{dr}{dt} = \pm\sqrt{v^2 - \frac{b^2 v^2}{r^2} - \frac{2}{m}V(r)}$$

を得る. (14a) を上の式で割ると,

$$\frac{d\phi}{dr} = \pm\frac{vb}{r^2 \sqrt{v^2 - \frac{b^2 v^2}{r^2} - \frac{2}{m}V(r)}}$$

となる. そこで, 上の式を $r = \infty$ から $r = a =$ 最も接近した際の距離, まで積分し, 次いで再び ∞ まで積分すると, ふれ θ を解くことができる. 第6図を参考にすると, $p = 0$ で出発すれば積分の結果として次のようなものが得られることが判る.

---

* 上に与えた所の散乱の最小角度に対する限界は, 古典論が使える範囲内でしか通用しない. しかしながら, 量子的な領域でも似たような限界が得られる. それは古典的極限で妥当とされるものとは 正確には一致していない. (21, 32, 35, 38 の各節参照).

$$\Delta\phi=\pi-\theta, \qquad \text{または} \qquad \theta=\pi-\Delta\phi.$$

ところが，この被積分函数は，正の向きに積分しても負の向きに積分しても，同じ値の系列をたどるから，r を a から ∞ まで積分した結果を 2 倍するだけでよい．そこで，

$$\Delta\phi=2vb\int_a^\infty \frac{dr}{r^2\sqrt{v^2-\dfrac{2V(r)}{m}-\dfrac{b^2v^2}{r^2}}} \tag{15}$$

を得る．次に，$V(r)$ のある特定の値を上の方程式に代入するならば，原理的には $\theta(b)$ を計算することが可能となり，さらにそれから $b(\theta)$ や $q(\theta)$ を計算することもできるのである．

例： Coulomb 散乱．Rutherford 断面積．

$V=Z_1Z_2e^2/r$ とおいてみよう．そうすれば，

$$\Delta\phi=2vb\int_a^\infty \frac{dr}{r^2\sqrt{v^2-\dfrac{2Z_1Z_2e^2}{mr}-\dfrac{b^2v^2}{r^2}}}$$

が得られる．そこで，$r=1/u,\ du=-dr/r^2$ とおきかえをやると便利である．こうすれば，

$$\Delta\phi=2vb\int_0^{1/a} \frac{du}{\sqrt{v^2-\dfrac{2Z_1Z_2e^2}{m}u-b^2v^2u^2}}$$

$$=2\int_0^{1/a} \frac{du}{\left(\dfrac{1}{b^2}-\dfrac{2Z_1Z_2e^2}{mb^2v^2}u-u^2\right)^{1/2}}.$$

さて，最も接近した際の距離は，$dr/dt=0$ となる場所までとして定義される．ところが，これはまさしく，被積分函数の分母が零となる場所である．そこで，上の積分を遂行すると次のようになる．

$$\Delta\phi=\pi-\theta=2\cos^{-1}\frac{Z_1Z_2e^2}{mbv^2}, \qquad \text{または} \qquad \frac{Z_1Z_2e^2}{mbv^2}=\sin\frac{\theta}{2};$$

および

$$b=\frac{Z_1Z_2e^2}{mv^2\sin\dfrac{\theta}{2}}=\frac{Z_1Z_2e^2}{2E\sin\dfrac{\theta}{2}}. \tag{16a}$$

微分断面積は，

第21章 散乱の理論 599

$$q(\theta) = 2\pi b \left| \frac{db}{d\theta} \right| = \frac{\pi (Z_1 Z_2 e^2)^2}{4E^2} \frac{\cos \dfrac{\theta}{2}}{\sin^3 \dfrac{\theta}{2}}.$$

θ が小さい時には，近似式 (9b) と一致して，次のように得られることが直ちに証明できる．

$$q(\theta) = 2\pi \frac{(Z_1 Z_2 e^2)^2}{E^2 \theta^3}. \tag{16b}$$

単位立体角あたりの断面積は，

$$\sigma(\theta) = \frac{1}{2\pi} \frac{q(\theta)}{\sin \theta} = \frac{(Z_1 Z_2 e^2)^2}{16 E^2 \sin^4 \dfrac{\theta}{2}}; \tag{16c}$$

これが周知の Rutherford 断面積である．

11. 力の法則を調べるために断面積を用いること 今まで，われわれは力の法則を既知のものと仮定して断面積の方を調べてきた．しかしながら，断面積に関するデータを使って未知の力の法則を探求を試みることも屢々あるのである．このことを行うには幾つかの方法がある．一番普通の方法は，ポテンシャルが例えば $Ke^{-r/r_0}/r^n$ といった簡単な形をしていると仮定しておき，K, r_0, n などをデータと一致するように選べるかどうかを調べる，というやり方である．この方法を用いる際には，距離のどの範囲が，ある与えられた値のエネルギーや角度のふれを示す粒子によって調べられつつあるのか，ということについて，はっきりした考えを持っていなければならない．例えば，力が Coulomb 力ならば，(16a) 式から，小さいふれに対しては

$$b = \frac{Z_1 Z_2 e^2}{2E \sin \dfrac{\theta}{2}}$$

であることが示される．一般に，ある与えられた衝突径数をもった粒子は，それに働らく力の，その衝突径数と同程度の距離の所での強さに最も強く依存するような偏倚を受けるであろう．何故ならば，力は通常距離と共に可成急速に減少するものであり，その結果，粒子が衝突径数程度の幅をもった領域内に存在するときに，最も強く曲げる力が働らくからである．更に，この領域内では，dr/dt は零に近づくから，粒子はそのあたりでより多くの時間を費すことにもなる．即ち，上の公式によれば，距離が小さい所での力の性質を探るためには，

大きな E か, 大きな θ か, 或いはその両方かが必要なのである. θ にはある限界, 即ち π が存在する. その結果, ある距離の所で, 力を調べるために最小限必要な粒子のエネルギーが存在することになる. それは,

$$E = \frac{Z_1 Z_2 e^2}{2b} \tag{17}$$

である.

問題 2: α 粒子のベリリウム原子核による散乱の場合, 10^{-12} cm の衝突径数でもって $\theta = 10°$ を得るにはどれだけのエネルギーが必要であろうか?

もしも, θ のある特定の値に対して, 積分された断面積 $S(\theta)$ を得ることができるとすれば, 微分断面積だけから判ったものよりもずっと役に立つ知識が得られる. 何故ならば, $S(\theta)$ の測定は, 衝突径数 $b = [S(\theta)/\pi]^{1/2}$ を測定することと同等であり, 従って, あるふれ θ を生ぜしめるのにどれだけの衝突径数が必要かが判るからである. 移行される運動量が $\Delta p = p \sin \theta$ であるから, $b = (S/\pi)^{1/2}$ 程度の一般的な距離の領域での力の強さに関する知識が与えられる.

さまざまな原子核による α 粒子の散乱に対する注意深い研究が Rutherford によって遂行された. 彼は, Coulomb 力を仮定して予測された散乱が, 非常に短い距離内に到るまで驚くほどよく実験と合致していることを示した. 今日の原子論が正当と看做されたのは, これらの諸結果に基いてであった. 即ち, 極めて局部的にのみ電荷をもった原子核が遊星のごとき電子によって囲まれているという描像が, これらの散乱実験との一致を得るために必要とされたのであった. しかしながら, このような実験をエネルギーをどしどし高くしてやってみると, Coulomb 理論から予測される散乱からのずれが得られた. このずれは, 数百 kev 程度のエネルギーで得られた. そして, このことから, 10^{-12} cm 乃至それ以下の距離では (問題 2 を参照), Coulomb 的な性質のものでない新しい力が役割を演ずるようになるのだと結論することができた. 断面積がエネルギーや角度によってどのように変化するかということの注意深い研究によって, これらの所謂 “核力” の多くの性質が演繹された. この力については, 後に, 散乱の量子論と関連させて論ずることにしよう. つまり, それを記述する際量子的な効果が重要だからである. 当面は, 散乱断面積のエネルギーや角度に対する依存の仕方が, 力の法則の “柔らかさ” の目安を与えるということを定性的な仕方で注意しておくだけにする. 例えば, 剛体球の場合, 断面積

は常に $4\pi a^2$ であって,角度にはよらず,またエネルギーの高さにも無関係である. しかし,力が例えば Coulomb 力のように"柔らかい"とすれば,高いエネルギーをもった粒子は,それと知られるほどの偏倚を受ける以前に既に原子核の非常に近くまで来ている筈である. その結果,きまった散乱角に対する断面積はエネルギーの増加と共に急激に減少する. また,遮断されていない Coulomb 力は長い到達距離をもっているために,非常に小さいふれを生ぜしめる非常に大きな標的面積が存在し,したがって,θ が零に近づくと断面積は無限大になる.

12. 重心系から実験室系への座標変換 われわれがこれまで得た結果は,散乱体の方が衝突の間中静止したままでいると仮定して論ぜられたものであった. それは散乱体の方が,散乱される粒子よりも遥かに重いとしたからであった. もっと一般的な場合を扱うために,周知の古典力学の結果[*]から出発する. 即ち,2個の粒子の重心と共に動く座標系では,相対座標 $\xi = r_1 - r_2$ に関する運動方程式が,同じポテンシャル $V(\xi)$ の下で,換算質量

$$\mu = \frac{m_1 m_2}{m_1 + m_2}$$

と換算エネルギー $E = \frac{\mu}{2}\left(\frac{d\xi}{dr}\right)^2$ とをもった1個の粒子の方程式と同じになる,ということである. この一般的結果は,量子論でも同じく成立つ. 従って諸常数を正確に対応させる様に注意すれば,これまでに行って来たのと厳密に同じ方法で散乱の方程式を解くことが可能である.

重心座標系では,各々の粒子は最初,全運動量を零にするような速度で以て,反対側から重心に近づいてくる. 従って,

$$m_1 v_1 = m_2 v_2$$

である. 衝突後も全運動量が零のままであるためには,粒子は反対の方向に散乱されなければならない. 従って,二つの軌道は,第 10 図に

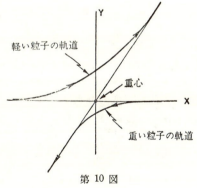

第 10 図

（軽い粒子の軌道, 重心, 重い粒子の軌道）

---

[*] Richtmeyer and Kennard, p. 120 参照.

示したようなものになる．そこで，重心系で計算された断面積 $q(\theta')$ を，断面積を常に観測している実験室系へ変換し直してやることが，われわれの課題となる．

これを行うには，まず，重心系で測られた角 θ' を実験室系へ変換し直すことが必要である．衝突では，実験室系で静止しているある粒子に向って発射される粒子が普通存在している．前者の粒子の質量を m_1 とし，動く方の粒子の質量を m_2 としよう．動く方の粒子の最初の（衝突前の）速度を v とする．そして，それを x 方向にとる．その際，系の重心の速度も x 方向のものとなり，$w=\dfrac{m_2 v}{m_1+m_2}$ に等しくなる．

重心系では，相対速度 $|d\xi/dt|$ は依然として v である．しかし，今度は，各々の粒子はその質量に反比例する速度をもっている．それ故，衝突の前には，第一の粒子に対して，

$$(U_{10})_x=-\frac{m_2 v}{m_1+m_2} \quad (U_{10})_y=0;$$

第二の粒子に対して，

$$(U_{20})_x=\frac{m_1 v}{m_1+m_2}, \quad (U_{20})_y=0$$

を得る．重心系で θ' の角度に散乱されるような衝突が起った後では，次の諸結果が得られる：

$$(U_1)_x=-\left(\frac{m_2}{m_1+m_2}\right)v\cos\theta' \quad\text{および}\quad (U_1)_y=-\left(\frac{m_2}{m_1+m_2}\right)v\sin\theta';$$

$$(U_2)_x=\left(\frac{m_1}{m_1+m_2}\right)v\cos\theta' \quad\text{および}\quad (U_2)_y=\left(\frac{m_1}{m_1+m_2}\right)v\sin\theta'.$$

相対速度 v が衝突後も不変のままであることに注意されたい．

衝突後の実験室系に於ける速度を求めるためには，上に得た速度の x 成分に重心の運動する速度を加えればよい．

$$(U_1)_x=\frac{(m_2-m_2\cos\theta')}{m_1+m_2}v \quad\text{および}\quad (U_1)_y=-\left(\frac{m_2}{m_1+m_2}\right)v\sin\theta'$$

$$(U_2)_x=\frac{(m_2+m_1\cos\theta')}{m_1+m_2}v \quad\text{および}\quad (U_2)_y=\left(\frac{m_1}{m_1+m_2}\right)v\sin\theta'$$

実験室系での運動方向と元の方向とがなす角は，

$$\tan\theta_1=\frac{(U_1)_y}{(U_1)_x}=-\frac{\sin\theta'}{1-\cos\theta'}=-\cot\frac{\theta'}{2}$$

および

第21章 散乱の理論　　　603

$$\tan \theta_2 = \frac{(U_2)_y}{(U_2)_x} = \frac{m_1 \sin \theta'}{m_2 + m_1 \cos \theta'}. \tag{18}$$

これらの方程式は，2個の粒子のそれぞれが出てゆく角度を，重心系での散乱角の函数として完全に決定する．実験室系での断面積を得るためには，$q(\theta')d\theta'$ が θ' と $\theta'+d\theta'$ の間の角度に散乱される粒子の数に比例するに対し，$q(\theta)d\theta$ は，θ と $\theta+d\theta$ の間の角度で散乱される数であるという事実を使う．θ' と上の関係で結び付けられるように θ を選ぶならば，$d\theta$ と $d\theta'$ にそれぞれ対応する領域中の粒子の数は，定義により等しくなる筈である．従って

$$q(\theta)d\theta = q(\theta')d\theta',$$

または，

$$q(\theta) = q(\theta')\frac{d\theta'}{d\theta}.$$

ところで，散乱された粒子に対しては，θ は，(18) 式の θ_2 によって与えられる．上の関係式を微分して，

$$\sec^2 \theta_2 \frac{d\theta_2}{d\theta'} = m_1 \frac{(m_1 + m_2 \cos \theta')}{(m_2 + m_1 \cos \theta')^2};$$

結局，

$$q(\theta) = q(\theta')\frac{\sec^2 \theta (m_2 + m_1 \cos \theta')^2}{m_1(m_1 + m_2 \cos \theta')} \tag{19}$$

を得る．

　断面積を θ の函数として得るためには，θ' を (18) 式によって消去し θ で表わさねばならない．

13.　結果の論議

　A：$m_2 < m_1$ の場合

　これは，ぶつける方の粒子がぶつけられる粒子よりも軽いという場合である．(18) 式より，小さな θ に対し，

$$\theta \cong \frac{m_1}{m_1 + m_2}\theta' \tag{20}$$

となることが明らかである．θ が大きい場合は，θ と θ' との関係はかなり複雑なものとなる．例えば，$\cos \theta' = -m_2/m_1$ ならば，$\theta = \pi/2$ を得る．$\theta' > \pi/2$ の時には常にこうなっている．最大の散乱角 θ は常に π である．

　B：$m_2 > m_1$ の場合

　この場合には，θ の最大値は $\pi/2$ よりも小さいということが容易にわかる．方程式 (20) は，小さな θ に対してやはり成立つ．

$C: \quad m_1 = m_2$ の場合

この場合には，$\theta = \theta'/2$ を得る．θ の最大値はそのとき，$\pi/2$ である．実験室系での角度は，重心系での角度の丁度半分になっている．

問題 3: $m_1 = m_2$ の場合には θ が $\pi/2$ であり，m_2 が m_1 より極く僅か小さいと，θ の最大値が π にとぶ．このために，断面積の形に突然の不連続が現われる．$\pi/2$ よりも大きい角度では，m_2 が m_1 に近づくにつれて断面積 $q(\theta)$ が 0 に近づくという理由によって，その際，現実の物理的な不連続は全く存在しないということを示せ．

衝突される方の粒子が射出される角 θ_2 を測定できる場合がよくある．(18) 式より，そのときには，次の結果が得られる:

$$\theta_1 = -\left(\frac{\pi}{2} - \frac{\theta'}{2}\right).$$

14. 同種粒子 両方の粒子が同じものであるならば，衝突された方の粒子と最初に運動していた粒子とを区別することができない．従って，$q(\theta')$ に対し，重心系で，衝突された粒子が $\pi - \theta'$ の角度で散乱される過程の断面積を加えておかねばならない．第9図を参照すれば，そのような粒子が，散乱される粒子の流れに対して，角 θ で散乱された最初に動いていた粒子と正確に同じ仕方で寄与することが示される．即ち，断面積 $q(\theta')$ は，$q(\theta') + q(\pi - \theta')$ でおきかえられればならない．

15. 散乱の量子論 散乱問題を量子力学的に取扱うには，粒子の運動を古典的な軌道によって完全な精度でもって記述することはできず，そのかわりとして，平均の座標が古典的な軌道を与えるような波束を使わねばならぬ，という事実を考慮に入れなければならない．従って，散乱過程は，古典的な運動方程式の解である粒子のトラジェクトリによってではなく，むしろ，Schrödinger 方程式の解である波動函数によって記述されなければならない．

16. 散乱の古典論が妥当であるための条件 古典論が不適当となり，量子論が必要となるような条件は，容易に求めることができる．もし，古典的な記述が適用できるときには，この古典的な記述は，波束をつくれば，いかなる重要な結果も致命的な変更が加わることなく求まる筈である．ある特定のトラジェクトリに対する散乱角は，最接近距離の近傍での力の大きさによって大部分が決定される．だから，波束の幅はこの距離よりも狭くなければならない．さも

第21章 散乱の理論 605

ないと，確実に予測できる力を粒子がこうむり，その力から古典的な方法でふれが算定される，ということをは全く言えなくなってしまう．

古典的記述の妥当性を大まかにあたって見るため，最も接近した場合の距離が，衝突径数 b と同じ程度の大きさであるということを安心して仮定できる．b よりも小さい波束をつくるには，b 若しくはそれ以下の程度の範囲の波長を用いねばならぬことは勿論である．このように，第一の要請は，入射粒子の運動量が $p \cong \hbar/2b$ よりも可成大きいということである．更に，この波束の位置を確定する際には，粒子の運動量は $\delta p \cong \hbar/2b$ よりも遥かに大きい量だけ不確定にされるであろう．この不確定は，偏倚の角に対して，$\delta\theta \cong \delta p/p$ より遥かに大きい量だけの不確定をひき起すであろう．古典的記述が適用できるためには，上の不確定がふれそれ自体に比して極めて小さくなければならない．さもなければ，古典的方法によるふれの計算は全部無意味になるであろう．しかしながら，この要請は，衝突の際にやりとりきれる正味の運動量 $\varDelta p$ に比べて，運動量の不確定が遥かに小さいという要請と同等である．即ち，次のことと同等なのである．

$$\frac{\delta p}{\varDelta p} \cong \frac{\hbar}{2b\varDelta p} \ll 1 \tag{21}$$

今，$\varDelta p$ は，古典的な軌道の理論を用いて求められなければならない．任意の大角度散乱について一般的に論ずることはかなり複雑であるが，ふれの角が小さい場合には古典的摂動論を用いることができる．この理論は，散乱角が量子的ゆらぎに比べれば大きく，π に比べれば小さいというときしか利用できない．その際，8 節から，$\varDelta p$ を算出することでき，

$$\varDelta p \cong b \int_{-\infty}^{\infty} \frac{F(r)dt}{r} \cong \frac{b}{v} \int_{-\infty}^{\infty} \frac{F(r)dx}{r}$$

が得られる．ここで，8 節と同じく，

$$r = \sqrt{b^2 + x^2}$$

と書いてある．斯様にして，古典的記述は，次の場合，常に妥当であろう*.

$$\frac{2b\varDelta p}{\hbar} = \frac{2b^2}{\hbar v} \int_{-\infty}^{\infty} \frac{F(r)dx}{r} \gg 1 \quad (\text{小さなふれに対して}). \tag{21a}$$

───────────────

* 大きな力が古典的近似に妥当性を与えることに注意．

この基準の若干の応用については，35, 38 の諸節で論じよう．

17. 散乱の量子的記述 その上の各点で，粒子に対する運動量のやりとりを詳しく計算できるような，ひとつの軌道を定めることが古典論では必要であることが判った．しかしながら，量子論では，粒子がその位置がよく確定している場合には，確定した運動量を有し得ないために，散乱過程を古典的な方法では分析できないようになっている．そのかわりに，運動量か位置かのいずれか一方を選んで用いるのである．しかし，双方を同時に用いることはできないのである．

運動量を選ぶ方は，波動函数の運動量表示（第9章8節）の使用をともなっており，散乱過程の因果的記述†に対応している．いいかえれば，偏倚をば，偏倚を起させる力によってひき起されたものとして論ずるのである．しかし，波束中の何処で運動量がやりとりされたかということを厳密に定めることはできない．そのかわりに，波束で掩われたポテンシャルの全部分が同時に散乱過程に寄与するものと想像しなければならない．このことは，Davisson と Germer の電子廻折の実験に於ける事態と同様である（第3章11節）．その場合には，結晶の全部分が同時に一緒になって作用すると仮定しなければならなかったのである．

第 11 図

このような観点の数学的表現としては，既に述べたように，波動函数の運動量表示を用いることが必要である．出発点として，最初の運動量が p_0 の粒子をとる．そして，散乱ポテンシャルの結果として，粒子は運動量 p を得る．弾性衝突‡では p の絶対値は p_0 の絶対値に等しい．即ち，エネルギーが保存される．しかし，もっと一般的にいえば，このことは必らずしも当らない．衝突の間にやりとりされる運動量は $\varDelta p = p - p_0$ である．弾性衝突に対しては，次の結果が得られる（第11図参照）：

$$\varDelta p = 2p \sin \frac{\theta}{2}. \tag{22}$$

ここで θ はふれの角である．そのとき，与えられた角 θ をもって散乱が起る

---

† 第8章，13 および 14 節．
‡ この言葉は，無限に重い散乱中心に対しても，またもっと一般的に，任意の散乱中心に対しても，重心座標系を用いれば，適用できる．後者の場合には，換算質量と換算エネルギーを用いなければならない．

確率は，まずそれに対応した運動量 Δp のやりとりがなされる確率を見出すことによって得られる．

かわる手だては，波動像を用いて散乱過程を記述するものである．これは時空的記述を与える*．この記述では，散乱系に比べて非常に大きな入射波束によって話を始める．この波束は，入射粒子を平行にして出すスリットを通せばつくられる．粒子がスリットを通過する時間は，普通の実験条件の下では，散乱ポテンシャルが問題になる程度の大きさをもつ領域中を粒子が通過するに要する時間に比べて，あまり満足には確定されない．従って，実際の波束を無限の拡がりをもった入射平面波でおきかえることは良い近似となる．この事情は第12 図に示されている．

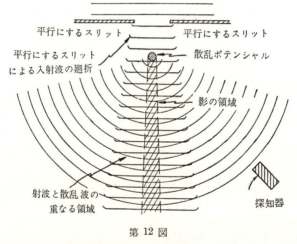

第 12 図

波束は，それを平行にするスリットを通りぬけるとき，端の近くで僅かに廻折される．しかし，スリットは電子の波長よりもはるかに大きいのが普通であるから，この廻折は無視できる．波が散乱ポテンシャル中に入るというのは，屈折率が変化する領域内に入ることである (第 11 章 2 節参照)．そこでは，波は屈折と廻折の両方を行う．屈折率が波長にくらべてゆっくりと変化するならば (即ち，ポテンシャルが滑らかでゆっくりと変化するものであれば)，WKB

---
* 第 8 章 14 節参照．

近似†が成立ち，廻折は無視できる．云いかえれば，波の屈曲は光線の屈曲によって記述することができる．そして，この光線の屈曲は，波面に垂直であり，勿論，古典的粒子のトラジェクトリにぴったりと一致する．この場合には古典的近似が使える．しかし，ポテンシャルが，一波長の間に急激に変化するときには，WKB 近似は駄目になり，特有の廻折効果がおこる．ポテンシャルに鋭い端があれば，反射がおこる可能性もある（第 11 章 4 節）．いずれの場合でも，波動的な記述が本質的となってくる．

正しい記述が古典力学的なものであろうと量子力学的なものであろうと，散乱波が現われる．散乱波の強さから，粒子がある角度に散乱される確率が導かれる．入射波と散乱波が重なり合う場所では，両者が干渉をおこす可能性がある．この干渉のおきる領域は，何よりもまず，散乱ポテンシャルの "影"，即ち，入射波が散乱波との干渉によって弱められる領域，を含み，次に，入射波と散乱波とが重なり合う領域に及んでいる．散乱体は，普通，多くの原子を含有しているから，影の領域は，大体，標的の真後の部分となるであろう．散乱波を入射波から明瞭に区別するためには，第 12 図に示すように，検出器を入射波に左右される領域外の何処かにおくことが必要になる．

上に述べたところが，散乱過程の時空的記述を与えるものである．しかしながら，この記述は，電子がどのようにして運動量を獲得するかの詳細な因果的記述を抛棄するという代償を払って達成されるのである．ある与えられた角度での散乱の確率に関するかぎり，時空的記述は，勿論，因果的記述＊と同一の結果をもたらす筈である．しかし，それぞれの記述は，途中のメカニズムについては可成異った記述を与える．詳細な時空的記述と，詳細な因果的記述とを同時に与えることができるのは，散乱角に著しい不確定度をもちこむことなく，散乱粒子が最も相近接した場合の距離よりも十分小さい波束をつくることが可能であるような範囲だけに限られる．それ以外の場合には，散乱過程は，不可分の要素からなると見なされねばならない．この不可分性は，観測によって散乱過程を細密に追跡しようとするどのような試みにあっても，散乱角に対して，重大な，不完全にしか予測や制御のきかぬ変化を起させるに充分なだけの運動量を与える量子を用いなければならぬ，という事実の中に反映されてい

---

† 第 12 章参照．

＊ 第 8 章の 13, 14 節で示したように，因果的記述は，運動量空間での記述と同じである．

る†.

18. 運動量空間の異った状態間の遷移として考えられる散乱　それでは運動量表示での散乱問題の取扱いの議論を始めることにしよう．この手続きでは，散乱ポテンシャルは，運動量空間のある状態から他の状態への遷移を起させるもの，とみなされる．粒子が散乱される前の系の状態を表わすためには，p_0 というある値を中心とする小さな運動量の範囲にわたる入射波束を構成せねばならない．この範囲は，普通は非常に小さく，実際問題では，運動量空間の波動函数を δ 函数でおきかえることができるようなものである．即ち，

$$\phi_0(\boldsymbol{p}) = \delta(\boldsymbol{p} - \boldsymbol{p}_0).$$

このことは，配位空間においては，最初の波動函数が平面波として表わされていることを意味する．

$$\psi = L^{-3/2} e^{i\boldsymbol{p}_0 \cdot \boldsymbol{r}/\hbar}$$

($L^{-3/2}$ という因子は，規格化のために必要)．時間が経つにつれて，他の運動量が現われてくる．そして，一般には，波動函数は，すべての可能な運動量を覆うような Fourier 積分として表わされなければならない．しかし，一稜 L の大きな箱の中で週期的であるような函数として ψ をそれに展開する Fourier 級数を用いた方が便利なことがわかる．ここで，L は，壁が散乱過程に対して無視できる程度の影響しか及ぼさないほど大きいものとする．電磁場の問題の時(第1章4節)と全く同様に，箱の壁のところで週期的な境界条件を使う．そうすれば，任意の函数は次のように Fourier 級数に展開できる：

$$\psi = L^{-3/2} \sum_{\boldsymbol{p}} a_{\boldsymbol{p}} e^{i\boldsymbol{p} \cdot \boldsymbol{x}/\hbar}. \tag{23}$$

$\boldsymbol{p}$ の値としては，この函数を L に等しい週期を以て空間的に週期的にするようなものだけが許される．即ち，$p_x = 2\pi\hbar l/L$，$p_y = 2\pi\hbar m/L$，$p_z = 2\pi\hbar n/L$ (l, m, n は任意の整数) である．

運動量が変化する確率を求めるには，Schrödinger 方程式

$$i\hbar \frac{\partial \psi}{\partial t} = \left(-\frac{\hbar^2}{2m} \nabla^2 + V \right) \psi$$

を用いなければならない．上の級数を Schrödinger 方程式に代入すると，

---

† 電子を軌道に沿って追跡しようとする際に起る同様な効果の記述については，第5章14節を参照のこと．

$$\sum_{\boldsymbol{p}} i\hbar \frac{\partial a_{\boldsymbol{p}}}{\partial t} e^{i\boldsymbol{p}\cdot\boldsymbol{r}/\hbar} = \sum_{\boldsymbol{p}} \left[\frac{\hbar^2}{2m} + V(\boldsymbol{r}) \right] a_{\boldsymbol{p}} e^{i\boldsymbol{p}\cdot\boldsymbol{r}}. \tag{23a}$$

次に，上の式に $L^{-3/2} e^{-i\boldsymbol{p}'\cdot\boldsymbol{r}/\hbar}$ を乗じ，箱全体にわたって積分する．指数函数の規格化と直交性を用いるならば，

$$i\hbar \frac{\partial a_{\boldsymbol{p}}}{\partial t} = \frac{p^2}{2m} a_{\boldsymbol{p}} + \sum_{\boldsymbol{p}'} L^{-3} V(\boldsymbol{p}-\boldsymbol{p}') a_{\boldsymbol{p}'}; \tag{24}$$

但し，

$$V(\boldsymbol{p}-\boldsymbol{p}') = \int e^{i(\boldsymbol{p}-\boldsymbol{p}')\cdot\boldsymbol{r}/\hbar} V(\boldsymbol{r}) d\boldsymbol{r}. \tag{25}$$

上の式は，運動量表示に於ける Schrödinger 方程式である*．壁を無限の彼方へ押しやると，$\boldsymbol{p}'$ に関する和は積分で置きかえられる．だから，これは本質的に微分積分方程式である．このように，Schrödinger 方程式の形は使用する表示に強く依存することがわかる．

今，次のように置きかえると便利である：

$$a_{\boldsymbol{p}'} = C_{\boldsymbol{p}'} e^{-iE_{\boldsymbol{p}'} t/\hbar};$$

ここに，

$$E_{\boldsymbol{p}'} = \frac{(p'^2)}{2m}.$$

そうすると，(24) 式は

$$i\hbar \dot{C}_{\boldsymbol{p}} = L^{-3} \sum_{\boldsymbol{p}'} V(\boldsymbol{p}-\boldsymbol{p}') C_{\boldsymbol{p}'} e^{i(E_{\boldsymbol{p}'} - E_{\boldsymbol{p}}) t/\hbar} \tag{26}$$

(26) 式は，常数変化の方法で用いたのと正確に同じものである[第18章 (6) 式参照]．事実，われわれは，それをこの方程式から直接得ることができたのであるが，運動量表示から求めることは，若干の点でより教育的であろう．

19. Born 近似．摂動論 散乱ポテンシャルが大きくないなら，この問題を摂動論によって解くことができる．その際，ある最初の時刻に，それを $t=0$ としよう，$C_{\boldsymbol{p}_0}=1$ であり，他のすべての $C_{\boldsymbol{p}}$ はその時刻では零，とするのである．第一近似では，$C_{\boldsymbol{p}}$ はこれらの値を (26式) の右辺に入れることによって求めることができる．この手続きによって，

$$i\hbar \dot{C}_{\boldsymbol{p}} = L^{-3} V(\boldsymbol{p}-\boldsymbol{p}_0) e^{i(E_{\boldsymbol{p}} - E_{\boldsymbol{p}_0}) t/\hbar} \tag{27}$$

---

* この方程式は，運動量表示に移ることによって直接に得ることができたものである[第16章 (42) 式参照]．

第21章 散乱の理論　　611

を得る．上の近似は，入射波が散乱ポテンジャルによってひどく曲げられることはないという仮定と同等である．この仮定が，それは本質的には摂動論の使用に他ならないが，散乱問題で行われているときには，Born 近似とよばれている．

散乱の確率を求めるには，上の方程式を積分する．$t=0$ で $C_{\boldsymbol{p}}=0$ とおけば，

$$C_{\boldsymbol{p}} = V(\boldsymbol{p}-\boldsymbol{p}_0)L^{-3}\frac{[e^{i(E_{\boldsymbol{p}}-E_{\boldsymbol{p}_0})t/\hbar}-1]}{(E_{\boldsymbol{p}}-E_{\boldsymbol{p}_0})}; \tag{28a}$$

$$|C_{\boldsymbol{p}}|^2 = 4L^{-6}|V(\boldsymbol{p}-\boldsymbol{p}_0)|^2\frac{\sin^2\left[(E_{\boldsymbol{p}}-E_{\boldsymbol{p}_0})\dfrac{t}{2\hbar}\right]}{(E_{\boldsymbol{p}}-E_{\boldsymbol{p}_0})^2}. \tag{28b}$$

上の式は，時刻 t に於いて，運動量 $\boldsymbol{p}_0$ の初期状態から，運動量 $\boldsymbol{p}$ の最後の状態への遷移が起る確率を与えるものである．その結果，$|C_{\boldsymbol{p}}|^2$ は，それに対応したふれの起る確率に等しくなる．

上の方程式と関連して，論じなければならない点が若干存在する．第一に，われわれがおいた境界条件は，無限の拡がりを持った平面波をとるという，甚だしく抽象的なものであった．この条件は，$t=0$ のとき，入射平面波が，散乱体自体を含めた全空間を覆っていると仮定することを意味している．現実には，最初はまだ散乱体にぶつかってはいない波束をつくることが必要なのである．しかしながら，29 節において，この悪い境界条件を用いたことから起る誤差が無視できることがわかるであろう．

第二に重要な点は，ある与えられた $\boldsymbol{p}$ に関して，散乱の確率が，短い時間の間は，t^2 に比例するということである．この問題は，輻射の理論に現われたものと非常によく似ており（第2章16節および第18章18節を参照），その解法も全く同一である．現実には，入射粒子のあるエネルギー領域にわたる積分を行わねばならず，その積分が時間に比例する遷移確率を出してくるのである．しかし，この場合には，一層教育的といえる別の方法で同一の結論を得ることができる．即ち，運動量の初期値 $\boldsymbol{p}_i$ の方は確定しているものと仮定し，最後のエネルギー $E_{\boldsymbol{p}}=p^2/2m$ のある領域にわたる和をとるのである．

最終エネルギーの範囲について論ずる際には，箱が非常に大きいという事実を用いなければならない．従って，$\boldsymbol{p}$ の逐次的な値は，相互に極めて接近しており，$\boldsymbol{p}$ がある値から次の値に移ったとき，加え合わせられるべき量は，ひとつとして目に見えた変化はしないのである．それ故，和を積分でおきかえるこ

とができる. これを行うには, 状態の小領域 $dp_x\,dp_y\,dp_z$ にわたって和をとる際,

$$\delta N = \rho(\boldsymbol{p})\,dp_x\,dp_y\,dp_z$$

という多数の状態を含めるのだということに注意する. $\rho(\boldsymbol{p})$ は, 運動量空間に於ける状態の密度である. 従って, 粒子が, $dp_x\,dp_y\,dp_z$ という領域に遷移を起す全確率は

$$dP = \rho(\boldsymbol{p})\,|C_{\boldsymbol{p}}|^2\,dp_x\,dp_y\,dp_z \tag{29}$$

に等しい. ここで, $|C_{\boldsymbol{p}}|^2$ は (28a) 式から得られる.

状態密度は $\boldsymbol{k}$ 空間を用いて第1章 (26) 式で与えられる. 即ち,

$$dN = \left(\frac{L}{2\pi}\right)^3 dk_x\,dk_y\,dk_z.$$

$\boldsymbol{k} = \boldsymbol{p}/\hbar$ と書けば,

$$dN = \left(\frac{L}{h}\right)^3 dp_x\,dp_y\,dp_z, \qquad \text{および} \qquad \rho(\boldsymbol{p}) = \left(\frac{L}{h}\right)^3$$

を得る.

ここで, 運動量空間に於ける極座標に変換すると便利である. そのとき, (29) 式は

$$dP = \rho(\boldsymbol{p})\,|C_{\boldsymbol{p}}|^2\,p^2\,dp\,d\Omega = \left(\frac{L}{h}\right)^3 |C_{\boldsymbol{p}}|^2\,p^2\,dp\,d\Omega \tag{29a}$$

となる。この式は, 粒子が, 立体角 $d\Omega$ の範囲内を向いた運動量 $\boldsymbol{p}$ の状態へ, 遷移する確率を与える. しかし, 次の関係式によって, 運動量をエネルギーでおきかえることも便利である.

$$E = \frac{p^2}{2m}, \qquad \text{および} \qquad dP = \sqrt{\frac{m}{2E}}\,dE.$$

われわれは,

$$dP = m\sqrt{2Em}\,\rho(\boldsymbol{p})\,|C_{\boldsymbol{p}}|^2\,dE\,d\Omega = |C_{\boldsymbol{p}}|^2\,\rho(E)\,dE\,d\Omega \tag{29b}$$

を得る. 但し,

$$\rho(E) = m\sqrt{2mE}\,\rho(\boldsymbol{p}) = m^2 v\rho(\boldsymbol{p}) \tag{29c}$$

であり, v は粒子の速度である.

(28) 式から $|C_{\boldsymbol{p}}|$ を求め, (29b) 式から dP を求めるならば,

$$dP = 4L^{-6}\rho(E)\,|V(\boldsymbol{p}-\boldsymbol{p}_0)|^2\,\frac{\sin^2\left[(E_{\boldsymbol{p}} - E_{\boldsymbol{p}_0})\dfrac{t}{2\hbar}\right]}{(E_{\boldsymbol{p}} - E_{\boldsymbol{p}_0})^2}\,dE_{\boldsymbol{p}}\,d\Omega \tag{29d}$$

を得る. 上の表式が

第21章 散乱の理論　　　　　613

$$\frac{\sin^2(E_{\boldsymbol{p}}-E_{\boldsymbol{p}_0})\dfrac{t}{2\hbar}}{(E_{\boldsymbol{p}}-E_{\boldsymbol{p}_0})^2}$$

という因子を含むことに着目しよう. 第2章16節で示したように, この因子は $E_{\boldsymbol{p}}-E_{\boldsymbol{p}_0}$ の函数であり, t が大きい場合, 鋭いピークを持つ. このことは, あらゆるエネルギー $E_{\boldsymbol{p}}$ への遷移を行う若干の確率が常に存在するとしても, 長時間後には圧倒的に大きい確率でもって, エネルギーが確定できる $\varDelta E \cong \hbar/t$ の限界内でエネルギーが保存するような準位に遷移が起る, ということを意味している. このように, 大部分の遷移は, $E_{\boldsymbol{p}}=E_{\boldsymbol{p}_0}$ の近傍のエネルギーの狭い領域に向って起り, この領域は, 時間の経過と共にますます狭くなってゆく*.

$V(\boldsymbol{p}-\boldsymbol{p}_0)$ と $\rho(E)$ とは, 滑らかに変化する函数であるから, 被積分函数が大であるような狭い領域中では実際上一定のままでいる. その結果, それらは積分の外に出すことができ, $E_{\boldsymbol{p}}=E_{\boldsymbol{p}_0}$ で計算してよい. そこで, 立体角 $d\Omega$ への散乱確率が得られる:

$$\delta P=4L^{-6}\rho(E_{\boldsymbol{p}_0})|V(\boldsymbol{p}-\boldsymbol{p}_0)|^2\,d\Omega\int_0^\infty\frac{\sin^2\!\Big[(E_{\boldsymbol{p}}-E_{\boldsymbol{p}_0})\dfrac{t}{2\hbar}\Big]}{(E_{\boldsymbol{p}}-E_{\boldsymbol{p}_0})^2}dE_{\boldsymbol{p}}. \quad (30)$$

エネルギーの保存則に従い, 前段で論じた如く, $|V(\boldsymbol{p}-\boldsymbol{p}_0)|$ は $E_{\boldsymbol{p}}=E_{\boldsymbol{p}_0}$ か $|\boldsymbol{p}|=|\boldsymbol{p}_0|$ で計算されねばならない*. $\boldsymbol{p}$ の方向は, 勿論 $\boldsymbol{p}_0$ の方向とは異るであろう.

被積分函数は, 通常 $E_{\boldsymbol{p}}$ の負の値に対しては無視できるから, 第2章16節で行ったように, 積分の上下限を $-\infty$ と ∞ にとることを許せば, 結果を簡単にすることができる. その際, $(E_{\boldsymbol{p}}-E_{\boldsymbol{p}_0})\dfrac{t}{2\hbar}=x$ というおきかえを行うと,

$$\delta P=4L^{-6}\rho(E_{\boldsymbol{p}_0})|V(\boldsymbol{p}-\boldsymbol{p}_0)|^2\frac{d\Omega t}{2\hbar}\int_{-\infty}^\infty\frac{\sin^2 x\,dx}{x^2}$$
$$=\frac{2\pi\rho(E_{\boldsymbol{p}_0})}{\hbar}L^{-6}|V(\boldsymbol{p}-\boldsymbol{p}_0)|^2 t\,d\Omega. \quad (30a)$$

上の式は, 極めて一般的に応用できる結果である. $\rho(E)$ という密度を持った最終状態の連続な領域に向って遷移が起るような問題では, 常に, 次のような結果が得られる.

$$\delta P=\frac{2\pi}{\hbar}\rho(E)|W_{1,2}|^2 t\,d\Omega. \quad (30b)$$

---

* 勿論, このことは, 衝突が弾性的であることを意味している.

ここに, $W_{1,2}$ は, $W_{1,2}=\int \psi_1^* V \psi_2 d\boldsymbol{p}$ という関係式で定義された, 二つの状態の間のマトリックス要素である. ψ_1 と ψ_2 とは, それぞれ, 最初と最後の状態の規格化された波動函数である. (25) 式より, われわれの場合, $W_{1,2}=L^{-3}V(\boldsymbol{p}-\boldsymbol{p}_0)$ であることがわかる.

(29c) から $\rho(E)$ を求めると, 単位時間当りの遷移確率が得られる.

$$\frac{\delta P}{t}=\frac{4\pi^2 m^2 v}{h^4}L^{-3}|V(\boldsymbol{p}-\boldsymbol{p}_0)|^2 d\Omega. \tag{31}$$

20. 断面積の算出　断面積を勘定するには, それが, 単位時間当りの散乱確率によってもあらわされうることに注意する. 6 節によれば, dx の距離内で $\delta\Omega$ という立体角要素に向って散乱が起る確率は,

$$\delta P=\rho \sigma\, d\Omega\, dx$$

である. ここに, ρ は散乱体の密度である. $dx=vdt$ と書けば ($dt=t=$ 時間の小間隔, とおくと),

$$\frac{\delta P}{t}=\rho v\sigma\, d\Omega \tag{32}$$

を得る. われわれの場合, 体積 L^3 の箱の中に 1 個だけ粒子があるという問題を調べてきたわけであるから. $\rho=L^{-3}$, これから,

$$\frac{\delta P}{t}=v\sigma\, L^{-3}\, d\Omega$$

が出る. 上の式を (31) と等しくおくと,

$$\sigma=|V(\boldsymbol{p}-\boldsymbol{p}_0)|^2\frac{4\pi^2 m^2}{h^4} \tag{33}$$

を得る. 上の式は, 箱の大きさには関係しない. 勿論, これは全く理に適ったことである.

$V(\boldsymbol{p})$ が球対称ならば, $V(\boldsymbol{p}-\boldsymbol{p}_0)$ は $|\boldsymbol{p}-\boldsymbol{p}_0|$ だけの函数であって $\boldsymbol{p}-\boldsymbol{p}_0$ の方向にはよらないのを示すことができる.

問題 4: 上のことを証明せよ.

(22) 式を使うと, $|\boldsymbol{p}-\boldsymbol{p}_0|$ は散乱角によってあらわすことができ,

$$\sigma=\left|V\left(2p\sin\frac{\theta}{2}\right)\right|^2\frac{4\pi^2 m^2}{h^4} \tag{33a}$$

が得られる.

第21章 散乱の理論 615

断面積がポテンシャルの Fourier 成分によって決定されることに注目されたい. このことは, 散乱過程の量子的記述が, ある軌道上の粒子によって覆われた部分部分ごととしてゞなく, むしろ全体として作用する全ポテンシャルを含んでいるという事実を例示している. 何故ならば, 粒子は, トラジェクトリによってではなく, 波束によって記述されるからである. 量子的領域では, 原子全体を覆う波束を選ばねばならない. さもなければ 16 節により, 軌道を高度な精密さで決定するために出てくる運動量の不確定が, 散乱の型を壊すであろう. (21a) の条件が充たされる場合にのみ, 古典的軌道による記述を用いることができよう.

21. 応用例: 遮断された Coulomb 力   はっきりした例として, 上の結果を遮断された Coulomb ポテンシャル

$$V = \frac{Z_1 Z_2 e^2}{r} \exp\left(-\frac{r}{r_0}\right) \tag{34}$$

の場合に応用しよう. われわれは, 次のような量を算出しなければならない.

$$V(\boldsymbol{k} - \boldsymbol{k}_0) = Z_1 Z_2 e^2 \int \exp\left(-\frac{r}{r_0}\right) \exp\frac{[i(\boldsymbol{k} - \boldsymbol{k}_0) \cdot \boldsymbol{p}] \, d\boldsymbol{p}}{r}.$$

この積分を計算すると,

$$V(\boldsymbol{k} - \boldsymbol{k}_0) = \frac{4\pi Z_1 Z_2 e^2}{|\boldsymbol{k} - \boldsymbol{k}_0|^2 + \left(\dfrac{1}{r_0}\right)^2} \tag{34a}$$

となる.

問題 5:   上の結果を実際に求めてみよ.

散乱断面積に関する最後の結果は,

$$\sigma = \frac{4m^2 (Z_1 Z_2)^2 e^4}{\left(4p^2 \sin^2 \dfrac{\theta}{2} + \dfrac{\hbar^2}{r_0^2}\right)^2}. \tag{35}$$

r_0 を ∞ に近づけると (即ち, 遮断が全くないときには),

$$\sigma = \frac{m^2 (Z_1 Z_2 e^2)^2}{4p^4 \sin^4 \dfrac{\theta}{2}} = \frac{(Z_1 Z_2 e^2)^2}{16 E^2 \sin^4 \dfrac{\theta}{2}} \tag{36}$$

を得る. これは, 古典的に求められた厳密な Rutherford の法則と同じである [(16c) 式参照]. すべての散乱角に対して, この二つの結果が完全に一致するということは, Coulomb の力の法則の特別な性質である. 何故かというと,

38 節でわかるように,古典的な結果と量子的な結果とは,任意の力の法則の場合は一致するものではないからである.

遮断された Coulomb 力に関する断面積は,角度の函数としては,一般に第 13 図に示すような現われ方をする. 曲線は, θ の減少と共に, Rutherford の断面積の特徴である急峻な上昇を示し,

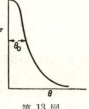

$$\sin \frac{\theta_0}{2} \cong \frac{\hbar}{2pr_0} \tag{36a}$$

の所にまで及ぶ. 角度が θ_0 よりも小さくなると, σ の増大は比較的緩慢になる. このようにして, θ_0 は,それ以下では Rutherford 散乱ではなくなる最小の角のようなものと見做してもよい.

第 13 図

22. Born 近似とポテンシャルのFourier 分解との関係 (25), (33) といった方程式は,断面積が,ポテンシャルの,

$$|k-k_0| = \frac{2p}{\hbar} \sin \frac{\theta}{2} = \frac{2\sqrt{2mE}}{\hbar} \sin \frac{\theta}{2} \tag{37}$$

に相応する Fourier 成分の絶対値だけに依存することを示している.
このことは,<u>Born 近似が成立つ限り</u>,散乱のエネルギーと角度に対する依存の仕方を詳しく調べると,ポテンシャルの Fourier 分解を行うことが可能になり,そして,ポテンシャルの範囲や形について,良好な観念を得ることも可能になる,ということを意味している. 39 節でわかるように, Born 近似が駄目になる場合には,結局同様な知識を得ることはできても,より複雑な手順が必要になる.

偏倚に関するひとつの非常に重要な性質は,与えられた運動量の変化,
$$\Delta p = p - p_0$$
が,ポテンシャルがこのFourier 成分が存在するような形をしている場合に限って,つくり出されうる,ということである. そういう風にして,力が空間的に十分急激に変化するならば,非常に大きなふれを,非常に小さい力によってもつくり出すことができる. こういうことは,例えば,ポテンシャルが大である領域が非常に狭い場合に起るであろう. 力が小さいということは,その際には,ふれの起る確率が小さいことを意味するだけである. このことは,小さい距離の間に大きな偏倚をひき起すには,常に大きな力を必要とする古典論とは

対照的である.

これらの二つの結果をどうすれば首尾一貫させることができるであろうか? Born 近似では, 粒子の曲げられる過程が, ある運動量状態から他の運動量状態への単一不可分の遷移として記述されている, ということを想い起そう. ただ一つの遷移だけが存在するという事実が, 与えられた C_p が常に C_{p_0} から来るもので他のいかなる C_p からも来ないということを述べている (27) 式の中には入っていた. ところが, 高次の近似では, 粒子が同じ原子によって何回もつぎつぎと曲げられる過程が存在するであろう. これは, 摂動論で2次若くはそれ以上の次数の近似にまで進めることによって, 記述される筈である. 何故ならば, このようなやり方は, C_p の値が, どのようにして p_0 からばかりでなく, 第一のふれを与える過程から生じた他の1次の C_p からも寄与を受けるかということを示すものだからである. 一般に, 大きなポテンシャルは, 摂動論の破綻を促進し, 同一の散乱過程内で多くの遂次的な偏倚をつくり出すように働く. 十分多くつぎつぎと曲げられてゆけば, 散乱過程は連続なように見えはじめ, 古典的なふるまいに近づくであろう. このようにして, 何故に強い力が古典的なふるまいをつくり出す傾向にあるのかということが別の方法でわかったわけである*. さらに, ひとつひとつのふれを生ずる過程の不可分性にもかかわらず, 明白に連続的な古典的偏倚がどのようにして起るかということも理解される.

23. 実例: Gauss 型ポテンシャルと箱井戸型ポテンシャルでの断面積の比較 ポテンシャル曲線の形の調べ方を説明するために, 次の二種類のポテンシャルから出てくる断面積の間の相違を考察することにしよう.

$$V = V_0 \exp\left[-\frac{1}{2}\left(\frac{r}{r_0}\right)^2\right] \quad \text{(Gauss 型ポテンシャル)};$$

$$r < r_0 \text{ のとき } V = V_0, \quad r > r_0 \text{ のとき } V = 0 \quad \text{(箱型井戸)}.$$

V が球対称ポテンシャルであるときには常に成立つ, V の Fourier 成分の一般的な表式をはじめに求めておこう. 極座標を r, α, β で表わすと, われわれが求めようとする Fourier 成分は,

$$V(\boldsymbol{k} - \boldsymbol{k}_0) = \int_0^\infty \int_0^\pi \int_0^{2\pi} V(r) e^{i(\boldsymbol{k} - \boldsymbol{k}_0) \cdot \boldsymbol{r}} r^2 \sin\alpha \, dr \, d\alpha \, d\beta. \tag{38}$$

---

* 強い力が古典的近似の妥当性を促進するということは, 第16節で示されていた.

z 軸を $\boldsymbol{k}-\boldsymbol{k}_0$ の方向に選ぶことにしよう. そうすると,

$$(\boldsymbol{k}-\boldsymbol{k}_0)\cdot\boldsymbol{r}=|\boldsymbol{k}-\boldsymbol{k}_0|r\cos\alpha.$$

β に関する積分は直にできて, 2π になる. α についての積分は,

$$V(\boldsymbol{k}-\boldsymbol{k}_0)=\frac{2\pi}{i|\boldsymbol{k}-\boldsymbol{k}_0|}\int_0^\infty V(r)(e^{i|\boldsymbol{k}-\boldsymbol{k}_0|r}-e^{-i|\boldsymbol{k}-\boldsymbol{k}_0|r})rdr. \qquad (38\mathrm{a})$$

$V(r)$ が r の偶函数だとすると, さらに,

$$V(\boldsymbol{k}-\boldsymbol{k}_0)=\frac{2\pi}{i|\boldsymbol{k}-\boldsymbol{k}_0|}\int_{-\infty}^\infty V(r)e^{i|\boldsymbol{k}-\boldsymbol{k}_0|r}\,r\,dr \qquad (38\mathrm{b})$$

と書くことができる. Gauss 型ポテンシャルに対しては

$$V(\boldsymbol{k}-\boldsymbol{k}_0)=\frac{2\pi V_0}{i|\boldsymbol{k}-\boldsymbol{k}_0|}\int_{-\infty}^\infty \exp\Big[-\frac{1}{2}\frac{r^2}{r_0^2}+i|\boldsymbol{k}-\boldsymbol{k}_0|r\Big]r\,dr$$
$$=(2\pi)^{3/2}r_0^3 V_0 e^{-1/2|\boldsymbol{k}-\boldsymbol{k}_0|^2 r_0^2} \qquad (39\mathrm{a})$$

箱井戸型ポテンシャルに対しては,

$$V(\boldsymbol{k}-\boldsymbol{k}_0)=\frac{2\pi V_0}{i|\boldsymbol{k}-\boldsymbol{k}_0|}\int_{-r_0}^{r_0} e^{i|\boldsymbol{k}-\boldsymbol{k}_0|r}r\,dr$$
$$=-\frac{4\pi V_0}{|\boldsymbol{k}-\boldsymbol{k}_0|^2}\Big(r_0\cos|\boldsymbol{k}-\boldsymbol{k}_0|r_0-\frac{\sin|\boldsymbol{k}-\boldsymbol{k}_0|r_0}{|\boldsymbol{k}-\boldsymbol{k}_0|}\Big) \qquad (39\mathrm{b})$$

を得る.

問題 6: 上の結果を求めてみよ.

結果の解釈. (37) 式より,

$$|\boldsymbol{k}-\boldsymbol{k}_0|=\frac{2p}{\hbar}\sin\frac{\theta}{2}$$

を得る. θ はふれの角度である. 従って, 小さな $|\boldsymbol{k}-\boldsymbol{k}_0|$ は, 小さなふれか小さな運動量 (遅い粒子) かに対応する. われわれは, 上の二つの場合はいずれも, 遮断された Coulomb 場による散乱 (35 式) のときと同様, $|\boldsymbol{k}-\boldsymbol{k}_0|$ が小さいときには, 次の性質をもつことがわかる.

$$V(\boldsymbol{k}-\boldsymbol{k}_0)\cong V(0)+\frac{V''(0)}{2}|\boldsymbol{k}-\boldsymbol{k}_0|^2=V(0)+\frac{V''(0)}{2\hbar^2}\Big(2p\sin\frac{\theta}{2}\Big)^2.$$

いいかえれば, $|\boldsymbol{k}-\boldsymbol{k}_0|$ について 1 次の項がないのである (このことは, それぞれの場合に展開を行ってみると直接証明される). 即ち, 非常に小さな運動量では, 断面積は, 角度にはあまり依存しない. 断面積が目に見えて角度に依存しはじめる運動量は,

$$\left|\frac{V''(0)}{V(0)}\right|\frac{|\boldsymbol{k}-\boldsymbol{k}_0|^2}{2} \cong 1 \tag{40}$$

で与えられるであろう. 大抵の場合, これは, $|\boldsymbol{k}-\boldsymbol{k}_0|r_0 \cong 1$, もしくは $p\sin\frac{\theta}{2} \cong \frac{\hbar}{2r_0}$ の場所で起る. 即ち, 角度に対する顕著な依存性は, $2\hbar/r_0$ 以上の運動量になってはじめて現われだすであろう. ところが, $2\hbar/r_0$ は, 粒子を半径 r_0 程度の場所におしこめておく際に, 不確定性関係によって要求される程度の運動量である.

$|\boldsymbol{k}_0|$ が, $|\boldsymbol{k}_0|r_0 \cong 1$ になるくらい十分に大きいとき, 即ち, 入射波が, ポテンシャルが大であるような領域を通過する折, 顕著に振動するほど十分に短いとき, 散乱波は角度に依存しはじめる. $|\boldsymbol{k}_0|r_0 \cong 1$ となるまでは, ポテンシャル井戸のひとつの形を別の何らかの形と区別する手段は全くないのである. しかしながら, $|\boldsymbol{k}|$ が大きいと, 散乱断面積は, ポテンシャルの形

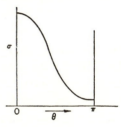

第 14 図

に強く依存する. 例えば, Gauss 型井戸の場合, 第 14 図に示すように, 大きな $|\boldsymbol{k}_0|$ に対し, 角度の増大と共に急激ではあるが滑らかな断面積の低下が見られる. 箱型井戸では断面積は, θ の増大と共に減少はするにしても, 振動するようになる. 大きな $|\boldsymbol{k}|$ に対する典型的なふるまいを, 15 図にあらわしておく. σ が振動するという性質は, 箱型ポテンシャルの鋭い"端"に由来するものである. 端がならされてしまったとすれば, Fourier 成分は, より正則な仕方で変化し, Gauss 分布の場合と似たものが出てくるであろう.

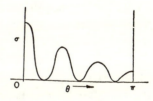

第 15 図

いずれの場合であれ, 高い $|\boldsymbol{k}|$ で, σ の角度に対する依存性を調べるならば, この方法でポテンシャルの形に関して多くの知識が得られることは明らかである. 勿論, Born 近似が正しいとしての話ではあるが (Born 近似の妥当性に関する諸条件は, 31 節で論ずるであろう). 調べようとする形の詳細にわたればわたるほど, Fourier 分解に必要な $|\boldsymbol{k}-\boldsymbol{k}_0|$ の値は高くなる. 従って, 用いるべき粒子の運動量も高くなるのである.

24. 散乱の時空的記述   ここで，散乱問題を取扱う第二の方法，即ち，波動のモデルによる散乱過程の時空的記述に進もう．運動量表示で時間に依存する遷移確率を解くと便利であることをわれわれは知った．しかしながら，時空的表示を論ずる場合には，まず定常状態の波動函数で出発し，後に波束をつくることによって時間に対する依存性を得るようにした方が便利なことがわかるであろう．これは，既に，自由粒子の場合（第3章2節）や，ポテンシャル井戸中の粒子の共鳴捕獲（第11章17節）で多少とも行ったところと同断である．この記述に当っては，定常的な入射波で始める．この波の一部は 17 節に記述したような具合に偏倚をうけ，そして，散乱された波の強さから散乱の確率を計算する．勿論，現実の入射波は，集束されており，且つ，時間的に有限な持続をしか示さないという意味で，波束になっている．しかし，原子の大きさに比べると，波束の幅ははるかに大きく，入射平面波の拡がりを無限であると仮定したところで，そのために生ずる誤差は無視してもよいくらいである．その際，入射するビームは，次の波動函数で記述される．

$$\psi_0 = e^{i\boldsymbol{k}_0\cdot\boldsymbol{r}}.$$

入射波が散乱ポテンシャルの領域中に入ってくると，散乱波がつくりだされる．これを $g(\boldsymbol{r})$ であらわそう．すると，完全な波動函数は，

$$\psi = e^{i\boldsymbol{k}_0\cdot\boldsymbol{r}} + g(\boldsymbol{r}) \tag{41}$$

である．

入射するビームも散乱されたビームも定常なままであるから，すべての確率は時間とは独立になり，完全な時間に依存する波動函数は次のように書くことができる．

$$\Psi = \psi e^{-iEt/\hbar} = [e^{i\boldsymbol{k}_0\cdot\boldsymbol{r}} + g(\boldsymbol{r})]e^{-iEt/\hbar}. \tag{41a}$$

普通そうであるように，$\boldsymbol{r}\to\infty$ でポテンシャルが零になるとすれば，E は入射ビームの運動エネルギーの値

$$E = \frac{p^2}{2m} = \frac{\hbar^2 k_0{}^2}{2m}$$

に他ならない．Schrödinger 方程式は，

$$H\psi = \left(\frac{p^2}{2m} + V\right)\psi = E\psi$$

となり，$\left(\dfrac{p^2}{2m} - E\right)e^{i\boldsymbol{k}_0\cdot\boldsymbol{r}} = 0$ に注意して，

第21章 散乱の理論 621

$$\left(\frac{p^2}{2m} - E\right) g(\mathbf{r}) = -V(\mathbf{r})[e^{i\mathbf{k}_0 \cdot \mathbf{r}} + g(\mathbf{r})] = -V(\mathbf{r})\psi(\mathbf{r}) \tag{42}$$

を得る.

$r \to \infty$ でポテンシャル・エネルギーが零になると仮定されているから, 粒子は, r が大きい所で自由な運動に近づかねばならない. 入射波は既に $e^{i\mathbf{k}_0 \cdot \mathbf{r}}$ にあらわされているから, 函数 $g(\mathbf{r})$ は外へ出てゆく波だけをあらわしている. 従って, 函数 $g(\mathbf{r})$ は, 漸近的に

$$g(\mathbf{r}) \underset{r \to \infty}{\to} f(\theta, \phi) \frac{e^{ikr}}{r} \tag{43}$$

に近づく筈である. 上のものは, 最も一般的に可能な外へ出て行く波に対応している. 振幅は θ と ϕ の函数である. これは, 散乱波の強さが, 散乱の角度に依存していることを示している. ここに含まれる波の性格は, 第 12 図に示されている.

Schrödinger 方程式の最も一般的な漸近解は [$r \to \infty$ のとき $V(r) \to 0$]

$$f(\theta, \phi) \frac{e^{ikr}}{r} + h(\theta, \phi) \frac{e^{-ikr}}{r}$$

である.

ところが, 後の方の項は, 中心へ集ってくる波に対応している. そのような波は頭の中で考えられるとしても, 現実に現われることは決してない. それで, 入射波と, 外に出てゆく波を加えたものだけをとるのである. 従って, $h(\theta, \phi) = 0$ という結論になる.

散乱断面積を求めるには, まず, 入射する粒子の流れを計算する. 入射ビームにおいては, 確率密度は, $P = |\psi_0|^2 = 1$ ($\psi_0 = e^{i\mathbf{k}_0 \cdot \mathbf{r}}$ だから) である. そこで, 単位面積あたりを入射してくる流れは, $Pv = \hbar k_0/m$ である. 散乱されたビームでは, 密度は $|f(\theta, \phi)|^2/r^2$, 単位面積を通って出て行く流れは $\frac{\hbar k}{mr^2}|f(\theta, \phi)|^2$ である, 球 (原子の大きさに比べて非常に大きいと仮定しておく) の上では, 面積要素は $r^2 d\Omega$, $d\Omega$ は立体角要素, である. 立体角要素 $d\Omega$ 中への流れは, そのとき,

$$j = \frac{\hbar k}{m}|f(\theta, \phi)|^2 d\Omega. \tag{44}$$

しかしながら, 定義 (3 節と 6 節) によれば, 断面積 $\sigma d\Omega$ は, 単位面積のビームの中の粒子が立体角要素 $d\Omega$ 中に散乱されて行く確率に等しい. 入射する流れ I を用いると, 曲げられた粒子の流れは, 丁度 $I\sigma d\Omega$ である. 従って,

断面積 $\sigma\, d\Omega$ は，入射粒子の流れに対する曲げられた粒子の流れの割合に等しい．そこで，(44) 式より，

$$\sigma\, d\Omega = \frac{|k|}{|k_0|}|f(\theta,\phi)|^2 d\Omega \tag{45a}$$

を得る．

われわれの現在の問題では，$|k|=|k_0|$ だから，上の式は，

$$\sigma\, d\Omega = |f(\theta,\phi)|^2 d\Omega \tag{45b}$$

になる．

25. Schrödinger 方程式の新らしい形　このようにして，σ を計算するという問題は，出てゆく波の強さを求めるという問題に帰着される．これは，厳密にいうと，Schrödinger 方程式を解くことを必要とするが，われわれは近似的方法を展開したい．これは，Schrödinger 方程式を，それと同等な積分方程式でおきかえることによって，最も都合よく遂行されうるのである*．

これを行うには，(42) 式から出発する．それは次のように書くことができる．

$$\left(\frac{\hbar^2}{2m}\nabla^2 + \frac{\hbar^2 k_0{}^2}{2m}\right)g = V\psi$$

$\dfrac{2m}{\hbar^2}V\psi = U(\boldsymbol{r})$ とおけば，

$$(\nabla^2 + k_0{}^2)g = U(\boldsymbol{r}) \tag{46}$$

を得る．

ところで，われわれの目的は，g を U の函数として表わすことである．これを行うには，次の定理を利用する．

$$(\nabla^2 + k_0{}^2)\left(\frac{e^{ik_0|\boldsymbol{r}-\boldsymbol{r}'|}}{|\boldsymbol{r}-\boldsymbol{r}'|}\right) = 4\pi\delta(x-x')\delta(y-y')\delta(z-z'). \tag{47}$$

これを証明するには，直接微分すれば，$r \neq r'$ のとき，

$$(\nabla^2 + k_0{}^2)\frac{e^{ik_0|\boldsymbol{r}-\boldsymbol{r}'|}}{|\boldsymbol{r}-\boldsymbol{r}'|} = \lambda(\boldsymbol{r}-\boldsymbol{r}') = 0$$

であることに注意すればよい．

---

* この節で採用した方法は，Mott and Massay, *Theory of Atomic Collisions*, Chap. 7 にも論じてある．

第21章 散乱の理論　　　623

問題 7: 上の方程式を証明せよ.

斯様に, λ は, $\boldsymbol{r}=\boldsymbol{r}'$ で零という, δ 函数の第一の要請を満足している. 従って, それが δ 函数であることを証明するためには, 原点を囲む任意の領域にわたって上の函数を積分したとき, その領域の大きさや形とは無関係にある一定の値になる, ということを示せば充分である (第10章15節 δ 函数の定義参照).

$\boldsymbol{r}\neq\boldsymbol{r}'$ のとき λ が零であるから, $\displaystyle\int\lambda(\boldsymbol{r}-\boldsymbol{r}')d\boldsymbol{r}'$ の値が, 点 $\boldsymbol{r}$ を含むすべての積分領域に関して同じになることは明らかである. そこで, この積分は, $|\boldsymbol{r}-\boldsymbol{r}'|$ を零に近づけたときの極限値を見出せば勘定できる. それ故, われわれは, 積分領域を半径 $|\boldsymbol{r}-\boldsymbol{r}'|=\varepsilon$ の球にとろう. $\varepsilon\to 0$ にしたとき,

$\displaystyle\int k_0{}^2\frac{e^{ik_0|\boldsymbol{r}-\boldsymbol{r}'|}}{|\boldsymbol{r}-\boldsymbol{r}'|}d\boldsymbol{r}'$ が零に近づくことは容易に示すことができる.

問題 8: 上のことを証明せよ.

残るのは,

$$\int \nabla^2\left(\frac{e^{ik_0|\boldsymbol{r}-\boldsymbol{r}'|}}{|\boldsymbol{r}-\boldsymbol{r}'|}\right)d\boldsymbol{r}' = \int \mathrm{div}\left[\nabla\left(\frac{e^{ik_0|\boldsymbol{r}-\boldsymbol{r}'|}}{|\boldsymbol{r}-\boldsymbol{r}'|}\right)\right]d\boldsymbol{r}'$$

を計算する問題だけである. Green の定理により, 上の式から次の面積分を得る.

$$\int \nabla\left(\frac{e^{ik_0|\boldsymbol{r}-\boldsymbol{r}'|}}{|\boldsymbol{r}-\boldsymbol{r}'|}\right)d\boldsymbol{S} = \int \frac{\partial}{\partial r'}\left(\frac{e^{ik_0|\boldsymbol{r}-\boldsymbol{r}'|}}{|\boldsymbol{r}-\boldsymbol{r}'|}\right)dS$$

$dS=|\boldsymbol{r}-\boldsymbol{r}'|^2 d\Omega$, $d\Omega$ は立体角, と書き, 要素 $d\Omega$ で積分する. $|\boldsymbol{r}-\boldsymbol{r}'|=\varepsilon$ とおき, 最後に $\varepsilon\to 0$ の極限をとれば,

$$\int \lambda d\boldsymbol{r} = -4\pi$$

こうして, $\boldsymbol{r}=\boldsymbol{r}'$ の点を含んでいるかぎり, 積分領域をどうとっても λ の積分が有限の常数になることがわかった. これで, λ が δ 函数であるということの証明は完成する[*].

---

[*] $\dfrac{e^{ik_0|\boldsymbol{r}-\boldsymbol{r}'|}}{|\boldsymbol{r}-\boldsymbol{r}'|}$ は, 数学で Green 函数とよばれている一般的な函数の種類の中の特別なひとつである. Green 函数は, $\alpha(D)\Psi=U(\boldsymbol{r})$ という形をした線形微分方程式を解くのに用いられる. こゝで, $\alpha(D)$ は, 微分演算子の任意の一次函数をあらわすものとする:

$$\alpha(D)=A(\boldsymbol{r})+B(\boldsymbol{r})D+C(\boldsymbol{r})D^2+\cdots\cdots.$$

そこでこの定理を，次の函数をつくって，われわれの問題に適用しよう.

$$g(\boldsymbol{r}) = -\frac{1}{4\pi} \int U(\boldsymbol{r}') \frac{e^{ik_0|\boldsymbol{r}-\boldsymbol{r}'|}}{|\boldsymbol{r}-\boldsymbol{r}'|} d\boldsymbol{r}'. \tag{48}$$

(47) を用いれば，$g(\boldsymbol{r})$ が (46) 式を満足することがわかる. それが要求されていた解であるを証明するために唯一つの必要なことは，$g(\boldsymbol{r})$ が射出波だけを含んでいること，すなわち，$r \to \infty$ で $f(\theta, \phi)e^{ikr}/r$ という形をしていること，を示すことである. これを証明するには，$r' \to \infty$ のとき，$V(\boldsymbol{r}') \to 0$，ψ は有限のまま，というために，ただちに，$U(\boldsymbol{r}')$ は零に近づくはずであることに注意する. したがって，上の積分に対するすべての寄与は，ある限られた値の $\boldsymbol{r}'$ から来るだけである. それ故，$\boldsymbol{r}$ が非常に大きいとき，$|\boldsymbol{r}-\boldsymbol{r}'|$ は $|\boldsymbol{r}'|/|\boldsymbol{r}|$ の冪級数で展開される. 一寸幾何学を使うと，r が大きいとき，

$$|\boldsymbol{r}-\boldsymbol{r}'| \cong r - \boldsymbol{r}' \cdot \boldsymbol{n}$$

が得られる. $\boldsymbol{n}$ は $\boldsymbol{r}$ 方向の単位ベクトルである. そこでわれわれは，次のような展開式を得る.

$$\frac{e^{ik_0|\boldsymbol{r}-\boldsymbol{r}'|}}{|\boldsymbol{r}-\boldsymbol{r}'|} \cong \frac{e^{ik_0(r-\boldsymbol{r}'\cdot\boldsymbol{n})}}{r}\left(1 - \frac{\boldsymbol{r}'\cdot\boldsymbol{n}}{r} + \cdots\cdots\right).$$

すなわち，$r \to \infty$ で実際に射出波が得られる. $\dfrac{e^{-ik_0|\boldsymbol{r}-\boldsymbol{r}'|}}{|\boldsymbol{r}-\boldsymbol{r}'|}$ を始めにとっておいたら，かわりに入射波が得られるであろう.

これで，Schrödinger 方程式のわれわれの再定式化は完了する. $U = \dfrac{2m}{\hbar^2} V\psi$ と書いたのであるから，

$$g(\boldsymbol{r}) = -\frac{m}{2\pi\hbar^2} \int V(\boldsymbol{r}')\psi(\boldsymbol{r}') \frac{e^{ik|\boldsymbol{r}-\boldsymbol{r}'|}}{|\boldsymbol{r}-\boldsymbol{r}'|} d\boldsymbol{r}' \tag{49}$$

Green 函数は次の諸性質をもっている.

(a) $\boldsymbol{r} \neq \boldsymbol{r}'$ ならば $\alpha(D)G(\boldsymbol{r}-\boldsymbol{r}') = 0$ (すなわち，$\boldsymbol{r} \neq \boldsymbol{r}'$ のとき，$U(\boldsymbol{r}) = 0$ とおいて得られる同次方程式の解である).

(b) $\boldsymbol{r} = \boldsymbol{r}'$ では $\alpha(D)G(\boldsymbol{r}-\boldsymbol{r}')$ は特異性をもつ.

(c) 原点を含む領域での積分が有限であるように ∞ に近づく. すなわち，$\alpha(D)G(\boldsymbol{r}-\boldsymbol{r}')$ は，δ 函数としての必要条件をすべて備えている.

$$\alpha(D)\Psi = U(\boldsymbol{r})$$

という方程式の解を見出す一般的課題は，一度 G がわかれば解決される. 解は，

$$\Psi = \int G(\boldsymbol{r}-\boldsymbol{r}')U(\boldsymbol{r})d\boldsymbol{r}'$$

である.

第21章 散乱の理論   625

を得る. $r \to \infty$ とすれば, 上の式は,

$$g(\boldsymbol{r}) \to -\frac{m}{2\pi\hbar^2}\frac{e^{ikr}}{r}\int e^{-ik(\boldsymbol{n}\cdot\boldsymbol{r}')}V(\boldsymbol{r}')\psi(\boldsymbol{r}')d\boldsymbol{r}' \tag{50}$$

になる. 射出波の方向ベクトル $\boldsymbol{k}'$ が $k\boldsymbol{n}$ に等しいことに注意すれば, 上の式は簡単化でき,

$$g(\boldsymbol{r}) \underset{r \to \infty}{\to} -\frac{m}{2\pi\hbar^2}\frac{e^{ikr}}{r}\int e^{-i\boldsymbol{k}'\cdot\boldsymbol{r}'}V(\boldsymbol{r}')\psi(\boldsymbol{r}')d\boldsymbol{r}' \tag{51}$$

を得る. さらにわれわれは, 次のようにも書くことができる [(43), (45) 式を参照]:

$$f(\theta, \phi) = -\frac{m}{2\pi\hbar^2}\int e^{i\boldsymbol{k}'\cdot\boldsymbol{r}'}V(\boldsymbol{r}')\psi(\boldsymbol{r}')d\boldsymbol{r}' \tag{51a}$$

および

$$\sigma = |f(\theta, \phi)|^2 = \left(\frac{m}{2\pi\hbar^2}\right)^2\left|\int e^{-i\boldsymbol{k}'\cdot\boldsymbol{r}'}V(\boldsymbol{r}')\psi(\boldsymbol{r}')d\boldsymbol{r}'\right|^2. \tag{51b}$$

26. 結果の解釈 方程式 (49) は積分方程式であり, その解は, 厳密な境界条件をもった Schrödinger 方程式を満足する. $\psi = g(\boldsymbol{r}) + e^{i\boldsymbol{k}_0\cdot\boldsymbol{r}}$ とおくと, 次の式が得られる.

$$g(\boldsymbol{r}) = -\frac{m}{2\pi\hbar^2}\int g(\boldsymbol{r}')\frac{e^{ik|\boldsymbol{r}-\boldsymbol{r}'|}}{|\boldsymbol{r}-\boldsymbol{r}'|}V(\boldsymbol{r}')d\boldsymbol{r}' - \frac{m}{2\pi\hbar^2}\int e^{i\boldsymbol{k}_0\cdot\boldsymbol{r}'}\frac{e^{ik|\boldsymbol{r}-\boldsymbol{r}'|}}{|\boldsymbol{r}-\boldsymbol{r}'|}V(\boldsymbol{r}')d\boldsymbol{r}'. \tag{52}$$

上の式は, $g(\boldsymbol{r})$ をきめる典型的な積分方程式で, 27 節で論ぜられる標準的な方法を使えば, 近似的に解ける. いずれわかるように, これは, 摂動論の適用を非常に容易にする形をしている.

(49) 式の簡単な物理的描像を得ることができる. それには, $g(\boldsymbol{r})$ が波動函数の, 散乱ポテンシャルによってつくられた部分とみなせることに注目する. $g(\boldsymbol{r})$ は, $e^{ik|\boldsymbol{r}-\boldsymbol{r}'|}/|\boldsymbol{r}-\boldsymbol{r}'|$ という函数を含んだ積分であるが, これは丁度, $\lambda = 2\pi/k$ という波長をもって点 $\boldsymbol{r}'$ から拡ってゆく球面波になっている. 各球面波は, 振幅因子 $V(\boldsymbol{r}')\psi(\boldsymbol{r}')$ によって重みがつけられている. いいかえれば, 各点は, その点におけるポテンシャルと波動函数 $\psi(\boldsymbol{r}')$ との積にしたがった寄与をおこなうのである. $\psi(\boldsymbol{r}')$ が, 散乱された波と入射波とを両方とも含んだ, 全波動函数であることに注意しよう. この描像は, 光学における Fresnel 回折と正確に対応している*.

波の漸近形 (51) 式は, n 方向に運動する射出波が, 点 r' で出来る小波(ウエイブレット)の集りの和であるということを表わしている. 各点は, 振幅 $V(r')\psi(r')$ だけの寄与をし, 位相は $e^{-ik(n\cdot r')}$ という因子だけ変化する. この描像は, 光学における Fraunhofer 回折*, すなわち無限の距離における回折像に正確に対応している. この点を明らかにするために, 第 16 図において

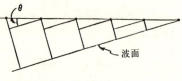

第 16 図

どのようにして格子の回折像が計算されるかを示した. それは, 格子の所に存在する波の振幅に比例する波をとり, 各部分の寄与を

$$e^{-jkn\cdot r'}=e^{-kx\sin\theta}$$

の位相で加えあわせるのである. ここに, n は視線の方向であり, x は格子の方向に沿って測った座標, θ は第 16 図に示した角度である. 方程式 (50) と (51) とは, 電子波に対する Huyghens の原理の厳密な表現であるとみなしてよい†.

27. Born 近似 V が可成小さい場合には, Born 近似は必らず使うことができる. その考え方は, 単なる逐次近似のそれである. V が充分に小さいならば, (52) 式の右辺の V_g を含んだ項は 2 次の項となるであろう. g が既に 1 次の量だからである. これは, ψ を入射波 $e^{ik_0\cdot r}$ でおきかえること, すなわち散乱波が入射波に比べて小さい時に妥当する手続になっている. その結果, われわれは散乱波の再散乱を無視していることになる. この近似を (52) 式に入れると,

$$g\cong -\frac{m}{2\pi\hbar^2}\int V(r')e^{ik_0\cdot r'}\frac{e^{ik|r-r'|}}{|r-r'|}dr' \tag{53}$$

を得る. そして, $r'/r\ll 1$ に対しては,

$$f(\theta,\phi)\cong -\frac{m}{2\pi\hbar^2}\int e^{i(k_0-k')\cdot r'}V(r')dr' \tag{54}$$

および,

---

* Jenkins and White, *Fundamentals of Physical Optics* 参照.
† 第 6 章 3 節参照, また, R. P. Feynman, *Rev. Mod. Phys.*, **20**, 377 (1948), Sec. 7 を参照.

第21章 散乱の理論　　627

$$\sigma(\theta, \phi) = \left(\frac{m}{2\pi\hbar^2}\right)^2 \left| \int e^{i(\boldsymbol{k}_0 - \boldsymbol{k}') \cdot \boldsymbol{r}'} V(\boldsymbol{r}') d\boldsymbol{r}' \right|^2. \tag{55}$$

断面積に関する表式は，散乱を遷移とみなす理論から得られたものと正確に同じである [(33) 式参照].

　Born 近似は，光学では普通に用いられるものであるが，一般にはそれが用いられていることは明らさまに述べられていない．例えば，スリットでできる回折を計算する場合，スリットに於ける波の振幅は，入射波だけのそれに等しいと仮定する．しかし，完全な取扱いでは，Huyghens の方法によって波の実際の強さを計算する際，回折された波のスリットの所での振幅をも加えることが必要であろう．回折された波が，ふたたび，実際の回折縞に寄与しているのであるから，これが複雑な問題であることがうかがわれよう．電流それ自体によってつくりだされた部分をも含めた全部の波によって，スリット中に誘起される電流から出てくるスリット内での波の振幅の変化を考慮に入れた波動方程式の完全解によってのみ，それを厳密に取扱うことができる．波長に比べて広いスリットでは，スリットの内側に於ける波の振幅が，入射波の振幅と非常に異るということはなく，従って，回折縞の計算に Born 近似を用いることができる．しかし，狭いスリットでは，スリットによる波の変化が非常に大きく，波動方程式のずっと良い解が必要になって来る．

28. 時空的記述と因果的記述の関係　いま展開して来たばかりの，位置表示による取扱いは，運動量表示による取扱いに対する相補的な観点を構成している．位置表示では，ポテンシャルのいろいろな部分から散乱されてきた全ての異った小波の寄与を求め，ある定った角度の範囲への散乱の確率を予言する．この方法によれば，ポテンシャルの形が何故かくも重要であるのかということが容易にわかる．何故ならば，ポテンシャルの異った部分からの干渉が全体の干渉縞を決定するからである．また，遅い粒子はポテンシャルの形を探る上にあまり役に立たないのは何故か，ということもすぐわかる [(53) 式参照]．波長が長すぎるならば，位相はポテンシャルの存在する全領域にわたって，ほんの少ししか変化せず，ポテンシャルがどのように分布しているかは，全く問題

---

* 勿論これは 6, 8 の各章でより詳細に論じた物質の性質の波動-粒子二重性の一例である．すなわち，電子の波長に比べて小さい領域中に存在するポテンシャルで電子が散乱するとき，電子の波動性が強調される．しかし，電子が位置測定装置と相互作用するときには，その粒子的な可能性が強調される．

にし難いからである．この方法は，散乱実体が，局在的な粒子として現われ，散乱波としては現われないのは何故か，ということの明確な描像を与えないという点においてのみうまくゆかない* (17節参照). 運動量表示は，散乱過程をある運動量状態から他の運動量状態への不可分の遷移として描く．それは，どのように遷移が起るかを詳細に分析することを許さない．全過程が，より小さな過程への分解を許さない，ただひとつの作用にまとめられる．この意味ではその記述は不完全である．しかしそれは，粒子がどのようにしてある特定の方向に出てゆくかを非常に見事に説明するのである．

異った事情の下では，一方の方法が他方のそれよりもより適切なものでありうる．したがってわれわれは，事情が必要とするのに応じて両方とも用いるであろう．両方とも，最後には必らず同じ結果に導くことは銘記されねばならない．それぞれが，異った方法による Schrödinger 方程式の解を意味するだけだから，一方が他方よりもより便利であるといっても，描像をつくる上でのことにすぎないのである．

29. 定常状態の方法と時間に依存する記述との関係　17節で指摘したように，定常的な入射平面波を用いることは現実の境界条件に対応していないことを想い出そう．実際にはそのかわりに波束が存在し，それが，t を $-\infty$ に近づけたときに，散乱ポテンシャルに入射して来るのである．波束がポテンシャルと衝突した後，散乱波束が生じ，t を $+\infty$ に近づけたとき，散乱中心から去って行く．

波束をつくるには，定常状態の函数に適当な時間に依存する因子 $e^{-i\hbar k^2 t/2m}$ を乗じ，重価因子 $f(k_z-k_0)$ をかけて入射運動量 k_z† の小領域にわたる積分をおこなわねばならない．(41), (43) 式で与えた波動函数の漸近形を使うと，動径距離の大きい所での時間に依存する波動函数として次のものが得られる．

$$\psi(x, t) = \int f(k_z-k_{0z})dk_z \left(e^{ik_0 z} + \frac{f(\theta, \phi)e^{ikr}}{r} \right) e^{-\frac{i\hbar k^2}{2m}t}. \tag{56}$$

右辺第一項は入射波を与える．この波束の中心は，位相が極値をもつ場所，すなわち $z=\hbar k_0 t/m = p_0 t/m$ の所に現われる．この波束は，t を $-\infty$ に近づけた時，z の大きい負の値から出発し，$t=0$ の近くで散乱ポテンシャルを通り，

---

† x, y 方向にも波束ができている．しかし，これは非常に広くて，これらの方向のひろがりは z 方向のそれに比べてさえ無視できる．

第21章　散乱の理論　　　　629

t を $+\infty$ に近づけた時，z の正の値へ行くような，z 方向に運動する電子を表わしている．

散乱波は，(56) 式の右辺の第二項で表わされる．$f(\theta, \phi) = |f(\theta, \phi)| e^{i\alpha}$ と書けば，この波束の中心として，

$$r = \frac{\hbar k t}{m} - \frac{\partial \alpha}{\partial k}$$

を得る．定義により，r の正の値だけが意味をもつ．だから t が大きな負の値であれば散乱波束は存在せず，t が大きな正の値であれば原点から去ってゆく散乱波束が存在する，ということは明らかである．$\partial \alpha / \partial k$ という項は，ポテンシャルの作用によってもたらされる時間的な遅れ（もしくは進み）を表わすものである（第11章19節と比較せよ）．

波束が，散乱ポテンシャルに比べて大きいとすると，波束の厳密な形は，断面積に対して何等の致命的な影響をも及ぼさないであろう．何故ならば，その場合，波束中の波数の範囲がポテンシャル中に存在するものに比して小さいであろうからである；すなわち，波束の幅に由来する運動量の不確定度からは，散乱ポテンシャル自体のためのふれに比べて無視できる程度のふれしかつくられないであろう．このようにして，断面積の計算に無限平面波を用いることが許されたわけである．

今度は，運動量表示で，時間に依存する摂動論[20] を使って得た断面積が，Hamiltonian の固有函数からつくった波束で求めた断面積と一致するのは何故か，という問題を考えよう．時間に依存する摂動論には，$t=0$ でポテンシャルが突然入れられるという仮定と，波動函数が平面波 $e^{i k_0 z}$ であるという仮定とが含まれていたことを想い出してみよう．このような境界条件は，現実に起っていることに対する非常に精確な表現ではないことはたしかである．しかしながら，(31) 式を導く際，摂動が非常に永い期間続くために，(30) 式に現われる函数，$\dfrac{\sin^2\left[(E_{\boldsymbol{p}} - E_{\boldsymbol{p}_0})\dfrac{t}{2\hbar}\right]}{(E_{\boldsymbol{p}} - E_{\boldsymbol{p}_0})^2}$ は非常に鋭いピークをもつようになり，本質的には δ 函数と同等である，という仮定がなされていた．このことは，散乱過程が非常に永くかかり，$t=0$ でポテンシャルが急激にかけられるために入ってくる "端" の効果の寄与が無視できる，と仮定されていることを意味する．こうして，境界条件が現実的でないにもかかわらず，それから正しい答が出てく

───────────
[20] 節参照．

ることとなる．定常状態の方法で，無限平面波によって波束をおきかえることも，やはり同様な根拠から正しいとされるということは興味深い，すなわち，波束が非常に広くて"端"の効果が無視できるのである．

30. Born 近似のもうひとつの応用: 結晶格子による散乱　このところで，Born 近似を結晶格子による散乱の問題に応用してみると教えられるところがある．格子の中で，原子は次の式で与えられる位置ベクトルの所に規則正しく配置されているであろう．

$$r_j = l_j a + m_j b + n_j c$$

l_j, m_j, n_j は整数であり，a, b, c は，三つの基礎格子ベクトルである．例えば，三つのベクトルが等しくかつ直交していれば，単純立方格子になる．

格子中の全ての原子によってできる全静電ポテンシャルは，各原子によるポテンシャルの和に丁度なっている．各原子は $V_j = V_j(r - r_j)$ というポテンシャルの寄与をする．それは第一近似で，原子の中心 $r = r_j$ について球対称である．ポテンシャルは，大雑把にいえば遮断された Coulomb ポテンシャルに似ている（第7図参照）．しかし，もっと正確にいえば，ポテンシャルは特に大きな動径距離の所で球対称から若干ずれており，そのかわり結晶対称になっている．そこで，全ポテンシャルは，

$$V = \sum_j V(r - r_j)$$

である．r が，a, b, c の整数倍だけずれても変らない，という意味で V が週期的であるということに注意されたい．

次に，このポテンシャルによる電子の散乱の確率を求めよう．まず，

$$f(\theta, \phi) = -\frac{m}{2\pi\hbar^2} \int e^{i(k-k_0)r'} \sum_j V(r' - r_j) dr'$$

$$= -\frac{m}{2\pi\hbar^2} \sum_j e^{i(k-k_0)r_j} \int V(r' - r_j) e^{i(k-k_0)\cdot(r'-r_j)} dr'$$

が得られる．上の式の積分は j には無関係なことが注目される；したがって，それを $g(k-k_0)$ とあらわしてもよい．これはまさしく，原子の中のある<u>一つ</u>からのポテンシャルの Fourier 係数である．そこで，

$$f(\theta, \phi) = g(k - k_0) \sum_j e^{i(k-k_0)\cdot r_j} \tag{57}$$

を得る．$r_j = l_j a + m_j b + n_j c$ と書けば，上の和は次の場合以外では零になると

とがわかる：

$$(k-k_0)\cdot a=2\pi\alpha,$$
$$(k-k_0)\cdot b=2\pi\beta,$$
$$(k-k_0)\cdot c=2\pi\gamma.$$

ここに，α,β,γ は整数である．ところが，これは，結晶の Bragg 反射に関する周知の条件にほかならない*.

V の完全な週期性は無限のひろがりをもった結晶を意味する．勿論，現実の結晶では，原子は，非常に大きな数かもしれないけれども，有限個数しかないのである．(57) の和を j の値の有限な数についてとるとき，Bragg の角の近傍で鋭いピークをもった函数が得られる．ピークの幅は結晶の大きさに反比例する．この問題は，光学における，有限の回折格子の分解能の問題と非常に似通っている．

$|g(k-k_0)|^2$ という函数を "原子形状因子" とよぶ．それは，ある許された方向への電子の反射のつよさを決定する．運動量の大きな変化を得るには位置の函数として鋭く変化するポテンシャルをもった原子が必要である，ということは明らかである；さもないと，高い Fourier 成分が得られないであろうから．

電子回折は，結晶構造の研究のための重要な手段である．さらにそれは，"原子形状因子" の研究に用いることができ，それによって原子内部のポテンシャルの分布に関する知識が与えられる．最後に，それは分子構造の研究にも用いることができる．

問題 9： 原子に起因するポテンシャルを $e^{-r/r_0}/r$ だと仮定して，原子間距離 a の二原子分子において期待される回折像を計算せよ．$r_0=10^{-8}$ cm，$a=3\times 10^{-8}$ cm と仮定し，分子中の二つの原子の分離を明瞭に示すのに必要な電子のエネルギーの最小値をあたってみよ．分子のあらゆる可能な向きに関する平均をとらねばならないことに注意せよ．

21. Born 近似が妥当であるための条件 Born 近似は，(50) 式で全波動函数 ψ を入射波動函数 $e^{ik_0\cdot r}$ でおきかえることを含んでいた．したがって，$V(r)$ が大きな値をとる領域中で $e^{ik_0\cdot r}$ に比べて散乱波 $g(r)$ が小さい場合な

---

* Richtmeyer and Kennard, 3rd. ed., pp. 486〜495.

らば，必ずしも Born 近似が使えるであろう．大抵の場合，$V(r)$ も $g(r)$ も原点近傍で最大である．それで，Born 近似が成立つための大雑把な規準は，r の小さな値に対して，

$$|g(r)|^2 \ll 1$$

である，ということになる．しかしながら，$|g(r)|$ が，r の小さい所で小さくて $V(r)$ がなおかなりの値をとるような中位の r の所では大きい，といったこともしばしば起りうる．したがって，この規準をあてはめる際，若干の注意を払わなければならない．さらに，この規準が充たされていない時に Born 近似がやはり正しい答を与える，といったことも起りうる．$|g(r)|$ が到る所で小さいということは，この近似の妥当性に対する充分条件を与えるのであって，必要条件を与えるのではない．

(53) 式を用いると，われわれの規準は

$$|g(0)|^2 = \left(\frac{m}{2\pi\hbar^2}\right)^2 \left| \int V(r') \frac{e^{i(\boldsymbol{k_0}' \cdot \boldsymbol{r}' + kr')}}{r} d\boldsymbol{r}' \right|^2 \ll 1 \tag{58a}$$

となる（波動函数は普通，原点で最大であるから，$r=0$ での $|g(r)|$ を計算すれば足りる）．

ポテンシャルが球対称だとすれば，上の式は θ について積分することができ（z 軸は $\boldsymbol{k_0}$ の方向にとる）

$$4\pi^2 \left(\frac{m}{2\pi\hbar^2 k}\right)^2 \left| \int_0^\infty V(r') e^{ikr'} (e^{ik_0 r'} - e^{-ik_0 r'}) dr' \right|^2 \ll 1;$$

$k = k_0$ とおけば，

$$\left(\frac{m}{\hbar^2 k}\right)^2 \left| \int_0^\infty V(r') (e^{2ikr'} - 1) dr' \right|^2 \ll 1. \tag{58b}$$

32. 遮蔽された Coulomb 散乱に対する応用

遮蔽された Coulomb ポテンシャル

$$V = \frac{Z_1 Z_2 e^2}{r} e^{-ar}$$

に関して，Born 近似の妥当性を試すことにしよう．ただし，$a = 1/r_0$ である．われわれは次の積分を計算せねばならない：

$$I = \int_0^\infty e^{-ar'} (e^{2ikr'} - 1) \frac{dr'}{r'}.$$

I を計算するには，まず a で微分する．

$$\frac{\partial I}{\partial a} = \int_0^\infty -r' e^{-ar'} (e^{2ikr'} - 1) dr' = \frac{1}{a} - \frac{1}{a - 2ik}.$$

次に a で積分すると，

$$I=\ln(a)-\ln(a-2ik)+C$$

になる． C は積分常数である． $a=\infty$ のとき， $I=0$ になることが示されるから， $C=0$ と選ばなければならない．

$$I=-\ln\left(1-\frac{2ik}{a}\right)=-\ln(1-2ikr_0)$$

が得られる． $(1-2ikr_0)=\sqrt{1+4k^2r_0^2}\,e^{i\phi}$ と書くことにしよう．ここで， $\phi=-\tan^{-1}2kr_0$ である．そうすると，

$$I=-\ln\sqrt{1+4k^2r_0^2}-i\phi=-\ln\sqrt{1+4k^2r_0^2}+i\tan^{-1}2kr_0$$

そこで，Born 近似が成立つ条件は，

$$\left(\frac{m}{\hbar^2k}\right)^2(Z_1Z_2e^2)^2[(\ln\sqrt{1+4k^2r_0^2})^2+(\tan^{-1}2kr_0)^2]\ll 1.$$

$k\hbar/m=v=$無限の距離での粒子の速度，と書けば，

$$\left(\frac{Z_1Z_2e^2}{\hbar v}\right)^2[(\ln\sqrt{1+4k^2r_0^2})^2+(\tan^{-1}2kr_0)^2]\ll 1$$

を得る．括弧の中の因子は，普通は，ひどく大きくなることはないであろう． $\tan^{-1}2kr_0$ は $\pi/2$ 以上にはならないし，対数因子は， r_0 が増加しても，非常にゆっくりとしか増えない．大部分の問題では 1 に比べて非常に大きくなるようなことはないのである．だから，Born 近似が妥当なための全要請は，

$$\left(\frac{Z_1Z_2e^2}{\hbar v}\right)\ll 1 \tag{59}$$

である．(59) 式の中にある $\ln\sqrt{1+4k^2r_0^2}$ による非常に弱い依存性を除いては，この規準は遮断半径とは実際上無関係である．

この規準はどのようにうまく満足されているのであろうか？典型的な場合として，10 kev の電子をとると， $v=6\times10^9$ cm/sec である．また $Z=10$ にとることにしよう．そうすると， $(Z_1Z_2e^2/\hbar v)\cong 0.4$ が得られる．この場合には Born 近似は辛うじて満足される．ところが， $Z=1$ ととるならば，Born 近似はかなりよく満たされるであろう．したがって，Born 近似を満足するためには，入射粒子の速度が大きく，散乱体の原子番号が小さいことが必要である．ところが，Coulomb 散乱という特別な場合には，この規準が満たされていない場合でさえ，Born 近似が依然良い近似をもたらす二，三の理由が存在することが後に知られよう．

33. Born 近似の妥当性に対する別の規準 ポテンシャルの変化が，光学

における屈折率の変化のようなふるまいをする，ということを想い起すならば，Born 近似の妥当性に対する別の規準をみちびくことができる．ポテンシャルの働く領域の内側では，波動ベクトルは大体 $k=\sqrt{2m(E-V)}/\hbar$ で与えられる．また，原子の端での波の位相は，ポテンシャルが存在しないときの位相と，

$$\Delta\phi=\int_0^\infty \sqrt{\frac{2m}{\hbar}}(\sqrt{E-V}-\sqrt{E})dr \qquad (60)$$

だけ異るであろう．この差が1に比べて小さければ，ポテンシャルが存在しない場合と比べて，波動函数が非常に異ったものになっていないとことを示すものと考えてよいであろう．

$V/E\ll1$ ならば，この規準は平方根を展開することによって簡単化でき，

$$\frac{1}{\hbar}\int_0^\infty \sqrt{\frac{2E}{m}}Vdr\ll1$$

を得る．$\bar{V}$ を平均のポテンシャル，$\bar{r}$ をポテンシャルのひろがりの平均距離と定義するならば，

$$\frac{1}{\hbar}\sqrt{\frac{m}{2E}}\bar{V}\bar{r}\ll1;$$

半径 a，深さ $V_0\ll E$ の箱型井戸に対しては，

$$E\gg\frac{m}{2}\left(\frac{V_0 a}{\hbar}\right)^2$$

という，Born 近似の妥当性に関する規準が得られる．

34. 古典的近似の妥当性と Born 近似が破れることとの関係 ある運動量状態から別の運動量状態への遷移として散乱を考える観点に立てば，すでに述べたように，Born 近似が駄目になるということは，系が次々と多くの遷移を行うのも許す高次近次へ移らねばならないことを意味する．いいかえれば，粒子は散乱され，そして，同じ原子によって再び散乱される．再散乱を受ける回数は近似が使えなくなる程度に依存している．ところが，これは，散乱過程の古典的記述を可能にするところと全く一致している．いいかえれば，Born 近似が全く使えないような極端な条件の下では，ある散乱体による粒子のふれは非常に多くの量子過程の結果になる．したがって，その場合，全過程の連続的，古典的な記述が近似的には可能でなかろうかという希望をもっても差支えない．われわれは既に，古典的近似の妥当性に対する規準をみちびいている [(21a)式]．それは，一般に，ポテンシャル（依って力）が大きくなる程古典的近似

第21章 散乱の理論　　　635

が実際良くなることを示している．従って，Born 近似が充分に悪ければ，一般に，古典的近似を用いることができると考えてよい．

　しかし，Born 近似が悪い場合に古典論を用いる際には，若干用心をしなければならない．何故ならば，(21a) を出したとき，粒子へ渡される運動量の計算が，粒子の曲げられる角度が大きくないと仮定しておこなわれていたからである．ふれが大きい時は，この量はもっと厳密な方法で計算されねばならない．しかし，大概の場合，偏倚を小さいとした近似を使って，ふれが大きくても，大きさの程度については，正しい結果が出てくるであろう．

35. Coulomb 力に対する古典的近似と Born 近似　この問題では，古典論が妥当する条件である(21a)式から出発するのが一番便利である．$F = Z_1 Z_2 e^2 / r^2$ を代入すると，

$$\frac{4 Z_1 Z_2 e^2}{\hbar v} \gg 1. \tag{61}$$

上の結果と (59) 式とを比較すると，Coulomb 散乱では，Born 近似が最悪のやぶれ方をするまさしくそのときに，古典論が使えるようになることがわかる．

36. Coulomb 力の風変りな性質　Coulomb 力は，古典的近似 [(61) 式] と Born 近似 [(59) 式] から，共に同じ散乱断面積が出てくるという一風変った性質をもっている．さらに，59 節でわかれることであるが，厳密な量子力学的断面積は，古典的近似も Born 近似も使えなくなる中間的な領域でも，やはり Rutherford 断面積と等しい．この結果は，他のどのような力の法則にもあてはまらない；事実，今にわかるように，遮断された Coulomb 力でさえ，遮断が重要となるような角度の範囲では，古典的散乱と量子的散乱の差が現われてくる．

　この奇妙な一致によって，原子による電子の散乱の場合，Born 近似は，その妥当性の一般的規準を全くみたしていないにもかかわらず，しばしばおどろく程良い結果をもたらす，という事情がつくりだされている．その理由は次の如くである：原子の端の近くでは力は Coulomb 的なものとは程遠い．しかし，そこでは核の荷電は殆んど電子によって遮断されてしまうため，非常に弱くなっている．したがって，V が非常に小さいという単純な理由から，その部分では Born 近似が使える．原子の中では，V が非常に大きいために Born 近似がやぶれると期待されるかもしれないが，その辺では，遮断がなくなって力が Coulomb 的となり，偶然，厳密な結果と Born 近似による結果と

が近いものとなる．すなわち，一般的根拠からでは正当とはなしえないにもかかわらず，原子全体にわたって Born 近似は相当に良い結果を与えるのである．

37. Born 近似の適用が原子核に対しては行えないこと　原子理論の発展にとって，Born 近似がそのように良い近似であったことは幸運であった．何故ならば，そうでなかったとしたら単なる数学的複雑さということだけのために，原子構造の完全な理論は永く未発達にとどまったであろうからである．ところが，原子核の場合，非常に高い衝撃エネルギー（$\cong 100$ mev 以上）の時を除けば，Born 近似が少しも良くないことを容易に示すことができるのである．そうなっていることを見るために，原子核のモデルとして，第 11 章 3 節で論じたような井戸を用いることにしましょう．中性子，陽子間のポテンシァルを，半径 $a = 2.8 \times 10^{-13}$ cm，深さ $V_0 \cong 20$ mev の井戸で表わすと，(58b) 式によれば，Born 近似が成立つためには，

$$\left(\frac{m}{k\hbar^2}\right)^2 \left|\int_0^a V_0 (e^{2ikr}-1)\,dr\right|^2 = \left(\frac{m}{k\hbar^2}\right)^2 V_0^2 \left|\frac{e^{2ikr}}{2k} - a\right|^2 \ll 1$$

であることを必要とする．われわれはむしろ，もっと自由に，Born 近似は，上の数が $1/2$ になったときに頼りになりはじめると言おう．中性子陽子散乱では，換算質量 $\mu = m/2$，$m = 1.6 \times 10^{-24}$ gram が用いられる．簡単な計算によって，この近似は，相対エネルギーが 50 mev の程度になったとき，即ち，衝撃エネルギーが 100 mev 以上になったとき，使えるようになるということが示される（第 15 章 5 節参照）．大多数の原子核実験はもっと低いエネルギーで行われるから，原子核の散乱に対する予言を得るには，もっと正確な近似を用いなければならないであろう．運が悪いことは，原子核では Born 近似が駄目になるからといって，古典的近似が使えるようになるほど充分に悪くなるのではない，という事情である．その結果，その複雑な中間的領域は，39 節で論ぜられるより精密な方法を用いて取扱わなければならないのである．

問題 10:　位相のずれの小ささから導かれた規準 (60 式) を使って上の結果を検討せよ．

38. 遮断された Coulomb 力への応用　遮断のない Coulomb 力の場合，Born 近似があてはまるかどうかとは無関係に，散乱断面積は同じものになることを見た．しかし今度は，遮断された Coulomb 力について，それ以下で

第21章 散乱の理論 637

は Rutherford 散乱が破れるという最小の角度が, どの近似があてはまるかにしたがって異ってくることを示そう. Born 近似を用いることができるとすれば, この角度は, (36a) 式から,

$$(\theta_0)_{\text{Born}} \cong \sin \theta_0 \cong \frac{\hbar}{pr_0} \tag{62a}$$

になる. 古典論があてはまるとすれば, 角は, (11) 式で与えたように,

$$(\theta_0)_{\text{classical}} \cong \frac{Z_1 Z_2 e^2}{E r_0} \tag{62b}$$

である. 両者の比をとると,

$$\frac{(\theta_0)_{\text{classical}}}{(\theta_0)_{\text{Born}}} = \frac{Z_1 Z_2 e^2}{E \hbar} p = \frac{2 Z_1 Z_2 e^2}{v \hbar} \tag{62c}$$

$(Z_1 Z_2 e^2/v\hbar) \gg 1$ ならば, 即ち, 古典的近似が使えるときには, 古典的な結果は, Born 近似によって与えられた結果に比べてはるかに大きい. $(Z_1 Z_2 e^2/v\hbar)$ $\ll 1$, 即ち, Born 近似が使えるときには, 古典的な結果は, Born 近似の結果に比べて小さくなる. 一般に, 真の最小角は, 常に二つの可能性のうちの大きい方に等しいことが結論される.

　二つの最小角のうち, 大きい方を常に採用するという上の規則を次のように解釈することができる. 勿論, どの場合でも, 基本的な散乱過程は量子力学的であり, 古典的な理論は, 運動量のやりとりが行われる, 次々と起る多くの個別過程を含むときにのみ, あてはまるようになるにすぎない. 運動量をやりとりする, 各々の基本的な量子力学的過程に於いては, それ以下では Rutherford 散乱が使えなくなる最小の角度は, 次のようにして決定される: もし, 粒子がやってきて, 全く散乱されるのだとしたら, r_0 程度の半径を覆うポテンシャル領域中に入ってくるはずである. ところが, そのような領域中にある間は, 粒子は完全に確定した運動量というものをもつことができない. それは全く, 第8章で示したように, 局在する粒子の構造そのものが, 少くとも $\Delta p \cong \hbar/2r_0$ の程度の範囲に略々一様な運動量の分布の範囲を必要とするためにすぎない. 運動量がこの範囲にあると, 散乱角は $\theta_0 \cong \Delta p/p \cong \hbar/2r_0 p$ にあるという結果が出てくる. これは (62a) 式で与えられたものと同じである. その角度は, この範囲内に略々一様に分布していなければならないから, 遮蔽のない Coulomb 散乱によって予言されるピークが分布の中に存在することはありえない.

　これは, Rutherford 散乱に関して古典的に予言される最小の散乱角が,

$\hbar/2pr_0$ よりも小さくなるとしたら，古典論は，その結果が不確定性原理の効果を無視しているために正しくない，ということを意味している．したがって，最小散乱角は，$\hbar/2pr_0$ よりも小さくはなりえない．

上の議論は，量子力学的な最小のふれを説明する．さらにそれは，電子波の回折という描像にもとづいても理解することができる．何故ならば，r_0 程度の大きさをもった領域によって回折された波が，$\lambda/r_0 \cong \hbar/2pr_0$ 程度の最小角度幅をもった回折像をつくるということは，よく知られた結果だからである．

問題 11: 上の結果を証明せよ．

Born 近似が失敗するときには，粒子は次々と多くの散乱をうけ，その各々が，少くとも上述の最小角度と同程度の大きさである．このように，古典的近似があてはまるところでは，そのふれは常に，Born 近似による予測よりも大きいであろう．このことが，古典的近似が与える最小のふれが Born 近似によるそれよりも大きい場合にだけ，古典的結果を採用すべきであるという規則を説明する．それに対し，量子的な結果は，古典的な結果の方が小さくなるときにとられなければならない．

39. 部分波の方法 (Rayleigh-Faxen-Holtsmark) Born 近似が失敗する場合には，より厳密な方法が散乱問題を解くのに必要である．球対称のポテンシャルに適用できるそのような方法のひとつは，例えば水素原子の場合に行われたのと全く同様に，波動函数を，動径波動函数のかかった球函数の級数に展開するという方法である．この方法は，もともとは，音波の散乱に対して，Rayleigh* が用いたものであり，後に Faxen と Holtsmark† によって Schrödinger 波の散乱に応用されたのである．

われわれは，波動函数が円柱対称であり，その対称軸が入射波の方向，それを今後 z 方向とする，に一致する，ということをまず最初にあきらかにしておく．そこで，波動函数は，Legendre 多項式で級数展開できる．ψ が円柱対称であり，したがって ϕ の函数ではないため，Legendre の陪函数を必要としないことに注意しておこう．このようにして，第 15 章 1 節でおこなったと同様に，

---

* Rayleigh, *Theory of Sound*, 2d. ed,. London: The Macmillan Company, 1894〜96, p. 323.

† Mott and Massey, *Theory of Atomic Collisions*, Chap. 2.

第21章 散乱の理論

$$\psi = \sum_{l} f_l(r) P_l(\cos\theta) \tag{63}$$

を得る.上の展開の各項は,l の特定の値に対応した"部分波"とよばれる.$f_l(r)$ は,第 5 章の (1) 式で与えられた微分方程式を満足している.$f_l(r)$ のかわりに

$$g_l = r f_l(r)$$

を取扱うと都合がよい.方程式は,

$$-\frac{d^2 g_l}{dr^2} + \left\{\frac{l(l+1)}{r^2} - \frac{2m}{\hbar^2}[E - V(r)]\right\} g_l = 0 \tag{64}$$

となる.散乱の問題を解くためには,まず,次の境界条件(第 15 章 3 節参照)を課し,上の方程式の組を解かなければならない:

$r \to 0$ のとき $\quad g_l \to r^{l+1}$.

40. 解の一般的性質 われわれは,常に,$r \to \infty$ で $V(r) \to 0$ と仮定している.それ故,r が大きい場合には,波動函数は,(64) 式で $V(r)$ と $l(l+1)/r^2$ とを無視して得られる函数に漸近的に近附く.散乱過程では E は必らず正であるから,これらの函数は次の漸近形をもつ:

$$g_l \simeq A_l \sin(kr + \varDelta_l). \tag{65}$$

ここで,$k = \sqrt{2mE}/\hbar$ である.A_l と $\varDelta_l$ とは常数であって,微分方程式を解いて決定しなければならない.

何が位相 $\varDelta_l$ を決定するかを,解の一般的性質の観察から知ることができる.その際,水素原子と関連して展開された方法(第 15 章 12 節)を用いる.たとえば,s 波に対しては,解は から出発する(第 17 図参照).また,ポテンシャルは原点の近くでは大きいから,波動函数はその辺では急激に屈曲し,波長は短い.r が増大するにしたがって,ポ

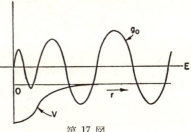

第 17 図

テンシャルは減少してゆき,最後には,波長は自由粒子に対応する波長と等しいものになる.しかしながら,波の位相は,小さな動径の所での波動函数の彎曲に対するポテンシャルの効果を加えあわせたものに依存している.このよう

に, $\varDelta_0$ は, 一般に, $V(r)$ と入射エネルギー E によってきまるのである.

$l \neq 0$ であっても $\varDelta_l$ を決定する過程の一般的性質は, $l=0$ の場合と非常によく似ているであろう. しかし, $g(r)$ は, r^{l+1} の形で出発し, "有効運動エネルギー" $\left[E-V(r)-\dfrac{l(l+1)\hbar^2}{2mr^2}\right]$ が正になるまでは, 下に向って曲りはじめることはない. そこで, 波動函数は, 第 18 図に示すグラフに似たものになるであろう.

41. 特別の場合: Coulomb ポテンシャル $r \to \infty$ と共に, $\varDelta_l$ がある常数に近づくという仮定は, $r \to \infty$ で $V(r) \to 0$ であることのほかに, さらに, $V(r) \to 0$ が $1/r$ よりも急速に進行することを要請する. このことを証明するには, WKB 近似を用いる. ここでは, s 波の場合だけしか扱わないが, 同じ結果が l のあらゆる値に対して成立つことを注意しておく. WKB 近似の波動函数は*

$$g \cong \frac{\sin\left\{\int_0^r \sqrt{2m[E-V(r)]}\dfrac{dr}{\hbar}\right\}}{p^{1/2}}.$$

これは, r が小さい場合にはよい近似ではないが, r が大きい所では必らずよい近似である. それは, V が非常に小さいというまさにその理由によるも

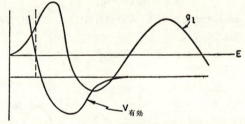

第 18 図

のである. その結果, 波長の範囲内でおこる波長の変化の割合も非常に小さくなる. また, r が大きければ, 次の展開をおこなうことができる.

$$\sqrt{E-V} \cong \sqrt{E} - \frac{V}{2\sqrt{E}}.$$

従って,

$$g \sim p^{-1/2} \sin\left[\int_a^r \sqrt{2mE}\frac{dr}{\hbar} - \int_a^r \sqrt{\frac{m}{2E}}V\frac{dr}{\hbar} + \int_0^a \sqrt{2m(E-V)}\frac{dr}{\hbar}\right].$$

---

* 第 15 章 (14a) 式参照.

第21章 散乱の理論　　　　　641

a は自由にとれる動径であり，それを越えた所でこの展開が良好となる．

$V=Ze/r$ とおくならば，次式を得る（ここで，$\sqrt{2mE}/\hbar=k$ である）．

$$g\sim p^{-1/2}\sin\left[kr+\int_0^a\sqrt{2m(E-V)}\frac{dr}{\hbar}-Ze\sqrt{\frac{m}{2E}}\ln\frac{r}{a}\right].$$

$r\to\infty$ としたとき，位相は，一定値には近附かず，$\ln r$ で変化することがわかる．$n>0$ とし，$V=Ze^2/r^{1+n}$ にとったとすると，$r\to\infty$ で常数の位相が得られた筈である．こうして，g が (65) 式で与えられたような形に近附くという仮定は，r が増大する際に，$V(r)$ が Coulomb ポテンシャル以上に急速に減少する場合にかぎり良いわけである．この性質は，部分波の方法の妥当性に関して非常に重要であることが証明されるから，Coulomb ポテンシャルには特別の取扱いを与えなければならない．それは，58節で論ずることにしよう．さしあたりは，$1/r$ よりも急速に減少する力だけに限ることにする．

42. 自由粒子に対する部分波　上の方法を明らかにするために，また，後に役立つ若干の結果を求めるために，部分波の方法によって自由粒子の問題を解いておこう．微分方程式 (64) は，

$$\frac{d^2g_l}{dr^2}-\frac{l(l+1)}{r^2}g_l=-k^2g_l \tag{66}$$

となる．この最も一般的な解は*

$$g_l=A\sqrt{kr}J_{l+1/2}(kr)+B\sqrt{kr}J_{-l-1/2}(kr) \tag{67}$$

である．$J_{-(l+1/2)}(kr)$ は，r が小さい処で，$(kr)^{l+1}$ の形の立ち上りを示すため，解として許されない．そこで，$B=0$ ととらなければならない．

半整数次の Bessel 函数に対しては，有限個の項からなる三角級数の表式の求められることがわかっている．たとえば，

$$\left.\begin{aligned}g_0&=A\sqrt{\frac{2}{\pi}}\sin kr,\\g_1&=A\sqrt{\frac{2}{\pi}}\left(\cos kr-\frac{\sin kr}{kr}\right).\end{aligned}\right\} \tag{68}$$

上の式が微分方程式 (66) の解になっていることは，読者は容易に証明できるであろう．この型のより高次の Bessel 函数についても，形は若干扱いにくいものになるが，同様な表式を容易に求めることができる†．

---

* Watson, *Bessel Functions*. London, Cambridge University Press, 1922.
† 前掲書.

642   第 V 部 散 乱 の 理 論

43. Bessel 函数の漸近形 x が大きいときは,

$$J_n(x) \underset{x \to \infty}{\to} \sqrt{\frac{2}{\pi x}} \cos \left(x - \frac{\pi}{4} - n\frac{\pi}{2} \right) \tag{69}$$

となることは周知の数学の定理である†. すなわち, われわれの場合では,

$$g_l \underset{r \to \infty}{\to} A\sqrt{\frac{2}{\pi}} \cos \left[kr - \frac{\pi}{4} - \left(l + \frac{1}{2} \right) \frac{\pi}{2} \right] = A\sqrt{\frac{2}{\pi}} \sin \left(kr - \frac{l\pi}{2} \right) \tag{70}$$

が得られ, また

$$\varDelta_l = -\frac{l\pi}{2} \tag{71}$$

を得る.

44. 部分波の解釈

A. $l=0$ の場合 (s 波):

(68) 式から, 波動函数が丁度次のようになることがわかる:

$$\psi_0 = \frac{g_0}{r} \sim \sqrt{\frac{2}{\pi}} \frac{\sin kr}{r} = \sqrt{\frac{2}{\pi}} \left(\frac{e^{ikr}}{r} - \frac{e^{-ikr}}{r} \right). \tag{72}$$

波動函数は球形である. それは, いずれも動径方向に運動する入射波と射出波
の和になっている. この波動函数は, 波が原点に向って収斂し (e^{-ikr}/r), そ
の後で外へ発散してゆく (e^{ikr}/r) という条件に対応している. さらに, 原点で
ψ が無限大の値をとることを避けるために. 上でおこなったように, 射出波か
ら入射波を引いておく必要がある (入射波と射出波の和をとると, $r=0$ で $\psi=$
∞ になってしまうであろう).

B. $l=1$ の場合 (p 波):

完全な波動函数は,

$$\psi \sim P_1(\cos \theta) \frac{g_1(r)}{r} \sim \sqrt{\frac{2}{\pi}} \left(\frac{\cos kr}{r} - \frac{\sin kr}{kr^2} \right) \cos \theta \tag{73}$$

である. r が小さければ $|\psi|$ は r に比例し, $kr \cong 1$ の近傍のどこかで極大値
に達し, そのあとは減少する, ということは容易にわかる. したがって, 粒子が,

$$r_0 \cong \frac{1}{k} = \frac{\lambda}{2\pi}$$

よりもはるかに原点に接近するということは起りそうもない. このことは, 角
運動量 $\hbar$ の粒子は, その粒子の角運動量の古典的に測られた値, $pr_0 = \hbar kr_0$ が
$\hbar$ の程度の大きさになる筈のある距離 r_0 よりも原点に近づくことはない, と

第21章 散乱の理論　　643

すれば解釈できる. より高い角運動量では, 同様の方法でもって, $|\psi|^2$ が大きな値をとる距離の極小値は $pr_0 \cong \hbar l$ で与えられるのを示すことができるのである.

上に述べた結果は, 強い引力が存在する場合には, 若干変更しなければならないであろう. その場合, 最小の距離は, 全運動エネルギー $p^2 = 2m(E-V)$ から運動量を計算することによって求められる. 即ち, 可能な最小距離に対する目安は,

$$\sqrt{2m[E-V(r)]}\, r_0 \cong \hbar l \tag{74}$$

である. V が大きくて負であるならば, 粒子は, "遠心力ポテンシャル" の反撥効果にも拘らず, 原点の相当近くまで引張られる可能性がある.

$l=1$ に対する完全な波動函数は, 勿論, $\cos\theta$ に比例する. 漸近的には, これらの波は, 入射成分と射出成分を加えたものに丁度なっている [(73) 式参照]. しかし, 原点の近くでは, そのふるまいはずっと複雑である. 何故なら, 波は, s 波のように原点に確実にあたるのではなく, そのかわりに, 角運動量をもつために原点を避けようとするからである.

45. 自由粒子に於ける部分波に課せられる境界条件　これまで, われわれは, 自由粒子に対して可能な波動函数を表わすさまざまな部分波を別々に研究してきた. これらの波は全部, まず波がつくられ, 次に大体において, 原点に近附き, その後で再び去って行く, といった事態に対応している. それらのうちのどれひとつとして, 自由粒子における無限遠での通常の境界条件, 即ち, 入射平面波の存在, という条件に対応するものはないのである.

平面波は自由粒子に対する Schrödinger 方程式の解であり, 各々の部分波もやはりこの方程式の解である. だから, 平面波を部分波の級数で展開することが可能である. 何故ならば, そのような級数からは, 展開定理にしたがって任意の解を求めることができるからである. 即ち, 次のように書けるはずである:

$$e^{ikz} = e^{ikr\cos\theta} = \sum_l C_l \frac{g_l(r)}{r} P_l(\cos\theta). \tag{75}$$

$P_n(\cos\theta)$ をかけ, 全 θ にわたる積分を行えば, $g_n(r)$ について解くことができる. $\cos\theta = x$ と書き, $P_l(x)$ の規格性と直交性を用いれば, 次式を得る*.

$$\frac{C_n g_n(r)}{r} = \frac{2n+1}{2} \int_{-1}^{1} e^{ikrx} P_n(x) dx.$$

---

* 前掲書.

こゝで上の積分は，事実正しい Bessel 函数であり，$g_n(r)$ に対する正確な結果を与えるのを数学的に示すことができる．実際，

$$\int_{-1}^{1} e^{ikrx} P_n(x) dx = \frac{\sqrt{2\pi}\, i^n}{\sqrt{kr}} J_{n+\frac{1}{2}}(kr) \tag{76a}$$

である．(67) 式と比較すると，これが正しい函数であり，また，

$$C_n = \frac{i^n(2n+1)}{k}$$

であることがわかる．したがって，Legendre 多項式による平面波の展開は

$$e^{ikr\cos\theta} = \frac{1}{k} \sum_l \frac{g_l(kr)}{r} (i)^l (2l+1) P_l(\cos\theta). \tag{76b}$$

これは，平面波を記述するためには，球面波の和をとらなければならないことを意味している．このような平面波は，その中にすべての可能な角運動量を有する．たとえば，古典的近似において，これらの角運動量が必要なことは明らかである．粒子のビームが原子に指向されるならば，その際，すべての可能な角運動量のものが存在する．角運動量は pr_0 で与えられるが，衝突径数 r_0 はすべての可能な値をとるからである．しかしながら，量子論では，可能な角運動量は量子化されており，その各々が，相応する角度に対する依存性をもつ波動函数 $P_l(\cos\theta)$ と関係しているのである．

46. ポテンシャルが存在する場合，境界条件を課すること　ポテンシャルが存在する場合に境界条件を課するために，まず，(70),(76) の両式にしたがい，平面波の漸近展開が

$$e^{ikr\cos\theta} \sim \sum_l \frac{(i)^l}{kr} (2l+1) P_l(\cos\theta) \sin\left(kr - \frac{l\pi}{2}\right)$$

であることに注目する．$(i)^l = e^{\pi i l/2}$ と書けば

$$e^{ikr\cos\theta} = \sum_l \frac{(2l+1)}{2ikr} P_l(\cos\theta)(e^{ikr} - e^{il\pi}e^{-ikr}) \tag{77}$$

を得る．次に，ポテンシャルが存在している時には，(65) 式により，波動函数の漸近形は

第21章 散乱の理論　　　　　　　645

$$r\psi = \sum_l P_l(\cos\theta)g_l(r) \sim \sum_l A_l P_l(\cos\theta) \sin(kr + \varDelta_l).$$

この点で，次のような量を導入すると便利なことがわかるであろう：

$$\varDelta_l = \delta_l - \frac{l\pi}{2}, \qquad A_l = e^{il\pi/2}(2l+1)\frac{e^{i\delta_l}B_l}{k}.$$

すると，次の式が得られる.

$$\psi = \sum_l \frac{B_l(2l+1)}{2ikr}(e^{ikr+2i\delta_l} - e^{il\pi}e^{-ikr})P_l(\cos\theta). \tag{78}$$

さて，係数 B_l は，波束を組上げることによって，最も簡便に決定することができる．波束がポテンシャルをたたく前には，その形は平面波のそれと同じでなければならず，その形の変化が，波が現実にポテンシャルをたたいた後ではじめて起りうることは明白である．このことは，現実の波束の入射部分は，平面波の波束の入射部分と同一のものでなければならぬということを意味している．これらの境界条件を満足させるためには，$B_l = 1$ ととらなければならない．これが正しい選び方であることを証明するには，ψ に $e^{-i\hbar k^2 t/2m}$ をかけ，k の小さな範囲での積分をおこなう．その際，波束の中心は，波動函数の位相が極値をとる点に存在するであろう．$B_l = 1$ にとって，入射波束の中心は次の方程式から求まる：

$$\frac{\partial\phi_l}{\partial k} = \frac{\partial}{\partial k}\left(-kr - \frac{\hbar k^2}{2m}t + l\pi\right) = 0;$$

即ち，

$$r = -\frac{\hbar kt}{m} = -vt.$$

こうして，遠い過去においては，入射波束が得られる．r は正の値だけが存在するから，$t = 0$ で入射波束は消失し，射出波束がとってかわる．l 番目の波に対応した射出波束の中心は，

$$\frac{\partial\phi_l'}{\partial k} = 0, \qquad ただし \qquad \phi_l' = kr - \frac{\hbar k^2}{2m}t + 2\delta_l,$$

の場所，即ち，

$$r = vt - 2\frac{\partial\delta_l}{\partial k}$$

の所にできる．このように，射出波束の出現には，$2\dfrac{\partial\delta_l}{\partial k}$ だけの時間的遅れ（または進み）がともなう．それは，ポテンシャルの作用の結果なのである（たとえば，29節および，第11章19節参照）.

646　　　　　　　　　　　第 V 部　散 乱 の 理 論

　上に述べたことから，入射波束は平面波束の入射部分と同一であるが，射出波束はポテンシャルの作用によって変化させられるであろう，という結論になる．

47.　散乱断面積の公式　散乱波のつよさを求めるために，ポテンシャルが存在しないときでも，射出波はやはり存在し，それは丁度平面波の射出部分になる，ということに注目する．散乱波の識別には，射出波束が変化を受けているかどうかを調べる．それ故に，現実に存在する射出波から，ポテンシャルが全然存在しなくても出ている筈の射出波を引算することによって，散乱波の漸近的な形を求める．すなわち，(77) および (75) によって，

$$F_{\text{scatt}}=\sum \frac{e^{ikr}}{r}\frac{(e^{2i\delta}-1)P_l(\cos\theta)(2l+1)}{2ik}=\frac{e^{ikr}}{r}f(\theta). \qquad (79)$$

ここで，F_{scatt} は，散乱波の漸近形である．今，完全な漸近波動函数は，

$$e^{ikz}+\frac{f(\theta)e^{ikr}}{r}$$

である．(45) 式と比較すると，断面積は，

$$\sigma=|f(\theta)|^2=\frac{1}{k^2}\left|\sum_l \frac{(2l+1)}{2}P_l(\cos\theta)(e^{2i\delta_l}-1)\right|^2 \qquad (80)$$

であることがわかる．一旦 δ_l がわかると，上の式から，角度に依存する断面積が求められる（δ_l は，Schrödinger 方程式を解いて求めなければならない）．この角度に対する依存性は，部分的には，異った l をもつ波の干渉からおこってくるものである．たとえば，$l=0$ の散乱波だけしか存在しないものとしよう．そのときには，角度に対する依存は存在しない，すなわち，断面積は球対称である．$l=1$ だけだとすると，断面積は $\cos^2\theta$ に比例する．両方とも存在するならば，$f(\theta)=a+b\cos\theta$ になるから，

$$\sigma=|a|^2+|b|^2\cos^2\theta+(ab^*+ba^*)\cos\theta$$

となる．二・三の典型的な曲線を第 19 図に示した．このように，断面積の角度への依存は，異った l に属する項の間の干渉を含んでいる．もし，より高次の角運動量まで含めるならば，その形はより一層複雑になる可能性がある．古典的極限（$l\to\infty$）では，l の異る波の波束を，θ のあるきまった値の所で極大をつくりあげるように，形成することができる．これは，粒子があるきまった衝突径数でもって入射し，あるきまった角度に散乱されるところの，古典的

軌道に対応している.

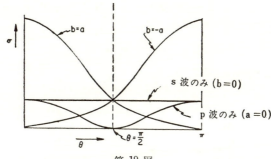

第 19 図

48. 全断面積　全断面積を見出すには, σ を全立体角にわたって積分する. その際, $P_l(\cos\theta)$ の直交性と, 規格化条件とを用いる [第 14 章 (52a) 式参照]. 全断面積は,

$$S=\sum_l \frac{4\pi}{k^2}(2l+1)\sin^2\delta_l. \tag{81a}$$

上の結果は, 全断面積では, さまざまな部分波の間の干渉がないことを意味している. それらが干渉するのは角分布を決定する際だけである.

l の与えられた値に対応した最大の断面積は,

$$(S_l)_{\max}=\frac{4\pi(2l+1)}{k^2}. \tag{81b}$$

これは, $\delta_l=\pi/2$ のときに出来る. $k=2\pi/\lambda$ と書けば,

$$(S_l)_{\max}=\frac{(2l+1)\lambda^2}{\pi}$$

を得る. たとえば s 波では, 最大断面積は, λ/π を半径とする円に対応している. そして, l を大きくすれば, それは更に大きくなる. この断面積は, $\delta_l=\pi/2$ にするような条件があるならば, λ よりもはるかに小さな散乱体によって, 実際につく得られるものである.

49. 貫通できない球に対する位相の計算　球の中へは貫通できないのだから, 球の縁の所で $\psi=0$ でなければならない. この球の半径は a であると仮定しておく. s 波では, 球の外での微分方程式は $-d^2g/dr^2=k^2g$ に丁度なっており, その解は,

$$g_0 = A \sin (kr + \delta)$$

である. $r=a$ で $g=0$ であるためには, $\delta=-ka$ でなければならない. したがって, s 波の微分散乱断面積は,

$$S = \frac{4\pi}{k^2} \sin^2 ka \tag{82a}$$

である より高い角運動量では, 解は,

$$g = \sqrt{kr}\,[AJ_{l+1/2}(kr) + BJ_{-l-1/2}(kr)]$$

である. [このとき, 原点が除かれているために $J_{-l-1/2}(kr)$ を残さなければならないことに注意]. $r=a$ での境界条件から,

$$g(a) = 0, \qquad \text{すなわち} \quad \frac{B_l}{A_l} = -\frac{J_{l+1/2}(ka)}{J_{-l-1/2}(ka)}$$

が出る. 位相は波動函数の漸近形から計算される [(70) 式参照]. r が大きければ,

$$\begin{aligned}
g &\sim A \cos\left[kr - \left(l+\frac{1}{2}\right)\frac{\pi}{2} - \frac{\pi}{4}\right] + B \cos\left[kr + \left(l+\frac{1}{2}\right)\frac{\pi}{2} - \frac{\pi}{4}\right] \\
&= A \sin\left(kr - \frac{l\pi}{2}\right) + (-1)^l B \cos\left(kr - \frac{l\pi}{2}\right) \\
&= \sqrt{A^2 + B^2}\,\sin\left(kr - \frac{l\pi}{2} + \delta_l\right);
\end{aligned}$$

ただし,

$$\tan \delta_l = (-1)^l \frac{B_l}{A_l}.$$

特別な場合: $ka \ll 1$ 波長がきわめて大きく, そのために $ka \ll 1$ であるならば, δ_l の値は, l を進めるにしたがって, 急速に極めて小さくなることがすぐにわかる. これは, ある与えられた角運動量 l の粒子が, ポテンシャルに突込むことが容易なとき, すなわち, $pa \leq hl$ または $ka \leq l$ のときにかぎって, 多く散乱されるためである (44 節参照). これはまた, 上の式から δ_l を勘定してみて示すこともできる.

問題 12: Bessel 函数の級数展開*を用い, ka の小さいときの $\tan \delta_l$ を計算し,

$$\frac{\delta_1}{\delta_0} \ll 1, \qquad \frac{\delta_{l+1}}{\delta_l} \ll 1$$

であることを示せ.

---

* 前掲書.

第21章 散乱の理論

したがって，ka が小さければ，断面積はほとんど全部が s 波で与えられる．そこで，(82a) 式を用いることができる．$\sin^2 ka$ を展開すると，この方程式から，

$$S \cong 4\pi a^2 \tag{82b}$$

が出る．

この結果が，剛体球に対する古典的な結果*［(3) 式］の 4 倍になっていることに注意してほしい．この増加は，量子力学的回折効果の結果である．

量子的散乱から古典的散乱への転化をあとづけることには，若干興味がある．というのは，この転化が起る際に断面積が $4\pi a^2$ から πa^2 へ落ちるからである．量子的散乱は，$ka \gg 1$, すなわち $\lambda \gg 2\pi a$ のときに起る．波長が球の大きさ以下になると，一番の効果は，高い角運動量をもった波が入ってくることである．その結果，断面積は角度に依存するようになる．ところが，波長が一層短くされて，古典的領域に近づけられると，断面積は再び球対称になり，その値は πa^2 にまで減少する．ただし，$\theta = 0$ の近くの $\Delta \theta \cong \lambda/2\pi a$ 程度の幅の領域を除いての話である．λ が大きい時の極座標での強度分布は 20 図に示した通

第 20 図

りである．前方向の大きな射影は，本質的には，回折効果であり，πa^2 の全断面積をもっている．そこで，非常に短い波長では，全断面積は $2\pi a^2$ となり，非常に長い波長で得られる $4\pi a^2$ という値と比べて著しい相違を示している．ところが，古典的近似では，波長は極めて短くなり，そのために，前方向に近い大きな射影は，意味のある結果を出すには小さすぎるようなふれに対応する．こうして，すべての実用的な目的に対しては，有効な古典的断面積は πa^2 でしかなくなってしまうのである．

問題 13: 半径 1cm の球とエネルギー 1ev の電子が与えられたとして，前方向の回折像の角度の幅を算出し，それが非常に小さく実際上重要でないことを示せ（光学におけるように Huyghens の原理を用いよ）．

---

* (3) 式では，a は定義により，球の中心間距離の 1/2 でしかない．それに対し，(82b) では，a は中心間の距離そのものである（われわれがここで考えているのは，同種類の粒子だけの場合である）．

50. 箱型井戸による s 波の散乱に対する厳密な方法の応用　第21図に示すような半径 a, 深さ V_0 の箱型井戸を考えよう. 粒子はエネルギー E をもって入って来るものとする. われわれは, s 波だけに限って, 断面積を計算しようとおもう. この制限は, $ka \ll 1$ の場合にだけあてはまる. 井戸の中での動径方程式は,

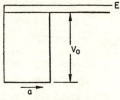

第 21 図

$$-\frac{d^2 g}{dr^2} = k_1{}^2 g \tag{83}$$

ただし,

$$k_1{}^2 = (E+V_0)\frac{2m}{\hbar^2}.$$

$g(r)$ は原点で零になる筈だから*, 最も一般的に許容される解は,

$$g = A \sin k_1 r \tag{83a}$$

である. ここで A は任意常数である. 井戸の外側で, 最も一般的な解は,

$$g = B \sin(kr+\delta_0), \tag{83b}$$

ただし,

$$k^2 = \frac{2m}{\hbar^2} E$$

となる. B と δ とは, $g(r)$ と $g'(r)$ とが $r=a$ で連続, という要請から求められねばならぬ. しかし, δ だけを解くには, g'/g を連続にすれば充分である.

$$\frac{g'}{g} = \alpha \tag{84}$$

とおけば,

$$k \cot(ka+\delta_0) = \alpha \tag{84a}$$

を得る. ただし,

$$\alpha = k_1 \cot k_1 a,$$

すなわち,

$$\tan(ka+\delta_0) = \frac{\tan ka + \tan \delta_0}{1-\tan ka \tan \delta_0} = \frac{k}{\alpha}. \tag{84b}$$

$\tan \delta_0$ を解けば,

---

* 第15章3節参照.

第21章 散乱の理論　　　651

$$\tan \delta_0 = \frac{\dfrac{k}{\alpha}-\tan ka}{1+\dfrac{k}{\alpha}\tan ka}=\frac{k\left(\dfrac{1}{\alpha}-\dfrac{\tan ka}{k}\right)}{1+\dfrac{k}{\alpha}\tan ka} \tag{84c}$$

が得られる．全断面積は [(81a) 式参照]

$$S=\frac{4\pi \sin^2 \delta_0}{k^2}=\frac{4\pi}{k^2(1+\cot^2 \delta_0)}=\frac{4\pi}{k^2+\dfrac{(\alpha+k\tan ka)^2}{\left(1-\alpha\dfrac{\tan ka}{k}\right)^2}} \tag{85}$$

(84a) 式から α を計算すれば，断面積が求まる．

51. Ramsauer 効果　(85) 式から，散乱の位相が，零でない k に対して，π の整数倍に等しいならば，断面積は零になることがわかる． δ が π の整数倍であると，$\tan \delta_0 = 0$ になる． 箱型井戸では，$\tan \delta_0$ が零となる条件は，(84c) 式から

$$\frac{1}{\alpha}=\frac{\tan ka}{k}. \tag{86}$$

(84a) 式から α を求めると，

$$\frac{\tan k_1 a}{k_1}=\frac{\sin ka}{k}.$$

k が小さいときには $ka \ll 1$，そこで，$\tan ka$ を ka でおきかえて，

$$\tan (k_1 a) \cong k_1 a$$

が得られる．

k が小さければ，k_1 は近似的に $\sqrt{2mV_0}/\hbar$ で与えられる． V_0 と a とが，(86) 式を満足するようなものであれば，散乱断面積は零になるであろうし，略略満足するようなものならば，断面積は非常に小さいであろう． このように，ポテンシャルが零でないのに散乱断面積が消失するということは，物質の波動的性質に特有のものである． たとえば，このことは，大きな屈折率をもった透過性の小さな球によって散乱された光波でも，散乱波に対応する $\sin \delta_0$ が零であるようにとれば，生ずるであろう． これは，本質的には次のことを意味している． 即ち，ポテンシャルのいろいろな部分が散乱波に及ぼす寄与 [26 節参照] が，打消し合うように干渉して散乱されない波だけが残るようになっているのである． この結果は，箱型井戸について導いたけれども，空間中に可成局限されて存在しているという性質をもったあらゆる型の井戸に対して容易に拡張できる． 何故ならば，位相の消失は，波がこうむる位相のずれを井戸全体

について集積したものによって決定されるのであり，それ故，ポテンシャルの深さとひろがりを適当に選びさえすれば，$n\pi$ という位相のずれを得ることは常に可能だからである．

稀有ガスの原子で散乱された遅い電子にあっては，$\sin\delta_0$ が非常に小さい．それ故に，電子原子散乱の断面積は，気体運動論的な断面積よりも遥かに小さくなる．この効果は，Ramsauer 効果として知られている．電子のエネルギーが増大するにつれて，散乱波の位相が変化し，結局，25 ev 以上のエネルギーになると通常の気体運動論的断面積に近づく．

Ramsauer 効果は，1 次元ポテンシャルで得られる共鳴透過と少し似た所がある（第 11 章 9 節参照）．しかし，このアナロジーは完全なものではない．何故ならば Ramsauer 効果が起る条件 [(86) 式] は，1 次元の井戸で共鳴透過が起きる条件 [第 11 章 (50) 式] と厳密に同じものではないからである．この相違ができる理由は次のようなものである．1 次元の場合には，透過波は，井戸を通って出てくる波全部として定義されている．散乱問題では，井戸に向って収斂してゆく入射波がとられる．そのうちの若干の部分が井戸に入ってゆき，若干の部分は井戸の端で反射され，正味の効果が射出波をつくることになる．そして，その射出波の位相は，井戸の所で波にどういうことが起ったかに依存するのである．この射出波のうちのどれだけが散乱波に対応するのかという問題は，ポテンシャルが無かった場合に存在するはずの射出波と比べて見たとき，波がどれだけの大きさの位相のずれを受けるかということに依存する．このようにして，散乱波の強さはポテンシャルのある性質に依存するものであって，その性質は，ポテンシャルを通り抜けて再び反対側に出てくる波の部分の強さを決定する性質とは少し異ったものであることがわかる．Ramsauer 効果における断面積の消失は，われわれが既に見てきたように，ポテンシャルの異った部分の寄与が全部加え合された結果，ポテンシャルの内側には全然存在したことのない波と区別できないような波をつくり出すという事実の結果なのである．

52. k が小さい場合の近似　k が小さいときは，$\tan\delta_0$ の式を展開でき，k^3 までの項だけを残すと，

$$\tan\delta_0 \simeq k\left[\frac{\left(\dfrac{1}{\alpha}-a\right)-\dfrac{k^2 a^3}{3}}{1+k^2\dfrac{a}{\alpha}}\right] \tag{87}$$

第21章 散乱の理論　　　653

を得る. $k \to 0$ とすると, 位相も零に近づくことがわかる. k が小さいときの位相の符号は, $\frac{1}{\alpha} - a$ の符号に依存する.

k が非常に小さくて, $k^2 a^2 \ll 1$, $k^2 a/\alpha \ll 1$ ならば, 上の式は次のように簡単化されて,

$$\tan \delta_0 \cong k \left(\frac{1}{\alpha} - a \right) \tag{87a}$$

となる. 断面積は (この近似で)

$$S \cong \frac{4\pi}{k^2 + \dfrac{\alpha^2}{(1-\alpha a)^2}} = \left(\frac{2\pi \hbar^2}{m} \right) \frac{1}{E + \dfrac{\hbar^2 \alpha^2}{m} \dfrac{1}{(1-\alpha a)^2}}. \tag{88}$$

低エネルギー断面積について見当をつけるには, (84a) 式で定義された α を求めさえすればよい.

53. 原子核散乱に対する応用　ここで, 原子核による散乱の分野に二, 三応用してみよう. しかし, その前に, 核力に関しては, 確実な知識は非常に僅かしか存在していないということを指摘しておきたい. この書物でこうした問題を調べる主な理由は, 基本的な事がらがまだ不確実であるような新たな分野への前進を企てるにあたって, どのように量子論が用いられるかを示すにある. このような仕方で, 理論の適用というものは, 必ずしも, 既知の確乎とした理論にもとづいた, 種々の数値的結果の単なる勘定だけに限られるものではないことを示したいと思う.

第11章3節で述べたように, 陽子の場の中での中性子のポテンシャル・エネルギーが, 深さ約 20 mev, 半径約 2.8×10^{-13} cm の井戸で表わしうることを示す根拠が存在する. この井戸が箱型でないことは殆んど確実であるが, その主な特徴の多くは, 箱型井戸を用いて大雑把ながら表現することができる.

しかしながら, 3×10^{-13} cm 程度のある半径を超すと, ポテンシャルが無視してよい位充分に小さくなるということ以外に, 井戸の形状について特別な仮定を何らおかずに, 多くの重要な結果を説明することができる. そのため, Schrödinger 方程式を解くという課題を二つの部分にわけると便利である. 即ち, 井戸の内側で問題を解くことと, 外側で解くこととにわけるのである. 外側には, 認められるほどのポテンシャルは存在しないから, 解は自由粒子のそれと全く同じである [(83b) 式参照]. 井戸の内側では, 波動方程式を解く一般的な問題は複雑であるが, この手続きの結末は, $r=0$ で $g=0$ を出発点にとれば, 常に $r=a$ という点での $g'/g = \alpha$ という比を決定することになろう. 果

654   第 V 部 散乱の理論

さねばならぬのは，位相 δ を適当にとって，点 a で g'/g を連続にすること
だけである．

s 波に対しては，上の手続きは (84) 式を出すものと全く同一であり，現実の
ポテンシャルについて Schrödinger 方程式を解いて得た $(g'/g)_{r=a}$ という比を，
どのようなものであろうと，α と解釈すれば同じ方程式が成立つのである．

54. 重陽子の結合エネルギーによる低エネルギー断面積の近似的表現 ポ
テンシャルの詳細な形状を知ることなしにαを直接解くことはできないけれど
も，観測された断面積と α の函数として予想される断面積とを比較することに
よって，α に関して可成の知識を得ることが可能である．この計算では，$E=$
$-2.23\,\mathrm{mev}$ の所に重陽子の束縛状態が存在するという観測結果によって得られ
たαの近似的な値を用いることにしよう．束縛状態に対するαの値は，ポテン
シャルの外側で，波動函数が丁度減少する指数函数 $g = A\exp(-\sqrt{2mB}\,r/\hbar)$
になっている (s 波の場合) という事実から容易に計算される．ここで，B は
結合エネルギーである．こうして，束縛状態での α_0 の値として，

$$\alpha_0 = -\frac{\sqrt{2mB}}{\hbar}$$

が得られる．α_0 は，束縛状態では負でなければならないことがわかる；これは，
井戸の内側で，波動函数が極大値を通りすぎ，$r=a$ で減少する指数函数につ
ながるように，距離と共に減少してゆくためである．

さて，ポテンシャルの深さは $20\,\mathrm{mev}$ 程度である；したがって，E が -2.23
mev から増加して，零の値，または僅かにそれを上廻るくらいになっても，α_0
は少ししか変化を受けない．それは，ある特定の点における波長が，運動エネ
ルギーのこうした小さい部分的増加によっては大きく変化しないためでしかな
い．たとえば，箱型井戸では，$\alpha_0 = k_1 \cot k_1 a$ は，E が $-2.16\,\mathrm{mev}$ から零ま
で増えても，約 20% しか変化しない*．

α_0 を束縛状態におけるそれの値で近似することによって，次のような断面
積が得られる [(88) 式より]．

$$S \cong \left(\frac{2\pi\hbar^2}{m}\right)\frac{1}{E + \dfrac{B}{(1-\alpha_2 a)^2}}. \tag{89}$$

_____

* したがって，われわれの手続きは，エネルギーの僅かに負の値に対して α_0 を
経験的に計算し，その値をエネルギーの僅かに正の値に対する α_0 の近似値と
して用いる，ということをやっているのである．

第21章 散乱の理論 655

実際の陽子の質量と，相対エネルギーの2倍にあたる実験室系でのエネルギーを用いるならば，

$$S = \frac{4\pi\hbar^2}{m_L} \frac{1}{\dfrac{E_L}{2} + \dfrac{B}{(1-\alpha_0 a)^2}} \tag{90}$$

を得る．E_L は実験室系でのエネルギー，m_L は実際の陽子質量である．

問題 14： $E=0$ での上の断面積を計算せよ（結果は $3 \times 10^{-24}\,\mathrm{cm}^2$ 程度になる）．

上の断面積は $E=0$ で極大値をもっており，以後，大体において単調に減少する．$E \cong 5\,\mathrm{mev}$ までは，この近似は可成り良い（約 25% 程度まで）．それ以上のエネルギーでは，もっと精密な式を用いなければならない．その上，p 波が入って来はじめる．これらのことが，全断面積と角度依存性との双方に影響するであろう．

55. スピンに依存する力 前節では，重陽子の結合エネルギーだけの函数で表わされた，低エネルギー中性子陽子散乱の断面積に関する一般的な近似式を求めた；それは，ポテンシャル函数の詳細な形状とは無関係である．したがって，実験との比較が，核力に関するわれわれの基本的な考え方の正当性をうまく験証してくれねばならぬ．実験は，低エネルギー断面積が $20 \times 10^{-24}\,\mathrm{cm}^2$ の程度であることを示すが，それに対して，われわれの予想は $3 \times 10^{-24}\,\mathrm{cm}^2$ の程度でしかなかった．

この喰いちがいは Wigner によって説明された．彼は，零エネルギーで大きな断面積を得ようとすれば，(88) 式にしたがい，α の値が重陽子の結合エネルギーから得られたものに比べてはるかに小さくなるような井戸をとらなければならないことに注意した．そのような低い α の値を得るには，正しい重陽子の結合エネルギーを出すために必要なものよりも浅い井戸が必要である．これは，ポテンシャルの領域内での波動函数の曲り方を少くする結果を生み，そのために，より小さな勾配でもって，$r=a$ に到達することになる．重陽子の結合エネルギーの説明に充分なだけの深さをもった井戸と，α のより小さな値を与えて散乱を説明する井戸との間の性質の違いを第 22 図に示した．

散乱のデータと，重陽子の結合エネルギーとによって要求される異ったポテンシャルの深さとを調和させるために，彼は，核力がスピンに依存し，粒子のス

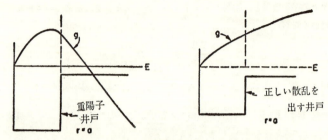

第 22 図

ピンが平行のときには,反平行のときよりも井戸が深くなるようになっているという考えを示唆した.ところで,重陽子中では中性子と陽子のスピンが平行であるという,これとは独立な根拠* が存在している.他方,たとえば,入射中性子ビーム中では,標的中の陽子のスピンの向きに対するスピンの向きは,無秩序であり,両方の可能性が起きる.したがって,大きな散乱断面積は反平行の向きの場合におき,平行な向きの場合が,重陽子の結合エネルギーを説明するのに充分なだけの深い井戸をもつ,ということになる.

中性子のスピンが勝手な方向を向いているようなビーム中では,平均として,入射粒子の 3/4 については,任意の陽子のスピンに対して,中性子のスピンは平行であり,1/4 については反平行であろう.この結果は,スピン変数の性質を調べると出てくる.それによると,スピンを平行にする方法は反平行にする方法の 3 倍だけ多いことが示される†. これは,全断面積が,

$$S = \frac{3}{4} S_p + \frac{1}{4} S_a$$

であることを意味する.S_p と S_a は,それぞれ,平行および反平行のスピンに対する断面積である.

S を,その観測値である 21×10^{-24} cm² とおき,

$$S_p = 3 \times 10^{-24} \text{ cm}^2$$

とすると,

$$S_a \cong 75 \times 10^{-24} \text{ cm}^2$$

を得る.これは実に大きな断面積である.ポテンシャル井戸の断面の面積は僅

---

* H. A. Bethe, *Elementary Nuclear Physics*.
† たとえば,第 17 章 10 節参照.

かに約 0.3×10^{-24} cm^2 である．このような大きな断面積が可能であるのは，全く物質の波動性に由来するものであって，後にわかるように，$E=0$ の附近で，$r=a$ の所の波動函数の小さな勾配に起因する共鳴が存在することと結びついている．箱型井戸での共鳴の条件が，$r=a$ で波動函数の勾配が零になることであるということに注意しよう [第 11 章 (50) 式参照].

56. 一重状態の井戸の深さに対する解　一重状態（反平行）の井戸に対する α^2 を三重状態（平行）の井戸に対する値の約 1/50 にとることによって，低エネルギー散乱の実験値との一致を得ることができる [(90) 式参照]．この結果は，以下の二つの方法のうちいずれを用いても出すことができる：

（1）　$E=0$ に非常に接近した所に，現実に束縛状態が存在しうるものとする．その結合エネルギーは，$B \cong 2.23/50$ mev $\cong 40$ kev となろう．

（2）　$E \cong 40$ kev の所に仮想準位*が存在しうるものとする．これは，$E=0$ で，α の正の値に対応するであろう．しかし，$E \cong 50$ kev では，波動函数の曲り方が強くなり，$r=a$ では，$\alpha = g'/g$ を零まで落し，その点で仮想準位をつくるのに充分なものとなろう．

中性子陽子散乱だけでは，上の二つの可能性を区別する方法は存在しない．しかしながら，(87a) 式から，α が正であれば，k が小さいときの位相が正であり，α が負であれば，負となるのに注目しよう．そうすれば，干渉に着目することによって，二つの散乱波の位相相互間の符号の関係を求める可能性が生ずる．そのためには，中性子の散乱を，二つの陽子のスピンが平行である水素分子（オルソ水素）と，反平行である水素分子（パラ水素）について，別々にやらせる．分子の直径よりも遥かに大きい波長をもった中性子を入射させるならば，二つの原子核から出てきた散乱波は相当程度干渉するにちがいない．オルソ水素では，両方の散乱波はたしかに同じ符号の位相をもっているであろう．しかし，パラ水素では，別々の原子から出てきた散乱波は，それぞれ，一重状態の α と三重状態の α とが反対符号であれば打消し合うように干渉し，同符号であれば強め合うように干渉するであろう．したがって，パラ水素による散乱がオルソ水素による散乱よりも少ければ，α が正であって，一重状態が仮想的であると結論できる．実験は，実際にそうなっていることを示している†.

---

* 仮想準位の定義については，第 11 章 20 節および 第 12 章 14 節を参照．

† この問題についての議論は，H. A. Bethe, *Rev. Mod. Phys.*, **8**, 117〜118 (1936) 参照．

α の値がわかれば，箱型だと仮定した一重状態のポテンシャルの深さをいよいよ求めることができる．(83a), (83b), (89) の諸式から，$\alpha = k_1 \cot k_1 a$ を得る．$E=0$ での α が求まっているから，$k \cong \sqrt{2mV_s}/\hbar$ となる．ここに V_s は一重状態の井戸の深さである．V_s はこの方程式を解けば見出すことができる．$\alpha \cong 0$ だから，近似解は $k_1 a \cong \pi/2$, そして，

$$V_s \cong \left(\frac{\pi}{2} \frac{\hbar}{a}\right)^2 \frac{1}{2m}.$$

深さは約 12 mev と出る．一重状態における断面積に対する近似式（低エネルギーであてはまる）は，したがって次のようになる [(88) 式による]:

$$S_a \cong \frac{2\pi\hbar^2}{m} \frac{1}{E + \dfrac{\hbar^2\alpha^2}{2m}}.$$

[一重状態の α が小さいので，(88) 式に出てくる $1/(1-\alpha a)^2$ という因子を落していることに注意]．$\hbar^2\alpha^2/2m = W$ とおくと便利である．この量はエネルギーの次元をもち，数値的には大体，反平行スピンの場合 $E=0$ の近傍に存在する"仮想"即ち共鳴準位のエネルギーに等しい．そこで，完全な断面積は次のようになる．

$$S = \frac{3}{4}S_p + \frac{1}{4}S_a \cong \frac{2\pi\hbar^2}{m} \cdot \left[\frac{3}{4} \frac{1}{E + \dfrac{B}{(1-\alpha_0 a)^2}} + \frac{1}{4} \frac{1}{E+W}\right]. \tag{91}$$

エネルギーの函数として表わした断面積の一般的な形を第 23 図に示した．低エネルギーでの鋭い増加は，勿論，一重状態での共鳴に起因する．(91) と

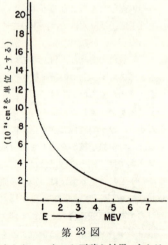

第 23 図

いう式は低エネルギーでしかよくあてはまらない．もっと正確な結果，または，より高いエネルギーにまで進めた結果を得ようとすれば，α に関してもっと詳しい展開を用いるか*，Schrödinger 方程式を厳密に解くかしなければならない．

57. 実験との比較：ポテンシャルの半径の測定　これまでわれわれが用い
てきた近似では，断面積に対してエネルギーの函数として予測される結果は，
ポテンシャルの半径をどう仮定しても重大な影響をうけることは全くなく，主
として，重陽子の結合エネルギーと低エネルギー散乱断面積によって決定され
ている [(91) 式参照]．より精密な近似を用いるときには，予測される断面積
のエネルギーによる変化は，ポテンシャルに対して仮定された半径の大きさに
若干依存する．しかし，5 mev までならば，原子核物理学に関するわれわれの
一般的知識に基いた合理的な半径の変化をどのようにほどこしても，断面積の
値で高々 25 パーセントくらいの変化しか，予測されない．中性子陽子散乱の
実験は約 10 パーセント以上の精密さはもたないから，それらの結果を用いて
半径を非常に精密に決定することは困難であるが，大雑把な限界内でならば，
決定することができる．しかしながら，この方法で得られた半径はポテンシャ
ルの厳密な形状にかなり依存するものであって，箱型井戸が正しい形であると
することには多大の疑問が存在するのである．

　要約すれば，約 5 mev までの三重散乱は重陽子の結合エネルギーによって
近似的に決定されることが注意される．この領域での一重散乱は，低エネルギ
ー(零に近い)での中性子陽子散乱断面積を合わすという要請から近似的に決め
られる (たとえば，John M. Blatt and J. David Jackson, *Phys. Rev.*, **76**,
18, 1949 および H. A. Bethe, *Phys. Rev.*, **76**, 38, 1949 を参照)．上の文献
で論じられている他のデータと同様に，散乱のデータともっとよい一致を得る
には，ポテンシャルの半径に対してある制限をおかなければならない（即ち，
ポテンシャルが問題になる範囲に制限をおかなければならない）．三重井戸と
一重井戸の範囲には差があるべきであって，それらの最良の値は，三重の方
の範囲は $(1.5 \pm .5) \times 10^{-13}$ cm 程度，一重の範囲は $(2.6 \pm .5) \times 10^{-13}$ cm 程度
であることがわかっている．このようにして，ポテンシャルの拡りと深さは，
今日少しずつ明らかになって来ている．しかし，それ以上詳しいことになると
（たとえば形状のような），もっと精密な散乱のデータか，より高いエネルギーで
得られたデータによってのみ，求めることができる（高エネルギーでは断面積
が井戸の形状によりつよく依存するということが想い出される）．しかし，繰
返し述べておかなければならぬことは，核力に関するわれわれの知識は尚，試

---

* H. A. Bethe, *Phys. Rev.*, **76**, 38 (1949) 参照.

660　　　　　　　　第 V 部　散乱の理論

みの域を出ず，核力ポテンシャルの概念が高エネルギーで起る現象を記述する上に必然的に適しているものかどうかは全然不確実なことだということである．この概念は，それでも，少くとも約 25 mev までは適当なものであるように思われる．

このことと関連して，精密な陽子陽子散乱の実験が，中性子陽子散乱の実験に比べて遥かに容易に行えるということに言及しておくのは有用であろう．その理由は，陽子の衝撃エネルギーが，陽子のもつ電気的及び磁気的な諸性質を用いて非常に精確に制御できるということである．このことは，更に後に粒子の検出を一層容易にする．しかし，両方の系について調べることはやはり必要である．何故ならば，中性子陽子間力と陽子陽子間力とが正確に同一であると考える根拠が，その逆を示す何らかの理由が存在しないからといって，われわれには全く無いからである．しかし，現在の実験的証拠によると，両者は，陽子中性子間には Coulomb 力が無いことを除けば，非常によく似ていることが示されている．不幸にして，この Coulomb 力が，陽子陽子散乱の理論的取扱いの困難を非常に増大させているのである[*]．

58. Coulomb 散乱　41 節で示したように，Rayleigh, Faxen, Holtsmark の方法は，Coulomb ポテンシャルでは使えない．それは，r を無限大に近づけたとき，波動函数が $\sin(kr+\delta)$ に近づかないからである．δ はあるきまった位相因子である．そうなるかわりに，位相因子 δ は $\ln r$ に比例する．

この問題を取扱うには二つの方法がある．第一に，すべての Coulomb ポテンシャルが実際にはある距離 r_0 の所で遮蔽されているという事実を用いることができる．そのようにして，Rayleigh, Faxn, Holtsmark の方法にもどるのである．しかし，この方法は一寸不器用なように思われる．位相のずれが，非常に高い角運動量に対応する部分波に対してさえ大きくなるからである．即ち，部分波での展開 (63) 式の中に多くの項をとらなければならないことになる．ここでは，われわれはもつとうまい方法を与えることにしよう[**]．

---

[*] Coulomb 散乱の議論については，58 節参照．陽子陽子散乱については，H. A. Bethe and R. F. Bacher, *Rev. Mod. Phys.*, 8, 32 (1936) 参照，原子核を構成する素粒子の散乱問題の現状についてのより一般的な議論については，H. A. Bethe, *Phys. Rev.*, **76**, 38 (1949) 参照．

[**] Coulomb 散乱の完全な取扱いについては，Mott and Massey, *Theory of Atomic Collisions* または，L. Schiff, *Quantum Mechanics* 参照．

第21章 散乱の理論　　　661

それは，部分波での展開を必要とせず，全波動函数を一単位として扱うのである．この方法では，波動函数を拋物座標で書く．まず，z 方向を入射波の方向としてとるならば，全系は円柱対称となり，波動函数は ϕ によらず，r と z だけの函数である，ということに注意する．それで，$\psi = \psi(r, z)$ と書こう．拋物座標への変換は以下のようにやる：

$$\left. \begin{aligned} \xi &= r-z, & r &= \frac{\eta+\xi}{2}; \\ \eta &= r+z, & z &= \frac{\eta-\xi}{2}. \end{aligned} \right\} \tag{92}$$

問題 16： $\xi =$ 一定，$\eta =$ 一定という線が（$\phi =$ 一定 の面内での）直交拋物線であることを示せ．

問題 17：

$$\Delta^2 \psi = \frac{4}{\xi+\eta} \left[\frac{\partial}{\partial \xi} \left(\xi \frac{\partial \psi}{\partial \xi} \right) + \frac{\partial}{\partial \eta} \left(\eta \frac{\partial \psi}{\partial \eta} \right) + \frac{1}{\xi\eta} \frac{\partial^2 \psi}{\partial \phi^2} \right] \tag{98}$$

であることを示せ．

上述の問題から，ψ が ϕ の函数でないことを用い，次のような拋物座標で表わされた波動方程式が得られる：

$$-\left(\frac{\hbar^2}{2m} \right) \left(\frac{4}{\xi+\eta} \right) \left[\frac{\partial}{\partial \xi} \left(\xi \frac{\partial \psi}{\partial \xi} \right) + \frac{\partial}{\partial \eta} \left(\eta \frac{\partial \psi}{\partial \eta} \right) \right] + \frac{2Z_1 Z_2 e^2}{\xi+\eta} \psi = E\psi. \tag{94}†$$

Z_1 は散乱をさせる原子核の原子番号，Z_2 は散乱される粒子のそれであり，E は，散乱される粒子の換算エネルギー，m はその換算質量である（二つの粒子が同じ符号の電荷をもっていれば $Z_1 Z_2$ は正；そうでなければ負である）．

ここで，われわれの欲する解は次の形に書けるものとしよう：

$$\psi = e^{ikz} f(\xi) = e^{ik\frac{(\eta-\xi)}{2}} f(\xi), \tag{95}$$

ただし，

$$E = \frac{\hbar^2 k^2}{2m}. \tag{95a}$$

これが正しい解であることは，ψ が微分方程式 (94) と適当な境界条件とを満

---

† z 方向に一様な電場がかかって $eEZ_1 = eE(\eta-\xi)/2$ のポテンシャル・エネルギーがつくられていても，やはり波動函数は拋物座標で分離可能である．水素の Stark 効果はこの方法で厳密に取扱うことができる（第19章11節照参）．

足するように，$f(\xi)$ を選べるのを示すことによって，証明されよう．

まず，ψ を (94) 式に代入すると，

$$\xi \frac{d^2 f}{d\xi^2} + (1 - ik\xi) \frac{df}{d\xi} - nkf = 0 \tag{96}$$

を得る．ここで，

$$n = \frac{Z_1 Z_2 e^2 m}{\hbar^2 k} = \frac{Z_1 Z_2 e^2}{\hbar v}; \tag{96a}$$

v は入射粒子の速度とする．この方程式は，合流型超幾何函数が充たす方程式

$$Z \frac{d^2 F}{dZ^2} + (b - Z) \frac{dF}{dZ} - aF = 0 \tag{97}$$

と同じものである．

$$F = F(a, b, Z) = \sum_{s=0}^{\infty} \frac{\Gamma(a+s)\Gamma(b)Z^s}{\Gamma(b+s)\Gamma(a)s!} \tag{98}$$

は，原点近傍で収斂の良い級数に展開したこの方程式*の解である．
それ故，

$$f(\xi) = CF(-in, 1, ik\xi) \tag{99}$$

が得られる．C は常数で，後に決定されるべきものである．

境界条件と適合させるためには，$\psi(\xi)$ の漸近形が必要になる．この展開の最初の2項は*，

$$\psi \underset{r \to \infty}{\to} \frac{Ce^{\frac{1}{2}n\pi}}{\Gamma(1+in)} \left\{ e^{i[kz - n\ln k(r-z)]} \left[1 - \frac{n^2}{ik(r-z)} \right] + \frac{f_C(\theta)}{r} e^{i(kr - n\ln 2kr)} \right\} \tag{100}$$

である．ここに，

$$f_C(\theta) = \frac{\Gamma(1+in)}{i\Gamma(1-in)} \frac{e^{-in\ln\sin(\theta/2)}}{2k\sin^2(\theta/2)} = \frac{n}{2k\sin^2(\theta/2)} e^{-in\ln[\sin^2(\theta/2)] + i\pi + 2i\alpha_0} \tag{101}$$

$$\alpha_0 = \arg \Gamma(1+in) \tag{101a}$$

である．

59. 上の結果の解釈 まず，Coulomb 波動函数が，(43) 式の形

$$\psi = e^{ikz} + f(\theta) \frac{e^{ikr}}{r}$$

に漸近的に近づいて行かないことに注意されたい．(100) 式の右辺の第一項は

---

* Whittaker and Watson, *Modern Analysis*, 3rd ed., Chap. 14.

第21章 散乱の理論　　663

e^{ikz} という因子を含んではいるが，それは他の因子，$e^{-in\ln k(r-z)}\left[1-\dfrac{n^2}{ik(r-z)}\right]$
だけ変化させられている．この因子は，入射平面波が，原点からどれほど遠く
離れて進むようにとっても，そのことは無関係に，僅かにゆがんでいることを
示す．もちろん，このゆがみは，力の到達距離の長いことの結果である．同様に，
射出波には，$e^{-in\ln 2kr}$ という因子が入っており，その結果，ある確定した位相
には近づいて行かないことがわかる．しかし，このような長い到達距離にも拘
らず，散乱断面積を定義することはやはり可能である．何故ならば，ゆがみを
つくる因子は，流れの平均値のような物理的に観測できる量に対して，r を無
限大にしたときに零になるような変更を与えるだけだからである．このことを
証明するには，(100) 式の右辺第一項から求めた入射流を計算すればよい．す
なわち，

$$j=\frac{\hbar}{2mi}(\psi^*\nabla\psi-\psi\nabla\psi^*)\tag{102}$$

を求める．対数項を微分したとき，$1/r$ に比例する因子が出ることに注目する．
r が大きいと，これは e^{ikz} を微分した結果に比べて無視できるようになる．こ
うして，大きい r の所では，入射流は z 方向と非常に近い方向をもつことにな
る．それの近似的な値は，

$$j_i=\frac{\hbar k}{m}\frac{|C|^2}{|\Gamma(1+in)|^2}\tag{103}$$

である．同様にして，単位立体角あたりの射出流は，

$$j_0=\frac{\hbar k}{m}\frac{|C|^2|f_c(\theta)|^2}{|\Gamma(1+in)|^2}\tag{104}$$

という近似値をもつ．そこで，(45a) 式により，単位立体角あたりの断面積は，

$$\sigma=|f_c(\theta)|^2=\frac{n^2}{\left(2k\sin^2\dfrac{\theta}{2}\right)^2}=\left(\frac{Z_1 Z_2 e^2}{2mv^2}\right)^2\frac{1}{\sin^4\dfrac{\theta}{2}}\tag{105}$$

となる．これは，Rutherford の断面積に他ならない [(16c) 式参照]．既に指
摘されたように，Coulomb 力は，厳密な古典論，厳密な量子論，量子論にお
ける Born 近似，の全部が同一の断面積を与えるという独特の性質をもって
いるのである．

60. Coulomb 散乱における交換効果　二つの同種の荷電粒子が相互に散乱
されるときには，Coulomb 断面積は必ず交換効果によって変化をうける．
たとえば，α 粒子相互間の散乱を考えよう．α 粒子のスピンは零であるから対

称な波動函数をもつ（波動函数の対称性は，各 α 粒子が 2 個の中性子と 2 個の陽子でできているという事実から来ている．即ち，2 個の α 粒子を交換したとき，同時に 4 個の素粒子が交換される．波動函数には $(-1)^4=1$ がかかり，その結果，それは，このような交換に対して対称になっている）．

適当な対称波動函数をつくり上げるたには，2 個の同種粒子の Schrödinger 方程式の解，$F(\boldsymbol{r}_1, \boldsymbol{r}_2)$ から，$\boldsymbol{r}_1$ と $\boldsymbol{r}_2$ とを入れかえるともう一つの解が得られるということに注目する．即ち，必要とされる対称函数は $F(\boldsymbol{r}_1, \boldsymbol{r}_2)+F(\boldsymbol{r}_2, \boldsymbol{r}_1)$ である．ところで，二粒子衝突では，波動函数は，$e^{i(\boldsymbol{k}_1+\boldsymbol{k}_2)\cdot(\boldsymbol{r}_1+\boldsymbol{r}_2)/m_1+m_2}f(\boldsymbol{r}_1-\boldsymbol{r}_2)$ という形をとる（第 15 章 5 節参照）．そこで，対称波動函数は，

$$\psi=e^{i(\boldsymbol{k}_1+\boldsymbol{k}_2)\cdot(\boldsymbol{r}_1+\boldsymbol{r}_2)/m_1+m_2}[f(\boldsymbol{r}_1-\boldsymbol{r}_2)+f(\boldsymbol{r}_2-\boldsymbol{r}_1)] \tag{106}$$

になる（指数函数型の因子は重心の一様な運動に関係している．それに対し，他の因子は相対座標だけの函数である）．このようにして，相対座標の波動函数は，$f(\boldsymbol{r})+f(-\boldsymbol{r})$ ととれば求めることができる．ただし，$\boldsymbol{r}=\boldsymbol{r}_1-\boldsymbol{r}_2$ である．

(106) 式より（$\boldsymbol{r}$ と $-\boldsymbol{r}$ を入れかえると，θ が $\pi-\theta$ でおきかわることに注意すれば），

$$\psi \underset{r\to\infty}{\to} \frac{Ce^{1/2n\pi}}{\Gamma(1+in)}\left\{e^{ikz-n\ln k(r-z)}\left[1-\frac{n^2}{ik(r-z)}\right]\right.$$
$$\left.+e^{i[-kz-n\ln k(r+z)]}\left[1-\frac{n^2}{ik(r+z)}+\frac{e^{ikr+n\ln 2kr}}{r}[f_c(\theta)+f_c(\pi-\theta)]\right]\right\}$$

が得られる．この波動函数は，重心系では一方の粒子が右からやって来，他方の粒子が左からやってくるという事実に対応する．(45a) 式によると同じく，単位面積あたりの入射流に対する単位立体角あたりの散乱された流れの比を見出せば断面積が求まる．この場合，波動函数を対称化するのに $\sqrt{2}$ で割らないことに注意されたい．その理由は，単位面積あたりの各々の粒子に関する入射流を $\hbar k/m$ に規格化しようとしたことにある．断面積は，

$$\sigma=|f_c(\theta)+f_c(\pi-\theta)|^2 \tag{107}$$

である．m は換算質量，$k=\sqrt{2mE}/\hbar$ で E は換算エネルギー，である．(101) 式より，最後に，

$$\sigma=\left(\frac{Z_1Z_2e^2}{2mv^2}\right)^2\left[\frac{1}{\sin^4\theta/2}+\frac{1}{\cos^4\theta/2}+\frac{2\cos n(\ln\tan^2\theta/2)}{\sin^2\theta/2\cos^2\theta/2}\right] \tag{108}$$

を得る．この式の最初の 2 項は，同種粒子に対して古典的に得られる筈のもの

第21章 散乱の理論 665

と同じである*. 第3項は干渉の結果であって,完全に非古典的である. この表式は, 元来 Mott によって出されたものであって, Mott 散乱と呼ばれている.

全体として反対称になるように組合された空間波動函数とスピン波動函数とをもった電子や陽子のような粒子では, 空間波動函数が 1/4 の場合は対称で, 3/4 の場合は反対称であるという事実を利用する**. そして,

$$\sigma = \left(\frac{Z_1 Z_2 e^2}{2mv}\right)^2 \left[\frac{1}{\sin^4 \theta/2} + \frac{1}{\cos^4 \theta/2} - \frac{\cos n(\ln \tan^2 \theta/2)}{\sin^2 \theta/2 \cos^2 \theta/2}\right] \tag{109}$$

を得る.

特有な"交換"効果は $\theta = 90°$(実験室系では $45°$)で最大になる. この角度では, α 粒子の交換効果は, 交換を無視したときに得られるものの2倍の断面積を与える.

Mott 散乱特有の附加的な干渉項は実験と一致する†. しかし, 古典的極限($\hbar \to 0$ および $n \to \infty$)では"交換"項は, θ の非常に急速に振動する函数となり, 平均すると零になってしまう. こうして, 測定がある与えられた誤差 $\varDelta\theta$ でもって行われるとすると, $\hbar$ を小さくするにつれて, 交換項の影響は結局は非常に小さくなり測定誤差内に入つて観測されなくなる‡.

---

* たとえば, 最初の2項は, 14節から求まる.

** 第17章10節参照.

† Mott & Massay, 1st ed., p. 73 参照.

‡ つまり, 交換効果は本質的に量子力学的であって, 古典的極限では消失する (第19章29節参照)

第 VI 部　観測過程の量子論

第 22 章　観測過程の量子論

1. 序論　これまでに展開して来た量子論は，原理的には，われわれが行おうと欲するあらゆる測定に対してある結果の起る確率を勘定する仕方を，与えるものである．任意の オブザーヴァブル A の平均値を計算するには，$A = (\psi^* A \psi) dx$ を書き下せばよい．ψ は今調べている体系の波動函数である．ところで量子論が，自然界に起り得るあらゆる事柄の完全な記述を与えることができるようなものだとすれば，測定過程それ自体もまた，観測装置の波動函数と観測下にある体系の波動函数によって記述されねばならない．更に，原理的には，観測装置を監視し実験結果が何とでるかを確かめる観測者をも記述できるべきである．この場合観測装置及び観測下にある体系の波動函数と同時に，観測者をつくっている種々の原子の波動函数も使わねばならない．言い換えれば，量子論は，その内部にこれらの問題すべてが原理的にどう取扱われるべきかとの処方を含まないならば，完全な論理体系とはみなされないのである．

　本章では，量子論の枠の中で，これらの問題がどのように扱えるかを示すことにしよう†.

2. 観測装置の性質　先ず 観測装置の 一般的性質を しるすことから 始めよう．あらゆる場合に，われわれが注目している体系に関する知識は，その体系（これを以後 S と書くことにする）と観測装置（A であらわそう）との相互作用を調べることによって得られる．その性質が，たとへ部分的に過ぎないにせよ知られているものは，どんなものでも観測装置を組立てる上に原理的には利用することができる．例えば，陽子中性子間の力の研究には，それらが互いにどのように散乱されるかを調べるという方法がよくとられる．この場合には，粒子間のよくは知られていない力を，良くわかっている陽子・中性子の長い距離にわたる運動にその力が及ぼす影響を観測することによって，調べてい

---

† この 問題の 別個の 取扱いに ついては J. von Neumann, *Mathematische Grundlagen der Quantenmechanik*, Berlin, Julius Springer, 1932 (井上・広重・恒藤訳，量子力学の数学的基礎，みすず書房， 1957)

るわけである．それから次のことを指摘しておかねばならない：観測装置は，そのことごとくを人間の手で組立てなければならぬというものではないし，それが実験室の中におかれてあるのでなければならぬというものでもないということである．即ち，地球磁場は，宇宙線粒子を，それらのエネルギーと電荷とに従って分離する質量分析器の一部とみることができるわけである．

あらゆる観測が相互作用を通じて行われねばならぬにはちがいないが，相互作用という その事柄だけでは，意味のある観測が可能となるために充分ではない．更に次の要求が加えられなければならない：相互作用が終った後，装置 A の状態に系 S の状態が再現可能な且つ信頼し得る仕方で関係していなければならない．この相関関係は一般に統計的なものであるが，極限の場合には，思いのままの精度に近づけられる．即ち，星の位置の測定は，星の光が望遠鏡を通りぬけた後につくる写真乾板上の点の位置の観測によって可能となる．星と写真乾板との相互作用は，ここでは，光波によってつくられる電磁的な力によってもたらされる．それは，感光乳剤中の銀の原子の化学的条件を変え得るものである．理想的な望遠鏡-写真機系があったとすれば，それは星の位置と乾板上の点との間の一意的な関係を与えるであろうが，完璧な精度でもってこれができるような望遠鏡-写真機系は，現実には存在しない．それは第一に，実際上，避けることのできない機能上の誤差があり，第二に，原理的にも光の波動性から分解能は有限の大きさとなるからである．斯様に典型的な観測装置においては，装置の明確に区別できる各状態と，観測している系のある範囲にわたる可能な諸状態とを対応づける相関関係が得られる．この範囲が測定に於ける不確定度，あるいは誤差と呼ばれるものである．通常，誤差の起る可能性は，装置の設計の上での，原理的には回避可能な欠陥や不適格性のために生じて来るものであるが，非常に精密な測定では，それは物質の量子的本性に起因する可能性がある．その場合にあっては，観測されるものを根本的に変化させることなしには，より正確な測定を行うことはできない（第5章参照）．

3. 観測装置の古典的段階　さて第8章で得た主要な結果を思い起していただきたい，即ち，量子的水準の精度に於いては，全宇宙（勿論，それのあらゆる観測者も含む）は単一不可分の一体を形づくり，宇宙間にある各対象がまわりのものと不可分な，且つ完全には統御できない量子によって結びつけられていると看做されねばならぬ，ということである*．もしも世界のすべての部分

* 第 8 章 23 節及び 24 節，また第 6 章 13 節をも参照

第22章　観測過程の量子論　　　669

に完全に量子力学的な記述を与えることが必要であるというのならば，量子論を観測の過程に適用しようと試みる者は，解くことのできぬパラドックスに直面することゝなろう．何故ならそのとき，その人間自身も世界の残る部分と不可分に結ばれた何物かとみなされねばならぬからである．ところが他方，観測を行うというその考え自体が，観測されるものと，それを観測する人間とを，完全に区別するということを意味しているのである．

　このパラドックスは，すべての現実の観測というものが，その最後の段階に於いては，古典的に記述し得るという事実に注意することによって避けられるものである*．観測者は，従って，彼自身と観測装置の古典的に記述できる部分（それから観測者は彼の知識を得るのであるが）との間の不可分な量子による結合を無視することができる．そのわけは，それらの結合は極めて小さな効果を生ずるだけで，観測者が見るところのものゝ意味に，根本的な仕方で何等かの変更を与えるようなものではないからである†．言い換えれば，観測者と装置との相互作用は，その量子的性質から生ずる統計的なばらつきが，実験誤差にくらべて無視し得る程度のもの，である．それ故研究者とその観測装置との関係を，それらが古典物理学の法則に従ってだけ相互作用する，二つの分離した別個の体系である，という単純化された概念で近似しても，間違いは起らないであろう．更に，観測者の人数がどれだけあっても，同一の装置と，その装置の特性の本質的な点を何も変えることなしに，相互作用することが可能である．従って，可能な相異る様々な測定結果に対応して，測定装置の種々の可能な配置，あるいは状態が，あらゆる観測に当る人間から完全に離れ，また独立して存在すると，厳密にみなすことができる．このようにして観測過程の量子論は，調べている体系の状態と，観測装置の古典的に記述できる部分の状態との関係の記述，ということに帰着できる．

　しかしながら，上に述べた議論はいさゝか不精確なものである．われわれは

----

* 一例として科学に於いて通常行われているところを挙げることができよう．即ちわれわれはメーターの読み，写真乾板上の斑点，Geiger 計数管の鳴る音，等々からデータを得ている．これらの対象並びに現象はすべて古典的に記述されるという共通の性質をもつものである．少し思いかえしてみれば，読者は科学で行われて来たあらゆる観測が，少くともひとつは，このような古典的に記述される段階を用いていることに納得されるであろう．

† 研究者が物質の量子的性質を調べたいと思うときには，個々の量子のつくる効果を古典的に記述できる水準にまで拡大するような装置が必要になる．

たゞ，観測者と彼の装置とを，たとえそれが現実には不可分の量子で結びつけられているとはいえ，分離された別々の体系であるとみなす通常の古典的な手続きを適用してもさしさわりがないということを立証する，大まかな筋道を示そうと思っただけに過ぎない．本章の爾余の部分全体を通じて，より精密な，だが比較的簡単な，観測の過程に於いて生ずる数学的な議論を与え，本質的に同一の結果が得られるのを示すこととしよう．

もしも観測者と被観測系とを鋭く鮮明に区別できないとすると，われわれの知る科学的研究なるものを遂行することが出来なくなってしまうであろう．それでは，観測者が観測のどの点が彼自身の創ったものであるか，どれが関心を寄せている外部の体系で創られたものか，見分けがつかなくなるからである．だが，われわれは，観測者と彼の観測している事物とが著しい相互作用しているときには，科学的な研究が常に必ず不可能であると言おうとするのではない．何故なら，観測者が，相互作用の効果を既知の因果的な法則に基いて補正できる限りでは，観測者に於いて創られた諸効果と外部で創られたそれらとを見分けることが依然として可能だからである*．しかし，例えば，その相互作用が唯1個の不可分且つ制御不能な量子を通じて起る場合は，この種の補正を行うことはできないであろう．そして観測者は，彼の観測したところが，彼自身に関係したものか，外部の対象に関係したものか，見分けることはできない．観測者と外部の対象とを結びつける量子は，両者に相互にまた不可分に，属しているからである．勿論，人間の観測者と測定装置との間の相互作用は，あらゆる現実の観測では，古典的に記述できるものであり，この困難は実際には起らない．

4. 観測者と観測対象とを識別する際の任意性の程度　測定装置に，古典的に記述できる段階が一つ以上存在する事象では，そのどのひとつの段階も観測者と観測対象との分離点として選ぶことができる．例えば，人が写真について知識を得るという実験を考えてみよう．この実験の可能なひとつの記述は次のようになる：　被観測系は，（写真を撮られる対象）プラス（写真機）プラス（対象と映像とを結びつける光），からなる．観測者はそのとき乾板をみて彼の知識を得るといえよう．その過程は古典的に記述できるものであるから，観測者と観測者のみる乾板との間には明確な差別が存在することとなる．ところが同様に完全な他の記述がある；　それは調べる体系をその対象だけとみるもの

---

* 例えば第5章9節参照．そこでは観測装置の影響が既知の因果的法則に基いて補正されるひとつの場合が論ぜられている．

である．写真機と乾板とはこの場合は観測者の一部と考えることができる．同じ過程の三番目の記述は，研究者は彼の眼の網膜上の映像を観測する；従って，眼の網膜プラスその他の外界，勿論写真乾板も含めて，を，被観測系とみなすべきであるというものである．

上の議論の結果をまとめれば次のように言えよう： 観測者が知識を得る過程には，通常，体系を古典的に記述できる一連の段階が存在する．観測者とその観測対象との関係が，観測者に信用のおける知識を与えるようなものであれば，それらの古典的に記述できる諸段階は，因果的に，且つまたあるひとつの段階の一定の状態が次の段階の対応する状態に一対一に反映されるという風に，働くのでなければならない．斯様にして，対象の一定点は写真乾板上に対応する一点を生ずるはずであり，これは更に眼の網膜上に相応する一点を生ずるべきである．この対応が存在する範囲内で，観測者と観測対象との分割点は，古典的に記述し得るどの段階にとることもできるのである，と．

そこでこの分割点を，調べている対象に至る方向へと，また研究者自身の頭脳に達する方向へと，それぞれの方向にどこまで押し進めてゆくことができるかをさぐることとしよう．ここで装置の完全確定部分の判断基準は，それが忠実に対象の本性に関する知識を一対一の仕方で伝えるということである．従って観測者との分離点を対象の方へどこまで押してゆくことができるかというとき，残る唯一の制限は，その分割線が，本質的に量子力学的な段階でひかれてはならない，ということだけである．もし電子の位置とか運動量とかを量子的な精度水準で測ろうとするのであれば，電子と，観測に使われる光量子とを，不可分の結合系の各部分とみなされなければならない．だが最後にはこれらの光量子が古典的に記述できる過程，例えば写真乾板上の斑点の生成，に働らくようにすることが可能であり，それから後では分割線をどこにひいてもよいわけである．

次に，観測者と対象との分割点を，観測者の頭脳の方へはどこまで押しやれるかという問題を考えてみよう．だが，その前に，この問題は観測理論に関する限り，無縁のものであることを強調しておきたい．観測理論では，既に承知の通り，装置の古典的に記述できる段階までの分析を行うことが必要であるに過ぎないからである．ではあっても，それについて現在極く僅かな知識しかない，この魅惑的な一般的問題について，二，三思索に耽けってみるのは興味のあることと思う．

672   第 Ⅵ 部 観測過程の量子論

　例えば第 9 章 28 節にふれておいた通り，脳髄が本質的に量子学的要素を含むものならば，分割点をそれらの要素にまで押し進めることはできない．たとえ脳髄が古典的に記述し得る仕方で働くとしても，分割点は任意ではなくなってしまう；というのは，脳髄の応答の仕方が，今調べている対象のふるまいと，単純な一対一対応でないかもしれないからである．このことに含まれている諸問題の説明のために，古典的に記述できることが殆ど確実である視神経から始めてみよう．この神経は単に信号を現示する仕掛けとしてだけ働くようにみえる．従ってそれは網膜上の映像に対して一対一の応答をする．こうして観測者は，視神経を伝わってくる信号を得ることにより，見たという報知を得ると言うわけである．光によって惹き起される信号と同様な信号は，視神経の電気的または力学的な刺戟によっても得ることができる．この種の記述を更に脳のずっと奥にまでもちこもうと思うと，更に思弁的な経験的根拠を欠く議論に入り込むことになる．だが次の事はかなり確実であろうと思われる： 観測者がそういった信号を知覚できるようになるまでには，信号は，観測対象の認識に本質的な作用を運ぶ，二，三の附随的な，神経組織の複雑な系統を通らねばならぬということである．例えば，脳のある部分を失うと，眼や視神経が完全な状態にあっても，物体を認められなくなることが知られている．それ故，信号を確認するのは，その信号が，対象の認識にかかわりあいをもつ，脳の諸部分を通って来た後に於いてである，ということができるだろうと思われる．

　実際には，信号が次の段階で何を惹き起すのか，その詳細についてはまだ皆目知られていない．だが，対象のふるまいと一対一の対応にある信号の伝播を使う記述は，結局，不適切になるだろうと予期される十分な理由が存在するのである．その理由というのは，脳内の神経回路に於いて，しばしば後の点に達した刺戟が再び先の点で再生されることである．それが起る場合には，もはや，ある所与の神経の役割が単に外部から信号を運ぶだけだ，と言うことは正しくない．何故なら各神経は，そのときは外部からと同様に脳の他の部分からくる信号の効果を，からみあいもつれあった（そして直線的でないような）仕方で，混ぜ合わせ得るものだからである．この段階に立ち至ると，二つの別個の体系，即ち，観測者と残る外界とに分割して分析することは妥当ではなくなり，むしろ，脳のあらゆる部分はフィードバックする応答によって強く結合し一体となっている，と言った方がおそらくもっと完全であろう．だが観測者が入って来る信号に気づくようになる過程とみなされるべきものは，おそらく，この一体

となっての応答であろう．従って，観測者と残る外界との分割は，頭脳の中に勝手にどこまでも押し進めるわけにはゆかぬ，という方が尤もらしいように思われる．

われわれが脳髄の機能の詳細についてあまりにも知ることの少い現状から見て，分析が古典的に記述できる装置の部分にとどめられねばならぬのは幸いと言えよう．

5. 観測過程の数学的取扱い　観測の過程を量子力学的に記述するためには，観測装置の影響を考慮に入れて Schrödinger 方程式を解くことから始めねばならない．さて，実験を始める前には，観測装置 A と観測下にある体系 S とは，一般に結びつけられていない．例えば，写真を撮るときには，シャッターをある一定時間のあいだ開き，乾板を調べている対象に結びつけるのであって，それ以前には，乾板と対象との間には重要な相互作用は全然ない．読者は，この実験開始前に相互作用がないという要求が，あらゆる現実の測定過程に於いて満足されていることを，たちどころに納得されるであろう．従って，この場合には，Hamilton 演算子は

$$H = H_S + H_A = H_S(x) + H_A(y) \tag{1}$$

と書ける．ここで H_S は体系だけの Hamiltonian, H_A は装置だけに対する Hamiltonian である．両者の間に相互作用のないことは，H_S を系の変数 x だけの函数，一方 H_A は装置の変数 y だけの函数とすることによってくみ入れられている．

この初等的な取扱いでは，簡単のため，装置は測定の始められる前にはある定った状態にあるものと仮定する．装置の状態を示すため，装置の波動函数を $f(y, t)$ の形に仮定する．$f(y, t)$ が時間に関係していることは，装置自体が変化する状態にあり得ることを現わすものである．議論のこの段階では，$f(y, t)$ の性質についてその詳細にまで立ち入る必要はない．だが注意すべきは，測定装置は古典的に記述できるような仕方で働かねばならぬために，函数 $f(y, t)$ は一般に波束の形をとり，その確定度は不確定性原理から置かれる精度限界よりもはるかに悪いだろう，ということである（第 10 章 9 節）．一例を考えるために，y はアンメーターの針の位置を表わすものとしてみよう．そのとき波動函数 $f(y, t)$ は，この針の位置が確定される程度を示すであろう．この針の振動の自然週期を 0.1 秒とすると，相隣る量子状態間のへだたりは

$$\Delta E = h\nu \cong 6.6 \times 10^{-26} \text{ erg.}$$

となる．1量子飛躍に対応する針の最大のふれ x の見積りをするには，エネルギーに対する公式

$$E=\frac{m}{2}\,\omega^2 x^2,\quad \varDelta E=m\omega^2 x\,\varDelta x,\quad \text{即ち}\quad \varDelta x=\frac{\varDelta E}{m\omega^2 x}$$

を用いる．指針のふれに $x\cong 1\,\mathrm{mm}$，$m\cong 1\,\mathrm{mg}$ ととると，$\varDelta x\cong 10^{-26}\,\mathrm{cm}$ が得られる．量子的精度水準に近い精確さをもった，このようなアンメーターは，いかなる状況のもとでも使用できないことは明らかである．

観測下にある体系について，その状態は未知なのであるが，それについて何かの知識を得ようというのが測定の目的である．系 S の波動函数は，その体系だけが存在する場合の Schrödinger 方程式の解からなる直交函数系 $v_m(x,t)$ によって展開されるとしよう；即ち，

$$\psi_S=\sum_m C_m v_m(x,\,t)\tag{2}$$

C_m は未定係数である．

装置が体系 S と相互作用しはじめた後では，第三の項が Hamiltonian に現われることとなる．これを $H_I(x,y)$ と書こう．従って，

$$H=H_S(x)+H_A(y)+H_I(x,y)\tag{3}$$

となる．体系 S の状態と装置 A との間の相関を導入するのは，従って測定を可能にするのは $H_I(x,y)$ の項である．この相関が一定の測定を可能にする程に十分強くなるまでには，相互作用がある最小の時間間隔 $\varDelta t$ のあいだ続かねばならぬことが会得されよう．この $\varDelta t$ は相互作用の強さに逆比例するものである．それ故，相互作用を余りに早く抜いては，測定が行われないことになる．しかし，$\varDelta t$ たった後なら，何時相互作用を抜いてもよい．そして，大抵の型の装置では実験記録が損なわれるのふせぐために，ある定まった時間間隔のうちに相互作用を抜かねばならない．例えば，写真機では，相互作用の時間をシャッターで加減する．この時間が短かすぎれば，フィルムは露光不足で正確な映像が得られない．最小露出時間は光の強さ，即ち相互作用の強さに逆比例する．だが，シャッターを余りにも長い間開いたままにしておけば，フィルムは露光過度で，観測記録は台なしになってしまうであろう．

観測結果が記録される場合（例えば，写真，ワイヤ・テープ，パンチ・カード上に，またノートブックへの鉛筆のしるしで，あるいは単に何か適当な物体の位置，または運動量の変化によって）には，常に，その記録は観測している体系からきりはなされて結合のなくなった情況にあり，従って観測者が何人い

第22章　観測過程の量子論　　　675

ても，体系 S には影響を及ぼさずに，記録を調べることができるようになっている．この性質は，事実，記録を行うということの定義自体のうちに含まれている．すべての観測の結果を，何処かに実際に記録しておく必要はないのであるが，あらゆる観測データが原理的に記録可能な性質を持つことは確かに事実である．量子論は測定過程のつじつまのあった説明を与え得る，ということを示そうとするわれわれの当面の目的にとっては，データが現実に記録される場合に限れば十分であろう．言い換えると，ある時間 $\varDelta t$ 後に，装置の最終段階（即ち結果が記録される部分）は観測している体系からきりはなす，と仮定するわけである．記録を行う過程は常に，原理的には，完全に人間の手を借りずに，出来るから，観測する人間が記録を見て知識を得る場合に，観測者が調べている体系 S に全く何の変化もつくり出す必要はないことは明らかである．これは，系 S（本質的に量子力学的）に於けるあらゆる変化が装置の作用によってだけ作られ，これに対し，観測者が測定から知識を得る際，観測する人間の影響が及ぶのは装置の古典的に記述できる部分に限られ，そこに於いては，既に見た通り，重大な変化は全く生じない，ということを意味するものである．

　相互作用の行われた後に，系 S の状態は二つの理由で変化する可能性がある．第一に，測定されている変数は，擾乱を受けない系 S の運動の恒量ではないかもしれない．即ち，自由に運動している粒子の位置は時間の経過と共に連続的に変化する．第二に，観測装置との相互作用は測定下にある変数に一層の変化を生ぜしめ得る．即ち，荷電粒子の運動量を霧函に残された軌跡から測定する場合，その装置のために運動量が変えられる；第一に，磁場によって粒子は系統的な仕方でぶれ，第二に，粒子と気体分子との衝突のために無秩序的な小さなぶれを生ずるからである．

　観測理論に関するかぎり，測定下の変数の測定経過中に起る変動は，当面の問題とは関係のない，無用に複雑な事情を入りこませることゝなる．しかしここで今，与えられたどんな変数でも測定経過中，その変数に変化を起さずに測れる装置の設計が，原理的には，常に可能であることが知られよう*（不確定性原理に従って，それの相補的な変数は，勿論，完全には制御不能な仕方で変化する筈である）．これを達成する一つの方法は次のようなものである：先ず所謂衝撃的(イムパルシブ)測定を行う．それは，相互作用の続く時間が極めて短かく，測定装置を除いた際に生じ得る変数の変化は無視できるようなものである．例えば，粒

* これに関しては，第 6 章 3 節をも参照．

子の位置は，持続時間の非常に短い光のパルスを使って測定できる．この時間中に粒子は，感知し得る程に動きはしないが，パルスを散乱させることは可能である．だが，極めて短い時間のあいだに粒子の写真を撮るには，強い光源が必要である．もっと一般的にいつて，衝撃的測定には，観測装置と観測下の体系との間に，持続時間の非常に短い，強い相互作用が入用である．衝撃的測定が行われている間は，$H_S(x)$ と $H_A(y)$ という項は，波動函数に相互作用項 $H_I(x, y)$ がつくる変化と比べて，無視し得る程の変化しかつくらない．それで，この時間中（しかもこの時間中にかぎり），Schrödinger 方程式は

$$i\hbar\frac{\partial\psi}{\partial t}=H_I\psi \qquad (4)$$

と書ける．しかし，相互作用の存在する時間の前後では，

$$i\hbar\frac{\partial\psi}{\partial t}=(H_A+H_S)\psi \qquad (5)$$

である．従って，相互作用の働く時間中，$H_I=0$ の場合の Schrödinger 方程式の解である $u_n(y, t)$ 及び $v_m(x, t)$ は，時間について一定とみることができる．それ故今後はそれらを $u_n(y)$ 及び $v_m(x)$ としるすことにしよう．それ故，衝撃的測定では，観測下の変数に於ける，相互作用過程と独立に生ずるあらゆる変化を避け得るのである．

われわれは，衝撃的測定を行うためには，大きな相互作用エネルギーが必要なことをみたわけであるが，そんなにも相互作用が大きいとしたら，相互作用過程それ自体によって観測しつつある変数にもたらされる変動をどのようにして回避すべきであろうか？　この疑問に答えるため，考察しているオブザーヴァブルを演算子 M で表わし，これは固有値 m 及び固有函数 $v_m(x)$ を持つとしよう．装置の状態と変数 M 状態との間に相関関係がある場合には，H_I は y に依存すると同時に，少くとも M にも関係していることが必要である．さて，H_I を，M が対角線的であると同じ表示でやはり対角線的であるようにえらぶと，m のひとつの値から他の値への遷移に対応するマトリックス要素は零になることを注意しよう．それは，相互作用が如何に強かろうと，M には何の変化もない（M と相補的なオブザーヴァブルは非常に大きく変化するかも知れないが）ことを意味している．M が対角線的であるとき，H_I も対角線的になるように，

$$H_I=H_I(M, y) \qquad (6)$$

第22章　観測過程の量子論　　　677

ととる. すなわち, H_I は M と y とだけの函数となる. こうして, 与えられた変数 M が, それ自身にはどのような変化を蒙ることなく, 測定され得る装置を設計するという, われわれの目的が達せられたわけである.

観測下にある変数が測定経過中に変化する場合には, 一般に, それらの変化に対する補正を行うことが可能である. 例えば, Doppler 変移によって運動量を測定する時 (第5章9節), 運動量は測定の際に一定量だけ変化し, 従ってこの変化に対する補正を行うことができるのを見た. ここではそういった補正が一般に可能であるという証明はしないが, 読者は一寸考えてみれば, この陳述の正しいことを確め得るであろう†. 本書では以下, 変数 M が測定されつつある間に変化しないような, 簡単な場合に限ることとする. 既に承知の通り, 原理的には そういう風に測定を行うことが常に可能なのであるから, この型の測定を取扱うだけで, 量子論が, 測定過程のつじつまのあった説明を与え得ることを示すためには十分だと結論されるのである.

次には衝撃的測定の場合の Schrödinger 方程式を特に便利な形に直すことに進もう. そのために, 測定の行われつつある期間中の, 体系 S と装置 A との状態を表わす, 全波動函数 $\psi(x, y, t)$ を考えよう. ψ を x の函数と考えると, 展開仮定から次のように書いてよいことは明かである:

$$\psi(x, y, t) = \sum_m f_m v_m(x), \quad 但し \quad f_m = \int v_m{}^*(x) \psi(x, y, t) \, dx, \quad (7\text{a})$$

v_m は演算子 M の固有函数である. 上式から f_m は一般に y と t との函数であることがわかる. 従って,

$$\psi(x, y, t) = \sum_m f_m(y, t) v_m(x). \tag{7b}$$

そのとき Schrödinger 方程式は

---

† これに関連して, ある場合には, 測定が観測下にある対象を破壊する, とさえいうことができるのに注意したい. 例えば, 光子の吸収を考えればよい. しかし, 考察している対象が破壊されたとみなすかみなさないかは, 大いに言葉の使い方の問題である. 例えば1個の光子の吸収を記述する他の仕方として, ある輻射振動子がより低い量子状態に移り, 1量子のエネルギーがなくなったと言ってもよい. この記述では, 観測している変数 (この場合にはある輻射振動子のエネルギー) は毀れたのではなく, 変化しただけにすぎない. 従って, 測定中の変数の変化という表象を使った一般的な議論は, この場合にもまた適用される.

$$i\hbar \sum_m \frac{\partial f_m(y,t)}{\partial t} v_m(x) = \sum_m H_I f_m(y,t) v_m(x) \tag{8a}$$

となる. H_I は M の函数であるから, 上式は

$$i\hbar \sum_m \frac{\partial f_m(y,t)}{\partial t} v_m(x) = \sum_m H_I(m,y) v_m(x) f_m(y,t), \tag{8b}$$

ここで演算子 M は, H_I の固有函数に於いて対応する数, m で置き換えられてある. $v_r^*(x)$ を乗じ, x について積分すると

$$i\hbar \frac{\partial f_r(y,t)}{\partial t} = H_I(r,y) f_r(y,t) \tag{9}$$

を得る.

これは装置が, 体系の変数 M の各固有値 r によって, それぞれ相異る状態の変化を受ける, ということである. 相互作用が十分強く, また十分長い時間続くことが許される場合には, 装置を記述する変数の変化は非常に大きく, 装置の状態は一にオブザーヴァブル M の値に依存することゝなる. この二組のオブザーヴァブル (装置変数と M) の間の相関こそが, 相互作用を測定を行うという目的に利用し得るに当って, 必須のものなのである.

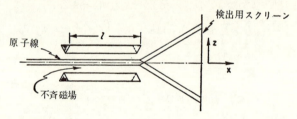

第 1 図

6. 例: 原子のスピンの測定 例として, まず $\hbar/2$ の角運動量をもった, 原子の角運動量の z 成分を測るという特別な場合を考えてみよう. 観測下にある体系 S は, 二つの状態を持ち得るにすぎない. それらをそれぞれ $s=1$ 及び $s=-1$ と表わすことにする. このスピンは, 第 1 図に示したような Stern-Gerlach の実験で測定される (また第 14 章 16 節を参照).

不斉磁場によって原子が受けるふれは, 衝撃的であるとしよう. 即ち, 原子が不斉磁場領域内に在る間におこなう z-方向の運動は無視できるとするのである.

第22章　観測過程の量子論　　　679

その時，磁気的な力のために，粒子は，そのスピンが上向きであるか下向きで
あるかに応じて，上向きまたは下向きの運動量を得る．そのため，磁場を出た
後の，z 方向の粒子の合成運動は，粒子を，そのスピンに依存して定まる高さ
の点に運ぶようなものとなろう．こういう具合に，かなり粗っぽい位置の観測
から，われわれは，スピンが上向きか下向きかを告げることが可能になるので
ある．

この問題に対する相互作用エネルギーは*（第 17 章 (78) 式参照）

$$H_I = \mu(\boldsymbol{\sigma} \cdot \boldsymbol{\mathcal{H}}); \tag{10a}$$

但し

$$\mu = -\frac{e\hbar}{2mc}$$

である．ところが中心面（その近傍をビームが通る）では，磁場は z 方向を向
いている．それ故，第 1 近似では，$\mathcal{H}_z \simeq \mathcal{H}_0 + z\mathcal{H}_0{}'$ と書くことができる．こ
こで $\mathcal{H}_0 = (\mathcal{H}_z)_{z=0}$, また $\mathcal{H}_0{}' = (\partial \mathcal{H}_z/\partial z)_{z=0}$ である．これらの近似を使えば

$$H_I \simeq \mu(\mathcal{H}_0 + z\mathcal{H}_0{}')\sigma_z \tag{10b}$$

を得る†．

この場合，原子の位置は装置の方の座標にもなる．その観測によって，スピ
ンの値を知ることができるからである．観測装置は，不斉磁場と原子の座標と
検出用スクリーンとの組合せ，とみることができよう．磁場の機能は，いうま
でもなく，原子のスピンと装置座標との間に関連をつけることである．

原子は，磁場に入る前には，十分確定した状態にあることが必要である．そ
うでなければ，この実験からスピンの値について何の結論も抽き出すことはで
きない．原子の波動函数の z に対する依存の仕方は，波束の形をとるのであろ
うから，これを $f_0(z)$ と書くことにする．ところが 3 節に従うと，装置座標
は古典的に記述できるはずである．ということは，原子の状態の確定度が，不
確定性原理によって許される限度よりもはるかに不精密なこと，従って

$$\Delta p \Delta z \gg \hbar \tag{11}$$

を意味している．

われわれは，H_I と σ_z とが，同じ表示に於いて，対角線的になることに注

---

* スピン変数は，中性原子に関するものと仮定している．

† 厳密にいうと，$\dfrac{\partial \mathcal{H}_y}{\partial y} + \dfrac{\partial \mathcal{H}_z}{\partial z} = 0$ 故，y 方向のふれを生じ得るような，不均一な
場の成分が常に存在する．こゝではそれらを問題にしないので，以下場の y 成
分は含めないことにする．

意する．それは，Stern-Gerlach の実験が σ_z を，その値を変化させることなく測定するということである（但し，σ_x と σ_y とは，制御不能な仕方で変化する）．

そうすると，この体系の最初の波動函数は

$$\psi_0 = f_0(z)(c_+ v_+ + c_- v_-) \tag{13a}$$

である．ここで v_+ 及び v_- は，それぞれ $\sigma_z = 1$ 及び $\sigma_z = -1$ に属するスピン函数，c_+ と c_- とはスピン函数の未知の係数である．

相互作用が行われる間でも，波動函数は二つの可能なスピン波動函数によって展開できるが，その展開係数は，(7b) 式のときのように，z 及び t の函数になる．従って

$$\psi = f_+(z, t) v_+ + f_-(z, t) v_- \tag{12b}$$

と書ける．Schrödinger 方程式は*

$$i\hbar \frac{\partial \psi}{\partial t} = H_I \psi,$$

即ち，

$$i\hbar \left(\frac{\partial f_+}{\partial t} v_+ + \frac{\partial f_-}{\partial t} v_- \right) = \mu(\mathcal{H}_0 + z\mathcal{H}_0')(f_+ v_+ - f_- v_-) \tag{13a}$$

となる．両辺の v_+ 及び v_- の係数は，それぞれ別々に等しくなければならぬから，

$$i\hbar \frac{\partial f_+(z, t)}{\partial t} = -\mu(\mathcal{H}_0 + z\mathcal{H}_0') f_+(z, t),$$

$$i\hbar \frac{\partial f_-(z, t)}{\partial t} = \mu(\mathcal{H}_0 + z\mathcal{H}_0') f_-(z, t) \tag{13b}$$

が得られる．境界条件は，$t = 0$ に於いて，

$$f_+ = f_0(z) c_+ \quad \text{及び} \quad f_- = f_0(z) c_-. \tag{14}$$

上の方程式は容易に積分でき，その正しい境界条件を満足する解は，

$$\left. \begin{array}{l} f_+ = c_+ f_0(z) e^{-i\mu(\mathcal{H}_0 + z\mathcal{H}_0')t/\hbar}, \\ f_- = c_- f_0(y) e^{+i\mu(\mathcal{H}_0 + z\mathcal{H}_0')t/\hbar}; \end{array} \right\} \tag{15a}$$

及び

---

* 相互作用が衝撃的であるから，H_I 以外のすべてのエネルギーが無視できる〔(4) 式参照〕．この場合，無視された項は原子の質量運動の運動エネルギー（$p_z{}^2/2m$）である．スピン自身は（非相対論的理論では），電磁場との相互作用のエネルギーを除いて，スピンに関連したどのようなエネルギーも持っていない．

第22章 観測過程の量子論 681

$$\psi = f_0(z)[c_+ e^{-i\mu(\mathcal{H}_0 + z\mathcal{H}_0')t/\hbar}v_+ + c_- e^{+i\mu(\mathcal{H}_0 + z\mathcal{H}_0')t/\hbar}] \tag{15b}$$

となる.

次には, 相互作用の行われる時間 $\varDelta t$ を決める問題に移る. これは明らかに粒子が磁場内で過す時間である. 厳密にいうと, この時間は完全には決定できない. というのは, われわれは x 方向に波束を構成せねばならず, 波束が与えられた点を通過する時間は, $\delta t \simeq \hbar/\varDelta E$ の範囲内で, 不確定だからである. だが, 場の存在する領域の長さ l を, 磁極間のひらきに比べて大きくすれば, 波束に幅のある結果として生ずる誤差は無視することができる. そのときには, x 方向の運動を古典的なものとして扱うことができ, 場は時間 $\varDelta t = l/v$ のあいだ作用すると言うことができる. v は x 方向の速度である. スピンの決定が, $\varDelta t$ の精確な値の算出に鋭敏に依存することはないから, この手法でわれわれの目的には十分である. 他方, z 方向の運動は, 明らかにスピンと, $H_I = \mu\sigma$ $(\mathcal{H}_0 + 2z\mathcal{H}_0')$ の項を通じて繋がれているものであるが, 量子力学的に取扱われなければならない. われわれは測定経過中に生ずる事態の量子論的記述を求めているからである.

従って, 粒子が磁場を通過した後, その波動函数は, (15b) 式から, $t = \varDelta t$ $= l/v$ とおいて得られる. その際 v_+ と v_- とには逆符号の位相因子がかかっていることに注意しよう. v_+ にかかっている位相因子 $\exp(-i\mu\mathcal{H}_0'\varDelta tz/\hbar)$ は, スピンが正であるとき, 運動量の変化は $\delta p_z = -\mathcal{H}_0'\mu\varDelta t$ であることを, 一方 v_- の位相因子 $\exp(i\mu\mathcal{H}_0'\varDelta tz/\hbar)$ は, スピンが負のとき, 粒子は丁度逆向きの運動量を得ることを意味している*. こうして, 原理的には, 磁場から粒子に伝えられる運動量の測定によって, スピンを測ることが可能であろう. しかし, この実験では, 粒子が離れた場所におかれたスクリーンに達するまでに走る距離を測って, 運動量を間接的に測るようにした方が便利である. 従って, われわれは粒子が場を出た後の波束の運動をたどらねばならない. それには始めの波束を Fourier 分解して

$$\psi = \int g(k)(v_+ c_+ e^{ikz} + v_- c_- e^{-ikz})\,dk \tag{16}$$

と書く. ここで $g(k)$ は $k=0$ に中心を置く波束である. すると粒子が磁場を出た直後では,

---

* 波動函数〔(15b) 式〕は波束の形をとることに注意されたい: 函数 $f_0(z)$ が乗ぜられるからである. だが平均運動量は, 指数函数の偏角に従って変化する.

$$\psi = \int g(k) \left\{ c_+ v_+ \exp\left[i\left(k - \frac{\mu \mathcal{H}_0' \varDelta t}{\hbar} \right) z - i \frac{\mu \mathcal{H}_0 \varDelta t}{\hbar} \right] \right.$$

$$\left. + c_- v_- \exp\left[i\left(k + \frac{\mu \mathcal{H}_0' \varDelta t}{\hbar} \right) z + i \frac{\mu \mathcal{H}_0 \varDelta t}{\hbar} \right] \right\} \cdot dk \qquad (17a)$$

が得られる. 正のスピンの部分の波動函数の k 番目の Fourier 成分は, 今度は角振動数 $\omega = p^2/2m\hbar = \dfrac{\hbar}{2m}\left(k - \dfrac{\mu \mathcal{H}_0' \varDelta t}{\hbar} \right)^2$ で振動し, 一方負スピン部分は $\omega = \left(\dfrac{\hbar}{2m}\right)\left(k + \dfrac{\mu \mathcal{H}_0' \varDelta t}{\hbar} \right)^2$ を持つ. このとき波動函数は

$$\psi = \int dk g(k) \left\{ c_+ v_+ \exp\left[i\left(k - \frac{\mu \mathcal{H}_0' \varDelta t}{\hbar} \right) z - i \frac{\mu \mathcal{H}_0' \varDelta t}{\hbar} - \frac{i\hbar t}{2m}\left(k - \frac{\mu \mathcal{H}_0' \varDelta t}{\hbar} \right)^2 \right] \right.$$

$$\left. + c_- v_- \exp\left[i\left(k + \frac{\mu \mathcal{H}_0' \varDelta t}{\hbar} \right) z + i \frac{\mu \mathcal{H}_0' \varDelta t}{\hbar} - \frac{iht}{2m}\left(k + \frac{\mu \mathcal{H}_0' \varDelta t}{\hbar} \right)^2 \right] \right\}. \qquad (17b)$$

波束の中心は位相が極値をとるところ, 即ち,

$$正のスピンに対しては, \quad z = -\frac{\mathcal{H}_0' \mu \varDelta t}{\hbar} t ; \qquad (18)$$

$$負のスピンに対しては, \quad z = \frac{\mathcal{H}_0' \mu \varDelta t}{\hbar} t$$

にある. それ故, 波動函数は, スピンの正負に従って異った方向に運動する二つの波束にわかれることになる.

Stern-Gelrach の実験でスピンの測定が可能であるためには, 粒子が磁場から得る運動量, $\delta p = \pm \mu \mathcal{H}_0' \varDelta t$ が, ビームの運動量のはじめのばらつき, $\varDelta p_0$, よりも, はるかに大きいことが必要である. この要請が満足されていないと, 粒子の波束の拡がりが, スピンによるふれを覆いかくしてしまう程大きくなろう. 従って,

$$\mu \mathcal{H}_0' \varDelta t \gg \varDelta p_0, \quad 即ち \quad \mathcal{H}_0' \varDelta t \gg \frac{\varDelta p_0}{\mu} \qquad (19)$$

が要求される. こういう仕方で, 測定装置によって導入される相関が, 良好な測定を可能とするのに十分な程強くなるまでに必要な, $\mathcal{H}_0'$ と $\varDelta t$ との積の最小値が勘定される. 理想的な事態では $\varDelta p_0 \cong \hbar/\varDelta x$, $\varDelta x$ は波束の幅である. だが, 実際には, 波束の幅は常に (運動量空間で), 与えられた $\varDelta x$ に対し不確定性原理によって許される最小の幅よりもはるかに大きいことは, われわれの既に見た通りである.

波束は, 磁場を通り過ぎた後, 拡り始める. 波束の最小の幅は勿論不確定性原理で制限されているが, どんな場合でも, 検出用スクリーンに達する時刻に

は，小くとも，

$$\varDelta z = \frac{\varDelta p_0 t}{m}$$

までに拡がっている*. この拡がりは，波束のもともとの拡りに，それが磁場を通り過ぎる間に附け加わるものである．しかし (19) の条件が満たされていれば，各波束 ((18)式参照) の走る平均距離は，その距離に於けるゆらぎよりもはるかに大きくなり，従って，最初ビームが完全確定でなかったことも，スピンの良好な測定結果を得るさまたげとはならない．

波束が検出用スクリーンに達した際の，運動量空間及び位置空間に於ける波束の一般の形を示すグラフを，第 2 図に与えた．

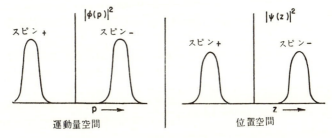

第 2 図

ところで，ビームの位置と運動量とが，古典的な精度水準に於いてしか確定されない場合でも，積 $\mathcal{H}_0{'} \varDelta t$ を大きくとり，正負スピンにそれぞれ対応するビーム間のへだたりを，古典的に記述できる程度にすることは，常に可能である．かくて，スピンの観測の理論を，調べている量子的体系の状態と観測装置の古典的に記述できる部分の状態との間の関係の記述に帰着させようという，われわれのもくろみは達成されたわけである．

7. 任意に多くの固有値を持つ変数への一般化 これまでの結果を，任意に多くの固有値をもつ変数の場合に一般化するのは，なんでもないことである．(9) 式から，装置の波動函数は，観測下にある体系の量子状態, r, に依存する変化を行うことがわかる．良好な観測が行われるものとすると，装置と観測下の体系との相互作用が極めて強く，観測されている体系の隣接した量子数 r がそれぞれ，装置の古典的の記述できる状態に，即ち，非常に多くの量子状態に

---

* 波束の拡散の議論については，第 3 章 5 節及び第 10 章 8 節参照.

よってへだたてられた装置の波動函数に，対応するのでなければならぬ．原理的には，相互作用の強さとそれが働く時間との積を十分大きくすることによって，上の結果に達することが常に可能である．

(9) 式から始めることにする．先ず，H_I が，y を対角線的にすると同じ表示で対角線的であるような（即ち，H_I は y だけの函数で，$\partial/\partial y$ の如き演算子は含まない）特別の場合には，(9) 式は容易に積分されるのに注目する．この時，境界条件： $t=0$ で系 S の波動函数は $\sum_r c_r v_r(x)$〔(2) 式参照〕，装置の波動函数*は $f_0(y)$，従って全体系の波動函数は $\psi_0=f_0(y)\sum_r c_r v_r(x)$；であることを使うと，(9) 式は

$$f_r(y,t)=c_r f_0(y)\, e^{-iH_I(r,y)t/\hbar} \tag{20}$$

を与える〔これは (15) 式の一般化である．ここで H_I もまた y だけの函数であるのに注意〕．

H_I が，y が対角線的であると同じ表示に於いて，対角線的でない場合でも，常にユニタリー変換を行って，H_I が対角線的である表示に移すことができる（これは H_I が Hermite 演算子であるときはいつも可能である）．変換を行って後，Schrödinger 方程式を上に行ったと同じように積分し，次に逆ユニタリー変換を行い，もとの変数に戻すことができる．しかし以下では，y が対角線的である表示で H_I が対角線的である場合に限ることとするが，この取扱いは，上に略述した方法で容易に一般化されるのを注意しておく．

与えられた量子状態の量子数は，その状態の節の数に等しいことを思い起そう．$f_0(y)$ という因子は (20) 式の波動函数 $f_0(y,t)$ のすべてに共通であるから，相異る r の値に対する節の数の差は因子

$$e^{-iH_I(r,y)t/\hbar}=\cos\!\left[H_I(r,y)\frac{t}{\hbar}\right]-i\sin\!\left[H_I(r,y)\frac{t}{\hbar}\right]$$

だけに依存する．$e^{-iH_I(r,y)t/\hbar}$ の実数部分は

$$H_I(r,y)\frac{t}{\hbar}=\left(n+\frac{1}{2}\right)\pi$$

毎に一つの節をもつ**．ここに n は整数である．ところが波動函数は，$f_0(y)$ が大きくなる限られた領域 Δy でだけ，大きな値をとる．この領域内では，普通

---

* ここでは衝撃的測定の場合だけを扱う．従って装置の波動函数 $f_0(y)$ は実際
上一定である．

** 第 11 章 12 節参照．複素函数の量子数はその実数部分の節の数に等しい．

第22章 観測過程の量子論　　　　685

H_I は，冪級数の最初の 2 項で近似できる．即ち，

$$H_I(r, y) = H_0(r) + y H_0'(r) + \cdots \cdots, \qquad (21\text{a})$$

但し　　　　$$H_0(r) = H_I(0, r), \quad H_0'(r) = \left[\frac{\partial}{\partial y} H_I(y, r) \right]_{y=0}.$$

波動函数が大きな値をとる領域では，相隣る r の値に対する節の数の差は，

$$\Delta n = \frac{\Delta y}{\pi} \frac{t}{\hbar} [H_0'(r+1) - H_0'(r)] \qquad (21\text{b})$$

の程度となる．$[H_0'(r+1) - H_0'(r)] t/\hbar$ を十分大きくできれば，Δn は思いのまゝ大きくできるのは明らかである．特に，Δn を，系 S の隣接量子状態 r が装置の古典的に区別できる状態に対応する程に大きくできる．

　良好な測定がなされた場合は，相異る r の値に対応する装置の波動函数は近似的に直交することに注意するのは興味があろう．これを示すために，積分

$$\int f_0^*(y) e^{iH_I(r, y) t/\hbar} f_0(y) e^{-iH_I(r-1, y) t/\hbar} dy \qquad (22\text{a})$$

を考える．これを勘定すれば，体系 S の隣り合せの量子状態に対応する装置の波動函数の直交性を知ることができる．上の積分は，近似的に，

$$\int dy f_0^*(y) f_0(y) e^{i\frac{yt}{\hbar}[H_0'(r) - H_0'(r-1)]} e^{-i\frac{t}{\hbar}[H_0(r) - H_0(r-1)]} \qquad (22\text{b})$$

に等しい．$f_0^*(y) f_0(y)$ は波束に似た函数である．上の直交性積分は丁度 $k = [H_0'(r) - H_0'(r-1)] t/\hbar$ に対応する $|f_0(y)|^2$ の Fourier 成分である．この Fourier 成分は $\Delta k \cong 1/\Delta y$ という限られた領域内でだけ大きい．しかし (21b) 式に従うと，良好な測定がなされるときはいつも，

$$\Delta n = [H_0'(r) - H_0'(r-1)] \frac{t}{\hbar} \Delta y \gg 1 \qquad (22\text{c})$$

である．相互作用が良好な測定を与える程十分強ければ，$k \gg \Delta k$，従って k に対応する $|f_0(y)|^2$ の Fourier 成分は極めて小さい．これは，相隣る r の値に対応する装置の波動函数が，殆んど直交に近いことを意味している[†]．

　一例として，スピン波動函数を考えてみる．6 節で，スピンの良好な測定がなされた場合，$s = +1$ に対応する波束は，$s = -1$ に相応する波束から離れた処にあり，両者が眼に見える程に重り合うことはないのが示された．その結果，積分 $\int f_+^*(z) f_-(z) dz$ 中の被積分函数は到る処で極めて小さく，従って積

[†] 相隣る波動函数が略々直交しているとすれば，非常にちがった r の値を持つ波動函数同志は，明らかに，更に直交に近いであろう．

分値もまた極めて小さい.

8. 測定過程における干渉の崩壊　われわれは，いよいよ，観測の量子的理論の論理的無矛盾性の証明に於いて生ずる決定的問題に立ち到った；即ち，測定経過中に行われる干渉の崩壊である．第 6 章 3 節及び第 10 章 36 節に於いて，任意の変数を測定する場合，観測下にある体系と観測装置との相互作用のために，A の確定値に対応する波動函数の各部分には，無秩序的な位相因子 $e^{i\alpha_a}$ がつねにかゝることを述べた．即ち，測定前に波動函数が $\sum_a c_a \psi_a$ であるとすると，それは $\sum_a c_a e^{i\alpha_a} \psi_a$ に変る．この無秩序的位相因子が，相異る ψ_a 間の干渉の崩壊を惹き起すのである．第 6 章 4 節に示した通り，干渉がこういった事態の下でもこわれないとするならば，量子論は馬鹿げた結果に導くのを示すことができよう．それ故，干渉が事実こわれるということの証明は，理論の無矛盾性にとって，本質的なものなのである．

この問題を取扱う際，われわれはスピンの z 成分の測定という特別な場合に限ることにするが，一般の場合への拡張の方法は全く直進的である．われわれは次の注意から始める： 測定遂行後，スピン波動函数並びに装置波動函数（即ち，粒子の座標）は，(15) 式に示されたような仕方で，極めて密接に関連している．ところが，装置の状態を規定しないで，スピンの或る函数の平均値を知りたいことがよくある．この量を得るためには，装置変数のあらゆる可能な状態にわたって平均せねばならぬ．従ってスピンの任意函数 $g(\boldsymbol{\sigma})$ の平均値を求めるには，

$$\overline{g(\boldsymbol{\sigma})} = \int [f_+{}^*(z)v_+{}^* + f_-{}^*(z)v_-{}^*]g(\boldsymbol{\sigma})[f_+(z)v_+ + f_-(z)v_-]dz, \quad (23a)$$

但し f_+ 及び f_- は (15) 式で定義されたもの，と書く．これは

$$\overline{g(\boldsymbol{\sigma})} = \int |f_+(z)|^2 v_+{}^*g(\boldsymbol{\sigma})v_+ dz + \int |f_-(z)|^2 v_-{}^*g(\boldsymbol{\sigma})v_- dz$$
$$+ \int f_+{}^*(z)f_-(z)v_+{}^*(\boldsymbol{\sigma})v_- dz + \int f_-{}^*(z)f_+(z)v_-{}^*g(\boldsymbol{\sigma})v_+ dz$$

$$(23b)$$

に等しい．ところで $\int_{-\infty}^{\infty} |f_+(z)|^2 dz$ は，粒子がスピン $\hbar/2$ に相応する波束中に在る全確率であり，他方 $\int_{-\infty}^{\infty} |f_-(z)|^2 dz$ は，$-\hbar/2$ のスピンに相応する波束中に在る確率である．従って最初の 2 項の和は丁度，

$$P_+\overline{g_+(\boldsymbol{\sigma})}+P_-\overline{g_-(\boldsymbol{\sigma})} \tag{23c}$$

となる．ここで P_+ 及び P_- は，それぞれ，スピンが $\hbar/2$ 及び $-\hbar/2$ である確率，一方 $\overline{g_+(\boldsymbol{\sigma})}$ 及び $\overline{g_-(\boldsymbol{\sigma})}$ は，それぞれスピンが $\hbar/2$ 及び $-\hbar/2$ の場合の $g(\boldsymbol{\sigma})$ の平均値である．この表式は，平均値への"古典的"寄与と呼ぶことができよう；それは丁度，スピンが正または負である確率がそれぞれ P_+ 及び P_- であるような古典的体系について得られる値になっているからである．

(23b) 式の第 3，第 4 項は，量子論特有の干渉項である．6 節で示した通り，良好な測定がなされた場合はいつも，$f_+(z)$ 及び $f_-(z)$ 両波束の中心間のへだたりは，これらの波束の幅よりはるかに大きい．これは，積 $f_+(z)f_-(z)$ が常に極めて小さいこと，従って $g(\boldsymbol{\sigma})$ への全寄与が実際上 (23b) 式中の"古典的"諸項から来ていること，を意味するのである．即ち，スピンの任意函数の平均値に関する限りでは，量子力学特有の v_+ と v_- との間の干渉項は，スピンの成分の値を確定するに十分な良い測定の行われた後では，最早存在しないこととなろう．

9. 無秩序的な位相因子の出現　干渉の崩壊を表わす他の仕方は，既にこの章の8節で，また第6章の3節で述べた，無秩序的位相因子の概念の助りを籍りるものである．この定式化を求めるには，(15) 式中の v_+ 及び v_- には，z に依存する因子がかかっていることに注意する．ところで，波動函数が大きな値をとるような領域 $\varDelta z$ 内に於いては，これら各因子はほぼ $e^{i\alpha}$ だけ変化する；但し $\alpha\cong\dfrac{\mu\mathscr{H}_0'\varDelta t}{\hbar}\varDelta z$．一方 (19) 式から，$\mathscr{H}_0'\varDelta t$ が良好な測定を与えるに足る程大きい場合はいつも $\mu\mathscr{H}_0'\varDelta t/\varDelta p\gg1$ であることがわかる．古典的な測定では $\varDelta z\gg\hbar/\varDelta p$ であるから，

$$\frac{\mu\mathscr{H}_0'\varDelta t\varDelta z}{\hbar}\gg\frac{\mu\mathscr{H}_0'\varDelta t}{\varDelta p}\gg1 \tag{24}$$

と結論される．従って各波動函数の位相は，$f_0(z)$ が大きな値をとる領域で，2π よりもはるかに大きな数だけ変化する．そこで注目されるのは，スピンだけの函数の平均値を算出する問題に関する限り，装置座標 z を，それにスピン波動函数の係数が依存するパラメーターとみなしうる，ということである．ひとつの測定から次の測定へと，古典的に記述しうる装置座標の位置は，それのとれる値の全範囲にわたってばらつくであろう．従って，それぞれ v_+ 及び v_- にかかる位相因子 $e^{i\alpha}$ 及び $e^{-i\alpha}$ は，あらゆる可能な値にわたって無秩序的

にゆらぐこととなろう. 更にこれらの位相因子の比は

$$\frac{c_+}{c_-} e^{-2i\mu\mathcal{H}_0'\varDelta t/\hbar} e^{-2i\mu\mathcal{H}_0'\varDelta tz/\hbar}$$

となる. それ故, 位相因子 $e^{i\alpha_+}$ と $e^{i\alpha_-}$ とはお互いに (且つまたスピンの値とも), 全く相関はない. このようにして, 第6章3節及び第10章36節に与えた, 干渉の崩壊の定式化の正しいことが証明されたわけである.

ここで二, 三の数値を勘定してみれば, 典型的な実験に於いてどれくらいの大きさの位相差が現われるかを, より鮮明に示すこととなろう. 特性磁場が1000 gauss, 磁場の勾配は 10,000 gauss/cm, 磁石の長さは 10 cm とし, 原子の速度は 10^4cm/秒としよう. すると, $\varDelta t=l/v=10^{-3}$ 秒の時間が経過した後での位相因子の比には (25) 式から ($c_+/c_-\cong 1$ 及び $e/mc\cong 10^7$ を使って)

$$e^{-10^5 i}e^{-10^6 iz}$$

を得る. これから位相が事実非常に変化することがわかる.

10. スピンだけに関係する波動函数の統計的集団による, 結合波動函数の意味づけ スピンとそれの値を測る装置との相互作用が行われた後では, 明らかに, スピンだけに属する単一の波動函数は存在せず, スピン座標と装置座標とが極めて復雑にからみあっている, 結合波動函数が存在するにすぎない. ではあるけれども, この結合系の波動函数を, スピンだけに対する波動函数の統計的集団によって, 正しく解釈する手だてがある*.

この解釈を求めるには, 8 節の結果を利用する; 即ち, σ_z の測定後, スピン波動函数 v_+ 及び v_- 間の干渉項は, もはやスピンの任意函数の平均値には寄与しないということである. この結果から, スピンだけの函数の平均を求める際には, 装置座標を無視することができ, スピン波動函数は全く v_+ であるか, 全く v_- であるかのいずれかであり, これら各函数が実際にそれらである確率は, それぞれ, $|a_+|^2$ 及び $|a_-|^2$ と仮定できる, との結論に達する. 但しこの場合, 測定を行う前のスピン波動函数は $a_+v_+ +a_-v_-$ であった. 即ち, われわれは, 結合系の実際の波動函数を, スピン波動函数がたんに v_+, または v_- のいずれかであるという状態を表わす, きりはなされた別個の波動函数の統計的集団で置き換えたわけである.

---

* この手続きは, 本質的には, 第6章4節に与えたものと同じであるが, こゝでは別の取扱いを与えることにする. それは, 一部は以前の取扱いの繰返しであるが, 幾分一般的なものである.

第22章 観測過程の量子論　　　　　　689

　しかしながら，スピンだけの波動函数の統計的集団というのはひとつの理想化にすぎず，それが σ の正しい平均値を与えるのは，スピンと観測装置との相互作用が，相異るスピン固有函数間の干渉をこわすことによって，結合波動函数を準備する場合だけに限られるのに注意せねばならない．例えば，(24) 式中に現われる積 $\mathcal{H}_0' \varDelta t$ が極めて小さく，良好な測定を与えない場合には，正負のスピンに対応する波束は互いに重り合い，それ故，$f_+(z)f_-(z)$ という積は零にはならない；従って，干渉項がスピンの函数の平均値に寄与することとなる．その時にはもはや，波動函数が完全に v_+，または完全に v_- と仮定して，そういった平均値を求めることは正しくないであろう．

　さて，結合系に対する波動函数をスピンだけの波動函数の統計集団で置き換えるという手続きは，実験を，通常の仕方で，択一的な論理的に可能な諸結果のすべての中から唯一の確定した結果を与えるような何物かとして，解釈することを可能にするものである．即ち，われわれは，装置を作動させた後に，しかも何等かの観測者が装置を働かせた結果を読みとらない前に，観測下の体系は，スピンの任意函数の平均値として，それのスピン状態のうちある一方に適当な確率 $|a_+|^2$ または $|a_-|^2$ でもって存在するとして得られるものと同一の値をとる，というのである．

　観測者が装置に目を向けた場合には，観測装置が古典的に判別可能な二つの可能な状態のいずれにあるかを調べて，その系が現にどちらの状態にあるかを知ることができる．このときに到って，観測者は，波動函数の統計的集団を，実際に観測されたスピンの値に相応する波動函数で置き換えるのが妥当なことを知るのである．この波動函数の統計的集団を突然唯一つの波動函数で置き換えることは，スピン状態における何等かの変化を表わすものでは全くない．それは，観測者の知識の改善に伴う古典的確率函数の突然の変化と似たものである（第6章4節参照）．このような波動函数の突然の変化が何の物理的意味も持たないのは，波動函数の統計的集団の相異る要素は互いに干渉し得ないためである（そういう波動函数の突然の変化が起っても，なお，一定の位相関係が存在しているような場合には，第6章4節に示した通り，量子論は全く無意味なものとされよう）．

　スピン並びに装置波動函数の結合函数と置き換えられる，スピンだけの波動函数の統計的集団は，屢々，スピンの"混合状態"を定義すると言われる．それ

は，スピン波動函数が確定している"純粋状態"と対照差別して言うのであるが，この用語はいささか誤解を招き易い．何故なら，"量子状態"という言葉が既に，波動函数の多く相異る部分はすべて，体系のある局面が種々の構成部分の相互的諸性質，もしくは"干渉的"諸性質であるような，一定の仕方で，干渉する事態を表わしているからである．これは，そういった体系の性質の<u>すべて</u>を理解したいと思うならば，系の状態はもっと詳しい"部分状態^{サブステイト}"に分解可能なものとはみなし得ないということである．他方，波動函数の統計的集団については，そのような相異る構成波動函数間の干渉は起り得ない．更に進んで観測者が装置を調べるに至って，スピンは"混合"状態から"純粋"状態に移るのである．一体，観測者のスピンに関する知識以外には何の変化もないような事態に，スピンがその状態を（混合状態から純粋状態へ）変えることを示唆するような用語を採用するのは，あまり利口なやり方とは見えない．これに対して，"状態の統計的集団"という語句は，より正確な記述を与えるものである．

11. 装置座標の顧慮　前節の議論は，スピンだけに関係する任意の函数についての勘定では，σ_z の異った固有函数間の干渉が，電子がそれのスピンの z 成分を測る装置と相互作用した後では，存在しないことを示すものである．しかし，同じ結論が，スピン座標と装置座標と両方の勝手な函数 $f(z, s)$ に対しても成立つということは，決して自明の事柄ではない．事実，スピンと装置との結合波動函数は純粋状態の波動函数であり，従って，一見，$f(z, s)$ のような函数の平均値を算出する際，干渉がきいてくるのではなかろうかと予想されるかもしれない．

例えば，Stern-Gerlach の実験を考えよう．結合系に対する二つのビームの間の干渉効果を証明する一つの仕方は，二つの波束が一度分離された後再び合致するように磁場を並べておくものである．そのようなひとつの配列の仕方が，模型的に，第3図に示してある．図中に示された一様な磁場が厳密に同一直線上にあり，また二番目の不斉磁場は第一のそれを正確に復原するものであるが，二つの波を唯一つの干渉可能^{コヒレント}な波束に合一させることができる．このような結果を得るのに必要な精度は夢想的なものではあるが，原理的には，達成できるはずである．こういう仕方で，同時に σ と z との両方に関係するように働く装置を使えば，二つの波束間に存在する干渉を利用できよう．即ち，最後に出て来るビームが，x，y または z 方向に定ったスピンを持つかどうか

---

* 第 17 章 (25) 式参照

は,全く二つのビームが合致されたときの相対的位相如何によるものである (例えば,スピン波動函数が $(v_+ + v_-)/\sqrt{2}$ となるとすると, $+x$ 方向に確定したスピンが結果として得られる*).

もしも装置を, z 方向のスピンの値を測ると同時に, そのビームが再び合一させてコヒレントな干渉を起すことが許されるような仕方で,使用できるとしたならば,不条理な結果が出て来ることとなろう. そのわけは,スピンの z 成

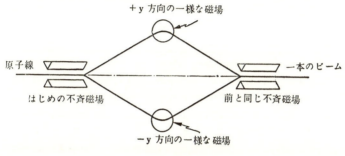

第 3 図

分を測るたびごとに,ある定った結果が,即ち, $\hbar/2$ か $-\hbar/2$ かのいずれかが得られることに由来している. 例えば, $\hbar/2$ が得られたとすると, この特定の原子は上側を通って来たビームの中にあったことが直ちに結論でき,それ故,下側のビームに対する波動函数は以後零でなければならない. 次の実験で, $-\hbar/2$ の定った結果が得られるとすると,今度は上側のビームの波動函数の値は零という結論に導かれる. いずれの場合に於いても,もしスピン波動函数 v_+ 及び v_- の間の何等かの干渉が,装置をスピンの測定を許すような仕方で働かせた後にも存在するとしたら,この干渉は,それ故,観測者が彼の装置を働かせた結果に注意を向けた途端に,こわれることにせねばならぬであろう. ところが,物質の実際のふるまいの多くの面が,波動函数の種々の部分の干渉の性格に関係しているのである. 従って, v_+ と v_- の間の干渉が,観測装置の作用によってこわされないとするならば,世界の如何なる客観的記述も全く不可能となるにちがいない;そのときには,物質のふるまいの極めて多くのものが,観測者が,電子が何をしていたかに,気づいたか気づかなかったかに依存することとなるわけだからである (これに関連して第6章4節を参照).

実際，われわれがここで事細かに調べた場合，即ち，スピンの z 成分の測定の際に，干渉が実際にこわれるのを見るためには，この量の測定には，二つのビームが再度合一される前に，原子の座標を測らねばならぬということに着目しさへすればよい．その測定の結果生ずる擾乱のために，実際，干渉の崩壊することが，不確定性原理の助けを籍りて容易に示される（例えば，第6章2節参照）．従って，スピンと観測装置の結合波動函数に於いて干渉が起るのは，原理的に，その装置自体が何か他の装置によって観測されない場合にだけ可能であるという結論に達する．

ここに展開した一般的な考えを次のようにして混合（状態）の波動函数（mixed wave function）という概念の中に含ませることができよう：即ち，原子の z 座標の測定後，結合波動函数は，今度は，三つの体系の座標，即ち，原子のスピン，原子の座標，及び原子の z 座標を測る仕掛けの座標，を含むと言うことによって．第二の測定装置を働かせた後では，原子のスピンと z 座標とからなる体系は，σ と z の双方について相異なる値の間の干渉はこわされているから，波動函数の統計的集団によって理想化することができ，従って，$f(z, \boldsymbol{\sigma})$ というような函数ですら，今度は σ_z が $+1$ かまたは -1 かいずれかと仮定して計算を行うことが可能となる．

こう言うと，上の三重の体系はやはり純粋（状態の）波動函数（pure wave function）を持ち，従って，原理的には干渉効果を示し得るから，それは困難を他のちがう段階に押しやったにすぎない，という議論が出て来るかもしれない．第三の体系が，何か他の型の測定装置によってか，それとも観測する人間によってか，観測される場合には，またもやこの三重系に対する波動函数の統計的集団が得られるが，しかし，この観測する人間まで含めた，より大きな体系の結合波動函数は，観測者が系と如何なる点で相互作用したとしても，やはり純粋波動函数であると言うことができるであろう．

上の困難は最後には克服できるものであろうか；それとも，その分析は常に完全には行われないと仮定することが必要なのであろうか？ この問題は装置と観測する人間との相互作用の段階まで分析を進めなくても解決できることがわかる．それを見るために，実験装置は完全に自働的に作働し，従って実験結果は何か都合のよい仕掛け，例えば写真乾板，で記録されるようにしつらえてあるものとしよう．スピン，原子の z 座標，その z 座標を測る装置，それにこの測定の結果を記録する装置とからなる全体系は，実験を始める時，ある純

第22章 観測過程の量子論 693

粋波動函数を持っていると仮定する(その波動函数がどういうものであるかを，観測する人間が正確に知っている必要はない)． 相互作用が終った後では，この結合波動函数は他のある純粋波動函数に移っているであろう．ここでわれわれは次のことを示そうと思う；最後の波動函数は事実純粋状態のそれであるけれども，波動函数の，σ_z の相異る値に対応する各部分の間の位相関係は極めて復雑で，それらの干渉に物理的過程が，現在も将来にも，著しく依存するということは全くありそうでない，ということである．即ち，観測者の手を何等介在させることなく体系それ自体だけで作動するようになっていれば，圧倒的な確率でもって，あたかもスピンが状態の統計的集団の一つに在るかのごとく，全く同一の物理的結果を生ずるような状態に移ってゆく．観測する人間が装置と相互作用すると，その体系は本物の状態の統計的集団におかれることとなる．ところが，その相互作用過程に於いて生ずる一定の位相関係の崩壊は，体系のふるまいに何等意味のある差異をつくらない．何故なら，オブザーヴァブルの相異る値に対応する波動函数間の干渉効果は，既に無視できるものだからである．こうして，観測する人間がどんな仕方にせよ，全く含まれていない，完全に客観的な，測定過程の記述を得ることができる*．

次に，Stern-Gerlach の実験を用いて，装置が測定を可能とするような仕方で働いた後では，干渉が実際上こわれていることを示そう．(18) 式及び (19) 式に従うと，良好な測定では，相互作用の強さ $\mathcal{H}_0$ と相互作用の続く時間 $\varDelta t$ との積が極めて大きく，それによって二つのビームが古典的に区別できる程度までにへだたることが要求される．9 節で示した通り．そういった状況の下では，v_+ 及び v_- にかかる波動函数の相対的位相差は，事実，非常に大きい．

―――――――――――――――
* 本節に与えた取扱いは，観測過程の客観性を，波動函数を用いて行われる本質的には時空的な記述であるものによって証明している（第 8 章14節及び 15 節参照）．ところが 3 節では同じ結果を，因果的な記述，即ち，観測者と測定装置との間の，制御不能且つ不可分な量子のやりとりを使う記述，によって得ている．その場合には，測定装置の古典的に記述できる段階は，制御不能な量子のやりとりの効果が極めて小さく重要でないために，分離された存在であると，好都合にもみなせることを指摘しておいた．波動函数による記述においても，それと同じ結論が，観測者が装置の古典的に記述可能な部分を調べる際に生ずる位相のずれは同様に何の意味のある変化もつくらない，という思想から導かれる．最後に，因果的因子（即ち運動量）は，時空的記述では，常に波動函数の位相に現われることを注意しておく．斯様に，この二つの方法は，同じ過程の相補的な記述を与えるのである．

原理的には，第3図の装置によって，二つのビームを合致させることは可能ではあるが，そのとき二つのビームは，装置の組立のこまかい点にひどく鋭敏に依存する相対的位相をもって，一緒になるのである．そのため，装置の働きの上で，ごく僅かの誤差や復原性にかけるところがあっても，相対的位相は大きく変り，従ってビームが合致した後の原子のスピンの方向が変化することになる．ところが粒子の位置を何か他の装置で測定すると，途端にそれらの位相関係はこの附け加えた装置の状態に依存するようになる．ところで，ひとつの装置が観測を行うに適当であるためには，それが観測の最終段階に於いて，巨視的な大いさを持った結果をつくり出すことが必要である．非常に大きい対象は多くの複雑な自由度をともなっており，他の全ての自由度との結びつきのない何らかの自由度における運動の存在は，実際上不可能である．そのような連繋現象は，就中，摩擦において現われる；例えば，アンメーターの針の軸の質量運動が，シャフトやベアリングの分子の非常に錯雑した内部的熱運動を励起するような場合である．こういったことがある程度起らないような巨視的対象は存在しない，ということはたしかであろう．これらの新自由度のそれぞれは，全体系に対する結合波動函数に，新しい複雑な位相差をつくり出すにちがいない．今，この系は古典的段階で作働しているのであるから，位相差はすべて大きいはずであり (Stern-Gerlach の装置の第二の段階と同様)，また，これらのあらゆる座標のふるまいの詳細に，極めて鋭敏に依存することになろう．

そこで，二つのビームは干渉させるためには，これらの自由度のひとつひとつの位相への寄与を，注意深く調整することが必要になる．結局，ある定った干渉図形を得るための要求は非常に復雑となり，統御することがむずかしくなって，そのような干渉が何か物理的過程に重要になるということは，偶然にしろ，人為的にしろ，殆んど不可能な事となってしまうのである．この段階に達した場合には，どんな目的に対しても，畢竟，系はあたかも測定変数の固有函数間のあらゆる干渉がこわされてしまったかの如くにふるまう，と言うことができる．

12. 観測過程の非可逆性と，それの量子論において果す基本的役割　前節に論じたところから，次のことが言える：　観測過程は，それが行われた後では，測定変数の固有函数間の定った位相関係を再現することが圧倒的に困難であるという意味で，非可逆的である，と．この非可逆性は，熱力学の過程において現われるものに酷似している；そこではエントロピーの減少がやはり圧倒的に

起りがたいことである*.

測定装置の非可逆的なふるまいが，定った位相関係の崩壊に本質的なのであ
るから，また，この一定の位相関係の崩壊が，結局，量子論の全体としての無
矛盾性に本質的なのであるから，熱力学的非可逆性は，量子論では必要不可欠
のものとして入って来るわけである．これは，古典理論と著しい対照にある；
そこでは熱力学的非可逆性の概念は，力学とか電磁気学とかの基礎科学では，
何等基本的な役割を演じなかったのである．従って，古典理論では，基礎変数
（例えば，要素的粒子の位置とか運動量）は，測定装置が可逆的であるか否かに
かかわりなく，確定値を持つとみなされるに反して，量子論では，そのような
量は，当該体系が非可逆的過程を経る古典的に記述可能な体系と不可分のつな
がりにあるときにだけ，ひとつの完全確定値を持ち得ることが知られた．それ
故，微視的段階にあっては，何かある体系の状態の定義それ自体が，巨視的領
域にある物質の非可逆的過程を経ることを必要とする．ここに，生物体との強
い類似性がみられる：そこでは，同様に，基本要素（例えば，細胞）の存在
そのものが，有機体全体を通じての食物の酸化に関連する非可逆的諸過程が維

---

* 事実，エントロピーと観測過程の間には密接な関連がある．L. Szilard, *Zeits.
f. Physik.* **53**, 840, 1929 参照．そういう関連の必然性を見るには，ひとつ
の箱を隔壁で二つの相等しい部分にわけ，各々の部分に同じ個数の気体分子が
含まれている場合を考えればよい．この箱を，各原子が隔壁に近づくとき，そ
の位置の大ざっぱな測定ができるような仕掛けの中に置く．この仕掛けは隔壁
の門と，自動的に，分子が右から門に近づく時には門が開き，左から近づく時
は門が閉まるという風に，つながっている．従って，時間をかければ，すべて
の分子を左側に集めるようにすることができる．こうして気体のエントロピー
は減少する．だからもしもそれを相殺するエントロピー増大の機構がなかった
ならば，熱力学の第二法則が破れてしまうことゝなろう．ところが，現実には，
箱のどちらの側に分子が実際にあるかを明かにする，確定した測定を与えうる
ような過程は，いずれも，必ず測定装置の非可逆的変化を伴うことは，既にわ
れわれの見たところである．事実，それらの変化は，少くとも，気体のエント
ロピーの減少を打ち消すに十分な程大きくなることが示される．それ故，熱力
学の第二法則が，実際，こういった仕方で破られることはあり得ない．それは，
いうまでもなく，Maxwell の名高い "択り分ける魔物"（ソーテイングデイモン），もしあらゆる物
理法則に従う物質からできているとしたら，その働きを示すことができないの
を意味するものである（L. Brillouin, *American Scientist*, **38**, 594 (1950)
参照）．

持されるか否かに依存しているのである*（それらの過程が中絶すれば，細胞は分解死滅することとなろう）.

13. 潜在的可能性としての物質の波動性と粒子性 第6章13節及び第8章24節に於いて，物質は，それの周囲の事物との不可分な量子によるつながりに，一部分依存するような性質を持った何物かである如くにふるまう，ということが示された．従って，与えられた対象，例えば1個の電子，がより多く波のようにふるまうか，それともより多く粒子のように行動するか，という問題は，電子それ自身だけでは完全には決定されず，ある程度まで，電子の置かれる還境に依存するのである.

例えば，電子がそれの位置を測る装置と相互作用するときには，装置に，ある小領域内に位置を限ることのできる古典的粒子によってつくられると同等な，古典的に確定可能な状態を生ずる．他方，電子が，その運動量測定装置（例えば廻折格子）と相互作用する際には，古典的な波の場合に起るのと殆ど同じ仕方で，古典的に確定し得る角度をもって格子から出て来る．即ち，電子は，それが相互作用する物質次第で，その粒子的側面を，あるいはその波動的側面を，顕現する潜在的可能性を持つひとつの存在（エンテイテイ），とみなすことができる.

ところで，量子力学的体系は古典的に記述可能な効果を，測定装置にばかりでなく，現実には測定を行うために使用されてはいないあらゆる種類の体系に於いても生じ得る**．従って，あらゆる状況下に於いて，われわれは電子に，それ自身だけでは性質が完全には確定されない，それの置かれた還境に応じて変化する性質を持つという解釈を必要とするような諸効果を，何等かの観測者によって実際に観測されようとされまいと，不断につくっている何物かであるという描像を与えるのである．電子は，それが古典的に記述可能な結果を生じ得る限りにおいてだけ，ともかくも明確な模型を持つにすぎない．しかし電子の生ずる諸効果の性格は極めて多種多様で，そのときどきによって，波と粒子と双方の，相補的な模型が必要となるのである.

14. 量子のやりとりにおける連続性と不連続性との関係について われわれはここに，量子過程において最も頭を悩まさせる様相のひとつに対する定性

---

* これについて，第23章の最後の節及びそれに関する脚註を参照せよ．また，第23章全体に展開された，物質の微視的諸性質と巨視的諸性質との間の関連に対する一般概念と，こゝに示した思想とをくらべてみよ.
** 第6章10節参照.

第22章 観測過程の量子論　　　　　　697

的描像を与えるべき場所に立ち到ったわけである；即ち，ひとつの離散的なエ
ネルギー準位から他の準位への体系の遷移に対するそれである．このような遷
移に於いては，エネルギーは不連続的に変化するが，波動函数の方は，ひとつ
の軌道に結びついた空間領域から今ひとつの軌道に属する空間領域へと，連続
的に運動する．このような，諸特性の二重性を理解するために，今一度第6章
9節及び13節をふり返ってみよう；そのところでは，量子的精度水準におい
ては，与えられた対象の諸特性は，その対象だけで切り離されて存在するもの
でなく，対象の相互作用する体系に依存して実現される潜在的可能性であるこ
とが示された．特に，電子のエネルギーと位置とは，互いに対立する可能性で
あって，そのいずれもが，それぞれ他方の確定度を代償にして，あるひとつの
確定値を顕わし得るに過ぎない．電子がひとつの定ったエネルギー E をもっ
て出発するものとしょう．それの位置の方は不確定であり，波束全体にわたっ
て拡がっているが，より確定した位置を顕現する可能性を内に潜めているので
ある．事実，電子が入射光量子と相互作用する場合には，たちどころに，その
より確定した位置を得る可能性が実現され，他方エネルギーは或る範囲にわた
って拡がることとなる．この間に，電子は，他のより高いエネルギーの軌道と
結びついた他の空間領域に向って運動してゆく；そして間もなく，電子は明確
な位置を失い始め，今度はまた，確定したエネルギーの顕われる可能性が実現
され始める．それは，定ったエネルギーを持つ諸状態の間の位相関係がこわれ
るときに起り，従って，系は，結局あらゆる目的に対し，それがいろいろなエ
ネルギー状態のうちのあるただひとつのものにあるかのようにふるまうことと
なる．それらの状態のどれにゆくかは，一般に，相互作用前の系の状態からは
完全には予言できない；但し，遷移の統計的な一般的傾向を予言することは可
能なのである†．

　そこで，遷移過程の始めから終りまで，電子の持つ潜在的可能性は連続的に
変化するが，それらの可能性が実現され得る形態（即ち，定ったエネルギーの

───────
† 上に述べた遷移過程は，第18章の1節から10節に，数学的に取扱ってあ
　る．特に9節を読者は参照されたい．その個所では，この遷移の行われる間
　は，体系は，無摂動系の Hamiltonian のひとつの定った（しかしどれかわ
　からない）固有状態にあるのではなく，ある範囲にわたる状態を同時に覆って
　いることが指摘された．だが，この時間中は，H_0 の測定を可能とするような
　体系との相互作用過程において，H_0 のどれか特定の固有状態が顕われる確率
　は，連続的に変化する．

固有状態）は離散的である，との結論に達する．従って，不連続的遷移として量子過程を記述するやり方は，ある程度まで，われわれの日常用いる言語が不適当な結果である．そのような言葉では，電子の諸性質が常にある程度まで潜在的に可能なもので，完全には確定されないという事実を，明白に示すことはできない．即ち，われわれが，ある与えられた時刻に，電子がある定ったエネルギーを持つと言うとき，通常の言葉の使い方では，電子は，あらゆる時刻において，定ったエネルギーを持つひとつの対象である，ということまで含んでいる．従って，このエネルギーの値の漸次的な変化の結果としてだけ，連続的な変化が起り得るに過ぎない．しかし，電子は，より明確に定められる位置を持ち，エネルギーの方はより不確定であるような何物かに変ずる潜在的可能性を有するのであるから，その遷移は，たとえ電子が中間のエネルギー状態を通過しないとしても，ある意味では，連続的であると言える*.

連続的に変化する潜在的可能性と，それらの可能性が実現される不連続な形態とは，事実，対立する，しかし相補的な，電子の性質なのであり，それぞれが，均しく重要な，電子のふるまいの両側面を表わしているのである（相補性原理の論議については第 8 章 15 節参照).

15. Einstein-Rosen-Podolsky の逆説　Physical Review 誌所載の論文に於いて†，Einstein, Rosen, Podolsky は，一般に受け容れられている量子論の解釈の根拠について，容易ならぬ批判を提起した．その異議は，ある仮想実験に関する彼等の分析に基いて導かれる，ひとつのパラドックスの形で提出された．その仮想実験については，後刻詳細に論ずることとしょう．実は，彼等の批判は，正当ではないことが示され‡，最初から暗々裡に量子論と矛盾する

---

* 第 8 章 27 節参照；そこでは不可分な遷移との類似性が，思考過程と関連して論ぜられたのであるが，われわれはこゝで，思考過程の二，三の局面が，不連続的変化を使って記述されることを知るに至った；そのような思考過程が導かれる一定の論理形式は，個々に分離し，相異つているからである（例えば，各論理範疇は，あらゆる他の範疇と完全に分離していると考えられる）．他方，これらの論理的に表わされる，確定的な諸概念をつなぐ思考過程の中間段階は連続的であり，ある程度まで，不完全にしか確定されない量子論の潜在的可能性と似ている．

† *Phys. Rev.* **47.** 777 (1935).

‡ N. Bohr, *Phys. Rev.* **48.** 696 (1935); W. H. Furry, *Phys. Rev.* **49.** 393, 476 (1936).

第22章 観測過程の量子論　　　　699

ような，物質の本性に関する仮定を行ったことに基くものであった．が，それらの暗黙の仮定は，一見，極めて自然で避け難く見えるものであるから，彼等の提起した問題点を注意深く調べてみると，物質の本性に対する古典的概念と量子的概念との差異について，深い透徹した洞察が得られるのである．

彼等は先ず，完全な物理学理論に対する判断基準を定めることを企てた．完全な物理学理論に対する必須の要請は次の如きものであると彼等は考えた：

（1）　物理的実在の各要素は，完全な物理学理論にその対応物^{カウンターパーツ}を持たねばならぬ．

次に，何が実際に，それによって物理学の理論が表現されるべき，正しい諸要素となるかについては，この問題は実験及び観測にたよってのみ終局的に決定できる，と彼等は考えた．ではあるが，彼等は，実在の一要素であることを確認するための次の判断基準を提示した．それは彼等が十分条件と想像した基準である：

（2）　体系に何の擾乱も与えることなく，物理量の値を確実に（即ち，確率 1 をもって）予言できる場合には，この物理量に対応する実在の一要素が存在する．

彼等は，物理的実在の諸要素が，他の方法によってもまた確認され得ることには同意するが，しかし，たとえ上の判断基準だけに依って確認され得る諸要素だけに限ったとしても，量子論は，以下に説明されるように，矛盾した結果に導くのを示そうともくろんだのである．

しかしながら，上に明白な形で述べた判断基準を用いることは，二，三の暗黙の仮定に拠っている．これは，彼等の与えた取扱いの肝要な部分であるが，あらわに述べられていない．それらの仮定とは

（3）　世界は，別々の切り離されて存在する"実在の諸要素"によって，厳密に分解される．

（4）　それら諸要素の各々は，完全な理論に現われる，精確に定義される数学的な量の対応物でなければならぬ*．

われわれは，さしあたって，彼等の与えた論議を更に展開するために，上の

---

* この基準は本質的には (1) を更に強めたものである．Einstein-Rosen-Podolsky は仮定 (1) だけに，即ち，実在の各要素は完全な理論にその対応物を持つ，とは限らなかったが，この対応物が常に精密に定義可能でなければならぬと，暗黙裡に仮定している．

判断基準と仮定とを受け容れることにしょう. そして 18 節で, これらの判断基準は, 量子的精度に於いては, 適用できないことを示そう.

ところで, 現在の量子論に於いては, ひとつの体系にかかわるあらゆる物理的知識は, それの波動函数の中に含まれる, と仮定していること, 従って, 二つの体系が, 高々, 常数位相因子しかちがわぬ波動函数を持つときには, 両体系は同じ量子状態にあると言うこと, を思い起していただきたい†. Einstein-Rosen-Podolsky が実在性に対する彼等の判断基準をもって果そうとしたところは, 現在の量子論の上のような解釈は支持され得ぬこと, また波動函数はおそらく, 体系内に存在する物理的に 意味のあるすべて因子 (即ち "実在の諸要素") の完全な記述を含み得ないこと, を示そうというのであった. もしも彼等の論点が証明され得たとすると, われわれはより完全な理論を, 恐らく, それに関して現在の量子論がひとつの極限の場合となる, 隠された変数*のようなものを含む理論を, 追求せねばならぬこととなろう.

さて, 任意のオブザーヴァブル A を考えるとしょう. これは固有函数系 ψ_a を持ち, それらに属する一連の固有値を a で表わすことにする. 波動函数が ψ_a であるとき, 系は, オブザーヴァブル A が定った値 a を持つような量子状態にあると言おう. この状況に於いては, ERP に従って, その体系には, オブザーヴァブル A に対応する実在の一要素が存在すると言えるわけである. 次に A と可換でない他のオブザーヴァブル B を考える. このときには A と B とが同時に定った値を持つような波動函数は存在しない. そこで ERP が暗黙裡に行った仮定 (4) をとれば, 即ち, 実在の各要素は完全な理論に現われる精確に定義可能な数学量の対応物でなければならぬものとすると, 波動函数が実在の完全な記述を与えるという通常の仮定からは A と B とは同時に存在できないとの結論が導かれる‡. これは, 完全だと推測された波動論が A と B との同時的存在に対応する, 精確に定義される数学的要素を含まないという事実から出て来るものである. この観点からすれば, しかしながら, われわれはまた, B を測定して定ったひとつの値を得る場合には, A に対応する諸要素

† 第 9 章 4 節参照,

* 第 2 章 5 節; 第 5 章 3 節参照.

‡ 18 節では今一つ別の仮定をするであろう: 即ち, 実在の諸要素は大ざっぱにしか確定できないような形で存在し, 必ずしも完全な理論に現われる, 精確に定義される数学的な量の対応物である要はない, とするのである. そうして暗黙の仮定 (3), (4) は棄てることになろう.

がこわされるとも仮定せねばならない（A に対応する諸要素は B に対応する
それらと共に存在し得ないと仮定しているからである）．この崩壊は，測定装
置から観測下の体系に移される量子によってもたらされるものと考えるのが自然
であろう．ところが2個のオブザーヴァブルの非可換性をこのように解釈する
際には，あらゆる測定において，測定変数と交換しないオブザーヴァブルに相
応する，すべての実在の要素をこわすような，測定装置から生ずる擾乱が実際
に存在することが本質的となるのは明白であろう．何故なら，そのような擾乱
がなければ，最初に A の定った値をもった体系をとって，次に A に対応する
諸要素は全く変えないで B を測定でき，そうして A と B とに対応する実在
の諸要素が共に存在する体系を得ることができようからである．われわれは，
次の節で，ERP の提案した，与えられたオブザーヴァブルを実際に関係する体
系を何らみだすことなく測定することを許す，一種の仮想実験を論ずるであろ
う．この種の仮想実験の助けを籍りれば，量子論が実在の完全な記述を与える
という仮定と，ERP の実在性に対する判断基準が完全な理論には必ず適用で
きるという仮定との間に，矛盾を生ずることになる．ERP の判断基準を認容
するならば，残る唯一つの別の可能性は，量子論が実在の完全な記述を与えな
い，ということだけである．それが，ERP のもともと示そうとこころみた結
論であった．

16. Einstein-Rosen-Podolsky の仮想実験　　それでは，Einstein-Rosen-
Poodolsky の仮想的実験を述べることにしよう．ここでは幾分もともとの実験
から改変したが，その形は，概念的には彼等の提示したものと同等であり，数
学的に取扱うのがかなり容易になるのである．

今二つの原子を含む分子を考えよう．各原子のスピンはそれぞれ $\hbar/2$，分子
は全スピンが零の状態にあるとする．大ざっぱに言うと，これは，各粒子のス
ピンが，スピンがともかくも定った方向を持つと言い得る限りでは，互に他の
ものと厳密に反対の方向を向いている，ということである．次に，分子が，全
角運動量が変らないような何かの過程で崩壊するとしよう．二つの原子は分離
し始め，間もなく，両者は眼に見える程には相互作用をしなくなるであろう．
しかし，合成スピン角運動量は零に等しいままである；この体系には何のトル
クも働らかないと仮定したからである．

さて，スピンが古典的な角運動量変数であるとしたときには，この過程の解
釈は次のようになるであろう：　二つの原子が一つの分子の形にまとまってい

る間は，それぞれの原子の角運動量の各成分は，常に，定った値を持ち，互に他のものを反対方向にあって，全角運動量を零に等しくしている．原子が離れた場合も，それぞれのスピン角運動量の各成分は，引続き，反対方向にある．従って二つのスピン角運動量ベクトルには相関があることになる．これらの相関は，もともと原子が全スピン零の分子を構成するように相互作用しているときにつくられたものであるが，原子が分離してしまった後でもこの相関が保たれるのは，各スピンベクトルそれぞれの決定論的運動方程式によるものであり，この方程式によって，スピン角運動量ベクトルの各成分の保存が保証されるのである．

次に，どれかひとつの粒子，例えば No. 1 の粒子のスピン角運動量を測るととしょう．相関の存在から直ちに，残りの粒子（No. 2）の角運動量ベクトルは No. 1 のそれに等しく反対方向を持つことが結論される．こうして，粒子 No. 2 の角運動量を，粒子 No. 1 の相応するベクトルを測ることによって，間接的に測定できる．

今度は上の実験が量子論では どのように 記述されるべきかについて 考えよう．この場合には，研究者が，どんな実験においても，粒子 No. 1 のスピンの x, y, z 成分のどれかひとつを測ることはできるが，それらの成分のひとつ以上を測ることは不可能である．それにもかかわらず，あとでわかるように，どの成分が測られるにせよ，結果は相関連していることがわかり，従って，No. 2 の原子のスピンの同じ成分が測れうるとしたら，常に逆符号の値を持つことが知られるであろう．それは，原子 No. 1 のスピンのどの成分を測ることも，古典論に於けると同様，原子 No. 2 のスピンの同じ成分の間接的測定を与える，ということである．われわれの仮定によって，二つの粒子はもはや相互作用しないのであるから，No. 2 の粒子のスピンの任意の成分を，何等この粒子に擾乱を与えずに測定するひとつの方法が得られたわけである．もしわれわれが，ERP の提出した実在の要素の定義を受け容れるとすれば，粒子1に対する σ_z を測定した後では，粒子 2 に対する σ_z を，粒子 No. 2 においてだけ切り離されて存在する実在の一要素，とみなさればならぬことは明白である．ところが，それが真実であるならば，この実在の要素は，粒子 No. 1 に対する σ_z の測定が行われる前においても，粒子 No. 2 に存在するのでなければならない．何故なら，粒子 No. 2 とは何の相互作用もないため，測定過程はこの粒子にどんな仕方にせよ影響を及ぼすことはあり得ないからである．だがここ

で次のことがらを想い起そう: あらゆる場合に,観測者は常に自由に,原子が
まだ飛んでいる間に,観測装置を勝手な方向に向きを変えることができ,従っ
て,観測者の思いのままの方向のスピンの成分に,定った(しかし予言不可能
な)値を得ることができる,ということである.それは,第二の原子に何も擾
乱を与えずに行うことができるから,ERP の基準 (2) を適用できるとする
なら,第二の原子において,それのスピンの3個の成分全部を同時に確定する
ことに対応する精確に定義できる実在の諸要素が存在せねばならぬとの結論に
到達するわけである.波動函数はいちどきに,せいぜいそれらの成分の唯一つ
だけを完璧の精度をもって規定できるにすぎないから,波動函数は,第二の原
子に存在する実在の全要素の完全な記述を与えるものではない,との結論に到
達することになる.

この結論が正しいものとすると,より完全に近い記述が可能であるような新
理論を求めねばならない.しかし,18 節において,ERP の与えた分析は,世
界は実際に切り離されて存在する,精確に定義可能な,"実在の要素"からな
っているという暗黙の仮定 (3) 及び (4) を,本質的な仕方で含んでいること
が知られるであろう.ところが,量子論は微視的段階に於ける世界の構造につ
いての全くちがった描像を与えるものであり,この描像は,後にわかる通り,
ERP の仮想実験の完全に合理的な解釈を,現在の理論の枠内で与えるのであ
る.

17. 量子論に従う,ERP の仮想実験の数学的分析 現在の量子論から
Einstein-Rosen-Podolsky の仮想実験に与えられる物理的解釈を論ずる前に,
先ずこの実験がどのように数学的な言葉で記述されるかを示すことにする.

二つの原子のスピンを含む体系は,4 個の基底波動函数を持ち,それらから
任意の波動函数を構成することができる*.それらの基底波動函数とは

$$\psi_a = u_+(1)u_+(2), \qquad \psi_c = u_+(1)u_-(2),$$
$$\psi_b = u_-(1)u_-(2), \qquad \psi_d = u_-(1)u_+(2),$$

である;ここで u_+ と u_- とは 1 個の粒子のスピン波動函数であり,それぞ
れスピン $\hbar/2$ 及びスピン $-\hbar/2$ を表わし,径数 (1) または (2) は,それぞ
れこのスピンを持った各粒子に関するものである.さて ψ_c と ψ_d とは,各粒
子が他の粒子と逆向きの,定ったスピンの成分を持つ,二つの可能な状態を表

---

* この場合,体系の完全な波動函数は,スピン波動函数に,両粒子の空間座標
に関係する適当な空間波動函数をかけることによって得られる.

わすものである．系の全スピン零の波動函数は，ψ_c と ψ_d との次の 1 次結合である（第 17 章 9 節参照）：

$$\psi_0 = \frac{1}{\sqrt{2}}(\psi_c - \psi_d).$$

ψ_c と ψ_d とを結びつける符号は，合成スピンの値を決める上で決定的に重要なものである．何故なら，それらを ＋ 符号で結びつけるときには，角運動量は $\hbar$（但し角運動量の z 成分は零）となるからである．この結果は下のように書いておこう：

$$\psi_1 = \frac{1}{\sqrt{2}}(\psi_c + \psi_d). \tag{27}$$

従って，全角運動量は ψ_c と ψ_d との干渉の性質であることが明かになろう．他方，各粒子が他方の粒子と逆の定ったスピンを持つ状態は，ψ_c または ψ_d のいずれかによって別々に表わされる．それ故，各粒子に対する σ_z の値が定っているような状態では，どんな状態においても，全角運動量は不定でなければならない．その逆に，全角運動量が確定されている場合は何時でも，いずれの原子も，正しくそのスピンが確定値を持つとみなすことはできない；持つとしたならば，ψ_c と ψ_d との間の干渉は存在し得ず，しかも定った全角運動量を与えるのに必要なのは，実にこの干渉であるからである．

ところが ψ_c と ψ_d との間の一定の位相関係は，確定した値の合成スピンに導く以上に，一層の物理的意味を持つものである；というのは，それが，各原子のスピンの同じ成分が測定された場合，その結果に相関があるということを意味するからである．そういった相関は，例えば，各原子のスピンの z 成分を，各原子が別々の Stern-Gerlach の装置（第 1 図参照）を通過するようにして測るという過程で顕われる．簡単のため，両方のスピンが同じ時刻に測られるものとしよう；もっともこの仮定に結果が著しく依存するようなことはない．すると測定の時刻に於ける Hamiltonian は〔(10a) 式及び (10b) 式参照〕．

$$W = \mu(\mathcal{H}_0 + z_1 \mathcal{H}_0')\sigma_{1,z} + \mu(\mathcal{H}_0 + z_2 \mathcal{H}_0')\sigma_{2,z}.$$

但し，z_1 は第一の原子の z 座標，z_2 は第二原子のそれである（装置の両部分とも同一の構造を持つと仮定する）．

次に測定過程中のスピン波動函数を 4 個の基底函数，$\psi_a, \psi_b, \psi_c, \psi_d$ で展開する．この測定は σ_z を変化させないから，測定過程中は ψ_c と ψ_d とだけが必要になることはやはり事実であろう*．そこで

---

* これらが最初に存在する唯一の項であることに注意！

第22章 観測過程の量子論　　　　　705

$$\psi = f_c \psi_c + f_d \psi_d$$

と書こう．われわれの場合，f_c の初期値は $1/\sqrt{2}$，f_d の初期値は $-1/\sqrt{2}$ である．(12b) 式を導いたと同様な方法で

$$i\hbar \frac{\partial f_c}{\partial t} = \mu f_c [(\mathcal{H}_0 + \mathcal{H}_0' z_1) - (\mathcal{H}_0 + \mathcal{H}_0' z_2)],$$

$$i\hbar \frac{\partial f_d}{\partial t} = -\mu f_d [(\mathcal{H}_0 + \mathcal{H}_0' z_1) - \mathcal{H}_0 + (\mathcal{H}_0' z_2)]$$

が出る．適当な境界条件をつけた f_c と f_d との解は，磁場を出た直後の粒子の波動函数に対し，

$$f_c = \frac{1}{\sqrt{2}} e^{-i \frac{\mu \mathcal{H}_0'}{\hbar} (z_1 - z_2) \, \Delta t}, \quad f_d = -\frac{1}{\sqrt{2}} e^{i \frac{\mu \mathcal{H}_0'}{\hbar} (z_1 - z_2) \, \Delta t}$$

を与える；但し，t としては，原子と不斉磁場との相互作用の時間 Δt を入れておいた．

この波動函数は，それぞれ ψ_c 及び ψ_d で表わされる二つの結果が，相等しい確率でもって起ることを意味する．第一の可能な結果にあっては，No. 1 の原子は σ_2 の正の値をとるが，原子 No. 2 は負の値を持つことになる．$e^{-i\mu\mathcal{H}_0'\Delta t (z_1 - z_2)/\hbar}$ という因子は，Stern-Gerlach の実験で，各原子が，スピンが逆向きであるのに相応して逆向きの運動量を得る事実を表わしている．同様に，第二の可能な結果においては，No. 1 の原子が σ_z の負の値をとり，それに反し原子 No. 2 は正の値をとる．9 節及び 11 節でのように，測定装置は古典的に記述できるものであるから，装置の波動函数（z_1 と z_2 とに依存する）は，スピン波動函数に制御不能な位相因子をかけたものになるのを示すことができる；それ故，結局，

$$\psi = \frac{1}{\sqrt{2}} (\psi_c e^{i\alpha_c} + \psi_d e^{i\alpha_d}),$$

ここで α_c と α_d とは別々の制御不能な位相因子である．

この結果は，もし σ_z の値を各原子について測ったとすると，各々の原子に確定した数値を与え，しかも常に他原子のそれと逆符号であることを示している．こうして，古典論の場合とよく似た相関が量子論においても得られることが証明される．しかしながら，測定完了後，体系は，合成角運動量は確定しているが各粒子の σ_z は不定な値を持つものから，各粒子の σ_z の値は定っていても合成角運動量は不定なものに，移っている．しかも，各粒子について得られる筈の σ_z の値は，測定前の体系の状態と決定論的に関係するのでなく，統

計的に関係がつくにすぎない.

今度は σ_x の測定過程について述べることにしよう. その結果は非常によく似ている；というのは, 系の全スピン零の波動函数は, v_+, v_- (σ_x の固有函数) で表わすとき, u_+, u_- による場合と同一の形をとるからである. 従って,

$$\psi_0 = \frac{1}{\sqrt{2}}[v_+(1)v_-(2) - v_-(1)v_+(2)].$$

各粒子の σ_x の測定は, σ_z についてやったと全然同じ仕方で記述できて, 測定装置との相互作用後,

$$\psi = \frac{1}{\sqrt{2}}[v_+(1)v_-(2)e^{i\alpha_1} + v_-(1)v_+(2)e^{i\alpha_2}]$$

を得る；α_1 と α_2 とは別々の制御不能な位相因子である.

そこで, 各粒子の σ_x の値にもまた他方の粒子のそれと, 両者の和が零になるような相関があるという結論になる. 更に次のことが容易に証明できる:

$$\psi_1 = \frac{1}{\sqrt{2}}(\psi_a + \psi_b)$$

という函数をとったとすると, $v_+ = \frac{1}{\sqrt{2}}(u_+ + u_-)$, $v_- = \frac{1}{\sqrt{2}}(u_+ - u_-)$ の置き換えによって, 波動函数

$$\psi_1 = \frac{1}{\sqrt{2}}[v_+(1)v_+(2) + v_-(1)v_-(2)]$$

が得られる.

これは, σ_x の測定によって, 両粒子が共に正の値をとるか, または共に負の値をとっているかを明らかにできるという事情を表わすものである. それ故, 現われ出る σ_x の相関の型は, ψ_c と ψ_d が加え合される時の符号に, 従ってまた合成角運動量に関係することがわかる.

この実験に関連して, 今ひとつ重要な事柄が起って来る；即ち, 相関の存在は, 両原子が相互作用しなくなった後, 一方の原子のふるまいが, 何等かの仕方で, 他の原子の上の出来事により, ともかくも影響を受けるということを意味するものではない, という点である. これを証明するには, 先ず, 粒子 No. 2 のスピン変数だけに関する任意函数 $g(\boldsymbol{\sigma}_2)$ の平均値を勘定する. 測定前の波動函数を使って,

$$\overline{g_0}(\boldsymbol{\sigma}_2) = \frac{1}{2}(\psi_c{}^* - \psi_d{}^*)g(\boldsymbol{\sigma}_2)(\psi_c - \psi_d) = \frac{1}{2}[\psi_c{}^*g(\boldsymbol{\sigma}_2)\psi_c + \psi_d{}^*g(\boldsymbol{\sigma}_2)\psi_d]$$

第22章 観測過程の量子論 707

が得られる（ψ_c と $g(\boldsymbol{\sigma}_2)\psi_d$ との直交性によって）．第一の粒子のスピンを測定した後では，$g(\boldsymbol{\sigma}_2)$ の平均値は，

$$\overline{g_f}(\boldsymbol{\sigma}_2)=\frac{1}{2}\,(\psi_c{}^*e^{-i\alpha_c}-\psi_d{}^*e^{-i\alpha_d})\,g(\boldsymbol{\sigma}_2)(\psi_c e^{i\alpha_c}-\psi_d e^{i\alpha_d})$$

$$=\frac{1}{2}[\psi_c{}^*g(\boldsymbol{\sigma}_2)\psi_c+\psi_d{}^*g(\boldsymbol{\sigma}_2)\psi_d]$$

となる．これは，粒子 No. 1 のスピン変数の測定をしない場合に得られたものと同じである．しかし，二つのスピンのふるまいには，このようにそれぞれ，相互作用の止んだ後，実際に他方に起る事柄に無関係にふるまうという事実にもかかわらず，相関が存在するのである．

18. 相関のおこりの物理的説明 われわれは前節で，全スピン零の二原子系において，各原子のスピンの成分の間には，現在われわれの持つ量子論の解釈に従えば，それらのスピンの成分はすべて精密に確定された形では同時に存在し得ないという事実にもかかわらず，相関の存在することを数学的に導き出したわけであった．今度は，この事実の説明にあたって ERP の得た逆説的な結果は，彼等の暗黙の仮定 (3) 及び (4) を避ければ，言い換えれば，世界は正しく実在の諸要素に分解でき，その要素の各々は完全な理論に現われる精確に定義される数学的な量に対応するという仮定をしなければ，得られるものではないことを示したいと思う．これらの諸仮定は，それは古典論の根底なのであるが，おそらく，実在が数学的設計の上に組立てられているという臆説と呼んでよいものであろう；何故なら，現実の世界に現われる各要素が，完全な一組の数学的方程式中のある項に，精密に対応すべきことを要求するものだからである．こういった仮説はさしたあり非常に自然に見えるが，決してまぬがれ得ないものではない†．事実，量子論では，全く異った，しかし同じようにもっともらしい，物質の基本的本性に関する仮説を置いているのである．ここではわれわれは，数学的理論と完全確定な "実在の諸要素" との一対一対応は古典的な精度水準に於いてだけ存在する，と仮定する．量子的段階においては，波動函数によって与えられる数学的記述は確かにその記述されている体系の実際のふるまいと一対一対応にはなく，統計的対応に在るにすぎないからである＊．

---

† 歴史的にいうと，それは比較的新しい概念であって，16 世紀から 20 世紀初頭にわたる期間の，力学及び電気力学についての数学解析の偉大な成功と関連して生じて来たものである（第 8 章 2 節より 10 節を見よ）．

＊ 第 6 章 4 節参照．

だがわれわれは，波動函数が（原理的に）最も完全な，物質の実際の構造と矛盾しない，可能な体系の記述を与え得ると主張するのである．どうやって波動函数のこれらの二つの面を調和させることができるであろうか？　それは次の仮定によるのである：　与えられた体系の諸性質は，一般に，精密には確定されない形でだけ存在するにすぎない；より高い精度水準では，それらは実際完全確定な性質では全くなく，適当な古典的体系，例えば測定装置といった，との相互作用において，より明確な形に顕われる，潜在的可能性†に過ぎないと仮定するのである．例えば，電子の運動量と位置とのような，二つの非可換なオブザーヴァブルを考えよう．それらはいずれも，一般に，与体系において精密に確定された形では存在しない；が，共に，不確定性原理を破らない程度の粗っぽく規定された形では存在すると言える‡．いずれの変数も，適当な測定装置と相互作用させる際，他方の確定度を代償として，より良く確定されるようになる潜在的可能性を持つ．また，位置と運動量という性質は，不完全にしか確定されない，対立する可能性であるばかりでなく，極めて厳密な記述に於いては，それらが電子だけの属性とみなすことができないのがわかる；というのは，これらの潜在的可能性を現実に顕わすには，電子自身に依ると全く同程度に電子と相互作用する体系にも依存するからである§．これは，現実に，電子に属しながら，明確に規定されない "実在の要素" が存在することを意味する．従って，Einstein-Rosen-Podolsky の仮定 (3) 及び (4) と矛盾することになる．

　量子力学的なスピン変数も同様な仕方で解釈されねばならない．ERP は，唯一の存在するスピンの成分は，たまたま波動函数によって精密に規定し得たものだけであると言うに反して，われわれは，一般に 3 個の成分すべてが粗く規定された形では同時に存在し，且つどのひとつの成分も，それらが属する原子を適当な測定装置と相互作用させた際，他の成分を代償として，より良く確定されるようになる潜在的可能性を持つ，と言うのである．スピンの任意の成分が確定した値を適当な測定過程で顕わす確率は，波動函数のその成分に対応する部分の係数の自乗に比例する．だが，与えられた 1 個の原子のスピン波動函数全体は，任意の方向のスピン変数の固有函数，u_+ 及び u_- によって展開できる

---

† 第 6 章 9 節及び 13 節，第 8 章 14 節及び 15 節，第 22 章 13 節照参．
‡ 第 8 章 15 節の相補性の議論を見よ．
§ 第 6 章 13 節；第 8 章 16 節．

第22章 観測過程の量子論　709

ことを思い起さねばならない. それ故, $\psi = a_+ u_+ + a_- u_-$. このような展開に於いては, u_+ と u_- の間の位相関係によって, スピンの他の方向の成分の分布が決定される‖ (例えば, u_+, u_- が σ_z の固有函数を表わすものとすると, $\psi = \dfrac{1}{\sqrt{2}}(u_+ \pm u_-)$ とした時 σ_x の固有函数が得られることになる). これは, u_+ と u_- との間に一定の位相関係が存在するかぎり, 体系を, 完全に u_+ か, 完全に u_- か, いずれか一方に対応するスピンを, それぞれ確率 $|a_+|^2$ 及び $|a_-|^2$ で持つものとして範疇に分ける(或は分類する)ことが出来ないことを意味する*. その代りに, この体系は上の分類法と交錯し, ある意味では, 両方の状態をいちどきに, より確定度の低い仕方で覆うものと言わねばならない†. それ故, 各原子に結びついた, 精密に確定されるスピン変数という古典的描像は断念せねばならない; そしてそれを, 潜在的可能性, それが具現される確率は波動函数によって与えられる, というわれわれの量子的概念で置き換えねばならない. 系が確実に (適当な装置と相互作用する際) スピンの与えられた成分の予言可能な値を顕わすのは, 波動函数がそのスピンの成分の固有函数である場合だけに限られる.

　次に, 全スピン零の二原子系に進むと, (26) 式より, 波動函数

$$\psi_0 = \frac{1}{\sqrt{2}}(\psi_c - \psi_a)$$

は ψ_c と ψ_a との間に一定の位相関係を持つから, 系は ψ_c と ψ_a とに対応する両状態を同時に覆うはずであることがわかる. 従って, 与えられた原子に対して, 測定装置のような, 適当な体系, と相互作用が行われるまでは, 与えられた変数であるスピンの成分は, 精密に確定される値をもっては存在しない. ところがいずれか一方の原子 (例えば No. 1 の原子) が, スピンの与えられた成分を測定する装置と相互作用すると, とたんに ψ_c と ψ_a との間の一定の位相関係がこわれてしまう. これは, この後, 系が, 状態 ψ_c か状態 ψ_a か, どちらか一方にあるかのようにふるまうということである. 斯様に, 粒子 No. 1 が, 確定したスピンの z-成分(例えば)を顕わすその瞬間に, 粒子 No. 2 の波動函数は, この粒子がスピンの同じ成分を測る装置と相互作用したら, σ に逆符号の値を顕現することを保証するような, そんな形を自動的にとるという

‖ 第 17 章 6 節及び 7 節参照.
* 第 6 章 4 節, 第 22 章 10 節.
† 第 16 章 25 節及び第 8 章 15 節.

わけになる．それ故波動函数は，相関のある潜在的可能性の伝播を記述すると
いえよう．波動函数 ψ_0 の展開はスピンの任意の成分の固有函数で展開した場
合と同じ形をとるから，各原子のスピンの，どの方向の成分にせよ同じ成分を
測る場合には，同様な相関が得られるだろうとの結論になる．更に，確定した
スピン成分を顕現する潜在的可能性が，変改されることなく明確に実現される
のは，装置との相互作用が実際に行われて後であるから，原子が未だ飛んでい
る間に，装置を勝手な方向に廻転し，そうして各原子のスピンの任意のもとめ
る成分が，互いに相関のある一定値をとるようにえらぶことができるという陳
述には，何の自家撞着も含まれないわけである．

最後に，新しい光の下で，波動函数によって与えられる数学的記述は，物質
の現実のふるまいと一対一の対応にないという事実を考え直してみるのは興味
あることであろう．この事実から，われわれは，一般の見解とは逆に量子論は
その哲学的基盤において古典論よりも非数学的であるという結論に導かれる；
というのは，先に見た通り，量子論は，この世界が精密に規定された数学的計
画性に従ってつくられたとは仮定していないからである．それに代って，われ
われは，波動函数はひとつの抽象であり，実在のある局面だけの数学的反映を
与えるものであり，一対一の写像ではない；という見地に立つに到った．世界
のあらゆる面の記述を得るには，事実，数学的記述を，不完全にしか確定され
ない潜在的可能性という考えによる 物理的解釈によって 補わねばならない*.
その上，量子論の現在の形式は，世界は考え得るあらゆる種類の精密に定義で
きる数学的な諸量と一対一の対応をつけ得ないということを，また，完全な理
論というものは常に，精密に規定可能な諸要素への分解という概念よりもっと
ひろい概念を要求するものであることを，意味しているのである．だが，おそ
らく，現在の量子論が与える，より一般な型の概念といっても，結局はまた，
世界の限り無く多様且つ微妙な構造の部分的反映を与えるにすぎないことが知
られるようになるものと予想してよいであろう．それ故われわれは，科学の発
展と共に，現在では微かに弱々しく兆示されているにすぎぬ一層新しい諸概念
の立ち現われることを予期できようが，しかしそれら新概念が，現実の世界と
精密に定義可能な数学的抽象との間の一対一対応という，比較的単純な思想へ
の回帰へと導きそうだと想像すべき何等の強力な理由もないのである．

---

* 波動函数が，種々の古典的に記述可能な諸結果を示す上で，どのように補われね
ばならぬかについての更に完全な議論は，第 23 章を見られたい．

第22章　観測過程の量子論　　　　　　　　711

19. 量子論と隠された変数とは両立しないことの証明　ではいよいよ，Ein-stein-Rosen-Podlsky の逆説の分析の結果の二，三をかりて，量子論が隠された因果的変数の仮定と矛盾することを，証明できる（第2章5節及び第5章3節参照）．先ず，別々に切り離されて存在する，精密に規定可能な，実在の諸要素の存在という仮定が，隠された変数によるすべての精密な因果的記述の基底に在ることに注目する；何故なら，そのような要素なしでは，精密な因果的記述を適用できる対象が何もないことになるからである．同様に，第8章20節で見た様に，切りはなされた諸要素の存在には，それら諸要素間の関係に関する厳密は古典的理論が，それらを矛盾なく適用するために必要となる．かくて，世界の精密に規定可能な諸要素への分解と，これら諸要素の厳密な因果律に従う総合とは，両立せしめねばならぬか，或いは共に放棄せねばならぬものなのである．

さて，ERP の推論からは，もし世界がそのような精密に規定可能な諸要素によって説明できるとすると，運動量と位置といった，二つの非可換な変数の正しい解釈は，それらは，同時に存在する実在の諸要素に対応するもの，ということになろう．そこで次に不確定性原理を説明するためには，二変数の値を同時に完璧の精度をもって測ることは簡単にはできないと仮定せねばならなくなろう．ところがわれわれは，第6章11節において，そういったいかなる仮定も，量子論の最も基本的な帰結のひとつである不確定性原理と矛盾するに至ることを見た．そこで，力学的に決定される隠された変数の理論ではどんな理論でも，量子論の結果のすべてを導くことが出来ないとの結論に達する．そのような力学的理論は，極めて巧妙に組立てられていて，予言される実験結果が，広い範囲にわたり，量子論と合致するようになっていると考えることもできよう*．しかしそのとき，第6章11節に示した仮想実験は，その理論の決定的な試験法の一例となるであろう．もしもこの実験で不確定性原理を破ることができたとしたならば，力学的に決定される，背後に存在する変数の理論の存在の強力なしるしとなり，それに反して，不確定性原理を破ることができなかったとすると，正しい力学的理論はきっと見出され得ないだろうという，かなり信頼できる証明を得たことになろう．残念ながら，そのような実験は，未だ現

---

* われわれはこゝで，誰かが既に，そういった理論の具体的な成功した実例をつくったと言おうとするのではない；そういった理論は，われわれの知る限りでは，なお考えられ得るものであると言いたいのにすぎない．

在の技術では，はるかに及ばぬところであるが，何時の日にか遂行されるということは極めてあり得ることである．しかしながら，何かそのような，量子論と実験との不一致が見出されるまで，また見出されないかぎり，量子論は実質的に正しい，と考えておくのが，最も賢明であるように思われる；何故なら，それは，他の既知のどのような理論でも正しく扱えなかったような広範囲の実験と合致する，ひとつの自家撞着のない理論だからである．

第23章

量子的諸概念と古典的諸概念との関係

本書全巻を通じて，われわれは，量子論の意味する物質の特性の定性的記述を展開することを試みてきた．それを遂行する間に，われわれは，物質の本性に関する量子的な諸概念は以前から存在した古典論と結びついた諸概念とは根本的に異る，という結論に導かれた．ところが，この異常な差異にもかかわらず，対応原理* の助けをかりて，量子論を，それが古典的極限では古典論に近づくような具合に，構成することが可能であった．その結果，一目見たところでは，古典論が量子論のひとつの極限の形にすぎない，また他の言葉ですれば，古典論は論理的に量子論のひとつの特別な場合であるとの結論を与えたくなるかもしれない．本章では，量子論は，現在の形では，実際に古典的諸概念の正当性を前提していることを示すために，古典的諸概念と量子的諸概念との関係をもっと徹底的に追求したいと思う．そして，われわれは，古典的諸概念は量子的諸概念の極限の形とみなすことはできないが，量子的諸概念と，完全な記述においては，相互に相補的なるように組合されねばならぬ，という結論に導かれることとなろう．

われわれは古典的諸概念と量子論的諸概念とを対照させる簡単な要約から始める．古典的諸概念は，物質の特性に関する，次の三つの仮説によって特徴づけられるものである:

(1) 世界は相異る諸要素に分解できる.

(2) 各要素の状態は，思いのまま高い精度をもって規定し得る力学変数によって記述できる.

(3) 体系の各部分の間の相互関係は，上の力学変数の時間的変化を，それらの初期値から確定する厳密な因果的法則によって記述できる．体系の全体としてのふるまいは，それの諸部分すべての相互作用の結果とみることができる

古典的領域の特徴は，その領域内に存在する対象や現象や事件やが，判然と区別でき，且つ明確に定められ，また信頼し得る，そして再現可能な諸性質を示し，それらの諸性質によって，同一なることの立証ができ，相互の比較も可

* 第 2 章 5 節，第 3 章 8 節，第 9 章 24 節

能になる，というところにある（例えば，第 8 章 17 節より 22 節を見よ）．
世界のこの様相は，われわれの通常の科学用語によって記述されるものであり，
それに於いては，あらゆる概念を，完全確定な諸要素とそれら諸要素間の完全
確定な論理関係とで表わすことが理想となっている．

ところが量子的諸概念を記述する段になると，われわれの通常の科学用語は，
それが上のような精確さを目ざすものであるというその理由のために，むずか
しく，ぶざまで，扱いにくい表現様式をとらせることとなるのである．という
のは，既にわれわれの見たとおり*，物質の量子的特性は，完全には確定できな
い潜在的可能性と結びつけられるべきものであり，その可能性は古典的に記述
できる体系（それのひとつの特別の場合が観測装置である）と相互作用する際
にだけより明確に実現され得るものだからである†．所謂物質の"内在的"諸
性質（例えば波動性とか粒子性とか）でさえも，他の体系との相互作用によっ
てもたらされるものであるため，物質の量子的諸性質は，明らかに，相互作用
にある体系のすべてが不可分の一体をつくっていることを示すものであって，
古典的理論の仮定 (1) 及び (2) とは相容れない．量子的水準にあっては，完
全確定な諸要素も，またそれら諸要素のふるまいを記述する完全確定な力学変
数も，共に存在しないからである．それ故，仮定 (3) もまた量子論では満足さ
れないことも驚くに足らない．厳格な因果律というのも，それが適用できるよ
うな，厳密に定義可能な変数の存在しないところでは無意味だからである．事
実量子的水準に於いては，われわれは，物質の現実のふるまいと一対一対応に
ある完全確定の変数ではなく，そのふるまいと統計的対応を示すにすぎぬ波動
函数を有っているのである‡．

さて，古典論と量子論とが顔を合せるのは，波動函数の意味づけと関連して
である．何故なら，波動函数の物理的解釈は，常に，ある体系を適当な測定装
置と相互作用させる際，それが現在測定されつつある変数の，ひとつのきまっ
た値を顕わす確率を用いて行われているからである．ところが，先に見たと
おり，測定装置の最終段階は常に古典的に記述できる§．実際，ある実験に関す
る確定したそれぞれの結果が，測定下にある物理量の種々の可能な値と一対一

---

* 第 6 章 9 節及び 13 節；第 8 章 14 節並びに 15 節

† 第 22 章

‡ 第 6 章 4 節参照．

§ 第 22 章 3 節参照．

第23章　量子的諸概念と古典的諸概念との関係　　　715

対応で結びついた相異る事件，という形で得られるのは，古典論の段階に於いてだけにすぎない‖．これは，古典的段階にまでアッピールしないでは，量子論は意味を持たない，ということである．そこで次のように結論される：<u>量子論は，古典の段階と，その段階を記述する際の古典的諸概念の普遍妥当性とを前提している；従って古典的諸概念は，量子的諸概念の極限の場合としては演繹されない¶．</u>

一見，上の結論には，古典的段階を前提する必要性は WKB 近似を使って古典的極限に近づける通常の手続きの助けにより消滅させ得るとして，反論が唱えられるかもしれない＊．だがこの反論は成立しない．波束は，古典的精度をもって確定される場合においてすら，結局には法外な距離にまで拡ってしまうことを思い起していただきたい†．ところが当面の対象（例えば電子）は，その位置を観測する時には，やはり常に，任意に小さな空間領域内に見出され得るのである．それ故，量子的水準における記述（即ち，波動函数だけによる記述）は；電子が適当な測定装置と相互作用する際に顕示し得る，その物理的諸性質の確定性（デフィニットネス）を十分表わすものとは言えない．従って波動函数に意味を与える手だてを得るには，<u>出発点に於いて既に古典的段階を要請し</u>，それによって確定した観測結果が実現される，とせねばならない．こうすると対応原理は，量子論プラスそれの古典的解釈を，高い量子数の極限にまでもっていった時，純粋の古典論が得られることを要請する，単なる無矛盾性条件にすぎないことになる．

　古典的段階及び適当な古典的概念を前提する必要があるということは，体系の巨視的なふるまいが，微視的水準において適切な諸概念によっては，完全には表現され得ないことを意味するものである．即ち，既に知るとおり，量子的水準に特有な概念とは，完全には確定不能な潜在的可能性の概念である．微視的段階から巨視的段階に移ると，新しい（古典的）諸特性が現われる．それらは，波動函数だけによる量子論的記述から演繹することはできないが，量子論的記述とはなお両立すべきところのものである．これらの新しい諸性質は，

‖ 第 22 章 3, 4, 11, 13 の各節参照．
¶ 例えば，Newton 力学を特殊相対性理論の極限の場合として演繹するようにである．
＊ 第 12 章
† 第 3 章 5 節

716   第 VI 部　観測過程の量子論

先に承知するとおり，量子的水準では存在し得ない，確定した対象及び事件‡という形をとって立ち現われるのである.

　巨視的性質と微視的性質とは独立なものではなく，実際には極めて緊密な相互関係にある.　というのは，先に見たように，量子力学的な潜在的可能性の実現されるのは，完全確定な古典的事件によってだけであるからである.　更にこの相互依存関係は相反的でもある.　体系の巨視的なふるまいを完全に理解し得るのは，その系の構成分子の量子的理論によってだけでもあるからである.　斯様に，巨視的諸性質と微視的諸性質とは，より根本的な不可分の一体，即ち，全体としての体系，の相補的な側面を記述する上に共に必須なのである.

　この物質の巨視的諸性質と微視的諸性質との実際の相互関係を更にことこまかに表わすために，これらの二種類の諸性質を二つの相反する傾向の交互作用（インタープレイ）として記述できよう.　量子的水準からするときは，系がそれの潜在的可能性の全範囲を覆おうとする不断の傾向がみられる；即ち，古典的な推論の線に沿って系のふるまいを何かある特定の仕方で限定する範疇系の束縛から，逃れ出ようとする*.　他方，古典的段階では，周知のとおり，常に事物を確定化しようとするうごきがある：　すなわち，特定の可能性を，他のあらゆる可能性の代償の上に完全確定的に実現しようとする.　例えば，観測過程においては，系は測定される変数のひとつの特定の値に落ち着き，他のすべての可能性は棄てられてしまう（これに関しては，第 6 章 4 節及び第 22 章 10 節における波動函数の“収縮（コラップス）”の議論を参照）.　古典的段階において，ひとつの特定の測定結果が現われるということは，微視的段階には二通りの仕方で反映される：　先ず，系は測定量のある範囲にわたる値をとり，その範囲は，測定の際の不確定性の範囲と矛盾しないある領域に対応する.　従って，古典的段階で可能性の範囲を局限すれば，量子的水準においても同様に可能性が限定されることとなる.　ところが一方，量子的体系が被測定変数のより明確な値をとり得る，その同じ過程

‡ これと関連して.　ひとつの体系が古典的に記述される範囲内では，その諸特性は，何等かの観測者によって詳細に知られていようとなかろうと，確定したものとみなされればならぬことを指摘しておこう.　即ち，気体分子を入れた箱の中で，各分子は各時刻時刻に一定の位置を占めると，たとえ実際には観測者にとって各分子の位置を測ることが不可能であったとしても，古典的には仮定するのである.　この仮定が成立たなくなるのは，量子現象が重要になる場合（例えば縮退した気体において）に於いてだけである.

* 第 8 章 15 節；第 16 章 25 節

第23章　量子的諸概念と古典的諸概念との関係　　　717

において，被測定変数に相補的な（時にはいくつかの）変数の確定度は，相応して減少するのである†．即ち，与えられたある範囲の可能性に限定する際，常に，新しい種類の可能性の範囲を拡大する代償的過程を伴うのである．この新しい可能性の出現は再び古典的段階における一層の変化となって跳ね返えるであろう，等々．この事柄は，量子論的な潜在的可能性と，それらの古典論的な発現との間の絶え間ない交互作用において，体系は涯しもなく次々と変態を続けることを意味する．

以上を概括すれば，量子論は実際，与えられた体系の巨視的諸性質との間の新しい概念，または新しい関係を必須とするような仕方で展開されて来た，ということが述べられた；本章ではこの新概念の二つの性格について論じたわけであった；即ち：

1.　量子論は，古典的段階とこの段階を記述する際の古典的諸概念の妥当性を前提とする．

2.　巨視的体系の古典的に確定される局面を，微視的な構成要素間の量子力学的関係から演繹することはできない．しかし，古典的確定性と量子論的な潜在的可能性とは，体系の全体として完全な記述を与える上に，互いに相補的である．

これらの観念は，現在の形の量子論にあっては，未だ表立って出て来てはいないが，量子論を原子核の大きさ程度の領域まで成立つように拡張する際には，おそらく，原子核的段階において存在し得る事物は，ある程度まで巨視的な周囲の環境に依存する，という考え方が一層明白に導入されるのではないかとの臆測を，ここで示唆しておきたいと思う*．

---

† 例えば，第 5 章の不確定性原理の議論を見よ；また第 6 章 7 節参照．
* これと関連して第 22 章 12 節をふりかえっていただきたい．そこでは，ある系の微視的諸性質の定義は，非可逆過程を行っている巨視的体系との相互作用の結果としてだけ可能であることが示された．上の示唆の線に沿って，われわれはまた，巨視的環境間に行われる非可逆的過程も，あらわに，原子核の段階の諸現象を記述する 基礎方程式中に 現われるべきでないかと 提議するものである．

あ と が き

　本書は，David Bohm: Quantum Theory, (Prentice-Hall, Inc., 1951) の全訳であって，これまで三分冊で出版されていたものを今回合本，一冊としたものである.

　量子力学についてはすでに沢山よい本があるが，この本は原理的な問題についても実際的な問題についてもなみなみならぬ新鮮さと懇切さでもって書かれた興味深いものといえる. 著者 Bohm はプラズマの理論や量子力学の因果的解釈の試みなどによって著名であり，力倆ゆたかで個性的な物理学者である. なおこの後の方の仕事は唯物論的な立場を貫徹しようという彼の要請から発したものであったが，この書物は彼がその解釈をとる以前において，普通の正統的な立場で書かれたものである.

本書の特質は，第Ⅰ部に説明された原子的尺度（～10^{-8} cm）の物質領域に対応する量子論特有の思考方式を，その具体的諸相において繰り返し繰り返し説くところにある. その量子論の解釈は正統的なコペンハーゲン解　　釈であり，N. Bohr の "Atomtheorie und Naturbeschreibung" (Julius Springer, Berlin,1931) によるものであるが，これに対する著者 Bohm の眼の輝きを，読者は行間いたるところに感ぜられたことであろう. Bohr-Heisenberg の確率論的解釈に抗して，決定論的な解釈を求める傾向は，旧くすでに 1927 年，de Broglie の嚮導波の理論に見ることができ，本書第 22 章にのべられた Einstein-Rorsn-Podolsky の反論もその線に沿うものとみなされるであろう. 最近，とくに素粒子の理論における諸困難と関連して，コペンハーゲン学派をつつむ "哲 学 の 霧" (Feyerabend) を晴らすことがふたたび問題にされるようになつた. 新物質領域に相応する新理論の追求において，vivid な確定的な描像を求める物理学者の本能的欲求のあらわれともいえよう. その口火を切ったのが本書の著書の Physical Review 誌所載 (85 (1952), 166, 180) の論文であった（それらの理解には本書第Ⅲ部の各章，とくに第 12 章が有用であろう. それらの論文の成立の動機は，実際，本書の執筆に由来するといわれる）. 量子力学の解釈における非決定論と決定論とのあらそいは，多彩な哲学的観点と各様の数学的定式化とがからみあっているが，次量子力学的段階にお

ける "隠された変数" による因果的記述をもくろむ，本書執筆後の著者の見解
については，上記二論文と共に，D. Bohm: "Causality and Chance in
Modern Physics" (Routledg and Kegan-Paul, Ltd., London, 1957) 及び
D. Bohm and Y. Aharnov, Phys. Rev. **108** (1957), 1070 を一読されるこ
とをおすすめしておく．

1964年5月　　訳　　　者

索　　引

ア

Einstein, A. (Einstein-Rosen
　Podolsky の逆理の項を見よ)
Eistein の光電効果　　　　　　　25
Einstein-de Broglie の関係
　(de Broglie の項を見よ)
Eistein の比熱理論　　　　　　　22
Einstein の誘導放出の取扱い　　489
Einstein-Rosen-Podolsky の逆
　理　　611, 699, 701, 703, 706
跡
　マトリックスの――　　　　　431
　――のユニタリー変換に対
　　する不変性　　　　　　　　431
　固有値の和に等しい――　　　431
アルカリ原子　　　　　　　　　526
α 崩壊　　　　　　　　280, 322
α 粒子と波動関数の対称性　　　664

イ

イオン化 (運動荷電粒子による)　579
　――と連続固有値　　　　　　252
イオン化ポテンシャル　　　　　　53
位相の関係:
　――と古典的極限　　　　　　152
　――の重要性　　　　　　　　152
　輻射における――　　　　　　422
位相速度　　　　　　　　　　　　75
位相のずれ

　――と Coulomb ポテンシャル　640
　剛体球上での散乱に対する――　648
　散乱解の近似式における――　　639
一重状態　　　　　　　　　　　461
　ヘリウムの――　　　　　　　561
1 次の重ね合せ　　　　　　　　202
1 次変換　　　　　　　　　　　425
因果律:
　――と対象の確認　　　　　　189
　――と分析と綜合　　　　　　190
　――の古典理論への応用　　　191

ウ

Wigner, E. P.
　　　　339, 432, 457, 465, 655
Wilson, E. B.
　　　　345, 351, 359, 374, 403
Wien の法則　　　　　　　　　　6
Wenzel, G.　　　　　　　　35, 561
Wenzel-Kramers-Brillouin
　の方法 (W. K. B. 近似の項を見よ)
運動の連続性の概念　　　　　　168
運動量:
　――演算子　　　　　　　　　208
　――と位置. 不確定性関係　　116
　――と波動函数の位相　　　　112
　――の運動量空間における
　　固有函数　　　　　　　　　248
　――のエルミット性　　　　　214
　――の確率　　　　　　　　　107

——の函数の演算子	210
——の観測	
——と波動函数への影響	150
——と不確定性	124
ドップラー変移による——	123
——の固有値と固有函数	244
——の平均値	207
位置確率函数についての——	
確率函数	110
古典論，量子論における可能	
性としての——	178
物質の因果的側面としての——	180
輻射の——	36
運動量と位置の測定	107
運動量表示	210
位置の函数としての——	210

エ

永年方程式	426
エネルギー準位:	
——と不確定性原理	297
アルカリ原子の——	528
原子の——と排他律	565
水素原子の——	
——の厳密解	398
WKB 近似をつかった——	392
調和振動子に対する——	246
箱ポテンシャル井戸に対する	
束縛状態の——	289
エネルギー損失（高速荷電粒子	
による）	579
エネルギーの等分配	17
Hermite 演算子	214, 219, 221
Hermite 共軛:	

——演算子	216, 219
交換子の——	220
二つの演算子の積の——	220
——マトリックス	421
Hermite 多項式	348
——と Dirac の δ 函数の展開	
	353
——と展開仮定	352
——の漸化式	350
——の母函数	349
球函数で表わした——	408
規格化された——	351
Hermite マトリックス	421
Ehrenfest, P.	573
Ehrenfest の定理	227
演算子の 1 次性	211
演算子の完全で可能な組	434
演算子の乗法	212
——と因子の順序	213
演算子のユニタリー変換に対す	
る不変性	429
遠心力	386
エントロピーの測定過程の非可	
逆性	695
円偏光	508
重みの函数	71

カ

Gauss 型ポテンシャル	617
Gauss 函数	72, 347
——と不確定性原理	241
——の異常性	241
可逆演算子と同時的固有函数	432
角運動量:	

事 項 索 引　　　723

——演算子 (L^2 と L_z)　360
　——の変換規則　360
　—— の Hamilton 演算子
　　との交換　362
　——の固有値と固有解　364
　——のマトリックス表示　449, 450
　——の同時的観測　361
　Pauli のスピンマトリックス　451
——と遠心力ポテンシャル　386
——と軌道電子の磁気能率　376
——と方位量子数　367
——のヴェクトル表示　367
——の加法　457
　ヴェクトル加法規則　457
——の軌道と整数量子数　448
——の固有函数　368
——の固有値　364
　——の廻転座標系への変換　377
—— の Stern-Gerlach 実験
　における観測　376
——の半整数量子数　448
——とオブザーバブルの一値性　449
——の方向のゆらぎ　367
極座標における——　361
古典的限界における——　384
水素原子における許容値　51
全一:
　——と分光学的項　386
　——の演算子　361
　——のその成分との交換　361
隠された変数　32, 117, 133, 161, 700
核磁気能率　577
核電荷の遮蔽　54, 402, 594, 615
核反応　339

核力　280, 322
　——の箱型ポテンシャルによ
　る近似　269
　——の半径 (n-p 散乱の)　659
　——を調べるための散乱　599
確率:
　——と干渉　259
　——と展開仮定　259
　——と展開係数　228
　——と流れ　96, 228
　——と波動函数　85, 201, 203
　——と量子法則　29
　——の保存　95, 222
　遷移における——　479
　電磁場の存在における——　411
　位置に対する——　94
　運動量に対する——　94, 107
　光量子に対する——　94
　自然放出の——　493
　輻射の吸収の——　488, 492
　量子論における基本としての——
　　　133
確率函数:
　——の総括　113
　——の適切な定義　95
　位置と運動量に対する函数の
　間の関係　111
　位置に対する——　94
　運動量に対する——の規格化　111
　光量子に対する——　105
確率の干渉　259
確率の保存　223
　遷移の——　478
　電磁場の存在する場合の——　417

仮想状態
（準安定状態の項を見よ）
換算質量：
　——と 2 体問題　　　　　　　389
　重陽子問題に使用した——　　296
観測：
　——過程：
　　——の数学的取扱い　　　　673
　　相互作用の強さと——　　　675
　——の波動函数への影響　　　140
観測装置：
　——の古典段階　　　　　　　668
　——の被観測系との相関　　　667
　必要な要求のための——　　　669
観測における相互作用　　　　　675

キ

規格化：
　——と Dirac の δ 函数　　　247
　——のユニタリー変換に対す
　　る不変性　　　　　　　　　429
　位置固有函数の——　　　　　246
　運動量演算子の——　　　　　248
　運動量に対する確率函数の——　111
　エルミット多項式の——　　　349
　コラム表示における——　　　425
　波動函数の動径部分の——　　385
　箱の中での——　　　　　　　208
　Legendre 多項式の——　　　271
　Legendre 陪函数の——　　　373
気体分子の衝突　　　　　　　　578
　——と古典的確率　　　　　　586
　——と励起　　　　　　　　　579
　第 2 種の——　　　　　　　579

軌道：
　——の形成　　　　　　　　　383
　——の平衡半径　　　　　　　387
　——半径，量子力学における　404
　——不確定　　　　　　　　　130
　波動力学における——　88, 397, 404
軌道角運動量：
　——と整数量子数　　　　　　448
　——のスピン角運量への合成　462
軌道電子の磁気能率（角運動量
　との関係）　　　　　　　　　466
逆マトリックス　　　　　　　　420
球対称ポテンシャルに対する運
　動の恒量　　　　　　　　　　361
球面調和函数　　　　　　359, 373
　——の軌道形成のための展開　383
　——の任意の回転に対する変換　383
　Hermite 多項式に関しての——　408
Curie 点　　　　　　　　　　562
強磁性　　　　　　　　　　　　561
共鳴透過：
　——と Ramsauer 効果　286, 651
　ボテンシャル井戸に対する——　331
　　——の井戸内の強さ　　　　333
　——の古典的類似　　　333, 375
　——の共鳴ビークの幅　　　　285
　——の条件　　　　　　　　　331
霧函　　　　　　　　　　　　　139
　——の飛跡　　　　　　　　　160
禁止遷移　　　　　　　　495, 501
　——と 4 重極遷移　　　　　501
　悉く禁止された遷移　　　　　504
　　——と準安定状態　　　　　504

事 項 索 引

ク

Kramers, H. A.   383, 446
  Wenzel-Kramers-Brilluroin
  近似 (W. K. B. 近似の項を
  見よ)
Coulomb 散乱:
  ――と Rutherford 断面積
                   598, 661
  ――の交換効果   663
  ――の拋物座標による厳密な解 661
Coulomb ポテンシャル:
  ――とエネルギー準位の縮退   402
  ――と古典的近似と Born 近似 634
  ――と基底状態の数   391, 393
  ――の散乱断面積   594
  ――の特性:
    ――と部分波法   640
    ――と Born 近似の妥当性   635
群速度   74, 79

ケ

Kellog, J. B. M.   578
ゲージ変換   8
決定論:
  古典物理学の――   31
  量子論における不完全な――
                 30, 121, 708
Kennard, E. H.
  5, 7, 19, 23, 37, 38, 63, 324,
        376, 415, 458, 631
Cayley-Klein パラメーター   457
原因と結果   172
  決定論と趨勢としての――   174

原子核:
  ――の透過:
    ――に対する条件   324
    ――の確率, 陽子の場合   324
    ――の平均寿命   281
原子核散乱   653
  ――に対する n-p の低エネ
    ルギー断面積   654
  ――のスピン依存   655
  ――が Born 近似に適用でき
    ないこと   636
原子の分極率   529
  エネルギー準位のズレに関
    する――   530
原子核のポテンシャル井戸:
  ――の半径, n-p 散乱の   659
  ――の深さ   269
原子核半径   269, 323
顕微鏡と不確定性原理   121
Kemble, E. C.   316, 317

コ

光学的類似:
  Schrödinger 方程式の積分形
    式への――   625
  Schrödinger 方程式に対する――
                   268
  電子波の屈折に対する――   335
  箱型ポテンシャル井戸での反
    射に対する――   271
  箱型ポテンシャル井戸に対す
    る――   282
  物質波への――   82
  ポテンシャル障壁の透過に対

する―― 279
ボテンシャル壁での共鳴に対
　する―― 290
交換エネルギー 554
　――と強磁性体 562
　――と He のスペクトル 560
　――の磁気 2 重極相互作用へ
　　の類推 563
　スピン演算子の項で表わした――
　　 563
交換子 212
　――と不確定性原理 238
　――と Poisson 括弧 440
　――の重要性 435
　――の Hermite 共軛 220
　任意の演算子をそれと演算子
　　の完全で可換な組との――
　　によって規定すること 434
交換縮退 551
　――と He 原子 552
光子 (光量子, 輻射の項を見よ) 35
　――と光量子 126
格子廻折:
　電磁波の―― 109
　波束の―― 109
光電効果 25
合流型超幾何方程式と Coulomb
　散乱 662
光量子:
　――と電子との比較 107, 108, 113
　――と不確定性原理 127
　――の位置決定の限度 107, 129
　　――と吸収 107
　――の運動量 108

　――の確率函数 105
　電子顕微鏡で観測された―― 126
黒体輻射 5
　――の振動子の密度 16
　――の Planck の分布 20
　――の Rayleigh-Jeans の法則 19
固体の比熱 21
古典的確率函数と波動函数 147
古典的近似と Born 近似 634
古典的摂動論と散乱断面積 592
古典的に記述できる系, その基準 180
古典的 Hamiltonian と量子化 298
Copson, E. T. 371
固有函数 (波動函数の項参照)
　――の直交性 254
　運動量の―― 244, 248
　演算子の―― 243
　演算子 L^2 と L_z の―― 364, 363
　縮退のあるときの―― 408
　調和振動子に対する―― 346
　同時的―― 432
　2 体問題に対する―― 388
　2 粒子についてのスピン演算
　　子の―― 458
　Hamilton 演算子の――
　　(エネルギー固有函数の項参照)
固有値:
　――と平均値 243
　――の実数値 254
　運動量の―― 244
　演算子の―― 243
　演算子 L_z の―― 363
　演算子 L^2 の―― 364
　2 粒子に対するスピン演算子

の——	459	Jones, H.	561
箱内粒子の——	253	思考過程（古典的極限との類	
Hamilton 演算子の——（エ		似性）	198
ネルギー固有値の項参照）		仕事函数	321
マトリックスの——	426	4 重極輻射	501
連続，非連続——	251	——に対する選択律	502
固有ベクトル（マトリックスの）	426	自然幅（スペクトル線の）	263
Goldstein, H.	457	自然放出	488
コラム表示	424	—— の Einstein の取扱い	489
——と規格化	425	——の確率	493
——と直交性	425	Stark 効果:	
混合状態	687	——と縮退の移行	402
Compton 効果	37	——の古典的解釈	541
Compton 波長	37	1 次の——	540
Condon, E. U.	466, 565	2 次の——	528
		——と縮退	528

サ

Seitz, F	23, 564	Stern-Gerlach の実験 376, 678, 690	
最小散乱角（古典的近似と Born		——と角運動量の量子化	378
近似とにおける比較）	635	——と座標系の物理的に同等	
作用変数:		であること	381
——の断熱的不変性	573	断熱的不変量の条件としての——	
——の量子化	47		577
作用量子	6	原子核に対する——	577
3 重状態	461, 561	電子に対する——	577
散乱の全断面積	647	二重屈折に対する——	380
		Schiff, L. 466, 483, 542, 660	
		実験室系，重心系からの変換	601

シ

		Stuckelberg, E.	579
Jackson, J. D.	659	Szilard, L.	695
Jenkins, F. A.	284, 626	Germer, L. H.	70
磁気回転率	446	Davison-G. の実験 82, 84, 110, 606	
磁気 2 重極輻射	502	重心座標:	
——に対する選択律	503	—— と 2 体問題	387
Shortley, G. H.	465, 564	——の実験室系への変換	601

重畳原理　202

重陽子：

　——の結合エネルギー　296, 655

　——の準安定な 1 重状態　304

重力量子　34

縮退：

　——と核電荷の遮蔽　402

　——と Coulomb ポテンシャル　402

　——と 3 次元等方性振動子

　　　　　　402, 406

　——と 3 次元非等方性振動子　406

　——と Stark 効果　403

　——と摂動論　476

　——と Zeeman 効果　403

　——と断熱的摂動　520

　——と2 次 Stark 効果　528

　——の型　531

　——の実験の結果　551

　——の van der Waals 力に

　　　対する影響　547

縮退のある演算子　245

縮退の実験にかゝる効果　540

主軸変換　540

Schmidt の直交化　432

主量子数　396

Schwartz の不等式　238

時間近似　580

　——と β 崩壊　582

　時間依存の摂動論に関する——　583

準安定状態：

　——と核反応　340

　——と散乱　340

　——と全面的に禁止された遷移　438

　——と放射系　339

準安定状態の崩壊時間. エネル

　ギーの不確定性との関係　339

衝撃的測定　679

常数変化の方法　469, 472

衝突径数　588, 591

障壁の透過　277, 280

　——と核反応　338

　——と W. K. B. 法　310

　——と電子の冷陰極放出　321

　——と放射崩壊　280

　——と確率　319

　——の光学的類似　279

Schrödinger, E.　345

Schrödinger 方程式（波動方程

　式の項も参照）

　——の一般形　222

　——の gauge 不変性　413

　——の積分形　622

　　——と光学的類似　626

　位置の表示における——　435

　観測過程に対する——　676

　多体問題に対する——　241

Schrödinger 方程式の解の図解　292

信号速度　75

振動子：

　3 次元の——　405

　調和——（調和振動子の項参照）

　電磁場における——：

　　——の古典的取扱い　58

　　——量子化　62

　非調和——　45

　物質と輻射の——　21

　　——の量子化されたエネル

　　　ギー　19

ス

水素原子: 48
　——のイオン化ポテンシャル 53
　——のエネルギー準位:
　　厳密な—— 398
　　楕円軌道における—— 51
　　W. K. B. 近似をもちいて
　　　の—— 393
　　Bohr 模型の—— 50
　——のエネルギー準位の縮退 401
　——の角運動量の許された値 49
　——の軌道の歳差 54
　——の軌道量子数 51
　——の Coulomb ポテンシャル
　　と基底状態数 391, 393
　——の主量子数 52
　——のスペクトル線 50
　——の楕円軌道 51
　——の動径量子数 51
　——の波動函数の形 389
　　——の厳密な解 398
　　$l>0$ に対する—— 394
　——の波動函数の物理的解釈 396
　——の微細構造 55
スカラー・ポテンシャル 7
Stratton, J. A. 75, 501
スピノール 87
スピン: 87, 202
　——角運動量, 軌道角運動量
　　に加えた 462
　——と磁気回転率 446
　——と Stern-Gerlach の実験 376
　——と重陽子の準安定一重状態 304

　——と相対論的不変性 446
　——に対するモデル 446
　——の核散乱 655
　——の相互作用ネルギー 559
　——の測定 702
　——半整数量子数 448
　一重状態 461
　三重状態 461
　遷移確率に及ぼす——の影響 513
　2 粒子に対する——の固有函
　　数と固有値 451
　2 粒子の状態の—— 461
　Pauli の——マトリックス 451
スピン—軌道相互作用エネル
　ギー 466
Slater, J. C. 359
Slater 行列 563

セ

正準変換（波動函数の） 434
Zener, C. 579
Zeno の逆理 171
Zeeman 効果
　——縮退の移行 403, 414
　異常—— 512
　正常—— 510
　　——の古典的取扱い 508
　　——の量子的取扱い 509
Zemansky, M. W. 551
赤方偏倚 122
接触変換（波動函数, ユニタリ
　ー変換の項を見よ） 431
接続公式（WKB 近似の） 314
　——が使えない問題 318

——の接続する方向	318	——と対応原理の関連	495
——の適用条件	319	円，楕円偏光に対する——	509
右の壁の——	317	球対称に対する（スピン無視）——	
左の壁の——	317		499
摂動論：		磁気 2 重極に対する——	503
——と縮退	746	4 重極に対する——	502
——と遷移確率	474	調和振動子に対する——	494
——の境界条件	474	2 重極遷移に対する——	501
——の平面波への応用	481		
三角函数的振動の——	480	ソ	
古典的な——	592	相関：	
時間依存の——	557, 583, 610	——と平均	233
常数変化の——	470, 471	——の測度	231
断熱的——（断熱的摂動論の		——の量子論的定義	233
項を見よ）		自由粒子に対する位置と運動	
突然に加えられた摂動の——	474	量の——	235
輻射の吸収と放出についての——		被観測系と観測装置間の——	667
	483	変数間の——	231
遷移確率	67, 474	測定過程の非可逆性	694
瞬間的に加えられた摂動に対		——と熱力学の第 2 法則	695
する——	474	測定装置の古典的段階	668
状態の連続域における遷移の——		測定の量子論における装置座標	690
	614	3 次元の原点における——	295
漸化式：		箱型規格化に対する——	81
Hermite 多項式の——	350	波動函数の——	472
Legendre 多項式の——	371	部分波の——：	
全角運動量：		自由粒子に対する——	643
——演算子	362	ポテンシャルがあるときの——	644
——の固有函数と固有値	462	相対論的量子論	105
——の成分演算子との交換	363	Dirac の——	105
——の方向におけるユラギ	367	Pauli-Weisskopf の——	105
——の量子数	367	相補性原理（波動-粒子の二重性	
選択規則：		の項も参照）	167, 184, 696
——とスピン	513	素粒子の対称性	560

Sommerfeld, A.	542	―― と波束の運動	311
		―― と Hamilton-Jacobi の式	313
タ		―― と放射性崩壊	322
対角線表示（演算子の）	422	―― と Bohr-Sommerfeld の	
対角線マトリックス	419	量子条件	327
―― の交換	422	―― とポテンシャル井戸での	
体系の状態	202	束縛状態	325
体系の部分への分解：		―― とポテンシャル井戸の準	
―― の任意性	670	安定状態	328
―― と古典的に描いた状態	670	―― と粒子の古典的分布	310
―― の量子準位における困難	102	―― の意味	310
対応原理	33	―― の導出	307
―― と古典論と量子論との関係	715	3 次元の場合	313
―― と光量子に対する確率函数	105	漸近的展開	310
―― と振動子のエネルギー準位	45	通過する核子の確率	325
―― と de Broglie の関係	70	多粒子系：	241, 387
―― と Hamilton 演算子	224	―― に対する Schrödinger 方	
―― と輻射の理論	57	程式	243
対称波動函数	553	―― に対する Hamilton 演	
楕円偏光	508	算子	242
Davison, C. J.	70	―― の対称性	566
Davison-Germer の実験	70, 82,	―― の中間の対称性	566
	84, 110, 606	断熱的近似	569
WKB 近似		―― が成立するための条件	569, 573
―― と位相：		―― と作用変数の不変性	573
Hamilton 作用函数につい		―― の解釈	573
ての――	311	断熱的振動	515
―― と確率の流れ	313	―― と角運動量の共鳴翻転	578
―― と古典的極限	267	―― と Stern-Gerlach の実験	518
―― と障壁透過	314, 318	―― と縮退	520
―― と接続公式	314	―― と定常状態	518
―― と調和振動子	334	―― と衝突による分子の励起	578
―― と電子の冷陰極放出	321	―― と速い帯電粒子のエネル	
―― と波動函数の節	327	ギーの損失	579

断面積:
　──と Rutherford 断面積　616
　──の角依存:
　Gauss ポテンシャルに対する──
　　　　　　　　　　　　　　617
　箱型ポテンシャル井戸に対す
　　る──　　　　　　　　　117
　エネルギー移動に対する──　594
　逆三乗力に対する──　　　595
　Coulomb ポテンシャルに対
　　する──　　　　　　　　593
　剛体球モデルに対する──　589, 649
　　古典的と量子力学の場合の比較　649
　遮断された Coulomb 力に対す
　　る──　　　　　　　594, 615
　　──と Rutherford 断面積　616
　散乱──　　　　　　　　　586
　中性子-陽子散乱に対する──
　　　　　　　　　　　653, 659
　同種粒子に対する──　　　604
　箱型ポテンシャル井戸による波
　　の散乱に対する──　　　660
　　低エネルギーの──　　　654
　任意のポテンシャル場に対する──
　　　　　　　　　　　　　　590
　部分波法による──　　　　646
　微分──　　　　　　　　　589
　　同種粒子に対する──　　604

チ

中性子-陽子散乱:
　──に対する低エネルギー断
　　面積　　　　　　　　　　654
　──の1重状態の井戸の深さ　658

　　──の実験の困難　　　　659
　　──の断面積　　　　　　654
中性子-陽子力:
　2 重ポテンシャル近似による──
　　　　　　　　　　　　　　268
直交性:
　Hermite 演算子の固有函数の──
　　　　　　　　　　　　　　254
　Hermite 多項式の──　　352
　コラム表示における──　　425
　Fourier 級数の　　　　　255
　Legendre 多項式の──　　370
調和振動子　　　　　　　　342
　──と基底状態の数　　　　343
　──と WKB 近似　　　　343
　──と波束の運動　　　　　353
　──と波束の形の週期　　　355
　──と非連続エネルギー準位　344
　──と分離法　　　　　　　345
　──の運動エネルギーと位置
　　のエネルギーの平均値　　355
　──のエネルギー準位　　　346
　──の固有函数　　　　　　348
　──の重要性　　　　　　　342
　──の選択律　　　　　　　495
　──の波動函数　　　　　　342
　──の波動函数の形　　344, 351
　　──と節の数　　　　　　351
　3 次元の──　　　　　　　495

ツ

対創生（電子─陽電子対）　　87
　Pauli-Weisskopf 理論におけ
　る──　　　　　　　　　　105

テ

定常状態:
　——と輻射　262
Dirac, P. A. M.　104, 245, 431, 440,
　　　446, 561
Dirac の相対論的電子論　103
Dirac の δ 函数　246, 250, 253
　——の展開　256
　　　Hermite 多項式における——
　　　353
　——の導函数　250
Debye の比熱の理論　23
電気 4 重極輻射　502
電気的な雑音　78
電気の 2 重極近似　491
電子:
　——と光量子との比較　106, 108, 113
　——の対称性　561
　——の冷陰極放出　321
　——の量子力学的描像　136
　多電子の系　563
　　　——と Slater 行列　565
電子廻折　83, 110, 631
電子顕微鏡（光量子の観測に用
　いられる）　121
電子の軌道（波動力学における）　81
電子の波動函数の反対称性とヘ
　リウムのスペクトル線　560
電子波　87
　——の運動　79
　——の電磁波との比較　86
電磁波のかたまり　13, 508
　——の方向　13

円——　508
楕円——　508
Duane, W.　84, 155
展開仮定　254
　——と L^2 の固有函数　365
　——と 2 体問題に対する固有函数
　　　389
　——と陪 Legendre 多項式　374
　——と Hermite 多項式　352
　——と Legendre 多項式　352
　——の妥当性　259
展開係数
　——と確率　258
　——の計算　255
展開定理　256
伝播ベクトル　12

ト

導函数と運動の概念　171
透過率:
　α 崩壊に対する——　322
　原子核に衝突する陽子の——　322
　WKB 法をを用いての, 障壁の——
　　　320
　WKB 法をつかったポテンシ
　ャル井戸の——　328
　電子の冷陰極放出に対する——
　　　319, 321
　箱型ポテンシャル井戸の——　328
動径作用変数　51
動径方程式　397
同時固有値　364
同時固有函数　423, 368
同種粒子:

——の微分断面積	604
——の識別不能性	566
Doppler 変移	
——Compton 効果	40
運動を測るためにつかわれた——	
	122
de Broglie 波	69
de Broglie の関係	36, 40, 80
——と Bohr-Sommerfeld の条件	
	81
——と不確定関係	116
量子化に使われる——	81
Thomson 歳差	467
Thomson, J. J.	38
Tolman, R. C.	9, 17, 20, 36, 489.
	561, 568

ニ

2 重極近似	491
2 重極遷移:	
——の角運動量選択則	501
——の対選択則	499
二重の Stern-Gerlach の実験	380

ネ

熱力学的平衡	5

ハ

Heisenberg, W.	83, 441, 562
Heisenberg 表示	436, 437
排多原理	554, 510, 564
——と原子のエネルギー準位	562
——と He の基底状態	554
Heitler, W.	87

Pauli, W.	451, 561
Pauli のスピン・マトリックス	451
——の固有ベクトル	451
——の規格化	452
——の直交化	452
Pauli-Weisskopf の相対論的量子論	
	105
箱井戸型ポテンシャル	268
箱型ポテンシャル近似	268
Bacher, R. F.	600
Paschenback 効果	415
波動函数（固有函数の項も見よ）	
——と位置の確率函数	111
——と運動量の確率函数	111
——と確率	85, 201, 203
——と確率函数	111
——と古典的統計函数	144
——に及ぼす観測の影響	144
——の解釈	85
——の境界条件	271
——のコラム表示	424
——と規格化	425
——の自乗積分可能性	207
——節の数	327
——のスピン	558
——の直交性	425
——の拡がり	85
——の物理的解釈	396
水素原子に対する——	404, 408
——の形	389
l>0 の場合の——	394
2 体問題に対する——	383
ポテンシャル井戸の準安定状	
態に対する——	335

波動函数の収縮と観測	140	パリテイ	496
波動方程式 (Schrödinger 方程式		——と 2 重極遷移	501
の項も見よ)		——の選択律	498
——の光学的類似	268	反 Hermite 演算子	218
——の意義	228	反対称函数	553
——の解の図式的解釈	292		

ヒ

——の動径方程式	384		
——のとるべき形	97	Peaslee, D. C.	341
——の複素数的表現	98	微細構造	55
極座標を用いて——の分離	358	微視的可逆性	478
3 次元調和振動子で——	406	非調和振動子	45
3 次元——	97	表示:	
$l=0$ のときの——	386	——の物理的解釈	441
自由粒子の——	92	——の変更	427
調和振動子の——	342	位置の——	435
2 体問題の——	388	演算子の——	257
波動力学:		任意な——	435
——の基本的要求	67	Heisenberg の——	438
——の相対論的形式化	103	Hamilton の——	436
Hamilton 演算子		微分断面積	589

——と角運動演算子との交換	362		

フ

——の固有函数	261		
——の Hermite 性	223	Faxen, H.	600, 638
——を求めるための規則	227	Fabry-Perot の干渉計	284
一様な磁場の——	414	Feynman, R. P.	141, 626
対応原理から——の決定	224	van der Waals の力:	
多体問題の——	242	縮退のある場合の——	547
電磁場における荷電粒子の——	440	振動する電気 2 重極の類似	
2 体問題の——	387	としての——	549
Hamilton の作用函数:		——と共鳴移行	547
——と平均エネルギー	229	縮退のない場合——	546
——と量子化	298	Fourier 解析	10, 91
電磁場内の荷電粒子の——	410	回折格子による波束の——	109
Hamitonian 表示	436	Fourier 級数	253

事　項　索　引

Fourier 積分	91, 253
Fourier の積分定理	92
Feshbach, H.	341
Fermi-Dirac 統計と反対称波動函数	567
von Neumann, J.	667
不確定性原理:	
——と位相変化	152
——とエネルギー・時間の関係	125
——とエネルギー準位の解釈	297
——と確率の変化	265
——と Gauss の分布	241
——と強制的な押し込め	118
——と結合系	132
——と原子の安定性	118
——と顕微鏡	121
——と交換子	118
——とスペクトル線のひろがり	263
——と Bohr 軌道	130
——とポテンシャル井戸の準安定状態	339
——のエネルギー	304
——の一般化	238
——の解釈	117
光量子に適用された——	125
思考過程と類似としての——	198
輻射物（電磁場の項を見よ）	
輻射の吸収	
——と位置づけ	106
——と振動論	482
——と遷移率	484
——の古典的取扱い	492
——の対応原理をつかった量子化	62

光の波動像をつかった——	27
輻射の粒子性	26, 35, 37, 70, 79
不可分性	133
——な世界	162, 687
——と量子測定	668
量子過程の——	29
量子系の——	193
電磁場と相互作用する水素原子の——	194
物質振動子:	
——と輻射振動子	21
——の量子化	42
物質の因果的測面	182
物質波	69
——と力	79
部分波の最近接距離	643
部分波の方法	638
——と Coulomb ポテンシャル	640
——と断面積:	
全——	647
単位立体角あたりの——	646
——によって最も近づく距離	643
——の解の性質	639
近似形におけるズレ	639
自由粒子に対する——	641
P 波の	642
S 波の	642
ポテンシャルがあるときの境界条件	644
Frank, N. H.	359
Frank-Hertz の実験	55
Planck の仮設	19
Planck の常数	6, 19
——と古典的極限	307

Blatt, J. M.	659	―― と Legendre 多項式によ	
Brillouin, L.	694	る平面波の展開係数	644
Furry, W.	698	―― の近似型	563
分析と綜合	191	Herzberg, G.	510, 513
古典論への応用	194	Bethe, H. A.　270, 281, 296, 304.	
連続性と因果律	189	339, 340, 341, 656, 659, 660	
分子間力（箱井戸ポテンシャル		β-崩壊	582
で近似された）	269	ヘリウム原子：	

ヘ

Pais, A   105
平均自由行路   587
平均寿命：
　原子核の――   281
　原子の励起状態の――   67
　準安定状態の――：
　　ポテンシャル井戸の――   335
　　――とエネルギー不確定   339
　ポテンシャル井戸の――   335
平均値：
　――と固有値   244
　――の実効値   213
　――の時間微分   224
　位置の――   206
　一般函数の――   215
　演算子の――   326
　角運動量の――   207
　ゆらぎと相関によって定めら
　れる――   232
冪級数   399
Bessel 函数：
　――と自由粒子についての部分波
                                               643

ヘリウム原子：
　――と交換縮退   551
　――の基底状態と排他律   554
　――のスペクトル：
　　――と電子の反対称   546
　　――と交換縮退   560
変換理論の物理的解釈   441
変数分離の方法：
　角運動量についての――   365
　調和振動子についての――   345

ホ

Bohr, N.　　43, 47, 168, 198, 580.
                                               698
Bohr 軌道：
　――の不確定性原理からの議論 119
Bohr 磁子   415
Bohr-Sommerfeld の理論   51, 55
　――と電子廻折   83
　――と量子条件   47
　――と WKB 法   323
　――の限界   55, 84, 155
Bohr 半径   50
Poisson 括弧   440
Poisson 方程式   9
Whittaker, E. T.　338, 400, 457, 662
Huygens の原理　　141, 149, 202

電子波に対する—— 626
方位量子数 367
　——と全角運動量の方向のゆらぎ
　　　　　　　　　　　　　　367
放射性壊崩 280, 322
母函数：
　Hermite 多項式の—— 349
　Legendre 多項式の—— 371
ポテンシャル井戸（箱型ポテン
　シャル井戸の項も見よ）
　——と箱型ポテンシャル井戸
　　による近似 269
　——内の波束 337
　——内の波の強さ 333
　　——の古典的な類推 334, 335
　——の基底状態 326
　——の透過性 331
　——を波束が通過するときの
　　時間のおくれ 336
Bose-Einstein 統計と対称波動函数
　　　　　　　　　　　　　568
保存則と古典物理学及び量子力学 29
Padolsky, B (Einstein-Rosen-
　Podolsky の逆理の項を見よ)
Boltzmann 常数 6
Holtsmark, J. 638, 660
Pauling, L. 345, 351, 359, 374, 404.
　　　　　　544, 551, 579
Born, M. 311, 474, 574
Born 近似 610
　——が原子核に行えないこと 636
　——とクーロン力の風変りな性質
　　　　　　　　　　　　　635
　——と結晶格子による散乱 630

——と古典近似 611
——とポテンシャルの Fourier
　解析 617
——の妥当であるための条件 631
——の光学における応用 626
遮蔽されたクーロン場に用いた ——
　　　　　　　　　　　　　632
White, H. E. 284, 386, 415, 466.
　　　　　　510, 513, 595, 626

マ

Maxwell の魔物 695
Maxwell の方程式 7
Maxwell-Boltzmann 分布 18
Massey, H. S. W. 287, 551, 579.
　　　　　　622, 638, 660, 665
Mott, N. F. 287, 551, 561, 579, 622.
　　　　　　　　　　638, 660
Mott 散乱 665
マトリックス：
　——の跡 431
　——の永年方程式 426
　——の交換 418
　——の固有値 426
　——の性質 417
　逆—— 420
　対角線—— 419
　単位—— 419
　Hermite—— 421
　量子力学的演算子としての——
　　　　　　　　　　416, 420
　連続—— 422
マトリックス表示：
　——の物理的解釈 441

——の変更　　　　　　　　　427
　　角運動量演算子の——　　447, 449
　　スピンの——　　　　　　　　451
マトリックス要素に関する和の規則
　　　　　　　　　　　　　　　　507
Margenau, H.　　　　　　　　　544
Mitchell, A. C.　　　　　　　　551
Millman, S.　　　　　　　　　　578
Morse, P. M.　　　　　　　　　551

ユ

誘導散出　　　　　　　　　　　487
　　　——と古典的の類似　　　　488
ユニタリー変換　　　　　　　　429
　　　——と正準変換　　　　　　431
　　　——による不変性:
　　　演算子方程式の——　　　　430
　　　規格化の——　　　　　　　429
　　　直交関係の——　　　　　　429
ユニタリー・マトリックス　　　428
ゆらぎ　　　　　　　　　　　　231
　　　——と方位量子数　　　　　375
　　　——と平均値　　　　　　　231
　　　——と量子状態の遷移　　　476
　　全角運動量の方向における——　367
Urey, H. C.　26, 30, 52, 55, 56, 63.
　　　　　　　　　　　80, 458, 579

ヨ

陽子:
　　　——が原子核を貫通する確率　325
　　　——顕微鏡　　　　　　　　156
陽子-中性子散乱　　　　　　　　660

ラ

Rurk, A. E.　26, 30, 52, 55, 56, 63.
　　　　　　　　　　　80, 458, 579
Laguerre の多項式　　　　　　　403
Laguerre の陪多項式　　　　　　403
Rutherford 断面積　　　　　　　598
　　　—— と Coulomb 散乱の厳密な解
　　　　　　　　　　　　　　　　663
　　　—— と遮蔽された Coulomb
　　　　ポテンシャル　　　　　　616
ラジオ波　　　　　　　　　　　34
Rasetti, F.　　　　　　　　　　323
Laplace の方程式　　　　　　　9
Ramsauer 効果　　　　　　286, 651
　　　—— と共鳴透過との比較　652, 655
Larmor の歳差運動　　　　　　510

リ

力学的記述　　　　　　　　　　194
離散的エネルギー準位と束縛状態　287
Ritz の結合法別　　　　　　　　44
Rydberg 常数　　　　　　　　　50
Rydbeg-Ritz の原理　　　　　　44
Richtmeyer, F. K.　5, 7, 19, 37, 38.
　　　　　63, 376, 415, 458, 631
粒子の古典的分布と WKB 近似　310
粒子-波動の2重性　83, 89, 109, 181.
　　　　　　　　　　384, 696, 708
　　　—— と観測による干渉の崩壊　144
　　　—— とマトリックス表示　　441
　　　—— の量子論における基本性　133
量子化:
　　　—— と古典的 Hamiltonian 函数

	297
角運動量の——	48
—— と Stern-Gerlach の実験	376
軌道電子と加速電子の輻射の——	44
作用変数の——	47
de Broglie の関係をつかって	
の——	82
電磁場の——	483
物質的振動子の——	43
量子過程の連続性と不連続性	696
量子状態間の遷移:	
——とエネルギー保存	477
——と生物学的類似	477
——と微視的可逆性	478
——と量子的ユラギ	476
実在的と仮想的の——	478
連続から非連続への——	697
量子数:	
——の定義	396
主——	394
$l=0$ に対する——	394
$l>0$ に対する——	396
量子的概念:	
——と運動	163
——と統計的因果性	276
——の総括	163, 165, 196
量子力学的共鳴（共鳴の項を見よ）	

レ

冷陰極放出	321
励起状態の寿命	67
Rayleigh, Lord.	638, 660
Rayleigh-Jeans の法則	6, 19
Langer, R. E.	316

連続固有値と離散的固有値	43, 251
連続マトリックス	422

ル

Legendre 多項式	370
——と展開仮定	372
——の規格化	371
——の節	372
——の漸化式	371
——の直交性	370
——の微分方程式	371
——の母函数	371
——の平面波の部分波による展開	
	643
Legendre の陪函数	373
——と展開仮定	372
——の形	374
——の規格化	373
——の微分方程式	374
球面調和函数	373

ロ

Rojansky, V	440
Rosen, N. (Einstein-Rosen-Podolsky	
の逆理の項を見よ)	
Lawrence-Beams の実験	30
Lorentz, H. A.	39

ワ

Weisskopf, V	341
Pauli——の理論	105
Watson, G. N.　338, 400, 641, 662	

著者略歴

（David Bohm, 1917-1992）

1917 年アメリカ，ペンシルヴァニア州に生れる．1939 年ペンシルヴァニア州立カレッジにて B. S. を，1943 年カリフォルニア大学（バークレー）にて Ph. D. を取得．ブラジル，イスラエルなどで教鞭をとったのちロンドン大学バークベックカレッジ教授．1992 年歿．

訳者略歴

高林武彦〈たかばやし・たけひこ〉 1941年 東京大学物理学科卒業．名古屋大学名誉教授．理学博士．専攻 理論物理，物理学史．1999 年歿．

井上 健〈いのうえ・たけし〉 1941年 京都大学物理学科卒業．京都大学名誉教授．理学博士．専攻 素粒子論．2004 年歿．

河辺六男〈かわべ・ろくお〉 1948年 名古屋大学物理学科卒業．大阪医科大学名誉教授．専攻 素粒子論．2000 年歿．

後藤邦夫〈ごとう・くにお〉 1955年 名古屋大学物理学科卒業．桃山学院大学名誉教授．専攻 理論物理，物理学史，科学技術社会論．2019 年歿．

D. ボーム

量 子 論

高林武彦・井上 健
河辺六男・後藤邦夫 訳

1964 年 5 月 30 日　初　版第 1 刷発行
2019 年 10 月 9 日　新装版第 1 刷発行

発行所 株式会社 みすず書房
〒113-0033 東京都文京区本郷 2 丁目 20-7
電話 03-3814-0131（営業）03-3815-9181（編集）
www.msz.co.jp

本文印刷所 精興社
扉・表紙・カバー印刷所 リヒトプランニング
製本所 松岳社

© 1964 in Japan by Misuzu Shobo
Printed in Japan
ISBN 978-4-622-08862-2
［りょうしろん］
落丁・乱丁本はお取替えいたします

X線からクォークまで 20世紀の物理学者たち	E. セ グ レ 久保亮五・矢崎裕二訳	7800
古典物理学を創った人々 ガリレオからマクスウェルまで	E. セ グ レ 久保亮五・矢崎裕二訳	7400
現代物理学における決定論と非決定論 因果問題についての歴史的・体系的研究	E. カッシーラー 山本義隆訳	6000
リプリント 量子力学 第4版	P. A. M. ディラック	4500
量 子 力 学 I・II 第2版	朝永振一郎	I 3500 II 6000
角運動量とスピン 『量子力学』補巻	朝永振一郎	4200
スピンはめぐる 新版 成熟期の量子力学	朝永振一郎 江沢洋注	4600
物 理 学 読 本 第2版	朝永振一郎編	2700

（価格は税別です）

みすず書房

量子力学の数学的基礎	J. v. ノイマン 井上・広重・恒藤訳	5200
量子力学と経路積分 新版	ファインマン／ヒッブス スタイヤー校訂 北原和夫訳	5800
部 分 と 全 体 私の生涯の偉大な出会いと対話	W. ハイゼンベルク 山 崎 和 夫訳	4500
現代物理学の自然像	W. ハイゼンベルク 尾 崎 辰 之 助訳	2800
原子理論と自然記述	N. ボ ー ア 井 上 健訳	4200
量子論が試されるとき 画期的な実験で基本原理の未解決問題に挑む	グリーンスタイン／ザイアンツ 森 弘 之訳	4600
磁力と重力の発見 1-3	山 本 義 隆	I 2800 II III 3000
一六世紀文化革命 1・2	山 本 義 隆	各 3200

(価格は税別です)

みすず書房